工模具热处理工艺1000例

赵步青　编著

机 械 工 业 出 版 社

本书通过1000多个实例，系统全面地介绍了工模具热处理工艺。其主要内容包括：概述、刀具热处理工艺、五金工具及木工工具热处理工艺、农机具及园林工具热处理工艺、量具热处理工艺、夹具热处理工艺、热作模具钢制模具热处理工艺、冷作模具钢制模具热处理工艺、硬质合金制模具热处理工艺、其他模具钢制模具热处理工艺。本书荟萃了国内外实用的工模具热处理工艺技术，内容丰富，数据翔实可靠，可操作性强。

本书适合于热处理工程技术人员、操作工人阅读使用，也可供相关专业在校师生、科研人员参考。

图书在版编目（CIP）数据

工模具热处理工艺1000例/赵步青编著. —2版. —北京：机械工业出版社，2018. 7

ISBN 978 - 7 - 111 - 60151 - 7

Ⅰ. ①工…　Ⅱ. ①赵…　Ⅲ. ①模具 - 热处理　Ⅳ. ①TG162. 4

中国版本图书馆CIP数据核字（2018）第122011号

机械工业出版社（北京市百万庄大街22号　邮政编码100037）
策划编辑：陈保华　　　责任编辑：陈保华
责任校对：刘丽华　李锦莉
责任印制：常天培
北京京丰印刷厂印刷
2018年7月第2版 · 第1次印刷
184mm × 260mm · 38. 25印张 · 922千字
0 001—2 500册
标准书号：ISBN 978 - 7 - 111 - 60151 - 7
定价：129. 00元

凡购本书，如有缺页、倒页、脱页，由本社发行部调换

电话服务
服务咨询热线：010-88361066
读者购书热线：010-68326294
　　　　　　　010-88379203
策 划 编 辑：010-88379734

网络服务
机 工 官 网：www. cmpbook. com
机 工 官 博：weibo. com/cmp1952
金 书 网：www. golden-book. com
教育服务网：www. cmpedu. com

封面无防伪标均为盗版

前　言

工模具是刀具、模具、夹具、量具等的总称。进行切削加工时需要刀具、夹具、量具，各行各业都用到模具。工模具与人们的生产、生活息息相关，在国民经济中有着举足轻重的作用。“工欲善其事，必先利其器”，这是古人关于生产工模具对生产力产生巨大影响的精辟论述。事实上人类发展进步的关键，首先在于能够使用先进的生产工具及工具质量的创新与提高。

作者曾于2008年、2009年先后编写出版了《模具热处理工艺500例》《工具热处理工艺400例》两本工模具热处理技术图书，深受读者欢迎，两本书都进行了重印。为了满足广大读者的要求，作者在这两本书的基础上，整合近几年来的工模具热处理科研成果及实用案例，编写这本《工模具热处理工艺1000例》。

作者自1968年大学毕业后，先后供职于山西304厂、广西301厂、浙江汤溪工具厂、江苏飞达工具集团公司、江苏镇江拓普工具公司、浙江金华工具厂、河南第一工具厂、浙江台州华达工具公司、安徽嘉龙锋钢刀具公司等12个单位，在工模具热处理岗位辛勤耕耘了50个春秋，积累了比较丰富的实践经验，同时也记录了不少失败的教训，先后在国内30多种期刊上发表科技论文和实用性文章260多篇，出版热处理专著4部，参编图书两部。这些都为作者编写本书提供了宝贵的资料。

本书荟萃了国内外实用的工模具热处理工艺技术，通过1000多个实例，系统全面地介绍了工模具热处理工艺。其主要内容包括：概述、刀具热处理工艺、五金工具及木工工具热处理工艺、农机具及园林工具热处理工艺、量具热处理工艺、夹具热处理工艺、热作模具钢制模具热处理工艺、冷作模具钢制模具热处理工艺、硬质合金制模具热处理工艺、其他模具钢制模具热处理工艺。本书适合于热处理工程技术人员、操作工人阅读使用，也可供相关专业在校师生、科研人员参考。

本书不仅是作者50年工模具热处理经验的总结，而且是全国热处理同仁，特别是企业技术人员、工人师傅宝贵经验的高度概括，因此本书应该是热处理行业的共同财富，每一项工艺都渗透着他们的心血和汗水，值得点赞。技术共享，财富造福人类，这是作者最大的心愿，希望本书的出版能促进工具行业和模具行业的发展与进步。

古人云：“千金之裘，非一狐之腋；庙廊之材，非一木之枝”。写成此书，当然离不开众多友人的支持与帮助。对本书的编写出版提供大力支持的有上海工具厂的祝新发，哈尔滨第一工具制造有限公司的年佩玉，哈量工具集团有限公司的杨国光，成都成量工具集团有限公司的谢永辉，陕西关中工具公司的孙承志，安徽嘉龙锋钢工具公司的胡明、胡会峰和郎兆林，江苏常州新城光大热处理公司的刘春菱，浙江永康求精热处理厂的夏明道，浙江台州达兴热处理厂的罗永敏，浙江宁波大山金属科技公司的叶振阳，金华职业技术学院的祁越。金华市金维视影制作公司的总经理赵苏桂在资料收集、图片处理及版面安排方面提供了很大的帮助。在此，一并向关心和支持本书编写和出版的领导、同事、朋友们表示衷心的感谢。

在编写过程中，作者参考和引用了许多专著和论文，在此向专著和论文的作者表示衷心的感谢；有些著作的引用因种种原因未能在书中一一标出名讳，深表歉意。

由于作者水平有限，书中疏漏和错误在所难免，恳请诸位批评指正。

作　者

目　　录

第1章 概 述

1. 工模具材料

工模具是国民经济各部门重要的工艺装备，加工工件需要刀具，夹持工件需要夹具，检验工件尺寸精度需要量具，工件成形需要模具，机械各行业与工模具都息息相关。材料是基础，没有好的材料要想造出好的工模具是不可能的；有了好材料，没有精湛的热处理技术，同样生产不出高质量、长寿命的工模具。

（1）刀具材料　人类历史上最早使用的金属刀具应该是铜质刀具，早在公元前2700年至公元前1900年我国就出现了黄铜锥和纯铜的锥、钻、刀等。18世纪后期，随着蒸汽机等机器的出现，整体高碳钢刀具得以应用。1898年，美国的泰勒和怀特发明高速工具钢（高速钢）。1923年，德国施勒特尔发明了硬质合金。在当时的条件下，碳钢刀具的切削速度约为5m/min，高速钢刀具切削速度约为20～30m/min，并且，被加工件的表面质量和尺寸精度也得到了相应提高。

在20世纪30年代以后，非金属材料刀具出现了，德国德古萨公司取得了关于陶瓷刀具的专利。1957年，美国GE公司压出立方氮化硼(CBN)单晶粉。人造金刚石(PCD)的研究始于1940年，1954年美国正式宣告研制成功。这些材料发展很快，以后相继研制、生产了聚晶人造金刚石和聚晶立方氮化硼(PCBN)刀片。我国于20世纪60年代，研制成功了单晶CBN、PCBN和PCD。由于这类刀具材料具有超常硬度，所以可以加工包括淬硬钢、硬质合金等难加工材料，使刀具实现了切削速度在500m/min以上的高速切削。

刀具材料的发展对促进国民经济的发展发挥着不可估量的作用。在已过去的20世纪里，由于刀具材料的不断进步，使刀具的切削效率提高了150多倍。

目前市售的刀具材料主要是高速钢和硬质合金。国内市场上，高速钢刀具产值占据总量的60%左右，硬质合金刀具产值大约占总量35%；在美国、德国和日本等工业发达国家，硬质合金刀具要占70%左右。展望未来，刀具材料无疑是硬质合金的天下。

（2）量具材料　GB/T 1299—2014《工模具钢》中列出6种量具刃具用钢。量具没有专门用钢，根据情况，可用渗碳钢、碳素工具钢、低合金工具钢、轴承钢、弹簧钢及高碳铬不锈钢，甚至用高速钢、硬质合金等。

量具是机械制造中检验制品的工具，在选择量具用钢和热处理工艺时，首先要考虑量具的耐磨性、尺寸稳定性和可加工性，其次要注意钢的耐蚀性和热处理工艺性等。

1）耐磨性。量具的工作面必须有很高的耐磨性才能在长期的使用过程中始终保持很高的精度。一般希望金相组织是在马氏体基体上分布着均匀细小的碳化物或合金渗碳体。

2）尺寸稳定性。量具在使用和存放过程中应保持最小的尺寸变化，因此应使组织中残留奥氏体越少越好，应力越小越好。

3）工艺性。良好的工艺性可以保证高的生产率，减少或避免发生磨削烧伤和磨削裂纹，同时在精研时可以得到理想的表面精糙度。

4）耐蚀性。因为量具在大气中保存，而且在使用过程中又经常要与手汗接触，所以要求具有较高的耐蚀性。因此，量具除选用不锈钢制造外，同时又采用镀铬等防腐处理。

5）热处理的变形性。对于形状复杂，加工余量小或热处理后直接研磨的量具，常选用热处理变形小的钢种，也可以采取等温淬火或分级淬火，尽量减少热处理变形。

6）淬透性。尺寸较大或较厚的量具，应选用淬透性高的钢件，以保证获得均匀一致的高硬度。

7）对冶金质量的要求。由于量具工作面要求有较高的精度和较低的表面粗糙度值，所以当钢中的非金属夹杂物、碳化物偏析等缺陷暴露在有表面粗糙度要求的表面时，就会给淬火后的研磨带来困难，并造成量具在使用中生锈。此外，非金属夹杂物还可能产生区域性的残余应力分布、碳化物偏析、带状组织等，从而导致物理性能和力学性能的各向异性，在热处理时就容易引起不均匀的变形。严重的碳化物偏析和带状组织也会造成难以清除的残留奥氏体的不均匀分布，影响尺寸的稳定性。因此，量具用钢对退火组织、残余碳化物网、非金属夹杂物都有一定的技术要求。

对于要求高精度、高耐磨性、尺寸稳定、淬火变形小、硬度均匀及尺寸较大的量具，常采用Cr、W、Mn等元素的低合金工具钢或轴承钢，如GCr9、GCr15、GCr15SiMn、CrMn、CrWMn、9Mn2V等。对于量具零件，可选用T10、T10A等碳素工具钢，也可以用渗碳钢或渗氮钢。对于要求高硬度、高耐蚀性的零件，可能90Cr18MoV和40Cr13等不锈钢进行渗氮。对要求中等硬度及一定强度及韧性的量具零件，可采用45、65等优质碳素钢，弹性零件则采用65Mn弹簧钢。

上述各项性能要求，应根据量具的不同特点和精度等级予以综合考虑。此外，还要酌情考虑钢的过热敏感性、强度、韧性及热膨胀系数等情况，以便合理选择量具材料和制订热处理工艺。

（3）夹具材料　机床及工程上所用的各种夹具，对硬度、强度、韧性、弹性均有严格的要求。所用材料主要有9SiCr、65Mn、GCr15、60Si2MnA等。

（4）模具材料　模具是国民经济各部门重要的工艺装备。模具成形具有效率高、质量好、节约原材料、降低成本等许多优点。据统计，飞机、坦克、汽车、拖拉机、电机电器、仪器仪表等产品的60%以上的零件，自行车、洗衣机、电冰箱、电风扇、空调、照相机等产品的85%以上的零件，都要用模具生产。没有模具就没有现代化的工业发展，世界各国都非常重视模具工业。

影响模具使用寿命的因素有：设计结构、成形及制造工艺、模具材料的选用、热处理工艺及表面强化、润滑及使用维护等。在模具失效诸多的因素中，由于模具用材不当和热处理过失而引起的失效约占70%。由此可见，正确地选材与制订合理的热处理工艺对提高模具的寿命非常重要。

模具材料分类方法有多种，大多数人习惯上将其分为四大类：热作模具材料、冷作模具材料、塑料模具材料、玻璃模具材料，有些模具材料可以制作多种类型的模具。

1）热作模具材料。GB/T 1299—2014《工模具钢》列出了22个热作模具用钢牌号，5CrMnMo、5CrNiMo、3Cr2W8V是传统的三大热模具用钢。5CrMnMo适用于制作中小型锻模，5CrNiMo主要用于制作大中型锻模，3Cr2W8V广泛地用于制作各种金属的热挤压模和铜、铝合金的压铸模。这种钢的热稳定性高，使用温度达650℃，但W系热作模具钢的热导率低，抗冷热疲劳性差。在20世纪80年代初引进的H13（4Cr5MoSiV1），有良好的冷热疲劳性，在使用温度低于600℃时，可代替3Cr2W8V钢，模具寿命有了大幅度的提高，现在4Cr5MoSiV1已得到广泛的应用。

为了适应压力加工新工艺、新设备对模具钢在强韧性和热稳定性方面更高的要求，我国研制了不少的热作模具钢，如锻模用钢：5CrNiMoV、5Cr2NiMoVSi、45Cr2NiMoVSi、3Cr2NiMoWVNi；热挤压模具用钢4Cr3Mo2WVMn、4Cr3Mo2MnVNbB、3Cr3Mo3W2V、4Cr3Mo3NiVNbB、5Cr4Mo3SiMnVAl。5CrNiMo是我国使用最广的热锻模具钢之一，但在使用中发现5CrNiMo的淬透性不能满足大锤锻模的需要，截面尺寸大于300mm时，心部硬度已不能达到要求，5CrNiMo是国外广泛使用的锻模用钢，此钢的Cr、Ni、Mo含量均高于国产的5CrNiMo，并含有少量的V，在400mm×400mm截面上可以完全淬透。

5Cr2NiMoVSi与5CrNiMo相比，C的质量分数由0.50%～0.60%降为0.46%～0.53%，但提高了Cr、Mo的含量，并加了适量的V和Si。因此，其淬透性有了很大的提高，经过调质后，能使500mm×500mm的截面上取得表里一致的硬度值。在回火时，由于析出了M_2C、MC型碳化物，使钢有二次硬化效应，其热稳定性比5CrNiMo高出150℃以上。45Cr2NiMoVSi中C和Si稍有降低，适宜制作3t以上的机械压力机锻模，使用寿命比5CrNiMo提高0.5～1.5倍。3Cr2NiMoWVNi具有二次硬化效应和比较高的热稳定性，可用于制造500mm×500mm截面的热锻模。

H13(4Cr5MoSiV1)钢是国内外广泛应用的热作模具钢，在模具的使用温度不超过600℃时，有良好的冷热疲劳性能，用于制作热挤压模和铝合金压铸模，有比较高的使用寿命。但当模具的截面超过120mm时，心部韧性明显下降。3Cr3Mo3V是国外应用较广的钼系热作模具钢。我国研制的强韧性好、热稳定高的4Cr3Mo2WVMn、4Cr3Mo2MnVNbB、3Cr3Mo3W2V、4Cr3Mo3NiVNbB、5Cr4Mo3SiMnVAl等热作模具钢，都是在3Cr3Mo3V钢的基础上发展起来的。

2）冷作模具材料。GB/T 1299—2014《工模具钢》列出了19个冷作模具用钢牌号及5个轧辊用钢牌号，目前我国常用的冷作模具钢仍是以CrWMn和Cr12、Cr12Mo、Cr12MoV等为主。CrWMn有适当的淬透性和耐磨性，热处理变形较小，但CrWMn锻后需较严格地控制冷速，否则易形成网状碳化物，导致模具在使用中的崩刃和开裂。Cr12类高碳高铬钢有高的耐磨性，但其碳化物偏析较严重，特别在其规格尺寸较大时，反复镦拔收效甚微，导致变形的方向性和强韧性的降低。Cr12Mo1V1虽做不少改进，但并没有实质性的改观。高速钢有更高的耐磨性和强度，在模具生产中应用越来越多，但韧性不能满足复杂、大型和冲击载荷大的模具的需要。为了改善这类钢的强韧性，国内外开发了一系列的冷作模具钢。我们国内的就有6CrNiMnSiMoV、7CrSiMnMoV、6CrWMoV、6Cr4W3Mo2VNb、6W8Cr4VTi、6Cr5Mo3W2VSiTi、7Cr7Mo2V2Si、Cr8MoWV3Si、9Cr6W3Mo2V2等。

6CrNiMnSiMoV淬火变形小于CrWMn，用于制作易于崩刃断裂的冲模较好。

7CrSiMnMoV是火焰淬火钢，淬火时应加热模具刃口切料面，淬火前模具一般经180～200℃×1～1.5h预热，再用喷枪加热至900～1000℃。淬火后硬度一般在60HRC以上，淬硬层深度>1.5mm，变形量只有0.02%～0.05%，硬化层下又有一个高韧性的基体作为衬垫，在工作过程中刃口不易发生开裂、崩刃现象，表面还有一定的压应力，从而使模具获得较高的使用寿命。

6CrWMoV是一种高韧性、耐冲击的冷作模具钢，经900℃淬火和200℃回火后有高的强韧性，特别是冲击韧性高，主要用于制作耐冲击的剪切、冲压、冲孔等使用的模具。

6Cr4W3Mo2VNb属基体钢，韧性高，广泛用于制作冷挤压、厚板冲压、冷镦等使用的模具，特别适于难变形材料用的大型复杂模具。6Cr4W3Mo2VNb还可以用于制作钢铁材料的温热挤压模具。

6W8Cr4VTi、6Cr5Mo3W2VSiTi也是基体钢，使用情况类同于6Cr4W3Mo2VNb。

7Cr7Mo2V2Si的碳和铬含量比Cr12MoV要低得多，碳化物不均匀性显著优于Cr12MoV。7Cr7Mo2V2Si合适的淬火温度为1100～1150℃，回火温度为530～550℃。使用7Cr7Mo2V2Si制造的冲模、冷镦模等都有较高的使用寿命。

Cr8MoWV3Si是一种高耐磨冷作模具，1120℃淬火、580℃三次回火后，有最佳的二次硬化效果，主要用来制作精密、重载和高速的冲模。

9Cr6W3Mo2V2由于合金元素与碳的配比适当，具有高的二次硬化能力，1120～1140℃淬火，540℃二次回火后，硬度可达64～66HRC，保证了优异的耐磨性。用9Cr6W3Mo2V2制作的模具在高速压力机上使用和用作多工位的级进模的使用寿命比Cr12MoV提高数倍。

粉末高速钢的碳化物偏析、强韧性、等向性、可磨削性、热处理工艺性能等方面都优于普通高速钢，用粉末高速钢制造的冲模的使用寿命接近于硬质合金。

3）塑料模具材料。塑料制品已广泛应用于汽车、家电、化工、仪表、电信、建材、军工等行业，世界已进入了以塑代钢的新时代。GB/T 1299—2014《工模具钢》列出了21个塑料模具用钢牌号。为了满足塑料制品的成型要求，应根据不同模具类型和模具的性能要求，选定不同的塑料模具用钢牌号。

对于塑料模架和技术性能要求不高的型腔模具，一般选用50钢一类的中碳结构钢制作，在正火状态使用，硬度为180～220HBW。制作技术性能要求高和使用寿命长的型腔模具，需专用模具钢。

预硬型塑料模具钢3Cr2Mo（P20）采用850～870℃淬火，550～600℃回火，硬度为30～35HRC；也有的生产单位将硬度预硬至28HRC左右，以利于切削加工。

8Cr2MnWMoVS和5CrNiMnMoVSCa是我国自行研制的易切削预硬钢，主要用来制作各种尺寸的印制电路板模、注塑模，特别是大型注塑模。

时效硬化钢有两类，即马氏体时效钢和低镍时效钢。1Ni3MnCuAlMo经850～900℃固溶处理后，硬度为30～32HRC；经490～510℃时效，硬度可达40～42HRC。2CrNi3MoAl经880℃淬火，680～700℃回火，硬度为20～25HRC，可进行切削加工；再经520～540℃时效，硬度可达38～42HRC。

40Cr13、95Cr18、05Cr17Ni4Cu4Nb、0Cr16Ni4Cu3Nb（PCR）是我国开发的耐蚀塑料模具钢。PCR属马氏体沉淀硬化不锈钢。PCR经1050℃淬火后获得单一的板条马氏体，硬度为32～35HRC，可进行切削加工；再经460～480℃时效，硬度为42～44HRC，具有较好的综合力学性能和良好的耐蚀性。

冷挤压制模具有生产率高、模具精度高、表面粗糙度低等优点，一些具有复杂型腔的塑料模具可采用此法制造。国外有专用的钢种，我国一般用工业纯铁、20Cr钢、20钢、12CrNi3钢制作。前几年我国制成一种冷挤压成形专用钢0Cr4NiMoV。这类钢在冷挤压成形后，进行渗碳、淬火、回火处理，使模具表面保持58～62HRC的高硬度，心部有很高的韧性。

塑料成型用模具的产值在工业发达的国家，已在模具工业总产值中占据首位。我们应重视塑料模具钢的开发和应用，使我国塑料制品取得更快的发展。

4）玻璃模具材料。玻璃模具将直接影响到玻璃制品的外观与生产成本。随着我国轻工业的飞跃发展，玻璃成形机的不断提高，对模具材料的耐热性、导热性及模具寿命提出了很高要求。

国内外玻璃模具大多采用铸铁或铸造不锈钢，经适当的热处理后再经表面强化。用得比较成熟的材料有 HT200 及低锡蠕墨铸铁等。

（5）其他工具材料　其他工具包括五金工具、木工工具、农机具、园林工具及常用的手工工具等。这些工具没有什么用材标准，从现状分析来看，用材以低合金工具钢和碳钢为主，也有些从国外来样分析，引用相对应的国产牌号。

2. 工模具热处理

（1）刀具热处理　刀具热处理是刀具生产制造中最重要的环节，其质量好坏直接关系到企业的经济效益和市场竞争成败。

刀具热处理仍以盐浴炉为主，很少用真空炉和网带炉。以下重点介绍高速钢刀具的预备热处理、淬火及表面强化工艺。

1）高速钢刀具的预备热处理。预备热处理包括退火、调质和去应力退火三大类。

高速钢又称风钢，加热到相变温度以上，在空气中就可以淬火，经轧制和锻造后均有较高的硬度，为使其软化便于切削加工，必须进行退火处理。退火工艺有普通退火、等温退火、高温退火等多种方法。经拉、拔、挤等塑性变形方法加工的毛坯，为消除冷作硬化应进行低温去应力退火；对于形状复杂、切削加工量较大或细长、薄片状工具，为了减少热处理畸变或淬火裂纹，常进行 550 ~ 600℃ ×4h 去应力退火。

为了改善高速钢毛坯的可加工性，特别是铣削加工性能，应经不完全加热淬火、高温回火，使毛坯达到 32 ~ 38HRC 的硬度。

预备热处理要掌握好温度，防止氧化脱碳。

2）高速钢刀具的淬火回火处理。夹具对热处理质量的影响越来越引起人们的重视，不同的刀具淬火应设计制造出合适的夹具，有些刀具热处理难度很大，其实就难在淬火夹具上。

高速钢含有较多的合金元素，导热性能较差，需要进行两次甚至三次预热。比较可靠实用的方法是在 450 ~ 500℃的井式炉中先烘干水分，避免湿工件进炉爆炸，飞液溅出伤人。预热温度一般为 850 ~ 870℃，预热时间为加热时间的两倍。盐浴配方（质量分数）为 70% $BaCl_2$ + 30% NaCl。

高速钢刀具高温加热是非常重要又非常难的环节，盐浴成分为 100% $BaCl_2$。从增加碳化物溶入量，提高奥氏体合金化程度的角度考虑，奥氏体化温度越高越好，以便提高钢的耐磨性和热硬性；但从细化晶粒，提高韧性的角度考虑，加热温度不宜太高。不同牌号有不同的加热温度，同一牌号钢制作不同刀具，加热温度相差也很大，也就是说，制订热处理工艺应该个性化。不管何种刀具，在制订热处理工艺时，必须了解刀具加工的对象，在满足韧性的前提下，温度高比温度低优越。加热时间严格地讲应定义为浸液时间更科学，因为它对刀具在高温加热状态给以定性定量的描述。如何确定浸液时间涉及有效直径(或有效厚度)问题，它是计算浸液时间的依据。不同形状的工件计算方法是不同的，以下经验估算可供参考。

①圆棒形刀具(如麻花钻)以外径计算。

②扁平形刀具(如车刀)以厚度计算。

③空心圆柱体(如滚刀)以外径与内径之差的一半计算。

④空心圆锥体(如指形铣刀)以外径乘以0.8计算。

⑤圆锥体以距大端$L/3$处的外径计算。

⑥球体以球径乘以0.6计算。

⑦不规则形状的刀具以主要工作尺寸计算。

⑧特殊工件则按经验法测算。

理论上讲，高速钢刀具的加热系数按8~15s/mm来计算，但实际上不同尺寸加热系数是不一样的。表1-1列出了高速钢刀具不同尺寸的加热系数。

表1-1 高速钢刀具不同尺寸的加热系数

有效直径或厚度/mm	加热系数/(s/mm)	有效直径或厚度/mm	加热系数/(s/mm)
≤8	12	>50~70	7
>8~20	10	>70~100	6
>20~50	8	>100	5

有些生产单位在实践中总结出加热时间的经验公式为：加热时间=30s+加热系数×有效直径。例如，ϕ10mm钻头在高温炉中的加热时间=30s+10mm×10s/mm=130s。

对于不同种类、不同规格、不同使用条件下的刀具，选择淬火加热温度和加热时间应以奥氏体晶粒度和碳化物溶解程度为主要依据，以便得到耐磨性、热硬性同韧性的最佳配合，从而最大限度地提高刀具的寿命。

以上提供的加热系数，是以单件加热作为计算加热时间的依据的。在实际生产大量装炉时，还必须考虑诸多因素，如加热炉的炉型、结构、功率，控制电流的大小，升温速度的快慢，装炉方式、装炉量多少，以及预热情况等来确定最终的加热时间。

在加热时，对于两个重要的工艺参数，即加热温度和加热时间，两者相比，温度是第一位的，但也丝毫不能忽视时间的作用。两者综合作用可用淬火参量来表达：

$$P = T(37 + \lg t_s)$$

式中 P——淬火参量；

T——淬火加热温度(K)；

t_s——淬火加热时间(s)。

简单地说，高温短时间和低温长时间两种情况，只要淬火参量相同，那么，热处理后的效果应该是一致的，作者长期使用的是前者，因为高温加热，效果显著，提高5℃比延长20s有效，而且节能、快速。

高速钢刀具淬火冷却已很少用油冷，大多数用分级淬火或者等温淬火。分级淬火(简称为分级)即在480~560℃中性盐浴中冷却，冷却时间同高温加热时间，分级后放在空气中冷却至室温。中性盐浴配方(质量分数)为：48% $CaCl_2$ +31% $BaCl_2$ +21% NaCl。对于形状复杂、易于变形的工件采用分级等温淬火，即在480~560℃中性盐浴分级冷却后立即转入240~280℃硝盐浴中等温0.5~2h。硝盐浴的配方(质量分数)为：55% KNO_3 +45% $NaNO_2$。

高速钢刀具淬火冷却至室温清洗干净后，应立即进行回火，从淬火到回火的间隔时间最好不要超过12h，一般在8h之内就能完成。回火应达到最佳的碳化物二次析出二次硬化效应、残留奥氏体充分转变和残余应力彻底消除三大目的。高速钢回火也有一个回火参量经验公式：

$$P_1 = T_1(20 + \lg t)$$

式中 P_1——回火参量；

T_1——回火温度(K)；

t——回火加热时间(h)。

尽管回火温度、加热时间不同，但只要回火参量相同，回火的效果就应该是一样的。但这种计算方法在大生产中很难推广。

大多数高速钢的二次硬化峰均在550℃左右，所以回火温度一般都定在550℃。回火介质为质量分数为100%的 $NaNO_3$ 或质量分数为100%的 KNO_3，3次回火，每次保温1h，等温淬火因残留奥氏体较多，需进行4次回火。回火后一定要冷至室温才能进行下一次回火。高性能高速钢经550℃回火后硬度大多会超过68HRC，但超硬高速钢也不能超硬度。如果硬度超过68HRC，一般情况下提高回火温度至590℃，使之降至67.5~67HRC较佳。

3）高速钢刀具的表面强化技术。高速钢刀具加工成品后，有时还要进行表面强化处理，以进一步提高刀具的使用寿命。常用方法有如下几种。

① 蒸汽处理。这是刀具比较老也比较实用的表面强化方法，目前主要用于钻头、丝锥等刀具。蒸汽处理是使刀具在过热的蒸汽中加热，表面形成1~5μm厚的致密的蓝黑色 Fe_3O_4 氧化膜的方法。通过蒸汽处理，不仅使刀具外观漂亮，而且提高了耐蚀性，减小了摩擦因数，能使刀具寿命提高20%~30%。

② 氧氮共渗(氧氮化)。氧氮共渗是目前我国在麻花钻上应用最多的表面强化方法。它是在含氧和氮的气氛中进行的化学热处理方法。渗层内部为氮的扩散层，外层为氧化膜，渗氮层具有很高的耐磨性，氧化膜主要起防锈作用，对提高切削性能也有好处。共渗层的硬度为900~1150HV，氧化膜厚度为1~5μm，共渗层的深度为15~45μm。氧氮共渗一般能提高钻头寿命50%~80%。

③ QPQ盐浴复合处理。此项工艺国家曾在“八五”期间重点推广。QPQ盐浴复合处理的方法是：将刀具去油后，经预热，在渗氮盐浴中渗氮，然后浸入到氧化盐浴中氧化，出炉后空冷、清洗、干燥、上油。

QPQ盐浴复合处理能大幅度提高刀具的寿命，而且可以大大降低刀具寿命的分散度，提高刀具寿命的稳定性。

④ 无污染硫氮碳共渗。这种工艺处理后，渗层中除氮碳以外还含有硫。硫在刀具表面上还有润滑和减摩作用。这种工艺通常可提高刀具寿命1~2倍。

⑤ 物理气相沉积(PVD)。目前在刀具上应用的主要是沉积TiN的离子镀技术。物理气相沉积的方法有反应溅射、空心阴极离子镀、热阴极等，以及离子弧源离子镀、多弧离子

镀等。

物理气相沉积后，刀具表面形成2~5μm的TiN层，其硬度为1800~2200HV。TiN层有很高的耐磨性，一般可提高刀具寿命2~5倍，提高切削效率30%左右，尤其适用于齿轮滚刀之类的切齿刀具。

物理气相沉积技术发展很快，不仅能沉积一层，而且能沉积多层；不仅能沉积硬层，而且能沉积MoS_2之类的软层。因此，物理气相沉积技术可满足刀具不同沉积层的需求。

除了上述5种表面强化技术外，还有激光表面强化、多元共渗、滑化处理、渗氮处理、涂覆磷镍合金等。

（2）量具热处理

1）量具的预备热处理。量具的预备热处理包括退火、正火、消除网状碳化物处理及调质等。

①退火。退火一般多采用等温退火。

②正火。正火可改善一些中碳钢量具的原始组织，降低表面粗糙度值和提高强度。正火可作为预备热处理，也可以作为最终热处理。

③消除网状碳化物处理。如果过共析钢中网状碳化物较严重或组织粗大，淬火时易产生裂纹。淬火前这类不良组织可以用适当的预备热处理方法来减轻或消除，方法是将钢加热到稍高于或接近于Ac_{cm}温度，保持一定时间使碳化物全部或大部分溶入奥氏体并适当均匀化，然后快冷，使碳化物不致沿晶界析出，再在Ac_1以下合适的温度回火或正常退火，以调整到所需的硬度和组织。

④ 调质。调质可使工件加工后得到较低的表面粗糙度值，并细化淬火前的组织，消除机械加工应力，减少热处理畸变，使工件得到均匀而稍高的淬火硬度。

2）量具的最终热处理。量具的最终热处理包括淬火、回火、冷处理、时效处理和矫直等。

① 淬火。淬火宜用盐浴炉、真空炉、可控气氛加热炉加热。为减少变形，除普通淬火冷却外，也可选择分级淬火或等温淬火。

② 回火。回火以在硝盐浴或油中回火为宜。不进行冷处理的量具，淬火后应立即回火，以免产生裂纹。

③ 冷处理。对尺寸稳定性要求高的量具，淬火后冷至室温立即进行冷处理（-70~-80℃或-190℃），以使残留奥氏体尽可能地转变为马氏体，经冷处理后量具的硬度也会有所提高。

④ 时效处理。人工时效宜在热浴中进行。一般量规（硬度≥62HRC）淬火后进行140~160℃×8~10h人工时效（与回火合并进行）；要求硬度≥63HRC的量块等则在回火后再进行120℃×48h人工时效，或冷处理与时效处理反复数次的热循环处理。

量具精磨后宜进行120℃×10h时效处理，以去除磨削应力。量具精磨后留出少量研磨余量，然后在室温下存放半年至一年，进行自然时效后再研磨成成品，其效果较好。

⑤ 矫直。矫直有冷矫直和热矫直两种。对已发生变形的量具，最好采用热矫直。此外，量具在装配过程中，不允许再进行敲打。

3）量具的热处理技术要求。在国家标准中对各种量具的硬度都有明确的要求，见表1-2。生产厂应在保证尺寸稳定性的前提下力求高硬度。

量具热处理的显微组织至少应达到JB/T 9986—2013《工具热处理金相检验》中规定的级别。

表1-2 量具热处理硬度要求

标 准 号	产品名称	测量面的硬度
GB/T 21388—2008、GB/T 21389—2008、GB/T 21390—2008	游标卡尺	碳钢或工具钢≥664HV(≈58HRC)，不锈钢≥551HV(≈52.5HRC)，其他量面≥382HV(≈40HRC)
GB/T 1216—2004	外径千分尺	合金工具钢≥760HV(≈62HRC)，不锈钢≥575HV(≈54HRC)
GB/T 6093—2001	量块	≥800HV(≈63HRC)
GB/T 3325—2008	角度量块	≥63HRC
GB/T 1957—2006	光滑极限量规	≥700HV(≈60HRC)
GB/T 22512.2—2008	螺纹量规	60~63HRC

4）量块及高尺寸稳定性量规的热处理特点。量块是技术要求最高的长度计量基准，其测量面的硬度不应低于800HV，并对尺寸稳定性有很高的要求。

量块对材料质量的要求比一般量具严格，选用含有Cr、Mo、W、Co等合金元素的过共析钢是合理的；现行的含Cr轴承钢标准对材质要求高，也适宜制造量块；用30Cr13或40Cr13不锈钢渗氮制成的量块硬度可达950~1000HV，研磨后的量具表面粗糙度和色泽均优于淬火钢，且耐蚀性好，其心部为经调质的索氏体组织，尺寸极为稳定。

量块热处理工艺的要点为尽量减少淬火后残留奥氏体量、增加马氏体的正方性以及减少残余应力。因此，GCr15钢制量块的热处理工艺为经淬火并冷处理及低温回火，可满足上述要求。

GCr15钢量块的热处理工艺路线为：840~860℃加热，油淬→－78℃冷处理→140~150℃×1h×3次回火→120℃×48h人工时效→精磨→120℃×10h去应力→研磨。

长度大于100mm的GCr15钢量块，为保证尺寸稳定性可采用两端工作部分淬火的方法。其工艺路线为：整体淬火→280~300℃回火(≥55HRC)→量块端部约10mm浸入盐浴加热水淬→用同样的方法对量块另一端水淬→120~130℃×24h回火；也可以将量块整体淬火，回火后再用感应淬火方法对两端分别淬火、回火。

对于30Cr13、40Cr13钢量块，先经调质处理，得到索氏体组织(硬度为240HBW左右)，再经气体渗氮(硬度≥900HV)，然后研磨，精度高，尺寸稳定性极佳。其工艺路线为：表面活化处理(喷砂)→540~550℃气体渗氮(氨分解率为25%~35%,厚度≤10mm的量块渗氮2h,渗层为0.15~0.18mm;厚度为20~100mm的量块渗氮48h,渗层为0.22~0.24mm)。

5）磨削缺陷与热处理的关系。由于量具多采用过共析钢，以期淬火后得到高硬度，因此在热处理后磨削时会出现烧伤、裂纹、变形(翘曲)等弊病。

材料或热处理与磨削裂纹没有直接关系，磨削裂纹一般是磨削规范或磨削条件不当造成的。而淬火温度过高，回火不充分造成残留奥氏体过多，残余应力过大，以及存在较严重的网状碳化物和材料导热性差也都能促使磨削裂纹的产生。

量具零件的硬度与磨削裂纹的形成也有关系。硬度<55HRC时，磨削裂纹很少产生；

硬度>60HRC时，产生磨削裂纹的概率大为增加，磨削裂纹多在表面发生变色后才出现，烧伤前很少开裂。

零件在磨削后产生的变形(翘曲)与磨削时磨面存在的拉应力有关。在磨削之间插入人工时效处理，合理安排磨削方向、磨削量、进给量、磨削速度，以及在磨削过程中经常翻面，有助于磨削应力达到平衡，从而可减少磨削后的变形。

(3) 夹具热处理　夹具热处理以盐浴炉为主，由于它以单件、小批量为主，热处理质量不稳定，原材料也不规范，热处理难度比较大；不少夹具检测硬度比较难，比如卡瓦的头部、尾部、中间三段硬度各不相同，热处理工艺比较复杂，测量硬度必须破坏其中一个(或用废品替代)。夹具对韧性和强度的要求比较严，因此淬火温度不宜过高，回火要及时，夹具在热处理过程中不可受到侵蚀。

(4) 模具热处理　模具热处理分预备热处理、最终热处理、表面强化三大部分。

模具预备热处理工艺在不断地改革和发展。循环退火工艺、正火处理工艺、消除链状碳化物的工艺、高温双重处理工艺、快速匀细退火工艺、以调质代替退火工艺、快速软化退火工艺等，都在模具预备热处理中发挥了重要作用。

模具最终热处理有常规热处理、低温淬火、高温淬火、真空热处理等。淬火后的回火规范也是形式多样。

低温淬火是在比常规淬火温度低50～100℃或在更低的温度下进行淬火的热处理工艺。高速钢模具、高合金钢模具低温淬火工艺比较成熟，已成功应用；但低温淬火工艺不适合在易磨损和镦粗的模具上应用。

高温淬火是在比常规淬火温度高30～80℃的温度下进行淬火的热处理工艺。3Cr2W8V、5CrNiMo、5CrMnMo等热作模具高温淬火在某些领域获得了重大成果，解决了不少产品寿命低的关键问题。

真空热处理具有高质量、低能耗、无氧化、无污染等优点，在工模具热处理中得到了广泛运用。多年的实践证明，采用高压气淬比真空油淬更具有优越性。

精湛的热处理技术再加上合适的表面强化技术，将更能发挥材料潜能，提高模具寿命。表面强化技术分三方面：化学热处理表面强化、表面沉积覆层强化及其他表面强化法。

化学热处理表面强化有渗碳、渗硼、渗氮、碳氮共渗、渗金属及多元共渗等；表面沉积覆层强化有化学气相沉积（CVD)、物理气相沉积（PVD)、等离子气相沉积（PCVD）及TD处理；其他表面强化方法有激光表面强化、离子注入表面淬火及火焰淬火等。

1）热作模具的热处理特点。热作模具主要有热锻模、热挤压模、压铸模、热镦模等。热作模具在服役过程中，要承受很大的冲击力，模膛和高温金属接触后，本身温度高达300～500℃，局部可达600～750℃，有的甚至达1000℃左右，还要受反复加热和冷却，容易产生疲劳开裂。另外，炽热的金属被强制变形时，与模膛表面发生摩擦，模具极易磨损并有硬度下降现象。因此，要求模具除保证各种基本的力学性能外，还要有相应的热强性、热疲劳性、韧性和耐磨性。

热锻模是在比较高的温度下工作，承受着巨大的冲击载荷。因此，在较高的温度下，热锻模应具有高的强度、韧性和足够的耐磨性、淬透性。热锻模一般在工作面加工好了之后再进行热处理，在热处理过程中，应特别注意防止氧化脱碳。另外，热锻模的燕尾部位，为避免淬裂和冲击时折断，应采取特殊的处理工艺，确保燕尾部位有较高的塑性和韧性。

根据压铸模的用途不同，要求其有不同的硬度。一般来说，表面硬度越高，耐磨性越好，而且不会使液体金属黏附在模膛上。韧性好的心部和高硬度的表面，能使压铸模有良好的性能。针对上述情况，表面强化技术在压铸模热处理中应发挥重要的作用。

2）冷作模具的热处理特点。冷作模具的种类繁多，结构复杂，模具在使用中受到压缩、拉伸、弯曲、摩擦等作用。因此，要求模具具有高的变形抗力、断裂抗力、耐磨性、疲劳强度等性能。

①大多数冷作模具钢含合金元素较多，导热性差，而奥氏体化温度又高，因此，应缓慢加热，宜采用多次预热或阶梯式升温。

②为了提高模具工作面的表面质量，加热介质应予以重视。可控气氛加热炉、真空热处理炉等先进加热设备应优先考虑；盐浴加热有许多长处，但一定要充分脱氧捞渣。

③在达到淬火目的前提下，应采取较缓慢的冷却方法。等温淬火、分级淬火、高压气淬等减少变形的冷却方案都是行之有效的。

④为了进一步提高模具寿命，表面强化工艺应针对性选用。

⑤盐浴处理后应及时清理；工序间注意防锈；酸洗要防氢脆，并及时去氢。

⑥模具使用到一定时期，应取下进行一次去应力处理。

⑦热处理后需线切割或电火花加工的模具，要求模具淬透性高、淬硬层深，并要求热处理后应力最小，因此，需进行二次甚至三次回火，线切割后应补充一次去应力回火。

3）塑料模具的热处理特点。塑料模具的品种多，形状复杂，表面粗糙度值低，制造难度大。塑料模具的热处理并不要整体淬硬，只要表面有一定深度的淬硬层即可，中心则应保持较高的韧性和强度，故有时采用渗碳等化学热处理比较好。要防止表面氧化脱碳，表面应光洁致密，研磨抛光性能要好。

4）玻璃模具的热处理特点。玻璃模具应具有良好的抗氧化性、耐蚀性、导热性、耐冷热疲劳性、耐磨性、切割加工性，以及组织致密均匀、膨胀系数小等性能。针对这一情况，玻璃模具多采用高温回火和表面强化工艺。

（5）其他工具热处理

1）退火。其目的是改善普通工具的可加工性和热处理工艺性能。退火主要采用球化退火，对不易球化的钢可采用循环退火的方法以增进球化效果。

2）正火。其目的是细化过热钢的晶粒或消除过共析钢的网状碳化物。普通工具钢正火后通常为片状珠光体组织，一般还要进行球化退火，使珠光体球化。

3）调质。调质可使工件加工后得到较低的表面粗糙度值，并细化淬火前钢的组织，减少最终热处理的变形，使工件得到高而均匀的淬火硬度。

4）去应力退火。去应力退火主要用于消除因冷塑变形产生的加工硬化或消除切削加工产生的内应力。

5）淬火。普通工具热处理以盐浴加热为主，工具在淬火加热之前应进行预热，特别是形状复杂或大尺寸工具，以及一些高合金钢制作的工具，预热一定要认真做好。

6）回火。工具大多采用低温回火。普通工具一般只回火一次；高合金钢制作的工具因残留奥氏体较多，大多要进行两次回火。

7）装饰。不少工具，如五金工具、农机具最后还要镀锌或镀铬、涂装等，一1方面为了美观，更重要的目的是防止生锈。

3. 工模具热处理质量检验

热处理质量检验应按国家标准、行业标准、企业标准规定的方法对工艺文件和有关技术标准规定的项目进行工序间检验和最终的成品检验，并监督工艺纪律执行情况，防止废品和不良品产生。

对批量生产的工件，必须在首件或首批工件检验合格后才可继续生产。检验的项目和检验方法应按图样、工艺文件和技术标准的规定执行，对于没有明确规定的可按相关标准进行检测。

热处理检验通则包括硬度、金相组织、变形、外观、材料化学成分、力学性能和表面强化共7个方面的内容。

1）硬度检验。按JB/T 6050—2006进行。硬度检验，先测试一点不计，后在不同部位测试三点，取算术平均数为其硬度值。

2）金相组织检验。硬度是表面现象，金相组织才是本质的东西。对工模具热处理来说，金相组织相当重要。淬火后、回火后都要检验金相组织。硬度合格，金相组织不合格，工具质量不会好。

3）变形检验。薄板类零件在专用平板上用塞尺检验零件的平面度；轴类零件用顶尖支撑两端或用V形铁支撑两端，用百分表测其径向圆跳动，细小的轴类工具可在平台上用塞尺检验弯曲度；套筒、圆环类工件用百分表、游标卡尺、塞规、内径百分表及螺纹量规检验；特殊工具（如测量齿轮、盘形插齿刀等）的变形检验，必须由相关单位配合检验；成批生产的工具，应设计专用检具检验工件的变形。

4）外观检验。工具热处理后用肉眼或低倍的放大镜观察其表面有无裂纹、烧伤、碰伤、麻点、锈蚀等缺陷。重要零件、容易产生裂纹的零件，应进行裂纹检验，将零件浸油后喷砂，观察有无油渗。对于大型复杂刀具，如拉刀、滚刀，必须逐件检验裂纹。

5）材料化学成分检验。对于工模具的材料，如果在现场发现异常，往往先进行火花鉴别，再进行光谱分析。

6）力学性能检验。不少工具如夹具等，有力学性能方面的要求，应根据图样技术要求抽验随炉试样。

7）表面强化检验。高速钢刀具加工成品后，有些还要进行表面强化，如氧氮共渗、氮化钛涂层等，则应按相应标准规定项目检验。

（1）刀具热处理质量检验　刀具最终热处理通常包括淬火和回火，以及冷处理和化学热处理。对冷处理和化学热处理则应按相应的标准要求去检验。对进行淬火和回火的刀具，应按下列项目进行检验。

1）热处理前检验　刀具淬火前应检查是否符合工艺路线及工艺要求；有无变形、碰伤等缺陷，有无裂纹等缺陷；钢材是否符合规定要求。

2）热处理后检验如下：

①外观检验。外观检验包括回火后检验和表面处理后（喷砂、发蓝和化学处理）检验两部分。淬火回火后均应用肉眼或低倍放大镜观察表面有无裂纹、烧伤、碰损、麻点、腐蚀、锈斑或烧熔等缺陷。怀疑有裂纹时，可用磁粉、着色、荧光和超声波检测等方法检验，或浸油后喷砂直接观察。由于刀具大部分采用盐浴淬火，表面极易沾附盐类和氧化

剂，特别在螺纹、沟槽、内孔等处更不容易去除。因此，清理后必须仔细检查刀具整个表面残盐和脱氧剂残渣是否洗净，以防止引起锈蚀。对于易开裂和经冷处理的刀具应检验裂纹。

喷砂处理后工件的表面应呈均匀的银灰色，不得有明显的花斑、点状腐蚀、锈斑、残砂、氧化皮、残盐和其他污物，并需要经防锈处理。

发蓝处理后，碳钢和低合金钢的表面呈黑色或蓝黑色；合金钢为深棕色或浅蓝色；含硅量较高的钢为红棕色；高速钢为黑褐色。氧化层要求色泽均匀一致，无明显的花斑或锈迹存在。

允许的缺陷：轻微的水印和夹具印；处理前同一工件表面粗糙度不同，处理后色泽允许存在微小差别；摩擦焊点和矫直部分，以及局部淬火的硬化过渡区，允许膜层有点差异；不同材料焊接，允许膜层色泽稍有差别。

不允许的缺陷：膜层划伤或局部无膜、红色或黑色的斑点、不易擦除的挂粉及残留碱液。

将经过发蓝处理、蒸汽处理、氧氮共渗、TiN 涂层、镍磷镀层等表面处理的刀具，浸入10%(质量分数)$CuSO_4$ 水溶液，在规定的时间表面不露铜即为合格。

② 变形检验。热处理变形的刀具，可以通过矫直来达到技术要求，但矫直后应进行去应力退火，使矫直后的变形符合工艺要求，一般其变形量应不大于留磨量的1/2。

③ 硬度检验。在刀具质量检验诸项中，唯有硬度是数字化指标。如高速钢刀具，通用高速钢硬度要求为63～66HRC。但大多数工具厂都将硬度提高至65HRC，因为人们在总结几十年的创优、创品牌活动中，认为65HRC以下的硬度无市场竞争力，根据笔者长期工作的实践，认为通用高速钢刀具将硬度控制在65～66HRC、高性能高速钢刀具将硬度控制在66～67HRC 比较符合客观情况。部优、省优、国家品牌钻头，大于 ϕ6mm 者硬度均在66HRC 以上。

刀具硬度检验包括回火后的硬度(刃部和柄部)、热硬性，以及化学热处理后的硬度。

刀具回火后的硬度应按工艺文件规定检验，通用高速钢刃部的硬度为63～66HRC，柄部硬度为30～50HRC；接柄刀具柄部硬度为30～45HRC。高速钢刀具一般在第二次回火后初步检验硬度，视示值情况做出第三次回火是否要提高温度的决定。一般情况下，每超出1HRC，则要提高回火温度13～15℃。

形状复杂的刀具或大型工具，可以进行端面检测，也可用锉刀检测，也可以用里氏硬度计检测；焊接刀具应在图样规定的部位检测，不可以在硬化过渡区测量。如果在圆柱上测量有把握，就没有必要做破坏性检验，但大部分工具厂还是将平磨后检测的硬度值作为刀具最终硬度示值。

刀具的热硬性测定很有必要，不少工具厂不检查，事实上应该重视起来。热硬性是高速钢刀具特有性能，它代表刀具抗高温软化的能力。通用高速钢600℃时硬度应≥60HRC。例如，生产加工60钢调质件(26HRC)机用丝锥，600℃时硬度≥61HRC的丝锥应用起来较好，这说明丝锥在特殊情况还是要求具有一定热硬性的。高性能高速钢625℃时硬度应≥60HRC。

④ 金相检验。工具热处理最重要的环节是金相检验，刀具寿命不高大多是由于金相检验把关不严所致。

碳素工具钢刀具淬火的马氏体级别，按 JB/T 9986—2013《工具热处理金相检验》规定，共分6级，其合格级别见表1-3。

表1-3　碳素工具钢刀具淬火马氏体合格级别

产品名称	淬火马氏体级别/级		马氏体针叶长度（放大500倍）/mm
	合格级别	内控级别	
丝锥	≤3.5	≤2.5	2.5~4
铰刀	≤3.5	≤2.5	2.5~4
锯条	≤3	≤2	1.5~2.5
高频感应淬火工件	≤4.5	≤3	2.5~5

注：碳素工具钢制其他刀具，淬火马氏体级别≤3级，淬火组织不允许有屈氏体组织。

合金工具钢刀具的淬火马氏体也分6级，其合格级别见表1-4。

表1-4　合金工具钢刀具淬火马氏体合格级别

产品名称	淬火马氏体级别/级	
	合格级别	内控级别
螺纹刀具	≤3.5	≤2.5
铰刀	≤3.5	≤3
高频感应淬火工件	≤4	≤3

高速钢刀具淬火后，应按 JB/T 9986—2013《工具热处理金相检验》规定，检验淬火晶粒度、回火程度、过热程度。淬火晶粒度级等分为12、11、10.5、10、9.5、9、8.5、8共8个级别，以12级晶粒为最小，8级为最大。往往把淬火晶粒度作为高速钢淬火温度适当与否的重要条件，不同刀具对晶粒度的要求是不同的。

回火程度是以基体接受浸蚀的能力来衡量，正常回火后基体组织为黑褐色，分布着星星点点的碳化物。回火程度分为3个等级，1级回火充分，2级一般（合格），3级不充分（不合格）。

过热程度一般是以碳化物的形状变化和析出程度来表示，过热程度分为1、2、3、4、5级，以1级过热程度为最轻，5级过热程度最严重。

高速钢刀具热处理金相检验合格标准见表1-5。

表1-5　高速钢刀具热处理金相检验合格标准

产品		淬火晶粒度/级		过热程度合格级别/级	回火程度合格级别/级
名称	规格尺寸/mm	W-Mo系	W系		
直柄钻头	直径≤3	10.5~12	10~11.5	≤1	≤2
	直径>3~20	9.5~11	9~10.5	≤2①	
中心钻	—	10~11.5	9.5~11	≤1	
锥柄钻头	直径≤30	9.5~11	9.0~10.5	≤2①	
	直径>30	9.0~10.5	8.5~10		
螺钉槽铣刀	厚度≤1	10~11.5	9.5~11	≤1	
锯片铣刀	厚度>1			≤2	

（续）

产品		淬火晶粒度/级		过热程度合格级别/级	回火程度合格级别/级
名称	规格尺寸/mm	W-Mo系	W系		
车刀	≤16×16	8.5~10.5	8~10	≤2	≤2
	≥16×16			≤3	
铣、铰刀类	—	9.5~11	9~10.5	≤2①	
齿轮刀具	—	9.5~11	9~10.5	≤2②	
螺纹刀具	—	10~11.5	9.5~11	≤1	
拉刀	—	9.5~11	9~10.5	≤1	

① 钻头、键槽铣刀、立铣刀过中心的刃口碳化物堆积过热程度合格级别≤3级。

② 剃齿刀不允许过热。

对淬火马氏体级别、过热程度的检查，应在刀具的切削刃口部位上进行。淬火晶粒度、回火程度的检查，应尽可能靠近切削刃口。

（2）量具热处理质量检验　量具热处理质量检验包括淬火前和淬火回火后两大部分。不少生产单位对淬火前并不检验，结果出了不少不该发生的质量事故。淬火前主要查4项内容：材料是否符合图样资料规定，是否符合技术资料规定的工艺路线及工艺要求；工件有无翘曲变形；工作表面有无缺陷，如锈蚀、裂纹、碰伤；留磨量是否合理。

淬火回火后的质量检验如下：

① 外观检验。用肉眼或低倍放大镜观察表面有无麻点、锈斑、烧蚀、裂纹等。

② 变形检查。检查工件尺寸的胀缩及翘曲，必须保证应有的磨量，对变形超差的量具，一般不宜采用冷矫直，尽量采用热矫直，热矫直无效则返工重新热处理。

③ 硬度检验。量具最终热处理后，应检验其硬度。一般常用量具的硬度见表1-6。

表1-6　常用量具的硬度

量具名称	测量面硬度HRC	推荐硬度HRC	量具名称	测量面硬度HRC	推荐硬度HRC
游标卡尺	≥58	≥60	角度量块	≥62	≥63
千分尺	≥62		圆锥量规	58~62	60~64
游标万能角度尺	≥56	≥58	塞规、卡规	56~64	62~65
量块	≥64		螺纹环、塞规	≥58	≥60

为了提高量具使用寿命，在保证尺寸稳定性的前提下，适当提高硬度要求。量具主要零件的硬度见表1-7。

表1-7　量具主要零件的硬度

产品名称	主要零件名称	推荐硬度HRC
千分尺	螺纹量杆、校对量棒	62~65
游标卡尺	测尺（尺身）、深度尺	48~53
	游标片	30~45

（续）

产品名称	主要零件名称	推荐硬度 HRC
千分尺	齿轮	48～57
	量杆	48～53
高度游标尺	0～300mm 测尺	48～53
	0～500mm 测尺	45～50
	底座（底平面）	≥58
内径千分尺	量爪	62～64
	量规体	62～64

④金相检验。一般情况下不进行金相检验，必要时可参照表1-8。

表1-8 量具热处理金相组织要求

钢种	马氏体等级/级	屈氏体量	网状碳化物级别/级	脱碳层
碳素工具钢	≤3	测量面不允许有屈氏体；非测量面允许≤4%（体积分数）	≤3	不磨部分脱碳层≤0.03mm；磨加工部分加工后保证无脱碳层
合金工具钢	≤2		≤3	
轴承钢	≤2		≤3	
不锈钢	≤3		≤2	

（3）夹具热处理质量检验 夹具热处理质量检验主要有外观检验、变形检验、硬度检验三项，金相检验一般不做要求，如果要检验，参照同钢种制作刀具的金相检验要求。

1）外观检验。用肉眼观察夹具表面有无裂纹、锈斑、烧蚀、盐渍或其他污物等。

2）变形检验。检查工件尺寸的胀缩及翘曲，必须保证应有的磨量，对变形超差的零件应及时采取相应措施矫直。变形超差无法矫直时应采取快速退火或正火，矫直后重新淬火回火，再矫直。

3）硬度检验。夹具的硬度检验比量具要难得多，也比较难测准，这需要制作一些测量硬度的辅助支架或夹具等。

（4）模具热处理质量检验 模具热处理质量检验应按国家标准、行业标准或企业内控标准规定的程序，对工艺文件或技术标准中规定的项目进行严格的检查，并监督工艺纪律的执行情况，防止和减少废品与返工件的产生。

对批量生产的模具，必须在首件或首批检验合格后才可继续生产。检验的项目和检验的方法，应按图样、工艺卡片和技术标准的规定执行。对于没有明确规定的，可按相应的国家标准或客户要求进行检测。模具热处理后的检验主要有四个方面：外观、变形、硬度、金相。

1）热作模具热处理质量检验如下：

①外观检验。模具任何部位不得有肉眼可见的裂纹，关键部位应用5～10倍的放大镜细看。模具表面不应有明显的磕碰伤痕。

②变形检验。用刀口形直尺或平尺观测模面的平面度，并用塞尺测量，一般规定变形量应小于留磨量的1/3～1/2。

③硬度检验。首先将待测部位磨光或抛光，一般用洛氏硬度计检测3~4点。根据情况，也可用维氏硬度计、肖氏硬度计、里氏硬度计检查。如果硬度值超高，应多检测几点，尽可能准确。根据硬度值，做出是否要提高回火温度的决定。如果硬度偏低，应在原位置继续打磨，继续检测。如果硬度还低，再用手提小砂轮做钢号火花鉴别，一定找出致使硬度达不到工艺要求的真正原因。

④金相检验。热作模具的金相检验，可按JB/T 8420—2008《热作模具钢显微组织评级》执行。常用热作模具钢的显微组织特征和马氏体最大长度见表1-9。

表1-9　常用热作模具钢的显微组织特征和马氏体针最大长度

牌　　号	马氏体级别/级	显微组织特征	马氏体针最大长度/mm
5CrNiMo	1	马氏体+细珠光体+铁素体	0.006
	2	隐针马氏体+极少量残留奥氏体	0.008
	3	细马氏体+极少量残留奥氏体	0.014
	4	针状马氏体+残留奥氏体	0.018
	5	较粗大马氏体+较多残留奥氏体	0.024
	6	粗大针状马氏体+大量的残留奥氏体	0.040
4Cr5MoSiV1	1	马氏体+上贝氏体	0.003
	2	隐针马氏体+极少量残留奥氏体	0.004
	3	细针马氏体+少量残留奥氏体	0.010
	4	针状马氏体+残留奥氏体	0.016
	5	较粗大马氏体+残留奥氏体	0.030
	6	粗大针状马氏体+大量的残留奥氏体	0.036
3Cr2W8V	1	马氏体+细珠光体+少量碳化物	0.003
	2	隐针马氏体+少量残留奥氏体+碳化物	0.004
	3	细针马氏体+少量残留奥氏体+碳化物	0.010
	4	针状马氏体+残留奥氏体+碳化物	0.016
	5	较粗大马氏体+较多残留奥氏体+碳化物	0.030
	6	粗大针状马氏体+大量残留奥氏体+碳化物	0.036

注：1. 在500倍放大镜下观察，表中最大长度应×500。

2. 通常热作模具钢马氏体合格级别为2~4级。

另外，有些热作模具钢还要进行蒸汽处理、氧氮共渗、TiN涂层、渗硼、氮碳共渗等表面强化处理，则应按相关技术标准验收，重点检测渗层厚度、表面硬度和金相组织三大项。

2）冷作模具热处理质量检验如下：

①外观检验。模具表面不允许有磕碰、划伤、烧毁及严重的氧化脱碳、腐蚀麻点及锈蚀现象，肉眼观察不得有裂纹，表面必须光洁，孔眼特别是不通孔内不得堵泥和盐渍，拴绑的钢丝等附着物必须解除。

②变形检验。模具热处理后变形量不得超过留磨量的1/3~1/2。模具热处理后允许变形量见表1-10。

③硬度检查。模具热处理后应全部进行硬度检查。批量大者，不便用仪器检测，也可应用标准锉刀检查。

表1-10　模具热处理后允许变形量

工作部位名义尺寸/mm	允许变形量/mm		
	碳素工具钢	低合金钢	高合金钢
50~120	0 −0.10	±0.06	+0.02 −0.04
121~200	0 −0.15	+0.05 −0.15	+0.03 −0.06
201~300	0 −0.20	+0.06 −0.15	+0.04 −0.08
中心孔距变形率(%)	±0.10	±0.06	±0.04

冲裁模在离刃口5mm内，硬度必须达到要求，不得有软点。冷镦、冷挤、弯曲及拉深类的模具，主要受力工作面必须达到技术要求。碳素工具钢小凸模尾部固定部分硬度应控制在30~40HRC，其余部位硬度达到图样要求。

④金相检查。冷作模具钢退火后的金相组织要求见表1-11。

表1-11　冷作模具钢退火后的金相组织要求

钢　种	珠光体级别/级	网状碳化物级别/级	带状碳化物级别/级
碳素工具钢	4~6	≤3	—
低合金工具钢	2~4	≤2	≤4
高合金工具钢	1~3	≤2	≤3

Cr12型钢大块碳化物按JB/T 7713—2007评级。W18Cr4V等高速钢中大块碳化物按GB/T 9943—2008评级，淬火回火金相按企业内控标准评级。模具钢淬火后马氏体级别参考表1-12评定。模具表面渗氮、渗硼及渗其他金属按各相关标准评级。高碳合金钢制冷作模具显微组织检验可参照JB/T 7713—2007评定。

表1-12　冷作模具热处理金相检验项目要求

模具类别	牌　号	金相组织	
		马氏体级别/级	网状碳化物级别/级
落料冲孔模	T7A~T12A	≤3	≤3
	9Mn2V	≤2	≤3
	GCr15	≤2	≤2
	CrWMn	≤2	≤2
	9CrWMn	≤2	≤2
	9SiCr	≤2	≤3
冲头	T7A~T12A	≤2	≤3
	W6Mo5Cr4V2	淬火晶粒度≤11级,回火程度≤1级	
	9Mn2V	≤2	≤2
硅钢片冲模	Cr12、Cr12MoV	≤2	共晶碳化物≤3级
	9SiCr	≤2	≤3

（续）

模具类别	牌 号	金相组织	
		马氏体级别/级	网状碳化物级别/级
弯曲模	T7A～T12A	≤3	≤3
	9Mn2V	≤2	≤2
	Cr12、Cr12MoV	≤3	共晶碳化物≤3级
拉深模	T7A～T12A	≤3	≤3
	Cr12、Cr12MoV	≤3	共晶碳化物≤3级
滚丝模	9SiCr	≤2	≤3
	Cr12MoV	≤2	≤3
	W6Mo5Cr4V2	淬火晶粒度≤11级，回火程度≤1级	

（5）其他工具热处理质量检验　其他工具包括五金工具、木工工具、农机具、园林工具及手工工具等，这些工具都有相应的国家标准或行业标准，应按技术要求，对其进行外观、变形、硬度、金相等项目的检验，有的工具还要做力学性能方面的试验。有些企业的内控标准比国家标准、行业标准要严得多，有些工具还要做切削试验或寿命试验。

第 2 章　刀具热处理工艺

1. 正方形高速钢车刀条的热处理工艺

某正方形高速钢车刀条的热处理技术要求：淬火晶粒度为 8.5 ~ 10 级，硬度≥64HRC（对于高性能高速钢,硬度≥66HRC）。其热处理工艺如下：

（1）预热　中温盐浴炉，预热温度为 850 ~ 870℃，预热时间为加热时间的两倍。

（2）加热　W18Cr4V、W6Mo5Cr4V2、W9Mo3Cr4V、W2Mo9Cr4VCo8、W6Mo5Cr4V2Al 钢制车刀的淬火温度分别为 1280 ~ 1300℃、1230 ~ 1240℃、1235 ~ 1245℃、1175 ~ 1185℃、1195 ~ 1205℃。其装炉量与加热时间见表 2-1。

（3）冷却　在配方（质量分数）为 48% $CaCl_2$ + 31% $BaCl_2$ + 21% NaCl 的盐浴（以下均简称为中性盐浴）中冷却，冷却时间同高温加热时间。分级温度为 480 ~ 560℃。

（4）回火　550 ~ 560℃ ×1h ×3 次，回火盐浴介质是质量分数为 100% 的 $NaNO_3$（以下同）。

表 2-1　正方形高速钢车刀条的装炉量与加热时间

规格尺寸：（边长/mm）×（长度/mm）	装炉量/件	加热时间/s	规格尺寸：（边长/mm）×（长度/mm）	装炉量/件	加热时间/s
4 ×63 ~80	60	180	16 ×100 ~200	20	280
5 ×63 ~80	54	190	18 ×160 ~200	18	300
6 ×63 ~200	48	200	20 ×160 ~200	16	310
8 ×63 ~200	40	205	22 ×160 ~200	12	320
10 ×63 ~200	36	220	24 ×160 ~200	10	330
12 ×63 ~200	32	240	25 ×160 ~200	8	345
14 ×100 ~200	24	260	26 ×160 ~200	8	360

2. 矩形高速钢车刀条的热处理工艺

某矩形高速钢车刀的热处理技术要求：淬火晶粒度为 9 ~ 10 级，硬度≥64HRC（对于高性能高速钢,硬度≥66HRC）。其热处理工艺如下：

（1）预热　中温盐浴炉，预热温度为 850 ~ 870℃，预热时间为加热时间的两倍。

（2）加热　W18Cr4V、W6Mo5Cr4V2、W9Mo3Cr4V、W6Mo5Cr4V2Al 钢制车刀的淬火温度分别为 1275 ~ 1300℃、1225 ~ 1235℃、1230 ~ 1240℃、1200 ~ 1210℃。其装炉量与加热时间见表 2-2。

（3）冷却　在中性盐浴中的冷却时间同高温加热时间。

（4）回火　550 ~ 560℃ ×1h ×3 次。

表 2-2　矩形高速钢车刀条的装炉量与加热时间

规格尺寸：(厚/mm)×(宽/mm)×(长/mm)	装炉量/件	加热时间/s	规格尺寸：(厚/mm)×(宽/mm)×(长/mm)	装炉量/件	加热时间/s
4×6×160~200	60	180	6×12×100	48	200
5×8×160~200	56	190	8×16×100~200	36	205
6×10×100~200	48	200	10×20×160~200	32	240
8×12×100~200	40	205	12×25×160~200	28	260
10×16×100~200	36	220	3×12×100~160	64	170
12×20×160~200	32	240	3×20×160	60	190
16×25×160~200	24	280	4×16×100~200	56	200
4×8×100	60	180	5×20×160~200	48	205
5×10×100	56	190	6×25×200	36	220

注：厚度 5mm 以下常采用分级等温淬火，回火均采用夹直回火。

3. W2Mo9Cr4VCo8 钢制车刀的热处理工艺

金属切削机床的种类很多，但在机械制造业中，车床要占全部切削机床的 50%~60%。车刀不仅种类很多，而且工作条件各异，有重切削、断续切削、高速切削等许多作业条件，加上难切削材料增多，这就要求车刀必须具备很好的耐磨性和较高的热硬性。

一般情况下，由于 W2Mo9Cr4VCo8 钢太昂贵，主要用来制作高精度的复杂刀具，但也有些厂家用 W2Mo9Cr4VCo8 钢制作车刀。热处理工艺简介如下：采用盐浴热处理。预热 840~860℃×24~30s/mm；1175~1185℃×12~15s/mm 加热；淬火冷却介质为中性盐浴，分级冷却时间同高温加热时间；淬火晶粒度控制在 9.5~10 级；如果车刀细长易变形，还应进行等温处理；510~530℃×1h×3 次回火，硬度可达 68~69HRC。如此高的硬度，脆性比较大，从机床上掉下来就可能折断。我们追求高硬度，但不唯高硬度，故使回火温度高过二次硬化峰，采用 560℃三次或四次(等温需四次)回火，可使硬度降至 66.5~67.5HRC。实践证明，这是一个比较理想的硬度值。

根据作者经验，W2Mo9Cr4VCo8 钢制车刀硬度高，不宜酸洗。喷砂只喷两个端面即可，因为其余面均要磨削。

4. W6Mo5Cr4V2Co5 钢制车刀的热处理工艺

旧标准 GB/T 9943—1988《高速工具钢》规定，W6Mo5Cr4V2Co5 钢中碳的质量分数为 0.80%~0.90%，如果碳的质量分数为 0.80%~0.86%，就很难使其制造的刀具硬度≥66HRC，失去了高性能高速钢的实际意义，Co 的加入也就不能体现其优越性。现行标准 GB/T 9943—2008《高速工具钢》参照国际先进标准，将 W6Mo5Cr4V2Co5 钢中碳的质量分数提到 0.87%~0.95%，以确保 W6Mo5Cr4V2Co5 钢刀具的硬度、耐磨性及热硬性。W6Mo5Cr4V2Co5 钢制车刀的热处理工艺如下：

(1) 预热　840~860℃×24~30s/mm[㊀]盐浴预热。

㊀ 24~30s/mm 为加热系数，加热时间应由工件平均壁厚 (mm) 与加热系数的乘积得到，全书同。

（2）加热　1190～1210℃×12～15s/mm 高温盐浴加热。

（3）冷却　480～560℃×12～15s/mm 中性盐浴冷却后空冷。

（4）回火　550～560℃×1h×3 次回火，回火后硬度为 67～67.5HRC。

如果硬度超过68HRC，应通过提高回火温度的方法使之降至67.5HRC 以下。

5. W6Mo5Cr4V2Al 钢制车刀的热处理工艺

W6Mo5Cr4V2Al 钢是在 W6Mo5Cr4V2 钢基础上，将钢中碳的质量分数从 0.80%～0.90%提高到1.05%～1.15%，同时加入质量分数为 0.80%～1.20%的 Al。W6Mo5Cr4V2Al 钢是我国自主创新的一种新型的高性能高速钢，开创了无 Co 高性能高速钢的先河。它具有硬度、耐磨性、热硬性高等一系列优点。W6Mo5Cr4V2Al 钢制车刀的热处理工艺如下：

（1）预热　840～860℃×24～30s/mm 盐浴预热。

（2）加热　1200～1215℃×12～15s/mm 高温盐浴加热。高温炉要充分脱氧捞渣。

（3）冷却　480～560℃×12～15s/mm 中性盐浴分级冷却后空冷。

（4）回火　550～560℃×1h×4 次。最好将硬度控制在 67～67.5HRC。W6Mo5Cr4V2Al 钢制车刀过热 2 级以上脆性较大，应引起重视。

W6Mo5Cr4V2Al 钢制车刀留磨量应适当少些，因为该材料磨削较困难。W6Mo5Cr4V2Al 钢制车刀的切削性能和寿命均佳。

6. W12Mo3Cr4V3N 超硬高速钢车刀的热处理工艺

W12Mo3Cr4V3N 钢是国产无钴超硬高速钢之一，属含氮高钒型，于 20 世纪 70 年代开发，主要化学成分见表 2-3。其化学成分特点如下：

1）用少量氮代替相应碳，使碳含量比一般超硬型略低，既保证了二次硬化，又避免了太高的碳含量对韧性的不利影响。

2）钨当量(W+2Mo)为 18%，保持了传统的高含量水平，钨与钼的合理配比有利于改善碳化物的质量和热塑性。

3）采用 $w(V)=3\%$ 与相应的高碳含量，既有良好的耐磨性，又有一定的可磨削性。

表 2-3　W12Mo3Cr4V3N 钢主要化学成分(质量分数)　(%)

C	W	Mo	Cr	V	N	碳饱和度
1.15～1.25	11.0～12.50	2.70～3.20	3.50～4.10	2.50～3.10	0.04～0.10	0.93

用 W12Mo3Cr4V3N 钢制作车刀的工艺路线：下料→锻造→退火→机加工→淬火→磨削→成品。热处理技术要求：硬度≥67HRC；晶粒度为 8～9.5 级；过热≤3 级；回火充分。其热处理工艺简介如下：

（1）退火　钢厂提供 $\phi16\sim\phi20$mm 棒料，硬度≤270HBW，改锻后硬度为52～58HRC，不能切削加工，必须进行退火处理。为方便批量生产，一般均采取常规的普通退火，即随炉升温或300℃以下入炉，600℃×1h 预热，850～860℃×4h 保温，炉冷至500℃以下出炉空冷。退火后硬度为 210～235HBW。

（2）淬火　采用500～550℃、860～880℃两次预热，第一次在空气炉中进行，第二次在盐浴中进行。有些生产单位采用三次预热，即第一次在 300～400℃空气炉烘干水分，第二、第三次在盐浴中预热，温度分别为 820～830℃、880～900℃，预热时间为加热时间的 2

倍。加热温度为1240～1250℃，加热系数取18～20s/mm，这比普通高速钢高得多，目的是使提高奥氏体的合金度。冷却一般用中性盐浴，使用温度为480～560℃，对于大规格车刀再进行350～450℃分级冷却，可提高其硬度。

淬火后晶粒度为8～9.5级，显微视场晶界很清晰，碳化物溶解好。

（3）回火　W12Mo3CrV3N钢制车刀的回火温度偏高，一般选用565～570℃，回火3次，每次1h。在这里要特别强调回火操作的细节问题：回火筐不能太大；车刀不能叠得太厚；一定要冷到室温后才能进行下一道回火；1250℃淬火时*Ms*约为125℃，残留奥氏体较多，3次回火不充分，应进行第4次回火。

（4）力学性能及应用　经测定，回火的车刀硬度为67.5～68.6HRC，过热为2～3级，抗弯强度为2156MPa；冲击韧度为17.64J/cm^2；600℃×4h的硬度（热硬性）为65～66HRC，625℃×4h的硬度（热硬性）为63～64HRC。

W12Mo3CrV3N钢制车刀能顺利地车削42～45HRC的45钢。在同一车床同一车削工艺参数情况下，车削W6Mo5Cr4V2钢退火锻件，其寿命是W18Cr4V钢（硬度为65HRC）制车刀的2.3倍。

7. W10Mo4Cr4V3Al钢制车刀的热处理工艺

为了加工耐热合金和超高强度钢，我国有关单位研制成功了W10Mo4Cr4V3Al高性能高速钢，经适当的淬火、回火后，硬度可达67.5～68.9HRC，比W18Cr4V高2HRC以上，600℃×4h的硬度（热硬性）可达65.4～67.1HRC，比W18Cr4V高3HRC以上。其化学成分见表2-4。

表2-4　W10Mo4Cr4V3Al钢主要化学成分（质量分数）　（%）

C	W	Mo	Cr	V	Al	碳饱和度
1.30～1.45	9.50～10.50	3.50～4.50	3.80～4.50	2.80～3.20	0.80～1.20	0.97

从试验可知，W10Mo4Cr4V3Al钢淬火温度低于1200℃会晶粒过细，碳化物溶解不充分；1260℃淬火，可见明显的过热现象。12mm×12mm×160mm车刀热处理工艺如下：880℃×10min盐浴预热，1250℃×5min盐浴加热，500℃中性盐浴分级冷却5min后空冷，晶粒度为9～9.5级；560℃×1h×4次回火。过热1级，回火充分，硬度为67.8～68.6HRC。

经现场试验，在车削耐热合金、710炮钢及45钢调质件时，W10Mo4Cr4V3Al钢比W18Cr4V钢的刀具寿命提高2倍，接近于W2Mo9Cr4VCo8钢水平。

8. W12Mo3Cr4V3Co5Si钢制车刀的热处理工艺

W12Mo3Cr4V3Co5Si属于高性能高速钢，主要用来加工超高强度钢、铸造高温合金和铁基高温合金等金属材料。经过适当的热处理，硬度可达69～70HRC，其切削性能和W2Mo9Cr4VCo8钢相当。W12Mo3Cr4V3Co5Si钢主要化学成分见表2-5。淬火温度与硬度及残留奥氏体的关系见表2-6。

表2-5　W12Mo3Cr4V3Co5Si钢主要化学成分（质量分数）　（%）

C	W	Mo	Cr	V	Co	Si	碳饱和度
1.30～1.40	11.50～13.50	2.80～3.40	3.80～4.40	2.80～3.40	4.70～5.10	0.80～1.20	0.95

表 2-6 W12Mo3Cr4V3Co5Si 钢淬火温度与硬度及残留奥氏体的关系

淬火温度/℃	1200	1220	1240	1260	1280
淬火后硬度 HRC	66.6	65	63	61	60
淬火晶粒度/级	11	10	9.5~9	9~8.5	8
淬火后残留奥氏体(体积分数,%)	—	16.9~15.8	18.9~20.5	26.0~29.6	—
三次回火后硬度 HRC	67~67.5	68~69	69~70	68~69	67.5~68

注：1240℃淬火，560℃×1h×3次回火后，残留奥氏体体积分数为1%左右。

16mm×16mm×200mmW12Mo3Cr4V3Co5Si 车刀条选用1220~1230℃加热，480~560℃中性盐浴分级冷却，第一次回火温度为580℃，后两次用550℃，硬度为66~67HRC。按此工艺处理，车刀寿命长。

9. W6Mo5Cr4V5SiNbAl 钢制车刀的热处理工艺

这种钢化学成分的设计，主要考虑使用我国富有元素 Si 和 Al 来提高钢的硬度及热硬性，利用 V 提高耐磨性，加入少量 Nb 主要是为了改善钢的热加工性和韧性，同时还立足于高速钢废料的回收。

W6Mo5Cr4V5SiNbAl 高速钢刀具适用于加工高温合金，对于不锈钢、耐热钢和高强度钢也有很好的切削效果。W6Mo5Cr4V5SiNbAl 钢主要化学成分见表2-7。

表 2-7 W6Mo5Cr4V5SiNbAl 钢主要化学成分(质量分数) (%)

C	W	Mo	Cr	V	Si	Nb	Al	碳饱和度
1.55~1.65	5.50~6.50	5.0~6.0	3.80~4.40	4.20~5.20	1.0~1.40	0.20~0.50	0.30~0.70	0.92

W6Mo5Cr4V5SiNbAl 制车刀的热处理工艺为：840~860℃×30s/mm 盐浴预热；1225~1235℃×15s/mm 加热；480~560℃×15s/mm 中性盐浴分级后空冷，晶粒度控制在9.5~10级；第一次回火580℃×1h，然后560℃×1h×3次回火，回火后硬度为66.5~67HRC。

10. W18Cr4V3SiNbAl 钢制车刀的热处理工艺

W18Cr4V3SiNbAl 属 W 系超硬型高速钢，其主要化学成分见表2-8。它具有较高的硬度、较高的热硬性和耐磨性等特点，能够加工硬而韧的材料，如超高强度钢及其他淬火结构钢，也能切削难加工材料，如高温合金、铁铝锰耐热钢和不锈钢等。用于加工硬度为40~50HRC 的金属材料效果尤为显著，被加工零件的精度高、表面粗糙度值低。

10mm×10mm×200mm 车刀的热处理工艺为：840~860℃×6min 盐浴预热，1235~1245℃×3min 加热，480~560℃×3min 中性盐浴分级冷却后空冷，晶粒度控制在9.5~10级；第一次回火580℃×1h，然后550℃×1h×3次回火，回火后硬度为66~67HRC。按此工艺处理，车刀质量稳定。

表 2-8 W18Cr4V3SiNbAl 钢主要化学成分(质量分数) (%)

C	W	Al	Cr	V	Si	Nb	碳饱和度
1.50~1.60	18~20.0	1.0~1.40	3.80~4.40	3.0~4.0	1.0~1.40	0.08~0.30	0.98

11. W12Mo3Cr4V3Co5 钢制车刀的热处理工艺

此钢和 W12Mo3Cr4V3Co5Si 钢相比，唯一的不同处是不含 Si。通过对比性试验，其硬度、热硬性、耐磨性及其力学性能都接近甚至超过 W12Mo3Cr4V3Co5Si 钢。产品规格尺寸为 16mm×16mm×200mm。车刀的热处理工艺为：840～860℃×8min 盐浴预热，1225～1235℃×4min 加热，480～560℃中性盐浴分级冷却 4min 后空冷，540℃×1h×4 次回火，硬度可达 70～70.5HRC。但实践中并不用如此高的硬度，所以往往第一次回火用 580℃（也可以第 4 次回火提高温度），将硬度控制在 67～67.5HRC 为宜。

12. CW9Mo3Cr4VN 钢制车刀的热处理工艺

切削难加工材料一般选用昂贵的钴高速钢刀具或用超硬刀具材料，CW9Mo3Cr4VN 是我国 20 世纪 90 年代初研制成功的无钴超硬型高速钢。它是在 W9Mo3Cr4V 钢成分的基础上将 $w(C)$ 提高 0.1%，同时添加 N，使 $w(N)=0.05\%\sim0.08\%$，加入 N 和提高 C 含量，有利于提高车刀的硬度、耐磨性和热硬性，改善了切削性能，降低了成本。CW9Mo3Cr4VN 钢制车刀使用寿命和含钴高速钢车刀基本相当。应用 CW9Mo3Cr4VN 制作车刀，符合我国资源特点，有战略意义。

（1）化学成分　CW9Mo3Cr4VN 钢化学成分见表 2-9。

（2）车刀技术条件　车刀技术要求高硬度、高耐磨性和高的热硬性。淬火回火后硬度≥65HRC，回火程度≤2 级，过热≤4 级（厚度≤8mm 时，过热≤2 级），热处理后变形（直线度误差）≤0.20mm。

表 2-9　CW9Mo3Cr4VN 钢化学成分（质量分数）　（%）

C	W	Mo	Cr	V	N	P	S
0.97～1.05	8.80～9.50	3.0～3.50	3.80～4.40	1.30～1.70	0.05～0.08	≤0.030	≤0.030

（3）热处理工艺　500～550℃×48s/mm+850～870℃×24s/mm 两次盐浴预热，1220～1230℃×12s/mm 盐浴加热，480～560℃×12s/mm 分级冷却后在 240～280℃的硝盐浴中等温 30min。该工艺降低了组织应力，减少了变形，避免了开裂，又获得一定数量的强韧性好的下贝氏体组织。组织中约有 25%～30%（体积分数）的残留奥氏体，为了使残留奥氏体转变，淬火后冷至室温清洗干净后置于 −60℃×1h 干冰乙醇中冷处理，使淬火继续进行，硬度提高 2～3HRC，大约能使 10%～15%（体积分数）的残留奥氏体转变成马氏体。工件从冷处理出炉后使其温度回升到室温，先经 320～350℃空气炉预热，然后再进行 550℃×1h×4 次回火，回火后硬度为 66～67HRC。

取 14mm×14mm×150mm 大小的 W10Mo4Cr4V3Al（硬度为 67～69HRC）、W18Cr4V（硬度为 65～66HRC）、W9Mo3Cr4V（硬度为 65～66HRC）及 CW9Mo3Cr4VN（硬度为 66～67HRC）各三支同规格车刀切削试验对比，车削 45 钢调质件，均车 4000mm 长，磨损量分别为 0.41mm、0.42mm、0.43mm、0.40mm。

13. W9Mo3Cr4VCo5 钢制车刀的热处理工艺

W9Mo3Cr4VCo5 系高性能高速钢，用其制作尺寸为 14mm×14mm×200mm 的车刀，使用效果极佳，现将热处理工艺及使用效果简介如下：

（1）热处理工艺　600℃×7.5min+860℃×7.5min两次盐浴预热，1230~1240℃×3.75min盐浴加热，480~560℃中性盐浴分级冷却后转240~80℃硝盐浴中继续分级冷却，分级冷却时间同高温加热时间，晶粒度控制在9~10级，550℃×1h×4次回火，硬度为67~68.5HRC，过热2~3级。

（2）车刀使用情况　被加工材料为退火W6Mo5Cr4V2钢剃前滚刀毛坯，硬度为246HBW，在车床上加工，主轴转速为48r/min，进给量为0.30mm/r(最大0.5mm/r)，和原W6Mo5Cr4V2钢车刀相比，寿命提高4~5倍，且被加工件表面质量好。

制作12mm×12mm×200mm车刀，硬度为68HRC，加工W6Mo5Cr4V2钢剃刀片毛坯，硬度为220HBW，在刨床上操作，刨削深度为1.30~1.50mm，一次刃磨连续刨削65h，是W6Mo5Cr4V2钢刀寿命的4倍以上。

14. 3mm×10mm×200mm薄长割刀的热处理工艺

3mm×10mm×200mm薄长割刀主要用于卧式车床上的割槽和切断，用量比较大，且为出口产品，指定用W18Cr4V钢制造，热处理难点是变形。本例采取一种特殊方法，从而获得满意的效果，现简介如下：

（1）淬火夹具　实践证明，采用Q235A钢板夹具为宜，外形尺寸为210mm×150mm×6mm，钢板上一定要采取三排螺纹孔，螺纹孔直径为12.5mm，两侧各三孔，中间加工两孔；钢板夹工件的地方还要加工ϕ5mm小孔若干个，孔距约15mm。这样做的目的是使加热和冷却尽量均匀，从而得到理想的金相组织和硬度。

（2）淬火前的准备工作

1）应将氧化皮、脱碳层未磨去的工件全部挑出。这是因为氧化皮、脱碳层的存在，将给工件淬火带来变形增大、局部过热、软点，以及淬火后磨裂等弊病。

2）每副夹具装4排工件，每排工件的厚度控制在30mm之内。

3）8个紧固螺栓均匀拧上，但不能过紧，以不掉出工件为宜。

4）在夹具上拴绑钢丝，应使工件处于水平方向进行加热。

（3）热处理工艺

1）技术要求。硬度为64~66HRC，变形量≤0.15mm，600℃×4h的硬度（热硬性）≥63HRC。

2）热处理工艺如图2-1所示。

上述操作均在盐浴炉中进行。GB/T 9943—2008《高速工具钢》将W18Cr4V钢中碳的质量分数由原来的0.70%~0.80%调整至0.73%~0.83%，使得淬火温度不必要升到1300℃。奥氏体晶粒度控制在9.5~10级为宜。

淬火清洗后，松开夹具，将工件整齐地摆放在小方盒内，然后再把小方盒放在书架式的筐中进行回火。这样不但使工件回火加热均匀，而且可以防止回火时的变形。由于淬火温度高，残留奥氏体多，需进行4次回火。

（4）检查　回火后检查工件表面，硬度大多在65~66.5HRC，变形合格率达100%，回火充分，热硬性试验也达标。淬火夹具用后清洗干净，可反复使用80次以上。

（5）总结　防止细长车刀条淬火变形的主要措施应以淬火夹具的应用为主，工艺改进

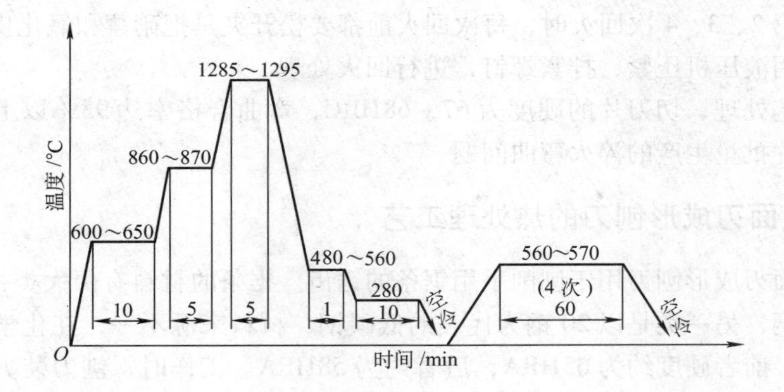

图 2-1　W18Cr4V 钢割刀片热处理工艺

以矫直为辅。这主要是细长车刀条，其技术要求为高硬度、高热硬性，因为淬火温度往往取上限，而又不能采用等温淬火，更不宜油冷。若不采用合适的淬火夹具进行控制，淬火变形比较严重，一般可达 4 ~ 5mm。在如此大的变形情况下，若采用热矫直，因工件细长，很快会冷下来，难以实施；若采用冷矫直，工件很容易压断；采取回火前 400℃热矫直，劳动强度大，操作上很不方便。因此，采用合适的淬火夹具，既省人力、电力、工时，又能达到技术要求，一举多得。

本例中的夹具还适用(3m × 3mm ~ 4mm × 4mm) × 200mm 细长高速钢车刀条的淬火。

15. W8Mo5Cr4VCo3N 钢制切刀片的热处理工艺

W8Mo5Cr4VCo3N 钢制切刀片外形尺寸为 200mm × 20mm × 2mm，要求硬度为 66 ~ 68HRC，直线度误差 <0. 15mm。该刀片易变形，合格率低，即使采用等温淬火，合格率也只有 11%。本例介绍的热处理工艺经过反复试验，不仅使硬度符合要求，更重要的是有效地解决了变形问题。其热处理工艺如图 2-2 所示。

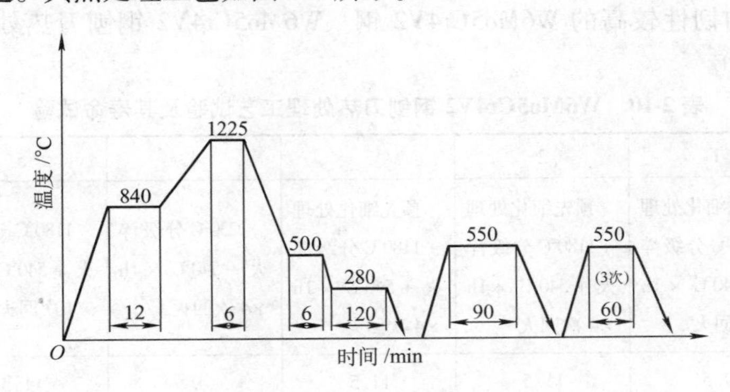

图 2-2　Co3N 钢割刀片热处理工艺

（1）淬火　设计三层淬火夹具，每孔插 7 片，每挂装 112 件，840℃预热，1225℃加热，500℃分级冷却后入 280℃硝盐浴等温 2h，晶粒度控制在 9. 5 ~ 10 级。

（2）回火　把淬火后的刀片清除干净残盐后装在特别压紧的夹具上，然后在液压机上用 200 ~ 220kN 压力压平刀片，并将螺钉拧紧。然后在硝盐浴中进行 4 次回火，第一次在 550℃ × 30min 回火后取出夹具，趁热加压，再次拧紧螺钉后放回 550℃硝盐浴继续回火 1h，空冷至室温。第2、3、4次回火时，每次回火前都要松开夹具把硝盐和氧化皮清除干净，重新装入夹具并用液压机压紧，拧紧螺钉，进行回火处理。

按上述工艺处理，切刀片的硬度为67～68HRC，弯曲合格率达95%以上，有效地解决了此类细长刀片批量生产的淬火弯曲问题。

16. 高速钢双面刃成形刨刀的热处理工艺

高速钢双面刃成形刨刀用于刨削手用锯条的锯齿。锯条的材料有两大类：一类是以T10为代表的高碳钢，另一类是以20钢为代表的低碳钢，材料来源不一，在化学成分和原始硬度上都有差别，前者硬度约为65HRA，后者约为58HRA。工作时，刨刀装夹在刨床上，锯条坯料并排夹放，每板约放600根。刨刀单程切削，切削行程约为400m，每分钟往复68次。刨削为干切削，刨削时刀具与工件间不加润滑剂。

目前国内有关工厂的这类圆刨刀主要由W6Mo5Cr4V2等通用高速钢制成，常规淬火，晶粒度为9～10级，硬度为63～66HRC。但使用中圆刨刀的寿命不高。刨削高碳钢锯条时通常为每刃磨1次加工1板。因此，提高圆刨刀的切削寿命对于改善锯条的质量，增加我国锯条出口，以及节约高速钢等都具有重要意义。

（1）崩刃的失效分析　由生产实践统计发现，刨刀的失效形式通常有两种：崩刃和磨损，主要是崩刃。崩刃刀具在外观上为刃部崩落，崩落长度一般在零点几毫米到几毫米，断口呈粗糙光泽状。崩刃主要是由于脆性大造成的。锻造工艺不当，碳化物偏析过大，淬火温度偏高，加热时间过长，回火不足等都会使刨刀脆性增大而导致崩刃。

刨刀的工作方式属于间歇式切削，与连续切削相比，受到的冲击力较大，同时由于是干切削，所以刀具的发热和磨损也较大。因此，理想的刨刀应该是既有较高的韧性，又具有足够的耐磨性的产品。

（2）热处理工艺　在多种通用高速钢牌号中，不用W18Cr4V和W9Mo3Cr4V钢，而是选用国际上通用的韧性较高的W6Mo5Cr4V2钢。W6Mo5Cr4V2钢刨刀热处理工艺试验及其寿命试验见表2-10。

表2-10　W6Mo5Cr4V2钢刨刀热处理工艺试验及其寿命试验

刀具试件号	1	2	3	4	5	6
热处理工艺	预先细化处理+1230℃分级淬火+540℃×1h×4次回火	预先细化处理+1180℃分级淬火+540℃×1h×4次回火	预先细化处理+1180℃分级淬火+540℃×1h×4次回火	1230℃分级淬火+540℃×1h×4次回火	1180℃分级淬火+540℃×1h×4次回火	1180℃分级淬火+540℃×1h×4次回火
晶粒度/级	9.5	11.5	11.5	9	11.5	11.5
硬度HRC	65	64.5	63.5	64.5	63	63
切削锯条板数	3	6	4	3	5	8

注：高温加热时间为2min；1180℃加热时间为5min。冷却介质为中性盐浴。回火采用540℃过热蒸汽。

从上表可知。6号试件低温淬火常规回火，刨刀使用寿命最高。

（3）刨刀生产制造中应注意的几个问题

1）圆刨刀的外径应该精确一致，外径大小不一，容易引起过大的冲击力而造成崩刃，这在试验中已多次发现。在分析崩刃时也应考虑此因素。

2）注意降低刨刀的表面粗糙度值，这也有助于提高刨刀的使用寿命。可以先调质再进行精车加工，然后进行最终的热处理。

3）刃磨时，注意不要磨削退火，因为磨削烧伤会破坏工件表面组织，严重时会产生磨削裂纹，使刀具表面质量恶化，降低寿命。

4）高速钢低温淬火时，回火温度应适当低些，宜用540℃。

5）成品加工好后，如若补充540℃氧氮共渗处理，刨刀的使用寿命将会更高些。

17. W12Mo3Cr4V3钢制车刀的深冷处理工艺

深冷处理是将被处理对象置于特定的、可控的低温环境中，使材料的微观组织结构产生变化而改善材料性能的一种技术。自美国于1965年发现深冷处理可以对工模具的耐磨性产生影响以来，日本、德国、俄罗斯等国的诸多学者也相继开展了深冷处理技术的研究工作，在国内，刀具深冷处理研究目前仍处于探索阶段。由于深冷处理加工装置的研制与不同刀具材料具体深冷处理机理及其工艺，一直是限制深冷处理技术进入实用领域的瓶颈，因此目前深冷处理技术研究的重点就是开发具体刀具的深冷处理工艺，分析刀具深冷处理后的力学性能的变化机理，探索深冷处理与常规处理及机加工的关系。以下就对W12Mo3Cr4V3钢车刀的深冷处理进行分析研究。

（1）深冷处理试验装置　试验系统主要包括三部分：工具材料处理室、低温液体盛放容器和计算机处理系统。该系统可根据不同的被处理材料和工艺要求设计温度变化参数并将其输入计算机，由计算机自动控制降温、升温速率和整个处理加工过程。在计算机的控制下，冷处理室内的温度可根据设定的处理工艺在规定的时间内实现降温→保温→升温的过程，以满足不同成品刀具或待加工材料的深冷处理要求。

（2）深冷处理工艺　将12mm×12mm×200mm的W12Mo3Cr4V3钢制标准车刀从中间截成两节，形成两组四把车刀，分别标号为1、2、3、4号。其中第2、4号用于深冷处理。深冷处理工艺曲线如图2-3所示。

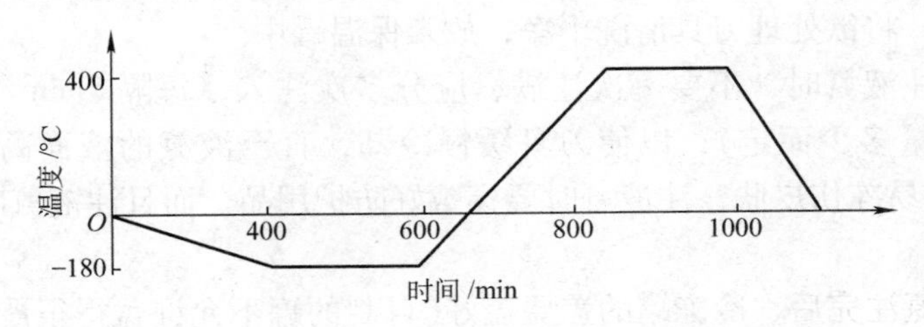

图2-3　深冷处理工艺曲线

（3）深冷处理后效果

1）硬度提高。经深冷处理后，车刀硬度由65.1HRC提高到66.2HRC。

2）耐磨损。将两种状态的车刀做切削试验，车削退火态45钢40min，未深冷处理者后刀面磨损0.30mm，而深冷处理者只有0.15mm。

3）金相组织对比。未经深冷处理的车刀显微组织中，黑色片状或灰色针状马氏体组织数量相对较少；白色的残留奥氏体或碳化物呈块状或颗粒状，数量较多且分布不太均匀。经过深冷处理的车刀显微组织中，黑色针状马氏体增多，分布趋于均匀；白色的块状残留奥氏体在一定程度上减少了，白色的碳化物颗粒增多了，且分布趋于均匀。

（4）结论。在深冷状态下，W12Mo3Cr4V3 钢组织中残留奥氏体向马氏体转变的过冷度增大，相变驱动力增强，使得深冷处理后残留奥氏体进一步转变为马氏体。

高速钢经深冷处理后，其显微组织中会析出细小碳化物颗粒。细小碳化物本身有很高的热硬性和耐磨性，而且细小碳化物颗粒和马氏体的增多，会在高速钢基体中产生细晶强化。这些综合作用使得刀具寿命提高。

18. 提高高速钢车刀使用寿命的液氮冷冻法

随着科学技术的发展，出现了许多科学的方法来延长刀具的使用寿命，本例介绍用液氮冷冻法来提高高速钢车刀的使用寿命。

（1）液氮处理刀具的原理　高速钢刀具淬火后的组织(体积分数)为：马氏体+20%~25%残留奥氏体+约16%未溶碳化物。由于残留奥氏体的存在，使高速钢的硬度降低，同时也降低了钢的导热性，易使刀具在工作时受热变钝，所以淬火后都要进行多次回火使残留奥氏体降至最低量。液氮处理就是为了进一步减少钢中残留奥氏体量。

把高速钢刀具放到-196℃的液氮中，保温24h或更长的时间，然后缓慢升温，一直到环境温度(必要时还要进行低温回火)，用这种方法可减少或消除钢中的残留奥氏体而使性能得到改善。据有关资料介绍，马氏体经过-196℃深冷处理，Fe的晶格常数有缩小的趋势，从而加强了碳原子析出的驱动力，但由于低温下的扩散更困难，扩散距离更短，从而形成了直径仅为2~6μm，并与基体保持共格联系的超微细碳化物。

经深冷处理后，再经200℃回火，深冷处理产生的微细化物成为进一步析出的核心，通过扩散使碳原子向超细碳化物处聚集，使碳化物颗粒长大并改变其形状，成为弥散分布的碳化物。而一定数量的硬而细小的碳化物均匀地分布在强而韧的金属基体中，可使耐磨性提高，经液氮处理的刀具硬度可提高1~2HRC。硬度高，其耐磨性也就好；硬度低，其耐磨性也就差。例如，硬度由62~63HRC降至60HRC，其耐磨性将减弱25%~30%。

（2）液氮冷冻法工艺过程

1）放置刀具。将欲处理刀具清洗干净，放入保温罐中。

2）注液氮。注液氮时，不要一次注满，应分多次注入，每隔5min注一次，每次少量(按处理刀具的数量多少而定)，以使刀具缓慢冷却，直至液氮的液面高于刀具100mm为止。另外，液氮极易冻伤皮肤，注液氮时要穿戴好防护用品。而且注液氮时动作要轻缓，防止飞溅。

3）保温。液氮注完后，冷冻罐的盖要盖好(自制的罐不允许盖得很严，防止膨胀而引起爆炸)，保温24~48h或更长，然后取出刀具，必要时可进行150℃低温回火。

上述操作过程较复杂，还容易浪费液氮，但效果较好。在实际应用时，把刀具用细绳捆在一起直接放入液氮中，绳头留在容器外。对于液氮冷冻处理的高速钢刀具，升温至室温，不经低温回火可直接使用。

（3）液氮处理刀具的应用　实际应用证明，液氮处理的高速钢刀具可成倍地提高寿命，成倍地延长刀具的磨损周期，具有明显的经济效益。

19. W18Cr4V 钢制车刀的液氮处理工艺

按常规处理的 W18Cr4V 钢制车刀使用寿命有限，采用液氮进行深冷处理，可使车刀的硬度提高 1 ~ 2HRC，寿命也有较大提高。现将试验情况简介如下：

（1）处理装置与操作 处理装置比较简单，只需一个容器即可。容器可以购买，也可以自制。自制时容器大小根据要处理刀具的大小和数量而定，但必须做成双层的，两层间的距离应大于 100mm，中间应填保温材料，以保证绝热效果。有些生产单位使用的是市场上能购买到的专用液氮处理罐，容积为 10L。

处理前，先把车刀用细绳捆好，缓慢放入处理容器中，应将绳头放入容器外。这样一方面便于处理后取出车刀，另一方面可以节约液氮。刀具放好后将液氮注入处理罐，液面应高于车刀 200mm（以防处理过程中液氮挥发，使刀具露出液面），然后盖上盖子保温，盖子要留一很小的间隙，以便于蒸发的氮气溢出，避免因液氮蒸发膨胀而爆炸。保温时间在 30h 以上。

操作过程中，严禁用手直接接触液氮，以防冻伤。

（2）试验结果 不同规格的 W18Cr4V 钢制车刀经液氮处理后，其硬度提高 1 ~ 2HRC 不等。经液氮处理后车刀的寿命提高见表 2-11。

从表 2-11 可以看出，经液氮处理的车刀加工工件数量平均提高 1 倍，也就是说车刀的使用寿命提高 1 倍；还发现，车刀重新刃磨后耐磨性与原来相同。

表 2-11 经液氮处理后车刀的寿命

工件名称	工件材料	加工工件数量/件		使用设备
		未液氮处理	经液氮处理	
6102 曲轴	40Cr	10	21	S1-217
6D14 曲轴	42CrMo	3	6	S1-217
6D14 曲轴	42CrMo	3	8	S1-035
6102 曲轴	45	8	20	S1-217
6102 曲轴	45	10	20	S1-217
6102 曲轴	45	14	23	S1-035
TY220 齿轮	35CrMo	一组	二组	C512A

20. W6Mo5Cr4V2 钢制车刀的脉冲磁场回火工艺

高速钢刀具的传统热处理工艺：高温淬火，550 ~ 570℃ ×1h ×3 次回火。这种传统的热处理工艺，处理周期长，刀具寿命不高。而采用脉冲磁场回火新工艺，可使钢的硬度、抗弯强度、冲击性能、热硬性等均有提高，刀具寿命提高 1 倍左右。脉冲磁场回火工艺方法简介如下：

（1）试验设备及方法 选材采用国产的 W6Mo5Cr4V2 钢，淬火加热设备为高温盐浴炉和高温箱式炉，在硝盐浴中进行常规回火。脉冲磁场回火在自制的脉冲磁场加热炉中进行，其功率为 10kW，冷却介质也为硝盐浴。脉冲磁场强度为 1000Oe（1Oe = 79.578A/m）以下。

冲击试样尺寸为10mm×10mm×55mm(无缺口)；抗弯试样是尺寸为10mm×10mm×120mm的方钢。

（2）试验结果及分析

1）脉冲磁场回火最佳工艺的确定。为选择最佳回火工艺，确定在二次硬化峰560℃的温度下，改变磁场强度及回火时间，然后测定硬度的变化。通过试验，560℃×45min2次回火，硬度均能达65.5HRC以上；而常规560℃×1h×3次回火，要保证高硬度有一定难度。

2）脉冲磁场回火对组织和性能的影响　由金相分析可知，经脉冲磁场回火者析出的二次碳化物弥散度大，而且晶粒细小、分布均匀；而常规回火析出的二次碳化物分布明显欠均匀。再看断口形貌，经脉冲磁场回火的断口有局部的纤维区，有较多的撕裂岭。脉冲磁场回火后的抗弯强度和冲击韧度比常规回火高出20%。

3）脉冲磁场回火对残余应力及残留奥氏体的影响。从测试可知，高速钢刀具淬火后的残余应力经脉冲磁场回火后有明显下降，而常规回火下降幅度较小；脉冲磁场回火和常规回火残留奥氏体量相近。但脉冲磁场回火时间短，速度快，完全可以代替常规多次回火。

（3）生产应用实例　选用8mm×8mm、10mm×10mm、12mm×12mm W6Mo5Cr4V2钢制车刀做切削试验，结果表明，经脉冲磁场回火的车刀比常规回火的寿命提高近1倍。

（4）脉冲磁场回火作用机理的讨论

1）脉冲磁场降低铁磁相——马氏体和碳化物的自由能，从而使相变驱动能显著增大。有的文献指出：磁场能使 M_s 点显著上升。因而脉冲磁场可加速碳化物和马氏体的形核，从而使碳化物析出更加均匀弥散，而碳化物的析出又进一步使 M_s 点升高。这可能是脉冲磁场强烈促进残留奥氏体向马氏体转变的原因。

2）磁场能可转化为原子的动能。脉冲磁场中的磁致伸缩效应可使原子间距发生周期性的变化。这些原因都会使扩散激活能降低，加速原子的扩散。脉冲磁场更有利于加速电子的定向流动，这就使回火时碳化物的析出和内应力的降低更加迅速和充分。

3）交变及脉冲磁场可使工件产生强烈的振动，以及磁致伸缩效应，均可加速新相的形核。不难设想，脉冲越尖锐，瞬时能量越高，其加速热处理过程的作用必然更加强烈。

（5）结论　脉冲磁场可显著加速高速钢回火转变，可使高速钢的回火周期缩短一半；高速钢经脉冲磁场回火后，使其硬度、热硬性、抗弯强度、冲击性能都有不同程度的提高，因而使车刀寿命提高1倍。

21. W18Cr4V钢制车刀的激光涂覆硬质合金工艺

常用高速钢刀具的涂覆技术一般有物理气相沉积(PVD)和化学气相沉积(CVD)两种，但以PVD为主。国内工具行业应用PVD技术涂覆拉刀、滚刀、麻花钻、成形刀等刀具已较普遍，其耐磨性比未涂覆的大大提高。但是，利用该工艺进行刀具涂覆还存在不足之处，突出表现在：整体涂覆(如涂局部,需采取屏蔽)浪费贵重的合金元素；设备昂贵，工艺复杂，刀具涂覆周期长；涂覆层与基体非冶金结合，容易脱落。在低速切削条件下，常因磨损率很高的脆性疲劳剥落磨损，而使涂覆刀具的耐用度甚至低于非涂层刀具。

随着激光加工技术的普及，特别是大功率 CO_2 气体激光器的工业应用，考虑利用激光在刀具表面局部涂覆一层高硬耐磨碳化物，将能较好地改进现有涂覆技术的上述不足。为此，国内一些科研院所利用1.5kW的 CO_2 气体激光器对W18Cr4V钢制车刀前、后刀面进行硬质合金 YG6 粉末表面涂覆。切削对比试验表明，激光涂覆刀具寿命提高 250%。

（1）试验条件

1）激光处理工艺。激光设备采用 1.5kW 连续可调的 CO_2 气体激光器。使用硒化锌聚焦镜，轴流型振荡器，输出准基模式，并配备保证实现空间三维移动的计算机数控工作台。在大量基础试验的基础上，选用的激光功率为 1.1kW；扫描速度为 15mm/s；光斑直径为 3mm。刀具表面黑化处理后，运用激光多道搭接法来进行激光涂覆。

2）切削试验条件。试验为标准正方形车刀条，在车刀的前刀面和后刀面涂覆有硬质合金 YG6 粉末，采用专用设备控制涂覆厚度。

车床型号：CA6140。

工件材料：正火态 45 钢，硬度为 40～45HRC。

切削速度：31.98m/min。

进给量：0.4mm/r。

切削深度：2mm。

切削条件：外圆干切削，伸刀量 20mm。

检测仪器：小型工具显微镜（20×）、千分表（配自制表头）。

检测标准：后刀面按磨损带中心平均高度等于 0.30mm 为刀具磨钝标准；前刀面按月牙洼深度等于 0.18mm 为磨钝标准。

刀具经激光涂覆并进行切削试验以后，采用电火花线切割法将刀头切下，而后运用扫描电镜和电子探针进行磨损态分析。

（2）试验结果与分析　运用符合国家标准形状和几何参数的各三把车刀进行车削磨损对比试验。为节约材料和时间，采用人为非正常磨损态进行比较，每隔 1～2min 检测一次。结果显示，高速钢车刀表面经激光涂覆后耐磨性明显提高。若以后刀面磨钝为标准，提高近 250%；若以前刀面磨钝为标准，提高近 200%；若以破损为标准，提高近 100%。

刀具磨损是一个十分复杂的过程，既受外部因素（如刀具的几何形状、负荷大小、运动形式、工作温度、磨粒大小及形状、环境状态等）影响，又受内部因素（如材料化学成分、冶金质量、显微组织、力学性能）影响。可以说，金属材料的耐磨性就是取决于摩擦系统中各个因素及这些因素的相互影响。

从金相分析可知，无涂层车刀基体产生了严重的黏着磨损，可清晰地观察到表面撕伤、胶合现象。而对于涂覆刀具，其磨损机制有所不同。

1）黏着态稍轻。由于发生黏着磨损时，摩擦副匹配材料的化学成分对耐磨性有严重影响，所以这种黏着态的变化是激光涂覆后刀具表面化学成分发生改变所致。

2）非完全黏着磨损态。在黏着态边缘可以看到磨料磨损的痕迹。造成这种磨料磨损的磨料既来自于工件材料的硬质点，更来自于激光涂覆过程中，它们成为磨屑夹杂在金属摩擦副中而造成磨痕的犁沟。

激光涂覆刀具的磨损机理说明，在任何一种摩擦系统中，金属的磨损都不只是某一类型的磨损，而往往是多种类型磨损结合在一起的。

22. 高速钢车刀的轧热淬火工艺

形状简单的高速钢车刀可利用轧制余热进行淬火，即轧热淬火，除了能保证刀具标准所要求的热硬性外，切削寿命也有较大的提高，还可以省去耗电量很大的盐浴炉淬火生产线，从而带来可观的经济效益。W6Mo5Cr4V2 钢 1220℃轧制(250mm 轧机,50r/min)，轧后趁热淬火，变形量增大时，硬度升高，30%形变时硬度最高能达67~68HRC，随形变增大硬度下降，50%~60%形变时，热硬性 64HRC 以上，从表 2-12 可以看出，不同热处理工艺参数对比，轧热淬火寿命最高。

表 2-12 高速钢车刀切削寿命对比数据

热处理方法	钢 材	回火硬度 HRC	热硬性 HRC	切削长度/m	备 注
常规淬火	W6Mo5Cr4V2	65.0	62.0	27.86	切削长度为 5 把车刀切削长度的平均值
轧热淬火	W6Mo5Cr4V2	66.5	62.5	45.25	
轧热淬火	CW9Mo3Cr4VAl	68.00	65.5	87.50	

23. 消除 W6Mo5Cr4V2 钢制车刀萘状断口的热处理工艺

由于工作疏忽大意造成数百件断面尺寸为 12mm×12mm 的方形 W6Mo5Cr4V2 钢车刀产生萘状断口，是报废还是挽救？人们选择后者，采用二退二淬处理工艺，消除了萘状断口。

1） 一退一淬。850~870℃×4~5h，炉冷至 500℃出炉空冷(随锻件一起退火)。1225~1230℃×4min 油淬，晶粒度为 9~9.5 级，550℃×1h×3 次回火后硬度为 65.5~66HRC。

2） 二退二淬。850~870℃×4~5h，炉冷至 500℃出炉空冷，退火后硬度为 220HBW。1220~1225℃×4min 油淬，晶粒度为 9~9.5 级，550℃×1h×3 次回火后硬度为 65.5~66HRC。断口正常，呈细陶瓷状。

经消除萘状断口热处理的 12 方车刀做 600℃×4h 热硬性试验，硬度为 62.5~62.7HRC，做切削试验仍达到一等品水平。

经试验证实，高速钢产生萘状断口可以通过锻造、多次重复退火或稳定化处理加以消除。

24. W4Mo3Cr4VSi 钢制车刀的热处理工艺

W4Mo3Cr4VSi 钢属低合金高速钢，是过热敏感性不强的钢种，晶粒度即使达到 8 级，也不一定过热。

W4Mo3Cr4VSi 钢制车刀的预热仍按常规进行，先在 500℃左右的井式炉中烘干水分，然后转到 860~880℃盐浴炉中，预热时间为加热时间的两倍。1190~1200℃加热，晶粒度控制在 8~8.5 级。不容易变形的车刀采用分级冷却；易变形的车刀采用分级等温，即 500℃分级冷却后，再在 260~280℃的硝盐浴中等温 1h。

对弯曲的车刀在回火前要进行冷矫直，采用夹直回火。断面尺寸为 8mm×8mm 以下的只允许过热 1~2 级，断面尺寸为 8mm×8mm 以上的允许过热 3~4 级。直线度按规定验收，硬度≥64HRC 为合格。

25. W18Cr4V 钢制车刀的高频感应热处理新工艺

W18Cr4V 钢制车刀一般在盐浴炉中加热淬火，但有的生产单位是采用高频感应淬火效果也不错。尺寸为 25mm×25mm×200mm 的 W18Cr4V 钢制车刀采用盐浴炉加热淬火，硬度不容易达64HRC，而采用高频感应淬火，硬度很容易达到64HRC。其高频感应热处理工艺简介如下：

1）采用箱式炉预热：580℃ ×30min，860℃ ×1 ~1.5h。

2）局部(从刃端向后60mm)高频感应淬火，加热设备为GP100-C3型。加热时，车刀置于感应器(内圈尺寸为ϕ60mm,高度40mm)中央，并上下移动。阳极电压为10kV，阳极电流为4A左右，加热温度为1280 ~1300℃。为控制加热速度，可采取通电几秒钟，然后断电再加热的方式，保证透热又不会过烧，刃口高温温度保持60s左右即可。加热完毕，将车刀从感应器中取出，油淬，冷却到250℃左右出油空冷。晶粒度为9 ~10级，硬度为61 ~63HRC。

3）550 ~560℃ ×2h ×2次回火，刃部硬度为64 ~66HRC，夹柄(中间)硬度为50 ~55HRC，表面有轻微脱碳，但在磨削余量范围，可以去除。采用高频感应淬火能达到车刀的质量要求，对于小批量生产，具有周期短、成本低、操作方便等优点。

26. 高速钢车刀的爆水清盐工艺

高速钢车刀分级淬火后一般都冷到室温再进行清洗和矫直、回火。国内有些生产单位对车刀爆水清盐工艺进行了尝试，收到了很好的效果。

高速钢车刀高温加热后浸入480 ~560℃的中性盐浴中分级冷却，然后浸入75℃以上的水中爆盐1 ~2s。不必担心爆裂，因为沸水的冷却速度比油还慢。

爆水清盐后的车刀表面很光洁，便于矫直。

热水爆盐同样适用于直柄麻花钻等简单工件的淬火。

27. W18Cr4V钢制车刀、刨刀的激光淬火工艺

激光淬火是利用激光对金属表面进行加热淬火的表面强化工艺。现已有数种常用的激光器，其中由于CO_2激光器功率大（可达几十千瓦），效率高（理论值为40%，一般为10% ~20%），能长时间连续工作，所以能在热处理得以应用并逐步推广。激光加热时，由于过程极短，无须考虑大气介质的影响，又由于加热层较薄，是自激冷淬火，加之高速钢硬化能力强，空淬即硬，不需要特殊的冷却设备。通过调节光斑尺寸、扫描速度和激光功率等参数，控制工件表面温度和透热层深度，以获得合格的甚至是高品质的产品。工艺过程短，加热区域小，因而淬火件变形也小，这是激光淬火的最大优点。自20世纪70年代开始，激光淬火已逐步在工模具热处理中得以推广运用。

实践证明，高速钢刀具经激光淬火，其硬度及耐磨性均有明显提高，从而提高了使用寿命。

W18Cr4V钢制车刀，经激光淬火和常规盐浴淬火后做寿命试验，车削硬度为230HBW的45钢正火件，转速为360r/min，进给量为0.24mm/r，切削深度为1.25mm，前者寿命是后者的3 ~4倍。

经分析，刀具寿命提高的原因，可能与激光淬火时奥氏体晶粒超细化（马氏体也得到了细化）、马氏体中碳含量及位错增加等因素有关。

28. 4Cr5MoSiV1 钢制 HSK 刀柄的热处理工艺

国内不少工厂选用不同材料制作 HSK 刀柄，结果都不太理想，最后确定用 4Cr5MoSiV1 钢。热处理技术要求为：硬度为 52～56HRC；根据产品规格要求，允许变形量为 0.03～0.05mm；表面发蓝处理。

高速加工刀柄系统必须满足刚性好，传递转矩，体积小，动平衡性好，高速下切削振动小，装夹刀具后能够承受高的加减速度和集中应力的要求。

4Cr5MoSiV1 钢制刀柄可以用盐浴热处理，也可用真空处理。

（1）盐浴热处理　1020～1035℃加热，500～550℃中性盐浴分级冷却，淬火后硬度为 53HRC；540～550℃ ×1.5h ×3 次，硬度为 53～54HRC；喷砂，碱性发蓝处理，变形符合要求。

（2）真空热处理　1020～1030℃真空加热，高压气淬，500～550℃在真空炉中回火 3 次。淬火后硬度为 52.5HRC，回火后硬度为 53.3～54HRC。真空淬火后产品的外观明显优于盐浴淬火，并且可减少喷砂工序，节能环保，减少盐浴热处理产生的废水、废气和废渣，具有明显的经济效益和社会效益。

29. W6Mo5Cr4V2 钢制中齿锯片铣刀的热处理工艺

W6Mo5Cr4V2 钢制中齿锯片铣刀的技术要求：铣刀厚度≤1mm 时，硬度为 62～65HRC；厚度 >1mm 时，硬度为63～66.5HRC。不允许过热，表面脱碳层厚度≤0.03mm。铣刀直径≤100mm 时，平面度误差≤0.12mm；直径 >100mm 时，平面度误差≤0.15mm。

盐浴热处理工艺如下：500～550℃ ×2h 空气炉去应力退火，850～870℃预热，预热时间为加热时间的两倍。1205～1215℃加热，加热时间及装炉量见表 2-13，480～560℃分级冷却后进行 260～280℃ ×1～2h 等温，然后 550℃ ×1h ×4 次夹直回火。

表 2-13　中齿锯片铣刀的加热时间及装炉量

规格尺寸：（外径/mm）×（厚度/mm）	32 ×2	40 ×2.5	50 ×1.5	63 ×2	63 ×5	80 ×0.8	80 ×3	100 ×1	100 ×2.5	125 ×2	125 ×4	160 ×1.6	200 ×2	200 ×4	250 ×2	250 ×6
装炉量/件	100	60	80	80	36	80	36	60	30	30	20	20	12	8	10	6
加热时间/s	100	110	100	105	130	100	140	100	140	130	160	120	150	170	150	215

注：淬火晶粒度为 10～11 级，第一次回火工艺为 380℃ ×4h，后三次回火工艺为 550℃ ×1h。

30. W6Mo5Cr4V2 钢制直齿三面刃铣刀的热处理工艺

W6Mo5Cr4V2 钢制直齿三面刃铣刀的技术要求：硬度要求≥64HRC，允许过热 1 级。由于刀具三面参与切削，所以对硬度、热硬性、耐磨性要求较高，热处理工艺也较严格。

盐浴热处理工艺如下：500～550℃空冷炉中烘干，850～870℃预热，预热时间为加热时间的两倍。1220～1230℃加热，加热时间及装炉量见表 2-14，480～560℃分级冷却后空冷，然后进行 550℃ ×1h ×3 次回火。

表2-14　直齿三面刃铣刀的加热时间及装炉量

规格尺寸：(外径/mm)×(厚度/mm)	50×6	50×8	63×8	63×12	80×8	80×16	100×12	100×16	125×10	125×16	160×12	160×20	160×28	200×12	200×20	200×32
装炉量/件	40	36	30	24	28	18	28	24	30	24	12	10	4	16	8	2
加热时间/s	140	160	180	210	180	260	230	270	220	280	285	315	365	250	320	400

注：晶粒度为9.5～10.5级，为保证热处理后高硬度，应选用碳含量较高的钢制作。

31. W6Mo5Cr4V2Al钢制立铣刀的热处理工艺

立铣刀有直柄立铣刀、削平型直柄立铣刀、莫氏锥柄立铣刀、短莫氏锥柄立铣刀、7∶24锥柄立铣刀。立铣刀用于以相应的夹头装夹于立式铣床或镗铣加工中心机床上进行平面铣削加工。立铣刀加工时以周刃切削为主。用W6Mo5Cr4V2Al钢制作的立铣刀，使用寿命超过W2Mo9Cr4VCo8钢铣刀。

立铣刀的技术要求：直径≤6mm，刃部硬度为65～66HRC，柄部不低于30HRC；直径>6mm，刃部硬度为66～67.5HRC，柄部硬度不低于30HRC。从实践中我们体会到使用淬火夹具有非常好的效果，一定要设计合适的夹具，因为它关系到热处理质量的稳定和柄部硬度的一致性。其热处理工艺为：500℃空气炉烘干，850～860℃连柄部一起入盐浴预热，1205～1215℃加热，淬火冷却介质为480～560℃的中性盐浴，分级后空冷至室温清洗；晶粒度控制在10～10.5级，注意碳化物的溶解程度；加热时柄部提出液面，冷却时全部入浴；550℃×1h×3次回火后检查硬度，视其硬度值做出是否要提高回火温度决定，总体来说要使第4次回火后硬度符合要求。

按上述工艺处理，刃部硬度全部符合要求，柄部硬度为45～50HRC。

也有些生产单位在预热时柄部不入盐浴，高温加热也露柄，只是在出炉前浸柄，时间按柄直径1s/(3～4)mm估算，也能保证柄部硬度不高于60HRC。

32. W18Cr4V钢制直柄焊接立铣刀的热处理工艺

为了节约昂贵的高速钢，ϕ12mm以上规格的直柄立铣刀往往采用摩擦焊焊接。刃部为W18Cr4V钢，柄部为45钢的直柄立铣刀的热处理应注意以下几点：

1）淬火夹具一定合适平整，变形要及时修整。

2）预热时柄部浸盐浴几秒钟提起，可减少高温加热氧化脱碳。

3）刃部淬火温度取中下限，以1270～1275℃为宜。

4）高温加热的盐浴液面应低于焊缝。

5）柄部淬火加热采用感应快速加热更好，淬火后可快速回火法，回火工艺为500～550℃×2min。

33. 凸半圆铣刀的热处理工艺

凸半圆铣刀形状比较简单，铣刀厚度为凸半圆半径的2倍，要求较高的硬度和耐磨性。

W6Mo5Cr4V2钢制凸半圆铣刀的技术要求：硬度为64～66.5HRC，晶粒度为9.5～10.5级，允许过热1级。盐浴热处理选用专用淬火夹具(也可用钢丝拴绑)。500℃空气炉烘干，

840～860℃预热，预热时间为加热时间的2倍，加热温度为1220～1230℃，冷却介质为中性盐浴，550℃×1h×3次回火。加热时间及装炉量见表2-15。

表2-15 凸半圆铣刀的加热时间及装炉量

(外径/mm)×(凸半圆半径/mm)	50×1	50×1.25	50×1.6	50×2	63×2.5	63×3	63×3.5	63×4	63×5	80×6	80×7	80×8	100×10	100×12	125×16	125×20
装炉量/件	64	48	40	36	36	32	32	28	24	20	16	12	10	8	6	4
加热时间/s	150	160	180	170	180	190	200	210	220	230	240	260	310	350	370	390

34. 凹半圆铣刀的热处理工艺

凹半圆铣刀尺寸比较简单，加热温度可以适当高些，要求较高的硬度与耐磨性。

W6Mo5Cr4V2钢制凹半圆铣刀的技术要求：硬度为64～66.5HRC，晶粒度为9.5～10.5级，允许过热1级。一般用盐浴热处理，制作专用淬火夹具(也可用钢丝拴绑)。于500℃左右的炉中烘干，840～860℃预热，预热时间为加热时间的2倍，加热时间及装炉量见表2-16。加热温度为1220～1230℃。冷却介质为中性盐浴，冷却时间同高温加热时间。

表2-16 凹半圆铣刀加热时间及装炉量

(凹半圆半径/mm)×(厚度/mm)	2.5×10	3×12	4×16	5×20	6×24	8×32	10×36	12×40	16×50	20×60
装炉量/件	36	24	16	12	10	8	6	6	4	4
加热时间/s	220	240	260	280	300	340	380	400	450	480

35. 大直径齿条铣刀的热处理工艺

大直径齿条铣刀属非标准铣刀，用于大直径齿条的加工，要求较高的硬度及耐磨性。铣刀形状不太复杂。硬度要求W9Mo3Cr4V、W6Mo5Cr4V2等通用高速钢为64～66.5HRC，W6Mo5Cr4V2Co5等高性能高速钢为66～67HRC。用W6Mo5Cr4V2钢制作的大直径齿条铣刀热处理工艺为：840～860℃预热，1220～1230℃加热，晶粒度控制在9.5～10.5级，550℃×1h×3次回火。其加热时间及装炉量见表2-17。

表2-17 大直径齿条铣刀加热时间及装炉量

模数 m/mm	1～1.75	2～3.25	3.5～4	4.25～5.5	6～7	8
装炉量/件	30	28	24	22	20	18
加热时间/s	210	230	250	280	310	330

36. 模具铣刀的热处理工艺

近年来，由于干切削、硬切削、高速切削等先进制造技术进入到模具加工领域，使模具制造进入了一个全新的发展期。与原来的成形表面电火花加工工艺相比，由 CNC 机床的柔性、耐磨刀具材料及表面强化、新型刀具结构所构成的高切削系统，免去了电极的准备工序，可提高生产率 30%~50%，并减少手工抛光工作量 60%~100%，从而把整个模具的生产周期缩短了 2/3，提高了竞争力。

GB/T 20773—2006《模具铣刀》中规定，模具铣刀采用 W18Cr4V 或同等性能的高速钢制造，硬度为 63 ~ 66HRC。从近几年的市场调查分析，W18Cr4V、W6Mo5Cr4V2、W9Mo3Cr4V 等通用高速钢在模具铣刀板块中已失去竞争力，而代之以高性能高速钢、粉末高速钢、硬质合金及超硬材料。

（1）高性能高速钢　高性能高速钢是在通用高速钢成分基础上适当提高合金元素 C 和 V 含量，有些牌号加入 Co、Al 等合金元素，以提高耐热性、耐磨性的钢种。这类钢的热硬性比较高，625℃ ×4h 后仍保持 60HRC 以上的高硬度，刀具寿命通常为通用高速钢的 1.5 ~ 3 倍。高性能高速钢的热处理工艺及硬度见表 2-18。

从表 2-18 可以看出，高性能高速钢经适当的热处理后其硬度都能达到 68HRC 以上，但模具铣刀不可以用如此高的硬度，能达到高硬度和用不用高硬度是完全不同的两个问题。具体应根据铣刀的实际情况而定，超硬高速钢的硬度也不是越高越好，大多数情况下，硬度为 66 ~67.5HRC 比较符合客观实际。

（2）粉末高速钢　粉末高速钢是用细小的高速钢粉末在高温高压下直接压制而成的高速钢品种。

粉末高速钢完全克服了冶炼高速钢碳化物不均匀的弊端，不论其截面多大，碳化物都细小均匀，所以它比冶炼高速钢强度和韧性都高得多。粉末高速钢的热处理工艺及硬度见表 2-19。

粉末高速钢有优良的力学性能，淬火晶粒度控制在 10.5 级较好，视不同刀具上下浮动半级，但千万不可盲目追求高硬度。大量的事实证明，高硬度并非高寿命，任何切削刀具对指定的加工对象，都有一个比较理想的硬度值。一般情况下，硬度应控制在 66 ~67HRC。

（3）硬质合金　模具铣刀首选材料应是硬质合金。

表 2-18　高性能高速钢的热处理工艺及硬度

牌　号	淬火温度/℃	回火温度/℃	回火后硬度 HRC
W10Mo4Cr4V3Al	1220 ~ 1250	540 ~ 560	66 ~ 69
W12Mo3Cr4V3Co5Si	1200 ~ 1240	550 ~ 570	67 ~ 70
W12Mo3Cr4V3Co3N	1200 ~ 1230	540 ~ 560	66 ~ 69
W6Mo5Cr4V5SiNbAl	1210 ~ 1240	520 ~ 540	66 ~ 68
W6Mo5Cr4V2Al	1190 ~ 1215	540 ~ 560	67 ~ 69
W6Mo5Cr4V2Co5	1195 ~ 1215	520 ~ 550	67 ~ 69
W2Mo9Cr4VCo8	1170 ~ 1190	530 ~ 560	67 ~ 70
W12Cr4V5Co5	1230 ~ 1250	540 ~ 560	66 ~ 68
W12Mo3Cr4V3N	1230 ~ 1250	540 ~ 560	67 ~ 69

表2-19 粉末高速钢的热处理工艺及硬度

代号	淬火温度/℃	回火温度/℃	回火后硬度HRC	备注
GF2	1210～1240	530～550	≥65	中国
FT15	1240～1260	540～560	≥66	
S390PM	1190～1230	540～560	67～68.5	瑞典
S690PM	1170～1190	530～550	≥66	
ASP2030	1175～1210	540～560	67～68.5	法国
ASP2023	1180～1220	540～560	67～68	
ASP2053	1160～1190	550～560	65～67	
ASP2060	1170～1200	550～560	67～70	
HAP10	1165～1185	530～550	≥67	美国
HAP20	1175～1195	550～580	≥65	日本
HAP40	1175～1200	550～580	67～68	
HAP50	1175～1210	560～580	65～68	
HAP70	1185～1220	560～580	66～69	
CPM42	1180～1205	560～580	69～72	

硬质合金的热处理工艺主要是气相沉积，国外硬质合金可转位刀片经过气相沉积处理的比例在70%以上，并具有很强的针对性和特点。

37. 密齿锯片的热处理工艺

密齿锯片是从国外引进的大型薄片刀具，价格昂贵，加工工艺复杂。国内有些厂家根据市场行情研制生产了外径为300～350mm，齿宽为2.5mm、3mm和4mm的大型密齿刀片。

密齿锯片通常用W6Mo5Cr4V2钢轧板制造，因受其材料中有带状碳化物、压延方向和尺寸形状、机械加工等因素的影响热处理难度大，防止裂纹和减少变形是密齿锯片热处理的关键。

（1）技术要求　硬度为63～66HRC，平面度误差≤0.30mm，不允许存在裂纹。

（2）热处理工艺　盐浴加热，600℃、860℃两次预热，1220～1225℃加热，不同冷却方式和回火工艺对锯片变形、裂纹的影响见表2-20。从表2-20可知，采用分级冷却→等温→热矫平，然后用专用夹具夹持，锯片间加垫片的回火工艺，可防止裂纹和减少变形。

表2-20 不同冷却方式和回火工艺对锯片变形、开裂的影响

回火工艺	分级冷却	分级冷却→等温	分级冷却→等温→热矫平
直接回火	90%变形超差，不合格，无裂纹	80%变形超差，无裂纹	50%变形超差，无裂纹
用专用夹具夹持回火（中间不加垫片）	回火在电阻炉中进行二次加夹紧力，裂纹60%	60%变形超差，裂纹30%	20%变形超差，裂纹20%
用专用夹具夹持回火（锯片间加垫片）	回火在电阻炉中进行二次加夹紧力，裂纹40%	60%变形超差，裂纹20%	100%合格，无裂纹

注：1. 锯片规格尺寸为ϕ350mm×2mm，齿宽为3mm。
2. 分级淬火温度为480～560℃，等温260～280℃×30min。

（3）防止裂纹和减少变形的工艺措施　缓慢加热，锯片在炉中合理放置，优选工艺参数，热矫平，预热回火等措施都对减少变形和防止开裂有益。

按上述工艺处理的锯片，硬度可达 65 ~ 66HRC，平面度误差 <0.30mm，投产多年，质量稳定。

38. W6Mo5Cr4V2 钢制无齿铣刀的热处理工艺

20 世纪 80 年代以前，我国所用高速钢大薄锯片都是从荷兰、意大利等国家进口的，价格昂贵。20 世纪 90 年代后哈尔滨第一工具厂、浙江工具厂等单位以市场为导向，研制成功了密齿锯片铣刀、大薄锯片铣刀及无齿铣刀等技术含量较高的大锯片铣刀，现在不但能满足国内需求，还可大量出口。下面简单介绍 W6Mo5Cr4V2 钢制无齿铣刀的热处理工艺。

无齿铣刀热处理的难点是平面翘曲，硬度要求为 63 ~ 66HRC。

（1）去应力退火　将铣刀用锉刀或其他方法去掉周边及内孔的毛刺，然后用专用夹具夹紧，在井式空气炉中进行去应力退火，工艺为 500 ~ 550℃ ×4 ~ 6h。

（2）预热　850 ~ 870℃盐浴预热，采用专用夹具，每挂 6 ~ 12 件。

（3）加热　加热温度 1190 ~ 1200℃，加热时间视规格和装炉量而定。

（4）冷却　先在 480 ~ 560℃的中性盐浴中冷却，冷却时间同高温加热时间，然后转到 240 ~ 280℃的硝盐浴炉中再分级冷却几分钟。

（5）压平　从硝盐浴炉中出炉后，立即清除工件表面的盐渍，将一挂统装在一个夹具中用油压机或其他方法加压，冷至室温后清洗干净。

（6）回火　540 ~ 550℃ ×2h ×3 次回火。回火后不平的再压或反击矫直。

39. 薄片铣刀的空冷微变形淬火工艺

薄片铣刀材料为 W18Cr4V 钢，要求硬度为 62 ~ 65HRC，平面度误差≤0.25mm。对于这种薄片铣刀的淬火，以前采用的是先在 480 ~ 560℃分级冷却后在 260 ~ 280℃等温，但变形超差数量较多，矫正难度大，废品率高达 20% 以上。后来，采用空冷解决了问题，使用寿命和等温淬火相比没有差异，得到了满意的效果。具体工艺简介如下：

（1）淬火前的冷矫正　这类薄片铣刀，在机械加工铣齿形时，由于受力不均匀而产生变形，在淬火前必须全面进行检查矫正，否则淬火后变形增大，矫正更难。检查时把铣刀放在专制的装置上，用百分表先查一面，各齿不得高于 0.1mm，要把超差的齿部用粉笔画出其齿高变形的大小，然后进行冷矫正。把变形的铣刀夹在台虎钳上，用铝锤或铜锤轻轻敲击齿高部位，直至矫正合格。然而再把铣刀翻回来用同样的方法检查另一面。

（2）高温回火　在机械加工和冷矫正时产生的应力，必须用高温回火来消除，以免增大淬火变形，工艺为 600 ~ 650℃ ×2 ~ 3h。

（3）预热　先把铣刀放在低温空气炉中 500 ~ 550℃ ×20 ~ 30min 预热，然后移至中温炉中 820 ~ 850℃ ×3 ~ 4min 预热。时间不宜过长，否则会增大变形。预热前铣刀装在专用挂具上，每挂两件，每炉 6 ~ 8 件。

（4）加热　高温盐浴加热，炉温定为 1280℃，加热时间严格控制在 60 ~ 80s。时间稍长变形增大，时间短则硬度达不到要求。当铣刀入炉后，立即断电，以免盐浴流动对变形不利。在出炉时炉温不得低于 1260℃，这样就能保证热处理后硬度 >62HRC（第一炉出炉空冷后要抽检硬度），出炉后的铣刀要垂直挂放。如夏季气温较高时，可用电风扇吹冷，吹风时以铣刀不被吹摆动为佳。晶粒度控制在 11 ~ 12 级，如图 2-4 所示。

（5）回火 在硝盐浴中回火，工艺为550℃×1h×3次。铣刀必须垂直挂放，不要水平放置和挤压回火。经3次回火后，硬度为63～64.5HRC。

40. W6Mo5Cr4V2钢制摆线指形铣刀的热处理工艺

摆线指形铣刀如图2-5所示，材料为W6Mo5Cr4V2钢，锻造成形，硬度要求为63～66HRC。

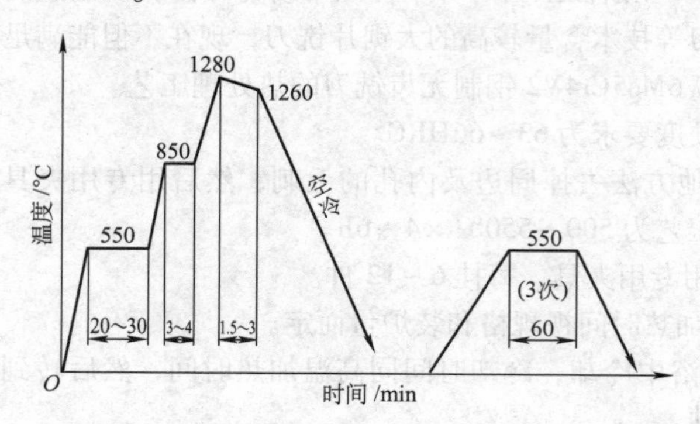

图2-4 薄片铣刀热处理工艺

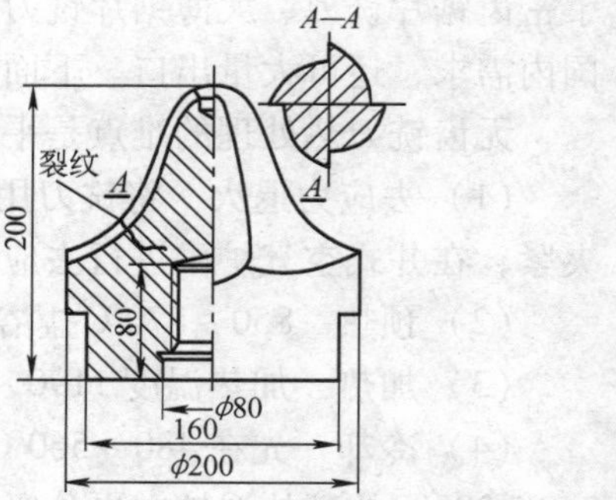

图2-5 摆线指形铣刀

原来采用常规热处理，全部开裂，裂纹由表及里，如图2-5所示；后来改为一次等温淬火，回火后仍有少部分裂纹。

分析开裂的原因认为，该刀具形状特别，截面尺寸大，在淬火及回火的冷却过程中，马氏体相变不同步，后相变的心部比体积增大，使先相变的表面形成很大的拉应力，如果超过材料的强度即引起开裂。一次下贝氏体等温淬火虽对减少相变应力有利，但等温后及高温回火后的冷却有一定的马氏体生成，也增加了表面的拉应力。因此，对于这样大型刀具一次等温也不是太理想。试验证明，采用两次等温效果较好，解决了开裂问题，其工艺如图2-6所示。

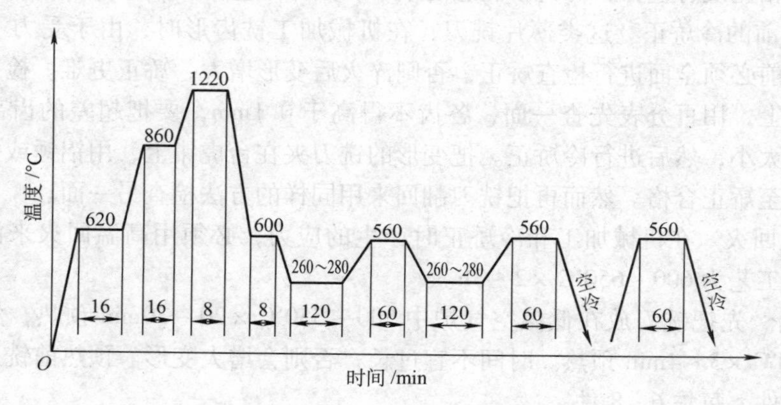

图2-6 摆线指形铣刀两次等温热处理工艺

该工艺的要点是：奥氏体化后先分级冷却，再于260～280℃×2h等温，等温后不空冷立即进行550℃回火，回火后仍不空冷进行第二次等温。不空冷的目的是防止有马氏体生成。第二次等温后仍然不空冷进行第二次回火，回火后可空冷到室温再进行最后一次回火。经该工艺处理后，摆线指形铣刀的硬度为63.5～64HRC，没有发生开裂，回火充分。

41. 高速钢直柄立铣刀的热处理工艺

直柄立铣刀有削平型直柄立铣刀、直柄粗加工立铣刀、削平型直柄粗加工立铣刀等多种规格型号。热处理技术要求为：外径≤6mm 的铣刀的工作部分硬度为 63～65HRC，外径>6mm 的铣刀的工作部分硬度为 64～66.5HRC，铣刀柄部硬度 30～50HRC。金相要求：回火程度≤2 级；过热程度≤1 级(外径≤6mm 时不准过热)。直柄立铣刀如图 2-7 所示。热处理工艺简介如下：

（1）预热　选用合适的双层淬火夹具，按工艺规定装炉量装夹。一般采用两次预热，即第一次于 450～500℃的井式炉中烘干，第二次于 860～880℃的中温盐浴炉中预热，预热时间为加热时间的 2 倍。预热时柄部全部入浴(如果柄部采用高频感应淬火,则要将柄部提出,只加热到过渡区即可)。

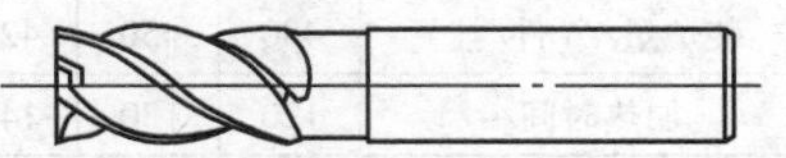

图 2-7　直柄立铣刀

（2）加热　W18Cr4V、W6Mo5Cr4V2、W9Mo3Cr4V 钢的加热温度分别为 1260～1280℃、1215～1225℃、1220～1230℃，其加热时间见表 2-21。

表 2-21　直柄立铣刀的装炉量和加热时间

立铣刀刃部直径/mm	≤4	4.1～5	5.1～6	6.1～7	7.1～8	8.1～9	9.1～10	10.1～12	12.1～14	14.1～16	16.1～18	18.1～20	20.1～22	22.1～24	24.1～28	28.1～32
装炉量/(件/挂)	450	400	300	160	120	100	60	80	70	40	36	24	22	20	18	16
加热时间/s	120	130	135	140	145	150	155	160	165	170	175	180	185	200	210	240

（3）冷却　480～560℃中性盐浴分级冷却后空冷，分级冷却时间同高温加热时间。

（4）回火　采用 540～560℃×1h×3 次常规回火工艺。

（5）检验　回火冷却至室温检查硬度、金相组织。

42. 对焊锥柄立铣刀的热处理工艺

刃部的热处理工艺同整体式直柄立铣刀，只是柄部处理方法有异。由于锥柄立铣刀总长度较短，不宜采用倒淬柄部或其他盐浴处理方法，最好采用高频感应淬火工艺，淬火后一定要硬度≥50HRC，这样才能保证回火后硬度大于 30HRC。

43. 直柄键槽铣刀的热处理工艺

键槽铣刀（见图 2-8）是一种定尺寸加工工具，用于加工 GB/T 1095—2003《平键　键槽的剖面尺寸》中所规定的键槽。

键槽铣刀工作部分的硬度要求：外径≤6mm 的，为 63～65HRC；外径>6mm 的，为 64～66.5HRC。铣刀柄部硬度为 30～50HRC。金相要求：回火程度≤2 级，过热程度≤1 级(外径≤6mm 者不准过热)。

直柄键槽铣刀热处理工艺简介如下：

（1）预热　选用合适的双层淬火夹具，按工艺规定

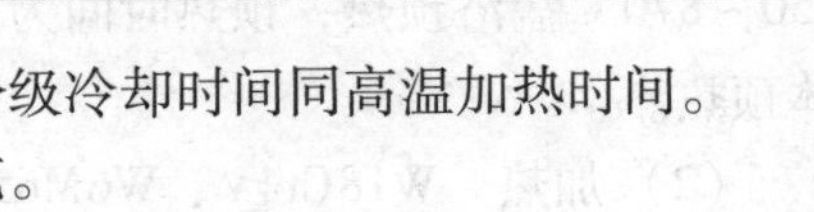

图 2-8　直柄键槽铣刀

的装炉量装夹。采用450~500℃及850~860℃两次预热，预热时间为加热时间的2倍。预热时柄部全部浸入盐浴。中温预热的温度不宜过高或过低，否则柄部硬度很难控制在技术要求范围内。

（2）加热 W18Cr4V、W6Mo5Cr4V2、W9Mo3Cr4V钢的加热温度分别为1260~1280℃、1215~1225℃、1220~1230℃，其加热时间见表2-22。晶粒度控制在10~10.5级。

表2-22 直柄键槽铣刀的装炉量和加热时间

键槽铣刀直径/mm	2	3	4	5	6	7	8	10	12	14	16	18	20
装炉量/（件/挂）	480	450	420	400	300	240	200	120	100	70	40	24	20
加热时间/s	120	130	140	145	150	150	150	160	160	165	170	180	180

（3）冷却 480~560℃中性盐浴分级冷却后空冷，分级冷却时间同高温加热时间。

（4）回火 采用540~560℃×1h×3次常规回火。

（5）检验 回火冷至室温后检查硬度、金相组织。

44. 锥柄键槽铣刀的热处理工艺

键槽铣刀（见图2-9）工作部分硬度要求：外径≤6mm的，为63~65HRC；外径>6mm的，为64~66.5HRC。铣刀柄部硬度为30~50HRC。金相要求：回火程度≤2级，过热程度≤1级（外径≤6mm者不允许过热）。

锥柄键槽铣刀热处理工艺简介如下：

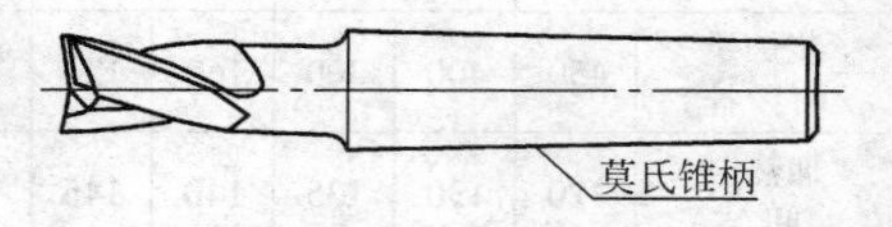

图2-9 锥柄键槽铣刀

（1）预热 选用合适的双层淬火夹具，按工艺规定的装炉量装夹，先在450~500℃井式炉烘干，然后850~870℃盐浴预热，预热时间为加热时间的2倍，整体预热。

（2）加热 W18Cr4V、W6Mo5Cr4V2、W9Mo3Cr4V钢的加热温度分别为1260~1280℃、1215~1225℃、1220~1230℃，其加热时间见表2-23。晶粒度控制在10~10.5级。

表2-23 锥柄键槽铣刀的装炉量和加热时间

键槽铣刀直径/mm	12	14	16	18	20	22	25	28	32	36	40	45	50	56	63
装炉量/（件/挂）	100	70	40	24	20	16	12	12	12	10	8	8	6	6	6
加热时间/s	150	155	160	165	170	180	200	220	240	260	280	300	320	340	360

（3）冷却 480~560℃中性盐浴分级冷却后空冷，分级冷却时间同高温加热时间。

（4）回火 采用540~560℃×1h×3次常规回火。

（5）检验 回火冷至室温后检查硬度、金相组织。

45. 高速钢圆柱形铣刀的热处理工艺

圆柱形铣刀（见图2-10）用于加工平面。一般情况下是一把铣刀单独使用，也可以几把铣刀组合在一起进行宽平面铣削。组合时，必须是左右交错弧齿，且铣刀端面间应有端面键相连。此外，整个组合铣刀的圆周刃对内孔轴线的径向圆跳动应根据加工需要有一定的要求。

高速钢圆柱形铣刀热处理技术要求如下：铣刀表面不应有裂纹、崩刃等宏观缺陷；硬度为64～66.5HRC；回火程度≤2级，过热程度≤1级。原材料应经过锻造，碳化物偏析≤3级。其热处理工艺简介如下：

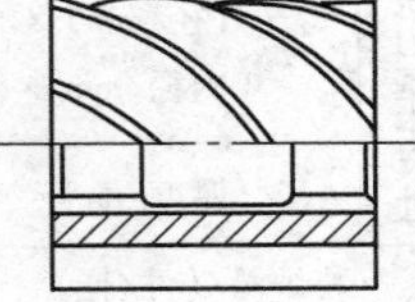

图2-10　圆柱形铣刀

（1）预热　使用专用淬火夹具或钢丝拴绑，先在400℃左右的井式炉中烘干，然后在850～870℃的中温盐浴中预热，预热时间为加热时间的2倍。整体浸入盐浴中，在盐浴中加热的全淬工件，要坚持3个50mm，即工件在盐浴面下50mm，离炉壁50mm，离炉底50mm。装炉量见表2-24。

（2）加热　W18Cr4V、W6Mo5Cr4V2、W9Mo3Cr4V钢的加热温度分别为1260～1280℃、1215～1225℃、1220～1230℃，加热时间见表2-24。晶粒度控制在10～10.5级。坚持首件试淬制度，根据首件试淬金相级别，做出批量生产是否要调整淬火温度的决定。

表2-24　圆柱形铣刀的装炉量和加热时间

铣刀基本尺寸	(外径/mm)×(内径/mm)	50×22			63×27				80×32				100×40			
	长度/mm	50	63	80	50	63	80	100	63	80	100	125	80	100	125	160
装炉量/(件/挂)		16	16	16	16	16	12	12	12	12	8	8	8	6	4	4
加热时间/s		200	210	220	220	230	240	260	260	270	280	300	280	300	320	360

（3）冷却　此类铣刀一般都有键槽，高温出炉后不要急于进入冷却介质，应在空气中预冷几秒钟后再投入480～560℃的中性盐浴中冷却，冷却时间同高温加热时间。

（4）回火　采用540～560℃×1h×3次常规回火工艺，如果3次回火不合格，再补充1次回火。

（5）检验　除检查金相组织、硬度外，还应对表面质量进行仔细观察，包括表面裂纹、烧伤、崩刃、腐蚀麻点等。

46. 高速钢尖齿槽铣刀的热处理工艺

尖齿槽铣刀（见图2-11）主要用于加工H9级轴槽。刀具标准规定侧刃f主要是为了保证铣刀宽度尺寸的稳定性。应注意f值不能过大，否则，刀具寿命降低。给出此数据的目的，是在分析刀具提前失效原因时，多一个考虑因素。

高速钢尖齿槽铣刀热处理技术要求为：铣刀表面不应有裂纹、崩刃等宏观缺陷；硬度为64～66.5HRC；回火程度≤2级，过热程度≤1级。其热处理工艺简介如下：

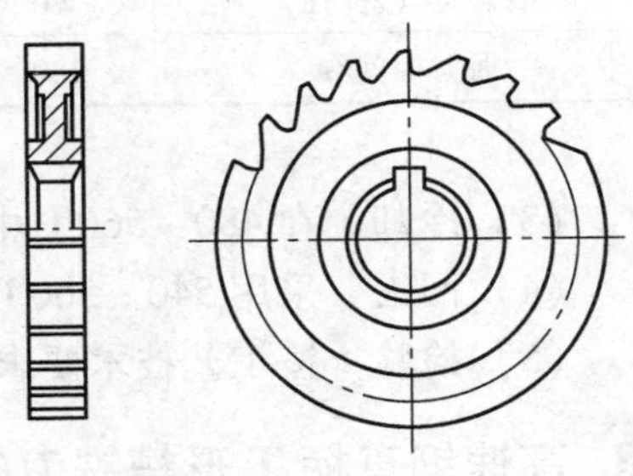

图2-11　尖齿槽铣刀

（1）预热　使用专用的淬火夹具，先在400℃左右的井式炉中烘干，然后在850～870℃的中温盐浴中预热，预热时间为加热时间的2倍。

（2）加热　W18Cr4V、W6Mo5Cr4V2、W9Mo3Cr4V钢的加热温度分别为1255～1275℃、1215～1225℃、1215～1230℃，加热时间见表2-25。晶粒度控制在10～10.5级。

坚持首件试淬制度，根据首淬金相组织，做出批量生产是否要调整淬火温度的决定。

表 2-25　尖齿槽铣刀热处理工艺参数

铣刀基本尺寸	（外径/mm）×（内径/mm）	50×27				63×34				80×41				100×47			
	厚度/mm	4	5	6	8	6	8	10	12	8	12	16	18	8	12	16	20
装炉量/(件/挂)		60	48	40	36	40	36	24	20	24	20	16	16	20	16	16	12
加热时间/s		150	170	190	210	160	180	200	210	200	220	240	260	210	230	240	260

（3）冷却　在480～560℃的中性盐浴中冷却，冷却时间同高温加热时间，中性盐浴冷却后空冷。

（4）回火　采用540～560℃×1h×3次常规回火，如果3次回火不合格，应进行第4次回火。

（5）检验　除检查金相组织、硬度外，还应对表面质量进行仔细检查，包括表面裂纹、烧伤、崩刃、腐蚀麻点等。

47. 套式立铣刀的热处理工艺

套式立铣刀（见图2-12）的热处理技术要求：硬度为64～66.5HRC；回火程度≤2级，过热程度≤1级；表面不得有裂纹、崩刃、麻点等缺陷。其热处理工艺简介如下：

（1）预热　先在450～500℃的井式炉中烘干水分，然后按工艺规定装夹，装炉量见表2-26。预热在850～870℃的中温炉中进行，预热时间为加热时间的2倍。

（2）加热　W18Cr4V、W6Mo5Cr4V2、W9Mo3Cr4V钢的加热温度分别为1260～1275℃、1215～1225℃、1220～1230℃，加热时间见表2-26。

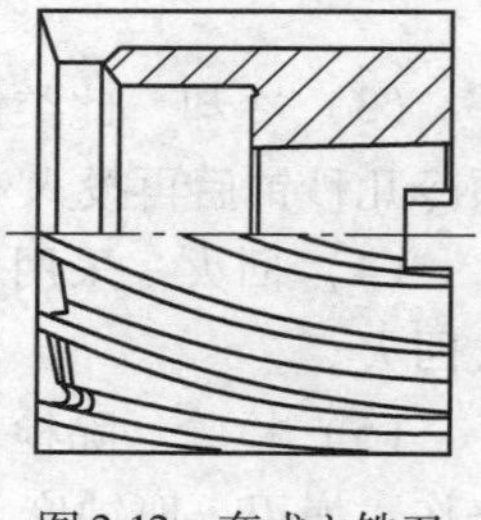

图2-12　套式立铣刀

表 2-26　套式立铣刀的装炉量和加热时间

基本尺寸：（外径/mm）×（内径/mm）×（长度/mm）	40×16×32	50×22×36	63×27×40	80×27×45	100×32×50	125×40×56	160×50×63
装炉量/(件/挂)	24	16	12	8	6	4	2
加热时间/s	180	200	220	260	320	360	380

（3）冷却　在480～560℃中性盐浴中冷却，冷却时间同高温加热时间。

（4）回火　采用540～560℃×1h×3次常规工艺回火。

（5）检验　按工艺技术要求检查硬度、金相组织及表面质量。

48. 高速钢直柄T形槽铣刀的热处理工艺

T形槽铣刀主要用于加工GB/T 158—1996《机床工作台　T形槽和相应螺栓》中所规定

的T形槽。其标准刀具有直柄T形槽铣刀、削平型直柄T形槽铣刀、莫氏锥柄T形槽铣刀等。这里简单介绍直柄T形槽铣刀热处理工艺。直柄T形槽铣刀如图2-13所示。

直柄T形槽铣刀热处理技术要求：铣刀工作部分要求64~66.5HRC，其他部分30~50HRC；回火程度≤2级，过热程度≤1级。

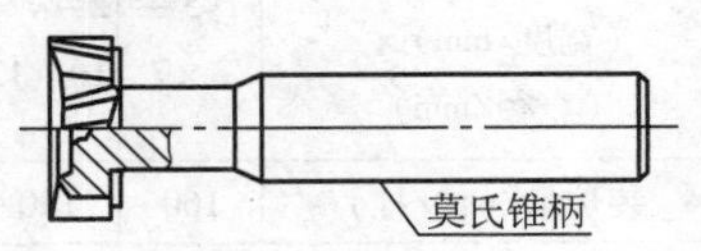

图2-13 直柄T形槽铣刀

（1）预热 用专用淬火夹具或用细钢丝拴绑，装炉量见表2-27。先在450~500℃的井式炉中烘干，然后于850~870℃的中温盐浴中预热，预热时间为加热时间的2倍，为确保柄部硬度，预热时柄部全部浸入盐浴中。

（2）加热 根据钢种选用不同的加热温度，W18Cr4V、W6Mo5Cr4V2、W9Mo3Cr4V钢的加热温度分别为1250~1270℃、1210~1225℃、1215~1230℃，加热时间见表2-27。高温加热时将柄部提出液面，只加热刃部。奥氏体晶粒度控制在10.5~11级。

表2-27 直柄T形槽铣刀热处理工艺参数

T形槽基本尺寸/mm	5	6	8	10	12	14	16	18	20	22	24	28	32	36	42	48
装炉量/(件/挂)	24	16	16	16	12	12	12	12	12	8	8	8	8	8	4	4
加热时间/s	160	170	180	190	190	200	210	220	240	240	250	260	270	280	320	340

注：T形槽基本尺寸和铣刀外径及厚度有一定的关系，例如，T形槽基本尺寸为22mm时，对应的铣刀外径为40mm，厚度为18mm。

（3）冷却 在480~560℃中性盐浴中分级冷却，冷却时间同高温加热时间。

（4）回火 在540~560℃的硝盐浴中回火3次，每1次1h，必须冷到室温后才能进行下一次回火。

（5）检验 按工艺要求检查硬度、金相组织及表面质量。

49. 高速钢半圆键槽铣刀的热处理工艺

高速钢半圆键槽铣刀用于加工GB/T 1098—2003《半圆键 键槽的剖面尺寸》中规定的轴上半圆键槽，键宽为1~10mm。这类铣刀由于直径比较小，故都做成直柄的而且以焊柄居多。对于不同直径的铣刀，规定了Ⅰ、Ⅱ、Ⅲ型三种结构，这里只介绍整体高速钢第Ⅱ型半圆键槽铣刀热处理工艺。半圆键槽铣刀如图2-14所示。

半圆键铣刀的硬度要求：铣刀工作部分的外径≤7mm时，硬度为63~65HRC，外径>7mm时，硬度为64~66.5HRC；铣刀柄部的硬度为30~50HRC。金相要求：奥氏体晶粒度控制在10.5~10级，回火程度≤2级，过热程度≤1级。

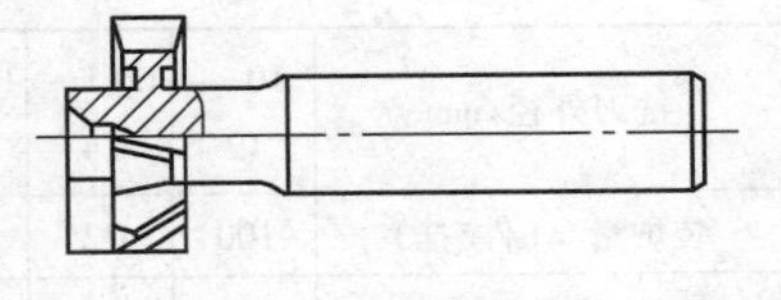
图2-14 半圆键槽铣刀

（1）预热 选用合适的淬火夹具，按规定装夹，装炉量见表2-28。首先于450~500℃的井式炉中烘干，然后在850~870℃的中温盐浴中预热，预热时间为加热时间的2倍。为确保柄部硬度，预热时柄部全浸入浴中（如采用高频感应淬火，预热时应将柄部提出液面）。

（2）加热 高温加热时将柄部提出液面，W18Cr4V、W6Mo5Cr4V2、W9Mo3Cr4V钢的加热温度分别为1250~1270℃、1215~1225℃、1220~1230℃，加热时间见表2-28。

表 2-28 半圆键槽铣刀的装炉量和加热时间

键槽基本尺寸：（宽度/mm）×（直径/mm）	1.5 ~ 2×7	2 ~ 4 × 10 ~ 12	5 ~ 6 × 10 ~ 12	3 ~ 4 × 13 ~ 17	5 ~ 6 × 13 ~ 17	3 ~ 6 × 18 ~ 22	5 ~ 6 × 18 ~ 22	3 ~ 4 × 23 ~ 27	5 ~ 6 × 23 ~ 27	3 ~ 4 × 28 ~ 32	5 ~ 6 × 28 ~ 32	8 ~ 10 × 28 ~ 32
装炉量/（件/挂）	160	120	120	40	40	24	24	16	16	12	12	8
加热时间/s	140	150	150	160	160	170	170	180	170	190	190	210

（3）冷却 用480 ~560℃中性盐浴冷却，冷却时间同高温加热时间。

（4）回火 用540 ~560℃ ×1h ×3 次常规回火。

（5）检验 重点检查硬度、金相组织，表面质量（如裂纹、碰伤、崩齿、腐蚀等）也应检查。

奥氏体晶粒度控制在10 ~10.5 级，外径 $d \leqslant 10$mm 的以10.5 级为好。

50. 高速钢燕尾槽铣刀和反燕尾槽铣刀的热处理工艺

GB/T 6338—2004《直柄反燕尾槽铣刀和直柄燕尾槽铣刀》中的铣刀用于加工燕尾槽和反燕尾槽。对于燕尾槽，角度有45°、50°、55°、60°，对于反燕尾槽，角度有45°、60°。直柄燕尾槽铣刀(Ⅰ型)如图2-15 所示。直柄燕尾槽铣刀有整体式和对焊式两种，还有削平型直柄燕尾槽铣刀。

整体直柄燕尾槽铣刀热处理工艺简介如下：

（1）预热 选用合适的淬火夹具，按规定的装炉量装夹。先于500℃的井式炉中烘干，然后入850 ~870℃的中温盐浴中预热，为保证柄部硬度为30 ~50HRC 的技术要求，预热时柄部入浴。预热时间为加热时间的2 倍。

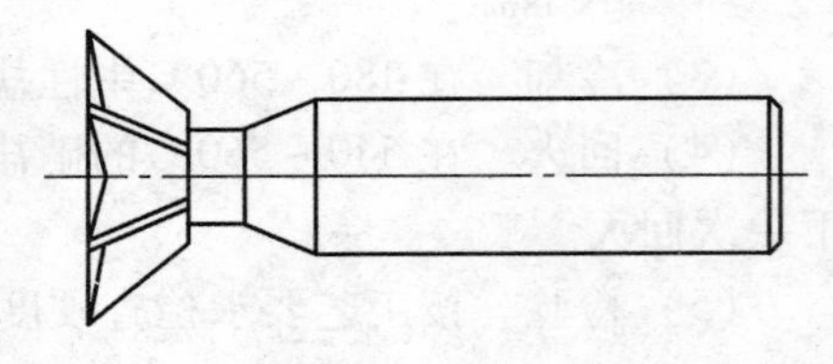

图 2-15 直柄燕尾槽铣刀（Ⅰ型）

（2）加热 W18Cr4V、W6Mo5Cr4V2、W9Mo3Cr4V钢的加热温度分别为1250 ~1270℃、1220 ~1225℃、1225 ~1230℃，加热时间见表2-29。加热时将柄部提出液面。晶粒度控制在10 ~10.5 级。

表 2-29 燕尾槽铣刀的装炉量和加热时间

铣刀外径/mm	10 ~ 12	12.1 ~ 14	14.1 ~ 16	16.1 ~ 18	18.1 ~ 20	20.1 ~ 22	22.1 ~ 24	24.1 ~ 28	28.1 ~ 32	32.1 ~ 36	32.1 ~ 40	40.1 ~ 45
装炉量/（件/挂）	100	72	40	36	24	20	16	16	16	12	8	8
加热时间/s	150	150	150	160	170	190	210	220	230	240	260	280

（3）冷却 在480 ~560℃的中性盐浴中冷却，冷却时间同高温加热时间。出炉后空冷至室温清洗干净。

（4）回火 采用540 ~560℃ ×1h ×3 次常规回火。

（5）检验 按技术要求检验硬度，检验的方法与其他刀具不一样，要求检验刃端平面的硬度。

51. 高速钢角度铣刀的热处理工艺

角度铣刀主要用于加工各种角度。角度铣刀有单角铣刀、不对称双角铣刀、对称双角铣刀三种形式。热处理技术要求硬度为64~66.5HRC，回火充分，过热程度≤1级。以下简介对称双角铣刀（见图2-16）的热处理工艺。

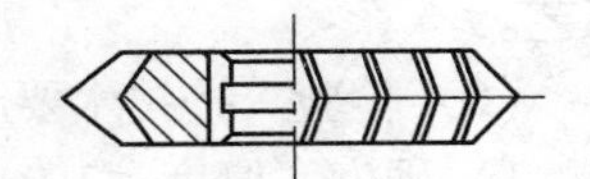
图2-16　对称双角铣刀简图

对称双角铣刀一般都经锻造、退火后再机加工。锻造裂纹及脱碳部位一定要清除掉。淬火前应对坯料进行检查。

（1）预热　选用角度铣刀的专用淬火夹具，按工艺要求装夹，装炉量见表2-30。采用500℃、850℃两次预热，预热时间为加热时间的2倍。铣刀在盐浴中加热，要坚持3个50mm原则，即工件在盐浴面下、离炉壁、离炉底均要大于50mm。

（2）加热　W18Cr4V、W6Mo5Cr4V2、W9Mo3Cr4V钢的加热温度分别为1260~1275℃、1220~1230℃、1225~1235℃，加热时间见表2-30。奥氏体晶粒度为10~10.5级。

表2-30　对称双角铣刀的装炉量和加热时间

基本尺寸：（外径/mm）×（厚度/mm）	50×8	50×10	50×14	63×6	63×10	63×20	80×10	80×12	80×18	100×12	100×18	100×32
装炉量/（件/挂）	40	32	16	32	24	12	24	16	12	16	12	8
加热时间/s	150	170	190	160	180	240	190	240	280	260	280	320

（3）冷却　用480~560℃中性盐浴冷却，冷却时间同加热时间。

（4）回火　540~560℃×1h×3次，回火操作装筐时注意不要碰坏刃尖，轻拿轻放，不可撞击。

（5）检验　按技术要求检查硬度、金相及表面缺陷。

52. 高速钢钥匙铣刀的热处理工艺

钥匙铣刀主要用于加工各种钥匙的沟槽及齿形。这类铣刀要求很高的硬度、耐磨性及韧性。由于钥匙加工大多是干切削、高速切削，所以对刀具的热硬性也有一定要求。下面简介钥匙铣刀的热处理工艺。

（1）预热　选用专用的淬火夹具，装炉量见表2-31。先在500℃左右的井式炉中烘干水分并去应力，然后转移到850~870℃的中温盐浴中预热，预热时间为加热时间的2倍。

（2）加热　W18Cr4V、W6Mo5Cr4V2、W9Mo3Cr4V、W6Mo5Cr4V2Al钢的加热温度分别为1260~1280℃、1220~1230℃、1225~1235℃、1195~1210℃。不同规格的铣刀加热时间见表2-31。

表2-31　钥匙铣刀的装炉量和加热时间

基本尺寸：（外径/mm）×（厚度/mm）	43×1.1~1.5	43×1.6~2.5	43×2.6~4	43×4.1~5	47×1.1~1.5	47×1.6~2.5	47×2.6~4	47×4.1~5
装炉量/（件/挂）	180	150	100	80	180	150	100	80
加热时间/s	180	200	210	220	180	200	210	220

（3）冷却　厚度≤2.0mm的铣刀采用分级等温淬火，即480～560℃分级冷却后立即转入260～280℃的硝盐浴中等温1.5h，出炉后空冷；厚度>2.0mm的铣刀一律采用480～560℃的分级冷却后空冷的常规淬火工艺，分级冷却时间同高温加热时间。

（4）回火　厚度≤2.0mm的分级等温淬火铣刀，清洗干净后夹直回火。第一次用350～380℃×4h空气炉回火，出炉后趁热拧紧夹具；后三次回火采用540～560℃×1h常规回火工艺。

（5）检验　按技术要求主要检查硬度、金相组织、变形量、表面质量。

1）硬度：厚度≤2.0mm的铣刀，通用高速钢的硬度要求为63～65HRC；厚度>2.0mm的硬度要求64～66.5HRC。高性能高速钢相应规格的硬度要求高出0.5HRC。若要求硬度>67HRC，则补充590℃×1h回火。

2）金相组织：厚度≤2.0mm的铣刀，不允许过热；厚度>2.0mm的铣刀，过热程度≤1级，回火程度≤1级。如果回火不充分，应增加1次回火。

3）变形量：回火结束清洗干净后，对厚度≤2.0mm的逐件检查，平面度误差≤0.12mm合格。

4）表面质量检查：检查内容包括是否有麻点、磕碰、盐渍、锈迹等。

53. W18Cr4V钢制小模数铣刀的微变形热处理工艺

在仪器仪表行业，需要大量的小模数齿轮。这些齿轮的变形和精度要求很高，齿轮弧面只允许0.01mm以内的变形。这对加工齿轮的铣刀提出了更高的要求。以模数为0.2mm的铣刀为例，齿形弧面只允许0.05mm的变形（用放大100倍的投影仪检查），要求硬度高，耐磨性好。实践证明，选用W18Cr4V钢代替原CrWMn钢制造小模数铣刀，采取适当的热处理工艺，达到了上述技术要求，取得了好的经济效果。下面简介模数为0.2mm的铣刀的盐浴微变形热处理工艺。

（1）淬火前的准备　用直径为1.2mm（18号）钢丝拴绑，先置于300～500℃烘干炉中烘干并去应力。将高温盐浴炉升至1260～1300℃脱氧。

（2）淬火加热　因考虑到该铣刀不需要高的热硬性，因此选择淬火温度的原则是在保证得到高硬度的前提下，尽量选择较低的淬火温度，故选用1180～1190℃×15s/mm加热工艺。工件入炉时切断电源，其目的是减少变形。

（3）冷却及回火　加热后的铣刀在80～100℃热油中冷却，再进行－80℃×1h的冷处理。待工件恢复到室温后，再进行170℃×2h×2次回火。

也可以在480～560℃中性盐浴中分级冷却后在280℃硝盐浴中再分级冷却，同样达到微变形的目的。

极少数生产单位无高温炉，可采取氧乙炔火焰淬火，同样也能达到铣刀热处理微变形的目的。

54. 减少ϕ200mm以上薄铣刀热处理变形开裂的方法

ϕ200mm以上薄铣刀是市场上需求量很大的金属切削刀具，一般用W6Mo5Cr4V2钢制造，其热处理难点是防止变形开裂。减少其热处理变形开裂的方法如下：

（1）保证有*R*0.8mm以上的圆角　原图样键槽8mm×3.2mm处规定圆角*R*0.8mm，但在拉削加工时，往往达不到图样要求，有时甚至为尖角，这是应力易集中处。检验中发现，裂纹大多从这里开始。当键槽由尖角改 R 圆角过渡后，开裂情况锐减。

（2）消除机械加工应力　毛坯为锻件，退火后一定要对称车削平面，不允许有脱碳层存在。在随后的车、铣、拉、磨等机械加工过程中，由于各部分的加工程度不同，使表面应力分布不均匀，应力深度可达 0.05 ~ 0.10mm，平均应力为 294.1995 ~ 588.3990MPa（30 ~ 60kgf/mm^2），局部应力相差很大。将这类工件加热到 500 ~ 550℃ ×3h 去应力退火，对减少变形很有利。

（3）两次预热　工艺为：550 ~ 650℃ ×2min/mm + 860 ~ 870℃ ×1min/mm。

（4）使用较低的淬火温度　W18Cr4V、W6Mo5Cr4V2 钢淬火温度分别选用 1260℃、1205℃。奥氏体晶粒度控制在 10.5 ~ 11 级。

（5）预冷　根据规格大小及装炉量多少，确定空冷时间。有经验的操作工，可通过工件表面的颜色及起泡的情况决定空冷时间。

（6）分级等温淬火　480 ~ 560℃分级冷却后进入 260 ~ 280℃硝盐浴等温 2h。

（7）低高温配合回火　第一次回火为 350 ~ 380℃ ×3 ~ 4h 空气炉回火，回火出炉后趁热夹紧；第二次回火温度为 550℃，出炉再次拧紧夹紧螺母。

采用上述热处理工艺，ϕ200mm 以上薄铣刀无开裂现象，允许弯曲程度的合格率达 95% 以上。

55. W6Mo5Cr4V2Al 钢制轴承成形刀的热处理工艺

W6Mo5Cr4V2Al 是无钴超硬型高速钢，用它制作成形刀效果很好。长期以来，轴承行业的专用成形刀多采用 W18Cr4V 钢制造，使用寿命只有 4 ~ 8h，失效形式多为崩刃或烧刀。选用 W6Mo5Cr4V2Al 钢制作成形刀的热处理工艺为：650℃、860℃两次盐浴加热，1205 ~ 1210℃ ×12 ~ 15s/mm 加热，淬火冷却介质为 480 ~ 560℃的中性盐浴，分级冷却后空冷，奥氏体晶粒度控制在 10 ~ 10.5 级。第一次回火工艺为 350℃ ×1.5h，以后三次回火工艺均为 560℃ ×1.5h。

经上述工艺处理后的成形刀硬度为 67.5 ~ 68HRC，使用寿命比原 W18Cr4V 钢提高 3 倍。

56. 高速钢倒角刀的热处理工艺

整体式高速钢倒角刀热处理技术要求有硬度和金相组织两项。硬度要求：前刃部 64 ~ 66.5HRC；柄部 30 ~ 50HRC；过渡区 50 ~ 63HRC。金相组织要求：回火程度≤2 级；过热程度≤1 级。

倒角刀如图 2-17 所示。图 2-17 中的 A 为有效切削长度；B 为过渡区；C 为柄部，一般以距离柄端 25.4mm 处为柄部硬点检测点。该刀一般采用通用高速钢制造，其热处理工艺如下：

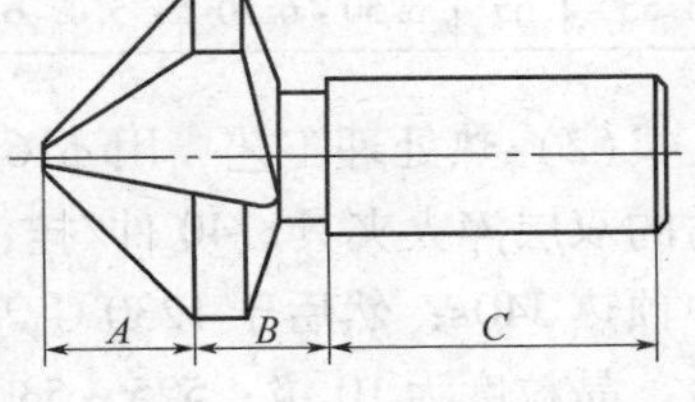

图 2-17　倒角刀

（1）预热　选用合适插板夹具，刃部朝下柄部朝上，装炉量见表 2-32。预热温度为 850 ~ 870℃，预热时间为加热时间的 2 倍，预热时将柄部全部浸入中温盐浴中。

（2）加热　W18Cr4V、W6Mo5Cr4V2、W9Mo3Cr4V 加热温度分别为 1265 ~ 1280℃、1210 ~ 1225℃、1215 ~

1230℃。加热时间见表2-32。奥氏体晶粒度控制在10.5~11级。

表2-32 倒角刀的装炉量和加热时间

倒角刀根部直径/mm	6.1~7	7.1~8	8.1~9	9.1~10	10.1~12
装炉量/(件/挂)	150	130	100	90	80
加热时间/s	135	140	145	150	160

(3) 冷却 480~560℃中性盐浴分级冷却，分级冷却时间同高温加热时间。

(4) 回火 冷却到室温，清洗干净回火，其工艺为550℃×1h×3次。

57. 柄式铣刀的高频感应淬火

柄式铣刀的高频淬火采用GP60-CR13-1型设备及自制淬火机床，工件由顶尖固定，可以上下移动和转动，可无级变速；用单圈感应器，感应器与工件之间的间隙为4~5mm；电压为9~10kV，电流为2A，栅流为0.4A，槽压为0.5~6kV。铣刀材料为W18Cr4V钢，高速钢含有大量的合金元素，导热性差，塑性较低，为减少铣刀的变形、防止开裂，并达到预期的淬硬层深度，采用830~850℃预热，1270~1290℃加热。在操作方面，进行了如下的控制：工件在感应圈中旋转，并从上至下移动连续加热，再反向移动一次。待工件温度达到预热温度的上限时，停止加热等待0.5~1min，以使工件预热均匀。随即进行淬火加热，待工件达到淬火温度后，浸入60~80℃的油中冷却。

回火工艺为560℃×1h×3次，3次回火后硬度为63~65HRC，变形较小，ϕ14.3mm×140mm的铣刀，在长度范围内直线度误差<0.5mm，其余一些规格铣刀的变形量≤0.10mm。

对高频感应淬火的高速钢铣刀进行了检验，晶粒度为9级，过热程度≤1级，金相组织为回火马氏体及均匀分布的碳化物，少量残留奥氏体，脱碳层小于磨削量。

高频感应淬火的铣刀经生产实践考核，由原来只能加工1块管板(每块管板400余孔)提高到能加工4块管板。

58. W6Mo5Cr4V5SiNbAl钢制立铣刀的热处理工艺

W6Mo5Cr4V5SiNbAl是本溪钢厂于20世纪70年代初研制出来的高碳高钒高速钢。这种钢成分的设计，主要考虑使用我国富有元素Si和Al来提高钢的硬度和热硬性，利用V提高耐磨性，加入了少量Nb主要为改善钢的热加工性能和韧性。

(1) 化学成分 W6Mo5Cr4V5SiNbAl钢的主要化学成分见表2-33。

表2-33 W6Mo5Cr4V5SiNbAl钢的主要化学成分(质量分数) (%)

C	W	Mo	Cr	V	Si	Nb	Al
1.55~1.65	5.50~6.50	5.0~6.0	3.80~4.40	4.20~5.20	1.0~1.40	0.20~0.50	0.30~0.70

(2) 热处理工艺 用ϕ16.5mm原材料制成的ϕ15mm立铣刀的热处理工艺为：选择合适的双层淬火夹具，40件/挂；先在550℃井式炉中烘干水分，接着在860~880℃中温盐浴中预热340s；然后于1230℃高温盐浴中加热170s，480~560℃中性盐浴分级冷却170s后空冷，晶粒度为10级；525~530℃×1h×4次回火，硬度为68.2HRC。作者认为如此高的硬度并不适用，应选用550℃×1h×4次回火，硬度为66.5HRC。

（3）立铣刀使用情况　用 ϕ15mm 立铣刀铣削 45 钢等低硬度工件，其刃磨一次切削寿命比 W18Cr4V 钢立铣刀高 2 倍；铣削 GH1035 等高温合金材料，其寿命是 W6Mo5Cr4V2 等通用高速钢立铣刀的 3 倍以上。在切削难加工材料时，W6Mo5Cr4V5SiNbAl 钢刀显示出更多的优越性。

59. 控制 W18Cr4V 钢制扁牙滚铣刀热处理变形工艺

W18Cr4V 钢制扁牙滚铣刀热处理硬度要求为 62～65HRC，变形量≤0.05mm，脱碳层≤0.017mm。对热处理变形要求特别高，其热处理采取以下两种工艺为宜。

（1）低温淬火工艺　将淬火温度由常规的 1270～1280℃降低到 1240～1250℃，并且采用 480～560℃分级冷却，260～280℃ ×1h 等温，常规回火。硬度、金相组织、变形、脱碳层全部达到工艺要求。

（2）缩短加热时间　两次预热、分级等温淬火、常规回火等工序均按正常操作进行，唯有高温加热时间由原 160s 缩短至 110s，加热温度为 1270～1280℃。

经这两种工艺处理的扁牙滚铣刀硬度为 63～64HRC，变形量≤0.05mm。

60. W8Mo5Cr4VCo3N 钢制铣刀的热处理工艺

超硬高速钢包括 W2Mo9Cr4VCo8、W6Mo5Cr4V2Co5、W6Mo5Cr4V2Al 等，其中 W2Mo9Cr4VCo8 被称为王牌高速钢，综合性能较好。国内各高速钢生产厂做了大量工作，研制了不少超硬高速钢，W8Mo5Cr4VCo3N 便是其中之一。下面简单介绍 W8Mo5Cr4VCo3N 钢铣刀的热处理工艺。

（1）W8Mo5Cr4VCo3N 钢基本性能。

1）W8Mo5Cr4VCo3N 钢的主要化学成分见表 2-34。

2）质量。共晶碳化物不均匀度见表 2-35。

3）硬度。W8Mo5Cr4VCo3N 钢淬火后的硬度可达 67～70HRC，600℃ ×3h 回火后的硬度为 65～66HRC。

4）磨削加工性。用普通白刚玉、铬刚玉砂轮均可加工，磨削加工性和 W2Mo9Cr4VCo8 钢相当。而 W12Mo3Cr4V3Co5Si、W6Mo5Cr4V2Al、W12Mo3Cr4V3N 等超硬高速钢的磨削加工性比 W8Mo5Cr4VCo3N 钢差。

表 2-34　W8Mo5Cr4VCo3N 钢的主要化学成分（质量分数）　（%）

C	W	Mo	Cr	V	Co	N
1.0～1.20	7.50～8.50	4.50～5.50	3.80～4.40	1.0～1.40	2.50～3.50	0.05～0.10

表 2-35　W8Mo5Cr4VCo3N 钢的共晶碳化物不均匀度

材料规格尺寸/mm	ϕ8～ϕ40	ϕ41～ϕ60	ϕ61～ϕ80	ϕ81～ϕ100	ϕ101～ϕ120	>ϕ120
碳化物级别/级	≤3	≤4	≤5	≤6	≤7	双方协议

注：改锻后良品率比 W2Mo9Cr4VCo8 高得多。

（2）热加工工艺

1）退火。锻件一般采取等温退火工艺：860～870℃ ×3～4h，炉冷至 720～740℃保温 4～5h，炉冷至 500℃出炉空冷。退火时要在可控气氛加热炉中或装入木炭的包中进行，这是因为钢中钼含量较多，容易脱碳，退火后硬度为210～255HBW。

2）淬火。一般都进行两次预热：600～650℃×20s/mm+820～850℃×20s/mm+1230～1240℃×10～15s/mm。淬火采用480～560℃分级淬火或260～280℃等温淬火，稍长的立铣刀应采用等温淬火，容易变形、开裂的刀具一般采用600～620℃分级淬火空冷即可。

3）回火。100%的$NaNO_3$或KNO_3盐浴，530～540℃×1h×3次回火，如第3次回火仍不充分应补充一次540℃×1h回火。

（3）使用性能　W8Mo5Cr4VCo3N钢和W2Mo9Cr4VCo8钢制刀具的切削使用性能对比见表2-36。

表2-36　W8Mo5Cr4VCo3N钢和W2Mo9Cr4VCo8钢制刀具的切削使用性能对比

刀具名称	刀具材料	刀具硬度HRC	被加工零件材料	零件硬度HRC	加工量/（件/刃磨一次）	零件加工后表面粗糙度值 Ra/μm	备注
φ30mm立铣刀	W2Mo9Cr4VCo8/W8Mo5Cr4VCo3N	67.5/67	35CrNi3Mo	33～37	10	3.2	普通铣床
拉刀	W2Mo9Cr4VCo8/W8Mo5Cr4VCo3N	68	蒙乃尔合金	22～28	6/11	1.6	拉床
镗刀	W2Mo9Cr4VCo8/W8Mo5Cr4VCo3N	68/68.2	37CrNiMo	30～35	6/7	1.6	专用镗床
螺纹滚刀	W2Mo9Cr4VCo8/W8Mo5Cr4VCo3N	68	45CrNiMoV	45～50	3	1.6	热处理后加工
φ10mm立铣刀	W2Mo9Cr4VCo8/W8Mo5Cr4VCo3N	68.5/68.2	ZG35CrMo	30～35	2/3	3.2	数控铣床

61. W18Cr4V钢制三面刃铣刀的分级淬火工艺

三面刃铣刀是机械行业广泛使用的普通刀具，要求具有高的硬度和热硬性，由于刀体大、形状较复杂，淬火时易开裂。而采用多次预热和多次分级淬火，并及时回火，能减少刀具开裂倾向。其热处理工艺简介如下：

（1）预热　预热主要是为了消除应力，以减少变形和开裂，缩短高温加热时间。第一次预热在井式炉中进行，预热时间按1.5～2.0min/mm计算；第二次预热在中温盐浴炉中进行，预热时间为高温加热2倍，预热温度为840～860℃。

（2）加热　加热在高温盐浴炉中进行，加热温度为1270～1280℃，淬火高温加热应使碳化物溶解适当，使奥氏体中有足够的碳含量与合金元素含量，以保证高的热硬性。同时，还应留有一定数量的未溶碳化物。这样一方面增加刀具的耐磨性，另一方面阻止晶粒长大，防止过热。由于三面刃铣刀截面变化大，有尖角，有键槽，且原材料存在着严重的碳化物偏析，所以加热温度不宜太高，一般取中上限温度较好。淬火温度根据同炉号同规格试样的晶粒度确定，加热时间按10～15s/mm计算。

（3）冷却　三面刃铣刀高温加热后不宜用油冷，大部分生产单位用一次分级淬火工艺，即480～560℃×10～15s/mm中性盐浴分级冷却后空冷。而有些生产单位采用两次分级冷却法，即在上述第一次分级冷却后，马上转入250～280℃空气炉中进行第二次分级冷却，分级冷却时间约为第一次分级冷却时间的1.5~2倍，出炉后空冷。空冷至约70℃（即不带手套能短时间抓住工件），及时回火。第二次分级冷却能进一步减少热应力和组织应力，减少变形和开裂倾向，特别适用于形状复杂、材质差的大型刀具。

W18Cr4V钢三面刃铣刀的晶粒度控制在9.5~10级较好。

（4）回火　从马氏体内析出弥散的碳化物，提高了马氏体硬度，残留奥氏体在回火过程中转变成马氏体，同时析出碳化物，使得回火后硬度比淬火后硬度提高2~4HRC；通过550~560℃×1h×3次硝盐浴回火，应力得以消除，综合力学性能提高，尺寸趋于稳定。

高速钢刀具回火是提高其性能的重要环节，关键是保证回火温度的准确性及每次回火冷至室温才能进行后序操作。

三面刃铣刀的硬度不能太低，根据作者的实践经验，最好把硬度控制在65~66HRC。GB/T 9943—2008《高速工具钢》将W18Cr4V钢中碳的质量分数由原来的0.70%~0.80%提高到0.73%~0.83%，为提高W18Cr4V钢刀具硬度创造了条件。

62. 卡盘铣刀的热处理工艺

加工卡盘的“工”字形铣刀如图2-18所示，材质为通用型高速钢。硬度要求：刃部63~66HRC，柄部40~45HRC。铣刀失效形式是在ϕ6mm与ϕ11.3mm连接处断裂。卡盘材料为HT200、HT300灰铸铁。

经分析认为，按常规淬火，硬度和金相组织都能达到技术标准，但韧性不足，对加工灰铸铁之类的易切削材料，韧性是第一位的，耐磨性、热硬性则是第二位的。试验中改低温淬火，取得很好的效果，具体工艺见表2-37。

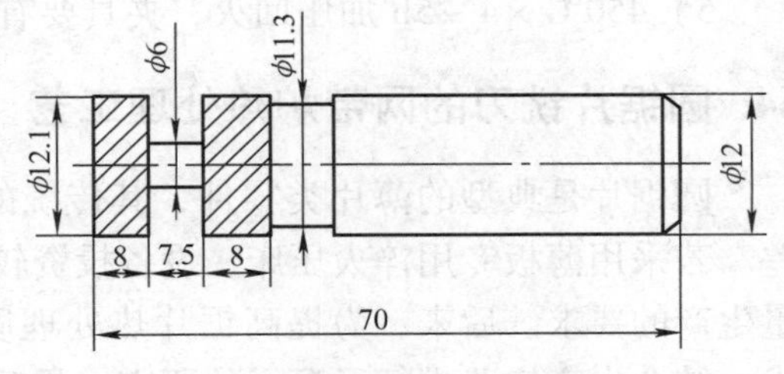

图2-18　加工卡盘的“工”字形铣刀

柄部硬度的控制：预热时全部浸入盐浴，加热时柄部1/4~1/3浸入盐浴，冷却时全部投入冷却介质中。经上述工艺处理后，刃部硬度为63.5~65.5HRC，柄部1/2处硬度为40~45HRC。

原工艺处理的铣刀只能加工38~45件卡盘，而新工艺处理的可加工80~90件卡盘，如采取表面强化措施，铣刀的寿命还会提高。

表2-37　卡盘铣刀的热处理工艺

工　艺	W18Cr4V	W6Mo5Cr4V2	W9Mo3Cr4V
原工艺	预热850~860℃×4min，加热1270~1280℃×2min，冷却480~560℃×2min，晶粒度为9.5~10.5级，540~560℃×1h×3次回火，喷砂	加热温度1220~1225℃，其他同W18Cr4V	加热温度1225~1230℃，其他同W18Cr4V
现工艺	预热850~860℃×4min，加热1250~1260℃×2min，冷却480~560℃×2min，晶粒度为11~12级，540~560℃×1h×3次回火，喷砂	加热温度1190~1200℃，其他同W18Cr4V	加热温度1200~1210℃，其他同W18Cr4V

63. 金刚石锯片基体65Mn钢的热处理工艺

在圆形基体上焊接金刚石刀头便成为金刚石锯片，金刚石锯片主要用来加工硬而脆的石材。要完成正常的切割，基体必须有一定的强度，同时要有一定的刚度，综合体现为要有足够的硬度。基体的另一个重要特点是在使用中会发生强烈的振动，由于刀头比基体厚，工作时基体与被切割石材之间有一定的间隙，为了不使基体因振动而过早断裂，基体必须有一定的韧性、疲劳强度和抗拉强度，以起到缓和冲击、吸收振动的作用。国内一些厂家根据基体的使用要求和实际情况，对基体的技术参数规定了宏观标准：基体硬度为37～45HRC，平面度误差在±15μm之间，金相组织为回火屈氏体。对于65Mn钢基体，其热处理应注意以下几点：

1）金刚石大锯片基体尺寸为ϕ300～ϕ1600mm，厚度一般只有2～4mm，这么大而薄的锯片热处理变形开裂是难以避免的，要控制变形开裂，只有采取加压淬火工艺。

2）基体的加压淬火装置简易而有效，对基体的淬火工艺水平和质量的提高都有利。一般采用盐浴加热，加压油淬。

3）设计经济合理的淬火夹具，出炉后的基体应能方便迅速地装入夹具中油淬，减少转移时间，确保基体淬火后的组织和硬度。以ϕ350mm×2.2mm规格为例，840℃加热保温后，从出炉到淬火油槽，必须保证10s之内完成基体马氏体相变，否则硬度达不到要求。

4）可将多片基体同时加热，一起出炉，装入夹具，淬入油槽。

5）450℃×4～5h加压回火，夹具要有足够的厚度，并且平面度达到技术要求。

64. 圆锯片铣刀的网带炉热处理工艺

圆锯片是典型的薄片类零件，其传统的热处理工艺是采用盐浴淬火，生产率低且质量差。若采用薄板专用淬火压床，设备投资较大，而且生产率也不高，不能满足锯片行业大批量生产的要求。后来，为提高锯片热处理质量和生产率，学习吸收了国外先进的热处理技术，结合生产实践进行了深入的研究，最后发现采用托辊式网带炉进行锯片热处理可取得了较好的效果，以下做简单介绍。

（1）原生产设备　锯片的加工工序流程为：冷轧薄钢板→冲压成形（激光切割成形）→整形→热处理→手工锤击→平磨→高频焊接刀头→喷砂→刃磨→涂装等。已采用托辊式网带炉热处理的圆锯片材料分别有SKS5M（日本牌号）、65Mn、50Mn2V等。该工艺以SKS5M钢制圆锯片为代表进行研究。外径尺寸为ϕ110～ϕ450mm，锯片厚度为1.35～3.0mm。日本JIS标准规定SKS5M钢的w(C)=0.75%～0.85%，w(Si)≤0.35%，w(Mn)≤0.5%，w(P)≤0.030%，w(S)≤0.030%，w(Cu)≤0.25%，W(Ni)=0.70%～1.3%，w(Cr)=0.20%～0.50%。按化学成分分类，该钢属于合金弹簧钢。圆锯片热处理技术要求：表面硬度为40～43HRC；轴向圆跳动误差≤0.10mm。

原设备采用进口托辊式无马弗气体保护网带炉生产线，包括淬火炉、淬火冷却油槽、引上机、履带板式校平机、清洗机及回火炉。淬火加热功率60kW，炉膛有效尺寸为4750mm×500mm×50mm。另外，还配备一台圆锯片回火装卡液压机，两台加热功率各为15kW的井式回火电阻炉。原热处理工艺过程是圆锯片通过引上机进入履带板式矫平机，矫平效果不佳，不能满足大直径、高精度圆锯片热处理技术要求。因此，需对圆锯片热处理工艺进行改造。

（2）设备的改造　钢在马氏体相变时也会产生相变塑性现象，称为马氏体相变塑性。本例将马氏体相变诱发塑性的原理应用于圆锯片。

1）采用四工位的液压矫平机，替代原履带式矫平机，使圆锯片通过引上机进入液压矫平机，从而解决浮动加压，压力不足问题。

2）更换引上机传动链轮，将其角速度由 16r/min 提高到 32r/min，以减少油中的冷却时间，使圆锯片出油时的温度提高至材料的 Ms 点附近。

（3）圆锯片热处理工艺参数　控制淬火冷却出油时圆锯片的温度是圆锯片采用网带炉热处理的关键。实践证明，在马氏体点附近对圆锯片进行热压，控制变形效果比较理想。现场操作时，可结合淬火油的闪点，观察锯片出油时的着火情况判断圆锯片的实际温度（也可以用接触法测温度），还需测量淬火炉网带传动速度、淬火油油温和循环搅拌情况，以及引上机提升速度、液压矫平机压模温度等方面参数，进行反复试验研究，最后可确定圆锯片的热处理工艺如下：

1）淬火温度为 830℃。

2）根据圆锯片的厚度确定网带淬火炉网带传动速度，如厚度为 2.20～2.40mm 的锯片，网带传动速度为 7mm/s。

3）气体保护滴注甲醇（CH_3OH），流量为 0.15L/h。

4）淬火冷却油选用闪点（开口）≥220℃的 KR468 等温分级淬火油，设定油温为 80℃。

5）根据圆锯片直径的大小，采用合理的装炉方案，调整圆锯片热处理生产的节拍，确定热压时间，通常约为 30s。

6）在网带回火炉内进行第一次回火，工艺为 260℃ ×15～30min。

7）第一次回火后，采用专用工装，经过两次加压装夹后，装入井式回火电阻炉中。

8）在井式回火电阻炉内回火两次，加热规范视硬度要求而定，工艺为 370～440℃ ×12h。

（4）应用效果　上述热处理工艺方案，已分别在 SKS5M、65Mn、50Mn2V 等钢制圆锯片热处理中得到应用，并获得良好效果，热处理轴向圆跳动误差≤0.10mm，一次交验合格率≥98%。

圆锯片采用网带炉热处理改变了传统的热处理工艺，使圆锯片热处理质量稳定，其适用于多品种、大批量的薄片类零件的热处理，尤其适用于木工机械、园林机械和棉花机械的圆锯片热处理。

65. W6Mo5Cr4V2 钢制螺钉槽铣刀的热处理工艺

螺钉槽铣刀专门用于铣削螺钉头上的槽，螺钉材料大部分为低碳钢，但也有高强度钢的螺钉。铣刀的厚度即为螺钉槽的宽度尺寸。铣刀的外径尺寸有 ϕ40mm、ϕ60mm、ϕ75mm 三种。ϕ40mm 铣刀的厚度从 0.25mm 到 1.0mm 共 7 个档；ϕ60mm 铣刀的厚度从 0.40mm 到 2.50mm 共 9 个档；ϕ75mm 铣刀的厚度从 0.60mm 到 5.0mm 共 10 个档。

热处理硬度要求：厚度≤1mm 的，硬度为 62～65HRC；厚度 >1mm 的，硬度为 63～66HRC。

螺钉槽铣刀盐浴热处理对脱氧捞渣要求特别严格，要求盐浴炉中 w（BaO）≤0.20%。厚度≤1mm 的铣刀，淬火温度为 1200℃，晶粒度为 11～12 级；厚度 >1mm 的铣刀淬火温度为

1210℃，晶粒度为10.5~11级。厚度在2mm以下的铣刀，480~560℃分级冷却后进行260~280℃×2h等温处理，550℃×1h×4次回火。

厚度≤1mm的铣刀，热处理后如果硬度>65HRC，要不要把硬度降下来？如果按照相关标准，肯定要降下来，但作者通过试验，硬度高者只要金相组织理想，硬度越高越耐用。钢板铣刀和锻造铣刀做对比试验，证明是后者优于前者。厚度在0.8mm以下的铣刀，有人用钢板或圆钢下料直接铣齿后淬火再切削，结果证明还是锻造过的铣刀寿命高。

铣刀不宜进行发蓝处理，多数生产单位采用喷砂粉且只喷齿，再浸防锈水。

66. W18Cr4V钢制大型成形铣刀的低温淬火工艺

W18Cr4V钢制大型成形铣刀的热处理硬度要求为63~66HRC，变形量≤0.10mm。经严格的锻造，退火后加工成半成品进行热处理。有两种热处理工艺方案，均收到很好的效果，简介如下：

1）500℃烘干去应力，840~860℃盐浴预热，1245~1255℃×5~6s/mm加热，810~820℃中温炉分级冷却2min，480~560℃中性盐浴再次分级冷却，260~280℃×1h等温，400℃×30min回火后立即转入560℃硝盐浴中继续回火，反复4次。

2）500℃烘干去应力，840~860℃盐浴预热，1245~1255℃×5~6s/mm加热，480~560℃中性盐浴分级冷却后转硝盐浴槽260~280℃×1h等温，400℃×30min回火后立即转入560℃硝盐浴中继续回火，反复4次。

上述两种工艺处理的W18Cr4V大型成形铣刀的硬度都在63HRC以上，孔径变形量为±0.05mm，表面脱碳层深≤0.035mm，合格率达100%。

67. W6Mo5Cr4V2Al钢制成形铣刀的低、高温配合回火工艺

W6Mo5Cr4V2Al钢制成形铣刀常采用下限淬火温度，但为了保证合金元素充分溶入奥氏体中，使刀具有较高的热硬性和耐磨性，应适当延长加热时间。

W6Mo5Cr4V2Al钢制成形铣刀淬火后第一次回火的温度为320~380℃，除能促使ε相和M_3C型碳化物均匀析出、促使M_2C和MC碳化物在二次硬化温度范围内析出更加均匀外，还促使部分残留奥氏体（体积分数为5%~7%）向贝氏体转变，这对提高高速钢的强韧性有利。

W6Mo5Cr4V2Al钢制成形铣刀采用1200℃淬火+350℃×1.5h+560℃×1.5h×3次低、高温配合回火新工艺，刀具的平均寿命较原W18Cr4V钢提高2倍以上。

68. 高速钢立铣刀的氧氮共渗工艺

自20世纪70年代以来，高速钢在氨水和蒸汽中进行氧氮共渗处理引起了工具界的重视。40多年的市场考验和应用实践证明，经氧氮共渗处理的刀具兼有蒸汽处理和渗氮处理的优点，其表面外层是氧化层，能增加刀具的散热能力并有一定的润滑作用；内层是渗氮层，具有较高的硬度和耐磨性。由于蒸汽的稀释作用，氧氮共渗后渗氮层中氮浓度较低，避免了纯氨渗氮时渗氮层的脆性。以下简介其热处理工艺。

（1）直接滴氨水氧氮共渗工艺（见图2-19） 工业用氨水中含NH_3 25%~28%（质量分数），相当于炉气中NH_3与H_2O的体积比为25:75。按氨水全部汽化（不考虑NH_3分解）计

算，若每小时换气3次（换气次数受滴量计读数限制）需氨水650mL，测得滴量计读数每100滴为7mL，即应滴入氨水154滴/min。共渗温度为540～560℃，工件按要求装在专用筐内，到温进炉。排气期增加滴量至180滴/min，共渗2h后停电降温扩散1h，然后打开炉门冷至200℃以下出炉浸油。实践证明，炉压在20～100mmH_2O（1mmH_2O = 9.8Pa）波动，对渗层质量并无影响。

（2）通氨滴氨水氧氮共渗工艺（见图2-20） 按NH_3与H_2O的质量比为50∶50，在每100mL氨水中补充通入$NH_3$45g，若每小时换气6次，需滴入氨水640mL，相当于150滴/min，通入氨气380L/h，排气期通氨600L/h，排气0.5h，其他工艺参数同直接滴氨水法。

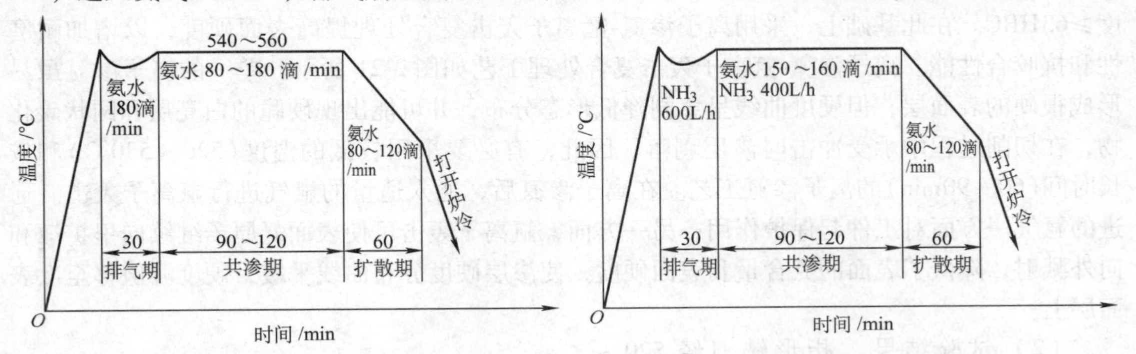

图2-19 直接滴氨水氧氮共渗工艺

图2-20 通氨滴氨水气氧氮共渗工艺

（3）氧氮共渗后刀具的使用寿命 先后对指形铣刀、立铣刀等工具进行氧氮共渗处理，与未进行氧氮共渗处理的同规格同批刀具做寿命对比试验。结果表明，经过氧氮共渗处理的刀具寿命均有明显提高。经氧氮共渗处理的刀具，在切削硬度较高的调质工件时，效果尤其明显。例如，W18Cr4V钢指形铣刀粗铣硬度为270HBW的齿轮时，正常情况下切削2齿就不能使用了，精铣更是无法进行；将该批刀具补充氧氮共渗处理后，粗铣最多可达23齿，精铣多达70齿。

实际刀具使用情况还表明，对于立铣刀等薄刃刀具，采用滴氨水法或通入少量氨气的滴氨水法较合适；厚刃刀具（如指形铣刀）则以通氨气量较大的通氨滴氨水法较佳。用直接滴15%（质量分数）的氨水法处理刀具，表面硬度可达1000～1050HV，渗层深度为0.03～0.04mm；在滴氨水的同时补充通入氨气，使NH_3与H_2O的质量比为50∶50，表面硬度可达1100～1200HV，渗层深度达0.045～0.055mm。

69. 高速钢指形铣刀的离子渗氮-氩离子轰击复合处理工艺

某重型机器厂制造的大型ZG35CrMo铸钢传动齿轮（齿宽为700mm，模数为45mm，齿数为87，退火后硬度为210HBW）和小型ZG38CrSiMnMo铸钢齿轮（齿宽为680mm，模数为45mm，齿数为22，调质硬度为270HBW），这两种铸钢齿轮的组织不均匀，并且存在着硬度高达40～50HRC的细小硬质点或小区域。所用高速钢刀具采用常规的热处理，硬度仅为61～63HRC，质量约9kg的W18Cr4V钢指形铣刀进行加工时，一把刀具只能精铣1～2个齿，最好的也只能铣3个齿。刀具磨损快，寿命短，一对传动齿共109个齿，刀具消耗量很大。该厂曾采用冷处理，将刀具的硬度提高到63～65HRC，还采用过电火花表面强化、气体氮碳共渗、氧氮共渗等多种表面处理，均未能有效地提高刀具的使用寿命。经反复分析研究，用离子渗氮-氩离子轰击复合处理取得了良好效果。

（1）热处理工艺　W18Cr4V钢经常规热处理后，具有较高的硬度和热硬性，由于指形铣刀体积大，形状复杂，淬火时易开裂，因此采用多次预热和多次分级淬火，并在刀具未冷到室温就回火，减少了刀具的开裂倾向。该厂W18Cr4V钢指形铣刀的淬火回火硬度一般为61～63HRC，如此低的硬度不能用于切削调质件。

高速钢指形铣刀的主要失效形式为磨损，因此首先优选了材料，选择碳含量较高的W18Cr4V钢制作，热处理工艺也严格把关，使金相组织和硬度有机组合，保证淬火回火硬度≥63HRC。在此基础上，采用离子渗氮-氩离子轰击复合处理提高表面硬度，以增加耐磨性和抗咬合性能。离子渗氮-氩离子轰击复合处理工艺如图2-21所示。单一的离子渗氮虽易形成很硬的表面层，但硬度曲线呈急剧降低形态分布，并可能出现硬脆的白亮层和网状碳化物，在切削过程中承受冲击时渗层剥落。因此，有必要采用较低的温度（520～530℃）和较长时间（60～90min）的离子渗氮工艺。在离子渗氮后，通入适量的氩气进行氩离子轰击。通进的氩气一方面对工件起保护作用；另一方面，氩离子轰击可使表面氮原子继续向里扩散和向外溅射，降低了表面的氮含量和表面硬度，使渗层硬度分布曲线平缓，硬度峰值移至次表面层上。

（2）试验结果　指形铣刀经520～530℃×60～90min离子渗氮+40～60min氩离子轰击处理后，渗层的表面硬度为1100～1250HV，渗层深度为0.056～0.095mm。金相组织也比较好，表面虽有微量的白亮层，但颜色灰白，无网状氮化物析出，渗层与基体的过渡也比较平稳。经数百把刀具使用验证，使用中未发现刃口崩落现象。

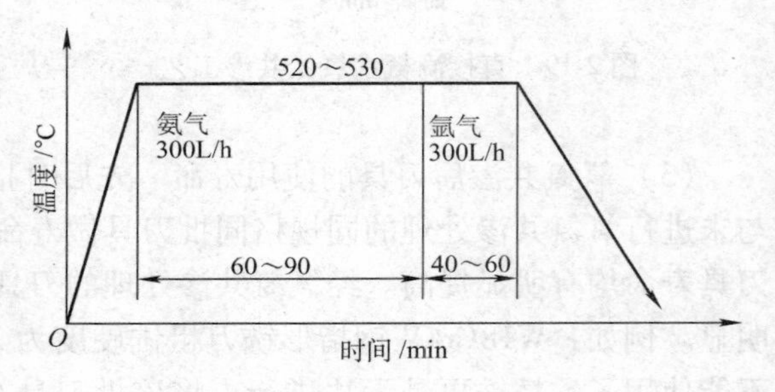

图2-21　离子渗氮-氩离子轰击复合处理工艺

（3）使用效果　用上述工艺处理过的指形铣刀，用于铣削35CrMo铸钢齿轮，平均寿命在40齿以上；用于铣削38CrSiMnMo铸钢调质齿轮，平均寿命为42齿，使用寿命比未渗氮者提高13倍左右。

70. W6Mo5Cr4V2钢制微型铣刀的碳氮氧硼共渗新工艺

W6Mo5Cr4V2钢制微型铣刀只有0.15～0.20mm厚，用于加工手表小零件。采用一般的碳氮氧硼共渗工艺会变得很脆，而采用新工艺，就收到了很好效果。

（1）共渗前的热处理　原用1200℃加热淬火后再经560℃×1h×3次回火，表现为韧性不足，发生崩刃；改进后用1160℃淬火，150℃×4h处理，再进行碳氮氧硼共渗，使其韧性增大。

（2）共渗剂配方　共渗剂配方（质量分数）为：100%甲酰胺+50%无水乙醇+10%丙酮+6%四氯化碳+6%硼酸。生产中发现，随着无水乙醇量的增加，表面硬度降低。配制共渗剂时，先将硼酸溶于无水乙醇中，再加甲酰胺、丙酮及四氯化碳，放置几小时，待硼酸全部溶入后即可使用。共渗剂在冬季比较稳定；在春、秋季的室温情况下，半个月左右即开始变黄，效果不佳；在夏季一个星期左右即全变黄。因此需将配好的共渗剂置于空调室内。

（3）共渗工艺与试验结果　一般常用共渗温度为 530 ~ 570℃，而本试验取 580 ~ 590℃，共渗时间为 1.5 ~ 2h，气体压力 400mmH_2O（1mmH_2O = 9.8Pa），共渗层深度为 0.03 ~ 0.04mm，表面硬度为 906 ~ 941HV。加工硬度为 320HBW 的 T10A 钢，使用寿命提高 5 ~ 10 倍。

71. 高速钢大型精指铣刀的深层碳氮共渗复合热处理

某重型机器厂生产的 W18Cr4V 钢大模数（m = 57mm）精指形铣刀如图 2-22 所示，用于加工甘蔗榨糖机的三星齿轮（ϕ917mm × 400mm × 400mm 孔）。精指形铣刀切削速度为 96r/min；向下进给量为 16mm/min；背吃刀量：半精铣时 t_1 = 7 ~ 9mm，精铣时 t_2 = 3 ~ 4mm，半精铣与精铣一次切成时 t_3 = 10 ~ 13mm；铣刀切削刃口展开总长为 360mm。切削力大，振动严重。这种铣刀原用常规热处理工艺，硬度为 62 ~ 64HRC。按 t_1 半精铣 8 齿，切削刃磨损，齿面表面粗糙度 Ra = 6.3μm，需换刀或修磨。按 t_3 铣 6 齿即烧刀，生产中不仅消耗大量刀具，而且影响工作进度。为此，该厂对原热处理工艺进行改进。经多次试验证明，用高温气体低浓度深层碳氮共渗，效果比较好，可提高使用寿命 10 倍左右。

（1）制造工序　采用 ϕ150mm 的 W18Cr4V 钢锻造→等温退火→粗、精车→铣齿→铲齿→碳氮共渗→淬火回火→清洗→喷砂→发蓝处理。

（2）高温气体低浓度深层碳氮共渗工艺　共渗处理在 RJJ-75-9 井式气体渗碳炉中进行，渗剂（质量分数）为三乙醇胺 80% + 酒精 20%，强渗期为煤油。其工艺如图 2-23 所示。从金相组织分析得知，共渗层表面无网状组织，大部分碳氮化合物为细小颗粒状。渗层深度为 1.15mm，硬度为 30 ~ 35HRC。共渗层中的 C、N 含量与共渗层深度有一定的对应关系，如 0.08mm 处 w(C) = 1.63%、w(N) = 0.16%，基体中 w(C) = 0.9%。

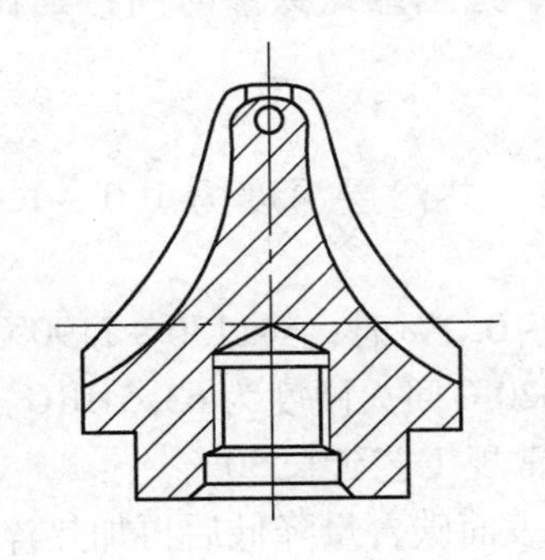

图 2-22　精指形铣刀

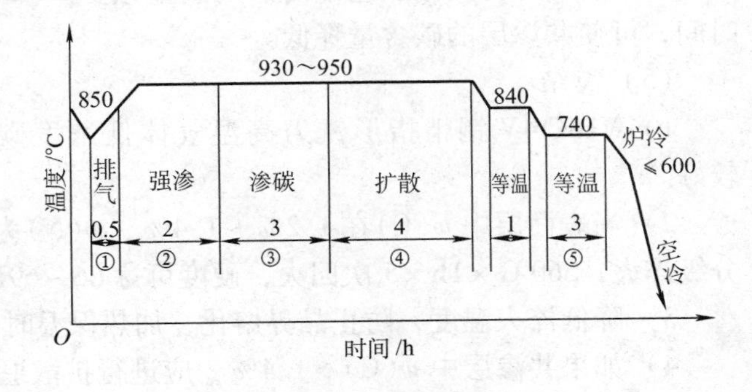

图 2-23　气体碳氮共渗工艺

图 2-23 说明如下：

1）煤油 60 滴/min，取样孔全开。

2）煤油 30 滴/min，炉压为 50mmH_2O，取样孔全开。

3）煤油 30 滴/min + 三乙醇胺 30 滴/min，炉压为 40mmH_2O。

4）煤油 22 滴/min + 三乙醇胺 22 滴/min，炉压为 20mmH_2O。

5）三乙醇胺 25 滴/min，炉压为 10mmH_2O，装炉量约 180kg。

（3）共渗后的热处理　高温碳氮共渗后淬火回火工艺如图 2-24 所示。预热用箱式炉，淬火加热用盐浴炉。1200℃加热，810℃、600℃、380℃三次分级淬火，240 ~ 260℃ × 2h 等温，等温后空冷至 120℃左右立即回火。为防止剧烈加热，回火先在 260℃硝盐浴中回火 1.5h，然后于硝盐浴中进行 560℃ × 1.5h 第一次回火。回火后不空冷而是进入 240 ~ 280℃

的硝盐浴中等温，目的是让残留奥氏体不要转变成马氏体，而转变成贝氏体，尽可能减少开裂。以后4次回火均重复560℃×1h的操作工艺。

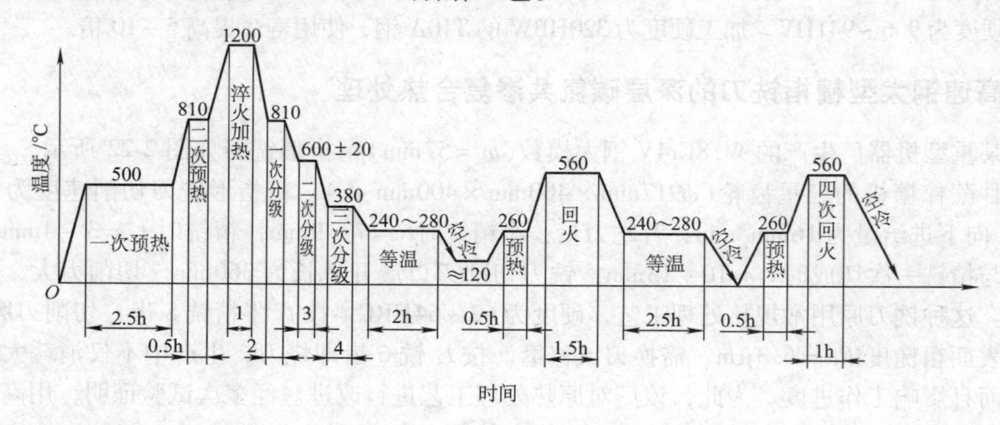

图2-24 高温碳氮共渗后淬火回火工艺
注：1、2、3、4分别为19min、1min、10min、13min。

（4）碳氮共渗及淬火回火工艺的进一步改进 按上述工艺处理的共渗层表面 w(C)高达1.63%～1.80%，1200℃加热淬火，在表面<0.1mm处仍有熔化现象，在0.1～0.28mm处晶界上有次生莱氏体组织生成。处理后虽然热硬性好，但韧性差。将共渗层中的 w(C)控制在1.2%～1.4%，则可保证共渗层表面在1200℃淬火时既不熔化，又不会生成次生莱氏体。试验结果表明，将共渗工艺中的渗剂滴量减少20%～30%，适当缩短共渗时间，延长扩散时间，可使共渗层的碳含量降低。

（5）总结

1）W18Cr4V钢精指形铣刀高温气体低浓度碳氮共渗，共渗层深度为1.0～1.40mm较好。

2）当表面层中 w(C)在1.2%～1.4%，w(N)为0.1%～0.2%时，经1130～1190℃加热分级淬火，560℃×1h×5次回火，硬度可达66～69HRC，620℃回火硬度为63.5HRC。

3）降低淬火温度，防止晶界熔化，加热保温时间应比常规工艺延长30%。

4）如果共渗层中 w(C)>1.4%，应进行扩散退火，待表面碳含量降低后再加热淬火。

5）共渗前，刃口前后角单边均匀留0.15～0.20mm磨量，淬火后再精铲磨加工，尽量少磨去表面的高氮层，以提高热硬性。

6）共渗处理时有氢渗入，增加脆性，故应增加一次去氢低温回火处理。

72. 高速钢刀具的钼硫共渗工艺

航空工业广泛使用铁基和镍基高温合金，虽具有优良的使用性能，但加工困难。用高速钢刀具加工这些材料，普遍存在着崩刃、折断、寿命低等问题。为了提高切削难加工材料刀具的使用寿命，进行了钻头、丝锥、铰刀等产品的钼硫共渗试验。

（1）钼硫共渗工艺 高速钢刀具加工成成品后，有针对性地进行钼硫共渗处理，其工艺过程包括：去油、酸洗、中和、钼硫共渗、浸油5个步骤。

1）去油。去油配方为：50～75g/L氢氧化钠+50～75g/L磷酸钠+20～25g/L硅酸钠。

使用温度为60～80℃，清洗时间为30～60min，最后用清水冲洗干净。

2）酸洗。目的是去除氧化膜，活化金属表面。酸洗用质量分数为25%～35%的工业盐酸，室温操作，酸洗时间为30～60s，取出后用清水洗净。

3）中和。用质量分数为3%～6%的碳酸钠水溶液中和，再用清水冲洗。

4）钼硫共渗。将经过表面活化处理的刀具和一定数量的固体渗剂，装入密封罐中。按要求在炉中加热进行钼硫共渗，共渗温度和高速钢回火温度相当，共渗时间为3～6h，渗剂为胶体二硫化钼粉末。

5）浸油。刀具经钼硫共渗后，冷至室温，取出浸油即可使用。若以发蓝处理代替浸油工序，可获得更好效果。

（2）刀具使用效果　渗硫层主要组成物是硫化亚铁和二硫化铁。渗钼层主要是三氧化钼和钨钼氧化物。实际生产中，在加工GH4037、GH2132等难加工材料时，刀具的使用寿命提高2～4倍。

73. W6Mo5Cr4V2钢制立铣刀的真空渗碳工艺

ϕ8mm的W6Mo5Cr4V2钢制整体直柄立铣刀，在1040℃、0.32MPa条件下真空渗碳，随后加热到1190～1200℃油淬，560℃×1h×2次回火，－196℃×2h深冷处理，最后再进行560℃×1h回火。与未渗碳的常规处理的立铣刀相比，加工30CrMnTiA钢（钢板厚度为6mm，硬度为300HBW）时，铣削相同件数时，渗碳刀具的磨损量仅为常规的1/5～1/3，600℃时的硬度为65～66HRC，达到W2Mo9Cr4VCo8钢的水平。

74. 高速钢刀具的低温渗碳及复合热处理工艺

W18Cr4V钢经1280℃淬火＋550℃×1h×3次回火。在箱式炉中进行固体渗碳，渗剂配方为：市售固体渗碳剂＋5%～10%（质量分数）尿素；渗碳工艺为：550℃×2h，炉冷至250℃，再升温进行550℃×2h×3次回火；然后经－196℃液氮深冷处理。采用尿素催渗，经热循环渗碳后硬度可达924HV，从而显著提高了钢的热硬性和刀具寿命。W18Cr4V钢铣刀常规热处理只能加工170个零件，而采用低温热循环渗碳的铣刀可加工440件，经济效益大大提高。

75. 硬质合金铣刀等刀具的深冷处理工艺

深冷处理是一种将材料或零件置于－130～－196℃的低温下，按一定的工艺过程处理的方法。深冷处理的机理如今有不同的观点，物理学家认为，深冷处理改变了金属的原子和分子的结构；冶金专家认为残留奥氏体转变成马氏体是问题的关键。

（1）深冷处理工艺方法　使用设备是带有计算机连续监控功能，并能自动调节液氮进入量、自动升温的深冷处理箱。处理过程由精密编制的降温、超低温保温和升温三个程序组成。

适当缓慢地降温，随之进行最少－196℃×2h超低温保温以及合理地升温，整个过程需36～74h。通过这种合理的过程控制和精密的监控，以防止工件的尺寸变化和“热冲击”的产生。深冷处理不同于一般的表面处理，它可以使被处理的材料性能得到提高，处理的刀具经过多次修磨后仍能保持一致的性能。但是深冷处理并不能代替热处理工艺，它是提高经热处理后材料力学性能的一种有效补充手段。

(2) 效果对比　硬质合金刀具经深冷处理前后使用寿命对比见表2-38。切削试验条件：切削试坯材料为HT250灰铸铁；刀具材料为硬质合金；深冷处理前、后切削各参数相同。

经过深冷处理后，刀具的稳定性得到提高，残余应力得到消除，寿命获得提高。通过对灰铸铁的切削加工证实，以同样的切削参数加工同一零件的同一工序，经过深冷处理的刀具的平均寿命提高1.53~8.4倍。

表2-38　硬质合金刀具经深冷处理前后使用寿命对比

序号	刀具名称	加工内容	刀具规格尺寸/mm	试验次序	寿命(前)/件	寿命(后)/件	提高程度	平均提高
1	铣刀	铣键槽	$\phi7.5$	第一次试验	400	3435	8.6倍	8.4倍
2	铣刀	铣键槽	$\phi7.5$	第二次试验	400	3306	8.26倍	
3	铣刀	铣键槽	$\phi7.5$	第三次试验	400	3325	8.44倍	
4	阶梯钻	钻孔	$\phi4.2\times23\times133$	第一次试验	100	405	4.05倍	4.0倍
5	阶梯钻	钻孔	$\phi4.2\times23\times133$	第二次试验	100	392	3.92倍	
6	阶梯钻	钻孔	$\phi4.2\times23\times133$	第三次试验	100	416	4.16倍	
7	铣刀	铣气孔口	$\phi11.5\times32$	第一次试验	150	300	2倍	1.95倍
8	铣刀	铣气孔口	$\phi11.5\times32$	第二次试验	150	290	1.93倍	
9	铣刀	铣气孔面	$\phi12\times48$	第一次试验	200	300	1.5倍	1.53倍
10	铣刀	铣气孔面	$\phi12\times48$	第二次试验	200	315	1.57倍	
11	铣刀	铣气孔面	$\phi13\times48$	第一次试验	250	385	1.54倍	1.58倍
12	铣刀	铣气孔面	$\phi13\times48$	第二次试验	250	406	1.62倍	

试验中发现：若在对刀具进行深冷处理后，不补充200℃×4~5h回火，刀具不用时，在室温下停放半个月左右，则其寿命变得与未处理的一样；其次，不能将刀具直接放到液氮中，以免使刀具遭到“热冲击”损害；另外，若热处理不合理会造成深冷处理的效果甚微。

76. W9Mo3Cr4V钢制组合铣刀的离子渗硫工艺

组合铣刀是广泛应用于加工齿轮的刀具，一般由高速钢制作。其硬度高，切削效率高，适合于大切削量的加工。在切削加工中，切屑易与切削刃黏结形成刀瘤，影响刀具的正常使用。同时，切削瞬时温度很高，刀头也易钝化，以致降低刀具的使用寿命和被加工工件的表面质量。组合铣刀精度高，价格也高，每次使用前均需仔细调整，所以迫切需要寻找一种延长刀具使用寿命的方法。采用离子渗硫处理，提高了刀具的使用寿命和被加工工件的表面质量，取得了良好的效果。

(1) 组合铣刀的离子渗硫及结果　经渗硫处理的W9Mo3Cr4V钢制组合铣刀正常淬火回火处理，其金相组织为回火马氏体+碳化物+少量残留奥氏体，硬度为64~66HRC。

在LSW-50离子渗硫设备中对组合铣刀进行渗硫处理。将铣刀放入设备的真空室中，使刀片接阴极，在一定的真空度下，利用高压直流电使真空室内含硫气氛发生电离，形成辉光放电，硫离子扩渗入刀具表层形成硫化物层。其工艺过程为：清洗→烘干→入炉→渗硫处理→出炉→后处理→成品。为了保持刀具的原有硬度，渗硫处理的温度控制在刀具的回火温度以下。

对离子渗硫处理后的刀具进行金相组织分析，发现刀具表面渗入了一层黑色物质，呈层状结构，组织均匀，渗层深度为15～20μm。经X射线衍射分析，该层主要成分为FeS及少量的其他硫化物。磨损试验结果表明，具有硫化物层刀具的表面摩擦因数明显降低，磨损率显著下降，这说明渗硫确实起到润滑减磨作用。

（2）渗硫刀具耐磨性分析　经离子渗硫处理后的组合刀具表面形成了以FeS为主要成分的硫化物层，具有下述特性：

1）FeS具有片层状结构，质软疏松，多微孔，易于滑移，可降低刀具表面摩擦因数。在铣削过程中摩擦阻力小，摩擦热低，避免烧损，提高了耐磨性，延长了寿命。

2）硫化物的微孔结构有利于储油，使其具有良好的自润滑性及较小的摩擦因数，降低了切屑黏结刀头的可能性，从而减少或避免了刀瘤的形成，保证正常生产，提高工作效率。

3）硫化物的存在避免了刀面与工件之间金属的直接接触，防止了黏着磨损，也使得切屑在刃口部分不易黏结，易于排屑，从而提高了刀具工作时的抗咬合能力。

（3）渗硫刀具使用情况　机床型号为YF201A，加工速度为62m/min，工件为汽车直锥齿轮，材料为正火态20CrMnTiA。使用组合铣刀时，72把分为一组，分装在两个刀盘上，每个刀盘装36把。加工结果显示：加工模数为4.973mm的直锥齿轮时，渗硫处理的组合刀具，由原加工180件提高到280件；加工模数为5.7mm的直锥齿轮时，也由原加工40～50件提高到100～110件。由于渗硫后的刀具刃磨时只磨刃口部分，不破坏侧面的渗硫层，所以刀具磨后继续使用时，侧面的硫化物层继续保留着，还可保持良好的切削性能。实践证明，组合铣刀经渗硫处理后可提高使用寿命1倍，降低刀具消耗50%，还可以大大节约刀具的调整工时，提高了生产率，同时也降低工件的表面粗糙度值。

77. 镍磷合金镀在高速钢立铣刀上的应用

几十年来高速钢立铣刀的螺旋槽经发蓝处理后一直是黑色，不太美观，还存在着两个问题：一是耐蚀性较差，二是色泽度欠佳。

为了解决这两个问题，采用镍磷合金镀表面强化工艺，不仅提高了刀具表面的耐蚀性、光亮度，而且增加了耐磨性，提高了刀具寿命，取得了令人满意的结果，以下简介其试验方法及其结果。

（1）试验方法

1）试验材料。试验选用ϕ10mm的W6Mo5Cr4V2钢直柄立铣刀。

2）镍磷镀液配方。$NiSO_4 \cdot 6H_2O$ 30g/L + $NaH_2PO_2 \cdot 2H_2O$ 30g/L + $CH_3CH(OH)COOH$ 20g/L + $CH_3COONa \cdot 3H_2O$ 10g/L，Pb^{2+}适量，pH值为5～6，温度为80～88℃。

3）试验方法。试件施镀在83～87℃恒温镀液槽中进行；试件镀后的热处理在HZR-50型真空回火炉中进行；立铣刀的切削性能试验在MC1250加工中心上进行。

（2）试验结果与分析

1）立铣刀镍磷合金镀层厚度的确定。镀层的厚度及其均匀性是衡量镀层质量的重要指标之一。镀层厚度直接影响到刀具的耐蚀性、耐磨性等，从而在很大程度上影响产品的可靠性和使用性能。镀层的厚度主要取决于沉积速率、沉积时间与镀液的老化程度。镍磷合金镀层的一个重要优点是沉积金属的厚度在整个基底表面是均匀的，几乎与工件的几何形状无关，并且在全部被溶液浸润以及镀液有自由通道的条件下，可获得非常均匀的镀层，这为大批量生产提供了条件。施镀时间与镀层厚度、硬度、表面光亮度之间的关系见表2-39。

试件柄部硬度为53.5HRC(570HV)。当镀层厚度<0.020mm时，检验柄部硬度反映出的是镀层和基体的结合硬度，而不是镀层的真实硬度。当镀层厚度>0.020mm时，所检硬度反映的是镀层的真实硬度。为充分发挥镀层的特点，考虑经济性，确定最佳的镀层厚度为0.02~0.03mm，沉积速率大约为0.025mm/h，此时镀层表面光亮度也最好。

2）W6Mo5Cr4V2钢立铣刀的镍磷合金镀。ϕ10mm立铣刀镍磷合金镀前后尺寸、硬度变化情况见表2-40。

表2-39　施镀时间与镀层厚度、硬度、表面亮度之间的关系

施镀时间/min	镀层厚度/mm	镀层硬度 HV	400℃×1h 热处理后镀层硬度 HV	镀层光亮度
20	0.010	550(52.5HRC)	600(55HRC)	全光亮
40	0.015	517(50.5HRC)	620(56HRC)	全光亮
60	0.021	470(47.5HRC)	772(62.3HRC)	全光亮
80	0.027	485(48.5HRC)	836(64.3HRC)	全光亮
100	0.033	490(48.8HRC)	880(65.8HRC)	全光亮
120	0.041	489(48.7HRC)	840(64.5HRC)	全光亮

表2-40　ϕ10mm立铣刀镍磷合金镀前后尺寸、硬度变化情况

试件号	镀前		镀后		热处理后硬度 HV
	柄部尺寸/mm	硬度 HRC	柄部尺寸/mm	硬度 HV	
1	9.978	50	10.008	478(48HRC)	840(64.5HRC)
2	9.98	52	10.01	485(48.5HRC)	847(64.6HRC)
3	9.978	51	10.006	470(47.5HRC)	889(66HRC)

注：立铣刀刃部硬度为63~66HRC；柄部硬度≥35HRC；柄部尺寸为$\phi 10^{\ 0}_{-0.022}$mm。

从表2-40可以看出：立铣刀表面镀上0.02~0.03mm的镍磷合金后，柄部尺寸约超差+0.01mm，为保证产品合格，镀前尺寸调整为$\phi 10^{-0.03}_{-0.05}$mm较合适；镀层的硬度仅为48HRC左右，低于原柄部硬度，而经过400℃×1h真空热处理后，硬度上升至64HRC以上，所以高速钢刀具镍磷合金镀后一定要进行热处理。

3）热处理对镍磷合金镀层的影响。未经热处理的镍磷合金镀层处于热力学上的亚稳态，有从非晶态或微晶态向晶态转变的趋势。当镀层进行热处理时，由于发生原子的互扩散，导致非晶与微晶发生重结晶，生成金属Ni的晶胞和金属间化合物，如Ni_2P、Ni_3P、Ni_5P等。随着热处理的持续，Ni、P晶体形成和长大，P向表面扩散，同时与基体间相互扩散形成金属间化合层，从而引起镀层的硬化。从试验分析得知，镍磷合金镀层的硬度在400℃以下进行热处理时，随着温度的提高而增加；在400℃以上时，随着温度的升高而降低。所以最佳的热处理温度为(400±2)℃。在各个不同的处理温度，当保温时间<60min时，镀层硬度是随着时间的增加而明显增加；当保温时间>60min时，镀层硬度随着时间的增加而增加的效果已不明显，从经济效益角度出发，热处理保温时间以40~60min为宜。

4）立铣刀镍磷合金镀层的耐磨性。试验条件：加工中心和夹头，切削液为乳化液，试验材料为40Cr，试坯硬度为200HBW，加工形式为侧铣；切削规范：进给量为10mm/r，铣削宽度为2.5mm，主轴转速为1180r/min，进给速度为150mm/min；寿命要求：一等品要求铣削长度≥5m。

未镀立铣刀和镀后热处理立铣刀做切削性能对比试验，试验结果见表2-41。

表2-41 施镀镍磷合金前后切削性能对比试验

试件号	未镀			镀后		
	磨损量/mm	寿命/m	铣后工件表面粗糙度值 Ra/μm	磨损量/mm	寿命/m	铣后工件表面粗糙度值 Ra/μm
1	0.3（无崩刃）	5.8	3.2	0.13（无崩刃）	7.2	3.2
2	0.1（无崩刃）	5.2	3.2	0.20（无崩刃）	7.5	3.2
3	0.2（无崩刃）	5.4	3.2	0.17（无崩刃）	6.7	3.2

从表2-41可以看出，镀后立铣刀耐磨性和切削性能均有所提高。

（3）结论　镍磷合金镀适合 ϕ10mm 高速钢立铣刀表面强化，按本工艺处理，立铣刀的耐磨性和使用寿命均有很大提高。

78. 高速钢微型铣刀半硬化-多元共渗复合处理工艺

某手机元件厂制造的微型铣刀片，外径为 ϕ18mm，内孔为 ϕ5mm，厚度为0.15～0.20mm，普遍使用在手表、仪表、机械、轻工、电子等制造小型零件的自动化设备上。由于转速快、切削量大，故铣刀的使用寿命较短，质量不稳定。为了解决这个问题，曾采用过氧氮共渗、碳氮共渗、蒸汽处理、多元共渗等工艺，都不能解决问题。采用上述工艺要么耐磨性提高不多，要么太脆经受不住冲击而崩刃。因此，需要寻找一种方法既能提高耐磨性及韧性，又不会崩刃。实践证明，选用半硬化—多元共渗复合处理解决了问题。

（1）半硬化热处理工艺试验　淬火加热和回火均在真空炉中进行。铣刀材料为国产的W6Mo5Cr4V2钢，淬火温度分别取1200℃、1150℃、1050℃，保温时间均为仪表到温保持2min出炉气淬。回火温度分别取150℃、250℃、350℃、450℃、550℃，均保温1h后出炉空冷。不同温度半硬化后的硬度见表2-42。

表2-42 不同温度半硬化后的硬度

淬火温度/℃	回火温度/℃				
	150	250	350	450	550
	硬度 HRC				
1050	62.0	61.8	62.0	62.8	63.0
1150	64.0	63.8	64.0	63.0	64.2
1200	63.8	63.5	63.8	64.2	64.5

（2）碳氮氧硼多元共渗试验

1）共渗剂。根据铣刀的工作特点，参照国内高速钢刀具多元共渗的成功经验，自行研制的多元共渗剂配方见表2-43。

表2-43 多元共渗剂配方

渗剂名称	甲酰胺	无水乙醇	丙酮	四氯化碳	硼酸
质量份	100	50	16	6	5

2）共渗温度。随着温度的升高，共渗层表面的硬度提高。根据试验发现，铣刀片表面最佳的硬度为 920 ~ 940HV，故确定共渗温度为 580℃，温度再高，会有高氮的 ε 相出现。

3）共渗时间。由于铣刀的厚度只有 0.15 ~ 0.20mm，单边的共渗深度以 0.03mm 为好，共渗时间以 100min 为最佳值。

4）共渗压力。共渗压力控制在 2.7 ~ 5.3MPa，如果超过 8MPa，表面会产生一层很脆的化合物。

根据试验结果，用半硬化处理代替原来的多元共渗前的常规处理，稍微降低了基体的硬度，提高了韧性。但是，并不是随意降低，半硬化处理要和后续的多元共渗配合，配合恰当才能获得理想的效果。因此，半硬化处理的恰当温度为1150 ~ 1160℃。温度过低，会降低多元共渗后的表面硬度，降低耐磨性，从而降低使用寿命。

（3）应用效果　经半硬化-多元共渗复合处理的微型铣刀的使用寿命提高了 15 ~ 20 倍。原来生产 500 万只螺钉，需要 1800 件刀片，现在生产 1500 万只螺钉，只需 2000 ~ 3000 片就够了。

79. 高速钢铣刀的离子硫氮共渗工艺

目前所用的硫氮共渗方法大多为气体法或液体法，在这些传统的方法中存在的问题是渗速慢、劳动条件差，特别是液体硫氮共渗采用的有毒盐类，对人体危害极大。要克服这些缺点就必须从优质、高效、无公害的原则出发去寻找硫氮共渗的新工艺。用 HLD-35 型离子渗氮炉进行离子硫氮共渗，试验证明，离子硫氮共渗与传统的硫氮共渗相比，具有渗速快、质量好、省电、无公害等优点，是一项很有前途的表面强化工艺。

（1）试验条件　试样为 W18Cr4V 钢各种铣刀，共渗前铣刀均经常规热处理，硬度和金相组织均处于较佳状态。

试验设备为自制的 HLD-35 型辉光离子渗氮炉。气源采用 NH_3 及经净化的 H_2S 作为反应气。

测温度用 EA 铠装热电偶及 U37 型携带式直流电位差计；用 TNR-M62 型 X 线衍射仪对试样表面进行相分析；用维氏硬度计测量表面硬度及渗层硬度分布；用金相显微镜进行金相分析及配合测量渗层硬度分布和测量渗层深度；在 TimRen 耐磨试验机上进行耐磨试验；用 818-C2 型电阻真空计测定炉内真空度。

（2）工艺试验结果及讨论　通过试验，研究了 W18Cr4V 钢在不同温度、不同时间以及不同 H_2S 和 NH_3 气体流量比时[所用的炉压为 4 ~ 8Torr(1Torr = 133.322Pa)，阴极与阳极之间的电压为 500 ~ 600V，电流密度为 2 ~ 4mA/cm^2]的渗层组织与性能。

1）离子硫氮共渗层深度。试验表明，离子硫氮共渗层深度，也如普通硫氮共渗那样主要取决于共渗温度和时间，同时，也与 H_2S 和 NH_3 流量比有关。共渗温度对共渗层深度的影响遵循着一般的扩散规律，即在相同时间下，随着共渗温度升高渗层加深。

在不同温度下，渗层深度与共渗时间的关系见表 2-44。从表 2-44 可见，在一定的温度下，渗层深度随着共渗时间的增加而增加，而且是与共渗时间平方根成正比，其表达式为

$$\delta = K\sqrt{t}$$

式中　δ——共渗层深度(mm)；

t——共渗时间(min);

K——系数。

K值随温度不同而异，各温度下的K值如表2-44所示。

表2-44 各温度下的K值 (单位:mm)

时间/min	温度/℃		
	470~490	520~540	540~560
15	0.0288	0.0450	0.0512
30	0.0416	0.0580	0.0672
45	0.0514	0.0672	0.0800
60	0.0576	0.0758	0.0915
系数K	0.81	0.87	1.04

离子硫氮共渗与其他硫氮共渗渗速比较见表2-45。从表2-45可见，离子硫氮共渗渗速较其他硫氮共渗法快4~7倍。

试验测定了H_2S和NH_3五个不同流量比在550℃×15min硫氮共渗后的共渗层深度，结果见表2-46。从所得的结果看，H_2S和NH_3的流量比在1∶5.5以下时共渗层深度及最高硬度大体相同，而达1∶3时，共渗层深度减少。这可能是由于H_2S量太多，大量的硫化物沉积于试样表面，影响硫氮渗入所致。在试验过程中发现，每当H_2S量太多时，在试样表面沉积大量的黑色硫化铁，这时渗层极薄，甚至完全没有渗上。因此，必须很好地控制流量比。

表2-45 各种硫氮共渗的渗速比较

共渗工艺	共渗层深度/mm
辉光离子硫氮共渗：540~560℃×15~30min	0.051~0.067
高速钢刀具气体硫碳氮共渗：550~560℃×3h	0.04~0.06
高速钢刀具气体氮碳氧硫硼五元共渗：560~570℃×2h	0.03~0.07
高速钢刀具气体硫氮共渗：570℃×6h	0.097
高速钢刀具液体硫氮共渗：530~550℃×1.5~3h	0.03~0.06

表2-46 不同流量时硫氮共渗层深度

NH_3流量/(L/min)	H_2S流量/(L/min)	H_2S与NH_3的流量比	表面层最高硬度HV	共渗层深度/mm
300	20	1∶15	1208	0.048
300	30	1∶10	1208	0.045
300	40	1∶7.5	1280	0.045
300	55	1∶5.5	1280	0.045
300	100	1∶3	1280	0.035

2）离子硫氮共渗的组织结构。经离子硫氮共渗的W18Cr4V钢试样于TNR-M62型X线衍射仪上进行相分析，结果表明，共渗层中的化合物层由硫化物(FeS)和氮化物($Fe_{2\sim3}N$及Fe_4N)组成。离子硫氮共渗后共渗层组织为多层结构，最表层为硫化物，接着为硫、氮化合物层及含氮的扩散层。

3）离子硫氮共渗层的性能。经测试，表面层硬度最低，这是由于存在着大量的硫化物所致；随着共渗层深度的增加，硫化物的量减少，而氮化物量增加，因此硬度逐渐增加，此规律与气体硫氮共渗层硬度分布相同。

经540～560℃×60min离子硫氮共渗后的试样在Timren耐磨试验机上进行耐磨性试验，对磨材料硬度为61～62HRC的GC15钢，正压力为89N，转速为800r/min，润滑剂为L-AN46全损耗系统用油。试验时加正压力89N的情况下，油膜已破裂。在此试验条件下，与未经离子硫氮共渗试样相比，耐磨性提高约2倍。

（3）生产使用情况　高速钢麻花钻铣槽刀、指形铣刀等多种铣刀经离子硫氮共渗后于生产中试用。使用结果表明，经离子硫氮共渗后，可大大提高刀具使用寿命，有的提高6倍以上，经一次刃磨后再使用还可以提高4倍，而采用传统的硫氮共渗法使用寿命只能提高1～3倍。从X线衍射相分析得知，经离子硫氮共渗后，共渗层有硫化物和氮化物。由于表面有硫化物薄层，刀具在切削过程中有良好的减磨性能。硫化物层内侧是含氮化物的高硬度的扩散层，使刀具有较高的耐磨性和热硬性，因而能显著地提高刀具的使用寿命。

在刀具使用中发现，共渗时间不宜过长(即共渗层不宜过深)，否则，由于共渗层出现白亮层而增加刃口脆性，产生崩刃，致使刀具寿命提高不多或不提高甚至下降。

高速钢刀具离子硫氮共渗，同其他表面强化工艺一样，必须有一个良好的预备热处理为前提，否则后续强化效果不会好。

离子硫氮共渗时，通入的H_2S和NH_3量极少，并且在低真空的密封容器中就可进行，因而省气、省电、无公害、渗速快，是一种颇有发展前途的表面强化工艺。

80. 高速钢铣刀的低温电解渗硫工艺

渗硫可分为固体法、液体法和气体法三种，其中以液体法较为多用，但是以往的中温盐浴渗硫法温度多在550℃以上，应用范围受到一定的限制。另外，中温盐浴的成分中含有较多的剧毒氰化物，有害工人健康，污染环境，成本高，因此这种工艺很难推广。

（1）低温电解渗硫的优点

1）温度低。渗硫温度只有180～200℃，渗硫后不会引起刀具变形，更不会降低基体硬度。

2）时间短。低温电解渗硫的时间一般为15～30min，而以往的渗硫时间为60～180min。

3）设备简单。用不锈钢焊成盐浴槽，接于直流电源的阴极，工件接阳极，盐浴槽温度用热电偶或温度计测量均可。

4）润滑效果好。工件渗硫后表层形成多孔的硫化物有助于油膜的保持，渗硫层与基体结合牢固，润滑持久。

5）低温电解渗硫工件接阳极，因此电解渗硫后不会引起氢脆。

6）低温电解渗硫所用的介质以硫氰盐(KSCN＋NaSCN)为主，只要温度控制得当，盐浴不会产生有毒气体。

（2）低温电解渗硫的工艺过程　低温电解渗硫是一个在电场作用下的化学热处理过程。渗硫配方有盐浴与水溶液之分。当渗硫盐浴加热到180℃以上时，硫氰盐发生电解，形成SCN根。通电后SCN根再分解，形成S^{2-}，并且在阳极上得到的阳离子，Fe^{2+}和S^{2-}在工件表面形成FeS。低温电解渗硫的工艺流程为：装料→脱脂→酸洗→水洗→中和→渗硫→二次清洗→浸油。

为了保证渗层质量，渗硫前的脱脂、酸洗、中和是十分重要的，必须认真操作。处理后的清洗、浸油对工件的防锈及表面质量也有很大影响，也应予以注意。

（3）工艺参数对电解渗硫的影响

1）温度。一般控制在180～200℃。温度较高时，盐浴流动性增大，内电阻降低，有助于渗硫进行；但温度过高，熔盐易分解挥发。

2）时间。和一般扩散过程一样，增加渗硫时间可以使渗层深度增加，但是渗硫时间大于30min，工件表面可能会变得粗糙。渗硫时间大多用15～30min。

3）电流与电压。电解渗硫时，电流的大小随电压、工件表面积增加而增加。随着电参数的增大，渗层深度也增加，表面也变得粗糙，硬度下降。相反，如果电参数过小，渗层就不均匀，连续性变差。

4）搅拌。在渗硫过程中采用中性气体或机械法使盐浴搅拌，强制介质运动可以提高电流，以使盐浴温度均匀和改善渗硫层。

（4）渗硫层的组织与性能　经低温电解渗硫的高速钢铣刀，在表层可形成10μm左右的渗硫层，渗硫层软且薄，金相分析比较困难，用镀镍或加镍片保护试样表面能够顺利地进行金相分析。用电镜观察发现渗硫层是鳞片状的多孔物质，在与基体交界处有一不大的过渡层。渗层表面一般认为是FeS，但有些资料指出其中还可能有FeS_2、Fe_2S_3等。

渗硫层有良好的减磨性，摩擦因数显著降低，因此使摩擦表面的塑性变形程度及表面发热量减少，这有助于提高工件耐磨性和抗咬合能力。

渗硫层是以FeS为主的无机保护层，是鳞片状多孔的易滑移物质。渗硫工件的减磨作用不仅在润滑条件下有效，而且在干摩擦的条件下效果更为显著。渗硫层耐热性好，油膜耐压性可以增加2～3倍。

渗硫层的抗磨粒磨损能力较差，但它对抗黏着磨损、疸斑磨损很有效。

经过电解渗硫的高速钢铣刀可铣削不锈钢零件210件，而未渗硫者只能加工45件；W18Cr4V钢铣刀铣削低碳钢零件，未渗硫之前仅加工120件，而经渗硫之后可加工360～400件。

81. W2Mo9Cr4VCo8钢制叶根槽铣刀的盐浴热处理工艺

国内某工具厂采用W2Mo9Cr4VCo8钢制作ϕ136mm×80mm的叶根槽铣刀。下料后经精心锻造成ϕ141mm×85mm的毛坯，毛坯经退火、粗加工进行热处理盐浴淬火，具体工艺如下：

1）500～550℃空气炉充分预热。

2）820～840℃、870～880℃两次盐浴炉预热。

3）1175～1180℃高温加热。

4）480～560℃中性盐浴分级后冷却再经450～400℃硝盐浴再分级冷却，晶粒度控制在10.5～10级。

5）560℃×3h×4次回火，硬度为66.5～67HRC。

82. W2Mo9Cr4VCo8钢制立铣刀的盐浴热处理工艺

某飞机制造厂选用W2Mo9Cr4VCo8钢制作立铣刀，切削加工有色金属，代替原通用高速钢，切削速度由2000～4000r/min提高到6000r/min，但在切削过程中出现崩刃现象，后经改进铣刀尺寸精度参数设计后也未能见效。W2Mo9Cr4VCo8钢经适当的热处理虽可达到

68～70HRC，但实际使用绝对不允许有如此高的硬度。有色金属虽较软，但刀具的硬度也不能太低，更不能过高，在这种情况，既要求刀具硬度适当高，又要求其韧性好。施行的热处理工艺为：适当降低淬火温度，经500℃、850℃两次预热后，进入1170～1175℃高温盐浴加热，经480～560℃中性盐浴分级冷却后再经260℃硝盐浴等温30min，晶粒度控制在10.5～11级；540℃×1.5h×3次+590℃×1h共4次硝盐浴回火。

按上述工艺处理后刀具的硬度为66～67.5HRC，使用中未发生崩刃现象，刀具寿命成倍提高。

83. 高速钢铣刀的液相等离子电解碳氮共渗工艺

高速钢铣刀磨钝可以修磨，使其恢复应有的性能。为了提高刃磨后的刀具寿命，用液相等离子电解碳氮共渗工艺，探讨其对刀具寿命的影响。

（1）刀具材料及设备　ϕ10mmW6Mo5Cr4V2钢制直柄立铣刀、ϕ12mm95W18Cr4V钢制球头铣刀，这些刀具已使用过，先刃磨合格，再用丙酮把刀具头部擦洗干净，然后液相等离子电解碳氮共渗处理。试验设备为自制的1.8kW等离子电解液相碳氮共渗装置。

（2）液相等离子电解碳氮共渗工艺流程　旧铣刀刃磨→丙酮擦洗→等离子电解碳氮共渗→水洗→自然干燥。

（3）电解液组成及碳氮共渗工艺过程　对于液相等离子电解碳氮共渗工艺来说，电解液通常由有机化合物（提供C、N）、易溶盐和水组成。常用的有机化合物有酰胺、尿素、醇胺等。在此采用甲酰胺-乙醇胺来提供C、N源。由于有机化合物的导电能力比较差，因而需加入一些易溶的盐（如氯化钠）的水溶液来提高溶液的导电性，以便形成稳定的放电电弧。此时形成的溶液是一种双重电解溶液，在配制溶液时先配制好易溶盐的水溶液，然后再将水溶液加入到有机溶液中。在此试验中，盐的水溶液占9%（质量分数）。

共渗试验过程中，铣刀接阴极，不锈钢内桶接阳极，工作电压为180V，处理时间为5min。处理后铣刀的表面硬度为1230～1300HV，共渗层深度为15～20μm。切削试验表明，共渗铣刀较未表面处理者寿命提高3倍以上。

84. A型中心钻（无保护锥）的热处理工艺

中心钻适用于在车床、钻床或加工中心等机床上用通用的夹具夹持后，对铸铁、钢、铜、铝等材料的工件进行中心孔及定位孔的加工。中心钻由中间的柄和两端的工作部分组成，柄部夹持后传递切削转矩用，工作部分又分为两部分：前端小径切削部分起钻孔定心作用，后端锥面切削部分用于扩孔。锥面的切削部分根据中心孔形状又分60°锥面的A型，带保护锥的B型及R型三种。使用时钻孔一次即可将中心孔全部加工完毕。按槽型分又可分为直槽和螺旋槽两种。以下简介A型中心钻热处理工艺。

（1）预热　先在井式炉中烘干水分，散着装筐，预热温度为850～870℃，装炉量见表2-47，预热时间为加热时间的2倍。

（2）加热　高温盐浴加热温度：W6Mo5Cr4V2钢1220～1225℃，W9Mo3Cr4V钢1225～1230℃，W4Mo3Cr4VSi钢1175～1190℃。加热时间见表2-47。晶粒度控制在10～10.5级。

（3）冷却　为了提高中心钻的韧性，均采用分级等温淬火，即高温加热后先经500～600℃分级冷却，后经260～280℃硝盐浴等温2h。

（4）回火 550℃ ×1.5h×4 次回火。注意回火筐中间放空心钻孔筒。

经上述工艺处理的中心钻硬度≥64HRC，回火充分，无过热现象。

表 2-47 A 型中心钻的装炉量与加热时间

钻头规格直径/mm	1	1.6	2	2.5	3.15	4	5	6.3
装炉量/件	200	180	160	120	100	80	60	50
加热时间/s	150	160	170	180	190	220	240	260

85. B 型中心钻（有保护锥）的热处理工艺

B 型和 A 型中心钻切削部分直径虽相同，但柄部直径不同，所以热处理工艺不同。

（1）预热 850～870℃盐浴预热，预热时间为加热时间的 2 倍。散着装筐，装炉量见表 2-48。

（2）加热 盐浴加热温度：W6Mo5Cr4V2 钢 1220～1225℃，W6Mo5Cr4V2Al 钢 1225～1230℃。加热时间见表 2-48。晶粒度控制在 10～10.5 级。

表 2-48 B 型中心钻的装炉量与加热时间

钻头规格直径/mm	1	1.6	2	2.5	3.15	4	5	6.3
装炉量/件	180	160	120	100	80	70	60	50
加热时间/s	170	180	190	200	210	260	270	280

（3）冷却 480～560℃分级冷却后再经 260～280℃ ×2h 硝盐浴等温。

（4）回火 550℃ ×1.5h ×4 次回火。

86. 直柄麻花钻的热处理工艺

用 W6Mo5Cr4V2 钢或同等性能的其他牌号的高速钢制造。整体麻花钻在离钻尖 4/5 刃沟长度上硬度≥64HRC，柄部 1/2 处硬度为 30～50HRC（也有厂家参照美国航空部门标准：从柄端向切削刃 25.4mm 处硬度≥30HRC）；直线度及径向圆跳动视不同规格而定；晶粒度控制在 9.5～10.5 级，允许过热 1 级。

直柄麻花钻的淬火夹具相当重要，它关系到钻头淬火的质量及其稳定性。目前淬火夹具主要有两种形式：单层插板和双层梅花。以下简介其热处理工艺。

（1）预热 因为是局部加热，夹具必须平整，预热时柄部 2/3 浸入盐浴。预热时间为加热时间的 2 倍，预热温度以 850～860℃为宜。装炉量见表 2-49。

（2）加热 W6Mo5Cr4V2、W6Mo5Cr4V2Al、W6Mo5Cr4V2Co5、W6Mo5Cr4V2Al 钢淬火温度分别为1220～1225℃、1225～1230℃、1195～1210℃、1190～1210℃。加热时柄部基本上提出盐浴，一般情况以超过刃沟 5～10mm 为宜。加热时间见表 2-49。

表 2-49 直柄麻花钻的装炉量与加热时间

钻头规格直径/mm	3.1～4	4.1～5	5.1～6	6.1～7	7.1～8	8.1～9	9.1～11	11.1～13
装炉量/件	480	360	200	160	120	100	80	80
加热时间/s	120	140	150	160	165	170	180	200

（3）冷却　480～560℃分级冷却，分级冷却时间同高温加热时间。冷至室温后清洗。

（4）回火　550℃×1h×3次回火。

（5）喷砂　经金相、硬度、弯曲几个项目检查合格后，进行喷砂处理。

87. 直柄长麻花钻的热处理工艺

用W6Mo5Cr4V2等通用高速钢制造，整体麻花钻在离钻尖4/5刃沟长度上硬度≥64HRC，柄端向刃25.4mm处硬度为30～45HRC；对直线度和径向圆跳动有严格要求，不允许过热。

直柄长麻花钻热处理难点是弯曲及其矫直。变形是难免的，变形后如何有效地将它矫直是问题的关键。

直柄长麻花钻刃部较长，如ϕ6mm的麻花钻全长139mm，刃长91mm；ϕ10mm的麻花钻全长184mm，刃长121mm，刃占总长2/3左右。其热处理工艺简介如下。

（1）预热　选用合适的双层梅花夹具(又称螺旋夹具)。预热温度为850～860℃。柄端只留20～30mm，其余全部浸入盐浴，操作要平稳。

（2）加热　直柄长麻花钻一般选用W6Mo5Cr4V2钢制作。加热温度取1215～1225℃，加热长度为全部刃长。加热时提出柄部。

（3）冷却　在480～560℃分级冷却后立即转入240～280℃硝盐浴中等温1～1.5h。晶粒度控制在10～10.5级。等温后冷至室温清洗干净矫直。

（4）回火　将矫直好的钻头在回火夹具上夹紧，进行550～560℃×1h×4次回火。回火后冷至室温，逐一检查弯曲，如果弯曲不多，可通过“借柄部”或反击矫刃法矫直。如果无法矫直者应退火后矫直重淬，重淬温度应适当低些。

88. 直柄小麻花钻的热处理工艺

直柄小麻花钻是指直径≤3mm的小钻头，一般用W6Mo5Cr4V2钢或W4Mo3Cr4VSi钢制作，整体淬火，晶粒度级别控制在10.5～12级，硬度要求为62～65.5HRC，直线度误差≤0.06mm。直柄小麻花钻淬火前一般为光棒，淬火方法有真空淬火和盐浴淬火两种。国内几家大的钻头生产专业厂均用盐浴套筒淬火。

套筒外径为50mm左右，周边打数十个通孔，并去掉毛刺，套筒长度比钻头稍长4～5mm。其热处理工艺为：预热一般分两段，第一段在450～500℃炉中烘0.5～1h，第二段预热860～880℃×8min，在炉中上下晃动；1215～1220℃加热4min，上下晃动以确保加热均匀，480～560℃×4min分级冷却，分级冷却后立即倒铁板上，冷透清洗；550～560℃×1h×3次夹直回火。

89. W6Mo5Cr4V2钢全磨制钻头的热处理工艺

随着科学技术的发展和涂层工艺的进步，铣制麻花钻和轧制麻花钻呈下滑之势，而全磨制麻花钻发展迅速。以下简单介绍全磨制钻头的热处理工艺。

要求刃长4/5范围硬度为63～66.5HRC，从柄端向刃方向25.4mm处硬度为30～50HRC。直线度及径向圆跳动要求和同规格直柄钻相同。

（1）预热　选用合适的淬火夹具，夹具一定要平整。预热温度不能太高或太低，因为它决定柄部硬度的高低，一般选用850～860℃。预热时间为加热时间的2倍。预热的深度要超过1/2柄处，确保柄部硬度符合要求。

（2）加热 在盐浴中的加热深度相当重要，ϕ8mm以下可以超过刃沟加热，ϕ8mm以上，特别是大于ϕ12mm者，一定要严格控制加热长度，确保在刃4/5范围达到硬度即可。加热温度比铣制钻头要高5℃以上，加热时间延长20%。

（3）冷却 在480～560℃的中性盐浴中冷却，冷却时间同高温加热时间。晶粒度控制在10～10.5级，有高耐磨性要求可以控制在9.5～10级。

（4）回火 550～560℃×1h×3次回火。如果三次回火不充分，应进行第四次回火。

（5）检验 如果在圆柱面上检验硬度已符合要求，就没有必要磨平检验。刃和柄交界刃沟处硬度不可超过63HRC，特别是直径≥12mm，因为硬度超过63HRC易磨裂。

90. W6Mo5Cr4V2钢制麻花钻两次回火工艺

W6Mo5Cr4V2钢制麻花钻常规工艺采用860℃预热、1220～1230℃淬火，600℃左右分级冷却，550～560℃×1h×3次回火。有少数生产单位将三次回火改为两次回火，即第一次为580℃×30min，第二次为560℃×60min。与常规工艺相比，两次回火后硬度下降0.5～1.0HRC，冲击韧性相当，而抗弯强度、挠度提高10%～30%，钻头寿命提高50%～70%，热硬性不降低。对于尺寸较大、形状复杂、尺寸稳定性要求较高的工模具，两次回火因回火不足而造成未能充分消除应力，故不宜采用两次回火；而对于形状简单、尺寸较小的工具（如麻花钻、刨刀等），完全可以用两次回火代替三次回火。

91. ϕ5mm以下高速钢小钻头省去回火工序的氧氮共渗处理工艺

ϕ5mm以下小钻头经1220～1225℃高温盐浴加热，在260～280℃硝盐浴中等温2h，然后经550～560℃×4h氧氮共渗，能获得较好的刀具寿命。这是由于550℃×4h氧氮共渗时，二次淬火马氏体的*Ms*点比原来的*Ms*点高，产生的二次马氏体（或下贝氏体）也较多。二次马氏体的脆性问题可通过分散分布的残留奥氏体有所改善。而多次回火使碳化物在晶内大量析出，降低钢的韧性，对小截面的麻花钻头的寿命是不利的。

92. 直柄阶梯麻花钻的热处理工艺

阶梯麻花钻由柄部及工作部分组成。柄部又分直柄和锥柄两种，主要用作夹持后传递转矩用；工作部分呈阶梯状，由小径d_1及大径d_2组成。在制订热处理工艺时，既不能按大径也不能按小径计算加热时间，一般按大径和小径的算术平均值来计算，如小径为12mm，大径为16mm，计算尺寸则按14mm计。

直柄阶梯麻花钻要求在刃长4/5范围内淬硬，硬度≥63HRC，柄端向刃25.4mm处硬度不低于25HRC，淬火温度取中下限。例如，对于W6Mo5Cr4V2钢制直柄阶梯麻花钻，可用1215～1220℃加热，晶粒度为10.5级，600℃中性盐浴分级冷却后于260～280℃×2h等温。等温后清洗干净后矫直，装夹夹具回火。

93. W6Mo5Cr4V2Co5钢制宝塔钻的热处理工艺

近几年来，外商需求的宝塔钻头越来越多，而且质量要求也高，原来大多使用

W6Mo5Cr4V2 钢制作，现在大多使用 W6Mo5Cr4V2Co5、W2Mo9Cr4VCo8、W6Mo5Cr4V2Al 等高性能高速钢制作。现简介 W6Mo5Cr4V2Co5 钢制宝塔钻的热处理工艺。

宝塔钻顾名思义，它形状似宝塔，上端小下端大，在长度 100mm 范围内可有 8 ~ 10 个规格的外径。这种钻头热处理的关键是选好淬火温度，计算好加热时间。现场生产证明，淬火温度以选中下限并适当延长加热时间为宜。加热时间计算方法为：从大端向刃尖 1/3 长度处测量的刃径为参考的理论淬火直径。晶粒度控制比较特殊，因为小端在高温炉中加热时间太长，故晶粒度控制在 10 级甚至稍大一点为宜，但不能达 9.5 级。

W6Mo5Cr4V2Co5 钢制宝塔钻常用的热处理工艺为：850 ~ 860℃ 盐浴预热，1200 ~ 1205℃加热，480 ~ 560℃中性盐浴分级冷却后空冷，540 ~ 550℃ ×1h ×3 次回火。回火后如硬度(平磨后测)超过 67.5HRC 应提高温度再回火，最好将硬度控制在 66 ~ 67HRC。ϕ8mm 以上规格允许过热 1 级。

94. 琥珀钻的热处理工艺

国内有不少钻头生产专业厂，因外商需求，对于 W6Mo5Cr4V2Co5、W2Mo9Cr4VCo8、W7Mo4Cr4V2Co5 等全磨制的高档产品，需要外观酷似琥珀一样的多彩钻头。其热处理工艺比较简单，即按蒸汽处理或氧氮共渗处理前处理工艺操作，然后进入 270 ~ 280℃ 的空气炉中保温 1 ~ 1.5h，出炉后即为琥珀色。

琥珀色处理成败的关键在于清洗干净，炉温均匀，装炉量适当。

琥珀色只是美观好看，它并不能提高钻头的寿命。

95. ϕ10mm ×310mm 直柄钻头的贝氏体等温淬火工艺

对于直径细长($L/d>25$)易变形的各种高速钢刀具，有些工具厂采用二次分级冷却淬火工艺，弯曲变形大，矫直工时多，废品率高。为了提高产品质量，增加经济效益，采用等温淬火工艺，可取得显著成效。以下简介 ϕ10mm ×310mm 直柄钻头的贝氏体等温淬火工艺。

高温盐浴加热出炉后，先在 480 ~ 560℃中性盐浴中分级冷却 4min，再转入 260 ~ 280℃硝盐浴中等温 60min、90min、120min、150min，以 120min 等温效果最好(见表 2-50)。曾试验处理过 ϕ10mm ×310mm 铣制直柄钻头 1238 件，合格率达 99.5%。

表 2-50 不同等温时间对变形的影响

等温时间/min		处理件数	淬火后合格率(%)	回火后再度弯曲超差率(%)	处理后废次品率(%)	硬度 HRC
现工艺	60	100	54	19	8	64.5 ~ 65
	90	100	68	17	6	64.5 ~ 65
	120	100	90	2	0	64.5 ~ 65
	150	100	92	6	4	64 ~ 64.5
原工艺	15 ~ 20	100	30	27	19	65 ~ 66

贝氏体等温淬火与二次分级淬火一样，可显著减少热应力；由于等温时间长，工件整个截面同时发生贝氏体转变，因此组织应力小；又由于贝氏体比体积比马氏体小，故等温淬火

可以得到比二次分级淬火更小的变形量。

等温时间并非越长越好，对于 ϕ10mm × 310mm 直柄麻花钻而言，以 120min 为最佳，150min 虽和 120min 时间相近，但淬火组织中贝氏体量相对多了点，塑性变形抗力增大，冷矫时，需要施加较大压力，不仅矫直困难、不易掌握，而且增大了工件内部的附加应力，残余应力也相当大，致使回火后再度弯曲超差。同时，组织中残留奥氏体量较多，回火冷却过程转变为马氏体量相应增多，出现了新的应力，促使回火时工件再度弯曲。

96. ϕ13.5mm × 245mm 直柄钻头的微变形淬火工艺

ϕ13.5mm × 245mm 的 W18Cr4V 钢制直柄钻头是纺织机生产锭脚用的专用钻头，热处理要求弯曲度误差 <0.20mm，以前采用分级淬火，弯曲度误差为 0.4 ~ 2.7mm，不仅给矫直带来很大难度，而且报废量极高。经过反复试验研究，最终用微变形新工艺解决了问题。该工艺的主要特点如下：

1）去应力退火。淬火前增加 600℃ × 4h 去应力退火，然后进行矫直，再进行一次去应力退火，去掉矫直应力。

2）三段预热。采用 550℃、820℃、1050℃三段预热，减少温差，为高温静止加热（断电加热）创造条件。

3）静止加热。在高温加热过程中，以前采用通电加热，由于电极巨大的磁场引力和盐浴的剧烈翻动造成工件显著的翘曲变形。经过多次现场试验发现，在相同的工艺和操作情况下，通电加热比断电加热平均弯曲度误差大 0.07 ~ 0.13mm。因此，新工艺采用断电加热，即进炉温度为 1285℃，由于断电时间短，出炉温度为 1275℃。

4）两次分级冷却再等温。850℃、550℃两次分级冷却后，空冷 30s，再入 260℃ × 30min 等温。

5）等温后再分级冷却。为了防止残留奥氏体大量转变时形成过大的组织应力，就必须尽量减少和控制其变形量，并使部分残留奥氏体处于介稳定状态。因此，在等温后在 Ms 点以下做短时间的停留（120℃ × 5min），然后进行回火。

6）为了进一步控制残留奥氏体的转变量，第一次回火后不要冷到室温，而是冷到约 100℃即进行第二次回火，这样既能消除部分组织应力，又能起回火作用。

按上述工艺操作，淬火后的弯曲度误差为 0.03 ~ 0.07mm，不需要矫直，合格率达 100%，甚至达到微变形效果。硬度为 64 ~ 66HRC，韧性、热硬性、耐磨性等全部达到要求。

97. 高速钢小钻头的微变形淬火工艺

ϕ3mm 以下的小钻头热处理是一件难度很大的工作，难就难在变形上。为了提高产品质量，人们想了不少办法，其中套筒淬火就是比较实用的一种。所谓套筒淬火就是将小钻头装在套筒内进行整体盐浴加热淬火，以达到微变形的目的。

（1）制作套筒　筒身长 L = 钻头长度 + 5mm，为便于快速冷却，外径取 50mm 为宜，底板与筒下部均有小通孔，以利于盐浴与沸水的流动，底板直径较筒身略小些，以利于清洗后倒出工件。套筒简图如图 2-25 所示。

（2）装夹方法　如果钻头的刃长≤全长的 1/3，则应将柄部放入筒内；如果工件的刃长

≥全长的1/2，则应将每两件一顺一倒地放入筒内，这样才能保证钻头在装夹时不发生弯曲，然后将套筒装满插紧。

（3）热处理　将装满钻头的套筒放在专用淬火篮筐内，每筐放8～10筒，进行常规的热处理，不过淬火温度取下限，加热4min左右，晶粒度为11～11.5级。也可以将套筒做大一点，中间放空心棒，淬火篮筐内放钢丝网，以防钻头漏掉。

用套筒淬火有几个优点：①方法简便，易于掌握；②质量可靠，不需矫直；③工作效率高。经10多年实际生产的考验，套筒淬火可以实现小钻头微变形热处理。

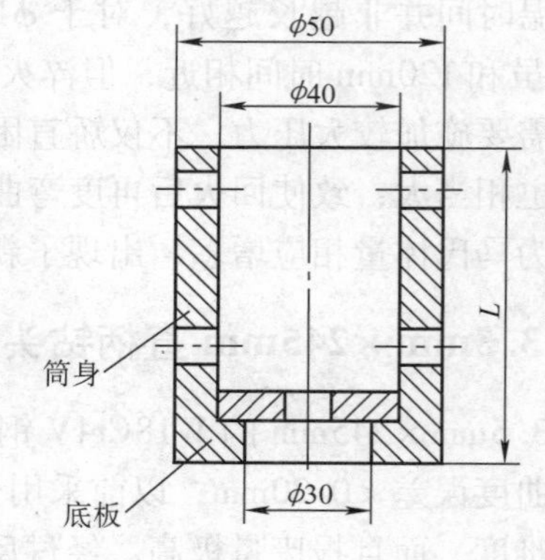

图2-25　套筒简图

98. W6Mo5Cr4V2钢制小麻花钻回火工艺改进

W6Mo5Cr4V2钢是广泛使用的麻花钻材料。热处理工艺多采用淬火后三次回火（等温淬火需4次回火）。即使应用氧氮共渗处理，上述工艺仍然不变。

为了解决传统工艺回火次数多，生产周期长，人力、物力、电能耗量大的问题，国内有些工具厂对需氧氮共渗处理的W6Mo5Cr4V2钢制小麻花钻采用一次回火加氧氮共渗的处理，实践证明，其回火程度、刀具寿命均符合相关标准要求。

（1）热处理工艺　试验用热处理工艺为淬火+不同规范回火+氧氮共渗。分4种情况：①不回火；②一次回火；③二次回火；④三次回火。硝盐浴成分为100% $NaNO_3$。

（2）钻孔试验　试验在Z535立式钻床上进行。工件材料为硬度200～220HBW的40Cr钢，钻床转速、进给量、钻孔深度等各工艺参数均按成都工具所规定的寿命试验参数选取。回火后金相试验按JB/T 9986—2013《工具热处理金相检验》执行。

（3）试验结果　回火程度均在氧氮共渗后观察：未回火不充分；一次回火合格；二次回火、三次回火均很充分。试验从φ3.5mm、φ5.4mm、φ7.7mm三种直柄钻头各20支中任取5支，均以一次回火+氧氮共渗工艺处理的钻头寿命最高，都达到了国家规定的优等品的标准。

（4）结果分析　从基体强韧化和表面强化的配合看，回火次数并非越多越好，φ10mm以下的直柄钻头，以一次回火+氧氮共渗效果最佳；保留一定数量的残留奥氏体对基体强韧化及刀具寿命有好处；多次回火，硬度虽提高了，但强度下降了。钻头是在强力切削条件下工作的，受热钻头表面需要高强度。一次回火对强度影响不大，所以刀具寿命比二次、三次回火的高。

99. W2Mo5Cr4V钢轧制麻花钻的热处理工艺

W2Mo5Cr4V钢属低合金高速钢，其特点是合金元素含量比较低，热塑性好，用于轧制麻花钻轧裂率极低。

（1）热处理工艺　φ4.8mm轧制麻花钻热处理工艺试验及热硬性见表2-51。

表2-51 ϕ4.8mm轧制麻花钻热处理工艺试验及热硬性

淬火温度/℃	淬火后硬度HRC	奥氏体晶粒度	回火后硬度HRC	600℃×4h回火后硬度HRC
1149	62.4	10	64.8	60.1
1159	62.1	10	64.8	60.8
1170	61.9	9.5	65.4	61.5

（2）切削试验 选择W6Mo5Cr4V2钢同规格钻头做对比切削试验，ϕ4.8mm轧制麻花钻的几何参数：顶角为120.5°，后角为11°，横刃角为56°。采用Z5125A型立式钻床，被切削材料为40Cr（调质），硬度为212～217HBW，规格尺寸为ϕ150mm×45mm，切削速度为30.187m/min，进给量为0.112mm/r，背吃刀量为15mm。各取3支麻花钻做切削试验，试验结果为：W6Mo5Cr4V2钢钻头平均钻85.7孔；1149℃、1159℃、1170℃淬火的W2Mo5Cr4V钢钻头平均钻孔数分别为175孔、135.7孔和127.3孔。

（3）结论 工艺试验结论如下：

1）W2Mo5Cr4V钢的冶金质量达到GB/T 9943—2008的要求。

2）具有良好的轧制热塑性。

3）最佳的淬火温度在1160℃左右，奥氏体晶粒度控制在10级左右，540～560℃×1h×3次回火，硬度≥65HRC。

4）W2Mo5Cr4V钢的切削性能并不低于W6Mo5Cr4V2钢，更适合低、中速切削条件下使用，在某些情况下可以替代W6Mo5Cr4V2钢制作简单切削刀具，但热硬性比W6Mo5Cr4V2钢差。

100. 高速钢小规格直柄钻头的真空热处理工艺

以往，国内生产的ϕ3mm以下的直柄钻头都采用盐浴加热淬火，尽管对盐浴进行严格脱氧捞渣，但也难以避免产生轻微的脱碳、腐蚀等缺陷，变形也较大，产品质量不稳定。高速钢小规格直柄钻头采用真空热处理可克服上述不足。现将其真空热处理工艺简介如下：

（1）技术要求 钻头材料为W6Mo5Cr4V2钢，热处理硬度要求为63～66HRC；变形量要求为径向圆跳动误差≤0.06mm；外观不得有氧化、脱碳、腐蚀等缺陷。

（2）设备 真空炉工作室尺寸为607mm×607mm×914mm；最大装载量为45kg；工作温度为1200～1215℃；炉温均匀性为±5℃；额定加热功率为150kW；极限真空度为1.33×10^{-3}Pa；压升率为6.7×10^{-1}Pa/h；气淬压力为0.5MPa。

（3）热处理工艺过程 工艺路线：清洗→装夹→入炉→抽真空→真空加热与加压气淬→出炉→装V形夹具→回火→交检→精磨→回火。

工艺参数为800℃×40min预热，1000℃×25min第二次预热，1215×20min加热淬火，560℃×2h×3次回火。

（4）热处理工艺过程中的注意事项

1）钻头入真空炉前必须用汽油清洗，去除钻头表面附着的油脂污物。

2）待汽油挥发后必须尽快装夹。为减少弯曲变形，应按钻头不同规格选用相应的夹具将钻头垂直紧装在夹具中。

3）装好的夹具应均匀地摆放在料筐中，相互间要留有一定的间隙，以利于加热和冷却均匀。

101. 航空钻头棒料的热处理工艺

某公司生产的超长钻头出口到美国波音公司，俗称航空钻头。该钻头采用棒料淬火、回火，然后磨制成形。材质为W6Mo5Cr4V2钢，棒料规格尺寸为$\phi3\sim\phi8mm\times150\sim400mm$。技术要求：刃部硬度为63.5～67HRC，柄部硬度为35～50HRC；不准过热；直线度误差≤0.10mm。

此类产品的特点是形状细长，长径比$d/L>100$，热处理过程中特别容易弯曲，为此，除热处理工艺外，相关方面也应采取减小变形的措施：①加大磨削加工余量，由常规的0.5～0.6mm增加至0.80～1.0mm；②冲料后矫直，直线度误差≤0.10mm；③淬火前逐一矫直，直线度误差≤0.10mm，并进行去应力处理。

（1）热处理工艺

1）预热。选用合适的3层插板夹具（长度200mm以下两层夹具）。上、中、下三孔要对位，不准错位斜插。在专用井式电阻炉中烘干水分（550℃×30min左右），预热温度为880～900℃，双板预热，预热时间为加热时间的2倍，柄端露出液面25～30mm。

2）加热。加热温度为1205～1210℃，加热时间见表2-52。

表2-52　航空钻头的装炉量和加热时间

棒料直径/mm	3～4	4.1～5	5.1～6	6.1～7	7.1～8
装炉量/(件/挂)	208	160	120	80	60
加热时间/s	135	150	165	170	180

3）冷却。580～620℃中性盐浴分级冷却30s左右，立即入240～280℃硝盐浴中等温2h，金相级别控制在10.5级。

4）矫直。将等温出炉的工件空冷至室温，立即用热水清洗干净，逐件矫直，直线度误差≤0.10mm。

5）回火。将矫直好的棒料用特殊的活动卡箍旋紧，以单捆直径小于80mm为宜，回火温度为540～550℃，保温1h，回火4次。

6）检验。平磨后测试硬度，硬度为63.5～67HRC；回火程度≤2级；不准过热；直线度误差≤0.10mm。回火后又矫直的工件补充一次550℃×1h回火。

（2）效果　按上述工艺处理的细长航空钻头，硬度合格率为100%，弯曲合格率为95%～98%。

热处理后粗磨过的工件再返回热处理去一次应力，对稳定航空钻的尺寸有益。

102. W6Mo5Cr4V2钢制麻花钻的回火新工艺

W6Mo5Cr4V2钢是国际上广泛使用的通用高速钢，主要用来制作各种金属切削刀具。随着科学技术的飞速发展和新材料的不断涌现，对高速钢刀具的切削寿命要求越来越高，因此人们在改变或调整成分、冶炼及热加工工艺等方面进行了许多深入系统的研究，有了新的突破。国外曾报道关于高速钢的回火新工艺：在320～380℃的低温回火后再进行两次560℃的高温回火，有利于提高硬度、热硬性和韧性，可减少脆断现象，延长刀具的使用寿命。从20世纪80年代至今，国内不少工具厂已将此工艺成功地应用于高速钢刀具生产中，效果显著。

（1）试验方法 试验用钢的主要化学成分见表2-53。冲击试样尺寸为10mm×10mm×55mm（无缺口），弯曲试样尺寸为ϕ10mm×130mm，断裂韧度试样尺寸为10mm×10mm×100mm。淬火工艺为常规工艺，即850℃×6min预热，1230℃×3min预热，600℃×3min分级冷却，淬火晶粒度为10.5级；回火规范分为360℃、370℃、380℃、390℃、400℃、560℃六组。试样经上述工艺处理后，分别进行金相组织、回火后硬度、热硬性（600℃×1h×4次）、冲击吸收能量、断裂韧度、抗弯强度、弯曲挠度f、断口形貌、残留奥氏体量等观察与检测，并对ϕ5mm直柄麻花钻进行切削试验，以分别对比其寿命。

表2-53 W6Mo5Cr4V2钢的主要化学成分（质量分数） （%）

C	W	Mo	Cr	V
0.85	6.56	4.78	3.86	1.73

（2）试验结果

1）低高温配合回火，碳化物弥散度比常规回火好，回火充分。

2）除360℃×1h+560℃×1h×2次回火硬度稍低于66HRC外，其余回火后硬度均高于66HRC，而常规560℃×1h×3次回火后硬度很难达66HRC。

3）除360℃×1h+560℃×1h×2次回火和常规回火后热硬性低于60HRC外，其余回火工艺热硬性均高于60HRC，尤以370℃×1h+560℃×1h×2次最高，达60.8~61HRC。

4）冲击吸收能量和断裂韧度以370℃×1h+560℃×1h×2次最高。

5）抗弯强度、弯曲挠度以390℃×1h+560℃×1h×2次最高。

6）560℃×1h×3次常规回火断口较平，有沿晶断裂现象，撕裂棱不明显，刃窝数量较少；370℃×1h+560℃×1h×2次回火断口不平，无沿晶断裂现象，撕裂棱明显，刃窝数量较多，具体表现为前者韧性低于后者。

7）采用X射线衍射直接对比法测定残留奥氏体量，结果表明，残留奥氏体量基本相当，一般为6%~7%（体积分数），低高温配合回火后的残留奥氏体量比常规回火略有增加。

8）切削寿命对比试验。ϕ5mm直柄麻花钻几何尺寸为顶角118°30′，横刃角50°30′，后角15°30′，切削试坯硬度为200~220HBW的40Cr钢，使用Z535立式钻床。试验结果表明，低高温配合回火比常规回火切削寿命提高25.6%~35.6%。

通常，麻花钻的失效形式多为磨损、崩刃及折断。在高速切削时，刀具表面短时间内被加热到高温，其磨损以黏着磨损为主，此时刀具的耐磨性取决于材料的热稳定性，并随着硬度与强化相的增加而提高。麻花钻在切削过程中，抗热疲劳性也是影响切削寿命的主要性能。切削刃处的应力集中可能导致不可见的微裂纹，而钢的抗热疲劳性却决于这些微裂纹的扩展速度。高强度且韧性好的钢中裂纹扩展缓慢，一般可以用冲击韧吸收能量的数据表征钢的抗热疲劳性能。由此可知，低高温配合回火的抗热疲劳性能比常规回火的好，同时，冲击韧吸收能量和断裂韧度的提高，减少了麻花钻在切削过程中的断裂现象，而且其硬度、热硬性、强度也比常规回火的高，因此麻花钻的切削寿命得以提高。

（3）结论

1）W6Mo5Cr4V2钢淬火后经低高温配合回火，其回火硬度、热硬性比常规回火有所提高，强度和韧性也较好。

2）低高温配合回火能促使钢中合金碳化物充分析出，并呈细小、弥散、均匀分布。

3）低高温配合回火后，残留奥氏体量比常规回火增量甚微，且对改善韧性有益。

4）该工艺运用于直柄麻花钻，相对于常规回火，其切削寿命提高30%左右，并可节能降耗，是值得推广的高速钢刀具回火新工艺。

103. W4Mo3Cr4VSi 钢制麻花钻的热处理工艺

W4Mo3Cr4VSi 钢在麻花钻、丝锥、铰刀等多种金属刀具中得到了广泛的应用。它是我国自行研制的一种低合金高速钢，其综合性能与通用高速钢基本相当，但比后者节约合金元素（W、Mo、V）近 40%。该钢已列入 GB/T 9943—2008《高速工具钢》。以下简介W4Mo3Cr4VSi 钢制麻花钻的热处理工艺。

（1）钢材冶金质量　取 ϕ22mm 原材料进行分析检测，化学成分见表 2-54。退火状态硬度为 223HBW，脱碳层深度为 0.12mm。

表 2-54　W4Mo3Cr4VSi 钢化学成分（质量分数）　（%）

元　素	C	W	Mo	Cr	V	Si	S	P
标准成分	0.83～0.93	3.50～4.50	2.50～3.50	3.80～4.40	1.30～1.80	0.70～1.00	≤0.0035	0.0035
ϕ22mm 成分	0.91	3.75	2.60	4.05	1.39	0.98	0.0069	0.023

注：W4Mo3Cr4VSi 钢的 $Ms \approx 170℃$。

高速钢中的碳化物分布不均匀，会使钢的强度降低，淬火时易引起过热、裂纹、硬度不均匀，刀具在使用中易产生崩刃等不良缺陷。碳化物不均度级别越高，影响越大。因此，各工具厂对高速钢碳化物的分布状态及颗粒的大小是非常重视的。ϕ22mm 的 W4Mo3Cr4VSi 钢碳化物不均匀度为 2 级。

（2）热处理工艺试验　试验是在高温盐浴炉中进行的，淬火温度分别为 1160℃、1170℃、1180℃、1190℃和 1200℃。加热系数为 15s/mm，冷却在中性盐浴炉中进行，试验结果见表 2-55。

表 2-55　W4Mo3Cr4VSi 钢热处理工艺试验结果

淬火温度/℃	1160	1170	1180	1190	1200
淬火硬度 HRC	62.5	62.8	63.2	62.7	62.6
淬火晶粒度/级	10	9～9.5	9.5～9.8	8.5	8
碳化物溶解情况	良好	良好	良好	良好	良好
560℃×1h×3 次回火后硬度　HRC	64.7	64.8	65.5	65.3	66.1
热硬性（600℃×4h）　HRC	62.3	62.5	62.7	62.8	63

（3）切削性能试验　刀具在切削过程中会产生磨损，影响刀具磨损的因素很多，为获得比较准确的试验结果，从成品库中任取 ϕ10.5mm 钻头 3 个，按照工具行业产品分等规定对钻头进行切削试验。

1）机床型号：Z5150A。

2）被钻材料：40Cr 钢经调质，硬度为 200～220HBW。

3）切削液：乳化油，冷却充分。

4）切削规范：主轴转速为 710r/min，切削速度为 23m/min，进给量为 0.16mm/r，背吃刀量为 20mm（不通孔）。试验结果见表 2-56。

表 2-56　ϕ10.5mm 钻头切削试验结果

钻头编号	淬火温度/℃	回火制度	硬度 HRC	钻孔数	切削长度/m	平均切削长度/m
1	1180	560℃×1h ×3 次	65.5	557	11.14	6.787
2			65.5	272	5.44	
3			65.5	189	3.78	

试验表明，3 个钻头的质量已达到国家优等品水平（平均切削长度≥4m）。

（4）结论　和 W6Mo5Cr4V2 钢相比，W4Mo3Cr4VSi 钢热硬性稍差（600℃×4h 条件下差 0.3～0.5HRC）外，其余性能基本相当，韧性比 W6Mo5Cr4V2 好，高频热塑性好，轧制钻头不开裂，价格比 W6Mo5Cr4V2 钢便宜，是低速切削的理想刀具材料。

104. Cr4W2MoV 钢制麻花钻的热处理工艺

Cr4W2MoV 是我国自行研制的中铬冷作模具用钢，自 1966 年全国模具会议上推广运用以来，经过 50 多年的市场检验，证明该钢共晶碳化物细小均匀，具有较高的淬透性和淬硬性、较好的力学性能，还具有较高的耐磨性和尺寸稳定性，用来代替 Cr12 钢制造电动机、电器硅钢片冲裁模，可以提高寿命 1～3 倍，而且还可以用于制造冲裁 1.5～6.0mm 厚的弹簧钢板模，以及冷镦模和冷挤压模。在为数不多的冷作模具钢家族中，Cr4W2MoV 钢占据重要一席，而且它还是制造普通机用麻花钻的理想材料。

（1）化学成分　Cr4W2MoV 钢的主要化学成分见表 2-57。

用于制造麻花钻的 Cr4W2MoV 钢的化学成分稍有变动：w(C)由 1.12%～1.25% 降至 1% 左右；w(Si)由 0.40%～0.70% 升高至 1.0%～1.30%；W、Cr 量做了微调。严格地讲，当钢中的 w(Si)超过 0.40% 时，应该标记出来，确切地表示应为 Cr4W2MoVSi。

表 2-57　Cr4W2MoV 钢主要化学成分（质量分数）　（%）

C	W	Mo	Cr	V	Si	S	P
1.12～1.25	1.90～2.60	0.80～1.20	3.50～4.0	0.80～1.10	0.40～0.70	≤0.030	≤0.030

（2）退火工艺　为了使轧制麻花钻少开裂或不开裂，钢丝冲断后，应做硬度检查。如果硬度超过 255HBW，要进行 840～860℃×4h 完全退火；如果硬度低于 255HBW，只进行 650～680℃×4h 去应力退火即可。

（3）淬火回火工艺

1）装卡。选择合适的淬火夹具，各种规格麻花钻的装炉量见表 2-58。也可以用梅花螺旋式夹具，结构不同，每板装炉件数也不同。要求装卡平整，不准多装，不准倒插，严格管理，严禁混料。

表 2-58 麻花钻的装炉量

规格直径/mm	装炉量/(件/挂)	规格直径/mm	装炉量/(件/挂)	规格直径/mm	装炉量/(件/挂)
3	670	6.5～6.75	380	13	130
3.2	650	8～8.5	290	14～15	100
4	620	9～9.5	190	16～17	70
5	600	10～10.5	180	18～20	50
6	540	11～12	150	21～23	40

2）预热。采用双板预热，预热温度为850～870℃，预热时间为加热时间的2倍。根据我们多年的生产经验及市场信息的反馈，将麻花钻的柄部硬度控制在30～45HRC比较切合实际。如果硬度太高，容易使钻套拉毛，滚字、在柄部打商标及规格困难；如果硬度太低，钻削时柄部易拉伤甚至变形，所以控制柄部硬度很有必要。最有效的措施是掌握好预热的温度和浸液的深度。若预热的温度超过870℃或低于850℃时，柄部的硬度可能失控，单层插板夹具预热深度以超过1/2柄3～5mm为宜。

3）加热。淬火温度取1160～1185℃，加热系数比高速钢大5～10s/mm，目的是让有限的合金元素充分溶解。高温加热线超过刃沟2～5mm。奥氏体晶粒度参照JB/T 9986—2013《工具热处理金相检验》高速钢W-Mo系评定，淬火温度同晶粒之间的关系见表2-59。

由于Cr4W2MoV钢所含合金元素质量分数低，为充分发挥各合金元素的作用，淬火温度应选择高些。晶粒度控制根据钻头的规格而定：$d \leqslant 5$mm，8.5～9级；$d > 5$mm，8～8.5级。由于淬火温度高，淬火组织中有30%左右的残留奥氏体，淬火后硬度只有57～59HRC。

表 2-59 Cr4W2MoV钢淬火温度同晶粒度的关系

淬火温度/℃	1140～1150	1160	1170	1180	1190	1200
晶粒度/级	看不出晶粒度级别	10～9.5	9.5～9	9～8.5	8.5～8	8～7

4）冷却。采用常规高速钢麻花钻一样的方法冷却，即采用中性盐浴作为冷却介质，分级温度为480～560℃。

5）回火。将淬火后的工件吹冷至室温清洗干净后，进行540～550℃×1h×3次回火。Cr4W2MoV钢二次硬化峰在545～540℃，所以回火温度不宜超过550℃。

6）检验。主要检查直线度、金相、硬度三方面。

①直线度检查。工厂为了节约原材料，磨加工余量都比较小，对热处理变形量要求比较严格，普通麻花钻的直线度误差≤0.10mm。

②金相检查。金相检查分两个方面，包括回火程度和过热程度。对于成品不进行氧氮共渗者要求回火程度≤1级；欲进行表面处理者回火程度≤2级；$d \leqslant 3$mm不允许过热，$d > 3$～5mm允许过热1级，$d > 5$mm允许过热2级。Cr4W2MoV钢是过热敏感性不强的钢种，淬火晶粒度达到8级也不会过热。如果过热超标，应追查原因，并返工重淬。

③硬度检查。对于磨制钻和抛光钻，可以在圆柱上测硬度，如果发生争议，应以平磨测试值为准。轧制钻、铣制钻均要平整后检测。$d \leqslant 5$mm，硬度≥62HRC为合格；$d > 5$mm，硬度≥63HRC为合格。

柄部硬度检查参照美国航空标准（NAS 907），即从柄部向刃部方向25.4mm处测量，以30~45HRC为合格。

（4）表面强化　根据客户要求，对于磨削钻和抛光钻可进行TiN涂层处理，轧制钻和铣制钻可进行蒸汽处理或氧氮共渗处理，后者是目前国内外广泛运用的表面强化手段之一。

氧氮共渗的渗剂采用质量分数为25%~30%的氨水，共渗温度为540~550℃，共渗时间为3~4h，滴量根据炉子功率、装炉量等综合因素而定。

氧氮共渗处理后的质量检验按JB/T 3912—2013《高速钢刀具蒸汽处理、氧氮化质量检验》执行。

（5）热硬性试验　国家对热硬性试验没有统一的标准，一般用600℃×4h后在室温下的硬度来衡量，硬度越高热硬性越高，经反复验证，Cr4W2MoV钢的热硬性比W4Mo3Cr4VSi钢低5HRC左右，比W6Mo5Cr4V2钢低5.5HRC。

（6）切削试验　麻花钻在出厂前都要进行性能试验，达到规定的钻孔数才能出厂。直柄麻花钻性能试验技术参数见表2-60。

表2-60　直柄麻花钻性能试验技术参数

钻头直径/mm	钻速/(m/min)	进给量/(mm/r)	钻孔深/mm	钻孔数/个	钻头直径/mm	钻速/(m/min)	进给量/(mm/r)	钻孔深/mm	钻孔数/个
>3.0~3.5	30	手动	10	40	>8.0~10.0	28	0.25	25	30
>3.5~4.0			12		>10.0~12.0		0.28	30	20
>4.0~4.5	28	0.13	14	30	>12.0~14.0		0.32		
>4.5~5.0		0.15	16		>14.0~16.0		0.36		
>5.0~6.0		0.17	20		>16.0~18.0		0.40	35	
>6.0~8.0		0.20	25		>18.0~20.0		0.43	40	

注：试坯为ϕ260mm退火态45钢，硬度为185HBW（标准规定硬度为170~200HBW）；切削液为乳化液；钻不通孔。

多年的生产实践证明，Cr4W2MoV钢钻头出厂前性能试验都能达到国家规定的钻孔数。

（7）结论

1）用模具钢制作刀具是一种创举，也是一项尝试。经多年的市场运作证明，Cr4W2MoV钢是比较理想的普通麻花钻材料。

2）和W6Mo5Cr4V2钢相比，Cr4W2MoV钢可节约贵重金属W、Mo、V。

3）Cr4W2MoV钢钻头比较理想的淬火温度为1170~1180℃，晶粒度控制在8.5级左右，540~550℃回火，能保证硬度≥63HRC。

4）Cr4W2MoV钢麻花钻头氧氮共渗温度不可超过550℃。

5）按质量分等规定试验，Cr4W2MoV钢钻头都能达到合格品标准。

6）添加切削液的湿切削，Cr4W2MoV钢有广阔的应用前景，但由于热硬性、耐磨性差，不宜用于干切削、硬切削。

105. 高速钢平底锪钻的热处理工艺

目前高速钢平底锪钻有带导柱直柄平底锪钻和带可换导柱锥柄平底锪钻两种。平底锪钻由导柱、工作部分及柄部组成。柄部夹持后用于传递切削转矩，导柱保证了沉头座和孔的同心，工作部分的端面和圆上都带有刀齿，适合加工六角头螺栓、带垫圈的六角螺母、圆柱头螺钉的沉头座及锪凸台部的端面。

带导柱直柄平底锪钻采用直柄装夹，导柱和工作部分做成一体，加工范围为直径 d = 2.5 ~ 20mm；带可换导柱锥柄平底锪钻采用锥柄装夹，导柱做成可拆卸的，加工范围为 d = 15 ~ 60mm。

平底锪钻的热处理技术要求如下：

1）硬度要求：工作部分硬度要求为 64 ~ 66.5HRC；柄部硬度要求为 40 ~ 55HRC，焊接柄部硬度要求为 30 ~ 45HRC；过渡区硬度要求为 40 ~ 63HRC。

2）变形量要求：刃部 $d<18$mm 时，直线度误差≤0.10mm；$d>18$ ~ 30mm 时，直线度误差≤0.12mm，$d>30$mm 时，直线度误差≤0.15mm。

3）金相要求：过热程度≤1 级；回火程度≤2 级。

热处理的关键在于淬火温度取中上限，保温时间要充足，晶粒度控制在 10.5 左右，碳化物溶解要好，回火要充分，不宜过热，热处理过程中要防止氢脆。表面处理建议采用蒸汽处理或 TiN 涂层处理。

106. 直柄锥面锪钻的热处理工艺

整体式直柄锥面锪钻热处理技术要求有金相、硬度、变形量三方面。

1）金相要求：回火程度≤2 级，过热程度≤1 级。

2）硬度要求：刃部 64 ~ 66.5HRC，柄部 30 ~ 50HRC，过渡区 50 ~ 63HRC。

3）变形量要求：长度 < 100mm 时，直线度误差≤0.10mm；长度 100 ~ 150mm 时，直线度误差≤0.12mm；长度 150 ~ 200mm 时，直线度误差≤0.15mm；长度 > 200mm 时，直线度误差≤0.18mm。

直柄锥面锪钻如图 2-26 所示。

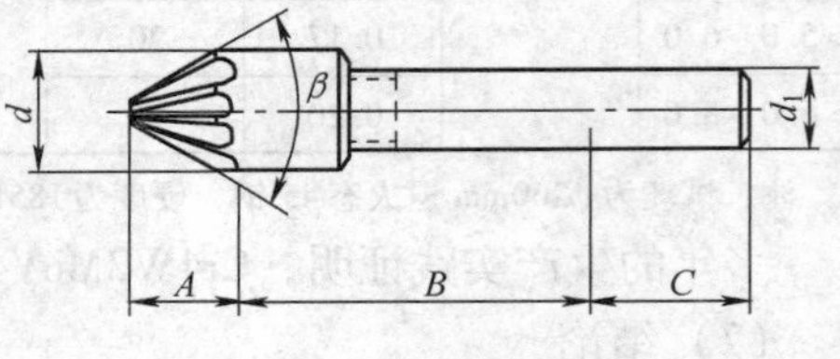

图 2-26 中 A 为有效切削长度；B 为过渡区；C 为柄部，一般以距离柄端 25.4mm 处为柄部硬度测试点。

图 2-26 直柄锥面锪钻

（1）预热 先在 450 ~ 500℃的井式炉中烘干，然后在 860 ~ 880℃的中温盐浴炉中预热，预热时间为加热时间的 2 倍，装炉量见表 2-61。预热时柄部全部浸入盐浴。

表 2-61 直柄锥面锪钻的装炉量和加热时间

锪钻刃直径 d/mm × 倒角 β	8 × 60°	8 × 90°	10 × 60°	10 × 90°	12 × 60°	12 × 90°	12.5 × 60°	12.5 × 90°
装炉量/（件/挂）	120	120	90	90	80	80	80	80
加热时间/s	120	120	140	140	145	145	150	150

（2）加热 不同牌号的高速钢淬火温度也不同，W6Mo5Cr4V2、W9Mo3Cr4V、W4Mo3Cr4VSi 钢的淬火温度分别为 1220 ~ 1230℃、1225 ~ 1235℃、1180 ~ 1190℃，加热时间见表 2-61。晶粒度控制在 10 ~ 10.5 级。高温加热提出柄部。控制柄部硬度主要靠预热，但高温加热时也不能随意。

（3）冷却 此类刀具不用等温，分级冷却后空冷，即在 480 ~ 560℃中性盐浴中分级冷却，分级冷却时间同高温加热时间。

（4）回火 冷却到室温后用开水清洗干净装筐回火，回火工艺为 540 ~ 560℃ ×1h × 3 次。

（5）检验 按技术要求对硬度、金相组织及弯曲度进行检查。

107. 焊接直柄锥面锪钻的热处理工艺

为节约贵重的高速钢，ϕ10mm 以上的刀具往往采取焊接工艺，由于柄部较细，摩擦焊退火后转机械加工，再锻造成形，再退火转机械加工。焊接直柄锥面锪钻如图 2-27 所示，热处理技术要求同整体高速钢锪钻。

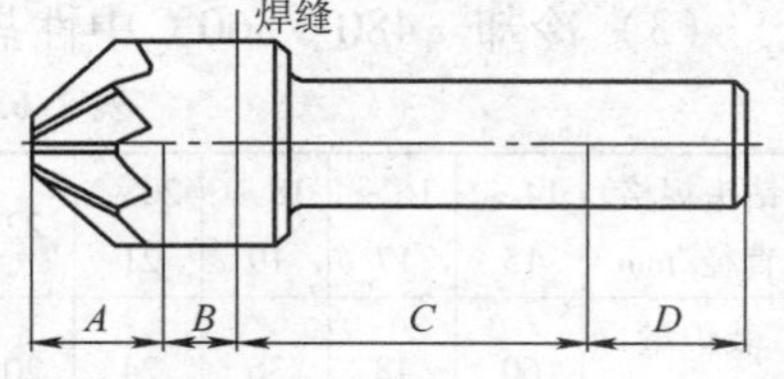

图 2-27 焊接直柄锥面锪钻

图 2-27 中 A 为切削刃长；B 为焊缝至淬火面的距离，$B \geqslant 5$mm；C 为去除柄部长度，$C \geqslant 10$mm；D 为必须淬火的长度，$D \geqslant 25.4$mm。

（1）预热 此类刀具淬火变形较小，一般在烘干后只进行 850 ~ 870℃一次预热，预热时间为加热时间的 2 倍，装炉量见表 2-62。

（2）加热 W6Mo5Cr4V2、W9Mo3Cr4V、W4Mo3Cr4VSi 钢的淬火温度分别 1220 ~ 1225℃、1225 ~ 1235℃、1180 ~ 1190℃，加热时间见表 2-62。高温加热要低于焊缝 5 ~ 10mm，如果焊接高速钢部分太短，可以超过焊缝加热，但后续工序要防止焊缝处开裂。淬火晶粒度控制在 10 ~ 10.5 级。

表 2-62 焊接直柄锥面锪钻的装炉量和加热时间

锪钻直径/mm	10.1 ~ 12	12.1 ~ 14	14.1 ~ 16	16.1 ~ 18	18.1 ~ 20	20.1 ~ 22	22.1 ~ 24	24.1 ~ 28	28.1 ~ 32	32.1 ~ 36	36.1 ~ 40
装炉量/(件/挂)	80	70	40	36	24	20	18	16	14	12	8
加热时间/s	140	150	160	180	190	210	240	260	280	290	300

（3）冷却 480 ~ 560℃中性盐浴一次分级冷却，分级冷却时间同高温加热时间。

（4）回火 540 ~ 560℃ ×1h ×3 次。

（5）柄部淬火 柄部采用高频感应淬火，加热温度和时间凭经验操作，但必须保证淬火长度和淬火后的硬度。根据市场和客户要求，淬火长度大多超过 25.4mm，淬火后硬度必须大于等于 50HRC。淬火后的柄部进行 540 ~ 560℃ ×20 ~ 30s 硝盐浴回火。

有些生产单位习惯用盐浴快速加热对柄部淬火，也是很好的工艺。

（6）检验 按技术要求，对硬度、金相、弯曲做重点检验。

108. 摩擦焊锥柄麻花钻的热处理工艺

为了节约昂贵的高速钢，ϕ12mm 以上锥柄钻一般采用高速钢与 45 钢、40Cr 或 60 钢摩擦焊制造。锥柄麻花钻包括：锥柄麻花钻、锥柄长麻花钻、锥柄加长麻花钻、粗锥柄麻花钻、锥柄超长麻花钻、1∶50 锥孔锥柄麻花钻。以下简介摩擦焊锥柄麻花钻（W6Mo5Cr4V2 与 45 钢）的热处理工艺。

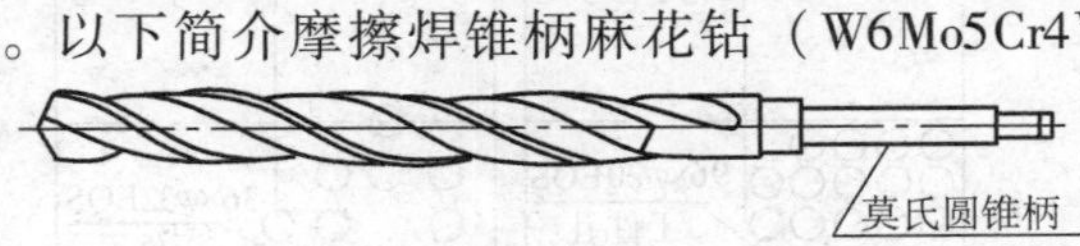

锥柄麻花钻如图 2-28 所示。麻花钻热处理技术要求在离钻尖 4/5 刃沟长度上（也有要求 3/5）硬度≥63HRC，扁尾硬度≥30HRC。

莫氏圆锥柄

图 2-28 锥柄麻花钻

（1）预热 选择合适的夹具，按装炉量插装。要看清焊缝的位置，全部刃长（约为总长的60%）应使用高速钢，预热深度略超过焊缝。预热温度为850～870℃，预热时间为加热时间的2倍。装炉量见表2-63。

（2）加热　淬火温度为1220～1230℃。加热时间见表2-63。高温加热位置应低于焊缝15～18mm，淬火晶粒度控制在9.5～10.5级。

（3）冷却　480～560℃中性盐浴分级冷却，分级冷却后空冷至室温清洗。

表2-63　锥柄麻花钻的装炉量和加热时间

钻头规格直径/mm	14～15	16～17	18～19	20～21	22	23	24	25～27	28～30	31～33	34～37	38～40	41～43	44～47	48～50	51～55
装炉量/件	60	48	36	24	20	18	18	16	14	12	10	8	6	4	4	2
加热时间/s	195	200	210	220	230	240	250	260	270	285	290	300	320	330	340	340

（4）回火　540～550℃×1h×3次回火，回火后逐项检查。

（5）柄部淬火　回火冷至室温后对柄部进行850～860℃淬火，并自回火。

109. 锥柄钻头尾部淬火工艺

锥柄钻头是机械行业广泛使用的金属切削工具，通常刃部为通用高速钢（如W6Mo5Cr4V2），柄部为45钢。技术要求：刃部硬度63～66HRC，柄部硬度30～45HRC。生产工艺流程为：装夹→刃部淬火→矫直→清洗→回火→清洗→柄部热处理→硬度金相检验→喷砂→防锈→外观检查。然而，在实际生产中，尾部淬火后硬度不均匀现象十分突出，装在同一夹具上尾部同时淬火的锥柄钻头，装在夹具内圈和外圈的钻头尾部硬度相差较大，装在外圈的钻头尾部硬度为25～35HRC，而内圈的只有20～30HRC。尤其以莫氏3号尾的锥柄钻尾部淬火后硬度不均匀现象尤为严重。为此人们进行了分析研究，改进了钻头尾部淬火工艺。

（1）试验过程　选择柄部莫氏锥度2、3、4号尾的锥柄钻头进行对比试验，柄部材料都为45钢，刃部材料为W6Mo5Cr4V2钢，两者摩擦焊后再经加工后形状如图2-29所示。莫氏锥度2、3、4号尾的锥钻装夹量原工艺分别为96件/夹、96件/夹、36件/夹，无工艺孔；改进后的工艺分别为80件/夹、80件/夹、36件/夹，并分别均匀分布着16个、16个、4个工艺孔，钻头在夹具上的分布情况如图2-30所示。热处理工艺如图2-31所示。

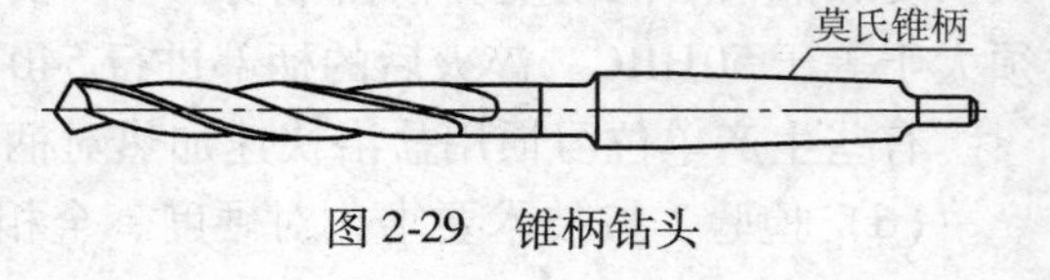

图2-29　锥柄钻头

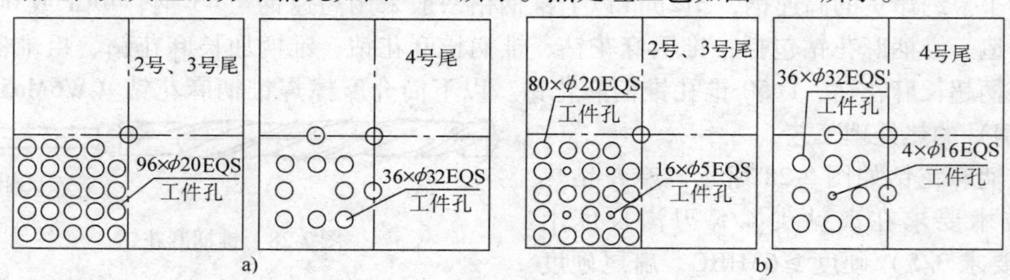

图2-30　锥柄钻头在夹具上的分布

a）原工艺　b）改进后工艺

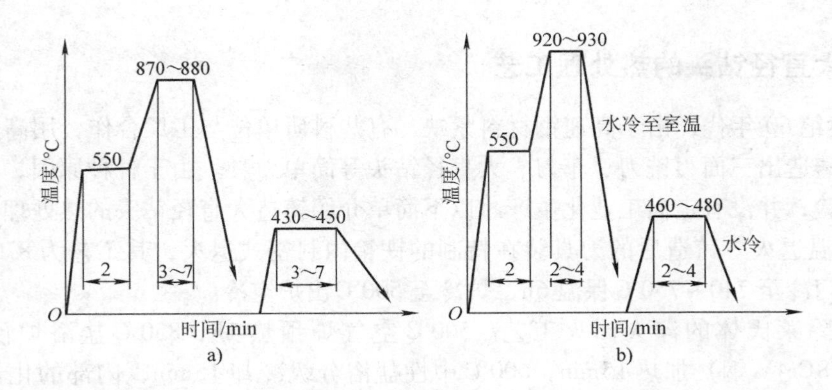

图 2-31 锥柄钻柄部改进前后热处理工艺

a）原工艺 b）改进后工艺

（2）试验结果与工艺分析 采用改进前后的两种工艺对莫氏锥度为2、3、4号尾的锥柄进行对比试验，并逐一测试硬度，结果见表2-64。

表 2-64 热处理工艺改进前后锥柄钻的硬度对比

莫氏锥度	硬度 HRC			
	原 工 艺		改进后的工艺	
	外 圈	内 圈	外 圈	内 圈
2	30~35	25~30	35~45	35~45
3	25~30	20~25	35~45	35~45
4	30~35	25~30	34~45	35~45

注：表中内圈、外圈是指的装夹位置。

通过以上的工艺对比试验可以看出，采用改进后的工艺，尾部淬火后硬度不均匀现象得到明显改善。和原工艺相比，主要有三个方面改进：

1）提高了淬火温度，缩短了加热时间，实现了表面快速加热，具有节能的优点。

2）夹具上增加了工艺孔，适当减少了装夹量，使加热和冷却趋于均匀。另外，冷却时适当加大循环水的流量，控制循环水温度≤40℃，使冷却更加均匀和充分。

3）尾部回火温度提高到460~480℃，实现了表面快速回火，并使工件尾部硬度≤45HRC。

110. 高速钢麻花钻的蒸汽处理工艺

高速钢麻花钻在540~560℃的温度下与蒸汽接触，表面生成一层0.004~0.006mm的Fe_3O_4薄膜，使用寿命可提高20%~30%。其工艺简介如下：

1）将工件脱脂后，于室温或350~370℃装入井式炉。

2）炉温为350~370℃，向炉内通入蒸汽，并在30min内更换炉内蒸汽50次左右，使炉内空气排出，维持炉内压力在工艺范围内。

3）继续通入蒸汽，将炉温升高到560℃，并保温45~60min。

4）停止送入蒸汽、停电，将工件吊出，在空气中冷到50~70℃，然后浸入40~60℃热油中。

111. 铸造大直径钻头的热处理工艺

在20世纪60年代，由于高速钢材料紧缺，有些科研单位与工厂合作，用高速钢废料及料头重熔，铸造出三面刃铣刀、车刀、大直径钻头等简单刀具。由于种种原因，铸造刀具只是小批量试验，并没有走向工业化生产。以下简单介绍铸造大直径钻头的热处理工艺。

（1）等温退火　铸造后的刀具装在特制的铁箱内封密式退火，其工艺为870～880℃×4h，打开炉门冷至740～750℃保温6h，炉冷至500℃出炉空冷。

（2）消除莱氏体的淬火回火工艺。500℃空气炉预热1h，850℃盐浴炉预热30min，1310℃（W18Cr4V钢）加热15min，600℃中性盐浴分级冷却15min，内部的化学成分借助于高温扩散达到均匀，使莱氏体逐渐溶解，可消除网状莱氏体。淬火后需进行600～700℃×1h回火处理，防止裂纹产生。

（3）热处理工艺　考虑到消除莱氏体的淬火温度不高，造成晶粒粗化，会使钻头崩刃，因此必须通过正常的淬火来细化晶粒，从而提高钻头的力学性能和切削性能。铸造W18Cr4V钢大直径钻头最终热处理工艺为：500℃×1h空气炉预热，850℃×30min盐浴预热，1260℃×15min盐浴加热，480～560℃×15min中性盐浴分级冷却后空冷，560℃×1h×3次回火。

经上述工艺处理后，铸造大直径钻头的硬度≥63HRC，变形微量不用矫直，切削试验达到合格品以上水平。

112. W12Mo3Cr4V3N钢制钻头的热处理工艺

对于调质件、弹簧钢工件、Cr-Ni-Mo类合金钢工件的钻孔一直是个难题，因为这些钢材的硬度高、黏且坚韧，用高速钢钢钻头甚至无法加工。目前国内有的用W2Mo9Cr4VCo8钢钻头或镶硬质合金钻头来加工，但钻头制造成本高，难于加工。经试验研究，选用国产高性能高速钢W12Mo3Cr4V3N解决了这类钢难于钻孔的问题。

（1）W12Mo3Cr4V3N的成分及其特性　W12Mo3Cr4V3N钢是国产无钴超硬高速钢之一，属含氮高钒型，其主要化学成分见表2-65。

表2-65　W12Mo3Cr4V3N钢主要化学成分（质量分数）　（%）

C	W	Mo	Cr	V	N
1.15～1.25	11.0～12.50	2.70～3.20	3.50～4.10	2.50～3.10	0.04～0.10

该钢与含Co高速钢相比价廉、易加工，通过适当的热处理可获得67～69HRC的高硬度、高的热硬性（625℃×4h，>63HRC）、高的耐磨性和满意的韧性。

（2）热处理工艺　W12Mo3Cr4V3N钢经机械加工成形后需经适当的热处理，以赋予其最佳性能，考虑到该钢的淬火温度带比较窄，C、V含量较高的实际情况，选择几个淬火温度做比较，温度误差控制在±3℃。为保证V_4C_3的充分溶解，以得到高的硬度、高的热硬性和高耐磨性，淬火加热时间较通用高速钢延长一倍（加热系数为16～20s/mm）；为使回火充分，采取4次回火。其热处理工艺及结果见表2-66。

表 2-66 W12Mo3Cr4V3N 钢热处理工艺及结果

序号	热处理工艺规范			晶粒度	硬度 HRC			
	淬火温度/℃	冷却	回火		淬火后	二次回火	三次回火	四次回火
1	1220	480～560℃分级冷却时间同高温加热时间，分级冷却后空冷	560℃×1h×4次	11.5～12	64.2	—	—	—
2	1235			10～10.5	64.5	65.5	66.3	66.3
3	1245			10	65.5	66.3	67	67
4	1250			9.5～10	65.7	67.2	67.5	68.3
5	1260			9	64.7	—	—	—
6	1270			8～8.5	64.7	—	—	—

注：1. 两次预热工艺为820～840℃×17s/mm+880～900℃×17s/mm。

2. 分级盐浴为中性盐浴。

3. 回火盐浴为100% $NaNO_3$。

由试验数据和金相观察可知，W12Mo3Cr4V3N 高速钢在1220～1235℃淬火时，存在着较多的未溶碳化物，硬度偏低，这是淬火加热不足所致；1260～1270℃淬火时，晶粒明显粗大，存在过热组织；1245～1250℃淬火时，晶粒度为9.5～10.5级，得到正常组织。560℃×1h×4次回火后硬度达68.3HRC（钻头不能用如此高的硬度，达高硬度和使用高硬度是完全不同的两码事），其回火组织比W6Mo5Cr4V2等通用高速钢正常回火组织碳化物粗些、多些，这是因为W12Mo3Cr4V3N钢C、V含量较高所致，但对力学性能无影响，属正常的淬火回火组织。

（3）对比试验及应用。按所确定的热处理工艺规范生产的W12Mo3Cr4V3N钢钻头与同规格的通用高速钢钻头进行钻削对比试验。结果表明，W12Mo3Cr4V3N钢钻头，加工调质钢、弹簧钢、合金钢工件（>30HRC）比通用高速钢钻头的寿命要高出1～5倍，对GH2135高温合金也可加工（通用高速钢钻头是无法加工的），试验结果见表2-67。试验还表明，要充分提高钻头的使用性能，靠材质和热处理优势还是不够的，还应当做到：①优化钻头前角等参与切削部分的几何参数；②改善冷却润滑条件；③寻找最佳切削速度；④应用TiAlN涂层、钼化处理等表面强化技术等。

表 2-67 W12Mo3Cr4V3N 钢钻头和通用高速钢钻头耐用度对比

规格尺寸/mm	切削设备及参数范围	被加工材料	钻头材料	钻头寿命/孔
φ15.6 铣制锥柄钻	ZJ3040，主轴转速为125r/min，向下进给量为0.04mm，普通乳化液	厚20mm的35CrMo钢，硬度为40～42HRC	W18Cr4V	4
			W12Mo3Cr4V3N	8.5
φ15.6 铣制锥柄钻	ZJ3040，主轴转速为125r/min，向下进给量为0.04mm，普通乳化液	厚20mm的35CrMo钢，硬度为47～50HRC	W18Cr4V	0.58
			W12Mo3Cr4V3N	4.5
φ15.6 铣制锥柄钻	Z5125，主轴转速为200r/min，向下进给量为0.112mm，极压乳化油	厚11.5mm的20Cr4Mo钢，硬度为38～42HRC	W18Cr4V	158
			W12Mo3Cr4V3N	250～300
φ15.3 铣制锥柄钻	CD6140（车床），主轴转速为230r/min，手动，普通乳化液	厚45mm的65Mn钢，硬度为269HBW	W18Cr4V	5～6
			W12Mo3Cr4V3N	23～25

（续）

规格尺寸/mm	切削设备及参数范围	被加工材料	钻头材料	钻头寿命/孔
φ11 铣制锥柄钻	CD6140，主轴转速为230r/min，手动，普通乳化液	厚45mm的65Mn钢，硬度为269HBW	W18Cr4V	5～6
			W12Mo3Cr4V3N	30～40
φ15.8 铣制锥柄钻	Z5135，主轴转速为195r/min，向下进给量为0.11mm，普通乳化液	厚20mm的40Cr钢，硬度为40HRC	W6Mo5Cr4V2	12
			W12Mo3Cr4V3N	29
φ12.5 铣制锥柄钻	切削速度为5.3m/min，向下进给量为0.1mm，普通乳化液	硬度为51～52HRC的超高强度钢，钻深10mm通孔	W18Cr4V	无法加工
			W12Mo3Cr4V3N	23
φ15.8 铣制锥柄钻	Z5135，主轴转速为195r/min，向下进给量为0.11mm，普通乳化液	GH2135高温合金，厚20mm	W6Mo5Cr4V2	无法加工
			W12Mo3Cr4V3N	4

（4）结论　W12Mo3Cr4V3N钢钻头适合加工30～47HRC的调质钢、弹簧钢、Cr-Ni-Mo合金钢及GH2135高温合金；W12Mo3Cr4V3N钢钻头经1240～1250℃淬火，560℃×1h×4次回火，可获得高的硬度、热硬性和耐磨性；配合选取钻头的合理的几何参数、润滑条件、切削速度及合适的表面强化处理，可充分发挥钻头的使用性能。

113. W7Mo4Cr4V钢热轧麻花钻的热处理工艺

热轧成形工艺生产钻头具有生产率高、节材、适宜大批量生产等特点，被工具行业广泛应用。然而该工艺对高速钢材料的热塑性要求很高，极易出现轧裂。经过工艺改进，W7Mo4Cr4N钢的热轧取得了成功，其轧裂率低于5%。下面简单介绍W7Mo4Cr4N钢热轧麻花钻的热处理工艺。

（1）预热　按工艺要求装夹，一般选用双层螺旋夹具，预热为两次，第一次550℃左右，第二次850～870℃盐浴炉加热，预热时间为加热时间的2倍。

（2）加热　加热温度为1210～1230℃，根据规格而定，小规格钻头取下限，大规格钻头取上限。加热时间同铣制麻花钻。

（3）冷却　480～560℃中性盐浴冷却，冷却时间同高温加热时间，淬火奥氏体晶粒度控制在10～10.5级，淬火后硬度为64.5～65HRC。

（4）回火　550℃×1h×3次回火，回火后硬度为66～67HRC。

（5）热硬性试验　600℃×4h热硬性为62～63.8HRC（加热温度不同，热硬性有差异，一般情况下加热温度越高，热硬性越高），略高于W6Mo5Cr4V2、W9Mo3Cr4N钢。

114. 高速钢麻花钻的氧硫碳氮硼共渗工艺

高速钢刀具经常规热处理后，在低于560℃的温度下进行表面强化能显著地提高其使用寿命。

（1）工艺　某齿轮厂用甲酰胺与乙醇的混合液作为渗剂，对高速钢麻花钻进行氧硫碳氮硼共渗，使其使用寿命提高1～2倍。后来对原工艺进行改进，用氨水为主渗剂，加入相应的含S、C、N、B的物质，进行氧硫碳氮硼共渗。经多炉共渗验证效果很好，而且氨水货源充足，价格便宜，易于推广，一般可进行滴注式化学热处理的炉型都可以进行多元共渗，不过炉子的密封性一定要好。其工艺如图2-32所示。共渗后采用油冷是为了避免表面氧化并且又能形成乌黑发亮的表面贮油层，增加了刀具的耐蚀性和使用寿命。

（2）效果　ϕ5mm的W6Mo5Cr4V2钢钻头经等温淬火后再经不同渗剂的化学热处理，然后按工具行业质量分等规定的方法钻削硬度为36~40HRC的30CrMnTiA钢。采用Z5135型立式钻床，也可以采用全自动数控钻床自动进给，主轴转速为1550r/min，进给量为0.11mm/r，钻不通孔深度为16mm，切削液为质量分数为5%的乳化溶液，以出现严重的噪声作为失效标志。各种方法处理的钻头样本数为5件，然后取加工孔数的平均值。试验结果表明，经氧硫碳氮硼共渗处理的钻头加工孔数为34.2个，未经任何强化的钻头加工孔数为12.1个，氧氮共渗钻头加工孔数为22.6个。

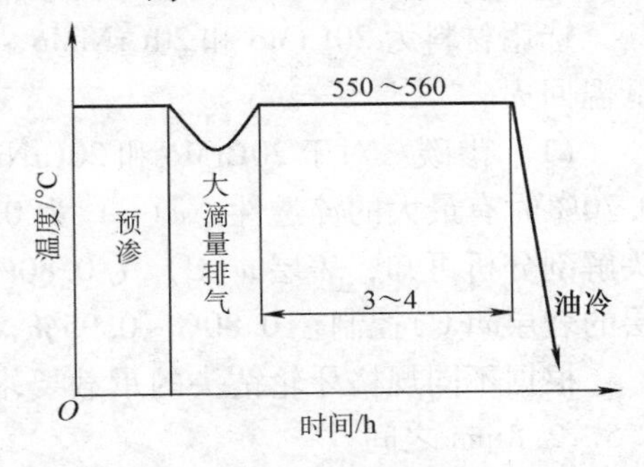

图2-32　氧硫碳氮硼共渗工艺

（3）显微组织　共渗层包括以下几层：

1）最外层呈黑色，主要由FeS、Fe_3O_4、Fe_3BO_5组成。

2）中间层呈灰白色，主要由Fe_3O_4和ε相组成，外缘还夹有黑色的FeS。此层中间有分界面，界面外侧是由铁原子向外扩散生长的，界面内侧则由氧原子往内扩散形成的。

3）扩散层呈灰色，有明显的小颗粒，这层相当于最高硬度处。

FeS本身是固体润滑剂，Fe_3O_4有抗黏结作用，而FeS和Fe_3O_4又有细小微孔，可以贮油，这就在外层构成了较为理想的润滑、减摩、抗黏结的化合物层。相连的扩散层氮饱和了，出现合金化合物弥散强化相，提高了硬度和热硬性，增加了耐磨性。这样，化合物层与扩散层有机会结合，强化了高速钢刀具，提高了使用寿命。

115. 高速钢钻头等小刀具的装箱渗氮工艺

高速钢钻头等小刀具装箱渗氮工艺的特点是不需要特殊的加热设备（在任何能达到600℃的电阻加热炉中都可进行），工艺简单，操作方便，易于掌握，工件渗氮前不需要特殊清洗（一般只要无锈蚀、油污），而且渗氮时间短。

其工艺过程是：首先对工件进行一般清洗，除去表面锈蚀及油污，然后按固体渗碳法装箱。渗氮工艺为540~560℃×1~1.5h，渗剂NH_4Cl按箱内体积每立方米1kg配制。渗氮结束后出炉待箱空冷至室温出炉。

装箱渗氮工艺应用实例如下：

（1）ϕ2mm直柄钻头　510~520℃×1.5h装箱渗氮后，渗氮层深度0.05~0.08mm，表面硬度由原739HV提高到850HV。

（2）钻头槽铣刀　ϕ0.65mm、ϕ1.5mm钻头槽铣刀，分别经510~520℃×30~40min，NH_4Cl量为500g/m³和550~560℃×45min，NH_4Cl量为1000g/m³的处理，铣刀的平均寿命提高近两倍。

（3）M5和M8丝锥槽铣刀　经540~550℃×1h渗氮后，寿命都提高1倍以上。

116. 牙轮钻头牙爪轴颈的碳硼复合渗工艺

矿用牙轮钻头的失效80%以上是由于轴承系统失效所致。牙轮钻头轴承系统是在风冷、无润滑、有矿岩粉末侵入的恶劣条件下工作的，要求高耐磨性、高强度、高韧性、抗疲劳。据上述工作条件及性能要求，其轴承系统中的牙爪轴颈仅采用低合金钢渗碳淬火强化手段是无法达到较好效果的。鉴于渗硼可以降低摩擦因数和提高耐磨性的作用，因此对牙爪轴颈进行碳硼复合渗强韧化处理，可提高牙轮钻头的使用寿命。

选用材料为20CrMo和20CrNiMo，在渗碳后再渗硼。热处理工序为渗碳→渗硼→淬火→低温回火。

（1）渗碳　对于20CrMo和20CrNiMo钢渗碳层的淬透性和淬硬性试验表明，w(C) 为0.70%时有最大的淬透性，w(C) 为0.85%左右时，表层有最高的硬度。据对美国牙轮钻头解剖分析可知，表层w(C) 为0.80%~0.90%，淬火组织最细小。根据国情，工厂把渗碳层的表层w(C)控制在0.80%~0.95%。

根据不同规格牙轮钻头的承载要求和渗硼对渗碳层的影响，确定把渗碳层深度控制在1.5~2.8mm之间。

（2）渗硼　采用LSB-1型单相Fe_2B粒状渗硼剂，渗硼工艺为900℃×7h，渗硼层深度为0.15~0.20mm。

（3）淬火　针对矿用钻头的工作条件和性能要求，经过多种工艺试验和性能测定，对碳硼复合渗后的牙爪轴颈，采用两次加热淬火或降低淬火温度和缩短加热时间的工艺，可使牙轮钻头的累积钻孔深度提高1倍左右。

117. 高速钢钻头的稀土多元共渗工艺

近几年来，高速钢刀具低温多元共渗发展很快，取得了较大的成果，但低温多元共渗的硬度较低，大约在1000HV左右。在低温多元共渗的基础上加入稀土元素，利用稀土元素的催渗和表面微合金化作用，提高刀具硬度和抗黏着性能，从而提高了刀具的使用寿命。

（1）试验方法及设备。

1）试验材料。试验以甲酰胺（$HCONH_2$）、甲醇（CH_3OH）为基，同时加入硫脲[$(NH_2)_2CS$]、硼酐(B_2O_3)作为提供活性原子[C]、[N]、[O]、[S]、[B]的物质，自备稀土作为催化剂，以渗层深度及硬度为标准，选出最佳渗剂配方工艺（见图2-33）。

渗剂配方：甲酰100mL，甲醇100mL，硫脲16g，硼酐33g，稀土10g。

试样为W6Mo5Cr4V2钢制ϕ6mm直柄麻花钻，经正常的淬火回火，硬度≥65HRC，再进行稀土多元共渗。

2）试验设备。在自制的8kW井式低真空炉中进行试验，渗剂由滴管滴入，废气经排气管排出并燃烧。生产试验在45kW井式气体渗碳炉中进行。

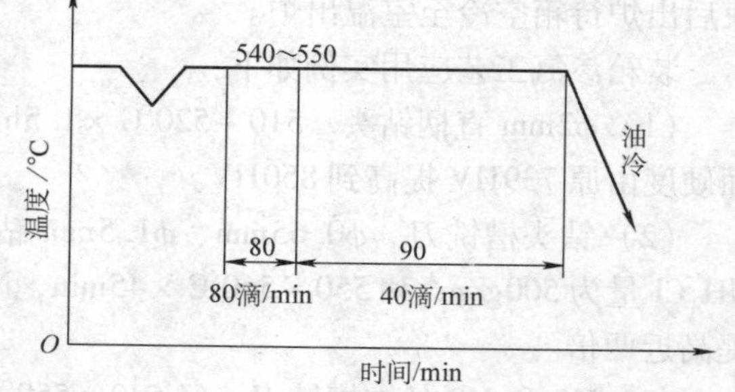

图2-33　高速钢钻头的稀土多元共渗工艺

试样经抛光后用扫描电镜观察金相组织，用维氏硬度计测硬度及沿截面的硬度分布，用X射线结构分析仪分析渗层相结构，在台式钻床上钻孔进行综合寿命考核。

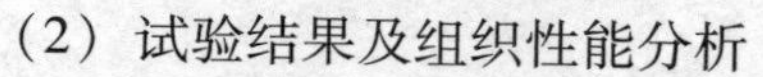

（2）试验结果及组织性能分析

1）渗层的组织观察。高速钢钻头经稀土多元共渗后的金相组织和综合相结构分析表明，稀土多元共渗渗层共分四个层次：表层为6μm的白亮层，由少量点状黑色组织弥散分布，该层主要有Fe_2B碳氮化合物和少量的Fe_2B、Fe_3O_4组成；距表面6～20μm处，黑色基体上有大量白色点状物存在，该层主要有Fe_3O_4、FeS、Fe_2B碳氮化合物组成；碳氮化合物高度弥散分布，具有极高的硬度；扩散过渡层，硬度逐步下降，碳氮化合物量逐步减少。

2）渗层截面硬度的分布。由于稀土的催渗及渗入微合金化作用，尤其是对硼原子的催渗作用，使表面Fe_2B相增多，加上稀土渗入后引起的畸变等作用，使表层硬度较高；亚表层含有大量的软组织Fe_3O_4、FeS，稀土及硼原子无法渗到该层，使该处硬度变形成一个低谷；随后的峰值上由于稀土催渗作用使该处集中大量［C］、［N］，而其他原子却无法渗入，形成大量碳氮化合物，提高了该处的硬度。

3）综合寿命考核。分别在生产中抽取10炉试件做钻削试验，取各炉的平均值（见表2-68），钻削硬度为38～40HRC、厚21mm的GCr15钢板，以出现严重的噪声作为失效标志。

表2-68　氧氮共渗与稀土多元共渗钻头钻孔数

钻头热处理工艺	炉号										总平均钻孔数/孔
	1	2	3	4	5	6	7	8	9	10	
	各炉平均钻孔数/孔										
稀土多元共渗	2.8	4.5	5.0	3.5	3.2	3.8	3.5	3.2	4.0	4.5	3.8
氧氮共渗	1.1	1.0	1.0	0.8	0.8	0.8	1.5	1.1	1.3	1.2	1.08

注：由于试坯硬度高，未经表面强化的钻头往往连一个孔也打不进，为节约材料和时间，故采取快速破坏性试验。

由表2-68可知，稀土多元共渗的钻头与氧氮共渗的钻头相比，使用寿命提高2～3倍。

4）综合分析。对经钻削试验失效后的两种钻头进行电子扫描分析发现，稀土多元共渗钻头的钻尖部磨损较轻；而氧氮共渗钻头的尖部有较大的撕裂和韧窝出现，这表明有明显的黏着磨损现象。事实证明，凡是提高材料硬度和减少摩擦副间两种金属的结合力的化学热处理方法，都能显著提高黏着磨损抗力，稀土多元共渗则恰好具备这两个条件。

首先，稀土多元共渗具有1300～1600HV的高硬度；其次，具有FeS、Fe_3O_4等含油且自润滑能力强的良好组织，都能极大地减少摩擦副间的金属结合力。另外，表层含有Fe_2B相，不仅使表层有高硬度，而且还提高了钻头的高温抗氧化性和热硬性。再加上软相与硬相合理分布，使渗层抗脆性能力加强，所以钻头的使用寿命高。

118. 高速钢直柄麻花钻的碳氮氧硼共渗工艺

国内高速钢直柄麻花钻表面强化要求低的用氧氮共渗或蒸汽处理，要求高的用TiN涂层等，而有些工具厂用碳氮氧硼四元共渗也取得了很好的效果。

（1）材料及方法　直柄麻花钻的材料为W6Mo5Cr4V2钢，经1220～1230℃分级淬火，540～560℃×1h×3次回火，硬度为63～66HRC。共渗渗剂为水740mL、硼酐1g、尿素225g、甲酰胺30mL、乙醇500mL、稀土24g的混合液体渗剂，采用滴注式方法，通过控制滴量及炉压来控制炉内气氛。共渗前试样及刀具均进行严格清洗处理。

（2）共渗工艺　共渗试验在10kW小型多用炉中进行，共渗工艺采用原氧氮共渗工艺，排气30min，滴量为120滴/min，540～560℃×90～150min，共渗滴量为100滴/min，出炉后空冷。

（3）共渗后刀具的性能

1）渗层深度。多元共渗2h后渗层深度为55～66μm，氧氮共渗2h后渗层深度为25～45μm。与氧氮共渗相比，多元共渗的渗层深度增加约70%。

2）渗层硬度。经多元共渗处理的试样，不经浸油处理，用细砂将表面层的氧化膜轻轻磨掉，测定渗层硬度，硬度为1003～1138HV。

3）切削性能。ϕ6mm W6Mo5Cr4V2钢直柄麻花钻各5件，按标准规定切削规范试验，试坯用40Cr钢调质件，硬度为200～220HBW。钻削时以纵向磨损0.50mm，径向磨损0.30mm为失效标志。钻削试验结果为多元共渗钻头平均钻孔数为380孔/件，而氧氮共渗钻头为282孔/件。多元共渗钻头的使用寿命明显提高。

4）耐蚀试验。多元共渗处理钻头和未处理钻头各3件，进行两次盐浴雾试验，喷雾1.5h和4h后均未出现锈蚀斑点。未处理钻头锈蚀斑点大而多。多元共渗钻头只有少量散状小斑点。由此可见，多元共渗钻头耐蚀性有所提高。

119. 高速钢麻花钻等刀具的快速加热淬火工艺

高速钢属高合金钢，由于含有较多的合金元素，国内外基本上都采用多次预热、缓慢加热、取中限淬火温度的模式化的热处理工艺。从高速钢刀具感应加热的成功应用，以及日本学者对高合金钢短时保温时间的论述可以看出，高速钢刀具快速加热是可行（不过是有条件的）的。

上海工具厂曾对W18Cr4V钢制ϕ14mm钻头和ϕ14mm槽铣刀进行快速加热。W18Cr4V钢制ϕ14mm钻头常规加热温度为1270～1280℃，浸液时间为9～12s/mm，快速加热温度取1290～1310℃，浸液时间为5～6s/mm。实践证明，快速加热工艺可使生产率提高1倍左右，节能增效。在质量方面除某些力学性能稍差一点外，其他皆优于常规处理者；快速加热的工件有较细的奥氏体晶粒，时间虽短，但碳化物溶解良好，热硬性也高。经切削试验，其寿命和耐磨性也高于常规处理。

高速钢刀具快速加热一定要慎之又慎，严格控温，同时对组织更要严格控制。

120. 无径支罗钻的热处理工艺

无径支罗钻如图2-34所示。它是由通用高速钢或低合金高速钢与65钢经摩擦焊而制成的特殊钻头，技术含量较高，热处理难度很大，高速钢钻头a部位硬度要求56～61HRC；过渡区域b部位不得高于钻尖硬度，其余部位及柄部硬度要求30～45HRC。热处理畸变要小，不同部位的热处理硬度要求一步到位。

其热处理工艺如下：

（1）退火　摩擦焊时产生的高温在1000℃以上，在焊缝两侧很小区域内产生较大温差，焊后若直接空冷，高速钢一侧将发生马氏体转变，65钢和未受热部分则为索氏体+珠光体组织，由于比体积的差异，

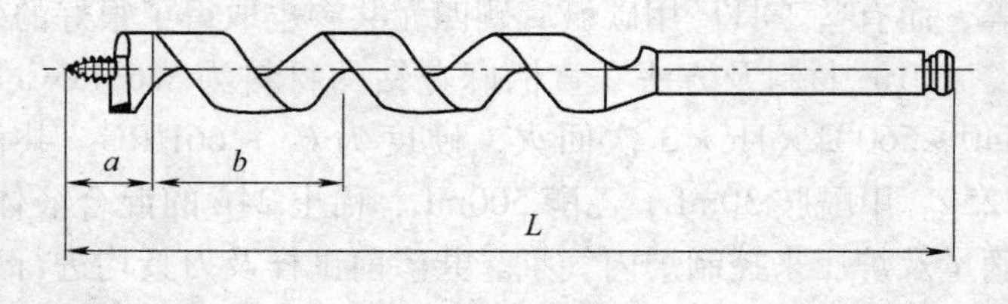

图2-34　无径支罗钻

将引起很大的组织应力，以致产生开裂。为此，焊后工件应立即放入650～730℃的炉内保温，待炉罐装满后再保温1～2h，使之发生珠光体转变，然后直接升温至840～860℃，保温3～4h，炉冷至500℃出炉空冷。

如果无法实施上述工艺，应将焊后保温温度调整至740～760℃，保温时间延长至2～3h，使焊缝两侧充分转变为索氏体+珠光体组织，炉冷至500℃以下出炉空冷至室温，然后再装炉退火。摩擦焊工件的退火温度应比高速钢锻件的退火温度稍高一些，目的是强化扩散作用，提高焊缝强度。退火后质量检验按JB/T 6567—2006《刀具摩擦焊接要求和评定方法》执行。

（2）淬火预热　设计合理的淬火夹具，因65钢的淬透性较差，工件不能装得太紧密，否则会影响淬火硬度；但也不能装得太松散，一般以3～4mm间距较妥。工件装夹后先在450℃的空气炉中预热30min，然后移到800～815℃的中温盐浴炉中再预热，连同柄部全部入浴。预热时间原则上按工件直径计算，但实践证明，ϕ40mm以下者预热4～6min即可。

（3）淬火加热　将预热好的工件立即转入高温盐浴中加热，加热温度视钻刃材料而定：W6Mo5Cr4V2、W9Mo3Cr4V钢为1170～1180℃，W4Mo3Cr4VSi、W3Mo2Cr4VSi钢为1150～1160℃。高温加热时将碳钢柄部提出浴面，超过焊缝加热淬火。采用超过焊缝加热淬火的理由：可改善焊接的原始组织，检验焊接质量，提高焊缝强度，节省高速钢。

高温加热时间（严格地讲叫浸液时间）是从实践中摸索出的经验数据，直径在10～40mm的支罗钻加热时间选为40～60s即可。该工艺属于不完全淬火，有助于减少畸变，提高韧性。

（4）淬火冷却　此工步为核心技术，采用非常规的特殊工艺，但能收到事半功倍的效果。在高温炉中快速加热后，迅速转移到800～810℃的中温盐浴炉中分级冷却，分级冷却时间同高温加热时间，分级冷却时连同柄部全部入浴。此温度正好是65钢的奥氏体化温度，分级温度和时间应严格控制，这是工艺实施的关键点。800～810℃第一次分级冷却后，立即转移到260～280℃硝盐浴中做第二次分级冷却，分级冷却时间同预热时间，即4～6min，得到马氏体和贝氏体的混合组织，支罗钻柄部硬度控制的关键在此。分级冷却后出炉空冷。

通用高速钢刃部的晶粒度为11～12级，高性能高速钢的晶粒度为10～10.5级。刃尖硬度为62～65HRC。65钢柄部的硬度为40～50HRC。

（5）回火　淬火件冷却后不必清洗，置于专门的回火筐内。回火工艺为360～410℃×60～90min。回火后工件冷至室温后清洗干净，逐一检查直线度，超过工艺规定者需矫直。

按上述工艺处理后，无径支罗钻的刃部硬度为58～60HRC，柄部硬度为38～45HRC，符合工艺要求。

121. 直柄机用铰刀的热处理工艺

整体高速钢直柄机用铰刀技术要求如下：

1）硬度要求：刃部64～66.5HRC，柄部30～50HRC，过渡区60～63HRC。

2）金相组织要求：回火程度≤2级，过热程度≤1级。

3）变形要求：长度<100mm，直线度误差≤0.12mm；长度100～150mm，直线度误差≤0.15mm；长度150～200mm，直线度误差≤0.18mm；长度>200mm，直线度误差≤0.20mm。淬火前对变形要全部检查，凡直线度误差≥0.12mm者逐一矫直，并进行去应力退火，然后装夹淬火。其热处理工艺简介如下：

（1）淬火预热　选用专用的三层插板，装炉量见表2-69。预热时间为加热时间的2倍。一般采用两次预热：450～500℃ ×2t（t为高温加热时间）空气炉预热＋860～880℃ ×2t 盐浴炉预热，预热时柄部露出盐浴面。

表2-69　直柄机用铰刀的装炉量和加热时间

机用铰刀直径/mm	≤4	>4～5	>5～6	>6～7	>7～8	>8～9	>9～10
装炉量/（件/挂）	450	400	240	160	120	100	80
加热时间/s	150	155	160	165	170	230	240
等温时间/min	45～60	45～60	45～60	45～60	45～60	45～60	45～60

（2）淬火加热　不同牌号高速钢的加热温度也不同，W6Mo5Cr4V2、W9Mo3Cr4V、W4Mo3Cr4VSi钢的加热温度分别为1215～1225℃、1220～1230℃、1180～1190℃。同规格不同牌号的铰刀加热时间相同，加热时间见表2-69。晶粒度控制在10～10.5级。只加热铰刀的切削部分，如图2-35中的A部分。

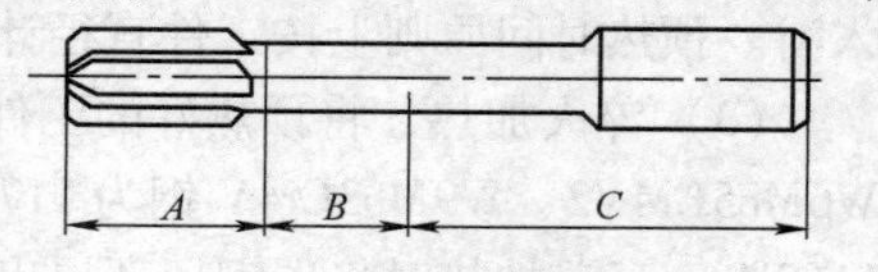

图2-35　直柄机用铰刀

注：A为刃部；B为过渡区；C为柄部，一般以距离柄端25.4mm，为柄部硬度检测点。

（3）淬火冷却　为了减少变形，通常采用分级等温淬火，即先在480～560℃的中性盐浴中分级冷却，然后立即转260～280℃硝盐浴中等温1h。

（4）清洗矫直　将变形量超差者逐根矫直。

（5）回火　将经过矫直后的铰刀捆扎好，整齐地放在回火筐内。回火工艺为540～560℃ ×1h×4次。

（6）柄部淬火　将回火后的铰刀清洗干净后进行柄部高频感应淬火，加热温度为890～960℃，加热温度根据工件和火色而定。加热后空冷。淬火后柄部硬度>50HRC。淬火后将铰刀整齐地放在回火筐中进行550℃ ×1min回火即可。

（7）检验　按技术要求检查硬度、金相组织和变形三方面。

122. 焊接直柄机用铰刀的热处理工艺

为节约昂贵的高速钢，对直径大于10mm的铰刀往往采用高速钢与45钢或40Cr钢焊接。其热处理工艺如下：

（1）淬火预热　选用类似于车刀的淬火夹具，装炉量见表2-70。预热工艺为空气炉450～500℃ ×2t（t为高温加热时间）＋盐浴炉860～880℃ ×2t。盐浴炉预热时先全浸入2～3s包盐，后将柄部提出盐浴面。

表2-70　焊接机用直柄铰刀装炉量和加热时间

铰刀直径/mm	>10～12	>12～14	>14～16	>16～18	>18～20	>20～22	>22～24	>24～26
装炉量/（件/挂）	60	50	40	36	24	16	12	8
加热时间/s	210	230	240	260	270	280	290	300
等温时间/min	45～60	45～60	45～60	45～60	45～60	45～60	45～60	45～60

（2）淬火加热　不同牌号的高速钢加热温度不同，W6Mo5Cr4V2、W9Mo3Cr4V、W4Mo3Cr4VSi 钢的高温加热温度分别为 1215～1225℃、1220～1230℃、1180～1190℃，加热时间见表 2-70。晶粒度控制在 10～10.5 级。

焊接刀具高温加热最好在焊缝以下 5～10mm。

（3）淬火冷却　焊接直柄机用铰刀淬火冷却同整体高速钢铰刀，在 480～560℃中性盐浴中分级冷却时间同高温加热时间，在 260～280℃硝盐浴中等温时间为 45～60min，等温出炉后空冷。

（4）清洗矫直　将等温后的铰刀冷却到室温清洗干净后进行矫直。

（5）回火　将矫直过的铰刀捆扎好，整齐地放在回火筐内。回火工艺为 540～560℃×1h×4 次。

（6）柄部淬火　回火合格的铰刀清洗干净后进行柄部高频感应淬火，高频感应加热温度凭经验控制，冷却介质为自来水，淬火后硬度＞50HRC。回火工艺为 550℃×15～20s（硝盐浴）。

123. 焊接锥柄机用铰刀的热处理工艺

焊接锥柄机用铰刀的技术要求如下：

1）硬度要求：刃部 64～66.5HRC、柄部 30～50HRC、过渡区 40～60HRC。

2）金相组织要求：回火程度≤2 级，过热程度≤1级。

3）变形要求：长度＜10mm，直线度误差≤0.12mm；长度 100～150mm，直线度误差≤0.15mm；长度＞150mm，直线度误差≤0.20mm。

焊接锥柄机用铰刀如图 2-36 所示。其热处理工艺简介如下：

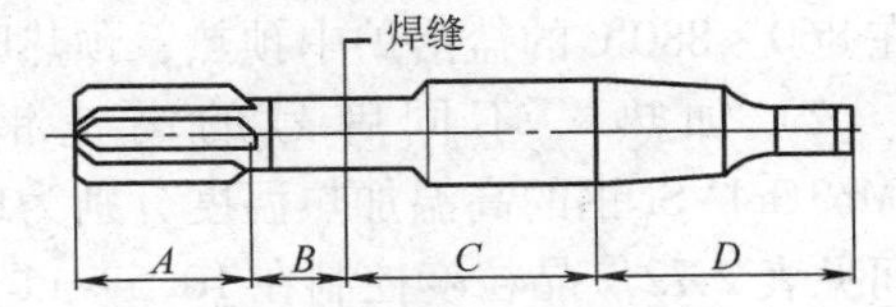

图 2-36　焊接锥柄机用铰刀

注：A 为切削刃长度；B 为焊缝至刃部前 15mm；C 为去除柄部的刀后长度，≥10mm；D 为柄部。

（1）淬火预热　采用 500℃和 860℃两次预热，装炉量见表 2-71。

表 2-71　焊接锥柄机用铰刀的装炉量和加热时间

铰刀直径/mm	＞26～28	＞28～30	＞30～32	＞32～35	＞35～40	＞40～45	＞45～50	＞50～55
装炉量/(件/挂)	8	8	8	8	8	8	8	8
加热时间/s	300	310	320	330	350	370	380	390

（2）淬火加热　只加热焊缝以下的高速钢部分，W6Mo5Cr4V2、W9Mo3Cr4V、W4Mo3Cr4VSi 高速钢的加热温度分别为 1215～1225℃、1220～1230℃、1180～1190℃，加热时间见表 2-71。如果高速钢部分太短，也可以超过焊缝加热。

（3）淬火冷却　切削刃长度≤50mm 者不等温，一次分级即可，即高温加热结束后直接于 480～560℃中性盐浴中分级冷却，分级冷却时间同高温加热时间；切削刃长度超出 50mm 者分级冷却后于 260～280℃的硝盐浴中等温 45～60min。

（4）矫直　将变形量超差者逐根矫直，此类铰刀长、刃短，极易矫直。

（5）回火　540～560℃×1h×3 次（等温淬火回火 4 次）。

（6）柄部淬火　目前柄部淬火有3种工艺：

1）高频感应淬火。单件加热淬火，淬火后硬度>50HRC，然后采用550℃×20s快速回火。

2）快速加热淬火。将45钢的淬火温度提至900~920℃，到温后立即提出淬入硝盐水溶液，550℃×1~2min快速回火。

3）盐浴淬火自回火。加热温度较常规淬火略高，到温后空冷数秒，淬水，出水温度较高，利用自身余热回火。

124. 锥度铰刀的热处理工艺

锥度铰刀（见图2-37）一般由整体高速钢制造，要求刃部硬度为64~66.5HRC，过渡区硬度为50~63HRC，柄部硬度为30~50HRC；回火程度≤2级，不允许过热；热处理变形要求：长度100mm以下，直线度误差≤0.12mm，长度100~150mm，直线度误差≤0.15mm，长度>150mm，直线度误差≤0.20mm。

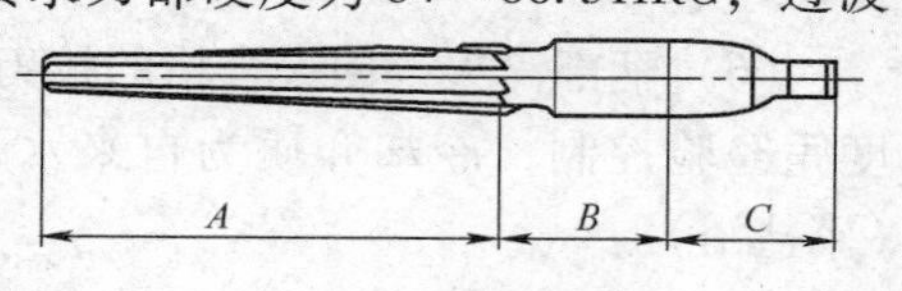

图2-37　锥度铰刀

注：A为有效切削长度（刃部）；B为过渡区；C为柄部，一般以距离柄端25.4mm，检查柄部硬度的检测点。

锥柄铰刀热处理工艺简介如下：

（1）预热　先在450~500℃的井式炉中烘干，然后在860~880℃的盐浴炉中预热，预热时间为加热时间的2倍，装炉量见表2-72。

（2）加热　不同牌号的高速钢加热温度也不同，W6Mo5Cr4V2、W9Mo3Cr4V、W4Mo3Cr4VSi钢的高温加热温度分别为1215~1220℃、1220~1230℃、1180~1190℃。加热时间见表2-72。晶粒度控制在10.5~11级。

表2-72　锥柄铰刀的装炉量和加热时间

铰刀直径/mm	≤4	>4~5	>5~6	>6~7	>7~8	>8~9	>9~10	>10~12
装炉量/(件/挂)	450	400	280	160	120	80	60	40
加热时间/s	100	110	120	120	120	130	130	150

（3）冷却　全部规格采用分级等温淬火，即先在480~560℃中性盐浴中分级冷却，分级冷却时间同高温加热时间，然后立即浸入260~280℃的硝盐浴中等温1h。

（4）矫直　将经等温处理的工件冷却到室温清洗干净，用木锤轻击凸部，逐一检查，矫直到每根符合技术要求。

（5）回火　将矫直过的铰刀捆扎好，置于筐中，进行540~560℃×1h×4次回火。

（6）柄部淬火。在高频感应淬火机床上进行柄部淬火，加热温度凭经验控制，加热后空冷，保证淬火后硬度>50HRC，然后在550℃的硝盐浴中回火几分钟即可。

125. 高速钢手用铰刀的热处理工艺

高速钢手用铰刀（见图2-38）的技术要求如下：

1）硬度要求：刃部64~66.5HRC，柄部30~50HRC，过渡区50~63HRC。

2）金相组织要求：回火程度≤2级，过热程度≤1级。

3）变形要求：长度<100mm，直线度误差≤0.12mm；长度100~150mm，直线度误差

≤0.15mm；长度150～200mm，直线度误差≤0.18mm；长度≥200mm，直线度误差≤0.20mm。热处理前全部要检查变形量，对于直线度误差≥0.12mm均要冷矫直，并去应力，然后装夹淬火。

高速钢手用铰刀的热处理工艺如下：

（1）预热　选用专用的三层插板夹具，按规定装炉量装夹（如ϕ6mm，280件/挂；ϕ10mm，80件/挂）。450～500℃空气炉预热后转860～880℃盐浴炉预热，ϕ6mm、ϕ10mm两种规格的铰刀预热时间分别为330s和480s。

（2）加热　不同牌号的高速钢加热温度不同，W6Mo5Cr4V2、W9Mo3Cr4V、W4Mo3Cr4VSi钢加热温度分别为1215～1225℃、1220～1230℃、1180～1190℃。同规格不同牌号的铰刀加热时间相同，只加热铰刀的切削部分，如图2-38中的“A”部分。

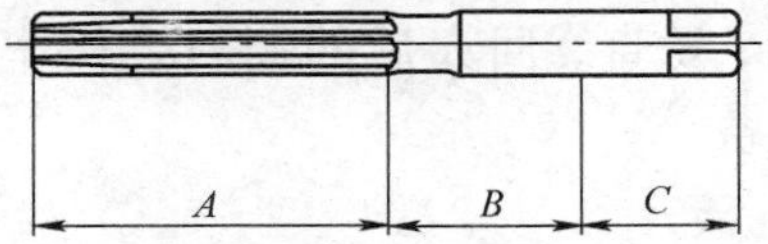

（3）冷却　采用减少变形的分级等温淬火，即先在480～560℃的中性盐浴中分级冷却，分级冷却时间同高温加热时间，然后转到260～280℃的硝盐浴中等温1h。

（4）清洗矫直　将变形量超差者逐根矫直。

（5）回火　将矫直好的铰刀捆扎好置于筐中，540～560℃×1h×4次。

图2-38　高速钢手用铰刀

注：A为刃部；B为过渡区；C为柄部，一般以距柄端25.4mm，柄部硬度检测点。

（6）柄部淬火　将回火后的铰刀清洗干净放在高频感应淬火机床上进行柄部淬火，加热温度一般为890～960℃，加热温度根据工件及火色而定。加热后空冷柄部硬度＞50HRC。淬火后整齐地放在篮筐中进行550℃回火。回火时间为1min左右。

126. 9SiCr钢制销子铰刀的热处理工艺

某厂生产的1:50系列9SiCr钢制销子铰刀（以下简称铰刀），原热处理工艺为850～870℃盐浴加热，油淬，160℃回火。技术要求：d≤6mm的铰刀，硬度为61～64HRC；d＞6mm的铰刀，硬度为62～65HRC，径向圆跳动误差≤0.20mm。在多年的生产中，按上述工艺生产的铰刀，变形量超差率在40%左右。由于铰刀形状比较特殊，柄短、刃长而薄。常规的冷矫直无法保证铰刀刃带的完整性，又因为生产批量大，热矫直受到限制，变形量超差的铰刀都报废了，经济损失较大。

经反复摸索，通过改进热处理和矫直工艺，较好地解决了变形量超差的问题。

1）淬火前增加去应力退火工序：550℃×2～3h。

2）改进淬火挂具。原工艺采用单层挂具悬挂淬火，晃动比较大，往往不能保证垂直加热淬火，现改为双层淬火挂具，对减少变形有利。

3）增加预热工序。9SiCr钢工件，在盐浴炉中加热时通常采用一次加热，但实验证明，对铰刀是不合适的。有人曾做过统计，在其他条件都相同的情况下，增加一次700℃预热（分级冷却炉），再加热至淬火温度，可使铰刀变形量超差率降低50%以上。因此，对于细长的铰刀来说，增加预热工序是减少变形的关键。

4）改变淬火冷却介质。在保证铰刀硬度的前提下，应尽可能降低淬火冷却介质的淬冷烈度，以减少变形。对于ϕ8mm以下的铰刀，改油淬为在含2%（质量分数）水的170℃硝盐浴中冷却；ϕ8mm以上的铰刀，仍采用油淬。

5）对于变形量超差的铰刀，采用热矫直法应在回火前进行矫直。因为铰刀的弯曲一般是单向凹凸，用百分表测出凸向刃带者立即放入特制的矫直夹具中压直，然后放入160℃的硝盐浴中保温10～15min，取出后水冷，复查直至合格。

淬火态的铰刀，金相组织为马氏体+8%（体积分数）左右的残留奥氏体。热矫直就是利用残留奥氏体屈服强度低、塑性好的这一特点，使受到切应力作用下的铰刀产生一定的塑性变形，从而达到矫直目的。

采用上述改进后的工艺处理，对各种规格的铰刀，任取1000支为一组，取3组之平均值，对变形做了统计，见表2-73。对于ϕ8mm以下的铰刀，淬火后的变形量超差率由原来的40%下降至10%以下；ϕ8mm以上的铰刀，变形量超差率由原来的40%下降到15%以下。矫直、回火后的铰刀合格率都在95%以上，保证了正常的生产，取得了较好经济效益。

表2-73 销子铰刀热处理变形统计

铰刀规格尺寸/mm	淬火冷却介质	淬火后变形合格率(%)	矫直回火后变形合格率(%)	回火硬度HRC
ϕ4	170℃硝盐浴	97.8	99.8	63～64
ϕ6	170℃硝盐浴	96	99.1	63～63.5
ϕ8	170℃硝盐浴	91.8	98.7	62.5～63.5
ϕ10	L-AN32全损耗系统用油	90.2	97.8	63.5～65
ϕ14	L-AN32全损耗系统用油	85.8	96.7	63.5～64.5
ϕ16	L-AN32全损耗系统用油	85.5	97.6	63～64
ϕ20	L-AN32全损耗系统用油	86.7	98.8	63.5～64

127. 高速钢铰刀等小型刀具的光亮淬火工艺

某自动化仪表厂生产的机心、千分表、百分表等产品的零件，需要大量的ϕ1～ϕ2.2mm×50～65mm高速钢铰刀等小型刀具。这些小型刀具要求淬火回火后的硬度为62～65HRC，直线度误差≤0.10mm，因刀具小而细长，刃口薄，磨量少，曾采用过高温盐浴常规淬火（直接淬火或装套筒淬火），不但变形大无法矫直，而且易过热，易脱碳，热处理质量不稳定。不少生产单位应用真空淬火，变形量超差的问题仍未解决。为此，进行了光亮淬火试验，效果良好，已投入批量生产。

（1）设备 试验所用设备与一般有机液体裂化光亮淬火设备相同，由汽化炉、加热炉、冷却油槽和电器控制柜组成。为适用于高速钢淬火加热，对淬火加热炉结构做了特殊设计，如图2-39所示。

（2）工艺 光亮淬火保护气为30%～40%（质量分数）甲醇+60%～70%（质量分数）乙醇，气氛碳势为1%。刀具材料为W6Mo5Cr4V2。最佳淬火温度为1160℃，每次装炉量为10～20件，保温时间为1～2.5min。加热保温完成后将工件淬入140℃左右热油中。不采用常规回火，而采用160℃×2h低温回火的特殊工艺。

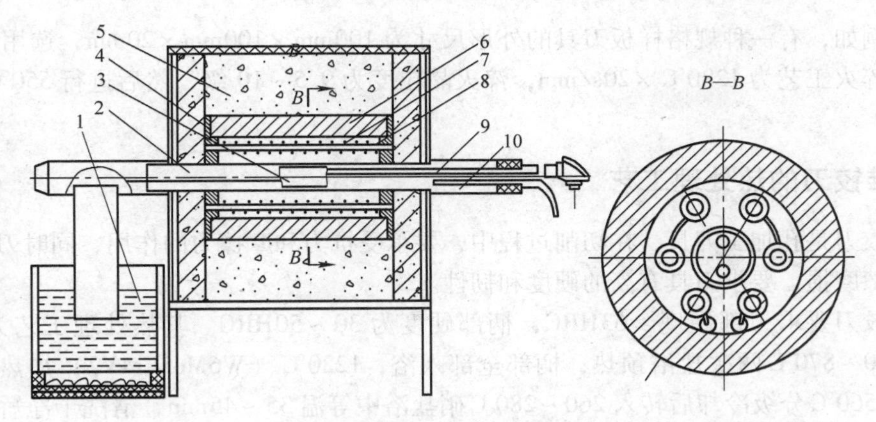

图2-39 淬火加热炉简图

1—冷却油槽 2—刚玉炉管 3—料勺 4—耐火法兰 5—保温层
6—耐火炉芯 7—电热体 8—刚玉瓷管 9—热电偶 10—进气管

经低温淬火、低温回火的 ϕ2mm×45mm 铰刀，变形合格率>90%，完全能满足切削加工的需要。ϕ1.3mm×40mm 铰刀经 1160℃×1.5min 加热，160℃×2h 回火工艺处理后，硬度为 62.9HRC，加工机心组件夹板（零件为厚度 1.5mm），每把铰刀寿命可达 8000~9000 件。

128. CrW5 钢制铰刀的热处理工艺

CrW5 钢的主要化学成分：w(C)=1.25%~1.5%，w(Cr)=0.4%~0.7%，w(W)=4.5%~5.5%。该钢淬透性不高，需要在水中淬火，淬火后具有较高的硬度和耐磨性；该钢回火稳定性较差，淬火后有时要在沸水中回火，但所需时间较长。CrW5 钢铰刀的热处理工艺如下：

（1）预热 选择合适的夹具非常重要，不能插装过密，先在 450~500℃的井式炉中预热，预热时间为加热时间的 2~3 倍。

（2）加热 820~840℃×1~1.2min/mm 盐浴加热，柄 1/2 长浸盐浴。

（3）冷却 水淬，水温不宜超过 40℃，冷至 120℃左右出水空冷；也有些生产单位淬三硝水溶液，使用温度≤70℃。

（4）回火 130~150℃×2~3h 油炉回火。

（5）矫直 回火后清洗干净，逐一检查直线度，超差者进行矫直。

129. 样板刀具的热处理工艺

机车、车辆的轮缘在钢轨上运行时会有不同程度的磨损，有时还会有局部的磨损，需要采用机械加工修复至规定尺寸，也就是在规定范围内对局部磨损的机械加工。假如车缘直径标准规定为 1155~1160mm，只有在此规定内对其磨损处进行机械加工，如果车缘直径小于 1155mm，就不能再加工了，只能报废。因各种机车、车辆的轮缘的形状不同，尺寸也不同，所以对机车、车辆轮缘直径表面机械加工的样板刀具种类和形状也是多种多样的。样板刀具的热处理工艺如下：

样板刀具的形状都比较简单，淬火温度取中下限，油淬，550℃硝盐浴回火，硬度≥

64HRC。例如，有一种规格样板刀具的外形尺寸为100mm×100mm×20mm，选用W18Cr4V钢制造，淬火工艺为1280℃×20s/mm，淬火晶粒度为9.5~10级，然后进行550℃×1h×3次回火。

130. 圆锥铰刀的热处理工艺

圆锥铰刀是孔加工刀具，在切削过程中，要承受抗力和摩擦力的作用，同时刀具表面有强烈的摩擦磨损，要求刀具有高的硬度和韧性。

圆锥铰刀要求刃部硬度≥63HRC，柄部硬度为30~50HRC。其热处理工艺为：620~650℃+850~870℃两次盐浴预热，柄部全部入浴，1220℃（W6Mo5Cr4V2）加热，提出柄部，480~560℃分级冷却后转入260~280℃硝盐浴中等温35~45min，清洗干净矫直，用钢丝拴绑好后进行550℃×1h×4次回火。

131. W6Mo5Cr4V2钢制铰刀的氧碳氮共渗工艺

高速钢铰刀使用表面强化处理的并不多。某汽车制造厂采用50%（质量分数）甲酰胺水溶液对高速钢铰刀进行氧碳氮共渗，兼有渗氮与蒸汽处理的效果，显著地提高了铰刀的使用寿命。

（1）热处理工艺试验　选用50%（质量分数）甲酰胺水溶液滴注渗剂，在RJJ-75-9T渗碳炉中进行试验与生产，其工艺曲线如图2-40所示。

在排气阶段，从滴入渗剂到废气能够点燃需要一定的时间。用甲酰胺排气时，则未点燃的有害废气会污染环境。用乙醇排气时，炉气迟迟不能点燃。用甲醇排气时，甲醇容易裂化，炉气在7~15min之内即可点燃。同理，在扩散阶段，也以使用甲醇为好。

在开始试验的数据中，不论渗剂是50%甲酰胺水溶液，还是100%甲酰胺溶液，共渗后刀具及试样的渗氮层均不明显，只有3μm的氧化层，刀具表面呈蓝黑色，使用寿命只提高30%~50%，相当于蒸汽处理水平。经试验证实，这是因为滴注管太短，渗剂还未到达工件表面即在炉膛上部燃烧逸出所致，所以把滴注管加长至炉底250mm处。

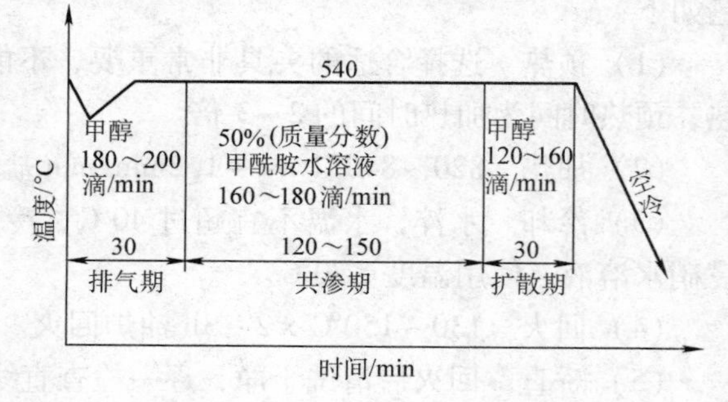

图2-40　氧碳氮共渗工艺曲线

在试验中还发现，对于同一炉的试块及铰刀，W6Mo5Cr4V2钢渗层较浅，W18Cr4V钢较深。当用100%甲酰胺渗剂时，渗速较快，渗层的最表面有1.7μm的白亮层。刀具在使用中未发生崩刃，使用寿命提高50%~90%。但刀具在使用一段时间后，表面出现轻微的毛刺，类似起皮，影响工件的表面粗糙度。而采用50%甲酰胺水溶液渗剂时，渗速较慢，渗层的最表面无白亮层，而有2~4μm的致密氧化层，氧化层下面是碳氮扩散层。

（2）效果　经过氧碳氮化共渗的刀具，使用寿命显著提高，工件的表面粗糙度值较低。如40Cr钢直臂与弯臂工件，硬度为25~30HRC，*Ra*=1.6μm，用未经氧碳氮共渗的高速钢铰刀加工，其加工件数平均为67件，而用经过氧碳氮共渗者，加工件数平均为170件，寿命提高2.5倍，见表2-74。

表2-74　高速钢铰刀氧碳氮共渗前后寿命对比

序号	铰刀名称	被加工材料				未经共渗铰刀		经过共渗铰刀	
		名称	材料	硬度 HRC	表面粗糙度值 $Ra/\mu m$	加工件数/件	平均件数/件	加工件数/件	平均件数/件
1	ϕ17.8mm 1:8 锥度铰刀	汽配直臂	40Cr	25 ~ 30	1.6	57	67	137	170
2						72		156	
3						58		203	
4						80		184	

132. W6Mo5Cr4V2Al 钢制铰刀的热处理工艺

某公司用于加工军品管件内孔的铰刀，长度为220mm，直径最大处为10mm，最细处为4mm，被加工材料是30CrNi2WVA，硬度为40 ~ 43HRC。原用硬度为64 ~ 66HRC的W6Mo5Cr4V2钢制铰刀，工件被加工后表面粗糙度很难达到技术要求，且刀具寿命很短，每件铰刀最多加工20件；改用W6Mo5Cr4V2Al钢铰刀，硬度为67 ~ 69HRC，每把铰刀可加工工件100件左右，寿命提高4 ~ 5倍。

（1）锻造　锻坯≤700℃入炉，升温速度不宜太快，保温时间根据坯料尺寸而定，一般以温度均匀透烧良好为准。加热温度为1050 ~ 1120℃。始锻温度为1050℃，终锻温度为900℃。锻后立即埋入热砂缓冷，并及时退火。

（2）退火　由于W6Mo5Cr4V2Al钢有混晶现象，退火温度为920 ~ 930℃，并加强保护，防止氧化脱碳，保温2h后炉冷至740 ~ 750℃，保温4h，炉冷至500℃出炉空冷。退火后硬度≤255HBW。

（3）淬火　锻坯加工成半成品淬火前进行矫直，直线度误差≤0.10mm，并进行去应力退火。选择合适的双层夹具，进行600℃、850℃、1050℃三次盐浴预热，1200 ~ 1205℃加热，加热系数取12 ~ 15s/mm；在850℃、450℃中温炉、硝盐浴炉中分级冷却，然后逐件检查变形量，对变形量超差者进行热矫直，空冷。

（4）冷处理　淬火矫直后冷至室温，清洗后进行 −78 ~ −80℃ ×1h 冷处理。

（5）回火　560℃ ×1h 回火后矫直，然后再重复3次回火，再进行喷砂，冷矫直。

（6）效果　按上述工艺处理，硬度为67 ~ 69HRC。

133. 高速钢铰刀等刀具的深冷处理工艺

高速钢刀具的冷处理是20世纪30年代后期提出的一种热处理工艺，这种工艺在20世纪70年代又取得了一些进展，后来虽有些报道，但进展十分缓慢，甚至有人怀疑，冷处理是否合适于高速钢刀具。

按传统的观念，冷处理的目的是将淬火钢冷却到0℃以下某一温度，使钢中的残留奥氏体转变为马氏体。

过去工业上采用的高速钢的冷处理主要用于缩短热处理生产周期（即用淬火 + 冷处理 + 一次回火代替淬火 + 三次回火）。除此之外，冷处理还用来稳定量块、精密轴承和仪表零件的尺寸和恢复磨损零件的尺寸。

20世纪70年代，国外又提出了冲击式深冷处理，这种深冷处理是将淬火后的高速钢刀具在液氮中（-196℃）保持10min。据报道液氮冲击深冷处理可以明显地提高刀具的寿命。有人将不同回火次数和不同工艺回火的P6M3钢（相当于W6Mo3钢）制成的批量铰刀进行深冷处理，并做寿命对比试验，结果见表2-75。

表2-75　不同热处理工艺铰刀寿命比较

铰刀的制造工艺	铰刀寿命(铰孔数)/孔
标准工艺(淬火+三次回火+机械加工)	600
淬火+三次回火+机械加工+深冷处理	900
淬火+一次回火+机械加工+深冷处理	2000
淬火+机械加工+深冷处理	2500

由表2-75可知，冲击深冷处理的效果随着回火次数的减少而增加。深冷处理后不同的铰刀的使用寿命是常规热处理铰刀寿命的4倍。

X射线相分析表明，冲击深冷处理后加强了M_3C和M_7C_3碳化物的谱线，但这种微弱的谱线的高度不超过本底线的2~2.5倍。由此可见，X射线谱线的加强是由于碳的起伏。马氏体晶格常数的变化证明了在深冷处理过程中马氏体的分解。

根据上述试验结果，可以认为，经液氮冲击深冷处理的淬火高速钢不但引起奥氏体的转变，而且也引起了马氏体的变化。过去几十年来强调的是残留奥氏体的变化，而马氏体的分解这一新发现是高速钢深冷处理的新进展。

为了防止高速钢刀具在冲击深冷处理中发生开裂和变脆，建议淬火工件在560℃×1h回火后再进行深冷处理，然后在400℃以下最终回火1h。这种热处理工艺不但可以防止断裂和脆化，而且可以提高刀具寿命1.5~2倍。

以上工艺是在实验室里进行的，是否适于工业化生产还有待考证。

134. 油泵油嘴专用铰刀的离子渗氮工艺

油泵油嘴精密偶件的加工对刀具质量有很高的要求。刀具质量稍有降低就不能使用，或使用寿命极短。某油泵油嘴厂自制的柱塞套中孔精铰刀目前仅能用一个班次，加工产品250件；针阀体中孔铰刀由于加工不通孔，不易排屑，每把铰刀仅使用0.5h，加工产品20多件就不能继续使用了，每班要更换铰刀16把，不仅生产率低，制造成本高，而且加工出来的产品质量也不太稳定。

为了提高刀具寿命和产品质量，该厂对高速钢刀具进行离子渗氮处理。试验结果表明，经离子渗氮后的刀具使用寿命大大提高，柱塞套中孔铰刀平均使用寿命为8~10个班，其中最好的一把使用24个班后尚未损坏，仍可继续使用。针阀体中孔铰刀也由原每班消耗16把提高到每把可用1~2班，使用寿命普遍提高10倍以上。

（1）材质及前处理　用市场上常用的W18Cr4V和W6Mo5Cr4V2钢制作铰刀，淬火温度取中限，晶粒度控制在10级，550℃×1h×4次回火（等温淬火），不允许过热，回火充分，保证铰刀的硬度≥65HRC。如果前处理不良，金相组织不理想或者硬度只有63~64HRC，后续离子渗氮工艺再好，刀具也不会高寿命。

（2）离子渗氮工艺　所用的离子渗氮炉为LD-40A型，炉膛尺寸为ϕ650mm×1200mm。铰刀插在专用的有孔圆盘夹具上，为保证均匀起辉，工件与阳极的距离应接近。因此，仅在圆盘最外两排孔内插入工件，辅助阳极和最外圈工件距离约30mm。

首先，将铰刀清洗脱脂后插入夹具，装炉后密封，抽真空至10^{-2}Torr（1Torr=133.322Pa，下同）时，开始通氨，至0.5Torr时，开始通电起辉，随后继续通氨使气压稳定在1.5~2Torr。从起辉即开始升温约1.5~1h，工件呈暗红色（约500℃），保温0.5h即可停炉降温，生产周期为2~2.5h。工艺参数如下：辉光电压为600~700V；辉光电流为5~7A；最高渗氮温度520℃；渗氮时间从开始起辉计算为1.5~2h。值得注意的是，操作中应采取较低的工作气压，较慢的加热速度和较低的渗氮温度。这样可以避免打弧烧坏工件，并且可减少变形和获得满意的渗氮层组织和性能。

（3）试验结果　获得高度弥散的合金渗氮层，无网状组织，未见明显的ε脆性相，因此渗氮层的韧性较高，渗氮层深度为0.05~0.065mm，硬度为1119~1176HV，过渡层硬度为930HV（约67.5HRC），基体硬度826~835HV（约65.5HRC）。由于处理时间短，温度低，离子渗氮后工件尺寸无明显变化，不胀只缩，并不影响精度。

135. 高速钢锥度铰刀的离子氧氮硫共渗工艺

某汽车制造厂使用的W18Cr4V钢制1:8机用锥度铰刀，用于加工130汽车前桥40Cr钢转向节的锥孔，其硬度为28~32HRC。常规处理的铰刀只能加工3~4个工件，且孔表面出现波纹，甚至出现沟槽，以致精度和表面质量很差。经离子渗氮处理的锥度铰刀，平均铰孔20~30个，而经离子氧氮硫共渗处理的铰刀，刃磨前最低铰孔67个，最高达285个。在此基础上，又选用最佳的共渗工艺，结果9把铰刀平均铰孔123个（最低104个，最高150个）。现场试验证明，刀具的润滑性能好，表面粗糙度值达到技术要求。

（1）设备　采用LD-25A辉光离子氮化炉，在渗氮气氛中添加SO_2气体，实现氧氮硫共渗。

（2）供气　氮氢混合气体和SO_2气体，分别由LZB-4型浮子流量计，经管道直接导入炉内，SO_2虽为有害气体，但通入量极少，又在低真空中进行，一部分气体在辉光电场作用下被离子化，少量没有离化的气体经适当处理后排放，对环境污染是极小的。

（3）测温　将铠装热电偶外套石英玻璃管插入测温头内，其尺寸与试样相近，热电偶与测温头相距0.2mm左右，以保证热电偶不带电位，用XCT-101型控温仪并配WFH-70型红外辐射温度计监测。

（4）试样　W18Cr4V钢制铰刀共渗前经常规处理，装炉前用汽油清洗去掉表面油污。试样装炉后通入一定量气体升温，到温后调整炉压，并在一定温度下保温。改变其他工艺参数，考察在不同工艺条件下对共渗层的影响。试样共渗后降温至200℃以下出炉空冷。

136. W3Mo2Cr4VSi钢制丝锥的热处理工艺

W3Mo2Cr4VSi钢是我国20世纪80年代初研制的钢种。其主要特点是W当量（W+2Mo）较低，并采用Si进行补充合金化，可替代通用高速钢制造切削速度不高的刀具。W3Mo2Cr4VSi钢制丝锥的热处理工艺如下：

（1）退火工艺　常用的退火工艺有低温退火和球化退火两种。

1）低温退火。压力机冲断的坯料经低温退火处理，目的是消除内应力和加工硬化，其工艺为770~790℃×3~4h，炉冷至500℃出炉空冷，退火后硬度≤255HBW。

2）球化退火。其工艺为880～900℃×2～3h，炉冷至720～740℃保温3～4h，炉冷至500℃出炉空冷。球化退火后的组织：索氏体+粒状碳化物，碳化物不均度≤2级，硬度为210～255HBW，具有良好的切削加工性能。

（2）淬火、回火 目前主要有盐浴加热法和真空加热法两种，以下简单介绍盐浴加热法。

1）预热。两次预热即在500℃左右空气炉预热和850℃左右盐浴二次预热，预热时间为加热时间的2倍，加热系数取30s/mm，丝锥全浸入盐浴。

2）加热。1170～1180℃×15s/mm，将柄部提出盐浴液面，高温炉要充分脱氧捞渣，将BaO的（质量分数）控制在0.20%以下。

3）冷却。为保证质量，一般采用两次分级淬火或等温淬火，晶粒度控制在11～10级。因W3Mo2Cr4VSi钢属低合金高速钢，韧性较高，晶粒不宜过细。

4）回火。540～560℃×1h×3次（等温淬火4次），硬度≥63HRC，回火充分。

（3）表面强化 进行蒸汽处理等表面强化，丝锥寿命会进一步提高。

137. 高速钢机用丝锥的热处理工艺

（1）装夹 制作合适的单层平板夹具，大头朝上，间隔插装，每插一行空一行，装炉量见表2-76。

表2-76 丝锥淬火的装炉量

规格尺寸/mm	M3	M4	M5	M6	M8	M10	M12	M16
装炉量/（件/挂）	330	300	280	200	160	90	80	40

注：对于等柄丝锥，应选择双层淬火夹具，装炉量可适当增加；淬火夹具上不能有氧化皮。

（2）预热 一般为两次预热：500～550℃空气炉，第二次850～870℃盐浴炉，预热时间为加热时间的2倍。

（3）加热 加热温度见表2-77，不同规格丝锥加热时间见表2-78。

表2-77 丝锥加热温度

牌 号	W6Mo5Cr4V2	W9Mo3Cr4V	W4Mo3Cr4VSi	W2Mo9Cr4V2	W6Mo5Cr4V2Co5
加热温度/℃	1195～1205	1200～1210	1160～1170	1190～1200	1180～1185

注：1. 整体加热。

2. 如切削调质件或不锈钢，加热温度提高10℃左右。

表2-78 丝锥加热时间

规格尺寸/mm	M3	M4	M5	M6	M8	M10	M12	M16
加热时间/s	120	120	120	135	135	150	150	165

（4）冷却 在中性盐浴炉中冷却到高温加热时间的一半即出炉空冷，冷却炉温度要控制在480～560℃；如果条件允许，也可以采取分级冷却后再等温，即480～560℃分级冷却后入260～280℃×1h硝盐浴等温。

（5）炉前金相组织控制 因为大部分丝锥不需要热硬性，韧性是最重要的指标，所以晶粒度严格控制在11~12级，M3~M6的丝锥取下限，即控制在11.5~12级，M6以上的丝锥控制在11~11.5级。但对于柄部不浸高温炉的丝锥，晶粒度可大1级，即10~11级。

（6）回火　淬火丝锥冷到室温清洗干净后应及时回火，其工艺为550℃×1h×3次，等温淬火者需四次回火，第三次回火后抽样检查。

（7）抽样检查　抽样检查主要检查3项指标：

1）过热程度：≤1级为合格，有些生产单位的企业内控标准为不准过热。

2）回火程度：≤1级为合格，如检查中发现2级者补加一次回火。

3）硬度检查：根据GB/T 969—2007《丝锥技术条件》，丝锥的硬度无上限，但也不能太高，具体规定见表2-79。

表2-79　机用丝锥控制硬度

材　质	规格尺寸/mm		
	≤M3	>M3~M6	>M6
	硬度　HRC		
低合金高速钢（HSS-L）	61~64	62~65	63~66
高性能高速钢（HSS-E）	64~66	65~66.5	65.5~67

（8）表面强化　高速钢机用丝锥的表面强化工艺采用蒸汽处理或硫化处理效果较好。

138. W2Mo9Cr4V2钢制丝锥的热处理工艺

W2Mo9Cr4V2最初源于钼资源丰富的美国。与W6Mo5Cr4V2钢相比，W2Mo9Cr4V2钢具有韧性好、耐磨性好、密度小（比W6Mo5Cr4V2钢小2%）、磨削性能好等一系列优点，因而作为一种通用型高速钢，美国、日本等国际上工业发达的国家广泛用来制作丝锥、立铣刀等产品。以下简介W2Mo9Cr4V2钢制丝锥的热处理工艺。

ϕ17mm的原材料制作M16规格整体丝锥化学成分见表2-80，其热处理工艺及试验结果见表2-81。

表2-80　W2Mo9Cr4V2钢的化学成分（质量分数）　（%）

C	W	Mo	Cr	V
0.97	1.49	9.13	3.93	1.87

表2-81　热处理工艺及试验结果

淬火温度/℃		1200	1210	1220	1230	1240
淬火晶粒度/级		11	10.5	10.5~10	10	9.5
淬火后硬度HRC		65.4	65.7	65.6	65.3	64.7
回火后硬度HRC	回火温度为550℃	65.6	66.2	66.5	66.7	67.1
	回火温度为560℃	65.1	65.9	65.9	66.2	66.6
热硬性HRC		61.1	62.2	62.4	62.5	62.7

从表2-81可以看出，W2Mo9Cr4V2钢的淬火温度范围比较宽，过热敏感性不大，550℃

回火可达到峰值，1210℃以上淬火，其热硬性可以达到62HRC。

W2Mo9Cr4V2钢在1210～1230℃淬火，550℃回火，硬度均能达到66HRC，热硬性达62HRC，晶粒度在10.5级左右，这个性能对丝锥来说，已达到强度和韧性的最佳配合。

按上述工艺处理M16的丝锥，切削速度为73m/min，实切长度为12.48m，比正常W6Mo5Cr4V2钢同规格丝锥的使用寿命提高40%以上。

用W2Mo9Cr4V2钢制丝锥加工ϕ30mm锥柄立铣刀柄部螺纹孔，效果也很好。

139. W4Mo3Cr4VSi钢制螺旋槽丝锥的真空加压气淬工艺

W4Mo3Cr4VSi钢制M8螺旋槽丝锥（见图2-41）的原材料为ϕ10mm冷拉钢丝，化学成分见表2-82。

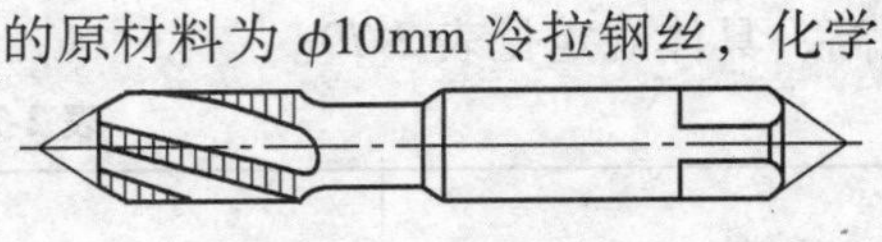

该丝锥采用的高压气淬真空炉技术指标见表2-83。

图2-41 W4Mo3Cr4VSi钢制M8螺旋槽丝锥

（1）真空加热工艺 试验淬火温度分别为1140℃、1150℃、1160℃、1170℃。在升温过程中于850℃预热，以降低温差，减少丝锥变形，并缩短高温保温时间。淬火冷却介质为压力为4.7×10^5Pa的纯氮气。回火工艺为560℃×1h×3次。

表2-82 W4Mo3Cr4VSi钢化学成分（质量分数） （%）

C	W	Mo	Cr	V	Si
0.83～0.93	3.50～4.50	2.50～3.50	3.80～4.40	1.30～1.80	0.70～1.00

表2-83 高压气淬真空炉技术指标

项目	指标	项目	指标
最大装料量/kg	200	加热功率/kW	80
极限真空度/Pa	10^{-1}	炉膛有效尺寸/mm	400×400×600
最高冷却压强/Pa	6.06×10^5	温度均匀性/℃	±5

（2）淬火组织与性能 随着淬火温度从1140℃升高至1170℃，奥氏体晶粒逐渐变粗，未溶碳化物减少，它们对晶粒长大的晶界迁移扩展的钉扎作用减弱，在1170℃加热局部晶粒有明显的粗化现象。从金相组织分析看出，1150～1160℃淬火加热得到较为理想均匀的10级晶粒度，符合低合金高速钢丝锥金相组织要求。随着淬火温度的升高，试样硬度不断降低，1140～1150℃为64.7HRC，1170℃则降至62.9HRC。这是由于加热温度升高促使奥氏体的合金固溶度提高，造成淬火后存有较多的残留奥氏体。

从分析断口形貌可知，1150～1160℃淬火为细瓷状准解理断裂，特征为由准解理小平台和撕裂棱组成。1170℃淬火的断口局部出现明显的解理断裂。

试验得出W4Mo3Cr4VSi钢的二次硬化峰在560℃。经560℃×1h×3次回火，淬火马氏体转变成回火马氏体，析出大量的弥散碳化物；同时大部分残留奥氏体转变回火马氏体，硬度由淬火后的63.5HRC左右上升至65～66HRC。淬火应力的松弛与消除，使钢的强韧性也得到提高。

（3）热硬性测定 经1150～1160℃淬火560℃回火后获得较高的热硬性，经600℃×3h

（大部分生产单位用600℃ ×4h 或625℃ ×4h）加热后仍能保持硬度为62.5HRC。

（4）寿命试验　根据上述试验结果，经分析确定 W4Mo3Cr4VSi 钢 M8 螺旋槽丝锥的热处理工艺为1150～1160℃加热，4.7×10^5Pa 的纯氮气冷却，560℃ ×1h ×3 次回火，再经磨削加工成品，从批量生产的丝锥随机抽取6 件在生产现场考核寿命，平均攻螺纹648 件，是同规格 W6Mo5Cr4V2 钢制丝锥的1.62 倍。

（5）结论　W4Mo3Cr4VSi 钢制螺旋槽丝锥的最佳真空热处理工艺为1160℃加热，4.7×10^5Pa 纯氮气淬火冷却，560℃ ×1h ×3 次回火；W4Mo3Cr4VSi 钢制螺旋槽丝锥采用真空加压气淬，硬度、热硬性高，有较好的韧性，其工艺好，价格低，经济效益好。

140. W7Mo3Cr5VNb 钢制丝锥的热处理工艺

W7Mo3Cr5VNb 钢主要的化学成分：w(C)＝0.85%～0.95%，w(W)＝6.75%～7.50%，w(Mo)＝2.80%～3.30%，w(Cr)＝4.60%～5.30%，w(V)＝1.30%～1.70%，w(Nb)＝0.20%～0.50%。其热处理工艺如下：

（1）预热　同其他牌号的高速钢丝锥一样，采用600℃、850℃两次盐浴预热，预热时将柄部全部浸入盐浴50mm 以上，预热时间为加热时间的2 倍。

（2）加热　加热温度选为1215～1220℃，加热时将柄部提出盐浴面，加热时间和同规格的 W6Mo5Cr4V2 钢丝锥相同。晶粒度控制在10～10.5 级。

（3）冷却　在480～560℃的中性盐浴中分级冷却，冷却时间和高温加热时间相同。冷却到室温清洗干净。

（4）回火　560℃ ×1h ×3 次（100%的 $NaNO_3$ 盐浴）。回火后硬度为65.6～66HRC；如果采用540℃回火，硬度均大于66HRC（最高达67HRC）。

制成成品后，切削硬度为200～220HBW 的40Cr 调质件。结果表明，W7Mo3Cr5VNb 钢制 M8、M10 机用丝锥的使用寿命高于 W6Mo5Cr4V2 钢产品。

141. 9SiCr 钢制丝锥的脱碳补救工艺

某工具厂生产一批 M5 和 M6 规格的手用丝锥，采用850℃ ×4min 盐浴加热，170～180℃ ×3～4min 分级冷却，170～180℃硝盐浴回火，硬度<49HRC。火花鉴别和化学分析认定材质为9SiCr。经分析认为，可能是材料本身的原因，也可能是淬火温度太低、保温时间不足、盐浴炉脱氧不良造成脱碳、冷却介质（硝盐浴）老化等因素综合作用的结果。经多种手段分析，最终查明是由原材料本身脱碳而引起的表面硬度偏低现象，脱碳层深达0.84mm，明显超过 GB/T 1299—2014 的规定（冷拉 9SiCr 钢单边的脱碳层不允许超过基本尺寸的2%）。

（1）丝锥复碳及其工艺过程　对于9SiCr 脱碳丝锥的复碳，没有现成的技术资料可以借鉴，只能通过试验探索其实用工艺。

在选择复碳工艺方法时，考虑到渗碳的温度太高（≈920℃），会增加丝锥的弯曲变形、晶粒粗化、产生网状碳化物等其他缺陷，或会增加工艺的复杂性，于是选择了滴注式气体碳氮共渗，并提出层深0.3～0.5mm 的要求。试验表明，共渗后出炉的冷却速度对丝锥的变形影响极大，油淬变形超差率达95%以上，而空冷的超差率不超过4%，最终确定了图2-42和表2-84 所示的复碳工艺。丝锥共渗处理的工艺流程是：共渗处理→检查→冷敲矫正→常规淬火→检查圆柱部分硬度→170～190℃×1.5h硝盐浴回火→清洗→检查圆柱部分硬度→方尾部分高温回火→检查方尾硬度→清洗防锈。

（2）效果

1）丝锥共渗后矫直的回弹较大，但仍可以200件/h的速度矫直，工序质量达到径向圆跳动误差不大于0.04mm的变形要求。

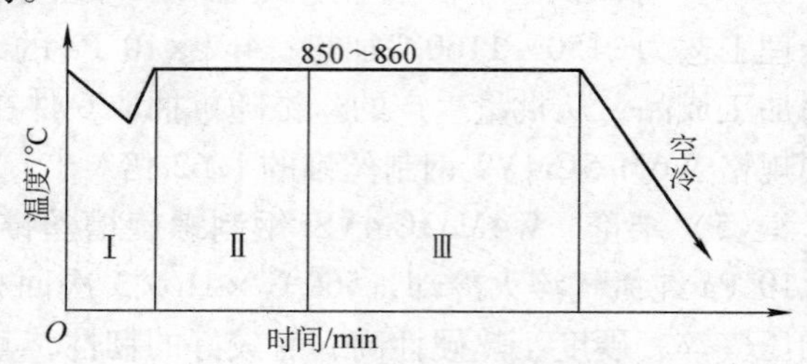

图2-42　碳氮共渗工艺曲线

2）复碳后丝锥的淬火硬度已全部达到≥62HRC的标准值，复碳提高了丝锥的耐回火稳定性，用上限温度回火，硬度也不会低于62HRC。

3）M5、M6两种规格的丝锥经复碳处理后，随机抽样，按工具行业质量分数分等标准考核，都能达一等品，试验后的丝锥仍完好无损，可继续使用。

表2-84　碳氮共渗工艺说明

工艺参数	阶段Ⅰ	阶段Ⅱ	阶段Ⅲ
甲醇滴量/（滴/min）	180～200	0	0
煤油滴量/（滴/min）	0	160～180	130～160
氨气/（m^3/h）	0	0	0.1
炉压/Pa	—	—	200～400
时间/min	—	30	90

（3）结论

1）用9SiCr钢制作手用丝锥，应对原材料进行严格的脱碳层等必检项目的检查。

2）用碳氮共渗法可解决9SiCr钢丝锥的表面脱碳问题，简单而且易行。

142. 调整回火工艺解决高速钢制机用丝锥的崩刃问题

某厂生产的高速钢机用丝锥在一段时间内出现批量的崩刃现象，造成很大的损失。丝锥在使用中崩刃是很正常的现象，而使用时间不长就发生较大范围的崩刃而无法使用就不属于正常现象了。人们对丝锥制造过程中的各个环节，从材料化学成分、碳化物不均匀度及低倍组织和热处理工艺及磨削情况进行了反复检查，最后发现是回火有问题。

（1）机理分析　回火不充分导致组织中有较多的残留奥氏体。丝锥在使用过程中，由于切削阻力很大，机用丝锥比手用丝锥转速高得多，使丝锥本身温度很容易升高，再次冷却后残留奥氏体部分转变成马氏体使脆性变大，使用中就易崩刃。因此，丝锥回火一定要充分。

（2）回火不充分原因分析　对回火工艺参数、回火用硝盐浴炉的使用情况及盐浴温度的均匀性进行分析。原来的回火工艺为550～570℃×1h×3次，实际生产中采用的温度是550℃。炉子结构为插入式三相电极盐浴炉，如图2-43所示，取1、2、3、4四个位置测量实际温度。

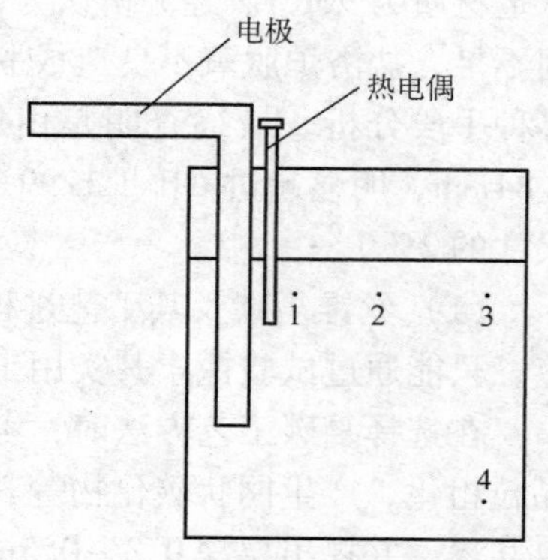

图2-43　三相插入式电极盐浴炉

从传热学理论分析，靠近电极处温度最高，而远离电极的对面一侧下部温度最低。用UT36电子电位差计附K型热电偶测量实际温度：1位置为550℃；2位置为548℃；3位置为545℃；4位置为542℃。

显然，只有电极附近才能达到工艺温度，而其他点均未达到工艺温度，从而导致回火不充分。如果每次回火时将回火筐位置改变或适当延长回火时间，可避免上述现象，但这只是治标不治本，最根本的问题还应从工艺上入手。

（3）改进措施　基于上述的分析，对回火温度进行了调整，把回火温度设定为565℃，然后对炉内实际温度进行测量，测量结果：1位置为565℃、2位置为563℃、3位置为558℃、4位置为555℃。

经过温度调整，回火筐所在炉内的所有位置温度均在工艺温度（550～570℃）的范围内。反复多次抽查回火情况，全部合格，从而解决了丝锥的批量崩刃问题。

143. W18Cr4V钢制丝锥的硫氮碳共渗工艺

W18Cr4V钢制丝锥的硫氮碳共渗工艺试验如下：

（1）试验方法　试验所用的材料为W18Cr4V钢，轧钢后经等温退火，然后加工成试样，弯曲试样尺寸为ϕ10mm×130mm，冲击试样尺寸为ϕ10mm×10mm×55mm。试样淬火温度为1260℃，用不同的回火温度，回火后都经过560℃×1h硫氮碳共渗，而后测试其力学性能。

（2）试验结果　试验结果见表2-85。

表2-85　W18Cr4V钢经硫氮碳共渗后的力学性能

一次回火温度/℃	共渗时间/min	抗弯强度/MPa	挠度/mm	冲击韧度/(J/cm²)	心部硬度HRC
320	60	3250	2.15	33.0	64.5
320	60	3230	2.13	32.70	64.2
320	60	3210	2.14	32.50	63.2
350	60	3120	2.31	28.2	63.1
350	60	3140	2.30	27.6	63.1
350	60	3140	2.30	27.3	63.1
560	60	3120	2.34	25.2	63.0

（3）结论　W18Cr4V钢制丝锥淬火后采用350℃×2h＋560℃×1h＋560℃×1h硫氮碳共渗与560℃×1h×3次常规回火相比，其抗弯强度、硬度和冲击韧度稍有提高的同时，耐磨性显著提高，使用寿命提高2～3倍。

144. W7Mo4Cr5V3钢制机用丝锥的热处理工艺

W7Mo4Cr5V3钢制机用丝锥的使用寿命较W6Mo5Cr4V2钢制机用丝锥提高2～3倍，其热处理工艺简介如下：

淬火温度为1180℃～1195℃，晶粒度控制在10.5～11级，560℃×1h×4次回火，回火后硬度为65～66.5HRC。其他热处理工艺同W6Mo5Cr4V2钢。

145. 45 钢制丝锥的热处理工艺

20 世纪八九十年代，应外商要求，浙江有几家生产外贸 45 钢丝锥、板牙，用于切削塑料、铜、铝等软材料。45 钢制丝锥要求整体淬火，硬度为 53.5 ~ 60HRC。

45 钢制丝锥热处理并不像高速钢丝锥那样容易处理，主要体现在三方面：易变形开裂（存在一个临界淬火危险尺寸问题）、质量稳定性差、易生锈。

作者经过实践认为，只要解决淬火夹具和淬火冷却介质两大关键问题，其他问题也就迎刃而解了。

淬火温度不宜太高，一般采用 820 ~ 830℃。装炉量不能太多，基本只有同规格高速钢的 50%。冷却介质不可用盐水，更不能用油，而是采用两硝淬火冷却介质，其组分（质量分数）为 25% $NaNO_2$ + 25% $NaNO_3$ + 50% 水，使用温度 < 70℃。

如果淬火后硬度低于 53HRC，应找出原因再次试验。

回火在硝盐浴中进行：150 ~ 160℃ × 1h × 1 次，回火后清洗干净。热处理后 45 钢制丝锥应经磷化处理。

146. 国外 9SiCr 钢制圆板牙的热处理工艺

圆板牙的切削刃部位应具有一定的硬度，同时为了防止细薄部分的崩刃，它还应具有较高的韧性。9SiCr 钢圆板牙虽是比较简单的螺纹工具，但要制作出高品质产品也不容易。要特别注意在淬火时选用的冷却介质，因为它对圆板牙中径尺寸的胀缩有很大的影响。目前国内外大多在 160 ~ 200℃ 的硝盐浴中等温冷却，而等温温度的高低对螺孔的胀缩影响很大，提高等温温度易使螺孔中径胀大，反之则缩小。在生产实践中发现，圆板牙在 Ms（约 160℃）等温淬火后，大规格的螺孔中径趋向缩小，而小规格的则趋向胀大。因此，要灵活运用工艺，不能死搬教条。这里介绍国外另一种工艺方法，我们从中可以借鉴有益的东西。

1）在配方为 NaOH 250g、Na_3PO_4 15g 和水 1000g 的溶液中脱脂，溶液温度为 95 ~ 100℃，脱脂时间 10 ~ 15min。

2）在流动的热水中清洗，水温不低于 60℃。

3）在 350 ~ 400℃ 的井式炉预热 3 ~ 5min。

4）在 100% 的 NaCl 盐浴中加热，加热温度为 850 ~ 870℃。

5）在化学成分（质量分数）NaOH 25% + KOH 75% 的介质中冷却 3 ~ 8min，碱浴的温度为 180 ~ 200℃，出浴后在空气中冷却。

6）在 80 ~ 100℃ 的热水中清洗 3 ~ 5min。

7）在配方为 $NaNO_2$ 15 ~ 20g、Na_2CO_3 0.3g 和水 1000g 的溶液中钝化处理，溶液的温度不低于 60℃。

8）在 180 ~ 200℃ 的井式炉中回火 2 ~ 3h。

经上述工艺处理后圆板牙的硬度为 58 ~ 62HRC，无崩牙现象。

147. 9SiCr 钢制圆板牙的渗氮淬火复合热处理工艺

9SiCr 钢制圆板牙是常用的手工工具，消耗量很大，失效的主要形式是磨损。要求硬度为 62 ~ 65HRC。其常规热处理为 870℃ 盐浴加热淬火，180℃ 回火并经发蓝处理。通常情况下，为了提高刀具的硬度、耐磨性可采用化学热处理工艺，但是化学热处理温度一般都在400℃以上，故9SiCr钢制圆板牙热处理后要选用一种表面处理工艺来提高表面硬度和耐磨性。如此一来，要保证基体硬度不变将变得很困难。经研究发现，渗氮淬火复合热处理工艺能解决这一难题。

（1）复合热处理工艺　渗氮→淬火→冷处理→180℃回火。渗氮工艺为550℃ ×12h；淬火加热温度870℃，油淬；冷处理工艺为 -80℃ ×3h。

（2）结论　通过几种热处理工艺试验，得出以下结论：

1）9SiCr钢经淬火+冷处理+低温回火工艺后的硬度值要高于经淬火+回火处理的硬度值。

2）9SiCr钢经渗氮淬火复合处理后硬化区的硬度高于经淬火+冷处理+回火和淬火+回火处理的硬度值。

3）9SiCr钢经渗氮淬火复合处理可使工件表面形成较厚的硬化层，在0.2~0.6mm处硬度≥857HV，并可提高硬化区的耐回火稳定性。

148. 9SiCr钢制板牙的热处理工艺

丝锥是用来攻内螺纹的，而板牙是用来加工外螺纹的。板牙的齿部要求具有一定硬度和耐磨性，心部要求具有一定的强度和韧性。相比而言，板牙的热处理相对要难一些。板牙在盐浴炉加热，盐浴要充分脱氧捞渣，还要设计专用夹具。600~650℃中性盐浴预热，预热时间为加热时间的2倍，加热温度为860~870℃，再按板牙模数规格进行不同的分级淬火，然后进行回火。其热处理工艺规范见表2-86。

表2-86　圆板牙热处理工艺规范

预热温度/℃	淬火温度/℃	等温规范：（温度/℃）×（时间/min）					回火规范：（温度/℃）×（时间/min）
		M1~2.5	M3~5	M6~9	M10~15	M16~24	
600~650	860~870	160~170 × 30~40	170~180 × 30~45	180~190 × 30~45	190~200 × 30~45	200~210 × 30~45	190~200 × 90~120

注：1. 小规格板牙取较低的淬火温度。

2. 提高淬火温度易使板牙中径螺纹胀大，反之则缩小。在实际生产中，大规格板牙趋于缩小，小规格趋于胀大。因此大规格板牙等温温度比小规格高。通过等温温度的调整可以控制螺纹中径尺寸。

3. 根据板牙的淬火温度，确定回火规范。

149. 45钢制板牙的热处理工艺

45钢板牙和45钢丝锥是配套产品。由于45钢淬透性和淬硬性都比较差，在生产实践中最难的是淬火夹具的设计。在设计过程中，要充分利用板牙有梅花孔的优势，设计成树枝状夹具，一根树枝上有很多分岔，每个分岔上又生几个小岔，每个小岔上只挂1只板牙，以保证加热充分，冷却均匀。

淬火温度为820~830℃，淬火冷却介质同45钢丝锥，硬度为53.5~60HRC。采用150~160℃ ×1h ×1次硝盐浴回火，最后进行磷化处理。

硬度检查应在离切削刃（梅花孔边）3~4mm处，如果硬度低于53HRC，应认真分析，查找原因。

150. Cr12MoV钢制滚丝轮的真空淬火工艺

Cr12MoV钢制滚丝轮滚削不锈钢丝锥时，采用真空淬火的滚丝轮比采用盐浴淬火的滚丝轮的使用寿命提高3~4倍。其热处理工艺如下：

（1）清洗　将滚丝轮置于清洗机内清洗干净，并将表面吹干后才可装炉。工件从清洗后到防锈前所有工序操作，均要戴干净的手套拿取工件，以免留下手印。

（2）装炉　工件平放在料筐和隔架上，摆放时上下层要错开。采用支架装炉时，支架的每根立柱上不得超过两件，以保证工件加热和冷却充分、均匀。用料筐装炉时要小心操作，不得碰损设备构件。

（3）预热　关闭炉门后抽真空，并将工艺参数输入计算机。待炉内压力降到0.13~0.013Pa时，开始通电升温。在700℃以下低温段因辐射量小，故真空炉升温较快，工件与炉膛之间温差较大。因此，为了减少工件变形，在低温预热阶段应采取低速率升温的方式，以700~800℃/h较宜。预热保温分800℃和900℃两段，保温时间按1.5~2min/mm计算。

（4）最后加热　800℃预热保温结束后，为防止滚丝轮表面合金元素的挥发，在继续升温和高温保温过程中，必须向炉内回充高纯氮气，将炉内压力控制在80~106Pa，升温速率为900~1000℃/h。最后的加热温度定为1030℃，保温时间按1min/mm计算，有效厚度<40mm者，保温时间一律为40min。

（5）冷却　淬火采用加压气淬法。进入炉内冷却水的温度不应高于35℃，工件出炉的温度不应高于70℃。

（6）回火　工件冷到室温后及时装筐，放入低温硝盐浴中回火，其工艺为190~210℃×3~4h×2次。回火后硬度为60~62HRC，符合技术要求。

（7）清洗　工件经硝盐浴回火冷却至室温后应及时进行清洗，清洗应设置专门的清洗槽，工件要全部浸入清洗液内，于80℃以上温度浸泡40~60min。清洗液必须洁净，如果有混浊应及时更换。

（8）防锈　经金相组织、硬度等检验合格的工件必须及时进行防锈处理。

151. 9SiCr钢制搓丝滚轮的强韧化处理工艺

随着铁路运输的不断发展，需要越来越多的用于水泥轨枕上的螺旋铁道钉。铁道钉下部为牙距6mm的冷搓米制螺纹，用于搓制这种螺纹的搓丝滚轮的外径为307mm，厚度为105mm，内孔径为150mm，牙距为6mm，牙高为3.68mm，材料为9SiCr或Cr12MoV，每台搓丝机每班搓1万件左右，工作条件相当恶劣。因此，对搓丝滚轮的要求比较高。以往每副搓丝滚轮只能搓2000件就报废了，致使圆盘式搓丝机无法投入正常生产。经试验研究，采用强韧化处理工艺，使搓丝滚轮的寿命由几千件提高到7万件左右，满足了生产需要。

在试验中，分析了原工艺处理的搓丝滚轮报废形式主要是牙部脆断，成块崩掉，这说明其韧性太低。为了提高韧性，第一步应用高碳钢低温短时间加热淬火的理论，降低淬火温度20℃左右，减少加热时间1/3，从而增加组织中板条马氏体的数量，保持比较细小的晶粒，这样处理后的搓丝滚轮的寿命提高到2万件左右。第二步采用等温淬火，以高碳贝氏体组织代替片状马氏体，强化效果十分显著，搓丝滚轮的寿命一下提高到7万件。搓丝滚轮的热处理工艺见表2-87。

表2-87　搓丝滚轮的热处理工艺

序号	材　料	热处理工艺规范	使用寿命/万件	失效形式
1	Cr12MoV	600℃预热；1000℃×22min加热，淬油；400℃×2h×2次回火	0.2	崩牙
2	9SiCr	600℃预热；860℃×22min加热，淬油；230℃×2h×2次回火	0.3	崩牙
3	9SiCr	600℃预热；830℃×25min加热，淬油；250℃×2h×2次回火	2.2	疲劳破坏，少量崩牙
4	9SiCr	600℃预热；860℃×27min加热，220℃等温淬火；340℃×2h×2次回火	3	疲劳破坏，少量崩牙
5	9SiCr	600℃预热；860℃×24min加热，210℃等温淬火；250℃×2h×2次回火	7	疲劳磨损

对以上工艺试验的总结分析如下：

1）高碳钢的低温短时间加热淬火，对于提高钢的韧性确有效果，尤其对于主要是滚压螺纹的工具，其使用寿命可以稳定地提高。

2）高碳钢等温淬火的强韧化效果是显著的。对于工作条件恶劣，强度、硬度、韧性、耐磨性等综合力学性能要求高的工件效果更明显，其优点是使用寿命高，性能稳定，易于掌握。

3）等温淬火后的工件内应力小，可以减少变形和裂纹。以往的技术资料只推荐小于M6的小型搓丝板和直径较小的滚丝轮才可以等温淬火。实践证明，ϕ307mm×105mm，牙距6mm的大型搓丝滚轮也可以等温淬火，并取得了显著的效果。

4）用9SiCr钢代替Cr12MoV钢制造搓丝、滚丝等工具是完全可行的。只要热处理工艺得当，可节约材料费50%，提高工具寿命数倍。

152. 滚丝轮的高频感应热处理工艺

滚丝轮采用高频感应淬火，不但变形小，使用寿命长，而且还能大大缩短热处理工艺过程并提高劳动生产率，符合节能环保要求。这种方法比盐浴炉和箱式炉加热有很多优越性，已为不少工厂所采用。

（1）滚丝轮热处理技术要求　滚丝轮在热处理前，用滚丝柱冷滚出螺纹牙形，螺纹牙形在热处理后不再进行加工，因此对热处理有以下严格要求：

1）高的耐磨性和强度。

2）足够的塑性和韧性。

3）表面粗糙度：一级精度，$Ra\geqslant0.40\mu m$；二级精度，$Ra\geqslant0.80\mu m$；内孔和两支承面，$Ra\geqslant0.80\mu m$。

4）螺纹牙形不得有氧化、脱碳和腐蚀等缺陷。

5）热处理过程中滚丝轮牙形变形要小。螺距在25.4mm内累计误差±0.02mm。

6）表面硬度：58~62HRC。

为达到上述技术要求，滚丝轮一般选用高淬透性、高耐磨性并在淬火时体积变化小的

Cr12 型钢制造。

（2）高频感应热处理工艺

1）滚丝轮高频感应热处理的特点。高频感应电流的热效应使滚丝轮表面迅速加热，热量高度集中在滚齿表面。由于热量的强烈辐射和向冷的心部传导，所以感应加热工艺规范是用加热温度和加热时间来控制的，并按输入的功率大小调整加热过程。

2）加热速度的影响。加热速度影响相变过程和沿滚丝轮截面温度的分布，同时也影响淬火后的变形大小。采用 GP-60 型高频感应加热设备进行表面加热时，在感应器和滚丝轮尺寸配合良好的情况下，可按表 2-88 的电参数确定淬火温度。当相变区域内的加热速度为 10 ~15℃/s 时，Cr12 钢、Cr12MoV 钢表面温度为 1070 ~ 1090℃，Cr12V1 钢为 1110 ~ 1130℃。淬火温度应取下限，小截面的滚丝轮加热速度快，采用较高的淬火温度是允许的，甚至是完全必要的。但是加热速度较慢时，温度过高就会产生有害的影响。这就是说，淬火温度和加热速度必须适当。当以较高的加热速度对滚丝轮进行加热时，扩散过程不充分，在相变区域内随着温度升高产生新的奥氏体晶粒的速度很快，由于钢处在高温下的时间短，原有晶粒来不及长大。因此，滚丝轮采用高频感应加热温度通常比箱式电炉和盐浴炉要高出 70 ~ 140℃，不会产生过热现象。

表 2-88　滚丝轮感应加热参数

滚丝轮规格尺寸（外径×厚度）/mm	设备电参数			加热时间/s	
	阳极电压/kV	阳极电流/A	栅极电流/A	Cr12 Cr12MoV	Cr12MoV1
150.5×24	11	0.56	2.8	43	56
149×30	11	0.56	2.8	52	62
150.5×34	11	0.60	3.0	67	—
148×44	11	0.60	3.0	110	—
148×40	11	0.60	3.0	105	—
144.8×25	11	0.56	2.8	48	—
144×30	11	0.56	2.8	68	82
144×34	11	0.60	3.0	62	70
143.8×40	11	0.60	3.0	103	—
138×28	11	0.56	2.8	56	63
133×35	11	0.60	3.0	69	78
131×35	11	0.60	3.0	63	80

一般应根据淬火层的显微组织、淬火后的硬度和变形来判定淬火温度是否合理。当淬火后的硬度合格，淬火层的组织为针状或隐针状马氏体，滚丝轮外径尺寸收缩 0 ~ 0.04mm，则可认为感应加热的温度是合适的。

滚丝轮在相变区域内的加热速度与设备功率、电流效率、感应器的设计和淬火温度等都有直接的关系。在相变区内以 10 ~ 15℃/s 速度加热，可以获得满意的效果。这个从实践当中总结出来的工艺参数对 Cr12 型钢高频感应加热皆可适用。

3）感应器规格的影响。滚丝轮采用同时加热的方法（感应器的高度和滚丝轮的厚度相当），为了防止滚丝轮的中心偏移感应器的中心线，应以 200 ~ 350r/min 的速度旋转，当加热到淬火温度时，立即从感应器中取出淬火。感应器的设计对滚丝轮淬硬层的深度、分布、变形及加热效率都有直接影响，合适的感应器能使加热中滚丝轮的外径尺寸均匀的受热和膨胀。

实践证明，滚丝轮与感应器的间隙在3～7mm之间是完全合适的。当滚丝轮的规格较大时，其间隙应取下限，反之取上限。感应器与滚丝轮尺寸良好配合，主要是保证在淬火质量的前提下，使滚丝轮获得最大的功率。

滚丝轮在感应器中上下露出的高度，影响滚丝轮两端面淬火后的硬度，甚至会引起锥度变形。因此，在实际生产中，应通过升降台调整滚丝轮和感应器的相对位置，使上下露出高速基本一致。这样加热均匀，淬火后滚牙表面硬度均匀，变形也最小。

4）冷却介质。冷却介质采用300～320℃的硝盐浴，等温10min后出浴空冷，变形最小。在油中或静止的空气中冷却不均匀，往往两端面夹角处冷却最快，收缩大，容易产生腰鼓变形，在空气中冷却易氧化。

5）滚丝轮内孔高频感应淬火及回火。从使用的角度来考虑，提高内孔硬度和耐磨性，可以保持工件的稳定性，不会因长期的使用而发生内孔尺寸磨大而失效的情况。

采用螺旋式的内孔淬火感应器，阳极电压为8.5kV，阳极电流为1.6A，栅极电流0.48A。用断续给电的方式使内孔约0.50mm深度加热到1050℃左右，空气冷却，然后进行480～500℃×2h回火，热处理后硬度≥45HRC，内孔缩小0.03～0.05mm，研磨后达到图样尺寸要求。

内孔淬火与回火应安排在滚丝轮牙轮淬火之前。

6）淬火滚丝轮的回火。经高频感应淬火的滚丝轮，可比普通回火用更低的温度（120～140℃）回火，这样可以保证淬火后的高硬度，而不至于影响韧性。如果把回火温度提高到160～180℃，保温1～2h即可。延长低温回火的保温时间，无论对尺寸的稳定性及消除应力都是有益的。因此，不少生产单位采用140～160℃×8h的回火工艺。

（3）高频感应淬火滚丝轮的质量检验　检验的项目有外观检验、尺寸检验、硬度检验和金相组织检验。经高频感应淬火的滚丝轮表面不得有烧伤、裂纹等缺陷；内孔及外径胀缩符合工艺要求；如发现个别滚牙轮的硬度达不到58HRC时，应补充一次冷处理，如果硬度有了提高，说明淬火加热时稍有过热，如果硬度不增加，说明加热不足必须退火重淬；金相组织最好在齿牙的中径取样，检查是否有过热过烧或加热不足。淬硬层深度控制在2.5～3.5mm较好。

153. W6Mo5Cr4V2钢制滚丝轮的低温淬火工艺

W6Mo5Cr4V2钢制滚丝轮原采用880℃预热，1220～1225℃加热，600～620℃分级冷却后于240～260℃硝盐浴等温2h，560℃×1h×3次回火，硬度为64～64.5HRC。螺纹磨床磨削时常有裂纹发生，即使不裂，使用中崩牙现象也较严重。

改进工艺为：450～500℃×50s/mm井式炉预热，860～880℃×50s/mm第二次预热，1205～1210℃×25s/mm加热，由480～560℃中性盐浴分级冷却后空冷至300℃左右，入260～280℃硝盐浴中等温2.5h；回火温度由原560℃提高到580℃、590℃，其回火工艺为580℃×1h+590℃×1h+560℃×1h。回火后硬度：M14以上大规格滚丝轮的硬度为63HRC，M12以下小规格硬度为62HRC。用上述低温淬火高温回火的滚丝轮未产生磨削裂纹，使用寿命比原 Cr12MoV 钢制滚轮提高了 3~4 倍。

也可以根据刀具服役具体情况制订实用工艺，如 ϕ120~ϕ140mm×40~70mm（厚度）滚制 Q235 钢滚丝轮，采取下述工艺，收到很好效果。

500℃井式炉预热，850~860℃×40s/mm 第二次在盐浴中预热，1150~1160℃×20s/mm 加热，480~560℃×20s/mm 中性盐浴分级冷却，再入 260~280℃×2h 等温；580~585℃×1h+550℃×1h×2 次共 3 次回火。回火后硬度为 61~62HRC。M4~M8 滚丝轮寿命由原 Cr12MoV 钢制滚丝轮的 1.5~2 万件提高到 3.8~4.2 万件。

154. Cr12MoV 钢制梯形丝杠轧丝轮的强韧化处理工艺

外形尺寸为 ϕ186mm×130mm 的梯形丝杠轧丝轮，安装在原德国进口的 WANDER-ERRM60X 型轧丝机上。由于热处理等工艺不正确，导致轧丝轮使用寿命只有几百件，很多轧丝轮在轧制 200~300 件后即出现脆性崩齿现象，有的修磨后再轧制 200 件左右就报废，严重影响正常的生产秩序。

原轧丝轮生产工艺流程为锻造→球化退火→粗车→精加工→淬火→磨削→时效→精磨。为改善韧性调整了工艺流程，精加工前增加调质处理，同时调整了淬火工艺参数。

（1）锻造　Cr12MoV 钢是高碳高铬冷作模具钢，其共晶碳化物多，且偏析严重。这种严重的碳化物偏析对模具或刀具最终淬火及产品的使用寿命都是不利的。特别是碳化物偏析呈网状分布时，其危害性更大。为此要求一定的锻造比，并经三次镦粗、拔长，一次成形以将碳化物击碎，改善其偏析状态。锻后碳化物偏析应小于 3 级。

（2）球化退火　球化退火是为了改善切削性能，为后续热处理做好组织准备。其工艺为 860℃×3h 加热，快冷至 730℃×4h，随炉冷至 500℃出炉空冷。退火后硬度为 207~255HBW，球化级别为 2~4 级。

（3）调质工艺　退火后毛坯经粗加工和打出内孔，即进行调质处理。其工艺为 850℃×45min+1120℃×45min 油淬，760℃×1h 回火，空冷。调质处理后硬度 260~280HBW。

（4）淬火、回火　轧丝轮经调质处理后进行机械加工，成形后再淬火，其工艺如图 2-44 所示。根据 Cr12MoV 钢淬火特性曲线可知，在 1020~1040℃范围内淬火，可获得最高的硬度值，即获得的马氏体量最多，组织较理想，再经 400℃×2.5h×2 次回火，最终硬度为 57~58HRC。

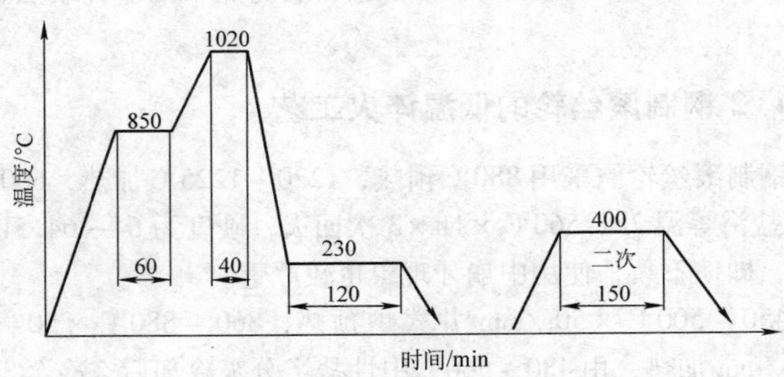

图 2-44　Cr12MoV 钢轧丝轮热处理工艺

采用较高的回火温度降低轧丝轮使用硬度，是基于进一步提高韧性考虑的。曾采用过

250℃低温回火，轧制1100件左右就报废（沿磨削裂纹扩展脆裂）。失效形式仍属于脆性崩裂，即沿磨裂扩展而崩刃损坏，没有发现任何牙顶压陷现象，事实说明仍为韧性不足。基于这一事实将回火温度从250℃提高到400℃，避开Cr12MoV钢275～350℃回火脆性区，又提高了刀具的韧性。

按上述工艺处理的轧丝轮平均轧制2000件以上。

155. Cr12MoV 钢制滚丝轮的表面钼化处理工艺

Cr12MoV钢制滚丝轮按154例所示工艺处理后，再经表面钼化处理，可有效地提高刀具的使用寿命。

钼化处理的基本原理：将刃磨后的刀具，放入沸腾的钼化水溶液中，通过化学吸附反应，在刀具表面形成极薄的钼化层（MoO_3）。该钼化层在刀具使用过程中，能减小摩擦因数，起到润滑作用，从而提高刀具的使用寿命。

钼化工艺：按常规的表面处理工序，先脱脂、酸洗，使刀具表面净化，然后进行钼化，最后进行浸油。钼化液的配方为：在每1kg水中加入3～5g三氧化钼（MoO_3）或钼酸铵，处理温度为90～100℃，一般控制在溶液的沸腾状态，处理时间视工件大小和装炉量而定，一般几分钟就够了。工件出炉后用温水冲洗，然后在120℃的油中加热20～25min，然后吊挂空冷后即可包装入库。

156. Cr12MoV 钢制旧滚丝轮的翻新热处理工艺

Cr12MoV钢制滚丝轮经正常磨损报废后，可重新进行处理再利用，有很高的经济价值。如果内孔磨损未超差，可用硬质合金或立方氮化硼等超硬材料车去乱螺纹再磨螺纹。如果内孔磨损超差，则要动“大手术”。翻新工艺路线为：退火→缩孔→高温回火→机械加工→淬火回火→磨内孔等磨加工→终检入库。

（1）退火　将旧滚丝轮装在专制的铁箱内，用木炭保护加热，箱盖用耐火泥封口，850℃×7～8h，炉冷至720℃×5～6h，炉冷至500℃出炉空冷。退火后硬度为207～227HBW。

（2）缩孔处理　缩孔前，将滚丝轮放在十字架夹具上，用石棉绳和耐火泥将内孔堵死，单层放在铁箱内用木炭保护加热。加热设备为45kW箱式炉，780～790℃×2h。冷却时，在水中上下活动，冷至200℃左右出水入油冷却到室温。然后检查缩孔效果，一般可收缩0.15～0.20mm。

（3）高温回火　进行560～580℃×2～3h带保护气氛的高温回火。

（4）淬火+回火　570℃预热，1000℃加热，280℃×4h硝盐浴等温；400℃×1.5h×2次回火。回火后硬度为54～56HRC。

翻新后的滚丝轮使用寿命和新滚丝轮基本相当，每副滚丝轮一般翻新2～3次。

157. Cr12MoV 钢制滚丝轮的零保温淬火强韧化处理工艺

外形尺寸为ϕ156mm×100mm，硬度要求为59～62HRC的Cr12MoV钢滚丝轮，采用零保温淬火，取得了很好的效果。其热处理工艺如下：

1）850～860℃×10min盐浴预热。

2）1020～1030℃盐浴加热，当炉温恢复到此温度进行零保温淬火。

3）在540～550℃硝盐浴中分级冷却5～7min后空冷。

4）220～230℃×1.5h×2次硝盐浴中回火。

经上述工艺处理后的滚丝轮从表面到14mm深处，硬度达到了59～62HRC的技术要求。

滚丝轮采取零保温淬火新工艺，彻底解决了过热、晶粒粗大、崩刃、易氧化脱碳等弊病。与常规热处理相比使用寿命高，经济效益好。

158. Cr12MoV钢制滚丝轮的等温淬火强韧化处理工艺

某Cr12MoV钢制滚丝轮用于加工电器螺母的螺纹，采用常规淬火，寿命只有2000～3000件；采用分级淬火，崩刃还是很严重，但使用寿命提高到5000～10000件；采用等温淬火，硬度适中，强韧性好，没有显微裂纹，寿命进一步提高。经优化后的热处理工艺如下：

1）600℃、850℃两次盐浴预热。

2）1000～1010℃盐浴加热。

3）280℃×4h硝盐浴等温淬火。

4）400℃×1.5～2h硝盐浴回火。

经上述工艺处理后，滚丝轮的硬度为54～56HRC，金相组织为下贝氏体+极少量的回火马氏体+残留奥氏体+碳化物。使用寿命稳定在5万～8万件。

159. 真空淬火后Cr12MoV钢制滚丝轮的回火工艺

加工螺纹工具的滚丝轮以8～10MPa的压力，每3～5s加工一件的速度，冷挤压硬度为180～220HBW的坯料，作为工作部分的“齿”受流变金属的反复作用，工作条件恶劣。因此，要求其锻坯碳化物≤3级，不允许存在网状或带状；螺纹反挤压成形加工不得超过2次；不允许包角、折叠和花丝；回火后硬度为59～61HRC，回火要充分。滚丝轮主要失效形式为崩齿，是属正常还是非正常破坏？寿命忽高忽低是回火不充分还冷加工缺陷所致？为此人们对真空淬火后滚丝轮的回火工艺进行探讨。

（1）试验条件　材料为Cr12MoV钢。将ϕ90mm料改锻成15mm×15mm方坯，再切成10mm厚试样，在ZC-2型真空炉中加热淬火，硝盐浴回火。淬火工艺为860℃×40min+950℃×30min+1020℃×45min（压力2.6Pa），预冷45s，真空油淬4min（压力1.3×10^3Pa）。然后测硬度看金相。

（2）试样结果及分析　Cr12MoV钢第一类回火脆性区在275～350℃。在180～270℃之间回火，随着回火温度的升高，硬度下降。高于270℃回火只适用锥管丝锥之类的特殊产品；两次回火对延长滚丝轮寿命有益。两次回火后，一般冲击韧度由11.4J/cm^{2}增至15J/cm^2，抗拉强度由3600MPa增至3800MPa。滚丝轮实际使用表明，第一次回火时间越短，对延长寿命的作用越强。经220℃×3h×2次回火，最大提高寿命近1倍。而第一次回火6h，第二次回火2h，则对延长寿命作用甚微，这说明第一次回火保温时间是很重要的。

（3）结论　随着回火时间延长，虽然晶界变粗，越来越模糊，但达到充分程度时晶界也不完全消失。因此，不能以晶界存在与否作为判断回火程度的标准。Cr12MoV钢真空淬火组织稳定，第一次回火保温时间5h以上，有利于组织的充分转变。建议一次回火工艺用

220℃ ×6h 或 220℃ ×5h + 220℃ ×2h 的二次回火，回火充分，组织特征为基体变黑，有大量的白色细小碳化物析出，晶界不完整。

160. 强力螺栓滚丝轮的热处理工艺

为了保证强力螺栓的螺纹质量，在工艺上，趋于先淬火后滚丝，即先进行毛坯的热处理以达到设计要求，然后在滚丝机上滚压螺纹。由于淬火后的螺栓强度很高，因此滚丝轮采用 Cr12MoV 钢制造，滚丝轮热处理后的螺纹不再加工，故对滚丝轮的要求较严，除要保证刀具必需的高强度、高硬度和高的耐磨性外，还对螺纹的表面粗糙度有较高的要求。一般二级精密的螺纹表面粗糙度 $Ra \geqslant 6.3\mu m$，一级精密的 $Ra \geqslant 3.2\mu m$。另外，还必须保证整块滚丝轮变形小。技术条件规定：①外径径向圆跳动不得大于 0.05mm，两支承轴向圆跳动不得大于 0.03mm；②宽度 ≤50mm 时，中径和外径的圆柱度误差不应大于 0.04mm，当宽度 > 50mm 时不应大于 0.05mm。

某标准件滚制连杆螺栓（40Cr 钢，30 ~ 35HRC）的滚丝轮，外形尺寸为 ϕ149.6mm × 50mm（内孔 ϕ54mm），规格 M10 ×1，要求硬度为 59 ~ 62HRC。原热处理工艺为 1010 ~ 1030℃ ×12min 加热，经 830℃分级冷却 45s，再经 330 ~ 350℃硝盐浴分级冷却 12min 后空冷，200 ~ 220℃ ×3h ×2 次回火，滚制 30 ~ 35HRC 的 40Cr 钢连杆螺栓，平均寿命只有 8000 件。失效形式多数为牙面磨损，以及少量牙尖小块剥落，致使产品牙底变麻；还有少量在滚丝轮的滚制螺栓时与螺栓接触一圈螺纹处发生崩牙或倒牙。针对这一情况，对原工艺进行了改进。

（1）预热　先在 500 ~ 520℃的井式炉预热，后转到 820 ~ 840℃盐浴中预热。

（2）加热　加热温度提高到 1030 ~ 1050℃。

（3）冷却　先在 820 ~ 840℃分级冷却，再转到 520 ~ 550℃分级冷却，最后入 250 ~ 270℃硝盐浴中等温 20min，出炉后空冷。

（4）回火　在 180 ~ 200℃硝盐浴中回火两次，每次 3h，出炉后空冷。

按上述工艺处理的 M10 ×1 连杆螺栓滚丝轮，其硬度为 61 ~ 62HRC。将此批滚丝轮于 Z80 滚丝机上滚制 M10 ×1 的 40Cr 钢连杆螺栓（硬度 30 ~ 35HRC），使用寿命最高可达 4.18 万件，一般都超过 3 万件。

必须指出，在加热过程中应严格防止氧化、脱碳，以免造成滚丝轮耐磨性的降低，进而导致使用寿命的下降。

161. 解决 W6Mo5Cr4V2 钢制滚丝轮磨裂的热处理工艺

用 W6Mo5Cr4V2 钢代替合金钢制作滚丝轮优点很多，但易出现磨削裂纹。解决磨裂问题的热处理工艺措施如下：

（1）降低淬火温度　淬火温度从原 1220 ~ 1225℃降低至 1200 ~ 1205℃，加热时间延长 50%。

（2）等温淬火　原分级淬火欠妥，宜改为 260 ~ 280℃ ×2h 等温淬火。

（3）增加回火次数　第一次回火温度为 580℃，可以使滚丝轮硬度不低于 62HRC，若超过 63HRC，第二次回火温度应提高到 590 ~ 595℃，使最终硬度为 60 ~ 63HRC。

经以上三项工艺改进，不仅解决了滚丝轮磨削裂纹问题，还使其寿命提高 3 ~ 4 倍。

162. Cr12MoV钢制滚丝轮的真空热处理与箱式炉热处理工艺对比

滚丝轮是一种表面质量要求较高的精密工具，以往大多采用箱式炉热处理。本例试验选用两种型号的滚丝轮，将箱式炉处理和真空热处理滚丝轮进行严格的实际寿命跟踪对比试验，并加以分析，以探讨真空热处理提高寿命、降低成本、节能减排的优越性。

（1）试验条件及工艺　滚丝轮材料为Cr12MoV钢，选用外形尺寸为ϕ200mm×60mm、ϕ150mm×75mm的两种规格。工艺过程为：下料→锻造→退火→机加工→淬火、回火→磨内孔→成品检验→入库。

真空热处理在VFH-100PT型加压气淬真空炉上进行，装炉前试样用乙醇去除油污，淬火时通入高纯氮气加压气淬，压力为2bar（2×10^5Pa），降温至100℃出炉空冷，其工艺如图2-45所示。热处理后，滚丝轮表面光亮，内孔变形0.02mm之内，端面不需再磨，硬度为63～65HRC。

箱式炉热处理在RJX-13型炉内进行，加木炭保护，其工艺如图2-46所示。为保证试验数据的准确性，坯料采用统一炉号和同一预处理，每副滚丝轮上打上钢印标记，并在指定机床上专人操作试验，记下每副滚丝轮加工零件的数据。

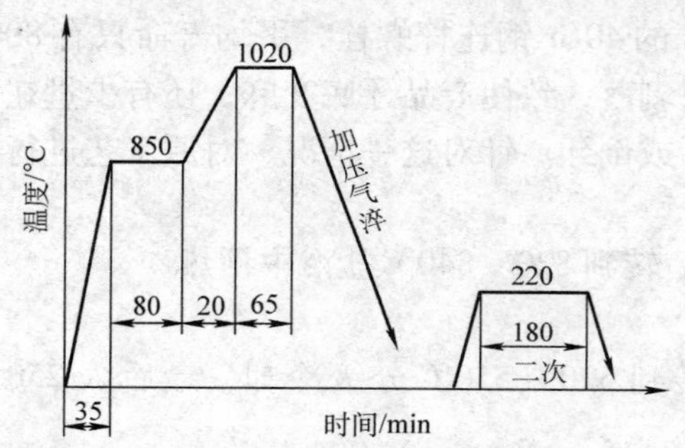

图2-45　滚丝轮真空热处理工艺（以ϕ200mm×60mm为例）

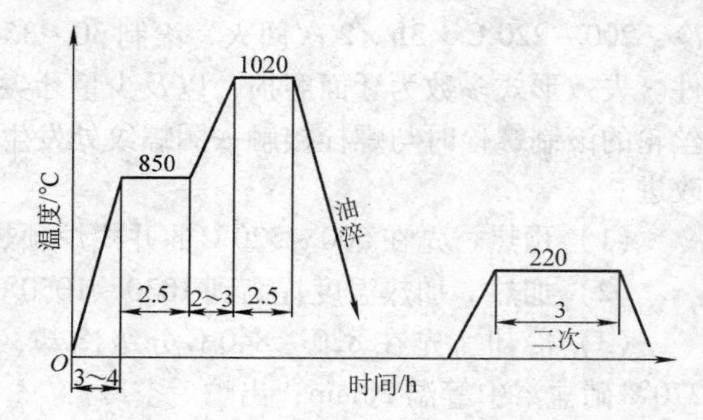

图2-46　滚丝轮箱式炉热处理工艺（以ϕ200mm×60mm为例）

（2）试验结果分析

1）金相组织。Cr12MoV钢制滚丝轮经正常淬火和低温回火后的组织为回火马氏体加少量的残留奥氏体和颗粒状的碳化物，晶粒度为9～10级，真空热处理和箱式炉处理的金相组织相同，无差异。

2）寿命对比。经统计分析，ϕ150mm×75mm型滚丝轮真空热处理的平均寿命为23640件，而箱式炉热处理的平均寿命为9617件；ϕ200mm×60mm型滚丝轮真空热处理平均寿命为30485件，而箱式炉热处理的平均寿命为18550件。

3）失效形式。废品分析发现，滚丝轮的失效形式有丝面疲劳剥落、爆边、丝齿折断和磨损超限，其中丝面疲劳剥落为正常失效，丝齿剥落后成小麻点坑状，它在失效中占的比例最大。影响失效的因素较多，除原材料和热处理因素外，操作者调试机床的水平、转速及加工件的硬度等也有很大的影响。

4）分析讨论。真空热处理炉加热的特点是：炉子升温速度快而工件升温速度慢。在真空热处理炉内，气体极稀薄，工件主要靠辐射加热，所以工件升温慢，内外温差小，其热应力小变形小。该试验中，真空处理的滚丝轮内孔变形量均在 0.02mm 以内，而箱式炉处理变形量在 0.10mm 左右。

真空热处理表面光亮度很好，无氧化、脱碳和增碳现象。而箱式炉热处理尽管采取木炭保护，但还有一定程度的脱碳，降低了工件的表面质量和性能。

真空热处理冷却采用了高纯氮气高压气淬机械化操作，冷速快速且均匀，使整个工件表面获得均匀一致的硬度和组织，因而工件的力学性能较高；而箱式炉温度的均匀性差，工件之间和内部有温差，而且受人工操作的影响，导致淬火后的组织和硬度的均匀性也较差，甚至出现软点，残余应力也较大。

综上所述，真空热处理的滚丝轮由于表面光亮，无氧化脱碳，变形极小，且硬度组织均匀，性能高于箱式炉热处理的滚丝轮。因此，真空热处理滚丝轮的平均寿命比箱式炉热处理的平均寿命提高 60%~145%。

163. 9SiCr 钢制滚丝轮的等温淬火工艺

某公司的滚丝轮用来滚削中碳结构钢，曾选用 W6Mo5Cr4V2 和 Cr12MoV 钢制造，使用结果都不太令人满意，失效形式均为崩刃。后用9SiCr 钢 860℃油淬，230℃回火，硬度为 61~63HRC，寿命有所提高，但也不理想；改为等温淬火，滚丝轮寿命超过 7 万件，寿命提高 20 倍，而且修磨以后还可以继续使用。其工艺如下：

1）600℃ ×0.8min/mm 盐浴预热。

2）860℃ ×0.4min/mm 盐浴加热。

3）210℃ ×1h 硝盐浴等温。

4）250℃ ×1.5h ×2 次硝盐浴回火，硬度为 58~60HRC。

164. 9Cr6W3Mo2V2 钢制滚丝轮的低温淬火工艺

9Cr6W3Mo2V2 钢有较好的抵抗裂纹扩展的能力，其耐磨性和强韧性有最佳的匹配，其韧性和强度均优于 Cr12 型钢和高速钢，是制造滚丝轮的理想材料。对于 9Cr6W3Mo2V2 钢制滚丝轮，采用 1130~1160℃淬火，530~550℃回火的热处理工艺后，适用于滚削 35HRC 以上的材料。若被加工材料硬度在 30HRC 以下，则采用低温淬火的效果也很好。其工艺如下：

1）600℃ ×1min/mm +850℃ ×1min/mm 两次盐浴预热。

2）1070℃ ×0.5min/mm 盐浴加热。

3）油淬，淬火后硬度为 62~63HRC。

4）150℃ ×2h ×2 次回火，硬度仍为 62~63HRC。

由于淬火温度比常规低了 80℃左右，奥氏体晶粒非常细小，进一步提高了钢的强度和耐磨性。

采用低淬低回处理的滚丝轮，在加工 45 钢、Q235 螺钉时，使用寿命比 9SiCr、Cr12MoV、W6Mo5Cr4V2 钢制滚丝轮的使用寿命提高 2 倍左右。

165. 9SiCr 钢制搓丝板的热处理工艺

搓丝板是搓制外螺纹刀具，工作时齿部受强烈冲击载荷和挤压应力，通常因磨损或疲劳失效。9SiCr钢制搓丝板的热处理要求：在齿根下3~5mm以内硬度为58~61HRC；淬火马氏体<3级；齿面无脱碳层；齿面变形在公差范围内。一般在充分脱氧捞渣的盐浴中进行淬火，其热处理工艺如下：

（1）绑扎　根据经验，将两块工件背靠背绑扎在专用的淬火夹具上。

（2）淬火　860~870℃×0.4~0.5min/mm，M6以下规格淬170~180℃硝盐浴，M6以上规格淬热油，油冷至200℃左右出油空冷。

（3）回火　210~230℃×2~3h硝盐浴回火，硬度为59~61HRC。

166. Cr12MoV钢制搓丝板的真空热处理工艺

Cr12MoV钢制M2.5搓丝板用于搓自行车辐条螺纹，长期使用盐浴淬火，硬度比较低，脱碳，易畸变，最高使用寿命为12万件。采用真空淬火、回火后，硬度高，畸变小，平均使用寿命为68.85万，提高4倍多。其工艺如图2-47所示。

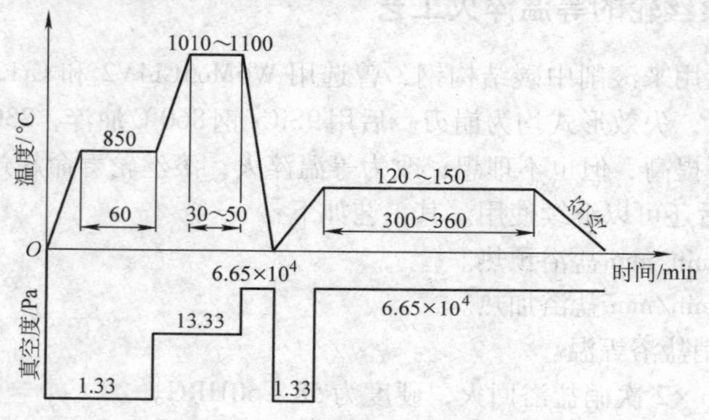

图2-47　Cr12MoV钢搓丝板真空热处理工艺

167. 6Cr4W3Mo2VNb钢制干壁钉搓丝板的热处理工艺

（1）锻造与退火　锻造前应缓慢加热至800~850℃充分预热，升温至1120~1150℃保温烧透，始锻温度为1100℃，终锻温度不低于900℃，锻后应砂坑缓冷或堆积式慢冷，并及时退火。退火温度为850~870℃，保温4h，快冷至730~750℃×6h，炉冷至500℃出炉空冷。退火后硬度为180~220HBW。

（2）热处理工艺　干壁钉在自攻钉中属成形难度高、塑性变形大的品种。螺纹和螺尖由搓丝板一次挤压搓制成形，属无屑加工。搓丝板的入料部位齿形较锋利，此处刀板受磨损冲击和接触应力最大，早期的崩齿失效以及正常的磨损失效均发生在此部位。干壁钉是在挤压、揉搓、摩擦、剪切过程中瞬间成形的，另外，搓丝板的工作速度较快，齿面还要承受冲击力的作用，钉坯大量塑性变形以及摩擦产生的热量使搓丝板表面温度达200℃左右。从受力情况分析，搓丝板在作用过程中承受复杂应力和冲击，所以要求其必须有高硬度、较高的接触疲劳强度和耐磨性、足够的韧性和一定的回火稳定性。在制订热处理工艺前，先对日本、韩国、意大利等国外搓丝板进行化学成分、金相组织等分析，他们大多用W6Mo5Cr4V2和Cr12MoV钢制造，表面硬度为61~63HRC，使用寿命100万件/副，金相组织较理想。选用6Cr4W3Mo2VNb钢制作搓丝板，试用的热处理工艺见表2-89。

表 2-89　6Cr4W3Mo2VNb 钢搓丝板的热处理工艺

热处理工艺	热处理后硬度	渗氮层深度/μm	冲击韧度/(J/cm²)	晶粒度/级	使用寿命/万次
盐浴 1120℃加热淬火 + 回火	61HRC	—	67	11	80
真空炉 1100℃加热淬火 + 回火	61.5HRC	—	100	12	80 ~ 100
真空炉 1140℃加热淬火 + 回火	65HRC	—	75	10.5	100 ~ 120
氮碳共渗 + 淬火 + 回火	830HV	30	71	10.5	—
淬火 + 氮碳共渗 + 保护气氛回火	1050HV	60	86	10.5	100 ~ 150
淬火 + 氮碳共渗 + 盐浴回火	888HV	70	81	10.5	100 ~ 140
淬火 + 回火 + 氮碳共渗	1236HV	30	93	10.5	100 ~ 130
1200℃油淬 + 930℃油淬 + 450℃回火两次	58HRC	—	82.5	14	—
1200℃油淬 + 980℃油淬 + 600℃回火两次	56.5HRC	—	77	12	—
1200℃油淬 + 1020℃油淬 + 550℃回火两次	56.5HRC	—	60.5	11	—

注：回火工艺除注明外，皆为 540℃ ×1.5h ×2 次。

（3）工艺分析

1）真空淬火与盐浴淬火相比，搓丝板的使用寿命明显提高。因为真空加热缓慢均匀，且高压气淬，不仅变形小，而且无氧化，可获得光亮洁净的表面，从而明显地改善了搓丝板的表面质量。最终淬火温度选择在 1140℃，可获得板条马氏体和孪晶马氏体组织，经 540℃回火后，析出细小弥散的碳化物，强韧性好，搓丝板在使用过程中均为正常磨损，无早期崩刃现象。

2）经淬火 + 氮碳共渗 + 回火后，可获得高强韧性的复合组织，降低了表面摩擦因数，提高了耐磨性，同时改善了表面应力状态，提高了接触疲劳强度。

168. 6Cr4W3Mo2VNb 钢制搓丝板的气体氮碳共渗工艺

6Cr4W3Mo2VNb 钢制搓丝板经真空淬火和气体氮碳共渗处理，其使用寿命得到了显著提高。其工艺如下：

（1）球化退火　锻造后采用球化退火。工艺为：850 ~ 870℃ × 3 ~ 4h，炉冷至 740 ~ 760℃，保温 5 ~ 6h，炉冷至 500℃以下出炉空冷。退火后硬度为 207 ~ 229HBW。

（2）真空淬火、气体氮碳共渗　搓丝板进行 1140℃真空淬火 + 550℃氮碳共渗 + 540℃ ×2h 保护气氛回火。

通过上述处理，可获得高强韧性的复合组织，降低搓丝板表面的摩擦因数，提高耐磨性和接触疲劳强度，使用寿命为 150 万件/副。

169. Cr12MoV 钢制弧形搓丝板的微变形淬火工艺

在仪器仪表行业，需要大量的几毫米螺钉，对这些螺钉的变形量要求很严（变形量≤0.01mm）。这就对弧形搓丝板（装在圆盘自动搓丝机上用）提出了更高的要求：变形小，硬度高，耐磨性好。为此，有关生产单位选用Cr12MoV钢代替原T10A钢制造搓丝板，并采取适当的热处理工艺。

（1）淬火前的准备工作　用多层纸将搓丝板包好（不能用钢丝拴绑，以防止加热时腐蚀搓丝板），使搓丝板表面光洁。然后将搓丝板装入小铁盒内，四周用细木炭粒填满填实，上面用黄泥密封，按固体渗碳要求做好准备，最后放入箱式炉加热。

（2）淬火　搓丝板对热硬性无要求，而耐磨性一定要高，因此选择淬火温度时以确保得到高硬度为前提，最后淬火温度确定为980℃。淬火冷却时，搓丝板上、下两平面采用黄铜板压冷，同时在外面外工作面吹微量压缩空气，待冷至500℃左右时入油。注意，此时仍用黄铜板夹持续冷，铜板厚度不得超过20mm。

（3）回火　淬火后采用油回火，170℃ ×2h ×2 次。

经上述工艺处理的弧形搓丝板的硬度能达到65HRC，而且韧性很好，变形量≤0.007mm，搓丝10万次以上都未发现裂纹和磨损，寿命达15万次。

170. T8钢制搓丝板的盐水-发蓝液分级淬火工艺

铁路螺纹道钉（M24×195）是由ϕ20mm的Q235A钢经镦挤后在搓丝机上搓制而成的。搓丝板外形尺寸为350mm×100mm×70mm，其工作时承受较高的挤压应力、一定的冲击力、弯曲力和强烈的摩擦力等机械作用。因此，搓丝板应具有较高的变形抗力、断裂抗力、疲劳强度和耐磨性，以防止在使用过程中出现脆断、软塌、疲劳断齿和磨损失效。其硬度要求为58~62HRC。

搓丝板一般选用9SiCr或Cr12型钢制造，但也有不少厂用T8钢制作。T8钢具有价廉、实用、成本低和工艺性能好等优点。T8钢制搓丝板的热处理工艺如下：

（1）原工艺　790℃ ×2h 箱式炉加热，水淬油冷，180℃ ×2h 回火，表面硬度为55~62HRC，使用寿命只有2000~3000件，主要失效形式是软塌、崩齿、疲劳断裂和中期磨损。因此，必须对T8钢搓丝板热处理工艺进行改进。

（2）改进后的工艺　工艺流程为600℃ ×2h 预热（工作面涂硼酸保护）后转入处于保温状态（≥900℃）的另一箱式炉中，进行830℃ ×35min 淬火加热，入炉总时间控制在50min以内。淬入NaCl的质量分数为10%的盐水中35s（按1s/2mm计），从盐水中取出，待搓丝板表面烘干，温度为300~400℃时，立即投入140℃沸腾的发蓝液中等温30min，空冷至表面约70℃时，进行160℃ ×1h +240℃ ×2h 回火处理。

按上述工艺处理的搓丝板表面呈浅褐色，硬度为59~61HRC，齿根下5mm处硬度为59HRC，硬度较均匀，使用寿命为1~1.5万件，比原工艺提高2~4倍。

171. GW30钢结硬质合金制搓丝板的热处理工艺

用GW30钢结硬质合金制作搓丝板使用寿命比原Cr12钢制搓丝板提高7倍，被加工工件的螺纹半角的表面粗糙度Ra降低至1.6μm。其工艺如下：

（1）搓丝板的制造工艺　GW30钢结硬质合金是一种具有高强度、高韧性和高耐磨性的合金材料，用它制作的搓丝板是用来加工JL650型胶轮车辐条的，辐条材料为Q235钢。

1）锻造。锻造的目的是为了改变烧结毛坯尺寸和进一步提高合金的力学性能，该合金具有良好的锻造性能（优于Cr12钢），所以锻造工艺容易掌握。其自由锻造工艺见表2-90。

表2-90 GW30钢结硬质合金制搓丝板的自由锻造工艺

锻造次数	始锻温度/℃	终锻温度/℃	变形尺寸/mm
第一次	1180	930	ϕ83×38
第二次	1180	930	ϕ88×33.5
第三次	1160	870	34×70×83
第四次	1160	870	34×58×102
第五次	1130	850	34×50×122
第六次	1100	840	34×38×160

2）锻坯退火。退火的目的是降低硬度，便于机械加工。其工艺为820～850℃×2～3h，然后以小于60℃/h的速度炉冷至700～720℃×4h，炉冷500℃出炉空冷。退火后硬度为32～35HRC。

3）搓丝板刨削加工。

4）搓丝板磨削加工。

5）搓丝板挤丝加工。

6）搓丝板热处理工艺。搓丝板挤压成形后，进行最终热处理，其工艺如图2-48所示。热处理后硬度为60～65HRC。

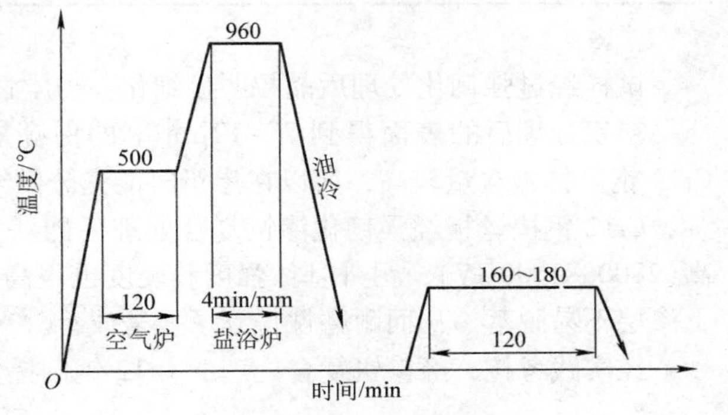

图2-48 GW30钢结硬质合金制搓丝板的热处理工艺

（2）使用效果 经过上述工艺处理，GW30钢结硬质合金制搓丝板的使用寿命比原Cr12钢制搓丝板提高7倍。

172. Cr12钢制搓丝板的渗钒复合处理工艺

Cr12钢制搓丝板的渗钒复合处理工艺如下：

（1）试样的制备 Cr12钢试料经轧制后再经850℃退火后加工成ϕ20mm×5mm的金相试样、10mm×10mm×120mm的弯曲试样、10mm×10mm×55mm的冲击试样和10mm×10mm×20mm的磨损试样。

（2）强韧化处理 为了提高基体的强韧性，在渗钒处理前进行强韧化处理，其工艺如图2-49所示。

（3）渗钒处理工艺 渗钒处理是在自制的盐浴炉中进行的。熔盐为无水硼砂，渗剂为V_2O_5粉末。待盐熔化后再加入少量铝粉，经过充分熔化后再加热到950℃，把经过强韧化处理过的试样放入其中并分别保温3.5h和4.5h后出炉。在炉中熔盐将发生如下反应：

$$3V_2O_5+10Al \rightarrow 5Al_2O_3+6[V]$$

活性原子[V]被工件表面所吸收，并

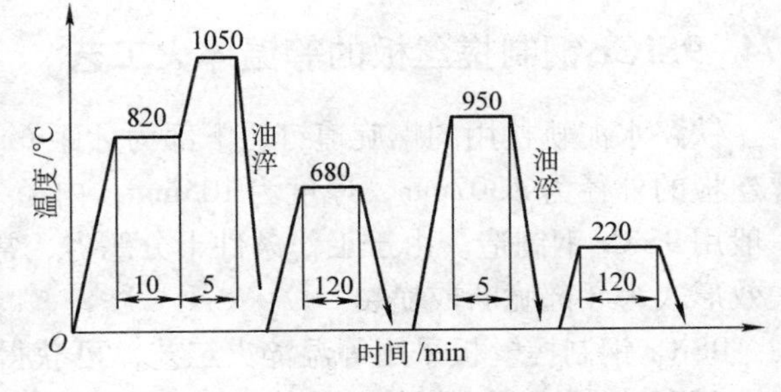

图2-49 Cr12钢的强韧化处理工艺

与工件表面的碳发生化学反应生成 VC，即 C + [V]→VC，VC 层厚度随渗钒时间延长而增加。

（4）试验结果与讨论　Cr12 钢经不同热处理工艺的力学性能见表 2-91。为了简化工艺，进行了试样经过 1050℃淬火 +680℃回火后直接放入 950℃盐浴中渗钒的试验。

表 2-91　Cr12 钢经不同热处理工艺后的力学性能

热处理工艺	硬度 HRC	抗弯强度 /MPa	挠度 /mm	冲击韧度 (J/cm^2)
1050℃油淬 +680℃ ×2h 回火 +950℃淬火 +220℃ ×2h 回火	61.5	2685	1.98	4.9
1050℃油淬 +680℃ ×2h 回火 +950℃ ×3.5h 渗钒	61.5	2853	2.74	4.8
1050℃油淬 +680℃ ×2h 回火 +950℃ ×4.5h 渗钒	62.5	3003	2.87	4.9

试样经过强韧化处理后晶粒明显细化，力学性能得到明显改善。

渗钒处理后的表面得到 7 ~ 12μm 厚的白亮层，且主要是 VC 化合物。其主要原因是 Cr12 钢基体碳含量较高，所以在渗钒时能充分供给碳，从而有利于 VC 形成。

Cr12 钢搓丝板经强韧化渗钒复合处理后能获得很高的耐磨性。这是由于表面的硬度很高(2800 ~3000HV)，另外基体强度和硬度也很高，渗层和基体结合牢固，在实际磨损条件下渗层不易脱落，从而耐磨性得到了显著改善。

经实践考核，经渗钒复合处理的 Cr12 钢制搓丝板比常规淬火的使用寿命提高 3 ~4 倍。

173. 9SiCr 钢制圆滚刀的循环加热淬火工艺

圆滚刀是滚压螺纹的成形工具，在工作中要承受交变的各种应力及冲击和磨损的作用，常用 9SiCr 钢制造。9SiCr 钢由于在热处理中易于脱碳，常规工艺处理的圆滚刀使用寿命只有 1 ~2 万件。采用循环加热淬火工艺，可使 9SiCr 钢制圆滚刀的寿命提高到 4 万件。

9SiCr 钢制圆滚刀的循环加热淬火工艺：600℃ ×30min 预热，800℃ ×20s/mm，淬油；600℃ ×30min 预热，800℃ ×15s/mm，淬入 160 ~180℃硝盐浴 5min，出炉空冷；180 ~200℃ ×1h 硝盐浴回火。

M8 圆滚刀按上述工艺处理后，晶粒度为 13 ~14 级，硬度为 61 ~63HRC，内孔缩小量为 0.10 ~0.15mm，螺纹变形未超差；回火后硬度为 59 ~60HRC，抗弯强度为 4920MPa，挠度为 7mm。在滚压 M8 的 T12A 钢丝锥时，未发生掉丝剥落现象，寿命达 4 万件。实践证明，循环加热淬火工艺是发挥材料内在潜力、提高模具寿命方法之一。

174. 9SiCr 钢制搓丝板的等温淬火工艺

铁路水泥轨枕用的螺旋道钉，下部为牙距 6mm 的冷搓公制螺纹。用于搓制这种螺纹的搓丝板的外径为 ϕ307mm，厚度为 105mm，内径为 ϕ150mm，牙距为 6mm，牙高为 3.68mm，一般用 9SiCr 钢制造。由于工作条件十分恶劣，常规处理的搓丝板使用寿命仅 2000 件左右，失效形式为牙部脆断或崩裂。

9SiCr 钢制搓丝板采用等温淬火工艺，可获得高碳贝氏体组织，从而使搓丝板的使用寿命由 2000 件提高到 7 万件。具体工艺为：600℃ ×48min +850℃ ×24min，210℃ ×2h 硝盐浴等温，250℃ ×2h ×2 次回火。热处理后搓丝板的硬度为 58 ~59HRC，不再崩刃，而是以疲劳磨损失效。

175. CrWMn钢制滚丝轮的碳氮共渗工艺

CrWMn钢制滚丝轮在盐浴中经680℃预热，820℃淬火，200℃回火，表面硬度为59~62HRC。在使用过程中，经常会发生螺牙早期剥落、堆牙、磨损、崩刃等失效现象。失效的主要原因是，滚丝轮在盐浴加热处理过程中发生了表面脱碳和腐蚀，降低了表面硬度、强度、耐磨性、疲劳强度等性能。在可控气氛密封箱式炉中用甲醇作为载体，煤油和氨气作为渗剂进行碳氮共渗。碳势用CO_2红外仪控制，经810℃×3.5h处理后，滚丝轮的表面共渗层深度达0.30mm左右，硬度为800HV左右，基体硬度为58~60HRC。

经碳氮共渗处理的滚丝轮早期失效少，使用寿命高。

176. CrWMn钢制滚丝轮的真空热处理工艺

CrWMn钢制滚丝轮原采用氰盐浴淬火，不仅造成环境污染，且表面脱碳，螺纹变形大，成品率很低，每副滚丝轮的使用寿命为20万件。采用真空热处理，螺纹无变形，不但韧性好，而且硬度高，每副寿命可达100万件以上，比常规热处理提高4倍多。CrWMn钢制滚丝轮的真空热处理工艺如图2-50所示。

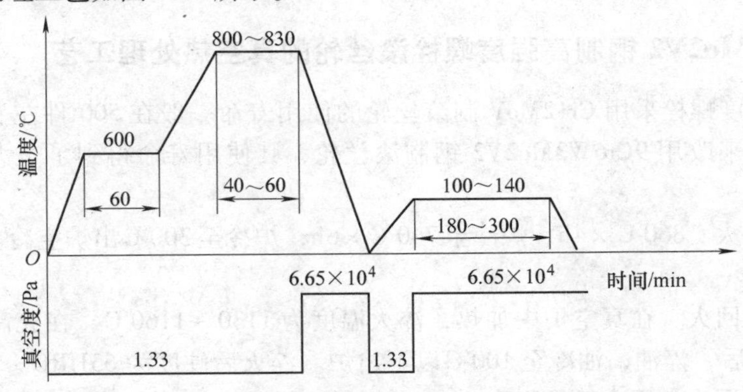

图2-50 CrWMn钢制滚丝轮的真空热处理工艺

177. GCr15钢制滚丝轮的渗硼工艺

按常规工艺处理的CrWMn钢制滚丝轮，用于滚制专用钉子时，只能滚制400kg左右的钉子。改用GCr15钢制造后，采用LSB-IA型渗硼剂，进行900℃×5h的渗硼处理和淬火、回火。回火处理后滚丝轮的渗硼层深度为85~88μm，表面硬度为1620HV，组织为单相Fe_2B，使用寿命可滚制5t钉子，提高寿命近12倍。

178. 7Cr7Mo2V2Si钢制滚丝轮的真空热处理工艺

随着机械行业持续高速发展，对螺栓的要求也越来越高，40Cr或45钢螺栓的调质硬度已由原来的24~28HRC提高到28~36HRC，有的高达28~40HRC，因此对滚丝轮也提出了更严格的要求。

用9SiCr、CrWMn、T8A、T10A等钢制造的滚丝轮，强度偏低，耐磨性不足；用T12A

钢制造的滚丝轮因其韧性过低，使用中发生崩齿现象；用 Cr12MoV 钢制造的高强度螺栓滚丝轮，其耐磨性和冲击韧性也难以满足要求。

加工硬度为24～32HRC的高强度螺栓时，滚丝轮的失效形式主要是崩齿和齿面磨损；加工硬度为34～40HRC的高强度螺栓时，其失效形式则以齿形成片剥落为主。

为了提高滚丝轮的使用寿命，选用碳化物不均匀度小、颗粒度小且分布均匀的7Cr7Mo2V2Si钢制造，并采用先进的真空热处理工艺。

7Cr7Mo2V2Si钢滚丝轮在真空热处理时，淬火温度为1020～1050℃，回火温度为200～220℃，即采用了低淬低回的非正规热处理工艺。热处理后硬度稳定在59～60HRC。采用上述工艺有以下优点：

1）无氧化脱碳，工艺表面光洁。

2）对周围环境无污染，符合绿色、清洁、文明生产要求。

3）变形量极小，符合工艺技术要求。

4）质量稳定性好，硬度散差极小。

5）平均使用寿命比箱式炉加热淬火的滚丝模可提高35%～40%。在加工普通螺栓时可提高15%；加工调质的高强度螺栓时提高幅度比较大，比在箱式炉、盐浴炉中处理的滚丝模提高60%～80%。

179. 9Cr6W3Mo2V2钢制高强度螺栓滚丝轮的真空热处理工艺

某厂的高强度螺栓采用Cr12MoV制滚丝轮的使用寿命一般在500件左右，失效形式为塌陷和崩牙。后来改用9Cr6W3Mo2V2钢制滚丝轮，其使用寿命得到了很大提高。其工艺如下：

（1）球化退火　860℃×4h，炉冷至740℃×6h，炉冷至300℃出炉空冷。退火后硬度为207～227HBW。

（2）淬火、回火　在真空炉中加热，淬火温度为1130～1160℃，在充高纯氮气冷却室内预冷一段时间后，淬油，油冷至100℃以下出炉。淬火后硬度为63HRC。然后进行530～550℃×1h×2次回火。回火后硬度为64.5～65HRC。

（3）应用　9Cr6W3Mo2V2钢制滚丝轮用于加工调质硬度为41～43HRC、规格为M10×1的42CrMo钢制螺栓时，使用寿命比原Cr12MoV钢制滚丝轮提高13倍以上；用于加工硬度为40HRC、规格为M12×1.5的40Cr钢制螺栓时，寿命达到3200件，是原Cr12MoV钢制滚丝轮的6倍多。

180. W钢制手用丝锥的热处理工艺

W钢是在T12A的基础上加入质量分数为0.80%～1.20%的W而发展起来的高碳低合金钢。W的加入提高了钢的淬透性，由于W所形成的碳化物的作用，W钢在淬火和低温回火后有更高的硬度和耐磨性，而且过热敏感性小，热处理畸变不大，水淬也不易开裂。W钢常用来制造小规格工具等。W钢制手用丝锥的热处理工艺如下：

1）淬火前进行240～300℃×2h去应力。

2）盐浴加热800～820℃×0.5～0.6min/mm。淬火冷却介质为两硝或三硝水溶液，使用温度≤70℃。淬火后硬度62～64HRC。

3）160～180℃硝盐浴回火。回火后硬度60～62HRC。

181. W4Mo3Cr4VSiN钢制丝锥的热处理工艺

W4Mo3Cr4VSiN钢是我国自主研发的低合金高速钢，其合金含量不到W18Cr4V钢的60%，而综合性能与之基本相当，因此W4Mo3Cr4VSiN钢是一种性价比很高的钢种。W4Mo3Cr4VSiN钢制丝锥的热处理工艺如下：

试验产品为M8规格的机用丝锥，先采用1160℃真空加压气淬，560℃×1h×3次硝盐浴回火。加工成品后，再进行560℃×1h蒸汽处理，表面生成3～4μm的Fe_3O_4薄膜，具有丰富的微孔，吸油防锈，在切削过程中起减摩润滑作用。

蒸汽处理后，机用丝锥表层的硬度约766HV，比心部略低（833HV）。攻削低碳钢，转速为207r/min，切削深度为10mm，用油冷却，平均寿命为1335件，比未强化的机用丝锥提高15%。

将高压气淬的同规格M8丝锥进行TiN涂层，涂层厚度为2.5μm，与基体结合牢固，均匀致密，色泽美观，硬度为1021HV。与同规格丝锥做使用寿命试验，经TiN涂层处理的机用丝锥的使用寿命为1653件，比未进行TiN涂层处理的机用丝锥的使用寿命提高66%。

182. W7Mo5Cr4V3钢制机用丝锥的热处理工艺

W6Mo5Cr4V2钢具有很高的硬度和较高的热硬性、适度的耐磨性和韧性，能够满足普通机用丝锥的使用要求，一直是机用丝锥的主要用钢。但W6Mo5Cr4V2钢制丝锥也存在一些不足，攻螺纹性能不稳定，寿命差异性大；易出现崩刃现象，有时甚至断裂在正在加工的工件内部。因此，目前的W6Mo5Cr4V2钢制丝锥无法满足汽车工业用丝锥高效、稳定的使用要求，更无法适应现代高速切削的基本要求。W7Mo5Cr4V3钢通过合理的合金化原理，特殊的冶炼方式，获得了较为理想的显微组织和优良的力学性能，能明显地提高丝锥的攻螺纹质量和切削寿命，同时丝锥的稳定性也得到明显改善。其热处理工艺如下：

盐浴热处理，1170～1190℃×3.5min，500～600℃盐浴分级冷却，晶粒度为10级；550～560℃×1.5h×3次回火，硬度为66～67HRC。

对W7Mo5Cr4V3钢制M8规格丝锥和W6Mo5Cr4V2钢制丝锥做使用寿命试验，试坯材料为硬度220～229HBW的40Cr钢。W7Mo5Cr4V3钢制丝锥的切削长度均达3.25m，而W6Mo5Cr4V2钢制丝锥的切削长度达不到3m。

183. W12Mo3Cr4V3N钢制滚丝轮的热处理工艺

某工厂原用Cr12MoV钢制滚丝轮，滚压硬度为35～42HRC的工件，只能加工200～1000件，选用W12Mo3Cr4V3N钢制滚丝轮，可滚压10000～20000件。

W12Mo3Cr4V3N钢制滚丝轮的盐浴热处理工艺为：400～500℃空气炉烘干，650℃、850℃两次预热，1210～1215℃加热，500～550℃中性盐浴分级冷却后入260～280℃硝盐浴等温30min；550～560℃×1h×4次回火，回火后硬度65～66HRC。

由于淬火温度低，淬火晶粒度只有11级，再加短时贝氏体等温处理，提高了滚丝轮的强韧性。

184. Cr12Mo1V1 钢制滚丝轮的热处理工艺

Cr12Mo1V1 钢是国际上广泛采用的高碳高铬型、莱氏体冷作模具钢，具有高的淬透性、淬硬性、耐磨性，高温抗氧化性能好，耐蚀性也好，热处理畸变小，宜制作各种要求高精度、长寿命的冷作模具、刀具和量具。

Cr12Mo1V1 钢制滚丝轮的盐浴热处理工艺为：400～500℃空气炉预热，800～850℃盐浴第二次预热，1000～1030℃加热，淬火冷却介质为160～200℃硝盐浴，晶粒度为11～10级，淬火后硬度为63～64HRC；200～220℃×2h×2次硝盐浴回火，回火后硬度为61～63HRC。

185. CrWMn 钢制滚丝轮的碳氮共渗+渗硼复合化学热处理工艺

某紧固件厂生产的 CrWMn 钢制滚丝轮，原采用氰盐浴渗碳工艺，经680℃预热，820℃淬火，200℃回火，表面硬度为48～52HRC。在使用中经常发生早期失效，主要失效形式有：螺牙剥落、崩刃、堆牙、牙纹过早磨损、牙型剥落等。滚丝轮平均使用寿命不到20万件。使用寿命低的主要原因是滚丝轮在盐浴加热过程中，渗碳温度高，淬火后发现表面脱碳、过热和腐蚀，严重降低了表面硬度、强度、耐磨性、疲劳强度等。另外，该工艺“三废”污染严重，耗电量大。经多次试验，采用碳氮共渗+渗硼复合化学热处理工艺，使滚丝轮的使用寿命得以提高。其热处理工艺简介如下：

（1）碳氮共渗工艺　气体碳氮共渗在 RJJ-60-9T 井式气体渗碳炉中进行，采用计算机自动控温，渗剂为氨气+甲醇+煤油。将自行研制的 $RECl_3$ 催渗剂装入不锈钢容器内，与试样一起放入炉中，共渗温度为790～810℃，甲醇滴入量为100～120滴/min，煤油按比例脉冲滴入，氨气通入量为460L/h，炉压为20～40Pa，碳势控制在1.0%～1.2%。

（2）淬火、回火　碳氮共渗结束后出炉油淬，并进行180～200℃回火。

（3）渗硼　将经碳氮共渗的滚丝轮螺纹表面粗糙度 *Ra* 研磨至0.8μm，清理干净后渗硼，膏剂渗硼剂［化学成分（质量分数）为：$Na_2B_4O_7$ 25%+KBF_4 10%+稀土氯化物5%+石墨60%］。自然干燥后，密封装入渗箱，840℃×3h 渗硼；保温结束后打开渗箱直接对滚丝轮喷10% NaCl 水溶液冷却，冷至200℃左右后油冷，立即转入硝盐浴中进行240℃×2h回火，回火后空冷。

（4）复合热处理质量检验

1）金相组织。共渗层的金相组织为细针状马氏体+碳化物+少量的残留奥氏体。

2）渗层硬度。采用稀土催渗复合强化，有效厚度达0.30mm以上，表面硬度为1600～1800HV，在200μm内维持1600HV以上的高硬度，随后硬度逐渐降低，基体硬度为58～60HRC。

3）效果。CrWMn 钢制滚丝轮经碳氮共渗+渗硼复合化学热处理，获得了更高的表面硬度和耐磨性，取代了氰盐浴渗碳工艺，消除了“三废”污染，保护了环境，其使用寿命达到120万件。

186. W6Mo5Cr4V2 钢制大规格机用丝锥的热处理工艺

大规格丝锥一般指公称直径≥50mm（M50）的丝锥。由于原材料尺寸比较大，碳化物分布不均匀，直径>80mm 的丝锥碳化物偏析可能达到6级，直径>100mm 者可达7级。即使改锻也不能从根本上改变碳化物分布，给热处理带来较大难度，所以研究大规格机用丝锥的热处理工艺很有现实意义。

（1）大规格机用丝锥的技术要求　机用丝锥在切削时主要承受挤压力、摩擦力和扭力。常见的失效形式为崩刃、磨损和折断，所以要求其具有一定的硬度、强度、耐磨性和冲击韧性，但不必具有高的热硬性。为节约昂贵的高速钢，大规格丝锥一般采用接柄方式，柄部为45钢或40Cr钢。其技术要求：刃部硬度为63~66HRC，表面无脱碳、无腐蚀、无崩刃、无裂纹。

（2）盐浴热处理工艺

1）去应力退火。经车削、铣削加工后丝锥有较大的应力，应进行去应力退火：200~250℃×4~5h。

2）预热。高速钢含有较多合金元素，导热性差，塑性低，推荐采用3次预热，以便减少变形开裂。第1次在井式电阻炉中预热，500~550℃×2~3h；第二次在盐浴炉中预热，800~850℃×8~10s/mm；第三次也在盐浴炉中预热，950~1000℃×8~10s/mm。

3）高温加热。盐浴应进行充分脱氧捞渣，使盐浴BaO的（质量分数）在0.20%以下（也有的生产单位控制在0.30%以下）。

丝锥规格为M50~M70时，1215~1225℃×8~10s/mm；M70~M100时，1200~1215℃×7~9s/mm。一般将晶粒控制在10.5~10级，且碳化物溶解要好。

4）淬火冷却。成熟的工艺应采取多次分级冷却法，即550~500℃第一次分级冷却后迅速转移到450~400℃硝盐浴中继续分级冷却，第三次分级温度为高速钢淬火的等温温度280~240℃。

为防止碳化物析出，应设法提高冷却速度，国外一些厂家的经验是，在1000~800℃的冷却速度必须大于7℃/s才能避免碳化物的析出和硬度的不足。

5）回火。550~560℃×1.5~2h×3~4次。第一次回火550℃×2h，第二次回火560℃×1.5h，第三、四次回火550℃×1.5h。淬火后的工件应冷至50℃以下进行回火，回火后的工件至少冷至30℃以下才可再回火。

6）柄部淬火。若为45钢或40Cr，盐浴柄部淬火工艺为830~850℃×5~7s/mm，水淬空冷，水冷时间按0.4~0.6s/mm估算或凭实践经验操作。180~220℃×1h回火，回火后空冷。

187. 键槽拉刀的热处理工艺

键槽拉刀规格品种比较多，一般硬度要求：普通高速钢刃部63~66HRC，柄部40~52HRC，径向圆跳动误差≤0.40mm（全部规格）。其热处理特点是细而长，在加热和冷却过程中极易引起变形，故在制订热处理工艺时，既要使拉刀有良好的切削性能，还应保证变形小，便于矫直。其热处理工艺简介如下：

（1）装夹　为使拉刀在各工序加热和冷却过程中变形小，必须采取垂直悬挂加热与冷却，不宜用夹具，一般采取钢丝绑住拉刀的柄部，用铁钩悬挂着进行。操作时要平稳，严防摆动与碰撞。

（2）预热　为了减少加热时产生的应力，保证变形小和防止开裂。对于厚度≥20mm的拉刀都要进行两次预热，即第一次在深井炉中进行，500~550℃×1min/mm，第二次预热在中温盐浴炉中进行，840～870℃×30s/mm。

（3）加热　根据键槽拉刀的工作条件可知，其不需要很高的热硬性，而要求有足够的强度和韧性，故选择中下限淬火温度。这样对减少变形和裂纹有益。加热时间（严格地讲叫浸液时间，即从拉刀入炉到出炉的那一段时间）的设计，应考虑装炉量和炉子的功率等因素，原则上以8～15s/mm计算。此系数对特小和特大的拉大力应进行适当的调整。有时因某种原因，当拉刀浸入高温炉后，炉温恢复时间超过加热时间的2/3时，为保证产品质量，应适当延长加热时间，使之达到1/3的保温时间后再出炉冷却。表2-92列出了键槽拉刀规格、淬火温度和加热时间，可供参考。

表2-92　键槽拉刀规格、淬火温度和加热时间

厚度/mm	淬火温度/℃	加热时间/s	厚度/mm	淬火温度/℃	加热时间/s
3	W18Cr4V：1265～1280； W6Mo5Cr4V2：1205～1215； W9Mo3Cr4V：1210～1220； W2Mo9Cr4V2：1190～1205	120	16	W18Cr4V：1265～1280； W6Mo5Cr4V2：1205～1215； W9Mo3Cr4V：1210～1220； W2Mo9Cr4V2：1190～1205	270
4		135	18		290
5		150	20		300
6		105	24		320
8		180	25		330
10		210	28		340
12		230	30		350
14		240	32		360
15		250	35		380

（4）分级-等温冷却　冷却方式是决定拉刀是否产生弯曲、裂纹和是否易于矫直的关键。同油淬相比，分级-等温冷却不仅减少了冷却时产生的热应力和组织应力，还能控制一定对应量的残留奥氏体、贝氏体和马氏体。奥氏体塑性好易于矫直；贝氏体韧性不好不易矫直；马氏体脆性大，更不易矫直。通过分级-等温冷却处理可得到较多的残留奥氏体，较少含量的贝氏体和马氏体，使之达到便于矫直的目的。

分级冷却时间以拉刀刃部冷到650～800℃（暗红色）为宜（约为加热时间的1/4）。

等温温度为240～280℃，等温时间为30～45min。

（5）热矫直　从等温硝盐浴槽出来后，迅速用干燥的锯木屑去除工件表面的盐渍，再用干净的棉纱头或破布擦拭，放在平板上用塞尺检查，直线度误差为1～2mm轻轻一压就可以矫正了。

（6）回火　回火温度为550～570℃，保温1.5h，4次回火。回火介质为100%（质量分数）$NaNO_3$。

（7）回火后的热矫直　在每次回火出炉后应检查直线度，直线度超差者应进行热矫直。有经验的矫直工，在第一次矫直时，往往会压过头，经回火会反弹后，工件尺寸恰好符合规定，而且这样会大大减少矫直量。

（8）柄部淬火　用钢丝拴绑刃后端，悬挂起来于中温盐浴炉中加热柄部，加热温度为920～960℃，加热时间按30s/mm计算。加热完毕后吊出空冷即可。如果装炉量较大时，可适当提高加热温度或延长加热时间，在油中或在等温硝盐浴中冷却，550℃×1h回火。

（9）清洗、检查变形　全部淬火、回火结束，待工件冷却到室温后才能清洗，清洗槽的温度不得低于60℃。逐一检查直线度，可能有极少数会超差，应进行矫直，使直线度符合要求。

（10）喷砂、防锈、检查变形　直线度误差不大于0.5mm者可用冷敲反击矫直法，矫直后立即进行去应力退火。将硬度、金相组织、变形都合格的拉刀进行喷砂、防锈处理。

188. 圆孔拉刀的热处理工艺

圆孔拉刀是应用非常广泛的孔加工刀具，如图2-51所示。

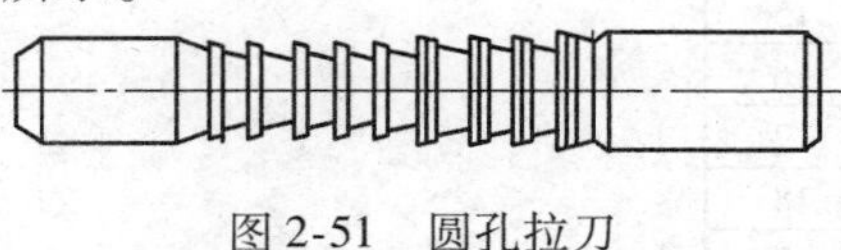

图2-51　圆孔拉刀

技术要求如下：刃部及后导向部硬度63～66HRC，前导向部硬度60～66HRC，柄部硬度40～52HRC；有顶针孔的各种圆孔拉刀热处理后的径向圆跳动公差见表2-93。

表2-93　有顶针孔的各种圆孔拉刀热处理后的径向圆跳动公差　（单位：mm）

直径 \ 总长	≤450	>450～900	>900～1200	>1200
≤25	0.25	0.30	0.35	0.40
>25～50	0.30	0.30	0.35	0.40
>50～90	0.30	0.35	0.40	0.45
>90～150	0.30	0.35	0.40	0.45
>150	0.30	0.35	0.45	0.45

拉刀在热处理过程中，刃口不得烧伤、破损。其热处理工艺简介如下：

（1）去应力退火　将拉刀逐一检查直线度，并认真矫直。用钢丝拴绑好，放在深井炉中进行500～550℃×4h去应力退火，这步工序对后续处理很有好处。如果不进行去应力退火，将增加后续矫直的难度。

（2）预热　一般都采用二次预热：第一次500～550℃×1min/mm，第二次840～880℃×30s/mm。

（3）加热　根据圆孔拉刀的工作条件，对韧性要求高，所以淬火温度取中下限比较好，加热时间的计算应考虑装炉量和炉子升温的速度，原则上按拉刀有效直径8～15s/mm计算，对特大拉刀和特细拉刀应适当调整加热系数。表2-94列出了圆孔拉刀规格、淬火温度和加热时间。

每种规格的拉刀淬火都跟有试样，先淬试样，试样合格后再投入正常生产，在拉刀的中部还栓有试样。拉刀淬火晶粒度一般控制在10.5～11级。

（4）冷却　有些生产单位采用油冷，只要掌握好出油温度并及时矫直是可以保证质量的，但要靠操作工的经验。而大部分生产单位采用分级等温淬火工艺，即在480～560℃的中性盐浴中分级冷却后，立即转入240～280℃的硝盐浴中等温45～60min。

对于直径>60mm的拉刀，为防止开裂，必要时可采取两次分级冷却再等温的工艺，即480～560℃分级冷却后，立即移至450～560℃ 100% $NaNO_3$ 硝盐浴中进行第二次分级冷却。如果两次分级等温后仍不能避免产生裂纹时，等温出炉后，可用乙炔火焰缓慢加热后顶针孔到750℃左右（呈暗红色）。拉刀有后柄，可移入中温炉对后柄进行快速回火。这是因为拉刀都是原材料直接下料，未经改锻，中间心部组织较差，拉刀开裂大多是从顶针孔开始的，这些措施使拉刀端面顶针孔周围硬度降至约55HRC，可防止裂纹的产生。

表 2-94　圆孔拉刀规格、加热温度和加热时间

直径/mm	淬火温度/℃	加热时间/s	直径/mm	淬火温度/℃	加热时间/s
10～13	W18Cr4V：1265～1275； W6Mo5Cr4V2：1200～1215； W9Mo3Cr4V：1210～1220； W2Mo9Cr4V2：1190～1205	165	36	W18Cr4V：1265～1275； W6Mo5Cr4V2：1200～1215； W9Mo3Cr4V：1210～1220； W2Mo9Cr4V2：1190～1205	330
14		180	38		340
15		190	40		350
16		200	42		360
17		210	45		380
18		220	48		390
19		230	52		400
20		240	54		420
22		250	58		440
23		260	60		450
24		270	65		160
25		280	70		480
26		290	75		500
28		300	80		510
30		310	90		540
32		315	100		600
35		320	150		900

（5）热矫直　从等温槽出来后，迅速用干燥的锯木屑去除拉刀表面的盐渍，再用干净的棉纱头或破布擦拭，然后放在矫直机上检查直线度，对超差者进行矫直。为防止压头压崩齿尖，应垫上铜板或铝板再施加压力。

（6）回火　回火工艺为540～560℃×1.5h×3次。第一次回火也可采用350～380℃×2h，然后进行3次常规回火。对于直径大于60mm的拉刀，为防止开裂，在矫直完毕后，拉刀表面温度为40℃左右时，可不经清洗直接进硝盐浴炉回火。

（7）回火后热矫直　在每次回火出炉后应检查直线度，对超差者进行热矫直。

（8）柄部淬火　用钢丝栓绑刃后端，悬挂起来于中温盐浴炉中加热柄部，加热温度为920～960℃，加热时间按30s/mm计算。如果装炉量较大，可适当提高加热温度或延长加热时间。在油中或240～280℃硝盐浴中冷却，550℃×1h回火。

（9）清洗、检查变形、借柄矫直　回火结束后，将拉刀清洗干净逐一检查直线度，对极少数超差者，可借柄进行矫直（在柄部和前导向间有一段硬度比较低的地方）。

（10）喷砂、防锈、检查变形　直线度误差不大于0.5mm者，可用冷敲击补救法矫直。进行喷砂、防锈等各工序时，要轻拿轻放，防止碰撞。

189. 花键拉刀的热处理工艺

花键拉刀以前用W18Cr4V、W6Mo5Cr4V2钢制作，现在不少厂家使用高性能高速钢。若采用W6Mo5Cr4V2等通用高速钢制作，硬度要求为：齿部和后导部63～66HRC，前导部60～66HRC，柄部40～52HRC（也有厂家要求45～58HRC）。

花键拉刀热处理的关键是如何减少和防止变形，变形超差时如何尽快将它矫直过来。以下简介 W6Mo5Cr4V2 钢制花键拉刀的热处理工艺。

（1）去应力退火　将拉刀逐一检查直线度，超差者立即矫直。矫直后进行去应力退火，工艺为550℃ ×2 ~3h（于空气炉中吊挂）。

（2）预热　860 ~880℃盐浴炉，预热时将前导部一起浸入盐浴。

（3）加热　加热温度一般为1210 ~1215℃，加热时间见表2-95，随炉试样淬火晶粒度控制在10 ~10.5 级（拉刀实体晶粒度要细些）。加热时将前导部提出盐浴面。

表2-95　部分规格花键拉刀的加热时间

拉刀基本尺寸 $N\times(d/\mathrm{mm})\times(D/\mathrm{mm})\times(B/\mathrm{mm})$	4 ×15 ×18 ×4	4 ×17 ×20 ×4	4 ×19 ×22 ×4	6 ×24 ×28 ×6	6 ×26 ×30 ×8	6 ×30 ×35 ×10	6 ×35 ×40 ×10	6 ×36 ×42 ×10	6 ×40 ×45 ×12	6 ×45 ×50 ×12	6 ×54 ×60 ×14	6 ×58 ×65 ×14	6 ×62 ×70 ×16
加热时间/s	230	260	270	290	300	320	350	360	380	410	450	480	500

（4）冷却　在中性盐浴分级冷却后，立即转入260 ~280℃硝盐浴中等45 ~60min。

（5）矫直　等温出来立即矫直，冷到室温清洗后再矫直。

（6）回火　550℃ ×1h ×3 次回火，若回火不充分再进行第四次回火。

（7）柄部淬火、回火　1000 ~1020℃加热后空冷即可。吊起来进550℃ ×1h 回火。

（8）喷砂、防锈　最后进行喷砂、防锈处理。

190. 大直径渐开线拉刀的热处理工艺

大直径渐开线拉刀是制造汽车、拖拉机、飞机、坦克等大型工艺装备及机械必不可少的金属拉削刀具，价格昂贵，制造难度大。下面简介其热处理工艺。

（1）拉刀的基本参数　某工具厂的渐开线拉刀中有一组三种规格的拉刀。

1）规格尺寸：ϕ238mm ×1550mm、ϕ238mm ×1500mm、ϕ238mm ×850mm。

2）材料：拉刀切削刃部为 W6Mo5Cr4V2 钢，柄部为 CrWMn 钢。

3）硬度要求：拉刀前柄 45 ~52HRC，拉刀刃部63.5 ~66HRC，拉刀后柄部45 ~52HRC。

4）径向圆跳动≤0.35mm。

5）渐开线拉刀刃部特征。该拉刀（见图2-52）在结构上的特点为：拉刀刃部为空桶状，前后柄与刃部为插入式连接。这种拉刀设计结构在达到使用性能的前提下，大大降低了拉刀本身的制造难度及成本。

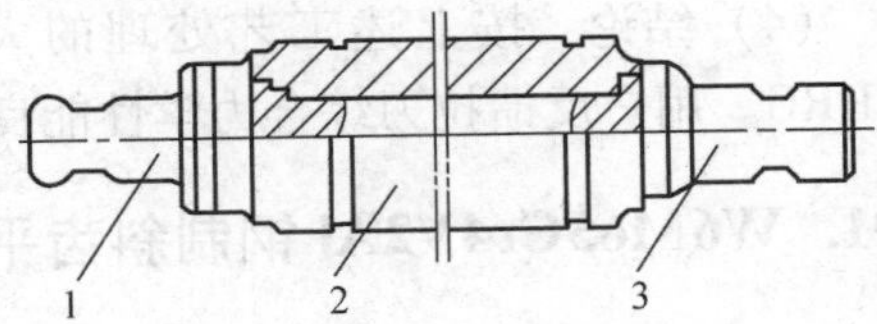

图2-52　大直径渐开线拉刀
1—拉刀前柄　2—拉刀刃部　3—拉刀后柄

（2）拉刀热处理工艺的确定　由于拉刀刃部直径过大，若直线度超差，矫直时极易压断。由于大直径材料原始组织、碳化物分布不良等，易引起开裂和硬度不均现象。

经过认真研究和试验，针对该拉刀易出现的问题，制订了如图2-53 所示的拉刀刃部热处理工艺。

1）为了减少热处理变形，在盐浴的加热过程中采用多次预热。

2）为了保证硬度又减少加热时间，采用中上限淬火温度。

3）在淬火冷却过程中，不采用等温冷却，而采用多次分级冷却，有利于热矫直。

4）采用在第一次回火冷却过程中加压热焖矫直的方法收到了很好效果。

（3）热处理工艺实施要点

1）矫直过程。该拉刀由于自身直径过大，虽经240～260℃×30min等温，但其温度仍然很高，等温出炉后拉刀温度一般为400～500℃，大直径的拉刀不能沿用常规的矫直开始温度（约200℃），而是在350℃时，利用残留奥氏体塑性好的特点，加压矫直，直至拉刀冷至70℃左右停止加压矫直。

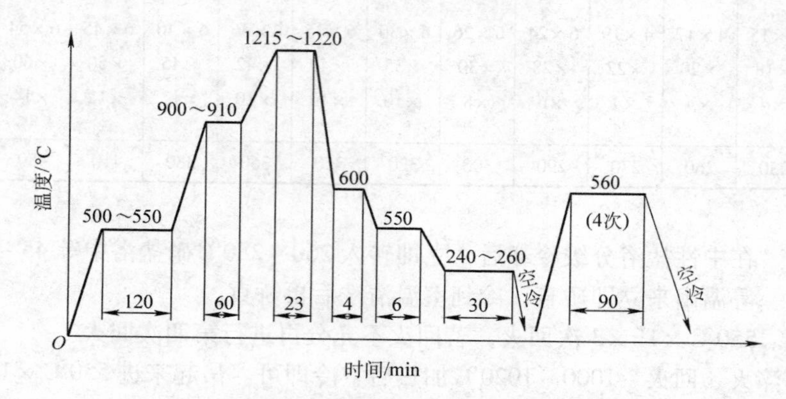

图2-53 大直径渐开线拉刀刃部热处理工艺

2）回火过程。在拉刀冷至40℃左右时，将其放入240～260℃的炉中加热30min，起到缓慢加热的作用，再升温至560℃，保温90min进行回火处理。出炉后趁热加压热矫直，如此重复4次。在第一次回火后矫直效果最佳。

3）时效处理。为了避免由于磨削应力而造成的磨削裂纹，建议采用两次时效法。即第一次时效是在常规热处理后，将拉刀置于炉中进行240～260℃×12h时效；第二次时效是在粗磨削后进行，时效工艺同第一次。

（4）结论 按上述工艺处理的大直径渐开线拉刀，没有开裂现象，硬度为63.5～66HRC。用户反馈拉刀综合力学性能良好，未出现早期失效现象。

191. W6Mo5Cr4V2Al钢制斜齿平面多键拉刀的热处理工艺

平面拉刀是近几年为适应市场需要而开发的新型复杂刀具，一般都选用高性能高速钢制作，后导部及刃部硬度要求为66～67HRC，前导部硬度要求为60～67HRC，柄部硬度要求为40～52HRC。下面简介W6Mo5Cr4V2Al钢制斜齿平面多键拉刀热处理工艺。

（1）去应力（500℃×2h） 经过多道机械加工，存在较大的应力，必须消除。逐一检查直线度，直线度超差者要矫直。在深井炉中去应力退火。

（2）预热 盐浴预热温度为850～870℃，预热时间为加热时间的2倍，预热时将前导向部位及柄部全部浸入盐浴中（柄较短，淬柄可能会影响刃部硬度）。

（3）加热 加热温度取1195～1205℃，常用三种规格的平面拉刀的加热时间见表2-96，晶粒度控制在10.5～11级。加热时将前导部分提出盐浴面。

表2-96　三种规格斜齿平面多键拉刀加热时间表

规格尺寸(长×宽×厚)/mm	880×70×46.77	950×70×50	1396×68×63.135
加热时间/s	360	425	480

(4) 冷却　480~560℃×2~3min，转到450℃硝盐浴中再分级冷却。

(5) 矫直　趁热压直，完成矫直后垂直吊挂。

(6) 回火　550℃×1h×4次，每次回火先经350~400℃预热，以防开裂。

(7) 喷砂　如柄部长则要淬完柄并回火后才可喷砂，喷砂后浸防锈水。整个过程轻拿轻放，防止碰坏齿。

192. W12Cr4V4Mo钢制涡轮盘开槽粗拉刀的热处理工艺

涡轮盘是涡喷发电机的一个重要零件，材料为GH2036、GH2132，其工作条件恶劣，榫槽制造精度高。根据工件的特性，必须选用高性能的高速钢拉刀制作。W12Cr4V4Mo钢的化学成分见表2-97。

表2-97　W12Cr4V4Mo钢化学成分（质量分数）　(%)

C	W	Mo	Cr	V	S、P
1.20~1.40	11.50~13.0	0.90~1.20	3.80~4.40	3.8~4.20	≤0.03

拉刀的热处理工艺如下：

(1) 预热　第一次预热，空气炉，550~560℃×2~3min/mm；第二次预热，盐浴炉，840~850℃×20~24s/mm。

(2) 加热　1245~1250℃×10~12s/mm，晶粒度控制在10~10.5级。

(3) 冷却　两次分级冷却，480~560℃×10~12s/mm中性盐浴分级冷却后，转入硝盐浴中，300~400℃×10~12s/mm进行第二次分级冷却，出炉后空冷。

有条件的生产单位应采取等温淬火，即480~560℃分级冷却后转入280℃×2h硝盐浴等温，等温后趁热矫直。

(4) 回火　550℃×1h×3~4次（等温淬火必须进行4次回火）。

(5) 矫直　每次回火结束后立即热矫直。

(6) 表面强化　有些生产单位施以氧氮共渗处理，使用效果很好。

按上述工艺处理后，拉刀硬度为66.5~67.5HRC，现场使用效果良好。

193. 圆形推刀的热处理工艺

圆形推刀形状比较简单，略有变形也容易矫直。硬度要求：工作部分及后导部64~67HRC，前导部很短，硬度60~67HRC，柄部40~52HRC。下面简介W6Mo5Cr4V2钢制圆形推刀的热处理工艺。

(1) 去应力退火　圆形推刀尽管比较短，但还是要逐件检查直线度，如直线度超差，应立即矫直，然后在空气炉中进行550℃×2h去应力退火。

(2) 预热　盐浴预热温度为850~870℃，预热时间为加热时间的2倍，预热时应将前导部一起浸入盐浴（如果有能力控制弯曲，可把柄部全部浸入）。

（3）加热　加热温度取1220～1225℃，加热时间见表2-98。晶粒度控制在10～10.5级，加热时将前导部提出盐浴面。

表2-98　圆形推刀的加热时间

直径/mm	10	20	30	40	50	60	65	70	80	90	100
加热时间/s	150	240	300	360	425	460	490	520	580	660	700

（4）冷却　先在480～560℃的中性盐浴中冷却片刻（一般控制在加热时间的1/4）后立即转入240～280℃的硝盐浴中等温40～60min。

（5）矫直　先热矫直后冷却，即等温出炉热矫直，冷到室温清洗干净后进行冷矫直。

（6）回火　550℃×1h×4次回火。

（7）淬柄　1000～1020℃加热后淬硝盐浴或空冷。如淬硝盐浴，不必清洗可吊起来对柄部进行回火（550℃×1h）。

（8）喷砂　金相组织、硬度、直线度检验均符合要求后，进行喷砂和防锈处理。

194. CF3粉末高速钢制拉线刀的热处理工艺

拉膛线是火炮膛线制造的关键工序，为保证膛线的加工质量和加工效率，拉线刀必须有足够的寿命。随着现代火炮性能的提高，炮管使用材料的强度越来越高，加工难度随之也增大，即使用高性能高速钢W2Mo9Cr4VCo8、W12Mo3Cr4V3Co5Si等制造拉线刀，其加工效率和刀具寿命仍不能满足日常加工的要求。为此，经试验研究，选用CF3型粉末高速钢制造拉线刀加工炮管线膛，经现场试验，取得了满意的效果。

CF3粉末高速钢的化学成分为$w(C)=1.4\%\sim1.6\%$，$w(W)=9.5\%\sim11.5\%$，$w(Mo)=4.5\%\sim5.5\%$，$w(Cr)=3.8\%\sim4.4\%$，$w(V)=2.8\%\sim3.2\%$，$w(Co)=8.5\%\sim9.5\%$。从化学成分上看，CF3是高碳、高钴、高钒类的粉末高速钢，退火后的硬度为280～310HBW，淬火、回火后的硬度可达68～70HRC，其密度为8.25～8.33g/cm^3，抗弯强度为3.34～3.92GPa，冲击韧度为0.25～0.34MJ/m^2。热处理工艺简介如下：

（1）预热　600℃、850℃两次盐浴预热，加热系数为40s/mm。

（2）加热　1170～1180℃×20s/mm盐浴加热，晶粒度控制在10.5～11级。

（3）冷却　480～560℃中性盐浴分级冷却后转240～260℃硝盐浴等温30～45min。

（4）矫直　等温出炉后立即进行热矫直，冷至室温清洗后进行冷矫直。

（5）回火　550～560℃×1h×4次回火，将硬度控制在66.5～67.5HRC。超过67.5HRC者提高回火温度再次回火。

195. 12000kW发电机磁轭方推刀的热处理工艺

该方推刀的截面尺寸为(45mm×70mm)～(50mm×80mm)，长度为320～600mm，切削部分硬度要求为60～64HRC，导向部分长度为80～100mm，硬度为40～45HRC。原用T10A钢制造，因淬透性差和易崩块而停用；后采用高速钢制造，高速钢采用常规处理工艺，仍产生崩裂现象，采用低温淬火＋高温回火处理，推刀质量稳定。其热处理工艺简介如下：

预热采用850～860℃×30～40s/mm，导向部分在上面，整个工件全部浸入盐浴中。W18Cr4V和W6Mo5Cr4V2钢的高温加热温度分别取1240～1250℃、1160～1170℃，加热系数取 15~20s/mm，导向部分露出高温盐浴。采用分级等温淬火，先在 480~560℃的中性盐浴中分级冷却，分级冷却时间同高温加热时间。分级冷却后立即转入 260~280℃的硝盐浴中等温 2h。最后进行 580~585℃×1h+550℃×1h×2 次回火。回火后硬度为 62~62.5HRC。

经上述工艺处理的方推刀，质量稳定。

196. 高速钢圆拉刀的氮碳硫氧共渗工艺

国内某内燃机厂年生产 492Q 型汽油机连杆数百万件，而加工连杆小头孔的圆拉刀寿命较低。高速钢刀具采用多元共渗的方法较多，但对圆拉刀进行多元共渗的应用实例较少。为了提高连杆拉刀寿命，对其进行氮碳硫氧共渗试验，最终取得了令人满意的效果。试验情况简介如下：

（1）试验设备　RN-60-6K 渗氮炉，炉膛尺寸为 ϕ650mm×1200mm。

（2）渗剂　氮气为保护性气体，将硫脲溶于甲酰胺内组成渗剂。

（3）试样　W18Cr4V 钢金相试块厚 3~4mm，冲击试块尺寸为 10mm×10mm×50mm，弯曲试棒尺寸为 ϕ9.7mm×130mm，非标测氢试块尺寸为 ϕ8mm×20mm。

（4）工艺参数　540~560℃×1.5h，氮气流量为 2m^3/h；渗剂滴量为 130 滴/min，工件出炉后油冷。

（5）试验方法　通氮排气，保温时滴入一定量的渗剂及通入一定量的载气，共渗处理后用普通金相显微镜观察渗层组织，用显微硬度计及维氏硬度计测量渗层表面硬度，用工具显微镜测量刀具刃部磨损带宽度，用高灵敏度 X 射线衍射仪进行渗层相结构分析，用 LHS-12 型表面分析仪对渗层各元素进行分析，用 HR-IE 定氢仪对渗层进行氢含量的测定。

（6）生产应用　试验采用哈尔滨第一工具厂生产的 W18Cr4V、W9Mo3Cr4V 钢制圆拉刀及贵阳工具厂生产的 W6Mo5Cr4V2 钢制圆拉刀。被加工材料为 45Mn2 钢，硬度为 228~269HBW。采用卧式拉床，拉削速度为 5m/min，切削液冷却。结果表明，使用寿命都提高 1 倍以上。

（7）结论

1）拉刀经氮碳硫氧共渗处理后寿命提高 1~2 倍。

2）共渗处理后的渗层深度以 0.015~0.025mm 为宜。

3）共渗处理后应进行去氢处理：250~300℃×2h。

4）氮碳硫氧共渗处理后的拉刀，不仅因为合金氮碳化物弥散析出使扩散层获得高硬度和热硬性，而且还由于产生了 FeS 和 Fe_3O_4，降低了摩擦因数，提高了抗咬合性能，所以提高了刀具寿命。

5）该工艺对环境没有污染。

197. W18Cr4V 钢制细长拉刀的冷矫直热处理工艺

细长拉刀淬火后的矫直方法，一般采用热矫直，即工件淬火油冷至 300~400℃时由油中取出，此时工件温度比较高，还存在着大量的奥氏体，利用奥氏体的良好塑性进行矫直，这是目前国内外普遍采用的高速钢工具的矫直方法。但是它有一定的缺点，即劳动条件差，同时在矫直过程中温度不断下降，马氏体量不断增加，若不及时矫直，则在较低温度矫直就难于进行，甚至压断，产品质量难以保证。在长期生产实践中，人们发现高速钢刀具经等温处理后很容易矫直，即使在较低的温度，甚至有时在室温下也能矫直。

有人曾用不同的热处理工艺处理 ϕ3mm×40mm 的 W18Cr4V 钢磁性分析试样，然后进行残留奥氏体的测定。分析发现，1280℃加热，600℃×1.5min 分级冷却，再在 260℃×3h 等温后空冷，试样内保存 50%（体积分数）左右的残留奥氏体。此时的试样塑性很好，当试样产生 2mm 挠度时还未折断。经 560℃×1h×3 次回火后，残留奥氏体的量和普通淬火差不多，同时还做了硬度、冲击韧度及静力弯曲试验，也看不出明显差别。根据试验结果，在生产中运用等温淬火冷矫直的方法，比较成功，也很实用和稳定，其热处理工艺曲线如图 2-54 所示。工件经分级处理等温后，冷至室温清洗干净即可进行矫直，操作方便，劳动条件大大改善。操作中应该注意以下几点：

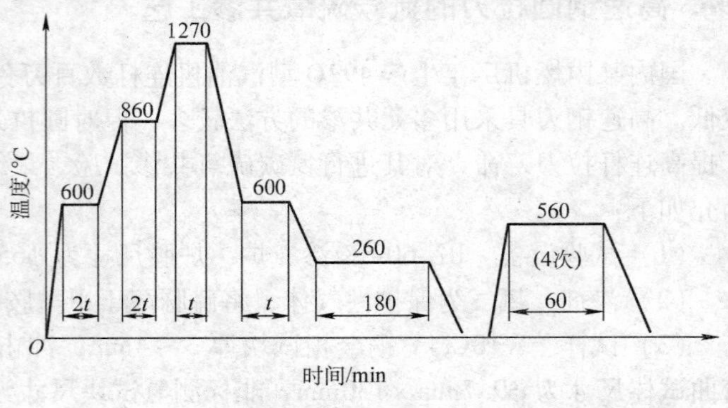

图 2-54 W18Cr4V 钢细长拉刀的热处理工艺

注：图中 t 为高温加热时间

1）分级温度为 580～620℃，使用中性盐浴的配方为（质量分数）：50% $BaCl_2$ +30% KCl +20% NaCl，但若根据需要把分级温度提高到 650～675℃时，则应将分级盐浴成分调整为（质量分数）：50% $BaCl_2$ +25% KCl +25% NaCl，以提高盐浴的熔点，减少盐浴的蒸发。分级温度不应超过 675℃，因为在 675℃以上分级冷却会引起刀具强度和切削性能的下降。

2）对 W18Cr4V 钢的分级冷却时间不要超过 20min，以免过冷奥氏体发生分解而影响刀具的使用性能，一般分级冷却时间同高温加热时间。

3）经生产实践考证，对 ϕ50mm 以下的拉刀进行分级等温淬火和冷矫直，是完全可行的，因有较多的残留奥氏体和下贝氏体及马氏体，矫直起来比较容易。但也有人持不同意见，认为没有必要等温 3h，残留奥氏体太多了反而不易矫直。

198. 高速钢推刀的离子硫氮共渗工艺

离子硫氮共渗是 20 世纪 80 年代在离子渗氮的基础上发展起来的一项新工艺。高速钢推刀硫氮共渗采用氨加二硫化碳，与过热水蒸气反应生成硫化氢气体。试验是在自制的 LD-50 型离子渗氮炉中进行的，炉膛尺寸为 ϕ800mm×900mm，另配备供硫装置。炉内压力为 1～2.5Torr（1Torr = 133.3220a）（辉光厚度为 7～9mm），电流密度为 0.5～0.6A/cm^2。采用模拟测温头配 XC-101 自动控制，用 818 真空计测炉内真空度，在阴极盖板上装一根棒料，观察辉光厚度。

某拖拉机厂生产的 18CrMnTi 钢内花键齿轮，经硫氮共渗并低温回火后，花键表面硬度 >52HRC，由于热处理变形缩孔超差，需用 W18Cr4V 钢推刀对花键内孔进行再加工，推刀硬度为 63～66HRC。推刀的工作条件较差，有时受力不均匀。因此，刀具使用寿命低，失效主要形式是磨损。为此对推刀进行离子硫氮共渗。不同工艺处理后推刀的使用效果见表 2-99。

表2-99　不同工艺处理后推刀的使用效果

处理工艺	推刀件数/件	推孔总数/件	平均每把推孔数/件	倍　数
常规热处理	8	488	61	1
540℃离子渗氮	3	468	156	2.6
520℃离子渗氮	7	1428	204	3.35
500℃离子渗氮	4	760	190	3.1
480℃离子渗氮	3	417	139	2.3
520℃离子硫氮共渗	6	1674	279	4.6
540℃离子硫氮共渗	6	1398	233	3.8

注：1. 共渗时间为0.5h，炉内压力为1～2.5Torr（1Torr=133.322Pa），电流密度为0.4～0.6mA/cm^2，气氛配比为5:1。

2. 齿轮花键缩孔0.01～0.05mm。

由试验可知，经520℃×0.5h离子硫氮共渗，共渗层有较高的硬度，表面无化合物层，渗层深度和硬度分布较理想，生产效果也较理想，使用寿命最高。

199. T8A钢制推刀的饱和硝盐水溶液-硝盐浴淬火工艺

某农机配件厂生产的T8A钢制推刀，外形尺寸为ϕ34mm×82mm，技术要求热处理后硬度为57～62HRC。由于刃口和基体的厚薄悬殊较大，采用水淬油冷的方法，刀具在水中停留时间难以掌握，停留时间过短则硬度偏低。为了避免推刀淬火变形，从减少热应力和组织应力入手，采用了饱和硝盐水溶液-硝盐浴两步淬火法。饱和硝盐水溶液的配方为（质量分数）：25% $NaNO_3$ +20% $NaNO_2$ +20% KNO_3 +35% H_2O，密度控制在1.40～1.45g/cm^3。硝盐浴的成分为（质量分数）：50% KNO_3 +50% $NaNO_2$，另加3% H_2O。工件装箱后于800℃加热保温2.5h，出炉后开箱取出工件，在空气中预冷约10s后，淬入饱和的硝盐水溶液，上下运动8s后，转入160℃的硝盐浴中等温30min，取出空冷到室温后清洗干净，再于180℃硝盐浴中回火2h。

经上述工艺处理后的推刀，硬度为60～62HRC，变形甚微，使用寿命长。

200. DF6Co钢制拉刀的热处理工艺

DF6Co钢是在原W6Mo5Cr4V2钢的基础上添加质量分数为2%左右的Co而形成的新钢种，不过碳的质量分数趋于上限或略大于0.90%，不然发挥不了该钢的特长。

在ϕ62mm圆棒上截取厚度为10mm的试片做工艺试验。其化学成分（质量分数,%）：C0.89，W6.04，Mo4.83，Cr4.18，V1.75，Co1.36，S0.011，P0.026；碳化物不均匀度为4级；中心疏松≤1级。

热处理试验工艺：900℃、1080℃预热各1次，每次均4min；高温加热温度为1180℃、1200℃、1210℃、1220℃、1240℃，各1件，加热时间为90s；550～600℃分级冷却后空冷；540℃×1h×3次回火。随着淬火温度的升高，晶粒度逐渐长大，硬度也随之升高。1220～1240℃加热时碳化物出现明显的黏连现象，属过热组织，就拉刀而言是不允许的。

成品拉刀生产实践：ϕ57mm×1540mm汽车变速器齿轮拉刀，进行950℃×15min40s预热，1210℃×7min50s高温加热，550～600℃分级冷却后再进入240～280℃硝盐浴中等温，试片晶粒度为10级，550℃×1.5h×3次回火后硬度为66.5HRC。用户使用反映比原W6Mo5Cr4V2Al钢制拉刀寿命略高；ϕ60mm×1600mm传动轴成形拉刀的热处理工艺同上述工艺，硬度也为66.5HRC，拉刀一次修磨寿命由原5000件提高到8500件。

切齿刀具是指用于加工各种齿轮、蜗轮、链轮、花键等齿廓形状刀具的统称。它包括各种滚刀、插齿刀、剃齿刀、切齿刀和锥齿轮刨刀等。

201. 直齿锥齿轮刨刀的热处理工艺

直齿锥齿轮刨刀如图2-55所示，一般用W6Mo5Cr4V2等通用高速钢制造，刃口硬度要求65～66.5HRC，不得有软点，刀具表面不得有裂纹，螺孔不得碰伤。W6Mo5Cr4V2钢制刨刀的热处理工艺简介如下：

(1) 预热　选择合适的专用挂具，装炉量见表2-100。先在500℃的空气炉中烘干水分，然后在850～870℃盐浴炉中预热，整体预热。

(2) 加热　加热温度为1220～1230℃，加热时间见表2-100。晶粒度控制在9.5～10级，允许过热1级。

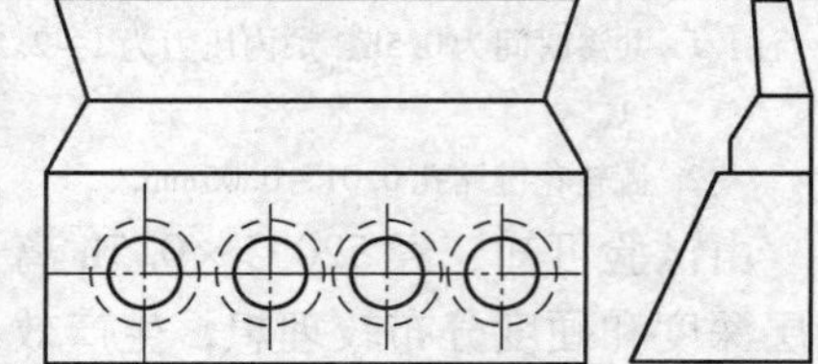

图2-55　直齿锥齿轮刨刀

(3) 冷却　出炉后不要急于淬火，先在空气中预冷几秒钟再淬入480～560℃的中性盐浴中，冷却时间同高温加热时间，出炉后空冷。

(4) 回火　550℃×1h×3次回火，回火后检查硬度、金相组织等。

表2-100　直齿锥齿轮刨刀的装炉量和加热时间

模数/mm	1～4.5	5～5.5	6～6.5	7～8
装炉量/件	24	20	16	12
加热时间/s	210	240	270	300

202. 渐开线花键滚刀的热处理工艺

滚刀要求很高的热硬性和耐磨性，实践证明，过热的滚刀才经久耐用，所以淬火温度应高些，晶粒度粗一些。W6Mo5Cr4V2钢制滚刀的热处理工艺如下：

渐开线花键滚刀硬度要求为64～67HRC；模数≥5mm，等温后冷却到60℃不必清洗可直接回火，允许过热≤3级。

(1) 预热　600℃、860℃两次盐浴预热，预热时间为加热时间的2倍。装炉量见表2-101。

(2) 加热　加热温度为1225～1235℃，加热时间见表2-101。炉前金相晶粒度控制在9.5～10级。

表2-101　渐开线花键滚刀的装炉量和加热时间

模数/mm	0.5	0.75	1.0	1.25	1.5	1.75	2.0	2.5	3.0	3.5	4.0	5.0	6.0	8.0	10.0
装炉量/件	16	16	16	16	12	12	10	8	8	6	6	4	2	1	1
加热时间/s	180	190	200	210	210	230	230	240	260	260	270	300	330	360	390

（3）冷却　模数<5mm的滚刀采用480~560℃分级淬火；模数≥5mm的滚刀，高温加热出炉后，不要急于淬火，先在空气中预冷4~6s，然后于480~560℃分级冷却后立即转入260~280℃的硝盐浴中等温45~60min。

（4）回火　540~550℃×1h×3~4次回火（等温的需回火4次）。

（5）喷砂　硬度、金相组织等项目检查合格后进行喷砂、防锈处理。

203. 矩形花键滚刀的热处理工艺

通用高速钢制作的矩形花键滚刀的硬度要求为64~66.5HRC，高性能高速钢的硬度要求为66~67.5HRC，允许过热1~2级。W9Mo3Cr4V钢制滚刀的热处理工艺简介如下：

（1）预热　选用专用的淬火夹具，先在500℃的空气炉中预热，然后移至850~870℃的中温盐浴中预热，预热时间为加热时间的2倍。

（2）加热　加热温度为1225~1235℃，装炉量和加热时间见表2-102。晶粒度控制在9.5~10级，允许过热1~2级。

表2-102　矩形花键滚刀的装炉量和加热时间

花键规格尺寸（$N \times d \times D \times B$）/mm	4×12×15×14	6×21×25×5	6×26×32×6	6×45×50×12	8×42×40×8	8×52×60×10	10×40×45×7	10×72×82×12	10×92×102×14	10×112×125×18
装炉量/件	8	8	6	6	6	6	6	4	2	2
加热时间/s	260	280	300	320	300	320	300	340	370	390

注：表中“花键规格尺寸”指滚刀加工矩形花键轴的基本尺寸。

（3）冷却　出炉后不要急于淬火，而是先在空气中预冷数秒钟后再投入480~560℃硝盐浴中2min左右，然后转入400~450℃硝盐浴中继续分级冷却，两次分级冷却时间均和高温加热时间相同。

（4）回火　550℃×1h×3次硝盐浴回火。第3次回火后检查硬度、金相组织，如果回火不充分应进行第4次回火，每次回火后必须矫直。

（5）喷砂　各项指标检查合格后进行喷砂处理，喷砂后进行防锈处理。

204. 齿轮滚刀的热处理工艺

齿轮滚刀（见图2-56）一般用通用高速钢制作，硬度要求为64~66.5HRC，对碳化物不均匀度也有要求，以≤3级为宜。用W6Mo5Cr4V2钢制齿轮滚刀的热处理工艺简介如下：

（1）预热　选用专用的淬火夹具，预热一般先经500℃左右井式空气炉烘干，然后进850~870℃中温盐浴炉中预热，预热时间为加热时间的2倍。

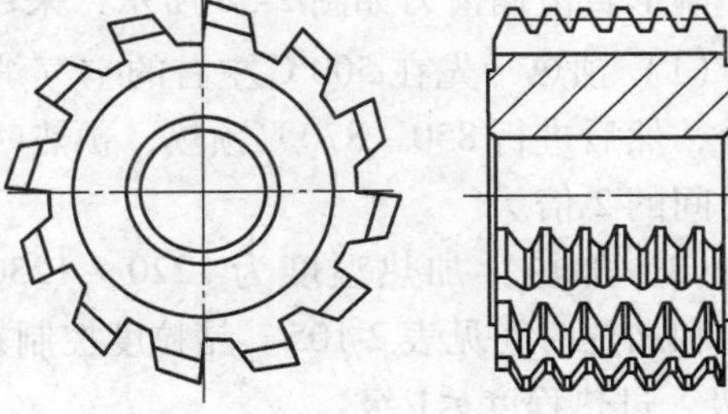
图2-56　齿轮滚刀简图

（2）加热　加热温度为1225~1235℃，装炉量和加热时间见表2-103。晶粒度控制在9.5~10级，允许过热1~2级。

表 2-103 齿轮滚刀的装炉量和加热时间

模数/mm	1	1.5	2	2.5	3	3.5	4	4.5	5	5.5	6	6.5	7	8	9	10
装炉量/件	16	14	12	10	8	6	6	6	4	4	2	2	2	1	1	1
加热时间/s	200	220	230	250	260	270	280	300	330	350	360	370	400	420	450	480

（3）冷却 高温出炉后在空气中预冷数秒再淬火。对于模数<5mm 的齿轮滚刀，一般采用480~560℃、450℃两次分级冷却；对于模数≥5mm 的齿轮滚刀，即先在480~560℃中性盐浴中分级冷却2min，然后转入260~280℃硝盐浴中等温1.5h。

（4）回火 550℃×1h×4 次回火，等温淬火均需4 次回火。

205. 锥柄直齿插齿刀的热处理工艺

锥柄直齿插齿刀（见图2-57）一般采用W6Mo5Cr4V2 等通用高速钢制造，刃部硬度要求64~66.5HRC，整体高速钢柄部要求30~50HRC，晶粒度控制在10~10.5级。W6Mo5Cr4V2 钢制插齿刀的热处理工艺如下：

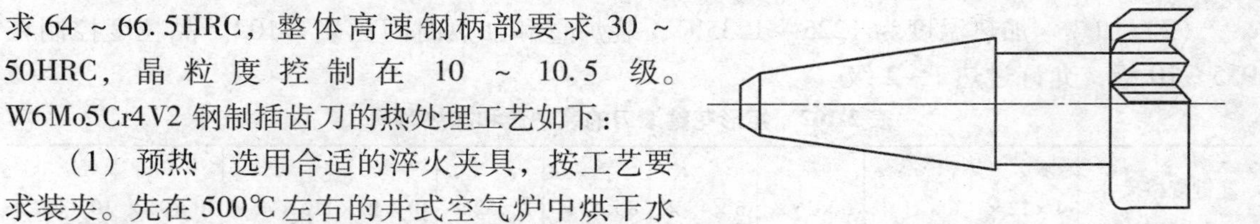

图2-57 锥柄直齿插齿刀

（1）预热 选用合适的淬火夹具，按工艺要求装夹。先在500℃左右的井式空气炉中烘干水分，然后进入850~870℃的中温盐浴炉中预热，预热时间为加热的2 倍，预热时柄部全部浸入盐浴。

（2）加热 加热温度为1225~1235℃，加热时提出柄部。装炉量和加热时间见表2-104。晶粒度控制在10~10.5 级。

表2-104 锥柄直齿插齿刀的装炉量和加热时间

模数/mm	1~1.5	1.75~2.5	2.75~3.5	3.75~4
装炉量/件	24	20	18	16
加热时间/s	200	220	250	280

（3）冷却 在480~560℃的中性盐浴中冷却，冷却时连同柄部浸入冷却液，冷却时间同高温加热时间。

（4）回火 550℃×1h×3 次硝盐浴回火，最好采用垂直吊挂回火。

（5）喷砂 金相组织、硬度、变形等各项检查合格后进行喷砂、防锈处理。

206. 碗形直齿插齿刀的热处理工艺

碗形直齿插齿刀如图2-58 所示，采用W6Mo5Cr4V2 钢制作，硬度要求64~66.5HRC。

（1）预热 先在500℃左右的空气炉中烘干水分，然后进行850~870℃预热，预热时间为加热时间的2 倍。

（2）加热 加热温度为1220~1230℃，装炉量和加热时间见表2-105。晶粒度控制在9.5~10 级，过热程度≤1 级。

（3）冷却 在480~560℃中性盐浴中分级冷却1~2min 后，立即转到260~280℃硝盐浴中

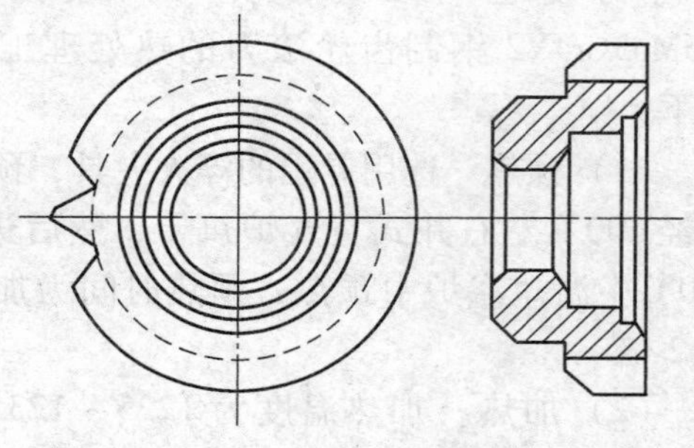

图2-58 碗形直齿插齿刀

继续分级冷却，分级冷却后再冷却到室温清洗。

（4）回火　550℃×1h×3次回火。

表2-105　碗形直齿插齿刀的装炉量和加热时间

直径/mm	φ50			φ75			φ100		
模数/mm	1～1.5	1.75～2.5	2.75～3	1～1.5	1.75～2.5	2.75～3.5	1～1.75	2～4.5	5～8
装炉量/件	16	12	8	12	10	8	8	6	4
加热时间/s	230	250	270	240	260	280	300	320	340

（5）喷砂　各项检查合格后进行喷砂、防锈处理。

207. 盘形直齿插齿刀的热处理工艺

盘形直齿插齿刀类似于碗形插齿刀，技术要求一样，外径相同、模数又相同时，装炉量、加热时间均相同。

208. 弧齿锥齿轮铣刀的热处理工艺

弧齿锥齿轮铣刀是加工弧齿锥齿轮的主要刀具，以前依赖进口，现在完全国产化，并且还有少量出口。以前铣刀主要采用通用高速钢制造，现在基本用W6Mo5Cr4V2Al钢之类的高性能高速钢制造。以下简介W6Mo5Cr4V2Al钢制弧齿锥齿轮铣刀的热处理工艺。

该铣刀的硬度要求为65～67.2HRC，不允许磨退火。

（1）预热　500～550℃×1h空气炉预热，850～870℃盐浴预热。

（2）加热　1190～1205℃盐浴加热。装炉量和加热时间见表2-106。晶粒度控制在10～10.5级。

（3）冷却　480～560℃中性盐浴分级冷却2min左右转260～280℃硝盐浴再分级冷却。

表2-106　弧齿锥齿轮铣刀的装炉量和加热时间

铣刀尺寸/in①	≤1	>1～2	>2～3	>3～4	>4～5	弧齿刀头
装炉量/件	36	24	20	16	12	80～100
加热时间/s	210	230	240	250	260	300

① 1in=0.0254m。

（4）回火　550～560℃×1h×4次回火。第3次回火后抽查硬度，视硬度值的高低，做出第4次回火是否要提高温度的决定，一般情况下，硬度均会高于技术要求，根据经验，高出1HRC，提高回火温度15～18℃。

（5）喷砂　各项检查合格后进行喷砂、防锈处理，要注意不要碰坏齿尖。

209. 球面蜗杆插切刀的热处理工艺

球面蜗杆插切刀一般采用通用高速钢制造，硬度要求64～66.5HRC。某工具厂处理NJ130（粗）、NJ130（精）规格球面蜗杆插切刀，采用W6Mo5Cr4V2钢制造。1225℃×

5min20s，晶粒度为9.5～10级，550℃回火后，硬度为65～66HRC；生产CA-108、BJ-212两种规格球面蜗杆插切刀，1220℃×6min，晶粒度为9.5～10级，550℃×1h×3次回火，硬度为64.5～66HRC，符合技术要求。

210. 蜗轮滚刀的热处理工艺

蜗轮滚刀为专用刀具。

由于蜗轮滚刀中间大两头小，工作面在中间，制订热处理工艺应掌握两个原则：淬火温度取中下限，加热时间适当延长。例如：W6Mo5Cr4V2钢的淬火温度取1215～1220℃，加热系数取15～20s/mm，晶粒度控制在10.5～11级，但硬度不得低于64HRC。

柄部采用高频感应淬火或盐浴淬火。柄部盐浴淬火时要留适当长的空白带（不淬火），以便于矫直。

211. 大滚刀等复杂刀具的二次贝氏体等温淬火工艺

高速钢刀具正常淬火或等温淬火后，组织中保留有大量的残留奥氏体。回火时马氏体相变应力得到松弛，碳化物从残留奥氏体中析出等，使后者的 Ms 点升高并重新获得了转变的能力，在回火后的冷却过程中转变为马氏体，这一变化过程也必将伴随着相变应力。对于形状复杂、淬火开裂倾向大的刀具，回火时的相变应力也可能造成产生淬火裂纹而报废。奥氏体转变为贝氏体时所产生的相变应力小于转变为马氏体的应力。因此，对于形状复杂的大滚刀等昂贵刀具，一般都采用二次贝氏体等温淬火处理，以防止这些刀具在回火过程中变形和开裂。即对经淬火或贝氏体等温淬火后的大滚刀，于第一次550℃回火出炉后，不是空冷而是直接进入260～280℃的硝盐浴中等温2h，使残留奥氏体转变成贝氏体（即二次贝氏体），然后再进行550℃三次回火。

多年的生产实践证明，二次贝氏体等温淬火工艺是防止回火过程中刀具变形、开裂效果较好的高速钢热处理工艺。

212. 减小W6Mo5Cr4V2钢制蜗轮滚刀热处理变形工艺

减小W6Mo5Cr4V2钢制蜗轮滚刀热处理变形的措施：垂直绑扎刀具，两次预热；选择较低的淬火温度；从分级炉出炉后空冷数秒（约300℃）再投入等温槽；等温后空冷至室温进行冷矫直；矫直好以后进行第一次单独回火，回火后检查弯曲并趁热矫直。

其工艺为：500～550℃×0.5～1h空气预热+850℃×30s/mm第二次预热；1205～1215℃×15s/mm加热，480～560℃×15s/mm分级冷却；260～280℃×2h等温；560℃×1h×4次回火。

按上述工艺处理后，蜗轮滚刀的硬度为64～65HRC，变形量≤0.30mm。

213. W2Mo9Cr4VCo8钢制滚刀等复杂刀具的热处理工艺

W2Mo9Cr4VCo8是目前国内外通用的一种超硬型高速钢，被广泛用于制造复杂刀具，如各种拉刀、键槽铣刀、滚刀、剃齿刀、插齿刀、格里森刀头等。

（1）W2Mo9Cr4VCo8钢的化学成分　试验选用 ϕ40mm原材料制作小滚刀等多种复杂刀具，其主要化学成分见表2-107。

表2-107 W2Mo9Cr4VCo8钢的主要化学成分（质量分数）及其他检验结果 （%）

C	W	Mo	Cr	V	Co	碳化物不均匀度	硬度HBW
1.05	1.65	9.50	3.75	1.20	8.00	3级	229～241

上述检验结果，W2Mo9Cr4VCo8钢化学成分、金相、硬度均符合GB/T 9943—2008标准。

（2）热处理工艺试验 对于滚刀之类的复杂工具，淬火温度取中下限，即1165～1175℃，加热系数为10～15s/mm，晶粒度为10～10.5级；540～550℃×1h×3次，回火后硬度为67.5～68.5HRC。

（3）生产应用 用ϕ40mm原材料制作的成形拉刀、滚刀、剃齿刀、插齿刀及格里森刀头，都较理想，刀具寿命长，不少产品接近或超过国外进口刀具的使用寿命，用户非常满意。

214. 齿轮滚刀的简易发蓝处理工艺

多刃连续切削的齿轮滚刀，在滚切齿轮时，其刃部与流动的金属屑剧烈摩擦，易使刀具磨损。为了提高滚刀的耐磨性，常对刀具进行发蓝处理。

发蓝处理的方法很多，用三氧化钼（MoO_3）水溶液对刀具煮沸，就是简单易行的一种。MoO_3在常温时是白色粉末，其状如滑石粉，受热变黄。密度为4.50g/cm^3（19.5℃），熔点为795℃，它几乎不溶于水，因而对水的沸点无影响。

处理前刀具应脱脂，即用乙醇将刀具刷洗干净，并自然干燥。

氧化溶液的成分是0.4%～0.5%（质量分数）的MoO_3水溶液，溶液的温度为100℃（沸腾），浸涂20～30min后，刀具在室温下自然干燥。

发蓝处理的刀具表面是灰黑色的MoO_3薄膜，它的摩擦因数很低，因而能降低摩擦阻力，防止在刀具表面上形成积屑瘤，降低切削热，防止刀尖过早失效。

试验用的剃前滚刀，材料为W18Cr4V，模数是5.5mm、6mm等。被加工材料是20CrMnTi，正火态硬度为179～207HBW。寿命考核证明，经发蓝处理的滚刀寿命提高20%～67%。

215. W5Mo5Cr4VCo3钢制滚刀的热处理工艺

（1）热处理工艺 W5Mo5Cr4VCo3钢制模数$m=2.5$mm渐开线花键滚刀的基本尺寸为63mm×63mm×22mm（外径×长度×内孔），经改锻退火加工成半成品后淬火。热处理工艺：600℃×8min+860℃×8min两次盐浴预热；1215～1225℃×4min高温加热，600℃×4min中性盐浴分级冷却后，立即入240～280℃×30min硝盐浴中等温，晶粒度控制在9.5～10级；550℃×1h×4次回火，硬度为68.5～69.2HRC，过热1级。

（2）刀具使用情况 机床型号：Y613K；加工零件：20CrMnTiA钢角齿；主轴转速：200r/min；进给量：1.5mm/r；滚刀硬度：69.1HRC。刃磨一次滚削角齿为121～145件，比W6Mo5Cr4V2钢制滚刀寿命提高20%以上。失效的主要形式是崩刃。

（3）工艺调整 从滚刀好用但易崩齿现象人们领悟到：对于刀具来说，使用寿命并非硬度越高越好，而是有一个比较合适的硬度范围，在保证韧性的前提下硬度越高越好。于是，调整了滚刀热处理工艺：淬火温度取中限，晶粒度控制在10级，硬度为66.5～67HRC，过热1级。重新进行试验，结果解决了崩齿问题，一次刃磨可加工角齿200件以上，而且可反复修磨，获得了较好的经济效益。

216. 高速钢刨齿刀等齿轮刀具的气体渗硫工艺

高速钢刀具表面强化工艺很多，但气体渗硫体当少见。国内有家拖拉机厂，为了提高刨齿刀、插齿刀、滚刀等齿轮刀具的使用寿命，开发了气体渗硫新工艺。

（1）刀具的预备处理　渗硫前彻底消除刀具表面的油污和氧化膜，使金属表面处于活性状态，这是渗硫成败的关键之一。选择渗硫活化处理配方：硫酸100～300mL/L+硫脲5～10g/L+海鸥洗涤剂10～30mL/L。值得强调的是活化处理后必须彻底清洗。

（2）渗硫设备及工艺　经活化处理的刀具，干燥后与渗剂一起置于自行设计的炉罐中加热，也可以利用原有各种老设备。处理温度为280～300℃，保温2h，出炉空冷，刀具表面形成一层银灰色层。

经上述工艺处理后，渗层总深度为8μm左右（包括过渡层）。X射线衍射图分析证明，渗层以FeS_2成分为主。

（3）刀具使用情况　试验中发现，经渗硫处理，插齿刀的寿命提高1～2倍，刨齿刀则提高2倍以上。多种刀具统计分析，齿轮刀具经气体渗硫，寿命提高0.5～4倍不等，被加工零件表面质量显著提高。

217. 齿轮滚刀的二硫化钼浸涂工艺

二硫化钼浸涂处理是一种将刀具浸在二硫化钼浸涂液中，经过加热保温，使其表面产生一层附着力很牢的，在高温、高压、高速下具有极低的摩擦因数（0.03～0.15）和良好润滑作用的二硫化钼薄膜，从而提高刀具耐磨性的表面处理。

（1）刀具质量检验　检查时除了要检查刀具的几何尺寸外，主要是检查刀具的热处理质量，即刀具的硬度及金相。必须指出，如果刀具的热处理质量不佳，即使经过MoS_2浸涂处理，也不能提高刀具的使用寿命。

（2）磨刃及检查　刀具在磨刃时不仅要将刃口磨锋利，并且要使刃角达到要求的角度，同时又不能有卷刃、崩刃及磨退火现象。

（3）脱脂。先用汽油清洗，然后用热碱脱脂。碱液的配方：Na_2CO_3为(35～40)g/L，Na_2SiO_3为(3～5)g/L，Na_3PO_4为(16～30)g/L，NaOH为(13～16)g/L。处理温度为100℃，处理时间为20～30min，取出后用自来水冲洗干净。

（4）酸洗　酸洗的目的是去除刀具表面的氧化皮，活化刀具表面，为MoS_2浸涂处理作为基体准备。将刀具放入10%～20%（质量分数）的盐酸中3～5s后取出，用自来水冲洗干净，并立即放入MoS_2浸涂溶液中进行浸涂处理。

（5）MoS_2浸涂处理　有水煮法和甘油法两种。

1）水煮法：MoS_2(胶体)与水的质量比为(10～15):100；加热温度为100℃(浸涂液沸腾)；保温时间为40～60min。

2)甘油法：MoS_2(胶体)与甘油的质量比为(5～10):100；加热温度为180～200℃，保温时间为3～4h。

上述两种方法中水煮法比甘油法成本低，处理时间短，操作简单方便，不需要温控设备。

（6）烘干 经 MoS_2 浸涂处理的刀具要立即进行烘干，使浸涂在刀具上的 MoS_2 薄膜牢固地附着在刀具上。烘干工艺为 150～160℃ ×1～2h。

（7）检查 经 MoS_2 浸涂处理的刀具表面应呈蓝灰色或黄色。MoS_2 薄膜的附着力应很牢，不易擦去，具有光泽。MoS_2 薄膜的厚度一般情况下应为 0.0025～0.0050mm。厚度的测量用金相法，在显微镜下可见黑色 MoS_2 薄膜层。

（8）MoS_2 薄膜厚度对刀具使用寿命的影响 试验证明，用来加工手表零件擒纵轮片的齿形滚刀表面的 MoS_2 涂层厚度越厚，刀具加工零件的数量也就越多（见表 2-108），使用寿命也就越长。因此，在进行 MoS_2 浸涂处理时，要尽量使刀具表面的 MoS_2 薄膜能厚些。

表 2-108 MoS_2 薄膜厚度与刀具加工零件数量的关系

薄膜厚度/mm	0.0025	0.0031	0.0035
加工零件数量/件	20620～21004	28 265～28 540	34098～35350

218. 齿轮滚刀的低温渗硫工艺

某厂加工的 M3 左旋齿轮的齿数为 49，齿厚为 35mm，采用 40Cr 钢制造，经调质处理，硬度 220～250HBW。滚刀材料为通用高速钢，每把滚刀最多滚 25 件齿轮就要刃磨。经硬度和金相组织检验，滚刀均符合出厂要求。为了进一步提高滚刀的使用寿命，将 M3 齿轮滚刀进行低温渗硫处理，取得了很好的效果，现简介如下：

1）渗硫液配方（质量分数）：硫 1.5%，氢氧化钠 50%，其余为水。

2）清洗方法：用金属清洗剂或汽油清洗刀具上的油污。

3）使用设备：烘干箱。

4）渗硫工艺：将配好的渗硫液放在烘干箱中，于 130℃加热到温后，将经清洗并烘干后的滚刀轻轻放入渗硫液内，保温 3h 后取出即可使用。

5）注意事项：滚刀须刃磨后进行处理，每刃磨一次均可再渗硫一次。

6）试验结果：经低温渗硫处理后，每把滚刀可滚削加工齿轮 80 件以上才进行刃磨，提高寿命 3 倍以上；齿面表面粗糙度值 Ra 由原来的 6.3μm 降低到 3.2μm。能够达到上述效果的主要原因是经硫化处理后减少了切削刃与工件之间的摩擦因数。

219. 用 40Cr 钢代替 W18Cr4V 钢提高滚刀使用寿命的热处理工艺

齿轮滚刀一般用 W18Cr4V 或同等性能的通用高速钢制造，也有用更高级的材料，国内有家机床厂用 40Cr 钢制造滚刀取得了成功，现简介如下：

图样设计选用 W18Cr4V 钢，要求硬度 58～62HRC 的圆柱形齿轮滚刀，外形尺寸为 ϕ92mm ×30mm（内孔 ϕ45mm），在锻造、热处理、机械加工等众多因素的影响下，常出现裂纹、崩齿等缺陷，从宏观断口上看，基本上属于脆性断裂，一副滚刀，有的加工千余件，有的加工几件即报废。

圆柱形滚刀主要是工作面受力，工作面需要有高的疲劳强度、耐磨性和足够的韧性，而心部则不需要高硬度，仅保证一定的强韧性即可，故采用 40Cr 钢代替高速钢制造齿轮滚刀是可行的。其热处理工艺为900℃×4h 气体渗碳后淬火（油冷），200℃回火。这样不仅提高了滚刀的使用寿命，而且简化了加工工序，降低了成本。

用40Cr等结构钢经表面强化制作滚刀等金属切削刀具，有一定的局限性，应视加工对象，选择合适的刀具材料，并做相应的表面强化处理。

220. 高速钢齿轮滚刀等刀具的气体硫碳氮共渗工艺

高速钢刀具进行硫碳氮共渗是为了提高刀具表面的硬度、耐磨性和抗咬合等性能，从而提高刀具的使用寿命，同时也提高刀具的耐蚀性。要求共渗剂具有便于滴入炉内、在共渗温度下易于分解、无毒等特点，根据要求选择了如下配方：三乙醇胺1kg，乙醇1kg，氨气（用浮子流量计控制流量）。加入乙醇是为了增加三乙醇胺的流动性，使其便于滴入炉内。由于三乙醇胺分解后气体中含氮原子较少，因而通入一定量的氨气以提高炉内氮原子的浓度和炉内气氛的均匀性。共渗剂在炉内进行热分解，析出活性C、N、S原子吸附在刀具表面并扩散渗入，形成碳氮化合物或以固溶形式存在于α-Fe中，并在表面获得硫化物层，提高了刀具的耐磨性和减摩性。

共渗设备采用60kW井式气体渗碳炉。不锈钢炉罐尺寸为ϕ630mm×1100mm。炉盖与炉罐用石棉绳密封，用螺钉压紧。共渗时炉内压力用排气孔上的阀门控制。

刀具经正常的淬火、回火后加工成成品，然后进行共渗处理。其过程为：将要共渗的刀具先用煤油清洗再用乙醇清洗，除净表面氧化物及油污等，再进行装炉，装炉前校准温度。装炉后盖紧炉盖并滴入共渗剂，排除炉内废气。为了缩短排气时间，共渗剂滴量和通氨量均应适当增加。一般应在10～15min之间点燃排出的废气。通过对共渗温度、共渗滴量和通氨量、炉压、共渗时间和共渗层深度的关系试验后，确定了图2-59的共渗工艺。经3h共渗处理后，共渗层深度一般为0.04～0.06mm，刀具表面硬度提高到1020～1050HV，但脆性轻微地增大。通过金相组织观察，试样表面有淡黄色的硫化层，中间夹有蓝色，次层为深褐色的碳氮共渗层。经X射线结构分析（德拜照相法）发现表层有硫化物的衍射线条，但强度较弱。用硫印方法也证明表层确有硫存在。电解残渣和剥层粉末照相结果发现表层有Fe_3O_4存在。根据有关资料介绍，Fe_3O_4较致密，可减少刀具的摩擦因数，还可以提高刀具的耐蚀性。金相组织分析结果为：表层为FeS + M_6C，过渡层为Fe_3（N，C）+ M_6C + 马氏体，最表层还存在Fe_3O_4。

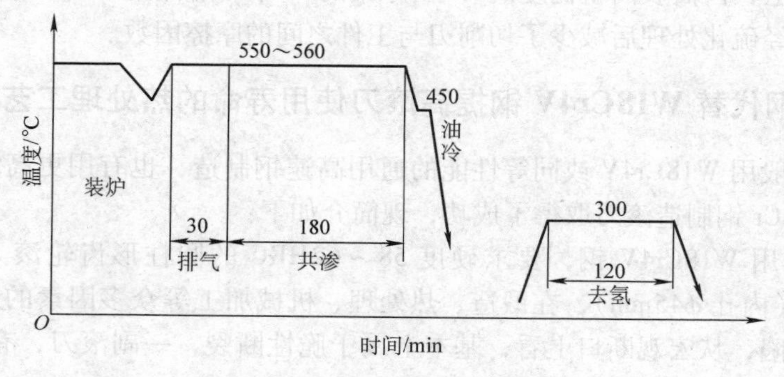

图2-59 高速钢齿轮滚刀等刀具硫碳氮共渗工艺

通过对齿轮滚刀等几种刀具进行不同工艺试验，试验工艺见表2-109，共渗层深度及显微硬度见表2-110。

表2-109 高速钢刀具硫碳氮共渗工艺

试验号	渗剂配方（质量份）			共渗剂用量				共渗时间/h
				排气期		共渗期		
	三乙醇胺	酒精	硫脲	氨/（m^3/h）	渗剂/（滴/min）	氨/（m^3/h）	渗剂/（滴/min）	
1	100	100	2	0.15	150	0.1	100	3
2	100	100	2	0.15	150	0.1	100	2.5
3	100	100	3	0.15	120	0.1	80	3

表2-110 共渗层深度及显微硬度

试验号	共渗层深度/mm	显微硬度HV		备注
		共渗前	共渗后	
1	0.051～0.054	840	1190	测量3点取平均值
2	0.03～0.034	846	1065	
3	0.03～0.031	846	1190	

共渗刀具使用情况如下：

1）齿轮滚刀。被加工产品为CA-10副轴5档齿轮，材质为18CrMnTi钢，正火态硬度为156～207HBW，使用设备为Y36型滚丝机，经硫碳氮共渗后的齿轮滚刀由原来加工30件提高到61～82件。

2）刨齿刀。被加工产品为CA-10行星齿轮，材质为18CrMnTi钢，正火态硬度为180～207HBW，使用寿命比未共渗者提高2～3倍。

3）齿轮铣刀。被加工产品为130汽车行星齿轮，材质18CrMnTi钢，正火态硬度为156～207HBW，使用设备为半自动开槽机。经硫碳氮共渗的齿轮铣刀使用寿命由原20～30件，提高到86～93件。

221. 高速钢齿轮刀具的气体多元共渗工艺

用表面化学热处理的方法提高高速钢刀具的寿命，效果显著，在国内外受到广泛的重视。以下简介高速钢齿轮刀具的气体多元共渗工艺。

（1）共渗设备及渗剂配制　气体多元共渗是将一种配制好的有机溶液直接滴注到炉膛内进行热分解，从而使刀具表面同时渗入硫、氧、硼、碳和氮的工艺方法。所采用的设备是RJJ-60-9T型气体渗碳炉。为了防止渗剂低温分解的固体产物堵塞接近炉盖部位的滴油管口，将设备原有的0.5in（1in = 25.4mm）进油管改为1in管，并将滴量器安装在管径的正中心，以保证液滴直接滴到炉膛内。

多元共渗渗剂的成分：硫脲、硼酸、甲酰胺和无水乙醇。配制的方式：将8g硫脲和8g硼酸溶解到500mL甲酰胺和500mL乙醇的混合溶液中。为了加快溶解速度和保证充分溶解，可在溶解过程中稍许加热，按这种配方渗剂中各种元素的理论含量见表2-111。

表2-111 多元共渗渗剂各元素的理论含量（质量分数） （%）

元素	S	B	C	N	O	H
含量	0.35	0.15	36.3	18.3	35.3	9.6

（2）多元共渗工艺　共渗温度选择高速钢刀具的回火温度，即550～570℃。多元共渗采用热炉装料。为了提高共渗质量，装炉前刀具必须经过清洗，最好能用乙醇擦拭干净。工件表面不得有油污、锈蚀和水珠。

多元共渗工艺如图2-60所示。在排气阶段，打开试样孔，排气结束后将其关闭。炉内气压为30～60mmH_2O（1mmH_2O=9.8Pa）。共渗后出炉油冷或空冷。为了消除氢脆，共渗后的刀具再经250℃×1h回火处理。

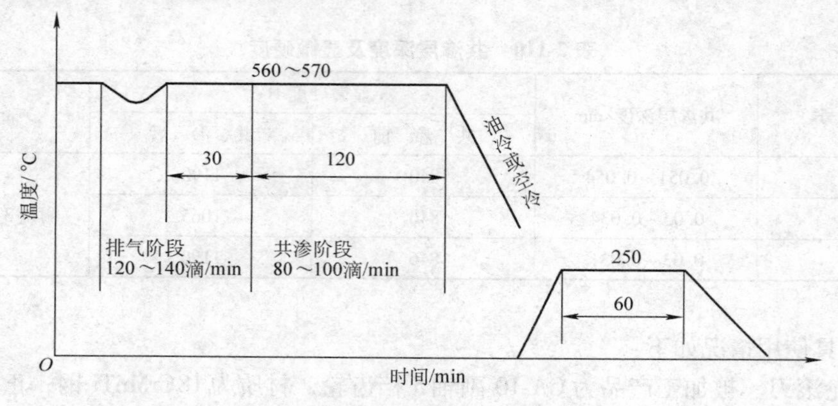

图2-60 多元共渗工艺

渗剂直接滴到560～570℃的炉膛内进行热分解产生S、N、C的活性原子，被工件表面吸附并向内扩散，同时炉气中的蒸汽与工件表面接触产生反应生成Fe_3O_4薄膜。

（3）多元共渗的组织和性能　高速钢刀具经气体多元共渗后，金相组织为多层结构。从未经腐蚀的金相试样中可观察到最外表层为白亮层，其厚度为0.001～0.003mm。白亮层内是灰色层，灰色层的厚度为0.002～0.004mm。金相试样经4%（质量分数）的硝酸乙醇腐蚀后，表面白亮层和灰色层以内显现为黑色的过渡层。多元共渗总的渗层深度为0.03～0.07mm。经X射线衍射分析，共渗层内有Fe_3O_4、FeS、$Cr_{23}C_6$、Fe_2N、Fe_3N等相。电子探针微区分析发现共渗层内渗入微量的硼。

共渗层的硬度中表面最低（548HV），黑色的过渡层硬度最高（1230HV）。

（4）共渗刀具的使用情况　经某齿轮厂试验证实，在相同的切削规范条件下，多元共渗的齿形加工刀具烧刃现象大大减少。与气体碳氮共渗相比，多元共渗后的刀具还有较小的脆性。例如：直齿锥齿轮铣齿机刀头，不共渗的刀头烧刃现象十分严重，在较好的情况下，每刃磨一次，才能加工80～120个齿轮，多元共渗者每刃磨一次，一般能加工350～400个。又如：模数为4mm的短齿插刀，未共渗者刃磨一次只能加工60～90个齿轮，共渗后刃磨一次一般可加工齿轮200多个，个别插齿刀能加工500多个齿轮，滚齿刀多元共渗后一般能提高刀具寿命1倍左右。

高速钢刀具经气体多元共渗表面强化后，由于表面层有Fe_3O_4和FeS薄膜，使刀具在切削过程中有良好的减摩性。而且 FeS 在破损过程中还不断产生活性硫原子和铁作用重新生成硫化物，因而还能使刀具表面保持持久的减摩性。在氧化物与硫化物的渗层以内，是高硬度的碳氮硫硼的过渡层，使刀具具有高的耐磨性。这一组织结构特点是刀具高寿命的主要原因。

222. S590 钢制滚刀的热处理工艺

S590 钢对应我国的牌号为 W6Mo5Cr4V3Co8，其平均碳含量（质量分数）为 1.30%。用 S590 钢制造 ϕ80mm×120mm 的齿轮滚刀，被加工材料为硬度为 167～207HBW 的 20CrMo 钢，被加工齿轮规格尺寸为 ϕ50mm×10mm。热处理工艺：盐浴热处理，450℃×15min 空气炉烘干，880～900℃×10min 预热，1200～1210℃×5min 加热，于 500～550℃盐浴中分级冷却 5min 后，立即转入 260～280℃硝盐浴中进行二次分级冷却 5min，出炉空冷。淬火晶粒度为 11.5～11 级，淬火后硬度为 65～64.5HRC。560℃×1h×4 次回火，硬度为 67HRC。

成品滚刀和同规格 W6Mo5Cr4V2 钢滚制刀做对比，前者可加工 19000 多齿轮，而后者为 4000 件左右，寿命提高 4 倍多，且齿轮表面光洁。

223. 弓锯条的热处理工艺

弓锯条具有细长而扁薄的外形，热处理后的技术要求：齿部硬度 82.5～84.5HRA，销孔处硬度<74HRA。热处理后的变形要求：侧面弯曲量<1.2mm，平面弯曲量<1.5mm。

弓锯条选材比较广泛，有碳素工具钢（T10、T12）、合金工具钢（CrV、CrO6）和高速钢（W6MoCr4V2、W9Mo3Cr4V、W4Mo3Cr4VSi 等），也有用 20 钢渗碳的。其一般的制造方法是把经轧制并经退火的薄钢板，剪切成一定的尺寸，然后冲压成所需要的刃齿，进行淬火、回火。弓锯条在热处理后不再进行刃磨，所以在淬火加热时要严防脱碳。由于锯齿刃形状尖锐，淬火加热时易过热脱碳，因此必须采取保护气氛或盐浴来加热，在满足硬度和其他力学性能的前提下，加热时间越短越好。

弓锯条在锯切钢材时，每次往复都要经受一次摩擦和冲击，所以只要求高硬度并不能符合使用要求，还必须有一定的韧性。此外，在淬火过程中，应尽量不使锯条产生弯曲，但轻微弯曲是不可避免的。为了减少弯曲，可采用专用夹具使锯条处于张紧拉直状态下淬火。如果发生平面弯曲，应在淬火冷却过程尚未结束时，立即用压床进行矫直，矫直后才进行回火。因此，弓锯条淬火温度不宜过高，碳钢和合金工具钢的回火温度为 150～200℃，高速钢的回火温度为 580～590℃。

224. 机用锯条的热处理工艺

机用锯条的宽度一般为 16～50mm，厚度为 1～2mm。锯切厚断面型材时，锯条厚度为 1.5～2.0mm，锯齿数量也有差异。

机用锯条一般用普通高速钢或低合金高速钢制造。若用 W6MoCr4V2、W9Mo3Cr4V 等钢制造，淬火晶粒度控制在 10～10.5 级；若用低合金高速钢制造，淬火晶粒度控制在 9.5～10 级。从设计夹具到淬火、回火工艺，都要考虑如何减少变形问题。

预热时，上孔不浸盐浴，高温加热也要露出，不可油淬，一般采用分级淬火，夹直回火，最后退火下端鼻孔硬度。

机用锯条热处理不可以过热，硬度不得低于64HRC，回火要充分。

225. 手用锯条的热处理工艺

手用锯条材料一般用碳素工具钢和合金工具钢制造，硬度要求为62～66HRC，也有用20钢碳氮共渗等表面强化工艺制造的。国内以往用得比较多的是液体碳氮共渗直接淬火。盐浴配方（质量分数）：40%尿素+28%碳酸钠+20%氯化钾+12%氯化钠。尽管盐浴已不再采用剧毒的氰盐浴，但分解气体仍然污染环境，而且工作条件相当恶劣。20世纪80年代以后，国内已成功地对20钢手用锯条进行了可控气氛碳氮共渗，并建立了多条生产自动线。工艺为840℃×1h45min，油淬，180～190℃×2h回火。锯条性质良好质量稳定。

226. 双金属锯条的热处理工艺

双金属锯条齿部采用W6Mo5Cr4V2或W2Mo9Cr4VCo8钢，背部采用50CrMnV钢，用电子束焊接成一体即成双金属锯条，有效地解决碳素钢不耐磨和高速钢锯条易弯曲、折断的问题。双金属锯条的热处理关键在于如何克服淬火时引起的弓弯曲、锯齿脱落、锯条的平面弯曲，以及锯条在高温加热的氧化问题。其热处理工艺简介如下：

（1）预热　选用专用的盘形挂具，550℃空气炉预热+850℃盐浴预热。

（2）加热　W2Mo9Cr4VCo8钢制锯条的加热温度为1160℃，加热时间为45s。

（3）冷却　在480～560℃的中性盐浴中分级冷却1min后空冷。晶粒度控制11～11.5级。冷却到室温用沸水清洗干净。

（4）回火　夹直回火，560℃×1h×3次。回火后硬度为65～67HRC。

按上述工艺处理的双金属锯条，切削锋利，耐磨，而且弯曲、扭曲时不会折断，极大地提高了锯条的使用寿命。

227. T10A钢制手用锯条的复合处理工艺

（1）预备热处理　将无油污和锈斑的半成品锯条装筐，装筐时锯条齿部面向筐中缝隙一侧，并装紧。在通氨排气之前需将进出气管道清理干净，使之通畅，装好筐的锯条按上下筐位置吊入擦净的坩埚内，然后压紧炉盖，通氨排气。氨气为85%～90%（体积分数）时才可入炉，入炉温度在500℃以下，620℃×1h。

（2）淬火　将装好夹具的锯条在350℃×30min空气炉中预热。淬火温度为780～820℃，盐浴配方为Na_2CO_3和KCl各50%（质量分数）。盐浴要进行充分的脱氧捞渣工作，把BaO控制在0.20%（质量分数）以下。加热3min30s后，立即淬入100～150℃的油中。用两个热水池清洗，温度都在80℃以上，每生产450kg锯条，水池中的水必须全部放尽，并清理干净水池，重新加水。

（3）回火　将淬火后擦干的锯条装上夹具，进行180～190℃×45～60min热油回火。出炉前10min重新拧紧螺钉一次，拧螺钉时必须拧紧，但又不能使锯条崩齿。出油后锯条降温至80℃以下才可松开螺钉取出锯条上油。

经上述工艺处理的300mm×12mm×1.0mm锯条，硬度为83.5HRA（技术要求为81～85HRA），另一规格尺寸300mm×12mm×1.4mm的锯条，平均硬度为82.5HRA。

228. 高速钢机用锯条的两次回火工艺

国内高速钢刀具回火一直采用540～560℃×1h×3次的传统工艺。20世纪80年代以后，高速钢刀具低温回火得到深入研究，并被不少厂家应用。低温回火可改善高速钢的力学性能，提高刀具寿命。由于第一次回火温度较低（320～380℃），可使能耗有所下降，但低温回火的总时间和次数并未减少，因而节能效果并不明显，并且因为采用不同的温度，工艺性较差。

国外早有高低温两次回火工艺的介绍，与传统的3次回火相比，高速钢经高低温两次回火后韧性有所提高，而热硬性和寿命下降了。国内试验研究也得到类似的结果。

根据高速钢刀具回火参量公式有：

$$P = T(20 + \lg t)$$

式中 P——回火参量；

T——回火温度（K）；

t——回火时间（h）。

回火后的硬度仅取决于回火参量，在获得同一硬度时，温度和时间具有“互换性”。即高温短时间和低温长时间效果是一致的。除提高回火温度缩短每次回火的时间外，能否减少回火次数呢？如果前两次回火所消除的残留奥氏体量能由一次回火来完成，同时又不使硬度降低，则可以减少一次回火，以达到节能和提高生产率的目的。

如以550℃×1h×3次回火工艺为对比基准，按照回火参数公式，相当于$T_0=823$K，$t_0=1$h，设在较高温度的$T=570～590$℃分别进行等效的三次回火和两次回火的时间为t_3和t_2，则由回火参数公式可求出在T温度下进行与550℃×1h×3次等效的三次回火时间t_3为

$$\lg t_3 = T_0/T(20 + \lg t_0) - 20$$

如果在T温度下只进行两次回火，为使第一次回火有更多的残留奥氏体转变，回火时间应适当延长，参考美国较长时间的两次回火工艺，两次回火的时间应再延长50%～100%，即在$t_2=at_3$，式中$a=1.50～2.0$。具体的两次回火温度T和系数a应根据钢种、刀具形状尺寸、奥氏体化温度及回火装炉量等因素进行选择，并通过分析残留奥氏体量，测试锯条硬度和切削寿命之后确定。

通过分析比较，最后选择出两种最佳的两次回火工艺575℃×0.5h×2次，即高温两次回火和575℃×0.5h+550℃×1h，即高温-常规回火工艺。

试验锯条的材料为W9Mo3Cr4V钢，尺寸为450mm×38mm×1.3mm，淬火工艺为860℃预热，1210～1220℃加热，610℃中性盐浴分级冷却，晶粒度为10.5～11级。回火按上述两种最佳方案操作。锯条切削寿命试验在G72型电动弓锯床上进行，锯切速度为75次/min，用5%（质量分数）乳化油水溶液冷却，被切削材料为ϕ60mm的热轧未退火GCr15钢（硬度为34～47HRC），切削寿命用末锯时间超过首锯时间3倍或锯斜度≥5%或出现崩齿、断裂等现象的锯切的总面积表示。试验结果表明：高温两次回火工艺及高温-常规回火工艺的W9Mo3Cr4V钢制机用锯条和正常三次回火的相比，能耗分别降低53%和43%，提高生产率110%和75%，锯条切削寿命分别提高26.7%和40.7%。

229. 手用钢锯条的真空热处理工艺

随着机械制造技术的发展，国内多年来习惯使用的高碳钢手用锯条，将逐步被高速钢锯

条所取代。高速钢手用锯条经历了三个阶段的发展：第一代采用高速钢制造，并采用盐浴炉加热淬火、回火，材料及制造成本高，易崩齿断条；第二代采用高速钢与弹簧钢经电子束焊制制成双金属锯条，制造工艺复杂，虽然解决了断条问题，但也易崩齿且成本高；国内某研究所在离子渗金属工艺的基础上，开发了第三代特种高速钢手用锯条，并研制了一套真空热处理工艺，形成了一条手用锯条真空热处理生产线，完全取代了目前国内普遍采用的盐浴炉加热淬火、回火工艺。

（1）特种高速钢手用锯条的特点　用普通低碳钢或低合金钢加工成手用锯条，在锯齿表面渗入特种合金元素（包括 W、Mo、Cr、V、Co 等，合金总的质量分数不低于 10%），然后对锯齿表面进行渗碳，使锯齿表面 w(C) >0.70%，而锯背 w(C)保持在 0.45% 以下。锯齿材料成了特种高速钢，经过严格的热处理，锯齿具有高速钢的性能而锯背具有基材的强韧性。在锯齿和锯背之间形成一个扩散层过渡区。这是一种新型结构的锯条，它取消了双金属锯条的焊接工序。

上述特种高速钢手用锯条，由于采用了真空热处理工艺，产品质量稳定，变形小，表面光洁，设备自动化程度高，没有环境污染。

（2）真空离子渗金属　在专门设计的真空离子渗金属炉中，进行离子渗金属，真空度为 10 ~ 100Pa，氩气保护，在 1150 ~ 1250℃ 保温 2 ~ 6h，可以使锯齿部分得到 0.20 ~ 0.50mm 深的特种高速钢成分的合金渗层。

（3）真空固溶处理　锯条齿部渗金属后，渗层内的合金元素分布并不均匀，渗层金相组织也不完全符合后续热处理工艺的要求，晶界和晶内有大量金属间化合物析出，必须经过高温固溶处理，并辅之以快速冷却，使渗金属层合金元素均匀化。若采用盐浴炉加热会使锯条表面腐蚀，合金渗层也被局部溶解，而且污染严重。采用真空加热，1200 ~ 1250℃ ×50 ~ 60min，然后用高压气体冷却或在油中冷却。处理后锯条变形小，表面光洁，金相组织达到了固溶处理的目的。

（4）真空离子渗碳和真空淬火　真空固溶处理、真空离子渗碳和真空淬火三个工序在同一个真空炉中，按设定程序连续进行。

真空离子渗碳时，锯条作为阴极，在含碳气氛中进行辉光放电渗碳，850 ~ 1050℃ ×1 ~ 2h，可得到 0.20 ~ 1.0mm 深的渗碳层，渗碳后直接升温至 1200 ~ 1250℃，保温 5 ~ 30min，然后用高压气压或油淬。

（5）真空回火　锯条淬火后的锯齿表面硬度为 62 ~ 66HRC，经 520 ~ 560℃ ×1 ×3 次回火后硬度为 62 ~ 65HRC，齿条背部具有适宜的强韧性，硬度为 25 ~ 35HRC。

（6）真空渗氮　为了进一步提高特种高速钢手用锯条的性能，可以在第一次真空回火后，进行真空渗氮，通以氨气，520 ~ 560℃ ×1 ~ 5h，可获得 0.05 ~ 0.15mm 的渗氮层，显著提高了锯条的耐磨性和热硬性。

230. W9Mo3Cr4V 钢制机用锯条的激光热处理工艺

W9Mo3Cr4V 钢制机用锯条的尺寸为 300mm ×36mm ×1.8mm，原始组织为退火状态，试样表面黑化处理采用涂碳素墨水的方法。

激光设备采用 JL6A 型横流连续 CO_2 激光器，激光波长为 10.6μm，激光束为多模，实用功率为 1kW，并配有导光系统移动式淬火机床。

由正交试验得出，W9Mo3Cr4V钢制机用锯条的激光最佳工艺参数：能量密度为2000J/cm^2，功率密度为5500W/cm^2，淬火两次，光斑直径为5mm。

将激光淬火的试样与常规淬火的试样一起进行560℃×1h×3次回火，激光淬火者硬度为1010HV，常规淬火者为914HV，激光淬火者硬度高于常规处理。

231. T10钢制手用锯条的激光热处理工艺

多地区和单位也开展了大量卓有成效的工作，运用于工具热处理上亦取得了较好的效果。以下介绍T10钢手用锯条激光热处理工艺。

（1）试验条件

1）试验设备。使用的激光器为500W连续式CO_2激光装置，由以下五个部分组成：

①激光源由5支封离型纵向CO_2激光管构成，每支以低次模输出100W左右。

②激光电源为5台高压直流电源，每台输出大于40kV，最大允许电流100mA，实际工作电流为0~50mA。

③光学系统：光速偏转、焦距调整装置，功率密度大于1×10^4W/cm^2，光斑直径为ϕ1.5~2mm，离焦量为3mm，波长为10.6μm，并附着He-Ne红色激光指示。

④机械工作台：X轴行程可控最大约300mm，速度10~50mm/s无级变速。

⑤电控部分采用晶闸管配合直流电动机无级变速工作台，通过调整焦距量控制激光束的能量密度，配合扫描速度达到热处理技术要求。

2）技术要求。T10钢制手用锯条的几何公差：侧面的直线度误差≤2mm，刀形弯曲量≤1.5mm，销孔直径的中心对宽度中心线的位移不大于0.5mm。锯条齿部硬度81~85HRA，两端30mm以内（回火区）不大于76HRA。锯切性能按行业标准有关规定执行，不同规格锯条第一片切断时间不大于6min，第五片切断时间不大于9.5min，锯路不应有明显的不对称现象。

（2）激光热处理工艺参数

1）黑化（粗化）处理。因为一般金属都是良导体，其磨光表面对10.6μm光波的反射率很高，这对激光热处理来说是非常不利的。因为金属试样表面对激光能量的吸收随着光的波长的增长而加大，在波长为10.6μm的CO_2激光器中，各种金属的反射率都在95%以上。因此，为了充分利用激光能量，金属工件在处理之前必须进行黑化。黑化的方式有涂层、发黑、磷化法等。对于黑化层的要求为激光照射时，具有高的吸收系数、承受高温的能力，并在化学上是惰性的，容易涂上和除去。常用的材料包括石墨、黑色涂料、磷酸锰、锌及金属氧化物。其中磷酸锰最好，吸收率可达80%~90%，膜厚3~5μm，具有较好的耐蚀性。但在照射过程中有发亮冒烟现象，且价格昂贵，工业上应用成本太高。在整体或大面积硬化时常用磷化法。其优点是磷化膜厚薄均匀，不影响工件表面尺寸，吸收率高，工艺简便；缺点是容易烧灼。局部硬化时常用碳素墨水+石墨粉涂覆法。其优点上吸收率较高，价格便宜，局部黑化方便；缺点是碳素墨水含有偏磷酸盐，在工件表面上易造成花斑，但不影响表面粗糙度。

2）热处理工艺参数。

①激光淬火。T10钢手用锯条在功率500W连续作用CO_2激光器上淬火，能量密度为1.2×10^4W/cm^2，离焦量为3mm，扫描速度为35mm/s，磷化处理，激光束扫描齿部和锯背。

根据相变硬化机理，以锯齿不出现熔化为原则。在功率固定的激光器上调整离焦量和扫描速度，找出最佳工艺参数。如果离焦量固定，扫描速度增大，则淬不硬锯齿。如果扫描速度减小，则锯齿熔化。同样，固定扫描速度，增大离焦量，则光斑增大能量密度降低，导致淬不硬。反之，离焦量减小则光斑减小能量密度增加，锯齿可能熔化。激光淬火工件的表面由于受高能量密度的激光束照射，产生很高的温度，又因为金属具有优良的导热性能，所以工件常利用自身的冷却便可淬火，这种冷却比常规淬火快得多。相变硬化的初始阶段，速度可达 1.7×10^4℃/s。

②回火。激光相变硬化层属于表层处理，可以不予回火。

（3）试验结果

1）用上述工艺参数进行激光热处理的手用锯条有两条比较明显的白色淬火带边缘，带宽2mm左右，淬火带光亮，变形较小。

2）硬度。白亮层硬度为841HV，硬化层深度为0.648mm，宽度为1.388mm，基体硬度为259～303HV。

3）金相组织。白亮层：隐针马氏体 + Fe_3C（粒状）；过渡层：隐针马氏体 + Fe_3C（粒状）、托氏体和球状珠光体；原始组织：球状珠光体。

由于激光淬火时，锯条表面高速加热和急速冷却的结果，使马氏体变得极细，按正常浸蚀后为白亮层。

4）锯切性能试验。测试锯床锯弓压力为80N，行程为150mm，双向锯切往复次数为60次/min（不用切削液）。试坯材料为经调质处理（硬度为24～27HRC），直径为 ϕ30mm 的45钢，在规定时间锯切5片为合格。在上述条件下取30件做锯切试验，锯切结果见表2-112。

表2-112 激光淬火T10钢制手用锯条锯切结果

项　目	锯切≥5片	锯切≥7片	锯切≥10片	锯切≥21片	平均锯切数
锯条件数/件	20	12	5	1	8.05（片）
占试验锯条件数百分比（%）	66.67	40	16.67	3.33	

（4）分析讨论。从以上结果可知，其显微硬度、金相组织、使用寿命与常规处理不同。主要是由于激光淬火时，加热和冷却速度都非常快。根据奥氏体等温转变动力学可知，金属材料加热速度越快，Ac_1、Ac_3、Ac_{cm}点温度提高得越多，奥氏体形成的各阶段也移向更高的温度，完成奥氏体化的时间也相应缩短。由于快速加热使奥氏体化起始晶粒细化，特别快的加热就使得奥氏体晶粒超细化。根据有关资料介绍，白亮层为隐针马氏体组织。这种结构是由高密度位错型和孪晶复合的马氏体组织组成的，高密度位错型马氏体具有较好的耐磨性及韧性，而孪晶马氏体具有高的强度和硬度。淬火层粒状碳化物分布均匀而细小，提高了锯条的耐磨性。由于这些微观组织的特征，使激光淬火锯条有极大的优越性。

激光淬火的锯条锯切性能好，韧性好，不会脆断。

（5）结论

1）激光热处理T10钢制手用锯条，显微组织极细，为隐针马氏体，耐磨性优良，使用时无脆断。

2）和盐浴淬火相比，激光热处理锯条可省去清洗、回火、柄部退火等工序。节能、节省设备及辅料等，可以降低生产成本。

3）和盐浴相比，激光热处理能改善劳动条件，减轻劳动强度，无环境污染。

4）锯条在激光淬火前必须黑化（粗化），以提高对激光能量的吸收率。

5）缺点是激光淬火设备较贵，一次性投资大。

232. 20 钢制手用锯条的液体碳氮共渗工艺

手用锯条要求高硬度、高耐磨性、较好的韧性和弹性，以及优良的外观质量，国内通常用 20 钢经液体碳氮共渗制成。20 世纪 90 年代初，锯条行业盛行一种尿素加“603”渗剂的尿素盐浴工艺，由于尿素盐浴成本低，工艺原料不含氰化钠成分，经尿素盐浴处理后的锯条质量可同氰盐浴处理的锯条相媲美，曾被视为是取代氰盐浴的可行工艺。但是尿素盐浴在使用时，会对环境造成污染。国内有些单位研制开发了可再生氰酸钠盐浴新工艺，已在锯条行业使用多年。生产实践证明，新工艺可取代传统氰化钠盐浴和尿素盐浴工艺，具有渗速快、硬度高、锯切性能好、节约能源、无有害气体排放、渗层均匀、碳氮浓度容易控制等优点。现将其热处理工艺简介如下：

（1）热处理工艺。为获得满意的锯条生产综合效果，应考虑盐浴处理的温度、时间、能耗、化学渗剂消耗，以及锯条的硬度、韧性、变形及外观等多种因素。

国内 20 钢手用锯条的盐浴热处理大多采用外热式坩埚炉或 150kW 的埋入式电极盐浴炉，使用的 FK-SI 渗剂和 FK-Z1 再生剂。

1）盐浴配方（质量分数）为 NaCl 33% + KCl 48% + FK-SI 19%。

2）工艺为 850 ~ 860℃ ×30 ~ 50min，出炉空冷至约 800℃淬火，180℃回火。

（2）生产应用　20 钢制手用锯条经液体碳氮共渗工艺，硬度都超过 78HRA，寿命试验都达到一等品标准。

233. 20 钢制手用锯条的无毒盐浴碳氮稀土共渗工艺

手用锯条大多用 T10A 钢带制造，存在问题比较多。国内有些厂应用某大学的科研成果，采用无毒盐浴碳氮稀土共渗工艺，效果不错，现将其热处理工艺简介如下：

（1）盐浴配方　所用盐浴配方(质量分数)：(NaCl + KCl) 80% ~ 84% + Na_2CO_3 8% ~ 10% + “603”渗碳剂 8% ~ 10%。其中氯化钠与氯化钾的质量比为 4.5:5.5。在渗碳过程中加入适当镧系稀土盐酸盐。稀土盐与熔盐反应剧烈，宜将其预先捣成细末，并与“603”渗剂、碳酸盐和为改善淬火后的表面质量而加入的添加剂等按比例混合均匀后作为混合渗剂，在处理过程中逐步加入盐浴中，通常约 10min 左右添加一次混合渗剂，维持盐浴有一黑色软盖，以使火苗不断窜出为适度。

（2）热处理工艺　共渗温度为 860℃，共渗时间为 30min，断电降温至 800℃，进入 L-AN32 热油淬火（80 ~ 140℃），淬火后硬度为 82.5 ~ 83.5HRA；180℃ ×60min 回火；然后端头退火。淬火变形是以试片硬度达到 81HRA 时，断电降温至 800℃开始淬火，炉温降到 780℃前必须将全炉产品淬完，否则再送电升温到 790 ~ 800℃。

（3）结论　无毒液体化学热处理的实质是以渗碳为主的碳氮稀土共渗，所配制的混合渗剂及确定的工艺参数经生产实践证明是可靠的。稀土盐酸盐对液体渗碳有催渗作用，在较低的渗碳温度下，能使渗层的碳浓度提高，使碳浓度分布梯度平缓。试验证实，稀土元素渗入后能使淬火组织细化，使渗层中出现细小碳化物，使低碳钢锯条具有优异的锯切性能。

234. 20Cr钢制手用钢锯条的液体碳氮共渗工艺

手用钢锯条要求具有高硬度、高耐磨性，以及较好的韧性和弹性。其热处理工艺一种是以高碳钢为主，进行盐浴加热淬火，或是高频感应淬火；另一种是以低碳钢为主，进行液体碳氮共渗或是刃口进行表面离子渗W、Cr等碳化物形成元素。过去低碳钢进行渗碳淬火，一直沿用氰化钠盐浴。后来不少厂用尿素取代氰化物进行碳氮共渗，效果不错。

20Cr钢制手用钢锯条的液体碳氮共渗盐浴配比（质量分数）：45%尿素+23%碳酸钠+20%氯化钾+12%氯化钠。用特殊的专用夹具将锯条穿成串，在720℃左右，挂在盐浴炉上方进行预热，升温至820℃出炉，出炉后炉温约下降70~90℃，此温度下，N原子以较快的速度渗入锯条表面。因为在800℃以下的温度，共渗层的氮浓度比碳浓度高。温度越低，差别越大。当温度达820~840℃时，加入一定量的补渗剂。这时渗入的碳原子相对增多，氮原子相对减少。但共渗时，可利用微量氮的作用，来达到加速渗碳过程、改善渗碳组织和性能的目的。在此温度下，保温时间不应太长，因为共渗速度随时间的延长而减慢，原因是温度高的情况下分解挥发太快。在830℃左右时，抽小样检查锯条脆性、硬度、弯曲等。合格后出炉淬火。

按上述工艺处理，20Cr钢制手用钢锯条的硬度都能达到79HRA以上；侧面弯曲、平面弯曲、畸变量均达到相关标准要求；金相组织为：表面细针含氮马氏体+点状和小块状碳氮化合物+残留奥氏体，厚度约为0.22mm，心部区组织为针状含氮马氏体+托氏体。

235. 高速冷锯用钢J100A的热处理工艺

随着冶金工业的发展，高速锯切冷状态钢的工艺已被许多工厂采用，对高速冷锯的需求量逐年增加。

高速锯切冷状态钢材要求高速冷锯的锯板能承受很大的冲击力，如用制造热切圆锯的65Mn钢来制造高速冷锯，由于其冲击韧度 a_K 值比较低（一般为10~14J/cm^2），在锯切过程中锯板极易破裂，不能满足快速生产的需要，且会增大生产成本。为此选用鞍山钢铁公司生产的J100A钢作为制造高速冷锯的原材料。

（1）化学成分　J100A钢的化学成分见表2-113。

表2-113　J100A钢的化学成分（质量分数）　（%）

C	Si	Mn	V	S	P
0.52~0.60	0.90~1.30	0.90~1.30	0.10~0.15	<0.03	<0.03

（2）热处理技术要求　经过热处理，J100A钢制造的高速冷锯应满足如下要求：常温冲击韧度 $a_K \geqslant 40$J/cm^2；低温冲击韧度（−20℃）$a_K \geqslant 30$J/cm^2；热处理后平面度误差≤0.50mm；有良好的加工工艺性能；圆锯寿命比65Mn钢圆锯提高1倍以上。

（3）热处理工艺　生产设备采用由日本引进的锯片热处理生产流水线，包括连续式240kW自动淬火电阻炉、控温自动淬火槽、液压矫直机、240kW加压回火炉。温度控制为PID调节，炉温波动±3℃。热处理工艺为810℃×50min加热，油淬（油温为76℃），浸油80s，压平，压平时间为110s；570℃×12h回火，回火后硬度为36~40HRC。

经上述工艺处理后，各项性能指标均达到设计要求。

236. 手用锯条的离子渗金属工艺

手用锯条的离子渗金属工艺的基本过程：用低碳钢带材加工成锯条→离子钨锰共渗或钨钼铬钒等多元共渗→渗碳→淬火回火。

（1）离子渗金属炉的技术指标　离子渗金属手用锯条生产线的主要设备包括：下料及切割加工机床、离子渗金属炉、可控气氛渗碳炉、高中温盐浴炉等。其中，离子渗金属炉是最关键、最核心的设备。根据技术可行性及生产过程的经济合理性要求，工业用离子渗金属炉应具有如下特点：

1）使用性能稳定可靠，一次能进行大批量生产，且能节电。

2）为了满足高温加热和炉温均匀性的需要，加热室必须设置具有有效的隔热和合理的散热功能的隔热层。隔热层的热耗散量应能达到保温扩渗期间源极溅射所输出的热量。

3）工件（料筐）的支撑机构、阴极及源极的输电装置必须能承受高温并具有良好的外绝缘、内导电特性。这些部件与炉体的连接处必须设有严格的间隙保护装置。

4）阴极和源极的辉光放电参数应能满足工件加热和源极溅射的需求。

5）为保证工件渗金属后获得合适的金相组织并缩短工件渗金属后的冷却时间，应采用炉内强制循环气冷措施。

6）炉体应有良好的真空密封性能，以保证炉内应有的真空度和充入惰性气体后气体介质的纯度。

依照上述特点，对炉子的设计拟定出如下技术指标：

1）加热室有效尺寸：1000mm×600mm×400mm。

2）最大装炉量：400kg（包括锯条及料筐），每炉可装10000支锯条。

3）冷炉极限真空度：0.4Pa。

4）压升率：0.67Pa/h。

5）抽真空时间：15min（由1×10^5Pa到10Pa）。

6）供电功率：源极120kW，阴极75kW（直流0~1000V连续可调）。

7）升温时间：2.5h（散弧清理后至1200℃，满炉升温）。

8）最高工作温度：1200℃。

9）冷却充气压力：$(7\sim9)\times10^4$Pa。

10）工作气压：10~1000Pa。

11）充气冷却时间：2h（由工作温度冷至200℃）。

12）保温热平衡输出功率：90~110kW。

（2）离子渗金属工艺试验结果　在离子渗金属过程中，影响渗层深度、渗层合金成分及其分布的工艺参数主要有源极电压、阴极（工件）电压、工作气压、加热温度和保温时间。源极电压的作用在于控制源极表面溅射总量。一般情况下，源极电压越高，溅射总量越多，工件表面沉积的合金浓度就越高。阴极电压的作用在于使工件表面产生辉光放电，以加热工件，还在于使工件表面受到离子轰击而活化，从而加速合金元素在工件表层的扩散，同时还可以影响源极表面溅射电流密度。工作气压的高低主要影响放电电流密度及工件表面沉积率的大小。气压太低，电流密度小，难以满足对溅射及工件加热的需求；反之，容易造成合金元素原子因气体分子的碰撞而返回源极，从而降低工件表面的沉积率，使工件表面合金浓度降低，同时由于放电电流密度过高，使工件过热。

因此，要保证产品渗层深度、渗层成分及其分布，以及每炉10000支锯条的质量均匀稳定，就涉及上述诸多工艺参数的合理配合及调整。大量的试验数据结果表明，采用如下工艺参数可以满足产品的质量要求：源极电压800～1000V，阴极电压400～600V，工作气压30～40Pa，加热温度1050～1080℃，保温4h。源极材料选用MoW20合金板材，工作介质气体为工业纯氩气。

（3）后续热处理工艺试验结果　渗碳每炉装8000～10000支，每条也采用并叠方式垂直悬挂于料筐中。要求整根锯条的齿部和背部都要渗透，背部的w(C)在0.80%左右。但由于锯条之间间隙很小，渗碳气氛不易透入，因此满炉的渗碳时间比单支锯条要长。最后选定的渗碳工艺为：920℃×2h强渗（碳势0.9%），扩散3h（碳势0.8%），随炉降低至800℃油冷。

淬火、回火在盐浴炉中进行，以保证锯齿刃部不产生氧化脱碳。因为锯齿淬火、回火后不再进行修磨加工，表面如脱碳则无法补救，所以锯条在盐浴热处理过程中要有防范措施。淬火、回火的工艺为：860℃×2min预热，1180～1200℃×1min加热，油淬；540～560℃×1h×3次回火。与W6Mo5Cr4V2钢等通用高速钢相比，淬火温度偏低，这是由于渗金属层不含Cr、V元素，同时基于减少变形而确定的。

（4）产品的金相组织和切削性能　为考查工艺的稳定性，对按上述工艺处理的锯条随机抽样检测，结果表明，被检测的锯条都获得了一层沿齿廓均匀连续分布的硬化层，渗层深度为200～250μm。渗层组织为回火马氏体基体上分布着密集细小的粒状碳化物。如此的碳化物形态及分布是渗金属后渗碳的特有产物，是普通高速钢难以获得的，也是离子渗金属锯条具有优良切削性能的重要原因。

237. 高速钢机用锯条的离子硫氮共渗工艺

高速钢机用锯条的使用寿命尚可，但切割高合金钢和特殊钢则效果不佳。例如：用W6Mo5Cr4V2钢制机用锯条（硬度为64.5HRC），切断ϕ120mm的Cr12MoV钢，切割2～3个锯口就不能再使用了。为了提高其寿命，施以离子硫氮共渗处理，寿命可提高3倍以上。

（1）共渗工艺及其结果　共渗设备采用LD-50型离子渗氮炉，气源为氨气和含硫含碳混合蒸汽，用LZB-4型浮子流量计控制其流量，共渗时，氨和混合气的通入比例为0.7∶0.15（体积比），炉内气压为5～7Torr（1Torr＝133.322Pa）。其工艺如图2-61所示。

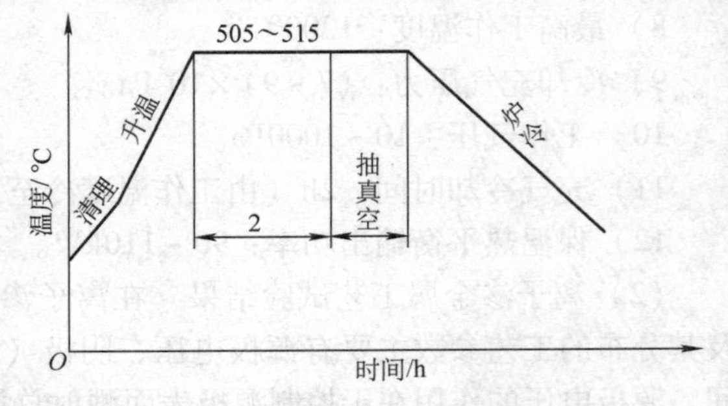

图2-61　锯条离子硫氮共渗工艺

共渗后锯条表面硬度为1120HV，由于表面存在硫化物，所以硬度不太高；向里硫化物减少，氮化物相对增加，其硬度出现峰值（约1200HV）；再向里，由于氮浓度减少，硬度逐渐下降至高速钢基体硬度。

金相组织分析发现，其最表层为多孔的硫化物，下面为硫化物、氮化物及含氮回火马氏体所组成的扩散层。硫分布在最表面2~20μm范围内，可降低摩擦因数。

（2）共渗后使用效果及讨论　经共渗处理的高速钢机用锯条，其使用寿命提高3倍以上，切割ϕ120mm的Cr12MoV钢锯口由原来的2~3个增加到7~12个（部分可达16个）。分析认为，提高寿命的主要原因跟以下两个因素有关。

1）共渗后锯条的表面形成微量硫化物，可以起到润滑减磨作用，同时因表面形成了一层硬度极高的渗氮层，因此大大提高了锯条的耐磨性。

2）经检查，原锯条中含有较多的残留奥氏体，在共渗过程中得到进一步转变，故改善了基体的综合力学性能。

综上所述，离子硫氮共渗具有渗速快、无公害的优点。

238. 机用锯条的二硫化钼处理工艺

机用锯条是使用广、消耗量大的通用切断工具。在使用过程中主要因折断、崩齿和磨损而失效。提高切削刀具耐磨性的表面处理方法有两个：表面强化和表面滑化。下面介绍提高机用锯条耐磨性的二硫化钼表面滑化处理。

锯条进行二硫化钼处理，是在切削齿面通过化学吸附作用，生成一层择优取向并存在一定显微疏松组织的二硫化钼薄膜，在切削过程中能很好地发挥减摩、降低切削力和切削温度的作用，从而提高锯条的使用寿命。

锯条切削齿表面进行二硫化钼处理的方法可采用刷涂法和喷涂法。刷涂法是将二硫化钼粉（纯度≥97%，粒度2μm以下占80%以上）与无水乙醇和磷酸等配成膏剂，用刷子在经预先脱脂的锯条齿面上均匀刷敷一层二硫化钼膏剂，其厚度在1mm左右。采用喷涂法时最好选用胶体二硫化钼，将涂剂均匀调合成适于喷涂的稠度，用喷枪在锯条齿面上喷涂一层厚度约0.2mm左右的涂层。待涂层晾干后，经115℃烘干1h，清理后进行浸油处理。经二硫化钼处理的锯条齿面，呈均匀的深灰色。

经二硫化钼处理的450mm×38mm×1.8mm×4mm（宽度）机用锯条，经现场使用考核，使用寿命提高1.7~3倍，取得了较好的经济效益。

239. 9SiCr钢制鳄鱼剪床下料刀片的热处理工艺

9SiCr钢制鳄鱼剪床下料刀片的外形尺寸为126mm×90mm×41mm。由于该刀片呈弧形运动，故刀片刃口形状成R形，两个边角最易磨损，使用寿命较低。例如：剪切16mm×90mm的45扁钢，使用寿命一般为1.5万件；剪切16mm×110mm的45钢扁钢，使用寿命为1.3万件左右。为此，对热处理工艺进行了改进，调整适用的硬度值，充分发挥了合金元素的作用，获得了较为理想的金相组织，寿命大大提高。

（1）刀片性能及使用要求　下料刀片由于反复受冲击作用，以及有很大的剪切应力和弯曲应力，以及与被剪切金属的摩擦力，因此对其使用性能有如下要求：

1）具有高强度，以保证刀片剪切时受到挤压不变形，截面变化结合部不发生断裂，刃口不崩，尤其是刃口两侧。

2）具有高耐磨性，以保证刀片不易磨损和由于间隙增大而产生过多毛刺。

3）具有较高的韧性。

4）具有适当的硬度。由于下料刀片的失效情况与其他剪切刀片有所不同，且用于厚钢板剪切，故要求有适当的硬度。

5）还要求刀片性能均匀，以减小裂纹产生倾向。

（2）锻造及退火要求 为改善钢中的碳化物分布，在锻造时应严格按工艺操作，要反复镦拔，始锻温度为1050～1100℃，终锻温度为850～800℃。由于刀片的硅含量较高，脱碳倾向大，故加热时应防止产生严重的氧化脱碳。为防止碳化物不均匀析出形成网状，锻后先冷至650～700℃，再坑冷。

原工艺采取800℃×1.5h加热，随炉冷至600℃后打开炉门空冷的不完全退火工艺，难以消除钢中网状碳化物。现采用等温退火工艺，以获得球状珠光体组织，改善钢中的碳化物分布，提高淬火后的强度和冲击韧性。具体工艺为790～810℃×1.5h加热，炉冷至700～720℃×3h，随炉冷却，冷至500℃出炉空冷。硬度为195～240HBW。

（3）淬火及回火工艺 原工艺采用650℃×45min预热，850℃×25min盐浴加热，油淬至150℃出油空冷，420℃×2h硝盐浴回火。硬度为48～52HRC。金相组织为回火托氏体。刃口部分硬度和强度较差，刀具寿命短。为此，进行了新的淬火、回火工艺试验。

1）淬火工艺的确定。适当提高淬火温度，使有限的碳化物充分溶解到奥氏体中，以改善钢中的碳化物分布，并增强耐回火性。适当提高硬度，以保证刃口的耐磨性，但加热温度过高，晶粒会粗大，得到组织的韧性和塑性差，难以承受较大的循环冲击。从提高韧性，减少脆性的角度出发，采用略高于 Ms 点的等温淬火，获得下贝氏体组织，综合力学性能较佳。

9SiCr钢的 Ms 点约为160℃，故采用180～200℃的硝盐浴等温30～60min。等温淬火的优点不仅因下贝氏体的比体积比马氏体小，可以有效地减少变形和防止开裂，且与原工艺相比，下贝氏体的强度和冲击韧性均高于马氏体。

2）等温淬火后的回火。9SiCr刀片等温淬火后尚有少量的过冷奥氏体在空冷过程中转变为马氏体，且淬火温度高，因用于厚钢板冲剪，故采用350℃回火。表2-114列出9SiCr刀片的几种热处理工艺效果。

表2-114 9SiCr钢刀片的几种热处理工艺效果

序号	退火方式	淬火		冷却介质	淬火后硬度HRC	回火		回火后硬度HRC	使用寿命/件
		温度/℃	时间/min			温度/℃	时间/min		
1	不完全退火	850	25	油	58	420	120	46	15000
2	不完全退火	860	30	油	58	400	120	48	17500
3	不完全退火	870	30	油	60	360	120	50	23500
4	等温退火	870	30	180～200℃硝盐浴等温	60	350	120	52	37000

（4）结论 生产实践证明，通过改进9SiCr刀片的热处理工艺，采用等温退火+等温淬火+中温回火的工艺，得到的组织具有一定的硬度及良好的冲击韧性，提高了9SiCr刀片的使用寿命。

240. 解决鳄鱼剪床下料刀片崩刃的热处理工艺

9SiCr钢制鳄鱼剪床下料刀片，在使用过程中，常会出现崩刃现象。其宏观断口呈细陶瓷状，为脆性断裂。这是由于下料刀片韧性太低所致。其解决措施如下：

（1）毛坯锻造工艺　锻造对提高下料刀片韧性有益，应注意以下三点：

1）反复镦粗拔长，总锻造比为15。

2）终锻造温度为800～850℃。

3）锻后850～700℃缓冷，700℃后快速冷却。

（2）毛坯预处理工艺　910℃×1h箱式加热保温后出炉风冷，810℃×5h炉冷至200℃以下出炉空冷。

（3）淬火、回火工艺　855℃×1h保护加热，油淬；200℃×3h油中回火。

采用改进的工艺后，下料刀片再也没有发生崩刃现象。改进工艺前下料刀片剪ϕ50mm的20MnVB料4000件左右，改进后至少剪2万件，寿命提高4倍。

241. 剁刀片的热处理工艺

剁刀片是加工锉刀的刀具，要求很强的韧性和较高的硬度，一般采用W6Mo5Cr4V2钢制造，硬度要求为62～65HRC。其热处理工艺如下：

850～870℃×40s/mm盐浴预热，1190～1200℃×20s/mm加热，600℃中性盐浴分级冷却20s/mm；580℃×1h+550℃×1h×2次回火。硬度一般为62～65HRC。

剁刀片淬火后的晶粒度控制在10.5～11级较好，不允许出现过热组织。580℃回火后硬度仍超过65HRC的情况很少见，如超过应补充590℃×1h回火。

242. 低中碳钢或低中碳合金钢制冷切模具切削刃的热处理工艺

机械加工过的低中碳钢或低中碳合金钢的冷切模具切削刃，经碳氮共渗或渗碳并淬火、回火后，其表面的各种碳化物和各种氮化物（特别是氮化物），具有极高的硬度和耐磨性。它们均匀地分布在基体上，比用高碳钢或高碳合金钢做的冷切模具切削刃有更高的硬度和耐磨性。

从渗层向里，则是强韧的低碳马氏体，它能起支撑和传递动力的作用，而且在使用中也不易被撑裂或折断。冷切模具切削刃在热处理过程中，还不容易变形超差，更不会开裂。即使变形超差了，还可以用装配时的研磨或淬火后的矫直工序来纠正。

低中碳钢或低中碳合金钢制冷切模具切削刃取材广泛，制造简单，成本低，经济效益好。其热处理工艺应注意的问题如下：

1）在制造过程中，对能直接加工成模具切削刃的低中碳钢及低中碳合金钢，仅做最后的热处理。对于经锻造者，需加正火处理；中碳合金钢加退火处理，然后加工成模具切削刃，并做最终热处理。因此，在制造全过程中，不存在保护加热的问题。当模具切削刃用钝，端面再经磨削加工，其端面的渗层组织虽然磨掉了，但模具切削刃及两侧的渗层依然存在，它的修磨寿命并不低于磨削前。

2）在选择材料和工艺时，应注意：碳氮共渗优于单独渗碳；低中碳合金钢优于低中碳钢；合金元素多的钢优于合金元素少的。

3）在设计这种凹凸模刃的间隙时，由于一般经过最终热处理后不再精磨，所以其间隙可以比规定的间隙小0.03～0.05mm。

4）这种冷切模具切削刃的热处理要求：渗层深度1.20～1.60mm，表面硬度58～

63HRC，金相组织按碳氮共渗或渗碳的有关标准执行。

5）低中碳钢类模具切削刃，最好在30%~40%（质量分数）的氯化钙水溶液中淬火冷却。淬火后应立即清洗，并在15%（质量分数）亚硝酸钠水溶液中浸一下，以防生锈。模具切削刃很复杂的中碳钢及低中碳合金钢类，应在油中淬火冷却。

6）冷切模具切削刃淬火时，操作要迅速，切勿空冷，以免模具切削刃淬不硬。

7）回火应在硝盐浴或油中回火，不可在空气炉中操作。

243. T8钢制切料刀片的热处理工艺

刮板运输机切料用T8钢制刀片，按常规热处理寿命很低（只能切300~500节），因此刀片的消耗量很大，有时候供不应求，影响生产。试验在常规处理的基础上增加了离子渗氮工艺，刀片的寿命提高17倍（一副刀片切7800节以上），生产率提高7倍。其热处理工艺如下：

在RJX-30-9型电炉加热，用渗碳剂覆盖刀片，以防氧化脱碳，升温到810℃保温2h，出炉后预热40s（温度大约降到780℃）淬入10%（质量分数）NaCl水溶液中，水冷15~18s后迅速转入油中，冷至200℃左右出油空冷；及时回火，250℃×3h×1次回火，硬度57~58HRC；最后经500~520℃×6h离子渗氮处理。

244. 9SiCr钢制圆刀片的冷处理急热法工艺

9SiCr钢制三种圆刀片的基本尺寸及热处理技术要求见表2-115。

表2-115 9SiCr钢制三种圆刀片的基本尺寸及热处理技术要求

序号	外径/mm	厚度/mm	内孔/mm	热处理后硬度	平面度误差/mm
1	130	12	35	90~100HS (64.7~69HRC)	<0.10
2	180	6	80		<0.08
3	286	10	45		<0.10

要想达到表2-115中的硬度要求，又要防止生产任何裂纹（淬火裂纹和磨削裂纹），并把变形量控制在最小范围内，用常规的热处理方法是很难实现的，而采用激冷淬火加冷处理急热法却能取得较好的效果。其工艺过程：450~500℃×1.5~2h去应力退火→860~870℃×0.5min/mm加热→淬入密度为1.28~1.33g/cm^{3}的$CaCl_2$水溶液中→140~150℃×12h回火→-78℃×1h冷处理→100℃水×5~8min→125~135℃×24h去应力退火。

采用上述工艺时应注意以下几点：

1）淬火温度过高，保温时间过长，不激冷透，硬度都达不到90HS。

2）淬火后立即冷处理，将会形成密集的淬火裂纹，若推迟37h再冷处理裂纹也没有减少。

3）如将回火温度提高到160℃。则硬度下降得很多，只有62.5~64HRC（86~88HS）；若低140℃时，残留奥氏体较多，粗磨时易产生磨削裂纹。

4）采用冷处理急热法处理表2-115中的3种规格的圆刀片，硬度在65~67HRC（90.5~95HS），回火充分，无磨削裂纹。

5）粗磨后还要补充125~135℃×24h消除应力退火。

245. 65Mn 钢制冷切钢管圆锯片的热处理工艺

随着冶金工业和建筑业的迅猛发展，用于切割钢管及其型材的圆锯片的需要量剧增。目前，国产的 65Mn 钢制冷切钢管圆锯片（以下简称圆锯片）热处理质量并不理想，使用寿命不高。试验证明，采用等温淬火加表面强化工艺，是提高圆锯片寿命的有效途径。

（1）圆锯片的工作条件。圆锯片是多刃刀具，在切断钢管的过程中，其刃部的线速度很高，断续切削，刃口周期性受力，瞬间由零变至最大，受到很大的冲击载荷，并产生振动，所以要求锯片有足够的韧性。在通常情况下，切削状态下正应力一般为 1500 ~ 4000MPa。可以设想圆锯片在如此大的应力作用下而不破坏，则要求圆锯片有很高的抗弯强度。

圆锯片的刃部受正应力和切应力的综合作用，切入钢管时形成金属和金属的亲密接触，切屑以极快的速度滑过刃口的表面，切屑中的硬质点刻划刃部表面，造成刃部表面的擦伤。随着切削过程的进行，切削区的温度升高，使刃部表面上的质点黏结在切屑上。在黏结（咬合）过程中，由于刃部周期性受力，从常温到高温的热冲击和变化的机械冲击，刃部表面易产生疲劳裂纹，使黏结点在锯片一侧破裂的概率增加。当温度进一步升高时，刃部表面的 Mn 等合金元素甚至可能扩散到切屑中去，使锯片的化学成分发生变化，组织进一步回火，硬度进一步下降，磨损进一步加剧。圆锯片通常在水冷情况下工作，主要发生刻划磨损和黏着磨损，只有在失去冷却水的恶劣条件下，才有可能发生合金元素迁移的扩散磨损。从生产现场发现，绝大部分锯片是因磨钝而失效的，所以在不崩刃的前提下，锯片的硬度高，耐磨性就好，切削能力就强，使用寿命就长。当然，在硬度相同的情况下，耐磨性还与金相组织有关。

锯片在切断钢管的过程中，被切部位发生剧烈的变形后形成切屑，产生很大的热量。同时切削区与前刃面、工件与后刃面的摩擦，也会产生很大热量，有时会使切削区的瞬时温度达到 800℃左右。在水冷的条件下，从飞出来的切屑呈紫蓝色来推断，切削区的温度约 300℃。因此，锯片的切削刃还要有一定的热硬性。

（2）等温淬火工艺。65Mn 钢制冷切圆锯片多数厂家采用传统的盐浴淬火、回火工艺，冷却介质为全系统损耗用油，少数厂家采用 200 ~ 220℃的硝盐浴分级冷却，360 ~ 370℃回火，得到回火托氏体组织，硬度为 45 ~ 50HRC。硬度虽符合图样要求，但使用寿命较低。通过硬度与冲击韧度关系的试验可知，经上述工艺处理后的冲击韧度一般为 25 ~ $30J/cm^2$。大量的生产实践已经证明，这样的冲击韧度值在生产使用中是不会发生碎裂、崩刃、折断等非正常破坏的，使用是安全的。然而，同样采用 860℃加热淬火，300 ~ 320℃硝盐浴等温处理，获得下贝氏体组织，其硬度提高到 50 ~ 55HRC，冲击韧度提高 30 ~ $40J/cm^2$。和托氏体组织相比，下贝氏体组织具有高硬度、高强度，又具有高冲击韧度。对任何金属切削刀具来说，在保证冲击韧度满足的前提下，硬度越高，耐磨性越好，使用寿命越长。

圆锯片通常在水冷状态下切割，刃口的温度均在 280 ~ 300℃。因此，等温温度最低不得低于 300℃，以防使用过程中组织转变造成硬度下降。

（3）锯片表面强化工艺　65Mn 钢制锯片最终的等温或回火温度都在 400℃以下，因此 400℃以上的表面强化工艺都不予考虑，经过筛选并实践，低温渗硫和化学沉积镍磷合金是可取的。

1）低温渗硫。低于200℃渗硫后得到FeS和FeS_2，这些硫化物薄膜覆盖在刃部的表面，质地韧且软，对防止黏着磨损有很好的效果。锯片的磨钝失效过程主要是黏着磨损。低温渗硫工艺对延长锯片的使用寿命起到很好作用。

2）化学沉积Ni-P合金。化学沉积Ni-P合金的温度为90～95℃，然后再进行300～400℃处理，使沉积层发生由固溶态→非晶态的转变，沉积的Ni-P合金的硬度由500～600HV提高到900HV以上，同时，也增加了沉积层和基体金属的结合力。

246. MC5钢圆盘剪剪刃的热处理工艺

近年来，随着不锈钢板材的广泛应用，对板材组织性能、外观精度的要求越来越高，用于剪切板材所需剪刃的性能指标也相应提高。国内使用的ϕ330mm圆盘剪刃的规格尺寸为ϕ330mm×ϕ200mm（内孔）×15mm。设计要求材料为9SiCr钢，单重5.5kg，硬度要求58～62HRC。该剪刃在使用过程中易出现崩刃。根据用户反馈，剪切板材强度有时设计值较高，9SiCr钢已不适应工况，因此选用了综合性能更佳的MC5钢。

（1）试验材料与方法　MC5钢是在9SiCr钢的基础上增添碳化物形成元素Cr、Mo，降低非碳化物形成元素Si而改进的高铬钢种。其主要化学成分见表2-116。钢中稳定的碳化物$Cr_{23}C_6$、Cr_7C_3、Mo_2C是很重要的强化相，硬度高，熔点高，在温度和应力的长期作用下不易聚集长大，可提高刀具的性能和寿命。碳化物稳定性高的钢在获得同样硬度条件下可进行高温回火，这就是提高了钢的塑性和韧性。MC5钢比9SiCr钢具有更优异的淬透性、耐磨性、抗热冲击性，用它来制作刀具可减少工作中崩刃现象，提高抗事故能力，延长使用寿命。针对ϕ330mm规格剪刃的技术要求，选用经箱式炉调质至295～312HBW、规格为20mm×20mm×30mm的MC5钢试块做淬火模拟试验，研究在880～1010℃盐浴加热淬火，120～280℃烘箱回火对试样硬度、组织形态、晶粒度的影响，以确定该圆盘剪刃最佳热处理方案。

表2-116　MC5钢的主要化学成分（质量分数）（%）

牌　号	C	Si	Cr	Mn	Mo	S	P
9SiCr	0.85～0.95	1.20～1.60	0.95～1.25	0.30～0.60	—	≤0.030	≤0.030
MC5	0.85	0.44	5.05	0.31	0.28	0.014	0.007

（2）试验结果与分析

1）淬火、回火温度对硬度的影响。图2-62所示为不同淬火、回火温度对MC5钢硬度的影响。提高淬火温度，MC5钢试块淬火硬度也随之增加，在960℃淬火达到最大值64HRC。对于相同温度淬火的试块进行逐级升温回火，其硬度随回火温度从室温升到280℃而平缓下降4～5HRC。其中960℃淬火＋200℃回火后硬度为

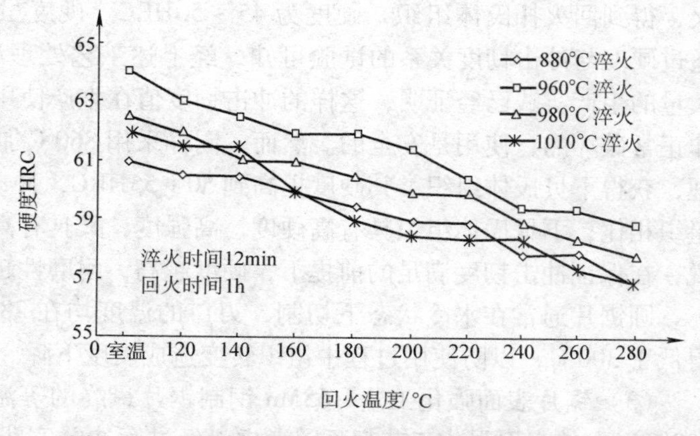

图2-62　不同淬火、回火温度对MC5钢硬度的影响

61.5HRC，960℃淬火+280℃回火后硬度为59HRC。

2）淬火温度对钢晶粒度的影响。从金相组织分析得知，保温时间都为20min，880℃和960℃的淬火组织以隐晶马氏体为主，1010℃的淬火组织出现了较多的针状马氏体。淬火温度越高，晶粒越粗大。880℃淬火的晶粒较细，晶界不明显而无法评级，另外尚有大量碳化物；960℃淬火的晶粒大小均匀，晶界清晰，晶粒度为11.5级；980℃淬火的晶粒有所长大，大小均匀，晶粒度为11级；1010℃淬火的晶粒度较大且粗细不均，粗晶粒为8.5级，细晶粒为10.5级。经分析认为，880℃淬火温度偏低，大量碳化物未溶解；1010℃淬火温度偏高，晶粒较粗大。因此，过高过低的淬火温度均不可取。

3）产品的生产。产品生产参照试样试验工艺：940～960℃淬火+210～230℃回火。处理后的ϕ330mm圆盘剪剪刃产品，在离刃口5mm范围内硬度为59～60.5HRC，金相组织为回火隐晶马氏体+弥散分布的点粒状碳化物+少量残留奥氏体。经此工艺处理的剪刃未发现崩刃、耐磨性差等不良情况。

（3）结论

1）MC5钢经盐浴炉880～1010℃加热淬火后硬度可达61～64HRC，淬火硬度随淬火温度升高而增加，960℃淬火时出现硬度峰值64HRC。

2）采用上述工艺生产的ϕ330mm圆盘剪剪刃能满足用户需要，经济效益好。

3）MC5钢具有比9SiCr钢更优的综合性能，解决了9SiCr钢在一些工况下所出现的冲击韧性低、耐磨性不足等问题。

247. Cr12MoV钢制高精度圆盘滚剪刀的真空热处理工艺

Cr12MoV钢制圆盘滚剪刀的热处理原采用盐浴淬火、冷处理、井式炉回火。这样的热处理方式难以克服两个问题：一是刀体变形大，二是切削刃（外圆部分）易磕碰掉块。为了确保成品率，采用的方法是增大热处理后两端面、外圆和内孔的留磨量。

以ϕ254mm的滚剪刀为例，两端面、外圆和内孔的留磨量分别为0.8～1mm、0.8～1mm、0.6～0.8mm。这样操作致使生产率很低，造成人力、物力浪费。近来，有单位急需ϕ280mm×ϕ150mm（内孔）×5mm的滚剪刀，该刀平行度公差为0.004mm，厚度极限偏差为±0.002mm，制造难度很大。为此决定采用先进的真空炉淬火，将热处理后两端面的平行度误差控制在0.12mm以内，考虑磨削变形，留磨量确定为0.3～0.4mm，外圆及内孔变形量控制在0.15mm以内，留磨量为0.4～0.5mm，经试验投入批量生产，达到预期效果。

（1）试验条件　ϕ280mm×ϕ150mm×5mm规格滚剪刀，热处理硬度要求为58～62HRC。热处理前的尺寸为外圆ϕ（280.4±0.05）mm、内孔ϕ（149.5±0.05）mm、厚度（5.4±0.05）mm。设备为ZC2-65型真空淬火炉、冷处理保温箱、HZR-50真空回火炉。采用专用夹具，一炉装20件。

（2）真空热处理工艺

1）淬火。选用1000℃、1020℃、1040℃等几种温度进行淬火，预热温度为550℃和840℃，真空炉加热淬火工艺见表2-117。表2-118为淬火温度对圆盘滚剪刀硬度和变形的影响。

表 2-117 圆盘滚剪刀真空加热淬火工艺

预热				淬火加热				冷却		
第一次		第二次		真空度	温度/℃	时间/min	真空度/Pa	氮气或油	压力/kPa	时间/min
温度/℃	时间/min	温度/℃	时间/min							
500~600	50	840~860	30	1Pa	1000~1040	50	13.33	氮气	40~53.33	40~50

表 2-118 淬火温度对圆盘滚剪刀硬度和变形的影响

淬火温度/℃	1000	1020	1040
淬火加热时间/min	50	50	50
淬火后硬度 HRC	60~62	60~62	62~63
-70℃~-80℃冷处理+220℃×1.5h 回火后硬度 HRC	60~61	60~62	62~63.5
外径尺寸/mm	280.465	280.490	280.512
内径尺寸/mm	149.528	149.613	149.645
厚度/mm	5.408	5.411	5.412
两端面平行度误差/mm	0.08	0.10	0.10

为了保证滚剪刀硬度高、变形小，最终淬火温度选定为1020℃，淬火加热保温时间根据有关文献资料综合考虑装炉量及基本均温时间等因素确定，在1020℃分别保温30min、40min、50min、60min，试验淬火后的试件硬度见表2-119。最终确定淬火温度为1020℃，保温时间为45~50min。

表 2-119 保温时间和硬度的关系

保温时间/min	30	40	50	60
淬火后硬度 HRC	58~59	59~60	60~62	60~61
冷处理后220℃×1.5h 回火后硬度 HRC	57~59	58~60	59~62	59~62

2）冷处理及回火。淬火出炉后立即放入冷处理保温箱中进行冷处理，使淬火的残留奥氏体转变成马氏体，冷处理温度为-70℃~-80℃，保温时间为1h。为防止残留奥氏体稳定化，冷处理必须在淬火后1h内进行。

表2-120为冷处理与回火工艺对硬度的影响（淬火温度1020℃，淬火加热保温时间50min，冷处理-70℃~-80℃×1h）。

表 2-120 冷处理与回火工艺对硬度的影响

冷处理及回火工艺	硬度 HRC	冷处理及回火工艺	硬度 HRC
淬火+180℃×1.5h 回火	60~62	淬火+冷处理+180℃×1.5h 回火	60~63
淬火+200℃×1.5h 回火	60~61	淬火+冷处理+200℃×1.5h 回火	60.5~62.5
淬火+220℃×1.5h 回火	58~61	淬火+冷处理+220℃×1.5h 回火	59~62

3）金相组织。Cr12MoV 钢制圆盘滚剪刀在1020℃淬火后，其金相组织由马氏体、块粒

状碳化物、少量的残留奥氏体组成，碳化物2级。

4）热处理效果。经最终选定的热处理工艺生产的滚剪刀，其外径、内径、厚度尺寸变化分别控制在0.15mm、0.15mm、0.12mm以内，平行度误差在0.12mm以内，从而使滚剪刀热处理后的留磨量缩小到内、外径0.4～0.5mm，厚度0.3～0.4mm，大大减少了机加工磨量，提高了生产率，在质量稳定可靠的前提下满足了客户的要求。

（3）结论

1）Cr12MoV钢制高精度圆盘滚剪刀真空热处理工艺为1020℃×45～50min加热，气淬，-70℃～-80℃×1h冷处理，220℃×1.5h真空回火，硬度为58～62HRC，金相组织为回火马氏体+块粒状碳化物+少量残留奥氏体，完全满足质量要求。

2）处理的滚剪刀变形符合要求，合格率100%，降低了成本。

3）真空淬火、回火，工件表面光亮，易检测，减少了测量误差，便于质量控制。

248. SKS8钢制薄片铣刀的固体渗硼直接淬火工艺

ϕ20mm×0.10～0.20mm薄片铣刀用于铣削纺织行业所用钩针尖端的半圆弧槽，消耗量很大。对于此类薄铣刀片，目前许多厂家采取单片生产方式，表面氧化比较严重，硬度虽能达60～62HRC，但仅能使用2～3h。为此，采用了固体渗硼直接淬火工艺，可实现多片生产。其热处理工艺简介如下：

（1）工艺过程　薄片铣刀采用日本进口SKS8（相当于Cr06钢）钢带经冲压、磨内孔、车外圆、铣齿等加工工序完成。所用的固体渗硼剂组分为（质量分数）：$KBF_4$5%+$NH_4HCO_3$5%+Fe-B10%+$Al_2O_3$40%+木炭粉40%。其中氟硼酸钾（KBF_4）、硼铁［粒度100～150目，w(B)=25%］为供硼剂；KBF_4、NH_4HCO_3为活化剂；Al_2O_3（使用前经1100℃×2h焙烧）和木炭粉为填充剂。配制前，渗剂经120℃×40～60min烘干。

渗硼前，先用汽油或丙酮去除薄片铣刀油污，然后放在上、下夹板间（夹板端面用磨床磨平）。薄片铣刀之间撒有Al_2O_3粉末，以防加热时间互黏结。将装夹好的薄片铣刀与渗剂一同装入渗硼罐中，用水玻璃调耐火泥来密封，在箱式电炉中施以810℃×3h渗硼处理。渗后出炉，打开上盖，取出夹具，淬入5%（质量分数）NaCl水溶液中，冷至室温，150℃×2h油回火。

（2）生产应用效果　经上述工艺处理，薄片铣刀可获得5μm深的单相Fe_2B相（X射线衍射分析结果），硬度为66HRC，表面光洁，硬而不脆。使用寿命达7.5h（每分钟铣削球化退火态的T9A钢针8件），比原工艺处理的薄片铣刀的寿命提高2倍。

249. 45钢制砂轮割刀的双相区淬火工艺

砂轮割刀如图2-63所示，材料为45钢，有效厚度为2mm，要求热处理硬度为52～56HRC，淬火后不允许有椭圆扭曲变形及裂纹。原热处理工艺为830～850℃×4min盐浴炉加热，淬入5%～10%（质量分数）NaCl水溶液中，水温≤40℃，210～230℃×2h硝盐浴回火。处理结果：合格率为60%～65%，其余椭圆变形扭曲占25%～30%，淬裂报废的约占10%。对椭圆变形超差者须退火后矫正重新淬火，工艺繁琐，增加了工时和成本，经济效益差。

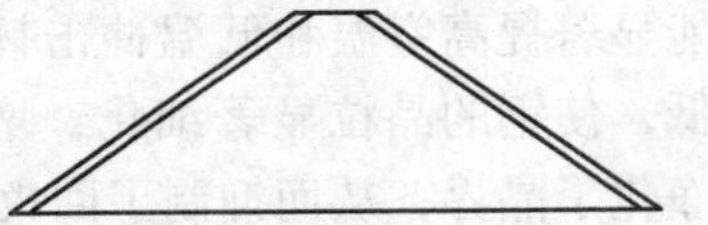

图2-63　砂轮割刀

为了解决变形、开裂问题，曾尝试用提高淬火温度、改变淬火冷却介质的方法，即改淬火温度为860℃，淬入150～180℃硝盐浴中。这种工艺虽能达到技术要求，但因加入时所用的氯盐会不断地带入硝盐浴槽，使硝盐浴很快老化，使用几天就得更换硝盐，成本太高，在实际生产中很难实施。为此，进行了多种工艺试验，如常规淬火、双相区淬火、亚温淬火。45钢制砂轮割刀经不同热处理工艺后的力学性能和金相组织见表2-121。

表2-121 45钢制砂轮割刀经不同热处理工艺后的力学性能和金相组织

工艺 \ 性能	力学性能						淬火组织	晶粒度/级	淬裂(%)	断口特征
	硬度HRC	R_m/MPa	R_{eL}/MPa	a_K/(J/cm^2)	A(%)	Z(%)				
常规淬火：830～850℃加热，淬火冷却介质为5%～10%（质量分数）NaCl水溶液；220℃回火	53～55	1650～1700	1450～1500	50～55	11～12	30～32	$M_{针状}$	8～8.5	5～10	脆性断口
亚温淬火：先调质，860℃加热，油淬，500℃回火；750℃加热，水淬；220℃回火	52～53	1600～1650	1400～1450	86～95	13～14	32～34	$M_{隐晶}$+F	9.5～10	无	韧性断口
双相区淬火：770℃加热，水淬；220℃×2h回火	52～55	1620～1640	1410～1460	83～90	12～13.5	31.5～34	$M_{细针}$+F	9.5～10	无	韧性断口

注：$M_{针状}$—针状马氏体，$M_{隐晶}$—隐晶马氏体，$M_{细针}$—细针马氏体，F—铁素体。

表2-121中数据表明：亚温淬火和两相区淬火，均能满足砂轮割刀技术要求。它们相同之处在于都属不完全淬火，存在有韧相铁素体组织，不同点是亚温淬火之前需要进行调质处理，而双相区淬火不需要预备热处理，因此，双相区淬火生产成本低，生产率高。45钢制砂轮割刀的双相区淬火工艺如图2-64所示。

砂轮割刀淬火之前装夹具时，用ϕ10mm螺杆将砂轮割刀串联起来，割刀之间用M12×10螺母隔开，使之淬火加热、冷却均匀。

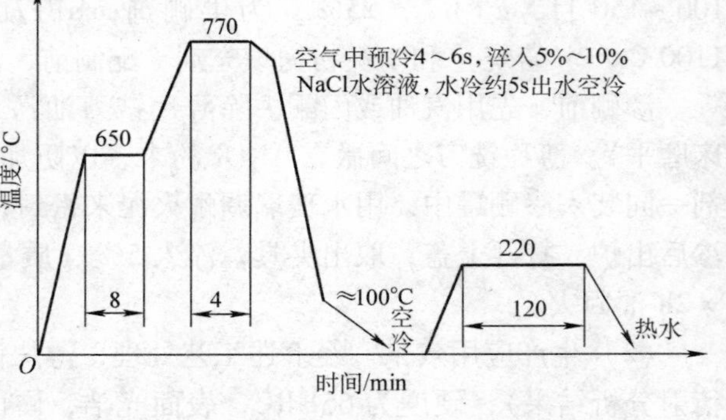

图2-64 45钢制砂轮割刀的双相区淬火工艺

电镜观察表明，双相区淬火韧性化的机理主要是未溶铁素体保留在淬火组织中，铁素体是韧性相，硬度低（80～90HBW），塑性好，伸长率高（45%～50%），断面收缩率为85%～90%，能防止淬火应力集中和阻止裂纹扩展；同时保留少量铁素体在不降低强度的前提下，能显著提高室温和低温冲击韧性，强韧性得到提高，还降低了冷脆转变温度。因淬火温度低，使钢的晶粒显著细化，增加了晶界数量，使有害杂质P、Sn、Sb等的界面浓度降低，净化了晶界，从而抑制了回火脆性。双相区淬火处理的组织特征为：马氏体1～1.5级、铁素体约4级，约5%～8%（体积分数）呈均细分布。这样的组织有较好的强韧性配合，消除了在使用中砂轮割刀发生脆裂等不安全因素，同时消除了淬裂、椭圆扭曲变形，合格率达100%。与传统的工艺相比，使用寿命提高50%，成本降低60%，经济效益显著。

250. 9SiCr 钢制薄形圆刀片的热处理工艺

厚度≤1mm 的薄形圆刀片，在工业上应用广泛。这种薄形圆刀片一般由 9SiCr 钢锻造成形并退火处理，再经车、磨并开刃，然后进行热处理。其硬度要求为 58 ~ 62HRC，平面度误差≤0. 15mm。热处理工艺如下：

（1）锻坯的热处理　即高温正火和球化退火。

1）高温正火。由于圆刀片刀体薄，所以模锻的始锻温度选择在允许范围的上限。金相组织检验发现刀片模锻后的组织粗大，且存在着严重的网状碳化物，该组织不利于此后的球化退火，而且淬火时易变形、开裂。采用 900 ~ 920℃ ×30s/mm（盐浴炉加热）高温正火处理，能有效地改善锻坯组织。

2）球化退火。为了降低硬度，便于切削加工，获得球状珠光体组织，并为淬火做组织准备，对正火后锻坯进行球化退火。其工艺为 800 ~ 810℃ ×3 ~ 4h 炉冷至 700 ~ 720℃ ×4 ~ 5h，炉冷至 500℃出炉空冷，硬度为 179 ~ 241HBW。

（2）圆刀片的热处理

1）去应力退火。圆刀片经过车外圆、车平面等机械加工后，产生了一定的应力和变形，这会增加刀片淬火时的变形量和开裂倾向，所以要进行去应力退火。其工艺为 650℃ × 1. 5h（盐浴炉加热）出炉空冷。退火时，将刀片用专用夹具夹紧，在一定的压力下进行，这样可消除刀片机械加工产生的变形。

2）淬火。9SiCr 钢的脱碳敏感性较大，宜采用盐浴加热，如条件不具备，采用箱式炉加热时，应采取保护措施。为了减少加热变形，适应大批量生产的需要，要制作专用夹具，每个夹具装 20 ~ 30 件，刀片间距为 8 ~ 12mm。刀片经 860℃加热保温后，迅速平稳地淬入油槽中，保持 3 ~ 4s，估计温度在 180 ~ 250℃时，迅速取出装上预先准备好的夹具，借助于压力机迅速压紧，并拧紧螺母。由于刀片本身有 200℃左右，高于 Ms 点（$Ms \approx 160$℃），有很好的热塑性，此时施加一定的压力可以矫平，同时也限制了组织继续转变的变形。出油温度要把握准确，过早，刀片淬不硬；过晚，无法压紧矫平，甚至压断。夹紧的刀片随夹具冷至室温。金相组织检查和硬度检查表明：刀片都已淬透，组织正常，硬度 > 62HRC，符合要求。

3）回火。淬火后的刀片随同夹具一起放入油中进行 240 ~ 260℃ ×3h 回火。回火中途可以取出，进一步压紧，然后再继续回火，到时出炉空冷。用上述工艺处理的刀片，一次合格率达 90% 以上。对于不合格者，可重新装入夹具，提高温度回火。回火后金相组织为：回火马氏体 + 均匀分布的碳化物 + 残留奥氏体。

（3）结论

1）热塑压力矫平，是解决薄形圆刀片热处理变形的关键，但掌握时机很重要。

2）低温回火矫平是解决变形的辅助措施，回火要及时。

3）进行球化退火和去应力退火有利于减少热处理变形。

4）在保证淬硬的情况下，尽量选择淬火温度下限，这样对减少变形有利。

251. GCr15 钢制六角落料刀片的快速加热“薄壳”淬火工艺

某汽车标准件厂使用的 GCr15 钢六角落料刀片是 35 钢六角螺母毛坯下料时使用的工具，

原热处理工艺及使用情况见表2-122。从表2-122中可见，在常规淬火条件下，用改变回火温度以期提高韧性的办法，是不可能大幅度提高刀片寿命的。

表2-122 刀片原热处理工艺及使用情况

序号	热处理工艺	硬度HRC	使用寿命	刀片损坏形式	废品分析
1	830～850℃×12min，油淬；170～190℃×1.5h回火，空冷	58～60	1/3～1/2工作班	掉角、崩刃	冲击韧性太差
2	830～850℃×12min，油淬；340～360℃×1.5h回火，空冷	50～52	1/2～1工作班	掉角、刃口磨钝	冲击韧性不足，耐磨性差
3	830～850℃×12min，油淬；>400℃×1.5h回火，空冷	<50	无法使用	塑性变形	强度不足

采用快速加热“薄壳”淬火新工艺取得了令人满意的效果，其工艺简介如下：

在井式炉、箱式炉中进行充分预热，500～550℃×2min/mm；接着进入840～860℃×7～8s/mm进行第二次预热，使刀片发生相变，进一步减少热应力，同时防止在高温盐浴炉中加热时由于放置不当引起不均匀相变，或者淬火时出现软点。最后在盐浴中进行快速加热，1040℃×4～5s/mm，淬火后硬度为62～66HRC。

经240～250℃回火后，刃口周围的硬度为53～59HRC。

落料刀片经上述工艺方法处理后，使用寿命比原来提高3倍以上。这是由于心部硬度低，可吸收较大的冲击吸收能量，韧性高，可阻止裂纹的扩展，避免了掉块、崩刃；硬度不低于53HRC，可保证刀片的耐磨性。

“薄壳”淬火工艺很有针对性，并非万能，一定要经过实践，以提高刀具寿命为衡量标准。

252. W9Mo3Cr4V钢制切锭刀头的开裂原因与改进工艺

某车轮轮箍厂在过去的几十年里的切锭刀具生产中经常出现刀头开裂而报废的情况，废品率多年稳定在10%左右。通过对切锭刀具生产环节的跟踪调查，分析了切锭刀头产生裂纹的原因，并对生产工艺做了调整，取得了良好的效果。

（1）切锭刀具生产工艺

1）刀头材料为W9Mo3Cr4V高速钢，刀体为45钢。刀头的锻造毛坯是由ϕ30～ϕ35mm圆钢在煤气反射炉中加热至1150℃，再锻打成长条状的小方坯。

2）刀头与刀体的焊接用的是碰焊机。方法是将刀头与刀杆相接触的部分用电流引弧迅速加热至熔化，然后机械挤压连在一起，焊后空冷。

3）刀头的淬火是用盐浴炉，热处理工艺为1240～1250℃加热，加热系数取10～12s/mm，油淬；560～570℃×1h×3次回火，回火后硬度为64～66HRC。

（2）刀头开裂与各生产工艺环节的关系 为了分析刀头产生裂纹的原因，该厂用了一年多时间对刀具的3个生产环节进行了现场跟踪。在检验的1万多个刀头中约有1000个刀头存在裂纹，且产生在不同的生产环节，锻造裂纹占35.9%，焊接裂纹占58.1%，热处理裂纹占6%，且其中一部分裂纹可能是在锻造和焊接过程中已经形成的，热处理时得到了进一步扩展。

（3）裂纹产生的原因　调查结果表明，刀头裂纹主要产生在锻造和焊接环节。

在锻造工序中，W9Mo3Cr4V钢刀头是由直径$\phi30 \sim \phi35$mm圆钢在煤气炉中加热后锻造而成的。由于设备能力的限制，锻造后的坯料直接放在地上空冷，现场发现，有部分坯料在空冷过程中已经产生了裂纹，不过裂纹较细，很难发现。

在对焊时，高速钢刀头与45钢刀杆相接触的部分被迅速加热至熔化温度，在焊后的空冷过程中，被加热的高速钢部位在空冷中淬火成马氏体，而未被加热的部分仍然是珠光体。由两种组织的比体积差而引起的巨大的组织应力，造成了在热影响区和未影响区之间的过渡部分产生平行于焊缝的裂纹。

（4）改进措施　根据对刀头生产工艺的调查和分析结果，为消除和减少裂纹，提高切锭的成品率，对生产工艺进行了如下改进：

1）锻后刀头的缓冷处理。将锻好的刀头毛坯立即放到箱式炉中保温，待坯料全部锻好后于750℃保温1h，然后随炉冷至室温。这样可以有效地减少裂纹。

2）刀具焊前预热与焊后缓冷处理。焊接前在烘箱中将刀头预热至300℃左右，然后再进行焊接。这样可以减少焊接与未焊接部分的温差。焊后同样将切锭刀立即放入箱式炉中，在750℃至少保温1h，然后随炉冷至室温。

3）热处理工艺改进。采用多次预热，适当降低淬火温度，改油淬为480～560℃中性盐浴、硝盐浴两次分级冷却。在热处理过程杜绝裂纹发生。

这些改进工艺措施实施后，经一段时间的跟踪统计，废品率由10%降低至1%以下。

253. 6CrW2Si钢制剪刃的热处理工艺

轧钢厂2000kN冷剪机剪刃外形尺寸为650mm×150mm×50mm，选用6CrW2Si钢制作，硬度要求为52～56HRC。根据剪刃的工作状况，刃口必须具备高的强度和硬度，同时还要具备一定的塑性和韧性。该剪刃的工作状态极其恶劣，用户为了提高劳动生产率，根据棒料直径的大小一次要剪切几根或十几根，因此剪刃要承受着极大的冲击力和剪切力。这就要求剪刃具有很好的强韧性配合。

根据现场调查，在生产的实际过程中，一个班平均要报废2～3副剪刃。这样势必要加大工人的劳动强度，降低工作效率。剪刃失效的主要形式是崩刃掉块。

针对上述情况，对6CrW2Si钢制剪刃热处理工艺进行了试验，并认为应在有足够韧性的前提下力求高硬度。

（1）热处理工艺　经过几易方案，最终制定的热处理工艺为：在进入箱式炉加热之前要涂防氧化脱碳涂料，防止表面氧化脱碳。940℃×90min油淬，使其冷却到Ms点以下，并做短暂停留，使剪刃的表面形成少量的马氏体，然后迅速转入260℃×45min硝盐浴等温。这样预先生成的马氏体不但能提高表面硬度，而且对贝氏体的转变具有促进的作用。然后进行260℃×90min硝盐浴回火。

（2）效果　采用新工艺处理的剪刃，其变形极小，直线度误差由原1～2mm减少到0.2～0.3mm，而且从未出现淬裂报废现象。热处理后硬度为52～53HRC，符合图样要求。使用寿命提高5～8倍，由原来的一个班报废2～3副提高到现在的一副剪刃可连续使用3个班，而且未出现崩刃现象。其失效形式是正常的磨损和局部被压塌，同时这些失效的剪刃大部分还可修磨再使用。

254. 6CrW2Si 钢制热剪切机剪刀的修复工艺

热剪切机工作时，上、下刀台通过相对运动并在很大的压力作用下将热钢坯剪断。工作过程中剪刀和1000℃左右的钢坯接触，并伴有冷却水循环冷却。因此剪刀受很大的压应力和高温摩擦力作用，同时还要承受一定的撞击和热疲劳的作用。剪刀正常失效形式主要是刃口磨损、卷刃。这说明剪刀工作刃口部分高温强度和耐磨性较低，不能满足刃口部分的性能要求，从而导致使用性能降低。根据以上分析，剪刀应具有以下综合性能：

1）剪刀整体应具有高淬透性，经淬火、回火后整体应保持足够的强度和韧性。

2）剪刀应具有良好的导热性和较高的抗热疲劳性能。

3）剪刀工作刃口部分应具有高的热硬性和耐磨性。

4）剪刀工作刃口部分应具有一定的冲击韧性。

从剪刀综合性能要求看，整体和工作刃口部分的性能要求显然是不同的，而这种不同的要求依靠6CrW2Si钢单一材料是难以同时满足的。传统的剪刀的制造处理工艺主要偏重于整体强度、韧性的要求，忽视了刃口部分的个性化要求。基于以上分析，采用堆焊方式在原来报废的旧剪刀上，重新制造高热硬性、高耐磨性的工作刃口是同时满足剪刀整体和刃口不同性能要求较好的途径。

（1）剪刀堆焊修复工艺　堆焊前，将旧剪刀整体进行脱脂清洗，并对有缺陷的部位打磨，然后在刃口部分开出10mm×15mm的堆焊槽。堆焊时，先将刀体和焊条在300～500℃预热2h，然后在工作台架上，通过焊条电弧堆焊方法在刃口部分堆焊具有高热硬性、高耐磨性的高合金堆焊层，整个刃口部分共堆焊10层左右，堆焊道次按一定顺序完成。同时对刀体有缺陷的部位利用5CrMnMo钢焊条进行补修。堆焊补修完成后，剪刀立即放在井式电炉中缓慢冷却，然后再进行520℃×1h×2次回火处理，最后在磨床上加工到规定尺寸。

（2）分析　如堆焊工艺制订合理时，堆焊层得到以马氏体为主的组织，且由于含有较多的合金元素Cr、W、Mo、V，使堆焊区奥氏体晶粒较细小，不会出现焊接过程中易产生的过热、过烧组织特征。剪刀堆焊后经520℃二次回火处理，硬度为61.2HRC，比回火前提高1.5HRC左右，组织为回火马氏体，残留奥氏体基本上消除，析出的碳化物细小均匀，这些结果使刃口具有较高的热硬性和耐磨性。适当控制碳含量和合金元素含量又可以保证堆焊刃口具有一定的韧性和较好的抗热疲劳性能，使剪刀工作刃口和基体具有不同的性能，满足剪刀综合性能要求。

（3）使用效果　以400mm×200mm×150mm剪刀为例，按原常规工艺处理后，硬度为50～52HRC。由于热硬性差，使用过程中硬度很快降至36HRC左右，并因剪刃磨损严重或卷刃而失效。每把剪刀平均使用寿命仅5天左右，而在报废的旧剪刀基础上进行堆焊处理，剪刀平均寿命10天以上，较以前提高了一倍。

255. 9SiCr 钢制下料刀片的热处理工艺

9SiCr钢制棒料剪切下料刀片常因变形、脆裂而失效，不仅造成材料浪费，而且影响生产率。针对这一情况，对刀片锻造、退火、淬火、回火工艺进行改进，从而提高了刀片的强度和韧性，增加了刀片的使用寿命。

原刀片盐浴加热热处理工艺为：650℃×50min+850℃×25min，油淬，油冷至150℃

出油空冷，420℃ ×2h 回火后出炉空冷。热处理后硬度为 48 ~ 52HRC，金相组织为回火托氏体，刃口部分硬度不足，刀片寿命低。改进的工艺将淬火温度提高到 860 ~ 870℃，使有限的合金元素充分溶于奥氏体，以改善钢中的碳化物分布，并增强回火稳定性，硬度得到了提高，可保证刃口耐磨性。从提高韧性，减少脆性破坏的角度出发，采用等温淬火更有益。

9SiCr 钢制刀片等温淬火后尚有少量的过冷奥氏体在空冷过程中转变为马氏体，且淬火硬度高，为保证足够的韧性，故采取 350℃ 回火。表 2-123 是 9SiCr 钢制刀片的几种热处理工艺及其效果。

表 2-123　9SiCr 钢制刀片的几种热处理工艺及其效果

退火方式	淬火工艺	回火工艺	硬度 HRC		使用寿命/件
			淬　火	回　火	
不完全退火	850℃ ×25min 油淬	420℃ ×2h	58	46	15000
不完全退火	860℃ ×30min 油淬	400℃ ×2h	58	48	17500
不完全退火	870℃ ×30min 油淬	360℃ ×2h	60	50	23500
等温退火	870℃ ×30min，硝盐浴等温淬火	350℃ ×2h	60	52	37000

实践证明，9SiCr 钢经等温退火 + 等温淬火 + 中温回火处理，具有较高的硬度和良好的冲击韧性，经该工艺处理的下料刀片使用寿命明显提高。

256. JG9 钢制剪板机刀片的热处理工艺

JG9 钢是为 25mm ×3800mm 剪板机而开发的刀片用钢。刀片主要用于剪切热轧中板的边和头尾，要求硬度为 53 ~ 56HRC，有一定的热硬性、高的耐磨性和比较好的韧性。过去曾使用过 6CrW2Si、4Cr5MoSiV1 钢等材料，剪刀片使用寿命都不长、容易崩刃和变钝，而选用 JG9 钢就比较理想。

（1） 化学成分　JG9 钢的化学成分见表 2-124。

表 2-124　JG9 钢的化学成分（质量分数）　（%）

C	Cr	W	Mo	V	Si	Mn	S	P
0.51	4.31	1.78	1.05	0.57	0.83	0.50	0.004	0.024

（2） 热处理工艺

1） JG9 钢制刀片都要经锻造处理，锻后应及时退火，退火温度为 860℃，以便消除应力，防止产生裂纹，并为机加工和后续热处理做好组织准备。

2） 盐浴炉加热，淬火温度为 1060 ~ 1080℃，晶粒细小均匀。

3） 回火温度为 570 ~ 590℃。在此温度区间回火，能产生二次硬化，具有高的热硬性和韧性，以及高的硬度和耐磨性，能满足中板和型钢的剪切要求。

（3） 回火温度对力学性能的影响　在 200 ~ 350℃ 之间，随着回火温度的升高，硬度略有下降。高于 350℃ 以后，硬度逐渐提高，至 520℃ 达到峰值，而后开始下降。抗拉强度的变化情况与硬度相似。冲击韧度于 450℃ 回火为最低值。300 ~ 550℃ 回火有脆性。JG9 钢 1070℃ 淬火不同温度回火的力学性能见表 2-125。

表 2-125 JG9 钢 1070℃淬火不同温度回火的力学性能

回火温度/℃	200	300	400	500	550	600	650	700
a_K/（J/cm²）	21	14	13	13	15	30	38	45
R_m/MPa	2000	1920	1880	1900	1940	1920	1700	1100
A（%）	8.5	8.5	8.0	9.0	10.0	10.5	13.5	17.0

257. 3Cr3Mo3W2V 钢制热剪切刀片的热处理工艺

某钢铁公司炼钢厂在连续铸钢生产线上，有 8 台热剪切机使用热剪切刀片，用以切断连铸钢坯。刀片的外形尺寸为 280mm×220mm×60mm，按设计要求，用 3Cr2W8V 钢制造，热处理后的硬度为 50～55HRC。多年使用表明，刀片的寿命并不高，在剪切 1500 次钢坯后，刃口因表面发生软化、塑性变形和严重的磨损而失效。经分析和测定，被剪切的钢坯温度为 1050～1160℃，切割频率为 2.5min 剪切一次；在剪切断面尺寸为 165mm×165mm 的钢坯时，剪切的时间约 6s。根据经验公式的计算，刀片刃口处的表面温度高达 726℃。失效刀片刃口处的硬度为 32～36HS，有塑性变形痕迹和热磨损沟槽。

为了提高热剪切刀片的使用寿命，改用 3Cr3Mo3W2V 钢。该钢比 3Cr2W8V 钢有高的高温硬度、热稳定性和导热性，较适合在喷水强制冷却的条件下工作。

3Cr3Mo3W2V 钢制热剪切刀片的热处理工艺为：580℃ ×28min +850℃ ×28min 盐浴预热，1150℃ ×14min 盐浴加热，出炉后空冷数秒油淬，油冷至 200℃后立即进行 640℃ ×2h +620℃ ×2h 回火。

经上述工艺处理后的刀片硬度为 50～52HRC，使用寿命提高到 5000 次以上，比原 3Cr2W8V 钢刀片提高 2.3 倍。

258. T12A 钢制无刃切断刀的微变形淬火工艺

T12A 钢制无刃刀片呈薄片状，外形尺寸为 ϕ100mm×5mm，内孔直径为 ϕ20mm，硬度要求为 55～58HRC，平面度误差≤0.10mm。其微变形热处理工艺简介如下：

（1）调质　770℃ ×4.5min 盐浴加热，淬入三硝水溶液，600～610℃ ×1h 回火后空冷。

（2）淬火　850～860℃ ×80s 快速加热后淬入三硝水溶液中冷却 2～3s，然后立即转入 180～190℃硝盐浴中分级冷却 4min 后空冷。淬火后硬度为 62～63HRC。

（3）回火　270～280℃ ×1h 夹直回火。回火后硬度为 56～57HRC，平面度误差≤0.06mm，全部符合技术要求，无须矫直。

259. 9SiCr 钢制剪刀片的冷矫直工艺

9SiCr 钢制剪刀片外形尺寸为 1050mm×60mm×20mm，硬度要求为 57～60HRC，弯曲变形量≤0.35mm。

热处理工艺：850～860℃ ×12min 盐浴加热，240～260℃ ×12min 硝盐浴等温，冷至室温，清洗后进行矫直，由于等温淬火大大减少了组织应力和热应力，变形量为 0.4～0.8mm，很容易矫直。矫直后，将刀片用专用夹具夹紧，进行 300～320℃ ×2h 回火。回火后刀片弯曲变形量≤0.35mm，全部符合弯曲要求。

260. 5Cr4Mo3SiMnVAl钢制导线切割刀片的复合强化工艺

5Cr4Mo3SiMnVAl钢制导线切割刀片的复合强化工艺如下：

1）5Cr4Mo3SiMnVAl钢锻后在箱式炉中的退火工艺为840℃×4h，炉冷至710℃×4h，炉冷至500℃出炉空冷。退火硬度≤229HBW。

2）800℃预热，1090℃盐浴炉加热，540℃×2h×2次回火，硬度为60～62HRC。

3）520℃×2h，进行气体氮碳共渗，乙二胺为渗氮剂，硬度为1064HV。

4）电火花强化选择电火花强化机，电极材料为YG8，按电火花强化的操作规程进行手工操作，硬度可达1854HV。

目前国内外大多用高强度硬质合金刀片切割导线（5000r/min高速下切割印制电路板上带锡—铅合金的元件），使用寿命为30～150万次。5Cr4Mo3SiMnVAl钢经复合强化处理后，可获得强韧性基体和高耐磨性表面，不但成本低，而且使用方面，刃口爆块深度浅，刃磨方便，重磨性好，使用寿命在100万次以上，可代替硬质合金。

261. 9SiCr钢制刀板的淬火工艺

有一批9SiCr钢制刀板尺寸为50.8mm×50.8mm×304.8mm，硬度要求61～63HRC，经860℃×0.5h盐浴炉加热油淬后，硬化层深度浅，刀板表面中部硬度偏低，仅为45HRC左右。初步分析可能是因为原用的油老化而降低了冷却能力，冷却速度不够所致。改用冷却能力较强的K油淬火，但淬后硬度只有57～60HRC，仍然达不到技术要求。

（1）原因分析　9SiCr钢有较高的淬透性，$\phi40$～$\phi50$mm的工件在油中完全可以淬硬。该批刀板淬火后，不仅硬度偏低而且普遍存在着软点。对原材料进行化学分析：w(C)＝0.85%，w(Cr)＝1.64%，w(Si)＝1.27%。而GB/T 1299—2014标准中9SiCr的w(Cr)＝0.95%～1.25%。可见此批刀板属不合格料，Cr含量远远超过国家标准。Cr含量高，将增加碳化物分布的不均匀性。Cr能提高渗碳体的稳定性，使其在加热时溶解缓慢；Cr又能提高临界点，使淬火温度增高；Cr还能使Ms点降低，增加残留奥氏体量。因此加热温度偏低，加热不足，碳化物溶解不充分，同时原材料组织不均匀，而且工件尺寸偏大，淬火冷却介质冷却速度不够等是造成工件淬火硬度偏低，以及产生软点的原因。为此，应适当提高淬火温度，选用冷却能力较强的淬火冷却介质。但由于钢中存在着碳化物分布不均匀的情况，淬火温度不宜过高，否则晶粒将长大，使刀板的强度降低，性能变坏。

（2）工艺选择　提高淬火温度并适当延长保温时间，油淬后刀板的硬度仍然在60HRC以下，于是又进行了两种工艺试验，试验结果见表2-126。

表2-126　9SiCr钢刀板试验工艺参数及结果

工　艺	加热温度及时间	淬火冷却介质	硬度HRC
1	870℃×40min	三硝水溶液	62
2	870℃×40min	盐水—油	61

刀板按表2-126中工艺1处理后，四个面的硬度比较均匀，都在62HRC以上，并且变形小，无开裂，效果比较理想。但三硝水溶液（25% $NaNO_3$＋20% $NaNO_2$＋20% KNO_3＋35% H_2O，质量分数）中有亚硝酸钠，不利于节能减排和操作者健康，因而此工艺应慎重采用。

刀板按表2-126中工艺2处理变形量较大且会出现纵向裂纹，而且淬火效果略逊色于工艺1。要想达到产品的热处理要求，关键是控制在水中的摆动和冷却时间，时间太短则达不到硬度要求，时间稍长则易产生裂纹。人们采用钢丝绑吊工件，单件淬火的方法，在水中上下均匀晃动，停留时间控制在10s左右，然后立即转入油中缓冷，从而保证刀板高硬度，减少开裂倾向，达到技术要求。

262. W6Mo5Cr4V2钢制刀片的太阳能加热强韧化处理工艺

某工具公司生产的非标高速钢矩形车刀外形尺寸为190mm×12mm×2mm，刀体长，体积小，刃薄，刀片刃口厚度只有2mm，刀片在使用过程中切削深度较浅，但由于加工对象是钢铁材料，要求刀片有高的硬度和耐磨性。由于刀片长度与厚度之比>90，所以要求刀片具有较高的强韧性配合，以使刀片在淬火后矫直过程中不脆断，在使用过程中不会脆性折断。

刀片刃口崩刃主要原因是韧性不高，如果在淬火时能够采用快速加热，使奥氏体晶粒超细化，可提高刃口的强韧性，防止崩刃现象。太阳能快速加热淬火正是实施这一工艺的有效手段，其热处理工艺简介如下：

将已加工完成的刀片，在夹具上用螺栓压板压紧，每个夹具装夹10件刀片，将夹紧的刀片放在新型太阳能热处理炉的焦平面位置的固定架上。启动热处理炉的手动升降和旋转装置，将光线吸收并汇聚到焦点，光线垂直照射在刀片的刃口上，经过照射40s，用红外观测仪即测得刃口温度已达1240℃，稍微调节离焦点位置，保持刃口温度在1220~1240℃，保持120s后取下夹具。测试10把刀片淬火部位的硬度为63~66HRC，淬硬层深度为5~7mm。再经550~560℃×1h×3次回火，硬度为62~67HRC。经现场客户使用证明，没有发生折断和崩刃现象，使用寿命比盐浴淬火刀片提高3倍。

263. 4Cr3Mo3W4VNb钢制大圆弧刀片的热处理工艺

国内某钢厂使用的大圆弧刀片，外形尺寸为2100mm×130mm×240mm，在工作时要承受850℃左右的高温及较大的载荷（如压力、冲击力等），以满足高性能的要求（高的热硬性和高的耐磨性、足够的强度和韧性、高的抗热疲劳能力，在反复热应力的作用下，不发生龟裂、氧化）。其热处理工艺简介如下。

（1）锻件等温退火　600℃×3h预热，850℃×3h加热保温后炉冷至720℃，保温6h炉冷至500℃出炉空冷。

（2）淬火、回火工艺　350~450℃×3h+800~850℃×2h井式预热，1120~1140℃×50~55min盐浴炉加热后，在热油冷却30~32min出油后空冷，不准吹风冷，用干净的棉纱头或木屑迅速擦去刀片上油渍，利用马氏体相变超塑性特点进行矫直，平面和立面的平面度误差<1.0mm。在箱式炉中回火，600~650℃×3h×2次，回火后硬度48~52HRC。第一次回火后应利用残留奥氏体转变成马氏体塑性好的优点，抓紧矫直。

（3）应用情况　该钢厂过去生产的钢种强度不大于700MPa，用4CrSWMoSiV钢制刀片可以满足一次剪切量达6周，随着高强度钢板（800~900MPa）的生产，4Cr5WMoSiV钢制刀片不能满足一次剪切量达6周的要求，剪4~5周就钝口，采用4Cr3Mo3W4VNb钢热处理新工艺生产的刀片，一次剪切高强度钢板超过6周。

264. 6CrW2Si钢制钢板圆剪刀片的热处理工艺

国内某钢厂有两条钢板原料纵剪生产线，钢板规格尺寸分别为4mm×1600mm和4mm×2000mm，年剪切量近百万吨。被剪钢板材质各异，厚度也不同（2.0～4.0mm）。裁剪后的钢板作为冷轧薄板（厚度0.16～0.3mm）的基板，其表面质量要求很严，毛刺高度≤0.18mm，边缘不得有缺口和碰伤等表面缺陷。这就使钢板圆剪刀片的刃口部位承受钢板连续的冲击、挤压以及摩擦，既要求刀片有较高的强度，以抵抗钢板对剪刃的挤压，防止刃口压塌；又要求刀片具有高硬度和耐磨性，以防刃口部位过度磨损，刀片间隙增大造成毛刺过高；同时，要求刀片具有较高的韧性，以防止刃口裂纹崩块造成的边部碰伤。因此，圆剪刀片必须具有很好的强韧性配合。为满足原材料纵切的生产需要，从20世纪90年代开始，国内一些钢厂，对圆剪刀片材料、热处理工艺进行了大量的试验研究，最终认为6CrW2Si钢是比较理想的刀剪材料。其热处理工艺简介如下：

910～930℃加热，淬火冷却介质为L-AN46全损耗系统用油，淬火后硬度≥58HRC，要充分利用马氏体相变超塑性原理，趁热矫直。

由于圆剪刀片特殊的使用环境，只有合适的硬度和韧性相匹配，才能发挥6CrW2Si钢的性能。实践证明，采用250℃回火后，硬度为56～58HRC，脆性较大，刃口崩裂现象依然存在。6CrW2Si钢制圆剪刀片用于裁剪厚度为2～4mm的原料时，最佳的使用硬度为54.5～55.5HRC。

据有关资料报道，6CrW2Si钢在300～350℃温度区间内回火，存在轻微的回火脆性，应尽量避免。6CrW2Si钢淬火后于290℃回火，能满足最佳硬度的要求，所以将圆剪刀片的回火温度定在290℃。

用上述工艺处理的刀片，使用寿命比5CrW2Si钢制刀片提高2倍，换刀次数由原来的一副刀裁剪3～5卷修磨一次，提高到现在一副刀可连续裁剪10～15卷才修磨一次，而且未出现过崩刃掉块现象。其失效形式为正常的机械磨损，经过修磨后仍可继续使用，减轻了工人的劳动强度，提高了生产率，降低了生产成本。

265. 60Si2Mn钢制木工机床刀片的热处理工艺

木工机床刀片的制造工序：由15mm厚的60Si2Mn钢板冲压成形，刨制刃口后进行热处理，最后精磨平面和刃口。要求硬度为47～50HRC。其热处理工艺简介如下：

在保护气氛箱式电阻炉中加热，870～890℃适当保温后淬两硝水溶液［其配方（质量分数）：25% $NaNO_3$ +25% $NaNO_2$ +50%水，使用温度<70℃］。两硝淬火冷却介质在750～550℃的最大冷却速度约为800℃/s，以保证60Si2Mn钢无非马氏体组织产生。该钢的Ms点约285℃，在300℃以下，接近于L-AN32的冷却速度，减少了组织应力，畸变小，不会淬裂。

240～250℃×30min硝盐浴回火后水冷，硬度全部符合工艺要求，而且提高了刀片的表面质量。发蓝时不必进行脱脂处理，降低了生产成本。

266. 60Cr13钢制医用刀片的热处理工艺

手术刀是外科手术的重要器械之一，基本要求是锋利，弹性好，不易生锈，热处理畸变小。为了达到上述要求，人们设计了专用的加热和冷却装置，确保热处理质量。

刀片用60Cr13不锈钢带冲切成形，规格较多，大小不一，厚度约0.4mm，一种型号的刀片形状如图2-65所示。淬火后硬度不低于650HV，弹性好，弯曲4mm左右能完全恢复原形，不产生塑性变形；在50mm长度内翘曲不超过0.04mm；表面无氧化脱碳，允许有轻微的变色。其热处理工艺如下：

（1）加热炉、保护气氛、冷却装置设计　根据刀片的特点，所设计的加热冷却系统如图2-66所示。由于炉子不能密封，进出口两端的气氛十分重要。采用进口端设置预热段，在出口端使冷却板与炉口尽量靠近，并从两端同时通气来解决。

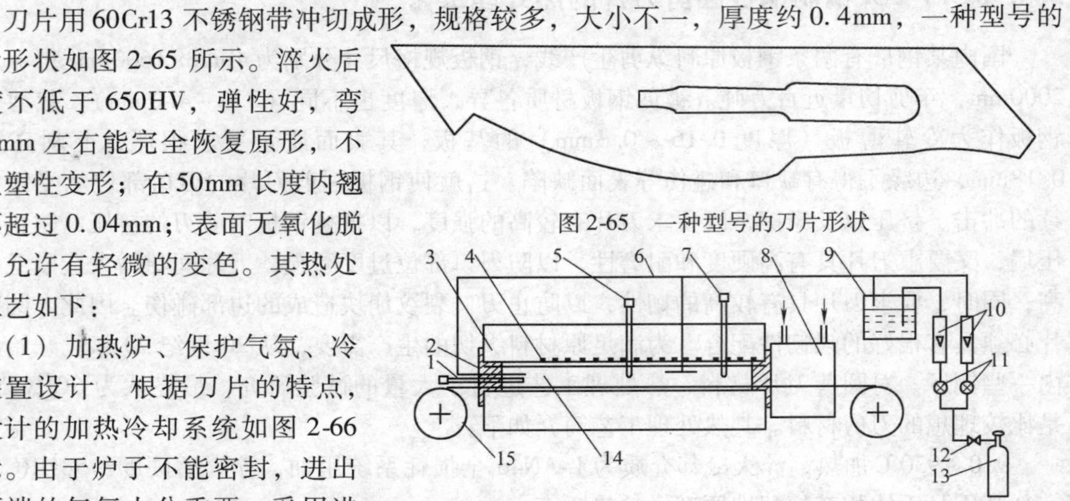

图2-65　一种型号的刀片形状

图2-66　加热冷却系统装置图
1、7—热电偶　2—管塞　3—加热炉　4—电热丝　5—氧探头　6—进气管　8—冷却压板　9—乙醇罐　10—流量计　11—针阀　12—减压阀　13—氮气瓶　14—加热炉管　15—料轮

（2）保护气氛选择　目前工业上应用的保护气氛种类很多，其中氮基气氛对高铬钢加热是比较合适的，虽然纯氮作为加热保护气氛有良好的效果，但成本较高。工业氮气作为制氧的副产品，价格低，来源广，其纯度约97%～99%，如果直接应用，则由于含有少量的残余氧气，工件表面将产生氧化。只要将其中的残余氧气除去，工业氮气就可以用作高铬钢刀片加热保护用气。在通入工业氮气的同时引入适量的乙醇。为了减少炉气中的水分，工业氮气应经过干燥，并使用无水乙醇。

（3）加热　加热温度确定为1040℃，保温时间根据具体情况而定。

（4）冷却装置　要使刀片表面光亮，除了加热炉内必须保持还原气氛外，良好的冷却装置也很重要。用油冷，硬度不成问题，但变形较大，且表面色泽深；空冷则硬度达不到要求，而且变形也不理想。根据刀具的热处理要求，考虑到60Cr13钢的淬透性好，厚度只有0.4mm，所以采用压板淬火法。压板内通水冷却，压板最好选用铜制。

采用上述处理工艺，刀片表面光洁，变形量小于0.03mm，弹性好，硬度达680HV以上，完全满足技术要求。

（5）冷处理与回火　医用60Cr13不锈钢刀片要求冷处理，冷处理介质用液氮，在自制的容器内进行。由于回火温度不高，仅用工业氮气保护即可。

采用工业氮气加适量乙醇可获得良好的保护加热气氛，完全适用于60Cr13钢刀片的淬火加热。用压板冷却淬火既可以获得足够的硬度，又可以保证刀片变形小、弹性好、表面光亮。该工艺操作简便，成本低廉，绿色环保，符合节能减排大方向。

267. T8钢制卷笔刀片的光亮淬火工艺

氮加乙醇炉内直接裂解气氛，氮气纯度为99.9%（体积分数），通氮量为100L/h，炉温为900℃，乙醇为3.60mL/h，炉气成分（体积分数）：$N_2$85.99%，$O_2$0.13%，$CH_4$0.79%，$CO_2$2.19%，碳势为0.89%，氧探头输出电压为927mV，炉气氧分压为2.48×10^{-11}Pa。

通过计算，在氧探头输出电压高于800mV时，即可保证刀片在900℃加热时不被氧化。

卷笔刀片原在盐浴炉中加热，淬火温度为820℃，水淬，180℃油中回火，保温1.5h。改用直接裂解气氛，通氮量为100L/h，全部氮气通入乙醇容器，保证气氛中碳势略高于刀片的碳含量。900℃加热，油淬（油温80℃左右）。热处理后硬度为62HRC。

T8钢制卷笔刀片经光亮淬火后，使用寿命比盐浴淬火者有较大提高。

268. T8A钢制切纸刀片的热处理工艺

T8A钢制大型切纸刀片的外形尺寸为1300mm×130mm×12mm。采用保护气氛振底炉（不振动），刃口朝上侧立加热，或用75kW气体渗碳炉垂直吊挂加热（滴煤油保护），800～820℃×30min。横向刀背先入水，稍向大侧面拉移，使慢冷面加快冷却，在盐水中冷却3s左右转入油中，冷到200～250℃出油，趁热矫直。

在60t摩擦压力机上先压直立向，然后再矫侧面。温度高时用大压力，温度低时用小压力，较长时间加压，热矫应在60℃左右结束。

在240～260℃硝盐浴中垂直吊挂回火2h。

侧面翘曲在2mm以下，可用反击法进行矫直，即用比较钝的高速钢榔头敲击凹面；立向翘曲，刀背凸起时，可用热点刀背的方法矫直。侧面翘曲较大无法冷矫时，可用夹板夹直后，在300℃的硝盐浴中进行回火压直，冷却后再用反击矫直法。

将几块矫直后的刀片夹在一起吊挂，施以200～220℃×2h硝盐浴回火。

269. Cr12MoV钢制割线初刀的热处理工艺

纺织机械割圈机上的割线初刀选用Cr12MoV钢制造，刀厚8mm，热处理要求硬度63～65HRC。刀具加工工艺流程：下料（线切割）、热处理、磨削加工。原热处理工艺为980℃×15min油淬，140℃×2h井式炉回火。在磨削加工后，整个磨削表面出现了肉眼可见的细密的网状裂纹，局部区域伴有焦黄的氧化色。采用化学成分分析、金相组织分析及硬度测试等方法对刀具表面裂纹进行了分析。结果表明，Cr12MoV钢制刀具因回火严重不足，共晶碳化物呈网状分布及磨削过于激烈，导致最终磨削开裂。为此对热处理工艺进行了调整。

（1）预热　采用500℃、850℃两次预热。第一次用井式空气炉，第二次在盐浴中进行，预热时间为加热时间的2倍。

（2）加热　选用1000～1020℃×30s/mm加热，不必上挂具，用粗钢丝拴挂，工件在炉中的位置要适当，切不可碰到炉壁。

（3）冷却　在60～80℃的淬火油中冷却。

（4）回火　改空气炉回火为硝盐浴回火，回火工艺为160℃×3h×2次。促使淬火马氏体转变成回火马氏体，充分消除了淬火内应力。回火后硬度为63～64HRC。

磨削时选用自锐性好的砂轮，减少进给量，降低切削速度，尽可能选用有润滑作用的切削液，可防止磨削裂纹。成品刀具再补充150℃×2h的油回火去应力。改进后的工艺，经多年考验，质量稳定，寿命提高，无磨裂现象。

270. 改善高速钢铲削性能的沸水淬火新工艺

通用高速钢锻造退火后的硬度为207～255HBW，这么低的硬度在铲削加工时，齿面难以达到 Ra =3.2μm 的表面粗糙度。为了提高铲削性能，国内一般厂家采用如图2-67所示的调质工艺，其硬度应控制在W18Cr4V：33～39HRC，W6Mo5Cr4V2：36～42HRC。运用这一工艺在实际生产中常发生一些问题：一是硬度不均匀，粘在工件表面的残盐影响冷却速度，产生软点；二是很难将硬度控制在规定范围内；三是清洗费时，增加了生产成本。采用沸水淬火解决了以上问题。

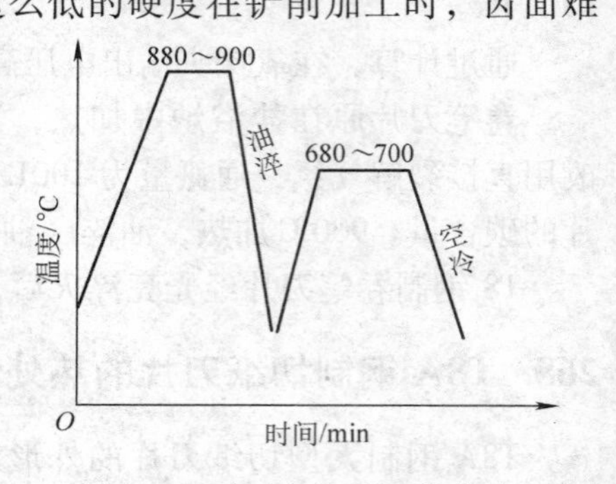

图2-67　高速钢调质工艺曲线

（1）沸水淬火的依据　水温对淬火效应有很大的影响。通常所说的水淬，水温不高于40℃，水温在60～75℃是不易淬上火的，那么水温升到100℃将会怎么样呢？似乎无论如何也不会形成淬火层，不过，沸腾水热交换时有很高的热导率，蒸汽锅炉、化工方面的某些器具就是利用沸腾水进行热交换的。淬火冷却一般分下列三个阶段进行：①蒸汽膜形成阶段；②沸腾阶段；③对流阶段。其中沸腾阶段冷却速度最快，沸腾水淬火主要在此阶段进行。沸腾是以局部沸腾、中心沸腾、膜沸腾等形式进行冷却的，故和普通水冷却不同。100℃的水，只要不停地淬火，水温总是保持在100℃，这是它独特的长处，因而无需进行温度调节；赤热的工件淬入沸水，工件就会被沸腾冷却，也无需供热系统，所以可以节能。W18Cr4V、W6Mo5Cr4V2钢的 Ac_1 点分别在820℃、835℃左右，将它们的加热到820～860℃，便发生部分珠光体向奥氏体的转变。由于钢中含有大量的合金元素，而且绝大多数合金元素的作用都是使钢的共析浓度向碳含量低的方向转移，所以高速钢在加热温度低的情况下所形成的仅仅是碳含量很低的奥氏体，合金元素无一溶解，在此区间淬火本质上是碳钢淬火。

（2）试验情况及其分析　选用W18Cr4V、W6Mo5Cr4V2两种通用型高速钢均是原重庆特殊钢厂生产，试验数据分别列于表2-127和表2-128。试验号为锥铣1～5号的是同炉号制作的锥齿轮铣刀，其余为混炉号，硬度值是测三点的硬度取算术平均数。

表2-127　W18Cr4V钢水爆后的硬度

试验号	试样尺寸/mm	加热规范		水爆时间/s	水爆后硬度HRC
		加热温度/℃	加热时间/min		
A	ϕ60×12	850	5	3	37.8
B	ϕ102×12	850	5	3	36.0
1	ϕ100×13.5	850	6	3	33.8
1A	ϕ50×12	845	6	3	36.8
2	ϕ80×10	850	5	2	33.3
3	ϕ80×10	850	5	3	35.2
4	ϕ60×10	850	5	2	37.1
5	ϕ80×10	850	8	10	49.0
5A	ϕ55×11	840	5	2.5	35.0

（续）

试 验 号	试样尺寸/mm	加热规范		水爆时间/s	水爆后硬度 HRC
		加热温度/℃	加热时间/min		
6	ϕ60×13.5	845	5	2	32
6A	ϕ45×13.5	845	5	4	34.7
7	ϕ80×10	840	5	3	36.5

表2-128　W6Mo5Cr4V2钢水爆后的硬度

试 验 号	试样尺寸/mm	加热规范		水爆时间/s	水爆后硬度 HRC
		加热温度/℃	加热时间/min		
1	ϕ101×110	850	8	10	50.1
2	ϕ100×10	850	8	10	48.3
3	ϕ60×10	845	5	3	33.3
CN	ϕ60×10	850	5	5	42.5
18	ϕ75×10	850	5	3	35.6
38	ϕ110×10	845	3	4	32.3
48	ϕ90×10	850	5	3	37.6
锥铣1号	ϕ90×11.8	852	5	2	35.8
锥铣2号	ϕ90×11.8	852	5	2.5	36.1
锥铣3号	ϕ90×11.8	852	5	3	36.6
锥铣4号	ϕ90×11.8	852	5	3	36.8
锥铣5号	ϕ90×11.8	852	5	2	35.8

1）水爆后金相组织。在900℃奥氏体化转变时W18Cr4V钢的奥氏体等温转变图如图2-68所示。实际上试验的加热温度都低于860℃，曲线还应向左下方移。工件850℃从炉中取出，2～3s后才投入水中，室温如20℃的冷却速度为15～20℃/s，水爆开始时工件的温度大概为800℃，水爆中部分奥氏体转变成索氏体，另一部分奥氏体在随后的空冷中转变成低碳马氏体。因此，高速钢水爆后组织是：索氏体+碳化物+少量的马氏体，但也有人认为在850℃以下淬火，组织中还应保留一些未溶的铁素体。

2）各个工艺参数对硬度的影响如下：

①加热温度的影响。试验中发现，奥氏体化温度不宜高于860℃，以840～855℃为宜。温度高水爆后硬度高，温度低水爆后硬度低。

②水爆时间长短的影响。视工件的形状和大小具体情况，水爆时间一般取2～5s，水爆时间长硬度高，反之硬度低。

③水温的影响。74℃的水和100℃的水在不同温度的冷却速度相差无几，实践也证明了这一点。为慎重起见，还是用沸水好。

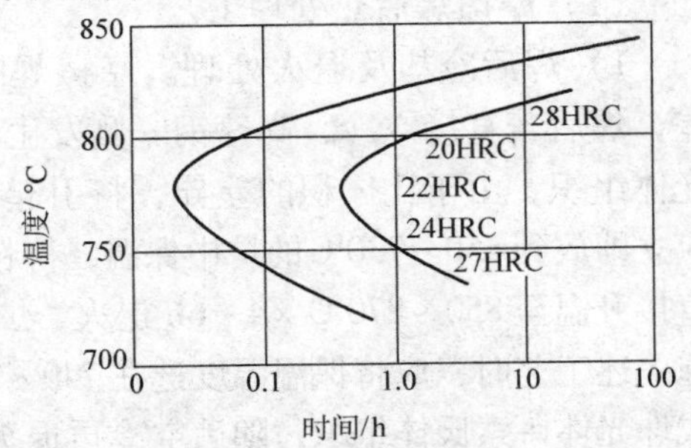

图2-68　在900℃奥氏体化时W18Cr4V钢的奥氏体等温转变图

（3）问题讨论

1）水爆后工件是否会开裂？实践已证明，高速钢低温水爆是不会产生开裂的。因为沸水在高温区域的冷却能力比油还慢，加之工件短时水爆后的温度约为600℃，相当于一次工件的自回火，尽管水爆后会产生一定的应力，但通过自回火得以消除，担心水爆开裂是多余的。

2）水爆工件最终淬火是否会产生萘断口？有文献记载，高速钢预处理温度不超过870℃，是不会引起最终淬火形成萘断口的。多种产品试验观察，水沸后再淬火加热的工件无萘断口。

3）化学成分对水爆后硬度的影响。在历次试验中作者发现，化学成分的波动对水爆后的硬度有一定的影响。这究竟是为什么？因为成分不同，必然导致 Ac_1 值的差异，同牌号、同规格、同规范处理，Ac_1 低者水爆后硬度偏高。在进行批量生产时，只要是化学成分相同的同炉号材料，通过首件水爆后，视硬度高低，可适当调整各个工艺参数。对于混炉号同牌号材料，直接试用850～855℃水爆，然后逐件打硬度，若硬度>40HRC，可进行560～600℃×2h回火，回火后硬度为35～38HRC。

4）Ac_1 点以下的水爆情况。对于W18Cr4V用820℃，W6Mo5Cr4V2钢用830℃加热保温后，立即投入20～30℃的盐水中，硬度由原207～255HBW上升到300～310HBW。如果投入到沸水中，硬度几乎不上升。

（4）结论

1）沸水淬火是改善高速钢铲削性能的好方法。加热温度为840～855℃，W18Cr4V取中下限，W6Mo5Cr4V2取中上限，加热系数取0.5～0.8min/mm，水爆时间为2～4s。

2）高速钢水爆相对于调质工艺，可省去高温回火和清洗两道工序，因而可以节能。

3）水质价廉，来源丰富。水爆后工件光洁，无毒无味，为文明生产创造了条件。

4）操作简单，变形小，硬度均匀，便于实现机械化操作。

5）水爆后工件可直接转机加工铲削，生产周期可大大缩短。

水爆淬火只限于有效直径<50mm的工件，大截面工件还未做过试验。

271. 摩擦焊刀具的热处理工艺

国内外普遍采用摩擦焊生产 ϕ10mm 以上的杆式刀具。同闪光焊相比，摩擦焊具有节电、焊缝质量好、结合强度高等优点。用摩擦焊生产的高速钢刀具同整体高速钢相比可节材50%以上。但如果操作不当，也会出现质量问题，甚至批量报废。以下就摩擦焊刀具的热处理工艺及容易产生的缺陷做简单介绍。

（1）摩擦焊后热处理工艺

1）焊后冷却及退火处理。摩擦焊时产生高温，在焊缝两侧很小区域内产生较大的温差，焊后若直接空冷，高速钢一侧发生马氏体转变，45钢和未受热的部分则为索氏体+珠光体组织，由于比体积的差异，将引起很大的组织应力，以致产生开裂。为此，焊后的刀具应立即放到650～730℃的炉中保温，待料罐装满后再保温1～2h，使之发生珠光体转变，然后直接升温至850～870℃×4～6h退火，炉冷至500℃以下出炉空冷。如果生产量很大，无法实施上述工艺时，应将保温温度选在740～760℃，保温时间延长至2～3h，使焊缝两侧充分转变成珠光体+索氏体组织，随后空冷再退火。摩擦焊刀具的退火温度应比高速钢普通退火高10～20℃，目的是强化扩散作用，提高焊缝强度。焊缝高速钢部分退火后的硬度应小于255HBW，焊后的质量检验按JB/T 6567—2006《刀具摩擦焊接质量要求和评定方法》执行。

2）淬火。焊接刀具热处理的关键是高温加热是否超过焊缝，目前主要有低于焊缝和超过焊缝加热两种工艺之争。前者在国外应用较普通，其主要论据为：改善了焊接后的原始组织；考验了焊接质量；提高了焊缝的强度；节省了高速钢。而后者也大批量应用于生产，得到许多大工具厂的认可。

摩擦焊后，在焊缝处有 0.1 ~ 0.3mm 厚的脱碳层，这是焊接强度最薄弱的部位。在1200℃以上高温加热，W、Mo、V 等化学元素有非常强的扩散能力，加热温度越高，溶解到奥氏体中的碳化物越多，此时脱碳区与贫碳区两边的金属原子与碳迅速结合，从而改变了该区的化学成分，而焊缝在随后的淬火冷却中得到强化，强度增高。

如果只在焊缝以下 15 ~ 20mm 加热，实际上是缩短了高速钢的切削部分长度，造成浪费。现在不少锥柄钻、等柄钻、立铣刀等刀具生产厂将高速钢长度一缩再缩，如果加热到焊缝以上（将高速钢部分全部浸入高温盐浴），则可以充分利用昂贵的高速钢，对于大批量生产的专业刀具厂来说，经济效益相当可观；而低于焊缝以下 15 ~20mm 加热，可以省去一些质量纠纷，降低成本。加热温度取中上限，加热系数为 6 ~ 8s/mm，金相组织控制在 10 ~ 10.5 级（W6Mo5Cr4V2、W9Mo3Cr4V、W7Mo4Cr4V 等），550℃回火，860 ~920℃淬柄，喷砂，最终进行氧氮共渗处理。

（2）热处理缺陷分析　由于锥柄钻等焊接刀具的特殊性，在热处理过程中，易出现开裂和过热等缺陷。以下就这两个缺陷做简单分析。

1）开裂。经研究发现，并非高温加热超过焊缝引起开裂。从多个单位焊接现场发现，焊接以后根本不保温，直接扔到地下，或者放到一个很长的输送带上 10s 左右才入炉。尤其在低于 500℃的井式炉中保温时很容易引起开裂。摩擦焊时温度在 1000℃左右，对于高速钢而言，靠近焊缝处的组织为马氏体组织，而邻近焊缝处的组织为托氏体 + 马氏体，其余部分仍为原来的珠光体 + 索氏体组织。在一个不到 10mm 长的区域内竟有 3 种组织出现；至于碳钢部分，焊缝处则是珠光体与索氏体组织，由于体积的变化也增加了内应力。如果应力超过钢的强度时，即可能开裂。裂纹多发生在离焊缝 2 ~ 5mm 的高速钢部分，断口大多无黑斑，不管加热是否超过焊缝，裂纹都会发生。

如果焊接不牢，在焊缝处就会见明显黑斑，且脱碳层较厚。如果加热超过焊缝，喷砂酸洗时间过长可能造成氢脆，此时断裂不一定在焊缝处，可能发生在高速钢的任何部位。在焊接 ϕ50mm 以上的锥柄钻时，如果碳化物不均匀度超过 5 级，由于焊接接口处高速钢产生过大的变形，在焊缝内部虽可使碳化物偏析，并摩擦成碎屑，但在焊缝外部，则其碳化物偏析与变形区域相平行，于是使强度有方向性，在热应力和组织应力的双重作用下，就有可能沿碳化物带及变形方向产生开裂，并向高速钢部分延伸。

2）过热。ϕ50mm 以上的工件加热时间长，金相组织较难控制，坚持首检和巡检都是控制过热的有效途径，混炉号和甚至混钢号是造成过热的一个原因，只要加强原材料管理，完全可以避免此类现象发生。

除了以上两个经常发生的缺陷外，还有腐蚀、磕碰、崩刃、扁尾硬度不稳定等缺陷，只要严格按工艺去操作，就会不出或少出质量问题。

（3）实际应用　为了避免摩擦焊刀具开裂，采取焊后立即保温的方法，这样可以减少焊接开裂。在喷砂酸洗工序中，严格控制酸洗浓度、时间及温度是减少氢脆的有效方法，必要时在酸中加缓蚀剂，可减少焊接刀具的环状开裂。

（4）结论　摩擦焊刀具有着广阔的应用前景，但质量不稳定，焊后缓冷、保温、及时退火对刀具质量影响较大。高温加热浸液不宜超过焊缝。焊接刀具最大的质量隐患是断裂，它不仅与热处理工艺有关，还受到原材料及酸洗的制约。

272. Ferro-TiC 刀具的热处理工艺

Ferro-TiC 钢结硬质合金是以 TiC 为硬质相，以高速钢或合金钢为黏结相，采用粉末冶金液相烧结方法而制成的刀具材料，兼有硬质合金和工具钢的特性，即有高硬度、高耐磨性、高强度和足够的韧性，又可以进行冷、热各工序加工，具有广阔的应用前景。

下面介绍两种 Ferro-TiC 钢结硬质合金的热处理工艺：

（1）M-6 型钢结硬质合金的热处理

1）合金的化学成分。硬质相和黏结相的质量比为30:70，具体成分见表2-129。

2）性能要求。详见表2-130。

表2-129　M-6 型钢结硬质合金的化学成分（质量分数）　（%）

名　称	硬 质 相	黏 结 相					
	TiC	Ni	Co	Mo	Ti	C	Fe
质量分数	30	12	5.7	3.2	0.7	低碳	余量

表2-130　M-6 型钢结硬质合金的性能要求

硬度 HRC		密度/（g/cm³）	抗弯强度/MPa	抗压强度/MPa	冲击韧度/（J/cm²）
固溶处理	时效处理				
48～52	60～64	6.55～6.70	>1400	>2920	>4

3）固溶处理。将合金加热到810～820℃，盐浴炉加热保温时间按1.25～1.50min/mm计，箱式炉等空气炉加热时间应适当延长，并采取相应的防氧化脱碳保护措施，出炉后要散开空冷。

保温时间必须充分，使基体组成物得到充分溶解，形成单一组织，快速冷却后能使基体形成单一过饱和的固溶体。

经固溶处理后，合金的延展性大大提高，硬度在48～52HRC范围内，仍可用高速钢刀具进行各种切削加工。

4）时效处理。时效处理又称沉淀硬化、弥散硬化、析出硬化或时效硬化，是将固溶处理后得到的非平衡单相过饱和组织经过477～487℃×3～4h处理，使第二相质点弥散析出，从而达到硬化的目的。经上述规范时效后，硬度为62HRC左右，最低为60.5HRC，符合技术要求。

（2）铬钼钢基钢结硬质合金的热处理。

1）合金的化学成分。合金的化学成分见表2-131。

表2-131　铬钼钢基钢结硬质合金的化学成分（质量分数）　（%）

名　称	硬 质 相	黏 结 相						
	TiC	Cr	Mo	Ni	Co	C	Ti	Fe
质量分数	30～35	3～4	3～4	≤1	微量	0.5～0.8	微量	余量

2）性能要求。详见表2-132。

表2-132 铬钼钢基钢结硬质合金的性能要求

硬度HRC			密度/(g/cm³)	抗弯强度/MPa	抗压强度/MPa	冲击韧度/(J/cm²)
退火	淬火	使用				
38~44	70~71	63~66	6.40~6.50	>1400	>2800	>4

3）退火。一般在空气炉中进行，在860~880℃×3~4h处理后，以20℃/h冷却速度冷至720~740℃保温4~5h后，炉冷至500℃以下出炉空冷。退火后的金相组织为TiC+球状珠光体，硬度为38~44HRC。

4）淬火与回火。其热处理工艺如图2-69所示。在淬火加热和冷却过程中，TiC不发生变化，淬火的目的是使基体变成马氏体，以提高硬度、强度和耐磨性。因此，淬火温度应考虑基体的充分奥氏体化，加热温度越高，奥氏体均匀度和合金度越好，但过高的温度会使马氏体晶粒粗大，对综合力学性能不利，过低的加热温度也不可取。

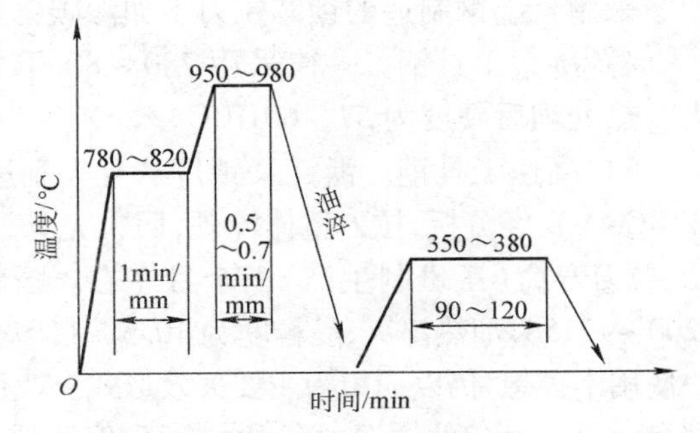

图2-69 铬钼钢基钢结硬质合金的热处理工艺

根据作者经验，淬火油的温度控制在60~90℃较佳，淬火后金相组织为淬火马氏体+TiC+残留奥氏体。

淬火后要及时回火，以消除内应力，提高韧性，稳定组织，获得所需要的综合性能。回火规范为350~380℃×90~120min。

273. 锁芯拉刀的热处理工艺

锁芯是锁的心脏，拉槽是锁芯制作的关键工序，该工序加工质量的优劣将直接影响到锁的使用性能及企业的经济效益，而拉槽的质量和效益主要取决于拉刀。因此，拉刀的设计、选材、加工、热处理是拉刀制造中的重要环节。

（1）拉刀的工作状况 据了解，国内各锁厂所用的拉刀情况各不相同，有的是锁芯动拉刀不动，有的是拉刀动锁芯不动；拉刀多为组合式，有的片数多，有的片数少。锁芯材料大多为冷拉黄铜，牌号为HPb59-1，成分为w(Cu)=57%~60%，w(Pb)=0.8%~1.9%，其余是Zn。锁芯棒料直径为6~15mm，拉削速度为3~10m/min。拉刀片厚薄不均，最厚处3.2mm，最薄处不到0.8mm，失效主要形式是崩刃。

（2）拉刀材料及热处理 据调查，目前国内锁芯拉刀用材很不统一。

1）低碳钢。选用的材料有Q235A、10、15、20Cr等钢。大多用气体渗碳处理，渗层深度为0.25~0.30mm，表面硬度为664~766HV（58~62HRC），渗碳温度为880~920℃，渗碳时间为1.5h左右，表面碳浓度为0.70%~0.80%（质量分数）。

2）45钢或40Cr钢。选用此钢的理由是材源充足，价格便宜，制造容易，处理方便，在箱式炉、盐浴炉中加热淬火均可。810~820℃加热，140~150℃硝盐浴淬火，淬火后硬度为53~58HRC，200℃回火后硬度略有下降。此类钢适合制造形状简单的锁芯拉刀。

3）合金钢。不管选用何种合金钢，拉刀硬度要求为55~60HRC，锁芯用合金钢与热处理工艺见表2-133。

表2-133　锁芯用合金钢与热处理工艺

牌号	淬火温度/℃	淬火冷却介质	回火温度/℃
GCr15	820~830	140~150℃硝盐浴	220~260
9SiCr	850~860	油	240~280
CrWMn	820~840	油	210~240
65Mn	810~820	140~150℃硝盐浴	210~250
$9Mn_2V$	780~800	油	220~240

采用合金钢制造的锁芯拉刀不如渗碳钢好，如何控制变形是热处理关键。

4）碳素工具钢。一律采用780~800℃加热，140~150℃硝盐浴冷却，200~250℃回火。热处理后硬度为57~60HRC。

5）高速工具钢。浙江某锁厂从意大利进口的锁芯拉刀材料为X75-W-18(相当于我国的W18Cr4V),经分析,拉刀整体淬硬,回火充分,无过热现象,硬度为65HRC。据出国考察人员介绍,拉刀寿命(三班制生产)三个月左右。国内一些厂选用韧性较好的W6Mo5Cr4V2钢制造,1200~1215℃加热淬火,晶粒度为10.5~11级,550℃×1h×3次回火,硬度为65~65.5HRC,用户使用不理想,仍以崩刃为主要失效形式。改用低淬高回工艺,硬度为59~61HRC,冲击韧度高到69~78J/cm²,使用寿命有很大提高,但还赶不上进口拉刀水平。

(3) 提高拉刀寿命的措施　从多次失效中人们认识到，锁芯拉刀的寿命受多种因素制约，但只要在以下三个方面做好就能制造出高质量的拉刀。

1）优良的设计是提高拉刀质量的关键。拉刀的几何形状、过渡区有无尖角，齿升量是否合理等因素都应该认真研究。

2）材料是基础。材料应包括锁芯材料和拉刀材料两方面。拉刀拉削进口黄铜寿命很高，而拉削国产黄铜寿命很低，说明被拉削材料也是影响拉刀寿命的因素。根据作者实践，拉刀材料采用优质碳素钢渗碳好，高速钢是发展方向。

3）热处理是保证。优良的材料、优良设计，还需优良的热处理相配合，三者相辅相成缺一不可。

拉刀在热处理过程中应杜绝酸洗，以防氢脆。机加工后热处理前，应施以150℃×4h去应力退火，这对提高拉刀寿命有益。

274. 电动裁布刀的热处理工艺

制衣行业早已机械化自动化，裁布不再用手工。以下简介用高速钢制作的电动裁布刀热处理工艺。

刚开始，电动裁布刀用合金工具钢制造，20世纪90年代以后，基本上用通用高速钢制造，硬度要求为62~64HRC，直线度误差≤0.15mm。由于刀片很薄，只有1~1.8mm，淬火很容易变形，所以热处理难点就是如何控制变形。

定制专用限形淬火夹具，装炉量适中，盐浴加热。550℃预热后转860~880℃再预热，加热温度视不同钢材而异，W18Cr4V、W6Mo5Cr4V2、W9Mo3Cr4V、W4Mo3Cr4VSi淬火加热温度分别为1250~1260℃、1190~1200℃、1200~1210℃、1150~1160℃。晶粒度控制在10.5~11级。采用分级等温淬火，即600℃分级冷却后立即转入260~280℃硝盐浴中等温

1h。550～560℃×1h×4次夹直回火。

回火后检查硬度，如果超过64HRC应提高至580℃回火。逐件查直线度，超差者继续夹直回火，但不允许过热。

275. 医用极薄锯片的热处理工艺

医疗器械电动石膏锯机上的锯片，是由0.8mm厚的T8A钢板或钢带冲切而成的，锯齿左右扳开。使用中锯片每分钟往复摆动两万次以上，平面度要求比较严格。

锯片外形有圆形与斧形，每种又有不同的直径尺寸，最大尺寸为93.5mm。外径越大，越容易导致翘曲变形。

锯片在淬火前就已存在冷加工残余内应力，浸入盐浴中就容易产生翘曲变形，淬火时更增加了变形程度。利用相变超塑性的原理，在锯片加热后冷却到过冷奥氏体向马氏体转变的过程中，运用强制矫形的“限形淬火”，回火时在马氏体转变过程中，继续在特制模具中加压挤平。

淬火加热：把5～6片锯片穿在吊钩上，片与片之间留有间隙，于790～800℃的盐浴中加热，保温约1min，立即淬入230～250℃的硝盐浴中2～3s。再用长嘴钳把吊钩上的锯片顺势夹叠在一起，迅速套在淬火夹模的芯子上，随即合上模，用锤重击。由于相变过程中的超塑性，不管在加热、冷却过程中如何翘曲，经上、下模这样挤压，经过继续冷却相变后，可得到硬度合格、基本平整的锯片。但要注意，所用的淬火夹模外径要比锯片略小，使锯齿露出（或使模边倒棱），以免锯片夹平时损害原来左右错开的锯齿，大量生产时可把夹模装在压床上，利用机械力压平锯片，可降低劳动强度。

276. 30Cr13钢制医用止血钳的热处理工艺

30Cr13属马氏体型不锈钢，其主要性能与12Cr13、20Cr13钢相同，但因其碳含量较高，因此强度、硬度、淬透性和热强性都较高。

从Fe-C-Cr系三元相图得知，30Cr13钢存在三种类型的碳化物，即$(Fe, Cr)_{23}C_6$、$(Fe, Cr)_7C_3$、$(Fe, Cr)_3C$，其中有的碳化物加热到高温还不溶解，能起到机械阻碍晶粒长大的作用。因此，这种钢的淬火温度带比较宽，在900～1050℃淬火可以得到不同程度的硬化，淬火温度越高，奥氏体中溶解的碳化物越多，则淬火后的硬度越高，耐蚀性也越好。

30Cr13钢的过冷奥氏体相当稳定，因此其淬透性也好，对于变形要求比较严格的医疗手术器械，可以空冷，能得到较好的结果。

止血钳硬度要求为42～47HRC。采用的热处理工艺为800～850℃×1.2min/mm盐浴预热，950～960℃×0.6min/min盐浴加热，淬火冷却介质为工业柴油，淬火后硬度为46～51HRC，250～300℃×2h硝盐浴回火，回火硬度43～46HRC，变形很小。止血钳回火结束后，最后经喷砂处理。

277. 40Cr13钢制医用手术剪的热处理工艺

40Cr13属马氏体型不锈钢，经热处理后具有优良的耐蚀性、抛光性、较高的强度和耐磨性。40Cr13钢有较高的碳含量和很高的铬含量，淬透性很高，作为医用手术器械用钢已有多年的历史，开始由于没有掌握该钢的热处理规律，出现不少问题，后来经过多年的摸索，终于掌握了医疗器械用40Cr13钢的热处理工艺，现以手术剪为例介绍其热处理工艺。

40Cr13钢制手术剪，要求刃部硬度为50～55HRC，柄部硬度为40～45HRC。对于在同一工件上要求两种硬度值，国内不同厂家处理的工艺是不一样的，下面简介其中一种。

（1）一次预热　选择好适用的挂具，在特制空气炉预热，预热的工艺为500～550℃×2min/mm。

（2）二次预热　盐浴炉加热，920～930℃×1.2min/mm，工件全部浸入盐浴。

（3）最后加热　盐浴炉加热，1040～1050℃×0.6min/mm，将柄部4/5提出浴面，让需要硬化的刃部充分奥氏体化。

（4）冷却　在200℃左右的硝盐浴中冷却1.2min/mm，出浴后空冷。

（5）回火　在200～220℃的硝盐浴中回火2h，出浴后空冷至室温，清洗干净。

经上述处理后，刃部的硬度稳定在53～55HRC（极少数会达56HRC），柄部硬度为41～44HRC，变形符合要求。

40Cr13钢经1050℃淬火，200～220℃回火，硬度下降不多，但韧性大大提高。

278. Cr06钢制医用手术刀片的热处理工艺

Cr06钢的淬透性和耐磨性比碳素工具钢高，冷加工塑性变形和切削加工性能较好，适合制作小型工模具。

医用手术刀片选用厚度为0.45mm的Cr06冷轧钢带制造，表面粗糙度值要求低，硬度≥750HV（62HRC）。

有些生产单位采用网带炉加热淬火，下面介绍盐浴炉处理工艺。

（1）预热　选用合适的夹具，按工艺要求装夹，于450～500℃的空气炉中预热，预热时间为加热时间的3～4倍。

（2）加热　加热温度为820～830℃，加热时间视装炉量多少而定。盐浴的配方十分关键，以往中温盐浴配方有含有不同比例的$BaCl_2$，随着对环保的要求高，人们设法用Na_2CO_3取而代之。成熟的配方（质量分数）为：NaCl 50%～55%＋Na_2CO_3 50%～45%。采用亚铁氰化钠[$Na_4Fe(CN)_6$]或硬木炭脱氧。

（3）冷却　淬火冷却介质采用60～80℃的全系统损耗用油。

（4）回火　160～170℃×1.5h回火。

按上述工艺处理后，手术刀片表面光洁，无麻点，无软点，硬度≥750HV。

279. 30Cr13钢医用手术剪刀的热处理工艺

医疗行业用的手术剪刀材料为30Cr13马氏体型不锈钢，工作部分硬度要求＞50HRC，柄部硬度为40～45HRC。一些工厂采用先整体950℃低温淬火，再对工作部位进行1050℃高温淬火，然后一起进行200～300℃低温回火。这样处理的剪刀，硬度虽然都达到了要求，但产品的中间部位较脆，耐蚀性差。生产实践告诉我们，淬火后的马氏体不锈钢在475～550℃回火会出现脆性、耐蚀性较差的现象，主要是含铬的碳化物大量析出之故。在1050℃淬剪刃时，对第一次已淬的部分来说，相当于回火，从头部到柄尾之间必然存在一个475～550℃的温度区域，一般这个区域常出现在手术剪刀的鳃部以下位置。

为了解决这个问题，采用如下的热处理工艺：

1）在500～550℃空气炉中预热，选用专用淬火夹具，刃部朝下。

2）在950℃的中温盐浴炉中进行整体加热，对刃部来说相当一次预热，对柄部来说相当于加热淬火。

3）从950℃出炉后，迅速移到1050℃高温炉中，提出柄部，只加热需要高硬度的刃部。

4）油淬，油温控制在60～80℃为宜，淬火后刃部硬度为52～53HRC。

5）250～300℃×2h回火。

经上述工艺处理的剪刀，刃部、柄部硬度都达到要求，无腐蚀现象。

280. 高速钢制药道槽铣刀的热处理工艺

加工13甲引信上药盘（材料为硬铝2A11型）中的药道槽，所用的药道槽铣刀外形尺寸为ϕ5mm×40mm，结构类似于双头中心钻，硬度要求为60～66HRC。使用中铣刀的失效形式主要为折断。

按照常规热处理，硬度、金相组织虽都能达到要求，但韧性不高。对于加工铝件的刀具来说，韧性应是第一位的，热硬性和耐磨性是第二位的。为此调整了热处理工艺。

由于药道槽本身为ϕ41mm的圆弧，且窄而深，槽宽为3.5mm，深度为4.2mm。在铣削过程中铣刀在铣削开始与收尾时容易折断，对铣刀的韧性要求特别高。又由于硬铝本身硬度低，故对刀具热硬性和耐磨性要求不高。因此，刀具硬度不必要太高，拟改为60～63HRC。采用低温淬火高温回火工艺，效果很好。

（1）热处理工艺　若选用W6Mo5Cr4V2或W9Mo3Cr4V钢这两种通用高速钢，则热处理工艺为：840～860℃×40s/mm预热，1170～1180℃×20s/mm加热，580～620℃×20s/mm分级冷却，第一次回火用580℃×1h，第2次回火用560℃×1h。按上述工艺处理，晶粒度为11～12级，硬度为60.5～63HRC。对于低温淬火要不要高温回火（高于常规回火温度的回火）的问题，同行们分歧较大，笔者的经验是高温回火，铣刀的寿命高。

如选用W18Cr4V钢制作铣刀，只要调整淬火温度即可，其余工步类同。

（2）理论分析　采用低温加热淬火是由于随着加热温度的降低，淬火后钢的奥氏体晶粒细化了，钢中剩余碳化物数量增多，基体中碳及合金元素的含量则减少，有利于板条马氏体的形成，因此淬火后钢的韧性增加，而耐磨性并不降低。

为了简化工艺，节约能源，采用两次回火是可行的。提高回火温度，可以加速残留奥氏体的转变；第二次按常规温度回火，同样可以获得最大的二次硬化效果，并且保证回火充分。同时与常规三次回火相比，强度和韧性有所提高。

（3）效果　采用常规热处理工艺处理的铣刀只能加工10～20件，有时加工1～2件就折断了，而采用低温淬火的铣刀，经过合理磨制后可加工180～200件，寿命大大提高。如增加表面强化处理工艺，使用寿命还会进一步提高。

281. 95Cr18钢制杀猪刀的热处理工艺

某公司引进德国的屠宰设备，该设备的关键部件是不锈钢刀（长553mm，宽211mm，厚8mm）。该刀具的硬度要求为54～58HRC，平面度误差≤0.025mm。该公司用95Cr18钢代替DIN1.4112材料制作该刀具，为国家节约了大量外汇。

95Cr18钢是高碳高铬马氏体不锈钢，该钢是通过马氏体相变来提高其强度和硬度的。

95Cr18钢制杀猪刀的热处理关键是控制变形量，其热处理工艺如图2-70所示。

（1）预热　95Cr18钢导热性比较差，一般均采取2次甚至3次预热。第一次预热在低温中性盐浴炉中进行，加热系数为1.2min/mm；第二次预热在中温盐浴炉中进行，820～850℃×1.2min/mm。预热主要目的缩短高温加热时间，减少变形。

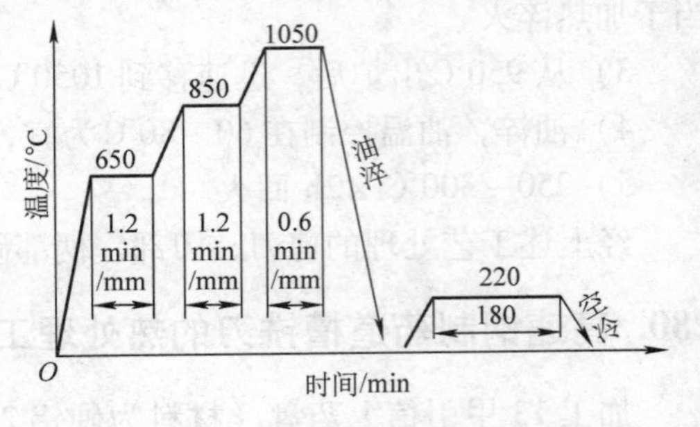

图2-70　95Cr18钢制杀猪刀的热处理工艺

（2）加热　为了提高95Cr18钢的耐蚀性及强韧性，必须使其原始组织中的大量的碳化铬充分溶解，保证基体的足够合金化，故把在高温盐浴炉的淬火温度定为1050℃。

（3）冷却　采用L-AN32全损耗系统用油冷却，使用温度为60～90℃，主要是为了使95Cr18钢冷却均匀，减少因组织转变而产生的变形。淬火后金相组织为隐晶马氏体+碳化物+少量残留奥氏体，硬度为58～60HRC。

（4）回火　尽管有些生产单位采用预弯曲处理后再进行淬火等减少变形的措施，但往往变形还会超过0.025mm，大多达0.3～0.4mm。根据热处理的基本原理，采用回火矫正法比较有效。

所谓回火矫正法就是把经过淬火的刀具用特殊的夹具夹紧，然后利用回火时刀具自身的回复作用，使其淬火变形进一步减少。但采用此法回火时，一旦把刀具夹紧后，应及时回火，以防刀具碎裂。其原因是95Cr18钢制杀猪刀淬火后不均匀应变伴生着巨大的不均匀应力，这种应力在晶内、晶界处存在，在局部区域产生应力集中，当应力足够大时，可能形成显微裂纹。由此可见，95Cr18钢制杀猪刀用夹具夹紧后必须立即回火。在实际生产中，根据设计硬度要求，回火炉的温度定为220℃，保温3h。此法不但有效地矫正了淬火变形，而且减了刀具的碎裂，为刀具的精加工提供了极大方便。

282. 45钢制手摇绞肉机十字刀的热处理工艺

十字刀（见图2-71）是手摇绞肉的关键零件，用45钢制作。技术要求是刃口锋利，不得有氧化皮，热处理硬度要求为48～53HRC。

十字刀的加工工序为：下料→锻造→机加工→磨削→热处理→精磨。

在热处理过程中常发现淬火裂纹。裂纹出现部位大多在四方形的四个角上，呈直线状；有些在刀臂的中心区，呈放射状。在分析产生裂纹的原因之后，制订切实可行的热处理工艺是问题的关键。

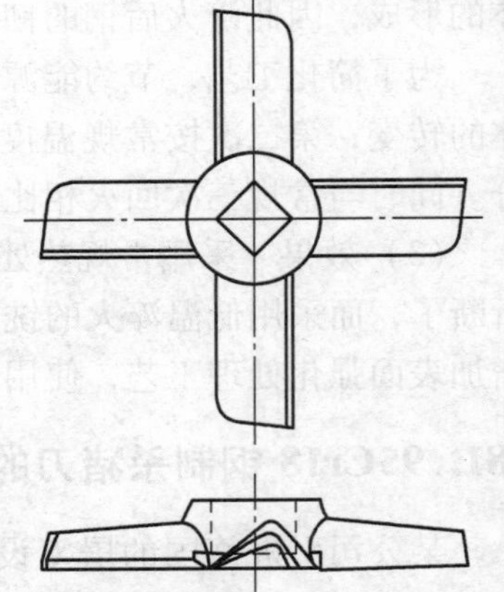
图2-71　45钢制手摇绞网机十字刀

（1）试验方法　为确定十字刀的淬裂原因，故进行不同热处理工艺参数的淬火试验。盐浴加热，淬火温度选取820℃、850℃、880℃，保温时间都取3min，淬火冷却介质选用10℃、40℃、70℃的清水和盐水（水温波动±5℃）。

（2）试验结果　十字刀淬火出现裂纹的概率与不同热处理工艺得到的淬火硬度列于表2-134中。

表2-134　十字刀不同热处理工艺得到的淬火硬度与裂纹关系

淬火冷却介质	淬火冷却介质温度/℃	不同淬火温度下出现裂纹的概率与淬火硬度HRC		
		820℃	850℃	880℃
清水	10	0.45 60~61	0.60 60~62	0.85 58~61
	40	0.25 59~61	0.30 59~61	0.45 57~59
	70	0.05 39~45	0.10 40~48	0.10 32~46
盐水	10	0.25 60~62	0.25 60~63	0.60 60~63
	40	0.04 60~62	0.04 60~61	0.08 59~60
	70	0.04 45~50	0.04 44~51	0.04 35~45

注：横线上面为裂纹概率，下面为淬火硬度。

试验结果说明：

1）淬火温度升高，淬火开裂倾向增大，裂纹呈直线状，沿纵向分布。

2）水温升高，淬火开裂倾向下降，淬火硬度下降。

3）重复淬火后裂纹出现在刀臂上，呈放射状。

4）盐水淬裂倾向小于清水。

（3）热处理工艺　根据试验结果及分析，对十字刀采取的热处理工艺是：820~840℃×3min盐浴加热，出炉后空冷几秒钟，淬入10℃NaCl水溶液中，淬火冷却介质的温度控制在30~40℃；然后进行200~240℃×2h回火。按上述工艺处理，质量稳定，裂纹大大降低。

283. 烟叶切丝机刀片的成形与热处理工艺

烟叶切丝机刀片（见图2-72）工作时受力状态复杂，故要求刀片的整体成形良好，刃口要求高的硬度和耐磨性，中心部分有良好的弹性。

在刀片试制生产过程中，针对刀片的R530mm碟形弧度和刃口的高硬度，曾进行了冲压成形、弧度压模、碱浴分级淬火、高频感应淬火、渗氮等工艺试验。由于弧度成形差和刃翘曲变形，合格率仅为30%左右。

刀片蝶形弧度的成形质量取决于刀片成形加工的塑性，而刃口的硬度则取决于淬火强化的效果。采用一般的加工手段是难以达到塑性、弹性、高硬度的良好配合，而采用“成形+淬火复合处理”的新工艺，很好地解决了这个问题。

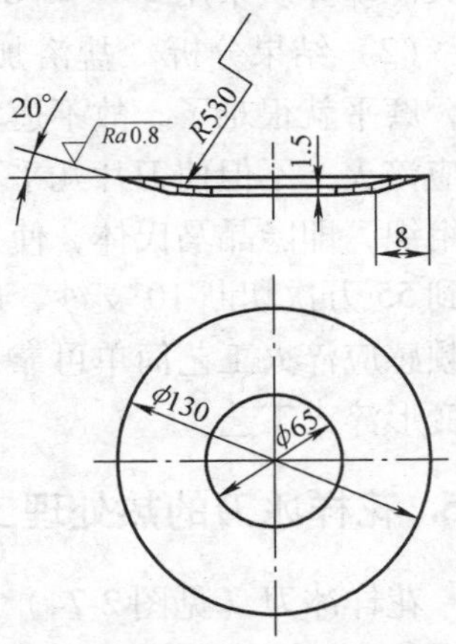

图2-72　烟叶切丝机刀片

（1）刀片毛坯、技术要求和工艺流程　刀片原材料为1.5mm厚的65Mn冷轧钢带，金相组织为索氏体，硬度>300HBW。

刀片的技术要求：碟形弧度半径为 R500 ~ R560mm；刃口平面度误差≤0. 20mm，刃口 8mm 宽度内硬度为 48 ~53HRC。

刀片的生产工艺流程：冲切坯料→车刃口→热处理→表面镀锌→磨刃口。

（2）刀片成形与热处理　按照刀片的弧度要求，设计专门的淬火夹具，将需要高硬度的刃部全部露在夹具外面，里面用模板卡牢，每挂夹具夹两片。热处理工艺如图 2-73 所示，盐浴加热，油淬 3min 后取出脱模，清除刀片表面残盐，采用回火矫直法。回火夹具也根据刀片弧度设计，一挂夹 100 片，及时回火，回火 3 次，每次 1h。前 2 次回火出炉后趁热拧紧夹具的螺母，再放入炉中继续保温，第 3 次回火后出炉空冷至室温再脱模，用热水清洗干净。检查合格者表面镀锌。

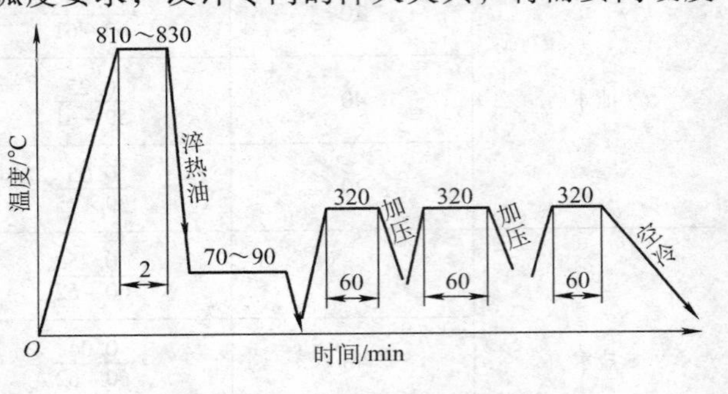

图 2-73　切丝刀片热处理工艺

（3）质量检验　用 R530 弧度样板检查整个碟形弧度半径，合格率为 96%；将刀片置于平板上，检查刃口平面度，合格率为 94%；刃口硬度合格率为 98%。

284. T10A 钢制清纱器刀片的微变形淬火工艺

T10A 钢制清纱器刀片呈薄片状，刀片的规格尺寸：(28. 5 ~ 34) mm ×6. 9mm × (0. 8 ~ 1. 5) mm。刀片技术要求：硬度为 59 ~63HRC（保证刃口 5mm)，平面度误差≤0. 03mm，刀片寿命试验≥50 万次切断 10 支纱。

（1）热处理工艺

1）盐浴加热整体淬火（碱浴)，回火后硬度为 59 ~63HRC，平面度误差≤0. 05mm。

2）盐浴加热局部淬火（盐水)，回火后，刃口 5mm 硬度为 59 ~63HRC，平面度误差为 0. 10 ~0. 50mm。

3）高频感应淬火（槽路电压 5 ~7. 5kV，感应器与刀片间隙 1 ~2mm，加热时间 2 ~4s，淬火冷却介质采用 20 ~40℃盐水)，回火后刃口 5mm 硬度和平面度都达到要求。

（2）结果分析　盐浴加热整体淬火，平面度误差虽在 0. 05mm 以内，但当 >0. 03mm 时，磨平就很难了，故不适宜批量生产。整体加热局部淬火，平面度超差，不能采用。高频感应淬火，不但使刀片几乎不变形，成品率高（≥99%)，而且能获得非常细小的针状马氏体组织，即隐晶马氏体，使刀片具有较高的硬度，较低的脆性，较好的冲击韧性，寿命普遍达到 55 万次切断 10 支纱，最高 100 万次。这样不仅取代了高合金钢或钢结硬质合金，而且高频感应淬火工艺简单可靠，节能环保。由此可见，高频感应淬火是一种切实可行的薄刀片微变形淬火工艺。

285. 花样冰刀的热处理工艺

花样冰刀（见图 2-74）的刀刃表面要求有足够的硬度、耐磨性和良好的冲击韧性。但花样冰刀刀刃属于薄壁件（厚度为 3. 6 ~4. 0mm)。热处理较为困难。以前采用插入式电极盐浴炉渗碳淬火，900℃ ×2 ~2. 5h 渗碳。由于炉温和熔盐均匀性差，渗碳淬火的工件表面硬度不均匀，从43HRC到61.5HRC不等，热处理时发生侧弯、立弯和扭曲等变形均很大，矫直困难，有的无法矫直，只好报废（如扭曲变形）。在矫直和磨削加工中还经常出现崩刃、磨裂等问题。由于硬度高、应力大，电镀氢脆现象也较严重，产品质量很难保证，一次交验合格率仅为52%。由于经常要脱氧、降温捞渣，产品质量不易控制。

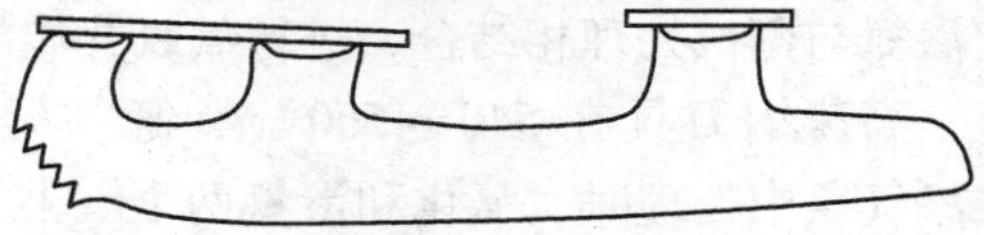

图2-74 花样冰刀

选用推拉料密封箱式渗碳淬火生产线，用丙酮作为富化气，甲醇作为载体对花样冰刀进行渗碳淬火。生产线由滴注可控气氛箱式多用炉、淬火油槽（后室渗碳、前室淬火）、多功能清洗机（喷淋、漂洗、烘干）、热风回火炉等组成。

在炉内气氛的工艺配备和控制上，采用两套滴注管路，流量均为10~200mL/min。其中一路为备用，电磁阀自动控制流量，氧探头监测并通过画图仪表记录碳势、炉温、时间等。同时采用钢箔定碳，经常修正氧探头监测反映到画图仪表上的对应值。在正常作业中，风扇以450~600r/min的转速对气氛进行搅拌，保证生产过程中的气氛均匀性。成熟的工艺是900℃×140min渗碳后直接淬火，油温70℃，淬火时搅拌器以1000r/min高速旋转搅拌，同时淬火板式换热器进行快速热交换，从而保证达到这种薄壁工件硬度的均匀性和所要求的微变形。

按上述工艺生产的冰刀刀刃硬度可达53.5~55.5HRC，渗碳层深度为0.4~0.45mm，淬火扭曲变形几乎为零，侧弯、立弯等变形全部符合技术要求，产品一次交验合格率在95%以上。

286. 地毯用滚刀的热处理工艺

地毯用滚刀的外形尺寸为ϕ120mm×500mm，原材料为T10钢，滚刀重20kg。淬火时为保证硬度和耐磨性，均采用水淬油冷工艺。由于该滚刀形状复杂，截面变化大（刃部最薄处仅为0.1mm，中心部位厚几十毫米），水淬油冷应力大，变形开裂倾向很大，废品率高达1/3左右。显然，T10工具钢不是理想的滚刀材料。

改用Cr12型钢制造的地毯滚刀的热处理工艺如下：在充分脱氧的盐浴炉加热到980℃（Cr12MoV钢加热到1020℃），出炉后空冷1min左右，淬入100~150℃的热油中，150~180℃×4h×2次回火，变形很小，无开裂现象，硬度为60HRC，但用户认为硬度低不耐用。为此进行了工艺改进：首先缩短淬火保温时间；其次取消出炉后的预冷，迅速入油。分析认为，因已经过预备热处理，组织已经均匀细化，加之刃部很薄，只要保证刃部组织转变完成并均匀化，淬火后即可得到预想的组织；取消预冷是为了避免刃部温度下降过多，影响淬火后硬度。

采用改进后的工艺，滚刀的刃部硬度为62~63HRC，变形小，无裂纹，合格率为100%。

287. W18Cr4V钢制刀具的氧氮共渗工艺

W18Cr4V钢刀具经正常的热处理后，硬度为63~66HRC，刀具在存放和使用过程中常出现锈蚀、磨损、易咬合等缺陷，造成刀具提前失效，有时甚至影响生产进程。后来在原工艺的基础上进行改进，改进后的工艺为淬火 +560℃ ×1.5h ×2 次回火 + 氧氮共渗处理（成品）。W18Cr4V 钢制刀具的氧氮共渗工艺如图 2-75 所示。氧氮共渗是以氨气 + 氨水为介质，使渗氮与蒸汽处理相结合，进行氧氮共渗的。

高速钢刀具在 540 ~ 560℃ 氧氮共渗气氛中处理时，氧化和渗氮两个过程的速度不同，起初氧化过程进行得较强烈，已存在的氧化层对渗氮的发展起促进作用，氮通过多孔的氧化层向深层扩散，其组织最外层为氧化层，中间为渗氮层，靠里面为富氮区。氧化层又分两个子区，厚度为 2 ~3μm 的多孔区（其成分为 Fe_3O_4）和厚度为 4 ~6μm 的致密区（其主要成分为 α-Fe_2O_3 和 Fe_3C）。多孔区被油充填后能降低摩擦因数，防止切屑黏着，提高抗咬合性；多孔区的多孔性能提高切削刃的散热能力，减少刃口温度的升高，有助于减轻磨损。

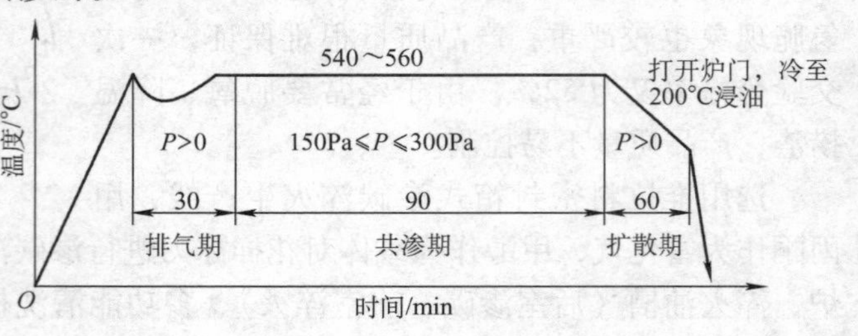

图 2-75 W18Cr4V 钢制刀具的氧氮共渗工艺

注：排气期、共渗期、扩散期氨水的滴量分别为 180 ~ 200 滴/min、150 ~ 160 滴/min、80 ~ 100 滴/min。

致密区是由于氧的扩散与铁反应而获得的，能提高耐磨性和耐蚀性。渗氮区则是由氮在 α 和 r 相中固溶体和（Fe，Me)$_4$CN 型弥散氮化物组成，这使氧氮层具有很高的硬度。经氧氮共渗处理的高速钢刀具硬度提高了 100 ~ 200HV，且无脆性。

对于厚刃刀具，氨水的质量分数为 25% ~ 28%；对于薄刃刀具，氨水的质量分数为 15%。经氧氮共渗后，厚刃刀具表面硬度可达 1100 ~ 1200HV，渗层深度可达 0.05mm 左右；薄刃刀具表面硬度可达 1000 ~ 1050HV，渗层深度可达 0.03 ~ 0.04mm，且无脆性。切削刀具经氧氮共渗处理后与仅经常规淬火、回火处理的刀具比较，钻头、铣刀的使用寿命提高了 1 ~2 倍，拉刀、齿轮滚刀的使用寿命提高了 1 ~4 倍。耐蚀性也有显著提高。未经氧氮处理的钻头等刀具经 2h 腐蚀试验后即生锈，而经氧氮共渗的钻头经 72h 腐蚀后还未出现明显的锈蚀。

W18Cr4V 钢刀具经氧氮共渗后，使用寿命大大提高，经济效益十分显著。

288. 通用高速钢刀具的低温渗碳工艺

冶炼高碳高速钢，有利于提高硬度和热硬性，但由于碳化物偏析严重，强韧性和加工性能恶化，故应用受到限制。为此，多年来国内外都在研究高速钢的渗碳工艺，在保持较好的整体强韧性的前提下，力图提高表层的碳含量。但是，高速钢渗碳的主要工艺仍是传统的奥氏体相区渗碳，温度在 930 ~ 1160℃之间，不仅碳浓度和碳化物形态控制较复杂，而且长形刀具的变形也是难以解决的问题。

通过研究，采用了新的机理和适用方法，成功试验了在 Ac_1 温度以下珠光体相区，对高速钢进行低温渗碳的新工艺，再采用正常的高温加热淬火。多年的生产实践表明，经低温渗碳处理后的高速钢刀具，使用寿命一般可提高 1 ~3 倍，经济效益显著。

（1）热处理工艺　热处理工艺流程为：低温渗碳→淬火、回火→精磨→表面强化或滑化，即低温渗碳复合热处理。

高速钢低温渗碳处理的温度低于该钢的 Ac_1 点，保温时间可根据渗碳方法和工艺条件而定，一般为4~6h。要求渗碳层深度为0.5~0.7mm，碳的质量分数提高0.10%~0.15%。

1）低温渗碳。渗碳的具体方法可分为固体法和气体法。固体法在普通加热炉中进行，一般小型厂矿都有条件实施，这虽是一种比较老的工艺，但由于是低温渗碳，在一定渗剂条件下，采用调节渗碳温度的简便方法，可以对渗量进行稳定而有效的控制，从而达到预期的低浓度渗碳的效果。图2-76是高速钢进行固体低温渗碳时渗碳温度与淬火、回火后硬度的关系。

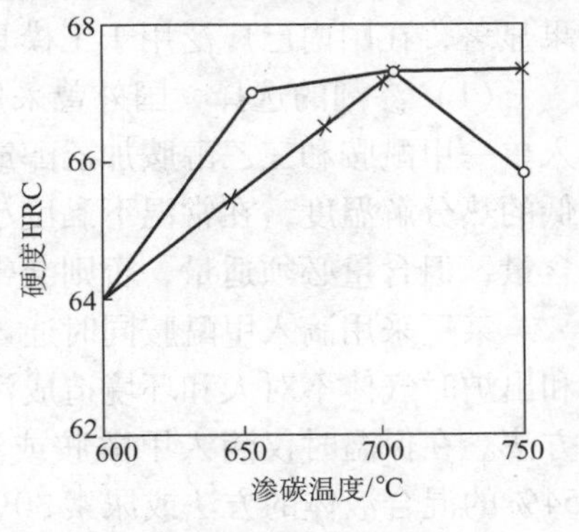

图2-76　渗碳温度与淬火、回火后硬度的关系

应用气体法低温渗碳，可以在CO-CO_2气氛中进行。通过适当提高CO_2含量和稳定控制气氛成分，来满足低浓度渗碳要求。这就需要专用气体渗碳炉和相应的控制系统，适用于批量生产。

2）淬火、回火。高速钢刀具低温渗碳后，可按常规工艺进行淬火，渗层的晶粒度不会粗化，而且可以比未渗碳的心部细0.5级左右，这对提高热硬性和保持较好的强韧性都是有利的。刀具经850℃左右中温充分预热后转高温盐浴炉加热，一般通用刀具晶粒度控制在10.5级左右。加热时间可按有效厚度6s/mm加30~60s来计算（尺寸较小的取上限，反之取下限）。

回火温度比常规回火高，一般取570℃，保温1h，2~4次回火，回火硬度为66~67.5HRC。这说明低温渗碳提高了高速钢二次硬化的峰值温度和效果。

（2）结果与分析　高速钢经低温渗碳后，用金相显微镜看不清渗碳层深度。因为低温低浓度渗碳时，碳是固溶于合金铁素体基体的，而随后冷却过程析出的是弥散微粒状碳化物。用剥层化学分析的方法可以测出渗层碳浓度的梯度变化。

高速钢低温渗碳、淬火、回火后，渗层的碳化物较心部细小，且相对数量较多。碳化物析出形态也较心部丰富，因而能明显提高硬度和热硬性（见表2-135）。

表2-135　硬度和热硬性对比试验结果

牌　号	硬度 HRC		热硬性(625℃ ×4h)　HRC	
	常规热处理	低温渗碳热处理	常规热处理	低温渗碳热处理
W6Mo5Cr4V2	64~66	66~68	59.5~60	61.5~63
W18Cr4V	64~65.5	65.5~68	60.5~61.5	62.5~64

低温渗碳的高速钢刀具，经淬火和回火后检查硬度，硬度达到65.5~68HRC者为合格。

高速钢低温渗碳的温度，比传统的渗碳温度低了200℃左右，这对减少刀具在渗碳时的变形是极其有利的。通过对ϕ20mm×280mm扩孔钻在低温渗碳前后径向圆跳动变化进行的实测，结果表明，平均变化为0.044mm，变化范围为0~0.1mm。因此，就工艺的适用性来说，低温渗碳也是优于传统渗碳的。

（3）生产应用及效果　高速钢低温渗碳处理适合于用于切削加工一般钢件和铸铁的各种刀具，如麻花钻、铰刀、铣刀、扩孔钻及丝锥等。经数十年的生产应用考核表明，各种高速钢刀具经低温渗碳处理后，使用寿命一般可提高1~3倍。对于适合进行成品表面强化或滑化的刀具，采用低温渗碳复合处理，可进一步成倍提高其使用寿命。

289. 高速钢刀具的气体碳氮共渗工艺

气体碳氮共渗可以大大改善金属零件表面的性能。由于无毒利于环保，同时技术经济效果显著，在国内已广泛用于工模具表面强化，以下简介其在高速钢刀具上的应用。

（1）渗剂的选择　国外曾采用可控气氛加氨气和尿素的热分解法，而国内还有采用通入单一甲酰胺和三乙醇胺加乙醇或利用乙醇裂化等作为渗剂的方法。此工艺要求渗剂具有较低的热分解温度，在常温下黏度小，价格便宜，化学稳定性好，同时要求较高的氮含量和碳含量，但含量必须适量，否则会带来负面影响。

某厂采用滴入甲酰胺同时通入少量氨气的方法，以保证炉内足够的压力。为了保证排气和出炉时气体不对人和环境造成污染，又采用了排气0.5h和出炉前15min滴入单一甲醇的方法。在保温时仅滴入甲酰胺或滴入成分（质量分数）为尿素30%＋甲醇16%＋甲酰胺54%的混合液体的方法或尿素30%＋甲酰胺70%混合液体的方法。实践证明，采用通入单一甲酰胺添加少量氨气及排气0.5h和出炉前15min滴入甲醇，并且保温时滴入甲酰胺的方法，处理高速钢刀具的渗层质量最好，脆性小，寿命长。

甲酰胺在400～600℃热分解方程式如下：

$$HCONH_2 \rightarrow NH_3 + CO \qquad 2NH_3 \rightarrow 2[N] + 3H_2$$

$$HCONH_2 \rightarrow HCN + H_2O \qquad 2HCN \rightarrow 2[N] + H_2 + 2[C]$$

氨气热分解方程式如下：

$$2NH_3 \rightarrow 2[N] + 3H_2$$

（2）气体碳氮共渗工艺　使用设备为25kW井式电炉，坩埚尺寸为ϕ450mm×580mm。对于高速钢刀具，应该使经受碳氮共渗处理过的刀具表层形成氮浓度不很高的金属氮化物，以保证在不导致脆性的前提下，提高刀具的耐磨性，为此必须避免出现高氮的ε相，因此处理温度不应高于550℃，处理时间一般为1～3h。

处理前将工件擦洗干净，刀具数量少时可用乙醇、汽油擦洗，但这种方法在大量生产中是做不到的，大量生产时只能放在专用槽里清洗。采用不同工艺得到的效果见表2-136。

表2-136　采用不同工艺得到的效果

工　艺	配方（质量分数）	保温2h的渗层深度/mm	脆性/级	生产中对脆性的反应
1	100%甲酰胺添加氨气	0.04～0.05	1	小
2	100%甲酰胺，排气滴甲醇	0.04～0.05	1	小
3	16%甲醇＋30%尿素＋54%甲酰胺	0.08～0.14	1	较小
4	30%尿素＋70%甲酰胺	0.08～0.12	1	稍大

从表2-136可以看出，第1种、第2种工艺配方较佳，经生产实践考证效果较好，第3种脆性比前两种大些，但渗层较深，对于薄刃刀具显然是不合适的。第4种配方不适宜处理高速钢刀具。实践证明，混合液中氮的质量分数在25%～30%为宜。对于不同类型的刀具，要求有不同的渗层深度，大多要求在0.01～0.06mm，渗层过深则脆性增大，反而不利。渗层的硬度为966～1210HV。对于不同的高速钢刀具，因切削状态有异，应采用不同的保温时间，具体数据见表2-137。

表 2-137　高速钢刀具气体碳氮共渗的保温时间

刀具名称	厚度或直径/mm	保温时间/min	刀具名称	厚度或直径/mm	保温时间/min
铰刀	6 ~ 5	60 ~ 75	螺纹铰刀 插齿刀 花键滚刀 剃齿刀	25 ~ 35	60
	>15 ~ 20	75 ~ 90		>35 ~ 50	60 ~ 75
	>20 ~ 30	90 ~ 120		>50 ~ 75	75 ~ 90
	>30	120 ~ 150		>75	90 ~ 120
圆柱铣刀 立铣刀 蜗轮铣刀	<50	90	槽铣刀 盘铣刀	4 ~ 6	60
	50 ~ 75	90 ~ 100		>6 ~ 10	75 ~ 90
	>75	120		>10	90 ~ 120
锪钻（粗）	10 ~ 15	60	锪钻（粗）	>20 ~ 30	75 ~ 120
	>15 ~ 20	60 ~ 75		>30	120 ~ 50

在实际生产中，采用图 2-77 所示的两种工艺。

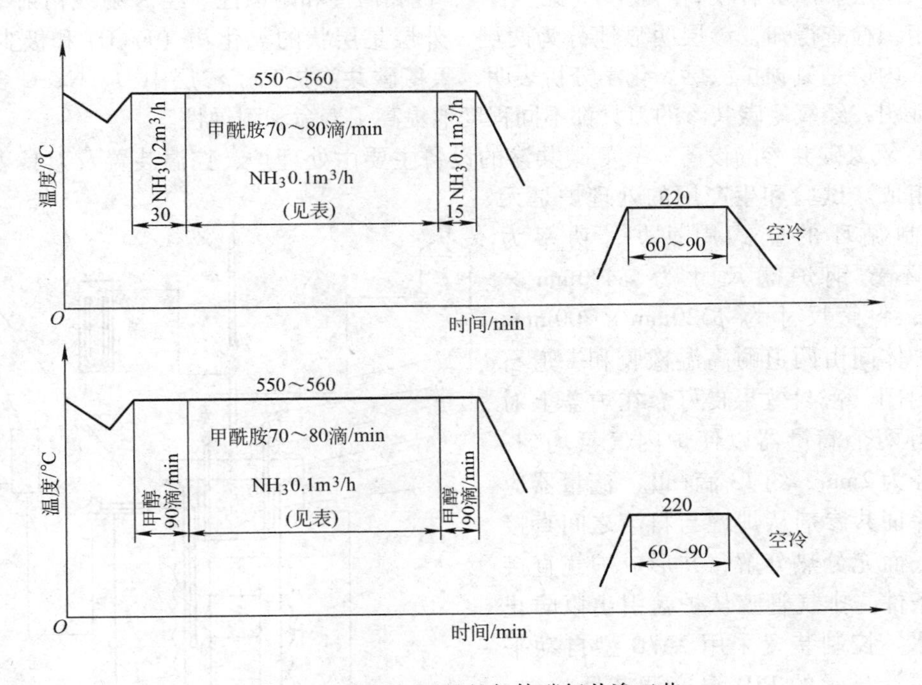

图 2-77　高速钢刀具的气体碳氮共渗工艺

（3）气体碳氮共渗效果　对铰刀、铣刀、锪钻、滚刀、丝锥、钻头等多种类型的产品进行气体碳氮共渗处理，处理后表面呈银灰色或深灰色，没有腐蚀和黑斑现象。

由于气体碳氮共渗是在高速钢回火温度下进行，变形很小，一般来说，趋于体积增大（线膨胀量为 0.003 ~ 0.01mm），但对刀具精度影响不大。

统初步统计分析，经气体碳氮共渗后的刀具寿命提高还是比较明显的。

1）铰刀（各种类型的铰刀和锥度铰刀）。不论是加工何种材料，如碳钢、合金钢（正火或调质）、铸铁或铝合金等材料均有显著的效果，寿命提高 5 ~ 10 倍。

2）锪钻。加工碳钢和合金钢、铝合金、铸铁均有效果，寿命提高2~10倍；加工合金钢、碳钢寿命提高幅度不大；加工铸铁、铝合金寿命提高很大。

3）铣刀。加工碳钢、合金钢、铝合金、铸铁均有效果，寿命提高1~3倍。

4）丝锥、钻头。加工铝合金和铸铁效果很好，寿命提高1~3倍，加工调质件效果不显著。

290. 高速钢刀具的氧氮碳共渗工艺

氧氮碳共渗是在含有蒸汽和氮、碳原子的气氛中，向刀具表面同时渗入氧氮碳。它是在蒸汽氧化和气体渗氮的基础上发展起来的一种表面化学热处理工艺。

高速钢刀具的氧氮碳共渗处理是在刀具加工成成品后进行的，共渗剂可选用质量分数为30%~50%的甲酰胺水溶液、25%~30%的氨水，以及8%~10%的尿素水溶液，采用滴入立式周期炉直接热分解的方式。刀具表面经脱脂、去锈、去盐、去碱使之呈中性后，于高速钢刀具回火温度下进行1~2.5h的共渗处理，使刀具表面形成灰色的深度为0.03~0.05mm的氧氮碳共渗层。渗层有较高的硬度（无脆性）、抗黏屑性和耐蚀性。经X射线衍射结构分析及金相组织检查得知，渗层明显地分为两层，外层是层状的氧化物（Fe_3O_4和极少量的α-Fe_2O_3），内层是氮碳扩散层。化学分析表明，氧氮碳共渗提高了渗层中O、N、C含量，生产实践证明，经氧氮碳共渗的刀具都不同程度地提高了寿命和耐蚀性。

（1）氧氮碳共渗的设备　氧氮碳共渗的设备主要由处理炉、控温装置及刀具表面清洗设备等组成。试验和生产用的处理炉是无风扇强制循环的立式周期炉，功率为35kW，不锈钢炉罐尺寸为ϕ470mm×1230mm，料筐尺寸为ϕ320mm×700mm。炉盖与炉体间由两道耐高温橡胶和一道石棉绳来封闭，密封效果良好。在炉盖上对称地装有两个滴量器以使炉内气氛均匀，滴针直径为2mm，约13滴/mL。滴量器应垂直以保证共渗剂从炉罐与料筐之间直接滴于炉底而充分热分解，并形成炉气直接对流的条件。排气管宜从炉盖引出以防止管中积水。控制装置采用XWB型自动平衡电位差计显示的PID温度调节器控温，精度达到±5℃。图2-78所示为氧氮碳共渗处理炉。

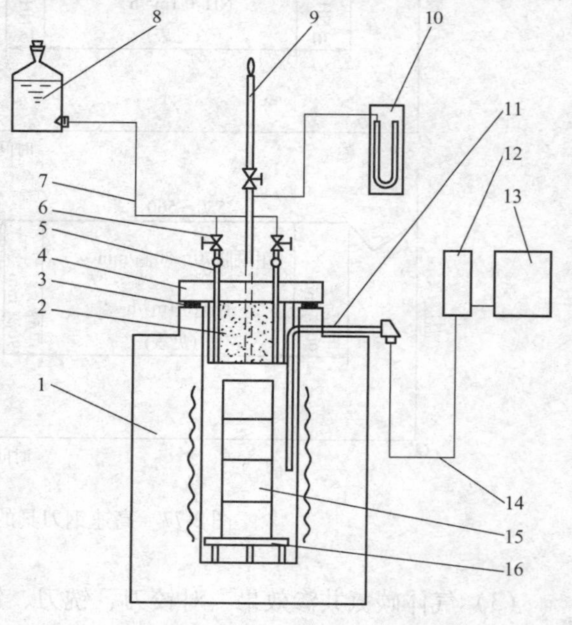

图2-78　氧氮碳共渗处理炉

1—炉体　2—石棉绒　3—密封圈　4—炉盖　5—滴管　6—针形阀　7—橡胶阀　8—氧氮碳共渗剂　9—排气管　10—U形压力计　11—热电偶　12—PID温度调节器　13—XWB型自动平衡电位差计　14—补偿导线　15—料筐　16—底座

清洗设备包括三氯乙烯脱脂槽、酸洗槽，以及几台去盐、去碱的冷热水槽。

（2）氧氮碳共渗工艺

1）共渗剂质量分数的确定。甲酰胺水溶液质量分数的高低，决定了氧氮碳共渗气氛中氧氮碳的质量比，也影响着氧化与渗氮碳的相对程度。切削试验证实，提高甲酰胺水溶液的质量分数导致渗层变脆；其质量分数为90%，其脆性已使 ϕ3mm 钻头丧失了切削效能；而较低的质量分数，则对薄刃刀具有独特的优越性。由此，可根据刀具的类型、规格及其使用条件来选择共渗剂的浓度，通常质量分数为30%~50%为宜。

2）滴量。影响滴入剂消耗量的因素主要有两项，即为炉罐壁和料筐所吸收的消耗量和刀具所吸收的消耗量。因此，滴量的多少必然对炉气的强烈程度（刀具表面的氧氮碳质量分数）产生影响。

在试验中发现滴量过小或过大都是不利的。滴量过小，炉气未处于饱和状态，气氛均匀性差，炉压很低，不利于活性原子的吸收和扩散过程的进行；滴量过大，超过饱和状态，排气剧烈，造成氧氮碳共渗剂分解不完全，破坏了炉气成分，因而也得不到正常的渗层组织，使刀具性能下降。实验表明，ϕ4mm 钻头，选用30%（质量分数）甲酰胺水溶液，120滴/min（560℃ ×90min）时，钻头的寿命最高，刃磨一次能钻孔260多个。

3）共渗时间。氧氮碳共渗时间相对于共渗剂质量分数和滴量而言是次要的工艺参数，但也不能小视它的作用。在一定的炉气成分和温度条件下，按扩散理论，渗层的深度是随时间的平方根而增加。金相组织检查发现，氧氮碳共渗时间主要影响渗层的碳氮扩散层深度，而对外层氧化层影响不明显。因此，不同品种和规格的刀具，存在着一个经济合理的时间，通常可取60~120min。对于小的薄刃刀具，渗层宜浅些，处理时间可短些。装炉量较多时，应适当延长共渗的时间。

4）共渗温度。在一定的气氛中，温度既是使刀具表面产生氧化和渗氮碳层的主要依据，而又与基体硬度密切相关。基于此，将氧氮碳共渗温度选择在高速钢回火温度是比较合理的，即共渗温度定在540~560℃。

5）炉内压力。在氧氮碳共渗过程中，为了稳定炉气成分，防止空气流入炉内，除了炉罐足够密封外，还必须保持炉内一定的压力。由于炉压是滴量大小的间接反映，因此应根据滴量来调节排气阀。实践证明，15~30mmH_2O（1mmH_2O=9.8Pa）的压力是比较合适的。

刀具氧氮碳共渗完毕，即可出炉进行鼓风吹冷，然后浸油。

（3）氧氮碳共渗效果　经氧氮碳处理过的 ϕ4mmW6Mo5Cr4V2 钢制钻头，寿命比蒸汽处理的提高94%；ϕ24.2mm 的 W18Cr4V 钢制锥柄钻切削163HBW 的45钢，寿命比蒸汽处理的提高约30%；W6Mo5Cr4V2Co5 钢制齿轮滚刀经氧氮碳共渗比蒸汽处理的寿命提高30%~35%；其他刀具经氧氮碳共渗，寿命均有不同程度提高。

291. W6Mo5Cr4V2 钢制刀具的低温渗碳工艺

W6Mo5Cr4V2 等通用高速钢由于合金元素的原子尺寸因素及电子因素的作用，合金铁素体的点阵常数的晶体内间隙增大，可明显提高其溶碳能力，溶碳能力可达0.15%（质量分数）左右，这为低温渗碳提供了理论依据。W6Mo5Cr4V2 钢合金铁素体的溶碳能力，在室温下和750℃时分别为0.103%和0.151%（质量分数）。W18Cr4V 钢中合金铁素体的溶碳能力，在室温和750℃时分别为0.086%和0.14%（质量分数）。

W6Mo5Cr4V2 钢于750℃渗碳时，为了使该钢表面碳含量提高到 w(C)=1.0%~1.10%（接近平衡碳水平），碳势应调整到0.47%，与该高速钢原碳量相平衡的气氛碳势为0.35%。因此，气氛的碳势只需提高0.12%，即可实现低温渗碳。一般低温渗碳工艺为750℃ ×4~

6h，渗碳层深度为0.5～0.7mm。

淬火温度应比常规热处理稍低，高温加热时间可按经验数据：60s＋6s/mm，淬火晶粒度控制在10.5级较好。560～570℃×1h×3～4次回火，表面硬度可达66～67.5HRC，基体只有64～65HRC；625℃×4h后热硬性可达62～63HRC，比未渗碳者高出2HRC左右。

ϕ8.9mm麻花钻、ϕ26mm铰刀、ϕ26mm扩孔钻、M27机用丝锥、多种规格的铰刀等W6Mo5Cr4V2钢制刀具，经低温渗碳处理，平均寿命一般提高1～3倍。

292. 稳定高速钢刀具尺寸的低温回火工艺

高速钢刀具经过最终热处理后，由于刃磨成形，改变了表面应力状态，降低了刀具在使用过程中的精度和寿命。在高速钢刀具刃磨后、包装前补充一次200℃×2～3h的低温回火，可以稳定刀具尺寸，并能提高其耐磨性。

（1）低温回火对刀具尺寸变化的影响　用W6Mo5Cr4V2钢制成与M5齿轮滚刀类似形状的试样，经常规淬火、回火、磨削，再热处理后，测量内孔尺寸与表面应力的变化。淬火后刀具表面产生拉应力，回火后拉应力接近于零。磨削时改变了表面状态，使表面产生压应力，再热处理时应力显著减小。此后残余应力逐渐稳定。没有再热处理的，磨削层中的残余应力随着时间的改变，也逐渐变小，但比经再热处理的残余应力要高。

（2）再热处理对刀具硬度的影响　用ϕ10mm×20mm的W18Cr4V钢试样4件，盐浴加热1280℃×3min，于480～560℃中性盐浴分级冷却3min后空冷，550～560℃×1h×3次回火，磨削量为0.3mm，表面粗糙度值$Ra=3.2$，磨削后测维氏硬度。然后经200℃×2h再热处理，待冷却至室温后再进行硬度检测，最后将表面磨去0.25mm。再热处理前后硬度对比见表2-138。

表2-138　再热处理前后硬度对比

序　号	刀磨后的硬度HV	200℃×2h低温回火后硬度HV	再磨削后硬度HV
1	805	844	804
2	817	857	826
3	836	852	834
4	850	871	836

试验结果表明，经再热处理的试样，硬度值有一定程度的提高，但是否有普遍性，还有待大量的数据做论证。

把再热处理后的试样，再在560℃×1h回火，其硬度下降到接近于再热处理前的硬度值。

（3）再热处理对刀具耐磨性的影响　用ϕ100mm、M2.5、A级精度的W18Cr4V钢盘形插齿刀，在Y54A型机床上进行切削试验。切削液为L-AN32全损耗系统用油，被切削材料为180～200HBW的45钢，切削速度为20m/min，转速为1.9r/min，圆周进给量为0.3mm（双行程），径向进给量为0.024mm，总背吃刀量一次5.625mm，切削总长度为1500mm。再热处理前后后插齿刀磨损量对比见表2-139。由表2-139可以看出，经再处理的插齿刀磨损量降低了一半。

表2-139 再热处理前后插齿刀磨损量对比

序 号	未经再热处理插齿刀磨损量/mm	再热处理后插齿刀的磨损量/mm
7	顶刃0.15~0.18	顶刃0.07
8	顶刃0.18~0.20	顶刃0.10
9	顶刃0.20	顶刃0.12

磨削后的高速钢工具，已加工为成品，再经200℃×2h的补充热处理，消除了表面的磨削应力，减少了切削时的崩刃现象，另一方面，提高了刀具的表面硬度。

293. 5Cr15MoV钢制服装剪刀的热处理工艺

某剪刀厂选用5Cr15MoV钢制作几种规格的服装剪刀，刀刃部分硬度要求58~62HRC。该钢的化学成分为（质量分数,%）：C0.46~0.55，Cr14~16，Mo0.80~1.0，0.10~0.20V，Si≤0.75，Mn≤1.0，Ni≤0.6，P≤0.035，S≤0.015。其热处理工艺简介如下：

工件的热处理是在密封的带保护气氛的小网带炉中进行的。淬火温度为1050~1060℃，加热时间及网速根据实际情况而定。淬火马氏体针2~3级，淬火后硬度为60~62HRC。经170~180℃×3h×2次回火后，硬度为58~60HRC。

按上述工艺处理的产品经多家服装使用，一致反映经久耐用。

也有些厂家用盐浴炉加热淬火，淬火温度为1020~1050℃，淬火马氏体针≤3级，170~180℃×3h×2次回火后硬度比保护气氛网带炉稍高。

294. 65Mn钢制CCTB型甩刀的调质工艺

某农装公司的大型拖拉机用65Mn钢制作CCTB型甩刀，先锻造成形，然后退火，最后做调质处理，硬度要求40~46HRC。采用箱式多用炉加热，加热温度为820~830℃，加热时间约2h，淬火冷却介质为市售的等温淬火油；出淬火油后立即进行380℃×3h回火，回火后硬度为43~45HRC，符合工艺要求。

295. 7Cr17MoV钢制剪刀的热处理工艺

7Cr17MoV钢制剪刀的典型生产过程是：感应电炉熔炼→LF精炼→水平连铸→电渣重熔→开坯→热轧→酸洗→冷轧。

试验材料为电渣重熔后的7Cr17MoV钢锭，采用常规的热轧和冷轧生产工艺获得坯料，分别取热轧完成后（板材厚度3mm）和冷轧最终成形后（板材厚度为0.7mm）的样品进行热处理工艺试验。

（1）热轧工艺　开轧温度设定为1030℃，轧制道次为7~9道次，轧制速度为500m/min，终轧厚度为3mm。

（2）冷轧工艺　分别经两组轧机轧制成形。冷轧1号机由两台两辊冷轧机组成，第一次轧制时来料厚度3.0mm，出口厚度2.0mm；板卷退火温度为860~880℃；第二次轧制时来料厚度2.0mm，出口厚度1.5mm。冷轧2号轧机为四辊不可逆冷轧机，来料厚度为1.5mm，每次以0.2mm的压下量轧制，3~4道次后退火一次，退火温度仍为860~880℃。

（3）剪刀热处理工艺　采用真空炉或保护气氛炉，淬火温度为1020~1070℃，淬入60

~90℃油中，150~160℃回火，硬度为56~60HRC。如果硬度要求低于56HRC，酌情提高回火温度。

296. 5Cr5WMoVSi钢制飞剪的热处理工艺

剪切热轧板卷用飞剪常剪切厚度为3~6mm的热轧钢板，刃口工作温度为650~700℃，工作时经历热疲劳、热磨损过程，刃口的使用寿命不高，势必影响企业的经济效益。飞剪以前用4Cr5MoSiV1钢制作，寿命不高，现改用5Cr5WMoVSi（简称H13K）钢，取得了比较满意的效果。

5Cr5WMoVSi钢由4Cr5MoSiV1演变而成的钢种，属高热强性热作模具钢，具有较好的淬透性和冷热疲劳性能，冲击性能也比较高。和4Cr5MoSiV1钢相比，此钢有较高的热稳定性，但高温回火后的塑性和冲击韧性略有下降。选用此钢制作热剪，可充分发挥其高温性能。

（1）调质　800~850℃预热，1150~1170℃加热保温后油淬，油冷至300℃左右出油空冷，740℃高温回火后空冷。调质处理可减少钢中碳化物的体积分数，缩小未溶碳化物颗粒尺寸，提高断裂韧度，而且可以增加位错马氏体，更重要的是得到均匀细小的碳化物，为第二次淬火做准备。

（2）淬火、回火　盐浴淬火：800~850℃预热，1060~1070℃加热保温后油淬，油冷至300℃左右出油空冷；第一次回火590~610℃，第二次回火570~600℃，硬度为49~52HRC。

用5Cr5WMoVSi钢制作的飞剪使用寿命比原4Cr5MoSiV1钢提高30%~40%，正常磨损失效。

297. 65Mn钢制切纸刀的渗氮-TiN沉积工艺

某票据机上使用的切纸刀长约500mm，分上刀片和下刀片。此刀片原来由进口的高速钢薄片和碳钢板压轧而成，切到40万张的票据时，刀片的刃口就会被磨钝，切出的票据边缘起毛、不整齐，达不到客户要求（刀片寿命指标≥60万张）。某工具公司采用65Mn弹簧钢制作切纸刀，并应用渗氮和TiN沉积技术，使其寿命满足了客户要求。

65Mn弹簧钢片进厂时的硬度为74~74.5HRA，以后采用360~380℃×40min进行预渗氮，由于氮势低，渗氮时间短，渗氮层中只有扩散层，不会出现白亮层。TiN沉积的温度也为360~380℃，时间110min。

经上述工艺处理的刀片经装机使用，使用寿命超过客户要求的切割60万张票据指标，刀片颜色整体均匀一致。

采用渗氮-TiN沉积工艺处理的65Mn钢切纸刀片，使用寿命超过了进口的高速钢产品，而且加工难度和成本有较大幅度降低。这也说明，气相沉积技术可以拓宽中碳合金钢的使用范围，在某些特殊条件下，可替代传统的合金工模钢。

第3章　五金工具及木工工具热处理工艺

298. 20钢制扳手的热处理工艺

20钢制作的多种规格双头呆扳手，口子处设计渗碳，要求渗碳深度为0.6~0.8mm，硬度为52~56HRC。

采用固体渗碳法，渗碳剂配方（质量分数）为$BaCO_3$ 12%+焦炭43%+木炭45%。渗碳温度为910~930℃，渗碳保温时间为3~4h。在渗碳箱降温至850℃时打开箱盖，每次用钳子夹住一叠（5~6件），预冷到780~800℃时，将端部淬入水中，大约冷到150℃，再淬另一端，最后利用中间的余热进行自回火。也可以将渗碳箱冷至室温，在盐浴炉中调头淬两个端头，然后进行240~260℃×2h回火，回火后水冷。最后经发蓝处理出厂。

按上述两种工艺处理，硬度都能达到技术要求。

299. T12A钢制锉刀的热处理新工艺

锉刀刃部要求高的硬度和耐磨性，在齿尖以下淬硬深度要求>1mm，齿部应无脱碳层，柄部硬度<35HRC。热处理后的畸变要求100mm长度上小于0.1mm。

为防止锉刀淬火加热时的氧化脱碳，过去一般在含有黄血盐的盐浴中加热，盐浴成分（质量分数）为：黄血盐35%+碳酸钠15%+氯化钠50%。但由于盐浴对环境有污染，目前这种工艺日趋淘汰。现在已应用高频感应加热和流态床通保护气氛加热工艺方法。锉刀的淬火工艺为760~800℃加热，水淬。由于锉刀柄部硬度要求较低，因此在淬火时只将有齿部分放入水中淬火，待柄部颜色变成暗红色时再淬柄。锉刀在水中冷却到200℃左右时，取出在水槽边手工矫直。操作者应准确掌握锉刀的出水时机。

锉刀通常在160~180℃的硝盐浴中回火1h，回火后齿部硬度≥64HRC。

300. 碳钢扳手的网带炉加热淬火工艺

扳手材料为45钢，品种有活扳手、两用扳手、梅花扳手、呆扳手等，均为模锻件，锻坯不经正火，直接机械加工成U形开口和梅花孔，然后进行热处理。U形开口$S=5\sim36$mm，长度$L=94\sim500$mm，扳手厚度$t=6\sim30$mm。淬火后硬度要求≥50HRC，回火后硬度为41~47HRC（企业标准），热处理后精度及力学性能应符合国家标准的有关规定。为使扳手适合在网带炉中淬火，对网带炉做了改进，采取的工艺措施如下：

1）适当加长网带炉预热段长度，既可以充分利用网带回带的余热，又可以减缓内应力释放，减少扳手变形。

2）将淬火落料口设计成斜滑落结构，可保证扳手在斜坡平面上滑入淬火槽中，淬火硬度均匀，变形小，无磕碰，保证了淬火件的形状要求。

3）采用PAG有机聚合物淬火冷却介质，保证淬火质量。

4）加大淬火槽的深度，可以保证工件动态冷却速度，缩短蒸汽膜阶段，满足淬火冷却介质的高温冷却速度。

5）为防止淬裂，扳手在水基介质中淬火，停留时间宜短。由于工件规格繁多，厚薄悬殊，工件在淬火槽停留时间不等。据此，提升机的提升速度应比油槽提升机的快，应具有调速功能。

6）从节省淬火冷却介质的角度出发考虑，生产线配制了清洗机，有利于淬火冷却介质的回收；但清洗剂必须加热至80℃以上，以防止回火不及时产生开裂。

301. 工具钳的中频感应淬火工艺

工具钳的主要用途是剪切及夹扭，这要求钳体有足够的强度和韧性，剪切刃口有较高的硬度。为获得良好的综合力学性能，一般先对钳子整体进行热处理，使钳体性能达到技术标准要求，然后再对钳口进行特殊的淬火处理。目前国内部分厂家对刃口淬火采用火焰法，并且投入大批量生产，但产品合格率低，工效也不高，而中频感应淬火效果较好。

（1）中频感应淬火电流频率的确定　不同规格的产品刃口厚度为1.5～3.5mm，用黄金分割法在25～800kHz区间内试验，最终确定600kHz为最佳点。经批量生产实践证明，600kHz比较适宜。

（2）中频感应淬火冷却介质　高档工具钳大多采用50或55钢制造，中碳钢临界冷却速度为500～620℃/s，使奥氏体在连续冷却过程中不发生分解，直到*Ms*线（约230℃）以下才转变成马氏体组织。自制合成淬火冷却介质，其配方（质量分数）为：三乙醇胺7%＋四氯乙烯微量＋$NaNO_2$3%～4%＋余量水。用此水溶液淬火冷却，提高了产品的耐蚀性，产品合格率稳定在97%以上。注意：温度控制在70℃以下。

（3）工作电压和加热时间　当电流频率确定以后，加热时间、工作电压是应变因素。加热时间短，达不到淬火临界温度；加热时间太长，会带来一系列的不利因素。根据品种规格不同，加热时间为2～5s。目测受热部分应呈橘红色。

通过近百种品种100～200mm不同规格尺寸的工具钳试验，工作电压采用1.4～2.0V比较符合实际情况。

302. 160mm斜嘴钳的热处理工艺

160mm斜嘴钳（也有叫花色钳）用45钢制作，热处理技术要求如下：

1）硬度。夹持面硬度≥73HRA。

2）抗弯强度。载荷1000N，最大永久变形≤1mm。

3）剪切性能。最大剪切力460N。

4）外观质量。无搓头、张嘴、隙缝、裂纹等现象。

160mm斜嘴钳的热处理主要存在开裂和抗弯强度低两大问题。制订新的热处理工艺为：830～840℃×10min盐浴加热，淬火用合成淬火冷却介质而不用盐水，200～220℃×90min硝盐浴回火。硬度为73～75HRA；载荷为1000N时，最大变形量≤0.1mm，钳体外观质量良好。

303. 活扳手应用过饱和$CaCl_2$水溶液的淬火工艺

国内生产的45钢活扳手，大多采用水淬油冷工艺，变形大，开裂多。有些生产单位试用硝盐浴分级淬火，对减少变形开裂起到了一定作用，但硝盐易老化，消耗大，成本高，硬度、所能承受的扭矩难以达到GB/T 4440—2008对45钢扳手的要求。实践证明，用过饱和的$CaCl_2$水溶液作为淬火冷却介质，取得了很好的效果。

活扳手技术要求：硬度为40～48HRC；对扭矩的要求也比较严格，如250mm长活扳手最小承受扭矩为320N·m。

加热温度为820～830℃，$CaCl_2$水溶液的质量分数为50%～60%，使用温度<70℃，能保证淬火后不裂，硬度≥50HRC；经350～360℃硝盐浴回火，硬度稳定在41～44HRC，扭矩也全部达到技术要求。

304. 高强度铝青铜防爆扳手的热处理工艺

目前防爆扳手的制造方法有精密铸造和锻造成形两种，后者比前者的强度和硬度稍高。不论是铸造还是锻造，防爆扳手均在化工、石油、煤炭、航空等行业的易燃易爆场所得到广泛的应用。铝青铜的主要成分为：w（Al）=11%，w（Ni）=5.5%，w（Fe）=4.5%，Cu余量。热处理工艺为：870～890℃加热后淬入20℃左右的清水，时效温度为560～580℃。硬度为28～29HRC，抗拉强度≥860MPa，断后伸长率>4%，冲击韧度≥50J/cm²。

305. 断线钳刀片刃口的中频感应淬火工艺

断线钳是剪切硬度在30HRC以下，ϕ3～ϕ13mm的各种金属线的工具。断线钳刀片要求刃口硬度高、耐磨性好和具有一定的韧性。原采用盐浴炉整体加热，硝盐浴分级淬火，局部高温回火的方法，生产环境温度高，劳动强度大，产品质量不稳定。为了改善这一状况，试用对钳口进行中频感应淬火，获得成功。

断线钳刀片是用GCr15钢制造的，刃口硬度要求55～60HRC，其余部分的硬度为33～40HRC。刀片生产工艺流程：锻造成形→正火→球化退火→机械加工→调质→中频感应淬火→低温回火→磨刃→装配。采用BPD100/8000型变频机和DGF-C-108-2型中频感应淬火控制设备。609.6mm（24in）断线钳中频感应淬火工艺参数见表3-1。

表3-1　609.6mm（24in）断线钳中频感应淬火工艺参数

项目	参数	项目	参数	项目	参数
电压/V	550	励磁电流/A	3.3	功率因数 cosφ	+0.9
电流/A	40	加热时间/s	3	淬火冷却介质	聚乙烯醇
匝比	24:1	加热温度/℃	870～900	淬火冷却介质温度/℃	15～40
电容量/kF	5	输出功率/kW	19.8	冷却时间/s	5

中频感应淬火后，由于内应力大，塑性低，室温下长时间停留会引起开裂、变形，故需及时回火。180～200℃回火，获得回火马氏体+均匀分布的细粒状碳化物+微量的残留奥氏体组织。回火后的硬度：刃口60～62HRC；过渡区33～35HRC，其他部位仍为调质硬度。

按上述工艺处理，可使产品合格率提高到99.3%以上，钳口使用寿命提高了5倍以上。

306. “纯钢”民用剪的微脱碳退火工艺

某剪刀厂民用剪原采用镶45钢锻造和脉冲堆焊两种工艺生产，劳动强度大，质量不稳定，生产环境差。用45钢钢板冲压代替原工艺生产毛坯，是一条扩大民用剪刀生产能力的有效途径。完成钢板冲剪坯后，剪把进行冷压圆—退火—合脚弯圆过程中，发现退火后脱碳层深达0.30～0.45mm，使淬火剪刀硬度不合格，导致造成大量废次品。此外还发现退火后硬度过高，影响后道“合脚弯圆”工序。上述问题一直困扰“纯钢”民用剪的正常生产。因而解决退火脱碳问题已成为“纯钢”民用剪大批量生产的关键。

（1）“纯钢”民用剪退火的质量指标　经生产验证，退火硬度≤195HBW（便于下道工序弯脚）；脱碳层深度≤0.15mm（不影响淬火后磨去）。

（2）退火工艺　退火箱尺寸为450mm×300mm×220mm，每箱装剪刀2100把，每炉装剪坯净重750kg，炉型为105kW台车炉。退火箱底部及四周要加工出通气孔，装炉时，箱底要垫空，以保证箱底也处于较强氧化气氛中。退火箱表面不覆盖铸铁屑等保护物。退火温度为850～860℃，退火时间不宜过长，一般以50～60min为宜，炉冷至400℃以下出炉空冷。

按上述工艺操作，退火后硬度≤185HBW，脱碳层深度为0.08～0.12mm，降低了废次品率，提高了剪刀的合格率，使废次品率由20%下降到2%，同时也降低了耗电量。

也有些生产单位用箱式炉加热，在退火箱内撒上一层锯木屑，效果也不错。

307. 解决45钢活扳手热处理裂纹的工艺措施

45钢活扳手在热处理过程中，易在工件的尖角处，尤其是在扳体的销孔处产生大量裂纹（见图3-1、图3-2）。经过认真分析研究，并采取相应措施，使产品的废品率由原来的10%左右下降到1%以下。其主要工艺措施如下：

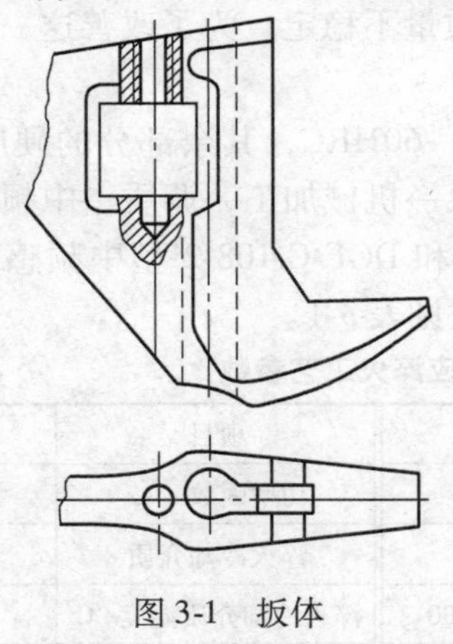

图3-1　扳体

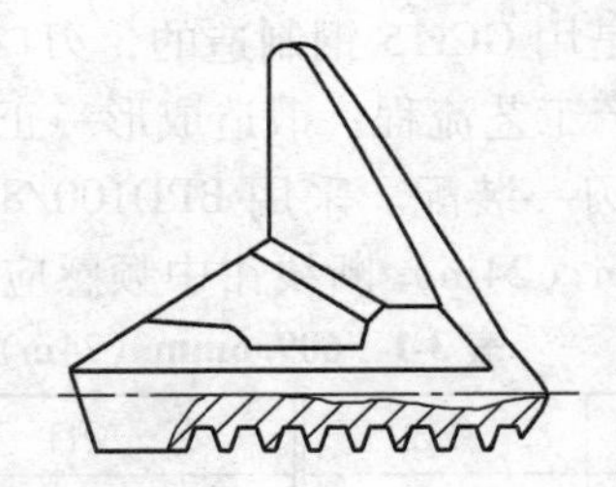

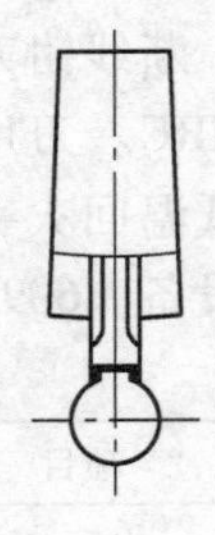

图3-2　扳嘴

1）采用零保温加热淬火新工艺。经长期生产实践证明，该工艺可保证其工件在加热及淬火时较厚部位的充分热透、组织转变均匀，可减少变形和热处理裂纹的产生。但不能显著降低扳体销孔处产生裂纹的数量，在淬火冷却介质上稍做改进，裂纹数量大大减少。

2）锤击冷矫是造成扳体销孔处裂纹的主要原因。为解决此难题，对扳体的生产工艺做如下调整：下料→锻造→模压成形→毛坯退火→机械加工→扳体与扳嘴粗装配→喷砂→最终热处理→锤击冷矫直→磨光→酸洗→电镀→精装。

经工艺分析认为，扳体与扳嘴组装并经最终热处理后，硬度及强度较高（要求硬度40～48HRC），而塑性、韧性低。若在扳体的销孔处给予锤击应力，会使之产生裂纹，在去掉锤击冷矫直工序后，产生裂纹的比例明显下降（见表3-2）。

表3-2　去掉锤击冷矫直工序后出现裂纹的比例

序号	规格尺寸/mm	检查数量/件	产生裂纹的数量/件	产生裂纹的概率（%）
1	304.8（12in）	347	3	0.86
2	203.2（8in）	500	0	0

各种规格的活扳手产生裂纹的概率从原工艺的10%左右降到百分之零点几。在去掉了活扳手最终热处理后的冷矫直工序后，为了保证其装配精度，对机加工各工序的加工精度、粗装配质量，进行了更加严格的程序控制和质量把关，并在热处理工艺上采取了一系列的减少变形的技术措施。同时对加工工序也做了调整，把热处理前的喷砂改在热处理后进行；并把热处理后的粗磨两平面，改在热处理前进行。经过上述一系列的工艺改进后，各种规格的活扳手，在扳体销孔处产生裂纹的概率均稳定在1%以下。

308. T10A 钢制剪刃的热处理工艺

T10A 钢制剪刃外形尺寸为280mm×40mm×25mm，双面刃，在长度方向上有3个通孔。要求硬度为58～63HRC，弯曲变形量≤0.5mm。由于刀刃两侧凹槽深度相差较大，故淬火后容易弯曲。曾用790℃×30min加热水淬，尽管采用了不同的入水方式，也用过硝盐、氯化钙等淬火冷却介质，但变形均超差，变形量最大达2.5mm。

剪刃实际硬度要求主要指两边刃口，中间部分并不要求和刃口一样的高硬度。据此，吸取高频感应淬火相对均匀冷却的成功经验，设计出一个简单的喷水装置。将加热好的剪刃放在两喷头之间，刃部对着喷头，刀刃自上向下移动，移动速度适中，不得太快或太慢，这样上下移动几次，当剪刃中间部分温度降到400～500℃时转入静水中冷却。经这样淬火后的剪刃硬度均在62～65HRC，变形达到设计要求。最后经200～220℃×2h硝盐浴回火，硬度为60～63HRC。

309. 低碳钢锉刀的热处理工艺

锉刀是一种广泛应用于各产业部门的手工工具，长期使用碳素工具钢制作。这严重影响了锉刀制造业采用各种成形加工方法的可能性。从锉刀的实际使用情况来看，锉刀是一种不重磨的手工刀具，它要求有良好的切削性能、排屑性能，以及较高的使用寿命。为此，锉刀的齿峰应具有足够的硬度、强度、疲劳强度，以及较高的耐磨性和耐蚀性，而对其心部，则要求有较好的韧性和冲击性能。而现用的碳素工具钢不完全具有这种外强内韧的特性。

长期以来，国内外锉刀业界的广大工程技术人员不断探寻新材料、新技术、新工艺。北京某厂研制出了低碳钢锉刀的碳氮共渗新工艺，值得借鉴。

（1）盐浴碳氮共渗配方及热处理工艺　中温、高效、无毒的碳氮共渗剂配方（质量分数）为：$BaCl_2$ 75% + NaCl 20% + Na_2CO_3 3.5% + NaCNO（氰酸钠）1.5%。

共渗温度为820～840℃。共渗时间视锉刀规格大小及具体要求而定，长250mm的锉刀加热20～30min可得到0.4～0.5mm深的渗层。渗后直接淬水，低温回火。按上述热处理工艺制造的锉刀的切削性能和力学性能超过T12A钢制造的同规格的锉刀。从金相组织分析可见，渗层碳的质量分数达0.8%～0.9%，大量的极细颗粒的碳氮化合物弥散分布在细针马氏体及残留奥氏体之间，形成了高硬度和高疲劳强度的表面硬化层。

（2）低碳钢锉刀的性能　锉刀是一种不可重磨的刀具，即就重磨性而言，它是一种一次性使用的刀具。这就要求它有足够的切削性能、排屑性能、耐磨性及疲劳强度。

显然，切削性能、耐磨性与它的齿面硬度关系极大。图3-3给出了20钢锉刀经上述工艺碳氮共渗后，预冷、直接淬火后得到的齿面硬度（用超声波硬度计检测）与处理时间关系曲线。从图3-3可知，仅浸液15～30min，齿面硬度即可达到锉刀所需求的最佳硬度范围63～65HRC。

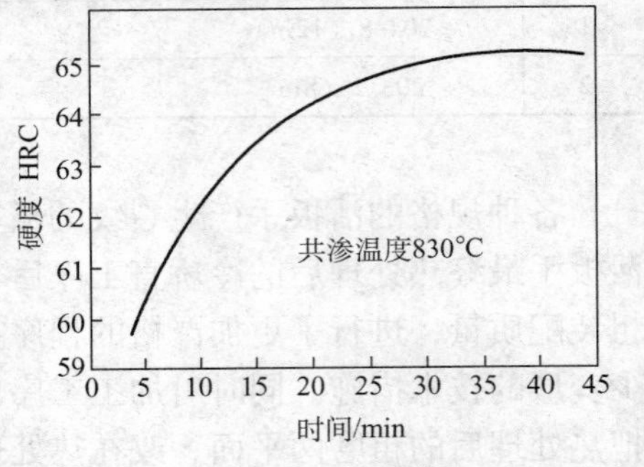

图3-3　共渗时间同硬度的关系

锉刀的切削性能与切削齿的齿形有极大关系，由于T12A钢的原始硬度较高，所以用剁刀片剁齿时齿深很难加工到很深，而用低碳钢可使齿深增加13.3%，从而改善了切削性能。

表3-3给出了20钢经该工艺碳氮共渗30min所制造出来的锉刀部分性能和目前用的T12A钢锉刀的部分性能对比情况，并列出了世界名牌锉刀DOUBLE FILES和苏联标准（ГОСТ）的主要性能。从这些对比数据可以发现，用低碳钢制的锉刀，质量很高，以致超过了世界名牌产品。人们从实践中认识到，锉刀的众多质量指标，综合反映在两点：一是万次锉削试验中的锉屑克数，二是客户的信息反馈，用户满意就是高质量的体现。

表3-3　250mm粗扳锉刀的锉削性能比较

对比锉刀	硬度 HRC	齿深/mm	锉削试验/g	
			第1万次	第2万次
20钢盐浴碳氮共渗	63～65	0.51	89.3	73
T12A钢淬火+回火	62～64	—	45	—
DOUBLE FILES	63～65	—	70	—
ГОСТ 1456	58～62	—	85	—

采用的试块硬度为170～187HBW，截面尺寸为10mm×25mm，压重为12.5kg的标准锉削试验规范。从实测数据可见，低碳钢碳氮共渗锉刀，其万次锉削锉屑克数不仅比原来的T12A钢锉刀提高近100%，而且超过了名牌DOUBLE FILES锉刀28%，也超过了苏联标准。

（3）结论

1）采用低碳钢碳氮共渗工艺制作锉刀比原T12A钢盐浴淬火，仅材料费一项就可降低总成本25%左右。

2）低碳钢锉刀，大大简化了锉刀的制造工艺，又可以使总成本下降15%。

3）新工艺将大幅度提高了产品的质量和成品率，使一级品率由目前的70%提高到90%，从根本上消除了变形开裂，由此而可使总成本下降15%左右，从而使企业经济效益大大提高。

310. 50 钢制八角锤的强韧化处理工艺

广泛用于锻造、冷作加工、矿石开采、水利和建筑工程的八角锤，按原轻工部的标准，使用 50 钢或 60 钢制造，要求热处理后锤击面硬度为 48～56HRC，装木柄孔部硬度低于 35HRC，淬硬层深度≥3mm。目前国内大多采用喷水淬火 + 低温回火的工艺。锤子的硬度虽然达到技术要求，但使用一个月左右，锤击面就产生剥落，甚至开裂现象。采用马氏体-贝氏体强韧化处理新工艺，使锤子使用寿命显著提高。

（1）试验材料与热处理工艺。50 钢的化学成分见表 3-4。

表 3-4　50 钢的化学成分（质量分数）　（%）

C	Mn	Si	P	S
0.52	0.63	0.23	0.023	0.019

50 钢的淬透性差，为此将奥氏体化温度提高至 930～950℃。等温淬火前，先将工件预淬，然后再在 *Ms* 点以下（260～280℃）等温，使过冷奥氏体先部分地转变为马氏体，这也有利于其余过冷奥氏体向马氏体转变。八角锤的热处理工艺如图 3-4 所示。等温结束后，置于 100℃沸水中清洗，然后空冷。

（2）试验结果及分析　八角锤经高温淬火、等温处理后的金相组织由三层组成：

1）表层硬化层（离表面 1.5～2.0mm）组织由马氏体和下贝氏体组成。

2）过渡层由下贝氏体、托氏体和少量的铁素体组成。表层硬化层 + 过渡层的总深度约为 3.30mm，按相关要求，硬度达 45HRC 处为淬硬层和心部的分界线，该处组织约含 50%（体积分数）的托氏体。

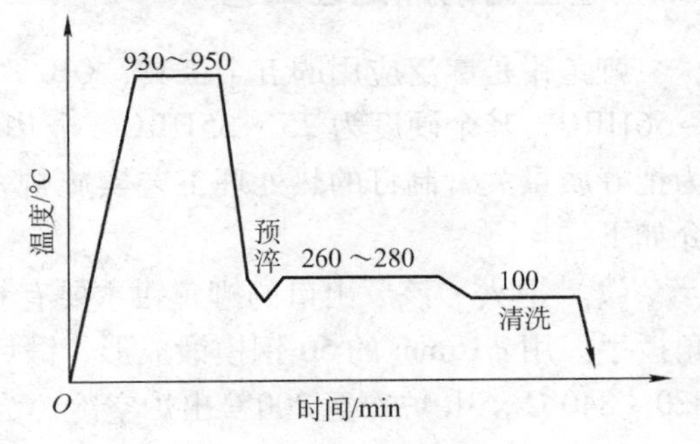

图 3-4　八角锤的热处理工艺

3）心部组织由索氏体、珠光体和铁素体组成。马氏体-贝氏体处理后的硬度梯度曲线变化比较平稳，从过渡层到心部的硬度变化比较显著，这样表层强韧性高，心部韧性好。锤击工件时完全可以避免锤表面剥落或断裂，大大提高了锤子的使用寿命，见表 3-5。考核锤击工具压力的标准规定，在一定的击锤重量和击锤高度下，打击一定的次数后，通过观察其锤击面的破坏情况，来衡量其寿命的高低。打击次数越多，如果锤子的头部只发生变形而不开裂，则寿命就高。从表 3-5 可以看出，经强韧化处理的 8lb 大锤的寿命大大提高了，甚至超过美国 T 字牌。

表 3-5　八角锤寿命试验

名称	锤子规格/lb①	击锤重量/kg	击锤高度/m	打击次数/10^3 次	失效形式
T 字牌	8	150	0.6～0.7	4.1	头部变粗
原产品	8	150	0.6～0.7	0.3	头部开裂
新产品	8	150	0.6～0.7	4.1～5.0	头部变粗

① 1lb = 0.4536kg。

材料的韧性是强度和塑性的综合，是一个能量概念。当硬度或强度相等时，具有下贝氏体组织的 a_K 值一般要比回火马氏体高些，但马氏体-贝氏体混合组织的韧性又比单一贝氏体组织的好。在马氏体-贝氏体混合组织中，马氏体-贝氏体的比例对钢的韧性有很大影响。当下贝氏体量占20%～30%（体积分数）时，钢的韧性最佳，而且疲劳强度优于贝氏体含量多者（体积分数约为40%）。50钢八角锤经强韧化处理后，通过Canbridge图像仪和Nephot2型金相显微镜网络法对硬化层中下贝氏体量进行测定，马氏体-贝氏体组织中下贝氏体量占25%～30%（体积分数）。多年使用证明，八角锤表面硬化层具有这一比例的下贝氏体组织的强韧性最佳，这也充分验证了上述工艺的正确性。

（3）结语

1）50钢八角锤经930～950℃奥氏体化后预淬+260～280℃等温处理，得到马氏体-下贝氏体的混合组织，具有较高的强韧性，与回火马氏体相比，其击锤破坏寿命提高10倍以上。

2）马氏体-下贝氏体混合组织的强韧性与两者的比例有关，一般下贝氏体量控制在25%～30%（体积分数）时，锤子性能最佳。

3）锤子的表面硬化层（包括过渡层在内），一般控制在3～5mm（即从表面到硬度为45HRC左右为止）内，完全可以满足使用性能的要求。

311. 鲤鱼钳的热处理工艺

鲤鱼钳是广泛应用的五金工具，QB/T 2442.4—2007规定用50钢制造，刃部硬度为46～56HRC，其余硬度为25～35HRC。金华某厂生产十多种规格的鲤鱼钳，因是出口产品，为把好质量关，制订的热处理工艺实施规范中，刃部硬度为48～54HRC。其热处理工艺简介如下：

（1）退火　该厂出口的鲤鱼钳主要有6in、8in（1in=25.4mm）两种，部分尾部带内六角扳手。用 ϕ16mm的50钢模锻成形，锻后装在专制的退火料筐内，在箱式炉中进行退火，820～840℃×3h炉冷至200℃出炉空冷。为防止脱碳，在工件表面撒一层锯木屑，收到很好的效果。这样退火工件既不会脱碳，又美观光洁，硬度为179～208HBW。

（2）淬火　选用盐浴炉加热淬火。淬火夹具设计非常重要，每挂夹具装工件16～18件。钳口朝下，整体加热，810～820℃×4.5min；冷却时钳口先在液面移动4～5s，保证钳口淬硬，然后全部浸入冷却介质冷却；再进行300～320℃×2h硝盐浴回火。经此工艺处理后，刃口硬度为51～56HRC，但尾部硬度不尽人意。如果操作者技术不熟练，实施起来有难度。用两次淬火两次回火可确保质量。即先淬柄部，800～810℃×4min，500～520℃×2h箱式炉回火后水冷。后淬刃部，800～820℃×4.5min，加热刚好超过圆孔处，冷却时全部入液，300～320℃×2h回火，此法虽有点麻烦，但工艺稳定。也可以用简易方法：淬火加热至钳口，出炉前浸柄尾5～6s，出炉后整体冷却。

（3）50钢淬火的危险尺寸　45钢小件淬火有个危险淬火尺寸的问题，但是50钢小件淬火更危险。45钢、50钢的碳含量分别为 w(C)=0.42%～0.50%、w(C)=0.47%～0.55%，两者有一个共同的碳含量区间——w(C)=0.47%～0.50%。根据作者多年处理外贸45钢丝锥、板牙的体会，碳含量在 w(C)=0.45%～0.50%范围内，Ac_3 出现突变，即出现一个低谷，它不遵循随着碳含量增加临界点下降的规律，这给热处理工艺的编制和淬火操作带来难度，稍有疏忽，就可能出现批量报废。

我们必须掌握50钢小件 Ac_3 突变和危险淬火尺寸这个规律。50钢危险淬火尺寸和45钢相同，都是5~11mm。当工件的有效尺寸在此范围内，淬火冷却时极易出现纵向开裂。6in、8in鲤鱼钳的头部尺寸正好落在危险尺寸范围内，有些生产单位开始并未引起重视，开裂不少，掌握了规律，采取如下措施后开裂极少。

1）对原材料进行科学管理，从钢厂直接进货，按炉号堆放。

2）适当降低淬火温度。

3）淬火后及时回火。

4）选择理想的淬火冷却介质，不可用盐水。

312. T12钢制锉刀的快速球化退火工艺

国内锉刀基本上都是用T12钢制造。锉刀锻坯必须经过球化退火才能满足随后机械加工的要求。虽然高碳钢的退火被认为是成熟的传统工艺，但因其能耗高，周期长（一般需24h/炉），氧化脱碳严重，生产率低，这促使人们对这一工艺不断地进行研究和改进。

（1）球化退火工艺改进的理论依据。

1）根据有关文献的报道，在常规球化退火的组织中，粒（球）状碳化物颗粒数（单位体积内或单位面积上）与加热奥氏体化时的剩余碳化物颗粒数相同，由此认为球化退火后的粒（球）状碳化物是由剩余碳化物长大而成。这就告诉我们加热奥氏体化时获得的剩余碳化物颗粒数越多，球化后的粒（球）状碳化物也就越多，球化越容易。

2）有研究证明，球化退火时有了粒状碳化物的核心只是球化的一个方面，因为这些剩余碳化物在随后的奥氏体过冷分解中，既可以作为共析分解的领先相，促使分解的另一相（α）作为受领相在其表面上形核，从而形成了共析相的核心，此核心长大的结果必然是两相相间交错分布层片状珠光体（P_L）。此外，还有一种可能，就是剩余碳化物粒化的现存的核心，但分解的另一相（α）却不作为受领相，即不优先在碳化物表面上形核，而是在过冷奥氏体内部深处单独形核，这种奥氏体分解产物的两个相分别独立形核（不构成共析体核心）时，所造成的母相奥氏体内碳浓度分布与共析转变时不同，它将促使碳化物和α相各自单独呈球状长大，从而得到粒（球）状珠光体（P_s）。奥氏体化时得到的碳浓度不均匀的奥氏体可明显加速 P_s 的形成过程。

3）加热过程的控制理论。有研究者根据钢加热奥氏体化的转变图和加热转变时奥氏体的形成及其内碳浓度变化的原理指出，通过调整加热工艺的三个参数（加热速度、加热温度和保温时间）可以控制奥氏体状态，从而满足前述理论的要求。在理论上控制α相消失的温度，时间以透烧为准。

（2）快速球化退火工艺及效果　根据理论研究和现场测试结果，在不改变退火前后的冷热加工工艺的情况下，在现有的几台不同的炉内对不同类型和规格的锉刀毛坯进行快速球化退火，生产效果见表3-6。球化退火的加热温度应根据所测炉子的热特性确定，而保温时间除取决于炉子的热特性外，还与退火锉刀类型及装炉量有关。保温时间总的来说由原来的5~6.5h缩短到70~90min，降温时间（指780℃奥氏体温度降至球化下限温度680℃所需的时间）由原来的9.5~10h减少到4.5~5h，而且无跑温现象出现。

表3-6 T12钢制锉刀坯的快速球化退火生产效果

炉号	锉刀坯类型、规格及装炉量	保温时间/h		硬度HRB	机械加工性
		原工艺	新工艺		
1	三角锉（100mm）、500kg、25000件	5	1.33（80min）	87.5	退火后矫直柄部时不断裂
2	大扁锉（250mm）、580kg	6.5	1.17（70min）	86.6	刨削、磨削加工性能均满意
3	三角锉（100mm）、520kg、27000件	5	1.5（90min）	87.2	剁齿时“乱齿”现象明显减少

注：1. 升温速度：45~50℃/h（在700~780℃区间）。
2. 降温速度：15~10℃/h（在740~680℃区间）。
3. 快速球化退火表面脱碳层明显减少（0.04~0.075mm），碳化物颗粒圆、匀、细且分布均匀。

313. 50钢制花腮钳的热处理工艺

50钢制花腮钳刃口硬度偏低曾经是国内生产中存在的普遍问题，20世纪80年代某次全国花腮钳质量评比中，几十个厂家参赛，合格率仅为37%，引起了业内人士广泛关注。

（1）质量分析　按相关标准规定，50钢制花腮钳刃口硬度为56~63HRC。某生产单位对现场生产抽验39次，结果表明，经高频感应淬火后的刃口硬度合格率为95%，经回火后再检，合格率降为57.2%。究其原因有以下两条：

1）原高频感应淬火加热温度偏低（840~860℃），应改为900~920℃。

2）50钢的碳含量波动大，碳含量不同对淬火、回火后的硬度有影响，如w（C）=0.49%的花腮钳高频感应淬火后刃口硬度为60HRC，170℃油炉回火后仅为56HRC。

（2）工艺改进　针对上面两个问题，前者易于解决，后者有点难度。因为高频感应淬火硬度比盐浴淬火要高，但回火又降得很快；降低回火温度虽可得到理想的刃口硬度，但较难消除花腮钳口断头问题。为此，将原工艺（输送带式炉加热820℃×14min油冷后高频感应淬火，170℃×2h回火）改为输送带式炉加热油淬后回火，再进行高频感应淬火，高频感应淬火后不再回火。这一方面是有利于刃口硬度的控制，即使材料碳含量偏低，硬度也可达到56~63HRC的技术标准；二是高频感应淬火后表面呈压应力，有利于提高刃口疲劳寿命；三是钳体油淬回火的金相组织为马氏体+少量托氏体，与高频感应淬火层的金相组织比体积差小，因此过渡区应力较小，不易产生裂纹。使用证明，因刃口高频感应淬火层浅，加热速度快，晶粒细小，高频感应淬火后不回火也不会产生崩刃现象。

（3）生产效果　大量抽样检查表明，采用新工艺，刃口硬度为58~61HRC，合格率100%，对ϕ2.5mm硬钢丝反复进行剪切，未发现崩刃钝口现象，质量稳定。

314. 超硬铝合金呆扳手的热处理工艺

呆扳手材料是由西南铝加工厂提供的ϕ20~ϕ30mm的70A04（LC4）铝合金棒材锻造而成的。70A04（LC4）铝合金的化学成分见表3-7。

表3-7 70A04（LC4）铝合金化学成分（质量分数） （%）

元素	Si	Fe	Cu	Mn	Mg	Cr	Zn	Ti	Al
含量	0.04	0.09	1.51	0.01	2.27	0.21	5.72	0.01	余量

70A04（LC4）铝合金属 Al-Zn-Mg-Cu 系，是在 Al-Zn-Mg 基础上发展起来的。

为了研究淬火温度 T_1、淬火保温时间 t_1、时效温度 T_2、时效时间 t_2 对 70A04（LC4）铝合金呆扳手力学性能的影响，找到 T_1、t_1、T_2、t_2 四者之间的最佳搭配关系，从而制订适合于 70A04（LC4）铝合金呆扳手的热处理工艺。采用 L_{16}（4^5）正交设计表研究淬火温度、淬火保温时间、时效温度、时效时间等因素对铝合金呆扳手的影响，分别将常温力学性能（抗拉强度、屈服强度、硬度）和扭矩的试验结果进行极差分析，再分别找出 4 个因素与各项性能的关系，并对每个指标的各因素按极差大小排列，从而找到最佳的热处理工艺参数：在 470℃保温 40min，然后取出在 30℃的冷水中淬火，最后进行 140℃ ×16h 时效处理。

在上述工艺条件下热处理后的铝合金呆扳手的最佳力学性能为：R_m = 530MPa，$R_{p0.2}$ = 465MPa，硬度为 170HBW，扭矩为 68.6N·m。

按正交试验选出的最佳工艺处理的铝合金呆扳手质量稳定。

315. T12A 钢制锉刀的热处理工艺

锉刀是一种多刃的切削工具，主要用于锉削硬度在 18～58HRC 范围内的金属材料，工作中常受到弯曲变形和冲击，因此要求锉刀在保证高耐磨性的同时还应具有一定的韧性。

我国的锉刀有相当数量进入国际市场，由于质量不甚优良，其价格曾仅为国际名牌——美国双刀牌锉刀的 1/8～1/5。尽管两者所用材料化学成分相近，但失效形式完全不同。双刀牌锉刀主要为正常磨损失效，国产锉刀则主要为断齿、崩刃等非正常失效，寿命差距很大。为提高国产锉刀质量，首先对进口高寿命锉刀进行分析解剖，进而针对性地提出整改措施。

（1）双刀牌锉刀的质量分析

1）化学成分。由表 3-8 可知，双刀牌锉刀与国产锉刀的化学成分相近，所用材料相当于国产 T12A，不过微量元素有些差异。

表 3-8 锉刀用钢化学成分（质量分数） （%）

锉刀 \ 成分	C	Mn	Si	S	P	Cr	Ag	V	Mo	其他
双刀牌锉刀	1.28	0.29	0.18	0.06	0.008	0.10	0.02	0.08	—	—
国产锉刀	1.15～1.21	0.23～0.26	0.20～0.23	0.008～0.014	0.013～0.022	0.014～0.016	—	—	0.01	Ni、Cn 各 0.12

2）锉削试验。用 8in（1in = 25.4cm）细扁锉做试验，双刀牌锉刀的锉削达到一定次数后，锉削曲线呈平缓状，表明该锉刀持久性好，使用寿命长，在达到 50 万次时锉齿表面仍保持良好的锋利的状态。相反，国产锉刀锉削一般在达到 30 万次以后，断齿、崩刃的现象就大量出现，不能继续使用。

3）组织形态及断口形貌。在双刀牌锉刀的显微组织中发现，碳化颗粒大小不均，相当数量的大颗粒碳化物均匀分布在组织中，且碳化物颗粒棱角钝化。在透射电镜下观察，基体组织为隐晶马氏体，其中有大量的板条马氏体。国产锉刀的显微组织是片状马氏体和弥散的碳化物小颗粒。

4）质量分析。双刀牌锉刀和国产锉刀所用材料的化学成分相近，仅仅是组织结构的差异，即碳化物形状与基体组织的形态不同。双刀牌锉刀所获得的这种特殊组织结构，正是其质量好的主要原因。T12A 钢是过共析高碳钢，脆性较大。常规的热处理都是以获得细小弥散的碳化物为目标，改善其韧性以得到强韧化效果。然而对这种特殊工作条件下工作的工件，耐磨性是第一位的，要得到良好的锉削性能，在组织中保持一定数量的大颗粒碳化物是很有效的方法。只是这样势必会使本来就很脆的材料的韧性进一步下降。因此，还必须通过热处理来获得韧性极好的板条马氏体并将碳化物颗粒的棱角钝化。

由上述分析可知，如果采用某种特殊的热处理方法，获得与双刀牌锉刀相近似的显微组织结构，必将使国产锉刀的使用寿命大大提高。

（2）锉刀热处理工艺

1）预备热处理工艺。为了达到上述强韧化的效果，采用了如图 3-5 所示的两段等温球化退火工艺，改变了锉刀的原始组织状态。首先把钢加热至比 Ac_{cm}（820℃）稍高的 840 ~850℃的高温，适当保温，使组织中只保留为数不多的碳化物颗粒，且奥氏体组织不均匀。然后进入第一阶段——球化退火阶段，在 Ac_1（730℃）以上的等温阶段较短，不均匀奥氏体中未溶碳化物和高浓度碳偏聚区都将成为大颗粒碳化物萌生长大的核心，同时使周边组织中的碳浓度降低，为淬火后得到板条马氏体做好组织准备。当进入第二阶段球化退火时，即在 Ac_1 以下等温，碳化物进一步扩散、析出、聚集球化，使得大颗粒碳化物进一步球化长大，并新生许多弥散分布的小颗粒碳化物。这样就形成了一定数量的大颗粒碳化物及大量低碳的基体组织。这种先期的组织为最终热处理创造了良好的组织条件。

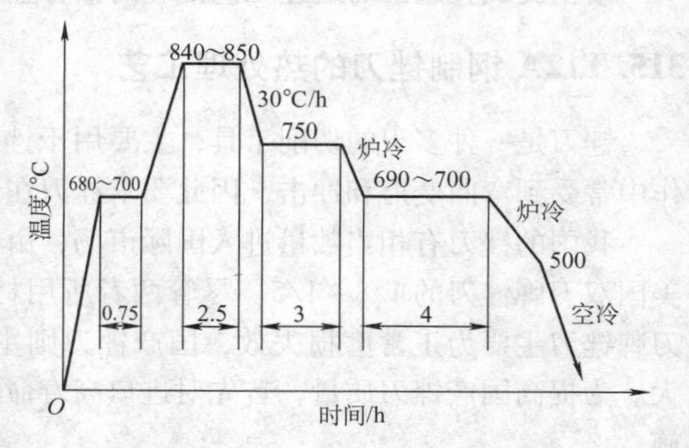

图 3-5 T12A 钢两段等温球化退火工艺

2）最终热处理工艺。采用快速加热短时保温的热处理工艺。由于加热温度较低，保温时间短，碳化物颗粒大小不均，溶解速度不同，故得到成分极不均匀的奥氏体和一定数量的碳化物。淬火后组织结构与美国双刀牌锉刀相近，为一定数量的板条马氏体和较多的隐晶马氏体，碳化物大小不均，且棱角钝化。

国产 T12A 钢锉刀按上述工艺处理后，断口形貌与双刀牌锉刀相似，出现了大量的浅口韧窝和撕裂棱，而传统工艺处理的锉刀断口形貌基本为准解理和沿晶型。锉削试验都能达到 50 万次以上，达到双刀牌锉刀水平，失效形式为正常磨损失效，基本消除断齿、崩刃等非正常失效现象。

316. 碳素工具钢制锉刀的感应淬火工艺

我国从 20 世纪 70 年代初期开始摸索用感应加热的方法对锉刀进行淬火处理，经过数十年的工艺试验和生产，现已掌握了 100 ~350mm 尖扁锉、方锉、三角锉的全套生产工艺，如图 3-6 所示。事实证明，感应加热完全适合钢锉淬火，效果很好，符合节能减排战略。

（1）感应加热频率的选择　众所周知，感应加热是利用交流电感应的原理和趋肤效应来达到表面加热目的，其电流透入深度$\Delta = 500/\sqrt{f}$（f为电流频率），即透入深度与电流频率的平方根成反比，所以改变电流频率就能得到不同深度的加热层。在选用较高的电流频率时，由于电流热透入深度浅，而要求淬透的深度深，这样易造成齿根加热温度合适而齿尖早已过热，或齿尖加热温度合适则齿根加热不够的现象。在选用较低的电流频率时，因电流热透入深度深，这样易出现加热深度太深，加热时间长，所需加热功率大等情况，所以在保证淬透层深度的前提下，要得到齿尖、齿根均匀一致的加热温度，选择恰当的电流频率是非常关键的。

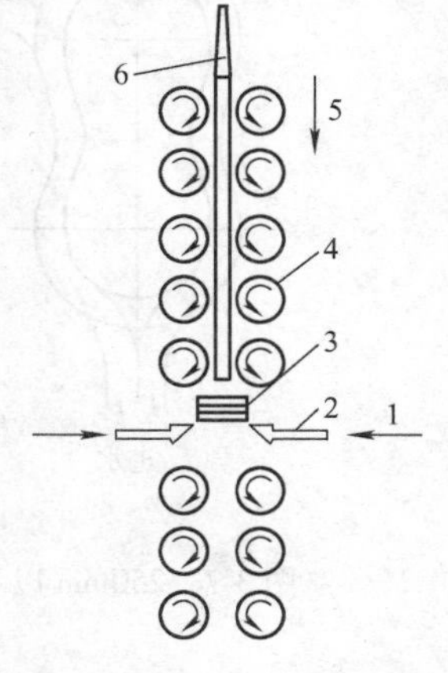

图3-6　锉刀的感应淬火

1—进水　2—喷水圈

3—感应圈　4—橡胶滚筒

5—钢锉运动方向　6—锉刀

以典型的300mm粗纹尖扁锉为例，齿尖凸起部位大致为0.50~0.55mm，质量要求齿根下0.30mm必须淬透，即钢锉表面的整个淬硬层深度δ要在0.80~0.85mm以上，且要求齿尖不能出现粗针马氏体。

生产实践证明：$\delta \leqslant \Delta_{热}$，且在$\delta = 1/2\Delta_{热}$时，热效率最高。这样，要求0.80~0.85mm淬硬层时$\Delta_{热}$应为$2\delta = 1.6 \sim 1.7$mm，故电流频率的理论值为

$$f = (500/1.7)^2 \sim (500/1.6)^2 \text{Hz} = 86.5 \sim 97.7\text{kHz}$$

然而，以前有人使用的电流频率为250kHz，结果齿尖出现粗针马氏体，淬火质量不易控制，后来人们对设备进行了改造，使电流频率降至95kHz（在97.7~86.5kHz范围内），终于使粗针状马氏体得到了控制，质量完全符合技术要求。

（2）确保淬火质量的几个条件　为了保证锉刀在感应加热中得到稳定、高质量的产品，应具备以下4个条件：

1）选用功率合适的设备。实践经验是：100~250mm尖扁锉，选用60kW、250kHz的高频感应加热设备；300mm以上的尖扁锉，选用100kW，95kHz或68kHz的超音频感应加热设备。

2）制订合理的热处理工艺。以300mm粗纹扁锉为例，工艺参数：阳极电压12~13kV，阳极电流8~9A，栅极电流1.2~1.5A，送料时间12s，冷却水压17.64MPa，电流频率95kHz。

3）设计合适的感应圈。250mm以下的扁锉，由于电流频率较高，有明显的尖角效应现象，设计感应圈为图3-7所示的形状；而300mm以上的大规格扁锉，由于采用的是具有加热温度均匀，并能使锉刀得到轮廓淬火的超音频感应加热设备，设计成如图3-8所示的感应圈较合适。

4）喷水圈应具有强的喷射冷却能力。喷水圈上的喷射孔应分布均匀，孔径角度合适，能承受19.60MPa以上的水压。另外，还要求焊接处不漏水，喷射孔内外无毛刺等。

（3）使用感应加热的几点体会　锉刀采用感应加热具有以下优点：

1）变形小。由于钢锉不是整体加热，且淬火时两边共有16只橡胶滚筒导向，从而保证了锉刀纵向变形小。即使产生了微小变形的锉刀，由于感应加热是表面强化，外硬内软，用木锤矫直也极为方便。

2）金相组织好。由于感应加热时加热速度极快，奥氏体中的亚结构来不及回复再结晶，使得淬火后的马氏体非常细小。另外，由于加热时间短，从而避免了齿尖的脱碳现象。

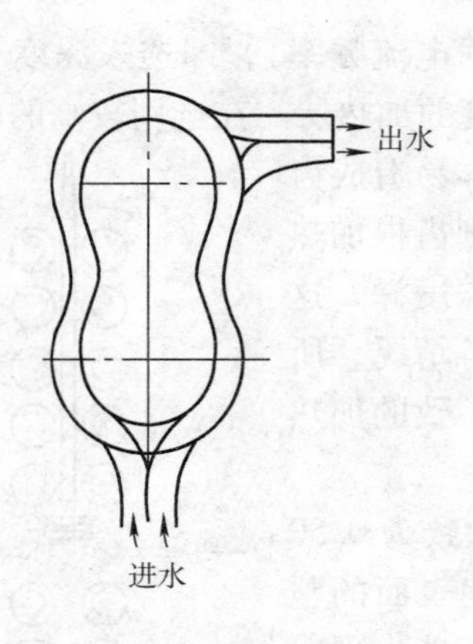

图3-7 250mm以下扁锉感应圈

图3-8 300mm扁锉感应圈

3）表面硬度高。由于锉刀仅是表面层的迅速加热淬火，所以淬硬层表面往往存在着高的应力分布和高碳马氏体区域，因此可以得到附加的高硬度（增硬现象）。技术要求硬度≥62HRC，而感应淬火得到的硬度值往往都在65HRC以上。

4）劳动生产率高。由于感应加热系快速加热，加上淬火操作配备了专用的高效半自动淬火机，所以班产量比盐浴淬火要提高2~3倍，最多的可达4倍以上。

5）改善了劳动环境。采用感应加热工艺，只需将锉刀插进规定的输送笼内，即可完成送料、加热、冷却、矫直工序，再通过输送带自动进入回火箱内，回火后自动进盘。整个工艺过程连续完成，如遇到问题，操作者仅需按动按钮即可，劳动强度小，工作环境明显改善。更重要的是节能环保，符合清洁生产的发展方向。

经过几十年的生产、市场考验，锉刀感应淬火工艺可靠稳定，热处理质量优于盐浴淬火，感应淬火得到更细的组织，更高的硬度，更好的平直度，废品率大幅度下降，劳动生产率、综合经济效益也显著提高，生产环境也大为改善。

317. T8钢制钢筋切断钳的中频感应淬火工艺

钢筋切断钳是建筑和电工行业大量使用的工具，其钳头如图3-9所示，要求刃口的硬度为55~60HRC，其余部分33~40HRC。过去国内曾用GCr15钢作为钳头材料，锻件经球化退火后粗加工，整体调质处理（840℃油淬，620℃回火，硬度为33HRC），刃口经中频感应淬火（淬火冷却介质为聚乙烯醇水溶液），180~200℃×2h回火，可以达到技术要求，最后工序是磨削开刃。感应淬火后刃口的奥氏体晶粒度为13.5级，剪切钢料的寿命大于1500次。后来有的厂家用T8钢代替GCr15钢，调整一些工艺参数，同样达到了技术要求，剪切寿命也达到1500次以上（被剪切材料为ϕ10mm45钢冷拔材）。而且，用T8钢的另一个优点是，它不像GCr15钢那样容易出

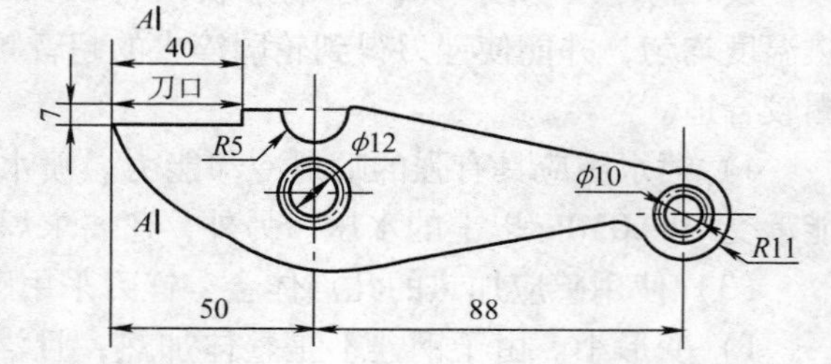

图3-9 609.6mm（24in）钢筋切断的钳头

注：$A—A$为切取金相试样的部位。

现磨削裂纹，从而简化了生产工艺，降低了成本。现将有关试验情况简介如下：

（1）试验方法　从规格为609.6mm（24in）（指全长）T8钢钳头锻坯中任取16片作为试样。其工艺流程为：切料→模锻→球化退火→粗加工→800℃×30min加热油淬（硬度为33～40HRC）→去油→中频感应淬火（水冷）→180～200℃×2h硝盐浴回火→磨削开刃。中频感应加热设备型号为DGF-C-108-2，感应器的大致尺寸，以及加热时刃部在感应器中的位置，如图3-10所示。感应器与被加热时刃部间的距离为3mm，间隙较大有利于减少工件表面的过热。感应器端部设计成半径为8mm的圆弧形，这是因为钳头*R*5mm的半圆形孔处不要淬硬（图3-9）。

（2）试验结果　表3-9列出了工艺参数（电参数及加热时间）对钢筋切断钳淬硬层深度和组织的影响。淬硬层深度，粗略地用在刀尖（刃口）部分经4%（质量分数）硝酸乙醇浸蚀后的宏观淬火深度来表示。一般说来，要求淬硬层尽可能深些以增加其承载能力。这样势必延长加热时间又会引起表面过热。为解决这一矛盾，只有调整电参数以降低被加热表面的比功率。表3-9中数据表明，当中频发电机输出电压大于700V，相应的输出电流大于30A时，加热速度太快，工艺上难以控制，以致使奥氏体晶粒度增大到11.5级以上；在适当的电参数下选用较短的加热时间，T8钢的奥氏体晶粒度也可达到13级，但此时淬硬层太浅，且硬度较低（55HRC）。表3-9中Y、N、H、W和Q所代表的试样的工艺参数可以满足技术要求。试验证明，以托氏体（硬度为33～40HRC）作为中频感应加热的原始组织，也可获得13级的奥氏体超细晶粒。

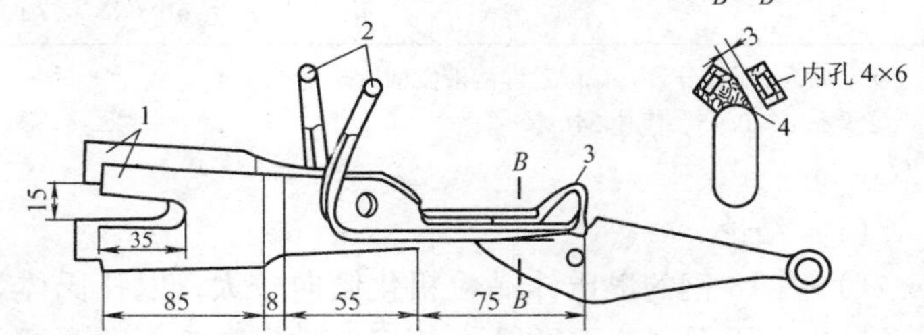

图3-10　感应器主要尺寸及工件在其中的位置
1—汇流板　2—进出冷却水管　3—感应器　4—加热淬火层

表3-9　工艺参数对钢筋切断钳淬硬层深度和组织的影响

工艺号	工艺参数		试样编号	宏观硬化层深度①/mm	刀尖的硬度 HRC	马氏体级别	奥氏体平均晶粒度
	电参数	加热时间/s					
1	550V，16A②，励磁电流为1.8A	9.0	P	5.5	55	边、尖均为1	13
		11.5	G	7.0	59	边、尖均为1	13
		13.0	Y	8.3	66	边2、尖均为1	12
		15.0	X	11.6	64	3～4	10
2	620V，22A，励磁电流为2.25A	5.5	A	7.7	67	边2、尖1	12
		7.5	N	8.7	66	边2、尖1～2	11.5
		9.5	Z	10.5	65	3	10
		11.5	C	11.0	63	4	10
3	700V，30A，励磁电流2.5A	3.0	K	—	51	—	—
		5.0	H	7.7	55	边、尖均为1	13
		7.5	W	8.1	66	边3、尖2	11
		9.0	I	10.8	64	5	9

（续）

工艺号	工艺参数		试样编号	宏观硬化层深度①/mm	刀尖的硬度 HRC	马氏体级别	奥氏体平均晶粒度
	电参数	加热时间/s					
4	750V，32A，励磁电流为2.7A	2.0	T	—	44	—	—
		3.5	Q	8.2	66	2	11.5
		5.0	S	9.3	66	2	11.0
		7.0	R	10.9	64	6	8

① 4%（质量分数）硝酸乙醇溶液浸蚀后硬化层深度。

② $\cos\phi=0.95$，匝比24∶1。

（3）结论

1）因T8钢的奥氏体晶粒粗化倾向较大，以托氏体为原始组织进行中频感应加热时，设备输出电压不宜高于700V，相应的输出电流不宜超过30A，选取适当的加热时间，可以获得11.5级左右的奥氏体晶粒度与足够的硬化层深度。

2）用T8钢代替GCr15钢制作钢筋切断钳，可以达到与轴承钢相近的剪切寿命，并可减少工序，降低成本。

318. 螺钉旋具的高频感应自动淬火工艺

目前45钢螺钉旋具头的淬火大多采用盐浴炉来加热（也有用小网带炉），其缺点是加热效率低，仅预热就达2h之久，劳动强度大。有的生产单位用高频感应淬火，但由于工件需采用逐个手动加热，生产率也不高。通过对高频设备的改装和调试，感应加热在螺钉旋具自动淬火线上得到了成功应用。

某厂对60kW高频设备感应器进行了改造，由原来圆形改成了扁形，这样螺钉旋具依靠传送带一排排地通过感应器进行加热，达到预定温度后再经感应器尾部的喷水装置来完成螺钉旋具头的淬火。

感应器由圆形改成了扁形，减少了感应器内磁力线密度。螺钉旋具要顺利通过感应器，间隙不能太小。若为一字头，则间隙更应该大些，所以高频设备的负载很小，在调试过程中遇到很大的麻烦。首先，槽路电压太高，即使将淬火变压器中心抽头和一槽主振线圈输出抽头全部翻转，槽路电压也降不下来。阳极电流不大，栅极电流过高。考虑到螺钉旋具头淬火深度要求较深，可以加大反馈电容以降低栅极电流，使槽路电压也有所下降。加大了二槽电容，以提高阳极电流，抑制槽路电压和栅流。最后将阳极电压调到6kV，阳极电流为2A，栅极电流为0.4A，槽路电压为4kV。此时，设备工作基本正常，但功率输出还不大，加热速度很慢，针对这些问题，在感应器上加了导磁体。利用导磁体的磁导特性和驱流作用，改变了高频电流环状效应的影响，使高频磁场集中在导磁体开口处，缩小了感应器与工件加热表面的有效间隙，集中了磁力线，加热条件得到了改善，提高了加热效率。最终设备调到：阳极电压为6kV，槽路电压为3.5kV，阳极电流为2.3A，栅极电流为0.3A。设备输出稳定，加热效率很高。

通过上述对螺钉旋具淬火工艺的改进，提高了生产率，改善了劳动条件，降低了劳动强度。与原盐浴炉相比，高频感应自动淬火有以下几个特点：

1）盐浴炉功率为45kW，高频设备功率为40kW（使用功率）。

2）产量（4~6in螺钉旋具）：盐浴预热2h，淬火5000件/h；高频感应加热设备加热不需要预热，淬火4000件/h。

3）操作工人数：盐浴炉6人，高频感应加热设备3人。据分析，盐浴淬火劳动强度与高频感应淬火相比为5∶1左右。

319. 6CrWMoV钢制剪刀的热处理工艺

6CrWMoV钢制剪刀的锻后退火工艺：760~780℃×2h，以约30℃/h速度炉冷，660~680℃×4~6h，炉冷至550℃出炉空冷。硬度为220~230HBW。

淬火、回火工艺：880~900℃×1min/mm盐浴炉加热，油淬；230℃×2h×2次回火。硬度为56~58HRC。

用6CrWMoV钢制剪刀剪切ϕ40mm50Mn2棒料，比Cr12MoV钢制剪刀的使用寿命提高1倍以上；剪切25mm厚普通钢板、16mm不锈钢板，比9SiCr钢制剪刀的使用寿命提高3~6倍。

320. 6NiCrMnSiMoV钢制中厚板剪刀的热处理工艺

中厚板的剪切所用的剪刀常采用9SiCr钢制造剪刀，失效的主要原因是崩刃；改用6NiCrMnSiMoV钢后，使用寿命得到很大提高。其热处理工艺简介如下：

（1）退火　锻后退火工艺：780℃×2h，炉冷，680℃×2h等温，炉冷至400℃出炉空冷。退火后硬度为231~237HBW，珠光体为3级，其切削加工性能良好。

（2）淬火　550℃预热，900℃空气炉木炭保护加热，保温45min，油淬，硬度为63~64HRC；240℃×2h回火，硬度为57~58HRC。几种钢制剪刃的寿命对比见表3-10。

表3-10　几种钢制剪刃的寿命对比

剪刃种类	寿命/天（一次连续工作）	失效形式
外购剪刃	7	卷刃，硬度不足无法返修
9SiCr钢制剪刃	30~90	崩口过大，无法返修
6NiCrMnSiMoV钢制剪刃	180	可返修多次

321. 5CrW2Si钢制冷剪刀刃的强韧化热处理工艺

5CrW2Si钢制冷剪刀刃要承受大的冲击载荷和强烈的振动挤压，常发生压塌、崩刃和剥落等现象，使用寿命不尽人意，为此将常规的退火预备热处理改为正火+调质，并进行高温淬火和中温回火，显著提高了剪刃的强韧性，使用寿命提高了1.5~5倍。

（1）预备热处理工艺　880~920℃×20min，空冷；860~900℃×20min，油淬，680~740℃×60min回火，回火后空冷。

（2）高温淬火和中温工艺　900~950℃加热油淬，250℃回火。热处理后，5CrW2Si钢制冷剪刃的强度、塑性和韧性较好，冲击韧度比常规处理提高53%。其组织为板条马氏体加少量均匀细小的碳化物和分布在板条马氏体边界的细小残留奥氏体。

322. DT碳化钨钢结硬质合金制硅钢片滚剪刀片的热处理工艺

（1）退火工艺 860～880℃×3h，炉冷至700～720℃×6h，炉冷至室温。

（2）淬火、回火工艺 850℃×2min/mm预热，升至1000～1020℃×1min/mm加热，油淬；200～250℃×2h回火，在箱式炉中加热，采用木炭保护。回火后硬度为64HRC。使用高速钢滚剪刀片加工硅钢片的寿命仅100km，使用DT碳化钨钢结硬质合金制滚剪刀片能达700km，使用寿命提高6倍。

323. 55Si2Mn钢制钳工錾子的高温形变热处理工艺

钳工錾子又称扁铲，在机械行业应用极为广泛，消耗量很大。一般用碳素工具钢制作，要求刃部硬度为53～58HRC，尾部硬度为32～40HRC。既要求高硬度又要求足够的韧性，以便于承受冲击载荷作用。一般热处理方法有两种：一种是淬火后自回火；另一种是水淬油冷，250～300℃回火。

55Si2Mn钢制錾子的热处理工艺：860～880℃正火，850～870℃加热后水淬油冷，250～270℃×2～2.5h回火，硬度虽符合要求，但使用寿命和原碳素工具钢差不多，常因崩刃而失效。

为了提高錾子的使用寿命，采用高温形变热处理可取得显著成效。其整个工艺过程：錾子在250kg空气锤和专门的模板上锻造成形，形变的温度为920～950℃，形变量75%左右，终锻温度>850℃，在变形后30s内迅速水淬油冷，250～270℃×2h回火，砂轮磨削开刃。其形变热处理工艺如图3-11所示。

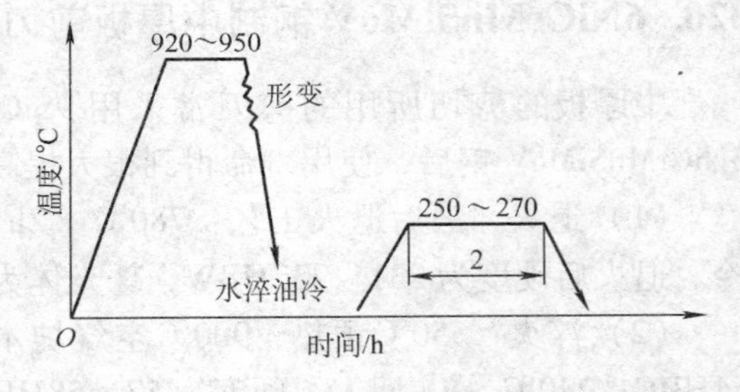

图3-11 錾子的形变热处理工艺

经上述形变热处理后錾子韧性很好，硬度也高，使用中无崩刃现象，寿命大大提高。

324. 60Cr13钢制钢丝钳的热处理工艺

医用骨科钢丝钳是医生实施骨科手术中剪切钢针或连接螺钉的专用工具。由于产品的特定用途，在选材上除了要求耐蚀性外还要求有高的耐磨性。因此钢丝钳的工作部分（头部）一般选用高碳马氏体不锈钢制造。国内某医疗器械厂选用60Cr13钢制作，热处理工艺如下：

钢丝钳由ϕ28mm热轧不锈钢棒锻造成形，棒材在煤气反射炉中加热，从室温进炉缓慢加热至1180℃左右，分别完成镦粗、矫直、压扁三道工序，锻后入烘箱或进干燥的砂坑中缓冷。在箱式炉中保护性退火，退火后加工成半成品。

钢丝钳工作部分硬度要求57～61HRC，马氏体针≤3级。在真空炉中进行淬火、回火：1030～1040℃淬火，180～200℃回火。最终硬度为58～59HRC。

325. 20CrMnTi钢制风动扳手的热处理工艺

国内某风动工具厂生产的风动扳手的材料为20CrMnTi钢。生产工艺流程为：锻成毛坯→切削加工成形→表面渗碳→淬火→低温回火→表面局部磨削加工。技术要求：表面硬度

58～62HRC，渗碳层深度0.80～1.0mm，表面碳的质量分数0.80%～1.0%，心部硬度40～45HRC。其热处理工艺简介如下：

1）采用890～910℃×4～5h气体渗碳，将渗层深度、碳含量控制在工艺要求范围内。

2）渗碳结束后降温至760～780℃吊进保温桶缓冷。

3）将渗碳件在渗碳炉或盐浴炉加热至790～800℃并适当保温后，淬入80～100℃热油或150～180℃硝盐浴中。

4）200～220℃×3h回火。

从试验和实际使用分析可知，渗碳件表层的碳含量和渗碳层深度对风动扳手的性能和使用寿命有很大的影响。当碳的质量分数>1.10%时，扭转强度明显下降；当碳的质量分数>1.0%时，工件脆性加大，易断。因此，必须严格控制热处理各工艺参数。

326. 40CrV钢制棘轮扳手等五金工具的QPQ处理工艺

五金工具类产品用材千差万别，工具使用的环境不同，容易受到腐蚀破坏，用涂料保护可暂时解决防锈问题，但随着涂层的脱落，又会出现锈蚀情况。若表层镀铬镍，则存在温度高，电流效率低，能耗大，重金属污染严重，尖端等棱角部位常烧焦，某些产品形状复杂，很难获得均匀的镀层等问题，并且在运输和使用过程中接触到腐蚀介质（如盐雾、汗渍）易产生锈蚀。通过使用低温QPQ技术进行表面处理后，既解决了锈蚀问题，又改善了产品的外观，达到了我国五金工具产品出口的质量标准，取代了传统的镀铬镍工艺，节能环保。40CrV钢制棘轮扳手等五金工具的QPQ处理工艺流程：工具上夹具→水基清洗剂脱脂→清洗→表面纳米化→380～400℃×30min预热→380～400℃×6h低温渗氮→380～400℃氧化→冷却清洗抛光→380～400℃×30min二次氧化→冷却清洗→浸油。

经QPQ处理后，测得棘轮扳手等五金工具表面硬度为780HV，硬化层深度为60μm左右，且硬度梯度下降平缓，对工具的耐蚀性、耐磨性及疲劳性能是有利的。

对经低温处理的40CrV钢棘轮扳手进行测试：标准扭力为512N·m，实测扭力为673～688N·m。

40CrV钢制棘轮扳手等五金工具经380～400℃低温QPQ处理后，通过对产品的检测与分析，在手工工具表面均能获得良好的渗层，且这一渗层表面硬度高，结合力好，硬度梯度下降平缓，抗扭强度达到甚至超过标准扭力，中性盐雾试验是传统镀铬镍的两倍以上。低温QPQ处理工艺完全不含重金属污染，工艺过程对环境友好。

327. 缩柄木工麻花钻的热处理工艺

缩柄木工麻花钻柄部要求硬度为25～30HRC，刃部硬度视具体材料而定（见表3-11）。应制作合适的淬火挂具，柄部朝上，整体加热3～5s后将钻柄提出，盐浴浸到凸台处即可达到技术要求，冷却时全部放入淬火冷却介质。

表3-11　木工麻花钻热处理工艺

钻头材料	刃部硬度HRC	淬火温度/℃	回火温度/℃
T7A、T8A	58～63	815～820	210～240
9SiCr	59～63	865～870	220～240

（续）

钻头材料	刃部硬度 HRC	淬火温度/℃	回火温度/℃
CrWMn	59~63	820~830	210~240
GCr15	60~64	840~850	200~230
45、50、40Cr	45~50	850~860	210~230
Cr4W2MoV	60~64	1000~1020	200~220
W4Mo3Cr4VSi	62~65	1140~1160	550~560
W6Mo5Cr4V2	62~65	1160~1180	550~570

除高速钢麻花钻外，其他材料的木工麻花钻，均采用620~650℃中性盐浴预热，预热时间为加热时间的两倍。

除高速钢麻花钻外，其他材料的木工麻花钻全部采用硝盐浴淬火冷却，冷却介质温度为140~160℃，冷却时间为1.5~2min；高速钢在100% $NaNO_3$ 中回火，其余在50% KNO_3 + 50% $NaNO_2$（质量分数）盐浴中回火。

328. 木工圆锯片的热处理工艺

根据有关标准规定，木工圆锯片材料为T8A、65Mn钢或不低于其性能的其他钢材，整体淬火，要求较高的弹性和一定的硬度（44~48HRC）。大多数生产单位采用T8A钢，少数生产单位采用65、65Mn、85CrV钢。为了减少变形，根据圆锯片的外径及厚度，选用合适的Q235钢板夹紧淬火，冷透后清洗干净，再行夹紧回火，可使平面度合格率大大提高。木工圆锯片的热处理工艺见表3-12。

表3-12 木工圆锯片的热处理工艺

圆锯片材料	淬火温度/℃	回火温度/℃	圆锯片材料	淬火温度/℃	回火温度/℃
T7A、T8A	790~810	420~440	65、65Mn	820~840	450~480
T10A	780~800	430~450	85CrV	840~860	450~500

注：淬火加热用盐浴炉，回火加热用硝盐浴炉，回火出炉水冷。

329. CrWMn钢制木工刨刀的感应淬火工艺

CrWMn钢制木工刨刀用高频感应淬火取代盐浴淬火的工艺，已通过有关部门技术鉴定，形成批量生产。加热设备为GP60-CR13型感应加热装置，特制螺旋状感应器，连续加热处理单片刨刀，效果良好。

1）感应淬火刨刀，比盐浴淬火刨刀的硬度均匀性略高，一般为63~64HRC，与进口刨刀硬度一致。

2）变形量。感应加热变形量比盐浴加热小得多，提高了刨刀成品率。

3）金相组织。感应淬火刨刀金相组织为在隐针马氏体基体上均匀分布细小碳化物，盐浴淬火的马氏体较粗，残留碳化物大小不均匀。

4）切削性能。将两种工艺处理的刨刀及进口刨刀，按同一标准刃磨后，推刨直径30mm坚硬白松疤节，对比刨刀可经受的推刨次数，考查其冲击性能；连续推刨带有扭疤的青杨椴木10次，检查刨削面是否起毛，考查刨刀的锋利程度；推刨坚硬的压层木，考查其耐磨性。结果均是高频感应淬火刨刀优越于进口刨刀。

5）力学性能。和盐浴淬火相比，感应淬火刨刀的力学性能全面得到了提高。

330. 木工机用直刃刨刀的热处理工艺

木工机用直刃刨刀选用T7A、T8A钢制造。技术要求：刃部淬火宽度50～60mm，硬度为55～60HRC，刀体硬度为25～40HRC。木工机用直刃刨刀如图3-12所示。

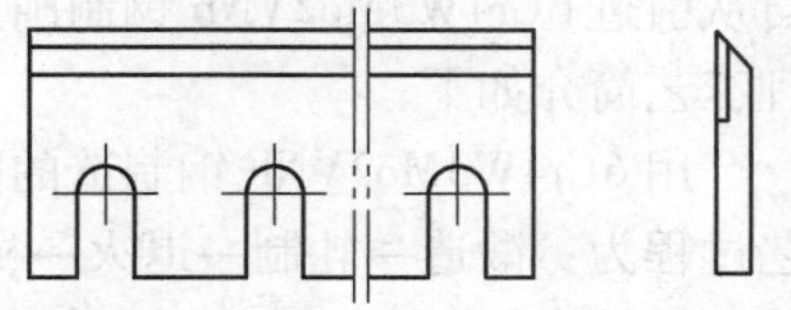

图3-12　木工机用直刃刨刀

热处理工艺：600～650℃预热，790～810℃加热，淬火冷却介质为硝盐水溶液，220～270℃硝盐浴回火。

操作要点：预热时全部浸入盐浴中，加热时提起不需要硬化的部位；淬火、回火均采用专用夹具夹持，尽量减少变形。

331. 木工圆盘槽铣刀的热处理工艺

木工圆盘槽铣刀采用ZG310-570钢制造，可整体淬硬，也可以对齿部进行高频感应淬火，大部分生产单位采用盐浴整体淬火，要求硬度为50～55HRC。木工圆盘槽铣刀如图3-13所示。盐浴热处理工艺为：600～650℃盐浴预热，840～850℃加热淬硝盐水溶液，240～260℃硝盐浴回火。

332. 木工方凿的热处理工艺

木工方凿按相关标准规定选用45钢、T7A或不低于其性能的其他钢制造。实际生产中后者占多数，刃部硬度要求：45钢45～50HRC，T7A钢56～62HRC，柄部热处理无要求。热处理工艺为：45钢，840～850℃盐浴加热，淬火冷却介质为硝盐水溶液，240～270℃硝盐浴回火；T7A钢，800～810℃盐浴加热，淬火冷却介质为硝盐水溶液，200～240℃回火。

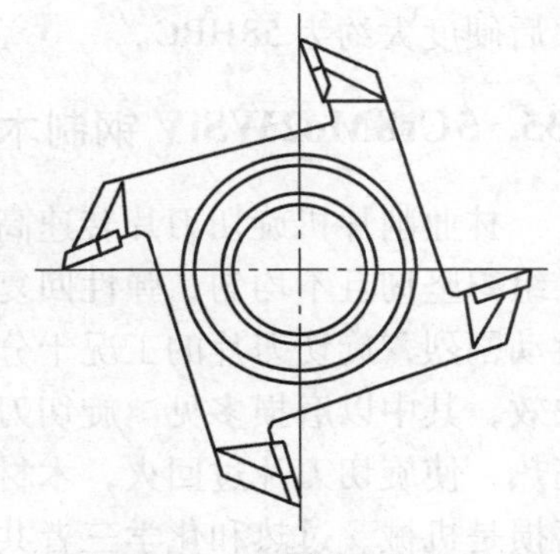

图3-13　木工圆盘槽铣刀

333. 木工斧头的热处理工艺

木工斧头主要用于劈砍木材，在冲击载荷下工作，所以硬度不宜太高，除要求一定的强度外，还应具有较高的韧性，要求硬度为47～52HRC。

木工斧头选用的材料比较广泛，热处理工艺比较灵活，见表3-13。

表3-13　木工斧头热处理工艺

斧头材料	淬火温度/℃	回火温度/℃	斧头材料	淬火温度/℃	回火温度/℃
45、50	840～850	220～260	T8A	790～800	320～380
60	820～830	260～320	T10A	780～790	330～400
T7A	800～810	300～350			

淬火加热出炉后夹住装木柄的方孔逐个淬火，只淬两端，反复轮流几次，方孔不可淬硬，故不可整体淬火。

334. 6Cr4W3Mo2VNb钢制原木削片刀的热处理工艺

原木削片机上的削片刀质量好坏直接影响削片机的生产率和削片的质量。以前，削片刀主要是用6CrW2Si钢制造，寿命低，严重影响削片机的生产率，成为造纸厂的关键问题。自从引进6Cr4W3Mo2VNb钢制削片刀以来，经多年生产实践证明，使用效果良好。其热处理工艺简介如下：

用6Cr4W3Mo2VNb钢制造的削片刀规格为817mm×147mm×12.7mm，重9kg，制造工艺过程为：锻造→轧制→退火→机械加工→淬火、回火→磨加工。盐浴淬火温度为1120℃，加热系数为15～20s/mm，油淬，580℃×2h×2次回火，回火后硬度为58HRC左右。切削ϕ400～ϕ500mm马尾松原木，使用寿命比原6CrW2Si钢刀片提高近2倍，刀片的锋利性和崩刃情况优于进口刀。

6Cr4W3Mo2VNb钢在正常热处理状态下，与W6Mo5Cr4V2钢相比，强度提高了40%，韧性提高4倍。这是由于过剩碳化物少且分布均匀的缘故。在540～560℃回火过程中，有弥散的MC和M_2C型碳化物析出，产生了二次硬化，其硬度峰值可达62～63HRC。在回火马氏体基体上，还均匀分布着弥散未溶碳化物，为获得高强度和耐磨性提供了组织保证。少量铌化物的存在，阻碍奥氏体晶粒长大，改善了热加工性，提高了韧性。根据削片刀的工作条件，成熟的热处理工艺为：合适的淬火温度为1100～1120℃，回火温度为580℃左右，回火后硬度大约为58HRC。

335. 5Cr8Mo2WSiV钢制木工旋切刀片的热处理工艺

林业削片机旋切刀片转速高达每分钟上千转，虽然木材的强度、硬度不及金属，但其纤维组织坚韧且不均匀、弹性回复大，富含有机物，导热性差；再加上旋切时原木不经固定，跳动剧烈，旋切刀片的工况十分恶劣，是影响生产率的关键部件。其失效形式为磨损和早期失效，其中以磨损多见。旋切刀片工作时，刃口部与木材组织高速接触挤压，强烈摩擦产生高热，使旋切刀片过回火，木材中的有机物也借机与合金元素结合形成有机金属化合物，故磨损是机械、过热和化学三者共同作用的综合结果。旋切刀片用钝后，切削力和切削温度激增，使机械振动加剧直至无法运行。早期失效为旋切刀片在装机后不久就发生卷刃、表面剥落，甚至断裂的现象，从而酿成严重事故。由此可见，旋切刀片用钢需有合适的硬度以保证刃口锋利耐磨，良好的强韧性以保证刀体的抗冲击性能，以及一定的耐回火性和耐蚀性。我国目前尚无此类专门用钢，故现用的旋切刀片寿命短，性价比差。选用5Cr8Mo2WSiV钢制作旋切刀片，取得了较好的效果。

（1）化学成分　5Cr8Mo2WSiV钢的化学成分见表3-14。

表3-14　5Cr8Mo2WSiV钢的化学成分（质量分数）　（%）

C	Cr	Mo	W	Si	V	Mn	S、P
0.40～0.60	7.0～8.50	1.0～2.0	0.50～1.0	0.80～1.20	0.20～0.50	0.50～0.70	≤0.030

（2）退火工艺　5Cr8Mo2WSiV钢属少无莱氏体高合金工具钢，无大块初生碳化物，但原材料碳化物呈带状分布，需经锻造消除。碳化物以$Cr_{23}C_6$为主，在1050～1075℃即溶解，故锻造性能优良。加热温度为1080～1150℃，始锻温度为1080℃，终锻温度为900～850℃。退火工艺为840～860℃×3～4h，炉冷至730～750℃×4～6h，炉冷至600℃出炉空冷。退火后硬度≤255HBW。

（3）淬火、回火工艺。加热温度与时间对5Cr8Mo2WSiV钢奥氏体晶粒度影响的试验结果表明，在980～1000℃加热时，晶粒仍非常细小，在1040～1060℃时晶粒开始长大，在1080℃后晶粒开始缓慢粗化。保温时间对奥氏体晶粒度的影响较为缓和，在1040℃需长时间停留，晶粒才开始长大。适用木材旋切刀片的强韧化工艺为：840～860℃盐浴预热，1020℃加热淬火，500～520℃×2h×2次硝盐浴回火，回火后油冷，可获得很好的硬度、抗弯强度和冲击韧性的良好配合，完全可以满足木材旋削刀片的使用要求。

经1020℃淬火不同温度回火后的力学性能见表3-15。

表3-15　5Cr8Mo2WSiV钢经1020℃淬火不同温度回火后的力学性能

淬火温度/℃	保温时间/min	回火温度/℃	硬度HRC	挠度/mm	抗弯强度/MPa	冲击吸收能量/J
1020	80	560	52	14.0	3684	28
1020	20	500	61.5	5.5	4824	17

以中碳高铬、以钼代替部分钨、多元少量复合合金化为特点的5Cr8Mo2WSiV钢属少无莱氏体高合金工具钢，其组织、性能均符合木材旋切刀片的工作条件要求。

336. 5Cr8Mo2WSiV钢制人造板机械刀片的热处理工艺

随着我国可持续发展战略的进一步深化，木材资源也由森林资源的禁伐向速生林小径木采伐转化，人造板工业也由实木业向刨花板和中密度纤维板应用领域拓宽，促使人造板用削片机需求量大增。为了综合利用木材资源，并适应我国建材、家具、音箱制造业的高速发展，对使用的人造板机械刀片的质量提出了更高的要求。而我国人造板机械刀片没有固定的材料，一般选用6CrW2Si、CrWMn、Cr12MoV、6Cr4W3Mo2VNb、T8、T10等材料。后来国内有些科研单位研制出适于制造人造板机械刀片的材料——5Cr8Mo2WSiV。其热处理工艺及使用情况简介如下：

（1）热处理工艺　1040℃×20min加热淬火，560℃×1h×2次回火，硬度为58HRC。

（2）刀片的合理使用　刀片装夹时应先清洗其结合面，刀片紧固和拆卸的顺序须按规定进行，紧固力矩必须均匀一致，以保证刀片紧固应力分布的合理性。

刀片刃磨一次切削周期必须与工作制度相结合，时间过长或过短都会影响刀片切削应力在刀片切削周期内的稳定性。

刃磨角度应按木材切片的要求和木材特性调整。

337. T8A钢制刨木机刀片的热处理工艺

MB564型木工刨床上的刀片是其中一个关键的部件，材料为T8A钢，长度为402mm，宽度为45mm，厚度为2.5～3mm。要求硬度为45～55HRC，同时要求较高的韧性。刀片的形状特点使其在热处理时易变形开裂，导致造成大量的废品。图3-14所示为刨木机刀片热处理后的变形和产生裂纹的规律。

通过实践，改进了工艺热处理：用圆钢焊一个适合于悬挂刀片并能放置于箱式炉内的支持架，将刀片吊挂在支持架上；置于炉内预热，而后升温至650℃，保温10min后，立即投入820℃的盐浴炉中加热，保温5min，淬入柴油，硬度为52～56HRC；及时进行回火处理，回火工艺为200～220℃×2h。

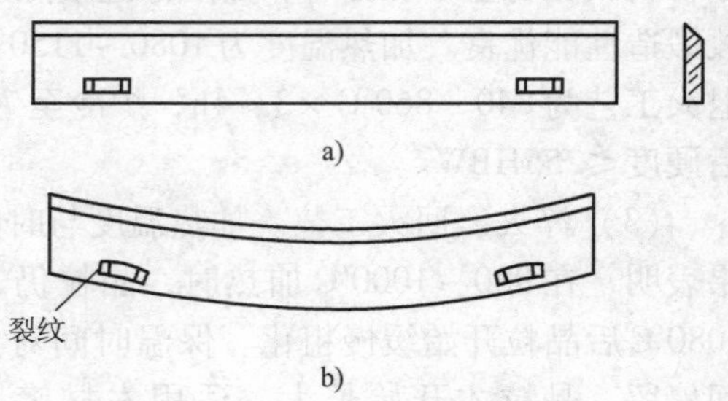

图3-14　刨木机刀片热处理后的变形和产生裂纹的规律
a）淬火前的刀片　b）淬火后的刀片

T8A钢制刨木机刀片经上述工艺处理后，其硬度为48～54HRC，达到技术要求，而且克服了淬火变形和开裂的难题，质量稳定。

338. W18Cr4V钢制机用木工刀片的强韧化热处理工艺

图3-15所示为机用木工刀片，原为进口件，使用中有崩刃现象。现为自制件，选用W18Cr4V钢制作。根据刀片的失效形式，拟定了合理的技术条件，在热处理过程中采用了多种强韧化工艺措施，硬度要求58～62HRC。足够的强度、硬度和良好的韧性相配合，大大提高了刀片的使用性能和寿命。其热处理工艺简介如下：

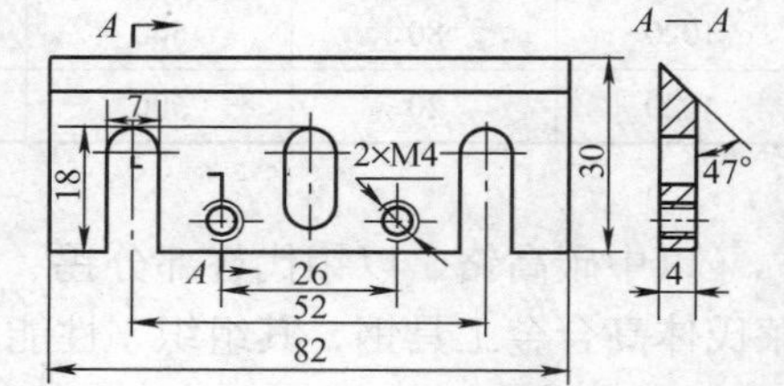

图3-15　机用木工刀片

图3-16所示为W18Cr4V钢制机用木工刀片的热处理工艺。该工艺有两个显著特点：一是降低淬火温度，提高回火温度；二是冷却时预先获得少量马氏体，随后进行贝氏体等温淬火。

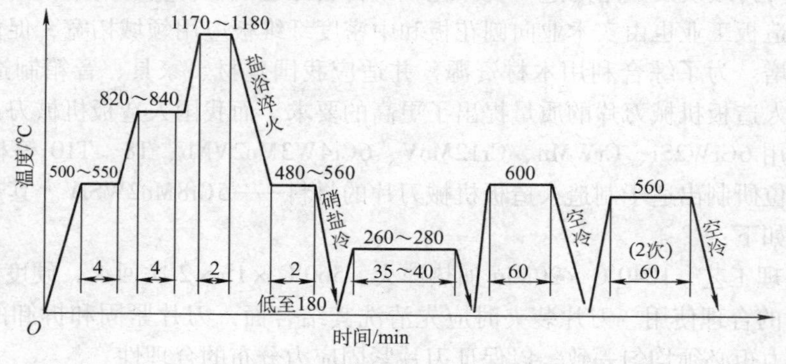

图3-16　W18Cr4V钢制机用木工刀片的热处理工艺

（1）降低淬火温度　降低淬火温度的目的是抑制碳化物的溶解，减少奥氏体中碳和合金元素的含量，为淬火获得板条马氏体创造条件。W18Cr4V钢退火状态含有M_6C、MC和$M_{23}C_6$三种类型的碳化物。各类碳化物的溶解温度不同。$M_{23}C_6$大约在1100℃左右就全部溶入奥氏体，有效地提高了钢的淬透性和抗氧化性。M_6C和MC比$M_{23}C_6$稳定，在1170～1180℃只有少量溶解，因而奥氏体中碳和合金元素含量低于正常淬火加热的含量，淬火后获得强韧性好的板条马氏体。同时未溶的碳化物弥散分布，阻碍了奥氏体晶粒长大，达到很好的细晶强化效果。

（2）贝氏体等温淬火　高速钢淬火冷却过程中，在480～560℃分级冷却是降低热应力，减少变形的有效方法。分级冷却后，在低于*Ms*点的180℃左右的硝盐浴中冷却，当刀片接近或等于硝盐浴的温度时，已有少量的奥氏体转变为马氏体，然后立即转入260～280℃的硝盐浴中等温35～40min。

在等温过程中，奥氏体发生下贝氏体转变，等温前预先形成的少量马氏体强烈地促进了在较高温度下的贝氏体转变，因此完成组织转变的时间大为缩短，等温35～40min即可；而且，等温降低了冷却时产生的热应力和马氏体转变时产生的组织应力，可获得下贝氏体+板条马氏体+碳化物+残留奥氏体的复合组织。

（3）回火　工艺为600℃×1h+560℃×1h×2次。特点是第一次回火温度高，目的是：降低了内应力，使淬火组织充分析出碳化物，基体硬度降低；使残留奥氏体析出碳化物，降低合金度，松弛压应力，回火后冷却到*Ms*点以下，有较多的残留奥氏体转变为马氏体（板条状）。560℃回火两次，可进一步调整组织，降低内应力。

（4）结论

1）该工艺降低了淬火温度，提高了第一次回火温度，刀具热处理后获得强韧性好的板条马氏体和下贝氏体组织，弥散碳化物均匀地分布在基体上。

2）应用了先马氏体转变促进下贝氏体转变的原理，使等温的时间缩短。

按上述工艺处理的机用木工刀片，硬度为60～62HRC，使用寿命超过了进口产品。

339. 65Mn钢制木工大锯片的热处理工艺

（1）热处理技术要求　65Mn钢制木工大锯片的规格有ϕ300mm、ϕ350mm、ϕ400mm，厚度分别为1.2mm、1.4mm、1.6mm、1.8mm、2.0mm，内孔均为ϕ25mm。整体淬火硬度为44～48HRC，平面度误差≤0.5mm；要求大锯片有足够的韧性；正应力为1500～4000MPa，在这么大的应力作用下而不破坏，要求大锯片有很高的抗弯强度。硬度和耐磨性是关系大锯片使用寿命的关键性能指标。从失效分析可知，绝大部分大锯片是因磨损而停用的。一般情况下，大锯片的硬度高，耐磨性就好，切削能力就强，使用寿命就高。当然，在同样硬度条件下，耐磨性还与金相组织有密切的关系，用不同工艺获得相同硬度，常常因金相组织的差异导致寿命的极大悬殊。因此，大锯片质量好坏，很大程度上取决于热处理工艺水平的高低。

（2）热处理工艺

1）去应力退火。大锯片均用钢板冲制而成（少数剪后再车），有的在淬火前铣齿，有的在淬火后磨齿，经机械加工产生的很大应力，如不去除，淬火后必然会产生较大的变形。去应力退火工艺为：夹直，500～550℃×3～4h。

2）捆绑钢丝。用4～6股20钢钢丝单件绑扎，钢丝一定要贴牢锯片平面，每两片为一串，有专用夹具也可以4片一串。

3）预热。580～620℃×5～6min，炉中放2～3串。

4）加热。在盐浴炉中加热，815～825℃×3～4min，装炉量为1～2串。

5）冷却。在硝盐浴中进行等温淬火，300～320℃×20～25min，等温的温度和时间要控制好，温度高点较好，等温时间不宜超过30min，不然很难压平。

6）压平。从等温槽出来，迅速用干燥的锯木屑擦干盐渍，用压力机压平。

7）回火。初步压平的锯片装在专门的回火夹具上回火，每扎30～40片，每5～6片之间放一块垫片。垫片材料为Q235A钢，厚度为20～25mm，外径比锯片大10mm左右，经平磨加工过。心轴为ϕ24mm的45钢。回火在井式炉中进行，要夹紧，380～400℃×2h，回火出炉后趁热还可以再夹紧，冷至室温拆开。

8）清洗。将锯片逐片拆开，清洗干净，在80～100℃的水中煮1h，再在清水中清洗，洗净为止。

9）检验。用标准的刀口形直尺，在锯片的不同部位检验。最大透空度≤0.40mm为合格，弯曲超差者不准用反击法矫平。硬度检验为：先用砂纸或手提小砂轮在欲检查部位打光，在回火架的上中下各抽1片，在离锯齿约50mm处三个不同方位各测试3点硬度（共9点），只要其中7点硬度在44～48HRC范围内，即判合格。如果有5点以上超过48HRC，则根据实测结果，应做出提高回火温度的决定。

10）成品去应力退火。因机加工应力较大，成品放置一段时间后还会发生翘曲，因此必须进行去应力退火处理，其工艺为150～180℃×3～4h。

11）表面处理。常进行发蓝和磷化处理，使工件既美观又耐用。

（3）注意事项。

1）整个热处理操作要轻拿轻放，防止磕碰，淬火操作要平稳，尽量减少晃动。

2）等温后要迅速压平，不可延误，及时回火。

3）淬火、回火工夹具要适用可靠。

340. CrWMn钢制木工刨刀的高频感应淬火工艺

近来发展起来的快速加热，不均匀奥氏体淬火方法，可以细化组织，提高韧性的理论引起了人们的关注。鉴于木工刨刀主要是因韧性不足造成崩刃失效，且木工刨刀本身较薄小，易于进行高频感应穿透加热，自20世纪80年代初至今，国内有些生产单位对CrWMn钢制木工刨刀进行了高频感应淬火试验并投入批量生产，从而改善了刨刀金相组织和性能，显著提高了产品质量，达到了节能减排增效的目的。

（1）试验内容及方法

1）工艺试验。对CrWMn钢制木工刨刀进行盐浴淬火和高频感应淬火工艺试验。检验项目包括：测定淬火后的硬度及其均匀性；进行金相组织观察及定量分析；测量淬火后的变形情况。刨刀硬度测试部位如图3-17所示。

2）切削性能试验。将高频感应淬火刨刀、盐浴加热淬火刨刀及国外名牌刨刀，按同一规范刃磨，进行对比试验。试验的内容和方法按木工行业有关标准进行。

通过推刨直径为30mm的坚硬白松疖疤，刃口不崩不卷，看刨刀能经受的次数，经受的次数越多，说明其耐冲击性能越好。

通过连续推刨带扭疤的青杨椴木10次后，察

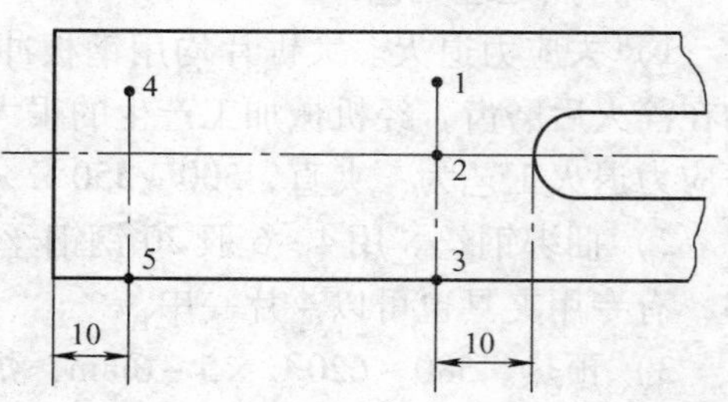

图3-17 刨刀硬度测试部位

注：图中1～5为硬度测试点。

看刨削面是否起毛，考核刨刀锋利度，以不起毛为好。

通过推刨坚硬的压层木，考核其耐磨性。一次刃磨以连续推刨足100次为好。如果不满100次者，计算其实际刨削次数。

3）力学性能试验。试验钢材经锻造、球化退火后加工成标准试样，然后分别进行高频感应淬火和盐浴淬火两种不同的工艺处理，测量其冲击韧度、断裂韧度、抗弯强度和耐磨性。力学性能试样尺寸、试验设备及方法见表3-16。

表3-16 性能试验试样尺寸、试验设备及方法

性能	试样尺寸/mm	试验设备	试验方法	备注
断裂韧度	5×10×50	VWPL万能试验机	三点弯曲	试样开深4.5mm、宽1.2mm缺口
冲击韧度	5×5×55	PW30型冲击试验机	—	试样无缺口，冲击载荷50N
抗弯强度	5×5×30	VWPL万能试验机	三点弯曲	跨距24mm
耐磨性	5×10×60	MM型耐磨试验机	滑动	干摩擦，50N，磨2h

4）用户调研。刨刀经高频感应淬火后，曾多次送到客户手中，以后又成立调研小组，到全国10多个省市有关厂、所进行对比性使用，广泛听取用户的意见，获取第一手技术数据。

5）经济效益。主要考核刨刀不同工艺淬火耗电量和辅助材料的消耗。

（2）试验结果

1）工艺试验结果见表3-17。

表3-17 工艺试验结果

热处理工艺	淬火、回火后金相						硬度HRA					变形量/mm	
	马氏体级别	碳化物含量（体积分数,%）	碳化物粒度	碳化物分布	残留奥氏体含量（体积分数,%）	奥氏体晶粒度	1	2	3	4	5	长度方向	刃口
高频感应淬火：阳极电压为11.5~11kV，栅极电流为2.8~2.6A，阳极电流为0.5~0.6A；180℃回火	≤1	4.7	0.77μm	均布	10.9	≥10	82.9	82.4	82.8	82.5	82.7	0.42	0.08
盐浴淬火：840℃×3~5min，油冷；180℃回火	1~2	3.9	0.80μm	有轻微网状	7.2	8~9	81.7	82.2	81.8	81.9	82	1.08	0.11

注：1. 硬度和变形量均为检测50件的平均值。
2. 碳化物颗粒度为平均值。

从表3-17及金相分析可以看出，高频感应淬火与盐浴淬火相比有如下特点：

①硬度高。一般比盐浴淬火要高1HRA。这主要是由于快速加热不均匀奥氏体淬火可细化及碎化马氏体组织，造成较大畸变引起的。实践证明，硬度为82~83HRA的刨刀，其使用性能是比较好的。

②变形小。刨刀由CrWMn和Q235两种钢的复合冷轧钢板制造。由于退火处理后CrWMn钢比Q235钢的强度高，故冷轧后CrWMn钢面难变形而受拉应力，Q235钢则因易变

形而受到压应力。盐浴加热时，因CrWMn钢比Q235钢薄得多，就会先到达温度而变软，于是CrWMn钢面会由于Q235钢造成的拉应力而产生较大的加热变形。高频感应淬火可先加热Q235钢面，以减少对CrWMn钢面的拉应力，从而减少了加热变形，成效显著。

③马氏体细化。一般都能获得隐针或一级马氏体。由于高频感应加热一方面细化了奥氏体，另一方面，能够造成同一奥氏体内部形成碳成分不均匀区，当淬火冷却时，由于马氏体转变的不同时性，使得马氏体被细化和碎化。

④残留碳化物细小，分布也较均匀。CrWMn钢是对形成网状碳化物很敏感的一种钢，同时球化处理不当也会形成粗大的、断续的网状碳化物。由于高频感应加热温度一般比盐浴加热高50~70℃，使碳化物溶解得好，因此，淬火后可使网状碳化物级别降低1级左右。

2）切削性能试验结果见表3-18。由表3-18可见，高频感应加热不均匀奥氏体淬火，使刨刀获得了具有良好的使用性能和金相组织，在隐针或细马氏体基体上，均匀分布着平均粒度小于0.8μm的少量（体积分数≤5%）碳化物，所以其耐冲击性、锋利度及耐磨性均达到了国内外名牌刨刀的水平。

表3-18　切削性能试验结果

刨刀名称	刨刀材料	硬度HRA	刨白松疤次数	刨青杨椵木	刨压层木
高频感应淬火金马刨刀	CrWMn	82.5	55	不起毛	100
盐浴加热淬火金马刨刀	CrWMn	82.0	26	不起毛	100
单眼（德国）	w(C)=0.78%	82.0	14	不起毛	100
双眼（德国）	w(C)=0.78%	82.0	46	不起毛	100
HBS（德国）	w(C)=0.70%	82.5	10	不起毛	45
STANLBY（英国）	w(C)=1.0%	83.0	31	起毛	100

3）力学性能试验结果见表3-19。从表3-19中可以看出，高频感应淬火试样的断裂韧度、冲击韧度、抗弯强度和耐磨性，都比盐浴淬火有所提高。这主要是高频感应淬火使马氏体细化，残留碳化物细小，分布也较均匀。另外，适当增加了残留奥氏体量，也有利于韧性的提高。

表3-19　力学性能试验结果

热处理规范	断裂韧度/$MPa\cdot m^{1/2}$	冲击韧度/(J/cm^2)	抗弯强度/MPa	耐磨性（磨痕深度）/mm	硬度HRA
高频感应淬火，170℃回火	121.2	33	4123	0.0238	82.3
盐浴加热淬火，170℃回火	114.0	30	3898	0.0250	82.0

4）用户信息反馈。经全国各地用户反映，两种工艺处理的刨刀，使用性能相近，绝大多数都认为，高频感应淬火的刨刀在耐冲击性、锋利度和使用寿命等方面均优于盐浴淬火的刨刀。

5）经济效益。高频感应淬火比盐浴淬火节电33.3%；节省了有毒材料$BaCl_2$等辅助材料，符合节能减排发展方向；生产率提高2~3倍。高频感应淬火可消除污染，改善劳动条件，并便于组织流水作业，是值得推广的刨刀淬火热处理工艺。

341. 竹编铣刀的热处理工艺

竹编铣刀一般比较薄，厚度只有0.4~2.0mm，切削对象主要是竹编制品。

竹编铣刀多采用W6Mo5Cr4V2、W9Mo3Cr4V和W4Mo3Cr4VSi钢制造，要求硬度为62~65HRC，晶粒度为11~12级，回火充分，不允许过热。淬火温度分别为1180~1190℃、1190~1200℃、1160~1170℃，第一次回火温度均采用580~590℃，后两次采用550℃。在整个操作过程中，要采取相应措施，以减少变形。

342. 木工机床刀片的热处理工艺

木工机床刀片由15mm厚的60Si2Mn钢板冲制成形，刨削刃口进行热处理，最后精磨平面和刃口，要求热处理后硬度为47~49HRC。

盐浴炉保护加热，870~890℃×13min，淬入两硝淬火冷却介质［配方（质量分数）为30% $NaNO_3$ +20% $NaNO_2$ +50%水］中。两硝淬火冷却介质在550~750℃区间的最大冷却速度为800℃/s，保证了60Si2Mn钢在淬火时无高温非马氏体组织生成。60Si2Mn钢的*Ms*点约为285℃，两硝淬火冷却介质的冷却速度在300℃以下，接近L-AN32全损耗系统用油的冷却速度，减少了组织应力，不会使刀片产生淬火变形和开裂。

淬火后，进行240~260℃×30min硝盐浴回火，回火后空冷。

经实践考核，按上述工艺处理，木工机床刀片硬度完全达到技术要求，而且提高了表面质量，发蓝时可不做表面脱脂等处理，降低了成本，提高了寿命。

343. ϕ1600mm的65Mn钢制圆锯片的热处理工艺

65Mn钢圆锯片是生产大理石板材的主要刀具。为了提高工作效率，组锯的发展异常迅速，这就对锯片的质量提出了更高的要求。用常规热处理难以达到技术要求，而用如下工艺满足了技术要求。

（1）热处理工艺 ϕ1600mm的65Mn钢制圆锯片热处理硬度要求为38~42HRC，实际生产中多为40~48HRC。根据热处理工艺与力学性能的关系，确定如图3-18所示的热处理工艺（盐浴加热淬火）。

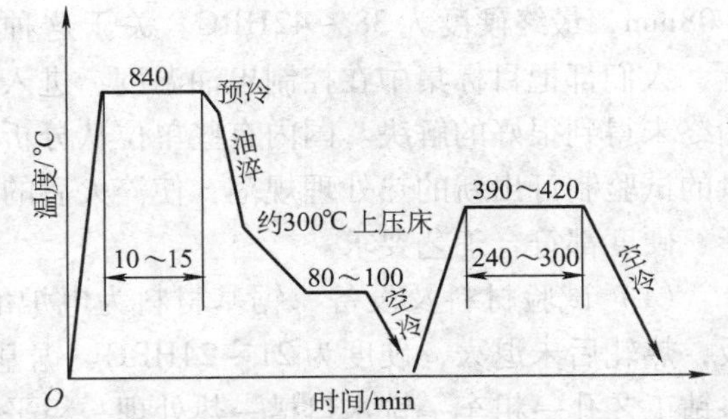

图3-18 ϕ1600mm圆锯片的热处理工艺

（2）圆锯片热处理变形与开裂 根据国内外有关文献及现场生产经验，产生变形与开裂的主要原因有下述几个方面：

1）加热时间不足和加热温度较低，碳在奥氏体中的溶解和奥氏体成分均匀化不充分，导致淬火时有铁素体析出。炉温不均匀可能是导致这一问题的直接原因。因此，要求加热炉各点的温差不超过8℃。

2）油温不当，冷却能力不够，导致在淬火过程中心部位形成托氏体或少量铁素体，使淬火后形成多相组织，致使应力不均而产生变形。为了提高冷却能力，在淬火前应将淬火油预热到70℃以上。

3）锯片在油中冷却时间过长，使表面降到*Ms*点（约270℃）而发生马氏体相变。如出现这种情况，则难以压平。在油中冷至300℃时，应立即出油，使锯片在过冷奥氏体状态进入压力机，在加压情况下完成马氏体相变。在压力大于相变应力的条件下，靠相变诱导塑变而使锯片压平，并得到马氏体组织。

4）淬火温度过高是导致淬裂的主要原因。淬火温度过高会使奥氏体粗化，淬火形成粗大的马氏体而导致开裂。淬火温度一般不超过860℃（考虑到出炉后淬火前的降温因素）。

5）回火不及时易使锯片开裂。如此大的锯片，更应及时回火。

（3）结论

1）65Mn钢制ϕ1600mm圆锯片热处理工艺为：840～860℃加热，在80℃的L-AN32全损耗系统用油中淬火冷却，390～420℃回火。该工艺可靠，质量稳定。

2）按图3-18所示的工艺热处理后，经与锯片同料试样检验后得出，65Mn钢的力学性能达到如下指标：抗拉强度≥1200MPa，硬度为40～48HRC，冲击韧度≥30J/cm^2，断后伸长率≥8%。这些指标均满足圆锯片的使用要求。

344. 65Mn钢制圆锯片基体的热处理工艺

国产金刚石锯片基体（以下简称锯基）大多采用65Mn钢板制造，其技术关键在于热处理质量，而热处理的关键在于淬火时既要保证锯基淬硬，又不能产生大的变形。目前，锯基的热处理淬火方法有两种：一种是盐浴炉垂直加热；另一种是箱式炉平放加热。盐浴炉加热温度较为均匀，且能防止氧化，但劳动强度较大，还存在不安全因素。箱式炉加热也可以实施气体保护且易实现自动化。淬火方式普遍采用出炉后立即垂直入油冷却，然后在Ms点以上移入淬火压床加压冷却到室温。油淬时加速冷却的方式有两种：一种是移动锯基；另一种是在油池内加喷油管。这种方式可以保证两面同时冷却，但由于油循环能力有限或相对移动速度较小而使得锯基的冷却效果不佳。

在锯片系列中，以ϕ1600mm锯基较为典型。其成形尺寸为ϕ1584mm×（7.20±0.25）mm，经矫平磨削后轴向圆跳动误差≤1.20mm，平面度误差≤0.40mm，径向圆跳动误差≤0.08mm，最终硬度为38～42HRC。关于这种类型的锯基的热处理控制变形这一核心问题上，人们都把目标集中在控制出油温度、进入淬火压力机温度及夹紧回火上，但变形问题却始终未得到很好的解决。国内有些单位从分析锯基的各种应力和轧制原始组织入手，通过大量的试验制订出新的热处理规范，使淬火后的锯基基本无变形，硬度均匀，无淬裂现象，变形、硬度都符合工艺要求。

（1）试验材料及设备　锯基材料为电炉冶炼热轧6700mm×1650mm×8mm的65Mn钢板，热轧后未退火，硬度为21～24HRC。锯基制造工艺流程：切割下料→钻中心孔→粗平→钻工艺孔→粗车→铣水口槽→热处理→粗平→粗磨→复平→精磨→精平→滚压→倒角→入库。

热处理设备：130kW箱式炉、120kW井式回火炉、KCB-2500齿轮泵、500kN淬火压力机及2000kN矫直压力机各一台。

淬火冷却介质：快速淬火油。

（2）工艺。在综合分析各种因素后，确立4种工艺方案，见表3-20。

（3）结论

1）原材料带状组织偏析是造成锯基淬火变形的主要原因之一，淬火前正火，对减少变形有益。

2）压淬方式，可有效地控制淬火变形，质量稳定，效率提高，劳动强度减轻。

表3-20　锯基热处理工艺试验及其结果

<table>
<tr><th rowspan="2">序号</th><th rowspan="2">预备热处理工艺</th><th colspan="4">淬　火</th><th colspan="2">回火</th></tr>
<tr><th>淬火工艺</th><th>冷却方式</th><th>变形情况</th><th>硬度均匀性</th><th>回火工艺</th><th>硬度均匀性</th></tr>
<tr><td>1</td><td>—</td><td rowspan="4">850℃×10min</td><td>垂直入油</td><td>变形较大且不易控制</td><td>不均匀</td><td rowspan="4">400℃×6h</td><td>不均匀</td></tr>
<tr><td>2</td><td>—</td><td rowspan="3">直入压力机加压淬火</td><td>变形大，但易于控制</td><td>不均匀</td><td>不均匀</td></tr>
<tr><td>3</td><td>650℃×2h 去应力退火</td><td>变形大</td><td>不均匀</td><td>不均匀</td></tr>
<tr><td>4</td><td>880℃×15min 正火</td><td>变形达到技术要求</td><td>均匀</td><td>均匀</td></tr>
</table>

3）采用正火和压淬工艺可以减少两道矫平工序，同时使回火后的平面度误差<0.40mm，硬度为39~41HRC，无开裂现象，使成品率达98%以上，经济效益好。

345. 65Mn钢制大直径圆锯片的保护气氛热处理工艺

圆锯片是石材加工的主要工具，一般采用65Mn钢制造，我国传统的工艺采用400kW以上的大功率盐浴炉加热淬火。由于淬火时是垂直面淬火，故热应力、组织应力及残留奥氏体分布不均，淬火后组织、硬度也不均匀，变形较大。而采用保护气氛加热淬火的生产线，有效地解决了以上问题。

试样采用直径为ϕ1600mm，厚度为（7.2±0.25）mm的65Mn钢基体。技术要求：硬度为46~48HRC；平面度误差≤2mm。其热处理工艺简介如下：

（1）加热炉　选用通道式保护气氛加热炉，功率为270kW，生产量为3片/h，炉子外形尺寸为5500mm×1200mm×3350mm。

保护气氛为甲醇+乙醇裂解气，配比为1:0.6（质量比）。将混合液体直接滴入炉内分解，分解气为$H_2+CO+CH_4$，然后产生活性碳原子，该气氛完全能满足保护加热的要求。淬火温度为820℃，每片在炉内的加热时间为22min。

（2）滚动淬火油槽　锯片从加热炉后门出来后，由淬火油槽上的无级变速小车（出料机械手）拖入滚动淬火油槽，进行垂直滚动淬火，淬火冷却介质为L-AN32全损耗系统用油，可加热循环冷却。由于锯片在油槽中的冷却过程是旋转运动，均匀冷却，故内应力分布均匀，产生的变形量极小。淬火后硬度均匀，硬度为58~61HRC。

（3）压力机　锯片在淬火槽中停留50s后，小车拖出放在机械传动机构上，迅速转入压力机中将其压平，压力机工作台通循环水冷却，以完成马氏体转变。锯片在压力机中停留18min。

锯片在油槽中冷却50s为最佳，此时锯片的温度大约在260℃，而65Mn钢Ms点约270℃，锯片基体未完全转变成马氏体，根据相变超塑性原理，压力机能将其压平。若在油中冷却时间过长，基体完全转变成马氏体，就很难压平了。

（4）回火炉　回火炉设计成分合式，功率为120kW，分两区控温。锯片经压力机压平后，清洗干净，然后进行380℃×6h回火，再进行180℃×2h低温时效。由于工件和夹具的质量有3.2t，为解决进炉方便、工件安放平稳等问题，将炉子设计成分合式，上半部可吊开，下半部固定，工件进出有导向装置和底部圆弧托块，故工件放置稳定可靠，进出炉也方便快捷。

每炉可装15件。在回火过程中，残留奥氏体发生转变，引起工件变形，平面度也无法保证，用夹具夹紧回火，解决了变形问题。回火后硬度为46～48HRC，85%以上锯片的平面度误差≤2mm，其余锯片的平面度误差≤3mm。

（5）结论

1）直径为ϕ1600mm的65Mn钢制圆锯片采用保护气氛生产线及新工艺处理后，硬度均匀，变形小，质量稳定。

2）该生产线运行可靠，与传统盐浴淬火相比，机械化程度较高，减轻了劳动强度，降低了成本，环境污染得到了有效改善。

346. 65Mn钢制大锯片的钢板淬火工艺

65Mn钢制大锯片的齿部必须具备足够的硬度，切削刃才能保证良好的切削性能，这便是选择齿部焊接硬质合金的理由。对大锯片的基体来说，使用过程中要求基体具备适当的韧性，但如果以韧性为主，则大锯片在使用过程中受不同载荷易引起变形，因此，它又要求有相当的强度，这又与提高断后伸长率、冲击韧性等目标产生矛盾。要解决这些问题，其技术难关在热处理，而热处理的关键又在于淬火时既要保证基体淬硬且均匀，又不能产生变形，并保证内应力分布适当，这对薄片件来说的确实是一个难题。

（1）大锯片热处理难点　由于大锯片的厚度只有1.2～2.5mm，外径相当大，一般为ϕ254～ϕ600mm，整个热处理过程，防止变形和开裂是两个难点。

1）变形。无论是用空气炉加热还是盐浴炉加热，热的对流或多或少都会对锯片基体产生冲击，使之变形。

淬火冷却时，由于其截面各部分冷却速度不同而造成温度差异，引起钢的体积收缩不均匀；另外，在淬火时，钢的过冷奥氏体向马氏体转变过程中伴随有比体积的变化而造成组织应力所形成的相变变形等。

2）裂纹。诸多因素如钢的化学成分、原材料缺陷、原始组织、加热因素、冷却条件、锯片特有的结构特点等导致各种应力集中，尤其是周边的内应力大大增加等都是形成裂纹的潜在因素。

目前，大锯片基体热处理冷却不外乎硝盐浴等温、直接油淬、专用锯片淬火压力机、网带炉连续加热淬火冷却生产线及钢板淬火。以下简介钢板淬火热处理工艺。

（2）钢板淬火　在65Mn钢制大锯片系列中，以ϕ254mm（10in）锯片较为典型，要求热处理后平面度误差≤0.10mm，硬度为42～48HRC。现以ϕ254mm×2.0mm尺寸规格的65Mn钢制大锯片为例，其钢板淬火工艺如图3-19所示。

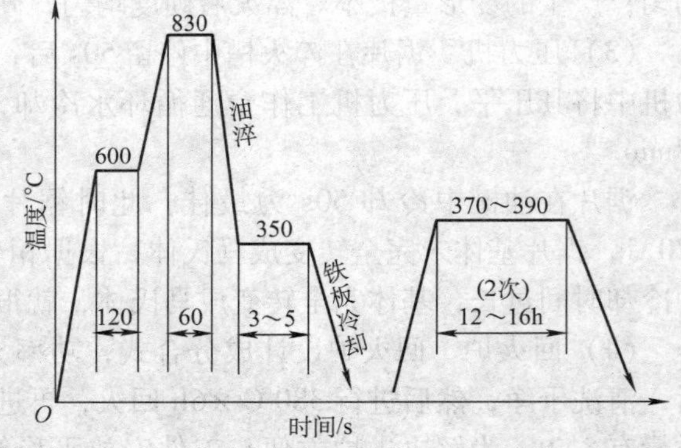

图3-19　65Mn钢制大锯片的铁板淬火工艺

钢板淬火原理很简单，借用形变热处理，将经奥氏体化的大锯片先经分级淬火至*Ms*点以上50～100℃时转入钢板，利用奥氏体高塑性特点压平，利用钢板吸热原理进行淬火冷却，也就是马氏体在钢板内压平时形成，从而达到淬火目的。但如何控制好取出大锯片时的分级温度是关键问题，过高容易部分形成托氏体组织，甚至珠光体组织而淬不上火且变形；过低则过早形成马氏体，非但利用不了钢板吸热淬火，反而有压裂倾向。针对这种情况，只要选择好合适的淬火冷却介质，并掌握其冷却特性，问题就迎刃而解。操作者只要看到淬火油（德润宝 729 淬火油）沸腾停止，则立即出油上钢板压平淬火，整个过程在 10～20s 之内完成。

经钢板淬火后硬度为 60～61HRC，变形量为 0.20～0.8mm。回火在井式电阻炉中进行，50～100 片一组用夹具夹紧。经 370～390℃×12～16h×2 次回火后，平面度误差≤0.10mm，合格率达 98%，硬度全部达到要求，且非常均匀。

（3）结论

1）钢板淬火工艺可以有效地控制淬火变形，质量稳定，提高生产率数倍。

2）淬火后的平面度、硬度直接影响回火后的成品率，较小的变形可以减少 2～3 道矫平工序。钢板淬火较好地解决了大锯片热处理硬度不均、变形、开裂一系列难题。

347. 解决 65Mn 钢制热切圆锯变形的热处理工艺措施

65Mn 钢制热切圆锯形状大而薄，厚度为 3～10mm，直径为 $\phi300$～$\phi2000$mm。热处理后硬度要求为 29～38HRC，平面度误差 <0.50mm。

大而薄的圆锯在热处理中变形很大，矫平比较困难。因此，应当采取合理的工艺手段，抑制造成变形的不良因素，将变形减少到最低限度。65Mn 钢制热切圆锯的热处理工艺如图 3-20 所示。

（1）产生变形的原因

1）制造热切圆锯的板坯，除具有轧制误差外，有的还带有长条状轧制硬痕，这种硬痕很难用热处理方法矫平。另外，钢板表面还存在一层薄薄的氧化皮，使得圆锯在加热、冷却时都不均匀，造成变形。

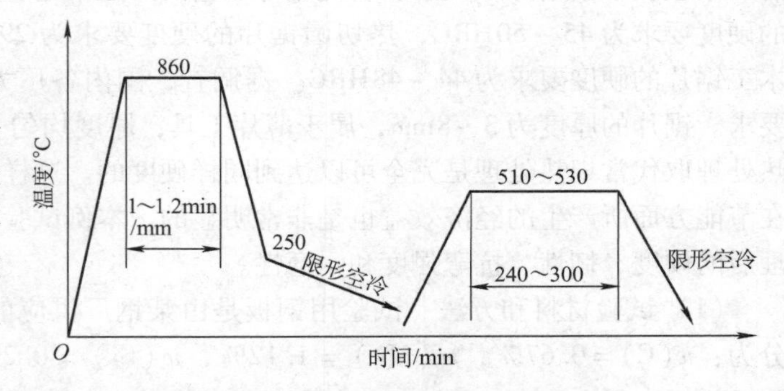

图 3-20　65Mn 钢制热切圆锯的热处理工艺

2）热切圆锯在制造时，需经铣削锯齿、钻安装孔及磨削两端面等机械加工，在这些工序中，外力作用造成锯板变形。

3）锯板加热初期，体积要膨胀，由于表层和心部发生的膨胀不同期，热应力大，使锯板变形。另外，锯板在高温下加热受到自重的影响等，也会产生变形。

4）锯板冷却时，发生马氏体相变，比体积的差异使锯板体积膨胀，由于冷却不同期，相变中产生的组织应力也使锯板变形。

5）淬火后，锯板内部组织中存在有适量的残留奥氏体，能减少体积膨胀，回火中残留奥氏体的转变又能部分抵消因马氏体分解造成的体积收缩。因此，锯板热处理中的残留奥氏体，能起到稳定体积变化的作用。

（2）防止变形的工艺措施及矫平方法

1）克服自重造成的变形。在盐浴炉中加热时，将锯板竖直吊起来。

2）在保证淬硬的前提下，采取断电加热的方法，以减少电磁波对工件的冲击。

3）盐浴要保持清洁，每个班都要脱氧捞渣，使加热后的锯板少挂盐渣，淬火冷却均匀，内应力减少。

4）加热温度应取上限值，加热时间要充足，使锯板内部组织趋向稳定，*Ms*点降低，淬火后残留奥氏体量增加，锯板变形小。

5）锯板在淬火时要竖直进入冷却介质，使锯板两端面同时冷却，用油作为淬火冷却介质时，一般控制在60～90℃为佳。如油温低于50℃，锯板变形增大，而且有潜在淬火开裂的危险。为减少应力，可采用等温淬火或分级淬火的方法。

6）65Mn钢的*Ms*点约为270℃，发生马氏体相变时，钢的塑性很好。可在这时将锯板置于两块平板之间，强迫矫平。

7）锯板回火时发生的相变过程，可以用来进一步矫平。回火前将锯片表面清理干净，以减少叠放时产生的累计误差，回火要用平板压紧，回火时间要充分。

8）经过两次相变矫平仍达不到要求时，可以用冷敲锤击矫平。

348. 65Mn钢制圆锯片的等温淬火热处理工艺

65Mn钢制圆锯片主要有四种类型：冷切锯片（切割钢管及其他型材）、热切锯片（型钢热轧后的热态切断）、用于切割石材与玻璃等非金属硬脆材料的节块式金刚石锯片和木工锯片。随着我国冶金和建筑行业的迅速发展，各种圆锯片的社会需求量都在猛增，生产锯片的厂家也在不断增加，关心和研究锯片质量的人越来越多。有关技术标准规定：冷切圆锯片的硬度要求为45～50HRC，热切圆锯片的硬度要求为29～37HRC（齿尖为56～63HRC），木工锯片的硬度要求为44～48HRC。据调查，国内各厂大多淬火、回火后可达到这一硬度要求。锯片的厚度为3～8mm，属于薄片工具，厚度均匀一致，又是批量生产，用等温淬火热处理取代常规热处理是完全可以达到同样硬度的。这样，不仅可以提高其内在质量，而且在节能方面所产生的经济效益也是非常明显的。本例试验比较了等温淬火热处理和常规热处理后的硬度、韧性、抗弯强度和耐磨性。

（1）试验材料和方法　试验用钢板是由某钢厂供应的厚8mm的65Mn钢板，其化学成分为：$w(C)=0.67\%$，$w(Mn)=1.12\%$，$w(Si)=0.29\%$，$w(P)=0.035\%$，$w(S)=0.03\%$。

将钢板退火处理后，加工成中间有缺口的非标准冲击试样，其尺寸为6.5mm×6.5mm×55mm。弯曲试样为6.5mm×6.5mm×90mm，弯曲试验在DZY-10型万能材料试验机上进行，跨距为60mm。磨损试验在MM200型试验机上进行，磨轮材料为T10，硬度为62HRC，压力为588N，在滴水润滑的条件下磨损1h后，测量其磨损失重。所有试样都经过磨加工，表面粗糙度值*Ra*为0.8μm。热处理条件：860℃盐浴加热后油淬，然后在不同温度回火2h；等温处理的加热条件和前者完全相同，然后等温30min。回火和等温都是在硝盐浴槽中进行。

（2）试验结果和讨论

1）等温淬火热处理和常规热处理冲击韧性的比较。前人的研究结果已经证明，等温淬火热处理获得的下贝氏体组织具有较好的强韧性。对于中碳合金结构钢，如40CrNi3Mo、

40CrNiMo，在大于40HRC的硬度范围内，硬度相同，等温淬火热处理后的韧性明显高于常规热处理。65Mn钢的碳含量较高，试验结果表明，在硬度大于40HRC范围内，等温淬火热处理后主要是下贝氏组织，其冲击韧性也是优良的，这一点和中碳结构钢是相同的。但是在400～480℃范围内（主要获得上贝氏体组织）等温淬火热处理后，得到硬度30～40HRC时，仍然比淬火后在460～550℃回火后达到同样硬度的具有更好韧性。65Mn钢在上贝氏体温度范围内等温仍然具有较高的韧性，是我们很关心的问题。因为热切圆锯片的硬度要求在40HRC以下，这时等温淬火热处理后是否也具有较高的韧性，是关系到这类锯片是否可以用等温淬火热处理取代常规热处理的关键问题。人们重复试验多次，其结果都是一样的。另外，这一试验结果还说明，泛泛讲上贝氏体韧性差是不准确的。碳含量比较高的65Mn钢，上贝氏体的韧性也是比较好的。

2）等温淬火热处理和常规热处理耐磨性的比较。试验结果表明，除在硬度大于50HRC的高硬度区之外，其他硬度范围，等温淬火热处理后的耐磨性均明显高于常规热处理。耐磨性是钢的一种复杂性能，通常情况下，硬度越高，耐磨性越好。当两者的硬度相同时，前者的耐磨性较好。这可能与等温淬火热处理后获得贝氏体组织有较高的强韧性有关。

3）等温淬火热处理和常规热处理弯曲性能的比较。弯曲试验结果见表3-21。在280℃、320℃回火处理的试样，承受一定载荷后发生撕裂，高于340℃回火，表现出塑性材料的性能；而经等温淬火热处理的试样，从280℃等温处理开始，就不再发生断裂，表现出良好的韧性。由此可见，锯片经等温淬火热处理后，在使用过程中的塑性、韧性和抗脆断能力比常规热处理的高。

表3-21 65Mn钢等温淬火热处理和常规热处理弯曲性能比较

常规热处理	回火温度/℃	280	320	≥340
	试验结果	118N载荷下断裂	1150N载荷不断裂	1130N载荷下出现“U”形
等温淬火热处理	等温温度/℃	280	>280	—
	试验结果	1220N载荷下出现“U”形	出现“U”形	—

（3）65Mn钢圆锯片等温淬火热处理工艺的可行性分析　冷切圆锯片要求有足够的硬度和耐磨性，以保证良好的切削性能，同时还要有一定的韧性和抗弯强度。市售的常规热处理的冷切锯片实测硬度为46～48HRC，属回火托氏体组织。这种锯片如果采用280～300℃的等温处理，硬度可达50～52HRC，属下贝氏体组织，不但硬度提高了，而且冲击韧性还高于常规热处理件。生产实践证明，多数锯片是因磨钝而失效的，所以在保证锯片不断的情况下，提高其硬度，耐磨性就好，切削性能就强，使用寿命就高。某锯厂曾对ϕ500mm的冷切锯片进行等温淬火热处理，使用寿命比常规热处理提高1.5倍。

锯片是薄片工具，厚度均匀一致，只要设计好等温槽，此工艺很容易实施。锯片内在质量的提高，不光节材简化工艺，而且还可节能增效。

349. Q235A钢制木工刨刀的快速膏剂渗碳工艺

木工刨刀是木制品加工制造中不可缺少的刃具，无论是手工刨刀还是机用刨刀，用量都很大。刨刀的质量直接影响木制品加工的质量、重磨周期及自身寿命。刨刀在使用中的损坏主要是卷刃、崩刃和磨损。硬度符合要求（≥60HRC）的一般不会卷刃，主要是崩刃和磨损。使用中刨刀需经反复修磨，重复使用，因此，刨刀除具备上述三项要求外，还应该易于磨削和使用。据木工师傅反映，用单一高碳钢和合金钢制造的刨刀不好磨削，而用高碳钢或合金钢制作刃部，刀体用Q235钢经锻接后再轧制成复合材料（俗称贴钢或夹钢）的刨刀，则具有优良的重磨性和使用性能。本例根据刨刀特别锋利的刃部工作部分只有1～2μm的特点，对Q235钢制刨刀局部膏剂快速渗碳方法进行了实验室和工业性生产试验。

（1）渗碳膏剂的制备。膏剂的化学组成（质量分数）：碳粉（供碳剂）40%～60%+碳酸盐30%～40%+活化剂5%～10%，黏结剂为水玻璃。

将各组分（粉剂）按质量比搅拌均匀，然后加入黏结剂合匀，制成泥团状可塑性膏剂。为减少渗碳过程中膏剂所产生的有效渗碳气氛流失，还需在膏剂层表面再涂一层0.5mm厚保护剂，它类似于防氧化脱碳涂料。

在欲渗碳的刨刀刃部涂2.5mm厚左右的膏剂，各部分要均匀。涂好后在室温下自然干燥2～3h，然后放入带有风扇的烘箱中烘干。

（2）快速渗碳与结果　在高温箱式炉中经1000℃×5～10min渗碳后直接淬入盐水，淬火后表面硬度为62～65HRC，渗碳层深度为0.45mm；回火工艺为180～200℃×1h。经上述工艺处理的刨刀使用性能超过其他工艺生产的同类同规格刨刀。

350. 6CrNiMoVNb钢制锯链的热处理工艺

我国伐木锯链的零件（传动片、切齿片和连接片）材料通常采用65Mn或T8钢，其使用性能差，寿命低，与国外同类产品相比有较大的差距。锯链的实际使用工况要求其具有高强度、高耐磨性、良好的低温韧性以及合适的硬度。选用6CrNiMoVNb钢制作，可使锯链的使用寿命达到美国奥利根、德国司迪尔等同类产品的水平。

6CrNiMoVNb钢的化学成分（质量分数,%）为：C 0.60～0.68，Cr 0.25～0.60，Ni 0.90～1.20，V 0.20～0.50，Mo 0.15～0.35，Nb 0.10～0.20。

采用可控气氛网带炉加热淬火、回火。920℃×50min，炉气碳势控制在0.65%，保证工件在热处理过程中不增碳也不脱碳。280℃×60min等温淬火，等温淬火后金相组织为马氏体+残留奥氏体（该钢$Ms \approx 310$℃），硬度为53.6HRC；240℃×1.5h×2次回火。硬度全部符合技术要求（52～56HRC）

实践证明，6CrNiMoVNb钢作为锯链材料可以满足使用性能要求，920℃加热、280℃等温淬火、240℃回火可获得较好的综合力学性能，在保证高强度的同时，仍然具有良好的塑性、韧性。

351. 机用木工扁钻的盐浴热处理工艺

机用木工扁钻如图3-21所示，图中A段为工作部分长度，B为扁钻厚度。

机用木工扁钻一般选用45钢制造，根据客商需要也可用65、70钢制造。

（1）技术条件

1）热处理不得有崩块、裂纹、锈蚀等宏观缺陷。

2）扁钻工作部分硬度：45钢45～52HRC；高碳钢46～54HRC。

3）畸变要求：周齿对轴线的径向圆跳动：直径为ϕ6～ϕ20mm，≤0.30mm，直径为ϕ22～ϕ40mm，≤0.35mm；周齿对轴线的对称度误差≤0.35mm。

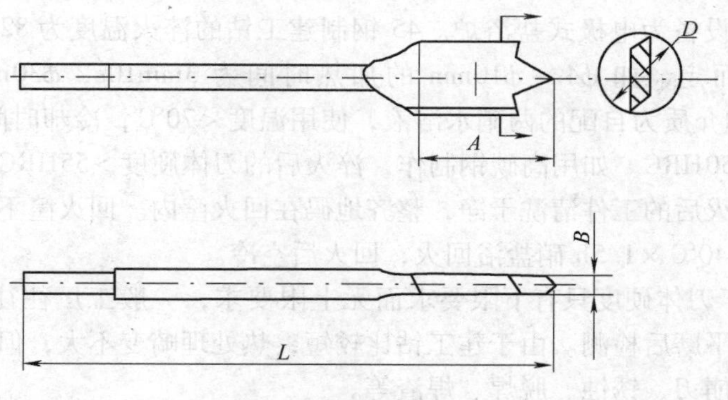

图3-21　机用木工扁钻

（2）热处理工艺

1）装夹。选择合适的淬火夹具，夹具要平稳，不得有明显的氧化皮，撒砂要适中（插板淬火），夹具吊钩处不准撒砂，90～100件/挂，注意留有间隙，以防冷却不均造成软点。在井式炉中烘干预热。

2）淬火。加热设备为电极式盐浴炉，盐浴配方（质量分数）为 $BaCl_2$ 70% + NaCl 30%。木工扁钻的淬火温度及加热时间见表3-22。

表3-22　木工扁钻的淬火温度及加热时间

牌　号	淬火温度/℃	加热时间/s
45	830～840	190
60	820～830	200
65、70	810～820	

注：扁钻加热长度为工作部分延伸到圆柱交界处，柄部不淬火。

淬火冷却介质为两硝水溶液，使用温度＜70℃，冷却时间为4～5s。45钢扁钻的淬火硬度≥52HRC，高碳钢扁钻的淬火硬度≥58HRC。

3）回火。回火硝盐浴配方（质量分数）为 KNO_3 50% + $NaNO_2$ 50%。45钢回火工艺为260～280℃×1h，高碳钢回火工艺为310～320℃×1h。当回火保温时间达55min时，取3～5件测硬度。如果硬度偏高，根据示值适当提高回火温度并延长15min。

352. 建工钻及电锤钻的盐浴热处理工艺

（1）建工钻的盐浴热处理工艺　建工钻是家庭装修及建筑工程上广泛应用的工具，工作部分为硬质合金，钻体部分为45钢或高碳钢。

1）技术要求：热处理后不得有崩刃、裂纹、锈蚀等宏观缺陷。碳钢基体硬度≥25HRC。碳钢基体的直线度误差≤0.25mm，对称度有严格要求。

2）热处理工艺如下：

①装夹。选择合适的淬火夹具，硬质合金刀头朝上，夹具要平稳。直径≤ϕ13mm的钻头插两排空一排，直径＞ϕ13mm者插一排空一排，目的是保证淬火质量。在400～500℃的空气炉中预热，预热时间为加热时间的2～3倍。

②淬火。加热设备为电极式盐浴炉。45钢制建工钻的淬火温度为820～830℃，加热时间根据钻头规格而定，如$\phi4 \sim \phi10$mm的加热时间为3min10s，$\phi30$mm的加热时间为4min20s。淬火冷却介质为自配的两硝水溶液，使用温度<70℃，冷却时间5～10s不等。淬火后的刀体硬度≥50HRC。如用高碳钢制作，淬火后的刀体硬度>55HRC。

③回火。将淬火后的工件清洗干净，整齐地码在回火筐内。回火筐不宜过大，中间留有空隙。采用220～240℃×1.5h硝盐浴回火，回火后空冷。

3）检验：由于刀体硬度只有下限要求而无上限要求，一般工厂往往用标准锉刀检验，如有数值要求，应平磨后检测。由于建工钻比较短，热处理畸变不大，但也要检验。宏观检验是否存在裂纹、崩刃、锈蚀、脱焊、焊渣等。

（2）电锤钻的盐浴热处理工艺　电锤钻是开山、筑路、建筑等行业广泛应用的工具，工作部分为硬质合金，钻体部分为40Cr钢或同等及以上性能牌号的合金钢。电锤钻如图3-22所示。后柄有锥柄、直柄、四方槽方柄、双槽圆柄、四槽圆柄、六方柄、直花键柄、螺旋花键柄、圆弧花键柄等多种类型。

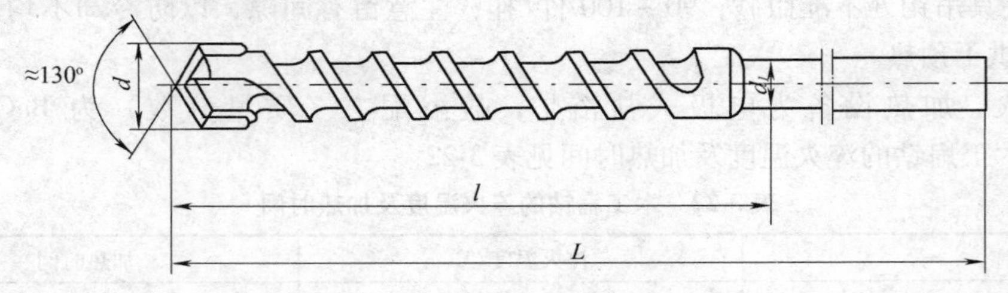

图3-22　电锤钻

1）技术要求：热处理后不得有崩块、裂纹、锈蚀、脱焊等表面缺陷。从距硬质合金刀片底面20mm处向柄部进行热处理，其硬度≥40HRC。长度为400～600mm时，直线度误差<2.5mm；长度>600～800mm，直线度误差<2.8mm；长度>800mm，直线度误差<3.0mm。

2）热处理工艺如下：

①预热。单件用钢丝绑扎，放在400～500℃井式炉中预热。

②加热：淬火温度为820～840℃，加热时间根据具体规格而定，$\phi12$mm以下为3min，>12～18mm为3min15s，>18～24mm为3min45s，>24～30min为4min，>30～40mm为4min45s，>40～50mm为5min15s。

③冷却。淬火冷却介质为两硝水溶液，使用温度<70℃，冷却时间为3～10s（视电锤钻直径大小而定）。

④矫直。利用马氏体相变超塑性的原理，淬火后抓紧时间趁热矫直，矫直好的工件挂在特制的支架上缓冷。

⑤清洗。在流动的自来水中洗尽盐渍。

⑥回火。在60kW的井式炉中进行回火，回火工艺为350～380℃×1.5～2h。

3）检验：用锉刀检查硬度，发生争议或仲裁时应平磨后检测，硬度≥40HRC。直线度超差者必须再矫直，直到符合要求为止。

第 4 章　农机具及园林工具等的热处理工艺

353. 锰钢铁锹的等温淬火热处理工艺

铁锹看起来是一个很简单的工具，但在使用方面却要求很高，既要有一定的强度、硬度、弹性、韧性，又要不软、不脆。如果达不到上述要求，在使用时就会产生永久变形或脆裂，使钢锹报废而不能使用。

批量生产时，常常选用废旧的钢轨[*w*(Mn)=0.64%~0.82%]经高温加热，轧制成 1.6~1.8mm 厚的钢板，再经冲压加工成形。

由于铁锹厚度极薄，热处理很容易变形，一般采用等温淬火。铁锹在半煤气炉内吊挂起来加热，淬火温度为 860~870℃，保温 2min，淬入 280~320℃ 硝盐浴槽中，等温 30min；然后进行 150~180℃×1h 回火。得到的组织是贝氏体组织，硬度为 45~47HRC。

354. T8 钢制尖铲的热处理工艺

尖铲是钳工使用的敲击工具，必须保证足够的硬度和韧性。根据尖铲的工作条件可知，它只是局部要求有较高的硬度，因而可以局部加热，以免其他部分产生变形和开裂。据此，对该工件进行局部加热、局部淬火、自身回火的特殊热处理工艺。这种工艺节省能源，省时，效率高，保证质量，使用方便。

T8 钢制尖铲工作部分约长 35mm，对其进行局部加热使其奥氏体化，再进行水淬，注意使工件表面呈现“灰白色”，再利用工件本身的余热进行自回火。注意观察回火后的颜色，当呈黄紫色时，马上将加热部分入水冷却，冷到 150℃左右取出空冷。

355. 65Mn 钢制犁壁的热处理工艺

犁壁是铧式犁的主要工作部件，平均寿命为 2.5 个耕作季节，是农业机械中主要易损零件。犁壁的牵引阻力占铧式犁整个牵引阻力的 30%~40%。犁壁在耕作中起翻土和碎土作用，要求耐磨损、抗冲击及良好的碎土、覆盖和脱土性能，较小的牵引阻力。

为了满足犁壁的耕作要求，工业先进的国家大多选用 3 层钢板制造犁壁，钢板表层碳含量 *w*(C)=0.6%~1%，中心层为低碳钢。高硬度（55~60HRC）的表面和中心软层的配合，使犁壁有较高的耐磨性、冲击韧性和良好的使用性能。

犁壁用钢及热处理要求见表 4-1，硬度测试点的位置如图 4-1 所示。

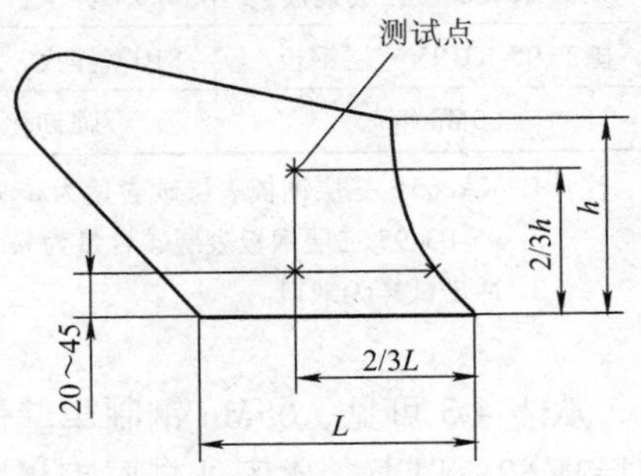

图 4-1　犁壁硬度测试点的位置

从表 4-1 可见，65Mn 钢制犁壁为大量的托氏体组织，使其硬度无法达到 60HRC。至于 35 钢和 Q275 钢热处理后硬度很难达到 55HRC，所以表 4-1 中三种犁壁用钢的硬度改为≥48HRC 更切合实际。图 4-1 中硬度测试点的位置，主要集中在承受磨损严重的犁胸部位，对磨损较轻的上部1/3及翼部，有些生产单位只要求硬度≥38HRC。然而这却是影响犁壁使用性能的主要部位。犁壁属低应力磨粒磨损，以显微切削为主要磨损形式，由于硬度偏低，使用寿命必然不高。表4-2是引进产品和自制产品的性能对比。

表4-1 犁壁用钢及热处理要求

犁壁用钢	热处理硬度HRC	金相组织
65Mn	48~60	回火托氏体+少量回火马氏体
35	48~60	板条马氏体+针状马氏体
Q275	48~60	允许有少量的托氏体

表4-2 引进产品和自制产品的性能对比

性能 \ 类型	犁体型号	美国-40	自制产品
碎土率	<5mm	77.46%	69.24%
	5~10mm	7.59%	6.37%
	>10mm	14.9%	14.56%
覆盖率	地表以下	93.45%	87.77%
	80mm以下	74.88%	69.05%
阻力/kN	—	7.1	8.86

注：本试验是在工况及试验地状况完全相同的情况下进行的，配套动力为意大利菲亚特-1300T悬挂测力架。

从表4-2可见，引进的产品使用性能明显优于自制件，特别是牵引阻力差达25%。不排除两者几何参数的差异，但根本的原因是热处理质量的差异。

65Mn钢广泛用于生产农机具的工作部件如犁壁、犁铧、耙片及螺旋机刀齿等。经不断实践，对65Mn钢进行强韧化处理取得了显著成效。65Mn钢制犁壁强韧化处理后与三层钢板和35钢犁壁的硬度、冲击韧度和耐磨性对比试验结果见表4-3。

表4-3 几种犁壁的硬度、冲击韧度和耐磨性对比试验结果

材料 \ 性能	热处理工艺	硬度HRC	冲击韧度/(J/cm²)	相对耐磨性
35钢	890℃淬火，160℃回火	54.3	363.6	0.95
日产KAP65D三层钢板	820℃淬火，200℃回火	58	14.7	—
国产95-B3-95三层钢板	810℃淬火，200℃回火	62.3	25.28	1.0
65Mn钢	强韧化处理	58.3	302.2	1.57

注：1. KAP65D三层钢板表层碳含量为w（C）=0.6%~0.7%。
2. 95-B3-95三层钢板表层碳含量为w（C）=0.9%~1.0%。
3. 冲击试样无缺口。

从表4-3可见，65Mn钢制犁壁强韧化处理后，其使用寿命（相对耐磨性）比35钢制犁壁提高60%以上，比国外三层钢板犁壁提高50%以上，在保持55~60HRC高硬度的同时，其冲击韧度超过国外三层钢板20倍。

65Mn 钢制犁壁强韧化热处理技术条件规定：整体热处理硬度为 55 ~ 60HRC，金相组织为贝氏体、回火马氏体及残留奥氏体，不允许有托氏体存在。

犁壁的脱土性能是犁壁的主要特性指标，直接关系到牵引阻力的大小、犁壁的碎土和覆盖性能。关于 65Mn 钢制犁壁强韧化处理后对脱土性能，即对牵引阻力的影响，进行了室内土槽对比试验，其结果见表 4-4。

表 4-4　65Mn 钢和 35 钢制 25 型犁壁的牵引阻力对比试验

犁壁用钢	热处理硬度 HRC	牵引阻力/kN
35	53	2. 04
65Mn	57 ~ 58	1. 35

注：1. 耕深 200mm，时速 6km/h，土壤坚实度及湿度测试数据从略。
2. 试验用犁壁已大面积耕作，表面粗糙度已进入稳定状态。

从表 4-4 可见，65Mn 钢制犁壁的牵引阻力仅相当于 35 钢制犁壁的 2/3。这说明 65Mn 钢制犁壁耕作负荷稳定且有良好的耕作质量。良好的脱土性能导致大幅度地降低牵引阻力，带来了明显的节能效果。

356. 65Mn 钢制收割机刀片的预冷等温淬火热处理工艺

65Mn 钢制联合收割机刀片水淬易变形，而采用预冷等温淬火（又称升温等温淬火）就可解决问题。其工艺为：淬火温度 820 ~ 830℃，保温结束后淬入 280 ~ 290℃ 的硝盐浴中 30 ~ 35s，然后立即转入 320 ~ 340℃ 另一个硝盐浴槽中保温 30min。刀片的变形量和硬度都达到了要求。

357. 65Mn 钢制犁铧的锻后余热淬火热处理工艺

65Mn 钢制犁铧钢坯经中频感应加热至（1150 ± 50）℃，从辊锻变形开始至淬火前约 20s，犁铧不同部位的变形量为 56% ~ 83%，形变后淬火，淬火冷却介质是密度为 1. 30 ~ 1. 35g/cm^3 的 $CaCl_2$ 水溶液。淬火后进行 460 ~ 470℃ × 3h 回火，回火后硬度为 40 ~ 45HRC。与常规热处理相比，将加热次数 3 ~ 5 次，减少为 2 次，生产率提高约 4 倍，犁铧的产品质量全部达到一等品要求，经济效益十分显著。

358. 65Mn 钢制深层松土铲的热处理工艺

65Mn 钢制深层松土铲的热处理工艺为：箱式炉或井式炉整体预热，500℃ × 30min，840 ~ 860℃ × 4 ~ 5min 盐浴加热，加热长度为 35 ~ 40mm，油淬，淬火长度为 25 ~ 30mm。井式炉回火，回火工艺为 280 ~ 320℃ × 1h，回火后空冷，硬度为 48 ~ 52HRC。

359. 低碳钢铁锹的热处理生产线

对于低碳钢铁锹（材料为低碳钢，人们习惯叫铁锹）的热处理，目前国内外大多采用渗碳和碳氮共渗后淬火、回火工艺。这种工艺过程较复杂，成本高，生产率低，对工人身体健康有不利影响。国内有些生产单位采用低碳钢强烈淬火，以获得低碳板条马氏体，从而达到铁锹应有的性能，这就大大简化了热处理工艺，缩短了生产周期，减轻了工人的劳动强度。铁锹在生产线上加热淬火的热处理工艺简介如下：

低碳钢铁锹热处理生产线由淬火加热炉、淬火盐水槽、传动机构、室外盐水降温贮存槽、电气控制系统和矫直设备等组成。

铁锹分三种，即农用锹、尖锹、煤锹。铁锹的碳含量 w（C）=0.15%～0.25%，热处理后硬度要求为30～40HRC。

热处理加热炉为连续式作业炉。炉膛有效尺寸为5100mm×580mm×540mm；炉膛分区功率为：第Ⅰ区（进料端）120kW，第Ⅱ区（出料端）140kW；炉子工作温度为940～960℃；生产率为500把/h（约675kg/h）。

淬火盐水槽为机械化连续作业盐水槽，容量为 $8m\times1.6m\times2m=25.6m^3$，输送带行走速度为2m/min，8%～10%（质量分数）NaCl水溶液温度应控制在40℃以下。

回火温度为200～240℃，处理后硬度全都符合要求。

360. 65Mn钢制犁铧的渗硼工艺

犁铧工作时受到磨料磨损。磨料主要是硅砂和二氧化硅，其硬度为1000～1250HV，这种磨料硬度大于常规热处理后钢的硬度，而钢渗硼后的硬度为1500～2000HV，远远超过磨料的硬度，因此犁铧渗硼后有较好的耐磨性。

（1）犁铧渗硼工艺　犁铧用钢为热轧65Mn弹簧钢。原犁铧的生产工艺为：下料→锻造→退火→等温淬火。硬度为48～58HRC，金相组织为细针状马氏体（允许有少量中针状马氏体）。试验采用渗硼+等温淬火复合工艺。渗硼采用固体渗硼粉末法和膏剂法（用于单面渗）。渗剂配方（质量分数）如下：

粉末法：B_4C 0.5%+KBF_4 5%+SiC 94.5%+适量催化剂。

膏剂法：B_4C 50%+CaF_2 25%+KBF_4 25%，B-Fe 50%+SiC 20%+KBF_4 10%+硼砂20%。

粉末法装箱渗硼，工件间距离应>5mm，其工艺见图4-2。

膏剂法：用30%（质量分数）松香乙醇溶液将渗剂调匀涂在犁铧淬火带上（工作面底向上30～40mm），约2mm厚，经120℃烘干或晾干后装箱渗硼。为防止氧化，渗硼箱内可放少量的碳化硅或木炭粉。900℃×5h渗硼出炉空冷，冷至室温开箱取出犁铧，渗硼后仍用原等温热处理工艺，如图4-3所示。局部淬火的淬火带宽度稍大于渗硼带。

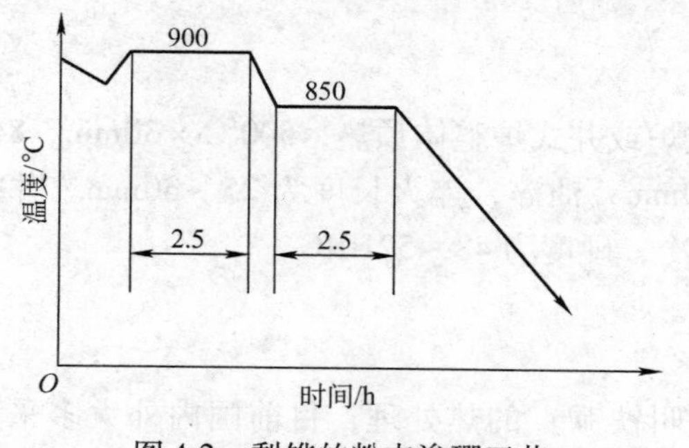

图4-2　犁铧的粉末渗硼工艺

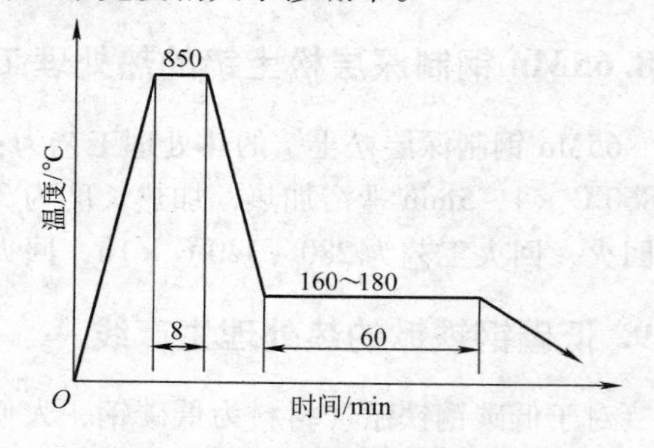

图4-3　犁铧的盐浴等温淬火工艺

（2）渗硼层深度及硬度　两种渗硼层深度均大于75μm；膏剂渗硼后的硬度大于粉末法

渗硼硬度，前者为1500～1900HV，后者为1120～1400HV，耐磨性均比未渗硼者大大提高。

（3）渗硼与原等温淬火犁铧田间作业对比试验　犁铧编组采用混合编法，每组有标准的等温淬火犁铧、渗硼加等温淬火犁铧、渗硼不淬火犁铧三种，并安装在机器的不同位置上。数千亩大田试验表明，渗硼加等温淬火犁铧比原等温淬火犁铧耐磨性平均提高50%，最高可提高2倍。采用背面渗硼，可使两相组织有较好的耐磨性，因为FeB硬度高，在背面又不直接受到磨粒冲击，不会发生脆性剥落。总之，渗硼犁铧使用寿命高。

361. 65Mn钢制犁铧的形变热处理工艺

犁铧是农业机械典型的基础零件，平均使用寿命大约为0.5个耕作季节。目前，我国每年要消耗犁铧数百万件，用钢数万吨。随着农业机械化水平的不断提高，犁铧消耗量将呈逐年上升趋势。尽管我国有关单位在犁铧的生产工艺及材质方面进行了大量的试验研究工作，但国产犁铧基本上没有脱离传统的生产工艺，因而质量与国际先进水平相比仍存在着不小的差距。

犁铧失效形式主要有两种：一是磨损，如局部磨穿即报废；二是由于冲击韧性不足而折断。据统计，传统的犁铧因折断而报废的约占犁铧总数的10%以上。DZ型犁铧经辊锻形变热处理后不仅保证了其耐磨性所需要的硬度（40～45HRC），而且使其强韧性显著提高。

（1）传统的犁铧与DZ型犁铧生产工艺比较　由表4-5可知，传统工艺生产的犁铧，其缺点是：生产周期长，工序多，加热次数多，生产率低，影响产品质量的环节多。而用DZ型锻造余热淬火生产的犁铧，全过程只有两次加热，加工工序减少到11道。

表4-5　犁铧加工工艺过程

序号	犁铧型号		
	传统35型	传统25型	DZ改革型
1	下料	下料	下料
2	剪两头	预锻（加热1）	中频炉加热（加热1）
3	铣（刨）斜边	锻大、小头（加热2）	辊锻成形
4	剪刃边	剪刃边	切边冲孔，热挤沉头螺钉孔
5	磨刃口	磨刃口	压弯成形，挤刃口，打商标
6	冲孔、压弯成形（加热）	切尾部	余热淬火
7	退火（加热2）	冲孔、压弯成形（加热3）	回火（加热2）
8	粗抛光（除去加热带氧化皮）	退火（加热4）	修整（趁热）
9	刨背部	粗抛光（除去加热带氧化皮）	清洗
10	锪沉头螺钉孔	刨背部	涂装前预处理
11	等温淬火（加热3）	锪沉头螺钉孔	涂装
12	矫直	等温淬火（加热5）	—
13	清洗	矫直	—
14	涂装前预处理	清洗	—
15	涂装	涂装前预处理	—
16	—	涂装	—

和传统的加工工艺相比，经锻造余热淬火形变热处理的DZ型犁铧，生产设备及工艺先进，生产率提高4倍，钢材利用率提高20%，能耗下降55%，生产成本下降34%，产品质

量全部达到一等品要求。DZ 型旱田犁铧是一种低阻力自磨刃新型犁铧，它在不影响互换性的前提下，从结构和热处理技术要求等方面进行了卓有成效的改进，如将传统犁铧的仅刃部淬火改为整体淬火，从根本上解决了犁铧因非淬火部位局部磨穿而失效的问题。

（2）DZ 型犁铧的辊锻及热处理工艺　生产中采用的设备为 D42-630 辊锻机，YZ250-1000/8 型中频感应加热炉，自制氯化钙溶液淬火槽。犁铧 65Mn 钢坯料为 18mm × 90mm 和 18mm × 100mm 两种扁钢，按不同规格的犁铧切成一定尺寸的梯形块。

犁铧坯料的中频感应加热温度为 1100 ~ 1200℃，加热节拍（往中频感应圈中两次推料之间的时间间隔）根据犁铧规格的不同而不同，大致为 10 ~ 30s，从辊锻开始到淬火前全部工艺过程约 20s。中频感应加热之后在 10s 内通过辊锻机 3 道次轧制，轧后从背部到刃部厚度为 8 ~ 3mm，变形率为 36% ~ 83%。然后通过切边、冲孔和压形，此时刃部的温度已下降到 800℃左右，紧接着对刃口再次轧制，将厚度为 3mm 的刃口挤压成 1.5mm，随即进行余热淬火。

由于工件背部厚度与刃部厚度相差较大，即从辊锻开始到淬火前最后一道工序结束为止，刃口温度大约为 760℃，后背温度为 860℃左右。为了保证刃口能淬硬，此时应以最快速度将犁铧浸入淬火冷却介质，因背部温度较高，为了防止装配方孔开裂，冷却时间不能太长，一般控制在 4 ~ 6s，并及时回火。犁铧形变热处理工艺如图 4-4 所示。

选择合适的淬火冷却介质对于减少犁铧的变形是十分重要的。因为辊锻后犁铧坯料截面厚度差别较大，能否将整体淬火变形控制在允许范围内（允许弯曲变形量 <2mm），以及淬火硬度是否均匀就成为锻造余热淬火的关键。实践表明，选用密度为 1.30 ~ 1.35g/cm³ 的 $CaCl_2$ 水溶液作为淬火冷却介质能够满足技术要求。也有些生产单位选用三硝或两硝淬火冷却介质效果也很好。

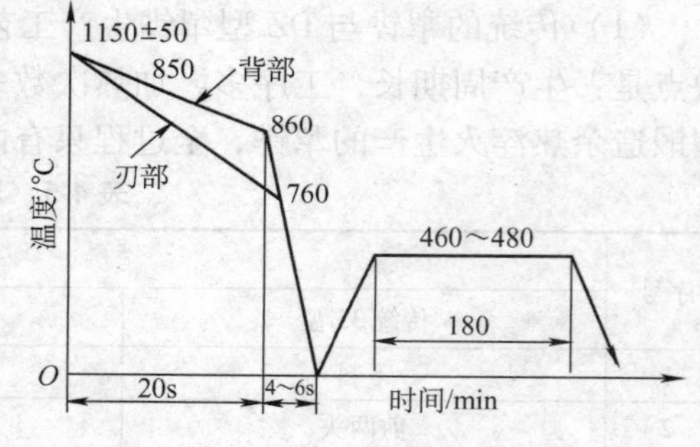

图 4-4　犁铧形变热处理工艺

（3）DZ 型犁铧形变热处理的组织与性能　辊锻形变热处理后背部、中部和刃部的金相组织均为回火托氏体。随着变形量的增加（背部变形率为 56%，中部变形率为 56% ~ 83%，刃部变形率为 83%）板条马氏体的数量增多，板条变细。

随着变形量的增加（从背部到刃口），组织中的板条马氏体量随之增加。虽然冲击试样（尺寸为 5mm × 5mm × 10mm，无缺口）是从背部 8mm 处切取的，经辊锻余热淬火的试样在未冲断的情况下，其冲击韧度仍比普通淬火提高 10%（见表 4-6）。由此可以推断，刃口冲击韧度会更高。这是犁铧获得高寿命的主要原因。

表 4-6　不同热处理工艺试样的冲击韧度

热处理工艺	硬度 HRC	冲击韧度/(J/cm²)		备注
		试验值	平均值	
辊锻余热淬火，470℃ ×3h 回火	42 ~ 43	180.3、172.5、176.4、180.3、172.5、184.2	177.7	未断
辊锻后空冷，850℃盐浴炉淬火，470℃ ×3h 回火	42 ~ 43	164.6、164.6、152.9、164.6、160.7	161.5	韧性断裂

362. 低碳钢水田耙耙片的热处理工艺

水田耙是我国水稻产区的一种重要的机引农具，其中最重要的工件是耙片（图4-5）。对耙片的技术要求如下：

1）对耙片进行渗碳淬火处理，刃口渗层深度为0.30～0.50mm，淬火硬度为48～55HRC，中心部位硬度<30HRC。

2）热处理后用样板检查曲面，曲面与样板的局部间隙<3mm。

3）刃口的厚度从根部到尖部应平滑过渡，最薄不小于0.5mm，刃口不得有毛刺、裂纹等缺陷。刃口的残缺深度不大于0.15mm，长度<10mm。4耙片的孔与外圆的同心度公差为2mm。

4）耙片材料为4mm厚的Q235钢板。

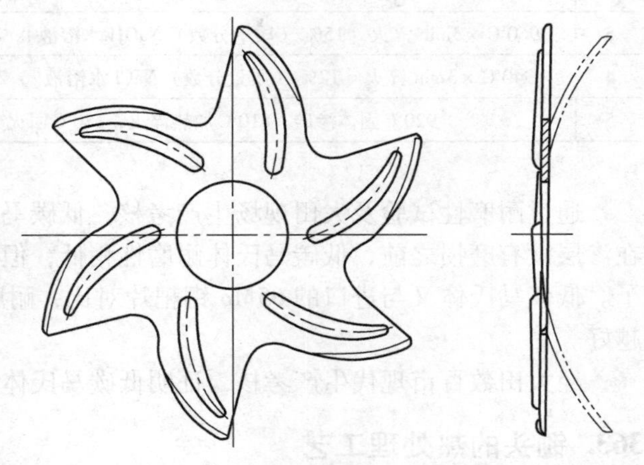

图4-5　水田耙耙片

耙片原热处理工艺为：920℃固体渗碳→空冷后手工整形→820℃碱水淬火→清水漂洗→180℃回火。用这种工艺处理周期长，工作条件差，劳动强度大。由于生产批量大，采用煤气炉进行固体渗碳质量不稳定，耙片的工作条件比较恶劣，水田耙所受的外力、外力矩较大，工作时还可能受到暗石等硬质块撞击，受到较大的冲击力。加之耙片呈六角星形，工作时可以观察到明显的非均匀跳动，同时耙片在转动一个角度入土时受到一次冲击，也说明耙片的工作状态是一个小能量多次冲击的形式。另外，由于耙片与泥沙、作物残茬的相对滑动，以及耙片脱土性能的影响，耙片受到相当程度的磨损，据多年的统计分析，耙片因磨损失效占67%～83%。这说明要提高耙片的寿命必须提高耙片的强度和抗冲击能力，保证耙片的耐磨性。经过分析比较，认为用低碳马氏体强化方法是完全可行的。

耙片用钢为Q235，这种钢淬透性差，材质差异大，要想获得低碳马氏体，必须要严格执行工艺。采用正交设计来确定其热处理工艺参数。

加热速度、最高加热温度、保温时间和冷却速度是影响淬火质量的主要因素。而由于加热炉、工件形状大小都是一定的，影响加热速度只能是工件堆放情况及装炉量多少、电炉功率大小，影响冷却速度的因素主要是淬火冷却介质。用直观法取最佳水平，确定热处理温度为960℃（45kW箱式电炉），做二堆放置，保温3min，淬火冷却介质为15%（质量分数）NaOH水溶液。不同碳含量的Q235钢淬火后的硬度见表4-7。

表4-7　不同碳含量的Q235钢淬火后的硬度

w（C）（%）	0.1	0.11	0.15	0.20	0.23
硬度HRC	34～36	35～39	38～44	39～47	41～47

从表4-7可以说明，硬度与化学成分有关，热处理后硬度为34～47HRC，变形符合工艺要求。选用w（C）≥0.15%的Q235钢板，可以保证热处理后硬度在38HRC以上。w（C）=0.15%的Q235钢制耙片热处理后的硬度见表4-8。

表 4-8 w（C）=0.15%的 Q235 钢制耙片热处理后的硬度

序号	热处理工艺	硬度 HRC	备注
1	960℃ ×3min 淬火［15%（质量分数）NaOH 水溶液］	40～46	—
2	940℃ ×3min 淬火［12%（质量分数）NaCl 水溶液］	36～40	加防氧化涂料
3	960℃ ×3min 淬火［15%（质量分数）NaOH 水溶液］，200℃回火	38～42	—
4	940℃ ×3min 淬火［12%（质量分数）NaCl 水溶液］，200℃回火	33～36	加防氧化涂料
5	920℃固体渗碳，810℃加热淬火，180℃回火	56～58	—

通过耐磨性试验及大田现场生产考核，低碳马氏体耙片与渗碳淬火低温回火耙片相比，在渗层没有磨损之前，低碳马氏体耐磨性稍低，但当渗碳层磨掉后，低碳马氏体就耐磨得多了。低碳马氏体又与进口的65Mn 钢耙片对比，耐磨性接近，低碳马氏体硬度越高，耐磨性越好。

经大田数百亩现代生产考核，证明低碳马氏体耙片完全可以代替渗碳淬火耙片。

363. 锄头的热处理工艺

锄头是重要的手工工具，要求有好的韧性和耐磨性。锄头材料及热处理工艺见表 4-9。

表 4-9 锄头材料及热处理工艺

<table>
<tr><th>牌号</th><th>硬度要求 HRC</th><th>淬火温度/℃</th><th>冷却规范</th><th>回火温度/℃</th></tr>
<tr><td>45</td><td>38～45</td><td>810～820</td><td rowspan="4">260～280℃硝盐浴等温 1h</td><td>320～380</td></tr>
<tr><td>50</td><td>38～45</td><td>810～820</td><td>350～400</td></tr>
<tr><td>50Mn</td><td>38～45</td><td>820～830</td><td>360～410</td></tr>
<tr><td>65</td><td>40～48</td><td>820～830</td><td>380～460</td></tr>
<tr><td>Q235</td><td>35～40</td><td>920～950</td><td>盐水冷却</td><td>150～180</td></tr>
</table>

注：锄头整体为同一材料时，柄部不淬火或降温淬火，回火后出炉立即水冷。
锄头也可以用低碳钢渗碳淬火，280℃回火，回火后硬度为 52～56HRC。

364. 铁锹的热处理工艺

铁锹用中碳结构钢制造，要求韧性高，耐磨性适中。铁锹材料及热处理工艺见表 4-10。

表 4-10 铁锹材料及热处理工艺

<table>
<tr><th>牌号</th><th>硬度要求 HRC</th><th>淬火温度/℃</th><th>冷却规范</th><th>回火温度/℃</th></tr>
<tr><td>45</td><td>38～45</td><td>810～820</td><td rowspan="4">水淬油冷</td><td>350～400</td></tr>
<tr><td>50</td><td>38～45</td><td>810～820</td><td>370～420</td></tr>
<tr><td>60</td><td>40～45</td><td>790～810</td><td>380～420</td></tr>
<tr><td>50Mn</td><td>38～45</td><td>820～830</td><td>350～420</td></tr>
<tr><td>65Mn</td><td>40～45</td><td>820～830</td><td>盐水冷却</td><td>380～430</td></tr>
</table>

注：淬火长度从刃口起淬全长的 2/3 或 4/5，装木柄处不淬火；不宜采用自回火工艺；回火后立即水冷。

365. 镰刀的热处理工艺

镰刀分锯齿镰、砍镰和割镰三种，都要求较高的耐磨性和韧性的良好配合。镰刀材料及热处理工艺见表 4-11。

表 4-11　镰刀材料及热处理工艺

镰刀名称	牌号	要求硬度 HRC	淬火温度/℃	冷却规范	回火温度/℃
割镰	65	56～62	790～810	水淬油冷	200～240
	40Mn	50～55	840～860	油淬	150～180
锯齿镰	45	54～58	820～830	水淬油冷	160～200
	50	55～60	810～820	水淬油冷	160～200
砍镰	60	50～55	790～810	水淬油冷	250～300
	65Mn	50～55	830～840	油淬	260～320

注：装木柄处不淬火或降温淬火。

366. 挖土镐的热处理工艺

挖土镐大都用 65Mn 钢制造，硬度要求为 42～50HRC，只淬两端 60～80mm。其热处理工艺为：盐浴炉加热，810～820℃水淬油冷；320～400℃回火。操作中要注意水淬的时间及出水的温度。因只淬两端，不宜采取自回火工艺。

367. 收割机刀片的热处理工艺

收割机刀片分定刀片和动刀片两种，一般采用高碳钢制造，要求有较高的耐磨性。收割机刀片材料及热处理工艺见表 4-12。

表 4-12　收割机刀片材料及热处理工艺

刀片名称	牌号	要求硬度 HRC	淬火温度/℃	冷却规范	回火温度/℃
动刀片	T7A	54～58	770～790	150～180℃硝盐浴冷却	260～310
	65Mn	54～58	820～840		280～340
定刀片	T7A	58～62	780～790	硝盐水溶液	220～250
	65Mn	58～62	820～840		240～280

T7A 钢刀片也可用高频感应淬火，880～920℃淬火，260～280℃回火，硬度为 54～58HRC。

收割机刀片也可以用 45 钢渗硼处理，其工艺为：900～920℃ ×3h，开箱后直接淬火，150～180℃回火，回火后硬度为 1380～1800HV。

368. 饲料粉碎机刀片的热处理工艺

饲料粉碎机刀片一般用 65Mn、50CrVA、60Si2MnA 等弹簧钢制造，盐浴炉加热，硬度为 54～58HRC；也可以用 Q235A 等低碳钢渗碳淬火，渗层深度为 0.8～1.2mm，低温回火，硬度为 56～62HRC。究竟采用何种工艺，要视饲料种类等情况而定。

369. 果园剪的热处理工艺

果园剪一般用贴钢制造，所谓贴钢就是将刃钢焊于基体钢上锻接并打出刀尖。刃钢采用中碳钢，硬度为45～55HRC，基体采用Q235等低碳钢。

贴钢虽好，但工艺复杂，考虑到经济效益，小剪刀宜用整体中碳钢制造。有条件也可以用15MnB、20Cr钢等低合金结构钢强化淬火，使刃口硬度为38～45HRC。

370. T8钢制风铲铲头的热处理工艺

用于清理铸钢件的风铲铲头，长度有800mm和1000mm两种规格，都用ϕ22mm的T8钢制作，尾部车加工成ϕ17.50mm×70mm，锻刃部长80mm左右。原工艺处理的铲头寿命较低，改进工艺后，铲头寿命提高5～7倍。

（1）铲头的工作条件、失效形式分析　铲头的工作条件比较恶劣。风铲工作压力为0.49MPa，04-6型风铲冲击次数为1500次/min，三班作业累计冲击54万次以上（按风铲实际操作6h计算）。铲头刃部直接与型砂、钢夹砂、气割面接触，要求具有好的耐磨性，有时还要用来翻转工件，可见铲头是承受多冲击压缩、多冲击弯曲、要求耐磨的工具。

经原工艺处理的铲头有40%～50%由尾部70mm处R圆角根部早期疲劳断裂或脆裂；15%～30%是从刃端向后150～250mm处脆断或疲劳断裂；崩刃、尾部掉块约占10%。经分析认为，尾部断裂的原因是圆角小、表面粗糙度值高造成应力集中，另一个重要原因是圆角过渡处未淬火，强度低。最短的使用寿命只有1～2h，好的可用2～3天，极少数可用5～6天，平均寿命为1.5天。刃部脆断主要是由于锻造过热所致。

（2）改进后的工艺及效果　原热处理工艺盲目追求高塑性，用260型高频感应加热设备或100kW、8kHz的中频感应加热设备加热铲头两端，加热温度为790～810℃，尾部回火温度为410～430℃，刃部采用自回火，硬度不均匀。改进后全部在100kW、8kHz的中频感应加热设备上进行感应加热，每2～3把铲头同时加热，手工操作，具体工艺如下：

1）铲头锻造后用中频感应加热设备将刃端300～400mm局部加热局部正火，消除锻造时过热组织，避免了使用中刃部上方发生脆断的现象。

2）用中频感应加热设备分别感应加热尾部和刃部，尾部淬火长度控制在70mm左右，刃部淬火长度约80mm，加热温度为810～830℃，用水冷却。铲头中频感应加热电参数见表4-13。

表4-13　铲头中频感应加热电参数

淬火变压器匝比	发电机电压/V	发电机电流/A	发电机功率/kW	功率因数	励磁电流/A	加热时间/s
9:1	500	120	55	±0.85	2	25～30

3）回火。290～310℃×2h硝盐浴回火。回火后硬度为55～60HRC。表面3～5mm内为马氏体，中心部位（硬度为43～48HRC）为马氏体加托氏体。

经改进工艺热处理后的铲头，使用寿命由原来的1.5天提高到8～12天，有的还更长，完全消除了圆角根部脆断现象。

371. 65Mn钢制甩刀的强韧化处理工艺

为了解决秸秆粉碎还田机用65Mn钢制甩刀的耐磨性差、容易断裂和使用寿命短的问题，对甩刀进行强韧化处理。这样不仅可以保持较高的硬度，而且可以大幅度提高其冲击韧度。与常规热处理的甩刀相比，它的平均使用寿命提高1.7倍，冲击韧度提高5.2倍，每亩费用降低 60.8%，经济效益和社会效益十分显著。

由于甩刀在作业时受到较大的冲击力，为了保证甩刀不发生断裂失效，要求甩刀的冲击韧度≥155J/cm²，硬度为 54～58HRC。其强韧化处理工艺如图 4-6 所示。

金相组织分析可知，65Mn 钢在 *Ms* 点以下等温的转变产物是马氏体＋残留奥氏体，等温温度的变化只改变马氏体和残留奥氏体的数量，对冲击韧度的影响较小。而在 *Ms* 点以上等温时，转变产物为贝氏体＋残留奥氏体，当转变温度在 250～270℃时，转变产物为贝氏体＋马氏体＋残留奥氏体。随着转变时间的延长，贝氏体的数量增加，当等温时间足够长时，转变产物主要以下贝氏体为主，因此可大幅度地提高 65Mn 钢的冲击韧度和耐磨性。

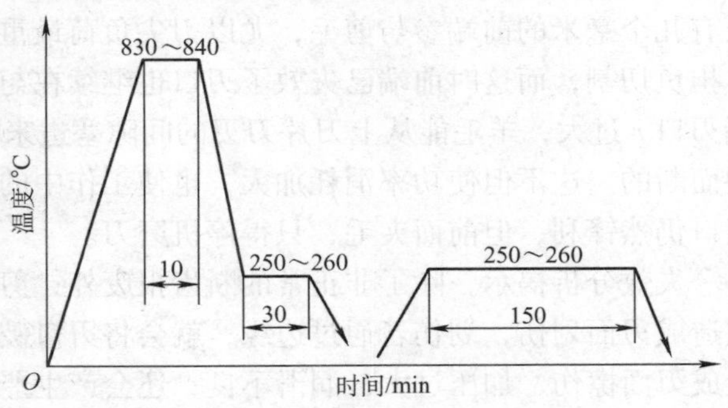

图 4-6　65Mn 钢甩刀的强韧化处理工艺

65Mn 钢制甩刀采用强韧化处理工艺后，可在保持较高硬度的同时，大幅度提高冲击韧度，满足了秸秆粉碎要求。

372. 剪羊毛机刀片的含氮马氏体处理工艺

剪羊毛机略似理发推剪，是由固定的下刀片和往复运动的上刀片在加压状态下进行剪切的。剪羊毛机刀片材料及热处理工艺见表 4-14。

表 4-14　剪羊毛机刀片材料及热处理工艺

牌号	化学成分（质量分数,%）			热处理工艺	硬度 HRC
	C	Cr	Mo		
T12Mo	1.5～1.25	—	0.15～0.30	790～830℃整体加热，150～170℃×30s 硝盐浴分级淬火或油淬，160～170℃×2h 回火	上刀片 62～65 下刀片 61～64
Cr06	1.15～1.25	0.30～0.50	—	800～830℃整体加热，150～170℃×30s 硝盐浴分级淬火或油淬，160～170℃×2h 回火	上刀片 62～63 下刀片 61～62

多年来的生产实践证明，按表 4-14 中热处理工艺处理的刀片质量不能令人满意，与号称国际王牌的英国 Lister 刀片及澳大利亚 Sunbeam 刀片相比差距较大。国内有关人员曾对英国、澳大利亚、俄罗斯、德国等共 14 种有影响的刀片进行分析，发现国外也是用低合金工具钢，未经化学热处理。许多牌号中含有少量镍，有较好的韧性；名牌刀片钢中夹杂物很少，碳化物细小均匀，表面很光洁，梳毛极佳。

为了提高国产刀片质量，国内不少单位进行攻关，从刀片失效入手，在初步搞清刀片磨损机理的基础上，对刀片进行金相组织设计，并试验成功了独特的工具钢含氮马氏体处理工艺，剪羊毛头数由原 1～2 头，提高到 20 多头，使用寿命提高近 10 倍。

（1）刀片失效分析与性能要求　截止到目前，国内外对农牧业生产及民用锋利刀刃的磨损机理研究极少，刀具磨损了，通常就笼统地说“刀刃钝了”。有人认为，刀刃是由刃口和刃面组成的。为了搞清刀刃的磨损机理，就要把刀刃分解为刃口和刃面分别进行研究，其原因是两者有不同的磨损机理和不同的性能要求。刃口是两个刃面相交处一段曲率半径 r 很小的曲面，是刀刃的最前沿。刃角一定时，r 的大小决定着刀刃锋利与否。剪毛时，上刀片在下刀片支承下切进羊毛中，刃口和底侧两个刃面均受羊毛和其中砂粒的磨粒磨损。作业中只有几个毫米的前端参与剪毛，尤以刃尖负荷最重。当刃尖崩刃或磨钝时，才由较后一段刃口担负切割，而这时前端已失效了刃口也继续在与羊毛和毛中磨粒摩擦中受到磨损。当最前端刃口 r 过大，羊毛能从上刀片刀刃的间隙塞进来时，这部分羊毛不是被剪断而是被拉拽撕裂而断的。这不但使功率消耗加大，也使工作中的刃口磨损加剧。当 r 过小时，尽管后面的刃口仍然锋利，但前面夹毛，只得停机磨刀。

失效分析揭示，除了非正常的断齿报废外，剪毛机刀片失效形式有如下四种：①磨粒磨损造成刃面划伤，划伤若通过边缘，就会将刃口破坏造成缺口；②上、下刀片之间黏着磨损造成刃面擦伤，加压过大，润滑不良，还会产生严重的烧伤、退火和啃刃；③羊毛和毛中砂粒杂质造成刃口接触疲劳磨损；④砂粒和杂质冲击刃口，刃口太软要卷刃，过硬要崩刃。磨粒从卷刃或崩刃的缺口进入上下刀片之间，形成三体磨损，将刃面划伤。若砂粒细，刃口韧性好，一次冲击虽不致崩刃，但反复多次冲击，就会产生接触疲劳。在磨粒冲击下，刃口当时虽未破坏，但会使刃口产生微区弹性或塑性变形，造成微区加工硬化，弹性极限升高。继续剪切，则进一步塑变和硬化，直至达到材料的极限强度时刃口破碎。所以即使是韧性材料最终也以脆性材料的磨损形式破坏。但刃口韧性越高，这一破坏过程就越长，刀刃寿命也就越长。

用光学显微镜和扫描电镜观察发现，羊毛中夹杂着大大小小的砂粒，这是造成刀片磨损的主要磨粒。崩刃时产生的钢屑，也会成为磨粒，更为严重的是，羊毛中含有大量的羊毛脂，它牢牢黏附在上、下刀片的刀齿间隙中，使砂粒杂质和磨损产生的刀片碎屑等磨粒不能脱离刀片，越积越多，反复磨损刃口和刃面。剪羊毛机刀片的工作条件比较恶劣，即使是新刀片两个刃面加工时的磨削痕也会使刃口呈锯齿状，砂粒正是从锯齿状缺口进入上、下刀片之间，使刃口的缺口扩大并划伤刃面。扫描电镜下清晰地看到刃面的划痕与侧面的磨损刀痕一一对应，这说明机加工表面粗糙度对刀片磨损的影响。

根据以上分析，刀刃既要有高硬度以抵抗磨粒的划伤，又需要高韧性以抵御冲击造成的崩刃。而硬度和韧性是一对矛盾，往往顾此失彼。实践证明，应该在满足韧性的前提下尽可能提高硬度。根据国内外众多学者的研究成果，得出剪毛机片硬度在62HRC时可获得较佳的综合力学性能的结论，但也不能一概而论。数年的剪毛实践，在剪新疆细羊毛时（砂粒细小，冲击较轻），刀片的硬度以63～64HRC为好，使具有更高的抵抗石英磨粒划伤的能力；在剪内蒙古羊毛时（砂多而粗，冲击较大），刀片硬度以61～63HRC为宜，可很好地抵抗崩刃。

（2）含氮马氏体处理工艺　刀片材料采用Cr06钢。将刀片置于含活性氮的介质中短时加热，在保持工具钢高碳含量的同时，渗入适量的氮，出炉后直接油淬，以获得良好的效果。具体工艺是：刀片放在井式渗碳炉中，滴入甲酰胺等含氮化合物，并补充滴注高碳含量的液体以维持高碳势，800～830℃×20～45min，出炉立即油淬，并于150～180℃回火。处理后表层硬度为766～856HV。用0.1mm厚Cr03钢箔[w(C)=1.23%，w(Cr)=0.32%]随炉处理后，经多次化验，w(N)=0.39%～0.74%，w(C)=1.17%～1.3%。这一数据可能高于刀片表层实际含量。进行剥层分析，0.06mm层的w(N)=0.48%，w(C)=1.02%。

许多研究发现，淬火钢中碳化物和马氏体的结合往往不好，晶界存在显微裂纹。而碳化物与奥氏体由于晶型相近，二者结合强度较高，碳化物不易剥落。研究发现，氮的渗入不但使表层刃口碳化物消失，残留奥氏体增多而提高了韧性，且氮继续渗入使过渡层残留奥氏体量增多，提高了碳化物与基体的结合强度。韧性好的残留奥氏体不但能防止崩刃，也能阻止磨损裂纹的扩展。磨粒的冲击可使残留奥氏体加工硬化，甚至局部转变为马氏体，使刀刃得到强化。因此，含氮马氏体处理的刀片在剪羊毛中崩刃情况大大减少，刃口光滑，在石英磨粒作用下虽还不能完全避免划伤，但可以不崩刃，缺口少且小。含氮马氏体处理后的断口是比较典型的韧性断口，这对于62HRC以上的工具钢来说是十分难得的。由于有一定量的残留奥氏体，使刃口有良好的塑性，在磨粒的作用下刃口金属有明显的塑性流动，大量消耗了磨粒的能量，使刃口和刃面的破坏减少到最低限度。而适量的残留奥氏体并不能显著降低刀刃的硬度而影响耐磨性，因为淬火钢中高硬度的马氏体和碳化物构成了骨架，残留奥氏体只是骨架中少量的韧性填充物，故硬度降低不多，而耐磨性有所提高。

373. Q235钢制饲料粉碎机锤块的热处理工艺

锤块是饲料粉碎机设备的关键部件，它容易磨损，安装在高速旋转（1480r/min）的粉碎机上。对进口的粉碎机锤块进行材料金相分析可知，锤块是用20Cr钢经碳氮共渗处理制成的。为降低成本，就地取材，试用普通Q235钢，经渗碳→碳氮共渗→高频感应淬火+回火的复合处理工艺。

（1）热处理工艺过程分析　采用920℃×6h气体渗碳，渗层深度能达到1.4mm，但温度高，时间长，晶粒粗大，机械强度达不到要求。采用中温碳氮共渗6h，渗层深度一般只能达到0.60~0.80mm，碳氮共渗的耐磨性虽然比单独渗碳要好，但渗层深度达不到进口锤块水平。于是，人们综合了渗碳和碳氮共渗的优点，采用了890℃×4h渗碳，然后降温进行840℃×2h碳氮共渗。用此工艺处理，渗层深度能达到1.4mm，再进行高频感应淬火+低温回火，其组织为含氮的马氏体和少量的残留奥氏体，工艺虽稍复杂，但达到了进口锤块的水平。

Q235钢渗碳和碳氮共渗的气氛采用煤油和氨气，分别作为渗碳剂和渗氮剂，甲醇为稀释剂。煤油和甲醇由滴油器控制滴量，氨的通入量由流量计控制。当炉温升到一定温度时，将预先预热过的锤块吊装入炉，并立即通入氨气和滴入甲醇进行排气，排气时间为1h左右（视装炉量而定）。当炉温高于400℃时，NH_3就分解为N_2和H_2。当炉温超过600℃时利用H_2还原性强的特点，把锤块表面的氧化膜还原并清除其他杂质，使锤块表面洁净，以利于渗碳的进行。另一方面，在排气阶段，从NH_3分解出来的活性氮原子渗入锤块表面，扩大γ区，也有利于渗碳的进行，经排气后将炉温升到890℃，停止通氨滴醇，改滴煤油进行渗碳。经890℃×4h渗碳，渗碳层深度达1mm时，再通入氨气，并将炉温降至860℃，进行碳氮共渗。这时渗碳层内的碳继续向内扩散，氨热分解出来的活性氮原子和煤油分解出来的活性碳原子向锤块表层扩散。碳和氮原子半径相差无几，它们以间隙固溶方式向锤块表面扩散，随着时间的增加，形成碳氮化合物层。经840℃×2h共渗后，渗层总深度达到1.40mm。

在进行渗碳和碳氮共渗过程中，控制炉内压力为25~45mm H_2O（1mmH_2O = 9.80665Pa），火苗长度控制在200~250mm，火焰颜色为黄色或淡黄色。随着煤油滴量的增加，渗速加快。但若煤油供给量过大，由于煤油分解不完全而出现炭黑而影响渗速；氨流量过大，由于分解过多的氮和氢气会降低气氛中的碳含量。反之，煤油和氨气量过小，则炉内的活性碳原子和活性氮原子太少，同样会降低渗速和使渗层中碳和氮含量不足，渗层达不到技术要求。因此，只有煤油和氨气的量适当，才能保证渗层质量。

根据常用的渗碳工艺和碳氮共渗工艺，经多次反复试验和现场生产考核，优选后的渗碳—碳氮共渗工艺如图4-7所示。锤块工作面的高频感应淬火是在GP-60型高频感应淬火机床上进行的，可实现自动加热，自动喷水冷却。栅极电流为0.4A，阳极电流为2.6A，加热时间为6~10s（视锤块的厚薄而定），加热温度为830~860℃，喷水冷却时间为3.5~6s。高频感应淬火后进行160~170℃×2h回火，回火后锤块工作面的硬度为60~64HRC。

（2）Q235钢经渗碳—碳氮共渗空冷后再高频感应淬火+低温回火的性能　Q235钢经渗碳—碳氮共渗正火后，再经高频感应淬火+低温回火处理，表面是细针状的含氮马氏体和少量的残留奥氏体。最外层0~0.3mm硬度为760~850HV，0.30~0.60mm硬度为860~940HV，从0.6mm向内层硬度逐步降低，在深度为1.0mm处硬度只有420HV，1.40mm处为350HV左右。耐磨性试验表明，Q235钢和20Cr钢经本工艺处理后其耐磨性能很接近。在干式滑动摩擦，负荷为294.199 5N（30kgf），试样转速为200r/min时，累计转数为1600r，磨痕宽度为1mm，20Cr钢磨损量为0.0013g，Q235钢磨损量为0.0015g。从摩擦因数和磨损量来看，采用该工艺的锤块，完全可以用Q235钢代替20Cr钢，同时生产实践考核也证明，Q235钢锤块的使用寿命达到了进口锤块的水平，对比数据见表4-15。

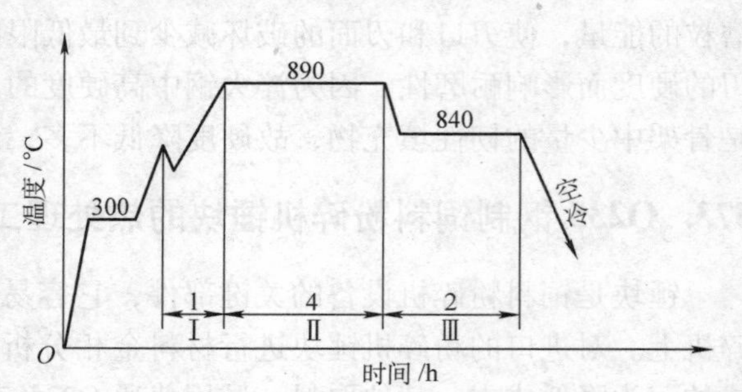

图4-7　Q235钢锤块的渗碳—碳氮共渗工艺

Ⅰ—甲醇180滴/min　Ⅱ—煤油220滴/min

Ⅲ—煤油180~200滴/min，$NH_3$240~260L/h

表4-15　Q235钢锤块与进口锤块使用寿命对比

进口20Cr钢锤块使用寿命/t	国产Q235钢锤块使用寿命/t	备注
5000	5000以上	6套锤块平均寿命
7000	7150	6套锤块平均寿命

（3）结论　用Q235钢制造的饲料粉碎机锤块，经890℃×4h渗碳+840℃×2h碳氮共渗+高频感应淬火+160~170℃低温回火后，实际生产使用表明，可以代替进口产品。Q235钢代替20Cr钢可降低成本，经济效益好。

374. 低碳钢剪羊毛机刀片的气体碳氮共渗工艺

剪羊毛机切割副由动、定刀片组成。动刀片在一定的压力下贴紧在定刀片上，以2400次/min的频率做高速往复运动，完成切割过程。由于具有4齿的动刀片相对于13齿的定刀片进行工作，每个齿进行剪切运动的次数比定刀片要多得多，因此，对其使用性能提出了更高的要求。

目前，国内外动刀片材料大多采用1.5mm厚的低合金工具钢或碳素工具钢冷轧钢带。

刀片制造的主要工艺流程为：落料→热冲成形→加热整形→球化退火→机加工→淬火、回火→抛光→开刃。原材料的脱碳及4次加热引起的刃口表层脱碳，使刃口在不同的摩擦磨损条件下磨钝半径迅速增大，致使刀片过早地磨钝失效。特别要提出的是，刀尖是切割副的主要部位，往往因表层脱碳而造成早期磨损，使得动刀片和定刀片之间出现间隙，妨碍了羊毛的夹持和切割，大大降低了刀片的质量和使用寿命。此外，低合金工具钢的加工工艺烦琐，球化退火需要密封装箱保护，生产周期长，生产率低，劳动强度大。

采用低碳钢冲压成形、碳氮共渗制作动刀片，不仅使刀片使用寿命提高，质量稳定，而且大大简化了工艺流程，减轻了劳动强度，提高了劳动生产率，并为刀片自动化大生产创造了条件，具有较好的技术经济效果。其热处理工艺简介如下：

（1）渗剂及其设备　考虑渗剂价格便宜、货源充足的因素，经优选用煤油作为渗碳剂。为了使尿素能得到充分的热分解，加速炉气气氛的还原，节约渗剂的用量，在尿素中加3%（质量分数）铝粉并压成直径为16mm（重约3g）的小球，共渗时在滴煤油的同时向炉内投放小球。

所用的共渗设备为RJJ-35和RJJ-75型气体渗碳炉，对风扇轴处的密封装置进行了改装，改善了炉膛的密封状况。滴注部分、排气管和取样管均用冷却水套进行冷却，并附加一套尿素球投放装置。

（2）工艺过程　共渗过程分为两个阶段，如图4-8所示。第一阶段是渗碳为主的强渗阶段，第二阶段为使在渗层中得到合适的氮含量，改善碳、氮含量的浓度梯度，抑制刀片刃缘块状或壳状碳、氮化合物的形成，而在较低温度下进行的扩散阶段。强渗阶段及扩散阶段的滴量见表4-16。

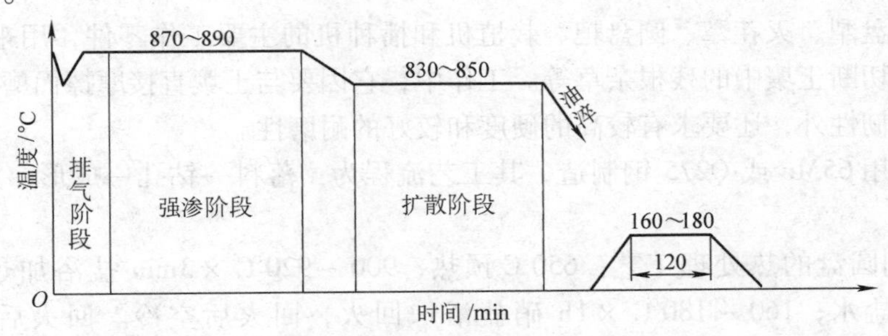

图4-8　低碳钢制动刀片的碳氮共渗工艺（RJJ-75型炉）

表4-16　强渗阶段及扩散阶段的滴量

项目 \ 炉型		滴量			
		强渗阶段		扩散阶段	
		RJJ-35	RJJ-75	RJJ-35	RJJ-75
介质	煤油	100～120滴/min	160滴/min	60～80滴/min	80～100滴/min
	尿素球	6g/min	12g/min	12g/min	18g/min
时间/min		—	100	—	100
炉压/mmH_2O①		30～50	30～50	>10	>10

①　$1mmH_2O = 9.80665Pa$。

以RJJ-75炉型为例，工件装炉后，因炉温有所降低，这时滴甲醇排气，甲醇易分解不易产生炭黑，待温度升高到870～890℃再滴入煤油，投放尿素球，提高炉气碳势。排气阶段的时间通常为1h左右，如在连续开炉、装炉工件少、升温快、刀片清洗无油污、大气湿度小的情况下，排气阶段的时间可以缩短。排气阶段滴注液的消耗约500～800mL。按炉罐容积计算，所产生的炉气使共渗炉内气氛置换约4～5次，当炉子的上下仪表温度全部到温后，应调整炉压和滴量进入共渗阶段。

在共渗阶段，工件已到温，炉内气氛已恢复，碳势已很高，造成工件表面与炉气气氛很大的碳浓度差。为保证快速渗碳，要加大煤油滴量和炉压。采用160滴/min，投尿素球12g/min。

扩散阶段煤油滴量为80～100滴/min，投尿素球18g/min，炉压大于10mm H_2O。

830～850℃出炉后直接油淬，淬火后进行160～180℃×2h回火。

按上述工艺操作，对于壁厚为0.8～1.0mm的低碳钢动刀片来说，已基本渗透。刀片表层的碳含量w(C)≈1.0%左右，氮含量w(N)≥0.4%，心部的碳含量w(C)=0.75%～0.85%，氮含量w(N)≥0.25%。刀片表层硬度为62～64HRC，在回火温度相同的情况下，碳氮共渗刀片的表层硬度比渗碳刀片略高，这与碳氮共渗层回火稳定性比单独渗碳高有关。

（3）动刀片使用效果　经冲压成形、碳氮共渗的低碳钢动刀片有较高的剪羊毛头数和使用寿命，分别对东北细毛羊、新疆细毛羊和内蒙古改良羊等不同羊种进行剪毛试验，结果全都超过美国利斯特刀片，刀片的磨利性和耐磨性也超过美国利斯特刀片30%以上。

375. Q275钢制圆盘的热处理工艺

圆盘是圆盘犁、灭茬犁、圆盘耙、栽植机和播种机的主要工作零件，用来切土、碎土、松土、开沟和切断土壤中的残根杂草等。工作中，它因要与土壤直接摩擦而磨损，除要求有足够的强度与韧性外，还要求有较高的硬度和较好的耐磨性。

圆盘一般用65Mn或Q275钢制造，其工艺流程为：落料→钻孔→成形→淬火、回火→开刃。

Q275钢制圆盘的热处理工艺：650℃预热，900～920℃×3min盐浴加热，淬入10%（质量分数）盐水；160～180℃×1h硝盐浴炉回火，回火后空冷。回火后硬度为51～53HRC。

376. 65Mn钢制旋耕刀的热处理工艺

旋耕刀的前端用于碎土、抛土和掺混，它经常与土壤中的砂石发生强烈摩擦，同时还要在工作中受到较大的冲击载荷，如柄部韧性不足将会发生刀柄折断。根据它的工作条件，旋耕刀的前端要求耐磨，其硬度为55～60HRC；柄部要求足够的韧性，硬度为40～48HRC。

65Mn钢制旋耕刀在锻造和滚压成形后在盐浴炉中加热，830～850℃×1min/mm，油淬，其前端硬度为55～60HRC，显微组织以马氏体为主。由于内应力大，韧性差，不能直接使用，为此进行两次回火。第一次回火工艺为180～200℃×2h，回火后空冷，以消除内应力，提高韧性，将硬度控制在55～60HRC。第二次回火是将刀柄重新加热到420～480℃回火后水冷，使柄部硬度控制在40～48HRC。

377. 粉碎机锤片的热处理工艺

粉碎机锤片是易损件，形状、大小、厚薄因机型不同而异。常用的矩形锤片是由轴销和粉碎机转盘连接的。工作时转盘高速回转运动，使锤片产生较大的冲击能量，反复锤击送进来的饲料，使之粉碎。因而锤片常因受到较大的冲击而疲劳剥落碎屑。根据这样的工作条件，要求锤片本身应有足够的强度和韧性，以及抗冲击的能力，两端还必须有一定的硬度。粉碎机锤片选用的材料与热处理工艺如下：

（1）15钢或20钢　渗碳处理，要求渗碳层深度为0.8～1.2mm。渗碳后进行780～800℃盐浴炉淬火，160～180℃×2h硝盐浴回火，回火后硬度为56～62HRC。

（2）65Mn钢　调质处理，硬度为28～32HRC。盐浴炉加热两端850～860℃×3～4min（厚2mm），分头加热，淬入180℃硝盐浴，220～260℃回火，回火后硬度为53～58HRC。

（3）低碳钢渗硼　对Q235或20钢进行固体渗硼，渗硼剂（质量分数）为硼铁2%+KBF_4 5%+NH_4HCO_3 5%+其余为Al_2O_3，渗硼工艺为900℃×3h。渗硼后开箱淬入10%（质量分数）聚醚水溶液中，180℃×60min回火，硬度为1300～1700HV。

（4）45钢渗硼　对45钢进行固体渗硼（工艺方法同上），渗硼后进行淬火、回火；或进行氮硼或碳硼共渗，再淬火、回火。

378. 粉碎机筛片的气体氮碳共渗工艺

筛片在饲料粉碎机中是和锤片配套使用的零件，在工作中，谷物或饲料（有时夹有砂粒）要随着气流飞射并沿着筛面急速流动，使筛片表面受到强烈的敲击和冲击，从而导致磨损或撕断。筛片表面要求光滑、平整，不允许有裂纹、锈蚀和斑点。制造筛片的材料不仅需要较好的强韧性与耐磨性，还要求具有好的耐冲压性能，一般采用20钢进行气体氮碳共渗方法制造。其热处理工艺因设备容量大小而异。如采用RJJ-35井式渗碳炉时，加热温度为560～570℃，通氨量为420L/h，乙醇滴量为1.2ml/min，共渗时间为3～4h，炉压为784MPa，出炉后油冷。共渗前，工件装入到温的炉内，用乙醇排气30min，滴量为4.8mL/min。共渗后表面硬度为900HV。

379. 轧花机圆锯片的气体碳氮共渗工艺

圆锯片是加工棉花用的轧花机上的易损件，原用进口65Mn钢进行调质处理，使用寿命只有几十个小时，最高不超过100h，国内有关厂家采用低碳钢经气体碳氮共渗处理，使用寿命达到500h。

气体碳氮共渗的渗剂为氨+乙醇，工艺为570℃×3h，渗层表面硬度为550～570HV，化合物层深度为0.007～0.012mm，扩散层深度为0.15～0.30mm。

380. 挤压机铰刀局部淬硬及减少变形的热处理工艺

挤压机铰刀是混凝土挤压机的关键零件，其材料为变质铸铁，外形尺寸为ϕ100mm×855mm。铰刀在工作中推动挤压机整体前行，从而完成混凝土楼板自动制板成形作业。铰刀工作中要承受挤压、冲击应力，并受到腐蚀作用影响，要求铰刀高硬度（≥62HRC）、高抗弯强度（≥600MPa）、良好的冲击韧度（≥7J/cm^2），并且要具有良好的耐蚀性；同时要求工件变形小，轴线平行度好；此外铰刀还应具有优良的耐磨性（要求运行10km），工件损坏率（出现崩裂、折断等）应小于1%。由铰刀的工作要求可知，工件不同部位要求硬度不同，而且变形量要求严格。生产实践表明，热处理中防止氧化脱碳和减少变形是铰刀热处理的关键。为确保产品的质量，采用了如下热处理工艺措施。

采用局部涂料保护后再进行整体淬火、回火，一方面可以在不同部位获得不同的硬度，二则对防止氧化脱碳及减少变形十分有利。涂料以ϕ2～4mm硅酸铝纤维和74～104μm的空心玻璃珠为基本材料，配以水玻璃+矿浆+糊精制成。

热处理工艺为：先进行退火处理（因铸态的硬度有54HRC左右），使螺纹部分硬度低于38HRC；然后进行整体淬火处理，960℃×2h加热后空冷淬火，随后进行250℃×4h回火处理。

经上述工艺处理后，螺纹部分硬度为32～35HRC；铰刀工作部分硬度为59～62HRC；冲击韧度为10.8J/cm^2；抗弯强度达1144MPa。使用寿命得到很大提高。

381. CrMn钢制织袜机圆盘剪刀的热处理工艺

CrMn钢制织袜机圆盘剪刀的外形尺寸为ϕ99mm×4mm×ϕ83mm（内孔），此类剪刀属薄壁零件，壁厚约1～1.5mm，形状复杂。技术要求：热处理后硬度为58～62HRC，平面度误差≤0.05mm，圆度误差≤0.10mm。其热处理工艺简介如下：

为减少工件淬火应力和变形，设计了专用的淬火夹具，夹具的心轴外径比工件内径略小，为$\phi 82^{+0.3}_{+0}$mm。为防止心轴与工件淬火时卡死，心轴采用无马氏体相变钢种制造。为保证工件淬火冷却良好，在每两个工件间安置一个衬环，使两工件隔开，确保工件冷却充分。预热工艺为450～500℃×2min/mm，盐浴加热温度为850～860℃，淬入60～80℃油。油冷至180℃左右出油空冷，趁工件尚有150℃左右迅速装入特制压直夹具中，进行180～200℃×2h×2次回火。

圆盘剪刀回火后性能良好，硬度为58～60HRC，变形微小，平面度误差≤0.03mm，圆度误差≤0.05mm，均优于技术条件要求。

382. 推土机刀片的热处理工艺

推土机刀片使用条件非常恶劣，要受到砂子、石块的磨损与撞击，因此对刀片硬度、韧性和耐磨性要求较高。某工程机械厂生产的推土机刀片材质为30Si2CrMoB，其化学成分见表4-17。

表4-17 30Si2CrMoB钢的化学成分（质量分数） （%）

C	Si	Cr	Mo	B	Mn	S	P
0.30	1.70	0.60	0.10	0.003	0.60	≤0.03	≤0.03

刀片技术要求为两刃部55mm宽度范围内硬度为46～52HRC。刀片原淬火工艺为高温盐浴炉局部加热淬火。推土机刀片属双刃刀片，宽度只有254mm，在高温炉中加热时，已淬过火的一边刃部常出现高温回火现象，难以满足所要求的硬度，而且设备维修费用高，环境污染严重。因此，将推土机刀片的淬火改为中频感应连续淬火。

根据工件的结构特点，对串联感应器进行了设计和改造，使感应器同时加热的面积加大，使其具有预热、加热双重功能，保证刀片的淬火宽度及深度。经过若干次调试，得出合理的电参数，喷水冷却。淬火后刀片的表面硬度较均匀，达到58～63HRC，经350℃×2h回火，表面硬度满足技术要求。在距刀片两端（长度方向）各100mm处及中间部位取3个试样，测量3个试样截面硬度无明显差异。

经中频感应连续淬火处理的推土机刀片质量稳定，使用寿命高。

383. 特殊圆锯片的齿部淬火工艺

圆锯片是开棉机的主要零件，材质为45钢，外形尺寸为ϕ406mm×3mm。生产工序为：下料→平直→车外圆→冲键槽孔→冲周边齿形→淬火→修整齿形。技术要求：从齿尖向内15mm处热处理硬度为45～52HRC。过去采用过氧乙炔焰表面淬火，其工艺参数不易控制，产品质量不稳定。为此，进行了高频感应淬火的试验，并对冷热加工工序进行了调整，取得了满意的效果。

首先调整冷热加工工序，调整后的生产工序为：下料→校平→车外圆→冲键槽孔→冲周边齿形→淬火→压齿形角度。

调整工序后，对锯片进行高频感应三齿顺序穿透加热。由于零件各齿在同一平面上，三齿距离感应器的间隙相等，加热均匀，淬火变形小。淬火后齿部硬度≥54HRC，经回火处理后符合要求。

对于该零件，在高频感应加热时，其受热部位不同会产生不同程度的翘曲变形。此锯片热处理的难点是其几何形状的复杂性，尤其是不平整的周边造成加热的不均匀而引起的变形。妥善安排冷热加工工序，简化零件几何形状，可以减少热处理的变形程度。

采取三齿穿透淬火，感应器的形状设计应是与锯片周边相匹配的弧形，加热时使各齿的温度均匀一致。选择适当的电参数，提高加热速度，进行快速加热，使齿根处温度不至于超过相变温度，使随后的冷压齿形角度得以顺利进行。

由于零件几何形状复杂程度的简化，淬火时感应器的设计和操作合理，使淬火的变形量和变形面积都很小，微小的变形量在冲压齿形角度加工中借助所受到的强大的机械力得以矫正，根本上解决了零件高频感应淬火时的变形，保证了产品质量。

384. CrWMn钢制压塑机刀片的预变形淬火工艺

压塑机刀片如图4-9所示，材料为CrWMn钢，要求硬度为60～62HRC，直线度误差≤0.20mm。原热处理工艺采用820～840℃加热后油淬、硝盐浴淬，变形情况如图4-10所示，冷矫直易脆断，利用马氏体相变的超塑性进行热矫直，回火后仍有40%～50%的刀片变形超差。实践证明，利用预变形的方法可解决以上问题。具体方法是：预先将A面内凹，变形量为0.20～0.30mm，于830～840℃盐浴加热，油淬，160～180℃回火后硬度和变形均达到要求。该工艺经多年考验，合格率为100%。

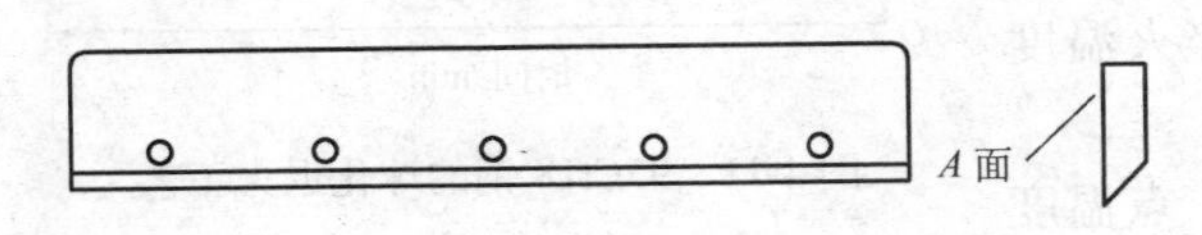

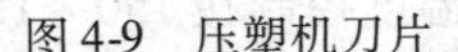
图4-9　压塑机刀片

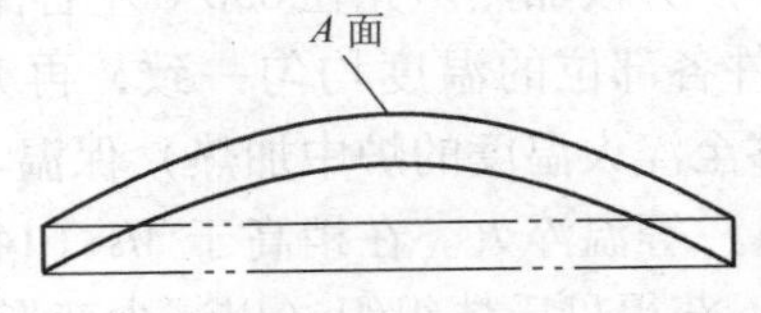

图4-10　常规淬火压塑机刀片变形情况

385. Q235 钢制防滑铲的热处理工艺

低碳钢是机械制造中广泛应用的金属材料，价格低廉，长期以来人们习惯地认为低碳钢淬透性差，淬火强化效果不明显，故总是采用渗碳等表面强化手段使之强化。自从低碳马氏体淬火工艺开发以后，Q235 钢制防滑铲的低碳马氏体淬火工艺也得到了成功应用。

（1）热处理工艺　Q235 钢防滑铲要求硬度为 35 ~ 40HRC，通过试验将淬火温度提高至 930 ~ 960℃，保温 2 ~ 3min，淬火冷却介质选用 10% ~ 15%（质量分数）NaOH 水溶液或 5% ~ 8%（质量分数）NaCl 水溶液，淬火后硬度为 36 ~ 40HRC。

（2）工艺性能比较　如果采用渗碳淬火工艺，时间至少需 5h 以上，而采用盐浴直接淬火强化只用 3 ~ 5min。另外，由于 Q235 钢本身碳含量低，基本没有其他合金元素，淬火后得到的低碳马氏体韧而不脆，要比其他合金钢和中、高碳钢的淬火内应力小得多，可以不进行回火，节约了大量的能源，提高了生产率。使用结果表明，低碳马氏体的强度、韧性和耐磨性可以和渗碳淬火处理的相媲美，完全合乎技术要求。采用该工艺处理的防滑铲质量稳定，成本低，设备简单，操作方便，便于实现连续生产。

386. 95Cr18 钢制切粒回转刀的热处理工艺

切粒回转刀是石化工业设备中的一个重要部件，其功能是对可塑性线材进行连续高速地切粒。此刀长期依靠进口，因其易损耗，需求量大，耗费大量外汇。为使切粒回转刀国产化，国内一些单位进行了探索研究，最终选定用 95Cr18 钢制造，其各项性能指标达到并超过日本原装产品的水平。其热处理工艺简介如下：

（1）球化退火　95Cr18 钢属莱氏体钢，为改善其可加工性和为最终热处理做好组织准备，采用图 4-11 所示工艺进行球化退火。退火后硬度为 260HBW，金相组织为细小的球状碳化物和粒状珠光体。这样的预备热处理组织不但可减少刀具淬火变形，而且使淬火的碳化物呈细小粒状均匀分布，可提高其韧性及耐磨性。

（2）淬火

1）工件在保护气气氛中加热，以使工件表面尽量不脱碳或减少脱碳（热处理后的单边磨削量仅 0.30mm）。

2）淬火温度。采用常规的淬火温度（1050℃）淬火，淬火组织中将有大量的残留奥氏体，这会降低刀具的锋利度。采用较低的淬火温度（980 ~ 1000℃），既能保证碳化物及合金元素的基本溶解，又有适量的未溶碳化物存在，以获得理想的淬火组织。

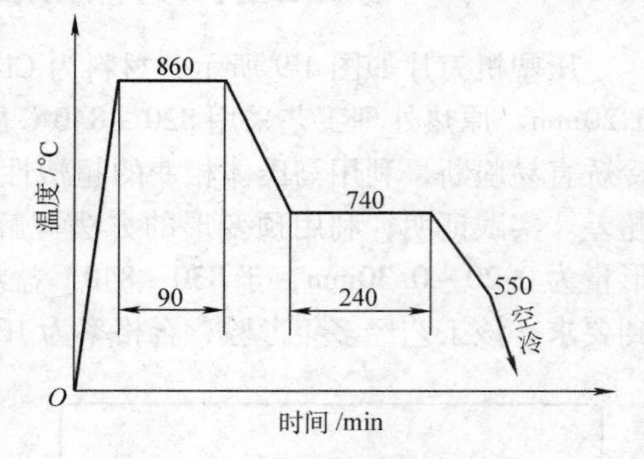

图 4-11　95Cr18 钢的球化退火工艺

3）分段加热。先在 850℃左右保温一段时间，使工件各部位的温度均匀一致，再升至淬火温度（或移至淬火温度的炉中加热）保温。

4）等温淬火。在稍高于 Ms（145℃）点温度等温，获得贝氏体组织（以减少变形和提高韧性）。等温温度控制在 150 ~ 180℃。等温超过

180℃，一是会使残留奥氏体增多，影响刀刃的锋利度；二是会影响尺寸变化的一致性。

（3）回火　根据其力学性能与回火温度的关系，常采用210～220℃×4h回火或210～220℃×2h×2次回火。

经上述工艺处理后，硬度为55～56HRC（磨削后刃口极为锋利），冲击韧度接近峰值（韧性也较好），使切粒回转刀实际使用寿命达到刃磨一次后60天周期，而从日本进口的切粒回转刀一般为45天，较之提高30%。

387. 不锈钢菜刀的高频感应淬火工艺

家庭用的不锈钢菜刀要求锋利不崩刃、不卷口、耐锈蚀。热处理常用盐浴炉加热淬火，劳动强度大，淬火后清洗困难，环境污染严重。

经试验，对不锈钢菜刀采用高频感应淬火，取代盐浴炉加热淬火，取得了令人满意的效果。

不锈钢菜刀的材料为30Cr13或40Cr13，外形尺寸为180mm×80mm×2.5mm。刃口经粗磨至0.80～0.90mm后进行感应淬火，淬火后满足以下要求：硬度为50～56HRC，硬化区范围≥25mm，硬度分布均匀，不均匀度≤3HRC，变形量≤2mm。

（1）设备的电参数　输入电压为380V，阳极电压为7.5kV，阳极电流为2.5A，槽路电压为5kV，栅极电流为0.6A，频率为250kHz。

（2）淬火、回火工艺　设计好专用感应器，菜刀放在感应器中适合的位置，感应加热速度一般为200～400℃/s，奥氏体化是在瞬间完成的，不需保温。淬火温度为1050～1100℃，淬火冷却介质为油。回火温度为200～220℃。

在硬化区180mm×25mm范围内，淬火、回火后硬度均大于50HRC，且硬度比较均匀。全部指标均能达到技术要求。

388. 碾米机瓦筛的低碳马氏体淬火工艺

碾米机瓦筛用1.5mm厚的20钢热轧钢板制造，要求热处理后硬度为38～45HRC。原采用固体渗碳工艺，有的硬度高，脆性大；有的硬度低，不耐磨。一副瓦筛通常只能碾稻谷5百多公斤，使用寿命很短。

瓦筛在使用中，承受压应力，既要求一定的强韧性，又需要良好的耐磨性。根据这些特点，进行低碳马氏体强韧化处理。加热设备为75kW箱式炉，加热温度为920～930℃，保温8～10min，淬入10%（质量分数）NaCl水溶液，水温控制在40℃以下。然后进行150～180℃×1.5h硝盐浴回火，回火后硬度为38～44HRC，符合技术要求。为防止瓦筛在加热过程中氧化脱碳，可在炉内放一些木炭+1%（质量分数）Na_2CO_3。

多年的实践证明，采用低碳马氏体淬火的米筛，在正常情况下（稻谷中不含石块和铁钉之类的硬物），一副瓦筛可碾稻谷4万kg以上，使用寿命比原来提高20～30倍。

389. 米筛的氧氮共渗工艺

大米加工厂用的米筛，消耗量大，常用低碳钢渗碳淬火制作，由于材料薄，热处理变形大且由于渗层深度难控制，质量不稳定，寿命比较低。

试用氧氮共渗处理，使米筛的使用寿命大大提高。

米筛材料为从日本进口的薄板，碳含量 w（C）=0.04%。氧氮共渗处理使用氨气和压缩空气（或氧）作为气源，其中压缩空气用变色硅胶脱水，然后各自减压至98kPa并经流量计进入混气罐，混合气体经流量计后进入炉内进行氧氮共渗处理，炉内废气从排气管排出点燃。经反复试验，可行的工艺为米筛入炉温度为300℃，用氨气排气直至氨气分解率为3%～5%。一面排气，一面升温，排气后通入混合气，混合气是按体积比供给（氨与空气的体积比为10∶1）的，处理工艺为600℃×3h。出炉稍冷后油冷。处理过程中，炉气氨分解率控制在40%～60%。由于使用了转子流量计，气源比例和混合气体流量调整比较方便。氧氮共渗处理后米筛表面呈浅蓝色，渗层深度为0.15～0.20mm，其中化合层深度为0.01mm，硬度为600～650HV。

氧氮共渗处理的米筛虽然渗层较薄，但由于渗层无脆性，摩擦因数低，能贮油润滑，其使用寿命大大优于渗碳米筛。据现场操作工人反映，氧氮共渗处理的米筛具有变形小、韧性好、易安装、易出糠、经久耐用等优点，原来一个星期就换一次米筛，采用氧氮共渗处理的米筛后至少一个月才换一次米筛。

390. 炒菜勺的渗铝工艺

炒菜勺原来都是用钢板制造的，在使用中易生锈且氧化皮厚，一把炒菜大勺使用两年就损坏了。为了延长炒菜勺的使用寿命，采用液体渗铝工艺，使用四五年后，菜勺仍保持原来的光泽，使用清洁卫生，烹调无锈味。

液体渗铝配方（质量分数）：Al 94%～98%+Si 6%～2%。渗铝温度为680～740℃，共渗时间为10～12min。最外层表面硬度为850～879HV，渗层深度为0.15mm。

391. 菜刀的预冷双液淬火工艺

60或65Mn（复合钢）钢制菜刀的要求：硬度为55～61HRC，刀刃前中后三点硬度差不超过4HRC，最低点硬度不得低于54HRC；显微组织为回火马氏体，马氏体级别≤4级。

其双液淬火工艺：850～860℃×45～50S/min盐浴炉加热后在空气中预冷3～5s，菜刀温度为800～810℃，淬入盐水中冷却0.8～1.2s，温度降到300～340℃，已绕过冷却曲线的不稳定区，立即浸入油中缓冷，实现马氏体转变。这样淬火组织应力小，有利于减少变形与开裂。

按上述工艺处理的菜刀的硬度均匀，一般为56～60HRC；变形小，易矫直。金相分析结果表明：淬火马氏体为3级，完全符合技术要求。

392. 日本关镇菜刀的热处理工艺

日本关镇生产的菜刀在世界上很有名气，材料为不锈钢，它是锻制的，其碳含量 w(C)=0.60%～0.80%，铬含量 w(Cr)=13%～17%；为了保证菜刀美观、耐蚀性和锋利性持久度高，也有用碳含量比上述多些或少些的不锈钢。从研磨性考虑，以碳含量 w（C）=0.30%～0.50%的不锈钢最好。淬火温度取1050℃。

不锈钢菜刀淬火加热时，先用间歇式电炉或煤气炉预热到750℃左右，然后加热到最高温度，油淬。淬火后立即用压力机进行矫直，随后再进行-70～-90℃×37min×2次冷处理，最后进行180～200℃×1h硝盐浴回火。

393. 马赛克机横向切割刀的热处理工艺

马赛克机上横向切割刀外形尺寸为 ϕ192mm×20mm，材料为 W6Mo5Cr4V2 钢。它的几何形状与普通高速钢机械加工刀片相比，刃口锐角小，刀身薄，横截面积相差较大。其热处理质量要求高，不允许出现任何缺陷。技术要求：刃部硬度≥60HRC，碳化物偏析≤3 级，淬火晶粒度为 11～11.5 级，翘曲变形≤0.1mm，要求具有良好的耐磨性、热硬性和韧性配合。其热处理工艺如下：

(1) 预热　工艺为：600℃×8min＋850℃×8min 两次盐浴预热。

(2) 加热　工艺为：1205℃×4min。

(3) 冷却　工艺为：480～560℃中性盐浴分级冷却 4min 后出炉空冷。

(4) 回火　工艺为：570℃×1h×3 次硝盐浴回火。

马赛克机横向切割刀经上述工艺处理后，硬度为 62～63HRC，使用寿命比常规处理有很大提高。

394. 马赛克机纵向切割刀的热处理工艺

纵向切割刀是马赛克机上的关键零件之一，外形尺寸为 ϕ195mm×8mm，材料为 W18Cr4V，硬度≥60HRC，不允许出现任何热处理缺陷。其热处理工艺如下：

(1) 预热　工艺为：600℃×5min＋850℃×5min 两次盐浴预热。

(2) 加热　工艺为：1245℃×2min30s。

(3) 冷却　工艺为：480～560℃中性盐浴分级冷却 2min30s 后出炉空冷。

(4) 回火　工艺为：560℃×1h×3 次硝盐浴回火。

马赛克机纵向切割刀经上述工艺处理后，硬度为 62～63HRC，使用寿命比常规处理有很大提高。

395. Q235 钢制筛类产品的固体渗硼工艺

粉筛、糠筛、米筛、豆筛类产品使用广用量大，其主要失效形式是磨损，其次是折断或石头等硬杂物击损，因此要求筛类产品既要有高的表面硬度，心部又要有好的韧性。

为了满足上述性能要求，传统筛类产品一般采用渗碳、渗氮和氮碳共渗等工艺，这类处理方法虽然能不同程度地提高了产品性能，但寿命仍然偏低，钢材消耗仍然很大。有的厂家虽利用固体渗硼大幅度提高了寿命，但渗硼剂及原材料（如碳化硼、硼铁、氟硼酸钾等）价格昂贵，影响其推广应用。因此，利用廉价的原材料配制的渗硼剂，选用最佳渗硼设备和采用合理的渗硼工艺，在大幅提高产品寿命的同时，才可大大降低生产成本。

固体渗硼具有工艺成熟简单、不需专用设备、渗硼表面干净、易清理等优点，是目前应用最广的渗硼工艺方法，但也存在着价格昂贵和使用过程浪费严重的缺点。通过反复试验，渗硼剂可选用价格低来源广的硼砂、尿素、石墨、粒度为 165μm 的硅铁、165μm 的稀土硅铁合金、氟硅酸钠和碳酸氢铵等配制而成。其中硼砂为供硼剂；硅铁为还原剂；碳酸氢铵、尿素为催渗剂；稀土硅铁合金既有催渗作用，又有还原作用；氟硅酸钠为活化剂。为节省渗剂用量，便于表面清理和提高渗硼效果，渗硼剂做成颗粒状。方法是将上述原料及黏结剂一起放入搅拌机内搅拌，搅拌均匀后洒入相当于上述原料总质量的 5% 的水，用颗粒机做成粒度不大于3mm的粒状颗粒，晾干或晒干后再于150℃烘干，即制成渗硼剂。

（1）固体渗硼工艺　固体渗硼均采用装箱法，如图4-12所示。渗硼箱采用双盖密封结构。筛类产品的工作面是接触谷物等原料的正面，即只有正面磨损。粉筛类产品的工作面往往是冲孔后的毛刺面，因而筛类产品只要求工作面耐磨即可，即渗硼只渗工作面即可。具体操作方法是：在箱底先撒一层5mm左右厚的渗剂，然后每两片筛底的工作面向外叠合在一起为一层平摆于箱内，摆严一层后上面再撒一层5mm厚左右的渗剂，依次类推直至摆满渗箱后先盖上内盖板，内盖板之上放少许干燥的锯木屑，渗箱上口周边沟槽内塞满黄泥，上盖砸实于黄泥内，并将黄泥压实密封。为确保密封性好，沟槽内外黄泥均刷一层水玻璃。工件装箱后将渗硼箱吊入自制的加热炉内。渗硼温度为860～880℃，保温6～8h，出炉后空冷至100℃以下即可打开炉盖将工件扒出。渗硼后工件的表面硬度为1200～1500HV，渗层深度为100～150μm，金相组织为韧性较高的单相Fe_2B。

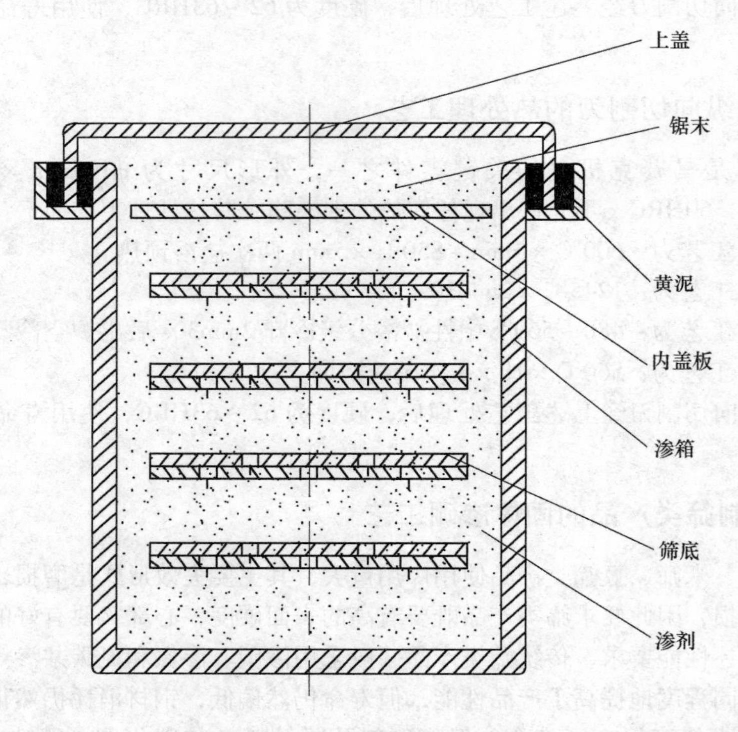

图4-12　固体渗硼采用的装箱法

（2）渗硼后的热处理及其应用　为获得低碳马氏体组织，对基体Q235低碳钢施行强化淬火，一般选用900～920℃盐浴加热，用氯化钙水溶液或硝盐水溶液冷却，再进行160℃回火。回火后磨去渗硼层基体的硬度为28～32HRC。筛类产品较薄，淬火后畸变较大，经双排滚式矫平机矫平后可获得理想的平整度。

筛类产品经上述固体渗硼处理后，可大大提高其表面的耐磨性。与渗碳、渗氮和氮碳共渗等常规化学热处理相比，其寿命提高4～8倍，成本仅增加15%左右，同时又比传统渗硼工艺的成本降低80%，具有极高的性价比，经济效益显著。

396. 45 钢制切割食品轧刀的气体氮碳共渗工艺

切割食品的轧刀用45 钢制造。气体氮碳共渗技术要求：渗层深度为0.15～0.30mm，硬度为550～700HV，变形量≤0.08mm，外观为颜色均匀一致的黑色。

气体氮碳共渗采用的渗剂为乙醇和氨气。在570℃装炉进行处理，工件入炉后炉罐必须密封，打开排气孔和试样孔，尽快排出炉内空气，使炉内的气氛在较短的时间内达到工艺要求，炉压应符合规定要求。45 钢轧刀的气体氮碳共渗工艺如图 4-13 所示。

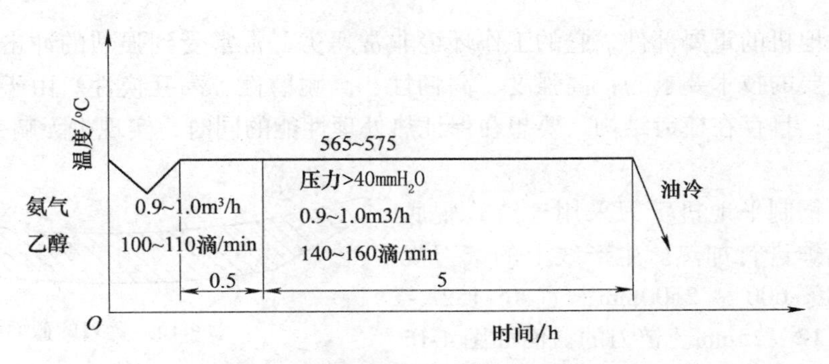

图 4-13　45 钢轧刀的气体氮碳共渗工艺

注：$1mmH_2O=9.80665Pa$。

经检测，氮碳共渗层深度为 0.27mm，硬度为 650HV，变形量为 0.05mm，外观颜色一致，完全符合工艺要求。

397. 65Mn 钢制农机旋耕刀的表面渗铬工艺

耕深大于 20cm 的旋耕刀是大耕深旋耕复式作业机械的关键部件之一。65Mn 钢制旋耕刀基本上采用整体淬火、低温回火工艺，不能满足旋耕外硬内韧的性能要求。国内一些单位对 65Mn 钢制旋耕刀施以表面渗铬处理，获得了成功。

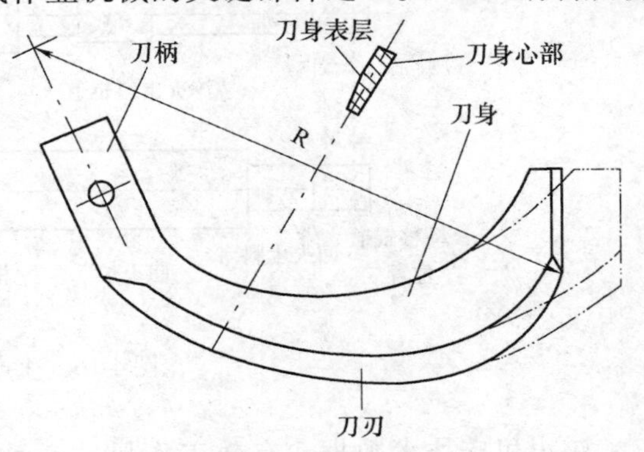

图 4-14　旋耕刀的外形结构

旋耕刀的外形结构如图 4-14 所示。

渗铬剂为山东安丘九星热处理材料公司出品的固体粉末渗铬剂，其主要成分（质量分数）为：铬粉 50% + 氧化铝 48% + 2% 氯化铵。按照固体渗碳方法操作，950℃ ×9h，渗铬层深度为 10～15μm，表层硬度为 1500～1800HV，使用寿命比常规热处理提高近 2 倍。

398. Cr06 钢制羊毛剪的热处理工艺

GB/T 1299—2014 推荐 Cr06 钢为量具刃具用钢。Cr06 钢是在 T13A 钢的基础上加入质量分数为 0.50% ～0.70% 的 Cr，耐磨性和淬透性比碳素工具钢高，冷加工塑性变形和可加工性较好，适合制作简单冷加工模具及锋利刃口的刀具等。以下简介Cr06钢制羊毛剪刀的热处理工艺。

1）为细化晶粒，消除网状碳化物，预备热处理除锻后等温退火外，还应附加860～880℃的正火处理。

2）780～800℃加热淬火，淬火冷却介质为硝盐水溶液，淬火后硬度为62～64HRC；210～250℃加热回火，回火后硬度58～59HRC。

399. 25CrMnB钢制平地机铲刀的热处理工艺

铲刀是平地机的重要部件，它的工作环境非常恶劣，常常受到强烈的冲击力和摩擦力。其热处理后主要的技术要求为：高强度、高韧性、高耐磨性、高互换性。由于铲刀长度长，横截面为弧形，且存在梳齿结构，要想在保证热处理性能的同时，实现少无畸变，热处理有一定的难度。

25CrMnB钢制平地机铲刀采用连续式辊底式天然气加热炉进行加热。生产线上的铲刀规格尺寸：长度600～2500mm，宽度152～203mm，厚度12～25mm。铲刀的截面如图4-15所示。

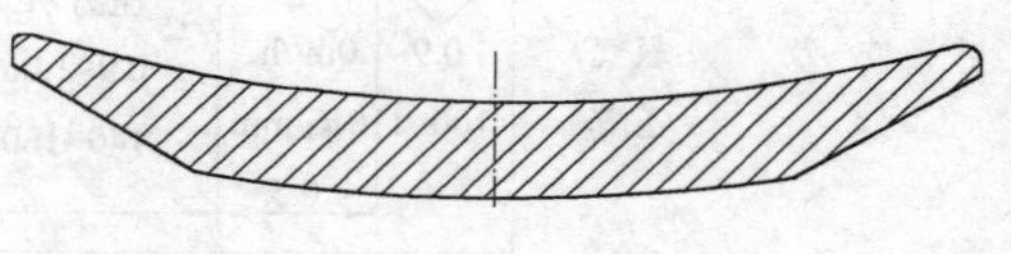

图4-15 铲刀的截面

生产线全线呈“U”形布置，展开全长105m，如图4-16所示。采用低碳马氏体强化淬火技术，加热温度为950℃±5℃，加热时间根据铲刀规格尺寸及装炉量而定，一般为20～50min。加热区分为加热段、均温段、保温段。

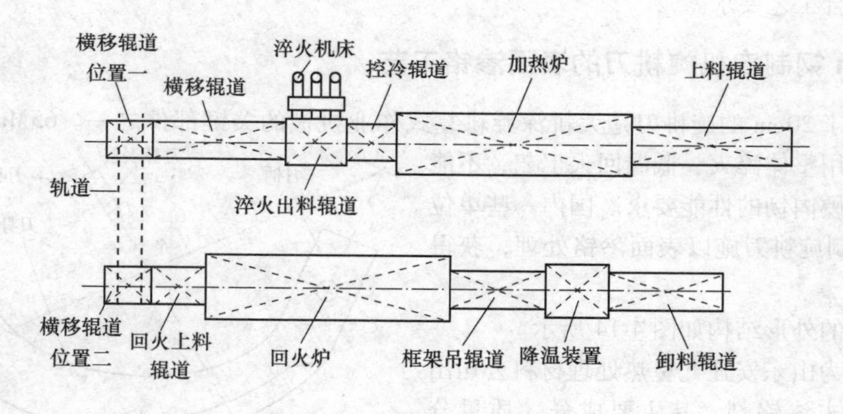

图4-16 生产线布置示意图

淬火机床技术数据：有效工作尺寸2.5m×1.5m×0.1m（外形尺寸：3.3m×1.8m×2.3m），通道数4个。淬火机床由床身框架及支架、工件传输系统、工件定位对中机构、上部压淬系统、下部压淬系统、供回水循环系统和排气罩及管路等组成，采用辊道式输送，含有横向对中机构，可对多种规格的铲刀进行施压。根据铲刀规格多、长度长、形状不规则的特点，淬火机床运用了脉冲压淬技术，通过控制淬火冷却介质的压力、流量以及压头的压紧来控制淬火畸变程度。上、下部压淬系统压头与工件为点接触，可以保证铲刀充分淬火和少无畸变。淬火机床示意图如图4-17所示。

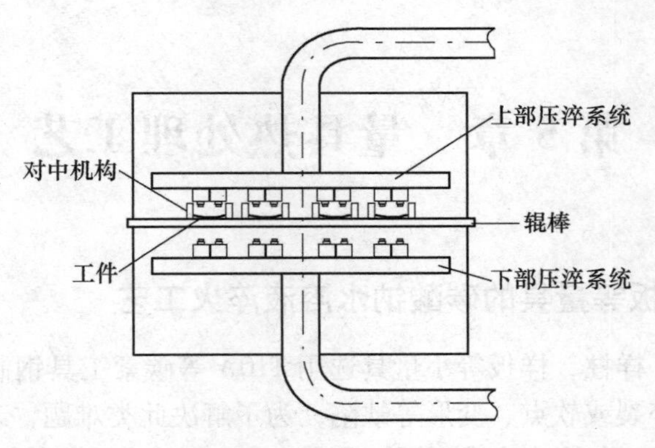

图 4-17　淬火机床示意图

回火炉采用电加热方式。回火温度为 450℃ ±5℃，加热时间为 30 ~75min，加热区分为 9 个区，控温精度为 ±1℃。

按上述工艺处理后，铲刀表面硬度为 44 ~52HRC，心部硬度为 42HRC，热处理畸变符合工艺要求。

第 5 章　量具热处理工艺

400. 碳素工具钢卡板等量具的碳酸钠水溶液淬火工艺

不少卡板、塞规、样柱、样板等小量具选用 T10A 等碳素工具钢制作，经济实惠，但因水淬油冷处理常出现淬裂或软点、变形等缺陷，为了解决此类难题，改为采用碳酸钠水溶液淬火，取得了显著成效。经生产实践证明，用 3% ~5%（质量分数）碳酸钠水溶液淬火对减少碳素工具钢的变形、开裂和软点是十分有效的，同时还能降低成本，又能在短时间内起到防锈作用。

该淬火冷却介质在使用过程中，由于会带入淬火盐，成分上会发生变化：当带入氯盐时，冷却能力增强，相当于碳酸钠与氯盐的混合水溶液，但对淬火质量影响不大，约使用一年才调换；而当带入氯化钡时，由于 $BaCl_2$ 和 Na_2CO_3 起化学反应生成 $BaCO_3$ 沉淀，结果使淬火冷却介质中的 Na_2CO_3 含量下降，NaCl 含量增加，逐渐形成以 NaCl 为主的淬火冷却介质，致使冷却性能变坏，所以选定碳酸钠水溶液作为淬火冷却介质应注意以下几个问题：

1）不宜采用传统的加热炉盐浴（质量分数）：$BaCl_2$ 70% + NaCl 30%，建议改用的盐浴配方（质量分数）为 KCl 55% + NaCl 45%，或采用熔点更低的“5428”配方（质量分数）：NaCl 50% + KCl 42% + $BaCl_2$ 8%。

2）量具的淬火温度取中下限。

3）淬火冷却介质的使用温度不宜超过 60℃。

4）注意淬火冷却介质的维护。经常消除液面表面的脏物，不得随意改变淬火冷却介质成分。当 Na_2CO_3 含量超过 8%（质量分数）时，淬火后工件有锈斑。

401. 量具中小零件的光亮淬火工艺

光亮淬火能使工件表面保持一定的光亮程度，减少氧化、脱碳，保持工件的几何精度，淬火后基本上不需机械加工，只需研磨即可装配，因而光亮淬火的应用越来越广。某厂生产的百分表、千分尺的小零件，如轴齿轮、中心轮、小轴等产量较大，使用的材料有 T10A、GCr15、CrWMn 等。由于零件小，加工余量小，精密度高，齿根、齿间必须清洁，因此这些小零件要求采用光亮淬火。淬火加热保护气氛为乙醇，乙醇于 930℃ 裂解再通入炉内。炉内气体成分为（质量分数）：CO 27%，H_2 56.37%，CO_2 0.4%，C_nH_{2n+2} 14.8%，N_2 0.924%，O_2 0.3%，C_nH_{2n} 0.2% 等。零件淬火是通过在保护气氛中慢慢导入淬火冷却介质来进行冷却的。尽管在加热过程中，保护气氛的成分对淬火后零件的光亮度很关键，但冷却介质本身的质量对淬火零件的光亮度也有很大影响。过去光亮淬火的冷却介质主要采用石蜡，后来又改用凡士林。这两种冷却介质在光亮度、工件淬火硬度方面都能达到一般技术要求，但光亮度不稳定，而且存在着烟味大、难清洗等一系列的其他问题。最终选用以大连某厂生产的 22 号汽轮机油作为基础［外加 1%（质量分数）咪唑油酸钠、0.3%（质量分数）的 2.6 二叔丁基对甲酚添剂］的光亮淬火油。该成分的光亮淬火油具有升温快、使用温度低、流动性好、不易老化、烟味小、无毒、易清洗、光亮度稳定、有一定的防锈能力等优点。经长期考验，该光亮淬火油是比较理想的淬火冷却介质。

402. 稳定 GCr15 钢制量块尺寸的热处理工艺

随着科学技术的飞跃发展，对精密机械与仪器的精确度和稳定性提出了越来越高的要求，作为测量基准的量块不仅要求有很高的制造精度，而且也要求在1m长度上，一年内的尺寸稳定性不得超过0.52μm。

试验用材料 GCr15 钢的化学成分见表5-1。

表5-1 GCr15 钢的化学成分（质量分数） （%）

C	Cr	Si	Mn	Ni	Cu	S	P
1.05	1.51	0.29	0.27	0.06	0.06	0.004	0.012

注：氧含量未做测定。

通过尺寸稳定性快速“模拟法”试验，各种热处理工艺的尺寸稳定性比较，回火工艺对残留奥氏体转变、硬度与尺寸稳定性的影响，冷处理工艺顺序，以及磨削应力对尺寸稳定性的影响的试验分析，得出如下结论：

1）在通常情况下，用150℃×3h 回火方法能在数天内模拟出量块数年内自然时效尺寸变化的曲线来，但内应力较大时会出现偏差。

2）860℃×15min 加热淬火，-75℃×1h 冷处理，150℃×70min×3 次回火，120℃×48h 时效，精磨，120℃×10h 时效的热处理工艺，不仅能使 GCr15 量块获得 64~64.5HRC 的高硬度，而且能获得0.06μm/(m·a) 的极高的尺寸稳定性。

3）回火温度低于150℃或回火次数少于3次均导致-75℃冷处理过的量块自然时效发生尺寸收缩。用-45℃冷处理或不处理则发生膨胀。用-45℃冷处理后，若回火不足会出现先缩后胀。

4）马氏体与残留奥氏体变化速率不一致，企图用冷处理或不进行冷处理来保留过量残留奥氏体，使其产生尺寸膨胀以抵消碳从马氏体中析出产生的尺寸收缩是徒劳的。

5）150℃或120℃回火能分别降低残留奥氏体量1.5%~2%和1%（体积分数）左右，但经相同的温度冷处理后均达到相同值，经-75℃×1h 处理后均降至5%（体积分数）。因此，提高淬火温度一定要增加回火次数，否则会导致体积收缩。室温停留50min 后，再进行-75℃×1h 冷处理的效果与立即进行-45℃×1h 冷处理效果相同。

6）淬火后经-75℃×1h 冷处理，硬度提高约1HRC，回火后仍保持这一差值。

7）量块磨削后不消除磨削应力会导致尺寸膨胀达0.64μm/(m·a)。对于每年使量块尺寸收缩的热处理工艺，磨削后不进行去应力退火会提高尺寸的稳定性，但对于引起膨胀的热处理工艺，这样处理反而会降低尺寸稳定性。

8）在马氏体转变区快速急冷会导致量块发生弹性与塑性收缩。因此，淬火后冷至室温前不应用冷水冲洗，同理不能用冷却速度过大的干冰乙醇液施以冷处理。

403. 碳素工具钢卡规的微变形热处理工艺

以前制作卡规大多采用渗碳钢，但制造数量很少时，选用碳素工具钢较为合适。一般碳素工具钢卡规的热处理工艺为：整体或局部加热，双液淬火。但这样处理的质量不太稳定，变形大，如处理不当还会产生开裂。经分析认为：卡规要求高精度和耐磨性主要集中于工作面上，整体硬化对其使用价值并不高，反而会造成较大的变形。有些生产单位从实践中摸索出用氧乙炔火焰淬火的经验，顺利地解决了卡规的变形问题。

具体热处理工艺为：视卡规大小选用规格适宜的焊炬，无须制作专用的喷嘴；使用中性火焰加热；加热温度控制在790～810℃，工件呈樱红色；为防止已淬一侧回火，在加热另一面时可将已淬硬的一面用湿布覆盖；加热后将卡规淬入质量分数为0.5%左右的聚乙烯醇淬火冷却介质中，变形情况见表5-2；检查硬度合格后，即放入180℃硝盐浴中进行回火处理。

表5-2　卡规淬火前后变形情况　（单位：mm）

通　规		止　规	
淬火前	淬火后	淬火前	淬火后
$14_{-0.41}^{0}$	$14_{-0.40}^{0}$	$14_{-0.40}^{0}$	$14_{-0.38}^{0}$

上述方法同样适用于其他钢种的卡规，但应根据钢种选择适宜的淬火冷却介质。实践证实，用上述工艺处理的碳素工具钢卡规，变形量为0.01～0.02mm，淬火并回火后硬度>60HRC，质量稳定。

404. 55钢制游标卡尺主尺的热处理工艺

图5-1所示的55钢制游标卡尺主尺，要求尺身硬度为40～53HRC，内外量爪硬度>59HRC，前端面硬度>59HRC，深度测量面硬度>40HRC，测量面金相组织马氏体≤4级，平面热处理变形不超过0.3mm，侧面变形不超过0.20mm。此外，对尺寸稳定也有要求，热处理的残余应力尽量小。

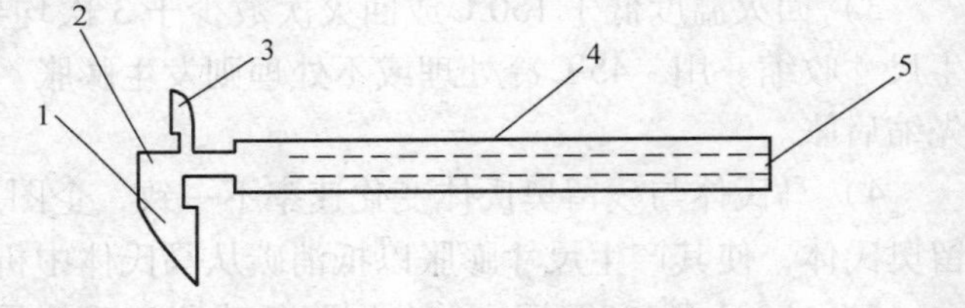

图5-1　55钢制游标卡尺主尺

1—外卡爪　2—前端面　3—内卡爪　4—尺身　5—后端面

传统的热处理工艺：主尺整体淬火→清洗→中温回火→外卡爪淬火→清洗→内卡爪淬火→清洗→低温回火。内外卡爪及前端面均采用盐浴快速加热、硝盐浴分级冷却。但由于内外卡爪的厚度不同，加上距离较近，特别是前端面与内卡爪的距离更近，所以当对它们进行分别淬火加热时，内外卡爪之间的过渡区因反复受盐浴高温辐射，造成前端面与过渡区局部退火，使已淬硬的地方硬度下降。为此，进行工艺改进，首先从机械设计入手，改内外卡爪及端面为同一厚度，改原内外卡爪分别淬火为一次淬火，使它们同时入炉处于用同一热处理状态。55钢制游标卡尺主尺的热处理工艺如图5-2所示。淬火加热时工件之间添加

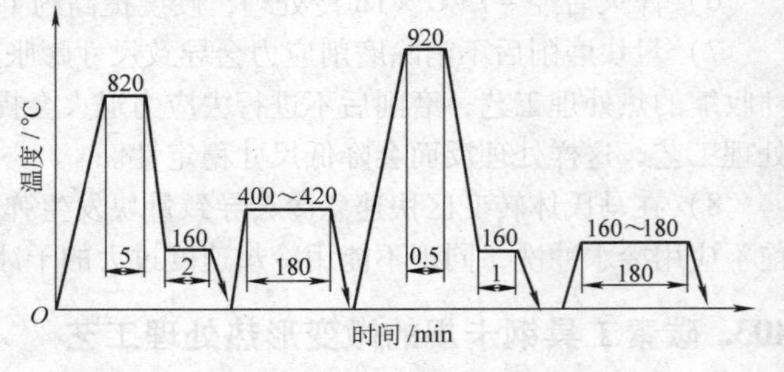

图5-2　55钢制游标卡尺主尺的热处理工艺

隔板。经上述工艺改进后，主尺内外卡爪的金相组织由原回火索氏体+回火托氏体变为回火马氏体。而被隔板夹持的区域因厚度增加，减少了淬火开裂和变形的概率。改进后的工艺克服了原工艺中过渡区前端面局部退火的缺陷，热处理应力大大降低。

改进工艺后主尺的性能如下：

1）硬度分布见表5-3。

表5-3 改进工艺后卡尺的热处理硬度分布

测量部位	内卡爪	外卡爪	前端面	隔板区
硬度HRC	60~62	60~62	60~61.5	40~48

2）金相组织：外卡爪、内卡爪、前端面均为3~3.5级的回火马氏体，隔板放置区为回火托氏体+回火索氏体。

3）平面度合格率95%以上，比原工艺提高10%左右，减少了矫直工作量，主尺侧面变形与原工艺相当。

4）主尺尺寸及卡爪部位的轴向应力：新工艺为-5~-2MPa，原工艺为74~103MPa。

5）内量卡爪的断尺率由原3%下降到0.1%。

405. GCr15钢制量块的热处理工艺

（1）锻造后球化退火工艺 790~810℃×2~3h炉冷至710~730℃×3~4h，炉冷至500℃出炉空冷。球化退火后硬度187~207HBW。金相组织：球状珠光体2~4级，碳化物偏析≤3级，网状碳化物≤2级。取样部位在锻件长度1/2处取20~15mm，从宽度的1/2处割开，观察切开的纵断面的金相组织。

（2）热处理工艺 要求硬度≥64HRC，尺寸稳定，具体工艺如下：

1）在坑式电阻炉中预热，工艺为：500~550℃×30min。

2）在中温盐浴炉中加热，工艺为：840~850℃×20min，油淬，然后用自来水冲洗。

3）检查硬度。抽5%检查硬度，硬度必须均≥64HRC。

4）冷处理。目的是提高硬度和尺寸稳定性。冷处理工艺为-75℃~-80℃×3h。工件应在淬火后30min内进行冷处理，以防残留奥氏体陈化。

5）时效处理。工件粗磨以后，在油中进行110~120℃×36h时效处理。

6）清洗。在开水槽中清洗。

7）检查硬度与裂纹。100%检查硬度与裂纹，要求硬度≥64HRC，不允许裂纹。

8）时效处理。精磨处理后，在热油中进行110~120℃×8h时效处理。

406. GCr15钢制螺纹环规的石墨保护加热淬火工艺

为了防止热处理件在加热过程中的氧化脱碳，国内不少生产单位采用真空加热、保护气氛加热或表面涂料包装等加热方法。但如因设备或技术条件所限不能实施上述工艺方法时，可采用石墨保护加热、分级淬火的方法。如T60×8螺纹环规用此法淬火后基本上未发生变形和氧化脱碳现象，硬度为56~59HRC，质量较为稳定。其热处理工艺简介如下：

将GCr15钢锻成螺纹环规坯料后进行球化退火，粗加工后调质处理，再进行必要的机加工。将待处理的螺纹环规装进石墨模具中，然后放进升温至850℃的箱式电炉中加热。由于石墨产生CO保护气氛，可防止工件表面产生氧化铁和表面碳分被烧损的现象。同时石墨自身又是发热体，可起到加热均匀的作用，这就避免了螺纹环规产生不均匀的应力。由于石墨模具连同环规进炉后，炉温随之下降，待炉温恢复到850℃，保温20min后，取出模具，迅速将加热好的螺纹环规淬入160～180℃的油中，保持15min左右，使螺纹环规各处温度接近于油温，然后取出空冷。最后在160～180℃的油中回火4～6h。

此法操作简单，石墨可用电弧炉用的电极或石墨棒切成，只要模具内腔尺寸比工件外形尺寸稍大一点即可，而且一副模具可以长时间使用。

407. ZG50Cr13钢制卡尺尺框的热处理工艺

不锈钢卡尺的尺身用40Cr13钢板经压力机落料，形成加工余量很小的毛坯来制成。冲掉的边角余料用来重熔精铸成卡尺尺框，可以有效地降低成本。精铸卡尺尺框按ZG50Cr13马氏体不锈钢配料。

（1）卡尺尺框退火工艺　由于铬含量很高，使ZG50Cr13有突出的淬透性。与其他Cr13型不锈钢一样，ZG50Cr13钢也属于马氏体不锈钢。其精铸件在自然凝固和冷却条件下，得到的组织是马氏体＋$Cr_{23}C_6$＋少量铁素体，硬度＞40HRC，很难进行机械加工，必须进行退火，同时可消除铸造应力。退火工艺有不完全退火、低温退火和等温退火。常用的等温退火工艺：把精铸件加热到不完全退火温度（900～950℃）保温2h，炉冷至740～760℃，保温3h，炉冷至500℃出炉空冷。退火后硬度＜230HBW。

（2）卡尺尺框高频感应淬火工艺　卡尺尺框测量面经高频感应淬火＋低温回火后，得到回火马氏体＋$M_{23}C_6$＋残留奥氏体。这种组织及硬度之间的关系，以及实现最佳硬度值所采取的各项工艺性措施是人们关注的课题。

卡尺尺框量面的最终硬度要求≥52.5HRC，但为了给磨削提供一定的“硬度余量”，要求高频感应淬火后硬度≥55HRC。这种硬度指标，无论对40Cr13还是50Cr13钢都是相当苛刻的。国内有些资料推荐的淬火硬度值≥53HRC，就是这类钢正常温度淬火后得到正常组织的硬度值。

钢材淬火以后的硬度值取决于马氏体的碳含量，也就是说取决于它的前身——奥氏体的溶碳量；同时取决于没有转变完的奥氏体的数量。想要使ZG50Cr13钢的淬火硬度高，就得提高加热温度，使碳的载体$M_{23}C_6$多溶解，而碳溶解的同时Cr也大量溶入奥氏体，使奥氏体稳定性增加，*Ms*和*Mf*随之降低，促使残留奥氏体增加，硬度反而下降。由此看来，高频感应加热温度对同炉的钢材存在一个最佳值，可以通过工艺试验来确定。

从试验分析可以看出，在高频感应淬火的条件下，把温度控制在1100～1150℃，就可以满足硬度≥55HRC的要求。但在实际生产过程中，高频加热速度达100℃/s以上，且加热区各部分的加热速度受卡尺尺框形状的限制，各部分的温度在某一个时刻又不一致，加热到淬火温度的时间有先有后，所以目前尚无法对高频加热的温度进行有效的控制和测量。现场实际采用的温度控制办法是调整感应器、阳极电压和加热时间，以卡尺框淬火后的硬度≥55HRC为标准，然后固定感应器的形状和位置，用固定加热时间来控制淬火质量，使之完全达到工艺要求。

408. CrMn钢制螺纹环规的形变热处理工艺

螺纹环规要求有很高的精度、良好的尺寸稳定性，以及较高的硬度和耐磨性。

螺纹环规所用的原材料为CrMn钢，由于其组织偏析和疏松严重，所以一般的制造工艺路线为：下料→锻造→退火→粗车→调质→精车→淬火→低温回火→平磨→磨内孔→磨螺纹→成品。由此可见，该工艺热加工工序多，生产周期长，又由于热处理后内径变形无规律。为此，采用形变热处理工艺试生产一批螺纹环规毛坯。试验结果表明，效果好，工艺可行，并大大提高了生产率。

（1）试验过程　将ϕ230mm×120mm、重40kg的坯料，锻造成90mm×90mm×600mm方条，再根据螺纹环规尺寸下料。将坯料加热到1050～1150℃，保温一段时间，在高温形变区内进行镦拔快速成形，其变形量为35%～40%。当锻件温度为900～920℃，即高于奥氏体再结晶温度时，立即淬入40～70℃的油中，冷却40～60s，约100℃时出油空冷，并及时回火。厚30mm毛坯完全可以淬透，且不会出现淬裂现象。这是由于在高温形变时，经过35%～40%形变量，晶粒充分细化，并获得细小的等轴奥氏体晶粒，奥氏体处于稳定状态，具有良好的塑性，从而使锻件在淬火后有最小的组织应力和内应力。其形变热处理工艺如图5-3所示。形变热处理后的锻件，可直接车制成形（内孔留磨量0.3～0.4mm）后进行最终热处理。

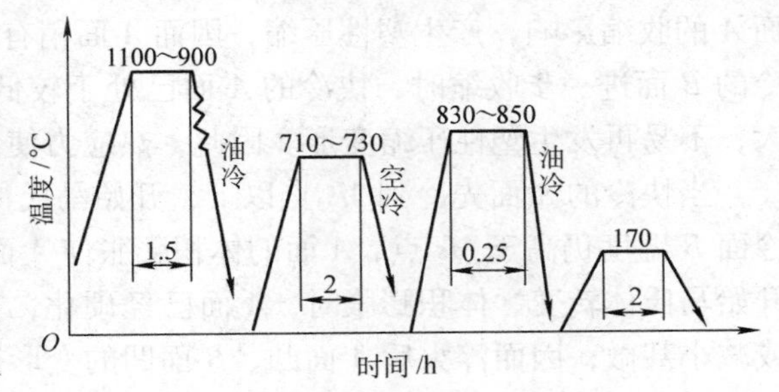

图5-3　螺纹环规的形变热处理工艺

（2）试验结果　形变热处理试样的综合力学性能比常规热处理有一定的提高，对比数据见表5-4。

表5-4　形变热处理和常规热处理力学性能对比

螺纹环规热处理方法	状态	拉伸试验				a_K/(J/cm^2)	淬火后硬度HRC
		R_{eL}/MPa	R_m/MPa	A(%)	Z(%)		
常规热处理	调质	494.9	828.1	17.0	30.0	81.34	62
形变热处理	调质	534.1	833	22.0	30.0	93.1	62

经形变热处理的螺纹环规最终变形比常规热处理小，如最终热处理前内径尺寸为134.44mm的环规，常规热处理后内径尺寸为134.12～134.86mm，变形无规律；经形变热处理后内径尺寸为$134.50^{+0.05}_{-0.03}$mm。

实践证明，螺纹环规采用高温形变热处理工艺是可行的，与常规热处理工艺相比，可减少工序，降低能耗，提高产品质量。为进一步稳定尺寸，经形变热处理后的螺纹环规，补充冷处理，效果更佳。

409. CrMn钢制弯曲量具的热处理工艺

弯曲量具如图5-4所示，由CrMn钢制造，要求硬度为58～65HRC，热处理后全长度弯曲变形量≤0.15mm。其工艺流程为：下料→锻造→球化退火→粗加工→调质→加工成形→淬火、回火→粗磨→人工时效→精磨。

图5-4　弯曲量具

（1）原热处理工艺及变形分析

1）原工艺。弯曲量具经580℃预热40min后于850℃加热25min，在60℃油中冷却，180℃×3h硝盐浴回火，然后在室温下进行矫直。

2）变形情况。淬火后全长弯曲变形量为1.2～2.8mm，个别件为3.5mm。弯曲主要集中在198mm×80mm×6mm的长方体一端，长方体的A面沿轴向有$R18$mm的半圆柱体，弯曲向B面一般为0.9～2.1mm。矫直很难且容易压断，废品率高达30%～40%，断裂部位在$\phi38$mm与B平面相交的直角处。另外，长方体边崩缺也是失效形式之一。

3）变形分布。弯曲量具形状不对称，淬入60℃热油中，冷却初期表面积大的A面冷却速度快，产生收缩，瞬时A面略有下凹。但是，快冷面A的收缩受到冷却速度较慢、收缩较少的B面的牵制，所以在较高温度时A面受到拉应力产生塑性伸长，慢冷面B受到快冷面A的收缩影响，产生塑性压缩，因而A面稍有伸长，B面稍有缩短。随着温度的降低，慢冷的B面进一步收缩时，快冷的A面已处于较低的温度，屈服强度显著提高，变形抗力增大，不易再发生塑性压缩变形。因此，热应力使弯曲量具产生A面凸、B面凹的弯曲变形。

当快冷的A面先冷到Ms点以下，开始马氏体转变，比体积大的马氏体使体积膨胀，慢冷面B温度仍高于Ms点，A面的体积膨胀使A面凸、B面凹的变形进一步加剧。而当B面开始马氏体转变、体积膨胀时，A面已经硬化，变形抗力很大，B面的凹弯变形不能减小，或减小甚微，因而淬火后A面凸、B面凹的变形被保留下来。

（2）改进后的热处理工艺

1）做好矫直准备。弯曲量具加热前，在平板上调整垫铁和V形垫铁之间的距离，使零件放入后，压力机压头正处于A面$R18$mm半圆柱的中部。为防止加压时$\phi12$mm处直接受力被压断，垫铁应超过$\phi12$mm处0.2mm，并且使$\phi38$mm靠近B平面的端部与平板的距离为0.1mm。调好后，将垫铁和V形铁固定。

2）热处理工艺。淬火工艺不变，仍为580℃×40min预热，850℃×25min加热，在160℃硝盐浴中冷却。冷却时B面朝下，并与硝盐浴表面成30°夹角淬入。当工件与硝盐浴温度一致后，取出在压力机上矫直（见图5-5）。压头在A面$R18$mm的半圆柱体中部压紧后，在半圆柱体上用浸了水的棉纱沿轴向擦拭，但切不可滴水到平面部位。这样持续3～4min就可矫直一件。矫直后，在180℃硝盐浴中回火3h。

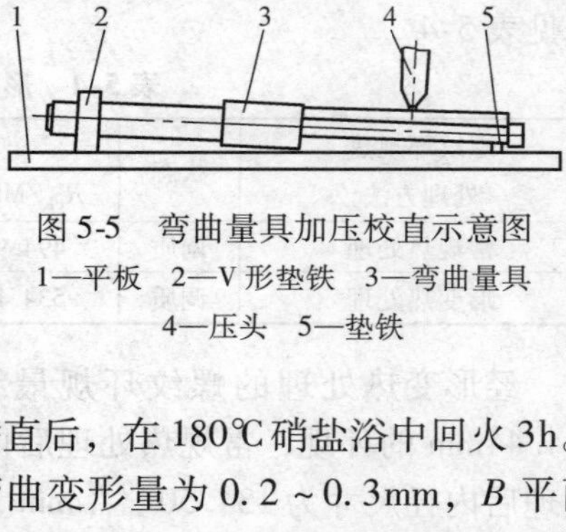

图5-5　弯曲量具加压校直示意图
1—平板　2—V形垫铁　3—弯曲量具
4—压头　5—垫铁

3）变形情况。经上述方法处理的弯曲量具，全长弯曲变形量为0.2～0.3mm，B平面弯曲变形量<0.06mm。在室温下沿$R18$mm长度上稍稍辅以反矫直，就可以达到全长弯曲变形量≤0.15mm的弯曲要求。

（3）工艺分析

1）淬火冷却时，使冷却速度慢的B面向下，加快了B面的冷却速度。零件的热量传入介质，盐浴表面层温度升高，冷却能力降低，处于上方的A面冷却速度减慢，从而使A、B两面的冷却速度差减小，变形量减少，但仍会产生A面凸、B面凹的变形。

2）在奥氏体向马氏体转变时加压矫直，利用相变超塑性矫直很容易矫直。

多年来，按此工艺淬火、矫直的弯曲量具，从无废次品，100%合格。

410. T10钢制卡尺尺框的横向磁场感应淬火工艺

卡尺尺框量爪量面在测量时与工件相接触，要求具有稳定均匀的高硬度。原热处理工艺是将卡尺尺框量爪放入缝式感应器中加热，每次只处理1件，加热时间为5~7s。由于加热时它的两个侧面温度较高，而量面中心温度有时较低，导致量面中心的淬硬层浅并伴有软点产生。改进后的工艺是在感应磁场中放置磁性介质的块状导磁体，每次可处理6~8件，加热时间为3~4s。卡尺外量爪量面加热均匀，淬火后硬化区贯穿于量面，消除了量面中心的软点现象。

（1）试验材料和方法　150mm卡尺尺框的材料选用T10钢。产品技术要求：卡尺外量爪量面淬硬层深度≥2mm，外量爪量面硬度为664~766HV（58~62HRC），外量爪量面淬火长度如图5-6所示。

感应加热装置的参数为100kW、250kHz，阳极电流为1.6A，阳极电压为12.5kV，栅极电流为0.4A。其热处理工艺为830~850℃×3~4s，在50%（质量分数）$NaNO_3$水溶液中冷却；200℃×2h硝盐浴回火。其淬火感应器如图5-7所示。

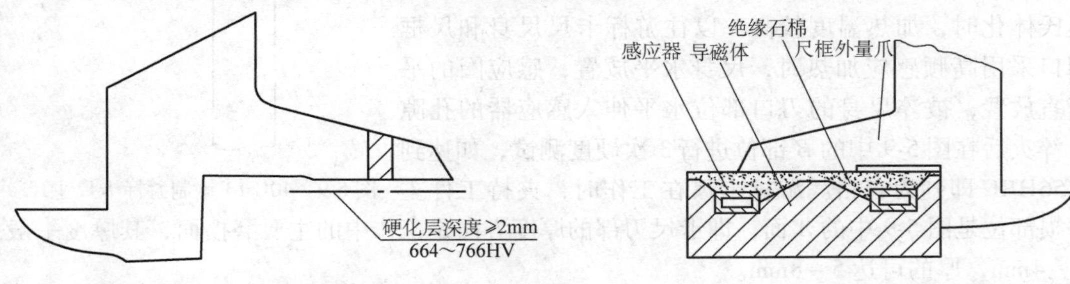

图5-6　卡尺尺框外量爪量面淬火长度　　图5-7　卡尺尺框淬火感应器

（2）试验结果　图5-8所示为卡尺框外量爪量面经新旧工艺处理后硬度情况示意图。

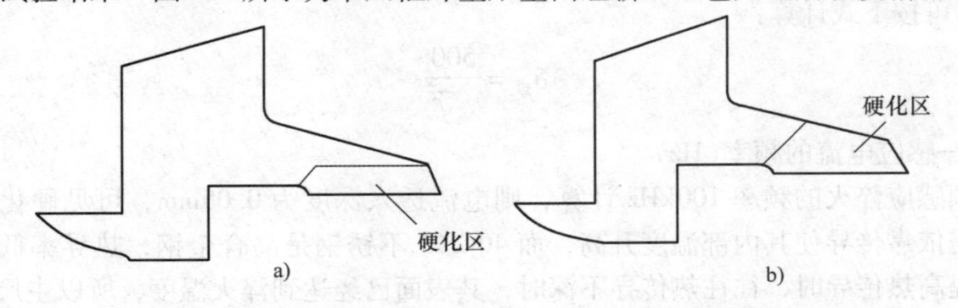

图5-8　卡尺尺框外量爪量面经新工艺和旧工艺处理后硬度的变化情况

a）新工艺　b）旧工艺

由图5-8可知，经新工艺处理后卡尺尺框外量爪量面硬化层区为2~4mm，呈平行于量面的直线状硬化带。硬化区硬度为58~62HRC，量爪量面淬火后硬度均匀，无软点。而旧工艺处理后硬化区为7~10mm，量爪量面硬化区很宽，外量爪量面几乎完全被硬化，硬化区硬度为58~62HRC，但在量爪量面中心硬化层浅并有软点产生。

（3）结论

1）横向磁场感应加热时，磁感线垂直于卡尺尺框外量爪量面，感应电流产生于被加热外量爪量面内，感应电流的大小同外量爪量面与感应器或导磁体的间隙大小有关。

2）横向磁场感应加热时，量面直接被加热，温度均匀，硬度稳定。卡尺尺框外量爪量面硬化区呈平行于尺框外量爪量面的直线状硬化带。硬化区为2~4mm，硬度为664~

766HV（58～62HRC），符合技术要求。

411. 40Cr13 钢制游标卡尺主尺的太阳能加热淬火工艺

40Cr13 钢制游标卡尺主尺如图5-9所示。丁字部分横向的外水平部位是尺身和尺框的刃口，如图5-9中的 *A* 向。主尺在加工制造过程中，尺身和尺框的刃部都需要进行局部高频感应淬火，再经低温回火，以提高刃口部位的硬度和耐磨性。尺身和尺框刃口使用60kW高频电源加热，要求刃口部位硬度达到53～56HRC，尺身硬度为38～42HRC。

（1）40Cr13 钢制主尺刃口的感应淬火　40Cr13 的碳含量$w(C)=0.36\%\sim0.45\%$，铬含量$w(Cr)=12\%\sim14\%$。由于较高的碳含量在淬火时可以达到较高的硬度，较高的铬含量缩小了高温奥氏体区，其共析温度向高温移动，所以奥氏体化时，加热温度较高。以往游标卡尺尺身和尺框的刃口采用高频感应加热时，尺身水平放置，感应圈的平面竖直放置，被淬尺身的刃口部位水平伸入感应器的孔隙内。淬火后在图5-9中的 *B* 部位进行3次硬度测试，如达到53～56HRC即判为合格。游标卡尺在工作时，夹持工件主要磨损部位是图5-9中的 *A* 面，即卡尺刃部的厚度方向是工作中的主要磨损面，其厚度一般为3～4mm，厚的可达5～8mm。

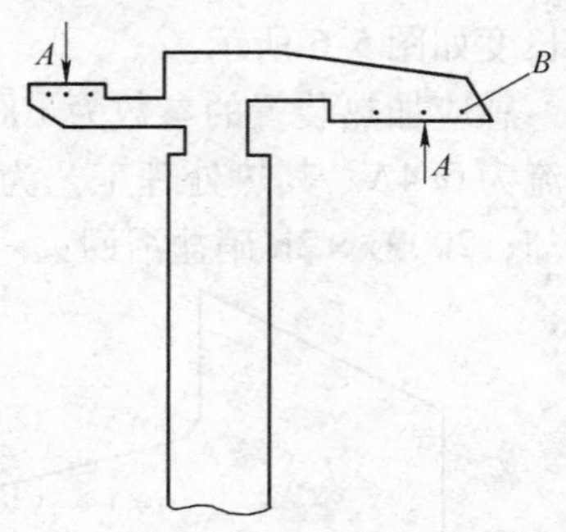

图5-9　40Cr13 钢制游标卡尺主尺

主尺高频感应加热时，在高变磁场的作用下，主尺的刃口表面形成了强大的感应电流，温度迅速上升。当温度上升到磁性转变点时，主尺刃部在失去磁性后电流透入深度$\delta_{热}$（单位为mm）可按下式计算：

$$\delta_{热}=\frac{500}{\sqrt{f}}$$

式中　f——感应电流的频率(Hz)。

以高频感应淬火的频率100kHz计算，则电流透入深度为0.05mm，可见硬化层深度很浅。这就需依靠传导使其内部温度升高，而40Cr13不锈钢是高合金钢，热导率低，依靠增加时间来提高热传导时，往往热传导不深时，其表面已经达到淬火温度，所以主尺刃口部位的感应加热时间过长易使刃口部位烧伤，而感应加热时间过短则会硬度不足，废品率较高。同时由于感应加热功率较大，所以高频感应淬火这一表面淬火工艺消耗了较多的电能，增加了卡尺制造成本。

（2）主尺刃口的太阳能淬火　太阳能是清洁的能源，不污染环境，不存在挖掘、开采、提炼和运输的问题。太阳能也是无比巨大的，每秒钟所放出的能量，相当于我国一年燃煤能量的1000多倍，用太阳能对钢进行热处理，如对40Cr13钢制主尺刃口进行淬火，可以达到节能、环保、提高淬火质量和经济效益的多重目的。

实现对钢的太阳能淬火，必须具备两个条件：首先是太阳能对钢加热的温度必须达到钢的奥氏体化温度，其次是对钢的整个加热面内加热温度必须是均匀的。燕山大学创新研制的新型太阳能加热炉已成功地用于生产实践。该加热炉采用了整体曲面系统，局部平面聚焦的创新结构，实现了上述条件，焦平面温度可达1200℃左右，即达到高温热处理炉所需的温度，可对40Cr13等高合金钢进行淬火加热。由于是局部平面聚焦，实现了整个焦平面内工件温度的均匀，其焦点面积可根据工件尺寸的需要而增大，实现对钢的大面积均温加热，为工模钢的太阳能淬火创造了条件。

主尺刃口太阳能淬火过程：将主尺装在专用的夹具内，主尺刃口放在焦平面内，并使该平面迎着阳光，调整太阳能热处理炉的太阳能接收器，使焦平面温度达到理想值，用红外测温仪测量主尺刃口温度，当温度达到 1150℃左右，即用增减镜片的办法使其保温。从加热开始到刚达到 1150℃大约需 80s，再继续保温 4min，即取下主尺空冷淬火。

淬火后测得刃口三点的平均硬度为 54.3HRC，硬度散差 <3HRC。利用太阳能对 40Cr13 钢制主尺的刃口淬火，不仅硬度合格，达到技术要求，而且操作方便，淬火合格率显著提高。某量具厂每月生产 3 万把用于出口的数显游标卡尺，材质为 40Cr13 不锈钢，尺身和尺框的刃口部位原为高频感应淬火，高频感应加热炉的功率为 100kW。由于高频感应加热功率大，耗电多，又由于感应器与刃口的相对位置很难保持合适，所以刃口热处理质量不稳定，后来采用新型太阳能热处理炉代替高频感应炉对 40Cr13 钢制卡尺刃口加热淬火，不仅节省了大量电能，而且使刃口淬火质量提高并且稳定。

412. 工字卡规的热处理工艺

某厂生产的工字卡规如图 5-10 所示，材料为 20 钢，要求渗碳层深度为 1.0 ~ 1.50mm，硬度为 60 ~ 64HRC，热处理后留磨量 0.15 ~ 0.20mm。卡规生产工艺路线为：机加工→渗碳→正火→淬火、回火→磨削→发蓝处理。生产中发现，卡规渗碳层深度及硬度均能满足要求，但热处理变形始终超差。卡规工作部分的尺寸由机械加工后的 167.20mm 缩短到 165 ~ 165.70mm。因此，控制卡规的热处理变形成为热处理生产的关键。

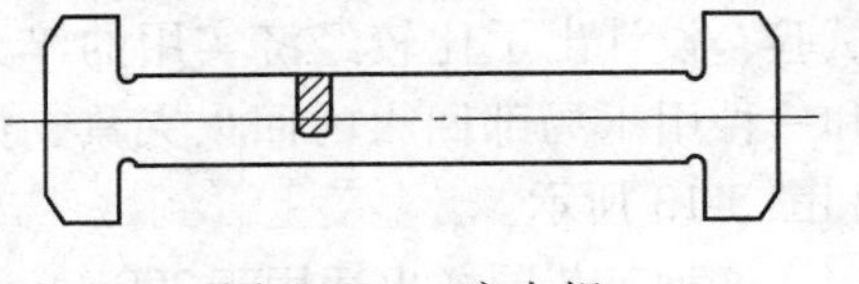

图 5-10　工字卡规

尽管卡规经过渗碳，表面碳含量 $w(\mathrm{C})=0.80\%\sim1.0\%$，淬火时表现为组织应力，但是心部碳含量低，淬火应力仍以热应力为主，且表面高碳含量层很薄。因此，整个卡规热处理应力仍以热应力占主导地位，经正火及淬火处理后，卡规工作尺寸必然减小。

根据卡规变形规律——工作尺寸减小 1.5 ~ 2mm，特制订了以下控制变形措施：

1）机加工不留磨削余量。因为卡规在正火及淬火过程中，热处理应力以热应力为主，工作尺寸必然减小，其减小量能够提供足够的磨削余量。不留余量还可以减少矫正量。

2）渗碳正火后进行必要的矫正。卡规经渗碳正火后，工作长度发生减小，对于减小量超过 0.2mm 的卡规，用冷矫方法使其伸长，矫正时将卡规平放在平台上，用铝或铜制的圆头锤子敲击卡规两面（敲击力要均匀，两面敲击次数相等，以防卡规产生挠曲变形），在卡规表面产生压应力，从而使卡规工作尺寸增大。

3）改进淬火工艺降低卡规热应力。淬火温度及冷却方法是决定热应力的主要因素，将淬火温度由 810℃降至 780℃（加热时间仍为 4min），冷却介质由 160℃碱浴改为 160℃硝盐浴，回火工艺不变，仍为 180℃ ×30min 硝盐浴回火。实践证明这一举措，可以有效地降低卡规的淬火变形。

通过上述工艺改进，卡规渗碳淬火后，表面硬度都能达到 60 ~ 64HRC，工作长度控制在 167.2 ~ 167.3mm，解决了卡规渗碳淬火工作尺寸减小的问题。

413. T8钢制游标卡尺主尺的热处理工艺

某量具厂生产的T8钢制150mm四用游标卡尺主尺如图5-11所示。其热处理后技术要求：尺身硬度为43～53HRC，测量面≥58HRC，前端面、尾端面≥40HRC；金相组织测量面马氏体级别≤2.5级。

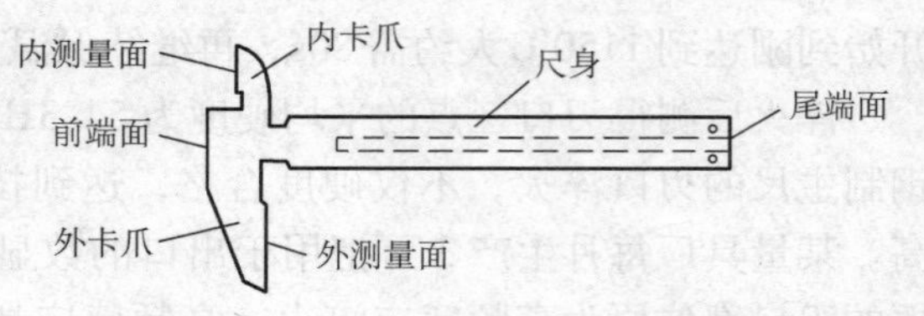

图5-11 150mm游标卡尺主尺

原热处理工艺流程：整体淬火→清洗→中温回火→上夹具入炉→外卡爪淬火→清洗→内卡爪淬火→低温回火→清洗。淬火加热在盐浴炉中进行，中温回火在井式炉中进行，低温回火在硝盐浴中进行。为了避免热传导引起尺身硬度下降，内外卡爪淬火采用快速加热。尽管如此，尺身的热处理工艺仍不稳定，常出现内外卡测量面硬度不足，晶粒粗大（马氏体级别达5级），容易发生断裂；靠近内外卡爪的尺身部分硬度降至25～35HRC，前端面中间局部硬度降至25HRC左右。为了改善和提高热处理质量，经过反复试验，设计出了比较经济实用的淬火新挂具和一种用于局部回火的回火夹具，如图5-12和图5-13所示。

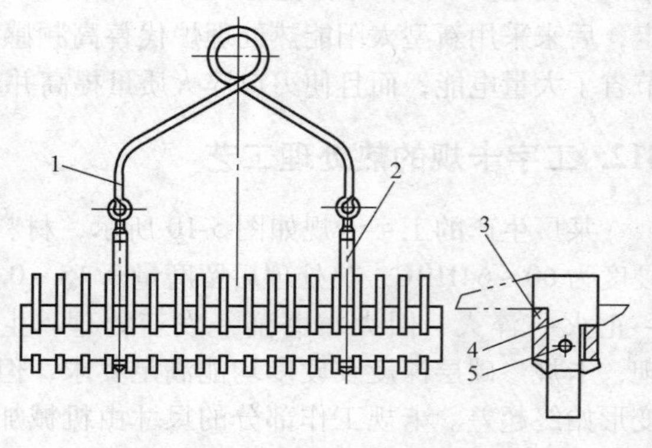

图5-12 淬火新挂具
1—吊环 2—固定杆 3—侧板 4—隔片 5—销

这种工艺同样也适用于200mm和300mm主尺的热处理，只是工艺参数要做相应调整。工艺具体操作过程如下：

将主尺用新挂具经780～790℃×4.5min加热后在180～220℃的硝盐浴中分级冷却1min，取出后采用图5-13所示的夹具将主尺夹紧。旋动螺钉，把冷却器贴紧在内外测量面上，接通冷却水，然后将尺身放入390～400℃的硝盐浴中局部回火20～30min，取出后在空气中冷却。空冷时，冷却器不可以取下，但可停止供水。空冷后清洗，最后进行160～180℃×4h回火。

150mm游标卡尺主尺经上述工艺热处理后，其硬度分布如图5-14和表5-5所示。

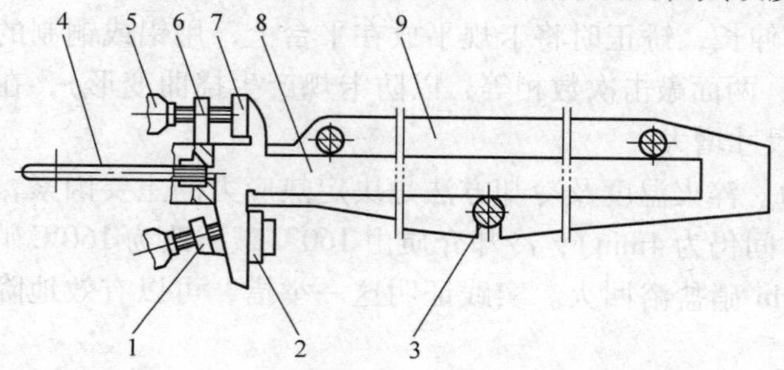

图5-13 回火夹具
1—外爪冷却器夹持块 2—外爪冷却器 3—夹紧螺栓 4—吊环 5—螺钉 6—定位板 7—内爪冷却器 8—全尺 9—夹板

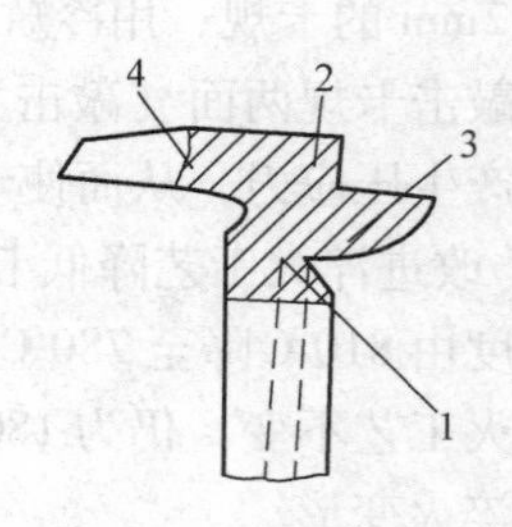

图5-14 过渡区（斜线部位）
1～4—硬度测试点

表5-5　主尺分布

测量部位名称	内测量面	外测量面	尺身	前端面	过渡区			
					1	2	3	4
硬度 HRC	≥60	≥60	44～48	42～48	40～46	37～44	44～49	41～44

采用新的淬火挂具，装卸游标卡尺主尺方便，采用隔片，降低了过渡区的淬火冷却速度，形成了以微细珠光体为主加少量马氏体的混合组织，回火后硬度为37～39HRC。这不影响主尺的使用性能，而且对内外爪平面的矫平有利。

回火夹具使游标卡尺主尺热处理淬火变形得到矫正，经测量，150mm游标卡尺尺身平面度误差可全部控制在0.20mm以内，尺身侧面直线度误差在0.10mm以内。

新淬火挂具每挂装15件，一炉放置两个挂具。回火夹具每夹装30件，一炉可容纳5～6个夹具，每个夹具在炉中停留30min。

新工艺利用一次加热淬火、热矫直、带温局部回火，消除了淬火应力和淬火变形。内外测量面紧靠冷却器，不会增加残留奥氏体量，不会影响分度值的长期稳定。

经检测，内外测量面马氏体级别不大于2.5级，达到了高频感应淬火的质量。另外，按传统工艺，内外爪经高频感应淬火，沿内外爪方向的平面变形，以及测量面与尺身侧面间的角度变形较大，给矫平工作带来困难。新工艺测量面不需要重复淬火，省时节能。

414. GCr15钢制1000mm×37mm×11mm量块的调质工艺

GCr15钢制长度≥175mm的量块，为了提高基体强度，在最终热处理前往往要进行调质处理，要求淬火后硬度为60～65HRC，调质后硬度为25～32HRC。

有些生产单位在对GCr15钢制1000mm×37mm×11mm量块进行调质时，发现长度方向缩小0.7～1.0mm，即使矫直也无改善，加工余量完全不能满足加工需求。

此规格量块，热处理操作在井式电阻炉中加热，垂直吊挂，860℃×40min（到温入炉加热），淬火冷却介质为0号轻柴油，淬火后硬度为63～63.5HRC。620～640℃×8h回火，硬度为25.5～27HRC。硬度虽符合要求，但长度却缩短了0.7～1.0mm，不能正常生产。

为了尽快解决这个问题，考虑到毛坯粗加工条件的改变，把调质工艺和去应力退火同时考虑，收到了满意效果。其热处理工艺简介如下：

（1）去应力退火　工艺为：550～560℃×4h，井式电阻炉。

（2）预热　工艺为：550～560℃×80min，空气炉。

（3）加热　工艺为：860℃×40min，空气炉，到温入炉。

（4）冷却　用L-AN32全损耗系统用油冷却。

（5）回火　工艺为：620～640℃×8h，空气炉。

经上述工艺处理后，量块的硬度、金相组织、弯曲变形量、收缩量均符合要求。

调质处理前，量块原始组织为2级球状珠光体，调质后组织为回火索氏体。回火索氏体比体积大于球状珠光体，按理讲调质后尺寸应增大，但实际测得调质后长度尺寸缩小，这是因为这种尺寸缩小并非是体积缩小而是内应力引起的零件变形。

1000mm×37mm×11mm量块是一种长形板状零件，淬火时易产生弯曲。L-AN32全损耗系统用油的运动黏度为28.5～35.2m^2/s，而0号柴油的运动黏度是3.0～8.0m^2/s，前者冷却能力小于后者。GCr15钢的油淬临界尺寸为19.75mm，量块在油中能完全淬透。冷却速度越快，量块淬火变形越大，故淬柴油的变形大于淬全损耗系统用油的变形。

415. Cr2钢制键槽深度塞规的热处理工艺

键槽深度塞规是常用的一种量具，用于多种产品孔上键槽深度的检验。该类量具精度要求高。以下简介某齿轮厂所使用的键槽深度塞规的热处理工艺。

塞规材料为Cr2钢，外形尺寸为70mm×28mm×8mm。其热处理工艺为：用钢丝拴绑成串，840～850℃×6min，淬入150～160℃硝盐浴，淬火后硬度为62～63HRC；-70℃×1h冷处理；150～160℃×2h硝盐浴回火，回火后硬度为63～64HRC。实践证明，经此工艺处理后的塞规经久耐用。

有些生产单位在精磨前补充150℃×4h时效处理，效果更好。

416. 提高GCr15钢制量块尺寸稳定性的热处理工艺

在计量领域中，量块是长度计量传递基准，量块的尺寸稳定性是量块重要的性能指标。近60年来，量块的尺寸稳定性问题始终困扰着人们，目前国内最高水平为100mm长度年变化量为10万分之几毫米。国内某量具厂经过多年实践，开发出量块渗氮淬火复合热处理工艺，使量块的尺寸稳定性在100mm长度年变化量为5×10^{-5}mm以内，步入国际先进水平行列。

（1）试验材料和方法　GCr15钢硬度试样尺寸10mm×10mm×35mm，尺寸稳定性试样尺寸为10mm×35mm×100mm。

热处理设备：10kW盐浴炉，25kW低温回火炉，LD-60离子渗氮炉，D8型冷冻机。

热处理工艺A：860℃淬火+冷处理(-80℃)+120℃回火；热处理工艺B：560℃渗氮+860℃淬火+冷处理(-80℃)+180℃回火。

检测方法如下：

1）表面硬化区硬度用维氏硬度计测试，试验力为5kgf（1kgf=9.8N）。从表面起每磨去0.1mm测量一次维氏硬度值。基体硬度用洛氏硬度计测试，试验力为150kgf。

2）测量100mm量块尺寸稳定性长度用立式接触干涉仪，在室温下存放1年，每3个月测试1次。

（2）试验结果　经测试，按工艺A处理的量块基体硬度≥64.5HRC（840HV）。1年存放期内10件100mm量块中，只有两件超差，其余8件量块长度尺寸均在$(8\sim10)\times10^{-5}$mm范围内变化。按工艺B处理的量块，10件100mm量块中，1件长度尺寸变化极限幅度在5×10^{-5}mm，另一件为4×10^{-5}mm，其余8件100mm量块长度变化范围在3×10^{-5}mm内。

（3）分析与讨论　相关标准规定的量块硬度为≥64HRC（825HV）。由按工艺B处理的试样采用剥层法测得的硬度可知，硬化区表面层硬度偏低，且有一疏松外层，硬化区表面硬度仅为490HV；距表面0.1mm处硬度为840HV；距表面0.2～0.6mm区域内硬度≥856HV；距表面0.6～0.8mm区域内硬度为790～820HV，其硬度接近于基体硬度。一般量块留磨量为0.45～0.50mm（双面），所以硬度偏低的表层完全可以磨掉，能够满足性能要求。

渗氮后重新加热时，钢件表面渗氮层在650℃开始分解，700℃以上完全分解，一部分氮原子向内扩散溶入奥氏体晶格内，冷却后获得含氮马氏体组织。正是由于氮溶入晶格内，氮固溶强化了α相，使硬化区内含氮马氏体硬度值显著提高。由于氮与合金元素之间的结合力大于碳，氮固溶到合金碳化物后可以增加稳定性，所以氮溶入晶格中由于氮碳的复合作用，氮将阻碍碳原子在马氏体中扩散，阻碍碳从α相固溶体中脱溶而使钢件保持高硬度，提高钢的回火稳定性。因此，含氮马氏体组织在180～190℃回火后仍具有较高的硬度值。

众所周知，尺寸稳定性和硬度是衡量精密量具产品质量优劣的主要性能指标。影响尺寸稳定性的因素是组织内不稳定相回火马氏体、残留奥氏体的分解与转变，以及残余应力的存在。提高回火温度将改善尺寸稳定性，但势必导致硬度的降低。因此在保证高硬度的前提下，要想获得高的尺寸稳定性，只有经过复合热处理才行。

（4）结论　GCr15钢经渗氮淬火复合处理后，可使工件表面形成较厚的硬化区，在0.2～0.6mm区域内表面硬度≥856HV。

GCr15钢制100mm量块经渗氮淬火复合处理后，在1年内100mm量块长度尺寸变化极限幅度均在5×10^{-5}mm之内，达到国际先进水平。

417. GCr15钢制测微螺杆、校对量棒的热处理工艺

GCr15钢制测微螺杆、校对量棒的热处理工艺如下：

550～650℃×2～4h去应力；840～860℃盐浴炉加热，150～180℃×1～2min硝盐浴冷却；-70～-78℃冷处理；160～180℃×2h回火；120～150℃×6h人工时效。

热处理后硬度为62～65HRC，淬火马氏体≤2级。

418. GCr15钢制螺纹环规、螺纹塞规的热处理工艺

GCr15钢制螺纹环规、螺纹塞规的热处理工艺如下：

1）850～870℃×30s/mm盐浴加热，油淬，油温度为80～120℃，冷却时间>2min；720～740℃×1min/mm箱式炉高温回火。

2）840～860℃×20～30s/min盐浴炉加热，140～170℃×2～3min硝盐浴冷却；冷至室温再用冷水冲洗干净；-78℃×1h处理；180～200℃×2～4h硝盐浴回火；120～150℃×12～16h时效处理。

热处理后硬度为63～65HRC。

419. 低碳钢和中碳钢量具的热处理工艺

1）低碳钢量具在渗碳后于760～780℃加热，于水中淬火，随后在80～150℃硝盐浴中回火，最后时效。

2）中碳钢量具用高频感应淬火，然后进行低温回火。低温回火的工艺为150～170℃×2～3h，最后时效。

420. GCr15钢制高精度量规的热处理工艺

GCr15钢制高精度量规的热处理工艺如下：

780～800℃×3～4h，炉冷至680～700℃×4～5h，炉冷至500℃出炉空冷；850～860℃×15min盐浴加热，淬入150～170℃硝盐浴；-75℃×1h冷处理；150℃×70min×3次回火；粗磨后120℃×48h时效；精磨后120℃×10h时效。

热处理后硬度为64~65HRC，而且能获得0.06μm/(m·a)的极高的尺寸稳定性。

421. T10A钢制螺纹环规的常规加热、限形淬火工艺

T10A钢制螺纹环规原采用盐浴加热，双液淬火，淬火后内径缩小0.30~0.35mm，圆度误差为0.06~0.08mm，精研后成品率低，返修品多。

限形淬火是将环规加热到奥氏体温度保持一定时间后，淬火冷却到接近*Ms*点时，然后在内径插入已备好的限形柱塞继续冷却，使环规在限形状态进行奥氏体向马氏体的转变。相变过程中，由于柱塞的外径尺寸正好等于环规螺纹的内径尺寸，当螺纹的内径接触到限形柱塞时其体积变化和再分配能得到合理的控制，在很小的接触应力作用下，环规很容易适应限形的要求，达到微变形的目的。

根据螺纹环规有效厚度尺寸的大小，可采取以下两种限形淬火方法。

1）有效厚度>25mm。淬火温度为800℃，保温后淬入5%（质量分数）NaOH水溶液中，当冷到接近*Ms*时，迅速装入限形柱塞，然后立即入油继续冷却；最后连同限形柱塞一起回火，回火后将柱塞退出。测得其内径收缩量为0.04mm，圆度误差≤0.03mm，硬度符合图样要求，为下道精研工序提供了有利条件。操作时应注意两点：①要严格控制工件在NaOH水溶液中的冷却时间，按0.25s/min进行冷却；②将环规提出液面装入限形柱塞时，要做到稳、准、快。

2）有效厚度<25mm。淬火温度为820℃，保温一定的时间后，淬入190℃的碱浴中15~20s，迅速提起擦净碱液，装入柱塞，入油冷却；清洗后低温回火。热处理后内径收缩量≤0.040mm，圆度误差<0.015mm。

422. GCr15钢制螺纹测杆的热处理工艺

GCr15钢制千分尺螺纹测杆外形尺寸为ϕ8mm×110mm，硬度要求为58~62HRC，热处理弯曲变形量≤0.15mm，淬火马氏体级别≤2级。其热处理工艺如下：

（1）预热　装入专门设计的淬火夹具中，夹具设计应使工件直立，相互间有足够的间隙，以保证减少弯曲，并使冷却均匀，每挂装10~12件，根据炉膛大小决定每炉装载挂数。650~700℃×7min盐浴炉预热。

（2）加热　工艺为：850~860℃×7min盐浴加热。

（3）冷却　淬火冷却介质为硝盐浴，200~220℃×1min分级冷却后空冷。

（4）回火　硝盐浴回火190~210℃×2h。

（5）时效　硝盐浴时效160~180℃×4h。

423. GCr15钢制校对量柱的热处理工艺

GCr15钢制千分尺校对量柱，外形尺寸有ϕ9mm×22.50mm等多种规格，硬度要求为62~65HRC，允许弯曲变形量视量柱长度而定，马氏体级别≤2级。其热处理工艺如下：

（1）预热　长度≥75mm量柱，要装在专用的淬火夹具中。ϕ9mm×22.50mm这种规格的量柱，在中性盐浴中预热，工艺为：650~700℃×10min，每挂装10~12件。

（2）加热　工艺为：850~860℃×10min盐浴炉加热。

（3）冷却　油淬，洗干净后立即进行冷处理，工艺为：-70℃~-80℃×30~60min。

（4）回火 工艺为：130～160℃×8h。在量柱中间进行高频感应退火，温度为700～800℃，空冷。

424. 45钢制千分尺微分筒体的热处理工艺

45钢制千分尺微分筒体尺寸为ϕ17mm×46mm，硬度要求为170～207HBW。热处理工艺为：用钢丝拴绑成串，在870～890℃的盐浴中加热10min后吹风冷却。正火后硬度200HBW左右。

425. 20Cr钢制卡规的热处理工艺

样板卡规品种繁多，用量不大，但技术要求较高。用20Cr钢渗碳淬火制作卡规的技术要求为：表面硬度80～83HRA，渗碳层深度1.0～1.20mm。卡规制造工艺流程如下：调质→机械加工→渗碳→一次淬火、回火→二次淬火、回火→清洗→磨加工→时效。其热处理工艺如下：

（1）调质 920～950℃加热淬火，600～650℃回火，得到回火索氏体。

（2）渗碳 920℃气体渗碳，将渗碳层深度控制在工艺范围内。

（3）一次淬火、回火 840～860℃加热，水淬油冷；650～660℃×2h回火。

（4）二次淬火、回火 770～790℃加热，水淬油冷；170～190℃×2h回火。

（5）时效处理 140～160℃×5～6h。

目前渗碳卡规越来越少，用合金钢制造的越来越多，而且要求越来越严。

426. 测量齿轮的热处理工艺

测量齿轮是重要的量具，常用GCr15SiMn钢制造，要求精度比较高。其热处理工艺如下：

（1）预热 选用简单适用的吊具，先在400～500℃的井式空气炉中烘干水分，然后移至660～700℃的低温盐浴中预热，预热时间同加热时间。

（2）加热 采用盐浴炉加热，淬火温度为830～840℃，装炉量与保温时间见表5-6。

（3）冷却 淬火冷却介质为40～90℃的L-AN32全损耗系统用油或光亮淬火油。

（4）回火 工艺为：150～170℃×3h×2次油回火。

（5）冷处理 工艺为：-78～-80℃×1.5h×1次冷处理，硬度为62～65HRC。

表5-6 测量齿轮的装炉量与保温时间

规格尺寸(模数)/mm	1～1.75	2～2.25	2.5	3～4	4.5～6	7～10
装炉量/件	4	4	4	2	2	2
保温时间/min	10	12	15	19	22	24

427. 高速钢塞规的热处理工艺

高速钢刀具热处理后有很高的硬度，锯片铣刀、三面刃铣刀、螺钉槽铣刀等有内孔的刀具，操作者在磨内孔时往往未等机床停下来就测量，这使9SiCr等合金钢塞规磨损很大，很快就报废了。浙江省有些工具厂用高速钢废料头和45钢摩擦焊制造塞规，效果很好。

塞规选用碳饱和度较高的W6Mo5Cr4V2钢或W9Mo3Cr4V钢，甚至是W6Mo5Cr4V2Al或

W6Mo5Cr4V2Co5 钢。淬火温度偏中上限，晶粒度控制在 9.5 ~ 10 级，550℃ ×1h ×4h 回火。磨削留余量 0.1 ~ 0.15mm，再经 550℃ ×1h 去应力退火，保证塞规硬度≥65HRC。

经上述工艺处理的高速钢塞规，使用寿命比 9SiCr 等合金钢塞规提高 20 倍以上。

428. GCr15 钢制大型环规的热处理工艺

GCr15 钢制大型螺纹环规的外径尺寸为 ϕ400mm，内径尺寸为 ϕ300mm，厚度为 42mm。锻造球化退火后进行粗加工，留有少许磨量，淬火、回火后硬度要求为 58 ~ 60HRC，圆度误差≤0.15mm，平面度误差≤0.15mm

（1）生产现状与存在的问题　GCr15 钢静油淬火的临界直径为 15mm，20℃水淬也只有 28mm。在以往的生产中，GCr15 钢工件的热处理的有效厚度一般都在 16mm 以内，若超过 16mm 者，则必须在淬火油中加添加剂，但超过 28mm 的则从来未生产过，因此质量很难保证。常规生产 ϕ300 ~ ϕ400mm 的 GCr15 钢套圈时，热处理圆度误差 <0.50mm，平面度误差 <0.45mm，整形矫直采用回火后用紧定螺钉顶，反复多次定形后在油中稳定回火。该环规热处理后硬度和畸变要求均比常规套圈严格，而且内径有螺纹，不能用紧定螺钉的方法进行整形。

（2）工艺试验

1）提高淬火温度。GCr15 钢轴承套圈有效厚度在 18 ~ 25mm 时，可采用 870 ~ 885℃的淬火温度。制订的工艺为 800℃ ×1h 加热后→870℃均温并适当保温，在已加入添加剂的 L-AN32 油中冷却，冷却时工件挂在旋转机上，一边旋转一边冷却。淬火后大部分工件的硬度能达到 60HRC，有的则达不到，甚至在同一工件上硬度分布不均匀，而且变形严重，圆度误差和平面度误差均在 1mm 以上，离技术要求相差太远。但在试验找到了解决变形的途径：淬火后回火时，将环规摞起来平放在 170℃油中回火，利用相变超塑性及工件自重使翘曲得以改善。

2）改善淬火冷却介质。将淬火冷却介质更换为 220℃硝盐浴，冷却过程采用手工摇摆，淬火后变形小，但硬度只有 57 ~ 58HRC。

3）冷却方式。从以上施行的两种工艺方案看，是不能达到技术要求，不得不考虑新的工艺：采用 800℃ ×1h 加热后，再于 870℃均温，在奥氏体化的前提下，按有效厚度保温一定时间。保温后在硝盐浴中进行 220℃ ×25min 冷却，估计此时工件内外已冷却到 Ms 点以下，同时内部的热量不可能反弹到工件表面，将工件从硝盐浴中取出立即转到已加热到 70℃的水中进一步冷却，冷却时间掌握在 10 ~ 15min，冷却方式采用手工摇摆，使尚未转变的奥氏体直接转变成马氏体。其金相组织为在硝盐浴中转变的下贝氏体，加上部分在水中转变的马氏体，这种组织使工件硬度大大增加（硬度均为 60 ~ 61HRC）。然后在专用夹具上平放夹紧，于 170℃油中回火。采用该工艺，各项技术指标均合格。

（3）生产流程及其效果　经反复试验，确定了该环规的生产流程：乙醇硼酸清洗→800℃预热→870℃加热→220℃ ×25min 硝盐浴冷却→70℃ ×15min 温水续冷→夹紧平放，170℃ ×4h 油中回火。使有效厚度为 42mm 的环规硬度都能达到 60HRC 以上，变形符合要求。

第 6 章　夹具热处理工艺

429. 9SiCr 钢制弹簧夹头的热处理工艺

弹簧夹头材料为 9SiCr 钢，硬度要求：头部 60 ~ 63HRC，中间 50 ~ 55HRC，尾部 30 ~ 35HRC。其热处理工艺如下：

1）860 ~ 870℃整体加热，将头部和中间浸入 260 ~ 280℃的硝盐浴中冷却，尾部裸露在空气中呈黑色时，立即浸入硝盐浴中冷却。

2）380 ~ 400℃ ×1h 硝盐浴回火后，中间部正好达到 50 ~ 55HRC，尾部也能达到 30 ~ 35HRC 的工艺要求硬度，只有头部硬度不符合要求。为此，将弹簧夹头清洗干净，烘干水分，在 870 ~ 880℃的中温盐浴中快速加热夹头 2/3 长度，油淬，头部硬度为 60 ~ 63HRC；再进行 180 ~ 200℃硝盐浴回火。

经上述工艺处理后，三段硬度均符合要求，夹头磨开口后自动膨胀，弹性很好。

430. 仪表车床三爪夹头的热处理工艺

某机床配件厂生产的三爪夹头的材料为 Y45 钢，要求硬度为 46 ~ 51HRC，马氏体针≤3 级。热处理工艺为：小网带炉加热，850 ~ 860℃ ×40min，油淬，油温控制在 60 ~ 90℃，淬火后硬度 52 ~ 55HRC；290 ~ 330℃ ×2h 空气炉回火，回火后硬度符合工艺要求。和钻套组装后经撞击试验合格。

431. 20 钢制弹性夹头的热处理工艺

弹性夹头在机械行业中应用普通，品种多，形状较为复杂。多少年来，国内大多用弹簧钢或轴承钢制造。由于夹紧部位硬度偏低，磨损快，疲劳强度低，弹性部位产生断裂现象严重，造成夹头早期失效。

为了提高弹性夹头的质量和寿命，借鉴国外的先进经验，采用低碳钢渗碳淬火工艺制造，经多年的生产实践证明，比合金钢制造的硬度高，疲劳强度高，弹性好，使用寿命高，制造方便。其热处理工艺如下：

（1）热处理工艺　机械加工后的弹性夹头先经气体渗碳处理，其工艺为 920℃ ×4 ~ 6h，渗碳层深度控制在 0.8 ~ 1.0mm，不可超渗，渗后空冷，以消除不良组织。渗碳后的弹性夹头进行盐浴淬火，790 ~ 810℃加热，淬火冷却介质为 160 ~ 180℃硝盐浴；冷却至室温后进行 160 ~ 180℃ ×4 ~ 6h 硝盐浴回火，回火后硬度为 58 ~ 62HRC，符合头部高硬度的要求。对于硬度要求相对较低的弹性部分可在 520 ~ 550℃硝盐浴中施以快速回火，回火时间视具体规格而定，加热结束后立即置于流动的自来水中快冷，将硬度控制在 40 ~ 45HRC。

（2）使用效果　低碳钢渗碳的弹性夹头，弹性部分壁厚为 3mm 左右，渗碳层深度最大为 1.0mm，中间还有未渗透部分，有较好的韧性，表层部分保持足够的弹性。另外，弹性部分在降硬度时，由于采用较低的温度和较短的加热时间，所以头部工作部分仍保持较高的硬度（58～62HRC）。使用情况分析统计表明，低碳钢制弹性夹头与合金钢的相比，使用寿命提高5～7倍，见表6-1。

表6-1 弹性夹头的使用寿命

类　别	工作头部硬度HRC	循环次数/次	损坏情况	备　注
合金钢弹性夹头	52～54	2250	掉爪	报废
低碳钢渗碳弹性夹头	58～62	15000	疲劳裂纹	可继续使用

由于渗碳弹性夹头表面硬度高，残余压应力大，所以疲劳强度比普通淬火、回火的合金钢高。因此，用渗碳钢渗碳代替合金钢制造的弹性夹头寿命高，使用效果好。

432. 低碳钢卡套的离子氮碳共渗工艺

卡套外形尺寸为 ϕ26mm×11.5mm，是液压硬管接头密封不可缺少的部件。GB/T 3765—2008规定，卡套用10钢制造，表面强化（渗层深度为0.03mm，硬度为550～800HV），发蓝处理。以前，卡套表面强化大多采用碳氮共渗，该工艺毒性大，污染环境，且处理的工件由于表面与心部之间无硬度过渡区（硬度变化很陡），使用中表面易发生起皮现象。也试验过其他方法，不是硬度低就是渗层超差，很难满足卡套的使用要求。故卡套的表面强化是液压行业急待解决的技术难题。试验证明，用离子氮碳共渗，获得了满意的效果。

（1）离子氮碳共渗工艺试验　设备为LD-50型离子渗氮炉，用WDL-31型光电测温计测温，配以热电偶及XCT-191控温计调节电流；以氨气及含碳蒸汽为气源。在炉压为5～10Torr（1Torr=133.322Pa），氨与含碳气氛通入比为8∶2（体积比）的情况下，只对温度和时间进行试验，结果见表6-2。

表6-2 10钢制卡套离子氮碳共渗后的表面硬度　（HV）

共渗温度/℃ \ 共渗时间/min	30	50	60	80
510	386.6	421	478	502
540	446	513	546	572
560	460	555	583.8	613
580	495	563.8	615	627

（2）卡套的性能试验。

1）压扁试验。按相关标准要求，对不同工艺处理的卡套进行了压扁试验，结果除580℃×60min及580℃×80min处理的试样压裂以外，其他均符合要求。

2）切入试验。除510℃、540℃保温30min处理的试样切入性能稍差外，其他均很好，未发现刀刃变钝及崩裂现象。

3）耐蚀性试验。与市售表面发蓝卡套对比，经在5%（质量分数）盐水中浸泡24h观察，氮碳共渗的卡套表面耐蚀性优于发蓝卡套。

以上试验结果表明，10钢制卡套离子氮碳共渗工艺以570℃×50～60min为宜。

（3）结论

1）离子氮碳共渗工艺稳定，成本低，质量可靠。

2）该工艺无毒，对环境无污染，符合清洁生产要求。

3）将表面强化和防锈处理合二为一，减少了生产环节，降低了成本。

4）工件无变形。

但在应用此工艺时应注意以下几点：

1）严格控制400～570℃的升温时间，最好控制在1h，否则会造成渗层加厚或硬度不匀。

2）由于保温时间短，所以要严格控制通气量，否则会造成质量不稳定。

3）要选择最佳的装炉方法，尽量减少温差。

433. 低碳钢挖掘机卡套的气体氮碳共渗工艺

$1m^3$ 全液压挖掘机油管接头卡套外形尺寸为 $\phi16.6mm\times10mm\times14mm$（内孔），要求表面高硬度，心部有韧性。为了满足上述要求，卡套用10、15、20钢热轧钢管制造，经高温氮碳共渗处理，渗层深度要求为0.02～0.05mm，表面硬度要求为513～598HV。以前曾采用840～860℃×1.5～2min液体氮碳共渗，出炉后淬盐水，170～190℃×2h回火，其表面硬度为515～560HV，心部硬度为365～380HV，由表面到心部的金相组织为低碳马氏体+索氏体+铁素体，虽然均能达到技术要求，但经压合试验后有压碎现象。

通过对日本卡套进行检测，发现其表层为ε相，硬度为820～894HV，心部为铁素体+极少量马氏体。经压合试验发现仅有几条发裂，无碎裂现象，外硬内韧的性能优于国产同类产品。分析认为，日本的氮碳共渗温度低；而国内的氮碳共渗温度高，有较多的铁素体溶入中奥氏体中，淬火后有较多的马氏体生成，心部硬度也较高。因共渗温度高，氮浓度低，不能形成ε相。

人们试图将氮碳共渗温度降到760～780℃，但因控制困难（钢材来源渠道广，品种复杂）而放弃，最后改用尿素低温氮碳共渗解决了卡套质量问题。

图6-1所示工艺是在RJJ-105-9T炉中进行的。处理后卡套渗层深度为0.016～0.03mm，渗层为致密的 Fe_3N、Fe_4N，表层硬度为809～865HV，心部是原始组织，硬度为130～140HV。压合试验也只发现发裂条纹，没有压碎现象，而且此工艺对钢材不具有敏感性，无论是国产的10、15、20钢，还是国外进口的相应的钢材都能达到技术要求。因此，这个工艺操作容易，同时工件变形小，基本克服了原高温氮碳不均匀的现象。

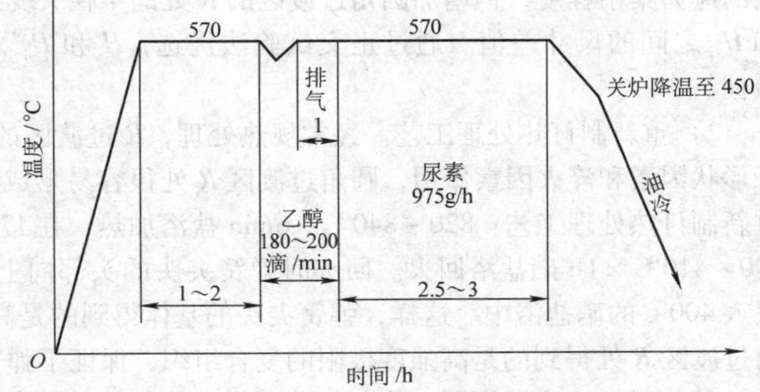

图6-1　卡套低温氮碳共渗工艺

434. 45钢制弹簧夹头的热处理工艺

45钢一般不用于制作弹簧夹头。有些生产单位就地取材采用45钢制造弹簧夹头（见图

6-2)，只要热处理得当，也可以使之得到较高的寿命。失效分析发现约有85%的弹簧夹头是由于碎裂造成的，裂源位于圆角过渡区 R 处，呈45°角向 R_1 处过渡，失效形式为疲劳断裂。

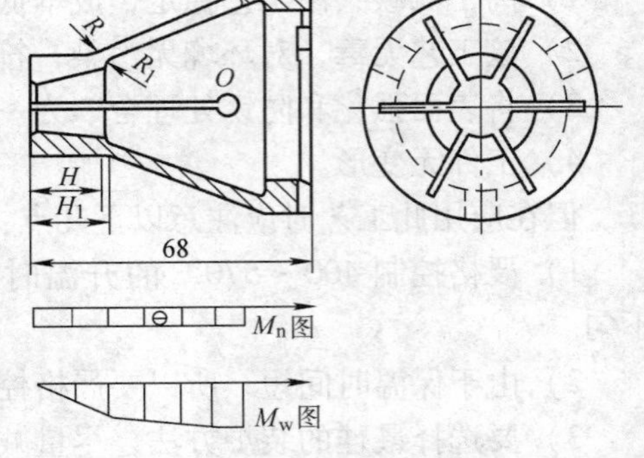

图6-2　45钢弹簧夹头的结构及扭矩图和弯矩图

（1）失效分析　弹簧夹头工作时，主要承受扭转应力和弯曲应力，其扭矩图和弯矩图如图6-2所示。由扭矩图可知，弹簧夹头各截面的扭矩 M_n 相同，并且各截面的抗扭截面的抗扭截面系数 W_n 也基本相同，圆角过渡区 R 处的扭转应力 σ_n 约为70MPa，为危险截面的扭转应力。由弯矩图可知，弹簧夹头 O 处的弯矩 M_n 最大，但该处的抗弯截面系数也最大，所以该处的弯曲应力 σ_w 并不大；而圆角过渡区 R 处的弯矩 M_w 虽然不大，但由于该处的抗弯截面系数 W_w 最小，所以圆角过渡区 R 处的弯曲应力 σ_w 为危险截面的弯曲应力，约为310MPa。

由以上分析可知，弹簧夹头正常工作时，其危险截面在圆角过渡区 R 处，合成应力 $\sigma=\sqrt{\sigma_w^2+4\sigma_n^2}\approx340\text{MPa}$。而45钢的硬度为47～52HRC时的强度极限一般超过1400MPa。即提供的贮备强度超过其合成应力的3倍，但仍出现断裂现象。根据断裂力学理论，经分析后得出结论，弹簧夹头的圆角过渡区 R 处形成的疲劳断裂，与该处的应力集中程度及是否有缺陷有关。

（2）提高弹簧夹头寿命的探讨　弹簧夹头工作时，是利用自身的弹性变形来夹紧工件完成机械加工的，要想提高其寿命，可采取如下措施：

1）重新确定 H 和 H_1 之间的尺寸差值。很显然，增加圆角过渡区 R 处的半径能降低该处的应力集中程度，但增加圆角过渡区的 R 处的半径又受到一定的限制，于是人们注意到 H 和 H_1 之间的尺寸差值。通过正交试验法优选，H 和 H_1 之间的尺寸差值增为4mm时效果最佳。

2）重新制订热处理工艺。经常规热处理，R 过渡区的硬度虽能达到47～51HRC，但由于形状因素和淬火因素作用，圆角过渡区 R 处很容易形成显微裂纹。为了减少该处的缺陷，重新制订热处理工艺：820～840℃×6min盐浴加热，在170～180℃硝盐浴中分级冷却4min，390～410℃×1h硝盐浴回火。回火时弹簧夹头的头部向上，基体的上部留5mm，其余部分浸入400℃的硝盐浴中。这样，弹簧夹头的基体得到的是高弹性极限的回火托氏体组织，圆角过渡区 R 处得到的是高强度极限的复合组织，保证了弹簧夹头工作时的综合性能要求。

（3）结论　实践证明，增加 H 和 H_1 之间的尺寸差值，采用硝盐浴分级淬火与特殊回火，使弹簧夹头平均寿命达2.6～3万件，比常规处理寿命提高了3倍。

435. ϕ160mm 自定心卡盘卡爪的热处理工艺

ϕ160mm自定心卡盘卡爪的材料为45钢，外形尺寸为70.3mm×56mm×20.5mm，牙宽为12mm。硬度≥52HRC，两侧及牙根硬度为30～40HRC，其余部分硬度为53～58HRC。其热处理工艺如下：

（1）正火　工艺为：850℃×1.5～2h。正火后硬度≤187HBW。

（2）淬火　工艺为：820～830℃×10min，水油双液淬火，卡爪在水中冷却5～6s立即转到油中冷却。淬火后硬度为54～58HRC。

（3）回火　工艺为：200～210℃×2h硝盐浴回火。回火后硬度为53～57HRC。

（4）高频感应淬火、回火　采用特制感应圈，淬牙部12mm宽度，受高频感应加热影响，牙根部发生回火转变，硬度正好达到技术要求30～40HRC。高频感应淬火后进行180～200℃×2h硝盐浴回火。

436. 45A钢制卡爪的热处理工艺

卡爪是车床卡盘上的零件，常用优质45A钢制作。其生产流程一般为：锻造→正火→机加工→整体淬火、回火→高频感应淬火、回火→精加工。45A钢属高级优质碳素结构钢，与普通的优质碳素结构钢45钢相比，差别在于S、P含量低，钢的纯洁度好；再则碳含量上限下调至w(C)＝0.48%［而45钢的w(C)＝0.42%～0.50%］。

在整体淬火后（盐浴加热，淬火冷却介质为盐水），发现部分卡爪齿部有纵向裂纹，卡爪齿部发生沿齿面边缘的轴向开裂，最深处约12mm，开裂的部位已部分脱落。为此，对卡爪的化学成分、硬度、金相组织等进行了检验和分析，并进一步从淬火冷却介质、冷却速度、化学成分、淬火温度、裂纹形态、卡爪形状及尺寸等方面分析了产生裂纹的原因，提出了预防措施，制订出了切实可行的热处理工艺。

（1）预热　制作合适的淬火夹具，确保爪面硬度均匀。上下夹具预热，在专用的井式加热炉中进行，预热温度为500～550℃，预热时间为加热时间的2倍。

（2）加热　在盐浴中整体加热，820～835℃×18～24s/mm。由于碳含量对45A钢制卡爪变形、开裂有影响，在保证能淬硬的前提下，淬火温度取下限。

（3）冷却　选用合适的淬火冷却介质最为重要，不宜淬盐水，应选用硝盐水溶液。坚持首件检验制度，试淬合格才可进行批量生产，如不合格应分析研究，做出是否要调整工艺参数的决定。

（4）回火　根据硬度要求，选择回火温度。

437. 40Cr钢制尾架套筒的热处理工艺

M84160重型轧辊磨床尾架套筒（见图6-3）采用40Cr钢制造，热处理后硬度要求为40～45HRC。

（1）调质处理　尾架套筒在粗车后，原来进行550～600℃×3h去应力退火，以去除切削应力，但最终淬火后套筒外圆及内锥孔变形过大。为了给最终热处理做好组织准备，减少淬火变形，采用调质处理：井式电炉加热，840～860℃×2h油淬，610～630℃×3h高温回火后油冷，硬度为230～250HBW。

（2）淬火、回火　套筒在精加工前留磨量0.8～1.20mm。在淬火加热过程中，为防止键槽产生变形和开裂，将纯铜键预先镶入键槽内，并用钢丝或卡箍固定。

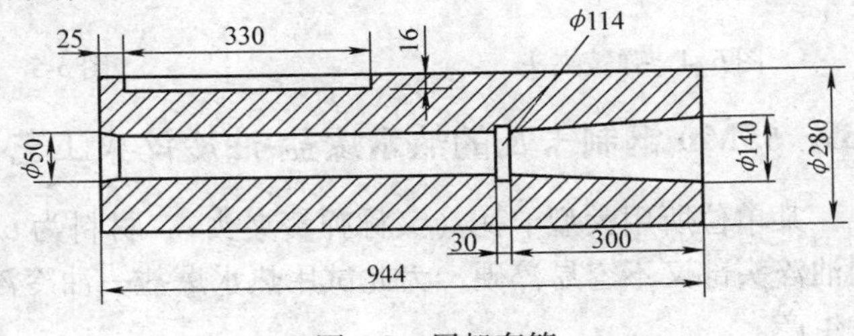

图6-3　尾架套筒

原来的淬火方法是采用十字架

吊杆，穿过工件的 ϕ50mm 内孔，使锥孔朝上，加热设备为 105kW 井式气体渗碳炉。淬火工艺为 840～860℃ ×2h，滴煤油甲醇 120 滴/min，盐水—油冷却。在淬火冷却时，先全部冷却 40s，然后将锥孔部分提出水面 40s，再全部浸入盐水 10s，之后全部入油缓冷。

按上述工艺淬火后，发现套筒表面脱碳，锥孔从小端起有 2/3 长度硬度低。脱碳是因为盐水槽距加热炉较远，工件在空气中停留时间较长；硬度低是由于用 ϕ45mm 吊杆穿入 ϕ50mm 孔，使锥孔几乎成为不通孔而冷却较慢，再加上锥孔部分提出水面时间较长（40s）而造成的。

为了克服上述缺点，保证套筒淬火质量，在淬火件装炉前，在工件表面及锥孔抹防渗剂，以防氧化脱碳。为改善锥孔冷却条件，采用专用的淬火吊具，即制作一个低碳钢圆环（ϕ280mm/ϕ140mm ×50mm，在上面钻 3 个均匀的 ϕ16.5mm 孔），在上面焊 ϕ25mm 圆钢弯成的吊环以便吊挂；再用 M16 螺钉将其紧固在套筒锥孔的端面上（端面上均布 3 个 M16 × 25mm 的螺孔）。这样，工件的整个内孔就成为通孔了。

新的淬火方法在冷却时，为使工件整个截面冷却均匀一致，以减少变形，仍将套筒全部入水 40s，然后把锥孔露出水面 20s（此时锥孔通水冷却），以便确保锥孔淬硬，再将工件全部入水冷却 25s，冷却后立即入油缓冷。回火在 75kW 井式电炉中进行，回火工艺为 360～370℃ ×4h，硬度为 42～44HRC，变形全部符合要求。

（3）去应力退火　粗磨后进行 180～200℃ ×4～5h 去应力退火。

438. 65Mn 钢制生产衡器刀子用弹簧夹头的热处理工艺

图 6-4 所示为生产衡器刀子用的弹簧夹头，材料是 65Mn。弹簧夹头在使用过程中，常在 ϕ3mm 处开裂或折断，或丧失弹性能力。经分析可知，这是由于弹簧夹头强度低、弹性差所致。经反复试验，制订了如图 6-5 所示的热处理工艺，弹簧夹头的性能和使用寿命得到很大的提高。在两班制车床上使用，班产零件 400 件，使用 1 年多时间，还有良好的性能。

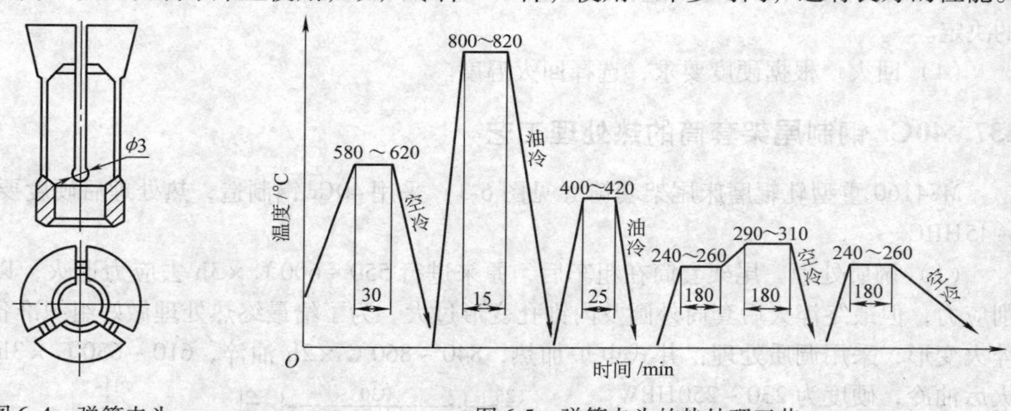

图 6-4　弹簧夹头　　图 6-5　弹簧夹头的热处理工艺

439. 65Mn 钢制卡瓦的热水爆盐-油冷淬火工艺

某单位所用大型卡瓦（又称弹簧夹头），材料为 65Mn，如图 6-6 所示。用水淬变形大，用油淬头部又不容易淬硬，为此试用热水爆盐—油冷淬火工艺，取得很好的效果，并投入批量生产。

（1）热水爆盐-油冷淬火工艺　820~840℃盐浴加热，首先淬入80~85℃热水爆盐，接着投入35~50℃的L-AN32油中冷却。

（2）分析与讨论

1）工件在中温盐浴中加热油淬，盐膜首先凝固，此固态盐剂是热的不良导体，严重阻碍工件与冷却油之间的热交换。对于临界点较高的65Mn钢来说，就会发生珠光体型转变，从而降低了淬火硬度，并会产生软点、软块。

2）工件表面除去盐剂后，对钢的淬硬性及淬透性有明显的影响。

3）热水爆盐-油冷淬火工艺，在爆盐阶段，因水温高，冷却能力较低，对工件降温不多，不会产生变形及裂纹。此淬火工艺实质还是油冷淬火，热水冷却速度和油相当，不过更重要的是它可除去绝热盐膜，充分发挥油冷的作用，工艺简单稳定。对一些形状复杂、尺寸较大的低淬透性合金钢工件，在直接油淬硬度不足、水淬易裂变形时，采用热水爆盐-油冷淬火工艺有明显的优越性。

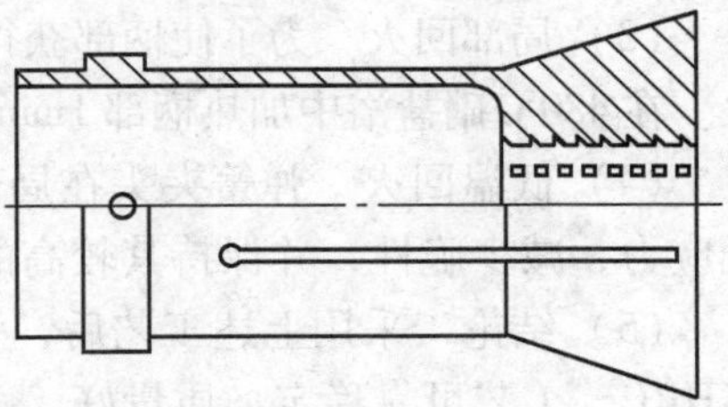

图6-6　65Mn钢制卡瓦

4）工件上的盐剂对冷却速度的影响与盐剂的厚度及其与工件表面的结合牢固程度有关。显然，盐浴的熔点越高，工件表面越粗糙，盐剂在表面的附着力越大，盐剂粘得就厚，越不容易剥落，对冷却速度的影响就越大。如果工件上有沟槽、小孔或螺纹，堆积的盐剂就更多，对冷却的影响也就更大。相反，爆去盐剂后，工件的沟槽、小孔及螺纹增加了散热面积，对加速冷却有利。

5）热水爆盐-油冷淬火的操作要领：热水温度高于80℃，水中无明显的油污脏物；水爆时间一般不大于1.5s。

（3）实践应用　对卡瓦进行多次检查，检查结果表明，硬度都高于61HRC。卡瓦的使用寿命提高数倍。

440. 65Mn钢制弹簧夹头的热处理工艺

弹簧夹头是与机床配合使用的常用辅助配件，可以实现送料和夹紧等多种专用功能。

65Mn钢制弹簧夹头常用于细长杆类零件的夹紧加工。夹头工作时，随着机床主轴的高速旋转，被加工材料从夹头头部孔中通过的同时，相对于夹头头部内孔表面又存在着高速旋转，这就使得夹头很容易产生磨损和变形，从而导致不能正常使用，致使加工零件精度下降。为了保证被加工零件的精度，65Mn钢制弹簧夹头必须有足够的硬度、耐磨性和韧性。根据实践检验，头部硬度为55~60HRC，柄部硬度为40~45HRC比较耐用。65Mn钢制弹簧夹头如图6-7所示。从图6-7可以看出，65Mn钢制弹簧夹头形状比较复杂而且其壁较薄，这也就使得弹簧夹头在热处理过程中很容易产生变形。为了避免产生变形，夹头头部不能铣成通槽，而是要留出2~3mm，待热处理完工后再把头部切通。

（1）淬火加热　450~550℃×25min预热，825℃×10min盐浴加热。

（2）淬火冷却　65Mn钢属合金钢，在合金元素

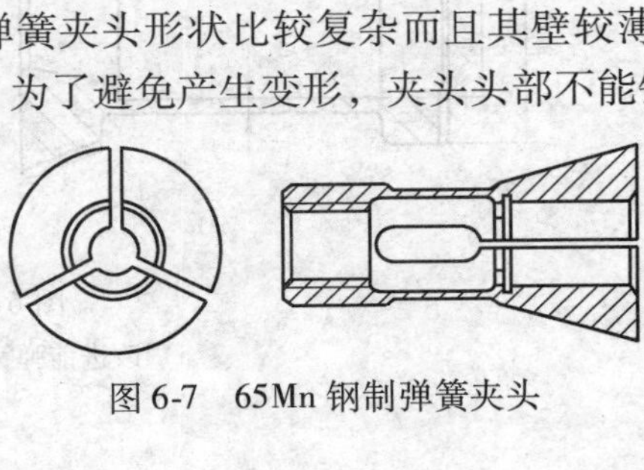

图6-7　65Mn钢制弹簧夹头

Mn的作用下，与碳素钢相比，其淬透性有了较大的提高。由于淬透性比较高，而且弹簧夹头的形状比较复杂，若用水淬，变形和开裂十分严重，有时废品率高达90%。采用油冷比较好，淬火时工件沿轴线方向垂直入油，而且要保证头部首先淬硬。经检验，油淬头部硬度可以达56～60HRC。

（3）局部回火　为了使柄部获得较高的弹性极限和较高的韧性，必须对柄部进行中温回火。在480℃硝盐浴中加热柄部1min。为避免第二类回火脆性的产生，中温回火后立即油冷。

（4）低温回火　弹簧夹头在局部回火后有较大的残余应力，必须进行低温回火，以降低应力，减少脆性，并保持其较高的硬度，其工艺为180℃×2h。

（5）结论　采用上述工艺后，弹簧夹头头部的硬度为56～60HRC，柄部的硬度为40～45HRC，工艺可靠稳定，质量好。

441. 65Mn钢制生产圆锥滚子轴承套圈用弹簧夹头的热处理工艺

在车削圆锥滚子轴承外圈滚道时，采用弹簧夹头定位，定位精度较高，装夹方式可靠。但由于轴承套圈产品规格逐年增多，弹簧夹头在实际使用中需频繁更换，导致定位精度差，造成极大的不必要浪费，工人劳动强度大，严重影响套圈的生产加工质量，也延长了生产加工的周期。

（1）改进前弹簧夹头存在的缺陷　弹簧夹头用于加工圆锥外圈滚道，按外圈滚道直径尺寸分为四个尺寸段，分别为ϕ30～50mm、ϕ51～70mm、ϕ71～130mm、ϕ131～210mm。在夹持外圈滚道直径ϕ71～130mm范围内的套圈时，夹头弹性变形区直径偏小，经常产生弯曲疲劳，造成夹头裂纹和断裂。圆锥外圈滚道是采用弹簧夹头定位加工的，由于夹头弹性变形区壁厚3mm，抗变形能力太差，加工中容易产生断裂现象。端部倒角$R=0.5$mm也属于偏小结构，如图6-8a所示，热处理应力较集中，这是造成夹头过早疲劳损坏的主要原因。图6-8a标出了弹簧夹头的热处理技术要求，分段淬火，且为水淬，导致夹头在内外过渡圆角处产生应力集中，造成弹簧夹头早期疲劳损坏。

（2）改进后弹簧夹头结构及淬火工艺　对原来的结构做了较大改动，如图6-8b所示，合理的设计大大提高了疲劳强度。

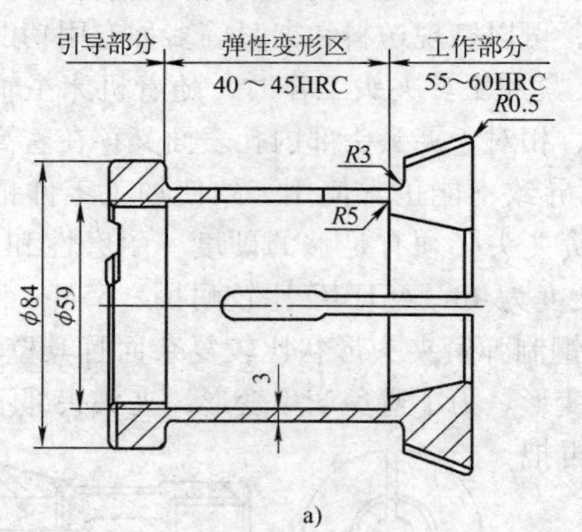

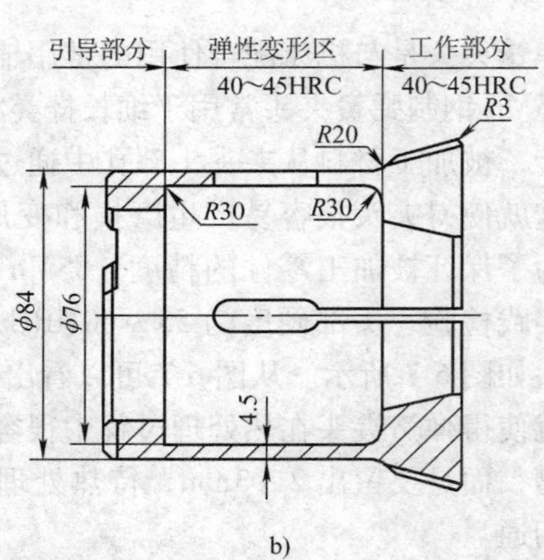

图6-8　弹簧夹头结构示意图

a）改进前弹簧夹头结构　b）改进后弹簧夹头结构

改进前弹簧夹头设计结构不太合理，多年来一直被人们沿袭使用。这种弹簧夹头工作部位和弹性变形区分段淬火，导致弹簧夹头淬火温度极不均匀和冷却速度太快，当内应力大于材料的断裂强度时，就会出现淬火裂纹。同时，不合理的结构在淬火时易造成应力集中，从而导致开裂或断裂。将两种硬度统一为40～45HRC，将在水中淬火改为油淬，并取消了夹头分段淬火，以消除淬火应力不均匀问题，从而提高了淬火质量。

（3）改进效果　改进后的弹簧夹头，使用效果很好，满足了加工套圈的质量要求，达到了预期的效果。解决了夹头在使用中产生的裂纹和断裂现象，大大降低了工装的消耗，最大限度地减少了更换工装的频率，减轻了工人的劳动强度，保证了套圈的质量。

442. 60Si2Mn钢制钢令弹簧夹头的热处理工艺

弹簧夹头是钢令自动车的主要夹具。夹头工作时，其柄部在锁紧套的作用下对夹头头部施加一个锁紧力，这就要柄部必须有很好的弹性和韧性，否则柄部将因壁薄而易断；夹头头部夹紧钢令，使头部受力很大，且要频繁装卸钢令，因此要求头部具有高硬度和高耐磨性。

选用60Si2Mn钢作为夹头材料，此材料硬度在40～45HRC时有很好的弹性，硬度>55HRC时有良好的耐磨性。因此，将夹头柄部硬度定为40～45HRC，夹头硬度定为55～60HRC是比较切合实际。60Si2Mn钢制钢令弹簧夹头如图6-9所示。

（1）热处理工艺的制订与分析　60Si2Mn钢有良好的淬透性，但也极易产生氧化脱碳和晶粒长大现象，因此需要严格地控制加热温度和加热时间。由于头部和柄部技术要求有异，所以不能采用常规的热处理方法，而采用淬火+低温回火+局部回火。其热处理工艺如图6-10a所示。

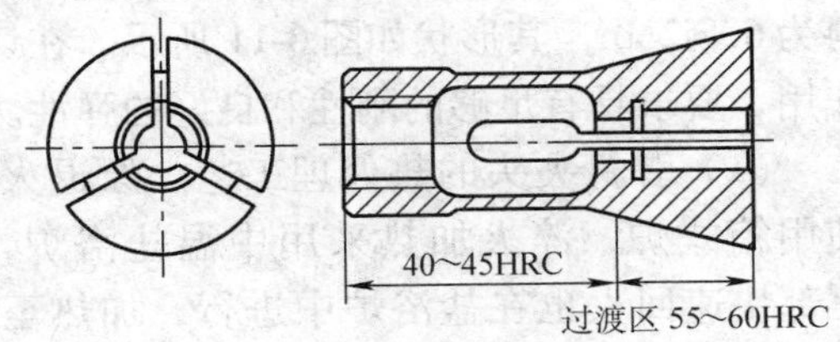

图6-9　60Si2Mn钢制钢令弹簧夹头

通过淬火+低温回火，可以保证整个夹头硬度≥56HRC，然后再进行局部回火处理。局部回火在硝盐浴炉内进行，回火时要注意对过渡区的控制，通过专用工装，保证夹头过渡区下部10mm浸在硝盐浴中，如图6-10b所示。

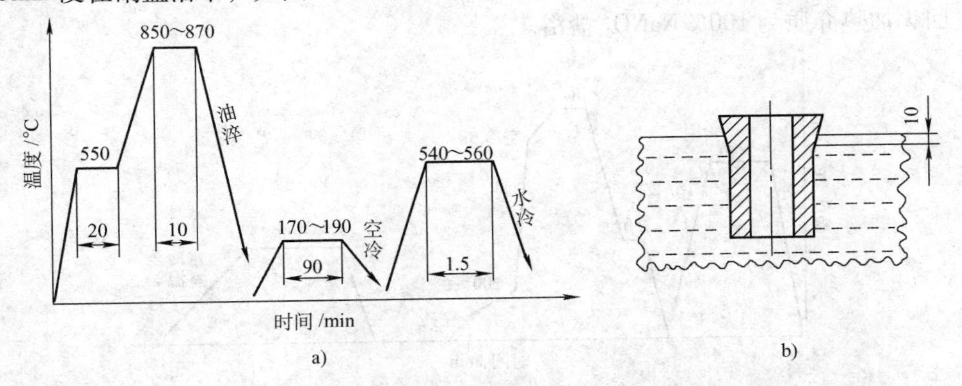

图6-10　60Si2Mn钢制弹簧夹头的热处理工艺

（2）回火温度和回火时间的确定。回火是受扩散制约的，组织转变取决于温度和时间，但温度是第一位的，所以回火组织转变都在一定的温度范围内发生。在该范围内，用较低的温度、较长的时间与较高的温度、较短的时间相比，发生的转变可能有相同的效果。高温快速回火正是基于这一点提出的。根据实践经验，要获得相同的硬度值，高温快速回火比常规回火温度高100～120℃。由于要求柄部硬度为40～45HRC，所以将高温回火温度定为540～560℃。然后通过分组试验确定回火时间，见表6-3。

表6-3 弹簧夹头高温快速回火时间同硬度的关系

	回火时间/s	柄部硬度 HRC	头部硬度 HRC
回火温度540～560℃	30	52～55	58～61
	50	48～51	58～60
	70	44～47	57～59
	90	42～44	57～59

（3）结论 上述工艺满足了同一产品不同部位硬度要求不同的技术要求，在生产中取得了良好的使用效果。

443. 60Si2Mn钢制缝纫机弹簧夹头的热处理工艺

缝纫机梭芯套在机械加工中，要有十几道工序使用弹簧夹头进行车削加工，弹簧夹头材料为60Si2Mn，其形状如图6-11所示。在切削加工过程中，弹簧夹头主要受径向力和切向力作用，要求具有足够的刚性和良好的弹性。

（1）弹簧夹头的热处理工艺 原退火使用箱式炉，淬火加热采用中温盐浴炉，尾部快速回火也在盐浴炉中进行，加热至ϕ3mm孔处呈灰白色为佳。用这种工艺处理的弹簧夹头使用寿命不稳定，平均为7万件/个，最高也只有23万件/个，效果不尽人意。后来选用了如图6-12所示的热处理工艺，效果较好，使用寿命最高达62万件/个，平均寿命40万件/个。改进后的工艺与原工艺相比，不同之处在于淬火加热介质为碳氮共渗盐浴，回火加热介质为100% $NaNO_3$ 盐浴。

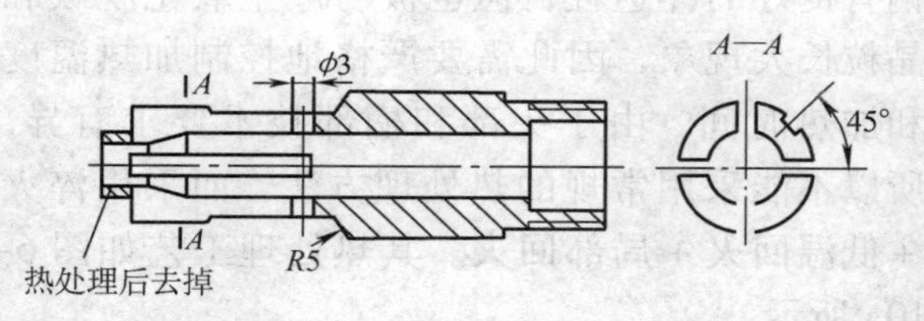

图6-11 60Si2Mn钢制缝纫机弹簧夹头

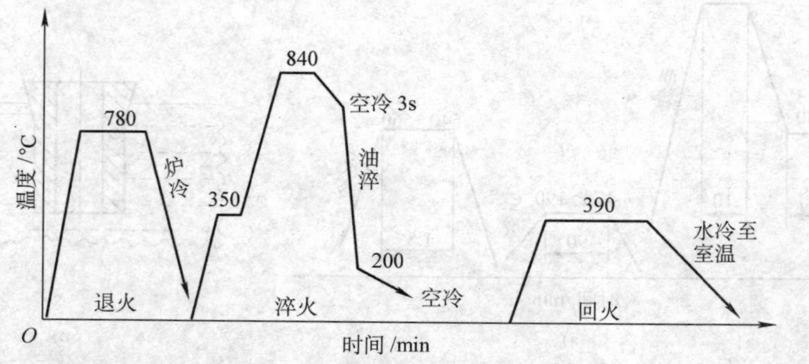

图6-12 60Si2Mn钢制缝纫机弹簧夹头的热处理工艺

（2）新工艺的理论分析

1）Si、Mn两个元素提高了钢的淬透性，使铁素体在热处理过程中得到强化，经常规热处理后具有较高的弹性极限和屈强比。

2）选择60Si2Mn钢的下限温度淬火，使一定量的渗碳体不能溶于奥氏体中，淬火组织得到较好的细化，有效地提高了钢的冲击韧性和疲劳强度。

3）淬火加热在碳氮共渗介质中，可以避免材料因含Si而造成易氧化、脱碳的弊病。经测定，淬火后的弹簧夹头表面的碳氮共渗层深度为0.01～0.03mm。渗层大大提高了弹簧夹头头部表面的耐磨性，还能使钢表面处于压应力状态，提高了弹簧夹头的疲劳强度。

4）380～400℃短时回火，使那些硬而脆的碳化物来不及析出。经金相分析，弹簧夹头ϕ3mm孔处的金相组织为铁素体和小片状、少量的球状渗碳体的混合物。回火后水冷，减少了回火脆性，且使弹簧夹头表面的压应力增加，也提高了钢的疲劳强度。ϕ3mm孔处横断面的硬度为470～501HV，处于较理想的弹性状态。

多年来，对缝纫机梭芯套机加工所用的弹簧夹头，采用上述工艺处理，平均使用寿命比原工艺处理者提高4～5倍。

444. 60Si2Mn钢制小型弹簧夹头的亚温淬火工艺

图6-13所示的弹簧夹头是某厂用于送料和夹料的专用工具，材料为60Si2Mn钢。根据其工作条件，夹头的头部、夹颈和夹尾三部分的硬度要求各有不同。由于该厂条件的限制，整个夹头取弹性部位的硬度，即40～45HRC。工艺流程为：下料→机加工（三瓣部分连接）→淬火、回火→磨夹头头部→头部连接处开口。

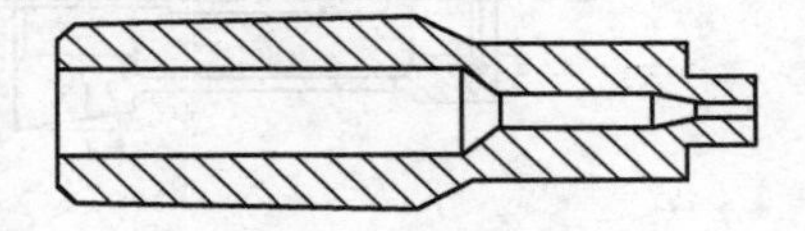

图6-13　60Si2Mn钢制小型弹簧夹头

长期以来，该厂采用870℃油淬，480℃回火工艺。夹头在使用过程中易出现硬度不足而变形，或夹头头部到头颈部的连接处，一瓣或三瓣脆断现象。夹头使用寿命短，原材料消耗大，还时常影响生产进度。后来采用亚温淬火工艺，解决了上述问题，其工艺如图6-14所示。

（1）亚温淬火工艺操作要点

1）设备选择。淬火加热选用升温快、保温性能好、开启方便的10kW箱式电阻炉。生产中将装满淬火油的小桶放至炉边，以缩短夹头出炉至淬火槽间的距离。

2）加热时间。为避免夹头脱碳，尽可能缩短淬火加热保温时间。当夹头到温且温度均匀一致后即可出炉油淬。

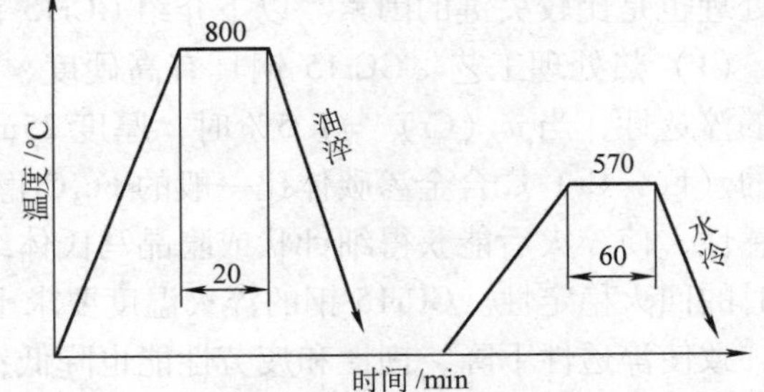

图6-14　60Si2Mn钢制小型弹簧夹头的亚温淬火工艺

3）回火。采用高温快速回火，硬度调整至36～38HRC，出炉后水冷。

（2）试验结果及分析

1）夹头头部尺寸较小，夹头在出炉到淬火桶之间移动的过程中，极易出现头部温度下降而淬不硬的现象。而60Si2Mn钢又有一定的脱碳倾向，当淬火温度高，保温时间又长时，也易出现氧化脱碳而淬不硬的现象。在使用过程中，因反复换料，夹头承受着较频繁的静压力作用，易导致夹头头部过早变形报废。

2）夹头硬度要求为40～45HRC，原工艺的回火温度（480℃）正好是产生回火脆性的温度区（400～500℃）。

3）新工艺采用亚温整体加热淬火，淬火温度低，升温快，保温时间短，缩短了夹头出炉与淬火槽之间的距离，细化了晶粒，避免了氧化脱碳与硬度不足现象。而内部因存在少量均匀分布的铁素体，加之采用高温快速回火，回火后水冷，避免了回火脆性，提高了夹头的韧性、屈服强度和疲劳强度，使其使用寿命延长3～5倍，大大降低了夹具的损耗。经多年的生产实践证明，小型弹簧夹头亚温淬火质量稳定，经济效益显著。

445. GCr15钢制弹簧夹头的热处理工艺

弹簧夹头是机床夹具中一种特殊的夹紧机构，其结构如图6-15、图6-16所示。内缩式弹簧夹头，主要用于夹紧轴类零件或环类零件的外圆基准面。图6-15图中*A*为导向部分，*B*为弹性部分，又称双簧瓣，*C*为夹爪，*D*为夹紧工作表面。外胀式弹簧夹头主要用于夹紧环套类零件的基准孔，又称为心轴或胀胎。

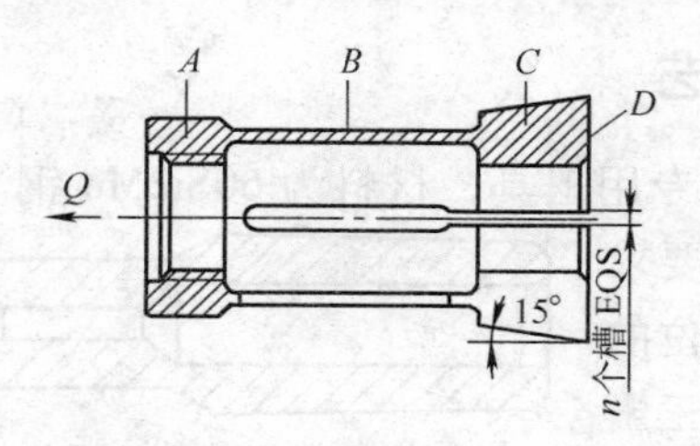

图6-15 内缩式弹簧夹头

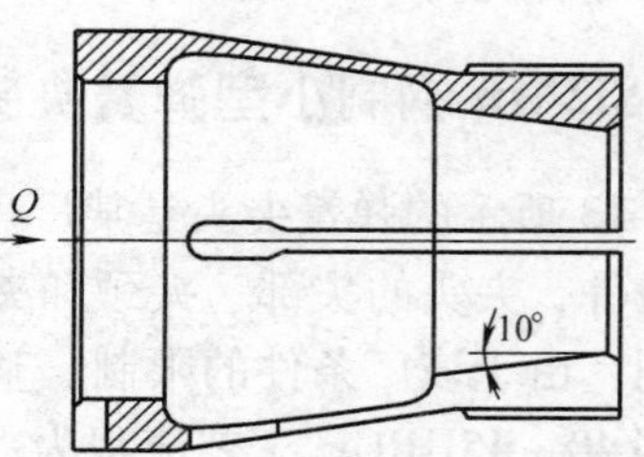

图6-16 外胀式弹簧夹头

弹簧夹头适用于批量较大的加工。为保证产品具有较高的加工精度和生产率，该夹头必须具有定心精度高、操作方便迅速（即簧瓣弹性适中），使用寿命较高（即耐磨性好，韧性高）等性能，而这些使用性能的获得，除依靠结构设计和机械加工工艺等方面的因素外，热处理也是比较关键的因素。以下介绍GCr15钢制弹簧夹头的热处理工艺。

（1）热处理工艺　GCr15钢具有高硬度、高耐磨性、高强度的性能。铬的作用是增加钢的淬透性，当*w*（Cr）=1.5%时，厚度25mm以下的零件在油中可以淬透。铬与碳所形成的（Fe，Cr）C合金渗碳体比一般的Fe_3C稳定，能阻碍奥氏体晶粒长大，减少钢的过热敏感性，使淬火后能获得细针状或隐晶马氏体组织，增强钢的韧性。铬还有利于提高低温回火时的回火稳定性。GCr15钢的淬火温度要求十分严格，以840～845℃为宜。若淬火温度偏低，致使淬透性下降，韧性和疲劳性能也降低；若淬火温度过高，碳化物溶解过多，会引起过热，使马氏体针粗大，综合性能变差，残留奥氏体数量增多，变形和氧化脱碳加剧。因此，选择合适的淬火温度很重要。淬火后应立即回火，回火工艺为150～160℃×2～3h，回火后金相组织为极细的回火马氏体和均匀分布的细粒状碳化物及少量的残留奥氏体。回火后的硬度为60～65HRC。

弹性夹头由于其结构特殊（壁厚悬殊），使用性能要求高，且对各部分性能要求不一样。如对头部（即工作部位），要求有足够的硬度和耐磨性，硬度要求为58～63HRC。此部分外圆（或内孔）呈圆锥状，壁一般较厚。因此，热处理要求主要是保证其硬度和耐磨性，如热处理不当，将严重影响其精度和寿命。对弹性部分则要求具有较高的弹性和适当的韧性，硬度为40～45HRC，且要求在自由状态下能自由胀大或缩小0.1～0.3mm。此部分壁较薄，一般为1～3mm。对弹性部分的热处理是弹簧夹头的难点，如果处理不当，会出现以下三种情况：①硬度低，弹性差，失去弹簧夹头的使用性能；②硬度高，操作费力；③出现脆性，易折断。尾部是导向部分，无特殊要求，一般与弹性区要求一样，硬度要求为40～45HRC。

（2）热处理工艺分析

1）第一阶段热处理——淬火＋低温回火。在空气中预热：400～450℃×2min/mm。该工序主要考虑形状复杂的GCr15钢在盐浴炉中加热时，热应力有引起变形和开裂的危险。在盐浴炉中加热至840～845℃（先将头部置于盐浴中，保温一定时间后，再全部进入盐浴中，以0.5min/mm保温）。该工序主要考虑控制由于壁厚薄不匀引起的热变形，故采用阶梯式加热法。淬火冷却采用L-AN32全损耗系统用油，冷透。淬火后的金相组织为隐晶马氏体、碳化物和残留奥氏体。低温回火工艺为150～180℃×1h。

2）第二阶段热处理——定形回火　弹簧夹头热处理后转机加工，磨外（内）锥面、工作内（外）径和导向部位外（内）径尺寸，切通弹性槽。然后进行定型回火。其主要目的是使弹性部位获得所需的弹性和韧性，并确定自由状态下簧瓣的张开和收缩尺寸。对弹簧零件的常规处理方法是采用中温回火，使其得到所需的弹性和韧性。根据GCr15钢的特点、弹簧夹头的结构特性，以及其使用性能的特殊要求，人们经过多年的实践，总结出一条超高温局部快速加热回火的方法，既可以使弹性部获得所需弹性和韧性，又能防止降低其他部位的硬度，还能同时确定在自由状态下簧瓣的张开和收缩尺寸，故称之为弹性回火或定形回火。

在弹簧夹头头部套上定形套环（内缩式的定形尺寸应比工作尺寸大1.5mm左右，外胀式则应小1.5mm左右）。

将尾部和弹性部位顺序置于840～845℃的盐浴中快速加热3～4s。此工序的加热时间极为重要，一定要掌握好，实践中根据工件的颜色变化来判断，时间只作为参考。将快速回火的工件出炉后再取下定形套环清洗。定形回火后，头部组织不变，硬度为58～63HRC，弹性部位的组织为回火索氏体，硬度为40～45HRC，且具有较高的弹性极限和屈服强度。

（3）结论　按照上述工艺处理后的弹簧夹头，能较好地保证各部分的使用性能。经过各项工艺试验表明，只要严格把好弹簧夹头的热处理工艺关，就能大大提高此类夹具的使用寿命。例如：车轴承用的外胀弹簧夹头，一般可使用1万次左右；滚珠轴承保持架M形成形外胀弹簧夹头，一般可使用6000～7000次，且往往是由于M形的尖角处磨损而失效；滚针车头工序用的内缩弹簧小夹头，一般可用5万次左右，往往是由于头部磨损失效；车轴承环用的较大型内缩弹簧夹头，一般可用4万次左右。值得注意的是，各类弹簧夹头的弹性部分损坏的实例均很少见。

446. GCr15钢制弹簧夹头的贝氏体等温淬火工艺

弹簧夹头广泛应用于轴承套圈的车加工生产中，通过其胀紧作用使套圈定位，要求具有良好的塑性与韧性。轴承企业为了便于生产和管理，一般不选用弹簧钢制造，常采用GCr15钢代替。由于GCr15钢不具备良好的塑性与韧性，故在生产中常常造成弹簧夹头的大量破碎，影响了生产的正常进行，GCr15钢制弹簧夹头的失效形式主要是早期脆断，断裂部位主要是颈部。因此，要求其具有较高的硬度和耐磨性，高的塑性与韧性。采用贝氏体等温淬火完全可以达到弹簧夹头使用要求。

GCr15钢制弹簧夹头外形尺寸：头部直径60mm，尾部直径52mm，总长60mm。

（1）热处理工艺　500~550℃×20min空气炉预热，845℃盐浴炉加热，操作时，先将头部加热5min，然后整体加热10min，整体油冷后，再转入280~300℃硝盐浴中保温90min，160℃×2h硝盐浴回火。

（2）试验结果与分析　表6-4为GCr15钢制弹簧夹头经两种不同的热处理工艺后的结果对比。试验结果表明，GCr15钢弹簧夹头经贝氏体淬火处理后的硬度比常规淬火低约10HRC，但其使用寿命却提高了1~1.67倍。

表6-4　GCr15钢制弹簧夹头经两种不同热处理工艺后的结果对比

热处理工艺	淬火后硬度HRC	回火后硬度HRC	每个夹头可加工套圈平均数/件
常规工艺	58~60	55~57	1500~2000
贝氏体淬火工艺	48~52	45~48	4000

与普通淬火相比，贝氏体淬火得到的是针叶状下贝氏体组织，而普通淬火得到的是片状马氏体组织。马氏体具有较好的硬度、强度，但塑性与韧性较差，而下贝氏体硬度虽低，但韧性很好，因而提高了使用寿命。

（3）结论　GCr15钢制弹性夹头采用贝氏体淬火工艺，提高了韧性，避免了早期脆断，延长了使用寿命。实践证明，下贝氏体组织的韧性高于马氏体组织的韧性。

447. 渗碳轴承钢弹簧夹头的热处理工艺

某机床附件上使用的弹簧夹头如图6-17所示。

该弹簧夹头用于快速精确定位与夹紧工件，是机械制造业必不可少的一种高效又易损的专用夹持工具，应用广泛，消耗量大。弹簧夹头基本要求为：柄部在锁紧套的作用下对夹头头部施加一个锁紧力，锁紧力导致头部频繁开合，这就要求柄部必须有很好的弹性、韧性及疲劳强度，否则柄部会因壁薄而易断。夹头头部频繁夹紧、装卸工件，头部锥形外圆与套筒频繁配合，要求具有高的耐磨性。目前，国内外分体式弹簧夹头还未取得突破性进展，广泛使用的仍是整体式结构的弹簧夹头。

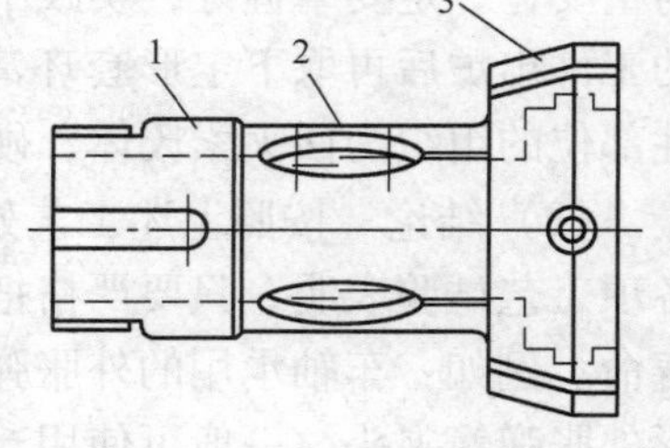

图6-17　机床附件上使用的弹簧夹头
1—尾部　2—颈部　3—头部

市售的弹簧夹头的材质有60Si2MnA、65Mn、9SiCr钢等，以选用弹簧钢为主，其目的是保证柄部的弹性与韧性，近来也有选用GCr15轴承钢的。尽管热处理工艺经过多次试验与改进，但弹簧夹头的使用寿命还是不尽如人意，要求使用寿命大于2万次，而实际只有1万次左右。

（1）夹头使用分析及材料选用　弹簧夹头的使用方式决定了弹簧夹头的设计必须兼顾弹簧段的疲劳强度和锁紧部的耐磨性。低碳钢渗碳可以使零件同时具有高耐磨性与高韧性、高疲劳强度等性能。渗碳轴承钢化学成分与一般渗碳钢相似，主要用于各类轴类零件，目前在弹簧夹头上很少应用。从弹簧夹头使用要求考虑，采用渗碳轴承钢是可行的。

经分析，根据成本及试用情况，弹簧夹头用渗碳轴承钢为G20NiMo。工艺流程为：下料

→加工成形→渗碳→热处理→精加工→头部开口。质量要求：渗碳层深度为0.8~1.0mm；头部硬度为58~62HRC，尾部颈部为40~55HRC。

（2）渗碳轴承钢弹簧夹头的热处理工艺　渗碳按一般工艺进行，采用渗碳预冷直接淬火。渗碳温度为900~920℃，炉冷至820~830℃，立即淬入L-AN32油中，淬火时要保证油面刚好浸至弹簧夹头颈部键槽孔中部，其余部分在空气中冷却。淬入时应仔细观察未淬入液面部分的颜色，观察到变色时（10~15s），将其全部入油，整体冷却至油温。冷却后及时进行180~200℃×2~2.5h回火。

（3）成品质量控制与检验

1）渗碳层深度为0.8~1.0mm，渗碳后表面$w(C)=0.7\%\sim1.0\%$，每炉必查。

2）头部表面硬度为58~62HRC，其余表面硬度为40~55HRC，每炉必查。

3）外形检查。无裂纹，无过烧，变形量≤留磨量50%。

4）渗层组织。检查碳化物、马氏体及残留奥氏体级别，一般要求≤3级，每批检查。头部表面渗碳层组织为隐针马氏体，允许出现少量的碳化物+少量的残留奥氏体；头部心部组织为低碳马氏体，一般不进行检测，需要时可控制硬度为25~40HRC。尾部表面组织为托氏体+少量隐针马氏体，一般不要求检查，如供需双方发生争议时，应请相关权威单位仲裁；尾部心部组织为铁素体+托氏体，一般不要求检查，需要时可控制硬度为22~35HRC。

实践证明，用渗碳轴承钢制作的弹簧夹头比弹簧钢制的夹头经久耐用，使用寿命接近甚至超过两万次。

448. GCr15钢制高强度夹头的热处理工艺

大吨位万能试验机的大小V形齿状夹头和平齿夹头，是该机的主要零件。从使用情况看，它承受拉压应力较大，齿部直接夹住各种测力试样，应具有高而均匀的硬度、强度和极好的韧性，并能承受冲击力的作用。夹头选用GCr15钢制造，外形尺寸为90mm×23mm×41mm。

以前，成批夹头在试验机总成校车时，发生明显的断裂、坏齿事故，严重影响产品出厂。经无损检测和金相组织分析发现，其基体存在网状碳化物组织。针对这一问题，人们对生产流程中的锻造、热处理工序进行反复实践，总结出一条比较完整的工艺方案。

（1）锻造　GCr15钢热处理前的金相组织对工件热处理有很大的影响，不仅影响夹头齿部的强度和韧性，更主要的是工件热处理后金相组织粗大，产生内应力。这主要和锻造温度恰当与否有关。这种齿片状的轴承钢坯料最高始锻温度取1020~1080℃。当锻造温度降到Ac_{cm}线（约920℃）时，开始析出碳化物，在此温度下继续锻造，能把碳化物击碎，锻后的碳化物就会变得细小均匀；假如始锻温度再低，就会形成聚集的网状碳化物，同时容易引起锻裂。因此应把终锻温度严格控制在850℃左右。形成网状碳化物的另一种原因是锻后缓冷造成的，它使材料冲击韧性下降，零件受力时在脆性的碳化物网络处产生严重的应力集中。因此，锻后应及时散开风冷，这一点至关重要。

（2）正火　对于网状碳化物严重的过共析钢，光靠球化退火是不能完全消除的，必须在球化退火前增加一次正火处理，以较快的冷却速度，抑制二次渗碳体沿奥氏体晶界析出并呈网状分布，以利于随后的球化退火。正火工艺为：工件随炉升温至920~940℃，保温3~3.5h，出炉散开快冷。

（3）球化退火　GCr15钢锻后球化退火的目的是为了消除内应力，提高塑性和韧性，降低硬度，改善切削性能，并为以后的最终热处理做好组织准备。将正火后的条状毛坯，置于45kW的箱式电炉中球化退火，其工艺如图6-18所示。

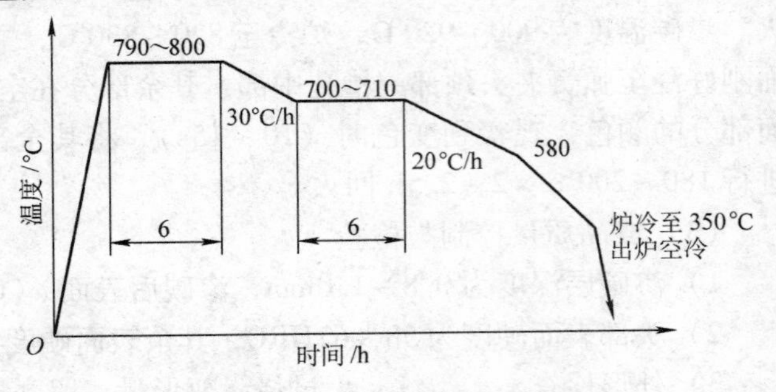

图6-18　GCr15钢的球化退火工艺

球化退火质量的好坏，主要取决于加热和保温状态。加热温度过高，由于碳化物溶解过多，冷却时易形成片状珠光体；反之加热温度过低，残存的大量未溶碳化物，冷却后得不到均匀的球状珠光体。冷却速度越大，点状碳化物越多，钢的硬度相应增加，不利于机械加工。按上述工艺操作，退火后硬度为190～230HBW。

（4）淬火、回火　淬火是防止夹头断裂、坏齿的关键工序。工件在切削加工精磨工序前，为获得高的硬度、强度和耐磨性，要进行淬火。淬火温度十分严格，若温度偏低，由于铬的碳化物不易溶到奥氏体中去，降低了淬透性，使硬度不足；反之若温度偏高，硬度虽很高，但韧性不足，在冲击载荷的作用下易断裂。其淬火、回火工艺如图6-19所示。

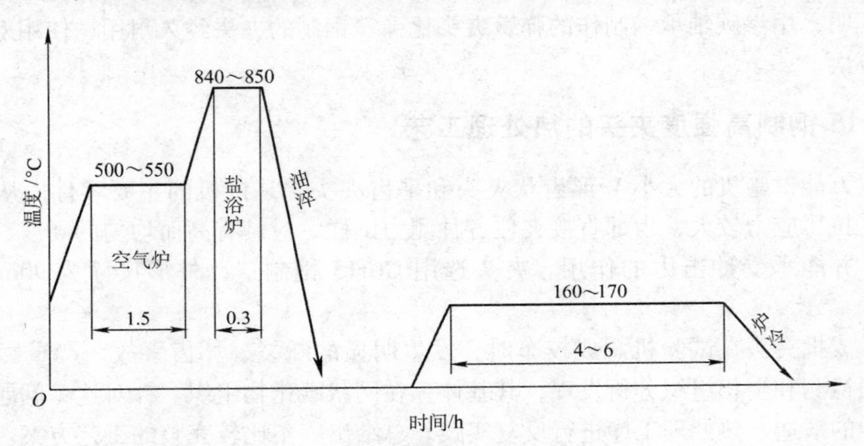

图6-19　齿状夹头的淬火、回火工艺

按图6-19所示工艺淬火后得到均匀分布的碳化物，硬度为63～65HRC。淬火后应在30min内立即回火，这是非常重要的一步。其目的是使组织稳定，消除淬火应力，提高韧性。回火后组织为回火马氏体加细小均匀的碳化物，硬度为60～63HRC。

实践证明，经上述工艺处理后，夹头的寿命得到了提高。

449. 纺织机械锭杆加工专用弹簧夹头的热处理工艺

锭杆加工专用弹簧夹头是机床夹具中的一种特殊的夹紧结构，如图6-20所示。图中*A*为导向部分；*B*为弹性部分，又称为簧瓣；*C*为夹爪；*D*为夹紧工作面。该弹簧夹头主要用于夹紧轴类零件或环类零件的外圆基准面，它是纺织机械制造中必不可少的一种高效而又易损的专用夹持工具。夹头在锁紧套的作用下对夹头头部施加一定的锁紧力，这就要颈部必须有很好的弹性、韧性及疲劳强度，否则颈部将因壁薄而折断。夹头头部受力大，频繁夹紧、装卸钢令，因此要求头部具有较高的耐磨性。

另外，弹簧夹头适用于批量较大的加工，为保证产品具有较高的加工精度和生产率，该夹头必须具有定心精度高、操作方便迅速（即簧瓣弹性适中）、使用寿命较高等特性。

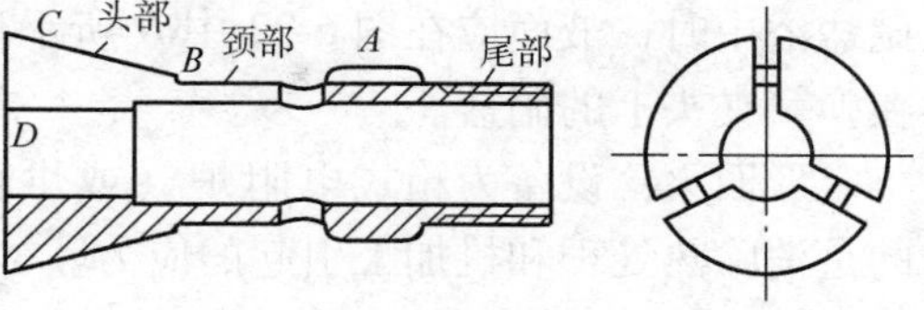

图6-20 锭杆加工专用弹簧夹头

河南某纺织机厂选用65Mn钢制造弹簧夹头，生产实践证明，其失效形式主要有以下3种：磨损失效、弹瓣断裂、失去弹性，其中磨损失效居多。然后反复改进其热处理工艺，虽有长进，但还是不理想，其寿命也不超过400件，而改用GCr15钢制夹头，使用寿命大大提高。

（1）GCr15钢制弹簧夹头热处理工艺。GCr15钢主要用于各类轴承零件，目前在弹簧夹头上应用较少。从弹簧夹头使用要求考虑，采用GCr15钢是可行的。选用GCr15钢作弹簧夹头材料，由于其壁厚差异大，对头部（工作部分）要求有足够的硬度和耐磨性，对颈部（弹性部分）要求有较高的弹性和适当的韧性，且要求在自由状态下能自由胀大或缩小0.1~0.3mm，故对热处理提出了更高的要求。若热处理不当，就会出现以下3种情况：一是硬度过低弹性差，二是硬度过高操作费力，三是脆性大易折断。

针对以上问题，采用两次局部回火和一次定形回火（见图6-21）工艺。

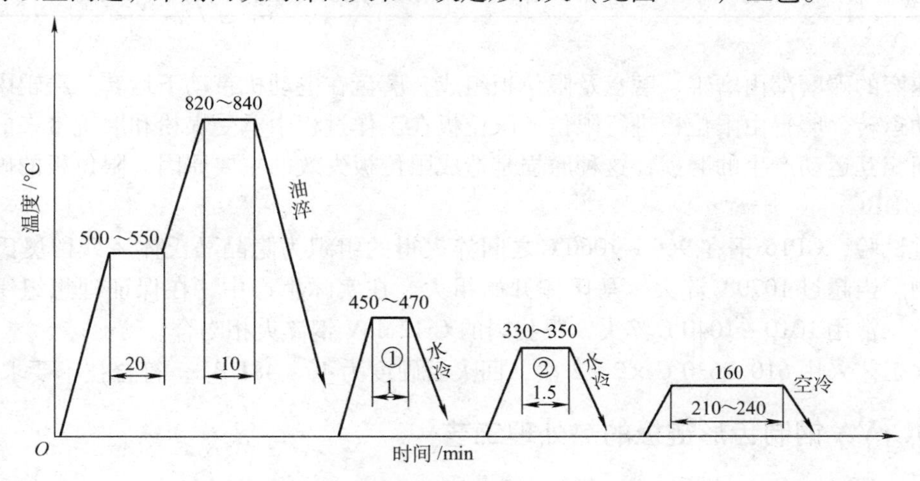

图6-21 GCr15钢制弹簧夹头热处理工艺曲线

局部回火①：第一次局部回火温度为450~470℃，回火时间为1min左右。设备为硝盐浴炉，用自来水冷却。水冷的好处有两个：首先，GCr15钢在460℃有第二类回火脆性，水冷可以将其消除；其次，可以防止过高的温度迅速传导到弹簧夹头的夹持部位，防止其经受高温回火而降低硬度。回火时，夹持部位应向上，硝盐浴液面应在图6-22中A所示位置。

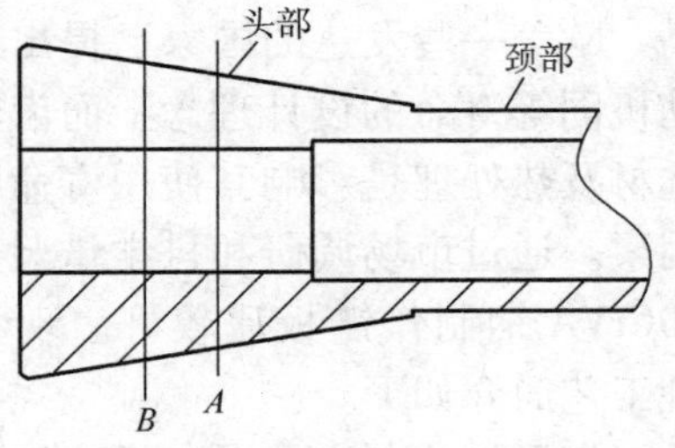

图6-22 弹簧夹头局部回火示意图

局部回火②：第二次局部回火时，弹性部位的内部组织为回火托氏体，是在铁素体基本上弥散着细小的片状或者粒状渗碳体。但由于温度迅速降低，残留奥氏体还未完全转变，还需再进行一次回火，回火温度为330～350℃，回火时间为1.5min左右，工件浸入硝盐浴中时，液面应在图6-22中*B*所示位置。用水冷却，除了上述好处之外，还能清洗粘在弹簧夹头上的硝盐。

定形回火：设备为箱式电阻炉（或烘箱），加热温度为160℃，保温时间为3.5～4h。目的是消除热处理和机加工引起的应力。

（2）试验结果　经上述工艺处理后，头部硬度为58～63HRC，颈部硬度为40～45HRC，使用寿命由300～400件（65Mn钢）提高到2500件（GCr15钢）。

450. GP16钢制限位板的热处理工艺

限位板是中速磨煤机的碾磨部耐磨件之一，采用德国DIN 1.2601的X165CrMoV12钢，简称GP16，相当于我国的Cr12MoV钢。该钢的化学成分见表6-5。

表6-5　GP16钢的化学成分

项目	化学成分（质量分数,%）						
	C	W	Mo	Cr	V	Si	Mn
GP16	1.55～1.75	0.40～0.60	0.50～0.70	11.0～12.0	0.10～0.50	0.25～0.40	0.20～0.40
GP16实测成分	1.62	0.35	0.56	11.85	0.11	0.36	0.32
Cr12MoV	1.45～1.70		0.40～0.60	11.0～12.5	0.15～0.30	≤0.40	≤0.35

中速磨的碾磨部由磨辊、磨盘及限位板组成，磨盘在电动机带动下运转，磨辊因磨盘带动做被动运转，磨辊由限位板进行限位。限位板在工作过程中承受煤粉和磨辊带来的压力及限位板间相互运动产生的磨损，这种磨损是造成限位板失效的主要原因。限位板的硬度要求为43～48HRC。

通过试验，GP16钢在960～1060℃之间淬火得的组织为隐晶马氏体＋残留奥氏体＋共晶碳化物。当超过1070℃淬火，马氏体开始粗大。在实际生产中，在保证理想组织、硬度的前提下，常用1010～1040℃淬火，跟我国的Cr12MoV钢淬火相吻合。

回火工艺采用610～630℃×2×2次，回火后硬度为46～48HRC，符合技术要求。

451. 50CrVA钢制齿形链板的热处理工艺

近年来，汽车发动机（正时传动、油泵、共规泵、高压泵、平衡轴）、变速器、分动箱、摩托车发动机和叉车发动机，以及在其他高速传动中，越来越广泛地应用了各种形式的齿形链，而且对齿形链的要求越来越高，欧美一些发达的国家已提出了与发动机同等寿命的设计理念。而齿轮链的选材及热处理是影响其使用寿命的关键因素。通过市场调研和科学试验，认为50CrVA钢制作链板比较好。现将热处理工艺简介如下。

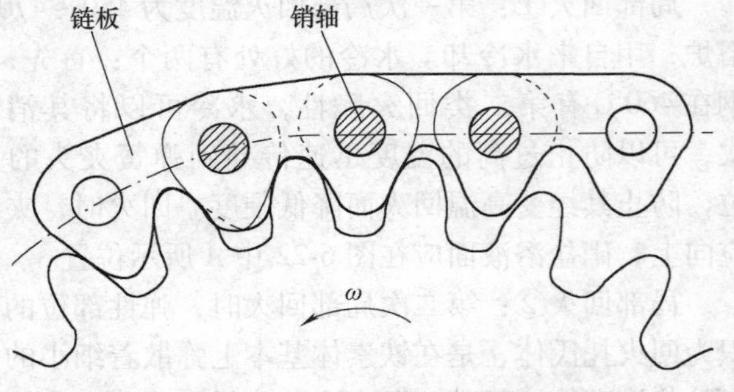

图6-23　齿形链的传动示意图

齿形链由链板、导板和销轴组成，其传动如图6-23所示。50CrVA钢制链板由冷轧钢带冲制而成，硬度要求为50～54HRC。

淬火在带保护气氛的连续加热炉中进行，890～900℃×20min，285～300℃×35min硝盐浴等温淬火，得到贝氏体+马氏体混合组织；200℃×2h×1次硝盐浴回火，硬度为52～54HRC。

采用285～300℃等温淬火、200℃回火，50CrVA钢制齿形链板的硬度达到工艺要求，其疲劳寿命达到1×10^7次以上，100h磨损伸长率<0.20%，大大提高了发动机齿形链的性能和疲劳寿命。

452. 40CrMo钢制吊钩螺母的调质工艺

某42CrMo钢制吊钩螺母的外形尺寸ϕ120mm×129mm×ϕ100mm（内径），调质处理后要求螺母抗拉强度≥800MPa，屈服强度≥550MPa，断后伸长率≥12%。采用830℃油淬，560℃回火，完全可以胜任，随着起吊质量的增加，客户提出了更高的要求：抗拉强度≥900MPa，屈服强度≥650MPa，断后伸长率≥12%，硬度为270～320HBW。经验证，原调质工艺已不以满足力学性能的要求，应开发新的热处理工艺。

通过反复试验、分析和对各个环节的持续改进，得到了稳定和提高吊钩螺母力学性能的调质工艺：淬火温度为860℃，淬火冷却介质用PAG溶液；淬火后进行560℃硝盐浴回火。经上述调质工艺，40CrMo钢制吊钩螺母的各项力学性能都达到设计要求。

453. 65Mn钢制波形弹簧的热处理工艺

65Mn钢制波形弹簧是某航空装置上的重要弹性元件，工作状态下，它受到弯扭应力，载荷性质为循环冲击和振动，常见的失效形式为弹性丧失和疲劳断裂等，所以在力学性能上要求弹簧具有较高的弹性极限、屈强比和疲劳强度。按传统方式生产的工艺流程为：落料—冲孔—弯曲成形—钳工矫正—热处理（淬火、预回火和定形回火）。其中，热处理是最关键的工序，热处理质量的优劣，直接影响其性能和最终的使用的寿命。因此，该弹簧的热处理技术要求较高，除了要求表面无氧化脱碳、组织均匀外，还必须保证具有一定的形状精度和弹性要求。

波形弹簧的外形和尺寸如图6-24所示。外形尺寸为：ϕ32mm×ϕ25mm×(4.8±0.2)mm[外径×内径×高度]。热处理技术要求：①硬度为44～52HRC（423～543 HV）；②热处理后进行10次全压缩，然后检查波形弹簧的自由高度为（4.8±0.2mm，弹力为17～20N；③磁力检测表面无裂纹。

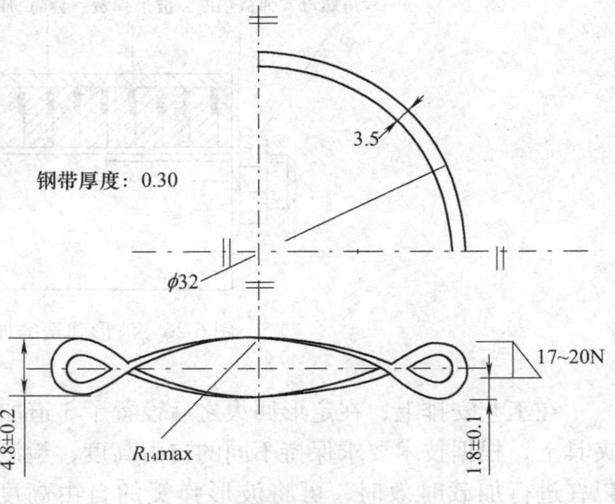

图6-24 波形弹簧的形状和尺寸

其热处理工艺如下：

（1）淬火 800～820℃盐浴加热后淬入150～160℃硝盐浴中3～5min，出炉后空冷或水冷，淬火硬度在58HRC以上（>664HV）。冷至室温后用10%

(质量分数) Na_2CO_3 水溶液浸泡5min。

(2) 预回火　清洗干净后尽快于硝盐浴中进行预回火：240～260℃×1.5h。

(3) 定形回火　65Mn钢弹簧回火的目的是将淬火马氏体分解，析出碳化物，这是一种扩散型相变。通过恰当的回火工艺可以在适当降低硬度的同时，消除大部分的内应力，改善工件的塑性和韧性，稳定波形弹簧的尺寸和形状（主要是自由高度）。

根据硬度要求，回火在硝盐浴中进行：370～410℃×2h，得到回火托氏体组织，弹性极限较高，还具有足够的强度、塑性、韧性。为防止第二类回火脆性，出炉后水冷。

将工件装夹在专用的定形回火夹具（见图6-25）上进行定形回火，效果更佳，不仅可以使波形弹簧获得所需的弹性和韧性，还可以稳定零件的自由高度。

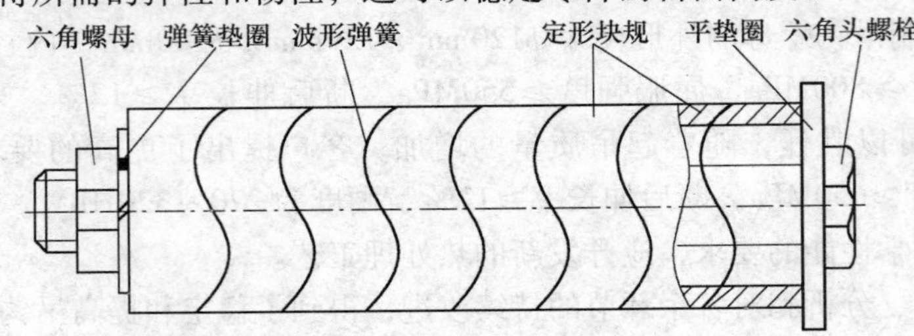

图6-25　波形弹簧的定形回火夹具

在制作波簧定形回火夹具时，应注意以下几个问题：①选用与波形弹簧同材料的65Mn制作，并调质至硬度为40～43HRC（这样，夹具的最终回火温度远远高于波形弹簧定形回火温度），保证夹具可以多次使用而不发生畸变；②提高夹具装夹表面的加工精度，使夹具与波形弹簧能贴合得更好。

(4) 加载时效及稳定回火　波形弹簧弹力之所以不稳定，一是因为工件尺寸小，形状复杂，热处理易发生畸变；二是因为工件本身很薄，仅为0.3mm厚，在进行10次全压缩后，波形未能全部恢复。所以为稳定波形弹簧的尺寸和弹力性能，提高其承载能力和使用寿命，根据类似工件的热处理经验，设计了一副加载时效的专用夹具，如图6-26所示。

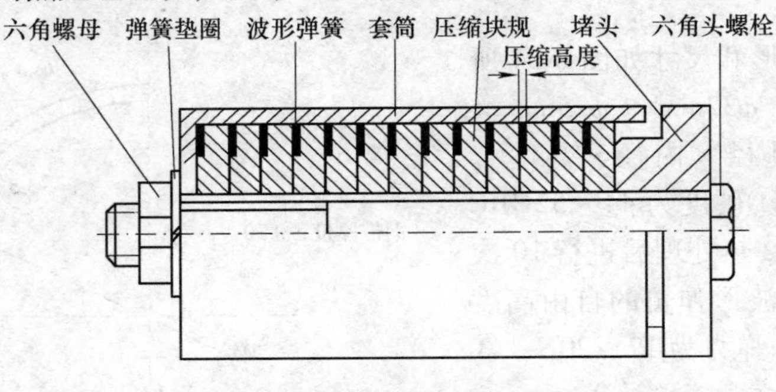

图6-26　波形弹簧的加载时效夹具

在工艺安排上，在定形回火之后设置了3道加载时效。将波形弹簧装夹在加载时效专用夹具上，根据技术要求保持不同的自由高度，检测弹力时的压缩高度为(1.8±0.1)mm，所以在进行加载时效时，可将波形弹簧的自由高度压缩至两档尺寸：(2.20－0.01)mm和(1.85－0.01)mm。另外，为了进步稳定工件的尺寸，在前两道加载时效之间，还可再增加一道稳定回火，此时，工件应从夹具上拆卸下来，在自由状态下回火。

按照上述工艺处理后的小型弹簧，能较好地保证合格自由高度以及稳定的弹性。

454. 65Mn钢制汽车发动机卡箍的热处理工艺

汽车发动机冷却液通过机外散热器冷却，发动机与散热器之间的连接胶管，用钢带式弹性卡箍（简称卡箍）固定。卡箍材料为65Mn钢。卡箍工作直径为φ37mm，钢带厚度1.8mm，生产工艺流程为：钢坯→开坯→热轧→酸洗→冷轧→退火→酸洗→冷轧（轧至1.8mm）。

卡箍的热处理工艺：采用甲醇气氛网带炉加热，820～830℃×20～25min，设有氧势控制装置，淬火冷却介质为280～290℃硝盐浴，等温50min，得到力学性质较佳的下贝氏体组织。为防止入液前温度失控而影响淬火质量，在淬火室增加监控窗口，以观察工件入硝盐浴中的淬火情况。回火工艺为280～290℃×1h（于硝盐浴中）。

通过上述工艺处理（成品经喷砂+表面处理）的卡箍，装配工艺性能良好，性能稳定，使用寿命有很大提高。

455. 35CrMoA钢制双臂吊环的热处理工艺

双臂吊环是石油钻井提升系统重要的零件之一，主要用于钻井过程的起下钻及油井打捞，工作时瞬时承受巨大的拉伸载荷。SH50型双臂吊环采用35CrMoA钢锻造（或圆钢），并经过车削→热弯→切割→焊接→无损检测→880℃×2h正火→850℃×1.5h（盐水—空气—盐水）间歇式控制冷却→500～540℃×3.5h回火→矫直→去应力回火→打磨检测等诸多工序加工而成。生产中常发现SH50型双臂按上述工艺生产后冲击吸收能量达不到技术要求。经过试验研究对工艺进行改进，确定最终的热处理工艺为：880℃×2h正火→850℃×1.5h加热，在质量分数为3%～5%的UCONA水溶液中冷却→冷至200℃出液空冷→540～580℃×3.5h回火后空冷。

按改进工艺处理的吊环达到了技术要求。

456. 60Si2MnA钢制高品质弹簧的热处理工艺

随着汽车轻量化及铁路重载提速的快速发展，无论是汽车悬挂簧还是火车转向架簧，都向着高强度、高品质、高可靠性方向发展。弹簧钢的疲劳寿命与弹减抗力的有效提高不仅通过钢液的纯洁度来保证，而且要控制轧制工艺及热处理制度来增加钢材的强韧性。目前在弹簧的制造中主要有两种热处理工艺：一种是重新加热淬火工艺，另一种是卷制后直接余热淬火工艺。重新加热淬火工艺是指弹簧钢经加热卷制成形后空冷至室温，然后重新加热到奥氏体化温度淬火的热处理工艺；而余热淬火是指弹簧钢加热卷成弹簧后，利用余热直接淬火的一种工艺。其中奥氏体化温度、淬火和回火工艺参数都影响最终成品的综合力学性能。

目前铁道部门弹条用弹簧钢技术条件中规定60Si2MnA钢的力学性能为：屈服强度≥1400MPa，抗拉强度≥1600MPa，断后伸长率≥5%，断面收缩率≥25%，冲击吸收能量≥9J。为了达到此目标，必须对其轧制工艺和热处理工艺都进行优化，充分挖掘钢材潜能。以下对其热处理工艺做简单介绍。

60Si2MnA钢由于C、Si元素含量较高，高温长时间加热易发生脱碳现象；另一方面，由于该钢与其他合金弹簧钢相比，没有碳化物形成元素，这就使得其在奥氏体化过程中，由于合金元素的扩散不均匀导致的相变组织不均匀以及内部组织偏析等缺陷减少，权衡利弊，使用重新加热淬火工艺并无优势可言。

从减少60Si2MnA钢表面氧化脱碳层深度，提高生产率，节能减排的角度考虑，余热淬火更有利于提高其强韧性。

经反复试验得出余热淬火工艺：将加热温度提高至950℃，适当保温，随后冷至880℃出炉油淬；然后进行370～430℃×90min回火。经上述工艺处理后，其综合力学性能完全满足高品质弹簧钢的技术指标要求。用400℃×90min回火，其综合力学性能最佳。

457. 65Mn钢制汽车卡环弹簧的晶粒细化处理工艺

汽车卡环弹簧位于活塞销端部，用于防止销子窜动。弹簧在服役过程中承受循环扭转力、冲击力和磨损，而且在一定的温度下承受腐蚀介质的作用，因此对这类弹簧要求有足够的强韧性和疲劳强度。卡环弹簧传统的热处理工艺是，先将退火状态的扁钢带卷制成簧，经淬火、回火处理，然后经过人工整形、去应力退火和发蓝。采用这种工艺，工人劳动强度大，生产率低，周期长，质量难以保证。

目前工业上卡环弹簧大量采用低合金钢、弹簧钢或铜铝及其合金制造，经细化晶粒处理获得尺寸为1～3μm的超细晶粒，从而使金属或合金的强韧性得到明显改善。不同的金属其细化晶粒的方法不同。低合金钢一般采用多道轧制细化铁素体晶粒；大尺寸的弹簧钢采用感应加热、激光加热方法细化晶粒；小尺寸的弹簧采用电接触加热、油淬火＋回火来细化晶粒。在弹簧钢丝生产上，国外已广泛采用电接触加热法。瑞典的Cr-V优质弹簧钢丝就属于这一类，经电接触加热油淬火后的钢丝晶粒度达11～12级（4～5μm）。这种细化晶粒的方法不仅能提高钢丝的热处理质量，而且容易实现自动化机械化生产。

该试验采用ϕ6.5mm的65Mn钢盘条轧制扁钢带，对其进行电接触加热、油淬火＋回火。采用热轧成形和冷轧成形两种方法轧制。

热轧成形的加工工艺：ϕ6.5mm盘条$\xrightarrow{\text{冷拉}}$$\phi$5.6mm$\xrightarrow{\text{冷拉}}$$\phi$4.7mm$\xrightarrow{\text{冷拉}}$$\phi$4.0mm，断面收缩率约为62%。将$\phi$4.0mm的钢丝加热到860℃，热轧成1.9mm×5.2mm再经热酸洗和整形，其最终尺寸为1.7mm×5mm，整形的变形量为13.5%。热轧后的晶粒为10级，组织为细粒状和片状混合索氏体。由于热轧空冷后组织细化整形加工困难，所以这种组织有较高的硬度和强度。

冷轧成形的加工工艺为：ϕ6.5mm盘条$\xrightarrow{\text{冷拉}}$$\phi$5.2mm$\xrightarrow{\text{冷拉}}$$\phi$4.4mm，断面收缩率约为54%。在730℃进行再结晶退火后，再进行两次冷轧。由ϕ4.4mm$\xrightarrow{\text{冷拉}}$3.4mm×4.8mm$\xrightarrow{\text{冷拉}}$2mm×5.2mm，断面收缩率为36.27%，然后在700℃进行再结晶退火、酸洗，钢带的最终尺寸为1.95mm×5mm。此时钢带的晶粒度为6～7级，组织为细粒状索氏体。与热轧比较，它的强度和硬度都低得多。

试验采用电接触快速加热油淬火＋连续铅浴回火设备，如图6-27所示。该设备工作电压为43～45V，电流为70～73A，电压、电流可调，能达到快速有效地加热。

开车后放线架与收线架同步运行，扁钢带在两个电轧辊之间加热，钢带通过第二个辊轮时，达到所需的奥氏体化温度立即淬油。钢带继续运动，到铅浴中快速回火。回火完毕后，

收线架把钢带自动缠绕起来。

从试验和生产实践可知，利用电接触快速加热方法可使原始组织细小均匀的65Mn钢丝或钢带获得超细晶粒。冷轧成形后再经700℃再结晶退火的钢带第一次处理晶粒度达15级；冷轧成形并经冷整形的钢带处理后的晶粒度达14级。

原始组织为索氏体的65Mn钢带，加热速度为25～30℃/s，加热温度为820～840℃，一次可获得13级以上的超细晶粒。但进一步提高加热速度，只能使奥氏体化温度升高，并不能使晶粒细化。

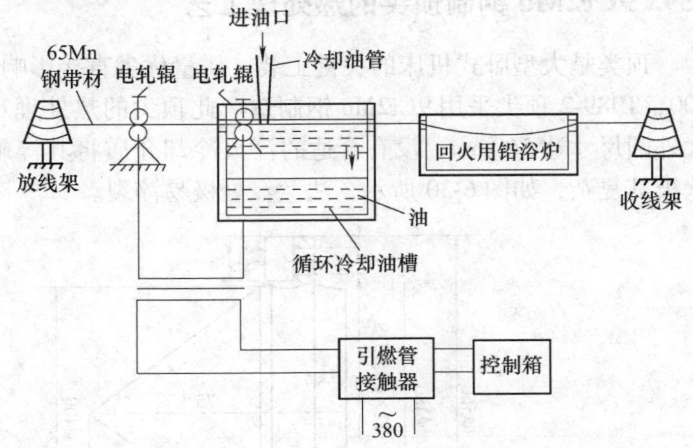

图6-27　电接触加热油淬火及回火装置

电接触快速加热获得超细晶粒的方法简单，操作方便，无氧化脱碳，不会出现回火脆性，产品质量优良，工业上应大力推广应用。

458. 65Mn钢制弹簧片的真空淬火工艺

某公司生产的65Mn钢制弹簧片如图6-28所示，热处理技术要求：44～48HRC，弹簧片表面不允许氧化、脱碳。

选用真空炉加热，650℃×1h去应力退火，然后真空加热淬火：830℃×45min油淬。由于真空淬火油在低温时冷却速度比普通淬火油低，淬火后的组织应力较小，因而淬火畸变也小，轻微的变形可以通过夹具装夹回火加以矫正。

由于弹簧片很薄，淬火时不可避免会产生变形，回火时需进行矫形。根据工件的结构特点，设计了专用的回火夹具，如图6-29所示。工件淬火后，由于硬度高、应力大，为防止直接装夹产生脆断，先进行350℃×1h回火，然后再重新装夹，再进行400℃×1.5h回火，回火后油冷。

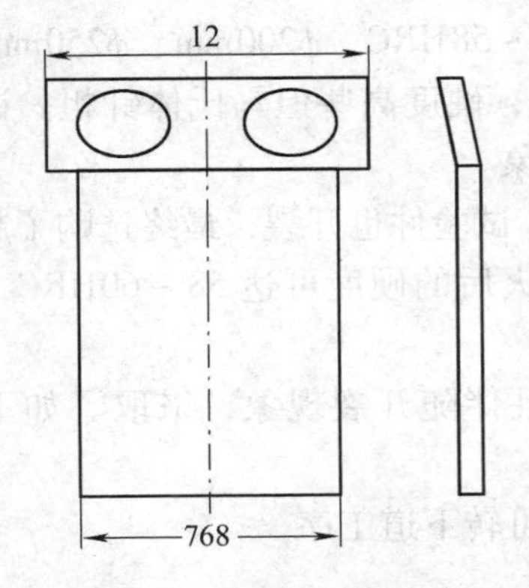

图6-28　65Mn钢制弹簧片

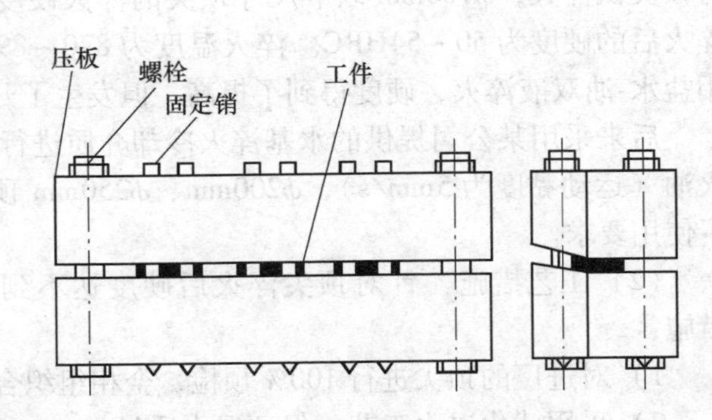

图6-29　弹簧片的回火夹具

按上述工艺处理，硬度全部符合要求，变形小，表面无氧化脱碳，产品合格率98%

以上。

459. 9Cr2Mo 钢制顶尖的热处理工艺

顶类是大型卧式机床的关键工装，质量优劣直接影响机床的加工能力及加工精度。75°-400，T989-2 顶尖采用 9Cr2Mo 钢制造。此顶尖的热处理难点表现为：一是有效厚度大，最大外圆尺寸达 560mm，没有合适的淬火冷却介质将其淬硬至工艺要求的硬度；二是工件形状极其复杂，如图 6-30 所示，法兰盘处极易淬裂。

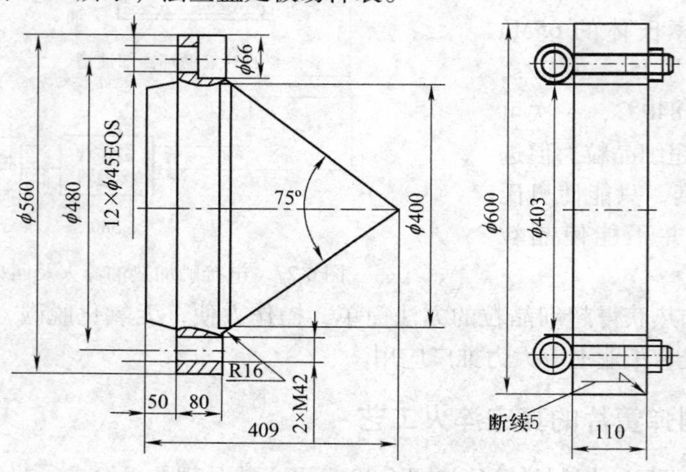

图 6-30 9Cr2Mo 钢大顶尖简图

（1）生产现状 2009 年初，由于卧式车床市场需求量大，顶尖的需求量与日俱增。而 9Cr2Mo 钢制顶尖在淬火过程中常出现硬度达不到工艺要求的现象。经化学分析，发现顶尖的主要化学成分均在合格范围内，但在中下限，金相组织也不均匀，尺寸大的顶尖中残留奥氏体较多，硬度较低。经过更换外锻厂家及采用不同的淬火温度，顶尖的淬火硬度仍达不到工艺要求，且部分出现开裂。

检验人员对淬火油进行检测，其运动黏度为 30mm/s。经联系，用 L-N32、L-N46 全损耗系统用油及南京某公司生产的淬火专用催冷剂调制的快速淬火油，运动黏度为 20mm/s，对顶尖试淬火，ϕ160mm 以下尺寸顶尖的淬火硬度为 55～58HRC，ϕ200mm、ϕ250mm 顶尖淬火后的硬度为 50～54HRC。淬火温度为 870～890℃时，硬度高些但马氏体针粗。试图改用盐水-油双液淬火，硬度得到了提高，但发生了开裂现象。

后来采用某公司提供的水基淬火冷却介质进行试验，试验件也开裂，最终选购了超速淬火油（运动黏度为 5mm/s），ϕ200mm、ϕ250mm 顶尖淬火后的硬度可达 58～60HRC，满足了使用要求。

（2）工艺措施 针对顶尖淬火后硬度达不到要求且伴随开裂现象，采取了如下工艺措施：

1）对进厂的顶尖进行 100% 预检，金相组织合格才可转下道工序。

2）采用球化退火工艺，保证退火质量。

3）改用大的淬火保护工装，可多填耐火土，增大法兰盘处的蓄热量，降低该处的冷却速度。

4）提高淬火冷却介质的冷却能力，且不能将顶尖淬裂。解决措施是使用循环油，并加强搅拌力度。

工件装炉时顶尖朝下，用专用吊环螺钉紧固。采用气体渗碳炉加热，二段滴煤油保护，淬火油温控制在60～90℃为宜，调整压缩空气流量使油翻滚。淬火工件油冷至150℃出油空冷，及时回火。淬火后顶尖部位硬度达到58～60HRC，其余部分也在55HRC以上，达到了工艺设计要求。

（3）实施的工艺细则

1）预备热处理：350～450℃×5h→600～650℃×5h→900～920℃×10～12h→油冷至700℃左右出油空冷。

2）球化处理：将经预备热处理的工件空冷至300℃左右及时装炉→350～450℃×5h→600～650℃×5h→880～900℃×10～12h→油冷至180℃左右及时装炉回火→690～710℃→炉冷至400℃以下出炉空冷。

3）淬火：将待淬火件用专用工装填充耐火土拌成的胶泥保护好法兰盘，装入75kW渗碳炉加热。采用阶梯升温，350～450℃×5h，550～650℃×4h，滴煤油防氧化脱碳，850～870℃×8h淬入50～60℃油中。调整压缩空气流量使油翻滚，油冷至150℃左右出油空冷。

4）回火：170～190℃×18～20h。

经上述处理后，测量尖部ϕ560mm外圆处硬度为58～60HRC，表面无裂纹。

460. 提高T12A钢制钻套寿命的热处理工艺

某公司生产的钻套主要用于生产载货汽车后桥从动锥齿轮安装钻孔之用，12个钻套镶在一个钻孔模板上，每个齿轮有两个安装孔，按日产200个齿轮计算，需要利用同一个钻套钻孔200个左右，因钻孔数量较多，钻套磨损较大。以前的钻套的热处理采用箱式电阻炉，工艺操作简单，但使用寿命较低，改用盐浴炉热处理后，钻套表面硬度提高了2HRC，使用寿命虽然提高了1倍多，但仍需经常更换钻套。

为了进一步提高钻套使用寿命，采用渗碳后空冷并进行加热淬火的新工艺，不仅表面硬度提高了3～4HRC，而且其表面层可获得较理想的弥散细小颗粒状碳化物，其耐磨性大大提高。因此，钻套的使用寿命比原箱式炉处理的提高了3～4倍，满足了生产和产品质量要求。

（1）技术要求　表面硬度为63～66HRC；变形小无裂纹；表层无脱碳，淬火马氏体针<3级。

（2）热处理工艺

1）原工艺：采用RJX-15-9箱式电阻炉加热，790～810℃×15～20min，取出空冷3～5s淬入水中3～4s，立即转入油中续冷；150～160℃×2h回火出炉空冷，回火后硬度为62～63HRC。

2）盐浴热处理：先在第一台盐浴炉中预热，然后在第二台盐浴中加热，770～790℃奥氏体化后保温3～4min后，淬入40%～50% NaOH的饱和水溶液中，溶液温度≤40℃，冷却3～5min；清洗干净后，在空气炉回火，150～160℃×2h，回火后硬度为64～65HRC。

3）热处理新工艺：先在RJJ-35-9T型井式气体炉低温渗碳，840～860℃×60～90min，出炉空冷；在盐浴炉中加热，770～790℃到温后保温3～5min，淬入80～90℃的光亮油中；

然后再进行150~160℃ ×2h 回火，回火后硬度为65~67HRC。

钻套采用渗碳后空冷进行再加热淬火后，不仅表面硬度大大提高，而且表层可获得较理想的弥散细小颗粒状碳化物。因此，其耐磨性大大提高，使用寿命提高了3~4倍，很好满足了生产和产品技术要求。

461. 环形弹簧的贝氏体等温淬火工艺

环形弹簧是由带内锥面的外圆环和带外锥面的内圆环组成的，广泛用于空间尺寸受限制，又要求强力弹性的高频次、高冲击条件下的大型吊架、振动重型机械中缓冲装置结构中。环形弹簧的热处理工艺是其中最重要的环节，对环簧的制造和使用性能起着决定性的作用。

环形弹簧选用60Si2MnA、65Si2MnWA、55CrMn钢制造，加工工艺流程一般为：下料→锻造→半粗车→调质→粗车→去应力→半精车→淬火+中温回火→精车。以常用的60Si2MnA钢为例，在盐浴炉中加热的热处理工艺如下：

工艺1：860℃加热，300℃ ×30min 硝盐浴等温，310℃ ×1h 回火。金相组织为下贝氏体+回火托氏体+少量的残留奥氏体，硬度为49HRC。

工艺2：860℃加热，300℃ ×30min 硝盐浴等温，-75℃ ×45min 冷处理，310℃ ×1h 回火。金相组织为下贝氏体+回火托氏体，硬度为50.5HRC。

等温淬火适用于截面尺寸不大的弹簧，并且要求材料有一定的淬透性。

等温淬火后增加冷处理，有利于改善弹簧的使用性能，并能起到稳定组织和尺寸的作用。

462. 0Cr15Ni40MoCuTiAlB 合金制弹簧的定形处理工艺

波形弹簧是平板闸阀的重要零件之一，材料为0Cr15Ni40MoCuTiAlB（简称3YC7）。对弹簧的技术要求：抗拉强度 R_m≥1500MPa，规定塑性延伸强度 $R_{p0.2}$≥1200MPa，断后伸长率 A≥15%，硬度为35~39HRC。加工工艺流程为：落料→模压成形→定形处理。

试验所用材料的化学成分（质量分数,%）：Cr 15.09，Ni 40.35，Mo 5.02，Cu 2.97，Ti 2.84，Al 1.03，Si 0.33，Mn 0.27，Fe 余量。该材料属镍基弹性合金。

为了满足技术要求并充分发挥材料的内在潜能，需对模压成形的弹簧进行定形处理，即恒温时效处理。时效设备选用RX-12-9箱式电阻炉，施行的热处理工艺是：450℃入炉，870~890℃ ×8h 炉冷至450℃出炉空冷，测得的试验数据为 R_m = 1520~1580MPa，$R_{p0.2}$ = 1250~1364MPa，A = 16%~18%，硬度为36.5~39HRC，均达到技术要求。

时效处理的实质是扩散性相变，即脱溶。合金在脱溶过程中其力学性能、物理性能都随之发生变化。时效开始时有一停滞阶段，硬度随时效时间的延长上升极其缓慢，接着硬度迅速上升，达到极大值后又随时间快速下降。从试验可知，时效温度越高，硬度上升越快，达到最大值所需的时间越短，最大值硬度也最低，同时在时效过程中，强度的变化过程与硬度的变化规律基本相似，即当温度一定时与时效持续的时间有关。

从以上分析可以看出，时效工艺参数应该从保温温度、保温时间、出炉温度三个方面综合考虑，最终确定一个最佳方案。

463. 60Si2MnA 钢制汽车扭杆弹簧的热处理工艺

扭杆弹簧是轻中型平头汽车驾驶翻转机构中最关键的零件，是一种依靠扭转弹性变形起作用的弹性元件。根据人机工程学原理，要求人用尽可能小的力使驾驶室得到翻转，并在最小力的作用下恢复原状。因此，要求弹簧具有较高的弹性极限和弹性比功、疲劳强度，而且塑性和韧性要好。

为了确保扭杆弹簧获得上述的力学性能，选用 60Si2MnA 钢制造，常采用盐浴加热，油冷或水淬油冷，然后进行中温回火。这两种冷却方法均可获得较好的力学性能，但油在较高温度范围内冷却能力较低，且容易引起火灾；而双液淬火很难控制工件在水中的冷却时间及出水温度。加之油淬不符合清洁绿色生产要求，不利于环保。为了解决上述工艺缺点，国内有些单位提出了一种新的工艺方案：中频感应加热—水冷—中温回火。其热处理工艺如下：

扭杆弹簧的外形尺寸为 ϕ24. 5mm × 850mm，中频频率为 9kHz，感应圈内径为 ϕ40mm。工件经中频感应加热至 850 ~ 860℃，加热时间为 75s，将加热后扭杆弹簧两端的花键部分浸入 10 ~ 30℃ 的循环水中冷却 10s，然后再将整个工件浸入水中冷却 5min；淬火工序完成后立即将工件放到空气炉中进行 460℃ × 1. 5h 回火，出炉后将工件立即水冷 90s。测得硬度为 46 ~ 48HRC，符合技术要求。

注意事项：①冷却水温的控制是关键点，因为水温低于 10℃，冷却速度过快，易产生开裂；当水温高于 30℃，冷却速度较慢，过冷奥氏体易转变成非马氏体组织，而且工件不易淬透，所以工艺规定采用 10 ~ 30℃ 的循环水冷却。②扭杆弹簧的两端为渐开线花键，花键和锁止槽因尺寸较小，冷却速度比其他部位快，易产生应力集中，加热后若直接将整个扭杆置于水中，易使该部位产生开裂，所以工艺上采用机械手夹持住扭杆中间位置左右偏摆使两端花键先淬火，使其获得一定的淬硬层，然后再将整个扭杆水平放入淬火槽中续冷。③由于回火温度较高，且钢中还含有一定数量的 Si、Mn 及微量的 Cr、Ni、S、P 元素，存在明显的可逆回火脆性，使扭杆弹簧产生脆性，所以回火如果一定要快冷。

按上述中频感应淬火工艺处理的扭杆弹簧，产品质量稳定，可降低生产成本 1/3，节能环保，符合可持发展战略。

464. 55 钢制链片的网带炉加热等温淬火工艺

随着航天、铁路、汽车、房产等行业的高速发展，对零部件的热处理要求也越来越高。例如汽车发动机气门弹簧，汽车发动机传动系统的链条等均为易损件，对热处理质量的稳定性有很高的希望指数。等温淬火是一种常用的热处理工艺，获得的贝氏体具有耐高温、耐磨损、耐冲击等特性，在盐浴淬火中很容易实现，在网带炉生产线上并不多见，以下简介 55 钢制链片的网带炉加热等温淬火工艺。

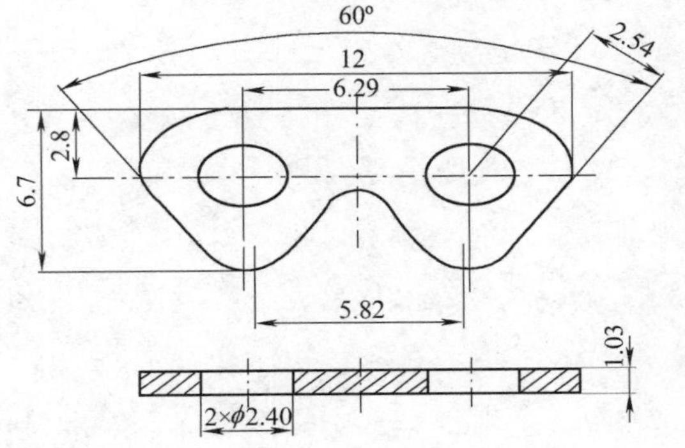

图 6-31　55 钢链片

（1）链片热处理技术要求　55 钢链片如图 6-31 所示。硬度要求为 48 ~ 53HRC，下贝氏体的体积分数≥80%，且要均匀，不得出现软点。链片表面要光洁，不得有锈蚀等宏观缺陷。

（2）热处理工艺　设定55钢的网带炉奥氏体化温度为870℃，有效加热区为2～4区，1区为升温区。在加热区通过时间为50min。因为55钢的*Ms*点约为285℃，等温盐浴温度定为300℃，等温时间和加热时间同步，也为50min。网带炉采用氮-甲醇气氛保护，碳势为0.60%，其中CO的体积分数为20%。

（3）质量检验　任意抽查55钢制链片，硬度均在50.5～52.5HRC，符合技术要求（48～53HRC），硬度散差比较小；实测产品的金相组织中下贝氏体的体积分数>90%，符合>80%的技术要求。

第7章　热作模具钢制模具热处理工艺

465. 5CrMnMo 钢制小型热锻模的箱式炉加热淬火工艺

（1）锻坯退火　加热温度为850～870℃，保温4～6h，炉冷至680℃，保温4～6h，炉冷至500℃出炉空冷，其工艺如图7-1所示。退火后的组织为铁素体＋珠光体，硬度为197～241HBW。

（2）淬火、回火　在箱式电阻炉中加热，对不需要硬化的螺孔要用黄泥堵实，以防止在淬火时产生应力集中而开裂。为防止模具与燕尾在加热过程中氧化脱碳，可采取如下保护方法：在高80～100mm的铁箱中，箱底铺30～40mm厚的铸铁屑之类的保护剂，然后模面朝下，把模具放在箱中，再用铸铁屑和木炭等填满四周。两个模具之间，以及模具与炉壁之间的距离为150～200mm，使其均匀加热。

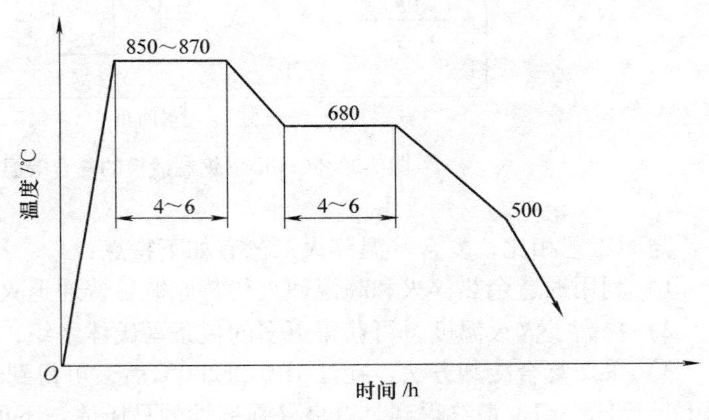

图7-1　5CrMnMo模坯退火工艺

1）预热。600～650℃×1h，在低于Ac_3温度下保温可促使碳化物分解，加热均匀，并且可以减少晶粒粗大的倾向。

2）加热。若淬火温度过低，则奥氏体合金度不高，钢的淬透性、回火稳定性随之下降，以致影响钢的力学性能；若淬火温度过高，由于晶粒粗大及残留奥氏体量增加，给钢的性能带来不利影响。一般取840～850℃，保温4h较合适。

3）冷却。为减少变形，模具出炉后在空冷中预冷至780℃（空气中冷却约2min），然后浸入80℃左右的热油中冷却，并开启油泵，使冷却效果更好些。待工件冷到200℃时（工件出油面时，只冒烟不起火），可取出空冷，并及时回火。

4）回火。回火工艺为450～500℃×3h×2次。回火后立即油冷至100℃左右空冷。回火后金相组织为回火索氏体＋托氏体组织，硬度为43～47HRC。

有燕尾的热锻模应在盐浴中进行快速回火处理。为消除回火油冷产生的应力，最终还应进行160～180℃×4h的补充回火。

466. 5CrMnMo 钢制连接环热锻模的复合等温淬火工艺

煤矿用井下运输机连接环的热锻模，其外形尺寸为230mm×175mm×91mm，硬度要求为42～44HRC，在2t蒸汽锤上使用。锻件材料为20CrMnMo，加热到1100～1200℃的坯料在锻模型腔内直接锻压成形，每件工件两火锻打完毕。

采用原850℃加热淬油，480℃回火工艺，硬度虽达到要求，但模具的寿命只有1000～2000次；采用复合等温淬火新工艺，模具寿命提高到5000～7000次。5CrMnMo钢制锻模的复合等温淬火工艺如图7-2所示。

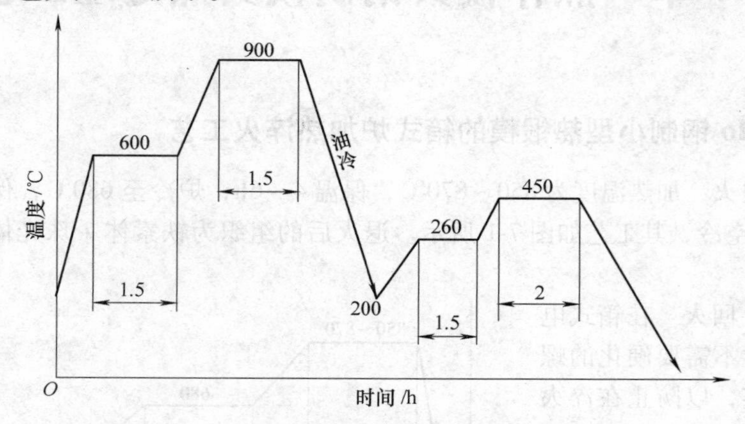

图7-2　5CrMnMo钢制锻模的复合等温淬火工艺

与原工艺相比，复合等温淬火工艺有如下特点：

1）利用锻造余热淬火和高温回火代替原锻后普通退火。

2）提高了淬火温度，可获得更多的板条马氏体组织，从而提高了韧性。

3）采用复合冷却方法，在油中冷到200℃后，可得到部分马氏体，在260℃等温，可得到下贝氏体组织，最终得到具有良好强韧性的马氏体与下贝氏体的复合组织。

经复合等温淬火处理后，模具材料的硬度为47～50HRC，但力学性能均比原工艺提高20%以上，所以模具寿命得到大大提高。

467. 5CrMnMo钢制齿轮坯热锻模的复合等温淬火工艺

CA-10B型从动螺旋齿轮热锻镶块模，原采用840～850℃加热淬油、500℃回火的热处理工艺，硬度为40～44HRC，模具寿命只有100多件；而用复合等温淬火，模具的平均寿命达到1179件。其复合等温淬火工艺如图7-3所示。

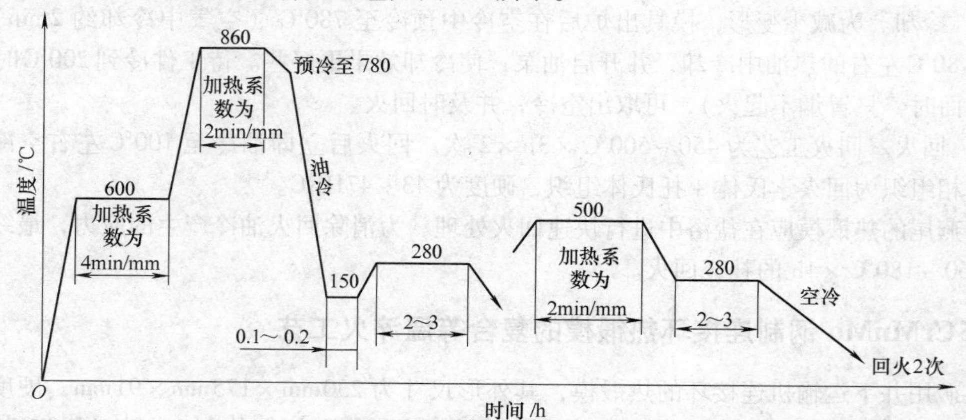

图7-3　5CrMnMo钢制齿轮坯热锻模的复合等温淬火工艺

468. 5CrMnMo 钢制热锻模的等温淬火工艺

5CrMnMo 钢制热锻模按 850℃ 加热淬油、480℃ 回火处理，模具寿命只有 1000 ~ 2000 件。采用的新工艺如下：

锻后趁余热形变淬火，高温回火，机械加工成形。在最终热处理时，将淬火温度提高到 890 ~ 900℃，在油中冷却到 180℃ 左右时，立即进入 260 ~ 280℃ 硝盐浴中等温 2h。回火规范为 460 ~ 480℃ × 2h × 2 次。为减少应力和脆性，最后补充 220 ~ 240℃ × 3h 回火。其工艺如图 7-4 所示。

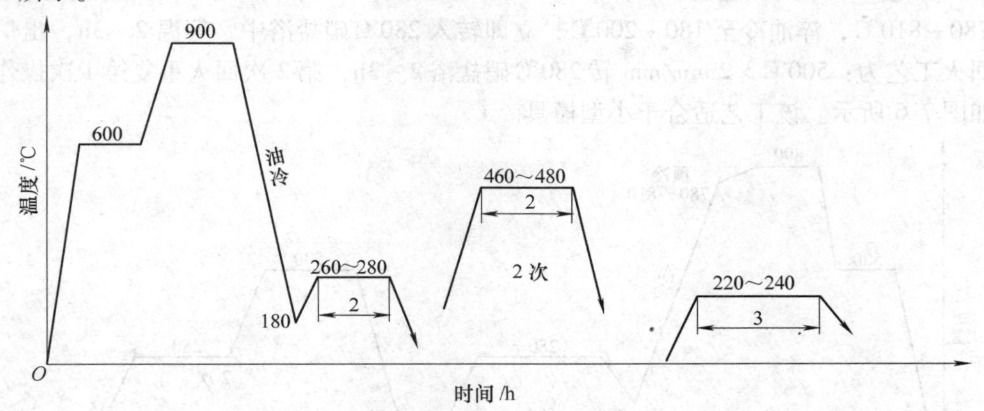

图 7-4　5CrMnMo 钢制热锻模的等温淬火工艺

经新工艺处理后，模具材料的硬度为 42 ~ 45HRC，模具寿命提高 3 倍左右。

469. 5CrMnMo 钢制铝合金尾翅热锻模的高温淬火工艺

5CrMnMo 钢制铝合金尾翅热锻模的外形尺寸为 250mm × 270mm × 480mm。在锻造加工 7A04（LC4）超硬铝尾翅时，由于成形零件的形状比较复杂，大、小头截面之比为 48∶1，表面质量要求高。因此，模具要承受复杂的应力，尤其是在模腔较深的转接处易产生大的应力集中和裂纹。锻模的平均寿命为 0.9 万件，最高的达 1.3 万件；而采用新工艺后，锻模的平均寿命为 3 万件，最高的达 4.3 万件。其热处理工艺如图 7-5 所示。

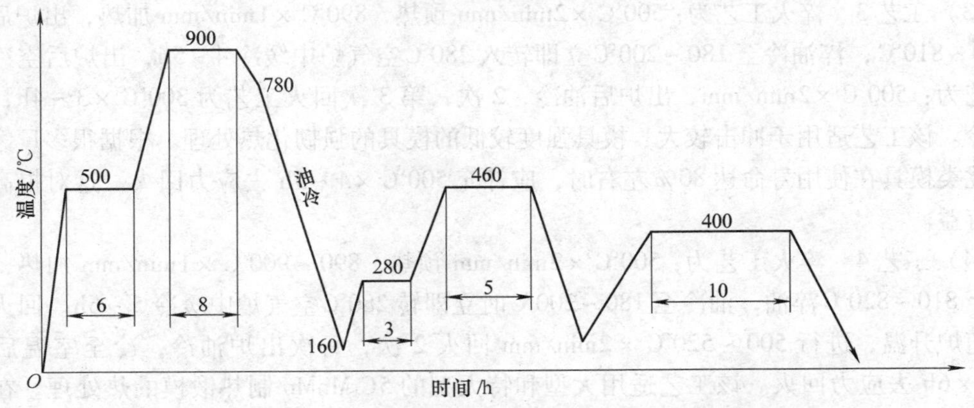

图 7-5　5CrMnMo 钢制铝合金尾翅热锻模的热处理工艺

将淬火温度从840~850℃提高到900℃左右时，热锻模材料可获得较多的板条马氏体组织，使模具具有高的强度、塑性和断裂韧度，不仅寿命高，而且模腔上所形成的裂纹很浅，且不易扩张，便于翻新利用。

470. 5CrMnMo钢制热锻模的预冷淬火工艺

5CrMnMo钢广泛用于制造热锻模，高温加热后不立即浸入淬火冷却介质，而是预冷几分钟后再淬火，能使热锻模寿命大幅度提高，具体工艺如下：

（1）工艺1　淬火工艺为：500℃ ×2min/mm预热，890℃ ×1min/mm加热，出炉后预冷至780~810℃，淬油冷至180~200℃，立即转入280℃硝盐浴中，等温2~3h，出炉后空冷。回火工艺为：500℃ ×2min/mm转280℃硝盐浴2~3h，第2次回火重复第1次操作。其工艺如图7-6所示。该工艺适合于小型模具。

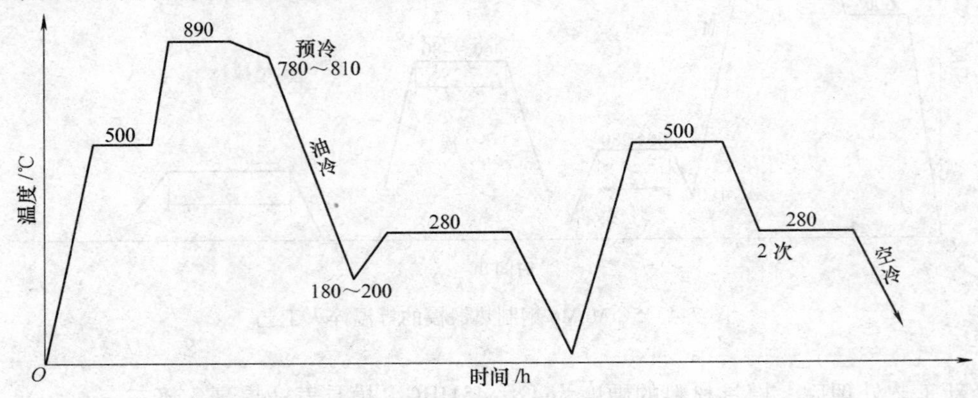

图7-6　5CrMnMo钢小型热锻模预冷强韧化热处理工艺

（2）工艺2　淬火工艺为：500℃ ×2min/mm预热，890℃ ×1min/mm加热，出炉后预冷至780~810℃，淬油冷至180~200℃立即转入带有风扇的280℃空气炉中，等温4~5h，出炉后空冷。回火工艺为：500℃ ×2min/mm油冷，两次，第3次回火工艺为300℃ ×3~4h空冷。模具使用一段时间后，补充1次500℃ ×2min/mm回火。该工艺适用于中、小型热锻模。

（3）工艺3　淬火工艺为：500℃ ×2min/mm预热，890℃ ×1min/mm加热，出炉后预冷至780~810℃，淬油冷至180~200℃立即转入280℃空气炉中缓冷4~5h，出炉后空冷。回火工艺为：500℃ ×2min/mm，出炉后油冷，2次，第3次回火工艺为300℃ ×3~4h，出炉后空冷。该工艺适用于冲击较大、模具强度较低的模具的强韧化热处理。根据很多厂家的经验，此类模具在使用寿命达80%左右时，应补充500℃ ×4~5h去应力回火。这对提高模具寿命有益。

（4）工艺4　淬火工艺为：500℃ ×2min/mm预热，890~900℃ ×1min/mm加热，随炉降温至810~820℃淬油，油冷至180~200℃时立即转280℃空气炉中缓冷5~6h。回火工艺为：随炉升温，进行500~520℃ ×2min/mm回火2次，每次出炉油冷，冷至室温后补充300℃ ×6h去应力回火。该工艺适用大型和特大型的5CrMnMo制热锻模的热处理。在整个工艺过程，要注意防止工件开裂。

471. 5CrMnMo 钢制轧辊的复合强化工艺

5CrMnMo 钢制轧辊按常规工艺处理，寿命不尽人意；采用改进工艺处理，寿命不过 3800 件；采用复合强化工艺，寿命大大提高。

（1）改进工艺　500℃预热，870℃加热，淬油冷至 140℃出油空冷；200℃ ×2h，升温，430℃ ×2h ×2 次回火。硬度为 43 ~ 48HRC。

（2）复合强化工艺　采用 RJJ-90-9T 气体渗碳炉，870℃ ×8h 进行气体碳氮共渗。滴入煤油 120 ~ 150 滴/min，甲酰胺 40 ~ 50 滴/min，共渗结束后出炉直接淬油；当油冷至 160℃时，立即进行回火，回火工艺为 200℃ ×2h。轧辊热处理精磨后，施以 520℃ ×10h 气体氮碳共渗处理，滴入甲酰胺 160 ~ 200 滴/min。轧辊气体氮碳共渗后油冷，表面呈银灰色。

472. 5CrMnMo 钢制锤锻模的强化工艺

5CrMnMo 钢制 2t 锤锻模采用常规淬火，500℃回火，锻模的平均寿命为 0.25 万 ~ 0.3 万件。改用 910℃正火 + 760℃淬火 + 500℃ ×2h 回火，锻模的使用寿命可达到 0.8 万件。910℃正火，细化了原始组织和碳化物，有利于淬火温度的降低。760℃正好是 5CrMnMo 的临界温度（Ac_3），760℃淬火奥氏体刚刚形成，晶粒细小，且碳含量低，淬火后产生较多的低碳马氏体，出现一些细小分散铁素体，因数量少且分布均匀，对强度影响不明显，但对提高韧性有贡献。由于晶粒细化，晶界数量增多，使微裂纹扩展受到较大阻力，因而提高了 5CrMnMo 钢在蓝脆温度（375 ~ 550℃）范围内的韧性。表 7-1 所列为 5CrMnMo 钢经不同热处理后的力学性能。

表 7-1　5CrMnMo 钢经不同热处理后的力学性能

热处理工艺	硬度 HRC	抗拉强度 R_m/MPa	冲击韧度 a_K/(J/cm²)	冲击韧度 a_K(500℃)/(J/cm²)	断面收缩率 Z(%)	断后伸长率 A(%)
910℃正火 +760℃淬火 +500℃回火	40	1548	31.4	47.0	32	8
常规工艺：850℃淬火 +500℃回火	41	1548	19.6	—	15	6
退火 +910℃淬火 +500℃回火	43	1558	21.6	21.6	30	6

473. 5CrMnMo 钢制齿轮胎模的强韧化工艺

齿轮胎模在服役时冲击载荷大，锻打次数频繁，焖模时间长。冷却条件下，模具寿命只有机锻模的 1/10。

齿轮胎模按常规热处理，840 ~ 850℃淬火，450℃回火两次，硬度为 42 ~ 45HRC。胎模外形尺寸为 ϕ180mm ×80mm，齿轮坯材料为 20CrMnTi。采用强韧化处理工艺，模具寿命由常规热处理的 300 件提高到 800 件。

采用保护气氛中加热，890℃淬火，300℃、540℃回火的强韧化工艺，取得了很好的效果，其工艺如图 7-7 所示。

淬火温度升至 890℃，淬火组织主要是板条马氏体，具有较好的力学性能。回火温度提高到 540℃，冲击韧度从原来的 25J/cm² 提高到 40J/cm²。

模具淬油，油冷至 150 ~ 200℃后，如果立即进入 400 ~ 500℃炉中回火，模心还处于 Ms

点以上温度，残留奥氏体便可能发生上贝氏体转变，使模具性能恶化；而淬油后，先进行 300℃ ×2h 贝氏体等温处理，不仅减少了裂纹倾向，而且使残留奥氏体转变为下贝氏体，提高了模具的性能。

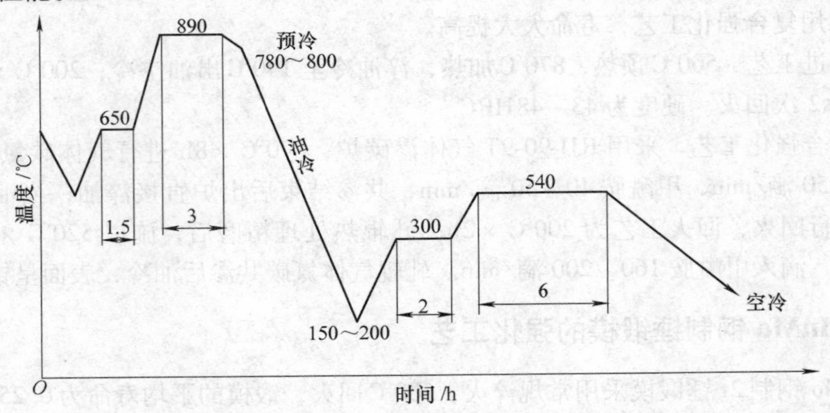

图 7-7 5CrMnMo 钢制齿轮胎模的强韧化工艺

淬火加热时采用滴甲醇 + 煤油保护气氛，使模具表面既不增碳又不脱碳，从而抑制了疲劳裂纹的萌生与发展，延长了模具的寿命。

474. 5CrMnMo 钢制锤锻模的高温淬火工艺

锤锻模工作环境比较恶劣，服役中要受到高温、高压、高冲击载荷的作用。模具型腔时刻与 1000℃左右的锻坯产生强烈的摩擦，使模具本身温度高达 400～600℃；锻件取出后还要用水、油或压缩空气进行冷却，如此反复加热冷却，使模具表面产生较大的应力。锤锻模的主要失效形式是在交变热应力的作用下模具表面产生网状或放射性的热疲劳裂纹，以及模腔产生严重偏载或磨损、工艺性裂纹，导致模具开裂。

因此，锤锻模应具有较高的高温强度和韧性、良好的耐磨性和抗疲劳性。由于锤锻模尺寸比较大，还要求模具材料有较高的淬透性。

（1）硬度要求　1～2t 锤锻模硬度为 43～47HRC；3～5t 锤锻模硬度为 37～43HRC；10t 锤锻模硬度为 37～40HRC。

（2）淬火前的准备　装炉加热前，首先检查模具的型腔中，有无加工留下的刀痕，尤其是型腔的尖角部位。刀痕在热处理及使用中会发生很大的应力集中，易诱发裂纹源，一旦发现应设法清除。

为防止热处理加热时产生氧化脱碳，可采取真空淬火或保护气氛加热，在空气炉中加热，应装箱填料保护。模具型腔中的尖角及厚薄变化悬殊处，应填上石棉，以减少加热和冷却时的温差。

（3）淬火　锤锻模尺寸较大，在淬火加热时，应注意加热速度不宜太快，以防产生较大的内应力，导致模具开裂。因此，模具加热时，至少需经一次以上的预热。

1）加热温度的确定。随着技术进步和模具工业的发展，加热温度有升高的趋势，由传统的 850℃提高到 880～900℃。

2）加热时间的确定。模具在箱式炉中加热时，应将装箱的厚度计算在内，作为工件计算厚度的一部分。在实际生产中，常以仪表到温开始计算保温时间，模具装箱应选加热系数的上限；不装箱可取下限。箱式炉加热系数一般取 2 ~ 3min/mm，盐浴炉取 0.8 ~ 1.0min/mm。总的原则是加热时间尽量长些，以使钢充分奥氏体化。这对提高钢的回火稳定性及抗疲劳性有益。

3）淬火冷却。5CrMnMo 钢锤锻模淬火冷却介质主要有油和盐浴。淬入硝盐浴等盐浴并不难，难的是在油中的冷却时间，出油过早或过迟均易产生热处理裂纹。油冷却时间过长，模具吊出油槽几乎不冒白烟；在油中冷却不足，出油后马上起火，致使淬火后硬度偏低。生产中常以厚度多少来估算在油中的冷却时间，计算方法很多，不能一概而论，要视模具生产的全过程综合考虑。

（4）回火　模具回火一方面是为了降低淬火的内应力，另一方面通过回火达到理想的金相组织和要求硬度。锤锻模的回火工艺规范见表 7-2。

表 7-2　锤锻模的回火工艺规范

锻模质量/t	型腔硬度 HRC	回火温度/℃	保温时间/h	回火后冷却方式	去应力回火工艺
1 ~ 2	43 ~ 47	470 ~ 480	1.5 ~ 2	空冷	150 ~ 200℃ ×4h
3 ~ 5	39 ~ 43	490 ~ 510	2 ~ 2.5	油冷	200 ~ 220℃ ×4h
10	37 ~ 40	540 ~ 560	3 ~ 4	油冷	200 ~ 220℃ ×6h

注：回火两次，燕尾另外回火。

外形尺寸为 350mm ×350mm ×250mm 的锤锻模，910℃加热淬火，在油中冷却 50min，500℃ ×2h ×2 次回火，硬度为 40 ~ 42HRC。使用该锤锻模锻造 40Cr 毛坯 8000 多件，模具完好无损，比常规热处理寿命提高 2 倍以上。

475. 5CrMnMo 钢制热作模具的低温淬火强韧化工艺

所谓低温淬火是在比常规的淬火温度低 50 ~ 100℃或更低的温度下淬火。低温淬火在冷作模具热处理中应用比较普遍，热作模具用得不太多。对于体积小、形状复杂、使用中易崩裂的模具，采用正火 + 低温淬火工艺是一项提高寿命的好措施。某工具厂在 7500N 空气锤上，锻打 ϕ100mm ×6mm 高速钢三面刃铣刀，按常规处理的上锤头，锻打不到 1 万件就出现崩角或开裂；采用低温淬火工艺，上锤头的寿命超过 3 万件，且不会出现崩块和开裂，只是边角有些塌陷，经修磨后还可以继续使用。具体工艺如图 7-8 所示。

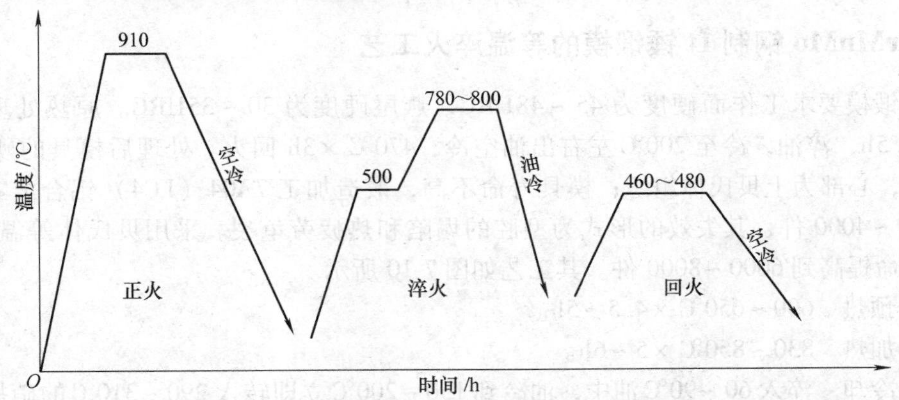

图 7-8　5CrMnMo 钢制热作模具的低温淬火强韧化工艺

476. 5CrMnMo 钢制锤锻模的预备热处理及低温淬火强韧化工艺

在热作模具钢中，存在组织不均匀和尺寸敏感性的问题。这与模具的冷却条件和截面大小有关，采用一般的高温加热缓冷退火和等温球化退火工艺是难以解决的，而且存在着生产周期长、氧化烧损大、模具强韧性低和寿命不高的问题。采用快速匀细球化退火工艺，可有效地解决这一问题。

快速匀细退火工艺是在远高于传统退火工艺的加热温度下进行短时均温速冷，以获得残留碳化物少、细，位错密度高和不稳定的组织，然后再予以常规退火温度加热和随炉冷却。也就是在突破等温球化的温度、调质回火的温度下，进行短时加热、均温和允许在大于常规退火的冷速下冷却到室温进行快速球化。第一次处理后的组织状态，在第二次的处理中，可加速合金元素的扩散过程和增加碳化物的形核率，加速碳化物的析出积聚过程，而又不会形成粗细不均、分布不均的碳化物，并使针状或条状碳化物的生长受到抑制，因而可以快速地获得匀细的球化组织。5CrMnMo 钢制锤锻模的预备热处理及低温淬火工艺如图 7-9 所示。

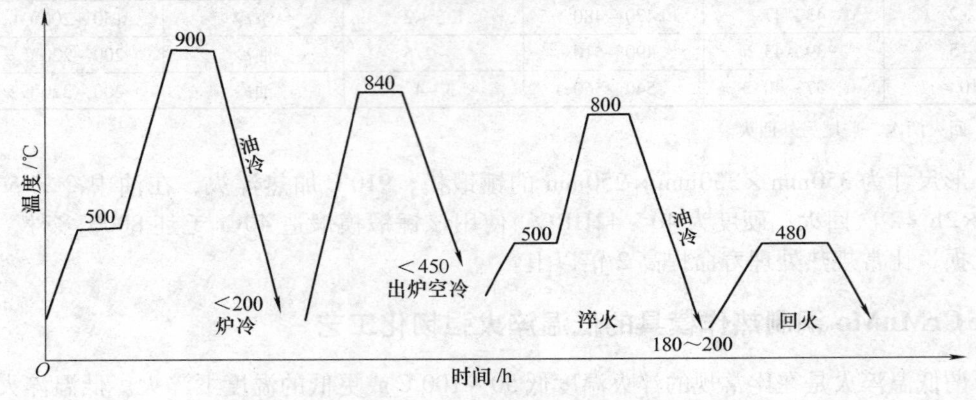

图 7-9 5CrMnMo 钢制锤锻模的预备热处理及低温淬火工艺

经预备热处理后，将淬火温度由原来的 850℃ 降到 800℃，加热系数由原来的 1.0～1.2min/mm 缩短到 0.4～0.5min/mm。将上述工艺处理的锤锻模，应用于 1500N 空气锤锻上，加工 ϕ60～ϕ80mm 薄片高速钢铣刀片，锤锻模寿命由 2 万件左右提高到近 5 万片。

477. 5CrMnMo 钢制 1t 锤锻模的等温淬火工艺

1t 锤锻模要求工作面硬度为 45～48HRC，燕尾硬度为 30～35HRC。原热处理工艺为 850℃ ×8.5h，淬油，冷至 200℃左右出油空冷，470℃ ×3h 回火。处理后模具的硬度为 45～46HRC，心部为上贝氏体组织；模具寿命不高，锻造加工 7A04（LC4）铝合金零件，只加工 3000～4000 件，其失效的形式为型腔的塌陷和热疲劳龟裂。采用贝氏体等温淬火后，模具的寿命提高到 6000～8000 件。其工艺如图 7-10 所示。

（1）预热 600～650℃ ×4.5～5h。

（2）加热 830～850℃ ×5～6h。

（3）冷却 淬入 60～90℃油中，油冷到 150～200℃立即转入 290～310℃的硝盐浴中等温 4h。

（4）回火　470℃×4h×2次回火。回火后硬度为46~48HRC，金相组织为回火马氏体+下贝氏体+残留奥氏体。模具的中心部位获得大量的下贝氏体组织。中碳合金工具钢的马氏体与下贝氏体复相组织的强度高，不易脆断，因此其寿命得到了提高。

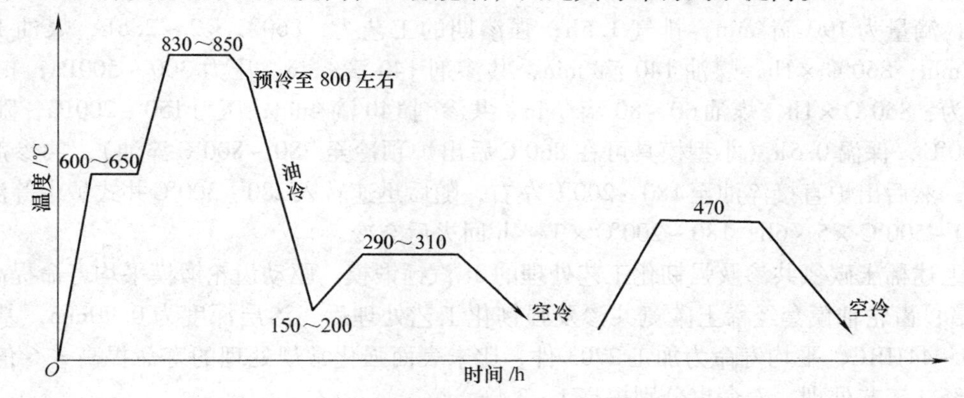

图7-10　5CrMnMo钢制1t锤锻模的等温淬火工艺

478. 5CrMnMo钢制拉深模的渗碳工艺

石油液化气钢瓶的封头是用3mm厚的20钢板冲压成形的。钢板直径约300mm，承受压力约为7×10^5N。冲压封头拉深模选用5CrMnMo钢渗碳制造，使用寿命由原不足千次上升到7000多次。

模具渗碳是为了增加其表面的碳含量。将模具在渗碳介质中加热并保温，使碳原子渗入到工件表层；通过合理的淬火、回火，使表面得到耐磨、抗疲劳的高硬度，从而提高了模具的使用寿命。

下面介绍5CrMnMo钢制拉深模的气体渗碳工艺。

（1）气体渗碳剂　煤油+甲醇混合液。

（2）气体渗碳剂的供给量　气体渗碳一般在井式炉中进行。渗碳剂的流量常用流量计进行测量，或用滴油器控制。液体渗碳剂的供给量可根据炉子功率、渗碳层深度及渗碳温度确定。

（3）气体渗碳时的其他工艺参数　气体渗碳温度一般取920~930℃，也可以采用较高的渗碳温度，即940~950℃；但太高的渗碳温度易使合碳化物呈网状，晶粒粗大，力学性能下降，导致模具寿命不长。渗碳的保温时间，主要取决于渗碳层深度，并根据平均渗碳速度来计算。例如，当渗碳温度为920℃，欲得到1.0mm的渗碳层，其渗碳时间可按0.15~0.17mm/h计算，即需6h。

（4）渗后处理　气体渗碳以后，一般工件可以随炉冷至820~850℃后直接淬油；而本例中的拉深模采用渗后吊装进特殊的冷却箱中缓冷的方法。

（5）淬火、回火　仍在气体渗碳炉中保护加热，820~830℃×3~4h，淬入40~80℃油中，油冷至180~200℃吊装出空冷；在硝盐浴槽中回火200℃×5h，回火后空冷。

通过上述处理，5CrMnMo钢制拉深模的表面硬度达58~61HRC。

479. 5CrMnMo钢制热锻模的稀土碳氮共渗及强韧化工艺

5CrMnMo钢制热锻模先经预备热处理，其工艺为850~870℃×4~6h加热，炉冷至

680℃×4~6h 等温后空冷，硬度为197~250HBW。

稀土碳氮共渗在RJJ-105-9T井式渗碳炉中进行。渗剂各成分的配比（质量比）为：甲醇:甲酰胺:尿素:稀土=1000:(160±30):(130±30):(7±3)。排气期不滴入煤油，只滴入共渗剂，滴量为190滴/min，排气1.5h；强渗期的工艺为：860℃×2~2.5h，煤油180~200滴/min；860℃×1h，煤油140滴/min，共渗剂140滴/min，压力300~500Pa；扩散期的工艺为：860℃×1h，煤油60~80滴/min，共渗剂140滴/min，压力150~200Pa，随炉降温至800℃，保温0.5h（小型模具可在860℃后出炉预冷至780~800℃淬油），共渗剂140滴/min；然后出炉直接淬油至180~200℃左右，随后迅速转入280~300℃井式炉中等温2~3h，490~500℃×5~6h；180~200℃×3~4h回火后空冷。

经上述稀土碳氮共渗及强韧化工艺处理的3t汽锤锻模、驱动齿轮锻模平均寿命提高0.6~1.6倍；齿轮轴模套经稀土碳氮共渗及强韧化工艺处理后，渗层深度为0.90mm，基体硬度为43~44HRC，平均寿命为加工2703件，比未表面强化常规处理的寿命提高3.6倍。其他锻模经此工艺处理，寿命也分别提高1~3倍。

480. 5CrMnMo钢制连杆热锻模的氮硼复合渗工艺

连杆热锻模在连杆成形过程中，不仅要承受很大的冲击力和强烈摩擦，还要受急冷急热循环作用。其失效形式有磨损、龟裂、开裂等，其中以磨损为主。表7-3所列为采用不同热处理工艺后模具寿命对比。

表7-3　采用不同热处理工艺后模具寿命对比

热处理方法	热处理工艺	失效形式	使用寿命/件
常规处理	850℃×3.5h淬油，420℃×4h回火	龟裂、磨损、开裂	1000
复合等温处理	620℃×3h+840℃×5h淬油+260℃×6h等温，460℃×6h回火后空冷	磨损、龟裂、开裂	1600~1700
氮硼复合渗	580℃×4h渗氮+900℃×7h渗硼淬油+280℃×6h等温，500℃×5h回火	龟裂、拉毛	4000~7000

5CrMnMo钢制柴油机连杆热锻模采用固体硼氮复合渗，获得单一Fe_2B相。由于氮的渗入，改变了相成分，减少了渗层脆性，提高了渗层的断裂强度、塑性与韧性。采用900℃淬火，可得到板条马氏体，280℃等温获得下贝氏体组织，再在500℃回火获得马氏体与下贝氏体的复相组织。经硼氮复合渗处理后的连杆热锻模寿命比常规处理提高4~7倍。

481. 5CrMnMo钢制热锻模的固体氮碳共渗、淬火与两段回火工艺

将细砂与水玻璃混好后放20min后再用。将渗碳剂与亚铁氰化钾按质量比10:1的比例混合后放入模型上（应不少于70mm厚，其他部位不少于30~40mm），用手拍紧。装箱时，箱底和周围铺上一层生铁屑与20%（质量分数）渗碳剂的混合物，放上模具再糊上细砂与水玻璃混合物，置于电阻炉内，打开炉门烘干。烘干3h后，升温到550℃~600℃×2h保温，继续升至880~890℃×1h进行氮碳共渗。共渗结束后，出炉预冷至850~860℃进行热油淬火。出炉时，不要把玻璃砂的盖碰坏，以免降温过快。在入油前，把封盖打掉，迅速扫去共渗剂，浸入40~80℃的油中冷却。入油后，要注意摆动热锻模。当冷到150~200℃时（估算1min/5mm），应立即入回火炉回火，先经300~350℃×3.5~4h回火，再升温进行

500℃ ×4h 回火，以防加热不均匀造成开裂，同时保证硬度均匀。经上述工艺处理后的热锻模与常规处理的模具相比，寿命提高 1 ~3 倍。

482. 5CrMnMo 钢制热锻模的碳氮共渗、淬火与低温氮碳共渗复合热处理工艺

先对 5CrMnMo 钢制热锻模进行碳氮共渗，在 850 ~900℃进行高温淬火，淬火组织由片状马氏体 + 板条马氏体变为单一的片状马氏体；再经 500℃高温回火。在保持钢的耐热性、耐磨性和一定硬度的前提下，可使热锻模的热疲劳寿命提高 22%，断裂韧度 K_{IC}提高 20% ~30%；经碳氮共渗淬火，热锻模具有较高的硬度（ >62HRC）与回火稳定性。再进行 540℃ ×4h 气体氮碳共渗，使之具有抗氧化、抗咬合擦伤能力与良好的耐磨性和减摩性，提高了模具的承载能力、抗挤压能力及高温强度，降低了型腔塌陷变形倾向，从而提高了热锻模使用寿命。与常规工艺相比，其寿命提高 5 ~6 倍。5CrMnMo 钢制热锻模的复合热处理工艺如图 7-11 所示。

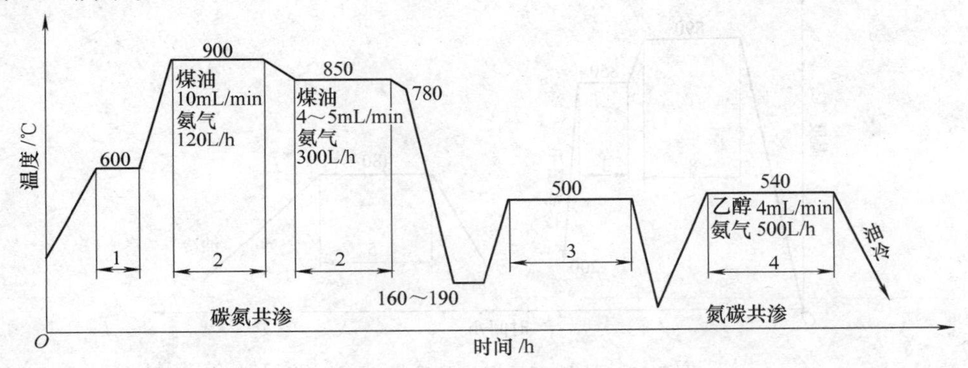

图 7-11　5CrMnMo 钢制热锻模的复合热处理工艺

483. 5CrMnMo 钢制齿轮坯热锻模的硼铝共渗工艺

5CrMnMo 钢制齿轮坯热锻模采用固体粉末硼铝共渗工艺，渗剂组成（质量分数）为：B_4C 21% + B_4O_7 4% + FeAl 72% + NH_4Cl 3%。渗剂和模具同时装入箱内，用水玻璃调耐火泥密封，干燥后入炉内。900℃ ×5h 淬油，油冷至 180 ~200℃立即进入 280℃的硝盐浴中等温 4h；再进行 480℃ ×5h 回火。5CrMnMo 钢制齿轮坯热锻模的硼铝共渗工艺如图 7-12 所

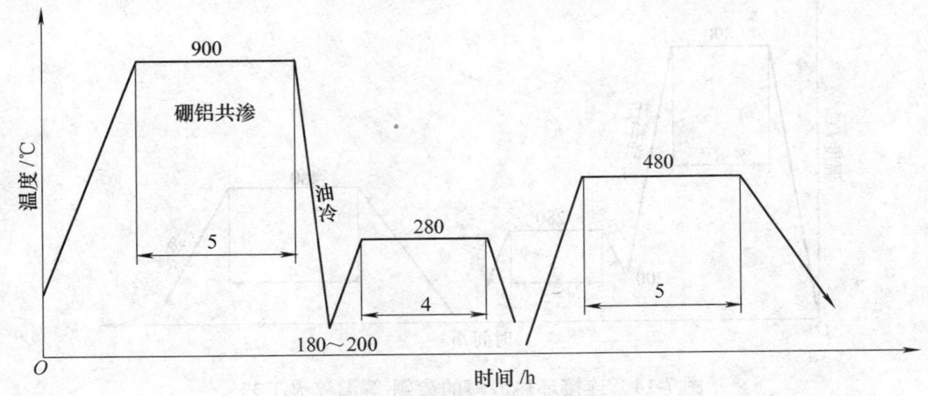

图 7-12　5CrMnMo 钢制齿轮坯热锻模的硼铝共渗工艺

示。硼铝共渗不仅使耐磨性提高，而且抗氧化性、抗疲劳性均优于单一渗硼，模具的使用寿命提高1倍以上。

484. 5CrMnMo钢制连接环热锻模的渗硼-等温淬火工艺

SGW-40t刮板运输机上的连接环是在1t模锻锤上热锻成形的。5CrMnMo钢制的热锻模常规热处理后使用寿命很低，一般加工400~1200件；采用固体渗硼工艺，可使模具寿命获得较大的提高。

连接环热锻模的渗硼-淬火工艺如图7-13所示。可选用LSB-1粒状渗硼剂，它在使用中无黏结现象，易倒箱，渗硼效果好。渗硼箱用8mm厚Q235A钢板焊制，尺寸为600mm×400mm×320mm，每箱装2~3副锻模。按图7-13工艺处理后，渗硼层深度为0.05~0.08mm，表面硬度为1600~1800HV，渗层组织为$FeB+Fe_2B$，基体硬度为44~46HRC。

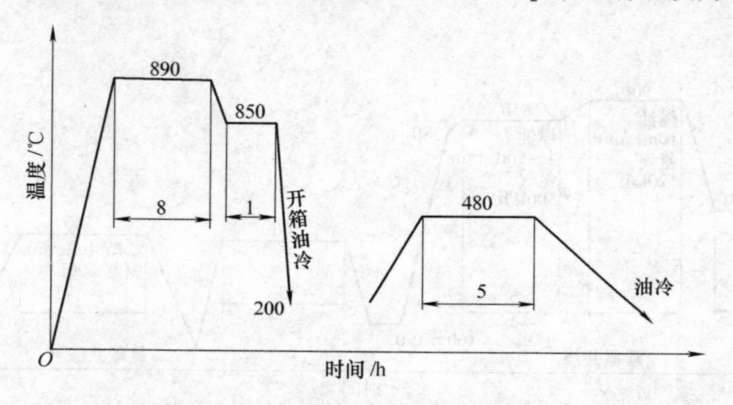

图7-13　连接环热锻模的渗硼-淬火工艺

经渗硼-等温淬火工艺处理的热锻模，上模使用寿命为2500~3000件，下模使用寿命可达3500~4000件，而且不会出现粘模现象，容易脱模。值得注意的是，模具在淬油时的出油温度若较高，则心部易形成大量的上贝氏体，将降低钢的强韧性，在使用中会发生脆断现象。而采用渗硼-等温淬火工艺，有效地解决了脆断问题。

连接环热锻模的渗硼-等温淬火工艺如图7-14所示。

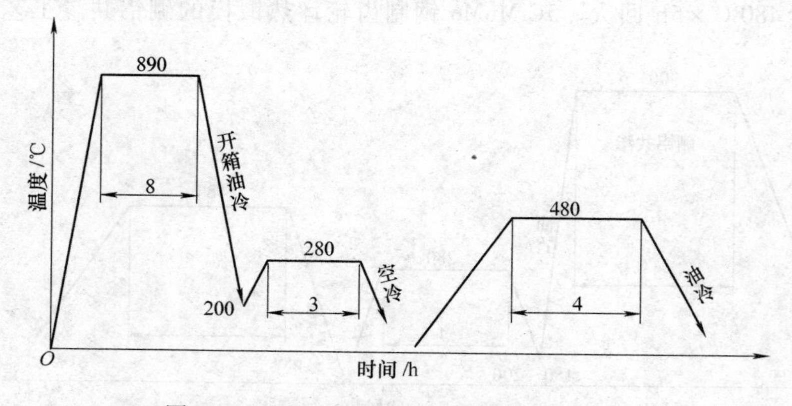

图7-14　连接环热锻模的渗硼-等温淬火工艺

连接环热锻模经渗硼-等温淬火工艺处理后的使用寿命见表7-4。

表7-4　连接环热锻模经渗硼-等温淬火工艺处理后的使用寿命

热处理工艺	使用寿命/件		失效形式
	上模	下模	
常规处理	400～800	1000～2000	塌陷、粘模、早期脆断
强韧化处理	1200～1400	1400～1700	变形、尺寸超差、脱模困难
渗硼直接淬火	2500～3000	3500～4000	脆断
渗硼-等温淬火	3200～3600	4000～4500	尺寸超差、疲劳

485. 5CrMnMo 钢制连杆热锻模的渗碳与氮碳共渗工艺

5CrMnMo 钢制热锻模经气体渗碳、氮碳共渗后，进行淬火和回火，可显著提高其硬度和耐磨性，延长其使用寿命。根据经验，热锻模的渗层深度一般不超过1mm，以0.5～0.8mm为宜。如图7-15所示，某厂5CrMnMo钢制连杆热锻模，经900℃渗碳、870℃氮碳共渗，降温到820℃保温0.5h，淬油冷至200℃左右，立即放入150℃的热油中保温0.5h，随即进行460℃×3h×2次回火。回火后硬度为49～51HRC，心部硬度为44HRC左右，渗层深度为0.8mm。该连杆热锻模在摩擦压力机上使用寿命达5000～6000件，比常规处理的寿命提高2倍。

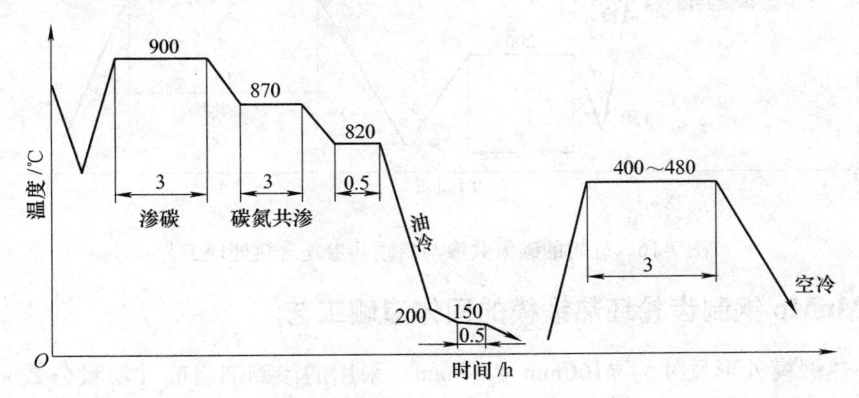

图7-15　5CrMnMo钢制连杆热锻模的氮碳共渗工艺

486. 5CrMnMo 钢制热锻模的超高温淬火工艺

某厂的5CrMnMo钢制热锻模的加工工艺流程是：坯料锻造→退火→粗加工→淬火、回火→电解加工→精加工。多年来一直采用830～850℃淬火，480～500℃回火的常规工艺。热处理后硬度为41～47HRC，锻造连接环2500件左右就发生疲劳龟裂。为了改善这一状况，试用超高温淬火获得了成功，使模具的寿命稳定在8000件。具体工艺如下：

（1）预热　560～600℃×2min/mm。

（2）加热　900～920℃×1min/mm。

（3）冷却　淬入40～80℃的油中，油冷至200℃出油空冷。

（4）回火　待模具冷到80℃左右，用干燥干净的棉纱擦去表面油渍，立即回火。回火在带有风扇的井式炉中进行。300℃以下入炉，先在360～400℃预热2h，再升至500～520℃保温4～5h，出炉后油冷。等工件冷却到室温后，再补充160～180℃×4h去应力回火。经上述工艺处理后，模具硬度为42～46HRC。

487. 5CrMnMo钢制轧辊的碳氮共渗与氮碳共渗复合热处理工艺

轧辊外形尺寸为ϕ240mm×295mm，内孔直径为ϕ145mm。

热处理工艺如下：

1）870℃×4h气体碳氮共渗，煤油120～150滴/min，甲酰胺40～50滴/min。

2）气体碳氮共渗后不要预冷直接淬油，掌握好出油的温度，以150℃为佳。

3）200℃×2h回火，回火后空冷。

4）将回火好的轧辊清洗干净，进行520℃×10h气体氮碳共渗处理，渗剂为100%的甲酰胺，滴量为100滴/min。氮碳共渗后立即油冷。

经上述工艺处理后，轧辊使用5000多次还能继续使用，比常规处理的寿命提高50%。轧辊的碳氮共渗与氮碳共渗复合热处理工艺如图7-16所示。

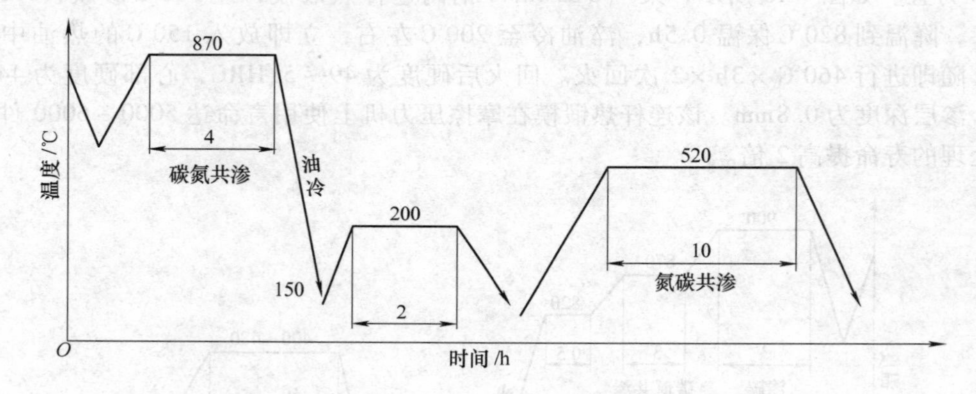

图7-16　轧辊的碳氮共渗与氮碳共渗复合热处理工艺

488. 5CrMnMo钢制齿轮坯热锻模的固体渗硼工艺

齿轮坯热锻模外形尺寸为ϕ160mm×115mm。采用的渗硼剂组成（质量分数）为：碳化硼66%+硼砂16%+氟化钾10%+木炭8%。热处理工艺如下：

1）890～910℃×6h渗硼。

2）渗硼后直接开箱淬火。淬火冷却介质为60～90℃油。油冷至180～200℃，转入260～280℃硝盐浴中等温2.5h，等温后空冷。

3）460～480℃×4h×2次回火。

回火后硬度：表面为1200～1650HV，基体为44～46HRC。经过固体渗硼处理，模具寿命由2000～2100件（常规处理）提高到4500～4600件。

489. 5CrMnMo钢制铝型材热挤压模的固体渗硼-等温淬火工艺

5CrMnMo钢制铝型材热挤压模具在服役过程中，除受到较高的单位压力和冲击载荷外，还要承受炽热金属对模具的反复加热和强烈的摩擦。其主要失效形式为早期断裂、膜腔塌陷、热磨损和热疲劳等。曾采用常规热处理工艺，模具寿命比较低；而采用固体渗硼等温-淬火工艺，使模具寿命提高2倍左右。固体渗硼-等温淬火工艺如下：

1）采用单相粒状渗硼剂。渗硼前将模具表面清理干净，特别是油污，如黏附在工件会影响渗硼效果。渗硼箱采用Q235钢板焊制，先在箱底铺一层厚20~30mm的渗硼剂，再放入工件。工件与箱壁、工件与工件之间要保持10~15mm的间隙；填充渗硼剂，最上层工件表面要覆盖20~30mm厚的渗硼剂，盖上箱盖，用耐火泥或黄泥土密封；然后装入已升温至渗硼温度的箱式炉中加热。

2）渗硼工艺参数：890℃×4.5h。温度过高或保温时间过长，生成的连续FeB相过多，从而导致渗硼层的脆性加大。

3）渗硼结束后开箱直接淬油，油冷至200℃左右，立即入硝盐浴等温槽。淬火温度由原840℃升高到890℃，使有限的Cr、Mo等合金元素充分溶解。

4）270℃×3.5h等温出炉后空冷至室温，清洗干净。

5）510℃×3h回火后油冷。

6）为消除应力，最后补充165℃×2.5h回火处理。

490. 5CrMnMo钢制热锻模的气体碳氮硼共渗工艺

某5CrMnMo钢制热锻模的外形尺寸为220mm×200mm×100mm，该热锻模在1t模锻锤上进行一火三锤锻造成形，寿命在9500件左右。采用气体碳氮硼共渗处理，模具寿命比常规处理的提高1倍以上。具体工艺如下：

1）热锻模经清洗干净后于500~600℃入炉，保温2.5~3h。为减少模具氧化，滴入甲醇，滴量为50~60滴/min。

2）升温滴入渗剂（甲醇500mL+甲酰胺1000mL+三氧化二硼80g），滴量为120~130滴/min，这时甲醇滴量改为40~50滴/min。在890~900℃温度下保温5~6h。

3）降温出炉停止滴入渗剂，甲醇滴量减少至30~40滴/min。随炉降温至850℃，将模具吊出预冷至780~800℃，淬油。待模具冷到200~250℃时，吊装出油槽空冷。

4）回火采用随炉升温至400~420℃，保温6h后空冷。

经该工艺处理后，工件表面硬度为65.5~67HRC，基本硬度为47~48HRC，共渗层深度为0.55~0.57mm。

在使用过程中，模具使用到约60%寿命时可进行400℃×6h去应力回火。

491. 5CrMnMo钢制冷挤压冲头的等温淬火工艺

ϕ80mm×120mm冷挤压冲头，原采用850℃×45min盐浴加热淬油，380℃×3h回火工艺，冲头寿命只有200~300件。这是由于强度和韧性配合不合理导致的。

采用850℃×45min加热，不淬油而进行260℃×2h硝盐浴等温处理，空冷；240℃×2h回火，空冷。冲头硬度为52~54HRC，获得了马氏体与下贝氏体组织，强韧性好，使用寿

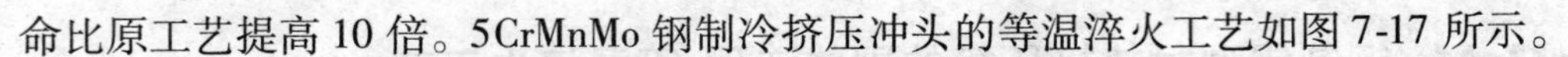
命比原工艺提高10倍。5CrMnMo钢制冷挤压冲头的等温淬火工艺如图7-17所示。

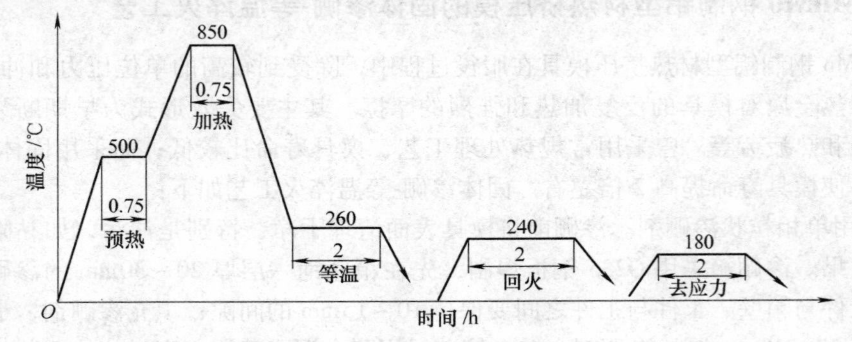

图7-17 5CrMnMo钢制冷挤压冲头的等温淬火工艺

492. 5CrMnMo钢制冷镦凹模的强韧化工艺

5CrMnMo钢是比较典型的热锻模钢，但只要运用得当，在冷作模具中同样可以发挥作用。冲制四方、六方等的多种冷镦模选用5CrMnMo钢制造，使用效果比9SiCr、CrWMn钢好。5CrMnMo钢制冷镦凹模在1600kN摩擦压力机上使用，承受较大的冲击载荷。原热处理工艺为870℃加热淬油冷至室温，180～200℃回火。模具平均寿命仅100件左右，早期断裂占22%。采用870℃加热，在油中冷却至170～180℃，随之放入回火炉中，进行250℃×8h保温后空冷。凹模平均寿命为512件，提高3～4倍，基本上避免了早期冲裂的情况。

493. 5CrMnMo钢制冷镦模的复合渗与强韧化工艺

铁路螺纹道钉和剪板机刀片螺栓毛坯分别由ϕ20mm的Q235A钢和45钢经冷镦挤压和热胎模锻造成形。冷镦模工作时受疲劳和摩擦作用，型腔最表层局部区域达到熔融状态，次表面层温度达到400～500℃，工件与模具易发生黏结和咬合现象。因此，要求冷镦模应具有足够的抗变形、耐磨损、抗疲劳和断裂能力及抗咬合能力，要求工作面硬度≥60HRC。用T8钢制的冷镦模硬度为56～60HRC，寿命只有5000件左右；采用Cr12钢，硬度虽可达60HRC以上，但寿命也不高。采用5CrMnMo钢制造，进行复合渗与基体强韧化工艺，平均寿命达到6万件。其热处理工艺如图7-18所示。模具热处理工艺流程为：锻件调质→碳氮共渗→渗硼→160～190℃热油分级冷却→280℃等温→260℃回火。

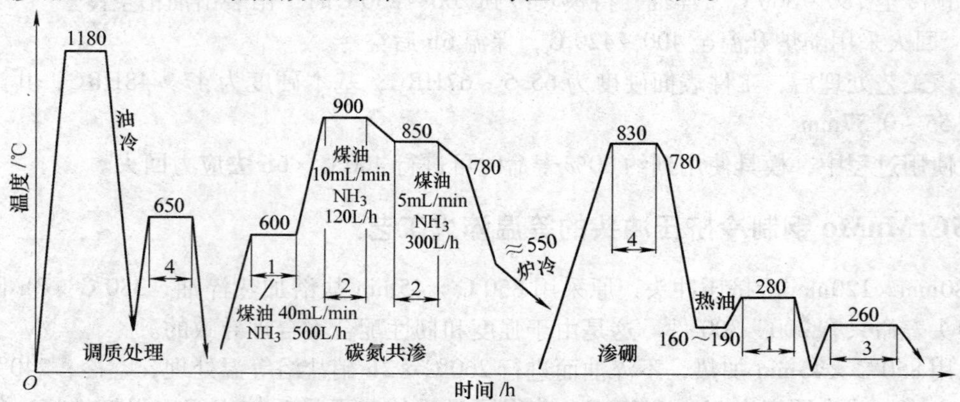

图7-18 5CrMnMo钢制冷镦模的热处理工艺

（1）将形变热处理引用到模具制造中　锻坯经1150～1180℃加热，1100～1150℃始锻，最后一火终锻温度约为850～880℃。不要缓冷而要趁余热淬油，油冷至200℃左右出油空冷，然后进行650℃×4h回火，以调质代替退火。

（2）碳氮共渗　采用低、高、中三段式气体碳氮共渗。在600℃低温段，以表面增氮为主。在900℃，使第一阶段表层形成的高碳氮相发生溶解，加速碳氮共渗且以渗碳为主，并增加渗层深度。在第三段中温共渗，增加氨气供量和表面氮含量，以形成氮化物。渗后碳氮共渗层深为0.65～0.75mm，碳的质量分数为0.8%～0.9%，氮的质量分数为0.25%～0.35%，无白亮层及内氧化。

（3）渗硼　碳氮共渗后进行渗硼处理，可有效地提高渗硼层的强韧性、耐磨性、耐热性及抗疲劳性。渗硼采用LSB-1型颗粒渗硼剂，工艺为830℃×4h。渗硼后渗层为单相Fe_2B，厚度约为0.04～0.05mm。次表层的含氮马氏体及微量贝氏体可强化过渡层，提高对高硬度表层Fe_2B的支撑作用，消除了单一渗硼齿向和齿间的“黑色组织”，即硬度为200～300HV的软带。取而代之的是颗粒状碳氮化合物分布在Fe_2B的齿向及前沿，具有较好的结合力，使表层不规则的Fe_2B齿根不易脱离基体，承受较大的交变载荷时不致龟裂和剥落。渗硼层有高的硬度（1200～2000HV）和抗黏结咬合能力。

（4）等温淬火　830℃出炉预冷至780℃，淬入160～190℃热油15min，立即进入280℃硝盐浴中等温1h，等温后油冷。

（5）回火　260℃×3h×2次回火。

5CrMnMo钢制冷镦模按上述工艺处理后，平均使用寿命达6万余件。模口尺寸由ϕ21.55mm增大到ϕ22mm时失效，其失效形式为正常磨损。

494. 5CrMnMo钢制冷挤压模具的高温淬火工艺

用于挤压黄铜H62的5CrMnMo钢制冷挤压模具，要求硬度为46～52HRC。原热处理工艺：箱式电阻炉830～850℃保护加热，淬油，井式炉360～370℃×2.5～3h回火。处理后的模具硬度为46～48HRC，金相组织为大量片状马氏体+少量的板条马氏体，平均寿命只有2000件。后来将淬火温度提高到890～900℃，仍采用油冷，淬火后进行290～310℃×4h回火。处理后的模具金相组织为大量的板条马氏体+少量的片状马氏体，平均寿命为5000～6000件。其热处理工艺如图7-19所示。

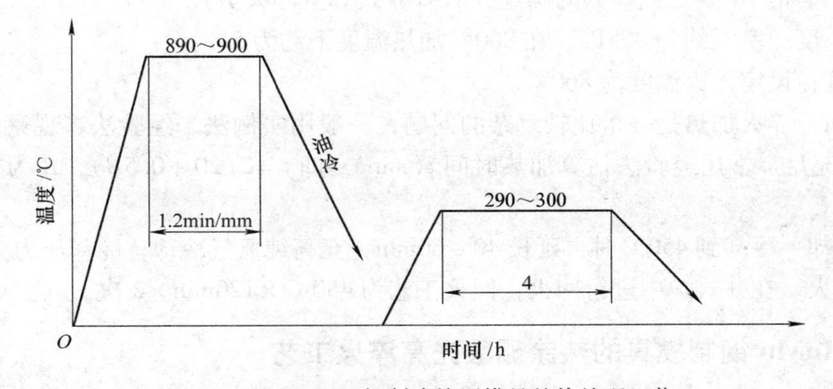

图7-19　5CrMnMo钢制冷挤压模具的热处理工艺

495. 5CrMnMo钢制螺母冷镦模的复合等温淬火工艺

根据冷镦螺母的实际工作状况，对5CrMnMo钢制冷镦模，利用碳氮共渗的较高温度（900～950℃）进行淬火。先淬入160～180℃的热油中，使基体先形成部分位错马氏体，并能对随后的280℃×2～3h下贝氏体等温转变起催化作用，缩短奥氏体向下贝氏体的转变时间。继续油冷淬火，使心部及碳氮共渗表层过冷奥氏体发生马氏体相变。与常规工艺相比，分级预冷等温淬火可减少孪晶片状马氏体，增加位错板条马氏体，消除上贝氏体组织，增加下贝氏体组织，分割并细化了实际有效晶粒，延迟了裂纹萌生，也增加了裂纹扩展消耗功，使模具得到充分的韧化效果，消除了早中期断裂现象。

在600℃以下进行低温氮碳共渗，使模具表面有较高的硬度，表面的耐热性与次表面的热硬性及心部的韧性取得良好配合。模具寿命比冷作模具钢提高5～6倍。

496. 5CrMnMo钢制热锻模的真空热处理工艺

5CrMnMo钢制热锻模的真空热处理工艺如图7-20所示。

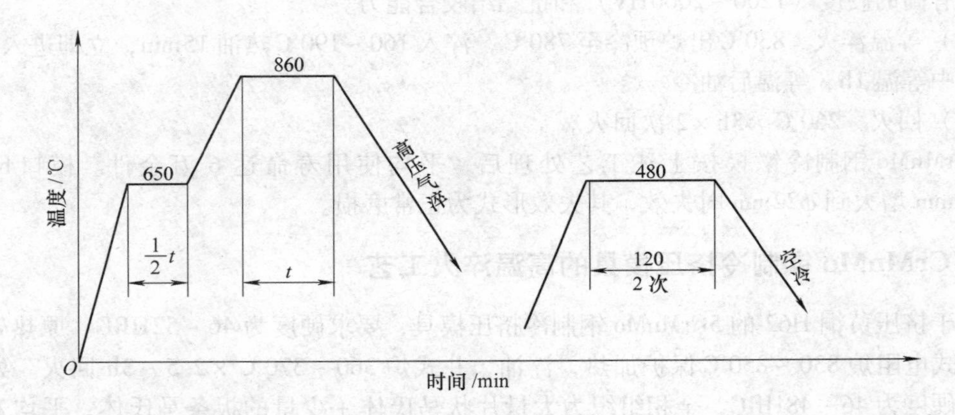

图7-20 5CrMnMo钢制热锻模的真空热处理工艺

注：t为经验估算时间。

（1）淬火加热主要工艺参数的确定（VSE立式真空淬火炉）

1）真空度：室温约为0.5Pa，在860℃加热温度下约为5Pa。

2）温度：设定淬火温度为860℃。

3）时间：淬火加热是一个比较复杂的问题，一般用实例法、经验法、观察颜色判定加热时间是否充足。常用经验法估算加热时间t(min)，即$t=2(20+0.5B)$，B为模具的有限厚度（mm）。

（2）冷却　冷却到450℃时再延长40～60min，充高纯氮气冷却，冷却压力为10Pa。

（3）回火　在井式炉中进行回火，回火工艺为480℃×120min×2次。

497. 5CrMnMo钢制模具的热涂硼酸光亮淬火工艺

将5CrMnMo钢制模具置于450℃左右的空气炉中加热一定时间（一般30min，视模具的有效厚度增减），待模具表面达250～300℃（表面呈浅黄色）后将模具浸入硼酸槽内，使模具表面均匀地涂上一层硼酸，待模具表面上的硼酸停止冒泡，徐徐将模具吊起放到840～850℃的加热炉中加热，剩下工步按5CrMnMo钢制模具热处理工艺操作即可。

淬火后的硼酸硬壳自动脱落，模具表面呈银白色亮光，可实现光亮淬火，简单易行。

498. 5CrNiMo钢制热锻模的高温加热预冷等温淬火工艺

外形尺寸为450mm×280mm×280mm的5CrNiMo钢制热锻模，原工艺采用箱式电炉加热，860℃×6～7h，出炉后预冷至800℃淬油，450～470℃×6～7h×2次回火。模具在使用中易产生热疲劳和磨损。对失效模具进行金相组织分析发现其心部并未淬透，为上贝氏体组织。由于上贝氏体组织硬度低，受重力作用易塌陷。经反复试验研究，决定采用如下工艺：930～950℃×5～6h高温加热，在空气炉中应注意保护，以防氧化脱碳；高温加热出炉后预热至800℃左右淬油，油冷至180～200℃，立即投入240～280℃硝盐浴中等温6h；等温淬火出炉后空冷至室温，再施以470℃×5h×2次回火。其具体工艺如图7-21所示。经该工艺处理后，模具寿命较常规处理的提高4倍。

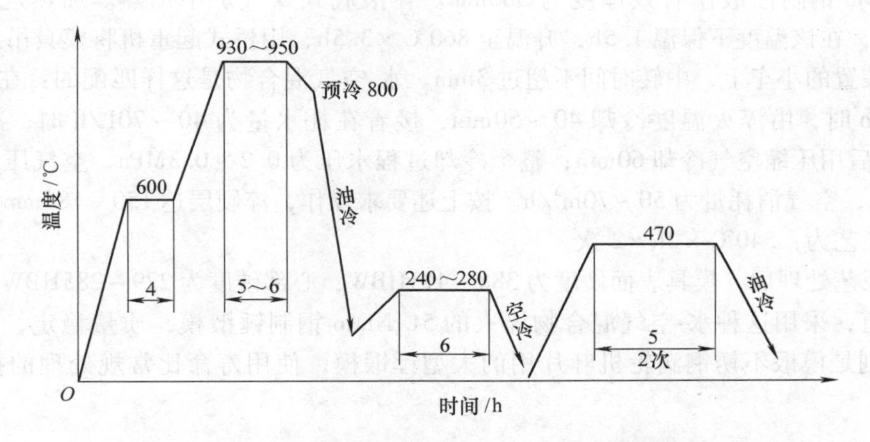

图7-21　5CrNiMo钢制热锻模的高温加热预冷等温淬火工艺

499. 5CrNiMo钢制锤锻模的整体等温淬火与轮廓感应淬火复合工艺

曲柄轴锤锻模外形尺寸为300mm×250mm×200mm，材料为5CrNiMo钢。原工艺为850℃淬油，冷至200℃左右出油空冷。此时模具心部的温度仍较高，这样心部大量的残留奥氏体在500℃左右回火，便转变为较粗的上贝氏体。而上贝氏体不是热锻模理想的组织，因此模具的寿命普遍较低，使用中易出现早期断裂、热疲劳裂纹、磨损等多种形式失效，一般寿命只有400～1200件。采用整体等温淬火+轮廓感应淬火复合工艺，使模具在强韧性提高的前提下，有效地提高了模具表层的硬度，使模具的寿命提高8～10倍。采取整体预热的方法，有效地减小了由于感应淬火引起的低硬度区的不利影响。具体工艺如下：

（1）整体等温淬火工艺　500℃预热+850℃加热淬油+250℃等温（油冷至200℃左右）+500℃回火。

（2）轮廓感应淬火工艺　制作特殊的感应圈，适应模膛轮廓尺寸要求。先将模具整体预热到500℃，并保持一段时间使之均温。调整高频感应淬火的电参数，对相关部位进行感应淬火。淬火后，进行180℃×3h回火。

经此特殊工艺处理后模膛表面硬度达56～58HRC，基体硬度仍为42～45HRC的理想硬度。

500. 5CrNiMo钢制热锻模燕尾的自回火工艺

5CrNiMo钢制热锻模的燕尾宽度一般为200～250mm，高度为50～55 mm，长度视不同模具而定。燕尾要求硬度为32～37HRC。原来燕尾自回火采取观察温度的方法，但受操作者技能的影响，燕尾硬度不稳定。后来，在实践中摸索出了比较成功的经验。

热锻模整体淬入L-AN32全损耗系统用油中约4min后，将燕尾提出油面，自回火4min后再全部浸油冷至180～200℃，出油空冷，冷到80℃左右再整体进行400～500℃回火。实践证明，采用该工艺，不论多大尺寸的燕尾，均能获得满意的硬度。该自回火工艺质量稳定，操作方便。

501. 5CrNiMo钢制锤锻模的水-空气混合物淬火工艺

5CrNiMo钢制锤锻模有效厚度为500mm。在滚底式煤气炉中加热。加热规范为：在600℃装炉，在该温度下保温1.5h，升温至860℃×3.5h，用桥式起重机将模具吊到有水-空气混合物装置的小车上，中转时间不超过3min。水-空气混合物是这样匹配的：在耗水量为80～120L/h时，由淬火温度冷却40～50min，接着在耗水量为40～70L/h时，冷却30～40min，最后用压缩空气冷却60min；整个冷却过程水压为0.2～0.3MPa，空气压力为0.15～0.25MPa，空气消耗量为50～70m^3/h。按上述要求操作，淬硬层达150～180mm。

回火工艺为：540℃×2h×2次。

经该工艺处理后，模具表面硬度为388～415HBW；心部硬度为229～285HBW。

据报道，采用这种水-空气混合物淬火的5CrNiMo钢制锤锻模，质量稳定，寿命大大提高，特别是模锻不锈钢涡轮机叶片用的大型锤锻模，使用寿命比常规处理的提高50%以上。

502. 5CrNiMo钢制热锻模的等温淬火工艺

割草机曲柄热锻模，模膛比较复杂，设计为镶块结构，模具服役条件苛刻，每副模具平均寿命仅1100件。经等温淬火，模具寿命比常规热处理的提高3～4倍。割草机曲柄热锻模经不同工艺处理后的使用寿命见表7-5。

表7-5 割草机曲柄热锻模经不同工艺处理后的使用寿命

热处理工艺规范	热处理后显微组织	硬度HRC	平均寿命/件
860℃淬油，470℃回火	针状马氏体+板条马氏体（少）	46	1100
910℃淬油，油冷至180℃后280℃等温，450℃回火	板条马氏体+针状马氏体（少）	45	4487
950℃淬油，油冷至180℃后260～280℃等温，450℃回火	板条马氏体	45	5124

高度为250mm的5CrNiMo钢制法兰盘热锻模采用等温淬火（860℃淬油，320℃×2h等温，460℃×3h回火），寿命由8500件上升到13000件；外形尺寸为270mm×180mm×100mm的热锻模采用等温淬火（900℃淬油，300℃×2h等温，470℃回火），寿命比常规热处理的提高0.3倍。

从这些实例可以看出，等温淬火除了减少变形和开裂外，确实可以提高热锻模寿命。

503. 5CrNiMo钢制热锻模的硼稀土共渗工艺

5CrNiMo钢制热锻模在连杆成形过程中，不仅要受到强烈的冲击振动和剧烈的摩擦，还要承受急冷急热的影响，模具寿命为1000件左右，失效形式有磨损、开裂、热疲劳。采用硼稀土共渗，使模具寿命提高1.5倍。5CrNiMo钢制热锻模硼稀土共渗工艺如图7-22所示。

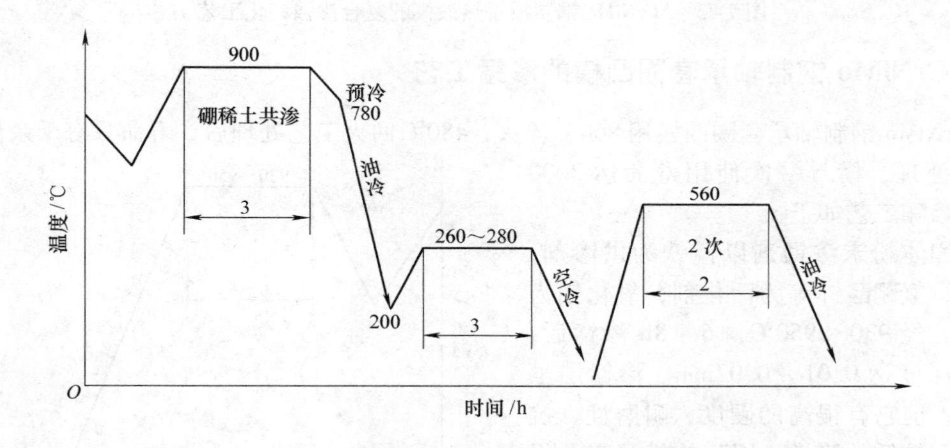

图7-22 5CrNiMo钢制热锻模硼稀土共渗工艺

热锻模经900℃×3h硼稀土共渗后，出炉预冷至800～780℃，淬油冷至200℃左右立即入260～280℃硝盐浴中等温3h，获得下贝氏体和板条马氏体的混合组织；经560℃×2h×2次回火后，表面硬度为1650HV。

经该工艺处理的模具，避免了粘模现象，耐磨性大大提高，同时也提高了锻件的外观质量。

504. 5CrNiMo钢制扳手热锻模的复合渗强韧化工艺

5CrNiMo钢制扳手热锻模，原采用850～860℃淬油，冷至150～200℃，立即进行500～510℃×2h×2次回火。锻模硬度为42～46HRC，失效的主要形式为模膛开裂或塌陷。

现改为锻后余热淬火+高温回火，用调质代替原球化退火。机械加工成品后，先经550～560℃渗氮，再经830～850℃渗硼。渗硼后不要出炉，直接升温至940～950℃，保温一定的时间，出炉空冷至830～840℃，淬入150～170℃的热油中，冷至200℃左右转入260～280℃的硝盐浴中等温；最终进行540～550℃×2h×2次回火。按照此工艺处理的扳手热锻模使用寿命比常规处理的提高4～6倍。5CrNiMo钢制扳手热锻模的复合渗强韧化工艺如图7-23所示。

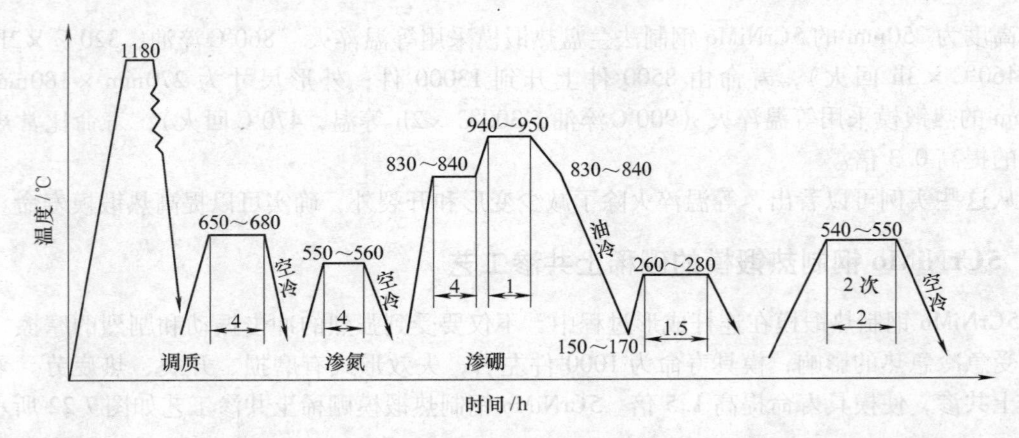

图7-23　5CrNiMo钢制扳手热锻模的复合渗强韧化工艺

505. 5CrNiMo钢制轴承套圈凸模的渗锰工艺

5CrNiMo钢制轴承套圈凸模用860℃淬火，480℃回火工艺处理后，寿命只有千余件。改用渗锰处理，模具一次使用寿命达3000件。其渗硼工艺如下：

以固体粉末渗锰剂以锰铁为供渗剂，氯化铵、氟硼酸钾等为活化剂，氧化铝为填充剂。经930～950℃×6～8h渗锰后，渗锰层深度达0.01～0.02mm。渗锰层虽然很薄，但它有很高的硬度、耐磨性、抗疲劳性和较低的脆性，因而使模具寿命得到提高。5CrNiMo钢制轴承套圈凸模的渗锰工艺如图7-24所示。

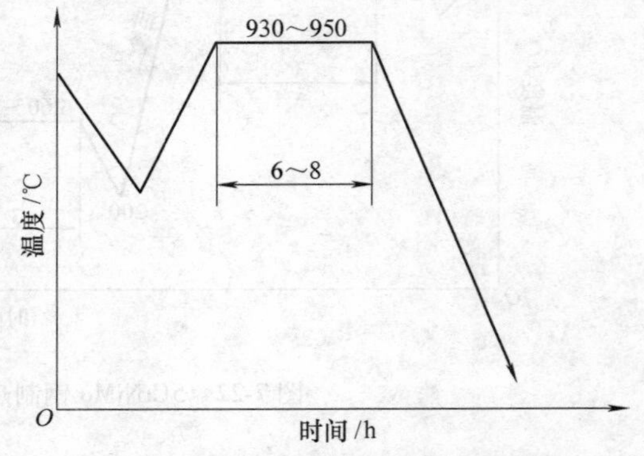

图7-24　5CrNiMo钢制轴承套圈凸模的渗锰工艺

506. 5CrNiMo钢制热锻模的膏剂硼钛共渗工艺

（1）硼钛共渗剂　以B_4C为供硼剂，工业钛粉为供钛剂，NaF与NH_4Cl为活化剂，工业铬粉为稳定剂与促渗剂，FeO粉为填充剂与防氧化剂，经正交优选试验，得到效果良好的PT-08涂料硼钛共渗剂。

（2）共渗工艺　首先将模具清理干净。在共渗处理前，在待渗模具上涂覆3～4mm的共渗剂。自然晾干后在箱式电炉中加热，930℃×4h共渗后出炉空冷。

（3）渗后效果　共渗层以呈针柱状复合硼化物为主，并伴有少量的铁钛、铁硅等粒子；共渗层较致密，脆性较低，具有一定的抗热磨损性能，硬度为1400～1800HV；模具寿命比单独渗硼要高。

507. 5CrNiMo钢制热锻模的固体渗硼工艺

5CrNiMo钢制热锻模采用固体粉末渗硼后耐磨性提高好几倍，模具寿命比未渗硼者提高1倍以上。某单位采用三种渗硼工艺，效果都较好。

工艺1：650℃预热，890～910℃×5h渗硼；出炉后预冷至800～780℃淬油，油冷至

180℃左右，进入 260 ~ 280℃硝盐浴中等温 2h；450℃ ×2h ×2 次回火。

工艺 2：650℃预热，860 ~ 870℃ ×6h 渗硼；出炉后预冷至 800 ~ 780℃淬油，油冷至 180℃左右，进入 280 ~ 300℃硝盐浴中等温 2h；450℃ ×2h ×2 次回火。

工艺 3：650℃预热，900℃ ×5h 渗硼；渗硼后不直接淬火，而重新加热，盐浴淬火，工艺为 850 ~ 860℃ ×0.6min/mm，出炉后空冷至 800℃左右淬油，油冷至 200℃左右，进入 280℃硝盐浴等温 1h；450 ~ 500℃ ×2h ×2 次回火。

经上述三种工艺处理后，渗硼层深度为 0.05 ~ 0.09mm，表面硬度为 1250HV 左右，基体硬度为 42 ~ 45HRC。

508. 5CrNiMo 钢制热锻模的盐浴渗硼工艺

（1）盐浴的组成　渗硼剂（也称供硼剂）为硼砂（$Na_2B_4O_7$），还原剂为碳化硅（SiC）、硅铁、铝粉，添加剂有碳酸钾（K_2CO_3）、氯化钠（NaCl）等。

常用的一种配方（质量分数）为 $Na_2B_4O_7$85% + Al 粉 10% + NaCl 5%。

（2）盐浴的配制　硼砂、中性盐一般采用工业纯即可。硼砂配制前在 450 ~ 500℃下进行脱水，铝粉粒度为 0.90 ~ 0.18mm（20 ~ 80 目）。初次配制的盐浴，可将坩埚加热到 500℃以上，分多次加入硼砂，使硼砂边熔融边加入，防止喷溅溢出。硼砂全部熔融后，再加入还原剂和添加剂，也可采用少量多次加入的方法。加料过程中应不停地用不锈钢棒搅拌，防止盐浴偏析。

（3）渗硼工艺　渗硼模具先在空气炉中进行 450 ~ 500℃ ×2h 预热，再在坩埚电阻炉中进行 930℃ ×5h 渗硼。

模具要用多股钢丝拴绑，再用铁铬铝电阻丝做挂钩，吊挂在坩埚内。钢丝不可用镀锌钢丝，否则会影响渗硼效果。模具入炉时，要防止重叠和紧贴坩埚，以防盐浴流动不畅，致使渗硼层不均匀。

渗硼过程中产生的浮渣必须捞出。每隔 0.5 ~ 1h 将炉中模具适当移动，以保证渗硼层均匀。

渗硼结束后，出炉空冷至 800℃淬油，油冷至 200℃左右出油空冷；再进行 450 ~ 480℃回火。

509. 5CrNiMo 钢制热锻模的铬钒共渗工艺

5CrNiMo 钢制热锻模铬钒共渗的渗剂成分（质量分数）：Cr-Fe 50% + Al_2O_3 43% + NH_4Cl 2% + 钒粉 5%。共渗工艺：1050℃ ×5h。

热锻模经铬钒共渗后，其金相组织的扩散层的最外层与过渡层分别为 $M_{23}C_6$ 和 M_7C_3 型碳化物的单相结构，在扩散层内层出现 $M_7C_3 + \alpha$ 的多相结构。整个扩散层厚度的增长，主要由 M_7C_3 型碳化物的过渡层和内层的增长决定。

5CrNiMo 钢制热锻模经铬钒共渗处理后，其抗高温氧化能力比常规处理的提高 3 倍，耐磨性更好。

510. 5CrNiMo 钢制热锻模的超高温淬火工艺

5CrNiMo 钢常规淬火温度为 830 ~ 860℃。超过正常淬火温度 80℃以上，习惯称之为超高温淬火。

当5CrNiMo钢的淬火温度低于880℃时，淬火组织是以针状马氏体为主；当淬火温度高于880℃时，淬火组织是以板条马氏体为主。很多研究结果表明，板条马氏体的亚结构是位错网，而针状马氏体亚结构是孪晶；同时，在针状马氏体中还发现有撞击裂纹。因此，板条马氏体比针状马氏体有更高的韧性。

除此以外，淬火温度提高后，钢中的碳化物溶解更充分，钢的断裂韧度有所提高，钢的回火稳定性和热稳定性也得到提高。生产实践还证明，淬火温度提高后，还能推迟疲劳裂纹的产生。但超高温淬火不是十全十美的，提高淬火温度，将增加淬火变形、开裂倾向。若能采用预冷等措施，可减少和避免淬火变形、开裂倾向的加剧。

5CrNiMo钢制1t锤热锻模采用超高温淬火工艺，寿命由800件提高到9000件。其超高温淬火工艺如图7-25所示。

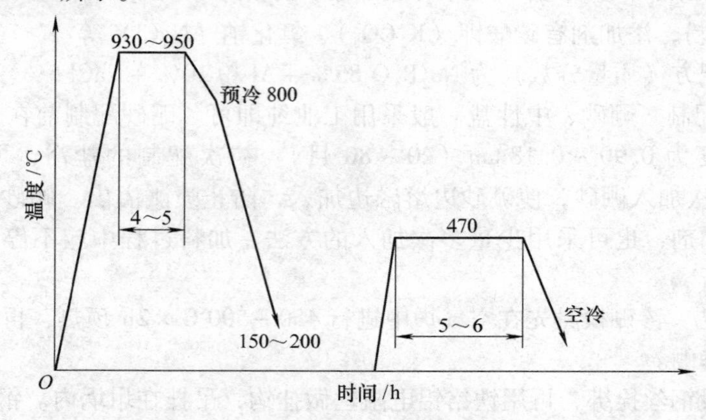

图7-25　5CrNiMo钢制热锻模的超高温淬火工艺

511. 4CrMnSiMoV钢制齿轮热锻模的盐浴淬火工艺

汽车传动轴齿轮，材料为20CrMnTi。原用5CrNiMo钢热锻模锻造，常因早期开裂而失效，平均寿命3000件左右。改用4CrMnSiMoV钢，平均寿命超过5000件，其热处理工艺如下：

（1）预热　500～550℃，保温时间（空气炉）按2min/mm计算。

（2）加热　870～880℃，保温时间（盐浴炉）按0.5min/mm计算。

（3）冷却　40～80℃油冷，至160～200℃出油空冷。淬火后硬度为56～58HRC。

（4）回火　在带有风扇的井式回火炉中进行，560～590℃×2h×2次，回火后空冷。回火后硬度为44～47HRC。

（5）去应力　第二次回火冷却到室温，将模具表面清理干净，置于硝盐浴中进行200℃×3～4h去应力回火。

512. 4CrMnSiMoV钢制连杆热锻模的等温淬火工艺

连杆在成形过程中，不仅要承受很大的冲击力和强烈摩擦，还要受急冷急热的影响。模具的失效形式主要为磨损。原用5CrNiMo钢，模具的寿命只有1000多件；而采用4CrMnSiMoV钢等温淬火，模具寿命提高1倍多。4CrMnSiMoV钢制连杆热锻模的等温淬火工艺如图7-26所示。

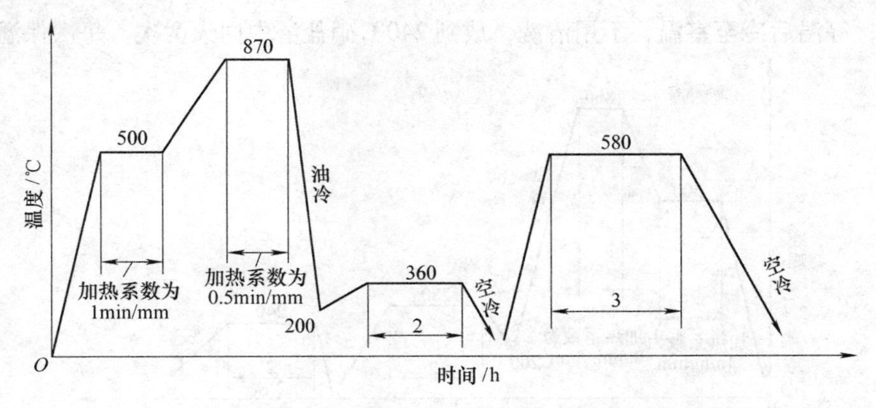

图 7-26　4CrMnSiMoV 钢制连杆热锻模的等温淬火工艺

预热在空气炉中进行，加热时间按 1min/mm 计算。加热在盐浴炉中进行，保温时间按 0.5min/mm 计算。出炉后空冷数秒钟淬入 60℃左右热油中，油冷至 200℃左右，立即投入 360℃硝盐浴中等温 2h；等温出炉冷至室温，将工件清洗干净；在有风扇的井式回火炉中回火，580℃ ×3h ×2 次，回火后空冷。回火后硬度为 44 ~46HRC。

为防止由于高温回火后产生的应力，最终补充去应力回火，其工艺为 200℃ ×4h。

513. 5SiMnMoV 钢制锤锻模的箱式炉加热淬火工艺

某规格尺寸为 250mm ×250mm ×250mm 的锤锻模，原用 5CrMnMo 钢制造经常规热处理后锻打 1000 件左右就发生塌陷；改进工艺后，进行渗硼处理，模具寿命也不到 2000 件。选用 5SiMnMoV 钢制，模具的平均寿命为 2500 件左右，比 5CrMnMo 钢制模具的寿命提高 1 倍多。其热处理工艺如下：

(1) 预热　在箱式炉中加热，并装箱保护，保温时间按 2min/mm 计算。

(2) 加热　在箱式炉中加热，加热温度为 850 ~870℃，保温时间按 0.8 ~1.0min/mm 计算。

(3) 冷却　用 40 ~80℃ 油冷却，冷至 160 ~200℃ 出油空冷。淬火后硬度为 55 ~57HRC。

(4) 回火　出油后，模具冷至 120℃左右立即入炉回火，在带有风扇的井式回火炉中进行，500 ~520℃ ×3h ×2 次，回火后油冷。回火后硬度为 39 ~44HRC。

(5) 去应力　模具第二次回火结束冷至室温，再施以 200℃ ×4h 的去应力回火。

514. 5SiMnMoV 钢制铆钉模的等温淬火工艺

铆钉模是风动工具的重要部件，工作中主要承受冲击压缩载荷。在旋风枪进行压边时，还要承受很大的冲击弯曲载荷，服役条件比较恶劣。原用 T8 钢制造，硬度为 53 ~57HRC，寿命只有 5000 多件；而选用 5SiMnMoV 钢等温淬火，平均寿命达到 2 万件。5SiMnMoV 钢制铆钉模的等温淬火工艺如图 7-27 所示。

预热在空气炉中进行，加热时间按 1min/mm 计算。加热在盐浴炉中进行，保温时间按 0.5min/mm 计算。出炉后空冷几秒钟淬入热油中，油冷至 200℃左右立即进入 280℃硝盐浴

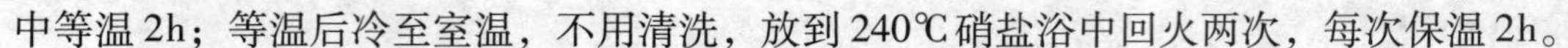

中等温2h；等温后冷至室温，不用清洗，放到240℃硝盐浴中回火两次，每次保温2h。

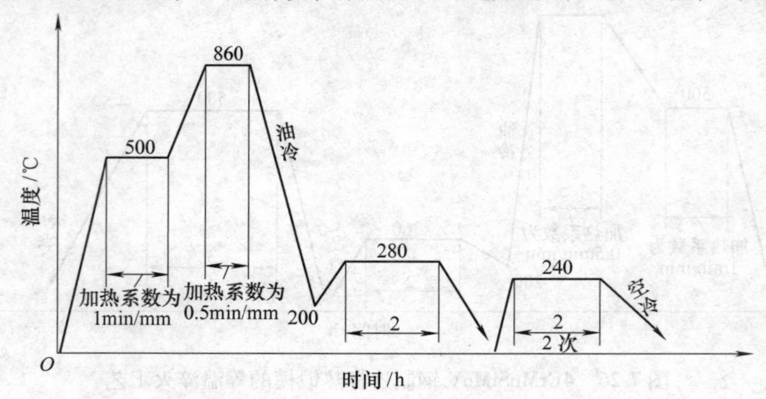

图7-27 5SiMnMoV钢制铆钉模的等温淬火工艺

经上述工艺处理后，铆钉模的最终硬度为54～56HRC。

515. 4Cr2NiMoVSi钢制大齿轮热锻模的高温淬火、高温回火工艺

4Cr2NiMoVSi钢的化学成分见表7-6。

表7-6 4Cr2NiMoVSi钢的化学成分（质量分数） （%）

C	Cr	Ni	Mo	V	Si	Mn
0.40～0.47	1.54～2.0	0.80～1.20	0.80～1.20	0.30～0.50	0.50～0.80	0.40～0.60

注：Ac_3≈874℃；Ms≈243℃。

75拖拉机大齿轮热锻模，原采用5CrNiMo钢经常规热处理制造，寿命不高；后改用4Cr2NiMoVSi钢，在10t锤上使用，使用寿命比德国进口的55CrNiMoV6钢（相当于5CrNiMo）模具提高0.5倍以上。其热处理工艺如下：

（1）预备热处理　锻后等温退火：790～810℃×2h+710～730×4h，炉冷至500℃以下出炉空冷。退火后硬度<255HBW。

（2）预热　在盐浴炉中加热，分两段预热：580～620℃×1min/mm+850℃×1min/mm。

（3）加热　在高温盐浴中加热，加热温度为960～1050℃，保温时间按0.5/min/mm计算。

（4）冷却　在40～80℃热油中冷却，油冷至160～200℃出油空冷。淬火后硬度为54～60HRC。

（5）回火　模膛回火温度为630～670℃，时间为2～3h，硬度为40～45HRC；燕尾回火温度为670～700℃，硬度为34～39HRC。

516. 4Cr2NiMoVSi钢制锤锻模的强韧化工艺

4Cr2NiMoVSi钢是一种综合力学性能较好的锤锻模具钢。其常规热处理工艺，不仅周期长，而且质量不太稳定。采用局部淬火及燕尾自回火工艺可以明显地改善燕尾硬度梯度，提高其强韧性。

4Cr2NiMoVSi钢制3t锤锻模的常规热处理工艺：模具500℃入炉，650℃×2.5h+850℃

×2h预热，970℃×5.5h加热，预冷到780℃淬油，油冷至200℃出油空冷；290℃×4h预热，635℃×10h回火；640℃×8h第二次回火；燕尾部分在专用燕尾回火炉内进行回火，工艺为740℃×3h。

（1）6t以下模具（锤锻模高度<375mm）采取局部淬火法　局部淬火时，透烧的模具从炉内吊出空中预冷后再露出燕尾，仅把工作部分的2/3浸在油中冷却。直到模面温度为160~200℃，燕尾为280~300℃时，出油入台车式炉回火。锤锻模局部淬火工艺见表7-7。

表7-7　锤锻模局部淬火工艺

锤锻模吨位/t	淬火		一次回火	二次回火	三次回火
	加热	冷却			
2	970℃×6h	油冷40min	300℃×3.5h	640℃×6h	650℃×7h
3	970℃×7h	油冷43min	300℃×4h	650℃×7h	650℃×7h

（2）6t以上锤锻模燕尾自回火法　燕尾自回火是等整个锻模油冷到一定温度，再将燕尾提出油面停留一段时间，燕尾依靠心部传递到表面的热量使淬火马氏体转变成回火索氏体和回火托氏体，从而导致燕尾与模腔硬度不同。锤锻模具燕尾自回火工艺见表7-8。

表7-8　锤锻模模具燕尾自回火工艺

锤锻模吨位/t	淬火		一次回火	二次回火	三次回火
	加热	冷却			
10	650℃×3h+850℃×3h+970℃×6.5h	淬油68min	300℃×4h+630℃×8h	630℃×8h	620℃×7.5h
16	350℃×3h+650℃×4.5h+850℃×3h+970℃×9h	淬油71.3min	300℃×8h+665℃×10h	645℃×8h	630℃×8h

4Cr2NiMoVSi钢制2t、3t、10t、16t锤锻模采用上述工艺处理，使用寿命比5CrNiMo钢制模具提高0.74~1.37倍，而且具有节省工时、节约电能、减轻劳动强度等优点。

517. 4Cr2NiMoVSi钢制热锻模的热处理工艺

4Cr2NiMoVSi钢是高强韧性的大截面热锻模具钢。该钢C含量低，Cr、Mo含量稍高，并有V、Si等元素，回火时析出M_2C、MC型碳化物。与常用的5CrMnMo、5CrNiMo热锻模具钢相比，该钢具有如下特点：①淬硬层深度深；②热稳定性比5CrMnMo钢高约100℃，比5CrNiMo钢高约150℃；③有较高的强韧性；④抗热疲劳和抗热磨损性较高，具有优良的使用性能；⑤锻造和热处理加热温度范围较宽，开裂倾向小，但冷加工切削略困难些。

根据实际调研分析，4Cr2NiMoVSi钢制热锻模理想的热处理工艺为：650℃、850℃两次预热，970℃淬火，两次高温回火，730℃燕尾槽回火。

该钢在940~1000℃区间加热淬火，晶粒细小，硬度较高。根据淬火后的显微组织分析，在960~985℃范围内加热，富Cr的合金碳化物$(Cr、Fe、Mo、V)_{23}C_6$大量溶入奥氏体，使奥氏体合金度大大提高、稳定性增加。同时，由于有少量富Mo和富V的碳化物M_6C、MC被保留下来，抵制了奥氏体晶粒的长大，970℃淬火晶粒度才10级，但当温度超过1000℃加热淬火时，晶粒明显长大。因此，在960~1000℃区间内淬火，既可以保证钢中碳化物溶解充分，晶粒又不会长得太大。在不使晶粒粗大的前提下，尽量采取“高淬高回”的强韧化处理工艺，有利于提高热疲劳强度和热稳定性。该厂根据本单位热锻模对韧性要求较高而回火稳定性略低（与压力机模具相比）的情况，其淬火温度选择970℃是比较合适的。

淬火冷却包括预冷、油冷和等温。模具出炉后先在空气中预冷，以降低温差，减少热应力，防止畸变和开裂。当模具的棱角预冷至发暗，大约 800℃，迅速入油上下晃动，使其快速冷却，以获得较多的马氏体，保证模具有较高的强韧性。模具表面冷至 180 ~220℃时，应出油转入 250℃硝盐浴中进行等温。如果继续在油中冷却，则有可能淬裂。另外，模具表面已转变成马氏体，心部温度为 350 ~400℃，也低于 *Bs* 点，即使冷速减慢也不会产生珠光体组织。但由于心部已进入贝氏体转变区，如果直接升温回火，将产生大量的贝氏体组织，降低心部韧性，对使用极为不利。因此，在较低温度等温，使模具心部温度继续降低，生成较多的下贝氏体组织，减少上贝氏体组织，有利于心部韧性的提高。另外，由于这时的心部热量向表面传递，使外部的马氏体得以自身回火，降低了组织应力，故不会使模具淬裂。

国内某锻造厂用 4Cr2NiMoVSi 钢制北京吉普曲轴热锻模的热处理工艺是：970℃加热淬火，于 660℃、620℃各回火 1 次，硬度为 35HRC，模具平均寿命超过 4000 件，比原 5CrNiMo 钢模具的寿命提高近 1 倍。

518. 5Cr2NiMoVSi 钢制汽车前轴热锻模的热处理工艺

东风 EQ140 汽车前轴热锻模尺寸为 1825mm ×395mm ×300mm，对尺寸公差和表面粗糙度要求很严，热处理后硬度要求为 37 ~41HRC。

汽车前轴热锻模在 120MN 的锻机生产线上使用。锻件材料为 45 钢，毛坯尺寸为 85mm ×85mm ×1158mm。始锻温度为 1230 ~1260℃。模具在锻造前经 150 ~200℃ ×3h 预热，锻打过程中喷洒水基石墨液冷却润滑。

热锻模在工作中所受冲击力比较小，但与炽热的锻件接触时间长，模具表面的工作温度比较高。因此，要求模具有高的高温强度、耐磨性、回火稳定性及抗热疲劳性。

前轴热锻模曾采用5CrNiMo 钢制造。由于5CrNiMo 钢热稳定性及高温强度低，不能满足压力机对模具性能的要求，使用中常因热磨损和热裂严重而失效，使用寿命一般为 5500 ~6000 件。在改用 5Cr2NiMoVSi 钢后，模具寿命达 9000 件左右，超过德国进口模具（7000 件）。其热处理工艺如图 7-28 所示。模具在大型箱式炉中加热，淬火冷却介质为油，油冷至 200℃左右入 310℃硝盐浴中等温 2h；然后进行 670℃回火。

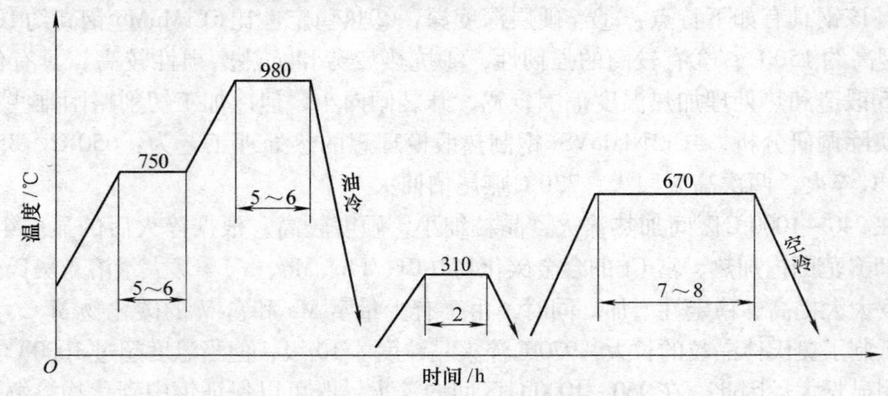

图 7-28　5Cr2NiMoVSi 钢制前轴热锻模的热处理工艺

519. 5Cr2NiMoVSi 钢制压力机模具的盐浴淬火工艺

5Cr2NiMoVSi 钢有较高的淬透性，截面尺寸 500mm × 500mm 以下的模具经 970 ~ 990℃淬火，650 ~ 660 回火，硬度可达到 36 ~ 44HRC，并具有二次硬化效果，综合力学性能优于 5CrNiMo 钢。外形尺寸为 300mm × 300mm × 800mm 的压力机模具，经图 7-29 所示热处理工艺处理后，寿命比原 5CrNiMo 钢模具提高 1 倍多。

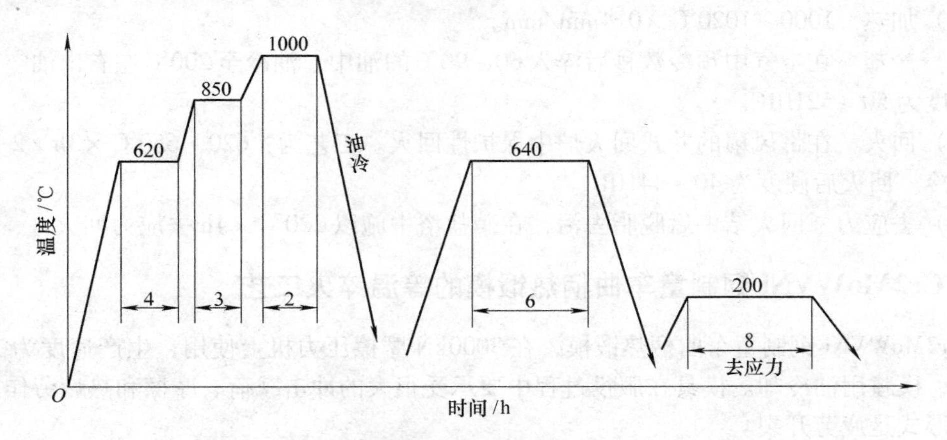

图 7-29 5Cr2NiMoVSi 钢制压力机模具的盐浴淬火工艺

520. 5Cr2NiMoVSi 钢制大型热锻模的复合强化工艺

5CrNiMo 钢具有良好的韧性、耐磨性和淬透性，且在 500 ~ 600℃时力学性能几乎不下降，故常用来制造大中型热锻模。但 5CrNiMo 钢的热稳定性及强度较低，不能满足大型压力机模具对性能的更高要求，使用中常因热磨损和热裂而严重失效。鉴于此，国内有些生产单位用 5Cr2NiMoVSi 钢替代 5CrNiMo 钢，并采用复合强化处理工艺，大幅度提高了其强度、硬度、耐磨性、高温抗氧化性、冷热疲劳强度以及耐蚀性。生产使用实践表明，经复合强化处理后的大型汽车前轴热锻模使用寿命提高了 6 ~ 8 倍。其热处理工艺如下：

（1）镀镍稀土渗硼　化学镀镍预处理溶液等所用的化学药品均为分析纯试剂，水为蒸馏水。镀液组分为 $NiSO_4 \cdot 6H_2O$ 40g/L、$NaH_2PO_2 \cdot H_2O$ 18g/L、$C_6H_8O_7$ 15g/L、$CH_3COONa \cdot 3H_2O$ 20g/L。镀液的 pH 值为 4 ~ 5，工作温度为 80 ~ 90℃。镀镍主要工艺流程：F1000 SiC 预磨→乙醇脱脂→水洗（频率为 28kHz，温度为 50℃）→1∶1（体积比）盐酸活化处理（频率为 28kHz，温度为 50℃）→干燥→化学镀→水洗（频率 40kHz，温度 50℃）→干燥。每一步水洗都在超声波清洗机中进行。

（2）稀土渗硼　将化学镀镍后的工件置于粉末渗硼剂中装箱，渗剂成分（质量分数）为 B_4C 40%，KBF_4 30%，SiC 10%，活性炭 5%，尿素 10% 及稀土氧化剂纯度≥95% 的 CeO_2 4% ~ 5%。工艺为 850 ~ 900℃ × 4 ~ 5h。

（3）预冷淬火　将渗硼工件随箱加热，980 ~ 1000℃ × 1 ~ 1.5h 保温后降温，880 ~ 860℃ × 0.5 ~ 1h 淬入 40 ~ 60℃油中。

（4）高温回火　将淬火后的工件清洗干净后先在空气炉中 270 ~ 290℃ × 1h 预热，然后进行 600 ~ 620℃ × 1.5 ~ 2h × 2 次高温回火。

521. 3Cr2MoWVNi钢制万向节叉模的盐浴淬火工艺

汽车万向节叉模原用5CrNiMo钢制造，多因开裂和疲劳而失效，模具平均使用寿命只有5000多件。改用3Cr2MoWVNi钢制造后，模具平均寿命达11400件，最高达14000件。其在盐浴中加热淬火的热处理工艺如下：

（1）预热 620℃ ×1min/mm+850 ℃ ×0.7min/mm。

（2）加热 1000～1020℃ ×0.4min/mm。

（3）冷却 在空气中预冷数秒后淬入60～90℃的油中，油冷至200℃左右出油空冷，淬火后硬度为50～52HRC。

（4）回火 在带风扇的井式回火炉中保护性回火。工艺为：620～650℃ ×3h×2次，回火后油冷。回火后硬度为40～44HRC。

（5）去应力 回火结束后脱脂去污，在硝盐浴中施以220℃ ×4h去应力回火。

522. 3Cr2MoWVNi钢制童车曲柄热锻模的等温淬火工艺

3Cr2MoWVNi钢制童车曲柄热锻模，在3000kN摩擦压力机上使用，生产速度为12～15件/min，模膛用油冷却。模具在服役过程中要承受很大的冲击载荷、摩擦和热疲劳作用，主要失效形式是疲劳开裂。

该热锻模的外形尺寸为265mm×80mm×80mm。其盐浴等温淬火工艺如图7-30所示。

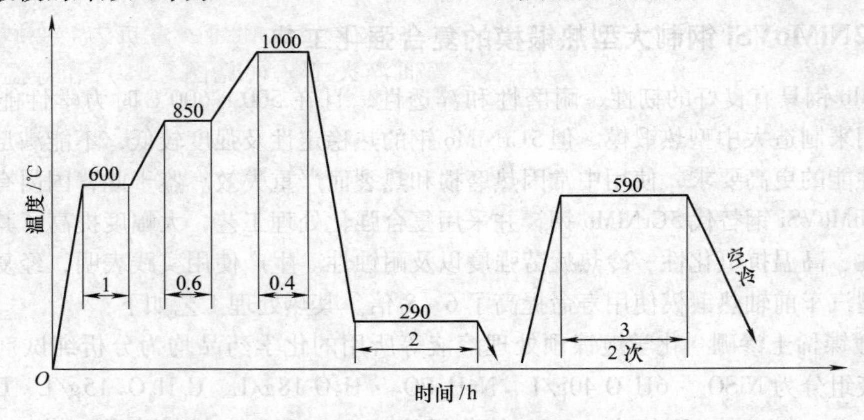

图7-30 3Cr2MoWVNi钢制热锻模的盐浴等温淬火工艺

该热锻模经上述工艺处理，硬度为42～45HRC，平均使用寿命近万件，比原5CrNiMo钢模具提高1.8倍。

523. 4Cr5MoSiV钢制连杆热锻模的盐浴淬火工艺

汽车发动机连杆热锻模外形尺寸为340mm×180mm×70mm。模具的直线度公差、平面度公差为0.02mm，垂直度公差为0.05mm，模具型槽尺寸公差和表面粗糙度要求都比较严，这给热处理带来比较大的难度。

连杆热锻模在25MN机械锻压机上使用。锻件材料为40MnB，锻造温度为1200～1050℃，锻造时用水基石墨冷却润滑。

连杆热锻模原用5CrNiMo钢制造，硬度为39~44HRC，一般寿命为5000件左右。失效主要形式为磨损和热疲劳裂纹。

改用4Cr5MoSiV钢制后，按图7-31所示的工艺处理，硬度仍为39~44HRC，但模具寿命可达8000件，最高达11000件。

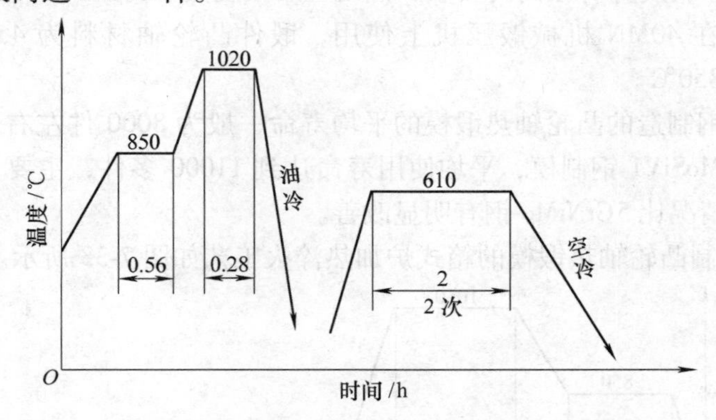

图7-31 4Cr5MoSiV钢制连杆模的盐浴淬火工艺

524. 4Cr5MoSiV钢制铝合金压铸模的等温淬火工艺

铝合金压铸模模膛的工作温度可能达到600℃左右。其失效主要形式为粘模、热疲劳开裂。

铝合金压铸模用材要求有高的高温强度、回火稳定性和热疲劳抗力。实践证明，用4Cr5MoSiV钢制模比较适用。热处理工艺有普通淬火工艺（见图7-31）和等温淬火工艺（见图7-32）两种。4Cr5MoSiV钢制铝合金压铸模的盐浴等温淬火工艺如下：

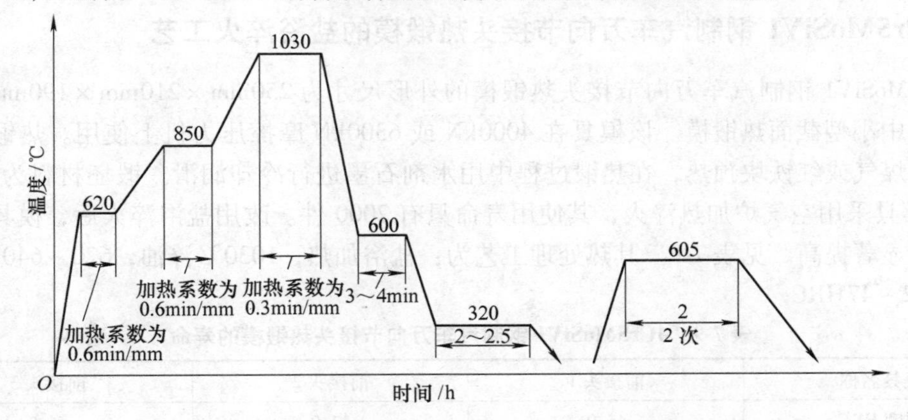

图7-32 4Cr5MoSiV钢制铝合金压铸模的盐浴等温淬火工艺

（1）预热 在620℃、850℃盐浴中两次预热，保温时间均按0.6min/mm计算。

（2）加热 1030℃加热，保温时间按0.3min/mm计算。

（3）冷却 先在600℃中性盐浴中分级冷却3~4min，立即移入320℃硝盐浴中等温2~2.5h。

（4）回火 在带风扇有保护装置的井式炉中回火，回火工艺为605℃×2h×2次。

经上述工艺处理后，硬度为40~42HRC，模具寿命为7万~10万件。

525. 4Cr5MoSiV1 钢制重载汽车发动机凸轮轴热锻模的箱式炉加热淬火工艺

东风 EQ140 汽车发动机凸轮轴热锻模，尺寸为 950mm×200mm×160mm。模膛的尺寸公差和表面粗糙度、精度都有很高的要求，热处理后硬度要求为 37～41HRC。

凸轮轴热锻模在 40MN 机械锻压机上使用，锻件凸轮轴材料为 45 钢，始锻温度为 1180℃，终锻温度 850℃。

原用 5CrNiMo 钢制造的凸轮轴热锻模的平均寿命一般为 8000 件左右，其主要失效形式为磨损。改用 4Cr5MoSiV1 钢制模，平均使用寿命达到 11000 多件，主要失效形式仍然是磨损。磨损和热疲劳情况比 5CrNiMo 钢有明显改善。

4Cr5MoSiV1 钢制凸轮轴热锻模的箱式炉加热淬火工艺如图 7-33 所示。

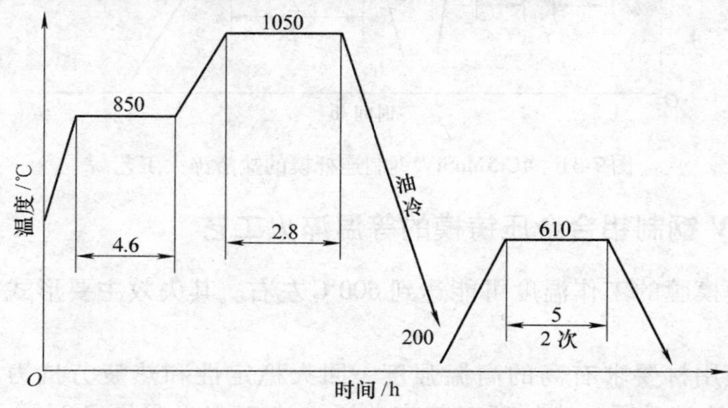

图 7-33　4Cr5MoSiV1 钢制凸轮轴热锻模的箱式炉加热淬火工艺

526. 4Cr5MoSiV1 钢制汽车万向节接头热锻模的盐浴淬火工艺

4Cr5MoSiV1 钢制汽车万向节接头热锻模的外形尺寸为 250mm×210mm×190mm，是比较典型的中小型截面热锻模。该模具在 4000kN 或 6300kN 摩擦压力机上使用。热锻模在工作前先经煤气或红铁块预热，在热锻过程中用水剂石墨进行冷却润滑。锻坯材料为 40Cr 或 45 钢。模具采用空气炉加热淬火，其使用寿命只有 2000 件。改用盐浴淬火后，模具的使用寿命得到显著提高，见表 7-9。其热处理工艺为：盐浴加热，1030℃淬油，620～640℃回火，硬度为 42～47HRC。

表 7-9　4Cr5MoSiV1 钢制汽车万向节接头热锻模的寿命

模具名称	前接头 1	前接头 2	前接头 3
硬度 HRC	45.0	47.0	46.0
使用寿命/万件	0.6	1.0	0.6

527. 4Cr5MoSiV1 钢制热拉深冲头的盐浴淬火工艺

热拉深冲头常因疲劳和内应力引起开裂失效。曾用 5CrMnMo、5CrNiMo、6Cr4Mo3Ni2WV 等模具钢制造，平均寿命只有几百件，主要失效形式是开裂。选用热疲劳抗力及断裂韧度高的 4Cr5MoSiV1 钢制作，避免了开裂失效，冲头寿命提高几倍，见表 7-10。其热处理工艺如图 7-34 所示。

表7-10　4Cr5MoSiV1钢制热拉深冲头的寿命

钢号	硬度HRC	使用寿命/件	平均寿命/件	失效形式
5CrMnMo	46	42~114	80	开裂
	38	144~146	145	开裂
	22	215	215	开裂
5CrNiMo	33	181~252	220	开裂
	30	246~375	359	热疲劳
6Cr4Mo3Ni2WV	38~39	516~524	520	开裂
	30	628	628	热疲劳
	22	774	774	热疲劳
4Cr5MoSiV1	40~47	1127~1765	1403	热疲劳

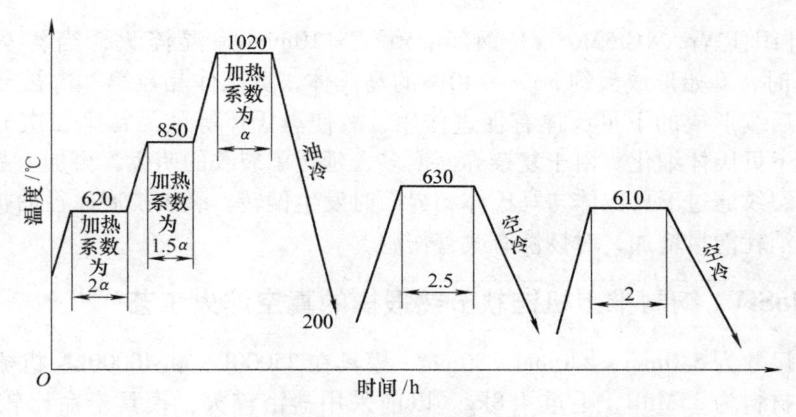

图7-34　4Cr5MoSiV1钢制热拉深冲头的热处理工艺

注：α=0.3min/mm。

528. 4Cr5MoSiV1钢制轴承套圈预冲孔凹模的盐浴淬火工艺

（1）锻造　锻造加热炉温度≤800℃时入炉，加热温度为1120~1160℃，始锻温度为1020~1100℃，终锻温度≥850℃。锻后箱内堆积式冷却。

（2）退火　820~840℃×3~6h，以不大于30℃/h的速度炉冷至500℃出炉空冷。

（3）淬火、回火　800℃×1min/mm盐浴预热，1050~1080℃×30s/mm加热，淬油，冷至500~550℃后出油空冷，淬火后硬度为53~56HRC；580~620×3h×2次回火，回火后硬度为44~50HRC。

（4）使用情况　预冲凹模使用寿命达2401~4542件，失效形式为压塌、疲劳开裂。预冲孔凹模寿命虽有很大提高，但波动比较大，这说明凹模质量不是太稳定。

实践证明，按上述工艺处理的凹模，高温强度、冲击韧度、耐冷热疲劳性及回火稳定性均比常用的5CrMnMo、3Cr2W8V钢高。

529. 4Cr5MoSiV1钢制热作模具的等温淬火工艺

管子钳活动钳头热锻模和固定钳口两半模，多年来一直用3Cr2W8V钢制造。这种模具工作条件十分苛刻，急冷急热，承受较大的冲击载荷，模具的寿命不足5000件。模具的主要失效形式是塌陷和开裂。针对这种情况，选用4Cr5MoSiV1钢淬油和等温淬火，其使用寿命分别提高1.6倍和6倍。

4Cr5MoSiV1钢经1030℃加热，250℃×10min等温淬火，600℃×2h×2次回火，与常规淬火、回火工艺相比，在高温强度和塑性不降低的情况下，高温冲击韧度提高33.4%。4Cr5MoSiV1钢经不同工艺处理后的高温力学性能见表7-11。

表7-11 4Cr5MoSiV1钢经不同工艺处理后的高温力学性能（550℃）

热处理工艺	下屈服强度 R_{eL}/MPa	抗拉强度 R_m/MPa	断后伸长率 A(%)	断面收缩率 Z(%)	冲击韧度 a_K/(J/cm^2)
淬油	998.2	1023.6	15.12	43.75	35.0
250℃等温	1021.3	1011.4	20.56	46.00	46.7

从显微组织上看，4Cr5MoSiV1钢经250℃×10min等温淬火，当淬火冷却到Ms（340℃）以下时，开始形成大约30%～40%的马氏体，奥氏体晶粒第一次被分割；且先形成的马氏体对后续形成的下贝氏体有促进作用，故使奥氏体等效晶粒第二次分割，更加细化，其结果使下贝氏体细化。由于复杂界面增多，延缓了裂纹的萌生，再加上晶界对裂纹有阻碍作用，使裂纹通过下贝氏体与马氏体相界面时发生偏转。裂纹扩展途径曲折，使裂纹扩展及断裂过程消耗能量增加，对韧性有改善作用。

530. 4Cr5MoSiV1钢制推土机链轨节热锻模的真空淬火工艺

模具外形尺寸为540mm×220mm×80mm。模具在25000kN和40000kN机械热模锻压机上使用。锻件材料为35MnB，毛重4.8kg。以前采用盐浴淬火，模具寿命比较高，达6000余件，但比国外差距比较大。采用真空淬火、回火后，模具寿命提高到9000多件，失效的主要形式是疲劳开裂，而不是磨损塌陷。真空热处理工艺为：1020～1030℃真空淬火，610～630℃真空回火。硬度为44～46HRC，金相组织为隐针状马氏体+少量的残留奥氏体。

531. 4Cr5MoSiV1钢制热挤压模的高温淬火工艺

剪刀热压平成形模属小型热挤压模。原使用3Cr2W8V钢制造，模具平均使用寿命为6000件，主要失效形式为磨损。采用4Cr5MoSiV1钢制模，经高温淬火、回火，模具寿命达到18000～20000件，其热处理工艺如下：

1）锻造余热淬火，高温回火，代替原等温退火。

2）预热。600℃×30min+850℃×30min盐浴炉预热。

3）加热。淬火温度由常规的1020～1030℃提高到1080℃，盐浴加热时间为20min。

4）冷却。盐浴560℃×10min分级冷却后油冷。

5）回火。560℃×2h×2次硝盐浴回火。

回火后硬度为54HRC。

盐浴高温淬火可以提高模具使用寿命，采用真空高温淬火同样可获得满意效果。4Cr5MoSiV1钢制铝合金压铸模采用1080℃真空加热淬火，真空回火采用660℃×2h+580℃×2h工艺。其疲劳强度比常规处理提高25%，寿命提高2～3倍。

532. 4Cr5MoSiV1钢制挤压滚轮的盐浴淬火工艺

挤压滚轮外形尺寸为ϕ298mm×75mm，要求热处理后硬度为67～75HS，硬度不均匀度≤4HS。按常规处理后，硬度为66～71HS，硬度不均匀度≤5HS。仍采用盐浴加热淬火，淬火前增加一次600℃去应力退火，优化淬火工艺。模具硬度稳定在72～75HS，硬度波动少，硬度不均匀度≤3HS。使用寿命由原先的两个月提高到现在的18个月以上。其热处理工艺如下：

1）去应力退火。600℃×60min。

2）560℃×40min+870℃×35min两次预热。

3）加热。1030℃×15min。

4）冷却。560℃盐浴分级冷却15min后空冷。

5）回火。560℃×50min+660℃×50min，回火后空冷。

533. 4Cr5MoSiV1钢制鲤鱼钳热锻模的盐浴淬火工艺

鲤鱼钳是常用的手工工具，材料为45钢。其锻模曾用3Cr2W8V钢制作，平均寿命不足2000件，失效的主要形式是疲劳裂纹。采用4Cr5MoSiV1钢制造，模具寿命超过4000件，较3Cr2W8V钢模提高1倍。其热处理工艺如下：

1）600℃×36s/mm+850℃×36s/mm盐浴两次预热。

2）1050℃×18s/mm盐浴加热。

3）600℃×12s/mm中性盐浴分级冷却后空冷。

4）630℃×2h回火+560℃×2h回火。

经上述工艺处理后，硬度为42～43HRC。

534. 4Cr5MoSiV1钢制模壳的两次分级淬火工艺

模壳安装在冷镦机上使用，是制造链条片的重要装备。高速钢冲棒紧固在模壳中，每秒钟冲击5～6次，冷却用闪点很高的进口油，瞬时温升超过300℃。以前，用3Cr2W8V钢制模，寿命只有3000次左右，每天要多次换模，而且有可能损坏机器。改用4Cr5MoSiV1钢制造，模壳的寿命都超过1万次，最高的超过2万次。其热处理工艺如下：

1）去应力退火：600℃×2h。

2）600℃、850℃两次盐浴预热。

3）1030℃×0.5min/mm加热。

4）两次分级冷却：600℃×0.2min/mm，280℃×0.2min/mm。

5）620℃×2h×2次回火。

回火后硬度为44～46HRC，主要失效形式仍是开裂。

535. 4Cr5MoSiV1钢制热挤压模的低温淬火工艺

4Cr5MoSiV1钢制铝合金热挤压模按常规淬火，失效的主要形式是热疲劳龟裂、模膛塌陷、早期脆断，因而要求其具有高的强度、硬度、耐磨性、韧性和回火稳定性。采用比常规淬火低70℃的低温淬火工艺取得了很好的效果：淬火后硬度稍低了些，高温回火后两者硬度相当，但抗拉强度和冲击韧度分别提高了 8% 和 27.8%；改善了模具的使用性能，避免了早期脆断，大大减少了热疲劳龟裂等失效现象，模具寿命得到很大提高；改善了劳动条件，提高了生产率，减少能耗，降低了成本。其低温淬火工艺如下：

1）经 600℃、830℃两次预热。

2）950～960℃加热淬油，油冷至 200℃左右出油空冷。

3）580℃ ×2h ×2 次回火。

经上述工艺处理后，硬度为 52～53HRC；抗拉强度为 2005MPa，冲击韧度为 $23J/cm^2$。

536. 4Cr5MoSiV1 钢退火软化新工艺

4Cr5MoSiV1 钢采用不同退火温度和冷却速度，得到的碳化物类型和数量不同。860℃加热，20℃/h 冷却，得到 Fe_3C 和 Cr_7C_3 粒子及弥散分布的少量 VC 粒子，碳化物粒子尺寸为 141～149μm；900℃加热，220℃/h 冷却，得到相对量较多的细小 VC 粒子和一定数量的 $Cr_{23}C_6$ 粒子，碳化物粒子尺寸为 130～350μm，因而得的硬度较高；退火温度为 850℃，冷却速度为 10～15℃/h 时，可获得更低的硬度（174HBW）；采用锻造余热淬火，高温回火预备热处理工艺，可获得细小、均匀的粒状碳化物；也有人采取 870～890℃加热，20～30℃/h 冷却，得到了较低的硬度值，以利于切削加工。

这几年来，4Cr5MoSiV1 钢应用日益广泛，国内不少特钢厂按美国标准和德国标准组织生产 4Cr5MoSiV1 钢，由于锻轧后退火不良，硬度偏高及不均匀，难以达到国外厂商要求。为此，进行了 4Cr5MoSiV1 钢退火软化新工艺的研究，并获得成功。其工艺如下：

1）830～850℃ ×1h/25.4mm 加热，以≤20℃/h 的冷速炉冷至 750℃。

2）740～760℃ ×1h/25.4mm 加热，以 20℃/h 的冷速炉冷至 650℃。

3）640～660℃ ×3h/25.4mm 加热，以 20℃/h 的冷速炉冷至 500℃，出炉空冷。

经上述工艺处理后，硬度 <220HBW。

537. 4Cr5MoSiV1 钢制冲头的碳化物弥散渗碳工艺

碳化物弥散渗碳简称 CD 渗碳。4Cr5MoSiV1 钢含有较多的 Cr、Mo、V 等碳化物形成元素和约 1%（质量分数）的 Si，其成分完全满足 CD 渗碳的要求。采用 930℃ ×6h 气体渗碳，渗碳剂为乙酸乙酯或丙酮等；1000℃淬油，200℃回火。碳势控制在 0.8%～0.9%，渗碳层碳含量达 1.8%（质量分数），淬火、回火后表面硬度为 62～63HRC，心部硬度为 53HRC，冲击韧度为 $49J/cm^2$。金相组织为在回火马氏体基体上弥散分布着微细碳化物（Cr、$Fe)_7C_3$。在 930℃渗碳时，M_7C_3 碳化物型粒子半径只能长大到 0.4μm，而 M_4C、M_6C 粒子则更小。渗碳时形成 M_7C_3 型碳化物是 4Cr5MoSiV1 钢获得碳化物弥散分布渗碳层的一个原因。另外，由于钢中含有 1%（质量分数）的 Si，可完全消除由（Fe、$Cr)_3C$ 组成的过剩渗碳层；并且由于 Si 有晶界偏析倾向，抑制了碳化物在晶界的析出，避免了网状碳化物的形成。这是 4Cr5MoSiV1 钢可以得到碳化物弥散渗碳的另一个原因。

4Cr5MoSiV1 钢 CD 渗碳后适合制造冲头，因为它有优异的高强度、高韧性、高耐磨性和抗咬合性能，综合性能优于 Cr12MoV 钢。用 4Cr5MoSiV1 钢制作冲薄板冲头，寿命比 Cr12MoV 提高 5.7 倍；冲厚度 6.35mm 低碳铬钢钢板时，使用寿命由原 GrWMn 钢冲头的 2000～3000 件提高到 9500～27000 件。

538. 4Cr5MoSiV1 钢制汽油机半轴热锻模的盐浴淬火工艺

用5CrNiMo和5CrMnMo钢制造的IE40F汽油机半轴热锻模，强度和热硬性低，耐急冷急热性差。在使用中，模膛易发生凹陷和热疲劳，寿命只有600件左右。改用4Cr5MoSiV1钢制造后，模具寿命提高到2500～3000件。其热处理工艺如下：

（1）锻后球化退火 860℃×4h→750℃×8h→随炉冷至500℃出炉空冷。

（2）淬火 600℃、850℃两次预热，1030℃加热出炉后空冷10s淬油，晶粒度为9～10级，淬火后硬度为54HRC。

（3）回火 610～650℃×2h×2次回火。回火后硬度为40～46HRC。

按上述工艺处理的热锻模，可以获得较高的使用寿命，见表7-12。

表7-12 4Cr5MoSiV1 钢热锻模应用效果

模具名称	使用设备	锻件材料	使用寿命/件	失效原因
IE40F汽油机半轴热锻模	400kg空气锤	40Cr	2500～3000	在柄与杆连接处产生顺沟和裂纹
LP-56气泵连杆热锻模	1630kN摩擦压力机	20CrMnMo	2800	仍可继续使用
AK-10起动机滑动盘热锻模	400kg空气锤	20	1500	在圆角处发生凹陷

注：1. 锻模开锻前经180～250℃预热。
2. 锻打中锻模采用水冷却。

539. 4Cr5MoSiV1 钢制弹体热挤压冲头的两次分级淬火工艺

ϕ152mm大口径弹体材料为D60钢，弹体热挤压冲头外形尺寸如图7-35所示。

冲头采用3Cr2W8V钢制造时，平均寿命只有400～500次，失效的主要形式为氧化和热疲劳开裂。改用4Cr5MoSiV1钢制造，平均寿命超过3000次。其热处理工艺如下：

（1）预热 600℃、850℃两次预热。

（2）加热 1030℃盐浴加热。

（3）冷却 600℃分级冷却后，进入280℃硝盐浴再分级冷却10min后空冷。

（4）回火 在渗碳炉中回火，并滴少量煤油保护，650～660℃×2h×2次回火，回火后硬度为39～41HRC。

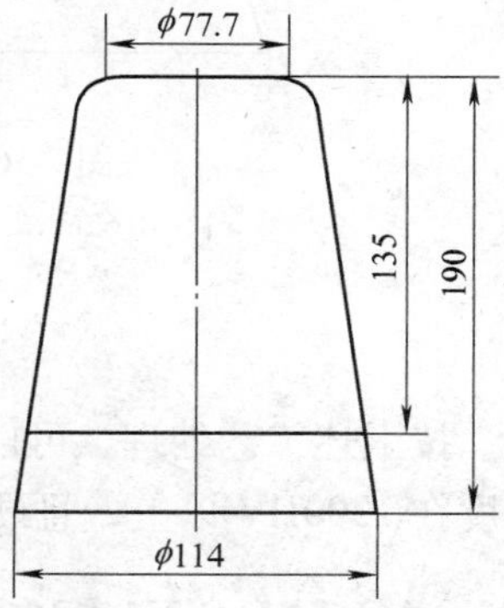

ϕ77.7
135
190
ϕ114

图7-35 弹体热挤压冲头外形尺寸

540. 4Cr5MoSiV1 钢制热作模具的双重淬火工艺

所谓双重淬火就是要进行两次淬火。4Cr5MoSiV1钢制热作模具的双重淬火工艺为：1160℃淬火+720℃回火+1050℃淬火+350℃回火。双重淬火可以减小未溶碳化物的尺寸和体积分数，使碳化物粒子间距增大。当第二相颗粒平均间距增大时，可使断裂韧度增大。高温淬火可以减少孪晶马氏体。孪晶马氏体具有较大的脆性。位错马氏体相变时不发生撞击作用，因此位错马氏体中不出现明显微裂纹。位错易于滑移，其可动性比孪晶大。位错的可动性是位错马氏体具有高断裂韧度的主要原因。350℃回火，位错线上无析出物，位错可动性高。因此，采用双重淬火工艺的热作模具与采用普通淬火的热作模具相比，断裂韧度可提高30%～40%。断裂韧度提高了，有利于提高热作模具钢的疲劳裂纹的扩展抗力和热疲劳开裂的抗力，从而提高了热作模具的使用寿命。

541. 4Cr5MoSiV1 钢制热挤压模的气体氧硫氮共渗工艺

多年来，我国很多厂家一直将3Cr2W8V钢作为热作模具钢的主要材料，但因其韧性及热疲劳性能不足而产生裂纹，使模具早期失效，寿命不高，满足不了生产需要。部分热作模具已采用4Cr5MoSiV1钢制造。然而，已采用4Cr5MoSiV1钢的部分企业，仍套用3Cr2W8V钢传统氧硫氮共渗工艺，模具的渗层深度只有70μm，硬度低（约727HV），且无白亮层，耐磨性也低，模具的寿命不但没有提高反而比未经共渗处理的下降了，直接影响了生产。为此，人们进行了4Cr5MoSiV1钢铝合金热挤压模氧硫氮共渗最佳工艺的攻关研究。

4Cr5MoSiV1钢制铝合金压铸模在60kW井式渗氮炉内进行氧硫氮共渗。渗剂为工业用NH_3和SO_2，减压脱水后经转子流量计导入炉内。共渗工艺为：570℃ ×3.5h，0.62m^3/hNH_3 + 0.2L/minSO_2，换气次数6次，SO_2/NH_3流量比（体积比）为0.8% ~1.2%。4Cr5MoSiV1钢制热挤压模的气体氧硫氮共渗工艺如图7-36所示。

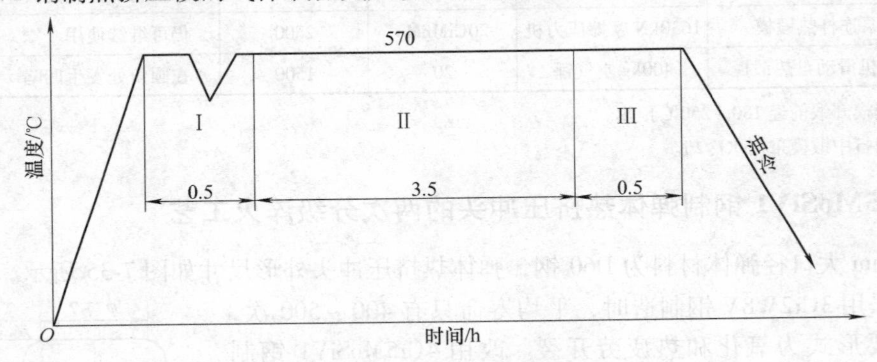

图7-36 4Cr5MoSiV1钢制热挤压模的气体氧硫氮共渗工艺
Ⅰ—0.62m^3/h NH_3装炉排气，分解率30% Ⅱ—0.2L/min SO_2 +0.62m^3/hNH_3，
分解率15% ~25% Ⅲ—NH_3分解率30%，排气

按上述工艺处理，可以得到8 ~12μm的化合物层和125 ~130μm的扩散层，次表面层硬度在1200HV以上，且硬度梯度平缓，脆性为A级，耐磨性好。

542. 4Cr5MoSiV1 钢制压铸模的碱浴淬火工艺

近年来，电机行业压铸模正逐步使用4Cr5MoSiV1钢替代3Cr2W8V钢，从而使模具使用寿命、铸件质量得到提高。4Cr5MoSiV1钢不含W，而含1.50%（质量分数）左右的Mo，相对于3Cr2W8V钢，4Cr5MoSiV1钢可以空淬，但是要控制变形开裂。从失效分析可知，模具淬火变形、开裂，成为模具寿命低的主要原因。对于铝合金压铸模，一般淬火温度选在1000 ~1025℃，实际上由于4Cr5MoSiV1钢的特殊性及模具型腔复杂性的特殊要求，淬火温度往往超过1025℃，选择合适的淬火冷却介质显得尤为重要。

在实际生产中，用单一的油淬火，模具变形开裂的倾向比较严重。不少模具当时检查并未发现开裂，但压铸一定数量的转子后，模具型腔周围发现各种不同形式的裂纹。有人认为，这些裂纹是淬火裂纹的扩展。为此，进行了分级淬火试验。

分级淬火是工件在较低的碱浴或盐浴中停留2～5min，然后出浴空冷。这种冷却方法使工件内外的温度趋于一致，同时进行马氏体相变，可以大大减小淬火应力，能有效地防止变形开裂。

分级淬火低温碱浴配方（质量分数）为：KOH80%+NaOH20%，另加6% H_2O。这种碱浴冷却能力强，冷却效果好，但易变形，溶液易老化变质。改进的配方（质量分数）为：KOH85%+$NaNO_2$15%，另加6% H_2O，使用温度为150～180℃，最佳为160℃。

事实表明，4Cr5MoSiV1钢铝压铸模采用1025～1075℃加热淬火（回火温度根据要求硬度高低设定），碱浴温度控制在160℃左右，模具变形小，硬度高，寿命长。4Cr5MoSiV1钢制压铸模碱浴淬火工艺和原工艺相比，模具寿命至少提高1倍，是很有前途的热处理工艺。

543. 4Cr5MoSiV1钢制压铸模的NbC、Cr_7C_3双覆层处理工艺

压铸模是在30～150MPa的高压下，将400～1600℃的熔融金属压铸成形。工件在成形过程中，模具周期性地受到加热和冷却，且受到高速喷入的灼热金属液的冲刷和腐蚀。因此，模具要有较高的热疲劳抗力、导热性及良好的耐磨性、耐蚀性、高温力学性能。用常规热处理工艺，很难满足一些要求高的模具服役，而用NbC、Cr_7C_3双覆层处理收到很好的效果。其工艺如下：

将硼砂装入容器内，置于400℃的箱式炉中进行脱水处理；然后将脱水硼砂装入坩埚内，加热至850℃保温至硼砂熔融；将Nb_2O_5粉及Al粉按工艺要求混合均匀，然后加入熔融硼砂盐浴中，充分搅拌使Nb_2O_5与Al在高温下进行化学反应生成单质Nb原子。按此方法再配制一炉渗铬盐浴备用。

处理工艺：进行980℃×5h的NbC涂覆处理，然后空冷至室温；用沸水清洗后，装入980℃渗铬盐浴中，保温1h；再升温至1050℃后出炉淬油；并经250℃×2h回火，最后用沸水清洗干净。

4Cr5MoSiV1钢制压铸模经上述双覆层处理后，具有较高的抗高温氧化能力，是常规处理模具使用寿命的8～9倍；耐磨性是NbC涂层的10倍多，使用寿命提高5～7倍。

544. 4Cr5MoSiV1钢制热挤压模的硫氮碳共渗工艺

硫氮碳共渗兼有氮碳共渗及渗硫的特点，能赋予工件优良的耐磨、减摩、抗咬死、抗疲劳性能，并能改善工件的耐蚀性。

4Cr5MoSiV1钢制铝型材热挤压模的窄缝面（工作面）用离子法、PCVD等表面强化处理，效果均不理想。采用气体硫氮碳共渗，可在窄面上获得有效、均匀的渗层，整个工作面性能均匀，不存在某些薄弱的部位，可有效地提高模具的使用性能及寿命。

共渗剂以二硫化碳、乙醇溶液作为滴注剂，氨气作为渗剂。在共渗温度为560℃，二硫化碳体积分数为1.2%，滴量为60滴/min，氨分解率为30%的工艺参数共渗时，可有效地解决窄缝面不易渗入的问题，模具内外面的渗层深度差可控制到15%以内。渗层的硬度分布较为合理，脆性低，模具综合性能良好，挤压寿命高。

用盐浴硫氮碳共渗同样收到良好的效果。渗剂采用武汉材料保护研究所研制的基盐J-1和再生盐Z-1，可实现无污染硫氮碳共渗。生产中氰酸根含量（质量分数）控制在39%～40%，每工作24h，在100kg盐浴中加入2～5kgK_2S。共渗工艺：580℃×3～4h，白亮层深

度为12~16μm，扩散层深度为0.24~0.28mm，硬度为1000~1050HV。

545. 4Cr5MoSiV1钢制热挤压模的硼氮碳共渗工艺

铝型材热挤压模具要承受高温、高压和强烈的摩擦作用。工作时，与400~500℃的铝锭相接触，在200MPa的压力下，把铝锭挤压成型材。我国3Cr2W8V、4Cr5MoSiV1钢制铝型材热挤压模具，使用寿命低，挤压出来的型材表面质量差。

采用硼氮碳共渗与常规热处理相结合的热处理工艺后，可提高强韧性和耐磨性，模具的寿命比常规热处理的可提高2~5倍。

（1）使用条件　铝型材热挤压模外形尺寸为ϕ250mm×40mm。在使用前经550℃预热，在卧式挤压机上工作，在大于200MPa的压力下，将400~450°C的铝锭挤压成形。

（2）失效形式　铝型材热挤压模具的失效形式主要是磨损、拉伤、开裂三种，其中以磨损见多。

（3）硼氮碳共渗工艺　600℃×1h渗氮+930~950℃×5~6h硼碳氮共渗+1000~1020℃淬油+530~550℃×2h×2次回火。其工艺如图7-37所示。

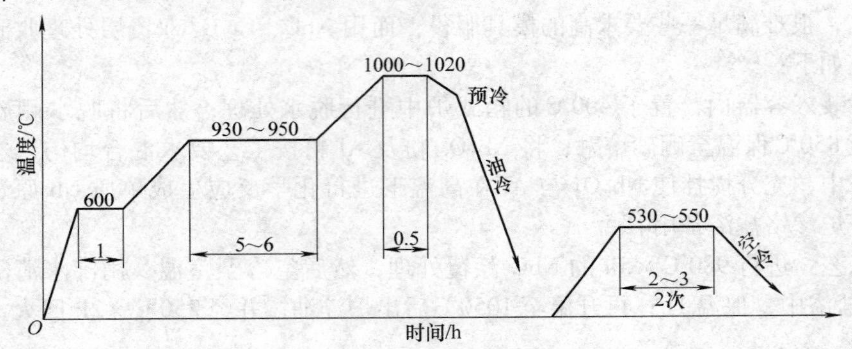

图7-37　4Cr5MoSiV1钢热挤压模硼氮碳共渗工艺

模具经上述工艺处理后，表面为Fe_2B相，硬度为1400~1800HV，具有较高的耐磨性，心部有较好的强韧性，开裂倾向小。

（4）使用寿命　经硼氮碳共渗的模具，在挤压5454铝合金管材时，其使用寿命从常规处理的1.3t提高到3~4t，达到美国同类模具2~5t的水平。

546. 4Cr5MoSiV1钢制热挤压模的盐浴碳氮钒共渗工艺

4Cr5MoSiV1钢已广泛应用于制作铝合金型材热挤压模具，且在淬火、回火后，大多采用低温氮碳共渗处理，以提高其表面硬度和黏着磨损抗力；但低温氮碳共渗效果不是很好，模具容易磨损，型材的外观质量也不尽人意。采用低温盐浴碳氮钒共渗可获得满意的效果。

在盐浴中，加入适当的供钒剂、还原剂及活性剂等，可实现碳氮钒共渗。在以尿素和碳酸盐为主的盐浴中，主要反应如下：

$$2(NH_2)CO + Na_2CO_3 = 2NaCNO + 2NH_3 + CO_2 + H_2O$$

$$2NaCNO + O_2 = Na_2CO_3 + CO + 2[N]$$

$$2CO = CO_2 + [C]$$

$$3V_2O_5+10Al=5Al_2O_3+6[V]$$

共渗工艺以550～560℃×2～4h为宜。在560℃下经碳氮钒共渗后，模具表面的硬度可达1300HV以上。这主要是由于钒原子的渗入，与氮、碳原子形成大量细小的、高硬度的VC与VN粒子所致。在无钒原子渗入的情况下，4Cr5MoSiV1钢经低温氮碳共渗后的表面硬度通常为1000～1100HV。渗层硬度的提高使得模具耐磨性大为提高，模具工作带用细砂纸稍加抛光即十分平滑光亮，抗黏着磨损力也有所提高。

547. 4Cr5MoSiV1钢制热挤压模的盐浴渗铬工艺

铝型材热挤压模由于受450～600℃高温、高压及与铝材的剧烈摩擦作用，模具的失效主要是磨损。为提高该类模具的使用寿命，目前国内主要用渗氮法强化其表面；但无论采用何种渗氮法，其表面硬度不超过1200HV，强化效果有限。要进一步提高模具寿命和提高铝型材表面质量，必须进一步提高其表面强化效果。于是，又采用了渗硼、TiN涂层等工艺。实践证明，这些举措都能提高模具寿命，并在生产中得到广泛的应用。而采用盐浴渗铬方法，在模具的工作带上形成一层1600～2100HV高硬度碳化铬层，从而达到提高模具的耐磨性，进而提高其寿命及铝型材质量的目的。

渗铬在坩埚盐浴炉内进行，渗剂由硼砂、氧化铬及还原剂组成；渗碳在箱式炉中实施。该工艺采用先渗碳后渗铬，因为直接渗铬，碳化铬层薄，且在次表层易出现贫碳区，形成软带。渗碳介质为甲醇和醋酸乙酯。具体工艺为：930℃×2h渗碳；980℃×4h渗铬；随炉升温至1020℃保温1h，360℃分级淬火；560～570℃×2h+540～550℃×2h回火。

通过渗碳渗铬处理，一方面由于基体材料表面碳含量的提高，有利于碳化铬的形成，使碳化铬层厚度增加；同时，由于次表层有足够的碳含量，不至于形成贫碳层。此外，次表面层过剩的碳含量有利于提高其硬度。经检测，在模具表面形成了5～6μm的碳化铬层，次表层无软区。经上述工艺处理的铝型材挤压模的寿命比渗氮模具的寿命提高50%以上，型材的表面粗糙度值比采用渗氮模具的低。

548. 4Cr5MoSiV1钢制热作模具的碳氮氧硫硼共渗工艺

4Cr5MoSiV1钢制热挤压模服役时，由于高温及被加工材料的强烈挤压摩擦，造成模膛磨损、塌陷、早期脆断甚至产生黏着，使模具过早失效，因此要求热挤压模具有高的强度、韧性、回火稳定性及高的表面硬度。经气体氧硫氮共渗的4Cr5MoSiV1钢制热挤压模具可挤压型材8～12t；经离子碳氮硫共渗或固体碳氮共渗的达到15～20t；采用离子碳氮氧硫硼共渗，并加入混合稀土氧化物进行催渗的，可以达到35t以上。

4Cr5MoSiV1钢制压铸模的整体热处理在ZC2-65型真空热处理炉中进行。

热处理工艺：870℃×90min预热，升温至1040℃×60min，淬油至150℃出油。第1次回火590℃×120min；油冷至150℃×60min去应力；第二次回火590℃×120min，出炉空冷至室温。

在RN2-40-6井式渗氮炉中进行碳氮氧硫硼共渗处理。共渗剂配方（质量比）为：$HCONH_2$:$(NH_2)_2CS$:H_3BO_4:$RECl_3$=2000:300:16:25。渗层深度可达0.89mm，模具硬度由共渗前的48～52HRC提高到58～62HRC。

碳氮氧硫硼共渗的工艺参数为：540～560℃×4～5h，共渗剂滴量为90滴/min，油冷至

150℃出炉空冷。

4Cr5MoSiV1 钢制铝合金热挤压模先经整体真空淬火、回火，再施以碳氮氧硫硼共渗处理，不仅提高了模具寿命，而且挤压出来的型材表面光洁、美观。

549. 4Cr5MoSiV1 钢制塑料模具推杆的真空热处理及氮碳共渗工艺

在塑料模具上，用 4Cr5MoSiV1 钢制作的推杆的直径为 ϕ2 ~ ϕ16mm，长度为 100 ~ 500mm。推杆是在载荷和工作温度不变的条件下工作的，经真空热处理及气体氮碳共渗处理，提高了推杆的热疲劳强度、屈服强度、断裂韧度和热磨损性，使 EPN 的实际使用寿命达到50万次以上。其热处理工艺如下：

（1）真空热处理　采用日本引进的 VCH-202436PQM 型真空加热炉。550℃ ×50min + 850℃ ×40min 两段预热，另外，在升温过程中增加对流传热及防止在真空下铬元素的蒸发，必须向炉内回充纯度为99.999%以上的氮气，回充氮气的炉内压力为266Pa，以提高加热效率。奥氏体化温度为1030℃，保温90min。淬火时，采用的氮气压力为0.16MPa。淬火后硬度为 54 ~ 55.5HRC。采用 550℃ ×220min + 650℃ ×220min 两次回火，回火采用压力为 -0.045MPa，回火后硬度为 42 ~ 43.4HRC。

（2）表面气体氮碳共渗　碳氮共渗是在引进日本的井式气体渗氮炉中进行的。该炉的加热功率为80kW，炉膛有效尺寸 ϕ600mm ×1400mm，温差为 ±10℃，气氛均匀，采用 PID 控温系统控温。共渗剂为氨气和甲醇，工艺为565℃ ×1.5h。其工艺如图7-38所示。

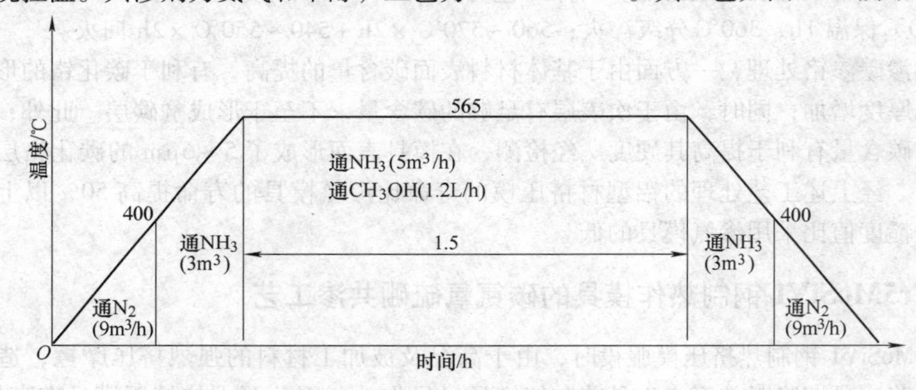

图7-38　气体氮碳共渗工艺

经上述工艺处理后，表面硬度 >900HV，耐磨性高，抗疲劳性能好，比渗碳淬火及高频感应淬火的提高25% ~35%。氮碳共渗的推杆表面具有抗大气、雨水及抗海水腐蚀的性能，性能稳定，质量可靠。

550. 4Cr5MoSiV1 钢制热挤压模的渗氮工艺

4Cr5MoSiV1 钢制铝型材热挤压模热处理分两步进行，即先进行常规热处理，加工成品后，再进行一次气体渗氮处理。具体工艺如下：

1）850℃预热。

2）1030℃加热淬油，油冷至180℃左右出油。

3）580℃ ×2h +600℃ ×2h 回火，回火后硬度为 46 ~50HRC。

4）加工成成品后，进行540℃×10h气体渗氮处理。

经上述工艺处理后，模具的平均寿命为14.3t，而以前用3Cr2W8V钢模具的平均寿命只有3~5t。

551. 4Cr5MoSiV1钢制压铸模的高压气淬工艺

高压气淬工艺在刀具和3Cr2W8V模具真空热处理中得到广泛应用。形状复杂易变形的4Cr5MoSiV1钢制压铸模，应用此工艺也取得了很好的效果。

为了控制4Cr5MoSiV1钢制模具的加热变形，往往采取两次预热；控制加热速度，增加保温时间，尽可能使工件均匀加热；加热时适当通入氮气；保证工件置于加热区内，工件在炉内要摆放平稳，相互间留有一定间隙。

4Cr5MoSiV1钢制模具理想组织是弥散碳化物和尽可能少的上贝氏体。淬火时可采取如下步骤：使用高压气淬，快速冷却通过碳化物析出区；在高于贝氏体转变“鼻尖”温度但低于珠光体转变范围的温度进行第一次分级冷却，此温度大约为520℃，通过保温，使模具热量平衡；为减少贝氏体量，第一次分级冷却后，采用高压气淬强迫冷却通过贝氏体转变区；第二次分级温度为马氏体转变区域，均温后，可通过降低冷却压力降低冷却速度来实现。

研究表明，4Cr5MoSiV1钢以不同的冷却速度淬火、回火后，得到同样硬度46HRC后的冲击韧度相差达10倍。当冷却速度大于100℃/min时，才能获得很高的韧性。这种情况在其他模具热处理中也存在，并且硬度越高影响越大。因此，高压气淬是模具真空淬火比较理想的热处理工艺。

552. 4Cr5MoSiV1钢制望远镜外壳压铸模的高温淬火、高温回火工艺

某光学仪器厂生产的4Cr5MoSiV1钢制望远镜外壳，曾采用1020℃淬火，虽选择过不同温度回火，但模具的寿命始终比较低。经失效分析可知，热作模具在服役过程中频繁地被加热冷却，极易发生疲劳破坏。据统计，由热疲劳而引起的压铸模失效约占60%~70%。因此，国内外都非常重视压铸模的热疲劳寿命问题。该厂通过攻关，制订了高温淬火、高温回火工艺。

1）预热：850~870℃。

2）加热：淬火温度由常规工艺的1020~1040℃提高到1100℃。

3）冷却：分级淬火或油冷。

4）回火：生产实践证明，600℃回火热疲劳抗力最大，超过600℃热疲劳抗力开始下降，所以选定回火温度为600℃。回火后硬度为51~52HRC，模具寿命大大提高。

在600℃左右回火，钢的硬度适中，强度和塑性配合良好，显微组织的稳定性相当高，所以热疲劳抗力最高。随着回火温度的升高，钢的塑性和热稳定性虽有所提高，但强度迅速下降，使热疲劳抗力降低。回火温度对热疲劳抗力的影响，还与淬火温度有关，高的淬火温度提高了钢的回火稳定性。

553. 4Cr5MoSiV1钢制模具的真空热处理工艺

（1）设备的选择　选用国产VHLT-669型高压气淬真空炉。其优点是辐射方式加热，

加热速度缓慢，温度均匀，可大大降低热应力，减少热处理变形。这是解决大型、复杂模具易开裂问题的有效措施；同时还可以有效地防止模具表面氧化、脱碳和腐蚀等热处理缺陷，并降低模具的表面粗糙度值。

（2）模具的技术要求　一般小型模具复杂件硬度要求为46～48HRC，简单件硬度要求为48～52HRC；中型模具复杂件硬度要求为42～44HRC，简单件硬度要求为44～46HRC；大型模具复杂件硬度要求为40～42HRC，简单件硬度要求为42～46HRC。

（3）热处理工艺过程

1）清洗：对于小型模具要放在清洗机内清洗干净，并将其表面吹干后入炉；大型模具用干净的抹布将其表面的污物、油渍等清理干净后装炉。

2）装炉：装炉时各模具间要留有空隙，一次装炉量不大于400kg，以保证模具在加热和冷却时能够充分、均匀。

3）预热：关闭炉门后抽真空，并将工艺参数输入计算机。当炉内压力降到0.133Pa，开始送电升温。对于大中型模具，采用较低的升温速度，一般是500℃/h，以减少炉膛与模具间的温差防止变形和开裂。一般采用两段预热法，第一段是560℃，第二段是850℃；预热时间按1.5min/mm×有效厚度计算。有效厚度的经验数据是：最小厚度×（1.2～1.3）。

4）最后加热和加压气淬：最后加热温度为1030℃，保温时间是30min+0.4min/mm×有效厚度。加压气淬时，炉内气体压力与模具有效厚度的关系见表7-13。

表7-13　炉内气体压力与模具有效厚度的关系

有效厚度/mm	炉内气体压力/10^5Pa	有效厚度/mm	炉内气体压力/10^5Pa
<75	2	151～175	3.5
75～100	2.5	176～200	4
101～150	3	201～225	4.5

5）第一次回火：模具冷却至80℃左右，进行第一次回火，回火温度是560℃，保温时间是2h+（1min/mm）×有效厚度。回火冷却时炉内气体压力是1×10^5～2×10^5Pa。4Cr5MoSiV1钢经正常温度淬火后，由于二次硬化的作用，在560℃回火可达到硬度峰值，第一次回火冷却到室温检测硬度。

6）第二次回火：这次是决定硬度的回火。根据客户要求和第一次回火后实测硬度值综合考虑，回火温度一般选用590～650℃。

7）第三次回火：第三次回火温度仍用560℃。如果第二次回火后硬度偏高，第三次回火温度视偏高值做出升高回火温度的决定。

（4）4Cr5MoSiV1钢制模具真空热处理实例介绍

1）某发动机公司摇臂模，硬度要求为44～48HRC。经正常淬火和第一次回火后，第二次回火温度采用592℃，冷却后测定的硬度值为46～48HRC。

2）某汽车厂压铸模，硬度要求为42～46HRC。经正常淬火和第一次回火后，第二次回火温度采用605℃，冷却后测定的硬度值是44～46HRC。

3）某厂模具调质硬度为31～35HRC。经正常淬火和第一次回火后，第二次回火温度采用650℃，冷却后测定的硬度值是32～34HRC。

由以上实例可以看出，对于4Cr5MoSiV1钢制模具真空热处理后硬度的高低，第二次回火温度很重要。正确确定第二次回火温度，可省去很多麻烦，起到节约能源、提高效益的作用。

554. 4Cr5MoSiV1钢制铝合金压铸模的高纯氮回充真空淬火工艺

（1）预热　第一次预热的主要目的是清除模具淬火前机械加工产生的应力，防止和减少加热过程中引起的淬火变形。预热温度高，消除应力效果明显。预热温度选定为580℃，加热速度为8℃/min，保温时间为最终加热时间的2倍；真空度设定为2.66644Pa。第二次预热采用840℃，加热速度为12℃/min，真空度设定为26.6644Pa。

（2）淬火加热与冷却　在1000～1100℃进行淬火，硬度都可以超过55HRC。考虑到为了使奥氏体晶粒不粗大并获得细针状马氏体，把淬火温度定在1030～1040℃。保温时间受设备功率、装炉量及装炉方式和工件大小等因素影响，保温时间不宜过长，按30min+（工件厚度/50mm）×10min估算。加热速度为12℃/min。为防止碳和合金元素蒸发，真空度控制在26.6644Pa。保温后移至冷却腔，根据工件大小和装炉量，选择0.2～0.55MPa高纯氮气（99.999%）进行高压气淬。冷却速度除与氮气压力有关外，还与冷却腔热交换有关。由于淬火炉冷却风机功率和热交换器水流量都很大，能够确保较大规格尺寸的模具有足够高的淬火硬度和硬化深度，冷却过程中不需等温停留，继续冷至80℃出炉空冷。该工艺实施多年从未出现淬裂现象。

（3）真空回火　采用真空下保温、随后低压快冷、室温出炉是确保模具高温回火表面无氧化脱碳的关键。回充高纯氮主要是让炉温均匀，提高加热速度，调节真空度。4Cr5MoSiV1钢制压铸模采用三次高温回火，每次的加热速度都采用8℃/min升温，每次回火后选择0.05～0.12MPa的压力进行快冷，或300℃出炉用排风扇吹冷，也可以冷至室温出炉。

第一次回火的目的是把模具“搞硬”。保温时间是第三次回火保温时间的1/3。

第二次回火的目的是把硬度“搞定”。根据压铸模的实际情况，要求硬度为46～48HRC，回火温度选用590～610℃较合适。保温时间是第三次回火保温时间的2/3。

第三次回火的目的是“搞透”，以充分消除淬火过程中的热应力和组织应力。回火温度选用580～585℃；回火保温时间按经验公式[（工件厚度/25mm）h+2.5h]来估算。回火过程真空度的控制应根据零件的要求来决定。

真空去应力退火：真空去应力退火主要用在以下四方面：

1）消除淬火前机械加工应力。

2）热处理、线切割、磨加工后去应力。

3）模具使用中途去应力。

4）因种种原因需补焊的模具必须去应力。

去应力退火温度为550～560℃，保温时间为6～8h。

555. 4Cr5MoSiV1钢制车闸铝合金压铸模的气体渗氮工艺

微型车前闸铝合金压铸模的外形尺寸为442mm×300mm×440mm，形状相当复杂，选用4Cr5MoSiV1钢制造。要求基体硬度为32～38HRC，气体渗氮处理后表面硬度>600HV，压

铸工件 >1 万件。

（1）淬火、回火　首先进行常规 1020 ~ 1030℃ 加热淬火，650 ~ 670℃ 回火，使基体获得 32 ~ 38HRC 的硬度。

（2）气体渗氮　气体渗氮在 RJJ150-9 自制的气体渗氮炉中进行。装炉量为 600kg，低于 300℃ 入炉。为减少变形，在 450℃ 保温 2h；分两段渗氮：520 ~ 530℃ × 10h + 550 ~ 560℃ × 8h，炉冷至 200℃ 出炉空冷。

经上述渗氮工艺后，模具表面硬度为 894 ~ 1018HV，渗层深度为 0.11 ~ 0.13mm，脆性为 1 级，表面为蓝色的氧化色，金相组织正常，寿命达到设计指标。

556. 4Cr5MoSiV1 钢制热挤压模的等离子体增强化学气相沉积 TiN 工艺

将等离子体技术引入化学气相沉积，形成覆盖层的方法称为等离子体增强化学气相沉积（简称 PCVD）。

铝合金型材热挤压模是在极其复杂恶劣的条件下工作的，承受着高温、高压、激冷、激热和反复循环应力的作用。剧烈的摩擦使得模具表面黏附着一层小铝瘤，造成模具工作表面严重磨损，导致模具早期失效。而采用 PCVD 沉积 TiN 有效地解决了上述问题，使模具寿命提高 3 ~ 5 倍。具体工艺如下：

（1）淬火、回火　PCVD 沉积 TiN 前，先进行 1070℃ 加热淬火（油冷），560 ~ 580℃ × 2h × 2 次回火。

（2）PCVD 沉积 TiN　PCVD 沉积 TiN 所需的反应物为氮气、氢气、四氯化钛。

1）清洗镀膜室及其附件，将 4Cr5MoSiV1 钢制模具用乙醇和丙酮严格清洗，烘干后放入镀膜室。

2）用真空泵将镀膜室抽真空至 333.3×10^{-2}Pa。

3）以氮气和氢气为 1∶1（体积比）的比例，向镀膜室通入氮气和氢气。接通工件的电源，电压为 1300V，以低电流溅射清洗模具待镀表面，使其温度升至 560 ~ 600℃。

4）关闭真空管，以 0.5 ~ 0.6L/min 的流量输入 $TiCl_4$。真空度保持在 333.3×10^{-2}Pa，电流为 300mA，进行 TiN 沉积。沉积速度一般为 5 ~ 10μm/h，一般沉积 30min。

5）关闭气体及电源，在真空状态下冷却至 150℃ 以下出炉。得到的沉积层厚度为 2.6 ~ 3.8μm，颜色为金黄色。

经 X 射线分析得知，金黄色的表层由单相 TiN 组成，黑层由 Fe_2N 组成。黑层的氮化物是在沉积之前的升温过程中，由通入的氮气所离解出的氮离子渗入材料表层形成的。

557. 4Cr5MoSiV1 钢制大规格芯棒的喷淬冷却工艺

芯棒是无缝钢管生产中参与钢管轧制成形的重要工具。连轧钢管时将芯棒穿入 1000℃ 以上的管坯中，起到支撑钢管变形的作用。芯棒受到轧制力、高温、摩擦、腐蚀、冷热疲劳等因素的影响。根据芯棒的使用条件，国内外均选用 4Cr5MoSiV1 钢制作。4Cr5MoSiV1 钢是一种中合金耐热模具钢，为防止出现淬火裂纹，淬火冷却介质一般采用油或盐浴。受生产设备的制约，国内只能生产小规格芯棒。为了满足生产大规格芯棒的市场需求，开发了喷淬冷却热处理新工艺。

喷淬冷却装置主要由旋转台架、淬火喷嘴、淬火水管道、压缩空气管道、冷风管道、大功率鼓风机及相应的辅助设备组成，全程通过计算机控制。考虑4Cr5MoSiV1钢的特性，为防止开裂，淬火冷却介质采用水与压缩空气混合的水雾，通过调节水与压缩空气的比例来调节淬冷烈度。

淬火工艺冷却过程分为4个阶段，即快速冷却阶段、平稳降温阶段、控制变形阶段及组织转变阶段。快速冷却阶段为快速打破蒸汽膜，水压与压缩空气压力较大，水压为0.6MPa，压缩空气压力为0.4MPa，此时已加热到奥氏体的芯棒表面温度迅速下降。当芯棒表面温度降至600℃时，进入平稳降温阶段，调整水压和压缩空气压力均为0.5MPa。当芯棒表面温度降至300~250℃时，进入控制变形阶段，关闭水阀和压缩空气阀，工件进行空冷，使工件表面温度和内部均温，注意此时一定要实时监控表面温度。当工件表面温度升温趋于减缓，进入组织转变阶段，打开水阀和压缩空气阀，继续冷却。为防止淬裂，一般控制变形阶段和组织转变阶段交叉进行，直至冷却结束。根据积累的经验，只要做到均匀冷却，不必担心淬裂。

经喷淬雾化冷却的大规格4Cr5MoSiV1钢制芯棒，经600℃两次高温回火，硬度为340~370HBW，符合工艺要求。喷淬力学性能比较理想：抗拉强度为1150MPa，屈服强度为950MPa，断后伸长率为12.5%，断面收缩率为36%，冲击吸收能量为21~25J。

4Cr5MoSiV1钢制大规格芯棒使用喷淬工艺，可以在控制淬火变形的情况下，提高芯棒的冲击韧性，降低弯曲度误差，生产出优质的芯棒，另外，淬火冷却介质采用水雾，节能环保，符合绿色热处理的发展要求，值得推广。

558. 4Cr5MoSiV1钢制特大型模具的热处理工艺

近几年来，随着机械装备的发展，锻件的重量越来越大，质量要求越来越高，与之相配套的锻压模具不断增大，特别是4Cr5MoSiV1钢制模具，应用更广，有些特大型模具所承受的压力达400kN或更高。以下简介外形尺寸为4200mm×2200mm×550mm 4Cr5MoSiV1钢制特大型模具的热处理工艺。

此特大型模具的设计要求：硬度为40~45HRC，规定塑性延伸强度$R_{p0.2}$≥1250MPa，抗拉强度R_m≥1350MPa，断后伸长率A≥9%，断面收缩率Z≥30%

（1）锻后球化退火　880℃×8h，炉冷750℃×20h，炉冷至500℃出炉空冷。退火后的金相组织为点状和小球状珠光体，退火后硬度为196~218HBW。

（2）淬火、回火　为防止模具表面氧化脱碳，特大工件采用可控气氛在周期炉中防止氧化脱碳难度很大，因为一般的防氧化脱碳剂在1000℃以上使用效果不好，只有采用加大切削余量的老方法来保证最终的表面硬度。加热温度选用1040℃，两次预热，即以≤60℃/h的加热速度加热到650℃，保温4h，再缓慢升温，仍以≤60℃/h的加热速度加热到850℃，保温4h，升温至淬火温度1040℃，保温6h。对于这种特大型模具，为了使硬度相对均匀，避免心部出现贝氏体和过多的残留奥氏体，采用油冷的方法较宜，油温控制在60~90℃较妥，油冷至350℃左右（Ms≈340℃）出油空冷。应及时回火，不能冷到室温。第一次回火工艺为580℃×36h，第二次回火工艺为580℃×28h。

按上述工艺处理后，硬度为43~45HRC，金相组织为回火托氏体+回火索氏体。$R_{p0.2}$为1354MPa，R_m为1555MPa，A为11.5%，Z为47%。各项指标满足设计要求。模具的使用寿命有很大提高。

559. 4Cr5MoSiV1 钢制压铸模的复合强化工艺

对 4Cr5MoSiV1 钢制造的热作模具表面强化，国内外专家学者进行了大量的试验研究，例如，气体渗氮，可靠性好，实用性强，一般可提高寿命 1 ~ 2 倍，但存在着渗速低、工艺周期长等不足。因此，探索新工艺提高模具寿命成了热门话题。对 4Cr5MoSiV1 钢制压铸模采用复合强化工艺，进行稀土氮碳硼氧硫六元共渗，提高了压铸模寿命。具体工艺如下：

（1）毛坯调质处理　由市场调查获知，市售的 4Cr5MoSiV1 钢棒、扁材存在不少质量问题，主要有：含有较大块一次碳化物，这种组织会导致模具的早期失效；沿晶界二次碳化物呈链状、棒状分布。试验证明，基体的这些缺陷可以用组织细化、均匀化锻热调质处理予以改善。

用于制造压铸模的毛坯由 ϕ200mm 热轧原材料锻造成形，趁高温余热返回炉中加热到 1140 ~ 1150℃，保温后油淬，随后进行 720 ~ 740℃ ×2h 回火。获得细密的回火索氏体组织，碳化物呈均匀、细小、弥散析出，硬度为 220 ~ 240HBW。该组织既有良好的机械加工性能，又是理想的预备热处理组织。实验表明：因钢的显微组织和亚结构细化明显改善，使马氏体的位错密度增加 50% ~ 80%，并使断裂韧度、抗拉强度分别提高 35% ~ 45% 和 15% ~ 20%，提高了钢材的内在质量。

（2）去应力退火　以 <100℃/h 的速度加热到 670 ~ 690℃，保温 2 ~ 3h，炉冷至 300℃出炉空冷。

（3）真空高压气淬

1）预热。淬火加热是在 HQG2 双室高压气淬炉中进行的。采用两次预热，第一次预热温度为 550℃，加热速度为 8℃/min，保温时间为 30min + 1min/mm，真空度设定为 0.1Pa。第二次预热温度为 850℃，加热速度为 12℃/min，真空度设定为 1Pa，保温时间为 10min + 0.5min/mm。

2）淬火加热及冷却。加热温度设定 1020 ~ 1040℃，保温时间按 60min + 0.5min/mm 计。保温结束后，模具移至冷却室，通入高纯氮气，压力为 0.4 ~ 0.5MPa，进行高压气淬，并用风扇使气循环，冷却速度为 7 ~ 8℃/s，达到静止油的冷却速度，保证淬火后得到高硬度。

3）真空高温回火。580 ~ 620℃ ×2h ×3 次，回火后硬度为 40 ~ 48HRC

（4）六元共渗　共渗剂由甲醇、尿素、甲酰胺、硫脲、硼酸组成，其组成为：甲醇 3000mL + 尿素 1000g + 甲酰胺 80mL + 硫脲 6g + 硼酸 4g，另加稀土催渗滴液（将 0.3% 纯稀土溶于甲醇制成稀土催渗滴液）。

六元共渗和其他化学热处理一样，也有分解、吸收、扩散三个基本过程（也有将界面反应算一个过程，即四个过程）。这三个过程是连续的，同时又相互交错，又不能截然分开，它们对共渗工艺都存在不同程度的影响。共渗温度为 610℃，保温 6h，滴量根据装炉量、渗层深度等具体情况而定。

经六元共渗模具的表面硬度为 1150 ~ 1300HV，硬化层深度为 0.25 ~ 0.3mm。

（5）模具定期去应力　当模具工作中到一段时间内必须拆下来进行去应力退火，可有效地提高模具的寿命。以铝合金压铸模为例：第一次选择在 5000 ~ 10000 模次；第二次在 2 万 ~ 3 万模次；以后每隔 1 ~ 2 万次进行一次。其去应力退火工艺为：560℃ ×2 ~ 3h，炉冷至450～400℃出炉空冷。

(6) 使用寿命 对比试验表明，某公司的压缩机端盖铝合金压铸模、液压泵体铝合金压铸模，采用常规处理（淬火+回火+气体渗氮），模具使用寿命约3万件，采用六元共渗复合强化处理并定期去应力，模具长期使用不龟裂、不剥落，平均寿命超过18万次，模具寿命提高了5倍，取得了较好的经济效益。

560. 4Cr5MoSiV1钢制铝合金压铸模的稀土离子氮碳共渗工艺

4Cr5MoSiV1钢制铝合金压铸模的加工工艺为：模坯由棒料锻造成形，经球化退火后进行机械加工，再进行550℃去应力退火，1020℃盐浴加热淬火，560℃×3h×2次回火，稀土离子氮碳共渗。

稀土离子氮碳共渗在工业用LDMC150型辉光离子渗氮炉中进行，采用大功率脉冲电源，共渗介质为热分解氨+尿素+自配的稀土有机溶液。经反复试验确定的最佳工艺参数：520℃×2h，1.05kPa气压。

按上述工艺处理，渗层深度为0.25～0.30mm，表面硬度为900～1000HV，4Cr5MoSiV1钢制汽车车灯铝合金压铸模使用寿命达10万件，比原来常规处理模具提高3～4倍。

561. 4Cr5MoSiV1钢制热挤压模的真空脉冲渗氮工艺

4Cr5MoSiV1钢制热挤压模的基体硬度要求为45～50HRC，真空脉冲渗氮层深度≥0.10mm，表面硬度≥800HV，脆性≤2级。

(1) 热挤压模机械加工工艺流程 下料→锻造成形→球化退火→车削加工→数控车床加工（钻孔、车内孔）→检验→热处理（淬火、回火）→砂磨模膛→磨加工→探伤→磨外圆→检验→真空脉冲渗氮→检验。

(2) 热处理工艺分析 盐浴淬火、回火工艺：550～580℃×90～120s/mm，840～860℃×45～60s/mm两次预热；1130～1150℃×25～30s/mm，在40～90℃的油中冷至200℃左右出油空冷；610～630℃×2 h×2次回火。

(3) 化学热处理工艺分析 热挤压模的主要失效形式是热磨损，即造成挤压处波浪状和局部凹陷，故对热挤压模进行渗氮处理是十分必要的。4Cr5MoSiV1钢制热挤压模真空脉冲渗氮工艺如图7-39所示。采用先抽真空，后通氮气或氨气进行加热升温，到温后先抽真空再通入氨气，使炉压达到一定的数值（10～20kPa）。按工艺要求控制氨流量为0.1～0.2m^3/h，并与真空泵协调工作，以保证炉内气氛在一定的时间内相对稳定。在保温时间内，要求每小时至少进行1～2次抽真空和通氨气的循环交替，以提供炉内充足的活性氮原子，同时，也增大了渗氮气氛的流动性，使模具的表面渗层均匀一致。热挤压模真空渗氮后获得硬度为1000～1100HV，渗层深度为0.10～

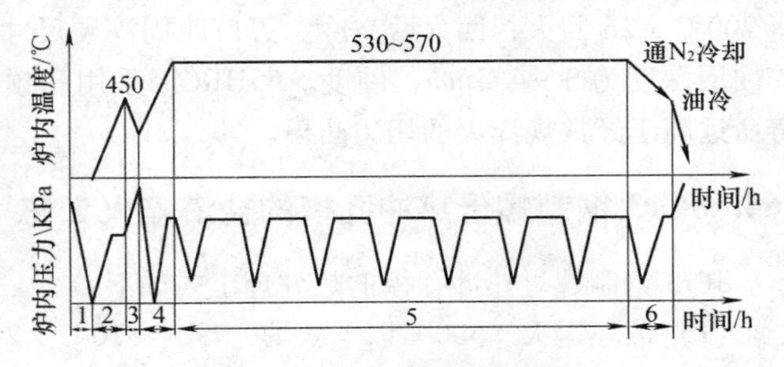

图7-39 4Cr5MoV1Si钢制热挤压模真空脉冲渗氮工艺

1—抽真空 2—通氮气加热 3—装炉 4—抽真空后通氮气和氨气加热升温 5—保温渗氮 6—抽真空后通氨气冷却

0.20mm 的硬化层。

（4）化学热处理技术与实施要点

1）进行真空脉冲渗氮后的热挤压模，被赋予了高的硬度、良好的耐磨性、高的疲劳强度和抗咬合性等，其使用寿命提高了2~3倍。

2）由于真空脉冲渗氮中循环交替抽真空，使模具表面活化与洁净化，促进了氮原子的扩散渗入，提高了扩散层中的氮浓度，使微观应力显著提高，渗氮后油冷则使过饱和的固溶体发生时效，提高了扩散层的硬度，故渗层硬度梯度趋于平缓。

562. 4Cr5MoSiV1 钢制凸模的渗碳淬火工艺

冲制销棒使用的冲孔凸模，原用 Cr12MoV 钢制造，使用寿命不足千件，失效的主要形式是崩块或断裂。改用 4Cr5MoSiV1 钢经渗碳淬火处理，寿命超过 3 万件。其热处理工艺如下：

（1）渗碳工艺　气体渗碳工艺：910℃×4h。为了防止凸模表面因碳势过高而形成过多的碳化物造成崩刃或掉块现象，将碳势严格控制在 0.90%~1.00%。渗碳结束后随炉空冷。

（2）真空淬火、回火　真空淬火、回火工艺：780℃预热，1020℃加热保温后油淬，550℃×2h×2 次真空回火。经上述处理后模具表面硬度为 59~62HRC，而心部硬度为 46~48HRC，获得了具有高强度、高韧性和良好耐磨性的综合力学性能。

（3）应用效果　4Cr5MoSiV1 钢制凸模经渗碳+真空淬火、回火处理，在充分发挥钢具有的高强度和高韧性的特性外，显著提高了其表面硬度和耐磨性，获得了冲模希望得到表硬内韧的复合组织及高强度、高韧性和良好耐磨性的力学性能，解决了 Cr12MoV 钢制冲模存在的韧性低、脆性大造成的断裂失效难题。

563. 8Cr3 钢制切边凸模的高频感应淬火工艺

500kN 压力机切边凸模是生产钢柱式散热器用的关键模具，可切 3mm 厚钢板，1 次切长为 156mm。该凸模采用 8Cr3 钢制造，采用 200~300kW 高频设备进行高频感应淬火。感应器用 ϕ10mm 纯铜管截面压成长方形，仿形弯制；低压预热（6.5kV），500~600℃×15min（暗红色），高压加热（13kV），860~900℃×13min，先断续后连续加热。电参数：阳极电流为 2A，栅极电流为 0.4A，槽路电压为 5kV，到温淬入 40~80℃的油中。在硝盐浴中，进行 200℃×2h 回火，回火后空冷。刃口四周淬硬尺寸大于 10mm，端面淬硬尺寸大于 5mm，淬硬层深度为 3~4.5mm，硬度 >55HRC。采用高频感应淬火的切边凸模切边 4 万次以上，寿命远高于经常规淬火的切边凸模。

564. 8Cr3 钢制螺母热冲孔模的盐浴淬火工艺

8Cr3 钢制螺母热冲孔模的热处理工艺如下：

（1）锻坯退火　500℃以下入炉，790~810℃×2~4h，炉冷至 500℃以下出炉空冷。硬度≤255HBW，金相组织为珠光体+碳化物。

（2）盐浴炉加热淬火　600℃预热，860~880℃加热淬油，油冷至 200℃左右出油空冷。淬火后硬度为 58~60HRC。

（3）回火　490~520℃×3h×2 次。回火后硬度为 42~46HRC。

按上述工艺处理的8Cr3钢制M10螺母热冲孔模使用寿命一般为8000~10000件。

565. 3Cr3Mo3W2V钢制热挤压-扩孔自动生产线用模的盐浴淬火工艺

轴承套圈毛坯热挤压-扩孔自动生产线用模，在挤压重达17.5kg的毛坯时，要经受高温、高压、喷水强制冷却和油污润滑的循环作用，因工作环境恶劣，要求模具具有高的高温强度、韧性、回火稳定性和耐冷热疲劳性能。国内不少厂家曾选用5CrMnMo、3Cr2W8V钢制造，不能满足生产要求；改用3Cr3Mo3W2V钢后取得了满意效果。

（1）预备热处理　大模块锻后要进行1060~1130℃的正火处理，加热时间按1min/mm计算。正火可以消除链状碳化物，提高钢的韧性。正火后再进行球化退火。球化退火工艺为870~880℃×2h+730~740℃×4~6h，炉冷至500℃出炉，硬度≤255HBW。

（2）淬火、回火　500℃+800℃两次预热，1060~1130℃加热，加热时间按30s/mm计算，淬油；620~650℃×2h×2次回火。淬火、回火后硬度为46~51HRC。

（3）使用效果　3Cr3Mo3W2V钢制凹模的寿命为700~2860次，失效形式多为疲劳断裂。

566. 3Cr3Mo3W2V钢制连杆辊锻成形模的盐浴淬火工艺

95连杆辊锻成形模装在BK620辊锻机上使用时，要在2MN的辊锻力、8r/min的转速下，使1150℃左右的45钢连杆辊锻成形。

辊锻模在工作过程中，与高温金属相接触，工作模膛表面温度可达500~700℃，极易软化，使硬度和强度下降；且又在急冷急热的条件下工作，热裂、龟裂和磨损现象十分严重。同时因锻件尺寸和重量大，金属形变速度快，变形量大，所以模具所承受的工作负荷也是很大的。通常辊锻模采用3Cr2W8V钢制造，因抗热裂、抗龟裂性能很差，寿命低，换模次数频繁，不能满足生产需求。改用3Cr3Mo3W2V钢制模，基本上满足了生产需求。

（1）锻造后模坯进行球化退火　860~870℃×2~3h，炉冷至720~730℃×4~6h，炉冷到500℃以下出炉空冷。退火后硬度为178~222HBW。退火后如在晶界析出链状碳化物，可用正火或重新退火予以消除。

（2）淬火、回火　采用600℃、800℃两次预热，1030~1040℃加热，淬油；620~630℃×4~6h×2次回火，回火后硬度为52~54HRC。

（3）电火花加工或线切割后去应力　经电火花或线切割加工后，模膛表面层存在着较大的应力和数量较多有可能成为断裂裂纹源的微细裂纹。要采取稍低于回火温度的温度补充一次高温回火，进行去应力，如600℃×4h。

（4）消除磨削应力　由于材料改进，热处理工艺得当，模具寿命得到提高，但是，不要等到模具报废了才卸模。应在使用到一定时间时拆下来修磨，并进行低温回火，以消除修磨应力。

按上述工艺处理的3Cr3Mo3W2V钢制模具，不经修磨一次寿命就超过1万件，最高达1.7万件。模膛表面几乎不生产龟裂、热裂现象，磨损也较轻微，但模具最终失效形式仍以断裂为主。

567. 3Cr3Mo3W2VRE钢制钢瓶角阀体热锻模的盐浴淬火工艺

3Cr2W8V钢制液化石油气钢瓶角阀体热锻模在1600kN摩擦压力机上使用时，每分钟锻造7～8件，锻坯材料为HPb59-1黄铜。模具工作时，要承受大的冲击和冷热交变应力作用，常因发生微裂纹而早期失效，平均寿命仅5000件；改用3Cr3Mo3W2V钢制热锻模，其寿命达到1.7万件，而采用3Cr3Mo3W2VRE钢制热锻模，其寿命超过2万件。

3Cr3Mo3W2VRE钢中加入了稀土，从而改善了碳化物的不均匀性，共晶碳化物变细，大颗粒碳化物减少。其热处理工艺如下：

（1）模具锻后正火及球化退火　正火：650℃预热，1120～1140℃×1.5min/mm加热，快速空冷到50～100℃；球化退火：870℃×2min/mm加热，炉冷至730℃×4h，然后以≤30℃/h的冷速冷却至550℃出炉空冷。

（2）淬火、回火　工艺1：1130℃淬火（油冷）；3次回火，即670℃×3.5h+630℃×3.5h+680℃×3.5h；硬度为38～40HRC。工艺2：1130℃淬火（油冷）；3次回火，即640℃×3.5h+670℃×3.5h+630℃×3.5h；硬度为40～43HRC。

568. 3Cr3Mo3W2V钢制热剪切刀片的盐浴淬火工艺

热剪切刀片的外形尺寸为280mm×220mm×70mm，原用3Cr2W8V钢制造，寿命比较低。由于刀片刃口处剪切时的温度高达700℃以上，检测失效刃口处的硬度只有32～36HRC，有塑性变形痕迹和热磨损沟槽。选用3Cr3Mo3W2V钢制作热剪切刀片，寿命比3Cr2W8V钢的提高2～3倍。其热处理工艺如图7-40所示。

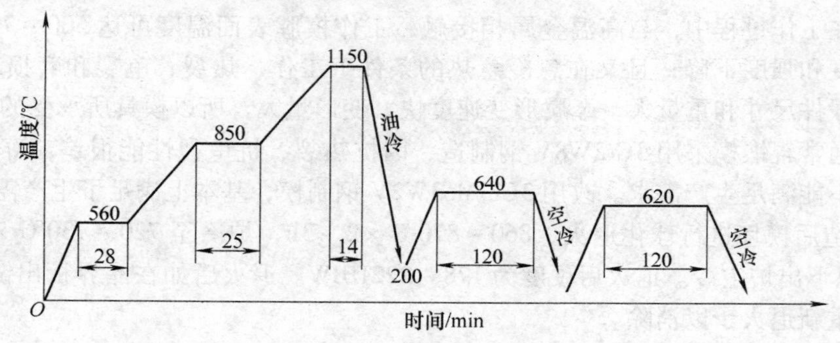

图7-40　3Cr3Mo3W2V钢热剪切刀片热处理工艺

为防止淬裂，油冷至200℃左右应立即回火。

按上述工艺处理后，模具硬度为43～45HRC，寿命超过5000件。

569. 3Cr3Mo3W2V钢制热锻模的盐浴淬火与表面强化工艺

3Cr3Mo3W2V钢用于制作工件条件苛刻、大批量、连续及自动线生产条件下使用的热锻模，使用寿命比原3Cr2W8V钢的提高1～4倍。其热处理工艺如下：

（1）预备热处理　正火处理：1060～1130℃×1min/mm，空冷；球化退火：870℃×2h，730℃×4～6h，炉冷至500℃出炉空冷。

（2）淬火、回火　600℃+850℃两次预热，1080～1130℃加热，淬油，油冷至200℃左右空冷；620～650℃×2h×2次回火。回火后硬度为46～51HRC。

（3）表面强化处理　560～580℃离子渗氮或氮碳共渗。

按上述工艺处理，模具寿命达2860次，而原3Cr2W8V钢制模具的寿命只有300次。

570. 3Cr3Mo3W2V 钢制齿轮毛坯热冲头的双重强韧化工艺

3Cr3Mo3W2V 钢制齿轮毛坯热冲头可采用双重强韧化工艺，可使模具寿命比常规处理工艺的提高 2 ~ 3 倍。

3Cr3Mo3W2V 钢制齿轮毛坯热冲头的双重强韧化工艺，如图 7-41 所示。

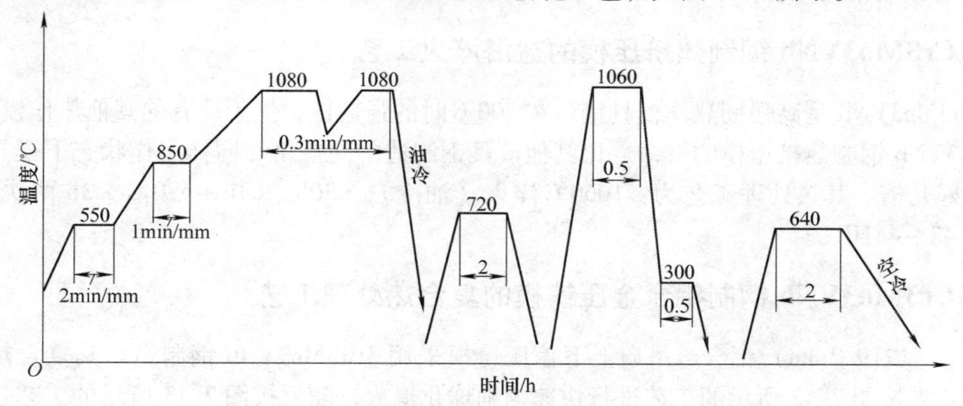

图 7-41　3Cr3Mo3W2V 钢制齿轮毛坯热冲头的双重强韧化工艺

3Cr3MoW2V 钢制热冲头改锻成形时，在达到要求的尺寸后，采用热锻固溶处理，可消除链状碳化物。固溶处理后，进行 720℃ 高温回火，可在基体中析出高度弥散的合金碳化物。

选用 1060℃ 的淬火温度，可使 M_6C 型碳化物溶入奥氏体，提高奥氏体的合金度。为了降低热应力和组织应力，采用 300℃ 等温淬火和 640℃ 的高温回火，硬度为 44 ~ 48HRC。3Cr3MoW2V 钢制热冲头经上述工艺处理后，具有较高的综合力学性能和较高的使用寿命。

571. 3Cr3MoW2V 钢制轴承套圈热挤压模的盐浴淬火工艺

轴承套圈热挤压模工作条件比较恶劣，原用 3Cr2W8V 钢制造，模具寿命只有 2000 件左右；改用 3Cr3MoW2V 钢制造后，模具寿命大为提高。其热处理工艺如下：

600℃ +870℃ 两次预热，1050℃ ×25s/mm，淬油，油冷至 200℃ 左右出油空冷，淬火后硬度为 52 ~ 53HRC；630℃ ×2h +615℃ ×2h 两次回火，回火后硬度 45 ~ 47HRC。

按上述工艺处理后，模具的寿命均超过 2 万件，最高使用寿命达 3.9 万件，是原 3Cr2W8V 钢制模具寿命的 10 倍以上。

572. 3Cr3Mo3VNb 钢制连杆辊锻成形模的离子渗氮工艺

（1）预备热处理　球化退火工艺：860 ~ 900℃ ×2h，快速冷至 720℃ ×4h，炉冷到 550℃ 出炉空冷。退火后硬度为 180 ~ 200HBW。

（2）淬火、回火　600℃ +850℃ 两次预热；1050 ~ 1100℃ 加热，淬油，油冷至 200℃ 左右出油空冷。淬火后硬度为 47 ~ 49HRC，残留奥氏体的体积分数约为 9%。由于回火时合金碳化物呈弥散析出以及残留奥氏体的转变，在 550℃ 左右出现二次硬化，硬度上升到 50HRC，但模具实际回火温度要高于 550℃，选用 620 ~ 640℃ ×2h ×2 次回火。回火后硬度为41～45HRC。

（3）表面强化　辊锻模常用离子渗氮工艺进行表面强化，工艺为530～540℃×10h。渗层深度为0.18mm，表面硬度为1120HV。

（4）生产应用　按上述工艺处理的连杆辊锻成形模的使用寿命达1万～1.9万件，而3Cr2W8V钢制模具只有0.3万～0.6万件。

573. 3Cr3Mo3VNb钢制热挤压模的盐浴淬火工艺

3Cr3Mo3VNb是高强韧热作模具钢，在700℃时的强韧性，优于现有的其他热作模具钢。3Cr3Mo3VNb钢制热挤压模的寿命，比其他模具钢制造的同规格、同样工作状态下模具的寿命高出好几倍。其热处理工艺为：1060℃淬火（油冷），630℃×3h+570℃×3h两次回火。硬度为43～44HRC。

574. 3Cr3Mo3VNb钢制铝合金压铸模的复合热处理工艺

48in（1219.2mm）铝合金吊扇上下盖压铸模采用3Cr3Mo3VNb钢制造。其复合热处理工艺为：先按图7-42所示的工艺进行快速匀细球化退火，随后按图7-43所示的工艺进行真空淬火、回火和离子氮碳共渗处理。经上述复合热处理后，压铸模的心部硬度为42HRC，表面硬度为1037HV，渗层深度为0.21mm。

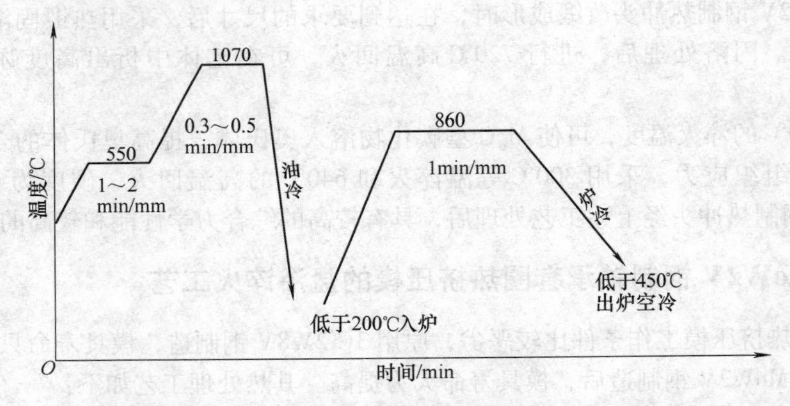

图7-42　3Cr3Mo3VNb钢制压铸模的快速匀细球化退火工艺

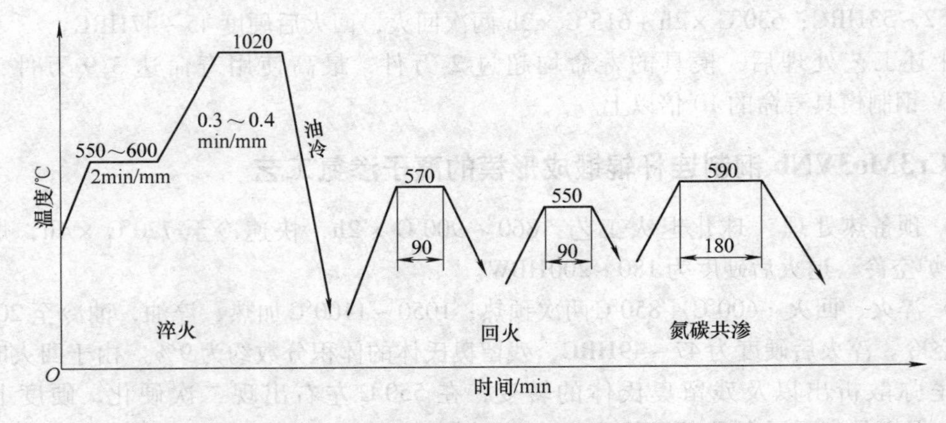

图7-43　3Cr3Mo3VNb钢制压铸模的复合热处理工艺

按上述工艺处理的压铸模，其使用寿命达到 23 万件以上；且压铸件表面质量好，容易脱模，未出现疲劳和冲蚀现象。

575. 6Cr3VSi 钢制剪切模镶块的箱式炉加热淬火工艺

棒料剪切模在剪切过程中，要承受较大的冲击力并产生磨损。要求模具应具有足够的强度和一定的耐磨性与韧性，要求硬度为 48～50HRC。剪切模采用镶块结构。

采用 8Cr3 和 5CrNiMo 钢制剪切模镶块时，使用过程容易崩刃和断裂，刃磨平均寿命为 1000 件左右，平均总寿命为 3000 件左右。改用 6Cr3VSi 钢后，剪切模镶块的总寿命提高到 8 万件。主要失效形式为磨损，很少产生断裂及塌陷现象。其热处理工艺如下：

（1）球化退火　820～840℃ ×1.2h～1.5min/mm，炉冷至 680～700℃ ×1.5～1.8min/mm，炉冷至 500℃以下空冷。退火后硬度≤255HBW。

（2）淬火、回火　6Cr3VSi 钢制剪切模镶块的热处理工艺如图 7-44 所示。为防止镶块在热处理过程中氧化脱碳，在箱式炉中加热时，应采取保护措施。模具在淬火油冷至 150～200℃出油后，立即回火。淬火后硬度为 60～62HRC，回火后硬度为 48～52HRC。

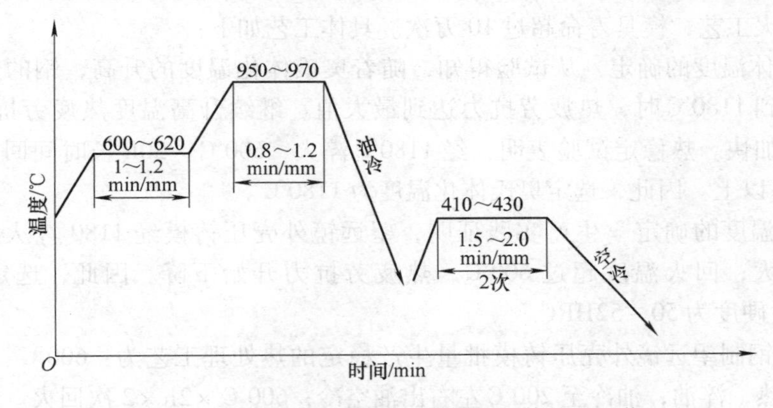

图 7-44　6Cr3VSi 钢制剪切模镶块的热处理工艺

576. 4Cr4Mo2WSiV 钢制热挤压模的盐浴淬火工艺

（1）退火　870～890℃ ×2h，炉冷至 650～670℃ ×3.5h，以≤30℃/h 的冷却速度冷至 500℃出炉空冷。退火后硬度≤255HBW。

（2）淬火、回火　采用 600℃、850℃两次加热，1090～1100℃ ×0.6～0.7min/mm 加热，淬油；油冷至 180～200℃立即回火，回火工艺为 600～620℃ ×2h×2 次，第二次回火后油冷至 180℃左右空冷。回火后硬度为 49～51HRC。

（3）使用效果　按上述工艺处理后的热挤压模与 5CrNiMo、3Cr2W8V 钢制热挤压模相比，使用寿命提高 2 倍以上。

577. 4Cr3Mo3Si 钢制车刀热锻模的盐浴淬火工艺

（1）退火　加热温度为 860～880℃，保温时间为 2～3h，等温温度为 710～730℃，保温时间为 4～6h，炉冷至 500℃以下出炉空冷。退火后硬度≤229HBW。

（2）淬火、回火　600℃、850℃两次预热，1010～1040℃加热淬油，油冷至 250℃左右出油空冷，淬火后硬度51～55HRC；回火温度根据热锻模要求的硬度而定，如要求硬度为42～46HRC，则用610～630℃回火。

用4Cr3Mo3Si钢制作的中小型热锻模的使用寿命比5CrNiMo钢的提高50%以上。

578. 42Cr9Si2钢制气门挤压底模的盐浴淬火工艺

（1）退火　加热温度为850～870℃，保温时间为4～6h，炉冷至500℃以下出炉空冷。退火后硬度为193～230HBW。

（2）淬火、回火　600℃、850℃两次预热，1030～1050℃加热淬油，淬火后硬度为58～63HRC；640～660℃回火，回火后硬度为40～45HRC。

经上述工艺处理的气门挤压底模，其使用寿命为2800多件，而原来的3Cr2W8V钢制气门挤压底模寿命只有1500次。

579. 3Cr2W8V钢制望远镜外壳压铸模的高温淬火、高温回火工艺

3Cr2W8V钢制望远镜外壳压铸模采用常规热处理，模具寿命只有3～4万件；采用高温淬火、高温回火工艺，模具寿命超过10万次。具体工艺如下：

（1）奥氏体温度的确定　从试验得知，随着奥氏体化温度的升高，钢的热疲劳抗力增大。当温度升到1180℃时，热疲劳抗力达到最大值。继续升高温度热疲劳抗力开始下降，裂纹扩展速率加快。热稳定试验表明，经1180℃淬火，600℃×30h长时间回火。硬度仍可保持在42HRC以上。因此，选定奥氏体化温度为1180℃。

（2）回火温度的确定　生产实践证明，望远镜外壳压铸模经1180淬火，600℃回火，热疲劳抗力最大；回火温度超过600℃，热疲劳抗力开始下降。因此，选定回火温度为600℃。回火后硬度为50～52HRC。

3Cr2W8V钢制望远镜外壳压铸模批量生产稳定的热处理工艺为：600℃、850℃两次预热，1180℃加热，淬油，油冷至200℃左右出油空冷；600℃×2h×2次回火。

580. 3Cr2W8V钢制M16螺母热冲模的高温淬火、高温回火工艺

3Cr2W8V钢制M16六角螺母热冲模和冲芯在冲压时使用频率较高，达45～50次/min；且模膛采用喷水冷却，受到强烈的急冷急热的作用，易出现早期的脆性断裂、热疲劳和边角塌陷等失效形式。采用高温淬火、高温回火工艺，可得到板条马氏体组织，有较高的回火稳定性、高温强度、高温耐磨性和热疲劳性能。在高温回火后，能获得综合性能优异的索氏体组织，可显著提高模具寿命，见表7-14。其热处理工艺如图7-45所示。

表7-14　热冲模寿命对比

模具名称	热处理工艺	硬度　HRC	使用寿命/万件	模具失效形式
六角成形模	常规热处理	45～49	0.4	热疲劳、脆性开裂、模膛磨损、塌陷与尺寸超差
	高温淬火、高温回火	38～41	1.4	
上六角型芯	常规热处理	45～49	0.6	脆性断裂、塌陷
	高温淬火、高温回火	38～41	0.9	
头道冲芯	常规热处理	45～49	0.3	脆断、热疲劳、塌陷
	高温淬火、高温回火	38～41	0.8	

（续）

模具名称	热处理工艺	硬度 HRC	使用寿命/万件	模具失效形式
二道冲芯	常规热处理	45~49	0.3	脆断、热疲劳
	高温淬火、高温回火	38~41	0.8	

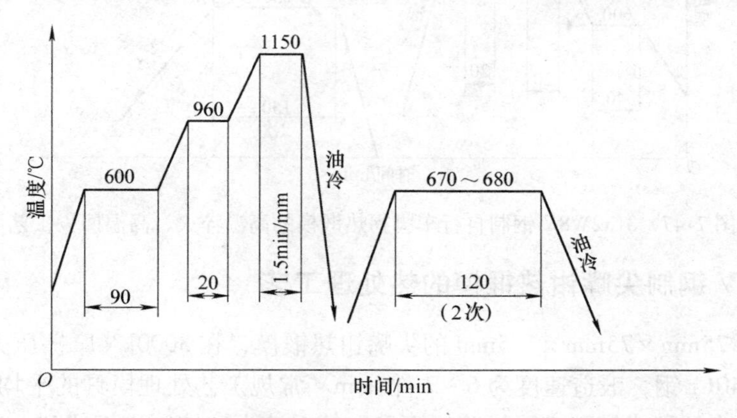

图7-45 3Cr2W8V钢制热冲模的高温淬火、高温回火工艺

581. 3Cr2W8V钢制40Cr销轴热锻模的高温淬火、高温回火工艺

W1001挖掘机行走链条40Cr销轴的3Cr2W8V钢制热锻模，原采用1050~1100℃淬火，600~620℃回火，硬度为47~49HRC。在1600kN摩擦压力机上使用时，常因早期断裂和压陷而失效，寿命只有500~2000件。按图7-46所示工艺进行热处理，钢的晶粒度保持在10级左右，硬度为39~42HRC，使用寿命可达7000~10000件。

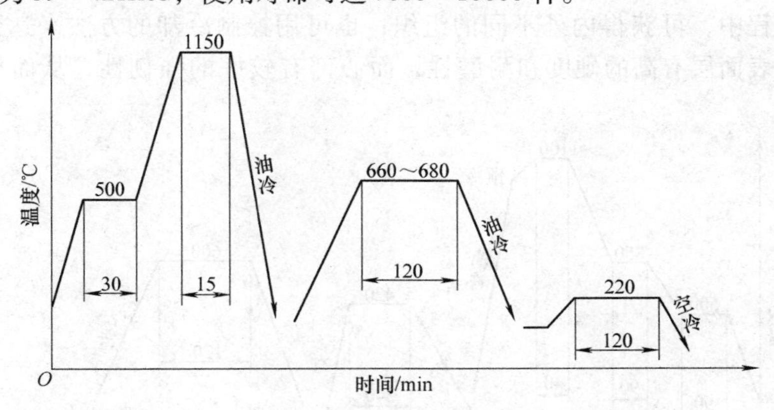

图7-46 3Cr2W8V钢制销轴热锻模的高温淬火、高温回火工艺

582. 3Cr2W8V钢制自行车脚拐热锻模的高温淬火、高温回火工艺

自行车脚拐热锻模的外形尺寸为80mm×85mm×380mm，用3Cr2W8V钢制作。按常规热处理，模具寿命只有4000多件，主要失效形式为模膛开裂与塌陷。由于模具工件表面温度达700℃左右，对高温强度要求较高，改用高温淬火、高温回火工艺，模具寿命稳定在9000件左右。其热处理工艺如图7-47所示。

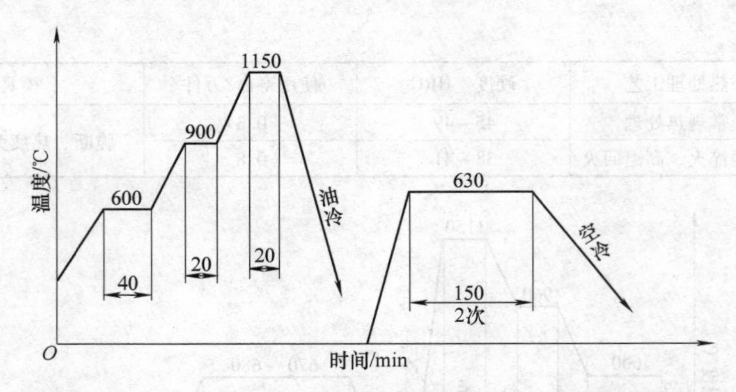

图7-47　3Cr2W8V钢制自行车脚拐热锻模的高温淬火、高温回火工艺

583. 3Cr2W8V钢制尖嘴钳热锻模的热处理工艺

外形尺寸为75mm×75mm×105mm的尖嘴钳热锻模，在3000kN摩擦压力机上使用，锻件材料为45或40Cr钢，锻造速度为6~7件/min。常规工艺处理模具的平均寿命为4000件左右，失效形式为开裂或模膛变形塌陷；而采取等温淬火和控制模面达到一定的淬硬层深度的热处理工艺，可以使模具寿命超过2万件。以下简单介绍其热处理工艺。

（1）热处理工艺1——盐浴等温淬火　600℃、850℃两次预热，1050~1060℃加热，预冷到950℃淬入280℃硝盐浴5min，立即转入380℃硝盐浴中等温3~4h，空冷；360℃×4h×2次回火。

（2）热处理工艺2——箱式炉高温短时加热和控制冷却的复合工艺（见图7-48）　采用高温短时加热，可使模具表面和心部得到不同的淬火温度和不同的合金化程度，在随后的淬火冷却过程中，可获得内外不同的组织；也可用控制冷却的方法来达到此目的。这样可保证模具表面层有高的硬度和耐磨性，而心部有较好的强韧性，从而可以防止模具的开裂失效。

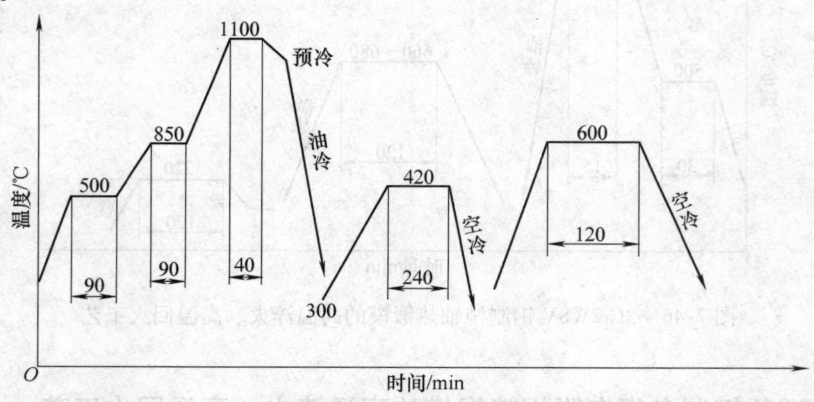

图7-48　3Cr2W8V钢制尖嘴钳热锻模的热处理工艺

模具淬火加热时，采用半装箱，用生铁屑保护模面。按上述工艺处理后，表面硬度为48~50HRC，心部硬度为40~43HRC，金相组织为回火马氏体+粒状碳化物+少量的残留奥氏体。

584. 3Cr2W8V 钢制曲柄热锻模的热处理工艺

外形尺寸为 95mm×95mm×290mm 的自行车曲柄热锻模，在 3000kN 摩擦压力机上使用时，锻造速度为 8～12 件/min，模膛用油冷却。由于热锻模要承受很大的冲击载荷、摩擦和热疲劳的作用，所以模具常以断裂失效。

原用 500℃、850℃两次预热，1080℃淬火（油冷），580～610℃×2h×2 次回火，硬度为 45～48HRC，模具的寿命只有 4500 件。后来改为 1150℃加热淬火（油冷），640℃×2h×2 次回火，硬度仍为 45～48HRC，模具的寿命提高到 6500 件。寿命高的原因是组织中添加了板条马氏体的数量，提高了断裂韧度、早期断裂抗力及热疲劳抗力。

模具寿命是材料各项综合性能的反映。实践证明，在保证不开裂的前提下，应尽量提高硬度，采用图 7-49 所示工艺处理后，模具硬度为 45～47HRC，金相组织为回火马氏体+下贝氏体，平均使用寿命提高到 9000 件，最高可达 38000 件，效果显著。其原因是在高强度马氏体上分布着适量的下贝氏体组织，可提高材料的强韧性、断裂韧度和裂纹扩展抗力。

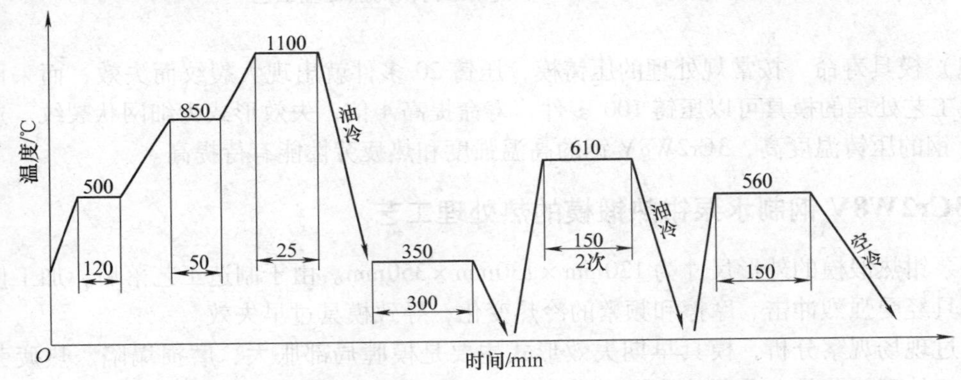

图 7-49　3Cr2W8V 钢制曲柄热锻模的热处理工艺

585. 3Cr2W8V 钢制 20Cr13 不锈钢叶片压铸模的铬铝硅共渗工艺

采用铬铝硅共渗工艺可以提高 3Cr2W8V 钢制 20Cr13 不锈钢叶片压铸模的寿命。

（1）三元共渗的配方及要求　渗剂的配方（质量分数）为：铬粉 40%，硅铁粉 10%，铝铁粉 20%，三氧化二铝粉 30%，另加少量（约 1%）氯化铵。

对渗剂的要求如下：铬粉粒度为 0.154～0.071mm，铬的质量分数为 98.5%；铝铁粉粒度为 0.180mm，铝的质量分数为 45%～50%；硅铁粉粒度为 0.180～0.154mm，硅的质量分数在 75% 以上；三氧化铝粒度为 0.154mm，经 1100℃焙烧，清除杂质；氯化铵要脱去结晶水。

上述各种粉剂经充分搅拌后，需再经 200℃×1h 预热才可使用。

（2）共渗工艺及操作过程　共渗前，将模具清理、装箱，用水玻璃及耐火黏土密封箱盖。共渗温度为 1050℃，共渗保温时间为 10h，随炉降温至 300℃出炉空冷，冷至室温开箱取出模具。模具呈银灰色，渗层深度为 0.18～0.20mm，表面硬度为 500～690HV。

（3）共渗后的热处理工艺　铬铝硅三元共渗后有两种热处理工艺：

1）盐浴淬火、回火工艺：500℃×2h+800℃×40min 预热，1080℃×25min 加热保温，出炉后预冷到 900℃淬入 220℃硝盐浴，等温 2h 后，转入 330℃硝盐浴中保温 1.5h；580℃

×2.5h 回火。热处理后模具变形量为0.15～0.25mm。

2）空气炉加热淬火、回火工艺：采用带保护气氛的密封箱式炉加热，氮气冷却淬火。其热处理工艺如图7-50所示。模具的变形量小于0.05mm。这是比较理想的工艺方法。

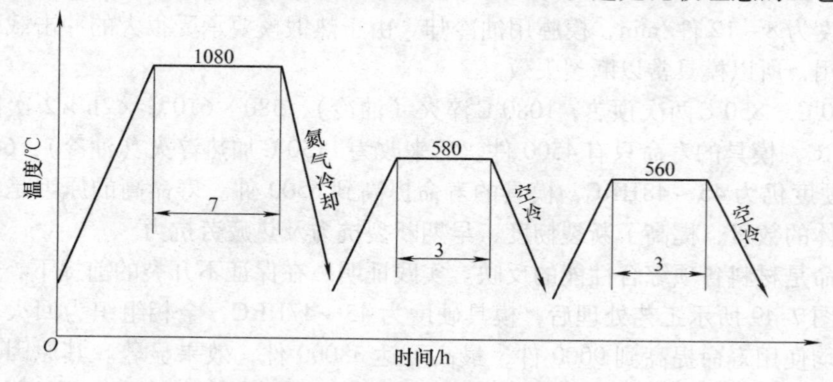

图7-50 3Cr2W8V钢制压铸模的热处理工艺

（4）模具寿命 按常规处理的压铸模，压铸20多件就出现大裂纹而失效；而采用铬铝硅共渗工艺处理的模具可以压铸100多件，寿命提高4倍，失效形式为细网状裂纹。这说明20Cr13钢的压铸温度高，3Cr2W8V钢的高温强度和热疲劳性能有待提高。

586. 3Cr2W8V钢制水泵钳热锻模的热处理工艺

水泵钳热锻模的外形尺寸为130mm×130mm×350mm。由于制造工艺落后，加工使用过程中模具经受强烈冲击、摩擦和频繁的冷热变化，导致模具过早失效。

通过现场观察分析，模具早期失效形式主要是模膛局部胀大、磨损塌陷、热疲劳龟裂等。原热处理工艺是：采用油炉加热淬火，装炉前，先把模具模面朝下放在铺一层约10mm厚半旧渗碳剂的料盘中，再在模具四周填充同样的渗碳剂，然后泥封装炉。模具随炉升温，至仪表指示温度为1140～1150℃（但经检测，实际炉温只有1060～1080℃），到温立即出炉进行分级淬火，分级盐浴的温度波动比较大，从540℃到650℃，分级停留时间为30min，将模具提出空冷30min左右，进行570℃×5h第一次回火，出炉后空冷放置12h后，再进行570℃×5h第二次回火。

原工艺执行中存在不少问题：①淬火温度偏低，且无保温时间；②分级温度波动比较大，常会超出650℃；③两次回火保温时间太长；④对回火冷却产生的内应力未予以考虑解决。

针对上述工艺存在的问题，提出了改进工艺，如图7-51所示。

提高淬火温度，可使合金元素更多地溶入奥氏体中，从而提高模具的高温强度、热硬性及热疲劳性能；同时促使碳化物溶解，在一定程度上使碳化物变得细小圆滑，有利于提高钢的强度和韧性。

回火温度取决于模具的硬度要求。如果硬度不足，往往导致模膛磨损塌陷及局部胀大而失效；硬度过高，会使模具掉块或崩裂。3Cr2W8V钢采用1150℃淬火，由于温度高，使钢中的残留奥氏体增多，这对模具不利。为了尽可能地减少残留奥氏体，采用590℃、610℃两次回火。由于该模具尺寸小，故回火时间从原来的5h减少到3h，附加一次210℃×3h低温回火，以去除前两次回火冷却中形成的内应力。

采用改进后的热处理工艺，模具的硬度为48～52HRC，使用寿命由原来的2000件左右提高到5000件以上，最高达7727件。

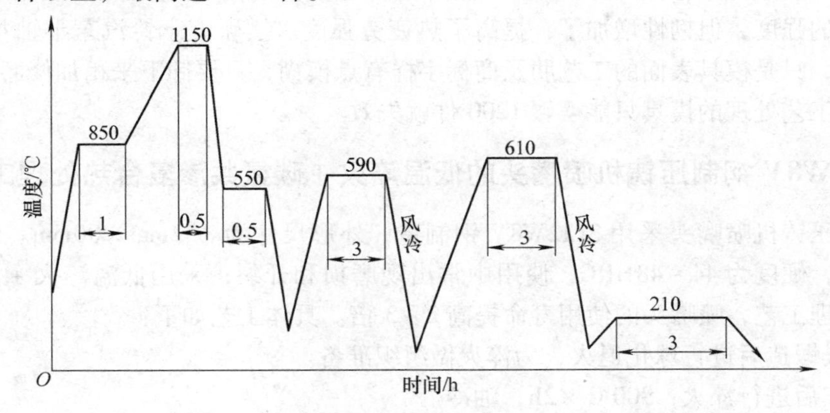

图7-51　3Cr2W8V钢制水泵钳热锻模的热处理改进工艺

587. 3Cr2W8V钢制铝合金挤压模的复合热处理工艺

3Cr2W8V钢制铝合金挤压模经常规热处理，在挤压过程中常发生脆裂和剥落。为了探讨提高模具寿命的经验，对3Cr2W8V钢进行了不同的热处理工艺试验，确定了采用强韧化处理和离子渗氮的复合热处理工艺。

（1）强韧化处理　毛坯先经锻打和球化退火处理，再经强韧化处理。强韧化处理采用高温淬火、高温回火工艺：600℃+850℃两次预热，1150℃高温加热淬火后，再经640℃×2h、660℃×2h、670℃×2h回火3次。淬火后硬度为53～55HRC，经3次回火后硬度为40～45HRC。

提高淬火温度，可使3Cr2W8V钢获得较多的板条马氏体，并促进了合金碳化物的溶解，使更多的合金元素溶入奥氏体中，增加其合金化程度及碳的固溶度，提高热强性和抗热疲劳性。不过，淬火温度提高到1150℃，会使晶粒粗大而降低钢的性能。3Cr2W8V钢经强韧化处理后，抗拉强度、屈服强度、回火稳定性和热疲劳性均有新提高，断裂韧度的提高尤为显著。

（2）渗氮　在纯氮气氛中，渗氮温度为550℃，渗氮时间为6～8h；在丙酮-氨气气氛中，渗氮温度为550℃，渗氮时间为5h。

3Cr2W8V钢模具强韧化后再经离子渗氮处理，可获得15μm的化合物层，表面硬度可达1000HV，表面非常光滑，均布一层均匀的氧化膜。3Cr2W8V钢强韧化处理和离子渗氮复合热处理，可使模具的基体和表面都达到较好的性能，以满足其服役要求。

（3）使用寿命　按常规热处理的铝合金挤压模使用寿命不到20天，经复合处理后的模具使用寿命可达3个月以上。

588. 3Cr2W8V钢制汽车半轴碾压成形模的低温淬火工艺

汽车半轴碾压成形模的外形尺寸为ϕ240mm×117mm，采用5CrMnMo、5CrNiMo及3Cr2W8V钢进行常规热处理，使用效果都不理想。3Cr2W8V钢采用低温淬火取得成效，具体工艺如下：

模具经球化退火后硬度为207～240HBW。淬火加热在箱式炉中进行，900℃×2h淬油，

600℃×2.5h×2次回火，硬度为44~46HRC。

低温淬火由于比正常淬火低了200℃左右，碳化物溶解不充分，合金元素溶入较少。这就降低了钢的强度，但韧性增加了，提高了热疲劳强度。摆碾五十铃汽车半轴4000余根尚未发现开裂，只是模具表面的工艺肋及商标字样有点模糊，只要卸下来稍加修磨，仍可继续使用；而原工艺处理的模具只能摆碾1200件就失效。

589. 3Cr2W8V钢制压铸机喷嘴头的低温淬火+碳氮共渗复合热处理工艺

锌合金压铸机喷嘴头采用3Cr2W8V钢制造，外形尺寸为ϕ32mm×90mm。原采用盐浴淬火、回火，硬度为44~48HRC，使用中常出现磨损和开裂；采用低温淬火+液体碳氮共渗复合热处理工艺，喷嘴头的使用寿命提高2~3倍。具体工艺如下：

1）模具锻造后进行球化退火，为淬火做组织准备。

2）精车后进行淬火：900℃×2h，油冷。

3）回火：580℃×2.5h，油冷。

4）液体碳氮共渗：570℃×3h，共渗后油冷，硬度为750~850HV。

590. 3Cr2W8V钢制打火石压模的盐浴淬火工艺

对于以压陷形式失效的3Cr2W8V钢热作模具，采用高温淬火、低温回火，可以提高其硬度、热强性和耐磨性，从而可以提高使用寿命。打火石压模采用此工艺后，模具寿命由原来的2500~3000次，提高到5200~6500次。具体工艺如下：

1）620℃、850℃两次盐浴预热。

2）1100℃加热淬油，油冷至200℃左右出油空冷。

3）600℃×2h×2次井式空气炉回火，回火后硬度为45~47HRC。

591. 3Cr2W8V钢制冷镦凹模的气体碳氮共渗工艺

3Cr2W8V钢碳含量不高，淬火、回火后硬度仅为50~54HRC。其用于冷作模具，硬度低，耐磨性差，必须施以表面强化。

条帽冷镦凹模原采用T10A、Cr12MoV钢制造，因强度低，冲击韧性差而发生径向裂纹，寿命低。后来改用3Cr2W8V钢制造。其热处理工艺为：气体碳氮共渗0.5~1h；空冷后在盐浴中加热至1100~1150℃，保温后先用急水流喷淬内孔，冷却至模口周边发黑时立即转入油冷，油冷至150℃左右出油空冷；再进行560~580℃×1h×2次回火。经上述热处理后，凹模表面硬度为54~58HRC，心部硬度为50~54HRC，模具平均寿命为3万件。

不锈钢铆钉冷镦凹模原用T10A钢制造，平均寿命不足千件。采用3Cr2W8V钢制造后，经气体碳氮共渗并淬火、回火处理，凹模平均寿命为3万件，最高寿命达5万件。

592. 3Cr2W8V钢制热冲头的高温淬火、高温回火工艺

水冷式空心结构的热冲头，外径为ϕ175mm，内腔直径为ϕ65mm，侧壁厚为55mm，总高度为223mm。热冲头材料选用3Cr2W8V钢，被冲材料为900℃的黄铜。在4000kN水压机上冲压时的速度为10件/min，热冲头表面温度在700℃以上。热冲头在进行1050℃加热淬火、620℃×2次回火的热处理工艺后，最终硬度为45~48HRC，热冲头平均寿命为1200

件，主要失效形式为早期开裂，少量为头部磨损。采用1050℃淬火、650℃回火的热处理工艺后，热冲头的硬度为42~46HRC，平均寿命提高到2200件，失效形式为热磨损，无开裂现象；采用1200℃淬火、680℃回火的热处理工艺后，热冲头的硬度为40~45HRC，平均寿命提高到3300件，失效形式为变形和冷热疲劳。

593. 3Cr2W8V钢制无缝钢管穿孔顶头模的镀铬-渗铬工艺

某钢厂生产无缝钢管用3Cr2W8V钢制穿孔顶头模。在穿孔过程中，顶头模表面既要保证一定的热硬性，又要耐磨和抗氧化，为此，采用在3Cr2W8V钢基体上镀铬工艺，取得了较好效果。具体工艺如下：

1）在成品模具表面上先镀一层硬铬，镀层厚度为0.02~0.03mm。

2）模具经镀铬后，再在井式体渗碳炉中施以960~970℃×3h渗铬处理。

3）渗铬后模具风冷。

4）最后进行200℃×2h回火，渗铬厚度为0.012~0.013mm，表面硬度为61~62HRC。

经上述镀铬-渗铬处理过的顶头模，能穿普通钢管100根左右（每根钢管长65~70m），其寿命比经普通淬火、回火处理的3Cr2W8V钢制模具的寿命提高1~2倍。

594. 3Cr2W8V钢制螺栓热锻模的复合强化热处理工艺

螺栓热锻模在工作中要受很大的挤压、冲击、弯曲力及摩擦力的作用，模面工作温度达600℃以上。热锻模在高温下要求能保持较高的综合力学性能，要求具有较高的强度、硬度、韧性、耐磨性和高的回火稳定性。其次，因模具还受周期性的加热与冷却的作用，很容易形成热疲劳裂纹，因此还要求有良好的热疲劳性能，以防止模具早期龟裂。同时，模具还应有高的淬透性，良好的导热性、抗氧化能力以及冷热加工性能。目前，螺栓热锻模主要的失效形式为热疲劳、模膛擦伤和塌陷、粘模及脱模困难等。

3Cr2W8V钢在1050~1100℃淬火后，有约8%的未溶碳化物，马氏体中的合金度比较低，其热稳定性和断裂韧度都不高。提高淬火温度可使奥氏体合金化程度增加，获得以板条马氏体为主的金相组织，从而有效地解决了模具早期失效问题。

为提高3Cr2W8V钢制M12×50圆柱螺栓（材料为38Cr）热锻模寿命，采用了图7-52所示的复合强化热处理工艺。

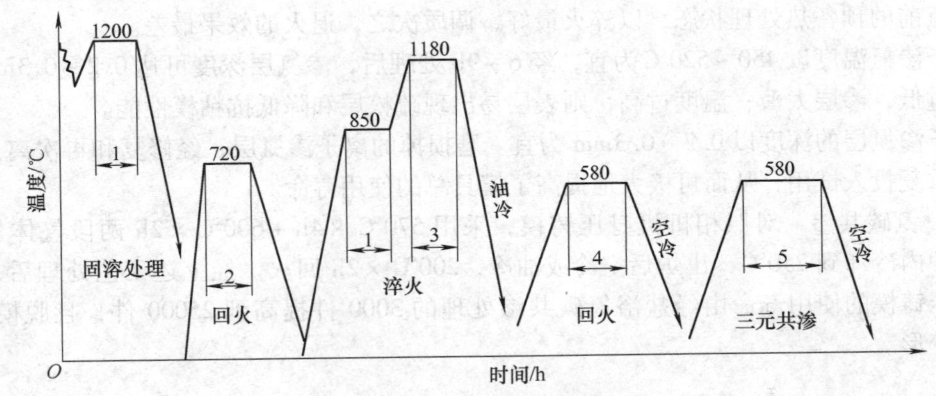

图7-52　3Cr2W8V钢制螺栓热锻模的复合强化处理

3Cr2W8V 钢经 1200℃的锻后固溶处理，可使 M_6C 及其他带状、网状、链状分布的合金碳化物充分溶入奥氏体中，一次碳化物的大小由 50～90μm 降至 8～13μm（碳化物级别不大于2级），球状二次碳化物尺寸不大于 0.5μm。经 720℃高温回火后，可获得呈高度弥散析出的合金碳化物及强韧性高的索氏体组织。

经 1180℃的高温淬火后，可得到 90%（体积分数）以上的板条马氏体组织，显著提高了其断裂韧度，从而可克服断裂失效问题。

按图 7-52 所示工艺进行淬火、回火后，3Cr2W8V 钢制热锻模的寿命可从常规处理的 3000～5000 件提高到 3～4 万件，失效形式为擦伤、塌陷和粘模。再进一步施以硫碳氮三元共渗后，可使热锻模的抗擦伤、抗黏着能力得到进一步提高，使用寿命可提高到 5～6 万件。

595. 3Cr2W8V 钢制铝合金压铸模的热处理改进工艺

为了提高 3Cr2W8V 钢制铝合金压铸模的使用寿命，对其热处理工艺进行了改进，取得了较好的效果。下面介绍三种改进工艺。

（1）低温淬火、高温回火　对锻件毛坯先进行调质处理：1100～1150℃淬火（油冷），680～720℃回火。调质后硬度为 28～32HRC。

3Cr2W8V 钢属本质晶粒钢。若加热温度超过 950℃，合金碳化物能充分溶入到奥氏体中去，对奥氏体长大阻碍作用消失，随着加热温度的升高，奥氏体晶粒会变得粗大。因此，原常规淬火工艺容易引起晶粒粗大，而采用较低的加热温度，保留部分未溶的碳化物，有助于阻止奥氏体晶粒长大，同时部分细小的未溶碳化物存在于淬火组织中，可提高模具的冲击韧性和强度。采用较低温度淬火加热出炉后不直接淬油，而是先进入 240℃硝盐浴中等温 1h，最后再经 650℃×2h 高温回火两次。

经低温淬火、高温回火后，压铸模的硬度为 43～48HRC，其寿命比常规处理模具的寿命提高 2～3 倍。

（2）离子渗氮　为了提高压铸模的耐蚀性、耐磨性、抗热疲劳性和抗粘模性能，可采用离子渗氮工艺。

离子渗氮渗层的硬度分布曲线比较平稳，不易产生剥落和热疲劳。但对于形状复杂的压铸模，难以获得均匀的加热和均匀的渗层，因此不宜采用离子渗氮工艺。

离子渗氮前，模具的预备热处理对渗层质量和模具寿命影响极大。3Cr2W8V 钢制压铸模在渗氮前的预备热处理状态，以淬火最好，调质次之，退火的效果最差。

离子渗氮温度以 450～520℃为宜，经 6～9h 处理后，渗氮层深度可达 0.2～0.3mm。渗氮温度过低，渗层太薄；温度过高，则表层易出现疏松层和降低抗粘模性能。

离子渗氮层的深度以 0.2～0.3mm 为宜。磨损掉的离子渗氮层，经修复和再次离子渗氮后，可重复投入试用，从而可极大地提高了模具总的使用寿命。

（3）氮碳共渗　对照相机机身压铸模，采用 570℃×4h＋600℃×2h 两段气体氮碳共渗，在炉内冷却到 250℃，出炉后空冷或油冷，200℃×2h 回火。经上述工艺处理后，照相机机身压铸模的使用寿命由经盐浴氮碳共渗处理的 3000 件提高到 25000 件，且脱模顺利，基本无变形。

596. 3Cr2W8V 钢制铝合金压铸模的微变形热处理工艺

3Cr2W8V 钢制铝合金压铸模，按常规工艺处理，在油中冷却，由于热应力和组织应力的作用，变形量往往过大而超过技术要求。其变形规律是型腔与型芯的尺寸缩小，且圆度误差较大。按模具的加工要求，希望型腔尺寸微缩，型芯的外形尺寸微胀；各孔距及打杆孔不变形或少变形，这样便于淬火、回火后钳修、打磨、抛光及最终的表面强化处理。

控制 3Cr2W8V 钢制压铸模淬火变形的工艺有：

（1）锻造后正火 + 高温回火　880 ~ 900℃ ×2min/mm 加热后空冷，720 ~ 740℃ ×3 ~ 4h 高温回火后空冷，硬度为 220 ~ 240HBW。

（2）粗加工后调质处理　850 ~ 900℃ ×1.8min/mm 预热，随炉升温至 1100 ~ 1150℃ ×0.5 ~ 1h，淬油，700 ~ 720℃ ×2h 空冷。压铸模经调质处理，可获得均匀弥散的索氏体组织，同时也消除了应力。

（3）精加工后时效　精加工后的模具，由于几何形状复杂，应力较大，对淬火变形是不利的，因此在 300 ~ 400℃ ×5h 以上的时效，可清除机械加工产生的应力。

（4）淬火、回火　3Cr2W8V 钢含合金元素比较多，导热性比较差。为了避免和减少淬火加热过程中各部分温差过于大而产生的变形，应进行两次以上的预热。淬火温度是决定模具变形大小及抗疲劳性能的主要因素。经实践证实，1000 ~ 1020℃ 淬火是微变形淬火温度区，只要冷却方法适当，就能达到微变形的目的。

为了减少冷却时热应力与组织应力引起的变形，避免氧化，可采用分级淬火的方法。先预冷至 550 ~ 650℃，再淬入 300℃ 左右的硝盐浴中分级冷却；待无气泡时，转入 80℃ 左右的热油中继续分级冷却；冷却一段时间出油空冷，完成马氏体转变。

对于小型压铸模，采用空冷淬火，既能淬硬变形又小，一举两得。其热处理工艺如图 7-53 所示。

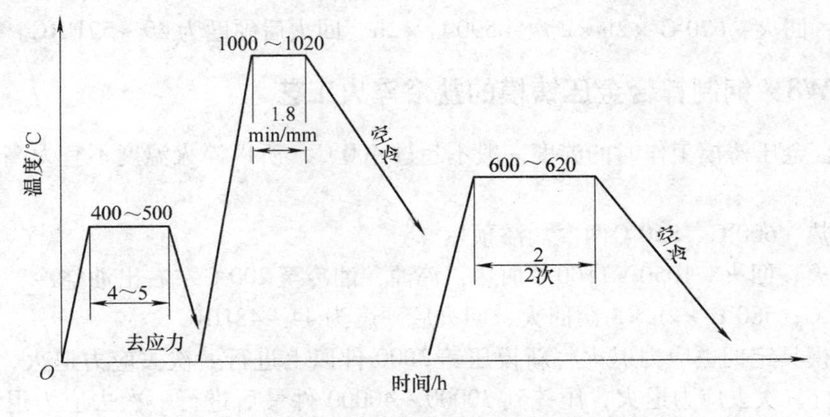

图 7-53　3Cr2W8V 钢小型压铸模的热处理工艺

3Cr2W8V 钢回火时尺寸也会发生变化，为控制回火中的变形，选择既能提高韧性又能减少变形的温度。经实践证明，采用 600 ~ 620℃ ×2 次回火，模具尺寸与淬火前相比只缩小了 0.02 ~ 0.04mm，这样便于钳修、打光与抛光作业，回火后硬度为 44 ~ 47HRC。

经上述工艺处理的铝合金压铸模不仅提高了强韧性，又降低了热疲劳开裂倾向，同时达到了微变形的目的，模具淬火、回火后圆度误差极小。

597. 3Cr2W8V钢制拖拉机叉速器半轴齿轮模的热处理工艺

拖拉机叉速器半轴齿轮模采用3Cr2W8V钢制造，硬度要求为48～52HRC。模具毛坯热处理后，再经电火花或线切割加工成形。其热处理工艺如下：

1）550℃、850℃两次预热。

2）1180～1200℃高温加热后淬油，油冷至200℃左右出炉，空冷几分钟后立即回火。

3）580℃×2h+560℃×2h两次回火。第二次回火冷到室温后清洗干净，补充240℃×2h去应力回火，这对消除线切割裂纹有益。

经上述工艺处理后，模具的硬度为50～51HRC，可精锻齿轮3200件以上，比常规热处理的寿命提高3倍多。

经电火花或线切割加工后的3Cr2W8V钢制模具，再施以200℃×4h低温油回火，既可清除应力，又可以延长模具寿命。

598. 3Cr2W8V钢制水泵扳手凹模的强韧化工艺

在1600kN摩擦压力机上使用的3Cr2W8V钢制水泵扳手凹模，工作条件比较恶劣，按常规热处理，模具的使用寿命为4000件左右，失效形式为开裂或模膛变形塌陷。采取强韧化工艺，模具寿命稳定在7500～8930件。具体工艺如下：

（1）形变处理与高温回火相结合　最后一火精锻不要缓冷而直接淬油，油冷至200℃左右出油空冷；720～740℃×2h高温回火。

（2）去应力退火　淬火前进行680～700℃×3h去应力退火。

（3）气体渗碳　930℃×5h气体渗碳，渗碳结束入罐缓冷至室温取出。

（4）淬火、回火　淬火：800℃×2min/mm预热，1080℃×18s/mm淬油，淬火后硬度58～59HRC；回火：620℃×2h×2次+590℃×2h，回火后硬度为49～52HRC。

599. 3Cr2W8V钢制锌合金压铸模的盐浴淬火工艺

由于锌合金压铸模工作时的温度一般不超过400℃，所以淬火温度不宜太高。具体工艺如下：

（1）预热　600℃、850℃两次盐浴预热。

（2）淬火、回火　1050～1100℃加热，淬油，油冷至200℃左右出油空冷，淬火后硬度为51～54HRC；580℃×2h×3次回火，回火后硬度为44～48HRC。

（3）新模具定期去应力退火　新模压铸3000件以上进行一次去应力退火，压铸10000件以上再进行一次去应力退火，压铸到30000～40000件最后进行一次去应力退火。当压铸到5万件后模具仍较稳定，应将去应力退火温度提高到560℃，保持5h，随炉冷至100℃以下出炉空冷。也可以用振动时效法进行去应力，将模具接上振动馈入器后，振动处理40～50min，可将模具内应力完全清除。

600. 3Cr2W8V钢制1t蒸汽锤热锻模的预冷淬火工艺

按常规处理的1t蒸汽锤热锻模寿命很低，加工300～400件就开裂了。分析认为，热锻模是在冲击载荷下工作的，因而应提高热锻模的韧性，从而提高其使用寿命。热锻模外形尺寸为200mm×175mm×90mm。采用预冷淬火、中温回火，模具的寿命上升到3000～3500件，最高达到4000多件，不再产生开裂，而是以磨损和塌陷失效。具体工艺如下：

（1）预热　第一次预热在箱式炉中进行，500℃×3h；第二次预热在盐浴炉中操作，800℃×45min。

（2）淬火　采用高温盐浴炉加热，1000～1020℃×40min。较长时间加热是为了使合金元素充分溶解，同时获得较细晶粒，提高韧性。高温出炉预冷至900℃淬油，油冷至200℃时出油空冷，淬火后的硬度49～51HRC。

（4）回火　在带有风扇的井式回火炉中回火，500℃×2h×2次，回火后的硬度为44～46HRC。

（5）去应力回火　去应力回火工艺为200℃×3h。

如果将成品模具进行氮碳共渗处理，模具的寿命还会进一步提高。

601. 3Cr2W8V钢制1600kN摩擦压力机热锻模的高温淬火、高温回火工艺

热锻模采用盐浴加热，热处理工艺如下：

（1）预热　600℃×1min/mm+850℃×30s/mm两次预热。

（2）淬火　1150℃×15s/mm加热，淬60～80℃热油，油冷至200℃左右在出油空冷。淬火后硬度为51～55HRC。

（3）回火　660～680℃×2h×3次回火，回火出炉油冷。回火后硬度为39～41HRC。

（4）去应力回火　最后进行220℃×3h去应力回火。

经上述工艺处理的热锻模寿命达6972件，是常规处理模具的2倍。

602. 3Cr2W8V钢制大型多芯头模具的热处理工艺

大型多芯头模具是在125000kN水压机上加工大截面多孔薄壁铝合金型材的重要模具，外形尺寸为ϕ688mm×146mm。其热处理工艺如下：

（1）球化退火　将模具装入ϕ780mm×230mm无盖桶内，为防止氧化脱碳，需加铸铁屑等填料，最后用水玻璃耐火泥密封；650℃×3h预热，随炉升温850℃×6h，停电降温740℃×8h，炉冷至500℃出炉空冷。

（2）淬火　采用箱式炉加热。淬火前对模具表面刷涂石墨油，模底放一层约5mm厚的石棉板，模膛用石棉板、铸铁屑保护。用Q235A钢板焊成仿形套罩对芯头加以保护。采用阶梯式加热，即在400℃装箱入炉，并保温1.5h，然后以60℃/h速度加热到600～650℃×3～3.5h，最后升温到1070～1080℃，保温时间按0.9～1.0h/100mm计算。模具出炉淬火时，首先要去掉石棉板和铸铁屑保护层（芯头保护套除外），预冷到920～950℃，立即淬入L-AN32全损耗系统用油中，采用油冷15min—空冷50s—油冷20min—空冷60s—油冷20min的间隙冷却方式，减少截面上的温差，使冷却均匀，降低淬火应力，确保淬火质量。

（3）回火　模具淬火后应立即进行回火。320℃装炉，并在此温度保温2～3h，然后以60℃/h加热速度升温，620～670℃×2h×4次回火。回火加热以后，以50℃/h速度冷却到400℃出炉空冷。回火后硬度为40～44HRC。

按上述工艺处理的大型多芯头模具，可挤压铝型材300多根，而常规处理的模具仅挤压

80多根，寿命提高近4倍。

603. 3Cr2W8V钢制大力钳模具的淬火不回火工艺

3Cr2W8V钢制热作模具通常在550~650℃脆性区间回火，因而回火越充分，韧性越低，在服役初期往往会出现脆性开裂。

试验表明，3Cr2W8V钢制热锻模淬火态的断裂韧度高于回火态，见表7-15。

表7-15 3Cr2W8V钢的断裂韧度

处理工艺	淬火后不回火	淬火后高温回火
断裂韧度 K_{IC}/MPa·mm$^{1/2}$	914~982	455~472

3Cr2W8V钢在淬火态或低于400℃回火后的断裂韧度都高于500~650℃回火后的断裂韧度。在450~650℃回火时，断裂韧度出现谷值。虽然未回火模具的高温冲击性能低于回火者，但在使用中的热裂倾向并不大。

未回火的3Cr2W8V钢断裂韧度比回火的要高1倍，且断口上有较低的韧窝和大量的撕裂区。未回火的3Cr2W8V钢虽有较高的断裂韧度，但其耐磨性和抗热疲劳性就不如回火者。

3Cr2W8V钢淬火、回火后，有磷、砷等杂质元素向晶界偏聚，出现程度不等的晶界黑色网络，使断裂韧度下降，导致模具出现早期脆性开裂。中小型模具淬火不回火，大型模具采用400℃以下回火，都能使断裂韧度值大幅度提高，并可以避免模具早期脆性开裂，使用寿命明显提高。

用ϕ160mm 3Cr2W8V钢改锻成110mm×110mm×160mm的大力钳模具，经等温球化退火后，按两次预热，1150℃盐浴加热，吹风冷却，再进行580℃三次回火，其硬度为45~47HRC。在摩擦压力机上用以压制ϕ20mm的45钢钳口时，易出现早期脆性开裂。金相分析证明，有一定量宽度的晶界黑色封闭网络，这是磷、砷等有害元素的晶界偏聚。改用1150℃加热，吹风冷却，不回火的工艺后，模具的硬度为44~45HRC，平均寿命在1万件以上，模具寿命得到了较大提高。

3Cr2W8V钢制中小模具淬火以后不回火，不仅提高了模具的寿命，而且可以节能，缩短生产周期，但应用有针对性。

604. 3Cr2W8V钢制JL650型手推车条帽冷镦凹模的高温碳氮共渗工艺

手推车条帽是用ϕ7.43mm低碳钢在常温下经冷镦挤压成形的。冷镦凹模原采用T10A、Cr12MoV钢制造，虽经多种工艺试验，结果都不理想，寿命仅为3000件左右。后来采用3Cr2W8V钢制造并经碳氮共渗处理，平均寿命为3万件，最高达4万多件。具体工艺如下：

1）高温碳氮共渗0.5~1h。

2）在盐浴中加热至1100~1150℃，并适当保温。

3）急水喷淬模孔，冷至模口周边发黑色后立即进行油冷，油冷至150℃左右提出空冷。

4）及时进行560~580℃×1h×2次回火。

5）去应力回火：220℃×4h。

经上述工艺处理后，模口工作面硬度为58~60HRC，凹模表面硬度为54~58HRC，心部硬度为50~54HRC，表面碳氮共渗硬化层深度为0.12~0.2mm。

605. 3Cr2W8V钢制热穿孔冲头的短时超温加热等温淬火工艺

3Cr2W8V钢制热穿孔冲头，用于冲压材料为55钢和60钢的工件，使用寿命比较低，仅为200~350次。其主要失效形式是开裂和软化变形。究其原因，这与存在带状碳化物或杂质有关。

采用短时超温加热等温淬火的热处理工艺，可大幅度提高模具的使用寿命，并可基本上清除模具开裂现象。热处理工艺为850℃×40min预热，1270~1280℃加热保温，300~320℃×15min硝盐浴等温后空冷，冷至室温后用沸水清洗干净；600~615℃×1.5h×2次回火，回火后油冷，再进行200℃×2h去应力回火。

3Cr2W8V钢短时超温加热等温淬火处理，可使碳化物大量溶入奥氏体，使脆性夹杂物能高度弥散地分布于晶粒内，净化晶界，从而提高了热硬性，减少了应力集中倾向，使模具获得均匀的组织与性能。

热穿孔冲头淬火后硬度为44~47HRC，回火后硬度上升到46~48HRC，使用寿命可达1500~2000次，基本上不发生开裂。

短时超温加热工艺属快速加热，和高频感应加热速度相比，还差得很远，它有一定的适用范围。我们一定要研究在特殊状态的主要失效形式，施以相应的热处理工艺，高温短时快速加热工艺虽好，但并不适用于所有3Cr2W8V钢制模具。

606. 3Cr2W8V钢制铝型材热挤压模的高温淬火、中温回火工艺

3Cr2W8V钢制铝型材热挤压模失效形式主要有开裂、磨损和变形三种。开裂中平模角裂最为严重，有的占平模失效比例的70%以上。解决平模角裂的措施，一般是在挤压时加导流模，以减小设计应力，防止模具早期角裂，但因它的形状不能适用于所有模具，只有当挤压力尚有剩余的情况下才是有效的。此外，采用导流模将增加模具的费用。采用高温淬火、中温回火工艺，可提高模具的断裂韧度，使模具的寿命提高1~3倍。其热处理工艺如下：

（1）调质 1060℃加热淬油，730~740℃高温回火。

（2）淬火 1095~1105℃×12~15s/mm，预冷至830~850℃淬油；油冷至250℃左右，立即入390~400℃硝盐浴中等温1.5~2h。

（3）回火 480~500℃×2.5h×2次回火。

（4）中间去应力退火 当挤压到3000~4000件时，卸下模具施以200℃×8~10h去应力退火。

模具按上述工艺处理后，可挤压1000余件，而常规处理的模具才挤压300件。

铝型材热挤压的工作温度为400~500℃，模具在使用过程中软化倾向小。采用500℃以下温度回火，不必担心模具热强性和耐磨性的降低；同时，由于模具的温升不会超过500℃，服役过程中残留奥氏体基本稳定，可以使断裂韧度长时间保持不变。

此外，在中温回火的前提下，适当提高淬火温度，除了增加材料的断裂韧度以外，还可以使冲击韧性保持较高水平。试验证明，采用1150~1250℃加热淬火+中温回火，是热挤压模强韧化的有力措施，可以改善组织，有效地减轻或防止模具开裂。某铝型材加工厂采用上述处理工艺，模具的使用寿命比较稳定，比常规处理的模具使用寿命提高1~3倍。

607. 3Cr2W8V 钢制柴油机飞轮螺母热挤压模的固体渗硼复合强化工艺

195 型柴油机飞轮螺母热挤压上模的外形尺寸为 80mm×69mm×98mm，按常规处理，寿命只有 3000～4000 件。采用固体渗硼复合强化工艺，模具寿命达到 12500～15000 件，比原来常规处理的提高约 3 倍，比 W18Cr4V 钢制模具提高约 1 倍。具体工艺如下：

（1）固体渗硼　供硼剂是碳化硼，活化剂是氟硼酸钾，还有一些是调节供硼和防止烧结的氧化铝和碳化硅。固体渗硼工艺：860℃×4h。

（2）淬火　600℃+850℃两次预热，1080～1100℃加热淬油，油冷至 250℃左右出油空冷。

（3）回火　560℃×2h×2 次回火；220℃×4h 去应力回火。

608. 3Cr2W8V 钢制钢丝钳精锻模的热处理工艺

江苏某厂生产的出口 45 钢丝钳，采用 3Cr2W8V 钢制模具热精锻成形。模具装在 3000kN 摩擦压力机上使用，锻件一次加热，经顶锻后送到热精锻模上终锻成形。模具要承受反复载荷，模膛要受到反复挤压、摩擦、冲击以及冷热变化。因此，模具工作条件十分恶劣，平均寿命只有 4000 件左右，导致模具供不应求，常出现停产待修现象。

通过对现场情况的考察，3Cr2W8V 钢制精锻模的实际工作条件为：45 钢锻件坯料在燃煤锻造反射炉中加热到 1100～1150℃，在顶锻模中顶锻后，送往精锻模终锻成形，成形时间只有 1～2s，但模膛仍被加热到 500～600℃。为防止热疲劳，只能用笔刷沾少许冷却剂将模膛稍加冷却。可见模具工作温度较高，对热强性有较高要求。模膛如果硬度不足，极易粘模，因此硬度要求为 48～52HRC，以利于生产。模具的失效形式主要为早期开裂、模膛边沿龟裂，少部分为磨损塌陷、模膛尺寸超差而报废。针对上述情况，对模具热处理工艺进行改进，使模具的平均寿命稳定在 15000 件以上。具体工艺如下：

（1）退火　原锻后退火工艺为 830～850℃×4h，炉冷至 400℃以下出炉空冷。退火后硬度为 220HBW。金相组织分析表明，晶粒虽得到了一定程度的细化，但形成了稳定的 WC 和 W_2C 型碳化物，没有得到均匀的理想组织，而且表面由于没有保护措施，脱碳严重。

经多次分析和试验，改进的锻后退火工艺为：500～600℃装炉，780～800℃×2h，以≤30℃/h 的冷速冷至 550℃，再升温进行预防白点退火。退火后硬度≤250HBW。金相组织分析表明，完全避免了马氏体的产生，锻件获得了球状珠光体组织，内部组织比较均匀；由于加强了保护，表面基本上没有脱碳现象，避免了裂纹的产生。

（2）淬火、回火　原淬火、回火工艺为：1150℃盐浴加热，吹风冷却；在硝盐浴中回火，580℃×1h×3 次。硬度为 44～46HRC。此工艺不能消除磷、砷等有害杂质元素引起的晶界黑色网络，也不能减少粗大碳化物，导致模具在使用中出现早期脆性断裂、变形或龟裂。

经反复试验，改进后的淬火、回火工艺为：850℃×1.2h 预热，1150℃×1.2h 加热，淬油；590℃×3h+610℃×3h 各 1 次回火，附加 1 次 210℃×2h 去应力回火。硬度为 46～48HRC。金相组织分析表明，无晶界黑色网络，改善了带状碳化物。采用上述工艺有以下优点：

1）1150℃高温加热淬火使 Cr、W、V 合金碳化物充分地溶于奥氏体中，保证模具有高的硬度和热硬性。

2）经高温回火后析出大量的弥散碳化物，提高了模具的断裂韧度和耐热疲劳性。

3）降低了碳化物偏析级别。

（3）强韧化热处理　鉴于模具模膛部位硬度不足易粘模的事实，决定采用强韧化热处理工艺，通过不均匀奥氏体渗碳，使模膛表面获得较高浓度的渗层，使碳含量满足形成合金碳化物的需要，从而提高模膛表面硬度和耐磨性，克服粘模现象，延长模具寿命。

3Cr2W8V钢制精锻模在75kW井式渗碳炉中，进行920~930℃×7h气体渗碳，渗剂为煤油，180~120滴/min（100滴煤油约3.8mL），渗碳结束后炉冷转坑冷。渗碳层深度为1.20mm，表面碳的质量分数高达1.60%。渗碳淬火、回火后，模具表面硬度为50~52HRC，基体硬度为46~48HRC，渗层表面获得大量的颗粒状碳化物。生产实践表明，模具模膛表面渗碳后对龟裂和开裂没有产生不利的影响。

生产实践证明，当模具采用表面强化、高温淬火、高温回火工艺，将模具表面硬度控制在50~52HRC，基体硬度为46~48HRC时，模具的使用寿命最长。

609. 3Cr2W8V钢制气门热精锻模的液体氮碳共渗工艺

基于气门热精锻模失效的主要形式为热磨损和压塌，对3Cr2W8V钢制气门热精锻模的原淬火、回火工艺进行了改进。淬火温度由原1150℃提高至1250℃，回火温度由原600~620℃降低至560~580℃，并用液体氮碳共渗代替传统的淬火后第二次回火，从而使模具寿命提高约30%。

气门材料为53Cr21Mn9Ni14N奥氏体耐热钢。一端被镦粗成“蒜头”状，其温度高达1200~1100℃；随后把坯料放入热锻模具下模芯中，上模随摩擦压力机滑块缓慢压下，棒料的“蒜头”部分被精锻成形而得到气门精毛坯。模具因与炽热的工件接触，其表面温度达到600~700℃，造成硬度、强度下降。实践表明，当模具表面层的硬度由于受热回火而软化到30HRC以下时，容易发生塑性变形。

（1）淬火温度　提高淬火温度可使3Cr2W8V钢的碳化物溶入奥氏体更充分，也可提高奥氏体的碳含量及合金化程度，使淬火马氏体具有更高的硬度和强度，回火时马氏体的分解、晶粒再结晶长大和碳化物的析出聚集粗化过程将推迟并减慢，因而材料具有更高的热稳定性。当然，淬火温度提高会使奥氏体晶粒和马氏体板条粗化，冲击韧性会有所降低，然而断裂韧度却有所提高，而且冷热疲劳抗力也会提高，疲劳裂纹扩展速率降低。这是由于板条马氏体增多，针状马氏体减少，原粗大的未溶碳化物数量减少、变细，造成应力集中的棱角钝化的结果。因此，只要淬火温度不太高，避免奥氏体和马氏体过分粗化造成冲击韧性太差，以至服役时断裂失效，就可以通过提高淬火温度来提高模具的室温和高温硬度、屈服强度、耐磨性和热稳定性，从而提高模具的寿命。生产实践表明，经1250℃高温淬火的气门模具，从未发现因断裂而失效。

（2）液体氮碳共渗　第一次560~580℃×2.5h回火后，不必再进行第二次重复回火，而是施以560~580℃×2.5h液体氮碳共渗处理，以氮碳共渗代替第二次回火。经上述工艺处理的模具与同批钢材，经1150℃淬火，600~620℃×2.5h×2次回火的模具相比，其硬度提高1.5~2HRC，寿命提高30%左右。

610. 3Cr2W8V钢制热挤压模的气体渗氮工艺

某单位使用的热挤压模模膛的工作温度为300~400℃，模膛周边工作时变形量大，压力大，模具磨损严重，模具寿命为5000件左右，其失效主要形式是模膛内周角部出现裂纹，模具工作面磨损。改进工艺为：在模具淬火、回火后，进行机加工修整、抛光，然后进行气体渗氮处理。经上述工艺处理的热挤压模可挤压工件1.8万~2万件，比常规处理提高2.6~3倍。具体工艺如下：

（1）淬火、回火　600℃、850℃两次预热，1150℃加热淬油；600℃×2h×2次回火。硬度为48~52HRC。然后转机加工修整、抛光。

（2）渗氮处理　580℃×4.5h，渗氮出炉油冷可显著提高耐磨性。渗氮后表面层硬度为1060HV，扩散层厚度为0.20mm。

生产实践表明：热挤压模经淬火、回火后再进行气体渗氮，可获得较高的表面硬度和耐磨性。同时，气体渗氮也相当模具淬火后的一次回火，对提高模具寿命有好处。

611. 3Cr2W8V钢制热作模具的高温淬火、中温回火工艺

不少人认为，对于3Cr2W8V钢，在同样的硬度前提下，1150℃淬火获得的强度最高，高于1150℃淬火强度反而下降。淬火后的硬度一般随淬火温度的升高而升高，但当淬火温度高于1150℃时，淬火后的硬度不再升高，反而会引起一系列的其他问题，比如晶粒粗大、应力增加，故认为淬火温度高于1150℃有害无益。这种看法有些片面。下面列举3个3Cr2W8V钢制热作模具高温淬火、中温回火的应用实例。

1）重庆某厂尺寸为100mm×100mm×300mm的3Cr2W8V钢制模具，采用1250℃淬火，400℃回火，基本消除了模具早期断裂的现象，寿命提高1倍左右。

2）四川某汽车厂钢板弹簧热卷耳3Cr2W8V钢制模具，采用1250℃淬火+深冷处理后400℃回火，热疲劳性能大大提高，使模具寿命从原来的2000件提高到2900件。该厂将高温淬火推广到3Cr2W8V钢制截面弹簧热挤压模上，采用1250℃淬火，400℃回火，模具使用寿命从原来不到1万次提高到1.28万次。

3）海南某轴承厂3Cr2W8V钢制热锻模采用1250℃淬火，400℃回火，模具寿命从10万次提高到13.5万次。

分析认为，高温淬火使碳化物充分溶解，合金元素的作用得到进一步发挥，使材料的强度和热稳定性提高；600℃以上高温回火，沿晶界析出的M_3C型链状碳化物导致可逆回火脆性，而中温回火可以避免可逆回火脆性的产生。

612. 3Cr2W8V钢制活扳手热锻模的热处理与喷丸强化工艺

3Cr2W8V钢6in（1in=25.4mm）活扳手热锻模加工工序为：下料→锻造→退火→机械加工→电火花加工→酸洗→手工抛光→凸模压平→热处理→喷丸→入库。

热处理工艺为：锻后退火830~850℃×4h，炉冷至400℃出炉，退火硬度≤255HBW；850℃×0.6min/mm预热，1150℃×0.3min/mm加热，560℃×0.25min/mm分级冷却，硬度为52~53HRC；620~640℃×2.5h+560℃×2.5h×2次回火，硬度为47~49HRC。

利用喷丸强化能消除模具表面容易造成应力集中的缺陷，是提高可靠性的重要途径。喷

丸后表面应力由拉应力68.6MPa转化为压应力811.4MPa；表面粗糙度值Ra：头部由19.1μm降低到14.7μm，飞边由44.6μm降低到15.5μm；表面硬度由470HV提高到485HV；强化层深度为0.2~0.4mm。喷丸强化的作用不仅使应力状态和表面质量明显改善，而且使金属表面产生强烈的畸变，晶粒进一步细化，细小的晶粒对于阻止解理裂纹的萌生是有利的，裂纹萌生期的延长会直接提高模具的疲劳寿命。同时，由于3Cr2W8V钢的再结晶温度和回火稳定性均比较高，这种晶粒碎化效应在650℃以下仍有明显的作用。这是喷丸强化提高模具寿命的重要因素之一。据有关统计分析，喷丸能提高模具寿命33.3%~50.53%。喷丸强化工艺可应用于落料模、冷镦模和热锻模等以疲劳失效为主的模具上，并可延长其服役期限。喷丸强化具有简便易行、节省能源、易于推广等优点。

613. 3Cr2W8V钢制热锻模的高浓度渗碳工艺

近几年来，为了充分发挥模具钢的潜力，提高其使用寿命，国内不少厂家采用化学热处理这种有效的手段，对模具表面进行渗碳等各种各样的表面强化工艺。3Cr2W8V钢制热锻模高浓度渗碳淬火后，使用寿命比普通淬火提高70%~100%。

1）把3Cr2W8V钢制热锻模加热到1000℃渗碳温度进行渗碳。在高温高碳势下，表层碳含量很快就能达到最大碳含量，然后立即快冷至Ac_1~Ac_{cm}之间。此时奥氏体变得极不稳定，碳化物从奥氏体析出，奥氏体中的碳含量减少。

2）将模具再次加热到1000℃进行渗碳。这时前面析出的碳化物一部分将重新溶入奥氏体，另一部分将存留下来。碳化物就是这样部分溶解的同时又残留着一部分，并在每次冷却时又析出一部分，使碳化物逐步增加。

通过这样反复多次加热冷却，其目的有两个：①可避免网状碳化物的形成；②易于形成细小的粒状碳化物。

3）第3次循环加热渗碳后淬入160℃热油中分级冷却，保持20min后再放回160℃热油中分级冷却，出油后空冷、回火。

经上述循环加热渗碳工艺处理后，模具表面硬度为65~68HRC，心部硬度为48~52HRC，渗层深度为2mm，表面碳的质量分数达1.60%。

614. 3Cr2W8V钢制铝合金压铸模的氧氮共渗工艺

3Cr2W8V钢制电风扇的铝合金支架及底座压铸模，在压力机上使用时，要反复经受400~700℃的温度变化和压应力、黏结和氧化的作用。因此，要求模具有高的硬性、耐磨性、耐蚀性、抗冷热疲劳性和较高的热硬性。

经常规淬火和回火处理的3Cr2W8V钢制铝合金压铸模的寿命比较低，一般为6000件，压铸出来的工件质量也差。模具的失效形式为黏蚀磨损、氧化、表面塌陷和热疲劳龟裂等。

对3Cr2W8V钢制压铸模进行如图7-54所示的氧氮共渗，可有效地提高模具的寿命。

渗剂为$NH_3+N_2+O_2$，也可以滴氨水或尿素水溶液。经上述氧氮共渗后，模具表面的硬度为1060HV，化合物层深度为12.3μm，扩散层深度为200μm。模具的寿命提高到8万次以上，且脱模容易，压铸件表面光洁，质量高。

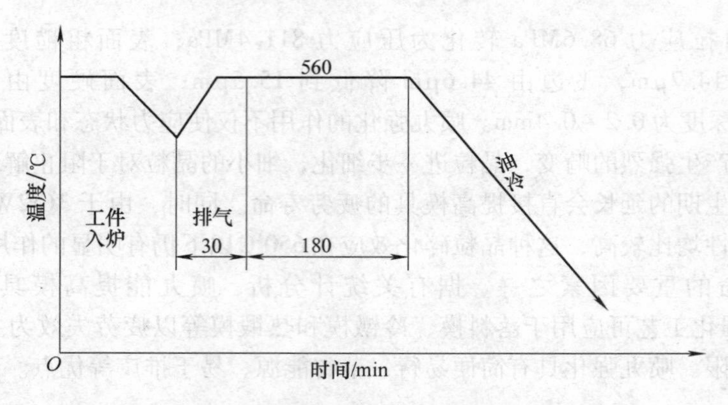

图7-54　3Cr2W8V钢制压铸模的氧氮共渗工艺

615. 3Cr2W8V钢制缝纫机弯头热锻模的硫氮共渗工艺

家用缝纫机主轴弯头热锻模在用YG20C硬质合金制造时，模具易开裂损坏。在用BR40、TLMW钢结硬质合金制造时，模具寿命也只有1万~2万件。

弯头热锻模在采用3Cr2W8V钢制造时，经常规处理+气体氮碳共渗后，使用寿命可达50万件；但用氮碳共渗处理模具成形的锻件，表面不够光洁。在改用气体硫氮共渗后，模具的寿命可达100万次以上。其工艺如下：1080℃加热淬火，650℃回火，570℃×3h硫氮共渗。共渗后表层为多孔的硫化物层，次表层是硫化物、氮化物及氧化物层，里层是扩散层。硫化物层硬度为60~100HV，而在距表面10~15μm处（氮含量最高处）硬度可达700~800HV，渗层有良好的抗黏着磨损性能，因而可以获得高寿命。

616. 3Cr2W8V钢制轴承环热冲模的硼氮复合渗工艺

轴承行业用的3Cr2W8V钢制热挤压模具的寿命都较低，主要的失效形式为拉毛、龟裂断裂。

3Cr2W8V钢制热冲模采用渗硼工艺，可使模具寿命提高1~2倍，但渗硼有渗层浅、脆性大等缺点，难以获得更高的寿命；而采用硼氮复合渗，可使模具寿命进一步提高。3Cr2W8V钢制热冲模经不同热处理后的使用寿命见表7-16。

表7-16　3Cr2W8V钢制热冲模经不同热处理后的使用寿命

热处理工艺	寿命/万件	失效形式
常规热处理：1050℃×2h淬油，550℃×2h回火一次	0.1~0.2	拉毛
氮碳共渗：1050℃×2h淬油，550℃×2h回火，570℃×3h氮碳共渗	0.2	拉毛
渗硼：900℃×5h渗硼，随炉升温到1040℃淬油，550℃×2h×3次回火	0.3~0.4	拉毛
硼氮复合渗：570℃×5h氮碳共渗，900℃×5h渗硼，随炉升温到1040℃淬油，550℃×2h×3次回火	0.7~1	拉毛、龟裂

3Cr2W8V钢制热冲模经硼氮复合渗处理后，平均寿命达到7000~10000件，最高可达41500件。

硼氮复合渗能提高模具寿命的原因是：渗硼层具有高的硬度和高的耐磨性，但性脆，易剥落；而氮的渗入可增加渗层深度，降低渗层脆性，强化了过渡层，提高了对表层渗硼层的支撑作用，从而可避免渗硼层的剥落。

617. 3Cr2W8V钢制铝合金热挤压模的离子硫碳氮共渗工艺

在4000kN卧式挤压机上使用的3Cr2W8V钢制铝合金挤压模（凹模尺寸为ϕ119mm×48mm，凸模为ϕ111mm×34mm）在预热至450℃和无润滑条件下使用，一般在挤压30～40根铝锭后，模具上面即出现拉毛，需翻修后才能使用，寿命短，生产率低。采用离子硫碳氮共渗处理，可显著提高模具的耐磨性及抗咬合性能，使用寿命在200根以上。热处理工艺如下：

（1）淬火、回火 850℃×36～50s/mm预热，1100℃×18～25s/mm加热，淬油；570℃×2h×2次回火，回火后空冷。硬度为48～52HRC。

（2）硫碳氮共渗 模具离子硫碳氮共渗可在HLD-50型辉光离子渗氮炉中进行。气源可用氨气、乙醇与二硫化碳混合气，乙醇与二硫化碳的体积比为2∶1，氨和混合气通入量的体积比为20∶1～25∶1，由负压吸入。为获得良好的渗层组织，必须控制CS_2通入量。过厚的渗层硫含量过高，脆性增大，易产生剥落，并会阻碍碳、氮的渗入，使渗速减慢。

3Cr2W8V钢制热挤压模的离子硫碳氮共渗工艺如图7-55所示。

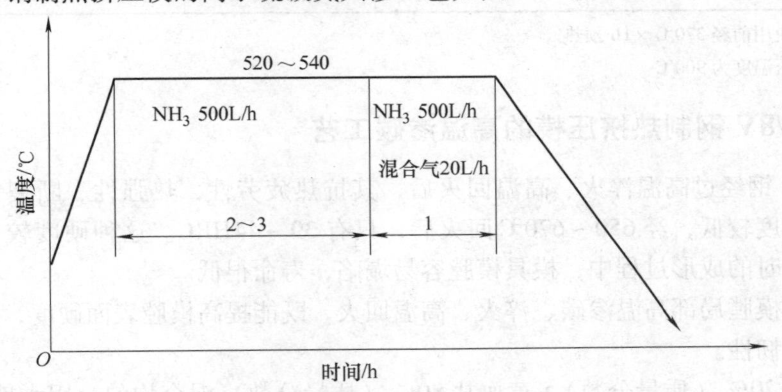

图7-55 3Cr2W8V钢制热挤压模的离子硫碳氮共渗工艺

模具的硫碳氮共渗分段进行，先进行渗氮处理，再通入乙醇与CS_2混合气进行硫碳氮共渗。硫化物是低硬度、性脆的物质，虽可起减摩润滑作用，但与基体的结合力差，只有在高硬度的基体上附以硫化物层，才能充分地发挥硫化物的减摩润滑作用。同时过量的硫化物将阻碍碳和氮的渗入，使渗速减慢。采用先渗氮处理，在形成高硬度的渗氮层后，再进行硫碳氮共渗处理，所形成的硫化物层可更好地提高模具的耐磨性和抗咬合性。

热模具钢的渗氮及硫碳氮共渗的时间超过6h，脉状组织严重，脆性较大，渗氮层较易剥落。处理时间为3～4h时，模具可获得最长的使用寿命，因而采用2～3h渗氮+1h的共渗工艺是较为合适的。

（3）硫碳氮共渗后的组织及性能 按图7-55所示工艺处理后，渗层深度为0.18～0.20mm，白亮层深度为15μm。模具表面未经研磨时测得表面硬度为500～600HV，压痕不完整，用3号砂纸研磨后，硬度为1000～1150HV。经硫碳氮共渗的模具，当回火温度超过600℃时，硬度才明显下降；但由于共渗层有很高的硬度，在750℃回火后，表面硬度才降至基体材料的常温硬度，所以硫碳氮共渗能大大提高模具的热硬性、耐磨性和使用寿命。

618. 3Cr2W8V 钢制排气阀热挤压模的离子碳氮硼共渗工艺

3Cr2W8V 钢制排气阀热挤压模的工作温度约为600℃，模具工作条件比较苛刻。模具使用寿命仅达2000 件，其失效形式为压塌及断裂。

（1）淬火、回火　560℃、850℃两次预热，1130℃加热淬油，油冷至200℃左右入280℃ ×0.6min/mm，硝盐浴等温；第一次回火用380℃ ×1h，第二次回火620 ~630℃ ×2h。

（2）碳氮硼共渗　渗剂为含硼有机渗剂和氨，其体积比为1∶7。碳氮硼共渗在渗氮炉中进行，600℃ ×4h。共渗层的化合物层深度为3 ~4μm，扩散层深度为0.23μm，表面层硬度为1050HV。3Cr2W8V 钢制热挤压模碳氮硼共渗后的寿命见表7-17。

表7-17　3Cr2W8V 钢制热挤压模碳氮硼共渗后的寿命

热处理工艺	平均寿命/次	失效形式	备注
未经碳氮硼三元共渗	150	压塌	无润滑
未经碳氮硼三元共渗	400	压塌	用MD-12 润滑
经碳氮硼三元共渗	1670	热疲劳	用MD-12 润滑

注：1. 模具使用前经370℃ ×1h 预热。
2. 热挤压温度为900℃。

619. 3Cr2W8V 钢制热挤压模的高温渗碳工艺

3Cr2W8V 钢经过高温淬火、高温回火后，其抗热疲劳性、热强性、断裂韧度等都得到改善；但其硬度较低，经650 ~670℃回火后，只有39 ~44HRC。这种硬度较低的模具，在坯料温度较低时的成形过程中，模具模膛容易塌陷，寿命很低。

采用模具模膛局部高温渗碳、淬火、高温回火，既能提高模膛表面硬度，又能保证模具心部有良好的韧性。

将木炭粉20%（质量分数）+黄血盐80%（质量分数）混合均匀，用水玻璃调成糊状，涂于清理干净的模具模膛，涂层厚度以3 ~5mm 为宜，膏剂应涂在超出模膛边缘5mm 以上为好。涂好渗剂的模具于100℃左右烘干。用细石英粉（200 目以上）与水玻璃调成糊状，涂在渗剂层以上，涂层厚度约为1 ~2mm，最后将石英粉保护层烘干（对于模膛封闭的热挤压模也可用此法）。

将涂有渗剂及保护剂的模具，直接放入1140℃的高温箱式炉中加热。模具外形尺寸260mm ×90mm ×90mm。只需保温15min，渗碳深度就可达到0.5 ~0.8mm。

模具出炉后，在空气中预冷至900℃左右，淬油冷至200℃左右出油空冷。淬火后模膛的硬度可达65HRC；经650℃ ×3h ×2 次回火，模膛的硬度为55 ~57HRC，心部硬度为41 ~43HRC。

经高温渗碳的3Cr2W8V 钢制热挤压模的使用寿命比常规处理平均提高2 ~4 倍。

620. 3Cr2W8V 钢制肋骨剪压铸模的渗铝工艺

钢铁表面渗铝后能提高抗高温氧化与抗燃烧腐蚀的能力，渗铝层在大气、硫化氢、二氧化硫、碱和海水等介质中也有良好的耐蚀性。3Cr2W8V 钢制肋骨剪压铸模采用固体渗铝工艺，模具寿命提高 2 倍多。

（1）渗剂配方　铝铁合金粉末（铝的质量分数 >50%）98%（质量分数）+ 氯化铵 2%（质量分数），混合均匀，按固体渗碳法进行装箱。

（2）渗铝工艺　装箱密封后，随炉升温到 500℃ ×1h，继续升温到 950℃ ×15h，出炉后空冷，带箱空冷至室温。开箱后，将模具重新装炉升温到 900℃ ×4h，然后出炉空冷至室温。

（3）渗铝效果　渗铝层总深度为 0.3mm，表面硬度为 386 ~405HV。

621. 3Cr2W8V 钢制热冲模的粉末钛铬共渗工艺

钢的渗钛和渗铬在国内外研究较多。渗钛层虽有很高的表面硬度和耐磨性、耐蚀性，但其渗层脆性较大，抗高温氧化性能较差，且存在贫碳区。渗铬工件在 800℃以下虽有很好的抗氧化性，但高于 800℃，抗氧化性能大大降低。利用 TiO_2、Cr_2O_3 和 Al 粉、Al_2O_3 和 AlF_3 混合均匀后与模具一起装箱，进行钛铬共渗，可获得较理想的共渗效果。其中，TiO_2 为供 Ti 剂，Cr_2O_3 为供 Cr 剂，Al 粉为还原剂，Al_2O_3 是填充剂，AlF_3 是活化剂。共渗工艺为 1000℃ ×4h。共渗后的相结构为 $(Cr, Fe)_7C_3$ 和 Cr_7C_3，其表面硬度可达 1682 ~1950HV，耐磨性、抗氧化性、耐蚀性均有很大提高。

共渗后的模具进行 1050℃加热淬油，560℃ ×2h ×3 次回火。表面硬度为 1682 ~1950HV，基体硬度为 52.5 ~53.3HRC。金相组织为回火马氏体 + 粒状碳化物 + 少量的残留奥氏体。最终补加 180℃ ×4h 去应力处理，有利于提高模具寿命。

622. 3Cr2W8V 钢制热锻模的硫氮碳共渗工艺

3Cr2W8V 钢制热锻模加工成成品后，再进行硫氮碳共渗处理，可以提高其寿命。具体工艺如下：

首先将需要处理的模具表面的油和锈清除；用刷子将水玻璃刷涂在纸上；把硫脲、木炭、碳酸钠按 8∶2∶0.4（质量比）配制好的渗剂粉末，均匀地撒在涂有水玻璃的纸上，厚度为 1 ~2mm，并轻轻压实，将其覆盖在模具需要处理的部位；为防止氧化，再在纸外面刷一层加有 10%（质量分数）木炭的水玻璃，装炉后入炉加热。纸的大小视模具表面的形状而定，有渗剂的一面要贴靠在模具需处理的表面。

模具低温入炉，加热到 540℃，保温 3h，出炉空冷至室温取模。

处理后的模具表面呈灰色。将硫氮碳共渗后的模具浸泡在 10%（质量分数）$CuSO_4$ 溶液中 1min，如表面无铜析出，则说明处理效果良好。处理后的模具表面最外层为硫化铁，里层为碳氮共渗层。由于硫氮碳的同时渗入，模具具有良好的性能，归纳起来有以下几点：

1）比碳氮共渗的模具有更好的耐磨性。

2）模具与工件之间不易咬合。

3）有良好的热硬性。

硫氮碳共渗可以提高模具寿命 1 倍以上，操作方法简单，渗剂来源广，不受加热设备、模具材料及形状的限制，且安全无毒，有广阔的应用前景。

623. 3Cr2W8V 钢制压铸模的固体氮碳共渗工艺

3Cr2W8V 钢压铸模按常规处理，模膛经常因产生粘模而被拉伤。为了提高模具的寿命，在30kW箱式炉中采用固体氮碳共渗处理，在模具表面形成一层耐高温、耐磨损的保护层，效果很好。

（1）自制固体氮碳共渗装置　共渗剂储存箱用2mm厚的Q235钢板焊接而成，其容积为356mm×175mm×356mm，盛装4~4.5kg的共渗剂。在朝向工件一面的箱壁上钻满小孔，它置于共渗箱里端。

共渗箱也用2mm厚的Q235钢板焊制，其箱体外形尺寸为927mm×374mm×374mm。

（2）固体氮碳共渗　共渗剂成分（质量分数）为固体渗碳剂73%+尿素26%+氯化铵1%。装箱前在100~120℃烘干。模具经清洗干净后均匀摆放在共渗箱内。共渗剂储存箱内外表面及共渗箱内表面，涂刷水玻璃调和的石墨液，以防因吸氮而降低模具氮碳共渗效果。装箱完毕后，用水玻璃拌耐火泥将共渗箱盖封好，涂刷水玻璃调和的石墨液，最后将整箱推入炉中氮碳共渗。

经550~570℃×3~3.5h氮碳共渗后，随炉冷至400℃出炉空冷，待整箱冷到室温后取出模具清理。

氮碳共渗后，压铸模的渗层深度为8~9μm，表面硬度为566~613HV。

624. 3Cr2W8V钢制热挤压模的铬钒复合镀渗工艺

渗钒层在500℃左右便开始氧化，因此热作模具不宜采用渗钒处理。3Cr2W8V钢制热挤压模采用先镀铬，然后再渗钒的复合镀渗处理，既可以保持渗钒层的高硬度和高耐磨性，同时也可提高其抗氧化、耐蚀性和抗热疲劳性。铬钒复合镀渗使工字形铝型材热挤压模的寿命比单独渗氮提高了3倍。

铬钒复合镀渗的工艺流程为：模具加工到表面粗糙度值*Ra*为0.8μm后，先镀铬（层深为10~30μm），然后在外热坩埚炉中，进行950℃×5h渗钒。盐浴成分为硼砂、氟化钠、五氧化二钒、碳化硼。渗钒后模具表面为金黄色。

模具镀铬层的金相组织为一光亮层，表面硬度为700~900HV。铬钒复合镀渗层由两个白层组成，第一层硬度为2200~2500HV，第二层硬度为1600~1800HV，都是由VC和Cr_7C_3组成的。

铬钒复合镀渗层的抗氧化性优于其他工艺，抗硝酸的腐蚀效果明显。由于铬钒复合镀渗层优于渗钒层的抗氧化性能，同时镀渗层的Cr_7C_3的韧性作用阻碍了裂纹的扩展，因此具有高的抗热疲劳性。

625. 3Cr2W8V钢制热作模具的渗硼与共晶化复合热处理工艺

3Cr2W8V钢制冲头用于将加热到1120~1150℃的60钢毛坯，在4000kN水压机上冲孔成形。冲头表面升温达650℃以上，脱模后立即喷水冷却。其失效形式主要是表面磨损、拉伤和热疲劳开裂，使用寿命较低。

为了提高冲头的使用寿命，进行了模具表面渗硼工艺试验研究。试验表明，渗硼复合处理新工艺在冲头上应用是成功的，可以使寿命提高1倍以上。

（1）渗硼工艺的研究与应用　采用膏剂渗硼和粉末渗硼两种工艺。

1）膏剂渗硼工艺。渗硼膏由供硼剂、活化剂、填充剂和黏结剂构成。渗硼膏的主要成分与配比见表7-18。

表7-18　渗硼膏的主要成分与配比

组分	成　　分	配比(质量分数,%)
供硼剂	碳化硼(B_4C)、硼铁(硼的质量分数≥20%)、硼酐(B_2O_3)、硼砂($Na_2B_4O_7$)	5~20
活化剂	氟硼酸钾(KBF_4)、冰晶石(Na_3AlF_6)、氟化钠(NaF)、氟化钙(CaF_2)	50~80
填充剂	三氧化二铝(Al_2O_3)、石墨粉、碳化硅(SiC)	15~30
黏结剂	明胶、硅酸钾、硅酸乙酯、聚乙烯醇、松香、乙醇等	10~15

将供硼剂、活化剂、填充剂和黏结剂按比例称重并充分均匀混合，就可以制成具有一定黏度的膏剂，装入软管或塑料容器中密封可长期使用。

模具脱脂去锈清洗干净后，将渗硼膏均匀涂于欲渗硼的部位，涂层厚度为1.5~2.5mm。涂后不必烘干就可以装入渗硼箱中，箱中空隙用填充剂填满，再加盖密封，待炉温升至930℃渗硼温度装炉。渗硼工艺为：930℃×6~8h。由于膏剂中加入了适当的填充剂，并选择了合适的黏结剂，渗后残膏易剥落。

2）粉末渗硼工艺。粉末渗硼剂由供硼剂、活化剂和填充剂组成，其主要成分与配比表7-19。

表7-19　粉末渗硼剂的主要成分与配比

组　分	主　要　成　分	配比（质量分数,%）
供硼剂	碳化硼、硼铁、三氧化二硼、硼砂	5~20
活化剂	氟硼酸钾、氯化铵、活性炭、冰晶石、磁粉等	5~10
填充剂	三氧化二铝、碳化硅、氟化钠、锰铁等	70~90

该渗剂由于加入了适量的复合剂提高了渗剂的活性与松散性，工件渗后表面质量很好。渗硼工艺为：930~950℃×5~6h。

（2）渗硼后的热处理　根据模具表面因渗硼而引起的成分的变化，以及该模具的工作特点，采用渗硼与共晶化复合热处理工艺，即通过调整淬火工艺参数，获得硼化物与共晶体的复合渗硼层。其具体工艺为：将渗硼后的冲头经600℃、850℃两次预热后，于1100~1150℃加热淬油，再进行670~700℃×2~3h×3次回火，出炉后空冷。

渗硼后热处理的关键是控制好加热温度，温度过高，表面熔化；温度过低，则强韧性不足，易在使用中开裂。此外，还要严格控制回火温度，回火温度的高低会直接影响模具的使用寿命，为了使模具有足够的强度支撑渗硼层和足够的韧性，以回火后基体获得托氏体为佳。

（3）渗硼冲头的使用寿命　经试验考证，采用渗硼冲头比未渗硼者寿命提高0.74~1.70倍。渗硼与共晶化处理提高冲头寿命的主要原因是：提高了渗硼层的韧性、抗热疲劳性、表面高温耐磨性、表面抗氧化能力。渗硼层不容易造成氧化磨损。虽然冲头工作温度达650~800℃，但渗硼冲头因表面有一层硼化物，除防止形成氧化皮外，空气中的氧和硼化物可形成三氧化二硼保护膜，此膜不仅防止模具表面氧化铁的形成，还有降低摩擦因数作用，减少了磨损，因而提高了其使用寿命。

626. 3Cr2W8V钢制热镦模的固溶处理+硼氮复合渗强化工艺

在1600kN摩擦压力机上使用3Cr2W8V钢制热镦模，加工尺寸为ϕ22mm×40mm 07Cr19Ni11Ti不锈钢件。模具在热镦过程中迅速落下，靠冲击力使灼热的工件产生塑性变形，模具与工件频繁接触，工作部位温升很高，并间断有水雾冷却。经常规工艺处理的模具在这样的恶劣的条件下工作，其主要失效形式表现为工作部位劈裂、磨损、塌陷、拉毛。而采用固溶处理+硼氮复合渗强化工艺，模具的平均寿命在1.1万~1.37万件，比常规工艺处理提高了6倍。

（1）固溶处理　600℃预热+1180℃高温加热，使带状碳化物及晶界上的点链状碳化物溶入奥氏体，空冷或淬油后得到以板条马氏体为主的组织；然后及时在800℃回火，使硬度降至255HBW以下，再对模具进行机械加工。

（2）硼氮复合渗强化处理　先经570℃×3h气体渗氮，再经1100℃×3h膏剂渗硼；渗硼结束后随即淬油，油冷至200℃左右出油空冷；再进行200℃×3h+160℃×2h回火处理。实践证明，采用400℃以下温度回火比采用550℃左右回火好。

627. 3Cr2W8V钢制热作模具的固体渗硼工艺

1）3Cr2W8V钢制热挤压冲头的外形尺寸为ϕ110mm×406mm。固体渗硼工艺为：1050℃×4h固体渗硼；出炉开箱后直接淬油，油冷至200℃左右出油空冷；560℃×3h+540℃×3h各1次回火。表面硬度为1129~1429HV，心部硬度为44~46HRC。模具使用寿命比未渗硼者平均提高2.2倍。

2）3Cr2W8V钢制黄铜料坯热挤压模在1000kN压力机上进行热挤压。模具采用固体渗硼，渗剂成分（质量分数）：硼铁10%+氟硼酸钾5%+碳酸氢铵5%+三氧化二铝粉80%。850℃×6h渗硼，出炉开箱后直接淬火；650℃×2h×2次回火。硬度为1400~1700HV，金相组织为FeB单相组织。模具使用寿命提高3~4倍，最高寿命可达1万件。

3）3Cr2W8V钢制履带链镦锻冲头，采用常规淬火、回火处理，冲头只能使用100h左右；采用固体渗硼处理，冲头至少能使用240h。固体渗硼的渗剂为B_4C、硼砂、氟硼酸钾、SiC等。900℃×4h渗硼结束后，出炉开箱直接淬油，620℃×2h×2次回火。表面硬度为1560HV左右，渗层深度为0.04mm，金相组织为Fe_2B+FeB（少量）。

628. 3Cr2W8V钢制热作模具的盐浴渗铌工艺

（1）渗剂　盐浴渗剂的成分（质量分数）为：无水硼砂69%+铌粉8%+铝粉3%+中性盐20%。将无水硼砂放入不锈钢坩埚内熔化，再将干燥的铌粉和少量的硼砂加进盐浴。在盐浴温度达到900~1000℃时保温，将铝粉徐徐加入保温后的盐浴。最后将经过预热欲渗铌的模具放入盐浴中。

（2）渗铌　盐浴渗铌工艺为：950~960℃×6h。

（3）渗铌后的热处理　由于渗铌层在500℃时氧化极快，故渗铌后工件不宜空冷或风冷，而直接进行淬油或等温处理。其工艺为：淬油2min+400℃×1h等温+500℃×4h×2次回火。

3Cr2W8V钢制模具经渗铌后，表面为金黄色。经电子探针分析，铌碳化物渗层中铌的质量分数为 80%，晶体结构为 NbC，渗层中几乎不含氧和硼。

铌碳化物渗层的硬度极高，可以刻划玻璃，硬度约为 3000HV，渗层深度为 6～8μm。

经上述处理的 3Cr2W8V 钢制吊环热锻模，使用寿命达到 13000 件，比未渗铌常规处理的模具提高 2 倍多。

盐浴渗铌的特点为：工艺设备操作简单，无公害，成本低；渗层与基体为冶金结合，不易剥落、厚度均匀；盐浴配好后可重复使用多次（只每次添加 2% 脱氧剂即可）；渗层硬度高，耐磨性好，可以使模具获得高寿命。

629. 3Cr2W8V 钢制热挤压模的循环调质复合强化工艺

40CrNi 高强度螺栓热挤压凹模原用 3Cr2W8V 钢直接车削而成。热处理工艺为：1080℃淬油，580℃回火。常因整体脆裂、六角模膛疲劳龟裂、半圆模膛磨损塌陷而失效，平均寿命只有 2500 件。改用循环调质复合强化工艺，使模具的寿命达到 2.6 万～3 万件，最高寿命达到 4 万件。具体工艺如下：

1）最后一次终锻结束后返回反射炉加热至 1100～1150℃，适当保温淬入 80～120℃热油中；冷至 200℃左右，进行 730～800℃ ×2h 高温回火。循环 3 次，但每次淬火加热前需经 500℃、850℃预热。

2）进行 820℃ ×4～5h 固体碳氮共渗，获得的共渗深度为 0.70～0.80mm。经对共渗层机械剥离成分分析，共渗层中碳的质量分数为 0.80%～0.95%，氮的质量分数为 0.25%～0.35%。

3）共渗后继续升温至 1100～1120℃（淬火温度），适当保温后水冷 2～3s，转入 340℃ ×3h 硝盐浴。

4）600～620℃ ×2h ×2 次回火，回火后油冷。

模具经上述热处理后表面硬度为 64～67HRC，基体硬度为 44～46HRC，模具寿命比常规处理者提高 10 倍。

630. 3Cr2W8V 钢制热挤压模的高温渗碳复合强化工艺

高温热挤压模使用寿命普遍不高，大多因为热硬性低，热疲劳强度差而报废。采用高温渗碳复合强化工艺较好地解决了这一问题。热处理工艺如下：

（1）锻后余热淬火 + 高温回火（调质）　终锻温度大约为 900℃，直接淬油，720～740℃ ×2h 高温回火。将形变与相变相结合，既细化了碳化物，又细化了马氏体。调质代替退火，节电省时。

（2）高温渗碳淬火 +2 次高温回火　将加工成成品的凹模经 1150℃ ×2～2.5h 高温渗碳后直接淬油，560～580℃ ×2 次回火。表面硬度为 60～61.5HRC，基体硬度为 52～53HRC，使用寿命比未渗碳常规处理者提高 2～4 倍。

631. 3Cr2W8V 钢制压铸模的马氏体-贝氏体复相处理工艺

按常规处理的铝合金压铸模在使用过程中易产生粘模、热磨损和热疲劳裂纹，而运用马氏体-贝氏体复相处理工艺，使模具的寿命比常规处理者提高了 2～3 倍。

（1）预备热处理　预备热处理以调质代替退火。锻坯采用 1150～1170℃淬火（油冷），

740～760℃回火，硬度为210～255HBW，未发现网状组织及碳化物堆积现象。

（2）强韧化处理　淬火温度对奥氏体合金化及晶粒、淬火组织形态及钢的力学性能都有重要影响。在1200℃以下，随淬火温度的升高，虽然晶粒长大对抗热疲劳性不利，但奥氏体的合金化上升，板条马氏体的数量增加，使高温屈服强度和循环热稳定性提高的有利因素占主导地位，所以抗热疲劳性增加。但当淬火温度高于1175℃时，将会使马氏体粗化。考虑到压铸模强韧性及兼顾热疲劳的综合因素，选用盐浴加热，850℃预热，1150℃加热，并严格控制每段加热时间。

3Cr2W8V钢的回火稳定性、热硬性由回火后产生的二次硬化特征决定。这主要来自两个方面的影响：一是合金碳化物粒子的弥散析出；二是残留奥氏体转化为二次马氏体，采用等温淬火及分级淬火，组织中除马氏体+贝氏体外，还有数量较多的残留奥氏体，在回火后转化为二次马氏体，对钢的二次硬化产生主导作用。3Cr2W8V钢的 Ms 点大约在380℃，可选用390～400℃等温淬火。在实践中，由于实际模具截面较大，如果直接等温，模具表面温度高，与硝盐浴接触面会引起腐蚀作用而降低模具的精度，而且模具心部冷却慢容易出现上贝氏体组织，从而引起硬度不足及强韧性下降。因此，采用先淬120～130℃热油3min，再进入390℃硝盐浴60min，以得到马氏体-贝氏体的复相组织。淬火后表面硬度为51.5HRC，心部硬度为48.7HRC。

在600℃以下回火，随着回火温度的上升，高温塑性和循环热疲劳性均显著增大，而高温屈服强度则下降不多，因此抗热疲劳性增大。600℃以上回火时，钢的这些性能取得较好匹配，故抗热疲劳性最高。在600℃以上回火时，钢的强度下降，抗热疲劳性变差。铝合金压铸模工作是在约600℃↔25℃的热冷循环条件下工作的，因此选用600～620℃×2h×3次回火是合适的。

经上述工艺处理后，模具表面硬度为52.8HRC，心部硬度为52.5HRC，变形量小于0.02mm。汽车发电机外壳铝合金压铸模采用常规工艺处理后，平均寿命只有10000～18000件；而采用马氏体-贝氏体复相处理后，平均寿命超过48000件。

632. 3Cr2W8V钢制模具的碳锰氮复合渗工艺

渗锰是一种有效的表面强化工艺，它不仅可应用于模具钢，还可以用于粉末冶金材料，甚至还可以应用于铸铁。试验表明，中高碳钢经渗锰处理后，可获得10～20μm的硬化层，显著提高其耐磨性。但对于3Cr2W8V钢，经渗锰、渗铬、渗钒等渗金属处理后，由于基体碳含量少，所形成的渗层硬度分布不均匀，碳化物区域硬度高而基体区域硬度低，且易于在淬火加热、冷却或回火过程中氧化，因而影响了其应用。为了克服3Cr2W8V钢单一渗金属性能的不足，研究和开发了碳锰复合渗，再在淬火后回火过程中施以氮碳共渗，因此将此工艺简称为碳锰氮复合渗。

渗锰剂由锰铁、氟硼酸钾、氯化铵、氧化铝等组成，渗碳剂由木炭和碳酸钡组成，氮碳共渗剂由尿素和碳粉组成。

先对3Cr2W8V钢进行渗碳，再渗锰，淬火、回火过程中再施以氮碳共渗处理。经碳锰氮复合渗处理的渗层由四个特征部分组成，即表面白亮层、次层灰暗色、第三层灰亮层及内层浅亮层。表层呈锯齿状衔接，次层与第三层有明显细黑色界线，第三层与内层的分界线呈明显的粗黑带。表面白亮层的深度为10～15μm，次层灰暗层厚的深度为10～15μm，第三层灰亮层的深度约为20μm，内层浅亮层为渗碳扩散层的深度约为1.1mm。

复合渗硬化层深度达1.0～1.2mm，白亮层硬度最高，约1300HV；而内层硬度达800HV，且硬化层深度达1mm多；第三层硬度范围为650～800HV；次层（奥氏体+化合物层）硬度值最低，约500HV。

某轴承圈切底冲模的失效形式主要为热磨损。采用常规热工艺处理（淬火+回火）的冲模平均寿命只有2500～3000件；而采用碳锰氮复合渗的冲模的一次使用寿命为5280件，提高了约1倍。

633. 3Cr2W8V钢制半角锤锻模的盐浴碳氮共渗工艺

3Cr2W8V钢制半角锤热锻模的原热处理工艺为1050～1100℃加热淬油，580～600℃回火。硬度为45～48HRC，锻模寿命只有700件左右，主要失效形式为磨损和开裂。采用提高温度淬火，并进行盐浴碳氮共渗处理，模具寿命提高10倍多。具体工艺如下：

600℃盐浴第一次预热，第二次预热温度为800～820℃，同时进行碳氮共渗，共渗时间按15s/mm计；1140～1150℃加热，保温时间按15s/mm计；高温出炉在盐水中先冷却2～4s，再转入油槽中冷却至300℃出油，用排风扇吹冷；600℃×2h×3次回火。经上述工艺处理后，模具的表面硬度为56～58HRC，心部仍保持较高的韧性。

634. 3Cr2W8V钢制铝合金压铸模的真空亚温淬火+浅层氮碳共渗工艺

外形尺寸为100mm×100mm×300mm的3Cr2W8V钢制铝合金压铸模，采用真空亚温淬火+浅层氮碳共渗热处理新工艺，模具寿命比常规处理者提高2倍多。主要工艺如下：

（1）预备热处理（调质）　1040℃×40min淬油，650℃×1h回火。

（2）真空亚温淬火、回火　980℃×0.5h淬油，450℃×2h×2次回火。

（3）氮碳共渗　570℃×2.5h氮碳共渗。

经上述工艺处理后，表面获得硬度很高的硬化层，表面硬度为780～800HV，基体硬度只有46～47HRC，模具寿命达到3万件。

635. 3Cr2W8V钢制热锻模的不均匀奥氏体渗碳工艺

钢丝钳、尖嘴钳的热锻模采用3Cr2W8V钢制造。常规处理的模具寿命不高，锻件尺寸不稳定，增加了材料消耗，常因粘模导致锻件脱模困难。失效形式主要是磨损导致模膛变形，锻件尺寸超差。

ϕ160mm尖嘴钳热锻模的外形尺寸为190mm×90mm×90mm。通过不均匀奥氏体渗碳使模具模膛获得较高浓度的渗层，使碳含量满足形成合金碳化物的需要，从而提高了模膛表面的硬度和耐磨性，克服了粘模现象，延长了使用寿命。

热锻模在75kW井式气体渗碳炉中进行920～930℃×7h的渗碳。渗剂为煤油，180～120滴/min（100滴煤油约3.8mL），炉冷后进行坑冷。渗碳层深度可达1.2mm，表面碳的质量分数达1.6%。

渗碳后采用盐浴加热淬火，1050℃淬油，油冷至200℃左右出油空冷，560℃×2h×2次回火。模具表面硬度为58HRC，基体硬度为51HRC，渗层表面获得大量的颗粒状碳化物，且细小、均匀。经常规处理的模具寿命为9400～12000件，而经不均匀奥氏体渗碳淬火的模具达24000件。

636. 3Cr2W8V钢制热作模具的镀钴渗硼工艺

镀钴渗硼层不仅具有很高的硬度、较高的热硬性，而且还有很好的抗冷热疲劳性、耐剥落及水腐蚀等性能。

（1）镀钴工艺　镀钴槽液配制：取蒸馏水1L，加硫酸钴（$CoSO_4 \cdot 7H_2O$）250g，氯化钴（$CoCl \cdot 6H_2O$）45g，硼酸（H_3BO_3）35g，加热（不超过80℃）搅拌之。

电镀参数：电流密度为$1A/dm^2$，pH值为3.5~4.5，温度为50℃，时间为2h。镀钴层厚度为20~25μm。

阳极用钴板按照模具工作面的形状加工成相应的形状，阳极的形状和布置应合理。

（2）渗硼工艺　渗硼工艺、渗层深度及硬度见表7-20。

表7-20　渗硼工艺、渗层深度及硬度

试样材料		热处理工艺及渗剂（质量分数）	渗层深度/μm	渗层硬度HV
Co		膏状渗硼 B_4C85% + $NaBF_4$ 15%，黏结剂：松香乙醇溶液，950℃×6h	200 ~ 250	1569 ~ 1663
Ni			150 ~ 200	1201 ~ 1263
Cr			9.8	1201 ~ 1143
3Cr2W8V	镀钴	固体渗硼 B_4C85% + $Na_2CO_3$20%，1000℃×4h	125 ~ 135	1700（平均）
	未镀		95 ~ 100	1620（平均）

（3）淬火、回火　3Cr2W8V钢制模具镀钴渗硼后，采用1070~1080℃淬火（油冷），570~600℃×3h×2次回火，回火后油冷。

渗硼处理3Cr2W8V钢制气门模具比常规热处理的模具寿命提高1倍，镀钴渗硼的模具比常规热处理的模具寿命提高2~4倍。

637. 3Cr2W8V钢制铝合金挤压平模的硫碳氮共渗工艺

铝合金挤压平模硫碳氮共渗剂成分(质量比)为尿素:渗碳剂(市售):硫脲=4:2:1。用水玻璃加适量耐火粉混合成糊状作为黏结剂。

将模膛（特别是工作带）清洗干净后，在靠近工作带的端面粘上一张薄纸。将模具放平，纸面朝下，向模膛填以渗剂，数量按每$5g/10cm^2$左右，把两个或三个平模叠在一起，夹在两片钢板之间，上面用一个废模子压紧。所有接合部位都要均匀涂上黏结剂，一定要贴合紧密，使模膛成为一个封闭的系统，在搬动过程中也要防止松动。

将平模平稳地移入炉中，在100~120℃温度下保温3h烘干水分，然后快速升温至570℃，保温4h炉冷至200℃出炉空冷。

模具取出后用细砂纸轻轻擦去表面沉积物和黏结剂。

3Cr2W8V钢铝合金挤压平模经上述硫碳氮共渗处理后，模具的平均寿命提高1倍以上。

638. 3Cr2W8V钢制冷作模具的气体碳氮共渗工艺

3Cr2W8V钢中碳的质量分数只有0.30%~0.40%，淬火、回火后硬度只有50~54HRC，如用于制造冷作模具，硬度较低，耐磨性较差。

1）条帽冷镦凹模原用T10A、Gr12MoV钢制造，因强度低，冲击韧性差而发生纵向裂纹。采用3Cr2W8V钢，经气体碳氮共渗0.5～1h，空冷后在盐浴中加热至1100～1150℃，用高压水喷淬内孔，冷至模口周边发黑，转入油冷，油冷至150℃出油空冷；560～580℃×1h×2次回火。凹模表面硬度为54～58HRC，心部硬度为50～54HRC，凹模平均寿命为3万件。

2）不锈钢铆钉冷镦凹模，原用T10A钢制造，平均寿命不足千件，失效形式主要是磨损。采用3Cr2W8V钢，经气体碳氮共渗淬火强化，凹模平均寿命为3万件，最高达5万件。

3）3Cr2W8V钢制挡凹模经1～2h气体碳氮共渗，空冷后盐浴加热至1080～1100℃加热淬油，550～560℃回火。凹模表面硬度为57～60HR，心部硬度为50～52HRC，平均寿命为3万件左右，比原Cr12钢制模具的寿命提高5倍以上。

639. 3Cr2W8V钢制热作模具的硼稀土共渗工艺

3Cr2W8V钢制热作模具在成分（质量分数）为硼砂60%～70%＋碳化硅20%～30%＋氯化钠5%～10%，外加稀土化合物10%～15%的盐浴中，经960℃×4～5h热扩散后，可获得硼稀土共渗层，渗层深度为50～60μm，渗层硬度为1700～1900HV，耐磨性比单一渗硼者提高4～20倍。硼稀土共渗层在700℃时氧化速度比单一渗硼层降低35%。

M27高压螺母模具以36件/min的速度，连续焊压被加热到850～950℃的35钢或20CrMo钢，模具采用水冷，工作条件十分恶劣。常规热处理处理模具一般压5000件就磨损超差报废了，而硼稀土共渗的模具使用寿命为2万件。

硼稀土共渗中，活性稀土元素对硼酐的还原，使渗层中硼原子的浓度增大，但过多的掺加稀土化合物起阻渗的原因在于稀土原子在渗层中的钉扎作用。硼稀土共渗能使模具寿命大幅度提高的关键在于层状结构。渗层中的稀土元素与碳化物相颗粒，在高温下形成Cr_2FeO_4与RE_2O_3相，从而提高了模具的热硬性与抗氧化性。

640. 3Cr2W8V钢制热作模具的硼铝共渗工艺

3Cr2W8V钢制轴承套圈热辗压模膏剂硼铝共渗，渗剂成分组成为B_4C、Al、Na_3AlF_6及黏结剂。共渗工艺如下：

（1）准备　按配比将渗剂调匀，在该模具表面涂上膏剂硼铝共渗剂，厚度为3～4mm，在100～150℃的烘箱中干燥。

（2）共渗工艺　600℃×1h预热，950～980℃×6h加热。

（3）淬火、回火　共渗后直接升温至1080～1100℃，并保温适当的时间，取出直接淬油，油冷至200℃左右出油空冷；600～620℃×2h×2次回火。

（4）共渗效果　硼铝共渗层深度为0.08～0.10mm，表面硬度为1850～2290HV。生产实践考核，LM67010辗压辊的使用寿命为6300～8100件，7208-1型辗压辊的使用寿命为9574～10904件，比原淬火、回火热处理工艺提高了3～4倍。

硼铝共渗能提高热作模具使用寿命的原因在于：渗层表面形成具有高硬度、高热硬性的（Fe，Al）B与$(Fe，Al)_2B$相，过渡区中有数量较多的复合碳化物，其硬度范围为800～866HV，与表面化合物层一起构成了耐磨的渗层，其耐磨性比单一的渗硼者提高1～2倍，比常规热处理者提高8～10倍。基体部分经淬火、回火处理，提高了基体硬度，增强了基体抗塑变能力，从而在生产中不再出现卷曲或辊颈断裂的现象。

641. 3Cr2W8V钢制压铸模的两段氮碳共渗工艺

3Cr2W8V钢压铸模采用两段氮碳共渗处理，可有效地提高使用寿命。

氮碳共渗可在JT-25型气体渗碳炉中进行，可用氨和乙醇作为渗剂，以35g氯化钙为催渗剂，40g氯化铵为洁净剂。氯化钙和氯化铵需分别装在两个不锈钢制小盒内，并在上面覆盖硅砂，然后置于炉罐上。模具装炉前必须经汽油、乙醇清洗。氮碳共渗时通氨排气，升温时间约为20min，按570℃ ×4h及600℃ ×2h分两段进行，通氨量皆为500 ~560L/h，无水乙醇量为50 ~60滴/min。处理完毕后关闭乙醇，继续按50 ~100L/h通氨，模具出炉后可空冷也可以油冷，回火温度为200℃。

氮碳共渗时要防止氯化铵堵塞排气口，并需保持炉内压力为400 ~600Pa。催渗剂及洁净剂对3Cr2W8V钢氮碳共渗的影响，见表7-21。使用氯化钙作为催渗剂，特别是同时使用氯化铵作为洁净剂，可有效地提高渗氮层的深度。

表7-21 催渗剂及洁净剂对3Cr2W8V钢氮碳共渗的影响

催渗剂	洁净剂	渗层深度/mm	脆性等级	表面硬度 HV
$CaCl_2$	NH_4Cl	0.35	1	1017 ~ 1090
$CaCl_2$	—	0.27		
—	—	0.23		

结构复杂、精度要求高的205型照相机机身压铸模，用两段气体氮碳共渗取代盐浴氮碳共渗，使用寿命由原来的3000件提高到25000件，且脱模顺利。

642. 3Cr2W8V钢制压铸模的NQN复合强化工艺

压铸模常规的热处理工艺不尽人意，而采用NQN复合强化工艺，模具的寿命大大提高。NQN复合强化工艺是氮碳共渗、淬火、氮碳共渗的复合强化。氮碳共渗在75kW井式电阻炉中进行，采用通氨滴醇法。模具到温装炉，排气1h后进行氮碳共渗，渗后油冷。淬火在盐浴中加热，分级冷却后油冷。

与NQN复合强化工艺相比，传统的3Cr2W8V钢制压铸模热处理工艺的缺点如下：

1）生产周期长，至少24h，浪费能源，生产工艺较复杂。

2）去应力温度偏高（600 ~700℃），易氧化脱碳。

3）淬火温度偏高（约1150℃），易产生晶粒粗大、淬裂现象。

4）有效硬化层不深。

5）模具表面粘铝，脱模困难。

3Cr2W8V钢制压铸模的NQN复合强化工艺如图7-56所示，其特点如下：

1）氮碳共渗与去应力处理相结合，节电，并可避免模具表面氧化脱碳，模具表面形成氮碳化合物层及扩散层。

2）铝压铸模在氮碳共渗后进行淬火，表面硬度、回火稳定性等都有一定程度的改善，并能形成含氮马氏体，使有效硬化层深度增加。

3）利用第二次回火再进行氮碳共渗，对模具也起到第二次回火作用。钢中的残留奥氏体可充分转变为二次马氏体，基体发生二次硬化效应。合金碳化物高度弥散析出，并充分去除应力。压铸模在使用过程中不易变形，从而确保了模具由表面到心部都有良好的力学性能。

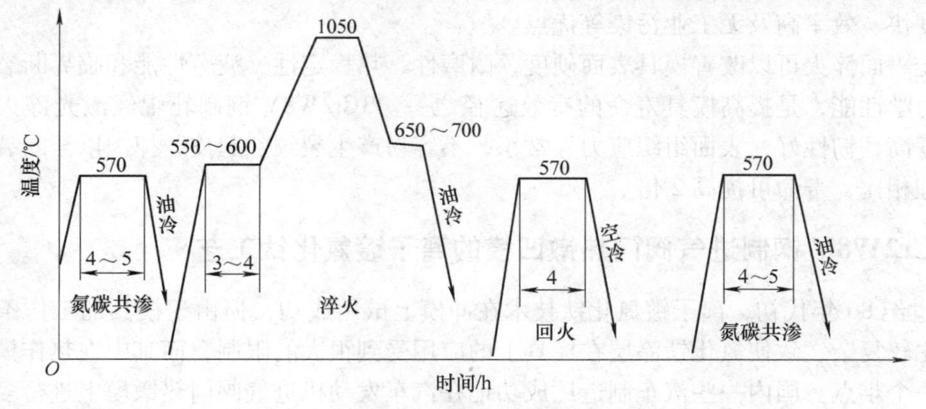

图7-56　3Cr2W8V钢制压铸模的NQN复合强化工艺

3Cr2W8V钢模具经NQN复合强化处理后，表面硬度为792HV以上，表面由含氮化物层及扩散层组成，有效硬化层深度达0.30mm以上，心部组织为回火索氏体加弥散分布的颗粒状碳化物。

经上述NQN复合工艺处理的铝合金压铸模使用寿命达2万次，是原常规处理者的3倍多，且不粘铝，脱模容易。

643. 3Cr2W8V钢制热锻模的复合电刷镀工艺

电刷镀的最大优点是镀层质量和热硬性、耐磨性和抗氧化性能良好，沉积速度快，工艺简单，易于现场操作，且不受模具大小和形状的限制，成本低，经济效益显著。热作模具经过电刷镀，可提高模具寿命50%～200%。其主要原因是电刷镀层有高的硬度和良好的抗黏着性能。

热锻模应用Ni-Co-ZrO_2复合电镀刷时，复合镀层的强化机理主要是细晶强化和第二相粒子强化。其强化作用取决于第二相颗粒弥散情况及其基体金属嵌和牢固程度。

采用特殊镀液，沉积的金属离子在镀层中进行不规则排列时，即可获得无定形结构的非晶态镀层。非晶态电刷镀在模具上的应用效果见表7-22。这种镀层具有优异的物理、化学和力学性能，是提高模具寿命的经济方法。

表7-22　非晶态电刷镀在模具上的应用效果

模具名称	模具材料	电镀刷效果	模具名称	模具材料	电镀刷效果
管子割刀模	3Cr2W8V	平均寿命提高2倍，最高达6倍	连杆模	4Cr5MoSiV1	从原5832件提高到9000多件
连杆盖模	3Cr2W8V	提高50%以上	齿轮模	5CrMnMo	从原3000件提高到5000件

644. 3Cr2W8V钢制轧辊的激光淬火工艺

激光热处理的特点是：高速加热，高速冷却；获得的组织细密；硬度高，耐磨性好；淬火部位可获得大于3920MPa的残余应力，有助于提高疲劳性能。激光热处理可以进行局部选择性淬火。通过对光斑尺寸的控制，尤其适合其他热处理方法无法处理的不通孔、沉沟、微区、夹角、圆角等局部区域的硬化。激光热处理具有能耗低、变形极小、不需要冷却介质、速度快、效率高及无工业污染等优点。

激光表面淬火可以改善模具表面硬度、耐磨性、热稳定性、疲劳性能和临界断裂韧度等方面的力学性能，是提高模具寿命的有效途径之一。3Cr2W8V 钢制轧辊经激光淬火后，轧辊的强度高，韧性好，表面组织应力异常小，不容易产生裂纹、起皮、掉肉以至断裂。与常规热处理相比，寿命可提高 2 倍。

645. 3Cr2W8V 钢制进气阀门热镦凹模的离子镀氮化钛工艺

20 世纪 80 年代初，离子镀氮化钛技术在冲模上试用成功，但由于模具的工作条件和影响因素比较复杂，致使氮化钛涂层在模具上的应用受到很大的限制，而其中在热作模上的应用更是一个难点。国内一些汽车制造厂成功地在汽车发动机进气阀门热镦模上进行多弧离子镀氮化钛涂层处理，有效地提高了其使用寿命。锻制 45Mn2 钢进气阀门的 3Cr2W8V 钢制热镦凹模，底座外径为 ϕ85.8mm，模膛直径为 ϕ39.1mm，表面粗糙度值 Ra 为 2.0μm。模具经常规热处理后金相组织为回火马氏体 + 粒状碳化物 + 少量残留奥氏体，硬度为 50HRC。离子镀氮化钛涂层处理在美国 VAC-TEC 公司制造的 ATC-400 型涂层设备上进行。模具表面离子镀 TiN 后颜色为金黄色，涂层厚度为 2.5 ~ 3μm。

在模具表面氮化钛涂层厚度为 0.02mm 处硬度约为 660HV；0.75mm 处硬度为 410 ~ 420HV，出现有回火软化区；基体硬度为 510HV。经离子镀氮化钛涂层处理的模具表面无明显的低硬度区。在氮化钛层以下还存在一定厚度的高硬度的过渡层。

氮化钛涂层有很高的热稳定性，摩擦因数小，且具有自润滑性，可降低摩擦阻力；摩擦过程中涂层不易分解，减弱了扩散磨损，提高了抗氧化磨损，大大提高了模具的抗黏着性。3Cr2W8V 钢经离子镀氮化钛后，总体性能得到全面提升，使用寿命比未处理者提高 3.7 倍。

646. 3Cr2W8V 钢制热挤压模的离子注入钼、碳工艺

热挤压模具的润滑和磨损一直是困扰铝材加工业的难题。就铝型材热挤压模性能而言，传统的渗氮方法较为有效。但是，在挤压之前，常须将模具预热到 300 ~ 350℃，而铝型材要加热到 380 ~ 400℃。在这种情况下，渗氮层组织可能发生变化使模具表面疏松，导致模具表面过早破损。金属离子束材料改性技术是将离子加速到高能状态注入工件表面，形成改性层来提高耐磨性、耐蚀性的一种表面改性技术。离子注入层没有不连续的界面，因而不存在表面和基体脱离的问题。3Cr2W8V 钢制热挤压模经离子注入钼、碳后，耐磨性大大提高。

模具放入注入室前进行常规热处理，使基体具备一定的强度和硬度。经抛光打磨后在乙醇和丙酮中超声波清洗去油。钼、碳离子注入是在 MEVVA 型金属离子注入机上进行的，钼、碳离子的加速电压分别为 42kV 和 30kV，相应的注入剂量分别为 $3\times10^{17}/cm^2$ 和 $1\times10^{17}/cm^2$，平均束流密度分别为 40μm · A/cm^2 和 20μm · A/cm^2。由于从 MEVVA 源引出的金属离子通常具有多电荷态，对于钼离子，其 1 ~ 5 个基元电荷的粒子数份额（%）分别为 13、39、28、18、2，因此钼离子注入的能量在 42 ~ 210keV 之间。而碳离子只有一个基元电荷，注入能量为 30keV。注入时，采用热电偶监测模具表面温度，在上述处理条件下，模具表面温度为 300℃左右。模具表层结构用 X 射线衍射仪测定，采用 Cu 转靶加石墨单色

器，最大功率为12kW，扫描速度为1°/min。

在模具表面离子注入钽、碳，形成了碳化钽。碳化钽是很硬的碳化物粒子，起到降低摩擦因数、提高耐磨性的目的，从而可以延长了模具使用寿命。

647. 3Cr2W8V钢制挤压杆的热处理工艺

3Cr2W8V钢挤压杆如图7-57所示，热处理硬度要求为50～55HRC。

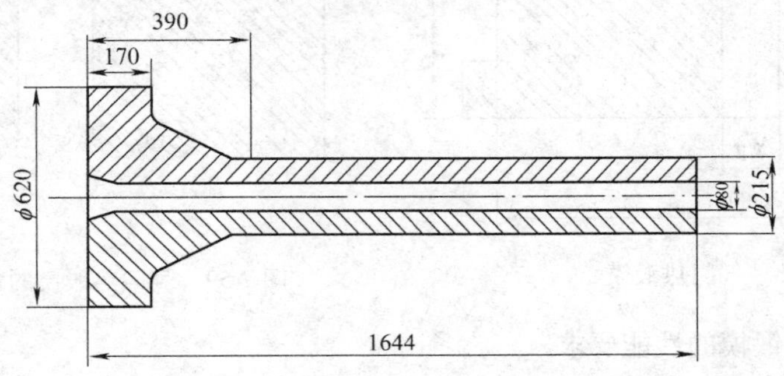

图7-57　3Cr2W8V钢挤压杆

（1）预备热处理　正常的工艺路线为：毛坯锻件粗加工→调质→精加工→淬火、回火→精加工。调质是为后续淬火工序做处理的，但考虑到工件调质工序后再进行淬火易变形开裂，故做工艺改革，将调质改为球化退火。球化退火组织可以减少淬火加热的过热敏感性、变形及开裂的倾向性，且可以获得球状珠光体组织。球化退火的工艺为：低于350℃入炉，640～660℃×2h预热+840～860℃×2h加热+720～740℃×4h等温，炉冷至500℃出炉空冷。

（2）淬火、回火　低于350℃入炉，640～660℃×2h+820～840℃×2h预热，1050～1070℃×1.7h加热油冷250℃左右出油空冷。淬火后的组织为马氏体+过剩碳化物+残留奥氏体。淬火后及时回火，低于300℃入炉，530～550℃×6h×2次回火，炉冷至400℃出炉空冷。为防止该挤压杆在390mm处变形而加大矫直难度，一定要采取垂直装炉方法，以减小畸变。

按上述工艺操作，并充分利用马氏体相变超塑性的原理适时矫直，挤压杆质量合格。

648. 3Cr2W8V钢制气门热锻模的渗硼工艺

3Cr2W8V钢制气门热锻模如图7-58所示，采用ϕ80mm以上的圆钢经锻造→退火→机械加工→淬火、回火→模膛精加工等工序而成，要求硬度为48～52HRC。热锻模安装在1500kN摩擦压力机上，对经电镦机镦出的毛坯锻压成气门，气门材料为40Cr钢（进气门）或40Cr9Si2钢（排气门），锻造时头部温度在1100℃以上。热锻模在工作条件下，主要承受高温、冲击、摩擦及反复冷热的影响。

从失效分析可知，模具常见的失效形式有两种（见图7-59）：一种是从圆角R过渡到直孔部位的磨损造成该部位尺寸变大而失效，即变形失效，这是因为该部位是由大变小的过渡区，又是变形金属温度由高变低的接触处；另一种失效形式是沿模膛表面纵向分布的皱纹，这是锻模表面高温强度不足而引起的失效。

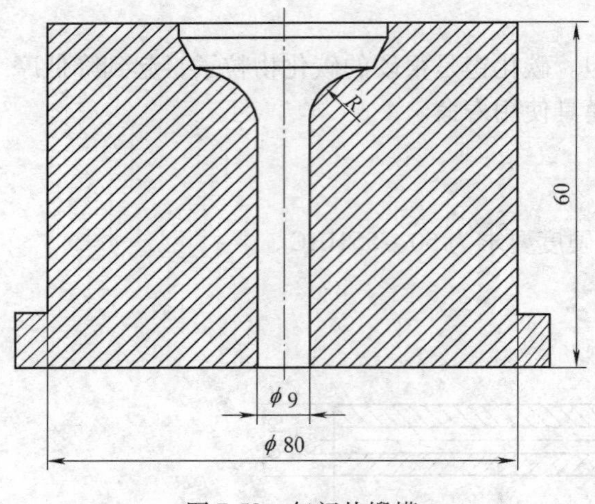

图7-58 气门热锻模

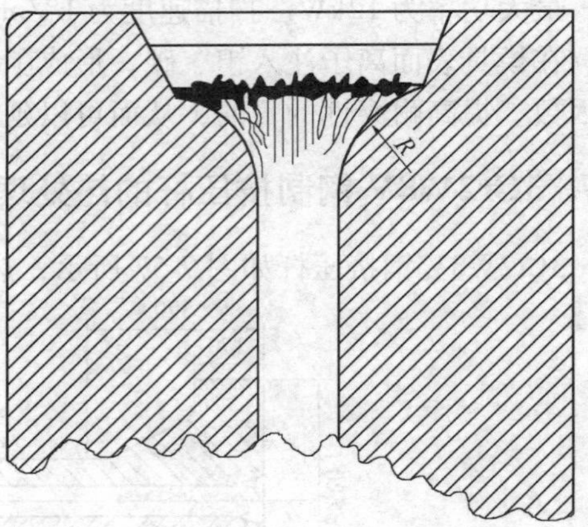

图7-59 气门热锻模的常见失效形式

（1）对气门热锻模的性能要求

1）较高的高温强度和良好的韧性，防止在高温变形开裂。

2）高的耐磨性，防止模具与毛坯接触而磨损和高温氧化腐蚀和氧化铁屑造成研磨。

3）高的热稳定性，热锻模服役时表面温度在500～700℃，要求模具高温下不软化。

4）优良的热疲劳性，热锻模在冷热交替下工作要防止表面产生疲劳裂纹，另外，还要有较高的淬透性。

（2）渗硼　渗硼剂配方（质量分数）：硼铁20%～30%，$Al_2O_3$60%～70%，$KBF_4$5%，$NH_4HCO_3$5%。合适的渗硼温度为950～980℃，渗硼时间以控制最佳厚度在50～60μm为宜。

（3）渗硼后淬火、回火　淬火与回火不能改变渗硼层本身性能，但可以调整模具整体的力学性能，处理得好，可以减少渗硼层剥落现象，否则会加剧渗硼层的脆裂和剥落。对于3Cr2W8V钢，淬火温度的提高有利于合金元素的溶解而使热硬性提高，但经渗硼的模具，淬火温度要控制，因Fe-Fe_2B在1174℃发生共晶反应，材料变脆，所以淬火不宜超过1150℃，工厂常用1100～1150℃盐浴加热，精确控温。回火温度为540～560℃。

（4）应用　国内某内燃机配件厂用3Cr2W8V钢制模具一直采用淬火、回火工艺，模具平均寿命不到2000件，以模膛变形、起皱而失效。采用上述固体渗硼工艺，模具的表面硬度为1800～2300HV，平均寿命超过5000件。

649. 3Cr2W8V钢制汽车半轴热锻模的复合强化工艺

汽车半轴是驱动轮与差速器之间传递转矩的关键部件，材质为40Cr钢，其毛坯制作较复杂，需要在高温下锻造。这就需要热锻模具有很好的高温强度、耐磨性和冲击韧性。用3Cr2W8V钢制造的热锻模采用复合强化处理，取得很好的效果。其热处理工艺如下：

（1）预备热处理　锻造后毛坯采用等温退火：840～860℃×2～3h，以<30℃/h的速度冷却，710～730℃×3～4h，以<40℃/h速度冷至500℃，出炉空冷。退火后硬度≤255HBW。

（2）去应力退火　模具经切削加工后，表层通常会存在着加工应力，使组织处于不稳定状态，过大的内应力会导致模具变形甚至产生裂纹报废。因此，应及时去除机械加工应力。去应力退火工艺为：550～600℃×2～3h。

（3）淬火、回火　550℃×1～2h 烘干，850℃×1～2h 盐浴预热，1100～1120℃加热 500～600℃中性分级冷却后油冷；630～640℃×2.5h 回火后油冷，冷至室温后补充 180～200℃×2.5h 去应力处理。

（4）表面强化热处理　模具表面强化热处理渗入的元素主要有 C、N、P、稀有金属和稀土等。表面强化可分为单一元素渗入和多元共渗，常用的为后者。

1）气体氮碳共渗。该工艺是汽车半轴热锻模常用的表面强化方法，共渗工艺为：580℃进炉到温排气 0.5～1h 进行氮碳共渗，乙醇 20 滴/min，氨气 200L/h，共渗时间为 2～3h。实验结果表明，经氮碳共渗，模具的表面硬度为 930～1050HV，显著提高了模具的高温强度和冲击韧性，使用寿命提高 3 倍左右。

2）气体硫氮碳共渗。汽车半轴热锻模的硫氮碳共渗工艺如图 7-60 所示。该工艺形成的硫化物与氮化物能显著地降低高温下的模具与工件之间的摩擦因数，提高模具的耐磨性和抗咬合性，从而延长模具的使用寿命。

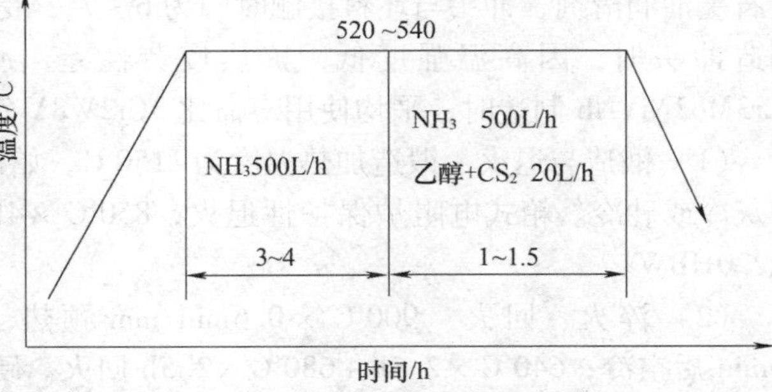

图 7-60　汽车半轴热锻模的气体硫氮碳共渗工艺

650. 3Cr2W8V 钢制压铸模的淬火、回火+渗氮复合处理工艺

3Cr2W8V 钢制有色金属压铸模已有很长历史，但使用寿命均不太理想，而采用淬火、回火+渗氮的复合处理后，模具使用寿命得到了提高。其热处理工艺如下：

（1）淬火、回火　3Cr2W8V 钢具有很好的淬透性，厚度在 100mm 以内的工件均可在油中淬透。为了减少变形，可采取分级淬火和等温淬火，回火温度根据性能要求和淬火的实际硬度来选择，回火次数为 2～3 次。该钢有回火脆性，高温回火后应采用油冷，最后补充 100～200℃去应力处理。

3Cr2W8V 钢常规的淬火温度为 1050～1150℃。如果模具要求有较好的塑性与韧性，承受较大的冲击载荷，应采用下限淬火温度，对于那些熔点较高的合金（如铜合金等）的压铸模，为了满足较高温度所需要的热稳性，应选用上限淬火温度。

1）工艺 1：500～550℃×0.5min/mm 预热，1080～1100℃×0.3～0.4min/mm 加热，560～620℃×0.3min/mm 中性盐浴分级冷却，260～280℃×0.5min/mm 二次分级冷却后空冷；600～620℃×90～120min×2 次回火，180～200℃×2h 去应力处理。热处理后硬度为 42～48HRC。

2）工艺 2：500～550℃×1h 空气炉烘干，盐浴淬火 800～850℃×0.5min 预热，1120～1150℃×0.25～0.3min/mm 加热，560～620℃×0.3min/mm 中性盐浴分级冷却，260～280℃×0.5min/mm 二次分级冷却后空冷；620～640℃×90～120min×2 次回火，180～200℃×2h 去应力处理。热处理后硬度为 42～48HRC。

（2）离子渗氮　为了进一步提高 3Cr2W8V 钢制压铸模的耐蚀性、耐磨性、抗热疲劳性和抗黏附能力，采用离子渗氮处理。其工艺为470～520℃×6～9h，渗氮层可达0.2～0.3mm。实践证明，渗氮温度过低，渗层过薄；温度过高，则表层易出现疏松层，并降低抗黏附能力。渗氮层深度以0.2～0.3mm为宜。

磨损后的模具，在修复和再次离子渗氮后，可重新投入使用，从而大大提高了模具总的使用寿命。

651. 3Cr3Mo2NiVNb钢制热挤压冲头的盐浴淬火工艺

用于挤压950～1050℃低碳钢的热挤压冲头，内孔连续通水冷却，外表每挤压一次涂一次石墨油润滑剂，冲头与坯料接触时间为6～7s，受的轴向力为400MPa。在用3Cr2W8V钢制造冲头时，因高温强度低，抗热疲劳性差，冲头平均使用寿命只有200件。改用3Cr3Mo2NiVNb制造时，平均使用寿命比3Cr2W8V钢提高2倍。热处理工艺如下：

（1）锻造与退火　锻造加热温度为1150℃，始锻温度为1130℃，终锻温度≥900℃，锻后灰冷或砂冷。箱式电阻炉保护性退火，850℃×4h，炉冷至550℃出炉空冷，硬度为190～220HBW。

（2）淬火、回火　900℃×0.6min/mm预热，1150℃×0.3min/mm加热，油冷9～10min后空冷；640℃×2.5h+680℃×2.5h回火。硬度为39～41HRC。

652. 3Cr3Mo2NiVNb钢制气门热锻模的氮碳共渗工艺

某厂生产气门所用的热锻模下模由模芯、模座和模套组成，模座、模套用45钢制造，模芯用3Cr2W8V钢制造。工件温度达1100～1200℃，模具表面温升达600～700℃，在工作过程中模具被软化到30HRC，容易发生塑性变形。

有些客户对气门要求极高，即要求圆弧部位保留锻造热加工流线而不允许机械加工切削，又要求有较高的外观质量。精锻的气门在圆弧部位表面有细微瑕疵时则被判为不合格，模具的主要失效形式为热磨损。

模具在采用氮碳共渗处理时，渗层在圆弧部位附近易产生微观开裂和宏观折叠，影响精锻气门圆弧部位的外观质量。模具的失效，还与基体的硬度、强度和塌陷有关。改3Cr2W8V钢为3Cr3Mo2NiVNb钢制造气门热锻模，可收到很好的效果。其淬火温度为1150～1180℃，淬油，油冷至150℃后空冷，淬后硬度为54HRC；570～590℃×2h×2次回火，回火后油冷至150℃空冷，硬度为51.5HRC。在570℃再进行氮碳共渗。经上述处理后，热锻模在精锻53Cr21Mn9Ni4N奥氏体耐热钢制气门时，平均寿命高于650件，而3Cr2W8V钢制模只有230件，寿命提高约2倍。

653. 3Cr3Mo2NiVNb钢制曲柄热锻模的盐浴淬火工艺

用3Cr2W8V钢制造曲柄热锻模，因冲击韧性低，抗热疲劳性差，平均寿命只有2000件左右，失效主要形式为早期脆断，呈龟裂的热疲劳裂纹。改用3Cr3Mo2NiVNb钢制造后，模具使用寿命得到了提高。

3Cr3Mo2NiVNb钢制曲柄热锻模的热处理工艺为：900℃×40s/mm预热，1130～1140℃×20s/mm加热，淬油；620～650℃×2h×2次回火。硬度为44～47HRC，晶粒度为9～10级。模具使用寿命为4700～8900件，比3Cr2W8V钢制热锻模的使用寿命提高1.3～3倍。

654. 4Cr3Mo3NiVNbB钢制铜管穿孔针的热处理工艺

穿孔针要在挤压筒内对炽热的铜锭穿孔，穿孔深度一般达250mm以上。穿孔针穿孔后仍置于孔内，与模底相配合，以保证铜管准确成形，直至挤压结束。

为了避免穿孔针工作时温度过高，在挤压周期之间须对穿孔针表面喷水冷却，或在穿孔针内设内冷却孔，工作时通水冷却。

穿孔针工作时承受高温、高压、剧烈摩擦及急冷急热作用，恶劣的工作条件对模具提出了很高的要求。经调查，目前国内铜加工行业使用的穿孔针大多用3Cr2W8V或4Cr5MoSiV1钢制造，使用寿命很低，一般只有50件左右。

某铜管厂挤压设备是8000kN卧式挤压机。锭坯材料为T2纯铜，锭坯尺寸为ϕ120mm×250mm，锭坯加热温度为780~850℃。管坯尺寸（外径×壁厚）为ϕ41mm×31mm，穿孔针预热温度为300℃左右，管坯挤出时间为6~8s，挤压周期之间对穿孔针予以水冷和润滑，水冷时间为10~15s，润滑剂为沥青+石墨粉+石蜡。

用3Cr2W8V和4Cr5MoSiV1钢制穿孔针时，失效的主要形式是工作部位磨损和拉断、弯曲、开裂。

在深入考察国内研制的热作模具钢4Cr3Mo2NiVNb的合金设计与应用情况的基础上，经过试验研究，提出了改进型新钢种4Cr3Mo3NiVNbB钢。4Cr3Mo3NiVNbB钢采用了中碳铬钼复合合金化，并适量添加V、Ni、Nb及微量元素B的合金化方案，在保持4Cr3Mo2NiVNb钢高强度的条件下，进一步提高了韧性和热稳定性。在保持较高塑性指标条件下，4Cr3Mo3NiVNbB钢的室温屈服强度（700℃回火）比3Cr2W8V钢提高26.9%，700℃时的高温屈服强度提高65.4%，750℃时的高温屈服强度提高73.6%；在相同的硬度级别（42~43HRC）时，4Cr3Mo3NiVNbB钢的断裂韧度比3Cr2W8V钢提高61.7%。

在相同的生产条件下，4Cr3Mo3NiVNbB钢制穿孔针的使用寿命比3Cr2W8V钢提高10倍以上。4Cr3Mo3NiVNbB钢制穿孔针的热处理工艺如下：

1）850℃盐浴预热。

2）1130℃盐浴加热，淬油。

3）660℃×2h×2次回火，回火后硬度为42.9HRC。

655. 4Cr3Mo3W4VNb钢制齿轮高速热锻模的热处理工艺

4Cr3Mo3W4VNb钢制齿轮高速热锻模的热处理工艺如下：

（1）退火　850℃×3~4h，炉冷至720~730℃，保温3~4h炉冷至550℃以下出炉空冷。退火后硬度为170~225HBW。

（2）淬火、回火　4C3Mo3W4VNb钢的淬火温度带比较宽，1160~1200℃盐浴加热，淬油，硬度≥55HRC。对要求塑性、韧性较高的模具，选用较低的淬火温度；对要求高温强度和回火性稳定好的模具，则选用较高的淬火温度。回火温度一般采用630~600℃或600~580℃2次回火，每次2~3h。形状复杂的模具应进行3次回火。回火后硬度为50~54HRC。

656. 4Cr3Mo3W4VNb钢制热挤压模的稀土催渗三元共渗工艺

热挤压模先经常规淬火、回火，模具加工成后再施以三元共渗处理。热处理工艺为：

850℃ ×20min + 1170℃ ×10min，210℃分级淬火；560℃ ×1h + 590℃ ×1h 回火，回火后硬度为51 ~ 52HRC。

稀土催渗三元的渗剂配比（质量比）为 $HCONH_2$: $(NH_2)_2CO$: S : RE = 82 : 15 : 1.5 : 1.0。排气时间为30min，甲醇滴量为25 滴/min；590℃ ×2h，混合渗剂滴量为28 滴/min；590℃ ×1h，混合渗剂滴量为24 滴/min；出炉油冷。渗层深度为65 ~ 67μm，表面硬度为840HV。表层为多孔的硫化物、氧化物及少量的碳氮化合物层；次层为铁的硫化物层；第三层是硫化物与碳氮化合物的过渡层；第四层是碳氮化合物层；第五层是含氮的马氏体及基体回火马氏体层。

4Cr3Mo3W4VNb 钢制挤压白铜的热挤压模，经稀土催渗三元共渗处理，模具使用寿命提高3 倍以上。

657. 4Cr2Mo2WVMn 钢制自行车飞轮冲切模的热处理工艺

4Cr2Mo2WVMn 钢制自行车飞轮冲切模的热处理工艺如下：

（1）退火　850℃ ×4 ~ 6h，炉冷至720℃，保温4 ~ 6h，炉冷至500℃以下出炉空冷，退火后硬度≤255HBW。

（2）淬火、回火　850℃预热，1060 ~ 1100℃加热，淬油，淬火后硬度≥50HRC；620 ~ 630℃ ×2h ×2 次回火，回火后硬度为46 ~ 48HRC。

4Cr2Mo2WVMn 钢制自行车飞轮冲切模使用寿命达到3000 件，较原3Cr2W8V 钢提高1倍多。

658. 4Cr3Mo2MnVNbB 钢制铝合金叶片压铸模的热处理工艺

4Cr3Mo2MnVNbB 钢制铝合金叶片压铸模的热处理工艺如下：

（1）退火　850 ~ 860℃ ×3 ~ 4h，炉冷至500℃以下出炉空冷，退火后硬度≤255HBW。

（2）淬火、回火　850℃盐浴预热；1060 ~ 1100℃盐浴加热，淬油，油冷至200℃左右出油空冷，淬火后硬度为58 ~ 59HRC；630 ~ 650℃ ×2h ×2 次回火，回火后硬度为44 ~ 47HRC。

Y90 电动机铝合金叶片压铸模按上述工艺处理后，平均使用寿命比原3Cr2W8V 钢提高10 倍。

659. 4Cr3Mo2MnVNbB 钢制铜闸阀体模的渗氮工艺

4Cr3Mo2MnVNbB 钢制铜闸阀体模的热处理工艺如下：

（1）退火　850 ~ 860℃ ×3 ~ 4h，以≤30℃/h 的速度冷至500℃以下出炉空冷，退火后硬度为170 ~ 255HBW。

（2）淬火、回火　600℃、860℃两次预热；1100℃加热，400 ~ 450℃硝盐浴分级冷却后空冷，硬度为58 ~ 59HRC；模具冷到80℃左右在用干燥的棉纱头擦拭，回火在气体渗碳炉中进行，并滴煤油保护，600 ~ 630℃ ×2h ×3 次，回火后硬度为47 ~ 50HRC。

（3）渗氮　模具加工成品后，再施以渗氮处理。

经生产实践考证，4Cr3Mo2MnVNbB 钢制铜阀体模寿命稳定性在2.1 万次以上（未经渗氮），比3Cr2W8V 钢提高7 ~ 8 倍；经渗氮处理后的模具，使用寿命更高。

660. 4Cr3Mo2MnVNbB 钢制轴承圈锻造冲头的热处理工艺

外形尺寸为 ϕ14.2mm×140mm 轴承套圈锻造冲头，原用3Cr2W8V 钢制造，使用寿命只有3000件左右，失效形式主要是疲劳开裂、折断；采用4Cr3Mo2MnVNbB 钢制造后，模具寿命超过2万件。4Cr3Mo2MnVNbB 钢制轴承圈锻造冲头的热处理工艺为：600℃、850℃两次盐浴预热，1100℃盐浴加热淬油；650℃×1.5h+630℃×1.5h 回火，回火后硬度为45~48HRC。

661. 4Cr5Mo2MnVSi 钢制铝合金压铸模的热处理工艺

在压铸铝合金零件时，铝液温度为650~700℃，并以45~180m/s 的速度被压入模膛，压力为2~12MPa，保压时间为5~20s，每次压射间隔时间为20~75s。压铸模在工作时，模膛表面受高温高速铝液的反复冲刷，产生较大的应力。目前我国所用的铝合金压铸模材料一般是3Cr2W8V 钢，失效的主要形式是热疲劳和黏蚀，模具的使用寿命为1~3万件；而选用4Cr5Mo2MnVSi 钢制造压铸模可获得很高的使用寿命。

（1）退火　840~860℃×3~4h，等温温度为680℃，保温4~6h，炉冷至500℃以下出炉空冷，退火后硬度为170~187HBW。退火组织为粒状珠光体+少量的碳化物。

（2）淬火、回火　600℃、860℃两次盐浴预热；980~1030℃盐浴加热，淬油，淬火后硬度为50~56HRC；620~650℃×2h×2次回火，回火后硬度为43~45HRC。

（3）使用寿命　4Cr5Mo2MnVSi 钢制铝合金压铸模的使用寿命见表7-23。

表7-23　4Cr5Mo2MnVSi 钢制铝合金压铸模的使用寿命

压铸件名称	压射速度/(m/s)	压力/10^4Pa	二次压射间隔时间/s	铝液温度/℃	模具预热温度/℃	模具寿命/万次	
						3Cr2W8V	4Cr5Mo2MnVSi
微型电动机71号前盖	1~3	7110	45次/h	680~700	680~700	3	>30
120照相机盒型芯	4.2~4.5 105(高速阶段)	7984	40~45	≈660	—	3	>25

662. 4Cr5Mo2MnVSi 钢制轿车变速器壳体压铸模的分级淬火与氨冷淬火工艺

（1）锻后球化退火　840~850℃×2~3h，炉冷至720℃×4~6h，炉冷至300℃以下出炉空冷。

（2）预热　采用三段预热：400~450℃、600~650℃、800~850℃。

（3）淬火加热　采用盐浴加热。因模具比较大，采用1020℃较低的加热温度，保温时间应保证原始组织全部形成奥氏体，以及碳化物的充分溶解及溶解后碳和合金元素的充分扩散。这对压铸模具有较好的高温性能是很重要的。压铸模的加热保温时间应稍长些。这对提高模具的回火稳定性和抗疲劳性都是有益的。

（4）淬火冷却　淬火冷却时，由于冷却速度过快，同时，在冷却过程中伴随着组织变化。因此，这是应力产生最激烈的阶段，若处理不当，可能会造成淬火变形和开裂。对大型压铸模来说，在保证模具使用性能的前提下，应采取尽可能慢的冷却速度。4Cr5Mo2MnVSi

钢具有良好的淬透性，厚度为150mm左右在空气中就能淬透。模具直接采用空冷，可获得极小的变形量，但表面会产生氧化，从而影响模具性能。对于大型的压铸模，采用直接油冷，然后通过适当温度回火，可获得较佳的使用性能，但油冷产生的内应力大。对于尺寸较大、结构复杂的模具，直接淬油是危险的。大量的生产实践证明，大尺寸的模具直接淬油产生变形和开裂的概率很高。因此，在生产中，大模具很少淬油，以下介绍两种既获得模具所需要的性能，又可减少变形、防止开裂的淬火工艺。

1）分级淬火：4Cr5Mo2MnVSi钢在400～550℃时过冷奥氏体极为稳定，这为分级淬火创造了有利条件。具体操作是：于1020℃从炉中取出工件，在空气中预冷至950℃左右，然后淬入400～450℃硝盐浴中或更低一点的硝盐浴中。分级冷却时间按15～20s/mm计，分级冷却后出炉空冷。

2）氨冷淬火：在氨气中冷却可以获得比油冷更慢的速度。采用箱式电阻炉加热时，1020℃保温结束随箱预冷，950℃开箱将模具放入特制的氨气桶内，向桶内通入压缩氨气，冷到200℃左右取出空冷。

（5）回火　模具冷至150～180℃，立即进行回火。第一次回火用610℃，保温时间按3min/mm计算；第二次回火根据第一次回火后测定的硬度值调整，达到所需的50～54HRC硬度；第三次进行600℃×4h去应力回火。

663. CH75钢制热作模具的盐浴淬火工艺

CH75钢是近几年研制的热作模具钢，热塑性好，易于锻造，具有较小的脱碳敏感性、较高的热稳定性和良好的抗氧化性。试验用模具钢主要化学成分（质量分数,%）如下：C 0.45，Cr 2.75，Mo 1.53，V 1.46，Si 1.0。临界点：Ac_1≈850℃，Ac_3≈905℃，Ms≈290℃。

（1）退火　860～880℃×3～4h，炉冷至500℃以下出炉空冷。退火后硬度≤229HBW，组织为珠光体+碳化物。

（2）淬火、回火　850℃盐浴预热，1060～1130℃盐浴加热，对塑性要求高的模具取下限，对强度要求高的取上限。当淬火温度高于1130℃，淬火后硬度变化不大，强度略有增加，但塑性急剧下降，这是晶粒粗大造成的。CH75钢有明显的二次硬化现象，当回火温度超过500℃时，硬度开始下降，但下降趋势较缓，温度从500℃上升650℃时，硬度只下降了2～3HRC。因此，CH75钢回火区间为550～650℃，一般取600℃较佳，回火2次，每次2h，回火后一般空冷。

CH75钢具有比4Cr5MoSiV1钢、3Cr2W8V钢优异的回火稳定性、热稳定性和高温强度；淬火、回火温度带比较宽，随着回火时间的延长，硬度下降明显；CH75有良好的综合力学性能，宜制造工作温度在700℃左右的热作模具。CH75钢硬度与淬、回火温度的关系见表7-24。

表7-24　CH75钢硬度与淬火、回火温度的关系

淬火加热温度/℃	淬火后硬度 HRC	回火温度/℃				
		550	600	650	700	750
1050	53	47.5	46	45	34	26.5
1100	55	49.5	49	47	37	29.5
1130	56.5	52	49.5	49.5	39	32.5
1160	58	54.5	50.5	49.5	40.5	33.5

664. 2Cr3Mo2NiVSi 钢制压力机热锻模的盐浴淬火工艺

（1）化学成分　2Cr3Mo2NiVSi 钢的主要化学成分见表 7-25。

表 7-25　2Cr3Mo2NiVSi 钢的主要化学成分（质量分数）　（%）

C	Cr	Mo	Ni	V	Si	Mn	Zr
0.16～0.22	2.54～3.0	1.80～2.20	0.80～1.20	0.30～0.50	0.60～0.90	0.40～0.70	0.05～0.12

（2）临界点　Ac_1≈776℃，Ac_3≈851℃。

（3）退火　780℃×3～4h，以 40℃/h 的冷却速度炉冷至 680℃后随炉冷却，退火后硬度为 217～229HBW。

（4）淬火、回火　850℃盐浴预热；1010～1020℃盐浴加热，淬油；400℃×2h×2 次回火后，硬度为 44HRC；若采用 525～550℃回火，硬度上升到 47～49HRC。

经 1010℃淬火、400℃回火的 2Cr3Mo2NiVSi 钢制压力机热锻模的使用寿命比原 5CrNiMo 钢高出 1～1.5 倍。

665. 35CrMo 钢制热锻模的热处理工艺

浇铸接头是缆索的关键部件，主要用于斜拉桥、悬索桥、拱桥以及体育场馆等大型建筑结构中屋盖膜结构。针对缆索规格多，每种规格数量少，且交货期短的生产特点，有人试验用普通结构钢 35CrMo 制造缆索浇铸接头头体的热锻模，获得成功。

（1）35CrMo 钢的性能特点　该钢的特点是强度高，韧性好，淬透性较高，在高温下有高的蠕变强度和持久强度，可在 500℃温度下长期工作，宜制造承受冲击、振动、弯曲、扭转载荷的机件。其主要化学成分（质量分数,%）为：C 0.32～0.40，Cr 0.80～1.0，Mo 0.15～0.25。Ac_1点约为 755℃，Ac_3点约为 800℃，Ms 点约为 370℃。

（2）锻模生产工艺流程　下料→锻造→形变正火→粗加工→淬火、回火→精加工。热处理技术要求：38～42HRC。

（3）热处理工艺　在 RJH-45-9 箱式电阻炉中进行保护性加热，奥氏体化温度为 810℃，保温结束后在 30℃以下的盐水中冷却 40～50s；在井式电阻炉中回火，450℃×2h×2 次，回火后硬度约为 40HRC。

（4）效果

1）35CrMo 钢制热锻模在 10%（质量分数）NaCl 溶液中淬火是一项清洁的无污染的热处理技术。

2）35CrMo 钢制热锻模与 5CrMnMo、5CrNiMo 钢制热锻模相比，显著缩短了模具的制造周期，特别是简化了模具的退火、正火工序，可使生产周期大大缩短，并降低了成本，节省了电能。

3）35CrMo 钢的力学性能，特别是蠕变性能、持久强度和强韧性，可以满足热锻模的使用力学性能要求，非常适用于制造形状简单、中小批量生产的热作模具。

666. 3Cr10Mo2NiV 钢制汽车热作模具的离子渗氮工艺

（1）汽车热作模具特点　汽车热作模具种类繁多，模具工作条件和失效形式复杂。一般来说，汽车热作模具使用寿命都比较短。为了延长模具使用寿命，必须正确选择模具材料，改善原材料质量和采用先进的热处理工艺，提高模具热处理质量，模具的正确装配和使用也是重要的因素。

模具表面强化处理就是建立在这些复杂条件基础上进行的。表面强化对提高模具寿命的效果，不仅取决于表面强化工艺本身，还直接与模具材料与热处理有关，并非所有的模具都要或都适合于表面强化处理，不正确的表面强化处理可能造成模具过早失效。

根据模具工作条件和失效形式分析，针对模具表面抗热疲劳、热磨损和强韧性等要求不同，在确保模具基体强韧性的同时，选择适当的离子渗氮工艺，可保证离子渗氮层的特性与厚度适应和满足模具工作条件的要求。

（2）汽车连杆热锻模的离子渗氮　热锻模的失效形式为模膛塌陷、断裂、热疲劳和热磨损。其中模膛塌陷和断裂失效，主要取决于材料的基本性能（尤其是材料的高温屈服强度和韧性），而模具的热疲劳与热磨损失效则直接与模具表面情况及表层性能有关。热锻模在正确选材与正确设计制造的前提下，模具的正常失效形式主要是热疲劳和热磨损。

连杆热锻模外形尺寸为400mm×245mm×80mm，模具单件质量为48.5kg，采用3Cr10Mo2NiV钢制造。其主要化学成分（质量分数,%）：C 0.3，Cr 10，Mo 2，V 0.5，Ni 1，N 0.06。模具经1080℃真空加热油淬，580℃三次回火后，硬度为46～48HRC。这种材料的高温硬度高于4Cr5MoSiV1钢，有利减少模具热畸变和热磨损。

模具加工成品后再进行离子氮碳共渗：采用氨气+丙烷气的离子氮碳共渗处理，560℃×10h（含2h的脱氮处理），气压为400Pa，模具表面硬度为950～1000HV，渗氮层深度为0.25mm。

离子氮碳共渗处理的连杆锻模，经装机使用表明，随着锻造次数的增加，模膛越来越光亮，而热磨损很少，使用寿命均超过4000件，比常规处理有较大提高。

（3）汽车齿轮热镦锻凸模离子渗氮　齿轮热镦锻凸模用4Cr5MoSiV1钢制造，用于高速镦锻40B钢毛坯（2000t热锻机，70次/min），强制水冷，保持模具表面温度不超过400℃，但是在快速疲劳机械应力作用下，模具表面很快出现疲劳裂纹，并迅速扩展使凸模凸出部分断裂，同时在高温重载荷镦锻冲击力作用下，模具也会热变形，因此该模具寿命不长，每套模具只能生产1000～2000件锻件，平均使用时间不超过30min。

该模具的外形尺寸为ϕ75mm×50mm×ϕ50mm（内径），凸出部分厚度只有5～6 mm，单件质量为0.7kg。模具淬火、回火后硬度45HRC。

研究表明，热疲劳裂纹的萌生阶段主要受材料强度控制，而裂纹扩展阶段主要受材料塑性控制。众所周知，渗氮的化合物层强度很高，但脆性较大，如果在模具表面形成适当厚度的韧性较高的氮化物层，则可限制模具热疲劳裂纹的萌生，而为了限制裂纹的扩展，必须在适当降低模具基体材料屈服强度的同时提高其塑性。为了防止此时模具强度降低造成凸模塌陷变形和产生断裂，可采用离子渗氮次表层强化来补偿。

工艺方案：适当降低模具硬度（43～45HRC），形成深度小于5μm的韧性氮化物层和深度为0.1～0.2mm的次表面强化层。用表面强化加调整基体强度来控制热疲劳裂纹，并限制模具的热畸变。

渗氮工艺：采用氮氢混合气的离子渗氮处理：500℃×8h，气压为300Pa，化合物层深度为3μm，渗氮层深度为0.15mm，表面硬度为1000～1100HV。

经过上述工艺处理，每个模具镦锻齿轮毛坯4000件，寿命提高2倍以上。

667. W6Mo5Cr4V2钢制热锻模的A1CrN涂层处理工艺

汽车稳定杆热锻模曾选用3Cr2W8V、4Cr5MoSiV1钢制造，使用寿命一直在5000～7000件波动，经试验改用W6Mo5Cr4V2高速钢制造，并施以A1CrN涂层强化处理，模具的寿命得到很大提高 。具体工艺为：采用真空热处理炉进行3次预热：640～660℃→840～860℃→1050℃，加热温度为1170～1180℃，淬高纯N_2气。第一次回火温度用580℃，后两次为常规回火：550℃×2h×2次，回火后硬度为59～61HRC。经上述工艺处理，模具寿命达到11800多次，比原4Cr5MoSiV1钢制模具寿命提高2倍多。模具精加工后施以A1CrN涂层处理，涂层硬度为2550～3050HV，模具的寿命达到25347次。

第8章 冷作模具钢制模具热处理工艺

668. T8A 钢制方孔冲模的强韧化工艺

T8A 钢制方孔冲模用790℃水淬油冷，260℃回火，硬度为56～58HRC，平均使用寿命只有3600件，失效主要形式为断裂、剥落。改用强韧化处理，模具平均寿命提高到5800～6500件。具体工艺如下：

550℃×30～40min 预热，升温至780～800℃×13～15min，淬油；560～580℃×2h回火。重新加热淬火、回火：550℃×30～40min，升温至750～760℃×18～20min，于二硝[55%（质量分数）KNO_3+45%（质量分数）$NaNO_2$]淬火冷却介质中冷却，冷却温度为150～180℃，时间为3～5min；260～280℃×2h回火，回火硬度为56～58HRC。

669. T8A 钢制铆钉模的水淬油冷工艺

铆钉模在工作时承受很大的冲击、压缩和弯曲应力，服役条件比较恶劣。采用整体调质至250～270HBW硬度后，再对模具工作部位铆钉窝及尾端进行局部淬火、回火，窝部硬度为53～56HRC，尾部硬度为40～50HRC，使用中在肩部处易发生早期弯曲疲劳断裂。其原因是断裂抗力不足所致。改为整体淬火和低温回火处理，硬度仍为53～56HRC，可明显地减少肩部断裂现象，使用寿命大大提高。具体工艺如下：

将铆钉模加热到770℃，保温55min，入水晃动冷却10s后，空冷至室温，再随炉加热至750℃×80min，炉冷至650℃保温2h，然后冷至550℃出炉；将毛坯加工成模具后，再进行淬火、回火处理，工艺为：780～790℃×40min，入盐水晃动7s，再转入油中冷至室温，最后经220～240℃×2h回火。

用这种工艺处理的铆钉模可获得较高的抗弯强度和较深的淬硬层，且硬度梯度较平缓，寿命提高2～3倍。

670. T8A 钢制凹模的等温淬火工艺

凹模外形尺寸为150mm×180mm×45.5mm。采用氯化钙水溶液淬火、硝盐浴淬火两步淬火法，获得比较好的效果。氯化钙水溶液的密度为1.20～1.42g/cm^3，硝盐浴组成（质量分数）为KNO_3 50%+$NaNO_2$50%，另加3%水，使用温度为150～180℃。具体工艺如下：

1）在箱式炉中保护性加热，840℃×4.5h，出炉后开箱取模，在空气中预冷1min。

2）先淬入20～40℃的氯化钙水溶液中50s，立即转入160℃的硝盐浴中等温1.5h。

3）180℃×3h 硝盐浴回火，空冷，冷至室温清洗干净。

按上述工艺处理的凹模，硬度为58～60HRC，未发生开裂现象。

671. T8A 钢制小型模具的控制热处理变形工艺

经实际观察，T8A 钢制模具的热处理变形有下列规律：模具壁厚在8mm以下，淬火后模膛尺寸一般胀大；壁厚在8mm以上、20mm以下，淬火后模膛一般是缩小。模膛尺寸与壁厚之比对变形有很大的影响。模膛尺寸小于壁厚时，淬火后模膛尺寸缩小；模膛尺寸大于壁厚时，若外形是圆的，一般是胀大，若外形和模膛均为长方形，淬火后模膛尺寸缩小。若模具内孔尺寸≤8mm，淬火后内孔胀大；若内孔尺寸>8mm，则淬火后的内孔缩小。此外，模膛的变形情况与模膛的形状有关，一般模膛长尺寸方向要胀大，短尺寸方向是缩短。

（1）预备热处理　碳钢模具坯料退火和机械加工成形之后，肯定有一定的应力存在，其金相组织为片状珠光体，大多采用调质作为预备热处理。在实际操作中，不少生产单位采用定形处理代替调质处理，同样可以消除机械加工应力，并使退火后的片状珠光体部分球化，而且定形处理与调质处理对最终热处理变形的影响效果相近。定形处理安排在退火并经粗、精加工之后进行，对模膛简单和复杂的小型模具均较适用。定形处理是在缓慢加热及缓慢冷却条件下完成的，有足够长的保温时间，可以清除机械加工应力，且不至于产生像调质处理中可能产生的变形和应力。

（2）最终热处理

1）淬火冷却。760~780℃盐浴炉加热后，如何冷却是小型模具热处理的关键。模具在热处理过程中影响变形和开裂的主要因素是冷却，因此必须控制好冷却速度和冷却时间。模具淬火多采用水淬油冷，淬火冷却介质为10%（质量分数）NaCl水溶液、L-AN32全损耗系统用油。

由于水淬油冷的淬火操作是比较难掌握的，稍有出入就会出质量问题：可能淬裂或硬度达不到要求。有经验的操作者会根据模具的有效厚度控制水冷的时间（并结合声音及振感），按每4~5mm在水中冷却1s估算。例如模具尺寸是50mm×50mm×25mm，水冷5~6s后立即转油冷。

2）配模淬火冷却与回火。为了控制形状复杂，要求严格的模具变形，将凸模压入凹模内，进行配模冷却。例如壁厚为12mm的模具，在水中冷却3s后转入油中冷却12s，然后立即将凸凹模配合在一起，再放入油中继续冷却。

配模冷却出油后，必须在10min之内及时回火。回火工艺为：180~220℃×1~1.5h。回火时间太短，不能完全去除应力，组织也不稳定，并且取出凸模后凹模还会变形。配模回火必须冷却到室温才能取出凸模。对于一般硬度要求偏低的凸模，如回火温度较高，模膛尺寸可能要胀大。配模冷却及回火不仅可以避免碳钢小型模具变形和开裂，而且能使复杂模具的变形控制在±0.02mm范围内，为制造高精度模具打好基础。

672. T8A钢制模具的渗硼工艺

自行车缩头机上的缩头模，用于加工自行车前叉脚的缩头。低碳钢的前叉钢管与旋转的模膛内壁摩擦，受压受拉变形后，由原来的平头钢管变成圆头钢管。

缩头模原用T10A钢制造，780℃淬火（水淬），200℃回火，硬度为60~62HRC，使用寿命只有0.5万件左右，失效主要形式为早期剥落而损坏。

为了提高模具的耐磨性，增强心部韧性，改用T8A钢渗硼处理，渗剂为ZG2型粒状渗硼剂+2%（质量分数）硅粉。渗硼工艺为930℃×8h空冷至室温清理，渗硼后盐浴780℃加热淬油，200℃回火。模具的寿命达到1.8万件。

673. T8A钢制模具的渗铬工艺

渗铬可提高模具的耐磨性、耐蚀性、抗氧化性和抗热疲劳性，延长模具寿命1~3倍。

（1）渗剂　渗剂配方（质量分数）为铬粉［w（Cr）≥98%，0.154~0.071mm］50%+氧化铝（经1100℃焙烧，0.104~0.071mm）48%+氯化铵2%。氧化铝为稀释剂，防黏结；氯化铵为催渗剂。

真空粉末渗铬的渗剂配方（质量分数）为铬铁粉30%+氧化铝70%。

（2）渗铬工艺　固体粉末渗铬工艺为：1050~1100℃加热，保温6~12h。渗层深度为0.02~0.08mm。

真空粉末渗铬时，渗剂与模具一同装炉后抽真空，真空度达13.3~133Pa时，关闭机械泵；密封升温至950~1100℃，炉内压力为9.8×10^4Pa左右，保温5~10h。渗层深度为0.01~0.03mm。

（3）模具渗铬后的热处理　模具渗铬后，经820℃加热，淬入160℃碱浴；再进行160~180℃×2h回火。表面硬度为65~67HRC。

（4）渗铬组织及渗铬模具的变形　渗铬层组织为铬的碳化物（Cr、Fe）$_7$C$_3$和含铬铁素体，次层为贫碳区。

渗铬模具一般的变形规律为内孔收缩，外径胀大，变形量一般为0.02~0.05mm。

（5）模具渗铬效果　经上述工艺处理的T8A钢制罩壳拉深模，拉深0.5mm厚的08F钢，可拉深1000件以上，并且可以修磨，反复拉深。

674. T8A钢制拉深模的固体硼铬稀土共渗工艺

拉深模在工作时，由于摩擦力大，往往造成模具圆角处与拉深件发生咬合，致使出现拉毛和过量的黏着磨损而失效。模具经固体渗硼后可获得较高的表面硬度和低的摩擦因数，可提高拉深模的寿命；但是当拉深件较深或材料较厚时，由于渗硼层脆性大，易发生局部渗层剥落而达不到预期目的。

用固体硼铬稀土共渗工艺来提高拉深模使用寿命是行之有效的方法。因为选择电负性较铁低的元素与硼共渗，可有效地改善渗硼层的脆性，同时稀土元素的催渗可获得较深的渗层。

（1）共渗工艺　选用粉末状硼铬稀土共渗剂，其主要成分是工业硼砂+高碳铬铁粉+氯化稀土+石墨，以及活化剂、还原剂等。把烘干的共渗剂及清洗干净的模具按工艺要求装入渗箱内，工件之间、工件与渗箱内壁之间应保持200mm的间隙，渗箱加盖后需用水玻璃耐火泥密封。到温入炉，850℃×4h共渗，出炉后空冷，或出炉再进行无氧化加热，800℃淬火，200℃回火。

（2）生产应用　拉深模安装在2000kN摩擦压力机上使用，把0.5mm厚08F冷轧钢板拉深成有凸缘的杯形状。原模具用T8A钢，模具工作部位淬火，200℃回火。由于模具有效厚度超过T8A钢临界淬火直径，模具硬度只有50HRC左右，在使用中需经常修磨，最后失效形式是圆角处的拉毛和过量磨损，模具使用寿命为拉深1500次。

单独渗硼的模具，表面硬度为1200~1800HV，拉深2350次；而经硼铬稀土共深的模具，表面硬度为1200~1800HV，拉深5300件还完好无损。由此可见，共渗处理的模具使用寿命最高，而且拉深出来的工件精度也最高。虽然共渗处理使模具的制造成本增加，但是模具的使用寿命提高了，卸装模具的时间减少了。综合平衡分析，固体硼铬稀土共渗的经济效益还是显著的。

经固体硼铬稀土共渗工艺处理 T8A 钢制拉深模，其使用寿命比常规处理的模具提高 2.5 倍以上，比单一的渗硼模具提高 1.25 倍。

675. 提高 T8A 钢制冲模寿命的循环热处理细化晶粒工艺

应用循环热处理细化晶粒工艺，可提高 T8A 钢制电动机转子铁心冲模的寿命。

采用循环热处理，即摆动式循环快速加热-冷却淬火工艺可实现晶粒超细化。具体工艺为：采用温度高于 Ac_1（730℃）和低于 Ar_1（700℃）的两台盐浴炉，先将冲模放入高于 Ac_1 的盐浴炉加热到正常淬火温度，然后迅速转移到另一台盐浴炉内冷却到 Ar_1 以下 30 ~ 50℃，如此反复循环 4 次，最后一次由加热到 Ac_1 以上的温度淬火，然后进行 200℃ ×2h 回火。

采用上述循环热处理，可以提高钢的抗拉强度、疲劳强度、塑性和韧性，并可降低钢的脆性转化温度等。

试验表明，T8A 钢制电动机转子铁心冲模，使用摆动循环热处理工艺进行 4 次循环处理，770 ~ 780℃加热，660 ~ 670℃等温，最后一次 770 ~ 780℃加热淬火，再进行 200℃ ×2h 回火，模具的平均寿命由 12000 件提高到 40000 多件。

676. T10A 钢制冷镦螺栓圆头模的碱浴分级淬火工艺

T10A 钢经正常的淬火、回火后，硬度高，韧性差。T10A 冷镦螺栓圆头模按正常工艺处理，常因早期折断而失效，采用如下工艺能显著提高其使用寿命。

（1）预热　650 ~ 680℃盐浴预热，预热时间按 30s/mm 计。

（2）加热　较高温度、较短时间加热：800℃ ×6 ~ 7s/mm。

（3）碱浴分级淬火　碱浴的配方（质量分数）为：KOH83% + NaOH8% + $KNO_3$3% + $NaNO_2$3% + H_2O3%，使用温度为 160 ~ 180℃，分级淬火后硬度≥62HRC。

（4）两段回火工艺　采用两段回火工艺，可使模具在保持高硬度的情况下，具有高的韧性。240℃ ×2h 回火后硬度为 60HRC。改用 200℃ ×1h + 260℃ ×1h 回火，硬度还是 60HRC，但后者韧性高得多，可使模具寿命提高 50% ~100%。

677. T10A 钢制模具的等温淬火工艺

T10A 钢制仪表元件冲模采用 780℃加热，280℃等温淬火，并进行 200℃ ×2h 回火，模具使用寿命比 780℃淬火 +300℃回火提高近 3 倍，由冲压 5500 件提高到 19730 件。

T10A 钢经 780℃加热，280℃等温淬火，可获得下贝氏体体组织，不存在微裂纹，可在保持高硬度的同时具有更好的强韧性配合。又因为下贝氏体比体积小于高碳马氏体，能有效地减少形状复杂模具的畸变。下贝氏体的疲劳强度优于回火马氏体组织，下贝氏体中的非共格铁素体片间界有利于应力松弛，因而在同等屈服强度下，下贝氏体显示了较高的断裂韧度，能延长模具寿命。

又如 T10A 钢落料模按常规工艺处理：800℃ ×25min 水油双液淬火，200℃ ×2h 回火。硬度为 58 ~61HRC。使用中，由于磨损使间隙超差失效，平均使用寿命不到 5000 次。改进工艺后，又增加一道锻后球化退火（以前锻后堆积式冷却不退火），将模具用旧报纸包裹好装箱，上盖旧渗碳剂，600℃入炉，升温至 840℃×2.5h，740℃×3h，炉冷至 500℃出炉空冷。退火的组织为细球状珠光体加网状渗碳体，硬度为 207HBW。最终热处理在箱式电阻炉中加热，840℃×1.5min/mm，淬入 10%（质量分数）NaCl 水溶液中，冷至 300℃左右立即转入 220℃硝盐浴中等温 45min，200℃×2h 回火。硬度为 54～56HRC，金相组织为细针状马氏体+碳化物+少量的残留奥氏体。按等温淬火工艺处理的模具连续落料 2 万次以上，寿命提高 3 倍。

678. T10A 钢制冲模的高温快速加热四步热处理工艺

某自行车厂使用 T10A 钢制作 ϕ5.2mm×60mm 冲头。原工艺为 800℃盐水淬火，180℃回火。硬度为 59～62HRC，使用寿命不足 1000 件，失效主要形式是折断。采用高温快速加热四步热处理工艺，使模具寿命提高到 7000～14000 件。

第一步 880℃×3min 盐浴加热，使有限的碳化物尽可能多地溶入奥氏体中去，淬火后得到马氏体和残留奥氏体组织。

第二步提高回火温度，使残留奥氏体分解，马氏体中的碳化物弥散析出，获得细粒状珠光体和均匀细小的碳化物，为最终淬火做准备。

第三步重新加热淬火，原均匀细小碳化物，既可成为结晶核心，又可防止晶粒长大，因而淬火后是细小的马氏体和弥散的碳化物。

第四步低温回火，去除应力，稳定组织。

冲头热处理工艺为：880℃×3min 盐浴加热，淬油；360℃×1h 回火；再重新加热 770℃×3.5min，盐水冷却；260℃×2.5h 回火。冲头热处理后硬度为 56～58HRC，使用寿命提高了十几倍。

679. T10A 钢制凹模的热处理改进工艺

（1）T10A 钢制自行车中轴档冷成形凹模　原采用 820℃×35min 加热淬水，180℃×2h 回火。模具寿命很低，一般为 2000 次，因模具开裂和零件卡模而失效。改用 900℃×10min 加热淬水，模膛表面硬度可由 58～61HRC 提高到 61～63HRC，距表面 9mm 处硬度由 41HRC 提高到 52HRC，距表面 19mm 处由 36HRC 提高到 39HRC。模具使用寿命超过 2 万件，最高可达 2.5 万件。

（2）T10A 钢制自行车接头凹模　采用常规水淬油冷工艺，模膛缩小 0.18～0.20mm，影响使用。改进工艺：970℃×5min（按 8s/mm 计），迅速淬入 5%～8%（质量分数）的碱浴 10s（冷却时间按 0.2～0.25s/mm 计算），待工件冷却到 180℃左右立即转移到 180℃的硝盐浴中 7min，出炉后空冷至室温；170～180℃×2h 硝盐浴回火。模膛缩小量为 0.02～0.04mm，达到技术要求。

（3）模孔尺寸大于模壁厚度或外形较大、模壁较薄的 T10A 凹模　凹模热处理时，四周包铁皮，铁皮下面垫一层布棉板，销钉孔堵石棉。在空气炉中于 500～550℃预热，盐浴炉快速加热 960～980℃×3～4s/mm，水淬（按 1s/5mm 计）油冷，180～200℃×2h 回火。这种工艺不仅能控制模具变形，而且能使模具外强内韧，寿命提高。

680. T10A 钢制自行车链套冲模的热处理工艺

自行车链套（俗称大链盒）冲模是对金属材料在冷态进行冲压成形的模具，要求有良好的耐磨性、足够的强度和韧性，以及较好的抗黏附性、热处理工艺性、可加工性和合理的经济性。该冲模选用 T10A 钢制造，既能满足技术要求，又经济实惠。其热处理工艺如下：

（1）链套凹模热处理　链套凹模的外形尺寸为 800mm × 400mm × 42mm。淬火前经 600℃ ×3h 去应力退火；在 75kW 气体渗碳炉中进行 500℃ ×1h 预热，810 ~ 830℃ ×1h 加热，滴甲醇保护（60 滴/min），水淬油冷；190 ~ 210℃ × 4h × 2 次回火。硬度为 56 ~58HRC。

（2）链套凸模热处理　链套凸模的外形尺寸为 800mm × 560mm × 42mm。淬火前经 600℃ ×3h 去应力退火；在 75kW 气体渗碳炉中进行 500℃ ×1h 预热，780 ~ 800℃ ×45min 加热，滴甲醇保护（60 滴/min），水淬油冷；190 ~ 200℃ ×4h ×2 次回火。硬度为 54 ~58HRC。

热处理注意事项如下：

（1）淬火温度的确定　根据模具的尺寸大小和形状的复杂程度来确定淬火温度。一般尺寸大、形状简单的零件（有效直径在 30mm 以上），淬火温度取 820 ~ 830℃；尺寸小、形状复杂的零件，淬火温度取 780 ~ 800℃。

（2）淬火前预冷　对模具的四角及螺钉孔先进行预冷，可用棉纱浸水冷却，或四角先浸水再提出水面，待工件温度回升至暗红色，然后对整体模具进行水淬油冷双液淬火，防止开裂。

（3）双液淬火在水中冷却时间的控制　碳素工具钢除尺寸很小的在碱浴中淬火外，一般均采用水淬油冷双液淬火，即在 5% ~10%（质量分数）的 NaCl 盐水中冷却到 200℃左右转到油中缓冷，工件在水中的停留时间不宜用计算方法来确定，因为这种方法不可靠。应该通过实际操作积累经验，正确掌握。根据经验，一般小型复杂模具，水中冷却时间控制在 1s/4 ~6mm，迅速转入油中，油冷至 80 ~ 100℃出油空冷（最好将油温控制在 80 ~ 100℃），一般不会淬裂。如果有条件，先淬水再转入 160℃硝盐浴中停留 10 ~ 30min，效果会更好，可防止开裂，减少变形。对于截面较大的大模具，在水中停留时间按 1s/1 ~ 2mm 计；并根据实际情况，正确地进行预冷，可通过工件在水中的运动速度、运动方向、水温、工件在水中的响声及出水后水蒸气蒸发情况，进行控制。这些都需要积累实际操作经验，以保证出水温度控制在 200 ~ 150℃左右入油为佳。

（4）回火　一般按硬度要求选定回火温度，并及时进行回火。回火时间要充足，不少于 2h。较大模具的回火时间应适当延长，以清除内应力，提高模具使用寿命。

681. T10A 钢制凹凸模的热处理工艺

1）首先用螺钉将模具各孔封好，该保护部位用相应的方法保护，以防淬火变形开裂。

2）在箱式炉中进行 550℃ ×1h 预热。

3）在 100kW 埋入式盐浴中炉进行，950℃ ×2min 加热（从加热颜色看，模具心部尚未达到 900℃，根据模具大小灵活掌握）。

4）淬入 5% ~10%（质量分数）NaCl 水溶液 1min，迅速转入 180℃硝盐浴中 7min（根据模具大小适当延长或缩短）。

5）用干燥的棉纱头或碎布擦去模具模膛及表面的盐渍，趁热将凸模放入凹模中，并将其固定。于170℃硝盐浴中回火2h，出炉后冷却到室温拆开凸模，清洗干净。

经上述方法处理的模具，刃口硬度为61～62HRC，心部硬度为45～46HRC，变形完全达到要求。这种工艺本质上是利用快速加热进行表面淬火，工作部位硬，基体软，晶粒细，无氧化脱碳，节能省时，适用于单件小批量生产。

682. T10A钢制圆模冲头的氯化钙水溶液淬火工艺

某硬质合金厂压制硬质合金半成品用的圆模冲头，约有200多种规格，选用T10A钢制造。外径为$\phi 10$～$\phi 110$mm，内径为$\phi 1$～$\phi 50$mm，滑动面长为10～20mm，总长为36～150mm。冲头硬度要求为54～60HRC。

（1）淬火温度及加热时间的设计　淬火温度为780～790℃，预热及加热时间都经过精确计算，并设计专用淬火夹具。

（2）淬火冷却介质的选定　选择密度为1.31～1.33g/cm^{3}的氯化钙水溶液作为淬火冷却介质，使用温度低于70℃。

（3）冷却时间的确定　在氯化钙水溶液中冷却时间太长会开裂，太短又淬不硬。根据实践经验，选用（$d/8$～$d/3$）s/mm（d为有效厚度，单位为mm）较合适。淬火后保证硬度≥60HRC。

（4）回火　在硝盐浴或油中进行200℃×1h×2次回火。回火后冲头硬度为58～60HRC，且变形小，无开裂，使用寿命比常规处理者有较大提高。

683. T10A钢制模具的固体渗硼工艺

（1）六角模、球模、六角片模及一字槽模的固体渗硼　这些模具大多用T10A钢制造，采用780℃淬火，240℃回火，硬度为56～58HRC，使用寿命分别为2万件、2.5万件、1.5万件、1万件；而采用固体渗硼处理后，模具寿命得到提高。不同工艺对T10A钢制模具寿命的影响见表8-1。

表8-1　不同工艺对T10A钢制模具寿命的影响

热处理工艺	模具寿命/万件			
	六角模	球模	六角片模	一字槽模
780℃淬火，240℃回火，未渗硼	2	2.5	1.5	1
850℃×4h渗硼，空冷；850℃淬火，240℃×1.5h回火。渗层深度为5～8μm，基体硬度为55～58HRC	5	6	5	4
900℃×4h渗硼，空冷；850℃淬火，240℃×1.5h回火。渗层深度为100～120μm，基体硬度为54～58HRC	10	10	9～12	10

（2）落料冲孔模的固体渗硼　材料为T10A钢的CA141左右纵梁落料冲孔模经固体渗硼后，可显著提高其寿命。固体渗硼剂配方见表8-2。

表 8-2　固体渗硼剂配方

渗剂名称	质量分数(%)	粒度/mm
B-Fe(硼的质量分数≥20%)	5	0.080
KBF_6	7	粉末
SiC	80	0.154
木炭	8	0.8

其热处理工艺为：810℃装炉，910℃ ×4.5h 渗硼，出炉空冷至室温后，重新加热到 850℃，保温 1h 后淬油，240℃ ×1.5h 回火。渗层组织为单相 Fe_2B，渗层深度为 110 ~ 120μm，渗层硬度为 1550 ~ 1560HV。

渗硼落料冲孔模在冲载厚度为 6mm 的 16MnRE 钢板时，冲到 5000 多件后，未发现拉毛和断裂现象；未经渗硼的模具，在平均生产 5000 件后就发生断裂或拉毛而无法继续生产。

684. T10A 钢制板料冲孔模的化学沉积镍磷合金工艺

冲制 8 ~ 12mm 厚 Q235A 钢板的 T10A 钢冲孔模，硬度为 50 ~ 54HRC。由于钢板较厚，在冲孔时，冲孔模的下端外圆表面易发生黏着磨损、咬合和拉毛现象。在刃口处会发生局部撕裂，出现小缺口和小凹坑现象，使冲头发生早期损坏，冲孔模寿命一般在 1000 次左右。

将 T10A 钢冲孔模进行化学沉积镍磷合金后，可使冲孔模寿命提高 4 倍。

冲孔模化学沉积镍磷合金，可在酸性镀液中进行。沉积厚度为 20 ~ 30μm 的镍磷合金层，可大大提高模具表面的硬度、耐磨性和抗咬合性能，可有效地防止冲孔模的磨损和咬合，防止刃口撕裂和小凹坑的产生。

据现场生产分析统计，未经化学沉积镍磷合金的冲孔模冲厚 8mm、10mm、12mm 钢板分别冲 436 次、284 次、241 次，而经化学沉积镍磷合金者同规格冲孔模分别冲 2648 次、1466 次、1792 次。化学沉积镍磷合金还可用于修复因尺寸超差而报废的冲孔模，并可使其寿命再提高 1 倍以上。

685. T10A 钢制凹模的喷液淬火工艺

喷液淬火是以高速高压液流对工件表面进行淬火，具有强烈的冷却作用，能提高淬硬层深度与硬度，增大表面层残余压应力，促使窄槽小孔充分硬化。

内径为 ϕ16mm，外径为 ϕ48mm，厚度为 9mm 的 T10A 钢制凹模，经 790℃加热，对内孔进行喷液淬火后，测定孔壁处的切向残余压应力，高达 1303.4MPa。

如将凹模浸在水下进行喷射淬火，使内孔及外壁均为薄壳硬化，使用寿命更长。淬火冷却方法对凹模使用寿命的影响见表 8-3。

表 8-3　淬火冷却方法对凹模使用寿命的影响

淬火加热工艺	淬火冷却方式	回火工艺	试用寿命/万件
箱式炉加热 950℃ ×12min	10%(质量分数)NaCl 水溶液中摆动冷却	260℃ ×3min 硝盐浴回火	≈1
	内孔喷淬，整体冷却		1 ~ 1.4
	水下内孔喷淬		3 ~ 4.8

为增强喷淬的效果，在大直径模孔中设置分流器，改善冷却的均匀性，以提高冷却能力。

又如T10A钢制冷挤压凹模，模膛内径较大而上下不等。原工艺为790~800℃×3.5h，采用10%（质量分数）NaCl水溶液喷淬，180℃回火。在使用中发现大口径处有软点，模具使用寿命在2万次左右。造成软点的原因可能是局部蒸汽膜滞留的结果。后来，在模膛中安装分流芯棒后，再进行喷淬。由于锥形芯棒与内孔仿形，形成较均匀的环状通道，促使液流均匀地加速冲刷模膛各部位表面，克服了软点与软区，使内孔均匀硬化，模具使用寿命由原来的2万次提高到5万多次。

686. T10A钢制模具防止线切割开裂的工艺

T10A钢热处理后线切割时，往往会开裂，这与回火不充分有一定的关系。热处理残余应力与线切割二次淬火应力叠加是造成模具开裂的重要原因。

将淬火、回火后的模具，用高频振动（WZ-86振动时效仪）可去除残余应力，一般可降20~50MPa。振动时效还可提高材料的变形抗力，改善尺寸精度的稳定性。

通过改进热处理工艺减少了模具开裂。淬火后，先进行-130℃×1h冷处理，立即出炉空冷，再入50~60℃热水中缓慢升温30~60min，最后经200℃×90~120min回火。实践表明，冷处理可有效避免线切割开裂，还能使模具硬度提高1~2HRC。

有资料介绍，线切割后的模具在150℃左右的油中时效4h以上，对提高模具寿命有益。

687. T10A钢制导柱的盐水-油双液淬火工艺

ϕ39.7mm×330mm、ϕ28.5mm×295mm两种规格的T10A钢制导柱，要求淬火长度均为270mm，硬度为58~62HRC。

两种规格导柱尺寸都超过T10A钢油淬临界淬火直径，单一盐水淬火可能致裂，单一油淬火肯定淬不硬。因此，采用盐水-油双液淬火工艺盐浴加热，500℃烘干，770~780℃加热，根据导柱的硬度要求兼顾畸变要求，导柱在盐水中的冷却时间按1s/3.5~4mm计算比较合适，然后转入油中继续冷却。

清洗干净后在硝盐浴中或在热油中回火：190~210℃×2h。在油中回火件淬火后不必清洗直接回火。

用高频感应加热退掉不必硬化的部位。

按上述工艺处理，T10A导柱的硬度全部符合工艺要求，变形合格率≥95%。

688. T10A钢制冷压整形模的碳氮共渗工艺

图8-1所示为冷压薄壁倒圆锥零件的整形模。设计时为了节约成本，采用凹模可换式的镶套结构（见图8-1a），凹模材料为GCr15钢，外套为45钢。凹模硬度要求58~62HRC，其使用寿命不足700件。

由于凹模的模膛是倒圆锥形，磨损较快，其失效形式往往是锥形母线的直线度超差。为了提高凹模内壁的硬度，若对GCr15钢采用水淬，则因断面厚度不均，极易造成应力集中，导致开裂。如果选用临界冷却速度更小，淬透性更好的CrWMn、9Mn2V钢制造，虽然内壁硬度可达到62HRC，但其使用寿命改善甚微。

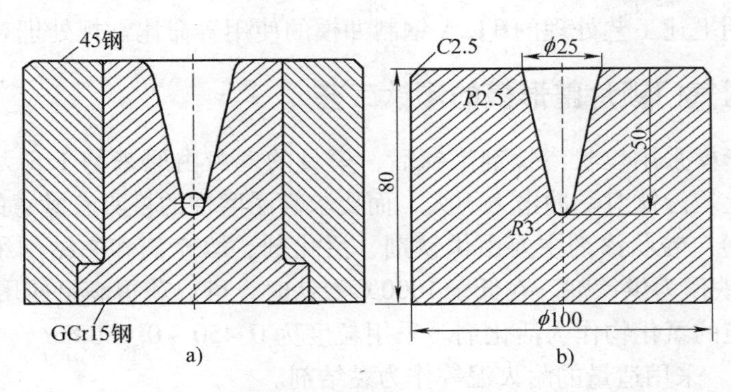

图 8-1　冷压薄壁倒圆锥零件的整形模
a) 原始设计　b) 改进后

经分析研究决定采用 T10A 钢制冷压整形模，并进行碳氮共渗工艺试验。另外，如果将凹模内壁的硬度提高到 65HRC 以上，同时增加内壁的耐磨成分，冷却时可采用常规的高压水喷射内壁，只使表面发生马氏体转变。改进后的结构如图 8-1b 所示。

将 ϕ90mm 的 T10A 热轧圆钢改锻成 ϕ106mm × 90mm 的坯料，停锻后空冷至 650 ~ 600℃，立即置于 610 ~ 630℃的空气炉中保温 1.5 ~ 2h，炉冷至 200℃出炉空冷。硬度为 235 ~ 238HBW。

模具调质处理采用 30kW 箱式炉加热，装炉量不超过 20 件，850℃ × 1h，淬入质量分数为 10% 的 NaCl 溶液中，冷至 180 ~ 150℃出水空冷；610 ~ 640℃ × 1.5h 回火，回火后硬度为 228 ~ 246HBW。精加工留研磨量 0.03 ~ 0.04mm。

最终热处理为 790 ~ 810℃ × 4h 固体碳氮共渗，渗剂的配方（质量分数）为 $K_4Fe(CN)_6$ 15% ~ 20% + Na_2CO_3 15% ~ 20% + 细锯木屑 60% ~ 70%。采用 60kW 气体渗碳炉，装炉时将充分混合后的渗剂填入模膛中压实，倒置于 ϕ150mm × 150mm 的桶中，以细木炭填充封盖，置于耐热罐的架盘上。共渗结束后，将整形模夹出，倒出渗剂，模口向下固定在装有质量分数为 10% NaCl 溶液的水槽中的支架上，开动水泵（压力为 0.2MPa，出水口直径为 ϕ12mm，流量为 2L/s），直喷模膛，冷至室温。回火在井式炉中进行，回火工艺为：150 ~ 170℃ × 2h。硬度检验用 65HRC 的方圆锉刀折断碴口，推划模膛，滑动而不出滑痕；沿整形模纵轴切开，测内壁硬度为 66 ~ 67HRC，淬硬层深度 ≥ 5mm，共渗层为 0.4 ~ 0.5mm。

采用以上碳氮共渗处理的整形模，平均整形工件达 8500 件，为改进前的 10 倍，大幅度提高了模具寿命，质量稳定。

689. T12A 钢制冲模的两次淬火、回火工艺

（1）预备热处理　880℃淬火，380℃回火。用 880℃高温加热，使得更多的碳化物溶入奥氏体中，未溶的碳化物变得更细小，淬火、回火后组织又转变为细密的回火索氏体。

（2）最终热处理　780℃淬火，180℃回火。碳素工具钢中未溶碳化物本身是一种脆性相，但当其在基体上分布均匀，尺寸较小且圆度较好时，可显著改善钢的韧性。在合理的热处理工艺下，未溶碳化物能改善钢强韧性的原因，主要在于它能够细化奥氏体晶粒，这对淬火时形成的微裂纹的扩展有一定的阻碍作用。

试验证明，用上述工艺处理的T12A钢制冲模的使用寿命比常规处理者提高2倍以上。

690. T12A钢制气门锁片整形模的渗钛工艺

气门锁片整形模采用粒状渗钛剂渗钛后，模具的寿命由原来的1.5万件提高到6万余件，提高3倍以上。渗钛对受冲击力不大，而要求高耐磨性的模具有满意的应用效果。

（1）渗剂成分　粒状渗剂主要由供钛剂、活化剂、填充剂和黏结剂组成。采用粒度小于0.180mm的钛铁作为供钛剂。在低于1000℃渗钛时，可以获得满足使用要求的渗层深度。渗剂中采用化学纯的氯化物作为活化剂。采用粒度为0.450～0.180mm，并经高温焙烧的纯Al_2O_3作为填充剂。采用适量的耐火泥等作为黏结剂。

（2）渗剂制备　将供钛剂、活化剂、填充剂和黏结剂按最佳配比进行配料、混合、球磨，在球磨机中成形和烘干后，再按粒度要求过筛，即获得符合要求的粒状渗剂。

（3）渗钛　模具在渗钛处理前，必须将表面的油渍和锈蚀清洗干净，然后装入密封渗罐中，并采用二道罐盖密封。在第一道罐盖密封后，要先在250℃烘干0.5h，然后再加外盖。为了增加密封效果，在渗剂上部要放一层厚3～5mm的二氧化硅粉，使之与活化剂作用，达到密封效果。装工件时，罐底与工件之间、工件与工件之间、工件与罐壁之间，都要有一定距离，以便充满渗剂，获得良好的渗钛效果。渗钛温度为950～960℃，按模具使用要求不同，一般在4～6h之间选择保温时间。在连续生产时可在600～700℃装箱。渗钛结束，渗箱出炉后，可空冷或风吹冷至室温，不宜开箱冷却。同时，为了保证粒状渗剂能重复使用，不得在高温下开箱，一般开箱温度应低于100℃。

在不添加新渗剂的情况下，粒状渗剂可重复使用2～3次。在添加50%（质量分数）新渗剂时，渗剂重复使用至第5次时，仍可满足渗钛要求。重复使用效果与密封好坏及开箱温度有关。

（4）渗钛后的热处理　由于渗钛层在高于500℃时，很容易氧化，因此渗钛模具应避免在高于500℃的空气中加热和冷却。然而对要求高硬度、高耐磨性的模具来说，渗钛后要求重新加热淬火，以提高其基体硬度。对于中小型尺寸的模具，可以在经严格脱氧捞渣的盐浴中加热淬火，但加热时间应尽可能短些，在200℃左右回火。

（5）渗钛层的组织及硬度　经4%（质量分数）硝酸乙醇浸蚀后，在金相显微镜下观察时，T12A钢渗钛层系白色亮层，无明显过渡层。T12A钢经960℃×5h渗钛后，可获得深度大于10μm的碳化钛渗层，硬度为2400HV。

691. T12A钢制凹模的锻造余热调质+氧氮共渗复合处理工艺

（1）锻造余热调质　T12A钢制凹模最后一火终锻温度大约为850℃，不要缓冷，而直接淬油，油冷至150～100℃出油空冷；擦去表面油渍，立即进入580℃×2h井式炉中回火，回火后水冷。

（2）氧氮共渗　调质后精加工成品再进行氧氮共渗。其工艺为：560～570℃×3h，质量分数为25%～28%的氨水滴量为120～150滴/min。氧氮共渗结束后出炉空冷。

（3）淬火、回火　600℃×30min预热。820～830℃×5min空冷20～25s淬入碱液，碱浴的成分（质量分数）为：KOH65%＋NaOH20%＋$KNO_3$5%＋$NaNO_2$5%＋H_2O5%，使用温度为140～200℃。在碱浴中冷却1min后，立即转入220℃硝盐浴中等温30min。然后在硝

盐浴中进行 280℃ ×1.5h 回火。

经上述工艺处理后，模具刃口硬度为 950 ~ 1000HV，表层硬度为 57 ~ 60HRC，基体硬度为 50 ~ 55HRC，模膛变形量≤0.03mm。原常规热处理的凹模冲压铝合金片不足万件，而采用复合处理的凹模冲压铝合金片可达到 5 ~ 6 万件，且刃磨后还可继续使用。

692. 9SiCr 钢制落料刀口模的中温回火工艺

9SiCr 钢制大规格 45 钢落料刀口模的外形尺寸为 160mm × 160mm × 30mm。按常规热处理，使用寿命低于 1000 件，失效形式为开裂；改为中温回火，使用寿命提高到 6000 ~ 10000 件。改进后的具体热处理工艺为：860℃淬火（油冷），420 ~ 450℃回火。经上述工艺处理后，模具硬度为 48 ~ 50HRC。

中小规格的 9SiCr 钢落料刀口模，应根据 45 钢棒料尺寸的不同，选用不同的使用硬度，才能保证模具获得高的寿命。9SiCr 钢制落料刀口模的使用硬度及寿命见表 8-4。

表 8-4　9SiCr 钢制落料刀口模的使用硬度及寿命

棒料直径/mm	模具硬度 HRC	使用寿命/万件
10 ~ 20	60 ~ 62	>10
>20 ~ 30	58 ~ 60	6 ~ 8
>30 ~ 40	56 ~ 58	5 ~ 6
>40 ~ 50	52 ~ 56	4 ~ 5
>50 ~ 60	45 ~ 50	1.0

693. 9SiCr 钢制冲模的强韧化工艺

工艺 1：碳化物超细化热处理工艺

9SiCr 钢制冲模采用常规 860 ~ 870℃加热，淬油，180 ~ 220℃ ×2h 回火，金相组织为马氏体 + 碳化物 + 残留奥氏体，硬度为 60 ~ 63HRC。使用中模具过早产生崩刃、脆断、开裂、软塌和磨损超差等现象。采用碳化物超细化热处理工艺，模具寿命大大提高。具体工艺如下：

1）950℃加热淬油，获得马氏体 + 残留奥氏体组织。

2）380 ~ 400℃ ×2h 回火，使残留奥氏体转变，并获得极细颗粒碳化物。

3）860℃再加热淬油。

4）200℃ ×2h 回火。

经上述工艺处理，获得以马氏体为基体的均匀分布颗粒细小的碳化物组织（0.1 ~ 0.3μm），M16 螺母断料冲模、螺栓镦扁冲头等模具寿命由常规热处理的 15000 ~ 20000 件，提高到 40000 ~ 50000 件。

工艺 2：涂防氧化涂料淬火工艺

9SiCr 钢制冲模外形尺寸为 600mm ×450mm ×60mm。原用箱式炉加热，880℃ ×1.5h 淬油，200℃ ×2h 回火，硬度为 50 ~ 55HRC。在线切割中模具经常出现沿切割方向开裂的现象。此外，模具刃口易出现毛边，使用寿命很短。采用“939”防氧化涂料，并将模具竖放炉中，使模具受热面积增大，工件在高温停留时间缩短，减少开裂倾向。另外，防氧化涂料兼有渗碳作用，不影响淬透性，可使模具表面硬度提高。其工艺为：模具于 300℃进炉，升温至880℃，保温50min，淬油；180℃ ×2h ×2 次回火。硬度为58 ~62HRC。

经上述工艺处理后，模具尺寸稳定，线切割无开裂现象，模具寿命得到显著提高。

工艺3：磁场等温淬火工艺

磁场热处理是在钢的热处理过程中加入磁场，以改善钢的组织和性能的工艺。在等温淬火过程中加入磁场就称为磁场等温淬火。在等温淬火的同时，加入脉冲磁场不但能改善工件性能，提高其寿命，而且可缩短等温时间，节约能耗，是一种比较经济的热处理工艺。

对9SiCr钢制冲头进行880℃加热，240℃ ×1h 等温；磁场等温处理在自制的脉冲磁场回火炉中进行。脉冲磁场强度为 6.6×10^4A/m 时，能获得最多的贝氏体。与常规等温淬火相比，在得到相同组织的情况下，可使生产周期缩短；在硬度相近时，冲击韧性明显提高。

为了考核磁场等温淬火的可行性，某标准件厂对9SiCr钢制冲头进行跟踪，结果表明，冲头寿命普遍提高50%以上。

694. 9SiCr钢制轧辊的水淬油冷工艺

浙江有些生产单位就地取材，用价格相对便宜的9SiCr钢制造冷轧辊。由于有效尺寸远远超过临界淬火直径，淬水易裂，淬油不硬。用水淬油冷解决了这个难题，此工艺的关键是控制好淬水的时间。

冷轧辊表面硬度要求≥61HRC，硬度不均匀性≤2HRC。辊身涂抗氧化涂料保护，于箱式炉860℃加热，水淬油冷。轧辊在水中多方位剧烈摆动，增加冷却的均匀性，出水转油冷的时间凭经验，油烟不窜高，判断为合适的水冷时间，并以最终硬度来验证。轧辊形状简单，在水中强烈摆动不会增加变形量，关键是垂直吊挂入水，变形量可控制在0.20mm以下。200℃左右转油冷最合适，可确保已硬化层不被自回火，且可缩短水冷时间。经验表明，有效直径（D）为 $\phi100\sim\phi160$mm 的9SiCr钢制冷轧辊，水冷时间取0.42 ~0.45s/mm较合适。轧辊长度及水温对水冷时间也有影响，它随着长度（L）的增加而增加，当 $L/D=5\sim10$ 时，水冷时间取0.55 ~0.6s/mm。

按上述工艺处理的9SiCr钢制冷轧辊，硬度为61 ~62HRC（极少数区域硬度为60 ~61HRC），无开裂，变形量<0.20mm。

695. 9SiCr钢制硅钢片冲裁凸模的盐浴淬火工艺

9SiCr钢制硅钢片冲裁凸模外形尺寸为105mm ×18mm ×6mm，在盐浴炉加热，热处理工艺如下：

1）600℃ ×40s/mm 预热。

2）830 ~850℃ ×20s/mm 加热。

3）加热结束后从盐浴中取出模具，将下端刃口部位10mm左右长度淬入盐水，以冷却曲线躲过等温转变图“鼻尖”为准，从水中提出立即入油冷却。由于凸模较薄，在油中冷却时间不能太长，以冷却温度稍低于 Ms（约160℃）为准，立即出油入190℃硝盐浴等温1.5h。

4）180 ~220℃ ×2h ×2 次回火。回火后，刃部硬度为64 ~66HRC，中间硬度为54HRC。

按上述工艺处理的9SiCr钢制硅钢片冲裁凸模的使用寿命比原Cr12钢提高6倍。

696. 9SiCr钢制螺母成形六角上模的热处理改进工艺

冷镦模在紧固件行业生产中占有十分重要的位置。根据湖南某标准件厂的统计，在影响模具寿命的因素中，热处理占75%，原材料占10%，服役条件占8%，其他占7%。也就是说，冷镦模热处理的好坏，直接影响紧固件生产企业的经济效益。

M14、M16螺母成形六角上模，按常规工艺处理，平均使用时间只有2h左右，平均寿命不到5000件。分析其原因大致有如下几方面因素：

1）原始组织差，使用一般热处理工艺又得不到改善，导致模具早期损坏。

2）采用无保护措施的箱式炉加热，不能有效地防止模具在热处理过程中氧化脱碳，而造成模具早期磨损或变形失效。

3）采用的热处理工艺不适宜。经870℃淬火，180℃回火，模具的表面硬度为62～65HRC，金相组织为粗大马氏体+少量残留奥氏体。

改进的热处理工艺：先调质再淬火、回火，即980℃高温加热淬热油，550～560℃高温回火；870℃淬热油，370～380℃×2h×2次回火。回火后硬度为54～57HRC。按此工艺处理后，螺母成形六角上模的使用寿命提高了5倍以上。

697. 9SiCr钢制十字槽冲模的等温淬火工艺

冲制螺栓用的十字槽冲模，一般采用T10A钢制造，使用硬度为58～60HRC，使用寿命通常为0.6万～0.7万件，其失效形式80%以上为十字头折断。由于此类模具是采用挤压成形的，因此很难用高合金钢制造。选用9SiCr钢制造，并采用等温淬火工艺，可使十字槽冲模的使用寿命比T10A钢制冲模提高3倍以上。

9SiCr钢制十字槽冲模，经900℃加热，270℃等温后，使用寿命超过3万件。

当提高等温温度致使硬度低于52HRC时，模具变形失效的比例显著增强。根据工具钢抗压强度与硬度成比例的关系，十字槽冲模的抗压强度应大于1700MPa，在此基础上提高冲模的韧性，可提高其使用寿命。

从试验得知，为了保证抗压强度大于1700MPa，等温温度应低于290℃，硬度应为55～56HRC。淬火明显提高冲击韧性的最低等温温度是250℃，在此温度等温，可获得57～59HRC的硬度和较高的韧性及耐磨性。

698. 9SiCr钢制冷镦模的两次淬火、回火工艺

9SiCr钢制冷镦模的两次淬火、回火工艺为：采用980℃加热，淬入80℃左右热油，550℃回火，可使碳化物充分溶入奥氏体，以得到细小碳化物和细小晶粒度；820℃×12min加热，淬入80℃左右热油，370℃×2h×2次回火。

通过两次淬火、两次回火处理，可以大大提高模具的冲击韧性，同时去除热处理应力。硬度为54～56HRC。模具使用寿命由原870℃淬油、低温回火的5000件提高到2.3万件。

699. 9SiCr钢制凸模的深冷处理工艺

增加深冷处理后的9SiCr钢制凸模的热处理工艺为：870℃淬火，200℃×1h回火，-196℃×10h深冷处理。凸模的使用寿命由原常规处理的5000件提高到1.5万件。也有人

将深冷处理安排在淬火后回火前（冷至室温清洗干净）进行。

700. 9SiCr 钢制模具的渗氮淬火复合处理工艺

9SiCr 钢制模具的渗氮淬火复合处理工艺为：550℃ ×12h 气体渗氮；870℃ ×12min 淬油；－80℃ ×3h 冷处理；150℃ ×2h 回火。经上述工艺处理，可使模具表面形成很厚的硬化层，在深度 0.20 ~0.6mm 处，硬度≥857HV。渗氮后重新加热过程中，钢表面的渗氮层在650℃开始分解，700℃以上完全分解，表面层氮原子损失掉一部分，另一部氮原子向内扩散溶入奥氏体中，淬火冷却后获得含氮马氏体。氮固溶强化了 α 相，使硬化区含氮马氏体硬度值显著提高，而且提高了硬化区的回火稳定性。9SiCr 钢制冲模经上述渗氮淬火复合处理后，使用寿命提高 2 ~3 倍。

701. CrWMn 钢制棘爪凸模的降温分级淬火工艺

CrWMn 钢制棘爪凸模刃口的形状复杂且带有尖角，在冲裁钢带时往往易产生崩裂。采用常规热处理，模具寿命只有 0.8 万 ~2 万件。采用降温分级淬火，可提高综合性能和提高模具使用寿命。热处理工艺为：600℃预热，800 ~810℃加热，在 150℃热油中冷却 10min；210℃ ×1.5h 回火。经上述工艺处理，模具的硬度为 58 ~60HRC，使用寿命达 5 万件。

702. CrWMn 钢制手表小凸模的低碳马氏体强韧化工艺

手表生产用的小型凸模一般采用 CrWMn 钢制造，常规热处理后模具的寿命在 1000 ~10000 次，失效形式多为局部崩刃或整个头部断裂。

采用低温短时加热、等温淬火的低碳马氏体强韧化工艺后，可获得具有较高裂纹扩展抗力的低碳板条马氏体组织，能显著提高模具寿命。

CrWMn 钢制手表小凸模的低碳马氏体强韧化工艺为：700℃ ×10min 预热，790℃ ×3 ~4min 加热，在 180℃石蜡中等温 15min，空冷，硬度为 59 ~61HRC；200℃ ×2h 回火后，硬度为 58 ~60HRC。模具刃磨一次寿命为 1 万 ~2 万次，总寿命可达 10 万 ~20 万次，且在使用中不易发生崩刃及断裂现象，显示出了极高的断裂抗力。

703. CrWMn 钢制手表镶字表盘字块冲挤凸模的等温淬火工艺

用于冲挤手表镶字表盘字块的 CrWMn 钢制凸模，在冲挤硬度小于 100HV 的纯铜带时，按常规处理，模具的使用寿命只有 0.5 万 ~0.8 万件；采用等温淬火，模具的寿命提高到 12 万 ~20 万件。具体工艺为：600℃盐浴预热，820 ~830℃加热，250℃ ×1h 硝盐浴等温；240℃ ×1h 硝盐浴回火。经上述工艺处理后，模具的硬度为 54 ~56HRC。

704. CrWMn 钢制擒纵轮十字凸模的等温淬火工艺

用于冲裁硬度≥240HV 高碳钢钢带的 CrWMn 钢制擒纵轮十字凸模，其刃部厚度只有 0.195mm。按常规处理，模具寿命为 10 万次左右；采用等温处理，模具寿命提高到 15 万 ~20 万次。具体工艺为：模具在保护气氛炉中加热，800 ~810℃淬入 240 ~250℃的硝盐浴，等温 1h；210 ~220℃ ×1.5h 硝盐浴回火。经上述工艺处理后，模具的硬度为 59.5 ~61.5HRC。

705. CrWMn 钢制落料模的强韧化工艺

夏利轿车限位板座是由 0.8mm 厚的 65Mn 钢带冲压成形的。其 CrWMn 钢制落料模为既冲孔又落料的复合模。被冲材料虽然很薄，但由于该弹簧钢板硬度高，模具极易产生折断和崩刃。按常规处理，模具的平均寿命只有 0.7 万件左右；而采用强韧化处理，刃磨一次寿命为 1 万 ~2 万件，总寿命可达 12 万 ~18 万件，且在使用中不再发生崩刃折断现象。

模具外形尺寸为 100mm ×55mm ×35mm。强韧化工艺为：盐浴炉加热，600℃ ×15min 预热，790℃ ×7min 加热，在 180℃的石蜡中冷却 15min，空冷，硬度为 59 ~61HRC；200℃ ×2h 硝盐浴回火，硬度为 58 ~60HRC。

CrWMn 钢的低碳马氏体强韧化处理，主要是为了获得板条马氏体组织。

706. CrWMn 钢制喷嘴叶片冲模的热处理工艺

CrWMn 钢制喷嘴叶片（叶片材料为 07Cr19Ni11Ti，厚 1.5mm）冲模的热处理工艺为：锻后先进行球化退火；再进行调质处理，具体工艺为 870 ~890℃淬油，660 ~680℃回火；最后进行正常的淬火、回火处理，具体工艺为 600℃预热，810 ~830℃加热淬油，油冷至 200℃左右出油空冷，200 ~210℃ ×3h 回火。经上述工艺处理后，模具的硬度为 58 ~64HRC。

模具经磨加工和线切割后，再施以 170 ~190℃ ×4h 时效处理。模具的寿命显著提高，每修磨一次可冲裁喷嘴叶片 2 万件以上。

707. CrWMn 钢制光栏片冲模的调质 + 淬火、回火工艺

光栏片是光学仪器中大量使用的零件，用 0.06 ~0.08mm 的低合金冷轧钢带冲制成形，要求严格控制尺寸精度和夹角的公差，端面表面粗糙度值 *Ra* 要低于 0.8μm，因而对光栏片冲模有较高的技术要求。冲模外形尺寸为 ϕ50mm ×57mm ×26mm。

光栏片冲模曾用碳素工具钢制造，淬火时易产生变形超差，也用过 Cr12 钢制造，因机械加工困难，不便制造。生产实践证明，CrWMn 钢较为合适。

CrWMn 钢制光栏片上冲模的制造工艺线路是：毛坯→球化退火→粗加工→调质→半精加工→去应力退火→淬火、回火→精磨。热处理工艺如下：

（1）球化退火　800℃ ×3 ~4h，炉冷，720℃ ×2 ~3h，炉冷 500℃出炉空冷。

（2）调质　830℃ ×15min，淬油，700 ~720℃ ×2h 回火。调质后硬度为 22 ~26HRC。

（3）去应力退火　淬火前进行 640℃ ×4h 去应力退火，低于 300℃出炉空冷。

（4）淬火、回火　400℃ ×1h 预热，830℃ ×15min 加热，淬入 80 ~100℃热油 4 ~5min，170 ~180℃ ×3 ~4h 回火。

经上述工艺处理后，模具的硬度为 61 ~64HRC，变形合格，达到设计要求。

模具粗加工后的调质处理和半精工后去应力退火，可细化组织、改善碳化物的弥散度和分布状态，提高淬火硬度和耐磨性。按上述工艺处理的冲模，使用寿命一次可连续冲制 12000 片以上，且冲制的光栏片端面的表面粗糙度值低，同时可增加模具的修复次数，也就是说模具总寿命提高了。

CrWMn 钢制模具在淬火后应立即进行回火处理，以免产生裂纹使模具报废。此外，模

具回火出炉冷至室温后才可清洗，过早清洗也可能产生裂纹造成废品。

708. CrWMn 钢制冷挤压模的预淬等温处理工艺

预淬等温处理的含义：模具钢加热到奥氏化温度以后，先快冷到稍低于 Ms 的温度进行预淬，当马氏体转变约20% ~40%时，立即转入高于 Ms 点的温度进行贝氏体等温转变，随后空冷至室温。淬火后得到淬火马氏体、过剩碳化物、残留奥氏体和含有贝氏体的复合组织。

CrWMn 钢制冷挤压凹模的外形尺寸为 ϕ88mm ×50mm，用于自行车上档的冷挤压成形，硬度要求为58 ~62HRC。预淬等温处理的工艺为：840℃加热保温后，先在160 ~170℃的碱浴中预淬70s，随即用干净的碎布擦干净后，迅速放入240 ~260℃的硝盐浴中等温40min后空冷，淬火后硬度为59 ~62HRC；最终经240℃ ×2h ×2次回火，硬度为59 ~60HRC。

经预淬等温处理的凹模，不仅完全避免了早期开裂，而且使模具的寿命由常规处理的2000件提高到7000多件。

709. CrWMn 钢制粉煤机锤头的预淬等温处理工艺

CrWMn 钢制粉煤机锤头的外形尺寸为63mm ×60mm ×130mm，工作条件比较恶劣，技术要求严格。过去采用盐浴加热，淬油，中频加热退火降低耳部高硬度，经常发生应力裂纹，使用中也不断发生脆断，使用寿命长者十几天，短者仅几个小时。通过系统分析试验，采用预淬等温处理工艺，锤头可使用到3个月。热处理工艺如下：

1）720℃ ×1.5h 箱式炉保护预热，升温至850℃保温1h。

2）在80℃左右的热油中预淬2min，立即转入160℃的硝盐浴中等温45min。

3）180℃ ×2h ×2次回火，回火后硬度为54 ~56HRC。

710. CrWMn 钢制下介轮片模的等温淬火工艺

下介轮片是生产日历表中尺寸最小、要求较高的一种齿轮。其外径只有2mm，齿数为10，厚度为0.20mm，材料为T10A。用冲齿的方法加工，其模具及加工模具用刀具的选材及热处理问题比较突出。

下介轮片凹模的材料为CrWMn 钢，经球化退火处理后硬度 <217HBW；盐浴加热处理，600℃ ×0.8min/mm 预热，820 ~830℃ ×0.4min/mm 加热，淬热油，160℃ ×1.5h 硝盐浴回火，硬度为62 ~64HRC。齿形变很小，用投影仪放大100倍与样板对照检查，齿形误差均在公差范围内。

下介轮片凸模也采用CrWMn 钢制造，它和凹模热处理工艺不同，韧性特别重要。热处理工艺为：600℃预热，860 ~870℃加热，240℃ ×1.5h 硝盐浴等温淬火，240℃ ×1h 回火。硬度为58 ~60HRC。

经生产现场考核，凹模刃磨一次可冲制6万多片；凸模刃磨一次可冲制2.5万片，磨了刃口又冲制3.5万片，仍可继续使用。

711. CrWMn 钢制地板砖模具的热处理工艺

CrWMn 钢制地板砖模具上模板正面是多个正方形小块分割，形状较复杂。按常规工艺淬火变形开裂严重，废品率高。

改进后的热处理工艺为：在箱式炉中保护性加热，550℃ ×45min 加热，升温至 820℃ 保温 50min，出炉后空气中预冷 3 ~5s 后淬油。淬火时，模块入油的一瞬间，模具反面（平滑面）迎着冷却介质快速摆动，加大模面的冷却速度，使正反两面冷却速度趋于一致，以减少相变应力和热应力引起的变形。经上述工艺处理后，模具正面的凸起变形量可控制在 0.3 ~0.4mm，不会出现淬裂报废。最后在硝盐浴中施以 200℃ ×2h ×2 次回火，回火后硬度为 59 ~62HRC。

712. CrWMn 钢制手表离合杆凸模的循环加热淬火工艺

CrWMn 钢制手表离合杆凸模的热处理工艺如下：

（1）预热　400℃空气炉预热。

（2）循环加热淬火　790℃→670℃循环四次（两台盐浴炉），每次保温 10min。最后一次循环加热 790℃ ×0.5min/min，淬油。

（3）回火　180 ~200℃ ×2h。

按上述工艺处理，手表离合杆凸模的使用寿命达 9 万多次，比常规处理者提高 4 倍。

713. CrWMn 钢制切槽模的双细化热处理工艺

用 CrWMn 钢制的自行车车把立管切槽模，在截面过渡处因冲击力极大，且有应力集中和变截面效应，极易产生断裂，平均寿命只有 600 件，不能满足生产需求。

CrWMn 钢切槽模的常规处理工艺为：球化退火温度为 770 ~790℃，保温 2 ~3h，炉冷至 700℃，保温 4 ~6h，炉冷至 550℃以下出炉，退火后硬度为 207 ~255HBW。淬火温度为 830℃，淬油，180℃回火。处理后的模具硬度为 60 ~64HRC，金相组织为片状马氏体 + 碳化物，使用寿命不高。

采用双细化（即细化晶粒、碳化物）预备热处理：固溶（淬火）温度为 1050 ~1080℃，淬热油，回火温度为 700 ~720℃，硬度 <229HBW。最终的淬火温度比常规低 20 ~30℃。超细化预备热处理 + 低温淬火、回火后，获得了细化的碳化物和晶粒，因此，该工艺称为双细化热处理工艺。该工艺可大幅度地提高模具的使用寿命（达到 0.5 万 ~1 万件），比常规处理提高 8 ~15 倍。

714. CrWMn 钢制注射机机筒的复合强化工艺

手表表壳玻璃是在注射机上注射成型的，注射机机筒是用 CrWMn 钢制成的。外形尺寸为 ϕ48mm ×181mm ×17mm，机筒上下两部分的服役条件不同。上部机筒在热状态下工作，要求有高的塑性和一定的强度。下部分机筒受活塞多次冲击，要求有高的强度和冲击韧性。在采用 840℃淬火、200℃回火的热处理工艺时，使用寿命很低，在螺纹部分常出现破裂，筒内壁也常过早产生磨损现象。其原因是 CrWMn 钢存在有碳化物偏析和网状碳化物，脆性较大。

采用图 8-2 所示的热处理工艺，可使机筒使用一年以上，寿命显著提高，且可提高了表壳玻璃的质量。

固溶处理可消除网状碳化物，调质可提高模具强韧性，从而满足机筒对性能的要求，延长了模具的使用寿命。

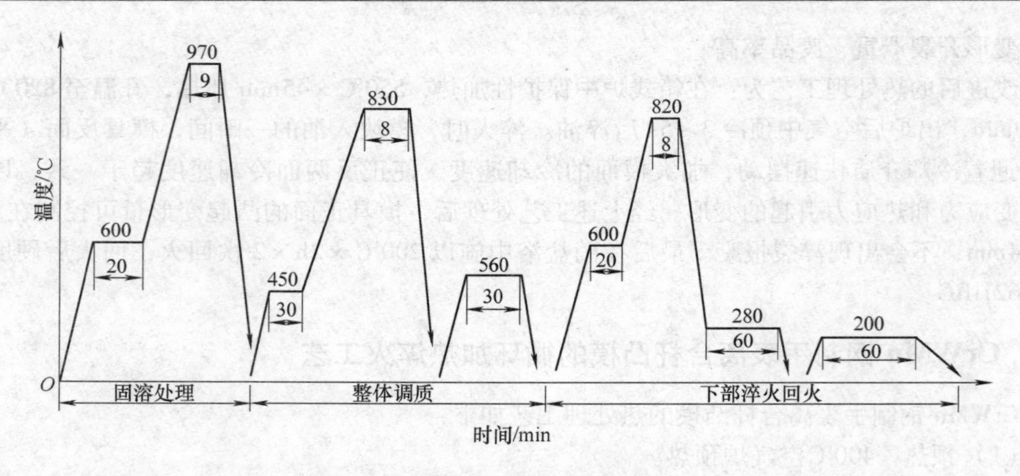

图 8-2　CrWMn 钢制机筒的复合强化工艺

715. CrWMn 钢制不锈钢压球模的渗硼复合强韧化工艺

压球模用于在冷态下将钢压成球状。压球模在工作过程中承受冲击、摩擦、拉深、压缩、疲劳和弯曲等综合作用，要求模具有高的耐磨性、疲劳强度、断裂韧度及抗咬合性等性能。原热处理工艺为：820～850℃淬火，220～230℃回火，硬度为60～63HRC。在压制不锈钢球时，使用寿命很低，主要失效形式是剥落。

对压球模采用图 8-3 和图 8-4 所示的复合强韧化工艺后，可较好地解决早期剥落失效问题，有效地提高了模具使用寿命。

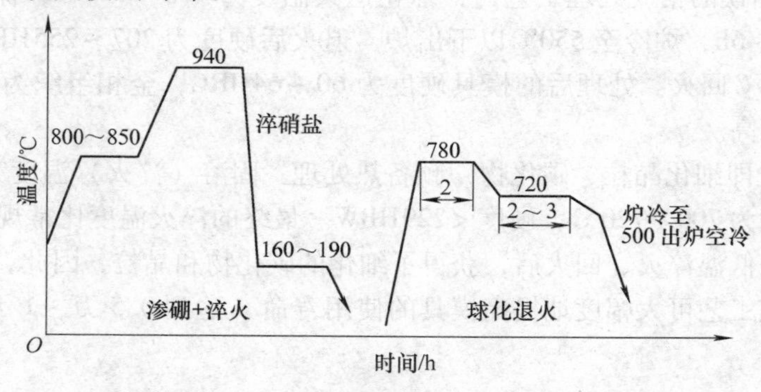

图 8-3　CrWMn 钢压球模的渗硼复合工艺

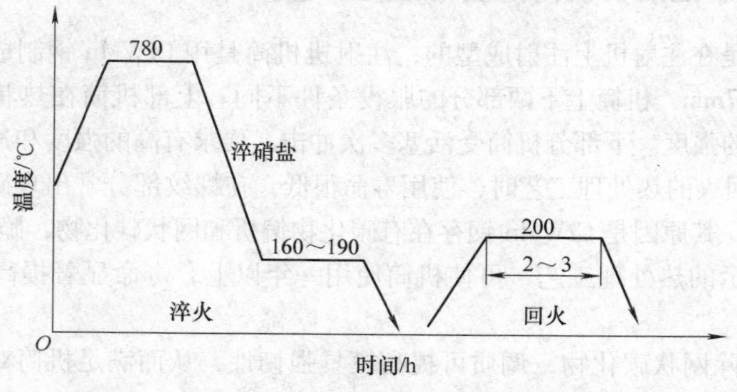

图 8-4　CrWMn 钢压球模的低碳马氏体热处理工艺

液体渗硼剂的组成（质量分数）为：75%脱水硼砂 +15%碳化硅 +5%碳酸钠 +5%三氧化二铝。渗硼层深度为 80 ~90μm，渗硼层组织为 Fe_2B，硬度为 2000 ~2100HV，渗硼淬火后基体硬度为 60 ~62HRC。

CrWMn 钢制压球模经渗硼、淬火、球化退火处理后再经低碳马氏体淬火处理，可提高基体的强韧性，用以挤压某规格不锈钢球时，其寿命可达 8.5 万 ~11.4 万件，而常规处理模具的寿命仅为 0.3 万 ~1.2 万件。

716. CrWMn 钢制凹模的稀土硼共渗工艺

CrWMn 钢制凹模，经常规热处理后，在压制磁性铁氧体（硬脂酸盐润滑剂的质量分数小于 1%，聚乙烯醇黏结剂的质量分数小于 1%，粉末平均颗粒为 0.3mm）时，模具要承受 100 ~120MPa 的压力和强烈的磨粒磨损的作用。模膛单边在磨损 3μm 后，即为失效。模具的寿命一般为 5 万 ~6 万次。模具采用盐浴电解稀土硼共渗，再经常规热处理后，使用寿命提高到 25 万 ~30 万次。盐浴电解稀土硼共渗的渗剂成分为工业硼砂、NaCl、KCl 和稀土。工业硼砂先经 400℃脱除结晶水处理。脱水硼砂在 850 ~900℃全部熔化后，再加入其他渗剂成分，待全部熔化并均匀搅拌后即可使用。其共渗工艺为 860℃ ×2 ~3h，电流密度选为 0.1 ~0.2A/cm^2。

经稀土硼共渗的模具，再用常规热处理工艺淬火、回火，使用寿命可提高 5 倍以上。

717. CrWMn 钢制拉深模的渗硼、淬火工艺

某链条厂的 CrWMn 钢制拉深模，原采用常规热处理，模具的寿命只有 4000 件左右。后改为渗硼淬火，模具使用寿命达 20 万件以上。

采用固体粉末渗硼工艺，其本质属于气态催化反应的气相渗硼。供硼剂在高温和活化剂的作用下形成气态硼化物，它在工件表面不断化合分解，释放出的活性硼原子不断被工件表面吸收并向工件内部扩散，形成稳定的铁的硼化物层。

渗硼工艺为 930℃ ×3 ~4h，渗后空冷；830℃加热淬油，200℃ ×1h ×2 次回火。表面硬度为 1560HV，基体硬度为 61 ~63HRC。

718. CrWMn 钢制矫直辊的激光淬火工艺

CrWMn 钢制矫直辊的激光淬火，采用 JCS-003 数控激光淬火机床和 GJ-1 型 CO_2 激光器。CrWMn 钢制矫直辊先消除网状碳化物，再经调质处理改善原始组织。激光淬火前先整体预热到 120℃左右。淬火时水平放置，由数控台带动旋转，同时工作台做水平进给。为使辊身在淬火过程中温度均匀，用三头螺旋线方式淬火，表面涂 1005G 吸收层，各淬火条的搭接量为 0.6mm，激光输出功率为 1kW，淬火线速度为 1600mm/min。可采用淬完一条，待工件冷却到室温再淬下一条的间歇式淬火；也可采用工件整体预热到 120 ~150℃后，立即进行激光等温淬火。淬火过程把零件表面温度控制在 100℃左右时，无一开裂，达到技术要求。

719. CrWMn 钢制冲模的固体碳氮共渗、等温淬火工艺

CrWMn 钢制冲模的原热处理工艺为：830 ~850℃加热淬油，230 ~250℃回火。硬度为 58 ~62HRC，冲模平均寿命 3000 件，失效主要形式是折断。采用固体碳氮共渗等温淬火工

艺，模具平均寿命达到8400件，始终未发生开裂和折断。具体工艺如下：

1）固体渗剂成分（质量分数）为木炭70% + 黄血盐30%。按工艺要求装箱密封，600℃ ×4h 预热，同时又可获得富氮的氮碳共渗层。

2）氮碳共渗后随炉升温到840℃，保温1~2h。

3）840℃出炉立即开箱取出模具，在220℃硝盐浴中等温45min。

4）160℃ ×2h ×2 次回火。

经上述工艺处理后，模具的表面硬度为83HRA，心部硬度为56HRC。

720. 9Mn2V 钢制冲模的等温淬火工艺

外形尺寸为210mm ×130mm ×60mm 的冲模，原用T10A 钢制造，使用寿命不理想。改用9Mn2V 钢，经常规热处理后模具使用寿命虽有较大提高，但还不令人满意；采用等温淬火后，模具使用寿命得到很大提高，满足了使用要求。其热处理工艺为：600℃盐浴预热，790℃加热，180~190℃ ×2h 硝盐浴等温，200℃ ×2h 回火后空冷。硬度为59~61HRC，使用寿命达96.3万件，是原T10A 钢的4倍，是9Mn2V 钢常规处理的2倍。

721. 9Mn2V 钢制冷轧辊的优化热处理工艺

轧制10钢的9Mn2V 钢制冷轧辊，外形尺寸为 ϕ180mm ×240mm ×560mm（总长），重量为71kg，将6.5mm 厚钢板轧成0.9mm。原用Cr12 钢制作，因一时缺料，暂用9Mn2V 代用，通过优化热处理工艺，取得了令人满意的结果。

（1）锻后退火　箱式炉加热，加热温度为760~780℃，保温3~4h，炉冷至500℃出炉空冷。退火后硬度为207~229HBW。

（2）淬火、回火　450℃空气炉中预热2h，650℃盐浴炉中预热1.5h，800~810℃盐浴炉中加热1h，在20℃左右的10%（质量分数）NaCl 水溶液中冷30s，立即转油中冷却至150℃左右出油空冷；擦净表面的油渍及时回火，160℃ ×2h ×2 次硝盐浴回火。冷至室温后用热水清洗，硬度为60~64HRC。

722. GCr15 钢制粉末冶金压模的高温淬火工艺

粉末冶金压模的形状比较简单，凹模为圆筒形，凸模为圆柱形。凹模壁厚为4~50mm，模具在4000kN 压力机下工作，模具工作面与铁粉产生强烈摩擦，因此要求模具有高的耐磨性和足够的强度。

模具原工艺采用860℃淬油，180℃回火。模具的寿命只有3500~5000件，失效的主要形式是磨损。将淬火温度提高到900~920℃，淬油，仍采用180℃回火。模具的硬度为63~65HRC，比原工艺提高1~2HRC，使用寿命提高1倍多。

723. GCr15 钢制耐火砖模具的水淬油冷工艺

制作耐火砖模具的形状比较简单，原工艺用860℃淬油，由于模具厚，超过GCr15 钢临界淬火直径，虽经180~200℃回火，硬度只有40~45HRC，导致工作面表面较早地产生凹坑磨损失效，影响其寿命。凹坑的大小与耐火砖填料中硬质颗粒大小相一致。这可能是由于硬质颗粒对模具表面的相对摩擦并不大，但冲击力较大，在模具表面产生接触应力所致。而采用水淬油冷双液淬火，可以保证模具表面硬度≥55HRC。具体工艺如下：

1）选择合适的淬火夹具。

2）600℃盐浴预热，860℃盐浴加热。

3）出炉后空冷40~60s，待模具棱角处预冷到680~720℃迅速进入NaCl水溶液，冷至180℃左右立即入油缓冷。淬火冷却介质分别为10%（质量分数）NaCl水溶液和L-AN46全损耗系统用油。

4）190~200℃×3~4h回火，回火后硬度为58~60HRC。

经上述工艺处理后，模具的使用寿命提高1倍以上。

724. GCr15钢制冷弯机轧辊的碳氮共渗强化工艺

用于煤气和自来水管道工程的直缝焊管，是用钢带在冷弯机组上经多道轧辊的轧制和高频焊接而成的，每台机组上有不同形状的轧辊20多副。这种冷弯机轧辊在工作中承受很大的载荷、复杂的高变应力及冲击和磨损作用，国外采用Cr12MoV钢制造；而国内一些厂家采用GCr15钢制造，并经高浓度气体碳氮共渗强化处理，模具的使用寿命达到1000t/套，达到进口轧辊的水平。具体工艺如下：

先进行830℃×3~4h高浓度碳氮共渗，供碳剂为煤油，供氮剂为氨气。煤油滴量为8~12mL/min，炉压为0.1006~0.1010MPa。共渗后直接淬油，油冷至180℃左右出油空冷。回火在RJJ-65-6型井式炉中进行，回火工艺为180℃×2h×2次。

经上述工艺处理后，渗层可获得含氮马氏体、碳氮化合物、合金氮化物及少量的残留奥氏体。渗层中碳的质量分数达1.65%，氮的质量分数为0.6%左右，其表面硬度达到889HV，共渗层深度为0.5~0.7mm。

725. GCr15钢制冲模的双细化热处理工艺

根据GCr15钢冲模的服役条件，结合生产实际，采用盐浴炉进行高温固溶处理和循环加热淬火双细化热处理工艺，在不降低强度和耐磨性的情况下，提高了强韧性。具体工艺如下：

（1）高温固溶处理 1040~1050℃×30~45min盐浴加热后，在640~650℃的中性盐浴中，冷却20 min后出炉空冷。

（2）循环加热淬火 820℃×5min淬热油，空冷，再820℃×5min淬热油，空冷，循环4次。

（3）回火 150~160℃×2h，回火后空冷。

经上述双细化热处理后，金相组织以板条马氏体为主，加少量的残留奥氏体和碳化物，硬度为62~63HRC。

GCr15钢没有组织遗传现象，用碳化物细化预备热处理和四次循环加热淬火工艺，碳化物和奥氏体进行双细化热处理，可使碳化物尺寸细化到0.3μm，奥氏体晶粒度为14级，且淬火后得到的板条马氏体及形态、分布良好的残留奥氏体。因而，在硬度、强度基本保持不变的情况下，断裂韧度提高了2~3倍。

经双细化热处理后，碳化物尺寸显著减小且分布均匀，明显改善了它对韧性的有害影响。同时，碳化物细小还能促使奥氏体细化及其成分的均匀度；细小均匀分布的碳化物，还有弥散强化的作用。

循环加热淬火，一般循环加热3~4次，可使奥氏体超细化（达14级超细晶粒度）。晶粒越细，钢材的韧性也越好；细化晶粒可同时改善强度和韧性。

经双细化热处理的GCr15钢冲模使用寿命从原常规处理工艺的2000件提高到14000件。

726. GCr15钢制大型轧辊的水淬油冷工艺

外形尺寸为ϕ230mm×78mm×60mm的大型轧辊采用水淬油冷双液淬火热处理工艺。具体工艺如下：

于空气炉中进行825℃×2.5h加热，出炉后先用钢丝刷迅速刷去表面氧化皮，淬入10%（质量分数）NaCl水溶液中，加强晃动；水冷至400℃左右马上转到有搅拌装置的油中冷却，油冷至150℃左右后，立即入170℃×3.5h硝盐浴中回火。回火后冷至室温热水洗。

经上述工艺处理后，轧辊表面硬度达60HRC以上，组织为细小回火马氏体和细小碳化物，无开裂现象。

727. GCr15钢制冷轧辊的水淬空冷工艺

GCr15钢广泛用于制造中小型冷轧辊（见图8-5）。冷轧辊是金属轧机的重要零件，在轧制过程中，它承受着轧制力、磨损及较大幅度温度变化的热疲劳。因此，对热处理提出较高的要求：辊身工作面硬度为60~65HRC，淬硬层深度≥6mm，不允许有软点，不得有裂纹，两端辊颈非工作面的硬度为40~45HRC。以前曾采用双液淬火、低温回火，理想的情况下硬度可达54~63HRC。淬火后再用氧乙炔焰、喷灯等热源，施以局部加热来获得所要求的低硬度。但应用此法，轧辊水淬的时间难于掌握，稍有差错，就有可能沿台阶截面整个淬裂或者淬不硬。另外局部加热退硬度工艺不稳定，质量不易控制，因热传导也会使辊身硬度下降，因此双液淬火技术难度太大。

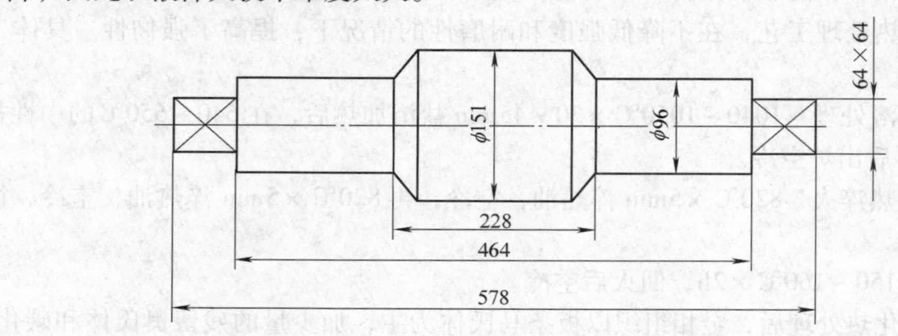

图8-5　ϕ151mmGCr15冷轧辊简图

通过多种工艺试验，终于攻克了GCr15冷轧辊热处理难关，使产品质量有了可靠的保证。具体工艺如下：

加热设备采用RJX-75-9电阻炉，炉膛内放置一定数量的木炭。其热处理工艺如图8-6所示。冷轧辊经整体加热后，在辊颈处套上预先定做好的铁皮石棉（布）复合套；再淬入45~50℃的循环水中，在热水中冷却7~8min取出空冷；卸去复合套，再进行低温回火

2 次。

经检测，辊身的工作面硬度为 61 ~ 63HRC，辊颈非工作面硬度为 42 ~ 45HRC，变形小，无开裂等缺陷，产品合格率≥98%。

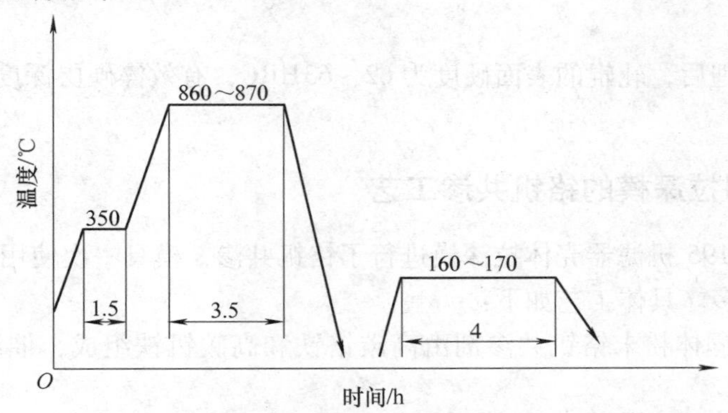

图 8-6　GCr15 钢制冷轧辊的热处理工艺图

728. GCr15 钢制轴承圈打字模的微渗碳淬火工艺

GCr15 钢制轴承圈打字模的字尖厚度 0.1mm，硬度要求为 61 ~ 63HRC。其热处理工艺如下：

（1）细化碳化物预备热处理工艺　980℃ ×60min 淬油，油冷至 250℃左右出油空冷；780℃ ×30min 降温至 700℃ ×2h 后空冷。

（2）微渗碳淬火　将字模置于 ϕ80mm ×50mm 的小铁盒内，内填料（质量分数）为木炭 85% + 黄血盐 15%，并加盖密封。字模的渗碳和淬火同步进行，随炉升温至 800 ~ 810℃，保温 75min 后开箱淬油。

（3）回火　240℃ ×1.5h + 160℃ ×1.5h 回火，硬度为 58 ~ 59HRC。

经上述工艺处理后的打字模，使用寿命为 3.6 万次，比常规处理的模具寿命提高 1000 倍。

729. GCr15 钢制冷轧辊的快速加热淬火工艺

冷轧辊外形尺寸为 ϕ164mm ×850mm，其中辊身长 335mm，要求硬度≥62HRC，辊颈及尾部要求较低的硬度（32 ~ 38HRC）。其热处理工艺如下：

（1）球化退火　锻后进行预备热处理，球化退火在 RJX-75-9 箱式炉中进行。780 ~ 790℃ ×3h 炉冷至 680 ~ 690℃，再保温 5h，炉冷至 250℃左右出炉。退火后硬度为 197 ~ 217HBW。

（2）淬火前的准备工作　擦净轧辊表面的锈痕及油污，以防产生软点；去除表面裂纹、划痕等缺陷，防止淬裂；然后在辊颈部位包一层 8 ~ 10mm 厚的用水玻璃调成的耐火泥，并阴干 1 ~ 2 天，辊身涂 2 ~ 3mm 防氧化脱碳保护层。

（3）淬火加热　利用两台 RJX-75-9 箱式炉加热。一台升温到 600 ~ 650℃，做预热用；另一台升温到 920 ~ 930℃，做淬火加热用。将工件装入预热炉中，600 ~ 650℃ ×2.5 ~ 3h，然后迅速转移到淬火加热炉中，并快速加热，以轧辊有效直径计算（11s/mm），加热时间共 30min，这时辊身的实际温度只有 860 ~ 880℃。

（4）淬火冷却　在室温下，采用5%（质量分数）的NaOH作为淬火冷却介质，进行强烈冷却。冷却时间为20~25min。

（5）回火　淬火后的轧辊冷却到100℃左右，立即进入油中回火。其回火工艺为160~180℃×3h×2次。

经上述工艺处理后，轧辊的表面硬度为62~63HRC，有效淬硬层深度为5~8mm，完全满足技术要求。

730. GCr15钢制拉深模的铬钒共渗工艺

对GCr15钢制195机滤器壳体拉深模进行了铬钒共渗，模具一次使用寿命达2万次，比常规处理提高3倍多。具体工艺如下：

（1）共渗剂　固体粉末铬钒共渗剂由高碳铬铁和高碳钒铁组成，催渗剂为氯化铵，填充剂为氧化铝。

（2）共渗工艺　模具装入已拌好共渗剂的铁箱内，密封后装入普通的箱式炉中加热。650℃左右入炉，在此温度保温0.5~1h，随炉升温至950℃，保温4~6h后出炉空冷，冷至室温后开箱取出模具，可得到20μm的渗层深度。

（3）淬火　850℃加热淬油。

（4）回火　180℃×2h×2次回火。

731. GCr15钢制切边模的碳氮共渗与稀土钒硼共渗工艺

工艺1：碳氮共渗

GCr15钢制切边模的碳氮共渗工艺如下：

1）锻后趁余热直接淬油，730~750℃高温回火，硬度<230HBW。

2）790~800℃×4~5h碳氮共渗。

3）碳氮共渗后直接升温至812~825℃，淬入160~200℃硝盐浴，等温30~40min。

4）240~250℃×2h×2次回火，表面硬度为63~64HRC。

经上述工艺处理的切边模比常规处理的使用寿命提高4~6倍。

工艺2：稀土钒硼共渗

GCr15钢制切边模盐浴炉稀土钒硼共渗工艺为：950℃×4h，降温至850℃×1min/mm，出炉预冷至820℃淬油，160℃×1.5h空冷+150℃×1.5h回火，油冷。渗剂成分为工业硼砂+V_2O_5（纯度≥98%，粒度200~300目）+铝粉（纯度≥98%，粒度20~80目）及混合稀土。经上述工艺处理的切边模比常规处理的使用寿命提高3倍多。

732. GCr15钢制印花模的固体渗碳剂保护光亮淬火工艺

GCr15钢制不锈钢印花模的表面粗糙度值*Ra*为0.025μm，淬火加热不允许出现表面脱碳和麻点。采用盐浴处理，虽经脱氧捞渣，但表面仍有0.03~0.04mm的脱碳层，影响使用寿命，工作8000次，即出现麻点。

采用简易的固体渗碳剂保护方法：在箱式炉中使用固体渗碳剂对模具保护加热，850~870℃×2h，淬入10%（质量分数）的NaCl水溶液中1.5min后，转入油冷至室温；200℃×3~4h回火。模具表面光洁美观，颜色为银灰色，表面粗糙度符合技术要求，使用寿命达到 1.2~1.5 万次，比原工艺处理的模具提高 50%~90%，而且有显著的节能效果。

733. GCr15 钢制轴承套圈凸模的渗锰工艺

对 GCr15 钢制轴承套圈热冲凸模进行渗锰，应用结果表明，其一次使用寿命达 3000 件，比未渗锰常规处理的提高 1 倍。渗剂配方及工艺如下：供渗剂为锰铁，活化剂为氟硼酸钾、氯化铵，填充剂为氧化铝。将渗剂粉碎至 100 目，并与活化剂、填充剂粉末混合均匀后，一起装入渗锰箱中，加盖密封后，即可装炉渗锰。900~950℃×6h，渗层深度可达 10~15μm，渗层硬度为 1225HV，过渡层硬度为 625HV，基体硬度为 375HV。

734. GCr15 钢制小轧辊的预冷分级不完全淬火工艺

某 GCr15 钢制小轧辊的外形尺寸为 ϕ113mm×440mm（辊身 ϕ113×114mm），辊身工作部分硬度要求为 64~66HRC，原采用中频感应淬火。现改用 45kW 箱式炉加热，用“603”固体渗碳剂保护，830~850℃×1.2min/mm。淬火冷却介质为 15%~20%（质量分数）的 Na_2CO_3，另加 3%（质量分数）的 NaCl 水溶液，采用预冷分段不完全淬火法，使非工作部位及两端方柄的硬度不高于工艺要求。淬火后立即入 120~130℃油中回火 3~4h，及时消除部分淬火应力，阻止孪晶马氏体形成时微裂纹的扩展倾向。冷到室温后，再进行 150~160℃×4~6h×2 次回火，进一步消除淬火应力，同时消除残留奥氏体陈化现象。

轧辊经磨削加工后，再进行 120℃×3h 热油去应力退火，以去除磨削应力，稳定组织。

轧辊经上述工艺处理后，使用寿命由原中频感应淬火的轧 0.5t 钢带提高到轧 1.6t，寿命最长轧 2.5t，失效的主要形式是磨损。

735. GCr15Mo 钢制冲模的稀土催渗渗硼直接淬火工艺

GCr15Mo 钢是在 GCr15 钢的基础上加入 0.2%~0.4%（质量分数）的 Mo 而形成的新轴承钢。采用中频冶炼+电渣重熔新工艺，保持了 GCr15 钢的优点，克服其缺点。不仅可以制造轴承，而且可以用于制造中小型冲模。GCr15Mo 钢制冲模的热处理工艺如下：

（1）调质处理　最后一火终锻结束后，趁 920℃左右余热淬油，油冷至 150℃空冷，然后进行 650~670℃×2~3h 高温回火。调质处理后，可获得均匀细粒状的珠光体组织，硬度为 200~210HBW，有良好的切削加工性，并为最终热处理提供了良好的预备热处理组织。

（2）稀土催渗渗硼直接淬火　从试验可知，渗硼剂中加入稀土，可以降低渗硼温度 20~30℃，还可以起到催渗和微含金化作用。选用 850~860℃×2.5~3h 最佳液体渗硼工艺，渗硼后直接淬入 160~190℃低温碱浴中等温 30~60min，可降低热应力、组织应力，避免畸变，达到微变形。回火工艺为 200~220℃×2~3h。基体硬度为 62~64HRC，表面渗硼层深度为 85~110μm，硬度为 1900~2350HV。这样，表面具有高硬度、高耐磨性、抗擦伤性、抗咬合性、抗黏着性和一定的耐蚀性等性能，而内层基体具有高强韧性，可防止冲模脆性断裂和疲劳断裂及镦粗变形。用上述工艺处理的冲模，比原 GCr15 钢制冲模寿命提高 2~4 倍。

736. GCr15 钢制冲孔模和压坡模的激光表面强化工艺

GCr15 钢制冲孔模和压坡模激光淬火的工艺参数为：采用 500W 的 CO_2 激光器，功率密度为 $0.3\times10^4W/cm^2$，离焦量为 3mm，扫描速度为 50mm/s。根据相变硬化原理，以模具表面不出现熔化现象为佳，在一定功率的激光器上，通过调整离焦量和扫描速度就可以获得最佳工艺参数。增大离焦量，会使功率密度减少；减小离焦量，会增大功率密度。因此，在调整扫描速度时必须同时调整离焦量。

模具表面相关部位经激光加热后，瞬时达到很高的硬化温度，靠工件自身冷却即可淬硬，其冷却速度远比在常规淬火冷却介质中的冷却速度大。据测定，相变硬化的初始冷却速度可达 1.7×10^4℃/s。

模具表面经激光淬火后，可不进行回火，节能环保。

由于激光淬火的冷却速度极快，因而可使奥氏体内部形成的亚结构在冷却时来不及回复及再结晶，从而可获得超细的隐针马氏体结构，可显著提高强韧性，减少崩刃，延长模具使用寿命。

冲孔模的激光硬化层由白亮层（为隐针马氏体和细粒状合金碳化物组织）、灰白层（为细针马氏体和细粒状合金碳化物组织）和过渡层（为隐针马氏体和回火托氏体组织——激光淬火前模具热处理硬度为45～50HRC）共三层组织；白亮层的硬度为849HV，硬化层深度为0.37mm。激光淬火后压坡模白亮层硬度为927HV，硬化层深度为0.268mm。

激光淬火后冲孔模使用寿命由常规热处理的1.2万～1.6万件提高到2.8万～3.65万件；压坡模可连续冲压6000多件，而常规处理者的最高寿命为3000件，寿命提高2倍多。

737. 60Si2MnA钢制冷镦螺母冲模的热处理工艺

工艺1：冷镦螺母冲模的调质球化处理工艺

60Si2MnA钢制冷镦螺母冲模，用传统的球化退火工艺处理时，能耗大，周期长，生产率低。采用调质快速球化处理，生产周期大大缩短，而且球化组织均匀，寿命高。具体工艺如下：

（1）调质快速球化处理　450～550℃×2min/mm预热，780～800℃×1.5min/mm加热，淬油；580～620℃×2h回火，出炉后空冷。

（2）淬火、回火　450～550℃×2min/mm预热，800～820℃×1.5min/mm加热，250℃×1h硝盐浴等温；220～240℃×2h回火。

按上述工艺处理后，冲模的使用寿命由0.6万件提高到18万件。

工艺2：冷镦螺母四序冲模的高温淬火工艺

冷镦螺母用60Si2MnA钢制四序冲模，过去由于淬火温度偏低，保温时间不足，在淬火组织中存在着残留碳化物，心部存在未溶铁素体，导致强度和硬度降低。在使用过程中，产生弯曲、镦粗、成形部位过早软塌等缺陷。采用高温淬火工艺改善了上述不足，具体工艺为：800℃×0.6min/mm预热，920～950℃×0.4min/mm加热，淬油；250℃×4h硝盐浴回火。硬度为57～59HRC，使用寿命可比常规处理者提高2～3倍。

工艺3：冷镦六角螺母冲模的等温淬火工艺

60Si2MnA钢制冷镦六角螺母冲模，在生产中常因折断和刃部碎裂而失效。采用微细化预备热处理和等温淬火新工艺，可有效地提高模具寿命。

（1）微细化预备热处理　将模坯在870℃保温20min后淬油，再加热至790℃，保温5min后，以40℃/h的冷却速度冷至680℃，再保温30min，炉冷至500℃出炉空冷。

（2）淬火、回火　870℃加热，250℃×1.5h硝盐浴等温，240℃×2h回火。硬度为55

~57HRC，使用寿命 18 万件左右。270℃、290℃等温后的硬度分别为 53 ~ 55HRC、51 ~ 53HRC，使用寿命分别为 9 万件、11 万件。这说明 250℃等温效果较好。

738. 60Si2MnA 钢制板穿孔冲头的复合强韧化工艺

60Si2MnA 钢制板穿孔冲头按常规处理，使用寿命很低；后改为 870℃加热，于硝盐浴中淬火，250 ~ 300℃回火，使用寿命虽有提高，但还是因强韧性不足而造成断裂和崩刃失效。选用复合强韧化工艺后，使用寿命从常规处理的 0.6 万件提高到 2.5 万件。具体工艺如下：

（1）用调质代替球化退火　60Si2MnA 钢硅含量较高，有石墨化倾向，采用锻热调质处理可消除因球化退火形成的石墨碳。工艺为：最后一火终锻结束后，立即淬油，720℃回火。调质处理的组织均匀，碳化物呈细小弥散分布，是理想的预备热处理组织。

（2）中温薄层碳氮共渗　60Si2MnA 钢中碳的（质量分数）仅为 0.56% ~ 0.64%，并有较严重的脱碳倾向。采用 830 ~ 840℃ ×2h 中温薄层碳氮共渗处理后，可使模具表面碳的（质量分数）增至 0.8% ~ 0.85%，氮的（质量分数）为 0.20% ~ 0.35%，共渗层深度约为 0.10 ~ 0.15mm，表面硬度为 950 ~ 1000HV。冲头碳氮共渗后有较高的耐磨性、耐蚀性、疲劳强度、回火稳定性和抗咬合性。

（3）高温淬火　碳氮共渗后，直接升温到 920 ~ 930℃，保温 30min，于 260 ~ 280℃硝盐浴中等温 1h。

（4）回火　提高回火温度，进行 240 ~ 250℃ ×3h 回火，硬度为 59 ~ 61HRC。

按上述复合强韧化工艺处理的冲头，质量稳定，很少折断，失效形式主要是磨损。

739. 60Si2MnA 钢制冷镦螺钉冲头的预先渗氮 + 短时碳氮共渗工艺

60Si2MnA 钢制冷镦螺钉冲头，采用 870℃淬火，180℃回火，使用寿命为 4 万件左右；改用预先渗氮 + 短时碳氮共渗工艺，冲头使用寿命提高到 8 万 ~ 10 万件。预先渗氮 + 短时碳氮共渗工艺如图 8-7 所示。

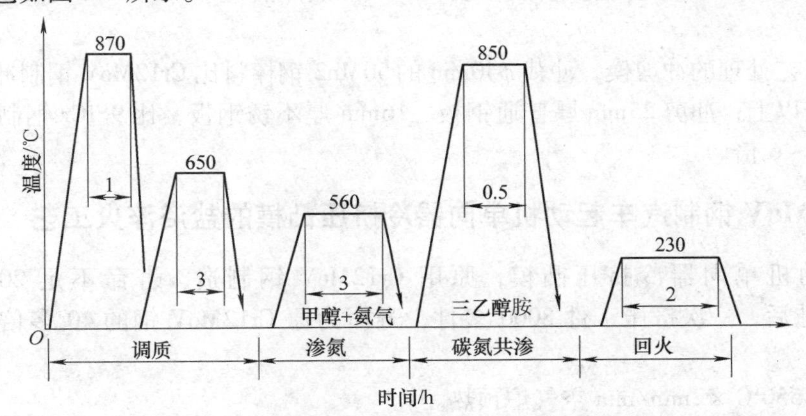

图 8-7　60Si2MnA 钢制冲头的预先渗氮 + 短时碳氮共渗工艺

740. 5CrW2Si 钢制车轮热打字头的盐浴高温淬火工艺

车轮、车箍经热轧后，要立即在 30000kN 压力机上打印，标出商标、生产日期及炉号等。出口产品的打印深度需在7mm以上。T8A钢制打字头，经780℃淬火，220℃回火后，在硬度为55～60HRC下使用时，由于字头与炽热的工件接触，表面温度可达500℃左右，在打印过程中硬度迅速降至28～30HRC，极易产生压塌、磨损、掉块及碎裂等失效现象，平均每个字头只能打印约10次。打字头改用5CrW2Si钢制造，使用寿命可达80～100次。其热处理工艺如下：

800℃×0.6min/mm盐浴预热；1050℃×0.3min/mm加热，淬油，冷至400℃左右立即入180℃硝盐浴继续冷却；500℃回火。硬度为41～43HRC。

741. 5CrW2Si钢制冷剪刀刃的强韧化工艺

冷剪刀是常用的剪切工具，在使用中要承受大的冲击载荷和强烈的振动挤压，常发生压塌、崩刃和剥落，使用寿命较短。为此对5CrW2Si钢制冷剪刀刃的热处理工艺进行了改进，侧重提高冷剪刀刃的强度和韧性，从而使其使用寿命提高了2～5倍。具体工艺如下：

（1）改退火为正火+调质 900～920℃×30min空冷；860～900℃×20min淬油，680～720℃×1h空冷。

（2）高温淬火、回火 920～950℃淬火（油冷），250℃回火。

经上述工艺处理后，冷剪刀刃的强度、塑性和韧性均较好，冲击韧度比常规处理提高53%；其金相组织为板条马氏体，加少量均匀细小的碳化物组织和分布在板条马氏体边界的细小的残留奥氏体。

742. 6CrWMoV钢制冲剪模的盐浴淬火工艺

6CrWMn钢制冲剪模的热处理工艺如下：

（1）退火 760～780℃×2h加热，以≤30℃/h炉冷至660～680℃，保温4～6h，炉冷至500℃出炉空冷。硬度为220～230HBW。

（2）淬火、回火 880～930℃加热，盐浴炉加热系数按1min/mm计，淬油。200～250℃×2h×2次回火。比较理想的工艺是：900℃加热淬油，230℃×2h×2次回火。硬度为56～58HRC。

经上述工艺处理的冲剪模，冲裁ϕ40mm的50Mn2钢棒料比Cr12MoV钢制冲剪模的使用寿命提高1倍以上；冲剪25mm厚普通钢板、16mm厚不锈钢板，比9SiCr钢制冲剪模的使用寿命提高3～6倍。

743. 6CrWMoV钢制汽车起动机单向器冷挤压凸模的盐浴淬火工艺

汽车起动机单向器冷挤压凸模，原用Cr12MoV钢制造，寿命不足200件。改用6CrWMoV制造后，一次挤压工件8000多件，寿命为原Cr12MoV钢的40多倍。具体工艺如下：

1）500～550℃×2min/mm空气炉预热。

2）900～920℃×1min/mm盐浴炉加热。

3）60～90℃的油中冷却。

4）200℃×2h×2次回火，硬度为58～60HRC。

744. 6CrNiMnSiMoV 钢制中厚板冲裁模的盐浴淬火工艺

中（3 ~ 6mm）厚（>6mm）板冲裁模具，一般用 Cr12 型钢制造。由于碳化物偏析严重，强韧性差，模具易发生崩裂和折断等早期失效现象，使用寿命不高。改用 6CrNiMnSiMoV 钢制造后，使用寿命成倍提高。具体工艺如下：

（1）退火　760℃ ×2h→680℃ ×6h，炉冷至 550℃以下出炉空冷，硬度 <240HBW。

（2）淬火、回火　600℃ ×90s/mm 预热，900℃ ×50s/mm 加热，淬油，硬度 >64HRC；180 ~ 200℃ ×2h ×2 次回火，硬度为 59 ~ 61HRC。

按上述工艺处理后，冲裁模的刃磨寿命可达 1 万件，比原 Cr12MoV 钢制模具提高 4 ~ 5 倍。

745. 6CrNiMnSiMoV 钢制异形薄长冲模凸模的热处理工艺

异形薄长冲模凸模是电仪器、照相机、通用设备等有关产品成形不可缺少的模具之一，通常用 Cr12、CrWMn 或高速钢制造。模具在使用中呈崩刃或折断失效，模具寿命比较低，一般为 1 万件以下。改用 6CrNiMnSiMoV 制造，模具寿命得到很大提高，经济效益十分明显。其热处理工艺如下：

在箱式炉中加热，900 ~ 920℃ ×90s/mm，淬油，油冷至 200℃左右出油空冷，淬火后硬度为 63 ~ 65HRC；180 ~ 200℃ ×2h ×2 次回火，回火后硬度为 59 ~ 62HRC。

实践证明，用 6CrNiMnSiMoV 钢制造各种异形薄长冲模凸模，加工工艺简单，强韧性高，耐磨性好，可有效地防止使用中出现折断、崩刃等，模具寿命成倍提高（见表 8-5）。

表 8-5　6CrNiMnSiMoV 钢薄长冲模凸模使用寿命

模具名称	模具材料	使用硬度 HRC	平均寿命/万次
接触簧片级进模	Cr12	62 ~ 64	0.22
	6CrNiMnSiMoV	62	5.0
拨盘塑料模	GCr15	50 ~ 55	0.02
	6CrNiMnSiMoV	58 ~ 60	2.5
中导片级进模	Cr12MoV	62	11
	6CrNiMnSiMoV	60 ~ 62	75
印刷级进模	Cr12MoV	60 ~ 62	0.04
	6CrNiMnSiMoV	61	1.5
盖板冲头	CrWMn	60	0.1
	6CrNiMnSiMoV	59 ~ 60	32
弯曲机动片冲头	CrWMn	60	10
	6CrNiMnSiMoV	59 ~ 60	40

746. 6CrNiMnSiMoV 钢制切边模的热处理工艺

6CrNiMnSiMoV 钢可代替 9SiCr 钢制造 M8 冷镦螺栓切边模。该模具在工作时承受较大的冲击力，还受到较大的挤压力，刃口部分除承受强烈的摩擦热外，还要承受径向张力，故模具受力复杂。要求模具有高的强韧性、好的耐磨性。原采用的 9SiCr 钢制切边模，加工材料为 Q235F 钢的盘条时使用寿命为6000件左右，失效主要形式是崩刃或烧口。

6CrNiMnSiMoV 钢制 M8 螺栓切边模的热处理工艺为：900℃淬油，180℃×2h 回火，硬度为61～62HRC，使用寿命提高7.3倍；若采用880℃加热，250℃×1h 硝盐浴等温淬火，180℃×2h 回火工艺，获得下贝氏体和适量的马氏体的复合组织，具有极佳的强韧和耐磨性，综合性能优于单一马氏体组织，使用寿命提高9倍多。

747. 6CrNiMnSiMoV 钢制门窗冲模的热处理工艺

门窗框架材料大多为铝合金或低碳钢，材质及形状大小不同，对冲模的要求也不同，热处理工艺随之改变。常采用的热处理工艺如下：

500～550℃空气炉预热，900℃×45s/mm 盐浴炉加热，淬油或淬硝盐水溶液，淬火后硬度为63～65HRC；加热后空冷，硬度为62～64HRC；180～200℃×2h×2次回火后，硬度为61～62HRC。从实践经验得知，880～900℃加热，250℃×1h 等温，200℃×2h×2次回火，得到最佳的强韧性配合。冲制8～10mm 钢板落料模，原用 Cr12 钢制造，寿命只有0.7万次；而改用6CrNiMnSiMoV 钢制造，并经等温淬火、回火后，平均寿命为2万～3万次。

748. 6CrNiMnSiMoV 钢制剪刀模的井式炉加热淬火工艺

用6CrNiMnSiMoV 钢制造规格尺寸为30mm×140mm×750mm、由8件组成的一副剪刀模，用以剪切厚度为10～25mm 普通钢板和厚度为10～16mm 的不锈钢板。其热处理工艺如下：

1）550℃×30min 井式炉预冷。

2）900℃×45min 井式炉保护性加热。

3）淬热油，油冷至200℃左右出油空冷，并趁热矫直。

4）240℃×2h×2次回火，回火后硬度为57～58HRC。

经上述工艺处理的剪刀模，在162-25 型剪床上使用，连续使用6个月还未失效，而以前9SiCr 钢制剪刀刀模用7～10天就失效了。

749. 6CrNiMnSiMoV 钢制弯曲机冲模的淬火后施以冷处理工艺

弯曲机上应用的冲模，曾用 Cr12 钢和 CrWMn 钢制作，使用寿命不佳。改用6CrNiMnSiMoV 钢制造，并在热处理过程中施以冷处理，取得了令人满意的结果。热处理工艺如下：

1）450～550℃×1min/mm 空气炉预热。

2）880～890℃×45s/mm 盐浴加热。

3）淬热油，油冷至200℃出油空冷，并迅速擦去污物。

4）-48～-56℃×2h 冷处理。

5）160～180℃×2h 回火。

经上述工艺处理后，冲模一次可冲弹簧片20多万件，是 Cr12 钢制模具使用寿命的4～5倍。

750. 6CrNiMnSiMoV 钢制易拉罐拉深凸模的离子复合渗工艺

6CrNiMnSiMoV 钢易拉罐拉深凸模的外形尺寸为 ϕ66mm×170mm×ϕ47.8mm（内孔）。

复合热处理的工艺为：

1）890～910℃加热，淬油。

2）490～510℃×2h回火，回火后硬度为50～52HRC。

3）热处理后加工成品，再进行离子氮碳复合渗：490～510℃×6h。

6CrNiMnSiMoV钢制铝合金拉深凸模经离子复合渗处理后，可以大幅度提高其耐磨性、抗咬合性和回火稳定性。拉深模的使用寿命达到进口W6Mo5Cr4V2钢制拉深模75万次的水平，完全可以取代进口拉深模。

751. 6CrNiMnSiMoV钢制法兰盘冷挤压模的渗硼工艺

波导法兰盘是波导器件上的一个重要零件，原材料为9mm厚的黄铜。生产批量较大，用冲裁成形改为冷挤压成形，可极大地提高生产率，但模具寿命较短。

法兰盘在冷挤压成形时，其压力约为7×10^6N，模具所受的单位面积挤压力约为2500MPa。冷挤压毛坯在成形过程中，其变形量为22%。成形后，零件硬度由原来的50HBW上升到130HBW。因此，法兰盘冷压模的单位挤压力极高。

曾用CrWMn钢、Cr12MoV钢制作冷挤压模，只挤压几件或几十件就发生早期开裂而失效。

用6CrNiMnSiMoV钢制作冷挤压模，可较好地解决模具寿命低的问题。热处理工艺如下：

（1）退火　进行780℃×1～2h，680℃×5～9h等温球化退火。退火后硬度为229HBW。

（2）淬火、回火　900℃淬火（油冷），晶粒度为10～11级，硬度为64～65HRC，组织为隐针马氏体和板条马氏体的混合组织。200℃×1h×2次回火，回火后硬度为60～61HRC。

（3）固体渗硼与淬火、回火　法兰盘经加工成品后，经900℃×6h固体渗硼，渗硼后直接淬火（油冷），200℃×2h×2次回火。渗硼层深度为45μm，硬度为1480HV。

按上述工艺处理的冷压模，在挤压到4000件后，模芯仅出现微细裂纹；在继续挤压至8000件时，裂纹仍未明显扩展，还可继续使用。比原CrWMn钢、Cr12MoV钢制模具的使用寿命提高数百倍。

752. 6CrNiMnSiMoV钢制电位器接触簧片冲模的盐浴淬火工艺

接触簧片是电位器上的重要零件之一，而接触簧片冲模中的异形薄长凸模是该模具的关键。长期以来，不少生产单位用高速钢制造该凸模，寿命极短，平均使用寿命只有0.06万件；改用Cr12MoV钢制造，使用寿命也不高；后改用6CrNiMnSiMoV钢制造，有效地解决了凸模崩刃、断裂和早期失效及寿命短等问题。热处理工艺如下：

600℃预热，880～900℃加热，油冷。淬火后硬度为62～64HRC。200℃回火后硬度为58～61HRC。金相组织为回火马氏体+少量的碳化物和适量的残留奥氏体。

凸模的寿命考核：凸模在J23-16型压力机上工作时，冲裁速度为120～140次/min，凸模宽度一般为5mm，比被冲材料锡青铜的厚度还薄，长度较长且呈异形。WH20型直滑式合成碳膜电位器接触簧片凸模，原用W18Cr4V钢制模具的平均使用寿命为1000件，6CrNiMnSiMoV钢制模具可达25000件以上；W18Cr4V钢制WH142型合成碳膜电位器接触簧片凸模的平均使用寿命为2200件，而6CrNiMnSiMoV钢制模具为5万件。

753. 6CrNiMnSiMoV 钢制变压器冲模的镍磷二氧化硅化学复合镀工艺

在化学镀镍液中，加入适量的惰性粒子，并与镀液共沉积，可以得到更为优良的复合镀层。6CrNiMnSiMoV 钢制变压器冲模经 900℃ 淬火（油冷），200℃ ×2h 回火后，硬度为 60HRC，再进行复合镀，可以取得良好应用效果。复合镀配方：$NiSO_4 \cdot 6H_2O$ 30g/L + $NaH_2PO_2 \cdot H_2O$ 30g/L + $CH_3COONa \cdot 3H_2O$ 10g/L + $CH_3CH(OH)$—COOH 20g/L + Pb^{2+} 适量 + SiO_2 粒子 10g/L + 金刚石微粒（10μm、5μm 两种）10 ~ 15g/L。pH 值为 5 ~ 6；温度为 80 ~ 86℃。用平均粒度为 25μm 的 SiO_2 微粒，与 5μm、10μm 的金刚石微粒作为惰性粒子施镀。采用 150r/min，搅拌 2min，静止 3min 的间歇搅拌方式复合镀时，复合镀层中惰性粒子沉积量最高。

沉积时，靠近搅拌中心处，粒子沉积量大；水平面的粒子沉积量比竖直面要大些。模具的主镀面位置要考虑这些因素，以获得最佳的沉积量。粉体粒子的沉积量一般与复合镀时间成正比，但沉积时间超过 50min 后，继续延长镀覆时间，沉积量不再增加。此外，粉体粒子的加入量、粉体粒子尺寸及 pH 值等均对复合粒子的沉积量有一定的影响。

某汽车电机厂使用的 6CrNiMnSiMoV 钢制变压器冲模，进行上述化学复合镀后，表面硬度可达 1350HV，使用寿命提高 1 倍以上。

754. 7CrSiMnMoV 钢制轴管冷挤压凸模的盐浴淬火工艺

自行车轴管零件在用 Q235 钢冷挤压成形时，其一次正反复合冷挤压成形的工艺，零件冷挤压变形率高达 80% 以上，且一次完成成形。因此，所有冷挤压凸模的工作条件极为恶劣，平均使用寿命不超过 600 件。凸模的失效往往是在阶梯处产生横向断裂。选用 7CrSiMnMoV 钢制造，模具的使用寿命大大提高。其热处理工艺为：580℃ ×15min 盐浴预热，900℃ ×6min 加热，淬油；300℃ ×2h ×2 次回火。硬度为 57 ~ 59HRC，使用寿命为 9000 件，比原 Cr12MoV 钢制模具的使用寿命提高 10 多倍。

755. 7CrSiMnMoV 钢制一字槽半圆头螺钉冷镦冲头的盐浴淬火工艺

一字槽半圆头螺钉冷镦模，在工作中每分钟要受到 80 次的冲击，同时受到压缩、拉深和弯曲等力的作用，受力状态十分复杂。因此，要求模具具有高的强韧性，其中冷镦冲头的受力条件更为复杂。

用 T10A 钢制的冷镦冲头，在硬度 59 ~ 61HRC 下使用时，使用寿命只有 2h；而选用 7CrSiMnMoV 钢制造，使用寿命达 7 ~ 14h，接近国际先进水平。其热处理工艺（冷镦冲头外形尺寸为 28mm ×24mm ×15mm）为：300℃ ×20min 空气炉预热，900℃ ×15mim 盐浴加热，淬火；230℃ ×2h ×2 次回火。硬度为 59 ~ 61HRC。

756. 7CrSiMnMoV 钢制轴承圈拉深模的盐浴淬火工艺

轴承圈拉深模在服役过程中，要承受较大的冲击和挤压弯曲应力作用。因此，要求模具不仅要有高的挤压强度和抗弯强度，还要有良好的冲击韧性。选用 7CrSiMnMoV 钢代替 GCr15 钢制作轴承圈拉深模，并通过适当的热处理，可大大提高模具的寿命。其热处理工艺如下：

（1）退火 按常规球化工艺退火进行。退火后硬度为175～220HBW。

（2）淬火、回火 600℃盐浴预热，890℃盐浴加热，淬油；200℃×2h×2次回火。硬度为60HRC。采用上述工艺生产的轴承圈拉深模，其平均使用寿命为1.5万件，比GCr15钢制模具的使用寿命高5倍。

757. 7CrSiMnMoV钢制汽车零件冲模的热处理工艺

7CrSiMnMoV钢制汽车零件冲模的常用热处理工艺为：400～500℃空气炉预热，890～910℃×45s/mm加热，淬入80℃左右热油；200～220℃×2h×2次硝盐浴回火。硬度为59～62HRC。

7CrSiMnMoV钢用于制造要求强韧性较高的冷作模具时，使用寿命可比T10A、9Mn2V、CrWMn、GCr15、Cr12MoV、Cr12等模具钢提高1～3倍。

7CrSiMnMoV钢火焰淬火可解决大型模具和形状复杂模具的变形问题。与盐浴炉淬火相比，可降低热处理费用60%，产品合格率提高20%～30%，节电80%左右，减少模具加工工时20%。7CrSiMnMoV钢制汽车工作灯冲孔模的使用寿命比原GCr15钢模具提高6倍；7CrSiMnMoV钢制汽车钢板弹簧冲孔凸模的使用寿命比原Cr12MoV钢制模具提高2倍。

758. 7CrSiMnMoV钢制模具的渗钒工艺

7CrSiMnMoV钢制模具经硼砂熔盐渗钒后，表面形成10～15μm的VC渗层，硬度可达2820～3010HV，耐磨性比未渗钒者提高10倍以上。

硼砂熔盐渗钒的配方（质量分数）为：V_2O_5粉10%＋Al粉5%＋$Na_2B_4O_7$ 85%，控制V≥1.5%。渗钒工艺为：960℃×6～7h。

960℃渗钒后直接淬火，基体组织明显粗化，得到大量片状马氏体，使韧性大大下降，所以渗后不宜直接淬火。

有些生产单位在7CrSiMnMoV钢制模具渗钒后进行两次循环处理，使基体和碳化物得到双细化，获得较多的板条马氏体，使用寿命得到了提高。

循环热处理的工艺为：860℃加热淬火并回火，最后淬火加热提到890℃，220℃×2h×2次回火。硬度为61.5～62.5HRC。

759. 7CrSiMnMoV钢制齿环精锻模的镀氮化铝钛工艺

汽车同步器齿环精锻模工作条件恶劣，工作时温度高达700℃左右，且受到磨损。某汽车公司的3Cr2W8V钢制同步器齿环精锻模，塌角、变形和磨损严重，使用寿命仅为7000件。改用7CrSiMnMoV钢制模后，模具使用寿命虽有很大提高，但平均寿命也只有1.2万件；采用多弧离子镀氮化铝钛，大幅度提高了精锻模的使用寿命。具体工艺如下：

（1）镀前预备热处理 800℃×1.5min/mm盐浴炉预热，1100℃×45s/mm盐浴加热，淬油；580℃×2h＋550℃×2h回火。硬度为57HRC。

（2）镀膜工艺 热处理后的模具在四弧源DHD-600F型多弧离子镀膜机上镀膜，极限真空度为5×10^{-4}Pa。用Ti的质量分数为70%的TiAl复合靶作靶材。沉积的清洗工艺为：金属清洗剂脱脂→碱液超声波脱脂→酸液浸泡活化表面→脱水→Ar离子轰击清洗。轰击清洗时，氩气的压力为7×10^{-3}Pa，轰击电流为50A，电压为－700V。清洗后在表面先沉积一层纯 Ti 膜。TiAlN 薄膜的沉积工艺：靶电流为60~70A，负偏压为-200~-400V，N_2分压为1~2Pa，沉积温度为500℃，沉积时间为1h，沉积膜厚度为1.5μm，硬度为3400HV，镀膜后耐磨性可提高7倍。经沉积 TiAlN 薄膜的汽车同步器齿环精锻模，锻造齿环24835件后，模具表面仍很光滑，薄膜附着良好，无剥落现象。其使用寿命比常规热处理者提高1倍多。

760. 7CrSiMnMoV 钢制模具的火焰淬火工艺

火焰淬火是利用氧乙炔火焰或其他可燃气体的火焰对工件表面加热，随后淬火冷却的工艺。与感应淬火方法相比，其具有设备简单，操作灵活，应用钢种广泛，工件表面清洁，一般无氧化脱碳，畸变小等优点。常用于大尺寸和重量大的工件，尤其适用于批量少、品种多的工件或局部区域的表面淬火。

7CrSiMnMoV 钢淬火温度为880~920℃，空冷后硬度为60~65HRC；160~180℃×2h×2次回火，硬度为59~62HRC。热处理变形量：淬油为0.24~0.26mm，空冷为0.02~0.04mm。

淬火时，一定要采用中性火焰加热，火焰长度为10~15mm，乙炔压力为0.05~0.12MPa，氧气压力为0.3~0.6MPa。对于不同结构和尺寸的模具，加热方式及烧嘴的选择也应不同。使用这种方法进行表面淬火，不但变形小，操作方便，而且无需特殊的加热设备。

7CrSiMnMoV 钢制弹簧片凸模经火焰淬火后，使用寿命接近80万次，达到国外先进水平。

761. 65W4Cr2MoNiV 钢制剪刀成形模的等温淬火工艺

65W4Cr2MoNiV 钢制剪刀成形模的热处理工艺如下：

（1）两次预热　600~650℃×45s/mm+800~850℃×45s/mm 盐浴加热，中温盐浴要充分脱氧。

（2）高温加热　1130~1150℃×20s/mm，高温炉要充分脱氧捞渣。

（3）分级等温淬火　在580~620℃中性盐浴中分级冷却10min，立即转350~360℃硝盐浴中等温30min，出炉后空冷。

（4）高温回火　560~580℃×2h×2次回火。

经上述工艺处理后，65W4Cr2MoNiV 钢制剪刀成形模的硬度为55~57HRC，金相组织为回火马氏体+下贝氏体+弥散碳化物。模具的使用寿命为1.4万~1.6万件，比原3Cr2W8V钢制模具的使用寿命提高4~8倍。

762. 60CrMoV 钢制轧辊的感应淬火工艺

（1）化学成分　60CrMoV 钢的主要化学成分见表8-6。

表8-6　60CrMoV 钢的主要化学成分（质量分数）　（%）

C	Cr	Mo	V	Si	Mn
0.55~0.65	0.90~1.20	0.30~0.40	0.15~0.35	0.17~0.37	0.50~0.86

（2）轧辊技术要求 轧辊外形尺寸为 ϕ590mm×350mm。辊身硬度要求55～60HS，辊颈硬度要求30～40HS，硬化层深度要求≥5mm；不允许存在脱碳和裂纹。

（3）热处理工艺

1）原热处理工艺：在带保护气氛的井式炉中加热。其工艺为600℃×2h预热，890℃×6h加热，在油中冷却90min后空冷；整体在井式炉中370℃×8h回火；在盐浴炉中，对辊颈进行670℃×3h局部回火，回火后空冷。这种工艺虽能使工件达到技术要求，但使用中常有裂纹发生。

2）改进后工艺：增加调质处理，调质后可获得能经受激烈淬火高温回火的索氏体组织，减少轧辊开裂的可能性。最终淬火确定为感应加热只对辊身施以局部淬火。如果辊颈硬度要求与调质的硬度相差甚远，则最终淬火需分别对辊颈和辊身进行感应淬火。因为辊颈硬度要求比辊身硬度低，故先对辊颈进行淬火、回火，然后对辊身进行淬火、回火。

回火一定要及时。从阻止淬火裂纹的萌生角度出发，回火和淬火间隔时间越短越好，回火保温时间要足够，回火后应空冷。

763. 7Cr2WMoVSi钢制胶合板切刀片模的热处理工艺

（1）退火 800～820℃×4～6h，炉冷至500℃出炉。退火后硬度为207～240HBW。

（2）淬火、回火 900～950℃盐浴加热，淬油，240～260℃×2h×2次回火。硬度为62～64HRC。

7Cr2WMoVSi钢的冲击韧性优于6CrW2Si钢，屈服强度比6CrW2Si钢高20%，耐磨性比6CrW2Si钢提高60%。

7Cr2WMoVSi钢是一种新型的冷作模具钢，用于制造胶合板切片模，其使用寿命比原用6CrW2Si钢制模具的使用寿命提高1倍以上。

764. 9Cr3Mo钢制冷轧辊的热处理工艺

9Cr3Mo冷轧辊钢是在9Cr2Mo钢的基础上开发出来的，较之后者增加了质量分数约为1%的Cr。Cr的主要作用增加钢的淬透性。因此，与9Cr2Mo钢相比，用9Cr3Mo钢制造的冷轧辊有更深的淬硬层。下面介绍9Cr3Mo钢制冷轧辊的两种不同热处理工艺。

（1）盐浴淬火 预备热处理采用球化退火工艺：840℃×3h→720℃×10h，炉冷至500℃出炉，退火后硬度≤255HBW；600℃盐浴预热，900～910℃盐浴加热，淬油，淬火后硬度≥65HRC；150～180℃回火后硬度为63～65HRC。随着淬火温度的提高，抗弯强度和冲击韧性均有下降趋势，所以淬火温度不宜超过920℃。

（2）感应淬火 用双感应器对 ϕ660mm×1700mm轧辊进行加热淬火。双感应器由于上、下两感应器之间不同的距离、不同的功率比等而有着不同的热处理效果，从而达到预热的目的。使用模拟试验方法，测得深度15mm处的冷却速度为2.4℃/s，深度25mm处为1.7℃/s。

淬硬层深度是冷轧辊的一个重要的指标，一般是指在辊身的横截面上，硬度从表面下降到85HS（766HV）处所对应的深度。当冷却速度>50℃/s时，可得到理想的金相组织，硬度≥900HV，淬硬层深度为13～14mm，与目前我国的实际情况相吻合。9Cr3Mo钢的理论淬硬层深度可达25mm，这与国外介绍的资料相同。

765. 8Cr2MnWMoVS 钢制印制电路板冲裁模的热处理工艺

印制电路板冲裁模上有上千个细的孔冲头，要求与凹模有很好的垂直度、同轴度和孔距尺寸精度，对热处理变形有严格的要求。在用 T10A 或 CrWMn 钢制造时，一般精加工后不再进行热处理，模具硬度、强度低，耐磨性差，刚性也低，使用中易发生弯曲变形、塌孔等现象，使用寿命只有2万~5万次，比日本引进的印制电路板模具使用寿命要低得多。选用 8Cr2MnWMoVS 钢制模，同样模具的使用寿命达到甚至超过进口模具的水平。其热处理工艺如下：

（1）退火 790~810℃×4~6h，以20~30℃/h 炉冷至500℃出炉空冷，硬度≤229HBW。

（2）外形尺寸为400mm×500mm×30mm 印制电路板冲裁模的淬火、回火 600℃×30min 盐浴预热，860~880℃×21min，淬油或硝盐水溶液，淬火后硬度为60~62HRC；180~210℃×2h 回火。

（3）表面处理 为了进一步提高模具的表面硬度和耐磨性，可采用离子渗氮进行表面强化，渗氮层深度为0.2~0.3mm，表面硬度为63~70HRC。

8Cr2MnWMoVS 印制电路板冲裁模按上述工艺处理后，使用寿命由原来的2万~5万次，提高到15万~20万次，最高达30万次。

（4）外形尺寸为290mm×230mm×15mm 印制电路板冲裁模的淬火、回火工艺

1）600~620℃盐浴预热15mm。

2）880℃×8min 盐浴加热。

3）260~280℃×1.5h 硝盐浴等温淬火，出炉空冷。

4）260~280℃×2h 硝盐浴回火，硬度为54~54.5HRC。

据用户反馈，在290mm×230mm 如此小的平面上，分布着1100多个小孔。冲头为W6Mo5Cr4V2 钢制作，硬度为58~60HRC。模具经等温淬火后，平面度、孔垂直度都达到技术要求，使用寿命稳定在18万~20万次，比原 Cr12MoV 钢提高8~10倍。

766. 8Cr2MnWMoVS 钢制钼片精密冲模的热处理复合工艺

8Cr2MnWMoVS 钢淬透性高，ϕ100mm 的工件空冷也能淬硬。锻后应缓冷并及时退火，消除内应力，防止产生裂纹。退火后为粒状珠光体组织，硬度≤229HBW。钼片精密冲模选用 8Cr2MnWMoVS 钢制造，其热处理工艺如下：

1）600~620℃×1min/mm 盐浴预热。

2）890~900℃×0.5min/mm 盐浴加热。

3）450~500℃→220~250℃硝盐浴分级淬火，硬度为63~64HRC。

4）580~600℃×2h 回火，硬度为46~48HRC。

5）模具加工成品后，再进行气体碳氮共渗处理，渗剂为甲酰胺，催渗剂为稀土，工艺为550~560℃×4h。

按上述复合工艺处理后的钼片精密冲模，冲制厚度为1~3mm 的钼片，使用寿命较原 Cr12 钢提高10倍。

767. 8Cr2MnWMoVS 钢制精密冲模的复合强化工艺

8Cr2MnWMoVS 钢制精密冲模的外形尺寸为 500mm × 450mm，厚度为 20 ~ 30mm。平面上密布着上千个 ϕ3mm 以下的通孔，孔与冲头的间隙≤0. 02mm，孔距尺寸公差为 0. 015mm，同轴度公差为 0. 01mm，硬度要求 >60HRC。开始曾用 T10A 钢制造，合格率不足 50%，且硬度不均匀，尤其是心部硬度低、强度差，导致塌孔、磨损等早期失效，使用寿命不到 1 万次。采用 8Cr2MnWMoVS 钢复合强化处理，模具寿命上升到 20 万 ~ 30 万次。具体工艺如下：

1）650℃真空预热，880 ~ 890℃真空加热。

2）真空加热后，220 ~ 250℃ × 1h 硝盐浴等温。

3）清洗干净后，在 520 ~ 540℃ × 3 ~ 4h 施以气体氮碳共渗处理，变形合格率为 100%，渗层深度为 0. 20 ~ 0. 25mm，表面硬度为 950 ~ 1000HV。

768. 8Cr2MnWMoVS 钢制模具的盐浴淬火工艺

8Cr2MnWMoVS 钢制模具一般采用盐浴淬火，其工艺参数及应用效果如下：

1）8Cr2S 钢采用不同温度和冷却方法淬火后的硬度见表 8-7。

表 8-7 采用不同温度和冷却方法淬火后的硬度 (HRC)

冷却方法 \ 淬火温度/℃	860	880	900	920
空冷	62. 0	63. 0	63. 5	64. 5
60 ~ 90℃热油中冷却	62. 5	63. 5	64. 0	64. 5
240 ~ 250℃ × 40min 硝盐浴等温	62. 0	65. 0	—	—

2）不同温度淬火、回火后的硬度见表 8-8。

表 8-8 8Cr2MnWMoVS 钢不同温度淬火、回火后的硬度 (HRC)

淬火温度/℃ \ 回火温度/℃	160	200	250	300	400	500	550	580	600	620	630	650
860	60. 0	59. 0	58. 0	57. 0	—	—	49. 0	57. 0	45. 0	44. 0	—	—
880	62. 0	60. 5	58. 5	57. 5	55. 0	53. 5	51. 0	50. 8	47. 0	46. 5	44. 0	36. 5

3）由于 8Cr2MnWMoVS 钢在模具制造中应用广泛，各种模具要求硬度及表面强化不同，淬火工艺及回火工艺可参照表 8-7、表 8-8。8Cr2MnWMoVS 钢制模具的生产应用效果见表 8-9。

表 8-9 8Cr2MnWMoVS 钢制模具的生产应用效果

模具名称	使用硬度 HRC	使用效果
CJ10-40 灭弧罩陶土模	基体 46，表面 >1000HV	压 8 万件后，模具仍完好无损，比 9Mn2V 钢提高 2 倍
塑料注射模	43 ~ 45	比原 CrWMn 钢寿命提高 1 倍以上

（续）

模具名称	使用硬度 HRC	使用效果
胶木模	基体46，表面>1000HV	比原9Mn2V钢寿命提高1倍以上
电阻连接复合模	56~60	寿命为60万~150万件，原Cr12钢模为20万件
开关级进模	58~60	寿命比原Cr12MoV钢制模具的寿命提高1.2倍以上
大钢轮冲模	58	比CrWMn、Cr12钢制模具的寿命提高5倍以上
陶瓷片模复合凹模	60~62	寿命为10万次，比Cr12钢制模具的寿命提高6倍
电磁铁铆钉模	58~60	寿命为25000件，而Cr12制模具的寿命只有3000件
收音机外壳模	44~46	压20万件完好无损，比Cr12钢制模具的寿命提高3~4倍
照相机塑料模	45~48	压2000件完好无损，而T10A钢制模具变形大

769. Cr12钢制链片凸模的常规淬火、中温回火工艺

Cr12钢制链片凸模，按常规工艺（960~980℃加热，淬油，180~200℃回火）处理，冲制40Mn钢链片时，寿命一直很低，失效的主要形式是纵向开裂。改进热处理工艺后，模具的使用寿命达50万件，比原工艺提高3倍以上。具体工艺如下：

（1）锻后球化退火　860℃×3h炉冷至750℃×5h，炉冷至500℃出炉空冷。金相组织为粒状珠光体+碳化物，硬度≤255HBW。

（2）淬火　600℃盐浴预热，960~980℃加热淬油，油冷至200℃左右出油空冷。

（3）回火　提高回火温度。360~400℃×1h+200~220℃×4h回火，回火后硬度为55~57HRC。

上述热处理工艺解决了模具纵向开裂问题。

770. Cr12钢制衡器刃承模的箱式炉加热淬火工艺

衡器刃承模外形尺寸为120mm×100mm×45mm。按常规工艺处理后，模具寿命只有2000~4000件；采用新工艺处理模具的寿命达到1万件，比原工艺提高1.5~4倍。具体工艺如下：

（1）锻后球化退火　工艺同769例。

（2）淬火　在箱式炉中采用木炭保护加热。830℃×30min预热，930~950℃×1.0~1.5min/mm加热。淬油，按2s/mm计算在油中的冷却时间。当模具冷至出油时冒白烟不起火为最佳时机，出油后空冷。

（3）回火　出油空冷至150~200℃时立即回火。回火工艺为：320~360℃×1.5h×2次。回火后硬度为52~56HRC。

771. Cr12钢制铁心凹凸模的分级淬火工艺

Cr12钢制铁心凹凸模热处理变形一直是比较难解决的问题。通过优化组合，较好地解决这一难题。具体工艺措施如下：

1）加热温度选定970~980℃。据有关资料介绍，970~980℃是Cr12钢最佳的奥氏体化温度区域，在此区间加热，保证了奥氏体中碳及合金元素的合理浓度。

2）在保护性空气炉中加热，加热系数取1.3min/mm。这是碳化物等级5级以下的合理保温，保证了碳和合金元素向奥氏体中扩散能充分进行。

3）高温加热后，在亚稳定区400℃×5～10min硝盐浴分级冷却，从而减少了由于淬油产生的热应力。

4）分级冷却后在静止的空气中缓冷（3～5℃/min），使模具表面和心部形成马氏体的时间差减小，因而组织应力较小。

5）模具表面冷至*Ms*后，引起的拉应力小于心部此温度下的屈服强度，因而应力处于弹性阶段，不可能出现塑性变形。

6）表面形成的马氏体在模具心部较高温度的影响下，由于冷却缓慢，有充分的时间转变成回火马氏体，松弛了表面形成的拉应力。

7）模具的心部有一部分转变成下贝氏体。

按上述步骤操作，凹凸模空冷至25～30℃，及时回火，回火工艺为：160～170℃×2h×2次硝盐浴回火。硬度为60～62HRC，变形控制在工艺范围内，凹凸模配合良好。

772. Cr12钢制硅钢片复式冲模的马氏体与下贝氏体复相工艺

Cr12钢制硅钢片复式冲模采用常规工艺淬火，易于崩刃，寿命很短；采用马氏体与下贝氏体复相工艺处理，寿命大提高。具体工艺如下：

（1）采用高温固溶处理+高温回火进行碳化物超细化处理　工艺为1050℃×1.5h淬入沸水，至500～400℃→750℃×3h炉冷至500℃，出炉空冷至室温。

（2）等温淬火　盐浴加热，600℃预热，960℃加热，300℃×30～60min硝盐浴等温，随后立即入80～100℃的热油中冷却15～20min后空冷。这样可以获得含有15%～20%（体积分数）下贝氏体的马氏体与下贝氏体复相组织。

（3）多次回火　由于经等温淬火，残留奥氏体较多，需经多次回火。工艺为200～220℃×2h×3次，硬度为61～63HRC。

经上述工艺处理后，硅钢片复式冲模的使用寿命提高8～10倍，最高可达560万次（常规处理寿命仅为30万次）。

773. Cr12钢制硅钢片复式冲模的铁板冷压淬火工艺

（1）调质　980℃×0.5h淬油，200℃左右出油空冷，冷至室温；750℃×3～4h保护气氛回火，炉冷至500℃出炉空冷。

（2）淬火　采用箱式炉加热，950～960℃×1.5～2.0min/mm，打开箱凹模用铁板冷压淬火，冷压至300℃左右取掉铁板空冷。不能用平板压冷的模具用240～280℃×1h硝盐浴等温淬火。大而厚的模具可以采用硝盐浴-油分级淬火。

（3）多次回火　180～200℃×2h×3次回火，硬度为60～62HRC。

（4）去应力退火　线切割后，立即补充180℃×4h去应力退火。

经上述工艺处理后的硅钢片复式冲模使用寿命比常规处理提高2倍以上。

774. Cr12钢制滚动触头冷挤压模的双重热处理工艺

Cr12钢制滚动触头冷挤压模的寿命仅5000～8000件，失效形式为开裂。

将Cr12钢冷挤压模的一次硬化处理工艺，改为锻热固溶处理加等温淬火的双重热处理，可使冷挤压模的使用寿命提高2~3倍。具体工艺如下：

1）最后一火终锻温度约900℃，不要缓冷，趁热加热到1050℃，保温时间按0.3min/mm计，淬油；780℃×2h高温回火。

2）850℃×0.8min/mm盐浴预热，1000℃×0.4min/mm加热，250℃×1h硝盐浴等温。

3）220℃×3h×2次回火。

经上述双重热处理后，金相组织为10%（体积分数）左右的下贝氏体+回火马氏体+弥散分布的碳化物及少量的残留奥氏体，硬度为58~60HRC，具有高的强韧性、耐磨性和断裂韧度。

775. Cr12钢制六角螺母冷镦模的渗铌淬火复合工艺

用多工位自动冷镦机生产六角螺母时，冷镦六角成形模具是冷镦成形的主要模具。模具在服役过程中，承受复杂的、较大的拉、弯、压等交变载荷的作用。因此，要求模具有较高的抗弯强度和冲击韧性，同时要求有一定的耐磨性。热处理时，可采取以下措施：

1）为了改善Cr12钢的碳化物形态，模具锻造后进行球化退火，退火后硬度≤230HBW。

2）采用低温形变淬火，高温回火（750~770℃×4h）。回火后硬度≤269HBW。

3）盐浴渗铌。

4）盐浴渗铌处理后，再进行正常的淬火、回火。

经上述工艺处理后，模具的寿命平均为6万次，最高达8万次，比原Cr12钢常规处理提高6~7倍。

776. Cr12钢制冲头的低温淬火工艺

Cr12钢制冲头，按常规工艺淬火、回火，使用中因韧性欠佳屡次折断。为解决此问题，采用低温淬火取得了成功。具体工艺如下：

采用木炭保护，在箱式炉中加热，工艺为：930~940℃×1.5min/mm，淬油。淬火后硬度为62~64HRC。

实践证明，930~940℃淬火变形最小，耐磨性和970~980℃淬火基本相当。冲头直径在ϕ30mm以下，淬火后进行200~220℃×2h一次回火，不能使淬火马氏体完全转变成回火马氏体，还有不少残留奥氏体，应补充一次220℃×2h回火；如果模具硬度要求低，可进行250℃×2h×2次回火，回火后硬度为58HRC。

777. Cr12钢制冷镦凹模的调质+低温淬火工艺

某钢球公司用Cr12钢制冷镦凹模，原按970~990℃常规淬火，200℃回火，硬度为62~64HRC，在冷镦过程中常因韧性不足而产生早期崩裂失效。为此，该公司先改用920℃低温淬火，200℃×3~4h回火，硬度为61~63HRC，经生产应用，模具寿命提高1倍左右。在低温淬火前增加了调质处理，结果比常规淬火提高寿命1.5倍。具体工艺如下：

（1）调质　840℃预热，1050℃淬火（油冷），760℃回火。

（2）低温淬火　按照常规淬火工艺的加热系数在920℃加热淬火时，淬火硬度为54~

56HRC，不能够满足冷镦凹模的工作要求。必须适当延长高温时间，修订加热系数，使在较低的温度下能够溶解的碳化物在奥氏体中得到充分的固溶和扩散，使 Cr12 钢淬透性、淬硬性都得到提高，所以单纯的低温淬火不理想。

（3）调质 + 低温淬火　Cr12 钢采用调质处理，作为淬火前的预备热处理，同时淬火温度降低 50 ~ 70℃，奥氏体中的碳质量分数降低到 0.4% 左右，淬火组织中获得以板条马氏体为主的隐晶基体，淬火晶粒更为细小，因而能明显提高钢的强度和韧性。由于未溶碳化物、残留奥氏体数量减少，也有利于保持良好的耐磨性。表 8-10 是 Cr12 钢分别常规淬火、低温淬火和调质 + 低温淬火后的力学性能对比。试验表明，经调质 + 低温淬火处理，相对于常规淬火和低温淬火，冷镦凹模的冲击韧度分别提高 25% 和 53%，抗弯强度分别提高 12% 和 27%。

表 8-10　Cr12 钢常规淬火、低温淬火和调质 + 低温淬火的力学性能对比

淬 火 工 艺	晶粒度/级	200℃回火后硬度 HRC	冲击韧度/(J/cm^2)	抗弯强度/MPa
常规淬火	9	62 ~ 64	31	3456
低温淬火	<10.5	61 ~ 63	38.5	3871
调质 + 低温淬火	≤11.5	61 ~ 63	47.5	4389

Cr12 钢采用调质 + 低温淬火，减少了淬火过程中的组织应力和热应力。试验表明，其变形量比低温淬火减少 30%，比常规淬火减少 50% 左右。

778. Cr12 钢制扇形模的热处理工艺

Cr12 钢制扇形模热处理工艺如下：

1）600℃盐浴预热，980 ~ 1000℃加热，淬油，油冷至 200℃左右出油空冷，等模具表面冷到 60 ~ 70℃时立即回火。

2）在硝盐浴中回火，工艺为：200 ~ 220℃ × 1.5h × 2 次 + 180 ~ 200℃ × 1h，共 3 次回火。

3）在热油中去应力退火，工艺为：140 ~ 160℃ × 8 ~ 12h。

按上述工艺处理的扇形模具，避免了在线切割加工过程中的变形与开裂，模具寿命比常规处理者提高 1.5 ~ 2 倍。

779. Cr12 钢制电动机定子复合模的强韧化工艺

电动机定子复合模用 Cr12 钢制造。原工艺用棒料直接落料，不经锻造，机械加工后，980℃淬火（油冷），200℃回火。使用中，常出现崩刃现象，有时也会产生纵向裂纹。通过对废品分析，模具的金相组织为：回火马氏体 + 少量的残留奥氏体 + 颗粒状碳化物，基体不易侵蚀，共晶碳化物呈网状，达 5 ~ 6 级；而 JB/T 7713—2007《高碳高合金钢制冷作模具显微组织检验》规定，网状碳化物级别≤3 级。

对照金相图谱，Cr12 钢制模具的理想显微组织为：一次碳化物破碎并发生部分溶解，尖角变圆呈细小均匀分布，二次碳化物呈弥散分布状态。失效模具原材料组织不良，又没经过锻造，回火又不充分，故其寿命低。针对上述情况，对 Cr12 钢制电动机定子复合模进行了强韧化处理。

1）锻造后进行球化退火。

2）调质处理：1100～1120℃加热淬油，650～700℃回火，得到索氏体组织，为最终热处理做好组织准备。

3）淬火、回火：980℃×20～30s/mm淬油，油冷至200℃左右出油空冷；320～350℃×2h+180～200℃×2h×2次回火；粗磨后，补充160℃×10h去应力退火。

经上述工艺处理后，模具硬度为57～60HRC。模具失效为正常的磨损，使用寿命提高2倍多。

780. Cr12钢制牙膏管冷挤压模的离子硫氮碳共渗工艺

Cr12钢制牙膏管冷挤压模，按常规处理后硬度为58～62HRC，模具寿命为0.7万～0.9万次，失效的主要形式为磨损。采用离子硫氮碳共渗工艺，模具寿命上升到2.6万～3.2万次。具体工艺如下：

（1）高温淬火、高温回火　1080℃盐浴加热，淬油；510℃×3h×3次回火。

（2）离子硫氮碳共渗　共渗工艺为590～510℃×8h，氨气通入量为400L/h，间断通入CS_2—C_2H_5OH混合气，通入量为20L/h，真空度约为2.67kPa，炉冷至160℃出炉空冷。

经上述工艺处理后，模具表面硬度为958～1050HV，基体硬度为57～59HRC。

781. Cr12钢制冲模的渗硫工艺

照相机后盖板是用0.5mm厚的Q235钢板冲压成形的。经常规处理的Cr12钢制冲模，在冲7～8个后盖板后，在凹模的四角处发生严重拉伤而报废。采用菜油、二硫化钼等润滑剂或在凹模的模膛处进行镀硬铬处理等技术措施，对改善拉伤现象作用不大。

拉伤实质上是一种咬合磨损。采用渗硫、蒸汽处理、磷化、氧氮共渗等表面处理，都可以解决咬合磨损问题，其中以渗硫效果最好。

模具表面渗硫后，形成以FeS为主的渗硫层。FeS是一种多孔的易滑移的物质，属六方晶系。这种层状的晶体结构层间易滑移，因而有良好的自润滑性能。此外，FeS的多孔性使渗硫层具有吸附润滑油的作用，容易形成不易压破的油膜，而且可以部分消除摩擦时分子的咬合力，所以渗硫层不论是湿摩擦或干摩擦都具有良好的减磨作用。

渗硫工艺的操作步骤：将经淬火、回火后的模具表面进行活化处理，然后在渗硫液中进行低温液体渗硫。

（1）渗硫前的预处理　预处理包括脱脂、除锈、酸洗、水洗、中和、沸水清洗，出水后自然干燥。

（2）渗硫液配方　有以下两种配方可供选用：

渗硫配方（质量分数）Ⅰ：硫1.5%+氢氧化钠50%+余量水。将配制好的溶液加热到130℃搅拌均匀，然后把清洗好的模具放入其中，保温3h以上。出槽后用清水冲洗表面，最后用冷风吹干。

渗硫配方（质量分数）Ⅱ：硫99%+碘1%。此外，为防止熔融硫与模具表面反应不均匀，避免模具表面受硫的浸蚀，可另加0.2%（质量分数）的铁粉。将渗硫剂与模具放入搪瓷容器内，加盖后即在恒温电热干燥箱内加热渗硫，180～190℃×6～8h。渗硫结束后，将模具取出擦净，用二硫化碳清洗。渗硫后的组织为FeS，并混有FeS_2，渗硫层深度约为20μm。

经上述渗硫处理的模具，置于120℃的热油中加热20min，表面为亮黑色的硫化物层；冲压1500个零件后仍未发生拉伤现象，使用寿命提高200倍以上。

782. Cr12钢制落料模的渗硼工艺

原C14-28型集成电路瓷片落料模选用Cr12钢制造。被冲材料95瓷片（软状态）是由氧化铝粉、石英粉、碳酸钙粉和陶土等经高温烧结而成的。尽管冲切是在未烧结前的软状态，但成分中的各组成物本身的硬度都很高（1700～2000HV）。因此，要求模具的耐磨性和硬度特别高，为此，选用Cr12钢，并进行渗硼处理。

（1）清洗　清洗工件表面的油污和氧化物，先用10%（质量分数）的盐酸漂洗10min左右，然后用15%（质量分数）的氢氧化钠溶液进行冲洗，再用干净的自来水洗尽残液。

（2）膏剂的配方与配制

1）膏状渗硼剂的配方见表8-11。

表8-11　膏状渗硼剂的配方

名　称	规　格	质量分数（%）
碳化硼	150～200目	20～50
冰晶石	100～150目	5～10
氟化钙	100～200目	40～80
松香	粉状	适量
乙醇	工业纯	适量

2）配制。首先根据模具工作部位的大小确定所需渗硼剂的重量，配好渗硼剂各组分并拌匀，然后称取适量松香放入适量的乙醇中（质量分数分别为：松香40%、乙醇60%），搅拌后即成黏结剂。将黏结剂倒入上述干混合好的渗硼剂中进行搅拌成糊状，即成膏状渗硼剂。

3）涂覆和装箱。将配制好的渗硼剂均匀地涂在模具的工作部位，涂覆厚度约为2～3mm；随后压实，在流动的空气中风干0.5h以上；风干后，装入不锈钢渗硼箱内，箱四周及空隙处用木炭填充，最后加盖密封。

（3）渗硼及淬火、回火

1）渗硼：950～970℃×4h，炉冷至500℃出炉空冷。

2）渗硼后退火：850～870℃×3h，炉冷至500℃出炉空冷。

3）淬火、回火：980℃淬火（油冷），180℃回火。

4）时效：为消除残余应力，回火后补充150℃×24h人工时效。

经渗硼处理的模具，不仅使用寿命提高20倍以上，而且对稳定和提高瓷片尺寸精度起到了很大作用。

783. Cr12钢制翻边模的硼铬共渗工艺

某无线电元件厂使用的Cr12翻边模的外形尺寸为ϕ14.5mm×56mm。原采用常规工艺热处理，模具寿命为0.6万~0.8万次；后来采用固体硼铬共渗处理，模具寿命提高到16万~17万次。具体工艺如下：

1）共渗剂的成分为硼铁、低碳铬铁、氟硼酸钾、氟铬酸钾、氯化铵及氧化铝。

2）在共渗前，共渗剂需经200~300℃×1h烘干；然后按配比要求配好拌匀，装入罐中，加盖用水玻璃耐火泥密封；经烘干后，将渗罐置于箱式炉中共渗，960℃×4h，出炉空冷。

3）980℃加热，淬油，200℃×2h×2次回火。

784. Cr12钢制自行车轴碗凹模的固体渗硼工艺

自行车轴碗凹模用Cr12钢制造。原工艺为980℃淬火（油冷），200℃回火，硬度为60~62HRC，使用寿命只有6000件左右。后改用930℃低温淬火，使用寿命上升到8000~10000件，仍不理想。改用固体渗硼后，使用效果令人满意。渗剂配方及工艺如下：

渗硼剂为硼铁（Fe-B），催渗剂为氟硼酸钾（KBF_4）和碳酸氢铵（NH_4HCO_3），填充剂为氧化铝。配方（质量分数）为：Fe-B 65% + KBF_4 10% + NH_4HCO_3 20% + Al_2O_3 5%。930℃×4h渗硼，出炉后空冷至室温开箱取模。

模具经渗硼处理后，表面光洁呈银灰色，不需要清洗。渗硼层深度为0.085mm，表面层硬度为1750HV。渗硼后模具再经常规淬火、回火，基体硬度为62~63HRC。

自行车轴碗凹模经渗硼处理后，一次压轴碗5万多件完好无损，还可继续使用。

785. Cr12钢制拉深模的渗铬淬火复合工艺

渗铬可以提高模具的耐磨性、耐蚀性、抗氧化性和抗热疲劳性，可提高模具使用寿命1~3倍。

（1）渗剂配方　美国D·A·L法固体粉末渗铬渗剂配方（质量分数）为铬铁粉60%（铬65%，碳0.1%，余为铁）+氯化铵0.2%+无釉陶土39.8%。国内固体粉末渗铬的渗剂配方（质量分数）为铬粉50%（铬≥98%，粒度为0.154~0.071mm）+氧化铝48%（经1100℃焙烧，粒度为0.104~0.071mm）+氯化铵2%。氧化铝为稀释剂，防黏结，氯化铵为催渗剂。真空粉末渗铬剂配方（质量分数）为铬铁粉30%+氧化铝70%。

（2）固体渗铬工艺　1050~1100℃×6~12h，渗后渗层深度为0.02~0.08mm。

真空粉末渗铬时，渗铬剂与工件一同装炉后抽真空。真空度达13.3~133Pa时，关闭机械泵。密封升温至950~1100℃，炉内压力一般保持在9.8×10^4Pa左右，保温5~10h。渗层深度为0.01~0.03mm。

（3）模具渗铬后的热处理　模具渗铬后，须经淬火、回火处理。其工艺可按常规工艺进行：980℃加热淬油，180~200℃回火。表面渗层硬度为1560HV，基体硬度为63~65HRC。

（4）渗铬后的组织及其应用效果　渗铬层组织为铬的碳化物$(Cr、Fe)_7C_3$和含铬的铁素体，次层为贫碳层。渗铬模具一般的变形规律为内孔收缩，外径胀大，变形量约为20~50μm。经上述渗铬淬火复合处理后的拉深模，在拉深1mm厚08F钢板时，一次可拉深900件以上；而原来常规处理（未渗铬）的模具，只拉深200~300件。

786. Cr12 钢制耐火砖成形模的盐浴渗硼工艺

耐火砖成形模尺寸较大，形状简单，选用盐浴渗硼较宜。盐浴成分（质量分数）为：$Na_2B_4O_7$ 70% ~80% + SiC 15% ~20% + $NaSiF_4$ 5% ~10%。渗硼工艺：900 ~930℃ ×4h，渗层深度为0.04 ~0.05mm；960 ~980℃ ×4h，渗层深度为0.05 ~0.07mm。渗硼后，直接升温到980℃淬火（油冷），200℃ ×1.5h ×2 次回火。

Cr12 钢制耐火砖成形模经渗硼处理后，与原 Q235A、45 钢渗硼相比，寿命提高4倍；与 Cr12 钢未渗硼（常规处理）相比，寿命提高2倍。

787. Cr12 钢制冷挤压凹模的盐浴渗硼工艺

Cr12 钢制六方螺母冷挤压凹模工作时主要承受挤压应力和金属流动对模壁的强烈磨损，凹模失效的主要原因是拉毛。为了提高模具寿命，采用盐浴渗硼处理。

（1）盐浴渗硼工艺　渗硼剂配方（质量分数）：硼砂75% +碳化硅15% +碳酸钠10%。硼砂为工业用，质量按脱水后计；碳化硅必须用绿色纯洁的，粒度为120目（颗粒124μm）；碳酸钠不参与化学反应，它的加入有利于渗硼工件清洗。

盐浴渗硼的工艺过程为：工件检验（毛刺一定要清除干净）→清洗→渗硼（940℃ ×3 ~5h）→淬火→清洗→回火→清洗→检验硬度、渗层组织及畸变情况。

（2）盐浴渗硼后的热处理　渗硼后表面形成很硬的硼化层，作为模具在工作时要承受较大的镦锻力和挤压力，若仅有表面硬化层而模具基体硬度不足，服役时会导致渗硼层的凹陷和剥落。因此，渗硼后一般均需再对模具基体进行淬火、回火处理。Cr12 钢淬火、回火工艺为：960 ~980℃加热后油冷，160 ~180℃ ×2h 硝盐浴回火。

熔融的硼砂盐浴黏附在工件表面，冷却后形成硬壳，极难清洗，在沸水中煮需2 ~3天，后来在渗硼剂中加入10%（质量分数）Na_2CO_3，清洗性能大大改善，在 NaOH 水溶液煮2 ~3h 也能清洗干净。

Cr12 钢制六方螺母冷挤压凹模经上述盐浴渗硼处理，渗层深度为0.042mm，表面硬度为1300 ~1500HV，渗硼层为单相 Fe_2B 相，使用寿命达17万 ~22万件，比盐浴氮碳共渗淬火者提高2 ~3倍。

788. Cr12 钢制冷作模具的盐浴渗铬工艺

采用以硼砂为盐浴的渗铬处理，可提高 Cr12 钢制冷作模具的耐磨性、耐蚀性及抗高温氧化性等性能，从而可大幅度提高模具寿命及产品质量。

（1）渗铬配方及工艺　渗铬剂盐浴配方（质量分数）：无水硼砂85% ~95% +100 ~150目铬粉15% ~5%，另加一定比例的20 ~40目的铝粉（活性剂）。

渗铬工艺：900 ~1050℃ ×3 ~6h，空冷。

（2）盐浴的稳定性与活性恢复　根据经验，盐浴连续渗铬6h后，渗层深度将由18 ~20μm下降到15μm以下。为了稳定盐浴成分，恢复活性，除补加新盐外，还应添加占盐浴总质量约2%的铝粉。

Cr12 钢制冷作模具盐浴渗铬后可直接进行淬火、回火处理。

789. Cr12MoV 钢制硅钢片冲槽模的热处理工艺

电动机转子硅钢片外径为 φ120mm，内孔直径为 φ70mm，厚度为0.5mm，面上均布24条槽。冲槽模选用 Cr12MoV 钢制作。冲槽模的基本要求是：合理的硬度、耐磨性，足够的强度和韧性，无脱碳，无裂纹，尺寸稳定。冲槽模经常规处理后，平均寿命只有10万次。改进工艺后，冲模寿命稳定在30万次以上，少数达到40万次。具体工艺如下：

（1）调质　在最终淬火前，增加一次调质处理。工艺为：1040℃加热，淬油，760℃回火。硬度为20~28HRC。其目的是让更多的碳化物在高温下溶解，使其进一步细化，较大的碳化物尖角变圆钝。

（2）等温淬火　1020℃加热，280℃×2h 硝盐浴等温。

（3）增加冷处理　等温淬火冷至室温后不立即回火，而进行-75℃×2h 冷处理。

（4）低温回火　180℃×2h×2次。回火后硬度为61~63HRC，金相组织为回火马氏体+碳化物+少量的残留奥氏体。碳化物细小、均匀、形状圆钝。

790. Cr12MoV 钢制管模的真空淬火+气体渗氮复合工艺

目前国内不锈钢制管模大多采用 Cr12MoV 钢制造。与一般模具相比，制管模有以下三个特点：

1）一套模具数量多，平均达50余件，结构复杂，加工困难，生产周期长。

2）生产过程中，模具分成若干段，每段由一对凸凹模组成，相互衔接传递，平衡传动。

3）被压延材料为厚度为10~40mm 的不锈钢钢板。因摩擦传动产生的温度传递及焊管区域高温辐射，模具的工作温度一般在300~500℃范围内，因此要求模具不仅具备高的强度、硬度、耐磨性，小的摩擦因数，还要有较好的热硬性、抗热疲劳性及成套模具的质量稳定性。

按照以往的常规热处理工艺，即锻后球化退火，1000~1020℃盐浴淬火，180~200℃回火，硬度为60HRC 左右，使用效果不佳，往往使模具表面与钢带表面产生局部冷焊黏着磨损。这是模具失效的主要形式。为此，采用真空淬火+气体渗氮的复合工艺，使制管模的寿命大大提高。具体工艺如下：

（1）真空淬火　模具在 ZC2-100 型真空炉中加热，计算机控制。模具规格尺寸为 φ50.5mm，56件一炉，模具总重为323kg。分550℃、850℃两段预热；1130℃×2h 加热，出炉预冷时充高纯度氮气，在真空油中淬火；520℃×3h+530℃×3h 回火。回火后硬度为59~61HRC。

（2）渗氮处理　将成品模具进行气体渗氮处理。渗氮的温度为530℃，时间为5h 左右，渗氮层深度为0.2~0.25mm，表面硬度为1250~1285HV，内孔胀大0.02~0.06mm。

791. Cr12MoV 钢制微型汽车摆臂冷挤压模的高温淬火工艺

ZH110 微型汽车前桥上下摆臂所用的冷挤压模材料为 Cr12MoV，热处理后的尺寸变化要求在±0.01mm 以内，以保证挤压工件的精度要求。经常规处理，变形达不到技术要求，有时还会产生裂纹。为此，进行了工艺改进，提高分级淬火温度，既达到了工艺要求，模具寿命也有很大提高。具体工艺如下：

（1）锻后球化退火　860℃×3~4h炉冷至740℃保温5~6h，炉冷至450℃出炉空冷。退火后硬度为215~255HBW。

（2）调质处理　830℃预热，1100℃加热，淬油，650~700℃×2~3h回火。

（3）淬火前去应力退火　400~450℃×3h去应力退火。

（4）淬火　将淬火温度由常规处理的1020~1030℃提高到1050~1080℃，加热系数取6~10s/mm（经过500℃、830℃两次预热）。进行830℃×4~6s/mm高温分级冷却：Cr12MoV有很高的淬透性，为了减少冷却过程中产生的热应力和组织应力，从高温出炉后再回到830℃预热炉停留片刻，然后出炉放在缓冷箱中慢冷。

（5）回火　在170~180℃油中进行2次回火，每次2h。

经上述工艺处理后，弯曲变形量完全控制在±0.01mm范围内，硬度为60~62HRC，挤压成形的摆臂尺寸精度高，表面质量好。

792. Cr12MoV钢制柴油机冲模的强韧化工艺

凸缘为G165柴油机油箱的冲压零件，材料为Q235A钢板，厚度为6mm，冲孔凸凹模材料选用Cr12MoV。经常规处理，模具的寿命只有0.15万件，失效形式多为脆性断裂，表现为凸模崩刃、脆断、凹模塌陷。采用强韧化处理，寿命达到1.3万件。其强韧化工艺如下：

（1）调质　以锻后调质代替球化退火：550℃、850℃两次预热，1050℃加热淬油，740℃高温回火，回火后空冷。调质后获得索氏体组织，基体上析出均匀细小碳化物，为最终淬火做好组织准备。

（2）强韧化处理　最终淬火时，用低温、快速、循环加热工艺代替常规淬火工艺。加热设备选用箱式电阻炉，为防止氧化脱碳，加热时采用装箱法，用木炭或用过的固体渗碳剂与生铁屑混合均匀覆盖模具。模具出炉后，迅速清理干净，在170℃的热油槽中淬火，并保持20min。第一次加热温度为900℃，第二次加热温度为885℃，第三次加热温度为870℃。在170℃的油中冷却20min以后，出油空冷到80℃左右及时回火。回火工艺为350~400℃×3h×2次。回火后硬度为54~58HRC。

强韧化处理后的模具比常规处理的模具硬度低4~5HRC，但晶粒细化了，韧性提高了，不再出现崩刃现象，所以模具寿命得到了提高。

793. Cr12MoV钢制弹簧钢板冲孔凸模的高温淬火、中温回火工艺

汽车弹簧钢板由厚度为9mm、硬度为300~350HBW的60Si2Mn钢带制成，其中心孔的冲孔凸模如图8-8所示。原用Cr12钢制作，由于弹簧钢板厚，硬度高，模具在使用中常出现崩刃、破裂和折断，寿命不高；改用Cr12MoV钢，采用较高温度淬火+中温回火，模具寿命比原Cr12钢提高3~5倍。

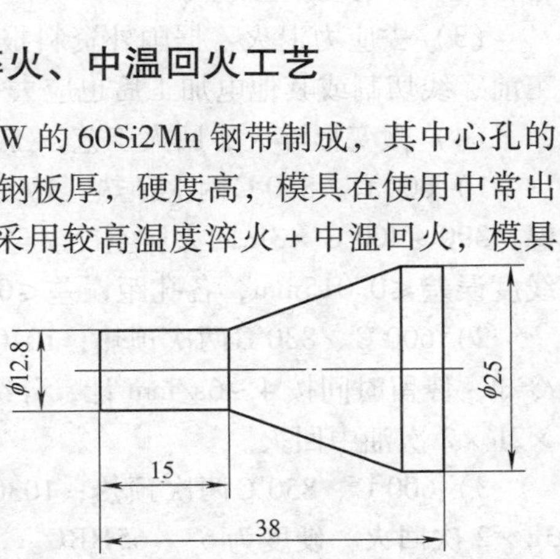

Cr12MoV钢中含有少量的Mo和V。Mo在钢中形成M_6C型碳化物，具有很高的硬度，可提高钢的耐磨性。M_6C型碳化物的固溶温度高于Cr_7C_3，在1150~1300℃固溶于奥氏体中，在通常的淬火温度下，不易溶于奥氏体，可阻止晶粒长大，既提高钢的强度又提高钢的韧性。V在钢中形成VC，它的熔

图8-8　冲孔凸模

点（2800℃左右）远比 Cr_7C_3 高，硬度也比 Cr_7C_3 高，VC的固溶温度更高，更不容易溶入奥氏体，强烈阻止晶粒长大，同时提高钢的强度和韧性。具体工艺为：1020℃加热，260℃分级冷却20min；360℃×2h+220℃×2h回火。硬度为58～59HRC，使用寿命为405～630片。

794. Cr12MoV钢制较大型冷作模具的盐浴淬火工艺

Cr12MoV钢广泛用于冷作模具，最好用真空淬火，但不是每个生产单位都有真空炉。下面介绍有效直径≥φ400mm、厚度≥200mm或单件重量≥200kg的较大型冷作模具的盐浴淬火工艺。

（1）淬火 450℃×1～2h空气炉预热+850℃×12～15s/mm预热，980～1020℃×10～12s/mm加热，淬入40～90℃的热油中，200℃左右出油空冷。

（2）回火 200～220℃×3～4h×2次回火，回火后硬度为59～61HRC。

795. Cr12MoV钢制较大型冷作模具采用气体渗碳炉加热的淬火工艺

由于气体渗碳炉的技术参数限制，对于Cr12MoV钢制较大型冷作模具，选择淬火温度下限980℃加热。为防止脱碳，在加热和保温过程中，滴适量煤油保护：800℃进炉，75滴/min；升温到980℃保温，13滴/min。保温结束后即开炉淬入40～90℃热油中，油冷至200℃左右出炉空冷。200～220℃×3～4h×2次回火，回火后硬度为59～61HRC。

796. Cr12MoV钢制精密模具的微变形热处理工艺

要保证Cr12MoV钢制精密模模具热处理后的尺寸精度在±0.02mm内，必须对其锻造、调质、淬火、回火、尺寸调整等各工序进行严格控制，利用马氏体、贝氏体、残留奥氏体等组织比体积的差异，调整好它们之间的比例，使之达到微变形甚至不变形的目的。

（1）球化退火 850～870℃×2～4h，炉冷至740～760℃×4～6h，炉冷至500℃出炉空冷。硬度为207～255HBW，金相组织为细珠光体+均匀分布的碳化物。

（2）调质 小型模具可直接利用锻热进行调质。批量大时，应在空气炉或盐浴炉中进行，调质后硬度不宜过高。

（3）去应力退火 据国外资料报道，精密模具淬火前都要去应力退火，热处理后精加工前、线切割或其他电加工后也应去一次应力退火，但去应力退火的工艺各不相同。

（4）微变形淬火、回火工艺 工艺方法颇多，下面列举4种。

1）600℃、850℃两次预热；1000～1010℃加热，500℃分级冷却，220℃×2h硝盐浴等温；390～400℃×3h回火后空冷。经上述工艺处理的精密冲裁凹模硬度为54～56HRC，直线度误差≤0.015mm，各孔距误差≤0.01mm，合格率为99.99%，使用寿命提高4～5倍。

2）600℃、830℃两次预热；1040～1050℃加热，出炉后返回到830℃中温盐浴中分级冷却，停留时间按4～6s/mm计，分级冷却后在冷却室中冷却或在空气中堆冷；170～180℃×2h×2次油中回火。

3）600℃、850℃两次预热；1030～1040℃加热，280～300℃分级淬火；180～200℃×3h×2次回火。硬度为63～65HRC。

4）600℃、850℃两次预热；1020～1030℃加热，260～280℃×1h等温；160～180℃×

2h×2 次回火。硬度为 62～66HRC。等温淬火优点很多，在 Cr12MoV 钢制冲模热处理中应用广泛，不过，加热温度、等温温度、等温后的回火对模具变形有一定影响。

797. Cr12MoV 钢制硅钢片冲模的高温淬火、高温回火工艺

硅钢片冲模广泛采用 Cr12MoV 制造，大部分生产单位仍用常规工艺处理，模具寿命不高；而采用高温淬火、高温回火工艺，模具寿命提高 1～2 倍。具体工艺如下：

1）600℃、850℃两次盐浴预热。

2）1120～1150℃加热，出炉空冷几秒钟，淬入 400～450℃硝盐浴中，淬火后硬度为 45～50HRC。

3）540℃×2h×2 次回火，回火后硬度为 58～60HRC。

采用高温淬火、高温回火的二次硬化工艺，可增加马氏体基体中碳和合金元素的含量，增加基体硬度。有研究表明，采用高温淬火、高温回火工艺，可减少粗大碳化物的数量，并改善碳化物的形态，减少第二相质点的疲劳剥落，从而提高冲模的耐磨性。

798. Cr12MoV 钢制模具的低温淬火、低温回火工艺

对于没有高温加热设备和因强韧性不足而引起早期失效的 Cr12MoV 钢模具，采用低温淬火、低温回火工艺可取得较好的效果。

低温淬火、低温回火常用工艺为：950～960℃加热（也有更低的），淬油或硝盐浴，淬火后硬度≥61HRC；经 180～200℃回火，回火后硬度≥58HRC。淬火组织获得以板条马氏体为主的隐晶基体，淬火晶粒更细小，因而明显提高钢的强韧性。由于未溶的剩余碳化物较多，残留奥氏体量较少，也有利于保持良好的耐磨性，一般可使冲击韧度和抗弯强度分别提高 28% 和 15%。对于要求以韧性为主的冷作模具，采用低温淬火是有利的，而且变形比常规淬火要减少 50% 左右。

799. Cr12MoV 钢制耐火砖成形模的盐浴淬火工艺

耐火砖成形模要承受硬料的磨损、挤压和冲击作用，工作条件比较恶劣，要求模具具有高的强度、硬度、耐磨性和良好的冲击韧性。

国内耐火砖成形模板大多用 20Cr 制造，也有 45 钢或 40Cr 钢的，使用寿命低，一般为 0.5 万～1 万件，失效形式为磨损和变形。日本、德国等工业发达的国家用 Cr12MoV 钢制模。Cr12MoV 钢制耐火砖成形模的热处理工艺如下：

（1）球化退火　850～870℃×2～3h 炉冷至 740℃保温 4～6h，以≤30℃/h 炉冷至 500℃出炉空冷。硬度为 207～255HBW。

（2）淬火、回火　600℃、850℃两次盐浴预热；1000～1020℃加热，淬油；220～240℃×2.5h×2 次回火。硬度为 61～63HRC。

（3）去应力退火　经磨加工后补充 150℃×4h 去应力退火。

经上述工艺处理后，Cr12MoV 钢制耐火砖成形模的使用寿命达 4.2 万件。

800. Cr12MoV 钢制自行车轴碗冲模的等温淬火工艺

Cr12MoV 钢制自行车轴碗冲模的热处理工艺如下：

1）600℃ ×1min/mm 盐浴预热，980 ~1000℃ ×30s/mm 盐浴加热。

2）240 ~260℃ ×3h 硝盐浴等温，空冷至室温。

3）200 ~220℃ ×2h ×2 次硝盐浴中回火，空冷至室温清洗。

经上述工艺处理后，其硬度为 60 ~61HRC，使用寿命较常规处理者提高 4 ~5 倍。

801. Cr12MoV 钢制六角拉轮的强韧化工艺

Cr12MoV 钢制六角拉轮在服役时，承受强烈的挤压和磨损的作用，工作条件恶劣，因此要求拉轮具有高的硬度和耐磨性，基体要有足够的强韧性。按常规热处理工艺处理的拉轮加热温度较低，淬火后不均匀粗大碳化物被保留在淬火组织中，造成应力集中，成为裂纹源，韧性不足。为了解决早期脆裂的问题，采用强韧化工艺处理取得成效。

（1）锻热调质处理　最后一火终锻结束后不要缓冷，利用锻造余热，立即淬油，760℃回火。调质处理后的金相组织为细粒状珠光体，切削加工性能良好。

（2）强韧化处理　根据模具使用状况及要求不同，Cr12MoV 钢有两种硬化方法：一种是正常温度淬火 + 低温回火，热处理有高的硬度和耐磨性，俗称一次硬化法；另一种是高温淬火 + 高温回火，淬火后组织中有大量的残留奥氏体，硬度只有 50HRC 左右，经高温回火，残留奥氏体转变成马氏体产生二次硬化，使硬度上升到一次硬化的水平，称为二次硬化法。强韧化工艺集两种硬化法于一身，处理的拉轮表层硬度高，基体具有高强韧性的中等硬度。具体工艺如下：

1）650℃、950℃两次盐浴预热。

2）1100 ~1120℃ ×30s 短时快速加热。

3）出炉后，立即用热水爆 1s，使附着熔盐脱落，再入 260 ~280℃硝盐浴中等温 1h，空冷。表层组织为马氏体 + 下贝氏体 + 粒状碳化物 +45% ~50%（体积分数）残留奥氏体，晶粒度为 8.5 ~9.5 级。基体淬火组织为马氏体 + 少量的下贝氏体 + 粒状碳化物 +5% ~10%（体积分数）残留奥氏体。经 510℃ ×2h ×2 次回火后，表层组织中的残留奥氏体大部分转变成马氏体，出现二次硬化，硬度由 48 ~52HRC 升高至 60 ~62HRC；而基体因淬火温度低，无二次硬化，经 510℃ ×2h ×2 次回火后，硬度由淬火后的 60 ~62HRC 降至 48 ~52HRC。经高温回火后恰好表层硬度值与基体硬度值互换，达到外硬内韧的使用要求。清除了常规工艺早期失效，使用寿命大大提高。

经上述工艺处理的六角拉轮，表层硬度为 60 ~62HRC，达到外硬内韧的使用要求，抗拉强度由常规处理的 2107 ~2156MPa 上升到 3097 ~3205MPa；断裂韧度由常规处理的 686 ~764MPa · $mm^{1/2}$ 上升到 1019 ~1076MPa · $mm^{1/2}$；冲击韧度由常规处理的 42 ~51J/m^2 上升到 80 ~103J/m^2。

802. Cr12MoV 钢制冲模的形变热处理 + 等温淬火工艺

Cr12MoV 钢制转速指示牌冲模，其模膛大、壁薄，在冲裁 3mm 厚的中碳钢板时，既要求耐磨，又要求较高的强韧性。在高温箱式炉中处理，采用下列工艺：1000℃加热，淬油，160℃回火。硬度为 60 ~62HRC。淬火变形严重，韧性差，在使用中常因刃口崩落、掉块和纵向开裂而失效。

针对上述情况，采用形变热处理 + 等温淬火工艺，可获得理想的金相组织，使用寿命得到大幅度提高。具体工艺如下：

（1）形变热处理+高温回火 所谓形变热处理，即利用锻造强烈变形的最后一火锻造余热淬油，再经730℃×2h高温回火，可使碳化物呈均匀分布，同时有良好的切削加工性能，为等温淬火提供了很好的预备热处理组织。

（2）等温淬火和回火 淬火前，先除去因机械加工产生的应力，工艺为550℃×2~3h；600℃、850℃盐浴两次预热，1040℃盐浴加热，280℃×1h硝盐浴等温，出炉后空冷，硬度为61~63HRC；380℃×2h回火，硬度为58~60HRC。

模具经上述工艺处理，在稍微降低硬度的情况下使用，可大幅度提高冲击韧性和强度；模具寿命从1.2万件提高到4万件；并解决了脆性断裂问题，模具失效形式以疲劳磨损和刃口钝化为主。

803. Cr12MoV钢制切边模的等温淬火工艺

在实际生产中，切边模的主要失效形式为崩刃、磨损和开裂。某9SiCr钢制切边模的使用寿命为0.7万件。选用Cr12MoV钢制造该切边模，采取适当工艺，可使其使用寿命提高到1.3万~2万件。

Cr12MoV钢制切边模的热处理工艺：采用1040℃中温加热，260℃×2h等温；170℃×3h回火。经上述工艺处理后，Cr12MoV钢制切边模的硬度为60~62HRC，使用寿命比较稳定。

804. Cr12MoV钢制尾翅下料模的等温淬火工艺

外形尺寸为160mm×130mm×30mm尾翅下料模选用Cr12MoV钢制造。硬度要求为：凸模55~60HRC，凹模58~64HRC。剪切的材料为2.5mm厚的25钢板，凸模与凹模单边间隙为0.15~0.20mm。

经常规处理刃磨一次下料模的使用寿命为1.7万件。采用等温淬火工艺，不仅减少变形和开裂，而且提高了强韧性，延长了模具的使用寿命，刃磨一次使用寿命超过5万件，总使用寿命达52.6万件。具体工艺如下：

（1）预热 500℃×15min空气炉烘干，800℃×15min盐浴预热。

（2）加热 1000℃×7.5min盐浴加热。

（3）冷却 260℃×30min硝盐浴等温。

（4）回火 凸模：400℃×3h+220℃×2h，硬度为56~58HRC；凹模：230℃×3h+220℃×2h硝盐浴回火，硬度为60~62HRC。

805. Cr12MoV钢制胀闸后支板夹模的等温淬火工艺

胀闸后支板夹模是一种薄壁、小型和较复杂的冷作模具。选用Cr12MoV钢制造时，经1050℃加热淬油，200℃回火的常规工艺处理后，模具的使用寿命一般为800~2000件，失效的主要形式为脆断。改进工艺后，使模具的使用寿命上升到1万件，抗拉强度由原常规工艺的3186MPa提高到3486MPa，冲击韧度（无缺口）由50J/m^{2}上升到62.5J/m^2。具体工艺如下：

（1）预热 500℃空气炉烘干，800℃盐浴预热。

（2）加热　990～1000℃盐浴加热。

（3）冷却　260℃×2h 硝盐浴等温。

（4）回火　200℃×2h×2 次硝盐浴回火。

经上述工艺处理后，模具的硬度只有 55～57HRC，比常规处理硬度低了 4～5HRC，但韧性提高 25%，使用寿命提高 5～6 倍。

806. Cr12MoV 钢制铁氧体压制模的循环加热淬火工艺

Cr12MoV 钢制铁氧体压制模，一般采用 1030℃加热淬油，180～200℃回火工艺。热处理后硬度为 61～64HRC，使用寿命为 3 万～4 万次。其失效主要形式为磨损超差，少部分为根部折断。采用循环加热淬火工艺，可使模具寿命提高到 12 万件。具体工艺如下：

1）1150℃×1.6min/mm 加热，淬热油，油冷至 220℃左右入 200℃硝盐浴中分级冷却 5min；冷至室温后 650℃×1h 高温回火，出炉后空冷。

2）第一次循环采用 1000℃×15min 高温箱式炉木炭保护加热，淬热油，油冷至 220℃左右入 200℃硝盐浴 5min；冷至室温后 650℃×30min 高温回火，出炉后空冷。

3）第二次循环采用 1030℃×15min 高温箱式炉木炭保护加热；淬热油，油冷至 220℃左右入 170℃硝盐浴 30min，出炉后空冷。

4）170～180℃×2h×2 次回火。

采用循环加热淬火工艺提高模具寿命原因分析如下：

1）细化了晶粒。经 1150℃、1000℃、1030℃三次淬火后，奥氏体晶粒度分别为 9～10 级、11～12 级、12 级以上，因此提高了钢的强韧性。

2）改善了碳化物的形状和分布。1150℃高温加热并较长时间保温，可使碳化物充分固溶到奥氏体中，在随后的热处理中，呈弥散析出，有利于强韧性的提高。

3）索氏体处理可防止淬火开裂。采用马氏体点以上分级冷却 5min 和 650℃索氏体化处理，可避免模具的淬裂和提高其使用寿命。未经索氏体化处理者寿命仅为 3 万件，失效形式为开裂和折断，其原因跟晶粒粗化有一定关系。

807. Cr12MoV 钢制模具的油冷后高温空冷淬火工艺

Cr12MoV 钢制尺寸较大、模腔复杂、精度要求高的冲模，若采用油冷淬火，变形易超差，且有开裂现象；若采用空冷淬火则难以淬硬，即使能淬硬也会因残盐黏附而产生腐蚀麻点。为了保证这类模具的热处理质量，采用油冷后高温空冷淬火工艺，不仅能保证模具能淬硬，而且变形小，无淬火裂纹和表面腐蚀现象。

油冷后高温空冷淬火工艺：将经加热好的模具入油冷却，当模具冷却到 400℃左右时（模具在油中冷却到 400℃所需时间按 1.5～2s/mm 估算）提出油面，模具上所带的油先冒白烟，随之着火，说明出油温度正合适；如果出油后立即着火，说明出油过早；如果出油后只冒烟不起火，说明出油过晚。模具就在这种油燃烧环境下进行冷却，当附着在模具表面的油燃尽，工件冷至 60℃后立即回火。

由于模具在 400℃以上是油冷，所以能迅速通过奥氏体不稳定区；400℃以下在油燃烧中冷却，且燃烧后产生导热性小的残留物质包裹着模具，所以模具在 Ms 点以下的冷却是极为缓慢的。这样不仅能使模具获得高的淬火硬度，而且淬火应力较小。

808. Cr12MoV 钢制小型冲模的真空热处理工艺

Cr12MoV 钢制小型模具的真空热处理保温时间 t 经验公式为：$t=2(20+0.5D)$，式中，D 为模具的有效直径（mm）。热处理工艺为：250℃ ×5min，室温下真空度约为 5×10^{-1}Pa；升温速度为 10～15℃/min，升温至 750～800℃ ×30min，真空度约为 5Pa；加热至 1020℃ 保温 40～60min；冷却时充高纯氮气，有效直径小于 ϕ20mm 时用 2×10^5Pa，有效直径大于 ϕ20mm 时用 3×10^5Pa，特殊要求慢冷时用 1×10^5Pa，冷却到 45℃ 时再延长 40～60min（视装炉量大小和工件尺寸而定）。

汽车仪表冲模采用 Cr12MoV 钢制造，形状复杂，精度要求高。采用真空热处理气淬后的硬度为 61～63HRC，200℃ ×2h 回火后的硬度为 59～62HRC，变形量为 ±0.01mm（盐浴加热硝盐浴分级冷却的变形量为 0.02～0.06mm）。

809. Cr12MoV 钢制矫正辊的高温快速加热淬火工艺

Cr12MoV 钢制矫正辊用于铜合金管材的冷矫直，全长为 415mm，辊身长度为 200mm，最大直径为 ϕ136mm，辊面呈凹弧形（R350mm）。热处理技术要求：整体调质硬度为 360～390HBW，工作部分硬度为 57～62HRC。其高温快速加热淬火的工艺如下：

在井式炉中进行 200℃ 充分预热，以除去工件可能带有的水分，确保操作安全。低温预热要保持统一，装炉量、时间、温度要一致，以利于稳定高温快速加热参数和效果，使淬硬层深度和硬度控制在工艺范围内。不采取中温预热，既可保证淬火质量，又可节约设备和能源。

高温快速加热工艺：于 1200～1220℃ 高温盐浴炉中加热，加热时间系数取 3s/mm。这种工艺不但加热速度快，而且质量比较稳定。

采取高温快速加热淬火后，辊身硬度为 63～64.5HRC；经 250℃ ×2h ×2 次回火后，硬度为 59～61HRC。淬火后的晶粒度为 10 级左右，金相组织为隐针马氏体 + 未溶碳化物 + 少量的残留奥氏体。高温快速加热淬火工艺实质上是一种不均匀的奥氏体淬火方法，因而有利于细化组织和改善钢的强韧性，使模具的使用寿命得到提高。

810. Cr12MoV 钢制釉面砖模板的盐浴渗硼工艺

Cr12MoV 钢釉面砖模板经 1020～1040℃ 加热淬油，200℃ 回火，硬度为 60～62HRC，模板失效形式为磨损拉毛或表面剥落，使用 8～12 个班次；而采用盐浴渗硼，模板可以使用 30 个班次。

渗硼设备为 30kW 外热式盐浴炉。

渗硼剂的配方（质量分数）为：$Na_2B_4O_7 \cdot 10H_2O$ 90% + SiC 10%，硼砂为工业纯，需经 300～400℃ 脱水处理。碳化硅必须选绿色纯洁的（黑色的碳化硅不能用），粒度为 150～200 目，粒度过粗易产生沉淀，过细容易烧损。这种配方盐浴在使用中不易老化，只需按比例补充消耗部分即可，无须定期更新。配制盐浴时，先将硼砂全部熔化（约 800℃），然后将炉温升到 900～950℃，加入碳化硅，用金属棒搅拌均匀后即可使用。对盐浴表面的辐射散热损失及时坩埚烧漏的情况，要有防范措施。

模板在热处理前用汽油、乙醇把表面清洗干净，在 950℃ 渗硼 4～6h，出炉后直接淬油或可以重新加热淬火。淬火后进行240℃×2h回火，用油回火较好，但不能在硝盐浴中回火。为清除粘在渗硼模板上的残盐，也可以将模板于800~850℃下保温1min，使残盐溶解。由于时间短，不会影响表面硬度，效果很好。

811. Cr12MoV钢制冲钉模的渗硼工艺

Cr12MoV钢制冲钉模工作条件恶劣，因此要求冲钉模具有高硬度、高强度、高尺寸精度，而且耐磨、耐蚀，表面光洁。冲钉模采用高温箱式炉保护性加热淬火和盐浴加热淬火，其寿命都不高；采用固体渗硼，取得了令人满意结果。

1）渗硼剂成分（质量分数）：B_4C 4% + KBF_4 6% + SiC 90%，另加质量分数为2%~5%的活性炭粉。

2）渗硼：采用不锈钢罐，冲钉模置于不锈钢罐内，周围填满渗硼剂，加盖密封。650℃×1h，升温至900~920℃×5~6h，炉冷至室温开箱取模。渗硼层深度为0.05~0.07mm，硬度为1390~1500HV。

3）渗硼后热处理：500~550℃预热，920~940℃加热，淬火冷却介质为240~260℃硝盐浴；最后进行150~160℃×1.5h×2次油中回火。

渗硼冲钉模和镶有GT35硬质合金的冲钉模现场生产实践考证，渗硼冲钉模可连续使用6天（冲钉频率为5万次/h），而镶有GT35硬质合金的冲钉模使用5天就报废。

812. Cr12MoV钢制拉深模的离子渗氮工艺

Cr12MoV钢制拉深模离子渗氮前进行常规淬火、回火处理，转精加工成品，最终进行离子渗氮处理。

离子渗氮在LD-60型离子渗氮炉中进行。通入氨分解气，气压保持在（5~8）×10^2Pa，电压为500~600V，电流密度为1mA/m^2，500×5h离子渗氮。渗氮层总深度为0.12mm，化合物层深度为15μm，硬度为1200HV。

Cr12MoV钢拉深模经离子渗氮后，使用寿命由原常规处理的0.2万件提高到5万件。

813. Cr12MoV钢制易拉罐冲嘴模的复合热处理工艺

易拉罐冲嘴模外形尺寸为ϕ66mm×170mm（内孔直径为ϕ47.6mm），失效形式主要是磨损、擦伤、接触疲劳和热疲劳。

我国已引进了不少易拉罐生产线，而生产线上使用的冲嘴模大部分都是进口产品。为了改变这一状况，降低易拉罐生产成本，对冲嘴模进行了二次硬化处理+离子复合渗的复合热处理工艺试验研究。结果表明，冲嘴模经复合热处理后，具有很高的耐磨性、抗咬合性和耐热性，可以满足模具的使用要求，能达到甚至超过进口冲嘴模的使用寿命。其热处理工艺如下：

（1）预备热处理　锻造后进行球化退火，工艺为：860℃×3h，炉冷至730℃×6h，炉冷至500℃出炉空冷。退火后的组织为索氏体基体上分布着均匀细小碳化物，硬度为200~250HBW。

（2）基体硬化处理　检验进口W6Mo5Cr4V2钢制冲嘴模的硬度为65~66HRC，此硬度和W6Mo5Cr4V2钢制刀具的硬度是一样的。Cr12MoV钢制冲嘴模要达到此硬度有一定的难度，但采用1030℃淬火、180℃回火一次硬化法可以达到63～65HRC。从硬度上看，能达到冲嘴的使用要求；但实际上，一次硬化法处理的冲嘴模装机使用时，很快就被拉毛，模具黏着、卡死，只能使用几千次。采用二次硬化法并施以表面强化，才能胜任使用要求。二次硬化工艺为：1100℃加热淬油，520℃三次回火。表面强化采用离子复合渗。

（3）离子复合渗 由于Cr12MoV钢表面存在着钝化膜（氧化铬），用普通气体渗氮法难以渗氮，即使用离子渗氮，其渗速也是很慢的。为了提高渗速和获得更好的综合性能，采用图8-9所示的离子复合渗工艺。

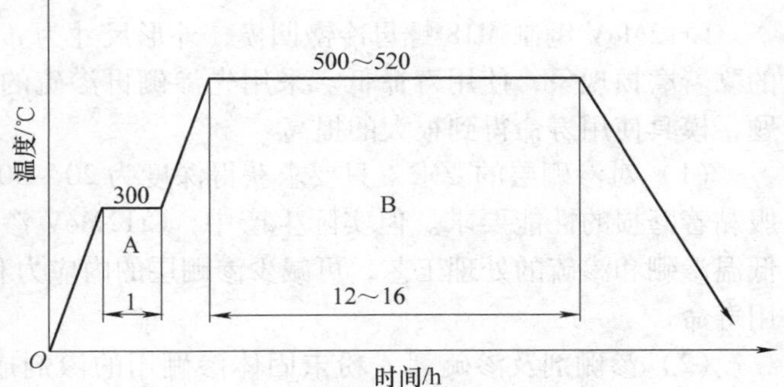

图8-9 Cr12MoV钢制冲嘴模的离子复合渗工艺

A—离子轰击 B—含N或N、C、S气氛

结果表明，这种复合热处理工艺赋予了冲嘴模高的表面硬度、高的耐磨性、高的疲劳强度和较高的热硬性，同时还有良好的润滑和抗咬合性，能满足冲嘴模的使用要求。

对经复合热处理的冲嘴模进行全面检查，结果如下：

1）内孔和外径变形量均小于0.01mm，达到模具的技术要求。

2）表面硬度为1050～1200HV。

3）渗层金相组织为多层结构，最外层为硫化物，次层为氮碳化物，再往里层是氮碳扩散层。

4）模具的使用寿命在100万次以上，达到了进口W6Mo5Cr4V2钢制模具水平。

814. Cr12MoV钢制螺母六角套模的渗硼工艺

Cr12MoV钢制螺母六角套模用以挤压螺母六方。工作时，主要受到强烈的磨损及较大的挤压力。该模具的原热处理工艺为：1020～1040℃淬火（油冷），240℃×1h回火。硬度为60～62HRC，使用寿命为0.7万～0.8万件。

对模具进行盐浴渗硼处理。盐浴成分（质量分数）为：硼砂90%＋碳化硅10%。950℃×4h渗硼后直接淬油，240℃×1h×2次回火。渗层深度为0.062～0.07mm，表面硬度为1290～1530HV，使用寿命为1.5万～2万件。

815. Cr12MoV钢制硅钢片凹模的镀铁渗硼工艺

Cr12MoV钢制硅钢片凹模的镀铁渗硼工艺如下：

（1）镀铁 将$FeCl_2 \cdot 4H_2O$溶于蒸馏水中，质量浓度为400g/L，过滤，通电消除三价铁离子，再加盐酸调到pH值为1。模具经汽油清洗和电解脱脂后入槽镀铁，电流密度为3A/dm²，阳极用08F钢板。镀铁在常温下进行，每小时沉积约20μm。

（2）渗硼 粉末渗硼剂成分（质量分数）为：B_4C 5%＋KBF_4 5%＋Al_2O_3粉末90%。880℃×2h＋960℃×3h渗硼，炉冷至室温。

（3）真空扩散处理 950℃×3h真空扩散处理，炉冷。

（4）最终热处理 1150℃加热，280℃硝盐浴等温处理，200℃×2h×2次回火。

经上述工艺处理后，渗硼层深度为0.11mm，金相组织为 FeB + Fe_2B 双相组织，硬度为926～1040HV，脆性1级，使用寿命优于氮碳共渗者。

816. Cr12MoV 钢制冷镦凹模的硼硫复合渗工艺

Cr12MoV 钢制 M18 螺母冷镦凹模，外形尺寸为 ϕ108mm×45mm，在服役过程中有严重的黏着磨损现象，使用寿命低。采用先渗硼再渗硫的处理工艺，可有效地克服黏着磨损问题，模具使用寿命得到很大的提高。

（1）对渗硼层的要求　只要求获得深度为20～30μm 的单相 Fe_2B 渗硼层，即可满足克服黏着磨损的性能要求。但实际生产中，Cr12MoV 渗硼时易出现 FeB 相，脆性较大。采用低温渗硼和渗硫的处理工艺，可减少渗硼层的内应力和脆性，提高抗擦伤能力，延长模具使用寿命。

（2）渗硼剂及渗硫剂　粉末固体渗硼用的渗剂成分为 B_4C + KBF_4 + SiC。渗硫剂成分（质量分数）为硫96% +二硫化钼4%，熔点为115℃。渗箱采用玻璃粉熔封，可取得较好的密封效果。

（3）渗硼及渗硫工艺

1）渗硼。渗硼剂成分、温度和时间对 Cr12MoV 钢渗硼层都有一定的影响。为使凹模获得深度约20～30μm 的单相 Fe_2B 渗层，可选用渗剂的成分（质量分数）为 B_4C 2% + KBF_4 5% + SiC 93%，850℃×3h 渗硼。渗硼后直接升至980℃，不用保温，出炉将渗箱置于水中冷却，凹模心部硬度高于60HRC；再进行200℃×2h×2次回火。

2）渗硫。渗硫是在模具渗硼和淬火、回火后加工成成品后进行的。经严格清洗后，于渗硫液中渗硫，渗硫工艺为180～200℃×6～8h。模具渗硫后立即清洗和浸油。渗硫层深度为5～8μm，金相组织为 FeS，硬度为80～116HV。

3）应用效果。经上述工艺处理的模具获得了减摩层、硬化层和过渡层的三层复合组织，可显著提高模具抗黏着磨损性，模具使用寿命比常规处理者提高100多倍，比渗硼淬火处理者提高4～5倍。

817. Cr12MoV 钢制模具的盐浴稀土钒硼共渗工艺

Cr12MoV 钢制模具的盐浴稀土钒硼共渗工艺如下：

（1）盐浴成分　V_2O_5 与 Al 粉的质量比为1∶0.8～1.6，稀土为盐浴总质量的4%～6%，加入稀土可提高渗速30%左右。

（2）共渗工艺　950℃×4h。

（3）共渗层组织　共渗层深度可达60～77μm，硬度为1931～2195HV。共渗层由表至里主要为 VC、$(Fe, Cr)_2B$、Fe_2B，过渡层为 Fe_3C +少量的 Cr_7C_3。

（4）共渗后的热处理　950℃×4h 共渗后，升温至1030℃，保温时间按1min/mm 计，出炉预冷至820～800℃淬油；两次回火：250℃×2h 空冷+230℃×2h 油冷。

（5）生产应用　Cr12MoV 钢制 M16 螺母冷镦凹模经稀土钒硼共渗处理，使用寿命由常规处理的2.5万件提高到17.8万件。

818. Cr12MoV 钢制陶瓷模具的渗氮工艺

用于生产建筑陶瓷的模具，是建筑行业常用的工艺装备，被加工材料为高铝黏土，一般以磨损方式失效；但在南方多雨季节，陶瓷模具易产生开裂失效。通过对280mm×260mm×35mm模具的失效进行分析，发现模具内各个方格的内角处，断口形貌既有疲劳断裂的特征，又有腐蚀断裂的迹象，模具的开裂为腐蚀疲劳失效。其原因是潮湿的陶瓷黏土对模具普遍存在着腐蚀作用。黏土中Si、Al等元素的氧化物遇水时会形成硅酸、铝酸或碳酸等腐蚀介质。南方的多雨季节，就成为陶瓷模具因潮湿腐蚀开裂的自然条件。模具的低频率疲劳应力加速腐蚀疲劳程度，这是开裂失效的主要原因。对该类模具进行渗氮处理，可以提高耐腐蚀疲劳性能；并将对模具的清洗由水洗改为高压气洗，避免出现潮湿环境，有利于消除腐蚀疲劳开裂失效现象。

进行渗氮的陶瓷模具，应先采用二次硬化淬火工艺，即1120～1150℃加热淬油或280℃硝盐浴等温。渗氮温度不宜超过600℃。

819. Cr12MoV钢制玻璃钢格栅拉挤模的渗氮镀硬铬工艺

玻璃钢格栅是一种以不饱和聚酯树脂作为基体，经模压工艺生产的、带有许多规则空格的用玻璃纤维增强板状材料。玻璃钢格栅在拉拔过程中，逐步由液体变化到固体，出模时强度相对较高，对模具的挤压作用力较大，模具磨损严重。要求模具有较高的耐磨性，表面质量要求高且硬度要求也高，易于脱模，清理模具时不易损坏，因此选用Cr12MoV钢制造。

经过分析比较认为，渗氮镀硬铬处理是合适的工艺。

（1）二次硬化处理　镀硬铬前进行渗氮，渗氮前要进行淬火、回火。因为渗氮的温度大多在520℃以上，所以必须采用高温淬火、高温回火的二次硬化工艺才可，即1120～1150℃淬火，510～520℃回火。处理后硬度为61～63HRC。

（2）渗氮　向渗氮炉内通入氮气并以氨气作为催化剂，在适当的温度下渗氮12h，渗层深度为0.2mm。

（3）镀硬铬　采用有机和无机阳离子混合物为催化剂的高效镀铬工艺，进行镀硬铬处理，镀层厚度为0.02～0.03mm，可获得较好的应用效果。这种镀硬铬工艺有如下优点：

1）镀层平滑细致，分散能力好，减少后续抛光工序工作量。

2）阳极电流密度范围宽，对模具的沟槽尤为适宜，避免了低电流时镀层发暗甚至无铬，也克服了高电流使模具烧焦及崩铬的现象。

3）镀铬层硬度高，硬度为1050HV，而普通镀铬的硬度为900HV。

4）镀铬层厚度适宜，太薄磨损太快，太厚镀层易剥落。

820. Cr12MoV钢制磁性材料成形模的粉末渗硼工艺

磁性材料多由粉末压制烧结而成。粉末硬度高达600～700HV，压制过程中模具磨损剧烈。Cr12MoV钢制的偏转凹模经常规处理后，在硬度为740～790HV时，使用仅半个月模膛内即出现凹坑，压制出来的半成品易开裂而报废。模具采用粉末渗硼工艺处理后，寿命提高14倍以上。渗硼工艺简介如下：

渗硼剂选用化学纯的氟硼酸钾和绿色纯净的碳化硅。渗剂成分（质量分数）为KBF_4 7%＋SiC 93%。工艺为950～970℃×4h；渗硼后直接开箱淬油，油冷至200℃左右出油空冷；200℃×2.5h×2次回火。

模具渗硼后的颜色为银灰色，硬度为1648HV，渗层深度为0.09～0.11mm，渗层的金

相组织为单相的 Fe_2B。

821. Cr12MoV 钢制冷镦凹模的渗硼与等温淬火复合强韧化工艺

外形尺寸为 ϕ48.35mm×28mm×ϕ16mm（内孔）的 Cr12MoV 钢制六角螺母冷镦凹模，在使用过程中要承受压应力、摩擦力和强烈的冲击作用。要求模具有较高的强度、硬度、耐磨性和足够的韧性，常规处理后硬度为60~64HRC，使用寿命只有0.3万~0.4万件。改进热处理工艺，采用渗硼与等温淬火复合强韧化工艺，可使凹模的寿命提高到50万~80万件。热处理工艺如下：

（1）预备热处理　锻造后利用余热进行球化退火。粗加工后，再进行一次调质处理，以细化碳化物，为最终热处理做好组织准备。

（2）渗硼　固体渗硼剂成分（质量分数）为硼铁20%+氟硼酸钾5%+碳酸氢铵5%+氧化铝（0.18mm）70%。渗硼剂混合后要搅拌均匀，模具装箱前需经乙醇清洗干净。装箱时，模具离箱壁距离应大于15mm，凹模的工作部位应填满渗剂并压紧。模具装箱后应密封好，以防止空气进入，影响渗硼效果。

渗硼工艺为900℃×4h。渗硼结束后，炉冷至740℃，再保持2h，然后取出渗硼箱，空冷至室温开箱取模。

（3）等温淬火、回火　400℃×1min/mm 空气炉预热+800℃×1min/mm 盐浴炉第二次预热，1000℃×0.5min/mm 加热，250℃×2h 硝盐浴等温；340~360℃×2h×2 次硝盐浴回火。回火后基体硬度为54~58HRC，表面硬度为1250~1650HV，渗层深度为0.06~0.08mm，金相组织为单相 Fe_2B。

经渗硼与等温淬火复合强韧化处理的凹模，在冷镦 M18、M20 螺母时，使用寿命比常规热处理者提高几十倍。

822. Cr12MoV 钢制电子管框架拉深模的硼砂盐浴渗钒工艺

某集团公司生产的电子管框架是在韩国进口的全自动生产线上经落料、拉深等工序成形的。框架材料是韩国进口的厚度为1mm的低碳钢板，硬度为126~140HV。设计要求框架的尺寸精度高，表面无划痕，模具能满足大批量生产要求。进口拉深模的凹模是镶块结构，凹模四角部位工作部分材料为 Cr12MoV 钢，工作面经热处理后抛光至镜面，并采取特殊的表面强化处理，表面呈淡黄色，正常使用到40万次以后，镶块局部出现拉毛，需研磨、抛光，并进行表面强化处理。曾用电刷镀 Ni-W-P 合金处理时表面虽呈镜面，硬度可达70HRC，生产10件产品后电刷镀层出现龟裂和掉块。采用硼砂熔盐渗钒可取得良好的效果。

硼砂熔盐渗钒剂采用某研究所的科研成果，不渗钒部位采用机械包扎法防渗。800℃×1h 预热，升温至950℃×4h 渗钒；渗钒后升温到1000℃保温1h，出炉后淬入280℃硝盐浴，等温30min；200℃×2.5h×2 次回火。

经上述工艺处理后，渗层表面硬度为3000HV，显像管框架拉深凹模角部镶块的变形量在允许范围内，表面呈淡黄色镜面，模具使用寿命达到进口模具水平。

823. Cr12MoV 钢制模具的盐浴渗铌工艺

M40 螺母热冲模选用 Cr12MoV 钢制造。原工艺为1000℃加热淬油，300℃回火，模具使用寿命只有 1.2 万件；采用盐浴渗铌处理，模具使用寿命达到 3.5 万件。油底壳拉深模用 Cr12MoV 钢制造，原工艺为 1000℃加热淬油，模具使用寿命为 2 万件左右；采用盐浴渗铌，模具使用寿命提高到 18 万件。

盐浴渗铌渗剂的配方（质量分数）：$NaBO_4$ 69% + Nb 8% + Al 3% + 中性盐 20%。

（1）M40 螺母热冲模热处理工艺　1050℃ ×4h 渗铌后，230℃硝盐浴等温 1h；300℃ ×3h ×2 次回火。

（2）油底壳拉深模热处理工艺　1050℃ ×6h 渗铌后直接淬油，200℃ ×4h ×2 次回火。

824. Cr12MoV 钢制冷挤压冲头的氧硫氮共渗工艺

某日用化工厂的牙膏管冷挤压冲头采用 Cr12MoV 钢制造。采用常规热处理，模具使用寿命只有几千件；经真空热处理后，模具使用 1 万件就发生磨损失效；采用离子渗氮后，平均使用寿命为 1.8 万件，个别达 3 万件；而采用氧硫氮共渗后，平均使用寿命为 3.5 万件，个别达 6 万件。氧硫氮共渗工艺如下：

（1）共渗介质　采用 SO_2、N_2、H_2 进行氧硫氮共渗。流量由 L2B 型转子流量计测控，温度由 FU-2 型铠装热电偶测量。

（2）热处理工艺

1）淬火、回火。1020℃加热淬油，560℃ ×2h ×2 次回火。硬度为 51 ~53HRC。

2）离子氧硫氮共渗。渗剂成分（质量分数）为 SO_2 1.29% + N_2 15% + H_2。共渗工艺为 560℃ ×2h。表层硬度为 1000 ~1200HV。

825. Cr12MoV 钢制油开关指形触头精密冲模的物理气相沉积 TiN 工艺

Cr12MoV 钢制油开关指形触头精密冲模在进行物理气相沉积 TiN 处理前，应进行常规热处理，硬度控制在 60 ~62HRC。

物理气相沉积 TiN 处理前先经脱脂、干燥、蒸汽清洗和漂洗，物理气相沉积 TiN 处理工艺参数如下：

1）极限真空度为 0.0133 ~0.00133Pa。

2）真空度为 1.33 ~0.133Pa。

3）处理温度为 400 ~560℃。

4）时间：从抽气至出炉约 4h，其中 TiN 沉积时间约 40min。

5）沉积层厚度为 3 ~5μm。

6）表面硬度为 2500 ~3000HV。

经上述工艺处理后，模具的尺寸基本上无变化，涂层颜色为金黄色。在冲裁厚度为 5mm 的 T2 纯铜时，使用寿命达到 10 万多次，比常规处理者提高 5 倍以上。

826. Cr12MoV 钢制螺栓冲模的渗碳、低温淬火工艺

Cr12MoV 钢制螺栓冲模原采用 1020 ~1040℃加热淬油，180 ~200℃回火的热处理工艺，使用寿命不高，失效主要形式是折断。将淬火温度调至 960 ~980℃，虽然韧性提高了很多，但耐磨性不足，模具使用寿命还是不高。采用气体渗碳低温淬火，模具寿命有所提高。

模具渗碳在井式气体渗碳炉中进行，渗碳温度定为 960℃，用红外仪控制碳势在 0.90%

~1.0%，直接淬油，160~180℃回火，硬度为61~62HRC。冲模的使用寿命平均达到168740件，比未渗碳常规处理者提高30%以上。使用寿命提高的原因如下：

1）采用低温淬火和低温回火，可获得较高的强韧性。

2）在0.90%~1.0%的碳势下，工件表面渗碳，有利于耐磨性的提高。尽管Cr12MoV钢的碳含量为1.45%~1.70%（质量分数），处于过析状态，但在960℃高温、0.90%~1.0%的碳势下，会产生大量的活性碳原子；而Mo、Cr、V等强碳化物形成元素又具有较强的吸碳能力和形成碳化物的能力。这样在淬火温度低、加热时间短的情况下，合金碳化物难以完全溶解到奥氏体中使之均匀化，使奥氏体贫碳区增碳成为可能。经淬火并低温回火后，析出碳化物的数量增加了。金相组织分析发现，经上述工艺处理的模具再经400℃回火后，从表面向里0.30mm的范围内，碳化物明显多于心部。

827. Cr12MoV钢制圆筒件拉深模的化学镀镍磷合金工艺

Cr12MoV钢制圆筒件拉深模经化学镀镍磷合金强化处理可提高硬度与耐磨性，降低摩擦因数，从而显著提高模具的使用寿命和经济效益。

模具在拉深过程中，拉深件表面常发生拉伤现象，造成废品，甚至引起毛坯断裂。

在拉深件毛坯和模具表面上，涂润滑油是行之有效的减少摩擦的方法。对于拉深模，采取低摩擦因数且耐磨的表面是更为行之有效的途径。

（1）拉深模的工件条件及热处理　被拉深的工件材料是退火态的20钢，硬度为150HBW左右。Cr12MoV钢制模具的热处理是球化退火、淬火、回火，硬度为60~63HRC。线切割加工成形后进化学镀镍磷合金处理。

（2）化学镀镍磷合金　镀覆在酸性介质中进行，其基本成分及工艺参数如下：氯化镍28g/L，次磷酸钠10g/L，柠檬酸钠10g/L；pH值为5.5，镀液温度为85℃，沉积时间为6h。化学镀后，进行380~400℃×2~3h的时效处理。

（3）镀层性能　拉深模经化学镀镍磷合金处理后的硬度为60~64HRC，摩擦因数低，磨损量小。

（4）使用效果　拉深模经化学镀镍磷合金后，使用寿命可达9万件，而未经化学镀镍磷合金的使用寿命只有2万件。

828. Cr12MoV钢制冲模的深冷处理工艺

Cr12MoV钢淬火后立即进行深冷处理，除发生残留奥氏体向马氏体的转变外，还能促使从淬火形成的马氏体中析出高度弥散的与基体保持共格关系的超微细碳化物。在随后的低温处理时，这些超细微碳化物长大成为弥散分布的ε碳化物。提高了钢的强韧性，因而使其抗冲击磨损性能明显提高。

1）Cr12MoV钢M16螺母六方冷镦冲模经1120℃加热淬油，-196℃×2h深冷处理，200℃×2h×2次回火，平均使用寿命为7.5万件，比常规处理者提高9~10倍。

2）Cr12MoV钢硅钢片冲模的形状复杂，精度要求高。采用1030℃加热淬油，180℃回火后，表面硬度为61~62HRC，金相组织为回火马氏体+残留奥氏体+碳化物。由于钢中含有较多的残留奥氏体，碳化物大小不均匀，且大块的碳化物常有棱角，凹模易产生磨削裂纹和疲劳裂纹。冲模经1100℃加热淬油，在油中停留约25min后，立即将其放入液氮中进行深冷处理，可使残留奥氏体降到最低程度，大大提高凹模的硬度；再进行 520℃高温回火，可产生二次硬化，硬度可达 67.4HRC。使用中呈正常磨损，平均使用寿命达 84.3 万件。

对模具进行深冷处理，这个有争议的热点问题，至今未有定论。因为不是所有模具经深冷处理都会提高使用寿命，有的模具可能会出现相反的结果，所以对模具施以深冷处理应有针对性。

829. Cr12MoV 钢制 500℃以下工作模具的热处理工艺

Cr12MoV 钢可用来制造 500℃以下工作的模具。其热处理工艺有以下两种：

（1）常规淬火、不同温度回火　采用 1030 ~1040℃加热，淬油或硝盐水溶液，淬火后硬度为 62 ~63HRC。根据模具的硬度要求，选择不同的回火温度，见表 8-12。一般在硝盐浴中进行两次回火，回火时间为 2h。

表 8-12　Cr12MoV 钢 1030℃淬火后回火温度同硬度的关系

回火温度/℃	未回火	100	200	300	400	500	550	600
硬度　HRC	63	62	61	59	57	55	53	47

（2）高温淬火、高温回火　1130 ~1150℃加热淬油或硝盐水溶液，淬火后硬度为 48 ~52HRC；经 510 ~520℃回火，硬度为 61 ~62HRC。

830. Cr12MoV 钢制链板冲模的热处理改进工艺

某链条公司链板采用冲模冲压加工，模具结构形式有复合模、落料模、冲孔模、级进模等，凹模、凸模等模具工作件是主要的易损件。Cr12MoV 钢是该公司使用量最大的模具钢，主要用于制造形状复杂的凹模、凸模。按常规处理，模具存在大量早期开裂和薄壁处开裂等现象，严重影响生产率。为此进行了一系列的试验研究，采用电渣重熔锻坯、固溶双细化处理和改进淬火、回火工艺，解决了模具早期开裂和崩刃问题，取得了明显的经济效果。

（1）原材料优化　电渣重熔可以大幅度提高钢材的冶金质量，降低非金属夹杂物含量，等向性能较好，碳化物分布均匀细小。经过电渣重熔后非金属夹杂物的数量降低到原来的 1/3，原材料经“三镦三拔”改锻成模坯，主要目的是使网状共晶碳化物碎化。锻后经球化退火。改锻后明显降低碳化物的级别，但不能完全改变碳化物的形态。

（2）固溶双细化处理　固溶双细化处理是利用热处理方法，使碳化物颗粒细化、棱角圆整化，同时使奥氏体晶粒超细化。其主要工艺措施是高温固溶和循环细化。高温固溶可改善碳化物的形态和粒度，循环细化可使奥氏体晶粒超细化。

1）固溶处理：将经粗加工后的模具进行高温盐浴加热固溶，1100 ~1150℃ ×8 ~10s/mm，淬入 60 ~80℃油中或采用 260 ~280℃等温处理得到下贝氏体和马氏体的混合组织，随后立即进行 750℃ ×1 ~2h 回火；对于已粗加工已成形的模具，不允许有大的热处理畸变和氧化脱碳，高温固溶后立即淬入约 160℃的热油中冷却，均温后再转入 650℃盐浴中保温 1h，得到以细片珠光体为基体的组织。

2）循环细化：为了改善固溶处理后基体的奥氏体晶粒度，在最终热处理前增加一次 960℃ ×6 ~8s/mm 低温淬火（油冷）。

（3）淬火、回火 840～860℃×40s/mm 盐浴预热，1010～1030℃×10s/mm 高温加热，硝盐浴等温淬火，260～280℃×1h 后空冷，得到适量的下贝氏体＋马氏体＋残留奥氏体的混合组织。410～420℃×2h×3 次回火，回火后硬度为 55～58HRC。

（4）去应力退火 经磨削加工、模具线切割后，及时补充 200℃×2h 油中去应力退火，可明显减少模具早期开裂概率。

（5）使用效果 采用上述工艺，模具使用寿命得到了提高，冲压厚度为 8mm 的复杂形状的链板，使用寿命由原来的 5 万件提高到 23 万件，主要失效形式为正常磨损，开裂和崩刃情况大大改观。

831. Cr12MoV 钢制小轧辊的热处理工艺

Cr12MoV 钢制小轧辊如图 8-10 所示。辊面要求硬度为 58～62HRC，辊颈要求硬度为 30～40HRC。以前设计人员设计轧辊截面过渡处的 R 过小，多次造成该处淬裂，后改为圆弧过渡，设计 R 为 12～14mm，这样可以有效地降低应力集中。其热处理工艺如下：

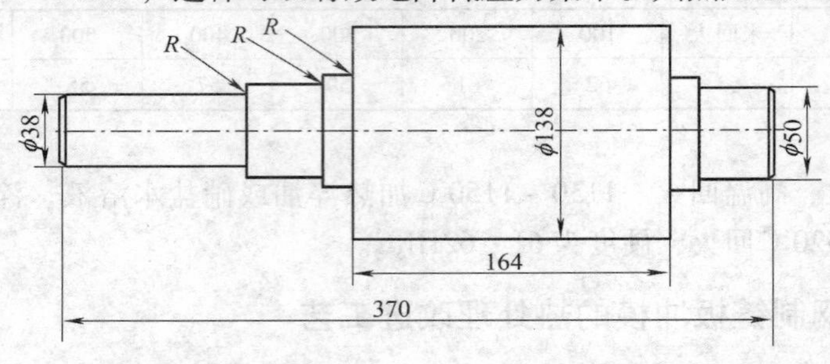

图 8-10 Cr12MoV 钢制小轧辊

采用 880℃中温预热，为保证辊颈硬度，预热时轧辊全身浸入盐浴。由于此温度已超过 Cr12MoV 钢的 Ac_1（经 810℃）点，原始组织会转变成奥氏体和碳化物，随着加热温度的升高，奥氏体中碳和铬浓度不断增加，以及该钢过冷奥氏体稳定性很高、淬透性较好等特点，可以保证辊颈得到既有一定的淬火硬度而硬度又不会很高，从而达到左端辊颈硬度要求的目的。

高温加热温度为 1020～1030℃，加热时将左辊颈提出液面，保温完毕后淬入 200℃的硝盐浴中，保持几分钟取出空冷，充分利用分级淬火可以使工件内外温度趋于一致和引起奥氏体稳定化的特点，不仅减少了冷却过程产生的淬火应力，而且增加了残留奥氏体的数量，在满足硬度的同时，提高了韧性。

200～220℃×2h×2 次硝盐浴回火，回火后硬度为 60～61.5HRC

按上述工艺处理的 Cr12MoV 钢制小轧辊，硬度符合要求，使用寿命得到了提高（达半年以上）。

832. Cr12MoV 钢制滚压模的高温淬火工艺

Cr12MoV 钢属冷作模具钢，处理得当，也可制造热作模具。该钢具有高的硬度、耐磨性、淬透性和回火稳定性。在 1100～1120℃淬火＋500～520℃回火后，产生二次硬化，适用于 400～500℃温度下服役的模具。如果模具工作温度稍高于 500℃，要保持模具硬度还在

60HRC以上时，就必须调整淬火温度和二次硬化来实现。

将常规高温淬火温度提高至1160～1200℃进行试验，由于淬火温度高，淬火后硬度仅为37～39HRC，晶粒度为10～8.5级，晶粒开始粗化，残留奥氏体很多。采用550℃×1h×4次回火，硬度上升到60HRC以上，增加回火次数，硬度几乎不再上升。由于该钢中含有少量的钒，碳化钒在1150℃以上才开始溶入奥氏体，所以把淬火温度提高到1160℃或更高时，基体中溶入一定量的碳化钒。在550℃多次回火时，除了残留奥氏体转变成马氏体对二次硬化起主要作用外，碳化钒的析出也有贡献。当加热温度接近1200℃时，晶粒明显粗化，韧性下降，所以淬火温度选定为1160℃。

建筑用螺纹钢上的螺纹是采用Cr12MoV钢制滚压模热滚压成形的。Cr12MoV钢制滚压模经1160℃淬火、550℃回火工艺，可滚压9t螺纹钢，比原常规工艺（1120℃淬火、520℃回火）处理模具的使用寿命提高2倍多，取得了明显的经济效益。

833. Cr12MoV钢制有效厚度为40～60mm模具的热处理工艺

Cr12MoV钢制有效厚度为40～60mm模具的热处理工艺为：于真空热处理炉中进行650℃×1h+850℃×90min两次预热，1050℃×90min加热，油淬；于空气炉中进行485℃×3.5h×2次回火，回火后硬度为60～61HRC。经上述工艺处理后，碳化物细小均匀，组织为回火索氏体+大量弥散分布的碳化物+少量的残留奥氏体。

834. Cr12MoV钢制陶瓷模具的真空热处理工艺

由于Cr12MoV钢耐磨性高，热处理畸变小，在我国浙江、福建、广东等地区已被广泛用来制作陶瓷模具。该钢经正常的淬火后组织中存在有大量的残留奥氏体，理论上能够保证模具微小的体积变形，但在实际淬火过程中，不少厂家由于工艺控制不严，不能获得满意的热处理效果，有些厂家经工艺改进，将真空淬火后的工件先进行冷处理再进行回火，取得了满意的效果。热处理工艺如下：

模具室温进炉，大约40～45min加热到850℃，保温80min后直接升温至1030℃，保温50min，预冷，充高纯N_2冷却至约900℃淬油。模具出油后空冷至室温后，立即采用－65℃的干冰+工业乙醇进行冷处理，保持1～1.5h。冷处理后经170℃×3h×2次回火，硬度为64～65HRC。

经上述工艺处理的陶瓷模具，在干摩擦和油润滑摩擦的情况下，耐磨性比常规处理者分别提高1.8倍和2.7倍，模具的使用寿命提高2倍以上。

835. Cr12MoV钢制模具的硼砂熔盐碳化物渗层技术

硼砂熔盐碳化物渗层技术是将成品模具置于如图8-11所示的盐浴炉中，所用盐浴的成分由加热到800～1100℃已熔化的70%～80%（质量分数）硼砂、形成碳化物的铁合金或氧化物粉末（如V、Nb、Cr铁合金或氧化物）及提高并保持盐浴活性的金属物质组成。模具在盐浴中保温1～10h（具体时间取决于处理温度和渗层所需深度），通过高温扩散作用，V、Nb或Cr等碳化物形成元素与钢基体中的碳在模具表面形成一层几微米至几十微米的金属碳化物渗层。该碳化物可以是VC、NbC和Cr_7C_3，也可是其复合碳化物。因此，该技术的形成机理和物理气相沉积、化学气相沉积不同，是一种利用扩散作用使模具表面改性的强化工艺。

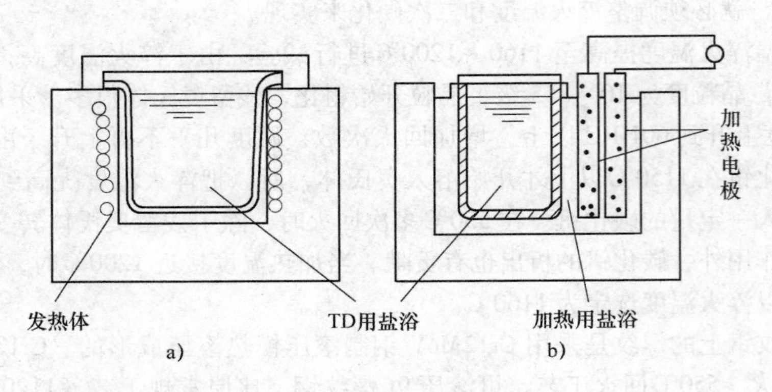

图 8-11　盐浴炉简图
a）直接加热炉　b）间接加热炉

（1）硼砂熔盐碳化物渗层技术的优势　通过在模具表面形成超硬化物渗层的方法，能大幅度提高其耐磨性、抗咬合性、耐蚀性，从而提高其使用寿命。目前，模具表面超硬化的方法主要有镀铬、渗碳、物理气相沉积、化学气相沉积、硼砂盐浴碳化物渗层等。分析认为，硼砂盐浴碳化物渗层有明显的技术优势，主要表现以下几方面：

1）与基体结合牢固。由于该方法的覆层是通过扩散作用形成，与基体形成冶金结合，具有物理气相沉积、化学气相沉积无法比拟的膜基结合力，因此该技术真正发挥了超硬膜层的性能优势。

2）极高的硬度。该方法是在模具表面涂覆 VC、NbC、Cr_7C_3 等碳化物。VC 硬度为 2980～3800HV，NbC 硬度约为 2400HV。VC、NbC、Cr_7C_3 即使在 800℃还能有 800HV 以上的高硬度。因此硼砂熔盐碳化物渗层硬度可达 3000HV，远高于淬火、渗氮等其他表面强化方法获得的硬度。

3）不影响模具的表面粗糙度。该方法既可在小孔深处形成渗层，也可以局部形成渗层。因此不论模具形状如何复杂，都能形成均匀的渗层且渗层致密光滑，处理前后表面粗糙度无差异。

4）可以实现重复处理。硼砂熔盐碳化物渗层技术不存在绕镀性问题，后续基体硬化处理方便。当模具长期工作使金属碳化物覆层磨尽时可多次重复处理，重新处理时不需要清除残留的碳化物，不影响与基体的结合力。

（2）在模具中的应用实例　图 8-12 所示为某电机定子扇形片，材料为冷轧电工钢带，厚度为 0.5mm。为了提高冲片质量和生产率，从国外进口了高速冲槽机，每分钟冲压次数是原设备的两倍（800 次/min）。原 Cr12 钢制冲槽模具在新设备上使用出现了磨粒磨损、黏着磨损、摩擦氧化，并引起工件尺寸超差等问题，模具的使用寿命只有 60 万次左右。将原来的凹模、凸模材料由 Cr12 改成 Cr12MoV 钢，进行硼砂熔盐碳化物渗层技术处理，模具的寿命提高到 100 万次以上，冲片尺寸合格率达 100%。

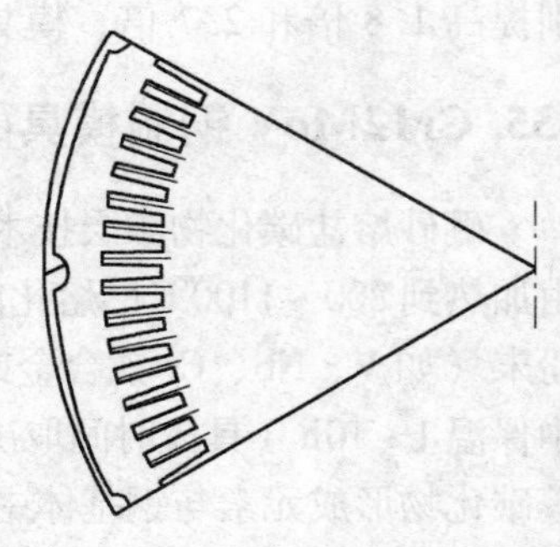

图 8-12　电机定子扇形片

836. 提高 Cr12MoV 钢制模具使用寿命的工艺措施

为了提高 Cr12MoV 钢制模具的使用寿命，有些生产单位采取以下工艺措施取得了很好的效果。

（1）锻后调质处理　锻后利用余热进行淬火，随后进行 720 ~ 750℃高温回火。

（2）提高淬火温度　将 1020 ~ 1030℃常规淬火温度提高至 1100 ~ 1120℃，促使细小碳化物充分溶解，同时也能促进大块碳化物尖角的局部溶解，而且溶入的碳化物在随后的高温回火中再度均匀弥散析出，使碳化物的形状、大小及分布得以改善，有利于提高模具的强韧性。

（3）深冷处理　淬火后待模具冷至室温后，进行 -196℃ ×12h 深冷处理，深冷处理后再进行以 540℃ ×2h ×2 次高温回火。试验表明，深冷处理后，模具的抗冲击磨损能力明显提高。

（4）渗氮处理　加工成成品后再进行 540℃ ×3 ~6h 渗氮处理。也有的生产单位在渗氮的同时渗入硫和氧，效果更佳。

837. 7Cr7Mo2V2Si 钢制连杆盖冲刀模的热处理工艺

柴油机连杆盖冲刀模原采用 Cr12MoV 钢制造，平均使用寿命为 0.2 万 ~0.25 万件，90%以上的冲刀模都因刃口严重崩裂而报废。采用 7Cr7Mo2V2Si 钢制模，平均使用寿命达到 3 万件。其热处理工艺如下：

（1）球化退火　770℃ ×2h 预热，840 ~860℃ ×2 ~3h，炉冷至 720 ~740℃ ×4 ~6h，以小于 30℃/h 的冷却速度冷至 500℃出炉空冷。退火后硬度为 187 ~207HBW，金相组织为球状珠光体 + 粒状碳化物。

（2）淬火、回火　500℃ ×40s/mm 井式炉预热，840 ~860℃ ×40s/mm 盐浴炉第二次预热；1130 ~1150℃ ×20s/mm 盐浴加热，淬油，油冷至 150℃左右出油空冷；600℃ ×1h + 550℃ ×1h ×2 次回火。回火后硬度为 58 ~58.5HRC，金相组织为回火马氏体 + 未溶碳化物 + 少量的残留奥氏体。

838. 7Cr7Mo2V2Si 钢制冷挤压凸模的热处理工艺

7Cr7Mo2V2Si 钢用来制作冷挤压凸模的案例很多，但热处理工艺不完全相同。现举例如下：

（1）7Cr7Mo2V2Si 钢制花键套筒冷挤压凸模　汽车起动机离合器花键套筒用冷挤压成形。所用凸模在工作中受到拉压交变载荷作用，还承受套筒坯料两端不平行、凸凹模不同心、坯料与凹模间间隙过大且位置未摆正而产生的偏心载荷所引起的弯曲应力作用。因此，要求模具有高的抗压强度、抗弯强度和足够的韧性、疲劳强度及 300℃左右的回火稳定性。用高速钢制造的凸模在使用中经常出现纵向开裂、横向开裂，以及崩块、碎裂等早期失效现象，使用寿命很低。选用 7Cr7Mo2V2Si 钢制凸模，可获得良好的效果，使用寿命超过 1 万件，比 W6Mo5Cr4V2 钢制凸模的使用寿命提高 10 倍以上。其热处理工艺为：600℃、850℃两次盐浴预热，1100℃加热，淬油，550℃ ×1h ×3 次回火。硬度为 60 ~61HRC。

（2）7Cr7Mo2V2Si 钢制上档冷挤压凸模　自行车上档材料为 Q235，退火后硬度为 45 ~

60HRB，经磷化处理，用冷挤压成形。曾使用GCr15钢制凸模，经850℃加热，淬油，360℃回火，硬度为53~55HRC，平均使用寿命为0.3万~0.4万件，失效形式为开裂。改用7Cr7Mo2V2Si钢制凸模，其热处理工艺为：600℃、850℃两次预热，1130℃加热淬油，570~600℃×1h×3次回火。硬度57~58HRC，平均使用寿命达到1.65万件。

（3）7Cr7Mo2V2Si钢制导向筒冷挤压凸模　汽车启动器导向筒冷挤压凸模的外形尺寸为φ50mm×105mm。采用低温淬火工艺，凸模的使用寿命达到2万件，比常规处理者提高6倍。具体工艺为：600℃、850℃两次盐浴预热，1050℃×25min加热，淬热油，200℃×4h回火。硬度为60~60.5HRC，金相组织为板条马氏体+弥散碳化物。

839. 7Cr7Mo2V2Si钢制M12螺母下六角冲头的热处理工艺

7Cr7Mo2V2Si钢制M12螺母下六角冲头工作条件如下：使用设备为Z41-12多工位自动冷镦机，生产速度为65件/min；产品为M12六角螺母，性能等级为5级；被加工材料为φ12.5mm Q235冷拔直条料，硬度为90HRB。

冲头在工作时，主要承受反复的压应力、冲击应力、弯曲应力及磨损的作用，受力情况复杂，工作条件苛刻。

冲头原用60Si2钢制造，在生产材料为Q235，硬度为80HRB的M12螺母时，平均使用寿命为1.2万件；在生产硬度为90HRB的螺母时，使用寿命更低，只有0.7万件。后来采用7Cr7Mo2V2Si钢制造下冲头，硬度为60~62HRC，平均使用寿命提高到7.8万件，最高达13.5万件，失效形式一般为疲劳开裂（顶端裂纹）。其热处理工艺如下：

（1）球化退火　880℃×2h加热，炉冷，760℃×4~6h等温，炉冷至500℃出炉空冷。硬度为190~210HBW。

（2）淬火、回火　850~860℃预热，1130~1150℃加热，淬油；550℃×1h×3次回火。回火后硬度为59~62HRC。

840. 7Cr7Mo2V2Si钢制复杂异形粉末冶金模的热处理工艺

随着汽车、家电工业的发展，粉末冶金零件的应用日益广泛，并向着高强度、高密度、高精度和形状复杂的方向发展，用于成形模具的结构也越来越复杂，模具台阶多、薄壁、尖角、服役条件日益苛刻，在使用过程中容易掉边、掉角、碎裂、拉毛和啃伤，早期失效严重。模具寿命是当前制约我国粉末冶金工业发展的重要因素之一。

粉末冶金模具中的凹模，主要受到摩擦和交变拉应力的作用，正常的失效形式为磨损，但也会出现早期磨损甚至碎裂等非正常失效的情况。冲模除受粉末的摩擦外，还承受和传递很大的压力，在压制薄壁与端部有尖锐边缘形状的压坯时，冲击和弯曲力都很大，常因崩刃、劈裂和剧烈磨损而早期失效。芯棒一般为细长杆，主要承受摩擦、弯曲和因脱模回弹而产生的拉应力，相应的失效形式为拉、弯断裂和早期磨损。

选用7Cr7Mo2V2Si钢制造复杂异形粉末冶金模，获得很好的应用效果。其热处理工艺为：600℃、850℃两次盐浴预热，1120℃加热，淬油；630℃×1h×3次回火。回火后硬度为52~53HRC，韧性非常高（一次冲击吸收能量>300J），可满足锁止套上压头外圈使用要求。模具使用寿命由原GCr15钢的3900件提高到22.05万件。

841. 7Cr7Mo2V2Si 钢制铝管冲头的气体氮碳共渗工艺

Cr12MoV 钢制铝管高速冲头，用1100℃淬火，520℃回火，硬度为60～61HRC。在高冲击频率下使用时，使用寿命仅为2万次。

Cr12MoV 钢制铝管冲头失效的主要原因是，在高速冲击、无冷却、无润滑条件下工作时，刃口处的温度超过500℃，基体硬度下降。此外，粗大的碳化物剥落造成磨粒磨损，冲头表面变得粗糙，管的内表面出现划痕，从而加速了冲头的失效进程。改用7Cr7Mo2V2Si 钢制铝管冲头，使用寿命得到了提高，具体工艺如下：

（1）淬火、回火　600℃、850℃两次盐浴预热，1130～1150℃加热，淬油；520℃×1h×3次回火。硬度为62～63HRC。

（2）气体氮碳共渗　冲头加工成品后，再进行550℃×3h 氮碳共渗。表面硬度可达925HV，渗层深度达0.05mm。冲头的使用寿命由未表面强化的8万件提高到16万件；并且刃口无碳化物剥落及浮凸现象，冲头磨损小。失效主要形式由疲劳应力积累而产生的纵向裂纹。

842. 7Cr7Mo2V2Si 钢制内六角圆柱头螺钉冷镦二序、三序冲头的热处理工艺

内六角圆柱头螺钉材料为35钢，硬度为84～90HRB。冲头在自动冷镦机上使用。

（1）二序冲头　二序冲头曾用60Si2Mn 钢制造，其失效形式常为头部镦粗和折断。冲头的折断是由于机床精度差、零件原材料硬度高或表面有裂纹等原因造成的，而镦粗是由于模具硬度低和抗压强度低造成的。因此，要求二序冲头有高的屈服强度和一定的韧性。选用7Cr7Mo2V2Si 钢制造二序冲头，使用寿命由60Si2Mn 钢的0.3万～0.4万件，提高到2.1万～3.9万件。其热处理工艺为：600℃、850℃两次盐浴预热，加热系数取40～45s/min；1120℃×20～22s/mm 加热，淬油；550℃×1.5h×2次回火。回火后硬度为59～61HRC。

（2）三序冲头　原用高速钢制造三序冲头，失效形式大部分为折断，只有少部分冲头因镦粗而失效，使用寿命均很低。选用7Cr7Mo2V2Si 钢制作冲头，平均寿命达到0.8万件。其热处理工艺为：600℃、850℃两次盐浴预热，加热系数取40～45s/mm；1100℃加热，淬油；540℃×1.5×2次回火。回火后硬度为61～63HRC。

843. 7Cr7Mo2V2Si 钢制切边模的热处理改进工艺

用1120～1150℃淬火、550℃回火的切边模，使用寿命为1万件左右。改进工艺后，寿命提高到2万～3万件。

热处理改进工艺为：600℃、850℃两次盐浴预热，1080℃加热，淬油，300～400℃出油后空冷；400～450℃×2h 硝盐浴回火+540℃×1h×3次回火。回火后硬度为56～58HRC。

844. 7Cr7Mo2V2Si 钢制 Q235 钢板冲刀模的真空热处理工艺

Q235 钢板（厚度为6～8mm）冲刀模用高速钢和其他钢制作，使用寿命都不太理想。选用7Cr7Mo2V2Si 钢制造，在空气炉和盐浴炉加热淬火，使用寿命虽有很大提高，但还是不尽人意；采用真空淬火，使用寿命比高速钢钢制模具的使用寿命提高4倍。

热处理工艺为：1130℃真空加热后，预冷至1100℃淬油；回火也采用真空加热，560℃

×1h +570℃ ×1h ×2 次共三次回火。回火后硬度为 58 ~61HRC，冲切 47491 次，只是稍微磨损，修磨后仍可使用。

845. 7Cr7Mo2V2Si 钢制冷挤压模的强韧化及深冷处理工艺

7Cr7Mo2V2Si 钢制不锈钢冷挤压模外形尺寸为 50mm ×50mm ×100mm，采用常规盐浴热处理，硬度为 60 ~61HRC，使用寿命不高，而采用强韧化及深冷处理，寿命提高 10 倍多。具体工艺如下：

600℃ ×20min +850℃ ×20min 两次盐浴预热，1140℃ ×10min 加热，淬油；-196℃ ×1h 深冷处理后，投入 20℃清水中急热，可使硬度升高 0.5 ~1.0HRC，再进行一次 -196℃ ×1h 深冷处理；最后再进行一次 560℃ ×1.5h 回火。硬度为 61.5 ~62HRC。

846. 7Cr7Mo2V2Si 钢制冷镦模的固体氮碳共渗工艺

M12 六角头螺栓采用双击冷镦工艺成形，选用 7Cr7Mo2V2Si 钢制造冷镦二序上模。采用高温淬火、高温回火并经固体氮碳共渗处理，模具寿命达到 29.6 万件。其热处理工艺如下：

(1) 原用热处理工艺　600℃、850℃两次盐浴预热，1140℃ ×0.4min/mm 加热，预冷到 1080℃左右淬油，560℃ ×2h ×3 次回火。回火后硬度为 60 ~62HRC，使用寿命为 12.3 万件。

(2) 固体氮碳共渗（见图 8-13）　600℃ ×0.8min/mm +850℃ ×0.8min/mm 两次盐浴加热，1150℃ ×0.4min/mm 加热，预冷到 1080℃淬油；560℃ ×2h ×3 次回火。加工成品后再施以 550℃ ×5h 固体氮碳共渗，最后进行 400℃ ×2h 回火。经上述工艺处理后，模具表面经清洗后呈现银灰色，表面白亮层硬度为 1105HV，过渡层硬度为 830HV。与原工艺处理的模具相比，疲劳强度和耐磨性都有很大的提高，使用寿命从原来的 12.3 万件提高到 29.6 万件，失效形式是疲劳微裂纹，几乎看不到有径向放射状的磨损痕迹。

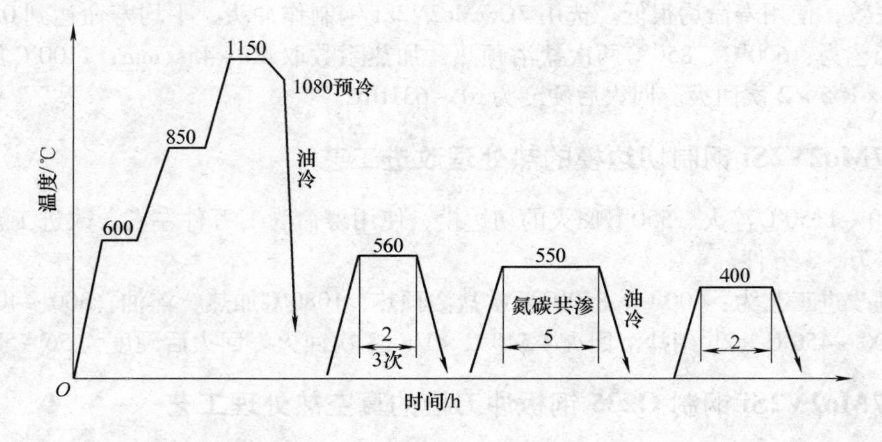

图 8-13　7Cr7Mo2V2Si 钢制冷镦模的固体氮碳共渗工艺

847. 7Cr7Mo2V2Si 钢制冷作模具的真空热处理及表面改性工艺

7Cr7Mo2V2Si 钢具有较高的耐磨性、淬透性，畸变小，高的热稳定性、抗弯强度和抗咬合性等性能，是冷作模具重要的材料。模具在使用过程中常常要承受着较大的拉伸、压缩和剪切载荷的作用。为了提高模具的寿命及耐磨性，防止其早期失效，应采用恰当的热处理工艺，同时施以表面改性。

7Cr7Mo2V2Si 钢通常采用盐浴淬火等普通热处理，由于氧化脱碳等造成其表面氧化、硬度降低及不均、力学性能不佳，从而导致模具使用寿命不高。而采用真空热处理具有处理的工件质量高、重复性好、变形小、表面光洁、使用寿命高等一系列优点，进而对模具渗硼，是进一步提高耐磨性的有力措施。

（1）真空热处理　850℃预热，1120℃加热油淬，540℃ ×2h ×2 次硝盐浴回火。回火后硬度为 63 ~ 63.5HRC。金相组织为回火马氏体 + 碳化物 + 少量的残留奥氏体。7Cr7Mo2V2Si 钢经真空热处理后，其碳化物颗粒尺寸、均匀性及分布状态，硬度、抗弯强度和耐磨性均优于盐浴淬火。

（2）粉末渗硼　将真空热处理后的模具加工成品，再进行粉末渗硼处理。渗剂配方（质量分数）：B_4C 5% + KFB_4 5% + SiC 90%，搅拌均匀装箱密封。渗硼温度为950℃，保温时间根据具体情况而定。950℃渗硼的试样耐磨性最好，因为渗硼组织致密，硼化层中缺陷（疏松、孔洞）相对较少，Fe_2B 相增多而 FeB 相减少，过渡区组织被细化，减轻了因组织缺陷所产生的应力集中，避免裂纹的萌生和发展，也就避免了渗硼层的碎裂和剥落。

实践证明，经真空热处理及渗硼表面改性处理的 LD 钢制冷作模具的使用寿命比普通热处理有较大提高。

848. 7Cr7Mo2V2Si 钢制六角模的真空热处理工艺

7Cr7Mo2V2Si 钢制六角模是标准件行业中普遍使用的冷镦模具，用于不同规格标准螺栓六角头的冷镦成形。由于冷镦成形的螺栓六方头的对方尺寸从 10mm 到 40mm 不等，因此六角模尺寸规格各异，其外形如图 8-14 所示。本例中 7Cr7Mo2V2Si 钢制六角模的随炉试样尺寸为 ϕ30mm ×13mm。7Cr7Mo2V2Si 钢制六角模的制造工序为：原材料球化退火→下料→半精车→冷镦六角模内六方→精车→铣六方→真空热处理→磨刃口。

7Cr7Mo2V2Si 钢制六角模在服役中的冷镦频率为 60 ~ 100 次/min，被加工的螺栓材料为 Q235 和 ML35 等低中碳钢。因此，六角模承受多次冲击磨损，工况条件恶劣，必须具有足够的屈服强度、弯曲疲劳强度和耐磨性。要求硬度为 59 ~ 61HRC。若硬度较低，易发生模膛内壁拉毛（擦伤或磨损）和冲击疲劳失效；而硬度过高时，易出现模口崩裂、扩大或下陷。

淬火试验在 WZC-60 型真空淬火炉中进行，炉膛有效加热区尺寸为 900mm × 600mm × 450mm，六角模装炉量为 120kg，试样随炉在真空淬火油中淬火，淬火温度为 1120 ~ 1150℃，试样淬火后硬度为 64.0 ~ 64.5HRC，淬火后约有 34%（体积分数）的残留奥氏体，所以淬火畸变较小，淬火晶粒度为 9 ~ 10 级，如图 8-15 所示。采用 4 次回火方法，即第 1 次 520 ~ 530℃ ×5h，硬度上升到 65 ~ 65.5HRC，出现了二次硬化现象；后 3 次全部用 540 ~ 550℃ ×5h，硬度为 60 ~ 61HRC。金相组织为细小针状回火马氏体 + 弥散的碳化物 + 极少量的残留奥氏体。六角模多次回火后的显微组织如图 8-16 所示。

图 8-14　不同规格的六角模

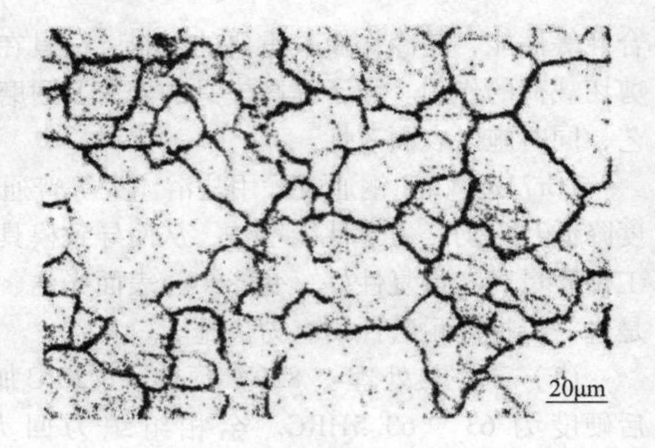

图 8-15　六角模真空淬火组织

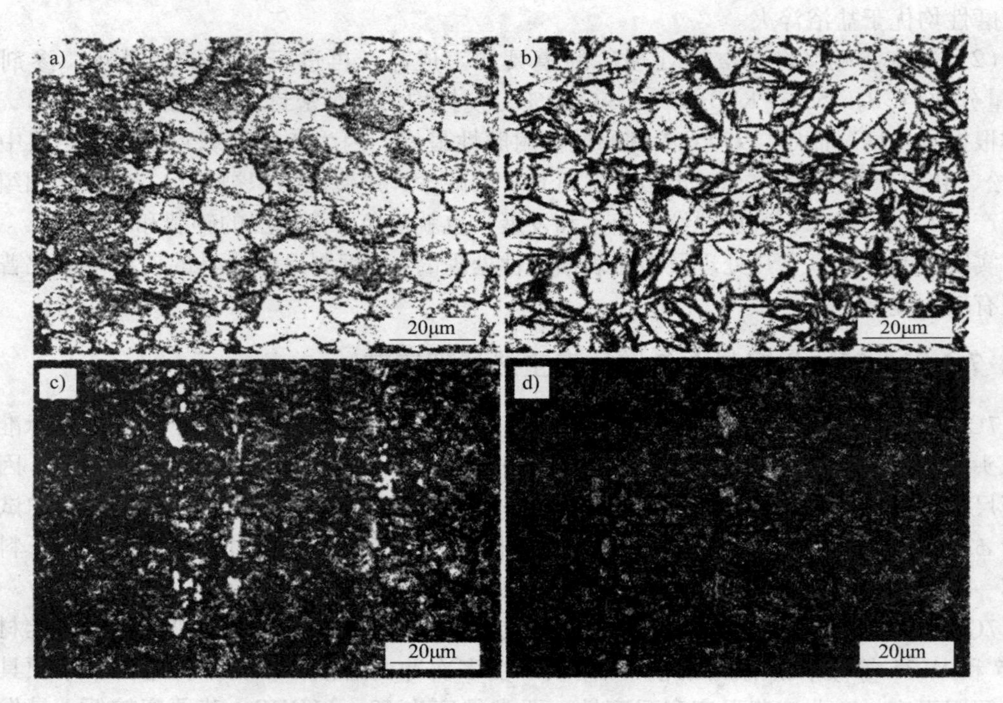

图 8-16　六角模多次回火后的显微组织

a) 1 次回火　b) 2 次回火　c) 3 次回火　d) 4 次回火

849. YXR3 钢制冷挤压模的热处理工艺

YXR3 钢是日本的钢种，相当于我国的 7Cr7Mo2V2Si 钢，国内有些生产单位从日本引进此钢。YXR3 钢在硬度为 58～61HRC 时拥有较好的韧性、极佳的耐磨性、高的抗压强度，是制造冲模、冷挤压模、冷镦模的理想材料。下面介绍 YXR3 钢制冷挤压模的热处理工艺。

经取样化验，其化学成分(质量分数，%) 为：C 0.731，Cr 6.86，Mo 2.080，V 1.320，Si 0.942。

1) 改锻后等温退火：850～870℃ ×2～3h，炉冷至 720～740℃ ×3～4h，炉冷至 500℃出炉空冷。退火后硬度≤229HBW。

2) 盐浴热处理：450～550℃烘干，850℃预热，1130℃加热，550～600℃中性盐浴分级冷却后，于240~280℃硝盐浴继续分级冷却，晶粒度为10.5~11级，淬火后硬度为61~61.5HRC；560℃×1h×3次回火，回火后硬度为60~61HRC。

3）真空热处理：550℃、850℃、1080℃三次预热，1130~1140℃加热高压气淬，晶粒度为10~10.5级；540℃×1h×3次回火，回火后硬度为58.5~60HRC。

850. 9Cr6W3Mo2V2钢制冷轧钢带冲模的热处理工艺

9Cr6W3Mo2V2钢制冷轧钢带冲模的热处理工艺如下：

（1）球化退火　加热温度为850~870℃，保温3h，炉冷至730~750℃，保温6h，炉冷至500℃出炉空冷。退火后硬度为207~227HBW。

（2）淬火、回火　600℃×40s/mm+850℃×40s/mm两次盐浴预热，1120~1130℃×20s/mm加热，淬油；520℃×1h×2次回火。硬度为65~66.5HRC。

（3）应用　成都某厂按上述工艺处理的9Cr6W3Mo2V2制作冷轧钢带冲模，在以400次/min的高速冲压厚0.5mm的进口SPC-1钢带时，刃磨寿命达120万次，达到日本进口材料SKH9（相当于W6Mo5Cr4V2）钢的寿命。

851. 9Cr6W3Mo2V2钢制印制电路板插座簧片凸模的热处理工艺

9Cr6W3Mo2V2钢制印刷电路板插座簧片凸模的热处理工艺为：600℃×40s/mm、850℃×40s/mm两次盐浴预热，1120℃×20s/mm加热，淬油；540℃×1h×2次回火。硬度为64~66HRC。

按上述工艺处理的凸模，在冲速为120~160次/min的AIDA-35T压力机上使用时，刃磨寿命达50万次，总寿命达300万次。

852. 9Cr6W3Mo2V2钢制电动机转子片冲模的热处理工艺

汽车起动机转子片冲模通常用Cr12类钢制造，寿命一般为20万~30万次。改用9Cr6W3Mo2V2钢制造后，使用寿命提高3倍以上。

转子片在J23-80开式可倾式压力机上成形时，冲速为45次/min，公称压力为800N。模具的失效形式以冲击磨损和摩擦磨损为主。用Cr12类钢制造的凸凹模，通常在冲1万次以后就需刃磨，每次刃磨量在0.3mm以上。改用9Cr6W3Mo2V2钢制造同样的模具，冲3万~4万次以后才需刃磨，其刃磨量为0.2mm左右，模具使用寿命可达100万次。其热处理工艺如下：

（1）球化退火　同850例。

（2）淬火、回火　810℃×40s/mm中温盐浴炉预热，1100℃×20s/mm加热，淬油；540℃×1.5h×2次回火。硬度为63~64HRC。

（3）去应力退火　为防止开裂，线切割加工后应进行去应力退火。

按上述工艺处理的模具，在冲0.35mm厚的Q235F钢板时，总寿命达100万~120万次。

853. 9Cr6W3Mo2V2钢制多工位级进模的热处理工艺

9Cr6W3Mo2V2钢制多工位级进模的使用寿命可达500万次以上。其热处理工艺如下：

（1）球化退火　锻后一般进行球化退火，工艺为880℃×3h，炉冷至740℃×6h，炉冷至500℃出炉空冷。退火后硬度为202~229HBW。

（2）淬火、回火　淬火加热分两种炉型：

1）盐浴炉加热：高温加热1080～1120℃×20s/mm，淬油。

2）高温箱式炉加热：1080～1120℃×1.2～1.5min/mm，淬油。

回火工艺：540～560℃×2h×2次，硬度为64～65HRC。

若采用高温箱式炉加热，淬火前应刷金属高温保护涂料，以防止模具表面发生氧化脱碳。方法很简单，将模具表面脱脂后，用毛刷均匀地刷涂0.2～0.3mm的涂料即可。

854. W18Cr4V钢制表壳冲模的低温淬火工艺

表壳冲模在用φ80mmW18Cr4V热轧棒料制造时，碳化物不均匀度高达5～6级，由于没有改锻，直接从圆棒上落料，淬火后奥氏体晶粒度分散度很大（8.5～11级），脆性较大，使用中易发生崩刃、掉块，甚至劈裂现象，平均使用寿命只有2000件左右。将淬火温度从1270℃降低30～40℃，并提高回火温度，冲模使用寿命提高10倍多。其热处理工艺为：600℃、850℃两次盐浴预热，1230～1240℃加热，淬油，油冷至150℃左右出油空冷；590℃×1h×1次+560℃×2h×2次共3次回火。硬度为59～61HRC。

855. W18Cr4V钢制滚花轮的分级淬火工艺

外形尺寸为φ97mm×40mm、内孔直径为φ44mm的W18Cr4V钢滚花轮，硬度要求为58～62HRC，用于硬度为28～32HRC 40Cr钢制螺杆的滚花。按常规处理工艺处理的滚花轮，一般可滚工件1000件左右，因崩齿严重而不能再用。降低淬火温度，并采用分级淬火，使滚花轮的寿命提高80000件，不再出现崩齿现象，只产生轻微磨损，使用效果很好。其具体工艺为：600℃、850℃两次盐浴预热，1200℃加热，500℃中性盐浴分级冷却后再到280℃硝盐浴中分级冷却；550℃×1h×3次回火。硬度为59～61HRC。

856. W18Cr4V钢制冲头的热处理工艺

工艺1：罗拉冲头

W18Cr4V钢制罗拉冲头有50多种规格，尺寸为φ2.78～φ25.4mm，硬度要求也不相同，一般为57～64HRC。笔者从实践中总结出了淬火温度和硬度的关系式，即

$$t=1260-(64-H)\times10$$

式中，t为欲选择的淬火温度（℃）；H为要求硬度的平均值（HRC）。

需要特别指出的是：第一次回火温度拟用580～590℃，第二、三次回火按常规的550℃回火。例如，冲头硬度要求为61～63HRC，则淬火温度$t=[1260-(64-62)\times10]$℃=1240℃，加热系数也不能按刀具计算，应延长1/3。如果习惯用常规550℃回火，则计算出来的数值减去20℃，即为选择的淬火温度。上列经验公式，经长期实践验证，是比较适用的。

工艺2：冷镦螺母冲头

W18Cr4V钢制螺母冲头刃部只有1.5mm，冲孔频率为75个/min，在退模时由于被冲金属迅速收缩，还承受大的拉应力作用，工作条件较为苛刻，要求冲头有较高的硬度、抗弯强度、耐磨性和冲击韧性。该模具按刀具工艺处理时（1280℃淬火，550℃回火），使用寿命仅2000件左右，常以崩刃、折断而早期失效。改用1180～1200℃加热淬火，550℃×1h×3

次回火，硬度为59~60HRC，模具的韧性得到了很大提高，使用寿命提高1倍以上，失效形式大多为磨损。

工艺3：引伸模小冲头

φ6mm冷挤压引伸模小冲头，用W18Cr4V钢制造，按刀具工艺处理，前3次用560℃回火，第4次用615℃回火，硬度虽符合60~63HRC技术要求，但冲头的使用寿命只有1000次左右。改用1220~1230℃加热淬火，560℃×1h×3次回火，硬度也是60~63HRC，精磨成品后再进行450~480℃×2h去应力退火。经上述工艺处理后，每支冲头都能冲1万多件，使用寿命提高10倍多。

工艺4：铝合金热挤压冲头

W18Cr4V钢制铝合金热挤压冲头的外形尺寸为φ8mm×51mm，要求硬度为58~62HRC。该冲头在400~450℃温度下工作。原用4Cr5MoSiV1钢制造，一般挤压100件左右就断裂了。改用W18Cr4V钢制造后，并采用以下两种工艺，冲头寿命都能提高10倍以上。

1）1240~1250℃加热，260~280℃×2~3h等温淬火；580~600℃×2.5h×3次回火。平均使用寿命为1200~3500件。

2）1160~1180℃加热，260~280℃硝盐浴分级冷却3~5min；560~580℃×2.5h×3次回火。平均使用寿命为1100~4000件。

工艺5：钢板冲头

尺寸为φ11.7mm×65mm的冲头用于冲制6mm厚的Q235钢板，原用Cr12钢制造，冲头平均使用寿命为5000件左右。改用W18Cr4V钢制造后，冲头的平均使用寿命达到10万件。W18Cr4V钢制冲头的热处理工艺为：1180℃加热，淬油，580℃×2h×2次回火。冲头硬度为60~62HRC。

工艺6：飞轮零件热冲头

某厂生产的变速飞轮零件，毛坯材料为φ32mm的Q235F棒料，经中频感应加热后在压力机上分三次镦制成形。其最终成形热冲头选用W18Cr4V钢制造，经1260~1270℃加热淬火，多次高温回火后硬度为50~55HRC。冲头在使用中除热腐蚀、热磨损外，还发生严重的脆性断裂现象，个别冲头只冲几个零件就折断失效。

W18Cr4V是刀具材料，用作模具，不能采取高温淬火，尽管提高到600℃以上回火，但其使用寿命还是不高。对于W18Cr4V钢制冲头，不需要多高的热硬性，而强度和韧性十分重要，故不应该选用很高的淬火温度。改进后的热处理工艺为：采用1240~1250℃加热，300~320℃×3h硝盐浴等温，出炉后空冷，再进行300~320℃×4h×2次回火，硬度为61~62HRC。经生产实践考核，采用改进工艺后，热冲头未发现有腐蚀变形现象，平均使用寿命达到1.4万件，比原工艺提高20倍。

虽然都是W18Cr4V钢制冲头，规格型号不同，加工对象不同，压力机设备各异，热处理工艺也不尽相同，有些冲头还需进行表面强化。世界上从来没有万能工艺，应结合本单位实际情况来制订切实可行的热处理工艺。

857. W18Cr4V钢制电池壳冷挤压凸模的热处理工艺

外形尺寸为φ30mm×200mm的圆柱状电池壳冷挤压凸模，形状虽然简单，但工作在高压冲挤条件下，要求具有较高的强度、硬度和韧性。原采用W18Cr4V钢正常的刀具热处理工艺处理，因硬度高、脆性大常出现崩裂，使用寿命很低；如果硬度偏低，则出现早期磨损压塌。现将试验工艺简介如下：

（1）低温淬火、低温回火　1200℃淬火（油冷），540～560℃回火。经此工艺处理后，凸模的韧性虽提高了，克服了断裂现象，但出现了压塌现象，使用寿命没有提高多少。

（2）常温淬火、高温回火　1270℃淬火（油冷），600℃回火。此工艺处理的凸模克服了断裂现象，但耐磨性不足，使用寿命提高不多。

（3）等温淬火　1270℃加热后，先在 480～560℃中性盐浴中分级冷却 5min，然后在 260℃硝盐浴中等温 4h，再进行 560℃×1h×3 次回火。经上述工艺处理后，凸模的硬度为 62～64HRC，金相组织为 55%（体积分数）贝氏体+35%（体积分数）马氏体，其余为少量的残留奥氏体+碳化物。凸模的使用寿命提高 2 倍左右。

858. W18Cr4V 钢制汽油机挺杆冷挤压凸模的等温淬火工艺

外形尺寸为 ϕ22mm×120mm 的汽油机挺杆冷挤压凸模，由于单位冷挤压力高，曾选用过 Cr12 钢等多种材料制造，结果都不理想，选用 W18Cr4V 钢制造后取得了较好的效果。其热处理工艺如下：

（1）毛坯退火　830～850℃×6h，炉冷至 400℃出炉空冷。退火后硬度≤211HBW。

（2）淬火、回火　600℃×8min+850℃×8min 两次盐浴预热，1250～1260℃×4min 加热，480～560℃中性盐浴分级冷却 4min 后，260～280℃×3h 硝盐浴等温；560～570℃×1.5h×3 次回火。硬度为 62～64HRC。

经上述工艺处理后，模具使用寿命由原来的几百件提高到 3 万件以上。

859. W18Cr4V 钢制冲孔模的增碳淬火工艺

W18Cr4V 钢制 M10、M12 螺母冲孔模要承受 600N 的冲击力和 75 次/min 的冲击，退模又要承受拉应力，工作条件比较恶劣。

经实践验证，无论是采用 1250～1260℃淬火，560℃回火，还是采用 1150～1160℃淬火，560℃回火，模具使用寿命都比较低。由于淬火温度低，马氏体中碳含量低，造成硬度值偏低，加上在箱式炉中加热时保护不良，表面出现氧化脱碳，致使冲孔模刃口部分磨损较快，未能达到最佳使用寿命。为此，对模具进行增碳处理，把表面硬度提高到 64～66HRC，而冲孔模基体硬度仍在 58HRC 左右，保证基体有足够的韧性。

增碳淬火工艺为：选用粒度为 5～10mm 的木炭，加入 Na_2CO_3（木炭与 Na_2CO_3 的质量比为 9:1）充分混合，将冲孔模直插入渗碳箱内。密封后于 500℃进炉，升温至 820℃保温 1h，然后继续升温至 1000℃，保温 2h。最后加热至 1150～1160℃，短时保温，开箱淬入 60～90℃热油，油冷至 200℃左右出油空冷。冷却至 80℃左右立即进行，560℃×1.5h×3 次回火。

W18Cr4V 钢制冲孔模经上述工艺处理后，表面碳的质量分数增至 0.9%～1.0%，使用寿命比原工艺处理提高 2 倍，比未增碳处理提高 1 倍，其失效形式为均匀磨损。

860. W18Cr4V 钢制冲模的固体硫氮碳共渗工艺

固体硫氮碳共渗的渗剂成分为硫脲、木炭、碳酸钠，三种成分的配比为 8:2:0.4（质量比）。将配制好的渗剂粉末均匀地撒在涂有水玻璃的纸上，厚度约为 1～2mm，并轻轻压实。

将其盖在模具需要处理的部位。为防止氧化再在纸外面刷一层加有10%（质量分数）木炭的水玻璃，装箱后入炉加热。纸的幅面视模具表面大小而定，有渗剂的一面要贴靠在模具需处理的表面。

W18Cr4V钢制冲模应低温入炉，缓慢加热。共渗工艺为540℃×3h，出炉后空冷。经上述硫氮碳共渗的模具，使用寿命提高0.5~1倍。

固体硫氮碳工艺方法简单，处理温度低，时间短，渗剂来源广泛，不受设备、模具材料及形状的限制，且安全无毒，适用于单件小批量生产。

861. W18Cr4V钢制冲棒的气体氮碳共渗工艺

用于冲制电池锌筒的冲棒一般选用高速钢制作。若采用处理刀具的工艺处理模具，冲棒的寿命只有2万件锌筒。失效的形式是磨损、容易脆断。降低温度淬火，并进行气体氮碳共渗，使模具的使用寿命提高3~5倍。

（1）淬火、回火 600℃、850℃两次盐浴预热，1250~1260℃高温加热，加热时间按10s/mm计算，先在480~560℃分级冷却3min，再入260~280℃硝盐浴中分级冷却5min，出炉空冷至室温；550~560℃×1.5h×3次回火。回火后硬度为63~64HRC。

（2）气体氮碳共渗 在RJJ-35-9T井式炉中进行模具气体氮碳共渗。工艺为560℃×4.5~5h，渗剂为甲醇和氨气。甲醇滴量为60~70滴/min，氨气通入量为0.45~0.6m^3/h，共渗出炉后油冷。最后进行一次250~300℃×2h去氢处理。氮碳共渗层深度≥0.08mm，表面硬度为950HV，心部硬度为61~62HRC。

经上述工艺处理的W18Cr4V钢制冲棒，单头可冲锌筒6万件，双头可冲10万件以上。

862. W18Cr4V钢制冲头的硫氧碳氮硼共渗工艺

（1）淬火、回火 600℃、850℃两次盐浴预热，1160~1170℃加热，淬油；350~360℃×1h+550~560℃×1h×2次回火。

（2）硫氧碳氮硼共渗 将模具加工成品后，再进行550~560℃×2~3h的硫氧碳氮硼共渗处理。渗剂配方为 $(NH_2)_2CO$ 450g + H_2O 1500mL + H_3BO_3 4g + $(NH_2)_2CS$ 5g + $HCONH_2$ 60mL。

经共渗后，最表层由FeS、Fe_3O_4和Fe_3BO_5组成，深度为2~3μm的软层，起固体润滑作用，降低摩擦因数；次表层由Fe_3N和ε相组成，深度为4~6μm，硬度为1100~1250HV，具有高耐磨性；再往内是扩散层，深度为0.3~0.4mm，分布着大量C-N-B合金化合物弥散颗粒和饱和氮化物等弥散强化相及含C-N马氏体硬化层，硬度为950~1050HV，耐磨性好。经硫氧碳氮硼共渗的冲头与常规淬火冲头相比，使用寿命提高4~6倍。

863. W6Mo5Cr4V2Al钢制活塞销冲头的二次贝氏体处理工艺

W6Mo5Cr4V2Al高速钢是我国自行研制的无钴超硬型高性能高速钢，1210~1220℃加热淬火，535~545℃回火后，硬度可达67~69HRC，在600℃能保持65~66HRC的热硬性，抗弯强度为2720MPa，在高硬度、高抗弯强度下仍有一定的韧性。用W6Mo5Cr4V2Al钢制造活塞销冷挤压冲头，其热处理工艺如图8-17所示，在1190℃加热，等温淬火，第一次回火后不要空冷而进行二次贝氏体处理，随后再进行第二次回火。硬度为63~64HRC，达到制造活塞销冲头硬度和强韧性的最佳配合。用以冷挤压20Cr钢制活塞销时，冲头的使用寿命达2万件左右，比W18Cr4V钢高出1倍。

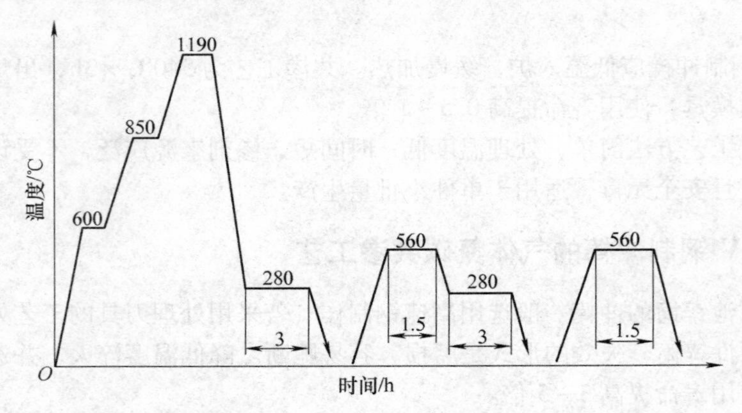

图8-17 W6Mo5Cr4V2Al钢制活塞销冲头的热处理工艺

864. W6Mo5Cr4V2Al钢制温度补偿器冲裁模的真空淬火工艺

汽车仪表零件温度补偿器用LJ38软磁合金材料制造，生产批量大，要求精度高。CrWMn钢制冲裁模的使用寿命一般为2000~3000件，模具硬度为60~62HRC，主要失效形式为崩裂、折断、冲件毛刺大（0.2~0.4mm）。选用W6Mo5Cr4V2Al钢制冲裁模，模具寿命达到7万件以上，且冲裁毛刺少。其热处理工艺如下：

（1）退火 和其他高速钢不同，W6Mo5Cr4V2Al钢有可能产生混晶引起模具性能变差。锻后毛坯退火工艺为：920℃×2h→740℃×4h→炉冷至500℃出炉空冷，硬度为227~269HBW。

（2）淬火、回火 采用真空热处理，860℃预热，1060℃加热，淬油；180~200℃×2h×2次回火。硬度为60~62HRC。在J23-16型压力机上使用时，模具的使用寿命达到7.6万件，零件尺寸变化小，毛刺少，失效形式主要是磨损。

865. W6Mo5Cr4V2Al钢制螺钉冷镦模的热处理工艺

CrWMn和Cr12MoW钢制冷镦模，在冷镦材料硬度为160HBW的45钢制螺钉时，如硬度过高（62~64HRC），易发生崩裂损坏，硬度<62HRC，则易发生磨损失效和螺杆与螺母同轴度超差。改用W6Mo5Cr4V2Al钢制冷镦模，有效地提高了模具的使用寿命。下面简介4种热处理工艺：

1）1200~1210℃加热，540~560℃硝盐浴分级冷却5min，空冷；540℃×1h×3次回火，第4次回火工艺为600℃×1.5h。硬度为65~66HRC。

2）1190~1200℃加热，540~560℃硝盐浴分级冷却5min，260~280℃硝盐浴再分级冷却6min；180℃×1.5h×2次回火。硬度为65~66HRC。

3）1160~1170℃加热，淬油；180~190℃×1.5h×2次回火。硬度为63~65HRC。

4）真空加热，加热温度为1160~1170℃，淬油；180~190℃×1.5h×2次回火。硬度为63~65HRC。

按不同工艺处理的W6Mo5Cr4V2Al钢，具有不能同的使用效果，按工艺1）处理的模具硬度高，变形小，脆性大，易崩刃，使用寿命很低；按工艺2）处理的模具使用寿命可达20万件，但工艺比较复杂；按工艺3）处理的模具使用寿命也能达20万件，但变形小，工艺简单易行；按工艺4）处理的模具，寿命可达30万件，工作环境好，无氧化脱碳，符合绿色环保清洁生产要求。

从以上分析可以看出，低温淬火、低温回火工艺是提高易开裂冷镦模具寿命的有效途径。但淬火温度低到什么程度，需要认真研究、验证。

866. W9Mo3Cr4V钢制机用锯条冲孔模的热处理工艺

冲制高速钢机用锯条两端圆弧及孔的冲孔模过去采用GCr15钢制造，因强度及耐磨性不足致使使用寿命很短，一般只能冲1万~2万件。后来改用W9Mo3Cr4V钢制冲孔模，按刀具工艺处理，冲孔模的使用寿命也只能冲3万~5万件。将W9Mo3Cr4V钢制冲孔模按图8-18所示工艺进行热处理，可冲27万件。

按图8-18所示工艺处理的W9Mo3Cr4V钢制冲孔模的抗弯强度由3010MPa提高到3270MPa，挠度由4.6mm提高到5.1mm，硬度由63.5HRC调整到61HRC，使用寿命大大提高。

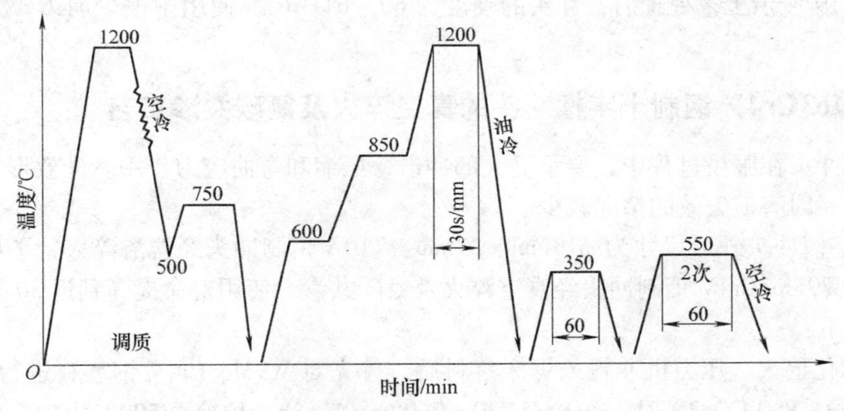

图8-18 W9Mo3Cr4V钢制冲孔模的热处理工艺

867. W9Mo3Cr4V钢制冲头的热处理工艺

工艺1：W9Mo3Cr4V钢制钢板冲头

W9Mo3Cr4V钢制钢板冲头的外形尺寸为ϕ15mm×74mm，冲头工作部位尺寸为ϕ8mm×22mm，被冲材料为厚度为1.8mm的W6Mo5Cr4V2高速钢热轧钢带。原来采用的W18Cr4V钢制冲头的平均使用寿命只有2000孔左右，有的只冲几个孔就折断，失效形式几乎都是沿台阶处脆断。

W9Mo3Cr4V钢制冲头的热处理工艺为：600℃×7min+850℃×7min两次盐浴预热，1180~1190℃×3.5min加热，淬油；550~560℃×1h×3次回火，回火后空冷。回火后硬度为58~60HRC。

同时将台阶处直角改为R1.5mm圆角，冲头工作部分长度缩短2mm。通过上述工艺改进措施，冲头使用寿命稳定在1.6万个孔，为原来W18Cr4V钢制冲头使用寿命的8倍。

工艺2：W9Mo3Cr4V钢制螺母冲孔冲头

M16、M18 螺母冲孔冲头工作条件比较恶劣，曾用 Cr12MoV 钢制造，使用寿命为 5000 件左右，失效形式主要是崩刃。后来采用 W9Mo3Cr4V 钢制冲孔冲头，并进行低温淬火、高温回火，平均使用寿命超过 1 万件。其热处理工艺如图 8-19 所示。

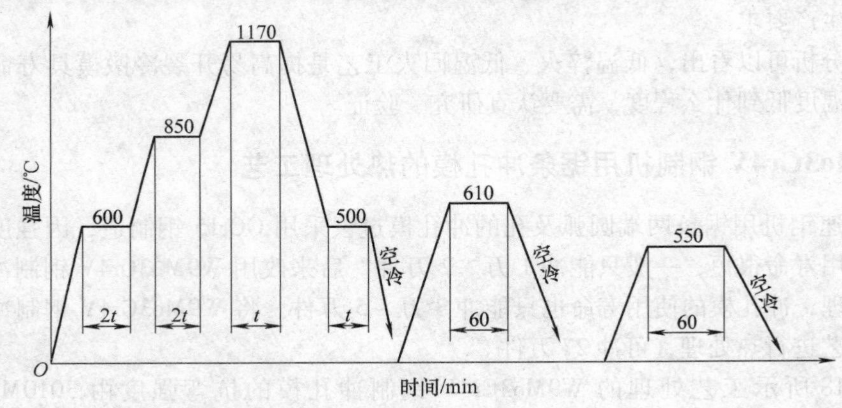

图 8-19 W9Mo3Cr4V 钢螺母冲孔冲头热处理工艺

经图 8-19 所示工艺处理后，冲头的硬度为 60～61HRC，使用中很少崩刃，失效以磨损为主。

868. W9Mo3Cr4V 钢制十字槽冲头的真空淬火及氮碳共渗工艺

十字槽冲头在服役过程中，要承受大的冲击、压缩和弯曲应力作用。失效形式主要为槽筋疲劳断裂，因磨损失效的情况较少。

M5 十字槽冲头外形尺寸为 ϕ18mm×27mm。T10A 钢制冲头经盐浴淬火，平均使用寿命为 3 万件。W9Mo3Cr4V 钢制冲头经真空淬火及氮碳共渗，使用寿命提高到近 30 万件。其热处理工艺如下：

（1）球化退火 压力机冲料或锯床落料后，首先对 W9Mo3Cr4V 钢坯料进行球化退火，其工艺为 850～880℃ ×2～3h→炉冷至 740～760℃ ×4～5h，炉冷至 500℃出炉空冷。退火后硬度为 207～241HBW。

（2）真空淬火、回火 W9Mo3Cr4V 钢制冲头的真空淬火、回火工艺如图 8-20 所示。

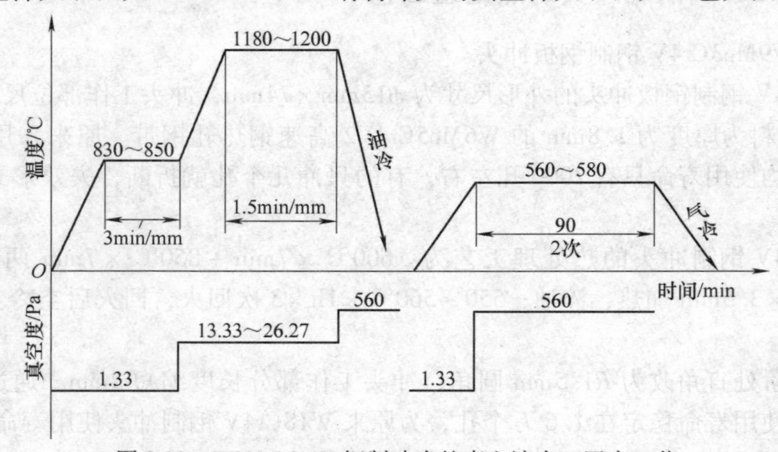

图 8-20 W9Mo3Cr4V 钢制冲头的真空淬火、回火工艺

（3）真空氮碳共渗　真空氮碳共渗可使工件表面净化，有利于氮、碳原子被工件表面吸收，可增加渗速。此外，真空加热中气体分子的平均自由能大，气体扩散迅速，也可增加渗速。

真空氮碳共渗的渗剂采用丙烷50%（体积分数）+氨气50%（体积分数），工艺如图8-21所示。此工艺具有可增加气氛的均匀性，对不通孔、沟槽模具，可获得理想的渗层等优点。

真空氮碳共渗处理可在ZCT65双室真空渗碳炉中进行，工作真空度为2.67Pa。

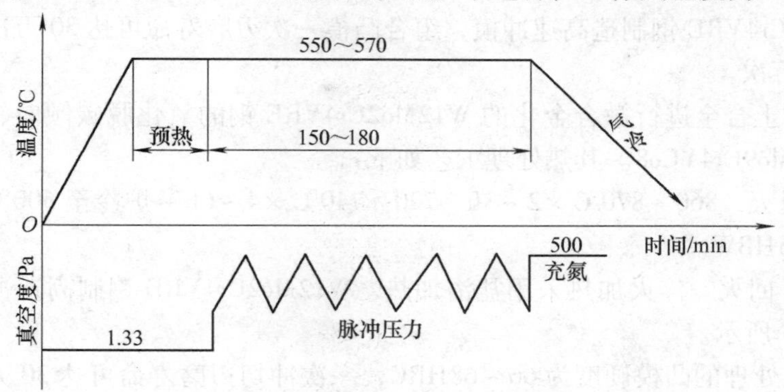

图8-21　W9Mo3Cr4V钢冲头真空脉冲氮碳共渗工艺

W9Mo3Cr4V钢制M5十字槽冲头，经真空淬火、回火及真空氮碳共渗后，平均使用寿命提高到近30万件。

869. W9Mo3Cr4V钢制螺母冲孔模的真空淬火及深冷处理复合工艺

螺母冲孔模是标准件生产中的关键模具之一，国内有些厂家采用W18Cr4V钢制造，一般使用寿命在1万~2万件，多为断裂和磨损失效。采用W9Mo3Cr4V钢制螺母冲孔模，经真空淬火、回火处理，使用寿命可达3万~8万件，而经真空淬火+深冷处理，使用寿命达到8万~19万件。其真空淬火及深冷处理复合工艺如图8-22所示。

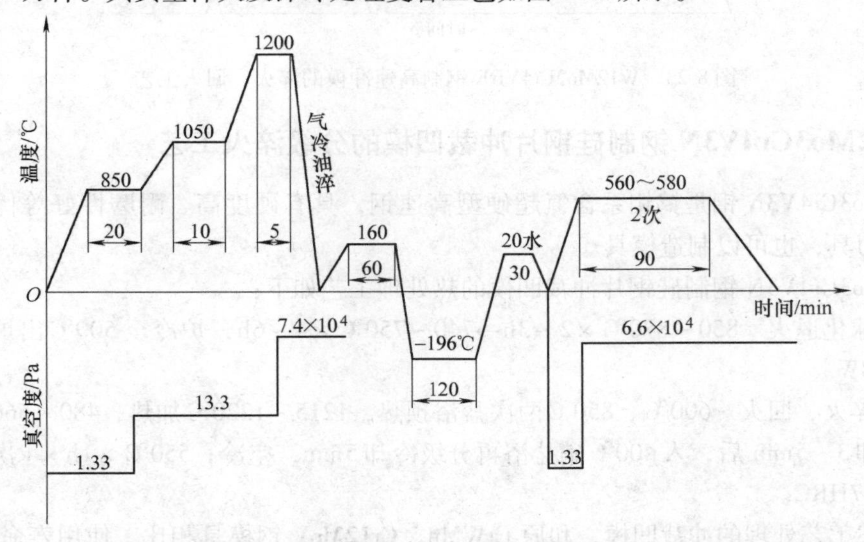

图8-22　W9Mo3Cr4V钢制螺母冲孔模真空淬火及深冷处理复合工艺

采用图8-22所示工艺处理的模具，其硬度为66.1HRC，金相组织为回火马氏体+碳化物+极少量的残留奥氏体（体积分数约为2.6%）。

870. W12Mo2Cr4VRE钢制高速冲模的热处理工艺

高速冲模由组合凸模、凹模、标准模架组成，其中组合凸模是高速冲模的核心和关键，一般都选用硬质合金制造，加工精度要求多，工艺制造复杂，费用约占整套模具的70%以上。用W12Mo2Cr4VRE钢制造高速冲模，组合凸模一次刃磨寿命可达30万次，总寿命可达2000万~3000万次。

用适量钇稀土合金进行微合金化的W12Mo2Cr4VRE钢的氧化脱碳倾向、可磨削性优于超硬高速钢W2Mo9Cr4VCo8。其热处理工艺如下：

（1）球化退火　860~870℃×2~3h→720~740℃×4~6h→炉冷至500℃出炉。退火后硬度为207~255HBW。

（2）淬火、回火　淬火加热采用盐浴加热。W12Mo2Cr4VRE钢制高速冲模的淬火、回火工艺如图8-23所示。

按上述工艺处理的凸模硬度为66~68HRC，一次冲切刃磨寿命可达30万次，按一次刃磨0.1mm计算，总寿命可达2000万~3000万次。

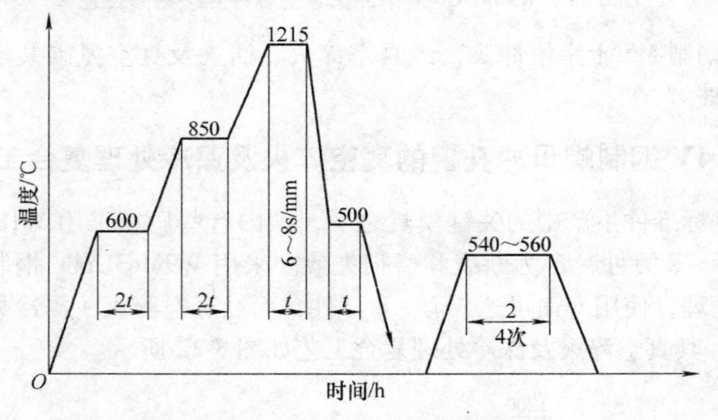

图8-23　W12Mo2Cr4VRE钢制高速冲模的淬火、回火工艺

871. W12Mo3Cr4V3N钢制硅钢片冲裁凹模的分级淬火工艺

W12Mo3Cr4V3N钢是钨钼系含氮超硬型高速钢，具有硬度高、耐磨性好等优点，主要用作制造刀具，也可以制造模具。

W12Mo3Cr4V3N钢制硅钢片冲裁凹模的热处理工艺如下：

（1）球化退火　850~870℃×2~3h→740~750℃×4~6h，炉冷至500℃出炉空冷。硬度≤265HBW。

（2）淬火、回火　600℃、850℃两次盐浴预热，1215~1220℃加热，480~560℃中性盐浴分级冷却3~5min后，入400℃硝盐浴再分级冷却5min，空冷；550℃×1h×4次回火。硬度为65~67HRC。

经上述工艺处理的冲裁凹模，和原CrWMn、Cr12MoV钢模具相比，使用寿命提高近20倍。在使用过程中，定期对冲裁凹模进行去应力退火，会进一步延长其寿命。

872. W12Mo3Cr4V3N 钢制螺母冷挤压模的真空渗硼工艺

M3 六方螺母冷挤压模的原使用寿命为 1 万 ~2 万次。采用 W12Mo3Cr4V3N 钢制冷挤压模，经真空淬火，寿命可提高到 30 万次，经真空渗硼可到 40 万次。

真空渗硼剂为 B_2O_3（涂于模具工作面）。真空渗硼工艺为：1250℃ ×30min，真空度为 1.3 ~0.13Pa。渗硼反应式为

$$2B_2O_3 + 6C \longrightarrow 4B + 6CO$$
$$B_2O_3 + 3Fe \longrightarrow 2B + 3FeO$$

真空渗硼的优点是渗硼剂易涂覆，渗硼能力强，渗硼剂消耗低，可进行局部和较小深孔的渗硼；渗硼后工件表面光亮无残渣，对环境无污染，符合绿色环保要求。

W12Mo3Cr4V3N 钢制冷挤压模经 1250℃ ×30min 渗硼，淬油，560℃ ×1h ×3 次回火后，表面硬度为 1050HV，基体硬度为 880HV。

873. W12Mo3Cr4V3Co5Si 钢制螺钉冷镦凸模的等温淬火工艺

W12Mo3Cr4V3Co5Si 钢是我国自行研制的含 Co 超硬型高性能高速钢，在复杂刀具和模具铣刀应用中发挥了重要作用，也可用于模具。

W12Mo3Cr4V3Co5Si 钢制螺钉冷镦模的热处理工艺为：600℃、850℃两次盐浴预热，1190 ~1200℃加热，540 ~550℃硝盐浴中分级冷却 3 ~5min，260 ~280℃ ×2h 等温；170 ~190℃ ×1.5h ×2 次回火。回火后硬度为 65 ~66HRC。

经上述工艺处理的 W12Mo3Cr4V3Co5Si 钢制螺钉冷镦凸模，硬度高，但韧性好，使用寿命为 20 万次以上。

874. W8Mo3Cr4VCo3N 钢制内六角冲头的 QPQ 表面强化工艺

W8Mo3Cr4VCo3N 钢制内六角冲头的热处理工艺为：600℃、850℃两次盐浴预热，1200 ~1210℃加热，480 ~560℃中性盐浴分级冷却 3 ~5min，入 260 ~280℃硝盐浴再分级冷却 5min 后空冷；540 ~550℃ ×1h ×3 次回火。硬度为 65 ~67HRC。

冲头加工成品后，进行 QPQ 表面强化处理，使用寿命超过 1 万件，达到 W6Mo5Cr4V2Co5 钢（硬度为 66 ~67HRC）1 万件的高水平。

螺母材料为 Q235A 钢，冲制螺母频率很高，工作时冲头温度达 400 ~500℃。冲头失效形式主要是疲劳开裂。

875. W6Mo5Cr4V2 钢制冷镦模的低淬延时回火工艺

由于模具工业高速发展，W6Mo5Cr4V2 钢在模具行业的应用越来越广泛。

有资料报道，W6Mo5Cr4V2 钢制冷镦模，采用低淬延时回火（低温淬火，延长回火时间）的特殊工艺，能延长和提高模具的使用寿命。具体工艺如下：

1）三段预热温度：550℃、850℃、1050℃。

2）淬火温度：1160 ~1180℃。

3）淬火冷却介质：250 ~280℃硝盐浴分级冷却后缓冷。

4）回火工艺：500℃ ×2h +560 ~580℃ ×4h。

876. W6Mo5Cr4V2钢制螺栓切边模的低温淬火工艺

用常规工艺处理的W6Mo5Cr4V2钢制螺栓切边模，平均使用寿命只有2600件。采用低温淬火，适当提高回火温度的新工艺，平均寿命提高到5000件。具体工艺为：600℃、850℃两次盐浴预热，1160～1170℃加热，480～560℃中性盐浴分级冷却后空冷；580℃×1h+550℃×1h回火。回火后硬度为61～62HRC。

877. W6Mo5Cr4V2钢制汽车仪表温度补偿片冲模的低温淬火工艺

汽车仪表温度补偿片冲模原用T10A和CrWMn钢制造，使用中常因早期磨损、崩刃、折断失效，平均使用寿命为2000～3000件。后来改用W6Mo5Cr4V2钢制冲模，并经常规淬火、回火，由于淬火温度高，合金碳化物充分溶解，高温回火生产二次硬化，热处理后强度和硬度虽然很高，但韧性不足，使用中常因断裂而早期失效。改进后工艺为1150℃加热淬火，200℃×2h×2次回火。其硬度为62～63HRC，使用寿命达8万多件，比T10A、CrWMn钢制模具的使用寿命提高30多倍。

878. W6Mo5Cr4V2钢制滚针的热处理工艺

W6Mo5Cr4V2钢制滚针是滚牙滚丝模和搓丝板用的关键模具，采用下列热处理工艺可使滚针的使用寿命大大提高。

500℃井式炉预热，850℃×30s/mm盐浴炉预热，1150～1160℃×8s/mm（无保温淬火）加热，480～560℃×3～4min中性盐浴中分级冷却，再进行260～280℃×30min硝盐浴等温，空冷；550～570℃×1h×2次回火。

经上述工艺处理，工件表面组织（体积分数）为50%～55%板条马氏体+25%～30%下贝氏体+5%～7%合金碳化物+约10%残留奥氏体，硬度≥60～62HRC；心部组织（体积分数）为80%～85%板条马氏体+5%～10%下贝氏体+7%～10%弥散细小的合金碳化物。经560℃回火后，大部分残留奥氏体都转变成马氏体。

滚针加工成品后，再进行550℃×2h的氧氮共渗，可使滚针具有较高的耐磨性、抗咬合性能和良好的耐蚀性。

879. W6Mo5Cr4V2钢制冲头的热处理工艺

工艺1：罗拉冲头

罗拉冲头有多种规格，每种冲头工作状态及硬度要求不尽相同。笔者从实践中总结出了W6Mo5Cr4V2钢淬火温度和硬度的关系式，即

$$t=1190-(64-H)\times10$$

式中，t为欲选择的淬火温度（℃）；H为要求硬度的平均值（HRC）。

需要特别指出的是：第一次回火温度拟用580～590℃，第二、三次按常规的550℃回火。例如，冲头要求硬度为61～63HRC，则淬火温度$t=[1190-(64-62)\times10]$℃$=$1170℃。加热系数按刀具计算后延长1/3。如果习惯用常规550℃回火，则计算出来的数值减去20℃，即为选择的淬火温度。本例则用1150℃加热，550℃×1h×3次回火，硬度正好落在61～63HRC区间。

工艺2：P6M5（相当于W6Mo5Cr4V2）钢制冷镦冲头

俄罗斯某工厂采用P6M5钢制造冷镦冲头，其理论和实践都值得我们借鉴。

P6M5钢制模具的淬火温度肯定不能像刀具那样高，一定要低，但低到什么程度需要认真分析。

当加热到1140～1150℃时，铬的碳化物$Cr_{23}C_6$几乎全部溶入奥氏体中；1150～1190℃是性能变化不大的区域；1190～1200℃加热时，M_6C型碳化物大量溶入，按照在不同温度下淬火时相成分有规律的变化，P6M5钢的性能也发生了变化。在所有的正常淬火区域内随着淬火温度的升高，回火后的硬度单调地上升；然而，在不同的淬火温度区间内，硬度增加的幅度是不一样的。在1100～1150℃和1200～1230℃的温度范围内，硬度上升的幅度高于在1150～1200℃的温度范围（但它的硬度值在该温度范围内是足够高的，一般为62～63HRC）。

在中间区域1150～1190℃淬火后，奥氏体晶粒的大小及残留奥氏体量几乎没有什么变化。

对于强度和韧性的最大值，作为模具，P6M5钢的淬火晶粒度不应大于12级，与之相对应的淬火温度为1160～1180℃。

P6M5钢经1160～1180℃淬火，520～530℃回火，可得到最高的硬度值。其实，在1200～1230℃淬火，550℃回火，也可以得到最高的硬度；但高温淬火、高温回火的热处理工艺，在模具生产中失败的教训是不少的，应引起注意。

在1160～1180℃加热淬火，520～530℃×1h×3次回火后，硬度可达63～64HRC。经550～560℃三次回火后，硬度下降0.5～1.5HRC。然而，伴随着硬度的下降，韧性却提高了10%～15%。

冲头的使用寿命表明：当被冲工件的硬度低于80HRB时，冷镦冲头可在得到最高硬度的520～530℃回火状态下使用，可获得较高的使用寿命；而当被冲工件的硬度较高（82～92HRB）时，冲头于550℃回火最适宜。这是因为冲头在冲制有较高的强度和硬度的工件时，冲头要承受更大的冲击载荷。

从俄罗斯P6M5钢制冷镦冲头热处理技术中，我们可以得出如下启示：

1）W6Mo5Cr4V2钢制模具的淬火温度必须比刀具淬火温度低，最低限建议不得低于1150℃。

2）在1160～1180℃淬火，可获得最大的抗弯强度和冲击韧性。

3）经1160～1180℃淬火，520～530℃回火，可获得最高的硬度。如果需要58～62HRC之间的硬度，可通过提高回火温度调节，这样对提高韧性有益。

工艺3：链条链板冲头

在8～10mm厚的45Mn钢板上冲制不同规格的链条和冲制1.5～2.0mm厚的链板，所用冲头的硬度要求为58～60HRC。W6Mo5Cr4V2钢制链条链板的热处理工艺为：600℃、850℃两次盐浴预热，1150～1160℃加热，480～560℃中性盐浴分级冷却3min后入280℃硝盐浴等温1h；580℃×1.5h×3次回火。热处理后硬度符合工艺要求，冲头使用寿命：冲链条4～5万件，冲链板10～20万件。

工艺4：弹簧钢板冲头

选用W6Mo5Cr4V2钢制造冲制厚度为7～11mm、硬度为25～31HRC的60Si2MnA钢板的冲头，在工作中，不仅要受到很高的冲击压应力，而且由于凹模调整对中不准或钢板放置不平，操作失误等因素，还可能受到一定倾向弯曲应力作用。冲头在脱模时，还会受到拉应力和摩擦磨损的作用。因此，要求冲头具有很高的强韧性、硬度和耐磨性，另外，在连续冲孔过程中因摩擦生热，易产生热疲劳。针对冲头工作的实际情况，采用以下三种工艺方案：

1）1160℃淬火，560℃×1h×3次回火。

2）1160℃淬火，380℃×1h+560℃×1h×2次回火。

3）1160℃淬火，210℃×2h×2次回火。

三种工艺处理后，硬度全在60~62HRC工艺范围内，但使用效果各不同。其中，工艺3）的效果最好，使用寿命比工艺1）提高55.6%~72.3%，比原W18Cr4V钢制冲头提高85%~151%。

工艺5：高速冲头

某厂使用的W6Mo5Cr4V2钢制高速冲头，装在自动冷镦机上使用，冲速为240次/min以上。曾用Cr12MoV钢制造，反复试验几年，使用寿命都未突破5000件；选用W6Mo5Cr4V2钢制造，平均寿命为8000件以上。W6Mo5Cr4V2钢制高速冲头的热处理工艺为：600℃、850℃两次盐浴预热，1170~1175℃加热，480~560℃中性盐浴分级冷却后空冷。第一次回火工艺为600℃×1h，第二次回火工艺为570℃×1h，第三次、第四次回火工艺为540℃×1h。经上述工艺处理后，硬度为60~62HRC。

880. W6Mo5Cr4V2钢制活塞销冷挤压凸模的热处理工艺

解放牌汽车活塞销冷挤压凸模常因碎裂、粘模、磨损、疲劳等而失效。在采用W6Mo5Cr4V2Al钢和W6Mo5Cr4V2钢制凸模，经常规工艺处理后，也因脆裂而报废。采用W6Mo5Cr4V2钢制凸模，经低温淬火并进行气体氮碳共渗表面强化处理后，凸模的使用寿命达到1万件。具体工艺为：1190℃淬火，560℃回火3次；加工成品后，再进行560℃×2h气体氮碳共渗。

881. W6Mo5Cr4V2钢制螺母冲头的离子注入工艺

W6Mo5Cr4V2钢制M12螺母冲头，是标准件厂常用的模具，被冲材料为Q235钢，硬度为130~160HBW。采用低温淬火、常规回火，最后进行离子注入处理，使用寿命由原1.6万件上升到3.9万件。其热处理工艺如下：

（1）淬火、回火　600℃、850℃两次盐浴预热，1190℃加热，淬油；560℃×1.5h×3次回火。

（2）离子注入　注入能量$E=100\text{keV}$，注入剂量$D=5\times10^{17}\text{N}^+/\text{cm}^2$（有效剂量注入剂量$D=2.5\times10^{17}\text{N}^+/\text{cm}^2$），注入温度低于500℃。W6Mo5Cr4V2钢制冲头经离子注入后，模具表面的努氏硬度约为800HK，使用寿命较其他方法表面强化者提高近1倍。

882. W6Mo5Cr4V2钢制螺母冲头的渗碳、淬火工艺

W6Mo5Cr4V2钢螺母冲头进行低温淬火时，由于马氏体碳含量低，硬度值偏低，耐磨性不高，刃口部位磨损较快。采用常规淬火后，使用中冲头又容易折断。应用表面渗碳和低温淬火相结合工艺，能显著提高冲头表面硬度和耐磨性及基体的韧性，从而提高了模具的寿命。

采用固体渗碳法对冲头进行渗碳处理。渗剂为木炭和 Na_2CO_3，配比为颗粒 1~5mm 木炭90%（质量分数），$Na_2CO_3$10%（质量分数），均匀混合后，将冲头按固体渗碳法装入渗碳箱内渗碳。500℃进炉，渗碳工艺为820℃×1h，1000℃×2h。渗碳后，继续升温至1160~1180℃，短时保温后出炉开箱淬热油，油冷至200℃左右出油冷至室温；560℃×1h×3次回火。

冲头经渗碳淬火处理后，表面碳的质量分数达0.90%~1.0%，表面硬度可达64~66HRC，使用寿命比常规处理者提高2~3倍，比单一低温淬火者提高1倍以上。

883. W6Mo5Cr4V2 钢制热剪切模的盐浴淬火工艺

W6Mo5Cr4V2 钢不光是冷作模具的重要材料，也可以用来制造热作模具。常见热作模具有热剪切模和热挤压模。

热剪切模用于落料或切除产品经锻造后的废边。热剪切模在工作中，工件处于红热状态，模具受到连续的周期冲击和摩擦作用。如用常规的热作模具钢，其耐磨性差，刃口易磨损，生产率低，制造成本高，被加工零件的表面质量差。W6Mo5Cr4V2 钢制热剪切模，适于在此条件下工作。其淬火温度，若采用刀具处理规范，由于二次硬化后脆性大，往往使模具因崩刃而早期失效，所以必须采用低温淬火工艺。成熟的工艺为：1150~1160℃加热，200℃硝盐浴冷却；560℃×1h×3次回火。硬度为60~61HRC。

某医疗器械厂按上述工艺生产了大量的 W6Mo5Cr4V2 钢制热剪切模，用于剪切 30Cr13 钢制医疗器械坯料锻后的废边，使用寿命为1.5万件；而原 3Cr2W8V 钢制模具的使用寿命只有0.2万~0.4万件。

884. W4Mo3Cr4VSi 钢制冲头的等温淬火工艺

采用 W4Mo3Cr4VSi 钢制造链条冲头，取得了令人满意的效果。其热处理工艺如下：

1）毛坯经压力机落料后经650℃×4h去应力退火。

2）600℃×30s/mm+850℃×30s/mm 两次盐浴预热。

3）1140~1150℃×15s/mm 加热。

4）480~560℃×15s/mm 分级冷却后，入260~280℃硝盐浴等温1h。

5）560℃×1h×4次回火，回火后硬度为62~63HRC。

冲头经上述工艺处理后，冲制厚度为1.5~2.5mm 的 40MnB 钢制链条时的使用寿命为0.8万~1万件，超过同类 W18Cr4V 及 Cr12MoV 钢制模具的使用寿命。

885. W10Mo3Cr5V5Co8 钢制冲头的等温淬火工艺

冲制各种链条的冲头，原来采用 Cr12MoV 钢制造，平均寿命只有0.6万~0.8万件。后改用 W6Mo5Cr4V2 钢制作，使用寿命大大提高，但还不足5万件。使用 ϕ6.5mmW10Mo3Cr5V5Co8 钢制造 ϕ6.0mm×58mm 的冲头，使用寿命达23万~30万件。其热处理工艺如下：

1）600℃×6min+850℃×4min 两次盐浴预热。

2）1215℃×2min 加热。

3）500℃中性盐浴分级冷却2min后，进行280℃×30min 硝盐浴等温。淬火晶粒度12

级，硬度为64～65HRC。

4）560℃×1h+540℃×1h×3次共四次回火。回火后硬度为67.2HRC。

886. 6W6Mo5Cr4V钢制钟表模具的盐浴淬火工艺

6W6Mo5Cr4V钢俗称低碳高速钢，是为了提高韧性而研制出来的一种降低碳与钒含量的低碳型冷作模具钢。6W6Mo5Cr4V钢的淬透性高，有类似于高速钢的高硬度、高耐磨性、高强度和良好的热硬性，而韧性又比普通高速钢高，通常用于制造钟表模具、冷挤压模具、拉深模具，都具有很高的使用寿命。

6W6Mo5Cr4V钢制钟表模具热处理工艺如下：

（1）普通退火　锻后一般进行普通退火，工艺为：850～860℃×3～4h，炉冷至500℃出炉空冷。退火后硬度≤255HBW。

（2）淬火、回火　600℃、850℃两次盐浴预热，1180～1200℃加热，500℃中性盐浴分级冷却后空冷。淬火后硬度为62～63.5HRC。

回火温度根据模具要求硬度而定。绝大部分钟表模具要求硬度为60～62HRC，所以回火温度为560～570℃，回火3次，每次1h。

（3）去应力退火　线切割以后的模具应进行150～180℃×4h的去应力退火。

887. W6Mo5Cr4V2钢制活塞销冷挤压凸模的热处理工艺

活塞销材料为20钢或20Cr钢，采用W6Mo5Cr4V2钢制凸模冷挤压成形。凸模技术要求：基体硬度为60～64HRC，表面氮碳共渗，氮碳共渗层深度≥0.20mm，表面硬度≥1000HV，脆性≤2级。

（1）凸模的工艺流程　活塞销冷挤压凸模及成形图如图8-24所示。其工艺流程为：下料→车削加工→粗磨加工→热处理→检验→表面清理→发蓝处理→磨加工→检验。

（2）淬火、回火　凸模应具有高的硬度、良好的淬透性和耐磨性、高的热稳定性、适当的韧性与强度，才能满足其服役需要，考虑到冷挤压过程中容易折断和弯曲，故采用低温淬火工艺。500～620℃×24min+840～860℃×12min盐浴预热，1180～1200℃×6min加热，于480～560℃中性盐浴中分级冷却6min；550～560℃×1h×3次硝盐浴回火。回火后硬度62～64HRC，变形符合要求。

（3）碳氮共渗　碳氮共渗工艺为560℃×1h。

经上述工艺处理后，凸模寿命由原来的1404～3500件提高到1万件以上，解决了韧性与耐磨性之间的矛盾，降低了凸模的摩擦因数和成形压力，从而克服了模具的早期磨损与镦粗等缺陷。

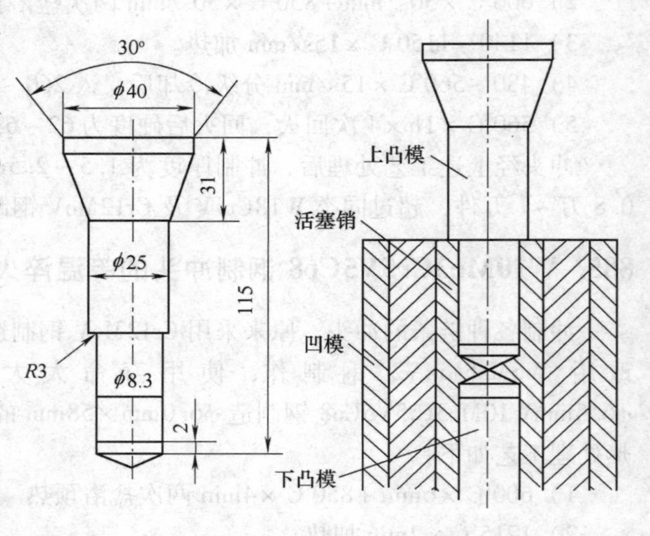

图8-24　活塞销冷挤压凸模及成形图

888. 高速钢模具的亚温淬火+氮碳共渗工艺

现代工业生产中很多零件是采用冷镦或冷挤压成形的，为此采用相应的模具加工。常用的模具材料有W18Cr4V、W6Mo5Cr4V2等通用高速钢，这些通用高速钢具有碳化物细小、均匀，韧性、热塑性、耐磨性、硬度、热硬性高等优点。但这些高速钢冷作模具经常规淬火、回火后，在使用时易产生脆断或磨损，使用寿命不尽人意。国内有些生产单位采用亚温淬火+氮碳共渗的复合热处理，提高了模具的使用寿命。

（1）W18Cr4V钢制球头冷镦模的淬火、回火　该模具为圆锥体，小头（工作部位）尺寸为ϕ25mm，大头ϕ60mm，总长为70mm。1160℃淬火后硬度为62.6HRC，550℃×1h×3次回火后为61.1HRC，而1180℃淬火后硬度为62.1HRC，550℃×1h×3次回火后硬度为61.3HRC。

（2）W6Mo5Cr4V2钢制轴套冷挤压模的淬火、回火　冷挤压模外形尺寸为ϕ15mm（工作部位）×60mm。1150℃淬火后硬度为61.5HRC，550℃×1h×3次回火后硬度为60.6HRC。

（3）模具气体氮碳共渗　经上述亚温淬火的高速钢模具加工成成品，再进行气体氮碳共渗处理。渗剂为三乙醇胺+工业用乙醇（体积比为1:1）。560℃×3h共渗后，再进行200℃×2h去氢处理。表面硬度为890～940HV，模具的使用寿命得到了提高。

889. W6Mo5Cr4V2钢制轴承套圈冷辗芯辊的热处理工艺

芯辊作为轴承套圈冷辗工艺的重要模具，工作时与GCr15钢套圈接触辗扩，同时承受冲击力及摩擦力。某W6Mo5Cr4V2钢制芯辊的外形尺寸为ϕ18mm×140mm。原热处理工艺为800～850℃预热，1160～1200℃加热淬火，550～570℃回火3～4次。该工艺片面地追求芯辊的强度及耐磨性而忽视了韧性，导致芯辊的平均寿命（辗扩套圈数量）为300件左右，99%出现早期断裂，生产率低，制造成本高。通过综合分析，改进热处理工艺，使芯辊的使用寿命达到国内先进水平。热处理工艺如下：

盐浴加热，850～860℃×14min预热，1160～1170℃×7min加热，500～550℃中性盐浴分级冷却；第一次回火工艺为585～590℃×2h，后两次回火工艺为550℃×2h，回火后硬度为60～61HRC。经上述工艺处理后，芯辊的使用寿命超过1万件。

890. W8Mo3Cr4VCo3N钢制内六角冲头的热处理工艺

内六角冲头是一种用于六角头螺栓头部内六角盲孔冲压加工的成形模具，在标准件行业用量很大，但目前国内生产的内六角冲头，特别是不锈钢螺栓用冲头，与国外相比，其使用寿命普遍较低。对W8Mo3Cr4VCo3N钢制内六角冲头进行强韧化处理及QPQ表面强化，其使寿命得到了很大提高。热处理工艺简介如下。

内六角冲头在整个工作过程中的受力状况是大压小拉的交变应力，并附加弯曲应力的叠加。此外，冲头杆部还需承受回弹应力波的作用，它的刃带部分与流动金属之间存在强烈的摩擦，工作部位温度可达400～500℃，甚至更高；冲头的肩部需承受很高的接触压应力和摩擦力。在这种情况下，其主要失效形式表现为刃口磨损、疲劳剥落、镦粗和折断等，其中前两种属正常失效，后两种属不正常失效。因此要求冲头（特别是M5以上规格）具有高硬度、高的压缩屈服强度，以及足够的韧性和热硬性。

以前采用W6Mo5Cr4V2钢制冲头，若硬度>65HRC，常因韧性不足而折断；若硬度低于63HRC，则常常因抗压强度低而易镦粗，且热硬性也略显不足。选用W8Mo3Cr4VCo3N钢制冲头，并经1205～1220℃盐浴加热，480～560℃分级淬火，晶粒度为10.5～10级；550～570℃×1h×3次回火。经上述工艺处理后，冲头的硬度为64～67HRC，抗弯强度为2000～2600MPa，冲击韧度为15～20J/cm^2。

按上述工艺处理的M4规格冲头的平均寿命达到1万件，M5～M6规格达到9000件，M8～12规格达到8000多件。

将经上述冲头表面施以540℃×1～1.5h的QPQ强化处理，冲头的使用寿命又提高近1倍。

891. 高速钢轧辊的热处理工艺

轧辊种类繁多，按硬度可分软辊（<30HRC）、半硬辊（30～45HRC）、硬辊（45～62HRC）、特硬辊（>62HRC）。前两种轧辊用于大型初轧机，属热轧辊；硬辊也称为热轧辊，其工作条件相当于热锻模；特硬辊也称为冷轧辊，其工作条件相当于冷作模具。

高速钢用于制作轧辊始于20世纪80年代。虽然高速钢轧辊价格昂贵，但性价比高。高速钢轧辊的热处理工艺如下：

（1）高速钢轧辊退火　高速钢轧辊浇铸成形后必须经过等温退火。退火目的是消除可能引起开裂硬度高的不平衡组织及内应力，以利于切削加工。退火温度及等温温度与对应的高速钢退火工艺基本相同，不过，加热和冷却速度应适当慢些。

（2）高速钢轧辊淬火　淬火应在机械切削加工以后进行。淬火温度的确定与一般高速钢基本相同，因为轧辊尺寸比较大，故淬火温度应适当低些，在空气炉加热时必须采取防脱碳措施，在500℃以下，加热速度要慢一些，在500℃以上应适当加快。炉温到达设定温度应保持一段时间再出炉，也可以在轧辊表面达到淬火温度时立即出炉，即进行所谓差温淬火。淬火冷却应采取喷水冷，500℃以上应尽可能快冷，500℃以下应缓冷，冷至200℃左右立即入炉回火。

（3）高速钢轧辊回火　回火温度与一般高速钢回火相同，即550～570℃×4h×3次。回火加热与冷却速度均应缓慢以防开裂。

轧辊尺寸远远大于切削刀具，故存在较严重的碳化物偏析问题。为了提高高速钢轧辊性能，必须解决碳化物偏析问题，国际上普遍认为发展无碳化物偏析是一条思路，即开发无莱氏体高速钢和粉末高速钢。

最后必须强调的是，由于轧辊尺寸大，热处理难度远远大于高速钢刀具，必须掌握好每一个细节，根据不同轧辊不同的技术要求，制订不同的热处理工艺。

（4）高速钢轧辊热处理新工艺　除了上述的差温淬火外，激光淬火、高能束淬火、金属离子注入等热处理新工艺也有应用，使高速钢轧辊的使用寿命得到了大幅度提高。

892. 6Cr4W3Mo2VNb钢制螺栓压角凸模的盐浴淬火工艺

螺栓材料为Q235F，硬度为85HRB，在高速冷镦机上冷镦成形，要求模具材料具有高的强韧性及疲劳强度。采用Cr12MoV钢制模具，在淬火、回火后并经气体氮碳共渗处理，模具寿命一般为5万～10万件。选用6Cr4W3Mo2VNb钢制模具，模具寿命大大提高。其热处理工艺如下：

（1）球化退火　模具锻后采用球化退火处理，其工艺为850～870℃×2～3h，炉冷至730～750℃，保温5～6h，炉冷至500℃以下出炉空冷。退火后硬度为207～241HBW，金相组织为球状珠光体。

（2）淬火、回火　600℃、850℃两次盐浴预热，1120℃加热，淬油；560℃×2h×2次回火。回火后硬度为60～61HRC。

经上述工艺处理后的M10螺栓压角凸模的平均寿命可提高到24万件，最高使用寿命可达43.16万件。失效形式为疲劳，其断口为疲劳与解理的混合断口，具有高的强韧性及疲劳强度。

893. 6Cr4W3Mo2VNb钢制冲模的热处理工艺

各种不同的6Cr4W3Mo2VNb钢制冲模，使用场合不同，加工对象不同，热处理工艺各异。

工艺1：十字槽螺钉平圆头冲模

T10A钢制十字槽螺钉平圆头冲模，在工作中要承受挤压力、冲击力、摩擦力和弯曲力的作用，使用寿命一般为0.40万次。该冲模改用6Cr4W3Mo2VNb钢制造，并采用二次淬火、一次回火工艺，可大幅度提高模具的使用寿命。

6Cr4W3Mo2VNb钢制冲模经1120℃淬火（油冷）、550℃×1h×2次回火后硬度为60HRC，R_m为2100MPa，$R_{p0.2}$为1420MPa，K_{IC}为790MPa·mm$^{1/2}$，a_K为45J/cm^2。模具的使用寿命提高到4万次，但不稳定，芯杆仍有折断现象。

改用1200℃淬油+930℃淬油+450℃回火的二次淬火、一次回火工艺后，模具的硬度为58HRC，R_m为2000MPa，$R_{p0.2}$为1500MPa，K_{IC}为1100MPa·mm$^{1/2}$，a_K为80J/cm^2。模具的使用寿命提高到5.4～7.9万次且稳定。

工艺2：圆环冲模

圆环是汽车里程表上的零件，外圆直径为ϕ9.8mm，内孔直径为ϕ6.5mm，厚度为2.5mm，形状如一只厚垫圈。圆环是用Q235F冷轧钢板冲制而成的。所用模具有效壁厚仅为1.65mm，据计算，在模口要承受60000N的剪切力，服役条件十分恶劣。

曾用Cr12MoV钢制造该模具，热处理后硬度为58～60HRC，平均使用寿命不足1万件。模具的失效形式为碎裂和脆性断裂。

改用6Cr4W3Mo2VNb钢制造该模具，热处理工艺为：800℃预热，1120℃加热，淬油；420℃×1h回火。硬度为57～58HRC。使用寿命在2.5万件以上，但失效形式仍为沿台阶处的断裂，断口呈明显的疲劳裂纹。

工艺3：弹簧钢板冲模

6Cr4W3Mo2VNb钢制弹簧钢板冲模的盐浴热处理工艺为：600℃、850℃两次预热，加热系数为30s/mm，1150℃×15s/mm加热，260℃硝盐浴中分级冷却10min；580℃×2h×2次回火。硬度为56～60HRC。使用寿命为800～2689件，失效形式为折断、崩刃、弯曲、镦粗。

当淬火温度从1150℃降低到1100℃时，回火温度从580℃降到560℃，热处理后硬度为

57 ~ 59HRC。使用寿命为951 ~ 2342件，失效形式仍为折断。

由于钢板比较厚（55SiMnVB钢厚9mm，硬度为300 ~ 350HBW），冲击力大，采用6Cr4W3Mo2VNb钢制冲模，尽管使用寿命不太理想，但还是比W6Mo5Cr4V2、Cr12等钢制冲模的使用寿命提高3 ~ 5倍。

工艺4：十字槽光冲模

W6Mo5Cr4V2、Cr12等钢制十字槽光冲模的使用寿命都比较低，其失效形式都是冲芯折断。60Si2MnA钢制光冲模的使用寿命达2万件，但失效形式仍为冲芯折断。生产实践证明，十字槽光冲模对强韧性有极高的要求，在确保不断的情况下应保证高硬度。

采用6Cr4W3Mo2VNb钢制造十字槽光冲模。其热处理工艺为：850℃预热，1140℃加热，淬油；560℃ ×1h ×3次回火。硬度为59 ~ 60HRC。平均使用寿命为8.4万件，最高达11.4万件，失效形式为折断。6Cr4W3Mo2VNb钢制十字槽光冲模在热处理后有很高的强韧性。十字槽翼的宏观断口呈疲劳的贝壳状，冲芯断裂属疲劳断裂，最后断裂区为韧窝或解理断口。

工艺5：内六角三序冲头

Z47-12多工位冷镦机用三序内六角冲头，服役中要求承受很大的压应力、弯曲应力，并产生磨损，所以要求模具有高的强度、硬度和耐磨性。

用W18Cr4V钢制造的M12内六角冲头，在正常生产情况下，使用寿命只有0.2万件，失效形式为折断。改用6Cr4W3Mo2VNb钢制造冲头时，克服了高速钢韧性不足的弱点。在冷镦M12 ×8螺钉时，平均使用寿命为0.6万件，最高可达0.82万件。

6Cr4W3Mo2VNb钢制内六角冲头的热处理工艺如图8-25所示。热处理后硬度为59 ~ 60.5HRC，但对M16、M20内六角冲头采用1120℃淬火工艺，使用中头部有镦粗现象。将淬火温度提至1180℃，其余工艺参数不变，热处理后硬度提高到61HRC，解决了上述问题。

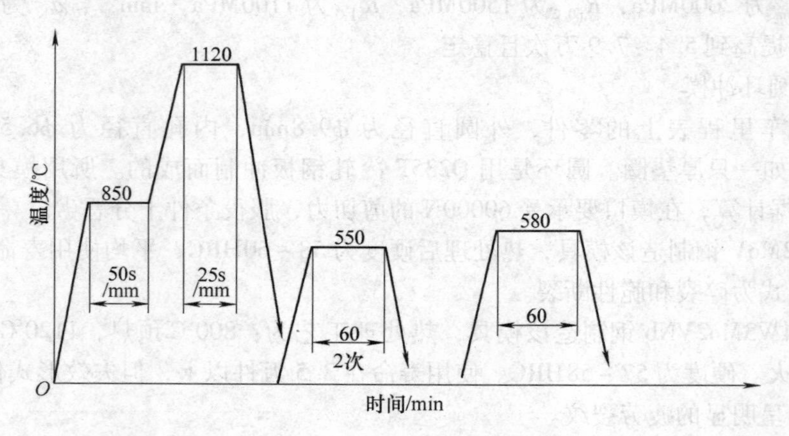

图8-25　6Cr4W3Mo2VNb钢制内六角冲头的热处理工艺

工艺6：电子管阳极冲头

江苏某电子管厂生产的电子管阳极冲头，如梅花状，断面尺寸变化激烈，外形尺寸为ϕ48.4mm ×130mm。被冲材料为无氧铜，硬度为50HBW，要求模具尺寸稳定性好。冲头曾采用Cr12MoV钢制造，使用寿命只有几十件；而改用3Cr2W8V钢后，冲几十件后就要修模，尺寸稳定性差；采用 GCr15 钢后，冲挤 100 余件也要修模，最终都以模具开裂而失效。

采用 6Cr4W3MoVNb 钢制造该电子管阳极冲头，其热处理工艺为：1120℃加热，淬油；520～540℃×1h×3 次回火。热处理后冲头的硬度为 61～62HRC，使用寿命得到了提高（已挤压 400 余件，冲头完好无损，还可继续使用）。

894. 6Cr4W3Mo2VNb 钢制冷镦顶模的氮碳共渗工艺

某螺栓冷镦顶模用 T10A 钢制造时，使用寿命只有 3 万件左右，失效形式多为纵向开裂、揭盖、拉毛等。

根据冷镦顶模受力和失效情况，冷镦顶模应有足够的强度、韧性和较高的冲击抗力，并且内孔应有高的耐磨性。在采用 6Cr4W3Mo2VNb 钢制造 M12 螺栓冷镦顶模时，热处理工艺为：850℃预热，1120℃加热，淬油，540℃×2h×2 次回火；模具最终经 540℃×3h 氮碳共渗处理。经上述工艺处理的 6Cr4W3Mo2VNb 钢制冷镦顶模，在 Z47-12 多工位冷镦机上冷镦 M10×30 螺栓时，平均使用寿命可达 16 万件，最高达 19.5 万件，比原 T10A 钢制模具的使用寿命提高 4～5 倍。

895. 6Cr4W3Mo2VNb 钢制切边模的热处理工艺

Z47-12 多工位自动冷镦机生产螺栓用的切边模，原用 Cr12MoV 钢制造，热处理工艺为 850℃预热，1030℃加热，淬油，170℃×1.5h×2 次回火，硬度为 61～63HRC。加工材料为 Q235F 的 M12 螺栓时，使用寿命为 1 万件左右，最高使用寿命近 2 万件，失效形式为崩刃。

选用 6Cr4W3Mo2VNb 钢制造切边模，其平均使用寿命为 5 万件，最高使用寿命为 7.5 万件。热处理工艺为：600℃、850℃两次盐浴预热，1180～1190℃加热，淬油，590℃×2h×3 次回火，硬度为 60～61HRC。失效形式为刃口磨钝。

如果在模具加工成品后，再进行氧氮共渗或氮碳共渗处理，则可进一步提高使用寿命。

896. 6Cr4W3Mo2VNb 钢制连杆冷挤压模的真空渗碳、淬火工艺

Cr12MoV 钢制挑线连杆冷挤压模，由于韧性低，在使用过程中易挤裂或胀裂，使用寿命不高，一般只有 0.4 万件左右。改用 6Cr4W3Mo2VNb 钢并经真空淬火处理后，模具的使用寿命有显著的提高，但屈服强度低，易产生变形；在进一步采用真空渗碳处理后，可使模具的使用寿命提高 1～5 倍，在挤压到 1 万件时，模具完好无损，无凹陷。

真空渗碳可在内热式双层水冷壁真空淬火炉中进行。真空炉的冷态极限真空度为 2.67Pa。渗碳介质为甲烷、氢（甲烷的体积分数约占 70%），淬火冷却介质为真空泵油。6Cr4W3Mo2VNb 钢制冷挤压模的真空渗碳淬火工艺如图 8-26 所示。

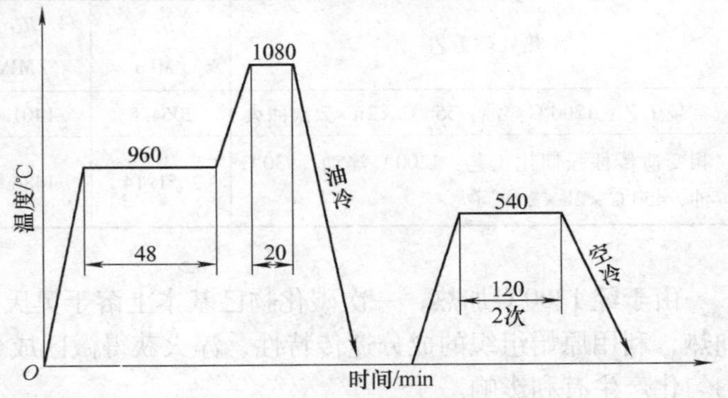

图 8-26 6Cr4W3Mo2VNb 钢制冷挤模的真空渗碳淬火工艺

经上述真空渗碳淬火后，挑线连杆冷挤压模的使用寿命可达 3 万件，而真空淬火未渗碳的模具使用

寿命只有1.2万件。

897. 6Cr4W3Mo2VNb钢制冷挤压凸模的气体氮碳共渗工艺

W6Mo5Cr4V2钢制梭子冷挤压凸模如图8-27所示，在冷挤压缩减率为64%，单位压力为2500MPa的Q235钢零件时，因碳化物偏析严重，使用寿命不稳定，最高的达1.3万件，最低的只有100多件。

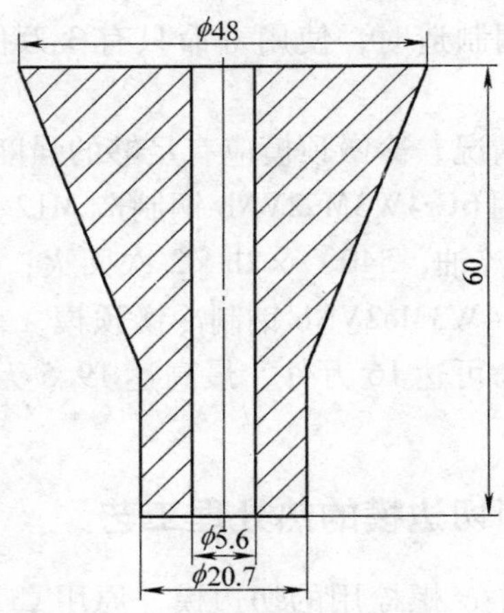

图8-27　梭子冷挤压凸模

该模具改用6Cr4W3Mo2VNb钢制造，使用寿命虽有所提高，但仍不理想；补充气体氮碳共渗，使用寿命稳定在3.1万件左右。热处理工艺为：600℃、850℃两次盐浴预热，1160℃加热，淬油，540℃×2h×2次回火；加工成品后，再进行540℃×3h气体氮碳共渗处理。

898. 6Cr4W3Mo2VNb钢制冲模的相变遗传性强韧化工艺

所谓相变遗传性强韧化工艺，即通过一次高温淬火，获得均匀的微区组织，再进行第二次低温淬火，在保证材料微区承载能力一致性的基础上进一步细化晶粒，可明显提高材料的冲击韧度和断裂韧度。表8-13列出了6Cr4W3Mo2VNb钢经相变遗传性强韧化工艺处理后的力学性能。

表8-13　6Cr4W3Mo2VNb钢经相变遗传性强韧化工艺处理后的力学性能

热处理工艺	R_m /MPa	R_{eL} /MPa	K_{IC} /MPa·mm$^{1/2}$	a_K/(J/cm^2)	硬度HRC
常规工艺：1200℃淬油，550℃×2h×2次回火	2064.8	1401.4	776.16	44.2	60.0
相变遗传性强韧化工艺：1200℃淬油，930℃淬油，450℃×2h×2次回火	2651.14	1486.6	1095.6	80.65	58.0

由于经1200℃加热，一次碳化物已基本上溶于奥氏体，成分比较均匀。二次930℃低温加热，利用原始组织的成分遗传特性，淬火获得微区成分均匀的马氏体组织，对微区成分的均匀化产生有利影响。

淬火获得非常细小的马氏体组织及细小均匀、圆整的碳化物颗粒，无论对于减少裂纹源，还是对于均匀奥氏体基体都是有益的，因而可以提高钢的强韧性。

奥氏体成分的均匀化和晶粒细化，使6Cr4W3Mo2VNb钢淬火后残留奥氏体比较稳定，并以细小网膜分布在马氏体周围。这也是本工艺比常规热处理工艺获得更高强韧性的原因之一。

经实践验证，采用相变遗传性强韧化处理的6Cr4W3Mo2VNb钢制M4十字槽圆头冲模的使用寿命比常规处理提高20%以上。

899. 6Cr4W3Mo2VNb钢制冷作模具的循环相变处理工艺

6Cr4W3Mo2VNb钢的淬火加热温度在1080～1120℃范围内，循环淬火1～5次，奥氏体晶粒度变化不大（10～11级），但循环6次就会出现严重的混晶现象，所以循环淬火次数以2～3次为宜。

经过试验证实，6Cr4W3Mo2VNb钢循环淬火加热温度超过1160℃时，晶粒迅速长大，且在随后的循环淬火时产生组织遗传，使晶粒进一步长大。因此，建议6Cr4W3Mo2VNb钢的循环淬火加热温度不宜超过1120℃。

6Cr4W3Mo2VNb钢经1080～1120℃两次快速循环淬火，可以获得比常规淬火高得多的综合力学性能。若在1120℃两次循环淬火前，进行一次1180℃高温固溶处理，540℃回火，能够使钢中的碳化物超细化，其强韧性还可以进一步提高。6Cr4W3Mo2VNb钢的两次循环淬火工艺如图8-28所示。高温固溶处理+1120℃双循环淬火工艺如图8-29所示。

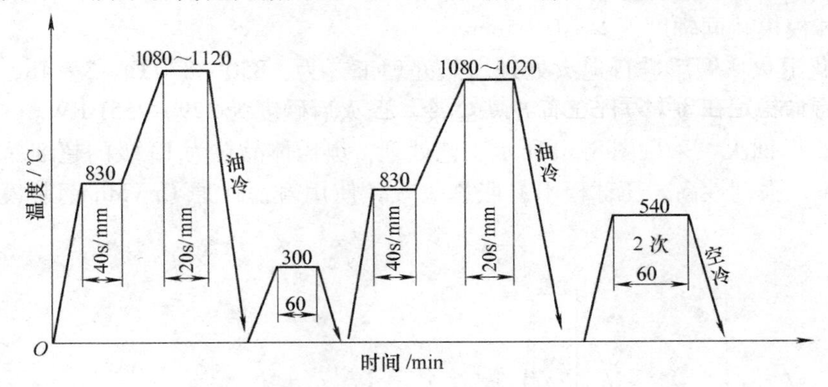

图8-28 6Cr4W3MoVNb钢的两次循环淬火工艺

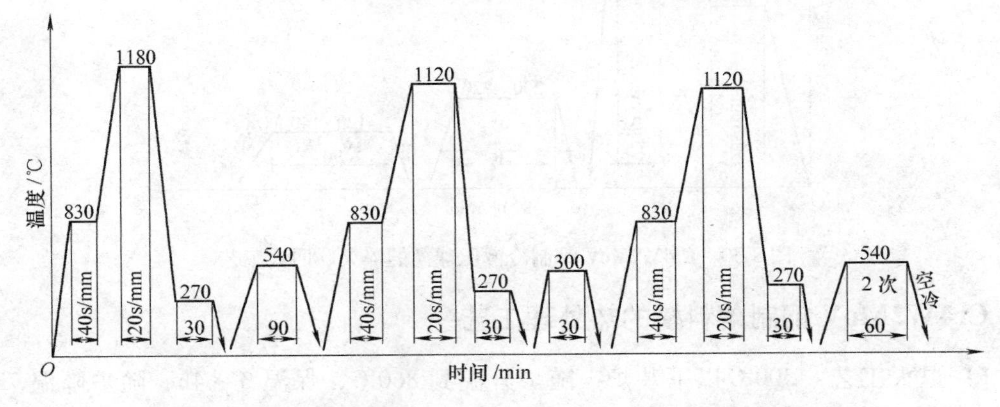

图8-29 6Cr4W3Mo2VNb钢的固溶处理+1120℃双循环淬火工艺

900. 6Cr4W3Mo2VNb 钢制冲孔冲头的深冷处理工艺

6Cr4W3Mo2VNb 钢制 M16 螺母冲孔冲头采用深冷处理后，比常规处理的使用寿命提高 2 倍。其热处理工艺为：600℃、850℃两次盐浴预热，加热系数按 40s/mm 计，1180℃ ×20s/mm，淬油；先经 100℃开水煮沸 1h，再经 -196℃ ×1 ~2h 深冷处理，再用 60℃温水使温度回升；最后进行 560 ~580℃ ×1h ×2 次回火。

经深冷处理后，冲头的使用寿命从 1000 件提高到 3000 件。

901. Cr4W2MoV 钢制弹簧钢板冲孔凸模的等温淬火工艺

弹簧钢板冲孔凸模原用 Cr12MoV 钢制造，使用寿命只有 265 件。选用 Cr4W2MoV 钢制造并按常规工艺处理，使用寿命提高到 491 件；如对 Cr4W2MoV 钢制冲孔凸模施以 920℃ ×4h 盐浴渗钒处理，使用寿命提高到 845 件。

采用等温淬火可以使 Cr4W2MoV 钢制冲孔凸模的使用寿命进一步提高。其工艺为：850℃预热，1020℃加热，260℃ ×1h 硝盐浴等温；220℃ ×2h ×2 次回火。硬度为 58 ~59HRC，使用寿命提高到 1500 多件，失效形式仍为崩刃折断。

902. Cr4W2MoV 钢制冷镦压球模的热处理工艺

冷镦压球模在冷镦硬度为 200 ~220HBW 的 40Cr 钢 M16 螺母时，要求模具硬度为 60 ~63HRC，压球模模孔同轴度误差≤0. 05mm。

（1）球化退火　锻后进行退火处理。热处理工艺为：850 ~870℃ ×3 ~4h，炉冷至 750 ~760℃，保温 5 ~6h，炉冷至 500℃出炉空冷。退火后硬度为 229 ~255HBW。

（2）淬火、回火　采用图 8-30 所示工艺处理，奥氏体晶粒为 13 级的超细晶粒，硬度为 60. 5 ~61HRC，强韧性高，压球模不易胀裂失效，使用寿命比原 CrWMn 钢制模具提高 3 ~5 倍。

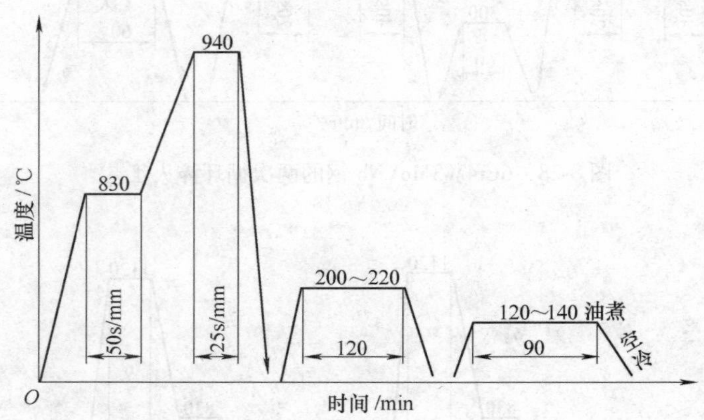

图 8-30　Cr4W2MoV 钢制冷镦压球模的淬火、回火工艺

903. Cr4W2MoV 钢制落料模的热处理工艺

（1）退火工艺　500℃以下装炉，随炉升温到 860℃，保温 3 ~4h，随炉降温 730 ~750℃，保温 4 ~6h，炉冷至 500℃出炉空冷。退火后硬度为 245 ~255HBW。如果欲使硬度

更低些，可采用正火＋退火的复合工艺，即将坯料加热到960℃后空冷，然后再按前述工艺进行退火，硬度可降至220HBW左右。

（2）淬火　Cr4W2MoV钢淬火温度范围比较宽，在950～1100℃范围内淬火都可以，但根据金相组织分析，淬火温度选用960～1040℃为宜，此时硬度较高，晶粒很细。低于960℃淬火，加热不足，硬度较低；高于1060℃淬火，晶粒粗大，力学性能下降。一般选用1000～1020℃加热，淬油或分级淬火都可以，淬火后显微组织为隐晶马氏体＋碳化物＋残留奥氏体，硬度一般为60～62HRC。

（3）回火　Cr4W2MoV钢的回火温度范围很宽，可用低温、中温和高温回火。980℃淬火一次、二次硬化不明显，须经多次500℃以上高温回火，才能出现二次硬化现象。若1000℃以上淬火，无论是一次回火还是多次回火，均有二次硬化出现，而且随着淬火温度的提高，二次硬化效果越明显，其峰值出现在540～550℃。鉴于此，Cr4W2MoV钢模具可以进行氧氮共渗、蒸汽处理、氮碳共渗等表面强化处理。这也是Cr4W2MoV钢可以用来制造轧制钻头的重要原因。

Cr4W2MoV钢模具的回火温度根据硬度要求可在200～580℃之间选择，回火次数一般为三次。如果进行表面强化，可省去一次回火。

（4）使用效果　用Cr4W2MoV钢制造的各种落料模，按模具实际服役条件，进行不同的热处理，其使用寿命均不低于Cr12、Cr12MoV钢制模具。Cr4W2MoV钢模具的使用寿命见表8-14。

表8-14　Cr4W2MoV钢模具的使用寿命

模具名称	被加工材料	模具硬度HRC	刃磨一次寿命/万次		总寿命/万次	
			Cr12MoV	Cr4W2MoV	Cr12MoV	Cr4W2MoV
单柄冲模	0.05mm硅钢片	61～62	6	6	80～100	120
扇形冲模	0.5mm硅钢片	59～60			80	100
铁芯落料模	4mm工业纯铁	59～61		提高2倍		
山字形铁心模	0.5mm硅钢片	60	7.5	8		
落料模	0.5mm硅钢片	59	1.8	2		
落料冲孔复合模	0.6mm65Mn钢板	58～60	2.6～2.8	8		
落料冲孔级进模	0.5mm硅钢片	60～62	2.0～2.5	3～4.8		
落料模	0.5mm硅钢片	56～60	4～5	15		

904. Cr4W2MoV钢制冷镦凹模的复合强化工艺

Cr4W2MoV钢冷镦凹模经常规淬火、回火和低淬低回、高淬高回处理后，使用寿命都不高。而采用复合强化工艺处理后，碳化物细小均匀，基体强韧性高，表面抗擦伤、抗咬合及抗疲劳等性能优良，模具使用寿命提高2～3倍。具体工艺如下：

（1）锻造余热正火　模坯终锻前可利用余热直接置于960℃的电阻炉内，保温1～1.5h正火。

（2）球化退火　880～890℃×2.5h＋770℃×5～6h炉冷至500℃出炉空冷。

（3）淬火、回火　800℃预热，1020～1050℃加热，淬油，油冷至200℃左右出油空冷；

560～580℃×1.5h 回火。

（4）硫氮碳共渗　模具离子硫氮碳共渗是在HLD-50型辉光离子渗氮炉中进行的。渗剂可用氨气和乙醇与二硫化碳混合气，乙醇与二硫化碳的体积比为2:1，氨气与混合气通入量的体积比为20:1～25:1，由负压吸入。为获得良好的组织，必须控制CS_2通入量。CS_2通入量过高时，渗层硫含量过高，脆性增大，易产生剥落，并会阻碍碳氮的渗入，使渗入速度减慢。

Cr4W2MoV钢制模具的离子硫氮碳共渗采用分段处理，如图8-31所示。先对模具进行渗氮处理，再通入乙醇与CS_2混合气进行硫氮碳共渗。

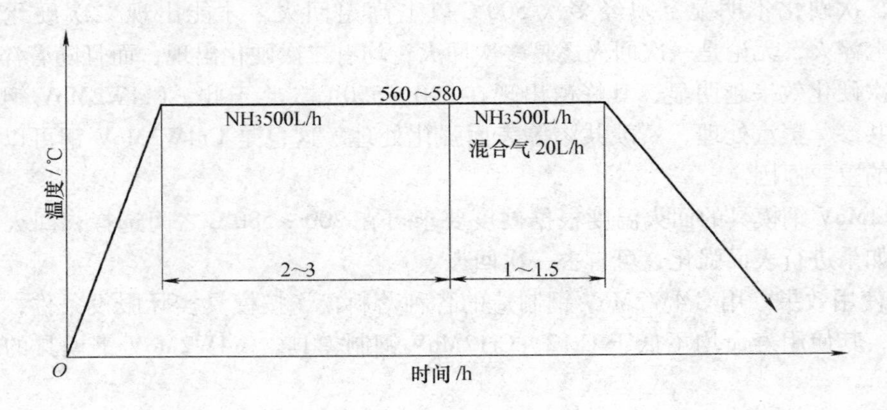

图8-31　Cr4W2MoV钢制模具的离子硫氮碳共渗工艺

硫化物是低硬度、性脆的物质，虽可起减磨润滑作用，但和基体的结合较差，容易磨耗。只有在高硬度的基础上附以硫化物层，才能充分发挥硫化物的减磨润滑作用。同时过量的硫化物将阻碍碳和氮的渗入，使渗速减慢。采用先渗氮处理，在形成高硬度的渗氮层后，再进行硫氮碳共渗处理，所形成的硫化物层，可更好地提高膜的耐磨性和抗咬合性。冷镦凹模的渗氮及硫氮碳共渗的总时间超过6h，脉状组织严重，脆性较大，渗层较易剥落。在处理时间为3～4.5h时，模具有最长的使用寿命。因而采用2～3h渗氮和1～1.5h共渗处理工艺是较为合适的。共渗后基体的硬度为57～59HRC，表面硬度为980～1000HV。

905. Cr4W2MoV钢制摩托车链板冲模的中温淬火、中温回火工艺

在冲制厚度为2～3mm、硬度为190～200HBW的20CrNi摩托车链板时，冲模要求的硬度为59～61HRC，同轴度误差≤0.15mm。用Cr4W2MoV钢制造摩托车链板冲模，并采用图8-32所示工艺，冲模冲裁时承受小能量多次冲击、挤压力和强烈的摩擦力作用，易导致疲劳裂纹萌生、脆裂、折断、揭盖和磨损超差等早、中期的失效。因此，要求模具有适中的硬度、良好的耐磨性，又要有较高刚性、疲劳强度和强韧性。Cr4W2MoV钢制冲模，按中温淬火+中温回火工艺能满足上述要求。热处理后的金相组织为回火马氏体+下贝氏体+弥散碳化物+少量残留奥氏体的混合组织，硬度为59～61HRC，抗弯强度为2865～2898MPa，屈服强度为2796～2889MPa，抗拉强度为3985～4012MPa，断裂韧度为486～529MPa·$mm^{1/2}$，冲击韧度为63～75J/cm^2，使用寿命比原T10A钢制冲模提高15～20倍。

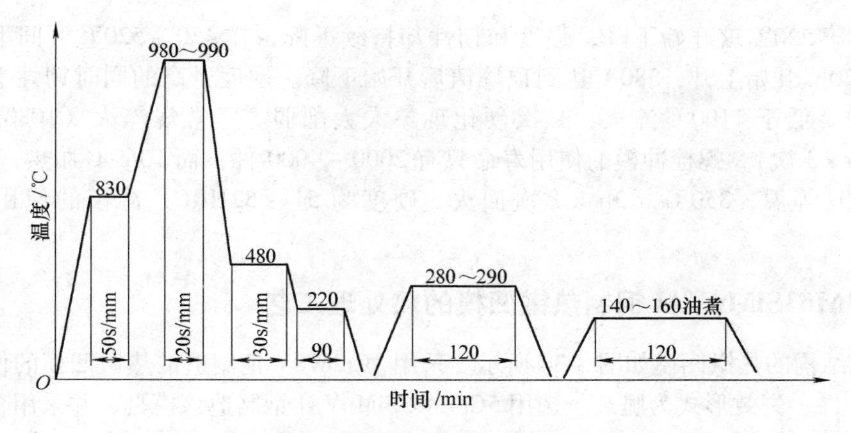

图 8-32　Cr4W2MoV 钢制链板冲模的热处理工艺

906. Cr4W2MoV 钢制螺栓热镦模的复合强化工艺

Cr4W2MoV 钢属冷作模具钢，只要热处理得当，也可以用来制造热镦模。

热镦模工作时，模膛受强烈的摩擦、冲击、挤压作用，模膛表面温度达 500～550℃，局部瞬间温度达到 600℃，导致模膛热磨损和崩刃失效。此外，工作时用水基石墨冷却，导致模膛表面产生 0.5～1.5mm 深的网状龟裂。因此，要求热镦模具有高的高温强度、高温硬度、热稳定性、耐磨性、抗疲劳性、抗擦伤性和一定的强韧性配合。M18 汽车螺栓热镦模要求硬度为 60～64HRC，同轴度误差≤0.02mm。采用图 8-33 所示工艺，在 1040～1060℃高温加热淬火，经 580～600℃×1.5～2h 回火＋600～620℃×4～5h 硫碳氮硼共渗，模具有良好的强韧性，使用寿命比 3Cr2W8V 钢制模具提高 4～6 倍。

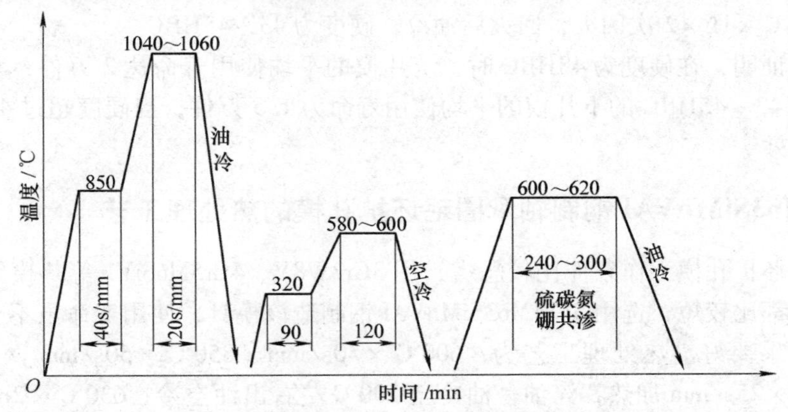

图 8-33　Cr4W2MoV 钢制热镦模的复合强化工艺

907. 5Cr4Mo3SiMnVAl 钢制螺栓冲模的等温淬火工艺

5Cr4Mo3SiMnVAl 钢在高速钢的基体上，添加了非碳化物形成元素 Si 和 Al，以及弱碳化物形成元素 Mn。Ac_1≈837℃、Ac_3≈902℃、Ms≈277℃。在 1020～1100℃区间淬火，硬度为 60～61HRC；1120℃淬火，晶粒大小不均匀，二次硬化峰出现在 500～520℃，硬度达 62～63HRC。试验表明：在 1080～1100℃加热淬火，580℃回火，强度和塑性达到相当高的水平。值得注意的是：高于 350℃回火，强韧性与硬度呈相反趋势。硬度随着回火温度的上升而上升，高于 520℃就开始下降；强度和韧性却持续下降，在 450 ~ 520℃区间下降幅度最大，高于 520℃开始上升，580℃达到顶峰值后开始下降。硬度升高的同时韧性下降是明显的脆性现象。低于 1100℃淬火，二次硬化现象大大削弱。经常规淬火（1080℃）、回火（620℃ ×2h ×3 次），螺栓冲模的使用寿命只有 2000 ~ 4000 件；而 1060℃加热，淬油，320 ~ 330℃ × 2h 等温，350℃ × 2h × 1 次回火，硬度为 51 ~ 52HRC，冲模的使用寿命超过 5000 件。

908. 5Cr4Mo3SiMnVAl 钢制热镦凹模的热处理工艺

组合式结构的热镦凹模如图 8-34 所示。采用 3Cr2W8V 钢制造的热镦凹模的使用寿命为 5000 ~ 7000 件，失效形式为脆裂。选用 5Cr4Mo3SiMnVAl 钢制造该模具，并采用合适的热处理工艺，模具的使用寿命大大提高。其热处理工艺如下：

(1) 球化退火　850 ~ 870℃ × 3h，炉冷至 720 ~ 740℃，保温 5 ~ 6h，炉冷至 500℃出炉空冷。硬度≤229HBW。

(2) 上片模热处理工艺　600℃、850℃两次盐浴预热，1120℃加热，淬油；610 ~ 620℃ ×2h ×2 次回火，回火后油冷。硬度为 46 ~ 48HRC。

(3) 下片模热处理工艺　600℃、850℃两次盐浴预热，1120℃加热，淬油；630 ~ 640℃ ×1h ×2 次回火，回火后油冷。硬度为 43 ~ 45HRC。

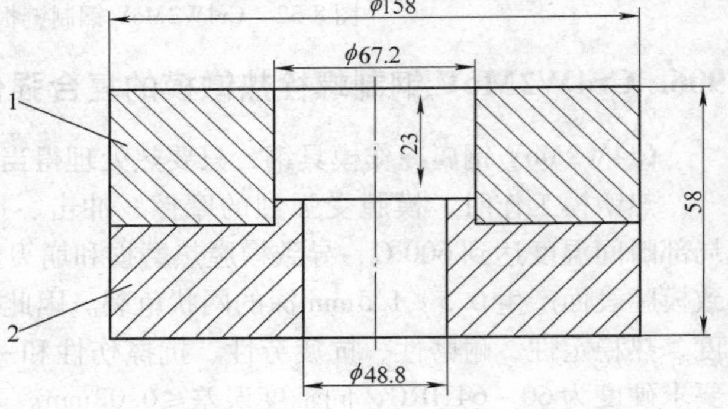

图 8-34　组合式结构的热镦凹模

1—上片模　2—下片模

生产实践证明，在硬度为 48HRC 时，上片模的平均使用寿命达 2 万件，其失效形式为磨损；硬度为 43 ~ 45HRC 的下片模的平均使用寿命为 1.5 万件，当硬度超过 45HRC 时，便会发生崩刃失效。

909. 5Cr4Mo3SiMnVAl 钢制轴承圈毛坯扩孔模的热处理工艺

轴承圈毛坯扩孔模工作条件比较恶劣，用 3Cr2W8V、4Cr5MoSiV1 等热模钢制造该模具时，使用寿命都比较短；选用 5Cr4Mo3SiMnVAl 钢制造该模具，使用寿命虽不十分理想，但比其他模具效果要好。热处理工艺为：600℃ ×50s/mm + 850℃ ×50s/mm 两次盐浴预热，1100 ~ 1120℃ ×25s/mm 加热，淬油，油冷至 200℃左右出油空冷；630℃ ×2h + 650℃ ×2h 各 1 次回火，回火后油冷。回火后硬度为 42 ~ 45HRC。

经上述工艺处理的扩孔模的使用寿命达到 6200 次。

910. 5Cr4Mo3SiMnVAl 钢制导线切割模的氮碳共渗工艺

导线切割模的外形尺寸为 ϕ200mm ×6mm × ϕ100mm（内孔）。热处理工艺为：800℃ × 10min 盐浴预热，1090℃ × 5min 加热，淬油；540℃ × 2h × 2 次回火。回火后硬度为 58 ~ 59HRC。加工成品后，进行 520℃ × 2.5h 氮碳共渗处理。模具的使用寿命超过 100 万次以上，达到国内先进水平。

911. 5Cr4Mo3SiMnVAl 钢制冷镦模的硫氮碳共渗工艺

5Cr4Mo3SiMnVAl 钢冷镦模经 1120℃ 加热淬火，硬度为 60～63HRC，使用寿命比 60Si2MnA 钢制模具有显著提高。

5Cr4Mo3SiMnVAl 钢淬火、回火后再经硫氮碳共渗处理，其耐磨性和抗咬合性最好。共渗处理设备为 HLP-35 离子渗氮炉，离子渗氮用氨气；离子氮碳共渗用氨气加丙酮；离子硫氮碳共渗用氨气 + C_2H_5OH + CS_2 混合蒸汽；离子渗氮 + 氩离子轰击用氨气和工业氩气。表 8-15 为 5Cr4Mo3SiMnVAl 钢制模具的几种离子化学热处理工艺。

表 8-15　5Cr4Mo3SiMnVAl 钢制模具的几种离子化学热处理工艺

热处理工艺	温度/℃	时间/h	NH_3 的通入量/(L/h)	丙酮的通入量/(L/h)	Ar 的通入量/(L/h)	(CS_2 + C_2H_5OH) 的通入量/(L/h)
离子渗氮	540	1	300	—	—	—
离子氮碳共渗	540	1	400	20	—	到温后再通入丙酮
离子渗氮 + 氩离子轰击	540	1	300	—	300	离子渗氮后，再加热到 540℃，通氩气 300L/h，轰击 1h
离子硫氮碳共渗	540	1	400	—	—	到温后加 20L/h 的 CS_2 + C_2H_5OH 混合液蒸汽

从耐磨性和抗咬合性能看（见表 8-15），以离子硫氮碳共渗为最好，离子渗氮 + 氩离子轰击次之。

912. 5Cr4Mo3SiMnVAl 钢制切边模的深冷处理及真空热处理工艺

工艺 1：深冷处理

5Cr4Mo3SiMnVAl 钢制 M22 螺栓切边模，经 1100℃ 淬火后，先经 100℃ 沸水煮 0.5h，-196℃ ×2h 深冷处理，再在 20℃ 水中升温，最后进行 560℃ ×2h ×2 次回火。切边模的使用寿命由常规处理的 0.8 万件提高 3 万件。

工艺 2：真空淬火

5Cr4Mo3SiMnVAl 钢制切边模冲切 40HRC 不锈钢螺栓头部六方的飞边，受力复杂，服役条件苛刻。曾采用过盐浴淬火，硬度偏低，每个模具一般切 10 件即报废。经真空热处理后，模具的硬度高，韧性好，每副模具能切 507 件，使用寿命提高 50 多倍。5Cr4Mo3SiMnVAl 钢制切边模的真空热处理工艺如图 8-35 所示。

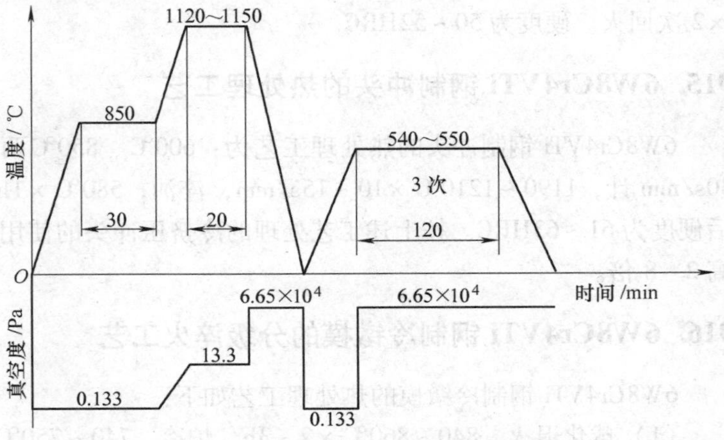

图 8-35　5Cr4Mo3SiMnVAl 钢制切边模的真空热处理工艺

913. 6Cr4Mo3Ni2WV 钢制轴承压力机模具的热处理工艺

(1) 反复等温退火工艺　如图8-36所示，炉冷至500℃出炉空冷。退火后硬度≤255HBW。

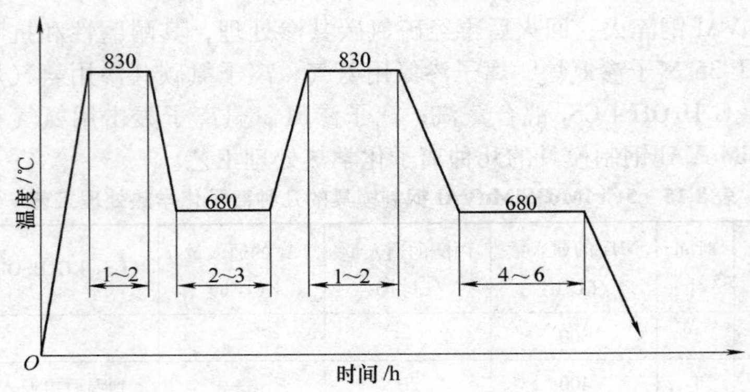

图8-36　6Cr4Mo3Ni2WV钢制模具的反复等温退火工艺

(2) 淬火、回火　600℃、850℃两次盐浴预热，1180℃加热，淬油；610~620℃×1h×2次回火。回火后硬度为52~54HRC。

经上述工艺处理的模具，207产品冲头的一次使用寿命为1.2万~1.3万件，209产品冲头的一次使用寿命为1.7万~2.5万件，是原3Cr2W8V钢制模具的6~8倍。

914. 6Cr4Mo3Ni2WV 钢制热冲头的热处理工艺

工作状态在600℃左右的空心热冲头，用3Cr2W8V钢制造，其硬度为43~48HRC，冲头的使用寿命只有700次；而用6Cr4Mo3Ni2WV钢制造，冲头的使用寿命提高到2300~3700件。其热处理工艺如下：

(1) 等温退火　820~830℃×2~3h，炉冷至680~700℃，保温4~6h，炉冷至500℃出炉空冷。退火后硬度≤255HBW。

(2) 淬火、回火　600℃、850℃两次盐浴预热，1160℃加热，淬油；620~630℃×2h×2次回火。硬度为50~52HRC。

915. 6W8Cr4VTi 钢制冲头的热处理工艺

6W8Cr4VTi钢制冲头的热处理工艺为：600℃、850℃两次盐浴预热，加热系数按20~30s/mm计，1190~1210℃×10~15s/mm，淬油；580℃×1h+560℃×1h×2次回火。回火后硬度为61~63HRC。按上述工艺处理的冷挤压冲头的使用寿命，比W18Cr4V钢制模具提高2~8倍。

916. 6W8Cr4VTi 钢制冷镦模的分级淬火工艺

6W8Cr4VTi钢制冷镦模的热处理工艺如下：

(1) 球化退火　840~860℃×2~3h，炉冷，740~750℃×4~5h，炉冷至500℃出炉空冷。退火后硬度≤255HBW。

（2）淬火、回火　600℃、850℃两次盐浴预热，加热系数按20～30s/mm计，1180～1200℃加热，加热系数按10～15s/mm计，480～560℃中性盐浴分级冷却3～5min后，入280～300℃硝盐浴再分级冷却，分级冷却时间按15s/mm估算，淬火后硬度为62～64HRC；580～600℃×1.5h×3次回火，回火后硬度为58～60HRC。

按上述工艺处理的冷镦模的使用寿命比原Cr12MoV钢制模具提高8倍。

917. 6Cr5Mo3W2VSiTi钢制定向套筒冷挤压凸模的热处理工艺

QD1204BQ起动机上的20CrMo钢制定向套筒（硬度≤140HBW）的内曲面孔（孔深15.5mm）用冷挤压成形，所用凸模外廓是由五段阿基米德曲线组成的外曲面（最大直径为ϕ47.5mm，最小直径为ϕ34mm，长度为78mm）。凸模在挤压过程中约承受2000MPa的压应力，工件金属流动十分剧烈。工件和模具接触部位的温度可达400℃以上，且在退模时还承受较大的拉应力。此外，由于毛坯端面不平整，毛坯与凹模间的间隙过大及装配时凸模与凹模不同心等原因，在凸模端部还会引起较大的偏心弯曲应力；凸模过渡半径过小，或制造过程中留下的刀痕，会使凸模产生较大的应力集中。因此，冷挤压凸模不仅要求高的耐磨性、疲劳强度和热硬性，而且要求高的抗压强度、抗弯强度和足够的断裂韧度和冲击韧度。曾用Cr12MoV、W6Mo5Cr4V2、W18Cr4V等钢制造这种冷挤压凸模，虽经反复镦拔锻造，但在常规热处理、分级淬火、等温淬火、低温淬火等多种工艺试验后，凸模的使用寿命仍然很低，平均为300～500件，个别可达1000件左右，失效形式主要为端部产生纵裂和掉块，不能满足生产要求。选用高强韧性的6Cr5Mo3W2VSiTi钢制造冷挤压定向套筒凸模，平均使用寿命超过5000件。其热处理工艺如下：

（1）球化退火　850～860℃×2h，炉冷至730～740℃×4h，炉冷至500℃出炉空冷。退火后硬度为211～241HBW。

（2）淬火、回火　600℃、850℃两次盐浴预热，加热系数取30～36s/mm，1180～1200℃保温，加热系数取15～18s/mm，淬油，油冷至200℃左右出油空冷，淬火后硬度为62～64HRC，晶粒度9.5～8级；560～580℃×1h×3次回火，空冷，回火后硬度为60～62.5HRC。

918. 6Cr5Mo3W2VSiTi钢制冷挤压凹模的超塑性热处理工艺

6Cr5Mo3W2VSiTi钢制冷挤压凹模采用超塑性热处理工艺，节材、减少加工余量，是很有发展潜力的工艺方法。其工艺如图8-37所示。

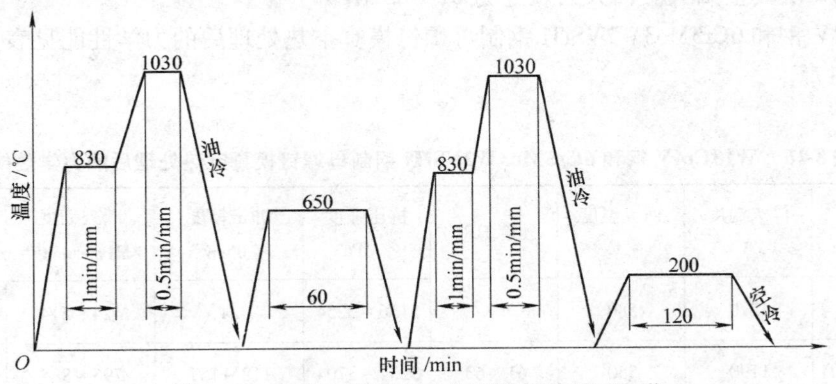

图8-37　6Cr5Mo3W2VSiTi钢超塑性热处理工艺

按图8-37所示工艺处理后，在830℃，初始应变速率为7.8×10^{-4}/s的拉伸条件下，6Cr5Mo3W2VSiTi钢的伸长率可达247%。

试验结果表明，热处理工艺对6Cr5Mo3W2VSiTi钢的超塑性有很大的影响，影响钢铁材料超塑性的组织因素主要是晶粒及碳化物。为了获得超塑性，对显微组织的要求是碳化物细小、分布均匀，且晶粒细小、稳定。细小均匀分布的碳化物可以防止晶粒在超塑性形变过程中的长大。第一次淬火选定1030℃的目的，是细化奥氏体组织，并溶解部分碳化物，为第二次淬火奥氏体化获得细小、均匀分布的碳化物及细小的奥氏体晶粒做组织准备。第一次淬火加热温度有一个最佳值，对应试样超塑性伸长率最大，应力值最小，说明在这一淬火加热温度碳化物分布及奥氏体晶粒这两个因素获得了协调。若第一次淬火加热温度过低，碳化物不能充分溶入基体，在随后的回火时不能有效地析出，因而就不能有效地阻止第二次淬火时奥氏体的长大，将影响第二次淬火时的奥氏体晶粒，因而很难获得细小的组织。当两次淬火加热温度都是1030℃时，试样的超塑性伸长率最大，表明在这一温度下奥氏体晶粒细小且碳化物分布最佳。

以上试验结果及讨论表明，1030℃加热淬火+650℃回火+1030℃加热淬火+200℃回火的热处理工艺是6Cr5Mo3W2VSiTi钢最佳的超塑性热处理工艺。

919. 6Cr5Mo3W2VSiTi钢制母螺钉模的真空热处理工艺

母螺钉模是用于滚轧螺纹的工具，其齿部受反复弯曲应力的作用，失效形式为脆断和崩牙。

上海某标准件工具厂曾用W18Cr4V高速钢制造M8×1.25弧形母螺钉模，一般可轧2~3块504型弧形丝板，使用寿命很短，有的甚至几根才轧1块丝板。选用6Cr5Mo3W2VSiTi钢制造该模具，并采用真空热处理，可使母螺钉模的使用寿命提高几十倍。其热处理工艺如下：

（1）球化退火　850℃×2~3h，炉冷730~740℃×5~6h，炉冷至500℃出炉空冷。退火后硬度为200~230HBW。

（2）盐浴淬火　600℃、850℃两次盐浴预热，加热系数取0.4min/mm，1180℃×0.2min/mm加热，淬油；550℃×1h×2次回火。回火后硬度为61~63HRC。

（3）真空淬火　980℃×2min/mm预热，1180~1220℃×1.5min/mm加热，淬油；550℃×3h×2次真空回火。回火后硬度为61~63HRC。

W18Cr4V钢和6Cr5Mo3W2VSiTi钢制母螺钉模真空热处理后的力学性能见表8-16，使用寿命见表8-17。

表8-16　W18Cr4V钢和6Cr5Mo3W2VSiTi钢制母螺钉模真空热处理后的力学性能

钢号	淬火温度/℃	回火温度/℃	硬度HRC	抗压强度/MPa	冲击韧度/(J/cm²)	断裂韧度/MPa·mm^1/2	抗弯强度/MPa
W18Cr4V	1270	580	63	3156~3254	24	424~514	2166~2969
6Cr5Mo3W2VSiTi	1190	550	61~63	3234~3704	118~157	795~835	5076~5488

表8-17　W18Cr4V钢和6Cr5Mo3W2VSiTi钢制母螺钉模的使用寿命

母镙钉规格	W18Cr4V钢盐浴热处理		6Cr5Mo3W2VSiTi钢真空热处理	
	使用寿命/副	失效形式	使用寿命/副	失效形式
M1M5×0.8	10	崩牙	60	半角超差
A1M6×1	12	崩牙	60	还能继续使用
P01M5×0.8	10~12块	崩牙	60~70块	崩牙，半角超差
P01M6×1	8~9块	崩牙	60块	半角超差
P01M8×1.25	2~3块	崩牙	30~40块	崩牙，半角超差

从表8-17可以看出，6Cr5Mo3W2VSiTi钢制母螺钉模的使用寿命比W18Cr4V钢制母螺钉模要高出6~7倍。而同样的锻造条件下，球化退火的同炉号6Cr5Mo3W2VSiTi钢制母螺钉模，经盐浴淬火后只能轧7块弧形丝板，真空淬火后轧35块弧形丝板，因此，真空热处理可获得显著的经济技术效益。

920. 6Cr5Mo3W2VSiTi钢制重载冷挤压模的部分等温淬火工艺

冷挤压模在服役过程中，工作条件极其苛刻，一般模具的使用寿命都不太理想。选用6Cr5Mo3W2VSiTi钢制造重载冷挤压模，有较高的使用寿命。6Cr5Mo3W2VSiTi钢经不同热处理工艺后的综合力学性能见表8-18。

6Cr5Mo3W2VSiTi钢等温淬火后除有正常的淬火马氏体、未溶碳化物和残留奥氏体组织外，还分布着针状或草丛状的下贝氏体组织，体积分数分别为26.8%和42.4%。高温回火后，碳化物分布在马氏体与下贝氏体的混合组织中。

从表8-18可知，部分等温淬火（序号2）工艺优于常规淬火和完全等温淬火，同时也优于W18Cr4V、6Cr4W3Mo2VNb钢制模具。采用6Cr5Mo3W2VSiTi钢并经部分等温淬火、高温回火工艺，适用于重载冷挤压模具。

表8-18　6Cr5Mo3W2VSiTi钢经不同热处理工艺后的综合力学性能

序号	热处理工艺	硬度HRC	抗弯强度/MPa	抗压强度/MPa	冲击韧度/(J/cm²)	断裂韧度/MPa·mm$^{1/2}$	磨损量/g
1	840℃预热，1170℃加热，淬油；580℃×1h×3次回火	58.5~61.5	2808.00	2795.94	40.20	47.20	0.00085
2	840℃预热，1170℃加热，270℃×50min等温，油冷；580℃×1h×3次回火	58~59.5	3771.60	2646.30	43.06	43.65	0.00047
3	840℃预热，1170℃加热，270℃×4h等温，油冷；580℃×1h×3次回火	59~59.5	3067.70	2524.86	38.25	58.37	0.00038

921. 6Cr5Mo3W2VSiTi钢制六方下冲模的真空氮碳共渗工艺

六方下冲模在工作时，要承受周期性的轴向应力、冲击应力及弯曲应力作用，工作条件比较苛刻。在用T10A、9SiCr、Cr12MoV及W18Cr4V等钢制造时，其失效形式为崩块和磨损，平均使用寿命为3万件左右。

冲模选用6Cr5Mo3W2VSiTi钢制造，并经真空氮碳共渗处理，可显著地提高模具的使用寿命。

真空热处理工艺为：850～870℃×3min/mm+1190～1200℃×1.5min/mm，气淬油冷；560～580℃×2h×2次真空回火。

模具加工成品后再进行真空氮碳共渗，共渗剂采用50%（体积分数）丙烷+50%（体积分数）氨，运用脉冲法共渗。此法具有可增加气氛的均匀性，不通孔、沟槽可获得理想的渗层等优点。

6Cr5Mo3W2VSiTi钢制M10六方下冲模真空氮碳共渗后的使用寿命，见表8-19。

表8-19 6Cr5Mo3W2VSiTi钢M10六方下冲模真空氮碳共渗后的使用寿命

模具材料	使用设备		加工零件			热处理工艺	寿命/万件	失效形式
	型号	冲压速度/(件/min)	规格	材料	硬度HBW			
7Cr7Mo2V2Si	241-12	70	M10	15	215	真空氮碳共渗	24～54	过渡处外裂
6Cr5Mo3W2VSiTi	214-12	70	M10	15	197～215	真空氮碳共渗	35～43	开裂、剥落
6Cr5Mo3W2VSiTi	241-12	70	M10	15	197	气体氮碳共渗	22～26	开裂
7Cr7Mo2V2Si	241-12	70	M10	15	197～215	离子氮碳共渗	23～25	剥落
6Cr5Mo3W2VSiTi	241-12	70	M10	15	197～215	真空渗氮	33～38	开裂、掉块

从表8-19可知，6Cr5Mo3W2VSiTi钢制M10螺母六方下冲模经真空淬火+真空氮碳共渗后，有较高的使用寿命，且使用寿命的波动性较小。

922. 6Cr5Mo3W2VSiTi钢制热作模具的粉末固体渗硼工艺

6Cr5Mo3W2VSiTi钢制热作模具的粉末固体渗硼工艺为：900℃×6h固体渗硼，罐冷。渗层深度为27～33μm，表面硬度为1524～2168HV。渗硼后清理干净，在高温箱式炉中用旧渗碳剂保护加热，加热温度为1100℃，淬油，670℃×2h×2次回火。

按上述工艺处理后，热作模具具有强度和韧性的最佳组合，同时热疲劳性能很好。

923. 6W4Cr2MoNiV钢制剪刀成形模盐浴淬火工艺

6W4Cr2MoNiV钢是一种非标准模具钢，国内只有少数钢厂冶炼，使用单位也不多，但使用效果不错。用它制造剪刀成形模的热处理工艺为：600℃、850℃两次盐浴预热，加热系数按50s/mm计，1130～1150℃×25s/mm加热，480～560℃×25s/mm中性盐浴分级冷却后于350～370℃×30min硝盐浴等温冷却，空冷；580～590℃×2h×2次硝盐浴回火。回火后硬度为54～56HRC。金相组织为下贝氏体+回火马氏体+弥散碳化物+少量的残留奥氏体。模具的使用寿命稳定在1.4万～1.6万件（3Cr2W8V钢制模具的使用寿命为0.2万～0.4万件）。

924. 5Cr4W5Mo2V钢制不锈钢餐刀热辊轧模的热处理工艺

不锈钢餐刀的材料为20Cr13，由圆钢下料辊轧成形。由于20Cr13不锈钢的变形抗力大，餐刀的表面质量要求高，对模具提出了极高的要求。目前国内应用的3Cr2W8V钢制模具的使用寿命在1万件左右，仅为国外同类模具使用寿命的几十分之一。餐刀热辊轧模的失效形式除热疲劳、断裂外，还会在工作面产生皱折，需频繁地进行修磨，极大地影响了生产率和餐刀的表面质量。针对3Cr2W8V钢制模具失效的情况，结合5Cr4W5Mo2V钢的高热强性的特点，决定用5Cr4W5Mo2V钢代替3Cr2W8V钢制作热辊轧模。

一般的热作模具，为获得稳定的组织和强韧性的综合性能，常用560~650℃回火，使用硬度为45~50HRC，模具的使用寿命都不太高。对5Cr4W5Mo2V钢制热辊轧模，采用中温回火，可有效地提高模具的使用寿命，其热处理工艺为：600℃、850℃两次盐浴预热，1130~1140℃加热，淬油，在低于二次硬化区进行450℃×2h×2次回火，将使用硬度由45~50HRC提高到54~58HRC。按此工艺处理的热辊轧模，在使用中未出现热疲劳和表面皱折现象。使用寿命由原来3Cr2W8V钢的1万件提高到10万~15万件。如采用真空热处理，5Cr4W5Mo2V钢热辊轧模的使用寿命可达到25万件，达到国外先进水平。真空热处理后再施以表面强化处理，模具的使用寿命还会进一步提高。

925. 5Cr4W5Mo2V钢制轴承套圈热锻冲头的热处理工艺

7909轴承套圈在5000kN多工位压力机上锻压成形时，压力机热锻速度为27次/min，锻造温度为1050~850℃。所用的第三工位穿孔冲头外形尺寸为ϕ43.5mm×150mm（冲头工作外径为ϕ43.5mm，长度为105mm），在热锻过程要进行强烈水冷，工作条件十分恶劣，而且模具在闭合状态下工作。在锻压过程中，穿孔冲头要承受很高的压应力、拉应力、弯曲应力、冲击力和摩擦力。此外，还要承受高温的作用，冲头常呈现暗红色。因此，要求冲头材料有较高的高温强度和高温硬度、高的抗热疲劳性及回火稳定性和抗氧化性。

选用5Cr4W5Mo2V钢制造7909轴承套圈第三工位穿孔冲头，可获得较高的使用寿命。其热处理工艺如图8-38所示，使用寿命见表8-20。

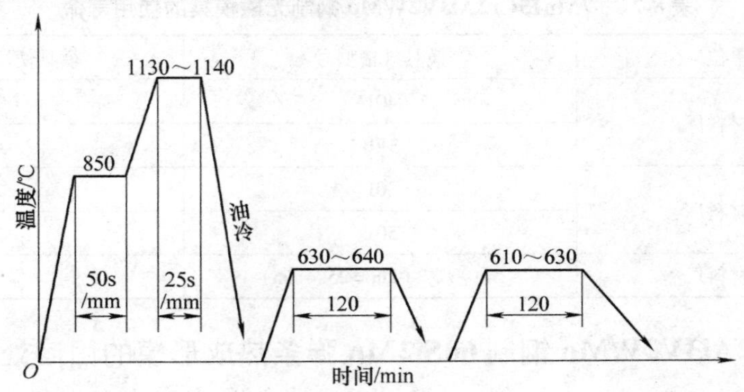

图8-38　5Cr4W5Mo2V钢制冲头的热处理工艺

按上述工艺处理，淬火后硬度为58~62HRC，回火后硬度为51~53HRC。

7909轴承套圈热锻第三工序冲头，在用3Cr2W8V钢制造时，使用寿命为3000件左右，主要失效形式为热疲劳和热磨损。选用5Cr4W5Mo2V钢并按图8-38工艺处理后的冲头，使用寿命可提高到8000件以上，主要失效形式为热磨损、端部开裂及和冲头根部连接ϕ45mm处折断。在将连接处的R2mm改成R5mm，并将尾部置于盐浴炉中加热，使其硬度降至35~

40HRC 后，可避免折断。

表 8-20　5Cr4W5Mo2V 钢制轴承套圈三序穿孔冲头的使用寿命

钢号	热处理工艺	硬度 HRC	使用寿命/万次	失效形式	备注
5Cr4W5Mo2V	1130℃ 加热，淬油；630℃ ×2h + 610℃ ×2h，二次回火	48 ~53	0.7 ~1.1	拉断、磨损	—
		53	1.0	劈裂、折断	经渗氮，尾端退硬度
		51	0.7	磨损、龟裂	经渗硼处理
4CrMo2WVSi	1070℃ 加热，淬油；600℃ ×2h ×2 次回火	49 ~52	0.1 ~0.2	折断、磨损	—
		49	0.9	磨损	经镀铬
3Cr3Mo3V	1030℃ 加热，淬油；580℃ ×2h + 600℃ ×1.5h，二次回火	51 ~52	0.2 ~0.4	磨损、折断	经镀铬

926. 7Mn15Cr2Al3V2WMo 钢制无磁模具的固溶处理工艺

（1）高温退火　870 ~890℃ ×3 ~6h，炉冷至 500℃ 以下空冷。退火后硬度为 28 ~30HRC，组织为细晶粒的奥氏体 + 均匀分布粒状碳化物。

（2）固溶处理　600℃、850℃ 两次盐浴预热，加热系数按 40s/mm 计，1180 ~1200℃ ×20s/mm 加热，淬火冷却介质为 8%（质量分数）NaCl 水溶液。固溶处理后硬度为 20 ~22HRC，金相组织为奥氏体 + 未溶一次碳化物。

（3）时效处理　650℃ ×10h +700℃ ×2h 时效后，硬度为 47.5 ~48HRC，抗拉强度可达到 1400 ~1500MPa，屈服强度为 1250MPa，断后伸长率为 10% ~15%，断面收缩率为 27% ~30%，冲击韧度为 35 ~40J/cm^2。

（4）应用　按上述工艺处理后，其使用寿命见表 8-21。

表 8-21　7Mn15Cr2Al3V2WMo 钢制无磁模具的使用寿命

模具使用单位	模具规格型号	模具使用寿命/万件
上海某磁性材料厂	401	2.3
	3FB	4.0
安徽某磁性材料厂	801	2.5
	501	2.1
天津某磁性材料厂	5in 型芯（1in =25.4mm）	3.2

927. 7Mn15Cr2Al3V2WMo 钢制 60Si2Mn 弹条热成形模的固溶处理工艺

弹条是采用 ϕ13mm 的 60Si2Mn 热轧弹簧钢制造的，形状比较复杂，需在 900℃ 的高温下弯曲成形。使用的弯曲模具，龟裂失效现象严重；同时，又因模具的表面温升高，强度低，模具在压应力和切应力的反复作用下会导致模腔的变形失效。因此，要求模具有高的高温强度、热稳定性、高温硬度和耐磨性，同时有高的淬透性。在上述成形工艺条件下，用 3Cr2W8V 钢制的弹条成形模，尚能满足生产要求，但使用寿命不高。

在弹条成形工艺改用中频感应加热压弯成形并进行余热淬火后，所用的 3Cr2W8V 钢压弯模出现严重的粘模现象，弹条上出现擦伤、拉痕现象，不仅模具的使用寿命低，而且严重影响产品质量。选用 7Mn15Cr2Al3V2WMo 钢制造热成形模，模具的使用寿命提高到 3 万～5 万件。其热处理工艺为：600℃ ×0.6min/mm +850℃ ×0.6min/mm 两次盐浴预热，1200℃ ×0.3min/mm 加热，盐水冷却；700℃ ×2h ×2 次时效处理。硬度为 48～48.5HRC。

7Mn15Cr2Al3V2WMo 钢制模具按上述工艺处理后，在先生产 2 万件弹条后，辊条仅磨损 0.10mm，且不粘氧化皮，能保证辊轧的表面粗糙度达到一定的要求。这就消除了因成形温度过高等因素引发的粘模现象，提高了模具的使用寿命及生产率，大大降低了模具的损耗和费用。

928. Cr10 钢制冲模的热处理工艺

江西钢铁研究所研制的 Cr10 钢的主要化学成分见表 8-22。

表 8-22　Cr 钢的主要化学成分（质量分数）　（%）

C	Cr	Si	Mn	S	P
1.5～1.70	9.00～10.50	≤0.40	≤0.40	≤0.030	≤0.030

Cr10 钢制冲模的热处理工艺如下：

（1）球化退火　850～870℃ ×3～4h，炉冷至 730～750℃ ×5～6h 炉冷至 500℃出炉。退火后硬度≤230HBW。

（2）淬火、回火　该钢在 900～1100℃温度范围内淬火，其硬度不低于 58HRC；在 950～1000℃区域内淬火，硬度≥62HRC。经生产实践得出，最佳淬火温度为 950～1000℃。若采用 970℃淬火（油冷），400～450℃回火，比体积和尺寸增大；450℃回火时，出现二次硬化；选择 250～300℃回火较适宜，冲击韧度达到 10～12J/cm^2，硬度≥60HRC，强度与韧性配合较佳。

（3）应用　用 Cr10 钢制成各式各样的冲模，都获得比较好的效果。使用 Cr10 钢制冲模冲裁 6～8mm 厚钢板时，模具不崩刃、不裂边，强韧性高，耐磨性好；冲裁 0.5mm 厚热轧硅钢板时，模具寿命可达 60 万～65 万件。

929. 5Mn15Cr8Ni5Mo3V2 钢制铜合金挤压模的固溶处理工艺

（1）高温退火　为了改善 5Mn15Cr8Ni5Mo3V2 钢的切削加工性能，往往采取高温退火处理。工艺为：870～890℃ ×3～6h，炉冷至 500℃以下出炉空冷。退火后硬度≤30HRC，退火后的组织为细晶粒奥氏体 + 均匀分布的颗粒状碳化物。

（2）固溶处理　600℃、850℃两次盐浴预热，加热系数按 40s/mm 计，1160～1180℃ ×20s/mm 加热，淬盐水。硬度为 18～25HRC，金相组织为奥氏体 + 未溶的一次碳化物。

（3）时效处理　700℃ ×4h。硬度为 46～47HRC，抗拉强度可达 1384MPa，断后伸长率为 15.3%，断面收缩率为 32.8%，冲击韧度为 35J/cm^2。

按上述工艺处理的 5Mn15Cr8Ni5Mo3V2 钢制铜合金挤压模，使用寿命比传统的 3Cr2W8V 钢制模具提高 4～5 倍。

930. 9Cr2Mo 和 9Cr4Mo 钢制冷轧辊的双频感应淬火工艺

20 世纪 70 年代以来，在轧辊制造中采用了感应加热技术，最初用工频电源，后来出现了双工频，即用两个工频感应圈对轧辊进行连续两次加热，以保证加热层的深度及温度的均匀性。后来又出现了双频感应加热，即用一个工频感应线圈和一个中频感应线圈先后对轧辊进行加热。双频感应加热的中频电源多采用250Hz，在经过工频感应加热之后，采用中频感应加热对轧辊进行补充加热，以弥补轧辊表面的温度损失，使表层温度分布更均匀。下面对ϕ400mm的9Cr2Mo钢制冷轧辊及ϕ420mm的9Cr4Mo钢制冷轧辊，利用国产感应加热机床进行双频感应淬火试验，对其综合性能进行了测试。

（1）双频感应淬火生产线简介　淬火机床采用感应器固定、工件上下移动、双中频感应器的工作方式设计，上下两种频率分别接近比利时OSB感应淬火设备使用的50Hz、250Hz。这一方面可以避免工、中频匹配时，需大量补偿电容器组对50Hz工频进行无功补偿，另一方面解决了使用50Hz工频感应加热时容易造成的民网三相不平衡的问题。新型感应淬火机床由380V、1500kV·A电流经过电压互感器、电抗器、补偿电容组和淬火变压器分别供给第一中频和第二中频电源回路，对轧辊进行感应加热。双感应淬火系统电气控制原理如图8-39所示。

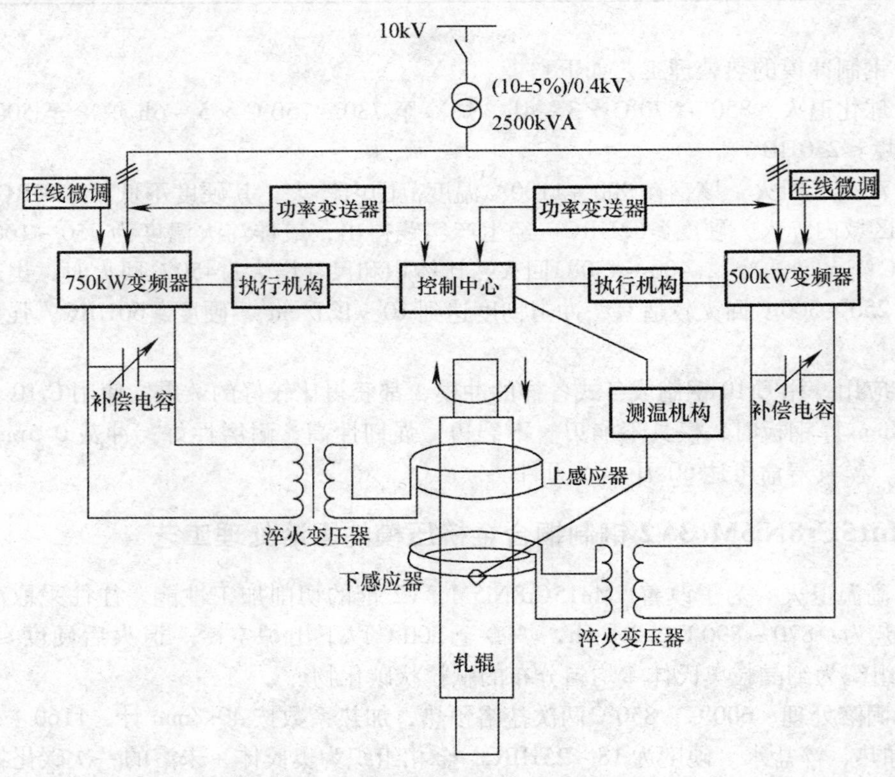

图8-39　双感应淬火系统电气控制原理

双频感应淬火设备的主要技术参数：设备外形尺寸为4230mm×4430mm×13500mm；电源功率为750kW/500kW；可处理轧辊直径≤800mm，轧辊总长≤4500mm；轧辊移动速度为0～7.5mm/s，轧辊旋转速度为0～50r/min。

（2）冷轧辊的热处理工艺　热处理工艺包括预热、双频感应淬火、深冷处理、回火。

1）预热。冷轧辊在感应淬火前进行1～2次预热，有利于改善淬火后的残余应力分布状态，增加有效硬化层深度。采用预热的温度为220～250℃。

2）双频感应淬火。感应淬火是决定冷轧辊使用性能的最重要工序，表面硬度及硬度均匀性、表面组织状态、淬硬层深度等冷轧辊主要性能指标均在这一工序中实现。冷轧辊双频感应淬火工艺参数见表8-23。

表8-23　冷轧辊双频感应淬火工艺参数

材　质	淬火温度/℃	功率/kW	下降速度/(mm/s)	旋转速度/(r/min)	感应器尺寸/mm	续冷时间/min
9Cr2Mo	890～910	130～140	0.7	35	φ425	80
9Cr4Mo	930～950	180～200	0.6	35	φ450	80

3）冷处理。为降低残留奥氏体的含量，将经双频淬火后的轧辊进行－80℃×4～6h的冷处理，以提高轧辊表面硬度和有效淬硬层深度。

4）回火。冷轧辊回火后，残余应力的多少主要取决于回火温度的高低和回火次数，回火后的表面硬度主要受回火温度和回火时间的影响。9Cr2Mo钢制冷轧辊的回火工艺为：50～60℃×2h＋120～125℃×96h炉冷至80℃出炉空冷；9Cr4Mo钢制冷轧辊的回火工艺为：50～60℃×2h＋110～115℃×96h炉冷至80℃出炉空冷。

轧辊表面硬度的检测一般都规定用肖氏硬度检测方法，在轧辊身沿母线方向测试6个点，每点测5个数据并取平均值为示值。结果表明，硬度的均匀性远高于GB/T 13314《锻钢冷轧工作辊　通用技术条件》规定，硬度差≤3HSD（实际硬度差≤±1HSD），也优于日本进口冷轧辊的均匀性。

解剖试验数据表明，淬硬层深度较理想：9Cr2Mo钢的淬硬层深度达13.5mm，50HSD以上的淬硬层深度为29mm；9Cr4Mo钢的淬硬层深度达28mm，50HSD以上的淬硬层深度46mm。淬硬层深度接近或达到国内先进水平，过渡区宽度平稳，且各部分组织正常、良好。冷轧辊的综合性能较好，使用寿命长。

931. 42CrMo钢制大型短粗挤压辊的热处理工艺

某重型机械公司挤压辊选用42CrMo钢制造，锻后成形直径达φ1750mm，辊身长径比为0.72∶1，最大直径比达2.02∶1，总长径比为2.16∶1，如图8-40所示。作为辊压机的关键部件，恶劣的工作环境要求挤压辊具有高强度、高塑性、高韧性及良好的耐冷热疲劳性。

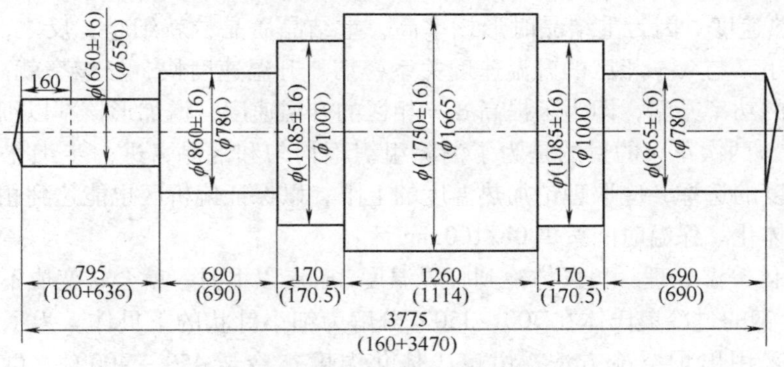

图8-40　挤压辊锻件示意图

42CrMo 钢具有综合力学性能好、热加工工艺性能好等优点，但锻后易产生“晶粒遗传”现象。由于挤压辊各台阶直径差较大，最后一火锻造变形肯定不均匀，终锻温度不均、控制不当等原因，锻后出现晶粒遗传是比较常见的。晶粒遗传的后果不仅会产生粗晶和混晶，而且由于后续多次加热、冷却，将会使 S、P 等有害元素扩散沉淀于晶界，削弱晶界强度，导致材料性能下降。因此，要通过热处理手段防止晶粒遗传，降低内部成分和组织的不均匀性，细化晶粒。具体工艺（见图 8-41）如下：

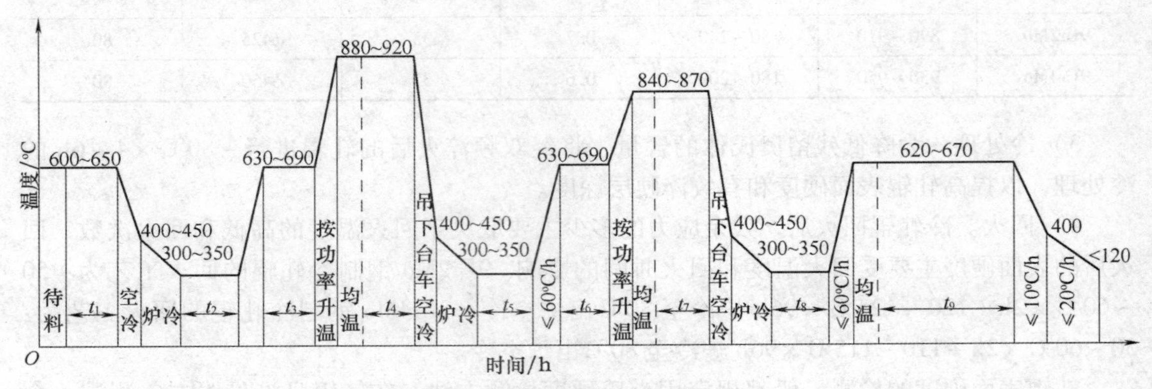

图 8-41　挤压辊的热处理工艺

（1）预备热处理　将锻后的挤压辊冷到较低的温度，随后升到 600～650℃，保温一定的时间，再冷至贝氏体等温转变温度，充分保温后升温正火。其目的是使锻件在锻后尽可能多地产生珠光体组织，使贝氏体特别是下贝氏体组织中的针状铁素体球化。

在上述处理后再进行重结晶处理，奥氏体转变的形核率将增加，即使长大也不具有方向性，晶粒细化的效果增加，并有效减少奥氏体的晶粒遗传。

600～650℃的预备热处理已初步形成了细珠光体，减轻了锻造过程中的晶粒过度长大。其保温时间按 0.5h/100mm 估算。

（2）预热　根据有关文献报道，当 α-γ 相变区的加热速度达到 400℃/h 时，不会发生晶粒遗传，经正火得到均匀细小的晶粒。由于该锻件截面大，现有的热处理炉型无法达到如此高的加热速度，因此靠快速加热来细化晶粒难以实现。

预热采用 630～690℃（常用 660～680℃），是为了使锻件整体温度趋于均匀，并提高 α-γ 相区的加热速度。因为重结晶时形核率高，重结晶后晶粒就细小；反之，晶粒就粗大。而形核率的大小又与 α-γ 相区的升温速度关系密切。升温速度快，形核率就高；反之则低。预热后按炉子的功率升温，即为了提高 α-γ 相区的升温速度，增加形核率以细化晶粒。

（3）正火　两次正火的目的是为了消除组织不均匀和混晶，进一步细化晶粒。大型锻件正火加热温度的选择，应取理论加热温度的上限，以保证偏析区也能达到相应的温度，使锻件充分奥氏体化。保温时间按 1.0h/100mm 计。

（4）贝氏体等温处理　奥氏体冷到临界温度 Ar_1 点以下时，就会转变成不稳定的过冷奥氏体，42CrMo 钢的过冷奥氏体在 300～350℃分解为细小针状的下贝体。为了使过冷奥氏体尽快分解，故采用出炉空冷方法，由奥氏体化温度空冷至 450～400℃，再炉冷至 350～300℃保温，使大锻件心部继续冷却，等温转变为贝氏体组织。保温时间按 1.5～1.8h/

100mm 计。

（5）预防白点退火 白点是中碳合金结构钢容易产生的缺陷，在贝氏体、马氏体和珠光体钢中，特别是大截面钢坯或锻件中易出现。实践证明，42CrMo 钢是白点敏感钢。

白点是钢中的氢和应力相结合的产物，其中氢是主导因素，应力是必要条件。挤压辊锻件直径差大，冷却时，直径小的辊颈冷却快，其体积收缩会对直径大的辊身产生很大的拉应力；同时，辊身的长度较短，两端辊颈的拉应力在辊身处形成严重的应力集中。去氢时间不足，在断面上出现大量白点（见图 8-42）。为防止锻件白点产生，预防白点退火：620 ~ 670℃加热，加热时间按 10h/100mm 计，以 <40℃/h 速度冷至 400℃，然后以 <20℃/h 冷至 150℃出炉空冷。

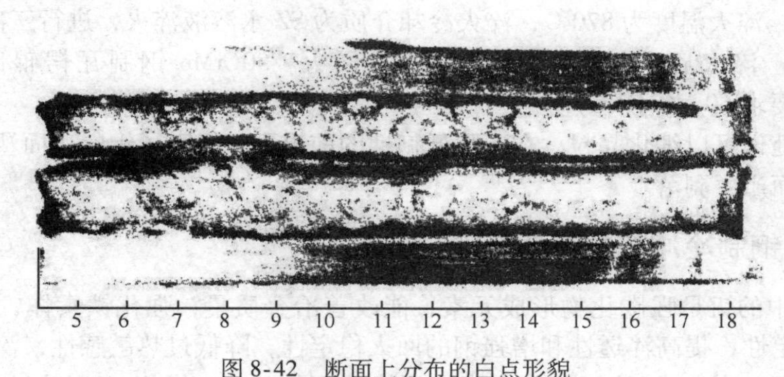

图 8-42 断面上分布的白点形貌

932. 42CrMo 钢制瓦楞辊的表面强化工艺

作为瓦楞纸板生产设备中核心部件的瓦楞辊，其质量及性能直接影响到瓦楞纸板的质量及企业的经济效益。近年来，研究发现瓦楞辊的主要磨损形式为磨粒磨损，服役过程中受原纸夹带的 SiO_2 砂粒磨损作用，瓦楞辊的楞顶部受滑动磨损、应变疲劳磨损两种磨损形式的影响，高度会慢慢变低，将导致生产的纸板厚薄不均，抗压强度降低。此外，由于生产线往往不是满幅走纸，使瓦楞辊表面产生不均匀磨损而导致瓦楞辊中凹而粗糙，成纸板中间脱胶起泡。低硬度瓦楞辊在连续高速的单齿齿合定向运转情况下还会因塑性变形而发生倒楞、倾斜、扭曲、增加圆度和跳动误差，加速瓦楞辊提前失效。因此，瓦楞辊的表面硬度及耐磨性决定了产品质量及使用寿命。

为了保证硬度及耐磨性，应对瓦楞辊进行表面强化。现在国外生产厂家大多采用激光相变硬化和喷涂碳化钨，但这两种技术要求比较高而且设备比较昂贵，会增加瓦楞辊的制造成本。除此之外，还开发了一些新的技术，如中频感应淬火后镀硬铬、循环热处理和表面堆焊等。经实践考验，这些技术都存在一定的不足之处。鉴于此，选用高强度钢 42CrMo 作为瓦楞辊材料，调质后进行表面渗氮 + 高频感应淬火来提高表面硬度及耐磨性，取得了较好的效果。其热处理工艺如下：

（1）调质处理 860 ~ 870℃加热，油淬，淬火后硬度≥53HRC；600℃回火，回火后硬度≥27HRC，得到回火索氏体组织。

（2）渗氮 + 高频感应淬火 将经调质的瓦楞辊加工成半成品（仅留磨量）进行表面强化。

1）600℃ ×20h 渗氮。

2）890～950℃高频感应淬火，200℃×2h回火。

（3）碳氮共渗+高频淬火

1）碳氮共渗选用RJJ-75-9T气体渗碳炉，渗剂为氨气+煤油，工艺为860℃×6h。

2）890～950℃高频感应淬火，200℃×2h回火。

两种强化工艺都能使工件表面硬度达到900HV以上，而且有较理想的硬度梯度。

瓦楞辊经上述两种表面强化工艺，质量稳定，使用寿命长。

933. 50CrMo钢制瓦楞辊的热处理工艺

50CrMo钢制瓦楞辊的热处理工艺如下：

（1）淬火　淬火温度为870℃，淬火冷却介质为SZ水溶液淬火，进行三次循环淬火。

（2）回火　淬火后进行180℃×3h×2次回火。50CrMo钢制瓦楞辊回火后硬度为61HRC（技术要求60～62HRC）。

循环淬火处理可以细化晶粒，在不降低韧性的前提下，提高了钢的表面塑性，从而防止了表面因脆化而产生剥落。

934. 65MnV钢制冷冲头的热处理工艺

65MnV钢中的钒是强碳化物形成元素，能改善冶金质量，强化铁素体，细化晶粒，增加奥氏体的稳定性，提高淬透性和增强钢的回火稳定性，降低过热敏感性，淬火时易获得强韧性高的板条马氏体，有利于提高冷冲头整体的强韧性。65MnV钢制冷冲头热处理工艺如下：

（1）调质处理　880～900℃×1min/mm加热，油淬；720～730℃×2h高温回火，回火后硬度为220～230HBW。

（2）渗钒与等温淬火　以硼砂为基盐，V_2O_5粉末为供钒剂，铝粉为还原剂，于810～820℃进行盐浴渗钒，保温1.5～2h能形成深度为5～10μm的VC层，硬度达2800～3200HV。因为熔融的硼砂黏性大，残盐清洗困难，因此渗钒结束后立即转入810～820℃中性盐浴中漂洗0.5～1.0min，再转入240～260℃硝盐浴中等温30～40min。

（3）回火　200～220℃×2h回火。

935. Cr5Mo1V钢制压延模的热处理工艺

Cr5Mo1V钢属冷作模具钢，是国际上通用的钢种，具有较好的空淬硬化性能，这对于要求淬火和回火之后必须保持形状的复杂模具极为有利。经正常处理，其耐磨性优于CrWMn、9CrWMn钢，韧性优于Cr12、Cr12MoV、Cr12Mo1V1钢。该钢特别适于制造既要求具有好的耐磨性，又要求有好的韧性的模具。Cr5Mo1V钢主要的化学成分（质量分数,%）：C0.95～1.05，Cr4.75～5.50，Mo0.90～1.40，W0.15～0.50，Mn≤1.00%。Ac_1≈795℃，Ms≈168℃。Cr5Mo1V钢制压延模的热处理工艺如下：

于400～500℃空气炉中烘干，800～850℃盐浴预热，940～960℃盐浴加热，空冷或油淬，淬火后硬度为62～65HRC；180～220℃回火，回火后硬度60～63HRC。

936. Cr2钢制轧辊的热处理工艺

Cr2钢的热处理工艺性好，水淬、油淬均可。油淬临界直径为ϕ15～ϕ25mm，水淬临界

直径为 $\phi30 \sim \phi50$mm。冲模模腔畸变趋势是薄型趋胀，一般模具油淬或碱浴淬火趋缩。用硝盐浴或热油分级淬火，内孔趋胀，但变形量小。Cr2 钢制模具的壁厚≤25mm 时可用油淬，$\phi180$mm 者用碱浴或盐浴能淬硬；回火温度大多为 160～180℃，强韧性佳。

Cr12 钢制轧辊的技术要求：轧辊主要承受轧制力、磨损和热疲劳。辊身工作硬度为 60～65HRC，淬硬层深度≥6mm，不得有软点、裂纹等微观、宏观热处理缺陷。

热处理工艺为：井式炉或箱式炉中加热，为防止氧化脱碳，应采取有效的防护措施，850～870℃加热，淬火冷却介质为两硝或三硝水溶液，水冷至 250℃左右（$Ms \approx 240$℃）出水空冷；160～170℃ ×3h ×2 次回火，回火后硬度 60～63HRC。

根据实际使用情况可用 590～600℃硝盐浴或 620～650℃中性盐浴对柄部快速加热，将两端辊颈硬度调至 40～50HRC；有些单位直接使用也未发现“断头”现象。因此，一定要结合本单位的具体情况制订热处理工艺。

937. Cr8MoWV3Si 钢制模具的热处理工艺

Cr8MoWV3Si 钢是在美国专利钢种成分的基础上研制的冷作模具钢。与基体钢相比，Cr8MoWV3Si 钢提高了碳含量、钒含量以及 W、Mo、Cr 碳化物形成元素的含量，因而该钢具有高的耐磨性及韧性，耐磨性比 9Cr6W3Mo2V2 钢好，强韧性优于 Cr12MoV 钢，且耐磨性远远高于 Cr12MoV 钢。Cr8MoWV3Si 钢应用于冷镦模、冲模均具有较高的使用寿命。

该钢主要的化学成分（质量分数,%）：C0.95～1.10，Cr7.0～8.0，Mo1.40～1.80，W0.80～1.20，V2.20～2.70，Si0.90～1.20。$Ac_1 \approx 858$℃，$Ac_3 \approx 907$℃，$Ms \approx 215$℃。

现场使用表明，Cr8MoWV3Si 钢的热处理工艺应个性化，要求高耐磨性、高强韧性的模具，常用 1150℃淬火，520～530℃回火，硬度为 62～64HRC；对重载工作状况的模具，宜用 1120～1130℃淬火，550℃ ×3 次回火，硬度为 62～64HRC；而对于突出韧性的模具用“低淬低回”工艺比较有效。“低淬低回”工艺为：1090～1100℃淬火，晶粒细小均匀，晶粒度为 11 级，淬火后硬度 64.5～65HRC；不用 500℃以上的高温回火，而用相对低的 490～500℃回火，回火后硬度 62.5～63HRC。经“低淬低回”工艺处理后，其冲击韧度达 45J/cm^2，高于其他“高淬高回”工艺，模具的使用寿命也有所提高。

938. 8Cr5MoV 钢制轧辊的双频三感应器淬火工艺

8Cr5MoV 钢具有良好的淬透性和耐磨性、较好的抗热冲击性能和抗黏着性。8Cr5MoV 钢制轧辊（见图 8-43）的实际化学成分（质量分数,%）：C0.88，Cr5.31，Mo0.32，V0.11，Si0.45，Mn0.41，Ni0.47，P0.012，S0.008，其余为 Fe。轧辊要求硬化层深度≥40mm，表面硬度≥90HSD（64.8HRC 或 851HV）。

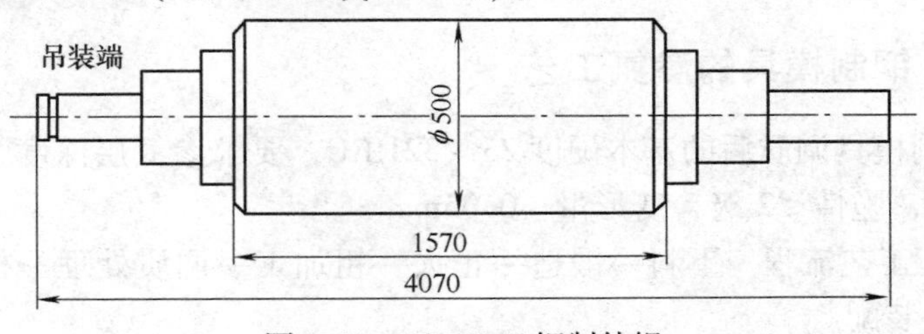

图 8-43　8Cr5MoV 钢制轧辊

（1）双频三感应器淬火

1）预热。双频机床淬火前一般先将轧辊在250～500℃的空气炉中预热。预热温度的选择既要有利于改善轧辊淬火后的应力分布，又要有助于提高轧辊在双频感应加热时的透热层深度，有些生产单位选用350～360℃，预热时间为25～28h。

2）双频淬火机床。工装配置如图8-44所示。从上至下第一及第二个感应器是工频加热感应器，第三个是中频加热感应器，频率分别为50Hz、250Hz，感应器之间的距离为40～120mm，每个感应器的高度均为165mm。

工频感应加热区的最高加热温度控制在960～980℃，中频感应加热区的最高加热温度控制在970～990℃。在整个工频、中频感应加热区，奥氏体化时间可达16～18min。

淬火冷却分两部分：在喷水器内部压力（>0.1MPa）水以>250m³/h的流量对轧辊进行激冷；轧辊出喷水器后整体浸在水中冷却。

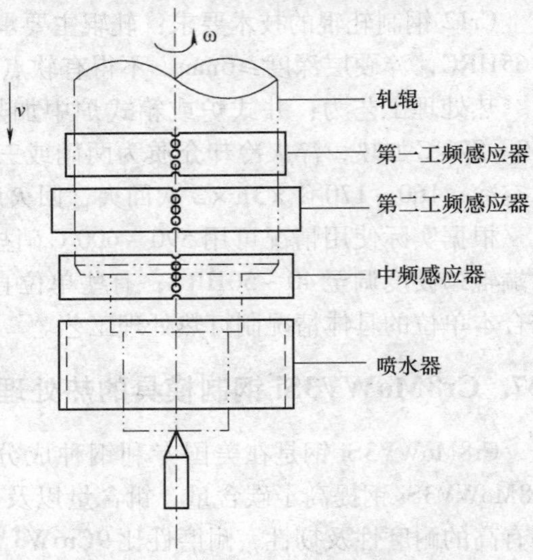

图8-44 三感应器淬火的工装配置

轧辊淬火时的旋转速度为60r/min，轧辊的下降速度为0.5～0.75mm/s。

辊身两端环裂是轧辊表面淬火时极易出现的质量问题，三感应器淬火更容易出现这类问题。一般认为导致环裂的主要原因有以下几点：①轧辊本身的淬透性很好；②辊身两端倒角形状及倒角附近的表面粗糙度不理想；③在淬火加热时辊身两端倒角处温度过高或过低或温度梯度太大；④喷水冷却时因控制不当导致辊身两端倒角处冷却速度过快等。为了避免这一现象发生，辊身起始端及终了端的温度应比正常淬火温度低20～60℃，平缓过渡至正常淬火温度。

（2）冷处理　有的生产单位采用干冰+乙醇进行冷处理，处理温度为-65～-75℃。冷处理的目的是减少残留奥氏体，稳定尺寸，提高表面硬度。

（3）回火　一般采用150～180℃低温回火，保温时间按2～2.5h/cm计，回火后出炉空冷。

采用双频三感应器淬火工艺，轧辊表面硬度能达到96HSD的高硬度，距表面40mm深度的硬度为90.5HSD，且硬度平缓下降，金相组织均匀，碳化物颗粒圆整且弥散分布，有利于提高轧辊抗事故能力，延长其使用寿命。

939. 38CrMoAl钢制模具的渗氮工艺

38CrMoAl钢制模具调质后的基本硬度25～32HRC，要求渗氮层深度为0.50～0.80mm，表面硬度≥900HV，脆性≤2级，变形量≤0.05mm。

（1）机械加工工艺流程　下料→锻造→正火→粗加工→调质处理→机械加工→镀锡→渗氮→机械加工→装配。

（2）热处理工艺　由于模具的表面要承受一定的压应力，故要求的渗层较深，同时心部要保持较高的强度，故采用先调质处理是正确的，其工艺为：940～960℃×3h加热，油冷，600～660℃×3.5h回火，回火后空冷或水冷，硬度为27～32HRC，满足技术要求。

在制订具体渗氮工艺时，必须综合考虑渗氮设备的功率、炉膛大小、装炉量的大小和摆放方式、要求的渗层深度和硬度及允许的变形量、进气管与排气管的位置、催渗剂的放入量等。根据经验，渗氮的渗速一般按0.01mm/h估算。

该模具体积比较大，必须在200℃以下装炉，因此在升温过程常设3个保温阶段，即200℃×2h、300℃×2h、480℃×2h，使表里温差不至于太大，也利于减少变形。

温度升到500～520℃渗氮温度后，氨分解率控制在18%～25%，20h后将氨分解率提高至30%～50%，保温30h。为了降低渗氮件表面的脆性，提温至540℃退氮，使氨分解率达70%以上，保持2～3h，炉冷至200℃以下出炉空冷。

要缩短渗氮生产周期，必须从以下几方面入手：通氨排气改为通氮气换气，氨的密度为0.7718g/L，氮气的密度为1.253g/L，空气的密度为1.293g/L，氮气与空气的密度十分接近，两者之间更易置换，明显节约了换气时间。在升温时导入氨气，氨气在277℃以上比氢气的还原性强，故不必担心渗氮件被氧化，在空气占50%的低温时被氧化，但到达渗氮温度之前会被氨与氢还原。

经检验跟炉38CrMoAl钢制试样，其渗层深度、硬度、脆性均达到了技术要求

940. X45NiCrMo4钢制凹模的热处理工艺

X45NiCrMo4钢是国外模具行业常用的冷作模具材料，某公司引进此材料制作外形尺寸为130mm×120mm×60mm的凹模。该材料的实际化学成分为（质量分数,%）：C0.50，Cr1.41，Mo0.22，Ni4.03，Si0.17，Mn0.31，P0.017，S0.012。其热处理工艺如下：

（1）锻后退火与调质处理　将经完全退火后的模块进行调质处理，850～860℃加热，淬入60～80℃的油中，670～690℃回火，回火后硬度31～32HRC。

（2）淬火、回火　500℃箱式炉烘干，850～860℃盐浴加热，180～200℃硝盐浴回火。硬度为52～54HRC，抗拉强度为2037MPa，冲击吸收能量为36.5J。金相组织为回火马氏体+少量的残留奥氏体。从金相分析可知，钢中含有$Cr_{23}C_6$、Cr_7C_3、Mo_2C等稳定的碳化物。

该钢经上述热处理后具有优良的综合力学性能，解决了模具在复杂工矿下所出现的韧性不足、耐磨性不高、使用寿命低等问题。

此钢也可用来制造中小型热作模具。X45NiCrMo4钢制热作模具的淬火温度适当提至860～870℃，回火温度为450～480℃时，其硬度为44～47HRC。

第9章　硬质合金制模具热处理工艺

941. YG8硬质合金制拉丝模的氮离子注入工艺

氮离子注入模具表面，可以提高其表面硬度、耐磨性、抗疲劳性和耐蚀性，是提高硬质合金模具使用寿命的有效方法。

（1）工作条件　YG8硬质合金拉丝模的工作条件见表9-1。

表9-1　YG8硬质合金拉丝模的工作条件

模具名称	拉丝机型号	拉丝产品	拉丝速度/(m/min)	润滑及冷却条件（质量分数）
钢丝拉丝模	7/450连拉机	ϕ1mm轮胎钢丝	350	50%硬脂酸钡+50%硬脂酸铝
铜丝拉丝模	7318型滑动式拉丝机	铜导线	600	2%～3%油肥皂水

（2）离子注入工艺　离子注入可采用C-200keV型半导体离子注入和离子束分析两用机。其注入系统为：离子源—加速管—磁分析器—靶室。将高纯度的氮气引入注入机的离子源中，电离为氮离子，再经高压电场加速形成高速离子束流，强行注入装有靶室中的模具孔的工作表面上，迫使氮离子和模具材料元素的原子形成强固结合；或将其表面位错钉扎在一起，形成所谓“位错网络”。这些效应能引起材料表面的硬化作用，同时，离子注入的轰击作用，与喷丸相似，也可使模具表面产生硬化作用。

由于离子注入是在较高的真空度（0.00133Pa）和低温或室温下进行的，因此，拉丝模在离子注入后表面十分光洁，且无变形。在进行操作时应注意以下两点：

1）固定在靶室中夹具上的模具，应每隔5min转一次90°角，使模孔表面能比较均匀地注入氮。

2）在用手工控制选择合适的离子束与模孔中心线间的入射角时，一般不应大于30°，入射时间为30min。

按上述工艺操作，离子注入深度一般为（10～100）$\times10^{-8}$cm。在相同的工艺条件下，硬质合金的离子注入层深度比钢要浅些。ZLF-300型离子探针的分析结果表明，YG8拉丝模的氮离子注入深度为（300～800）$\times10^{-8}$cm。

（3）拉丝模使用寿命　YG8硬质合金制拉丝模经氮离子注入后，使用寿命提高2倍以上，见表9-2、表9-3。

表9-2　氮离子注入YG8硬质合金制钢丝拉丝模的使用寿命

热处理工艺	到孔径磨损到0.03mm时的使用寿命/h
注入氮离子	13～19
未注入氮离子	6～8

表9-3　氮离子注入YG8硬质合金制铜丝拉丝模的使用寿命

热处理工艺	使用寿命	
	kg	h
注入氮离子	436	13
未注入氮离子	196	6

碳化钨基硬质合金模具的氮离子注入深度是很浅的，因此，无论是在钢丝模径向磨损的深度达15μm时，还是在铜丝模径向磨损深度达25μm时，磨损的深度均已超过离子注入深度[(300～800)×10^{-8}cm]。但是，实际观察发现，注入氮离子的模具与未注入者相比，仍显示其优越性。有资料指出，当拉丝模的磨损深度达到离子注入深度的100倍时，仍能显示离子注入的效果。这说明，在磨损过程中，注入元素的原子有可能不断地向磨损深度方向迁移，即注入氮的模具在拉丝过程中，因摩擦升高温度以及接触摩擦应力的作用，可导致氮原子向内扩散迁移，在硬质合金晶粒边界上形成坚固的原子间结合，从而可提高其耐磨性。

942. GJW50钢结硬质合金制冷镦模的硼硫复合渗工艺

GJW50钢结硬质合金经950℃×4h渗硼+980℃×30min扩散后空冷；1000℃加热，淬油+200℃×2h回火+140℃×5h渗硫，最后在120℃热油中去应力浸油处理。基体组织为马氏体+WC+残留奥氏体+二次碳化物，硬度为66～68HRC，表面可获得一层深度为40～60μm的硫化物与硼化物的化合层。渗硼层硬度为1600～1900HV，表面硫化物层深度为10～15μm，硫化物的硬度很低，只有90～100HV，但富有保油性，润滑性能好，硫化物均匀连续地包围着WC颗粒，并牢固地附着在硼化物上，同时也渗入硼化物的疏松与孔洞内。渗硼层有极高的硬度，在摩擦过程中还能被氧化形成一层较厚的可降低摩擦因数的B_2O_3氧化膜，从而可大大提高耐磨性和抗咬合性。

GJW50钢结硬质合金螺栓冷镦模经硼硫复合渗后，使用寿命比Cr12MoV钢制模具提高18倍以上。

943. GJW50钢结硬质合金制冷作模具的渗硼+高温淬火复合强化工艺

GJW50钢结硬质合金的渗硼是采用B_4C为供硼剂，KBF_4和NH_4Cl为活化剂，SiC为填充剂。渗硼工艺为950℃×5h，渗硼层表面硬度为1900～2000HV。

工具钢进行渗硼表面强化时，往往是渗硼后直接淬火、回火，但对于GJW50所制作的冷作模具，如渗硼后直接淬火，工件的脆性大，模具在使用过程中会出现早期崩块、裂纹等现象。当把淬火温度从950℃提至1050℃后，脆性大大降低，韧性大大提高，使用寿命成倍增长。淬火温度的升高，提高了奥氏体的合金度，抗弯强度和冲击韧度均出现了峰值。这不仅使渗硼的性能和基体的性能趋于一致，而且还能提高基体的强韧性，增加渗层与基体的结合力。

在提高淬火温度的同时，也提高了回火温度，由原来的180℃×2h提高到220℃×2.5h，目的是减少淬火冷却时产生的应力，增加基体韧性。

将渗硼和高温淬火两种工艺结合在一起，获得表面耐磨、心部有高的强韧性的综合效果，将在原有的基础上进一步提高要求耐磨性高的冷作模具的使用寿命。

944. GW50钢结硬质合金制拉深模的热处理工艺

用GW50钢结硬质合金制造防尘盖拉深模，使用寿命比原GCr15钢制模具提高10～100倍。其热处理工艺如下：

（1）退火　退火在箱式炉中进行，应用木炭加以保护，并予以密封防止氧化。工艺为860℃×2h，以<10℃/h的冷却速度炉冷至680℃，保温5h，炉冷至200℃出炉空冷。退火后硬度为38～41HRC，金相组织为索氏体基体+弥散分布的WC硬质相+复杂的合金碳化物。

（2）淬火、回火　淬火、回火工艺如图9-1所示。GW50钢结硬质合金的淬火温度带比较宽，但大多采用920～980℃，淬油；170～200℃×1.5h×2次回火。回火后硬度为65～68HRC，金相组织为回火马氏体+少量的残留奥氏体+WC+合金碳化物。

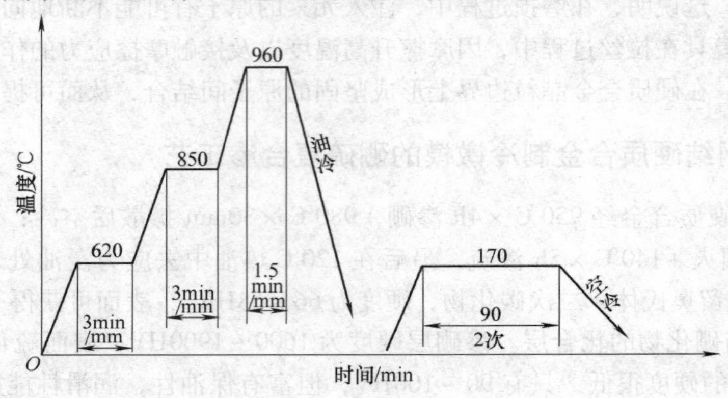

图9-1　淬火、回火工艺

（3）GW50钢结硬质合金制模具的使用寿命　按上述工艺处理的GW50钢结硬质合金制模具有很高的使用寿命，见表9-4。

表9-4　GW50钢结硬质合金制模具的使用寿命

模具名称	加工零件				模具的使用寿命/万件	
	名称	材质	使用设备	工作形式	原用材料	GW50
拉深模	成形防尘盖	Q215，厚1mm	600kN曲轴压力机	拉深成形	GCr15，0.5	100.0
压合模	防尘密封圈	Q215，厚1mm	150kN曲轴压力机	冷压合	GCr15，3.0	50.0
挤孔模	轮毂	KTH300-06可锻铸铁	630kN压力机	冷挤整形	Cr12，0.136	6.0
冷镦模	条帽	Q215B，ϕ7.5mm钢丝	1420kN冷镦机	冷镦	CrWMn，200kg	2000kg

945. GJW35钢结硬质合金制模具的热处理工艺

GJW35钢结硬质合金可用于冷作模具，又可用于热作模具。它是以高熔点极硬的WC为硬质相、以5CrNiMo为基体相的颗粒增强钢基体的复合材料，其化学成分见表9-5。

表 9-5　GJW35 钢结硬质合金的化学成分（质量分数）　（%）

基体	硬质相	C	Cr	Ni	Mo
合金钢	35WC	0.50～0.60	0.50～0.60	1.40～1.80	0.15～0.30

（1）退火工艺　在箱式炉中用木炭保护，并密封加盖，防止氧化。其工艺为 860～880℃×2～3h，炉冷至 720～740℃，保温 4～6h，炉冷至 300℃以下出炉空冷。退火后硬度为 30～34HRC。

（2）淬火　淬火加热最好选用真空炉或盐浴炉，冷却介质一般用 L-AN32 全损耗系统用油。由于合金显微组织中存在较多的 WC，在淬火加热过程中这些硬质相粒子会阻碍钢基体晶粒的长大，故过热倾向较小，淬火温度可适当提高，一般在 950～1150℃范围内选择。采用不同的淬火温度对合金的组织性能存在比较明显的影响，这是因为合金经过烧结以后 WC 在基体中具有一定的溶解度。当基体中溶入少量 WC，显微组织中有复式碳化物（或二次碳化物）出现。随着淬火温度的变化，由于部分碳化物参与了相变而影响合金淬火后的性能，所以要根据模具的服役情况对性能的要求，选择合适的淬火温度。另外，在淬火加热过程中可采用两次预热，以防开裂。

（3）回火　回火要根据模具的种类来选择回火工艺：用于冷作模具，选择 200℃左右的低温回火；用于热作模具，选择 550℃左右高温回火；用于压铸模，可将回火温度提高到 600℃。在回火过程中，合金的组织与性能变化规律与 5CrNiMo 钢比较相近。

（4）力学性能　合金室温下的力学性能随热处理工艺的变化而改变，总的变化规律是硬度随着淬火温度的升高而提高，1150℃淬火时达到最高值 68HRC；冲击韧度和抗弯强度也是随着淬火温度的升高而提高，但到达 1000℃左右为最高，随后淬火温度再升高反而下降；耐磨性随着淬火温度升高而升高，到 960℃达到峰值。合金的力学性能随回火温度的变化规律是：硬度、冲击韧度、抗弯强度随回火温度的升高而下降，冲击韧度值在 250℃左右最低，抗弯强度值在 350℃附近最低，耐磨性也是在 250℃表现最差。

根据上述合金的力学性能随热处理工艺的变化规律，进行综合考虑。GJW35 钢结硬质合金制冷作模具的最佳的热处理工艺为 1000℃加热淬火，180～200℃回火。

根据对合金高温力学性能的测试，GJW35 钢结硬质合金制热作模具的最佳热处理工艺为 1100℃左右淬火，550～600℃回火。

946. DGJW40 钢结硬质合金制小螺纹钢丝轧辊的热处理工艺

DGJW40 钢结硬质合金的化学成分（质量分数）为 40% WC 硬质相 +60% 中碳铬钼钢基体相。两种细粉混合，搅拌均匀，再用一种特殊的铸造工艺制造。

（1）退火工艺　合金浇铸以后，硬度很高，也很脆，不能进行机械加工，必须进行退火处理。可选用普通的箱式炉进行球化退火。其工艺为：880℃×2h，炉冷至 740℃，保温 8～10h，炉冷至 300℃出炉空冷。退火后硬度为 40～45HRC，可以用高速钢刀具对其进行切削加工（与工具钢不同）。

经退火后的金相组织结构得到较大的改善，大块状的组织被碎化，长条棒组织首先被破断，然后全部溶入钢基体中，钢基体组织为细珠光体，但是以片状为主。不管采取何种退火工艺，都不能消除钢基体中的微细网状碳化物。这说明这类碳化物是一种高熔点的复杂碳化物，在正常的退火温度下很难溶入钢基体。

（2）淬火、回火　DGJW40合金的淬火温度范围较宽，由于硬质相WC与钢基体结合牢固，淬火不易开裂，在这一点上明显优于粉末冶金钢结硬质合金。由于合金在淬火加热时的过热敏感性小，可采取较高的淬火温度。使用真空炉或盐浴炉加热较好。目前大多用盐浴炉加热，其工艺为：850℃预热，1150℃加热，淬油，淬后硬度为67～68HRC。为了获得高硬度，而晶粒又不会粗大，淬火温度不宜超过1150℃。

由于淬火温度较高，增加了合金钢基体合金化程度，而回火过程中温度的提高，析出的二次碳化物量逐渐增加，合金的硬度也随之下降。另外，试验发现，合金在低温回火时保持着较高的韧性，而回火温度提高到一定程度，韧性等性能开始下降。所以为使所制作的冷作模具有较高的硬度、强度及耐磨性，又具有一定的韧性，选择在200℃回火较佳。回火后硬度为65～65.5HRC。

（3）去应力退火　轧辊按上述工艺处理并加工成品后，再进行180℃×4h去应力退火。

轧辊装机后，轧制ϕ5mm的Q235螺纹钢丝，钢丝的表面质量明显优于其他材质轧辊，轧制到250t时，轧辊表面轻微磨损，但还可以继续使用。

947. GT35钢结硬质合金制勒口模的热处理工艺

GT35钢结硬质合金的化学成分见表9-6。

表9-6　GT35钢结硬质合金的化学成分（质量分数）　（%）

钢基体	硬质相	C	Cr	Mo
合金钢	35TiC	0.5	2.0	2.0

自行车架的接头在冲压和焊接成形后内孔不圆正、粗糙不光洁，应进行一次勒孔，以达到整形和去毛刺的目的。勒口模曾使用过T10A和Cr12制造，使用寿命达到1000件左右就发生拉毛，到6000件时就无法使用了。选用GT35钢结硬质合金制造该勒口模，使用寿命为8万件，是原Cr12钢制勒口模的12倍，工件表面粗糙度值低，且无拉毛现象。其热处理工艺为：960℃加热，淬油，180～200℃回火。硬度为69～71HRC。

948. GT35钢结硬质合金制模具的预冷淬火工艺

GT35钢结硬质合金由于硬度高（67～71HRC），耐磨性好，广泛用于制造各种模具。

为了减少GT35钢结硬质合金制模具在热处理淬火时的变形和开裂，热处理同仁采取了不少有效措施，如分级淬火和等温淬火等。采用更简单的预冷淬火工艺也可解决变形和开裂问题。

（1）去应力退火　模具淬火前增加去应力退火，550～600℃×4min/mm，在空气炉中加热时应加强保护，炉冷至200℃出炉空冷。

（2）淬火、回火　600℃、840℃两次盐浴预热，加热系数按2min/mm计。960～970℃×1min/mm加热，保温出炉后不要急于淬火而先预冷，预冷时间按1s/2～4mm估算（大约冷至900℃），淬油，油温控制在60～90℃为宜，油冷至120℃左右出油空冷。及时回火，工艺为160℃×2h×2次。

经上述工艺处理后，模具硬度为67～70HRC，最大变形量≤0.02mm，未发现开裂。这里应该强调的是：模具的键槽直角处要有圆角过渡，切忌用直角；孔和键槽用石棉绳堵塞；

淬火后应及时回火。

GT35钢结硬质合金制造的电枢单槽冲模、电动机转子单槽冲模、正阳极冲模、钢管冷拔模、M12冲孔六角模、M5螺栓顶模、冷镦模、冷挤压模等比原Cr12钢制模具的使用寿命提高4~50倍。

949. GT35钢结硬质合金制瓷砖模具的热处理工艺

瓷砖模具的关键零件之一是衬板，它直接参与瓷砖的成形，接触的是有腐蚀性和摩擦阻力很大的粉料，瓷砖坯体与衬板成形工作面在极高的压力下不产生相对运动。瓷砖粉料在成形时的工作条件是：温度40~60℃，压力20~28MPa。由此可见，成形的工作压力很大，磨损严重，衬板易被粉料磨损超差或磨出沟槽而报废。国内模具较佳的使用寿命为60万次左右，而国外同类模具的使用寿命约为150万次。目前国内瓷砖厂、面砖厂所有的模具多采用Cr12MoV钢、Cr12钢制造衬板，并取得了一定的成效，但由于Cr12类钢本身特性的限制，难以大幅度地提高模具的使用寿命。为了改变这一状况，使用GT35等牌号的钢结硬质合金制造模具，使用寿命比一般工具钢提高10倍多，经济效益十分显著，具有广阔的发展前景。针对瓷砖模具衬板的使用环境和受力状况，选用Cr12钢或Cr12MoV钢为基体，受压成形工作面镶嵌一定厚度的钢结硬质合金，充分发挥材料潜力，可以大幅度提高模具的使用寿命。

（1）退火　GT35钢结硬质合金在烧结时，黏结相通常为贝氏体或马氏体组织，合金的硬度为55~60HRC，是不能进行机械加工的，故必须进行退火改变其组织结构以降低硬度，便于机械加工。退火工艺为：840~860℃×2~3h，炉冷至720~740℃×3~4h，炉冷至500℃出炉空冷。退火后的组织为硬质相+点状的珠光体+合金碳化物（后两相是高合金钢的基体组织），退火后硬度为38~42HRC。和钢件不同，GT35钢结硬度合金的等温退火的加热温度不宜过高，保温时间也不宜过长，以防止碳化物聚集长大并稳定化，给最终热处理带来困难。

（2）淬火、回火　淬火是使钢结硬质合金中的钢基体转变成马氏体和少量残留奥氏体的过程，经过淬火，合金的硬度和强度有大幅度的提高。淬火后的硬度为69~72HRC。回火是消除淬火应力的必要工序，并促使残留奥氏体转变成马氏体，从而稳定组织，并使合金获得良好的综合力学性能。淬火、回火工艺如图9-2所示。

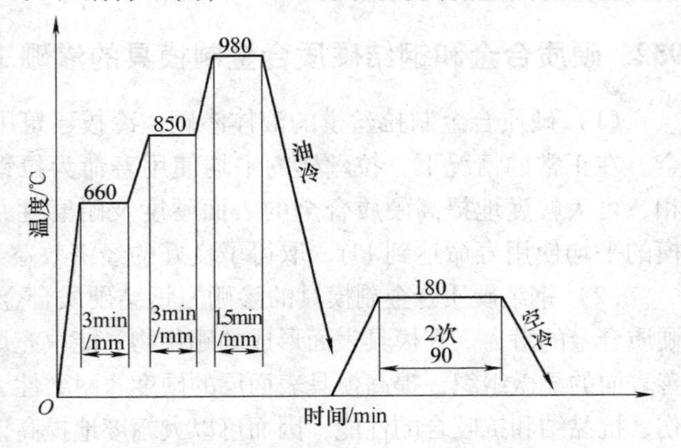

图9-2　GT35钢结硬质合金的淬火、回火工艺

经上述工艺处理后，GT35钢结硬质合金的硬度为67~71HRC，使用寿命比Cr12钢制模具提高10倍多。

950. GW40R钢结硬质合金制热作模具的热处理工艺

以前，钢结硬质合金都是用来制造冷作模具，使用寿命比一般模具钢提高几十倍仍至上百倍。某集团公司使用GW40R钢结硬质合金制造热冲头、热镦头、热挤压模等热作模具，使用寿命比3Cr2W8V等热模具钢普遍都提高100倍以上。其热处理工艺如图9-3所示。经图9-3所示工艺处理后，模具的硬度为61HRC左右。

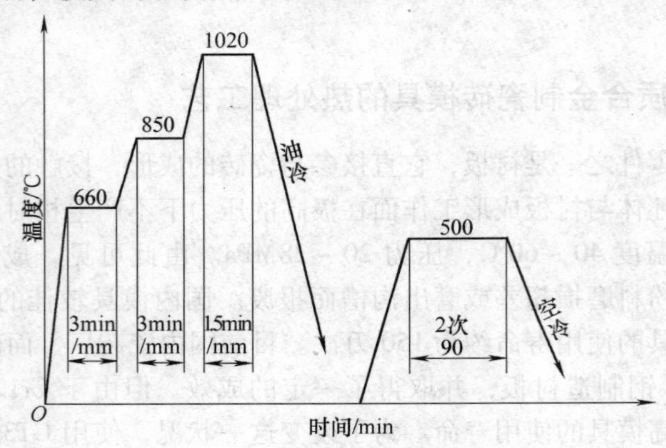

图9-3　GW40R钢结硬质合金的热处理工艺

951. GT35钢结硬质合金制挤光冲模的固体渗氮工艺

固体渗氮是比较古老的表面强化工艺，有日趋淘汰之势，但对于单件小批量生产的中小型模具仍具有一定的市场。GT35钢结硬质合金制挤光冲模经固体渗氮处理后，使用寿命提高数十倍。

渗剂成分为（质量分数）：木炭60% + 尿素30% + 生石灰7% + NH_4Cl3%。渗氮工艺为：500℃ ×5h，出炉后空冷至室温。渗层深度为0.035 ~ 0.045mm，表层硬度为859 ~ 870HV，表面光洁美观。

952. 硬质合金和钢结硬质合金制模具的渗硼工艺

（1）硬质合金制拉丝模的液体渗硼　冷拔建筑用钢的拉丝模材质为YG6或YG8硬质合金。在正常的情况下，拉丝模的平均使用寿命为拉钢筋1t多。采用液体渗硼及复合强化钴相，可大幅度地提高硬质合金的表面硬度及耐磨性，硬度由1240HV提高到1270HV，拉丝模的平均使用寿命达到11t，取得了良好的经济效益。

（2）钢结硬质合金制模具的渗硼　钢结硬质合金模具进行渗硼处理，能充分地发挥钢结硬质合金的潜力。在模具表面形成的硼化物，能填充烧结合金的孔隙，提高合金的致密度，改善表面的显微组织，提高模具表面层的硬度、耐磨性、热硬性、耐蚀性、抗疲劳性，以及抗擦伤、抗黏结和抗咬合的性能，因而可以大幅度地提高钢结硬质合金的产品质量和使用寿命。

GW50钢结硬质合金经过渗硼处理，并经正常的淬火、回火处理，可在模具表面形成硼化物层。渗层的硬度可达2000 ~ 2100HV，基体硬度可达65 ~ 68HRC，所获得的内部组织具有极佳的强韧性和较高的综合力学性能，模具的使用寿命比未渗硼者提高2 ~ 3倍。GW30钢结硬质合金经渗硼处理后，硬度可达1230 ~ 2050HV，硼化物分布均匀，且易于获得枝状晶，具有较佳的综合性能。

合金渗硼处理时需要注意的是：经渗硼处理的模具尺寸略有增大，一般规律是柱形件胀大10 ~ 20μm，平面件胀大6 ~ 12μm，轴孔内径胀大6μm。因此，对于要求精度高的模具，要根据模具工件的胀大规律，适当控制加工尺寸。

953. DT钢结硬质合金制冲模的热处理工艺

DT钢结硬质合金与Cr12MoV、高速钢制模具相比，不仅淬火、回火后有高达67~70HRC的硬度和极好的耐磨性，而且淬透性好，热处理变形小，退火后硬度高达35HRC左右，但仍可用高速钢刀具进行各种切削加工。

（1）退火　DT钢结硬质合金经锻造后需经退火处理，其工艺为：860~880℃×3h，炉冷至700~720℃×5~6h，炉冷至室温出炉。退火后硬度为34~38HRC。

（2）淬火、回火　因DT钢结硬质合金中含有大量的碳化钨，导热性差，需经两次充分预热。一般采用盐浴炉加热淬火。其热处理工艺如图9-4所示。

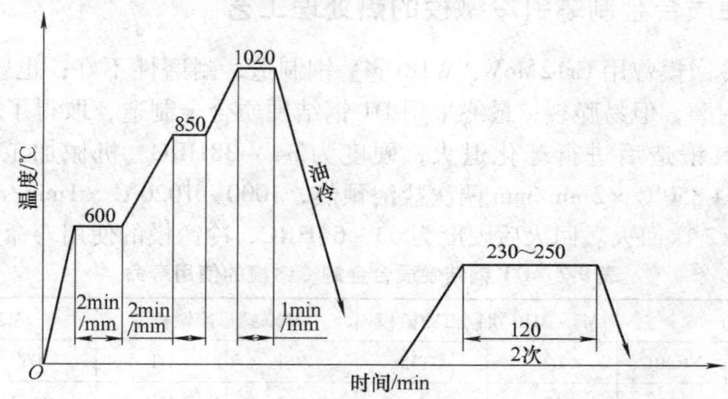

图9-4　DT钢结硬质合金的热处理工艺

DT钢结硬质合金淬火后的硬度为67.5~68.5HRC，回火后的硬度为64HRC。DT钢结硬质合金制硅钢片冲模的使用寿命由原来Cr12MoV钢制模具的20万次提高到500万次，提高20多倍。

954. DT钢结硬质合金制硅钢片冲裁模的热处理工艺

DT钢结硬质合金制硅钢片冲裁模的热处理工艺如下：

（1）退火　860~880℃×3h，炉冷至700~720℃×6h，炉冷至室温出炉。

（2）淬火、回火　600℃、850℃两次盐浴预热，加热系数按2min/mm计，1000~1020℃×1min/mm，淬油；230~250℃×2h×2次回火。回火后硬度为63~64HRC。

硅钢片冲裁模的寿命由原高速钢制模具的100kg提高到700kg，分摊后单个模具费用仅为原来的30.5%。

955. GW50钢结硬质合金制瓷粉料干压成形模的热处理工艺

某电子公司瓷粉料干压成形用的模具，最初为日本进口压机的配套模具，其工作部分是普通的硬质合金，并采用镶嵌结构，现在大部分已经损坏。经过试验选材，采用YG15或YG8硬质合金，并做成整体结构，避免了镶嵌结构易坏的缺点。但在使用过程中，由于硬质合金抗弯强度及冲击韧性不高，脆性大，而成形过程中又经常出现叠片现象，致使模具出现崩刃和断裂，从而影响了生产，也增加了生产成本，因此有必要重新选择模具材料。

经试验、分析比较，决定选用GW50钢结硬质合金制造瓷粉料干压成形模。由于钢结硬质合金硬度高，切削加工性好，虽不如YG8、YG15硬质合金的耐磨性高，但其韧性好，通过热处理，可改善其微观组织，细化晶粒，而且对模具工作表面进行在线电解修整（ELID）精密镜面磨制技术，模具的使用寿命得到了大大提高。其热处理工艺如下：

（1）退火　860℃×3h炉冷至700℃×6h，炉冷至500℃出炉空冷。退火后硬度为36～42HRC。退火加热时要加强保护，以防止出现氧化脱碳。

（2）淬火、回火　600℃×2min/mm+850℃×2min/mm两次盐浴预热，1050～1100℃×1min/mm加热，淬油，淬后硬度为68～72HRC；180～200℃×2h×2次回火，回火后硬度为68～69HRC。金相组织为回火马氏体+合金碳化物+均匀分布的硬质相。

956. DT钢结硬质合金制螺钉冷镦模的热处理工艺

半圆头螺钉冷镦模曾用Cr12MoV、W18Cr4V钢制造，耐磨性不好；也曾用YG8等硬质合金制造，虽很耐磨，但易脆裂；最终采用DT钢结硬质合金制造，取得了较好的效果。热处理工艺为：模具锻造后进行球化退火，硬度为34～38HRC。机械加工后进行热处理，600℃×2min/mm+850℃×2min/mm两次盐浴预热，1000～1020℃×1min/mm加热，淬油；230～250℃×2h×2次回火。回火后硬度为63～64HRC，冷镦模的使用寿命见表9-7。

表9-7　DT钢结硬质合金制冷镦模的使用寿命　　（单位：万件）

M4、M5螺钉			M2～M10机制钉冷镦模		M20螺母冷镦机		M22螺母冷镦机	
T10A	DT	YG20C	DT	GT35	9Si	DT	DT	Cr12MoV
8	250	150	10	4	1.5	450	22.5	0.4

另外，DT钢结硬质合金制M2以下的小螺钉冷镦凹模的使用寿命超过百万件，这是其他模具钢材料很难达到的指标。

957. DT钢结硬质合金制汽车螺栓冷挤压模的热处理工艺

DT钢硬质合金具有高的耐磨性、比硬质合金有更好的强韧性及较好的切削加工性能。因此，用DT钢结硬质合金制造的汽车螺栓冷挤压模有极高的使用寿命，加工件数由原W18Cr4V钢制模具的0.15万件提高到10万件以上。其热处理工艺如图9-5所示。

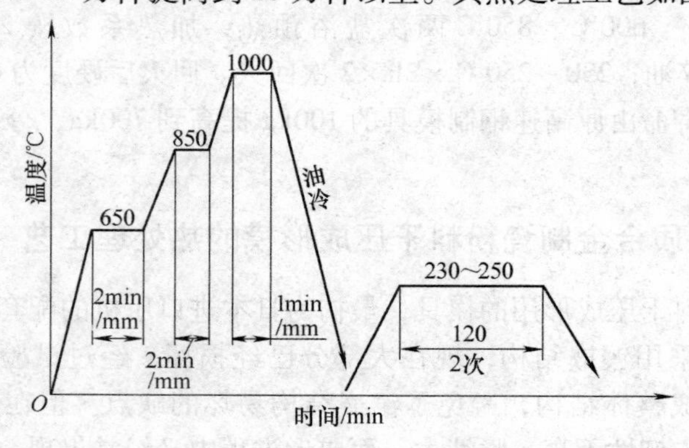

图9-5　DT钢结硬质合金制冷挤压模的热处理工艺

958. GT35钢结硬质合金制冲孔翻边模的热处理工艺

冲孔翻边模是多工位空调翅片级进模的一套子模。翅片级进模用于冲裁家用空调热交换器翅片，工位数一般是20~36，步距精度为±0.003mm，冲裁速度>200次/min。一次冲出48mm×60mm的翅片，属大型、精密、复杂、长寿命高效级进模。目前，国内大部分空调器生产厂所使用的翅片级进模是从日本、意大利、美国引进的。冲孔翻边模是级进模的核心模子，其功能是冲制翅片的翻边孔；而翻边孔是级进模的步距孔，起到送料、定位、导正作用。

冲孔翻边模主要的失效形式是磨损，铝箔的表面状态又加剧了模具的磨损。翅片的基体是厚度为0.10mm的纯铝箔，基体的表面是一层经特殊工艺涂覆的厚约0.015mm的二氧化硅或水玻璃无机物涂层。涂层在凸模、凹模之间形成一种剧烈的磨料磨损，可导致模具失效。由于模具工作时处于一种磨料磨损状态，美国、日本所采用的这类模具硬度均为64~65HRC，晶粒较细，具有粉末冶金的特征。

钢结硬质合金则具有高硬度、表面摩擦因数小的性能，用GT35钢结硬质合金制造的凹模、凸模，使用寿命比进口模具提高3倍以上。其热处理工艺为：600℃、830℃两次盐浴预热，960~970℃×1min/mm加热，淬油，淬火后硬度为69~72HRC；180~190℃×2h×2次回火，回火后硬度为67~70HRC。

959. GT35钢结硬质合金制冲孔模的热处理工艺

GT35钢结硬质合金制冲孔模经球化退火后硬度为40~45HRC。机械加工后进行热处理，其工艺为：650℃、830℃两次盐浴预热，960~980℃加热，淬油，淬火后硬度为68~72HRC；220~230℃×2h×2次回火，回火后硬度65~68HRC。经上述工艺处理后，冲孔模的使用寿命由原来Cr12MoV钢制冲孔模的1万件提高15万件以上。

960. YG8硬质合金制铁砧的分级淬火工艺

辽宁某机械厂生产的铁砧，主体材料是9SiCr，硬度要求为60~64HRC，并与YG8硬质合金制刃口钎焊，钎焊后不得有退火区。传统的工艺流程为：机加工→热处理→钎焊→机加工。按照传统的工艺流程，主体工作部位出现一定面积的退火区（也称热影响区），达不到使用要求。若焊料采用黄铜，9SiCr钢的淬火温度低于黄铜熔点，可以采取先铜焊后淬火的方法克服传统工艺流程易出现的退火区。新工艺的工艺流程是：机加工→铜焊→热处理→机加工。

YG8属W-Co系硬质合金，在硬质合金中它的冲击韧度比较高，作为受摩擦和冲击的铁砧主件，在随主体淬火后可保持其原有的硬度（70~75HRC）和金相组织。

（1）分级淬火试验　首先在RJX-30-9箱式炉中预热，480℃×1h，然后到盐浴炉中加热，860°C×12min，在160℃×3min硝盐浴冷却，最后硝盐浴中回火，180℃×1h×2次。经检验，9SiCr钢制主体的硬度为60~64HRC，YG8硬质合金制刃口硬度的仍为70~75HRC；淬火前后金相组织没有什么变化。

（2）结果分析　YG8硬质合金的成分（质量分数）为WC92%，Co8%，抗弯强度为

1470MPa，密度为14.4～14.8g/cm³。淬火前后的碳化物呈弥散分布，组织基本相同。在860℃加热，对YG8硬质合金的硬度影响不大，仍保持淬火前的室温硬度，主要是WC等合金碳化物的作用。从金相分析看，合金碳化物的分布淬火后比淬火前均匀、紧密，而且数量稍有增加。低温回火后韧性也有所提高。宏观检查YG8硬质合金淬火无裂纹。

用上述工艺处理的YG8硬质合金铁砧，比原工艺的使用寿命大大提高。

第10章 其他模具钢制模具热处理工艺

961. 20Cr钢制冲头的固体渗碳工艺

汽车软管锌合金接头是由四个铆接冲头从上、下、前、后四面同时铆接的，要求成八角形，并与中间的35钢弹性钢带绕制的软管相结合。由于在加工的过程中软管有较大的回弹冲击力，冲头要承受很大的冲击载荷，要求具有高的强度，且模口不能变形，不折断。原采用Cr12MoV钢制造该冲头，硬度为58~62HRC，使用寿命仅2000件左右。

将该冲头改用20Cr钢制造，并经固体渗碳处理，取得了较好的效果，一次使用寿命就达3万件，比Cr12MoV钢制冲头提高14倍。其热处理工艺为：按固体渗碳的工艺操作，920℃×5~6h，炉冷至860℃立即出炉开箱取出淬油，180℃×2h回火。渗碳层深度为1.0~1.2mm，表面硬度为60~62HRC。

采用20Cr钢经渗碳制造某些模具，由于表面硬度高，硬度梯度平缓，心部硬度为35~40HRC，基体强度高，可满足高硬度、高强度和高韧性相结合的要求；20Cr钢渗碳后表面不易形成网状碳化物，表面脆性小；20Cr钢渗碳后淬油，变形小，可满足模具变形的要求。

962. 20Cr钢制方接头打方模的固体渗碳工艺

方接头是汽车里程表软轴中的一个零件，材质为Y15钢。其加工工艺为：先用车床车成ϕ3.15mm×13.4mm的毛坯，再用160kN压力机冲压成2.7mm×2.7mm正方、长16mm的方接头。打方模由Cr12MoV钢制成，硬度为60~64HRC。由于被冲压件有较大的冷作硬化现象，模具所受的应力较大，在冲压到百件左右，即从90°角处开裂；在降低模具使用硬度时，则模口易变形。该模具形状虽简单，但对性能要求特殊，对模口表面要求有高的硬度、高的耐磨性，对模具基体则要求有良好的韧性和足够高的强度，且要求表面硬度高，心部韧性好，硬度梯度平稳。

用20Cr钢渗碳代替Cr12MoV钢制造打方模，可满足上述的性能要求。其热处理工艺为：920℃×4h固体渗碳，炉冷至860℃开箱取模淬油，再进行180℃×2h回火。

经上述工艺处理后，打方模的表面硬度为61~64HRC，渗碳层深度为0.90~1.10mm，使用寿命在3万件以上，最高可达8万件。失效形式是模口表面产生轻微变形，但未开裂，经退火修复和再渗碳淬火处理，仍可继续使用，一般可重复使用三次。

963. 20Cr钢制渗碳塑料模的热处理工艺

20Cr钢制渗碳塑料模的渗碳工艺因模具而异。塑料模工作面的渗碳层深度要求：压制含硬质填料的塑料时，渗碳层深度为1.3~1.5mm；压制软塑料时，渗碳层深度为0.8~1.2mm；有些模具有尖齿、薄边，渗碳层深度可取0.6~0.8mm。渗碳层的表面碳含量不能太高，一般为0.70%~1.00%（质量分数）。

20Cr钢制渗碳塑料模的热处理工艺如下：

1）采用分级渗碳：900～920℃×1.5h，840～860℃×2～3h。渗碳后可直接空冷或在通入压缩氨气的“冷井”中冷却。

2）淬火温度为780～820℃，热油冷却，170～180℃×2h回火，回火后硬度为58～62HRC。

964. 20Cr钢制胶木模的热处理工艺

20Cr钢制胶木模的热处理工艺如下：

1）渗碳工艺：920℃×4～5h，罐冷。冷却到室温后，清理模具表面的灰尘及其污物。

2）采用盐浴炉加热，820℃×0.5min/mm，出炉后预冷到750～760℃，淬入80～100℃热油中，油冷至150℃左右出油空冷。擦去模具表面油渍，迅速对合后用夹具夹紧，空冷到室温。

3）200～220℃×2h回火，回火后硬度为56～58HRC。

经上述工艺处理后，模具变形甚微，两半模合模紧密，完全达到工艺技术要求，使用良好。

965. 20Cr钢制塑料模的低碳马氏体强韧化工艺

一些形状简单、变形要求不严的20Cr钢制塑料模，运用低碳马氏体强韧化处理，可取得满意效果。其工艺为：600～650℃×1min/mm＋880～900℃×0.5min/mm，淬盐水；150～180℃×2h硝盐浴回火。回火后硬度为38～45HRC，变形量<1mm。

966. 45钢制塑料模的复合强化工艺

某塑料模采用45钢制造，曾用过多种工艺方法试验但使用寿命始终不理想，最终采用碳氮共渗＋渗硼复合强化工艺，取得成效，比常规处理者使用寿命提高10倍多。

模具的外形尺寸为314mm×210mm×100mm，型腔尺寸为204mm×160mm×100mm。热处理工艺如下：

（1）固体碳氮共渗　在箱式电阻炉内对模具进行固体碳共渗处理，渗剂自配。碳氮共渗工艺为810℃×3h。共渗出炉冷至室温后，将工件表面清理干净，不得有污物。

（2）固体渗硼　将清理好的工件装箱渗硼，渗硼剂的配方（质量分数）为：$KBF_4$5%＋B_4C5%＋SiC90%。渗硼工艺为840～850℃×4～5h，炉冷至500℃出炉，空冷至室温取模。硼化物层深度为100～200μm。

（3）淬火、回火　将渗硼后的工件清理干净，重新加热淬火。盐浴加热，810℃×0.4～0.5min/mm，水淬油冷；200～220℃×2h回火。

967. 45钢制蒸发器冲管冲头的氯化钙水溶液淬火工艺

蒸发器冲管冲头的外形尺寸为ϕ68mm×160mm，采用45钢制造。原工艺：830～850℃加热，淬盐水，320℃×1h回火，硬度40～43HRC。后改为淬5%（质量分数）氯化钙水溶液，320℃×1h回火，硬度提高到45～47HRC，还是不理想。在工艺上做出如下改进：

1）淬火冷却介质改静止盐水为5%（质量分数）氯化钙水溶液。

2）改320℃回火为230℃回火，冲头硬度由40～43HRC提高到50～55HRC。

经上述改进工艺处理的冲头，既不卷刃又不崩块，显示了优良的冲击性能。

968. 45 钢制耐火砖模具的气体碳氮硼共渗工艺

耐火砖模具一般用 45 钢制造，要求表面硬度为 60 ~ 66HRC，硬化层深度为 0.80 ~ 1.20mm，耐磨性好。如果不进行表面强化处理是无法达到上述要求。经过试验，采用气体碳氮硼共渗工艺取得了较好的效果。其热处理工艺如下：

渗剂为甲醇、丙酮、尿素和硼酐。先按甲醇、尿素、硼酐分别为 100mL、15g、3g 的配比配好甲醇混合液。共渗时，甲醇混合液与丙酮的质量比为 1∶1。共渗温度为 860℃，共渗时间为 5h。共渗阶段中，甲醇混合液滴入量为 140 ~ 160 滴/min，丙酮滴入量为 140 ~ 160 滴/min。

共渗结束后降温至 800℃出炉淬盐水，然后进行 140 ~ 160℃ ×2h 回火。回火后表面硬度为 65 ~ 67HRC。

经上述工艺处理后，模具的平均使用寿命均超过 3 万块，比原单独渗碳的使用寿命提高 1 倍多。

该工艺不适宜在寒冷的冬天使用，因为配好的过饱和甲醇混合液会随着温度的降低析出大量的尿素、硼酐，致使渗层不合格。

969. 45 钢制冷挤压模在流态粒子炉中的热处理工艺

钢筋冷挤压连接技术已广泛应用于重大工程建设中，该技术具有适用性强、快速、灵活等优点。该技术所用的 45 钢制冷挤压模的消耗量非常大，使用中有些模具常会发生开裂，有些则发生较快的磨损。为此，对该模具在流态粒子炉中进行热处理，则极大地改善了模具的质量，提高了模具的使用寿命。

45 钢制冷挤压模为上、下两个半圆形，共重 4.5kg，中间为工作面，热处理前硬度为 200HBW，热处理后硬度要求为 46 ~ 50HRC，而且要求基体有较高的韧性。

热处理加热在自制的 70kW 外热式流态粒子炉中进行，额定温度为 950℃，有效工作尺寸为 ϕ400mm ×800mm，足以满足模具热处理的需要。

炉子升温阶段使用压缩空气进行流化，工件放入前 5min 改用氮气。热处理工艺为：830 ~ 850℃ ×30min，水淬油冷；回火在空气炉中进行，160℃ ×2h。

经上述工艺处理后，模具表面光洁，无氧化，有微量脱碳，硬度分布均匀，平均硬度为 50HRC，经回火后硬度为 48HRC 左右，达到性能指标要求，使用寿命在 250 次以上，比过去提高 2 ~ 3 倍。

用流态粒子炉对 45 钢冷挤压模进行热处理，由于加热迅速，温度均匀且可实施气氛保护，因此，可以有效地保证产品质量，大大提高了模具的使用寿命，降低了材料消耗，节约了加工费用。此外，该工艺操作方便，无环境污染。

970. 45 钢制浮动模的镀镍渗硼工艺

镀镍渗硼层比单一的渗硼层具有更好的综合性能。镀镍渗硼的工艺过程为先进行化学镀镍，在金属表面形成一层致密光滑的镀层，再进行渗硼。由于 Ni、B、Fe 的相互扩散和渗透，可得到理想的渗层和过渡层，从而改善渗层的性能，提高结合强度、抗冷热疲劳性能、抗高温氧化性能和耐磨性，降低了渗硼层的脆性，使模具的使用寿命有很大的提高。

浮动模在不锈钢槽内经电解脱脂后，在电阻炉和瓷缸中进行化学镀镍；渗硼在箱式炉中进行。

（1）化学镀镍

1）镀液成分为 $NiSO_4 \cdot 7H_2O$ 20g/L + $NaH_2PO_2 \cdot H_2O$ 15～20g/L + $Na_3C_6H_5O_7$ 10g/L + $NaC_2H_3O_2$ 10g/L。

2）镀液的配制。先将计算所需要的 $NiSO_4 \cdot 7H_2O$ 溶于一定量的蒸馏水中，另将 $Na_3C_6H_5O_7$、$NaC_2H_3O_2$ 分别溶于一定量的蒸馏水中；然后再与 $NiSO_4 \cdot 7H_2$ 水溶液混合，或直接将它们溶解于 $NiSO_4 \cdot 7H_2O$ 水溶液中；最后将 NaH_2PO_2 溶于一定量的蒸馏水中，再与上述溶液混合，经过过滤加蒸馏水后使用。

3）镀镍工艺。温度为88～92℃，pH 值为4.1～4.5，沉积速度为10～15μm/h，装载量为1.0～2.0dm²/L，时间为60min。

4）镀后处理。清洗干燥后，施以300～350℃×2h 脱氢处理。

（2）渗硼　采用固体渗硼，渗硼剂成分（质量分数）为 B_4C5%，$KBF_4$5%，SiC90%。经900℃×5～6h 渗硼。

（3）淬火、回火　渗硼后在盐浴中加热淬火，工艺为：810℃×4～5min，在160～180℃碱液中冷却；在硝盐浴中进行300～350℃×2h 回火，回火出炉后用热水清洗干净。

用金相法测定的渗层深度为0.125mm。表面硬度为1240HV，基体硬度为45～48HRC。

实践证明，镀镍渗硼是一种先进的表面改性技术，45 钢制浮动模按上述工艺处理后，模具的使用寿命比原 T10A 钢制模具提高8 倍以上，可达3 万多件。

971. 45 钢制叶片热切边模的固体渗硼工艺

用45 钢渗硼代替 Cr12MoV 钢制造叶片热切边模获得成功。其热处理工艺为：在 RJX-100-9 中进行固体渗硼。渗硼剂为市售的 WLB-2 型无烟球形颗粒渗硼剂，粒度为0.5～1.5mm，松装密度为0.9～0.95g/cm³。渗硼工艺为910～930℃×4h，随炉冷至室温。采用盐浴炉重新加热淬火，820～840℃×0.5min/mm，淬盐水；210～230℃×3h 回火。经上述工艺处理后，模具的表面硬度为1290～1700HV，使用寿命为1100 多件，比原 Cr12MoV 钢制模具提高0.5 倍以上，不开裂，修磨后还可继续使用。

972. 45 钢制冷镦模的固体碳氮共渗工艺

Q235 钢制半圆头销钉采用冷镦模冷镦成形，冷镦模的外形尺寸为 ϕ50mm×60mm，内孔为 ϕ22mm×20mm→ϕ10mm×40mm 通孔。冷镦模原用 CrWMn 钢制造，使用寿命不太高，后改用45 钢制造，并进行固体碳氮共渗处理使用寿命得到了提高。其固体碳氮共渗工艺为790～800℃×3h。碳氮共渗后炉冷至室温后再于盐浴中重新加热，830～840℃×0.5min/mm，内孔喷10%（质量分数）NaCl 水溶液冷却。按上述工艺处理的冷镦模，可获得深度为0.6～0.7mm 的碳氮共渗层，共渗层硬度为780～800HV，内孔变形量≤0.04mm。模具的使用寿命比原 CrWMn 钢制模具提高4～5 倍。

973. 45 钢制蜂窝煤机煤钎的半快速加热工艺

蜂窝煤机上用的煤钎用45 钢制造，按常规处理，由于煤中的石头及硬质点较多，煤钎很容易折断，如果降低硬度，又会弯曲。采用半快速加热工艺，使煤钎的使用寿命大大提高。

所谓半快速加热就是加热速度介于普通和快速加热之间的一种工艺。加热温度比常规加热温度要高出50~60℃，加热时间视炉型、工件大小、装炉量多少而定。ϕ14mm的45钢制煤钎在75kW中温盐浴炉中加热，一炉放3挂，每挂装24件，加热系数取8~10s/mm（进炉前经450~500℃空气炉预热过），加热温度为875~880℃，加热时间由原7.5min缩短到2.5min，淬火冷却介质由原来的10%（质量分数）NaCl水溶液改为流动的自来水。2500件煤钎90min完成淬火，效率提高2倍，节电，且变形小，80%不用矫直，弯曲者趁热容易矫直。淬火后进行300~320℃×1h硝盐浴回火。经上述工艺处理后，煤钎的硬度为50~52HRC，使用情况很好，极少数折断，其使用寿命比常规处理者提高8~10倍。

974. 45钢制冷拔模的渗硼工艺

无缝钢管的冷拔模选用45钢制造，并经渗硼处理，其外模外形尺寸为ϕ170mm×60mm，内模外形尺寸为ϕ50mm×25mm。渗硼在ϕ700mm×945mm的45kW外热式坩埚炉中进行。渗硼剂为$Na_2B_4O_7 \cdot 10H_2O$，由于硼砂含有结晶水，必须按无水硼砂质量的1.9倍来配料，经450~500℃充分脱水；还原剂为B_4C，颗粒为200~260目；活化剂为工业纯Na_2SiF_6。

热处理工艺为：450~500℃×2~3h预热，940~960℃×5h渗硼，淬入盐水，160~180℃×1.5h×2次回火。经上述工艺处理后，外模的使用寿命为拉拔钢管6.6t，内模的使用寿命为拉拔钢管33t，比原来的碳氮共渗模具的使用寿命提高3倍多。

975. 45钢制硅碳棒模具的渗硼工艺

45钢制硅碳棒模具的渗硼工艺如下：

（1）渗硼前的准备　渗剂由B_4C、Na_3AlF_6、CaF_2加填加剂组成；渗硼箱由不锈钢钢板焊成；膏剂涂层厚度为2~3mm，用羧胶液为黏结剂，涂层要进行干燥；砂封用180目碳化物砂。密封好后高温进炉快速升温，防止膏剂氧化。

（2）渗硼工艺　960℃×10h。

（3）渗硼后的处理　渗硼不再进行二次加热淬火，直接出炉开箱取模空冷正火。

按上述工艺处理后，模具的表面硬度为2200HV，平均使用寿命为1250件，比原45钢经常规淬火、回火的模具的使用寿命提高3倍多。

976. 45钢制冷镦模的内孔复合强化工艺

45钢制方头帽冷镦模（见图10-1），在服役时冲击速度为150~200次/min，主要失效形式是崩裂、磨损、塌陷、拉毛和变形等。为此，要求模具应有足够的强度、耐磨性、抗疲劳性能和抗咬合性能。45钢不进行强化处理显然达不到上述性能要求。曾选用CrWMn钢制造，整体淬硬至60~64HRC，虽然耐磨，但脆性很大。改用45钢，经锻造余热调质处理，再对内孔进行碳氮共渗+渗硼处理，模具的使用寿命比CrWMn钢制模具提高9倍。

图10-2所示为45钢制方头帽冷镦模的内孔复合强化工艺。

（1）锻造余热调质处理　最后一次终锻结束后，不要缓冷，立即水淬油冷，200℃左右出油空冷，再进行580℃×2h高温回火。该工艺省时省电，改善了工件的力学性能，是比较理想的预备热处理工艺。

（2）内孔碳氮共渗　将经调质处理并精加工后的冷镦模内孔清洗干净，自然干燥后，涂上理想的膏剂碳氮共渗涂料。因内孔小，孔内可以塞满涂料，待自然干燥后进行密封装箱，用旧渗碳剂作为填料按工艺要求进行碳氮共渗。结果分析，渗层深度为0.65～0.75mm。对共渗层进行机械剥离分析，渗层中碳的质量分数为0.8%～0.95%，氮的质量分数为0.25%～0.35%。因共渗温度低，浓度梯度变化平稳，表层的碳氮化合物为1～2级，有很好的耐磨性，未发现白亮层和内氧化。

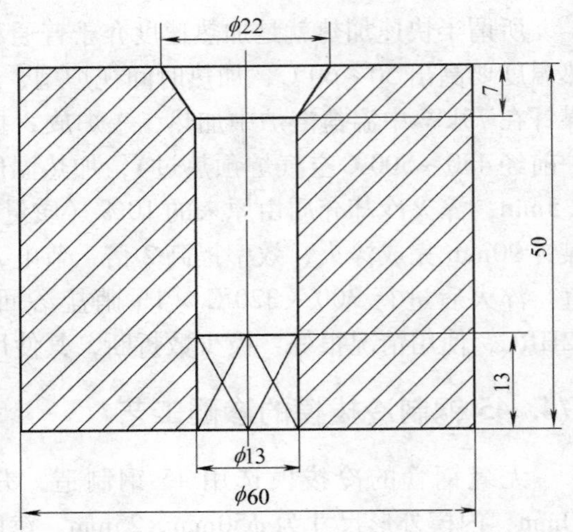

图10-1　方头帽冷镦模

（3）内孔渗硼　将经过碳氮共渗的45钢冷镦模内孔抛光至表面粗糙度值 Ra 为0.8μm，清理干净后，涂上以硼酸为供硼剂的膏体渗硼涂料。因内孔小，将涂料塞满内孔，自然干燥后密封装箱，用旧渗碳剂作为填料。采用45钢的淬火温度进行低温渗硼。渗硼结束后，出炉开箱取出模具，放入在专制的夹具上进行内孔喷水淬火，水冷至200℃左右迅速入油缓冷，再进行240℃×2h硝盐浴回火。

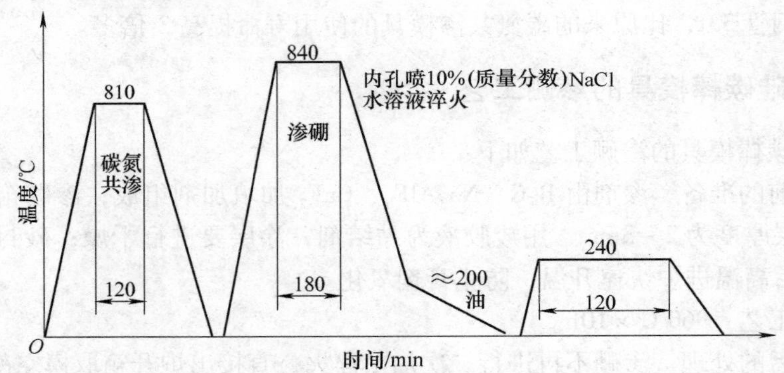

图10-2　45钢制方头帽冷镦模的内孔复合强化工艺

经上述复合强化处理后，渗硼层深度为0.10～0.12mm，组织为单相 Fe_2B，韧性较好，呈锯齿状插入基体，有较好的结合力，不易剥落。硬度分布由内孔向表面为渗硼层1600～1900HV，碳氮共渗层为62～65HRC，然后逐步降低，外表面为25～26HRC，达到内硬外韧的使用要求。与按旧工艺处理的模具相比，其使用寿命提高9倍，经济效益明显。

977. 45钢制冲头的化学沉积镍磷合金工艺

角钢和板材的冲模用45钢制造冲头，经830℃加热淬火，低温回火，硬度为50～54HRC，使用寿命比较低。失效的主要形式为冲头根部倒角处断裂和冲头头部严重拉毛。

对经上述工艺处理后的45钢制冲头再进行化学沉积镍磷合金，沉积层厚度为25～

30μm，表面硬度达1000HV，冲头使用寿命达到6000多件，平均使用寿命提高了2倍。

978. 45钢制釉面砖成形模板的渗硼工艺

釉面砖成形模板一般用Cr12MoV钢制造，使用寿命不高。改用45钢渗硼处理，有效地解决了模具的使用寿命低的问题。

（1）渗硼　渗硼剂采用市售的粒状渗硼剂。渗硼温度为900～920℃，渗硼时间为4～6h。模具在装箱前应清洗脱脂，密封装箱。渗硼结束后，渗硼箱应随炉冷至100℃左右时出炉开箱取模，空冷。

（2）渗硼层特性　45钢制模板经固体渗硼后，硼化物层深度为95～200μm，主要金相组织为Fe_2B，硬度为1500～1800HV，高于硅砂颗粒的硬度（1200HV），因此具有很高的抗划伤和抗磨粒磨损性能。

45钢制模板经上述工艺渗硼处理后，使用寿命达28个班次；而原只经淬火、低温回火的Cr12MoV钢制模板的使用寿命仅为6～7个班。

979. 45钢制橡胶模的热处理工艺

某45钢制橡胶模的原热处理工艺：840～860℃×35min空气炉加热，氯化钠水溶液淬火，200～230℃×2h回火后空冷，回火后硬度43～46HRC。

结合橡胶模的工作情况可知，上述工艺的加热温度偏低，保温时间不足，奥氏体化不充分，淬火后金相组织不均匀，内应力比较大，所以模具的使用寿命不高。对该热处理工艺进行了改进。

改进后的热处理工艺为：870～880℃×60～70min空气炉加热，淬火冷却介质为两硝淬火冷却介质，350～370℃×3h回火后空冷，硬度为35～38HRC。满足了橡胶模的使用要求。

通过优化热处理工艺，有效地改善了45钢制橡胶模的显微组织，提高了其力学性能，模具的使用寿命得到了显著提高。

980. 45钢制砖机模板的硼氮共渗工艺

45钢制砖机模板的硼氮共渗工艺如下：

（1）共渗剂组分　供硼剂为碳化硼，活化剂为氟硼酸钾，填充剂为氧化铝＋适量木炭粉。

（2）共渗工艺　按工艺要求配好共渗剂并拌匀。将模板放在定制的渗箱内，在铁箱底部和模板上部用旧渗剂，模板重要的表面均使用新配制的渗剂。共渗工艺为900℃×5h。在渗箱里放入与模板相同炉号的材料，以便做渗层质量检验。

（3）渗后热处理　840～850℃加热淬火，600℃×2h回火。

将进行了硼氮共渗和渗后热处理的45钢制砖机模板进行使用寿命检验，结果显示，其使用寿命远高于碳氮共渗者。

981. 40Cr钢制拉深模的渗硼工艺

轴承保持架的拉深模具在工作时，主要受摩擦力和一定的冲击力的作用，失效形式是脆性剥落、凹坑和裂纹。GCr15钢制模具用碳化硼作为渗硼剂，进行920℃×5h渗硼，空冷后进行重新加热淬火，180～200℃×2h回火后使用，使用寿命为4万～5万件。改用40Cr钢渗硼，并经淬火、回火处理，模具的使用寿命提高1倍。其热处理工艺如下：

（1）渗硼　渗硼剂成分（质量分数）为B_4C80%＋$Na_2CO_3$20%。渗碳工艺为920℃×5h，炉冷至500℃出炉空冷，冷至室温开箱取模。

（2）淬火、回火　650℃盐浴预热，840℃加热，淬油；350～400℃×2h回火。表层硬度为1290HV，基体硬度为43～45HRC。

40Cr钢制拉深模经上述工艺处理后，可得到回火托氏体组织，具有较高的强度、硬度及强韧性，渗硼层表面有残余压应力。因此，中温回火有利于提高疲劳强度，充分发挥渗硼层的耐磨性，不易产生脆性剥落及凹坑。

982. 40Cr钢制冲头的渗硼工艺

工艺1：40Cr钢拉伸冲头的渗硼

40Cr钢制拉伸冲头经850℃淬火，400℃回火，硬度为40～45HRC。渗硼盐浴配方为（质量分数）：NaCl 6%＋$Na_2CO_3$12%＋$Na_2B_4O_7$71%＋SiC11%（SiC为140目粉末）。渗硼工艺为930℃×3h，出炉后预冷至850℃淬油，400℃×1h回火。渗硼层深度为0.06～0.08mm，硬度为1200HV，表层金相组织为Fe_2B，冲头的平均使用寿命为1050件，比原W18Cr4V钢制冲头的使用寿命提高2～3倍。

工艺2：挤压滚轮外圈冲头的渗硼

原W18Cr4V钢制挤压滚轮外圈仅能挤压1000件左右；改用40Cr钢渗硼，使用寿命提高了1倍多。粉末渗硼的配方（质量分数）为：硼铁20%＋氟硼酸钾5%＋氧化铝75%。渗硼工艺为920℃×3h，空冷，渗硼层深度为0.06～0.08mm；850℃淬油，190℃×2h回火。经上述工艺处理后，冲头的使用寿命为2500多件，被冲工件表面质量也改善了很多。

983. 40Cr钢制冷镦模的渗硼工艺

柱塞冷镦模原用Cr12MoV钢制造，使用寿命只有5000件左右；改用40Cr渗硼，使用寿命为4.2万～4.4万件。渗硼剂成分（质量分数）：硼铁20%＋氟硼酸钾5%＋氧化铝75%。渗硼工艺为920℃×4h，空冷；840℃重新加热淬油，200℃×2h回火。渗硼层深度为0.08～0.10mm，表面硬度为1250HV，基体硬度为48～52HRC。

984. 40Cr钢制热锻模的硼稀土共渗工艺

40Cr钢采用高温形变热处理和硼稀土共渗相结合工艺，代替5CrMnMo钢制造单体支柱上活塞热锻模。具体工艺为：将40Cr于1150℃锻造成ϕ210mm×115mm模坯后，不要缓冷，直接淬油，并于580℃高温回火。机械加工成形后，进行900℃×6h固体硼稀土共渗。共渗后，出炉开箱取模直接淬油，低温回火。以前使用5CrMnMo制热锻模，锻造1500件后模膛塌陷；使用经硼稀土共渗的40Cr钢制热锻模锻造2000件活塞后，模膛完好无损，而且脱模容易。

985. 40Mn2钢制热锻模的渗硼工艺

柴油机曲轴正时齿轮热锻模主要损坏形式是热疲劳和磨损。原采用5CrMnMo钢制造热锻模，模具的使用寿命为200～500件。后采用40Mn2钢渗硼处理，模具的使用寿命可达到1095件，而且节省材料。热处理工艺为：940～960℃×4～5h渗硼，空冷。

工艺1：液体渗硼

液体渗硼剂配方（质量分数）为：SiC 25%+$Na_2B_4O_7$ 75%，另加Na_2CO_3 7.5%（总量的）+NaCl 7.5%（总量的），或用另一种配方（质量分数）：$Na_2B_4O_7$ 70%+SiC 30%，另加氟硼酸钾2%～5%（总量的）。

工艺2：固体渗硼

固体渗硼配方（质量分数）为：$Na_2CO_3$15%+SiC55%+石墨30%，另加NaF4%（总量的）+氟硼酸钾2%（总量的）。

渗硼以后要用热水清洗，然后再进行淬火、回火：650℃预热，840℃加热，淬油；300℃×2h硝盐浴回火，回火后空冷。渗硼层硬度为1300～1500HV，渗硼层深度为0.083～0.10mm。

986. 5CrNiMnMoVSCa钢制精密热塑性塑料模的预硬化工艺

精密热塑性塑料模对加工性能及使用寿命有较高的要求：热处理变形小，能保持精度；型腔表面粗糙度值低；有良好的花纹蚀刻性能和焊补性能；有高的硬度和强韧性，以防止壁薄部位断裂并有利于减少模具的体积和重量。

目前，国内大部分精密热塑性塑料模，一般都用45、40Cr、T8A钢等制造。有的单位使用3Cr2Mo等塑料模具钢，但所制造的模具硬度低，表面粗糙，使用寿命不高。选用5CrNiMnMoVSCa钢制造热塑性塑料模可收到显著的效果，模具的使用寿命赶上甚至超过进口的同类模具。

（1）退火及预硬化　模具锻后一般采用等温退火。加热温度为760～780℃，保温2～3h，炉冷至670～690℃×4～6h，炉冷至500℃出炉空冷。退火后硬度为217～230HBW，组织为球状珠光体+易切削相。

预硬化工艺为：880℃×1min/mm加热（箱式炉取2min/mm），淬油，硬度为61～63HRC；回火温度根据预硬化要求的硬度来决定，见表10-1，回火时间为2h。

表10-1　5CrNiMnMoVSCa钢塑料模回火温度与硬度的关系

回火温度/℃	575	600	625	650
回火后硬度HRC	45～46	43～44	39～40	34～35

模具预硬化处理硬度为38～42HRC时，可顺利进行车、铣、刨等切削加工；当硬度为40HRC时，切削加工性能与35HRC的3Cr2Mo钢相当。

（2）抛光、蚀刻花纹　可按通常的抛光工艺进行，表面粗糙度值*Ra*容易达0.1μm以下，镜面加工性好。采用转移漆膜法制作蚀刻花纹时，清晰、逼真。

（3）焊补　可采用不锈钢焊条进行局部焊补，热影响区最高硬度为50HRC，仍可进行加工。

（4）使用寿命　5CrNiMnMoVSCa钢塑料模的使用寿命见表10-2。

表10-2 5CrNiMnMoVSCa钢制塑料模的使用寿命

模具名称	预硬化硬度HRC	质量与寿命
L310透明窗模具	40	表面粗糙度与进口3Cr2Mo钢制模具相同，使用寿命超过50万件（进口3Cr2Mo钢制模具的使用寿命仅为20万件）
磁带盒内盒模具	40~45	平均使用寿命为200万件，超过进口的同类模具的使用寿命

987. 5CrNiMnMoVSCa钢制精密密封橡胶模的调质工艺

精密密封橡胶模要求尺寸精确，加工工艺性能和抛光性能好，热处理变形小，并且要有高的硬度、耐磨性和强韧性。这类模具常用45钢在调质和镀铬状态下使用，硬度低，易磨损，型腔易出现凹坑、麻点、变形等缺陷，加工出来的橡胶制品外观质量差。改用38CrMoAl钢在调质、氮碳共渗状态下使用时，其使用寿命比45钢提高2~3倍，但可加工性差，不便于推广应用。选用5CrNiMnMoVSCa钢制模具，在加工工艺性能及使用寿命方面均获得满意的效果。

（1）退火 760℃×2h炉冷，于660℃×6h炉冷至500℃出炉空冷。退火后硬度<230HBW。

（2）调质 精密密封橡胶模常常在调质状态下使用，其工艺及硬度见表10-3。

表10-3 5CrNiMnMoVSCa钢制橡胶模的调质工艺及硬度

模具名称	淬火温度/℃	淬火后硬度HRC	回火温度/℃	回火后硬度HRC
密封条压模	920	62	580	42
压杆压模	890	61	610	40
油封压模	860	60	620	38
O形圈压模	900	61	650	35

（3）抛光 在车床上用0.080mm刚玉砂纸抛光，当把表面粗糙度值 *Ra* 从1.6μm抛到0.8μm时，所需时间为45钢和38CrMoAl钢的1/2。当用氧化铝人工抛光时，表面粗糙度值 *Ra* 从1.6μm抛到0.8μm时，所需时间比45钢节约1/3~1/2。

（4）使用寿命 用5CrNiMnMoVSCa钢所制造的表10-3中的4种橡胶模，加工性能、使用情况良好，使用寿命可比45钢制模具提高数倍。其中密封条压模，45钢制模具的使用寿命为2500~3000件，而5NiSCa钢制模具可达0.9万~1万件。

988. 5CrNiMnMoVSCa钢制印制电路板凹模的预硬化工艺

印制电路板凹模上分布着数千个ϕ0.8~ϕ2.0mm的圆孔，对细长凸模和凹模圆孔的同轴度及孔距尺寸精度有严格要求。因此，在用T10A、CrWMn、Cr12及5Cr4Mo3SiMnVAl钢制造时，凹模易出现拉毛，凸模则会发生折断现象，所以使用寿命不高，一般仅为4万~5万件。

凹模选用5CrNiMnMoVSCa预硬型模具钢制造，并采用第986例所述的预硬化工艺，硬度为35~42HRC，模具的可加工性优良，表面粗糙度值低，加工周期短，使用寿命长。

为了缩短模具的制造周期和确保精度，可选用厚度为18mm或12mm的专用印制电路板凹模预硬钢板制造，经钻孔、精磨和去应力处理后即可使用。5CrNiMnMoVSCa 钢制印制电路板凹模的使用寿命见表 10-4。

表 10-4 5CrNiMnMoVSCa 钢制印制电路板凹模的使用寿命

预硬硬度 HRC	模具的使用寿命/万件	
	原模具	钢制模具
35 ~ 38	4 ~ 5	750
40 ~ 42	2 ~ 4	远高于原模具
36 ~ 40	4	远高于原模具

5CrNiMnMoVSCa 钢制印制电路板凹模，由于预硬硬度高，可加工性好，模具合格率可达 100%。

989. 5CrNiMnMoVSCa 钢制电话机盖压铸模的气体氮碳共渗工艺

5CrNiMnMoVSCa 钢制电话机机盖压铸模的热处理工艺如下：

（1）预热 400 ~ 500℃ ×2min/mm 预热（空气炉）。

（2）淬火 880 ~ 900℃ ×1min/mm 盐浴加热，淬火冷却介质为热油。

（3）回火 虽然都是话机盖，因各种规格型号的话机盖材质不尽相同，所以压铸模的硬度要求不同。575℃以下在硝盐浴炉中回火，高于 600℃在气体渗碳炉或井式炉中保护性加热回火。回火时间根据现场情况而定，一般为 2h，回火后空冷。回火温度同硬度的关系见表 10-5。

表 10-5 5CrNiMnMoVSCa 钢制压铸模的回火温度同硬度的关系

回火温度/℃	淬火后	400	500	525	550	575	600	650	675	700
硬度 HRC	63	50. 5	48	47. 5	46. 5	45. 5	43. 5	36	32. 5	28

在预硬硬度为 38 ~ 45HRC 时，可以顺利地进行成形加工，该钢具有良好的电加工性能和机械加工性能。用 5CrNiMnMoVSCa 钢制造的电话机盖压铸模，可以代替进口的塑料模具钢。

（4）氮碳共渗 压铸模加工成品后，再补充进行 550℃ ×3 ~ 4h 的气体氮碳共渗，其使用寿命将进一步提高。

990. 5CrNiMnMoVSCa 钢制弯曲模的盐浴淬火工艺

弯曲模原用 T10A 钢制造，使用寿命比较低，只有 320 件左右，失效主要形式为断裂；采用易切削高韧性塑料模具钢 5CrNiMnMoVSCa 钢制造后，使用寿命超过 2 万多件，比 T10A 钢制模具提高 60 多倍。

5CrNiMnMoVSCa 钢制弯曲模的热处理工艺为：650℃ ×2min/mm 盐浴预热，880 ~ 890℃ ×1min/mm 加热，淬热油，淬火后硬度 62 ~ 63HRC；250℃ ×2h 硝盐浴回火，回火后硬度 56HRC。

991. 3Cr2Mo 钢制电视机外壳等大型塑料模的盐浴淬火工艺

3Cr2Mo（P20）钢制电视机外壳塑料模等大型模具的热处理工艺如下：

（1）球化退火　840～860℃×2h 加热，炉冷，710～730℃×4h，炉冷至 500℃出炉空冷。退火后硬度≤229HBW。

（2）淬火、回火　450～500℃×2min/mm 空气炉预热，860～880℃×1min/mm 盐浴加热，淬热油，200℃左右出油空冷，淬火后硬度为 50～53HRC；回火温度为 580～600℃，时间为 2h，回火后硬度为 33～36HRC。

（3）实际应用　按上述工艺处理的电视机、大型收录机的外壳及洗衣机面板等大型塑料模具，其切削加工性能及抛光性能均显著优于 45 钢制模具；其使用寿命比 45 钢制模具提高 20 万～30 万次；在相同抛光条件下，其表面粗糙度值比 45 钢制模具低。

992. 3Cr2MnNiMo 钢制精密塑料模的盐浴淬火工艺

3Cr2MnNiMo 钢制精密塑料模的热处理工艺如下：

（1）球化退火　模具毛坯经锻造后一般进行球化退火处理。热处理工艺为：840～860℃×2h 加热，炉冷，690～710℃×4～5h，炉冷至 500℃出炉空冷。退火后硬度<255HBW。

（2）淬火、回火　中小型模一般在盐浴炉中加热淬火，400～500℃×2min/mm 空气炉中预热，850～870℃×1min/mm 加热，淬热油，淬火后硬度为 51～56HRC；回火温度根据模具的硬度要求，并参考力学性能而定。表 10-6 所列为 3Cr2MnNiMo 钢经 860℃盐浴淬火后回火温度对力学性能的影响。

表 10-6　3Cr2MnNiMo 钢经 860℃盐浴淬火后回火温度对力学性能的影响

回火温度/℃	硬度 HRC	R_m/MPa	R_{eL}/MPa	A（%）	Z（%）	a_K/(J/cm^2)
450	45	1600	1300	12	52	40
500	42	1400	1250	13	53	50
550	38	1300	1150	14	60	70
600	36	1200	900	15	65	12
650	32	900	750	16	67	160
700	26	700	650	17	67	190

（3）使用寿命　3Cr2MnNiMo 钢制精密塑料模在 860℃淬火后，进行 600～650℃×2h 回火。经上述工艺处理后，塑料模的硬度为 32～36HRC，使用寿命达到 120 万次以上，比原 45 钢制模具提高 10 倍多。

993. 25CrNi3MoAl 钢制塑料模的热处理工艺

（1）一般精密塑料模的热处理　淬火温度为 880℃，空冷或水冷淬火，淬火后硬度为 48～50HRC。680℃×4～6h 高温回火，空冷或水冷，回火后硬度 22～23HRC。经机械加工成形，再进行时效处理：520～540℃×6～8h，时效后硬度为 39～42HRC。再经研磨、抛光或光刻花纹后装配使用，时效变形率大约为 -0.039%。

（2）高精密塑料模的热处理　淬火温度为 880℃，空冷或水冷淬火，淬火后硬度为 48 ~50HRC。680℃ ×4 ~6h 高温回火，空冷或水冷，回火后硬度为 22 ~23HRC。经粗加工和半精加工后，补充 650℃ ×1h 去应力退火，消除加工后的残余应力，然后进行精加工。再进行时效处理：520 ~540℃ ×6 ~8h，空冷，时效后硬度为 39 ~42HRC。再经研磨、抛光或光刻花纹后装配使用。经此工艺处理后，时效变形率仅为 -0.01% ~ -0.02%。

（3）冲击韧性要求不高的塑料模的热处理　锻坯退火后直接进行粗加工、精加工，加工成品后进行时效处理：520 ~540℃ ×6 ~8h。再经研磨、打光及装配使用。经上述工艺处理后，模具硬度为 40 ~43HRC，变形量≤0.05%。

（4）用作冷挤型腔塑料模的热处理　模具锻坯经软化处理后，即对模具挤压面进行加工、研磨、打光；然后对模具的型腔和外形进行修整；最后对模具进行真空时效或表面渗氮处理后，再装配使用。

25CrNi3MoAl 钢用于制造普通及高级精密塑料模具，经数十家工厂使用，使用寿命都比较高，技术经济效益显著。

994. P20SRE 钢制塑料模的热处理工艺

P20SRE 钢是华中科技大学的科研成果，属 P20 系列塑料模具钢，已推广应用多年，成效显著。其主要化学成分见表 10-7。

表 10-7　P20SRE 钢的主要化学成分（质量分数）　（%）

C	Cr	Mn	Mo	V	Al	RE	S	N	Si	P	O
0.40	1.43	1.41	0.21	0.15	0.02	0.055	0.10	0.0050	0.019	0.029	0.0105

P20SRE 钢制塑料模的热处理工艺如下：

（1）球化退火　锻坯一般经球化退火，其工艺为：840 ~860℃ ×2 ~3h，炉冷，760℃ ×2h，炉冷至 680℃ ×4h，炉冷至 500℃出炉。退火后硬度≤229HBW。

（2）淬火、回火　600 ~650℃ ×2min/mm 盐浴预热，875 ~900℃ ×1min/mm 加热，淬 40 ~90℃热油，晶粒度为 10 ~11 级，淬火后硬度为 51 ~54HRC。回火温度根据模具工作时的硬度而定。塑料模通常要求硬度在 28 ~40HRC，故选定 575 ~675℃温度区间回火，回火后油冷。

（3）力学性能　P20SRE 钢在硬度为 30 ~40HRC 时，R_m≥1100MPa，R_{eL}≥1030MPa，A≥8.8%，Z≥43.1%，可以满足常规塑料模具钢的强度和塑性要求。

995. P20BSCa 钢制大截面塑料模的热处理工艺

P20BSCa 钢也是华中科技大学的科研成果，属预硬型易切削塑料模具钢。该钢具有优良的热加工性能、高的淬透性和良好的可加工性，磨抛性能好，并有良好的综合力学性能、补焊性能和花纹蚀刻性能，而且在同类钢中的价格比较低，适于制造大型、复杂、精密的塑料模具。

P20BSCa 钢的主要化学成分见表 10-8。

表 10-8　P20BSCa 钢的主要化学成分（质量分数）　（%）

C	Cr	Mn	Si	B	S	Ca	S	P
0.40	1.40	1.40	0.50	0.002	0.10	0.008	≤0.030	≤0.030

P20BSCa 钢制大截面塑料模的热处理工艺如下：

（1）球化退火　锻造后一般采用球化退火，工艺为：830～850℃ ×2～3h，炉冷 720～730℃ ×4～6h，炉冷至 500℃出炉空冷。退火后硬度≤229HBW。

（2）淬火、回火　淬火温度为 870～900℃，盐浴炉加热系数取 1min/mm，冷却介质为油。回火温度为 550～650℃，回火后硬度为 30～35HRC。P20BSCa 钢不同直径的心部淬火、回火硬度见表 10-9。

表 10-9　P20BSCa 钢不同直径的心部淬火、回火硬度

有效直径/mm	200	300	400	500	600
880℃淬火后硬度　HRC	41.5	40.0	38.5	38.0	34.0
650℃回火后硬度　HRC	35.0	35.5	36.5	35.0	33.5

P20BSCa 钢具有很高的淬透性，有效直径或截面厚度为 600mm 的模块可以淬透，且淬火、回火以后，心部硬度可达 33HRC 以上，完全可以满足要求预硬硬度为 30～35HRC 的大截面塑料模的需求。

996. P20BSCa 钢制电冰箱内腔模的热处理工艺

P20BSCa 钢制电冰箱内腔模的热处理工艺为：采用井式炉、保护气氛加热，880～900℃ ×2min/mm 加热，淬入 60～90℃热油，油冷至 200℃左右出油空冷，淬火后硬度 50～52HRC；650℃回火，回火后硬度 33～36HRC，达到技术要求。

997. 20Cr13 钢制塑料异型材挤出模的热处理工艺

20Cr13 属马氏体不锈钢，具有较高的韧性和冷变形性能，切削加工性能良好，具有较高的耐蚀性，较好的韧性，适宜制作承受高载荷并存在腐蚀介质的透明或不透明塑料的加工模具。

聚氯乙烯塑料异型材挤出模的工作温度为 140～185℃，压力为 12.5～20MPa，且聚氯乙烯在高于 100℃的温度下会发生脱 HCl 反应，要求模具材料具有较高的耐热性、耐磨性、耐蚀性、抗氧化性和良好的加工性能和抛光性；热处理畸变要小。因此，该挤出模一般选用 20Cr13 钢制造。

20Cr13 钢制聚氯乙烯异型材挤出模在锻造后采用等温退火：850～860℃加热，炉冷至 720～750℃等温 4～5h，炉冷至 500℃出炉空冷。为消除退火硬度的不均匀性和改善耐蚀性，可采用图 10-3 所示的调质工艺。

20Cr13 钢调质后的硬度应控制在 24～28HRC。调质处理时，若加热时间过长或保温时间较长，则残留奥氏体较多，在加工和使用过程中会转变成马氏体，导致尺寸变化和体积膨胀，而且转变产生的表面拉应力容易使不锈钢产生诱发应力腐蚀，还会由于在拉应力的作用

下使模具表面钝化膜破裂，使腐蚀加剧。

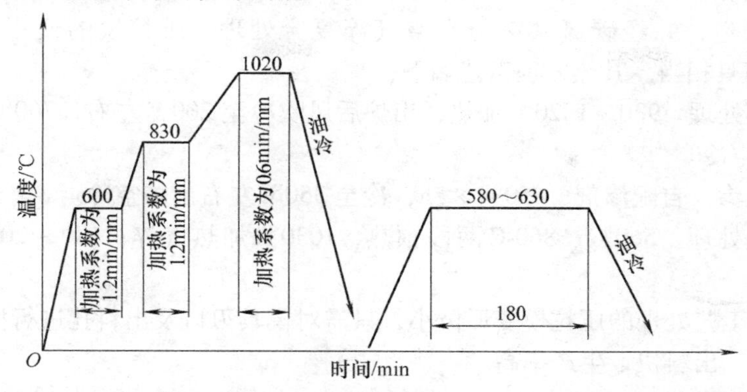

图 10-3　20Cr13 钢塑料挤出模的调质工艺

20Cr13 钢制模具调质结束后应采用油冷，然后再补充 400℃ ×2h 去应力退火。如采用空冷，冲击韧度会明显下降，其余性能的指标无明显变化，见表 10-10。而冲击韧度对塑料异型材挤出模并不十分重要。因此，大部分塑料模具构件在调质高温回火后都要空冷，这有利于减少应力和变形。

表 10-10　20Cr13 钢调质后不同冷却方式对力学性能的影响

冷却方式	R_m/MPa	R_{eL}/MPa	A（%）	Z（%）	硬度　HBW	a_K/(J/m^2)
空冷	662	826	20.4	59.0	230	0.43 ~ 0.48
油冷	644	796	21.0	71.5	233	1.80 ~ 2.10

998. 20Cr13 钢制饲料环模的渗碳、淬火工艺

20Cr13 属马氏体不锈钢，经常规处理后硬度为 40HRC 左右，组织为板条马氏体，在具备高强度的同时，又有非常高的韧性与塑性。选用 20Cr13 钢并经渗碳淬火，取代 Cr12 钢制造饲料环模，取得了满意的效果。其热处理工艺如下：

（1）渗碳　980 ~ 1000℃ ×2h 气体渗碳。

（2）淬火　980℃加热，淬油。

（3）回火　200℃ ×1h ×2 次回火。

经上述工艺处理后，20Cr13 钢制饲料环模的表面硬度为 65HRC。

999. 40Cr13 钢制饲料压粒模的碳氮共渗与真空气淬复合工艺

40Cr13 钢是耐蚀镜面塑料模具钢，是国际上常用的塑料模具钢。该钢适宜制造承受高载荷、高耐磨及在腐蚀介质作用下的塑料制品的加工模具。

饲料压粒模是一种多孔的环形易耗件，壁薄，环形模壁上模孔密布，尺寸精度要求高。压粒模工作时受到很大的挤压力，粉尘、沙砾对环模内壁刃口及模孔壁产生摩擦磨损，使模壁变薄，模孔扩大。环模及压辊因承受反复冲击，易产生疲劳和裂纹。模具失效形式以磨损为主。

压粒模多采用 20CrMnTi 钢或 4Cr 钢制造，并经强韧化处理，但使用寿命不高。选用 40Cr13 不锈钢制造，并经碳氮共渗与真空气淬复合处理，压粒模的使用寿命达 7500～8500t，与进口模具相当。其热处理工艺如下：

（1）预备热处理　980～1020℃加热，出炉后风吹冷至 200℃左右，760℃高温回火，炉冷至 500℃出炉空冷。

（2）碳氮共渗　自配渗剂，850℃×5h，冷至 350℃左右出炉空冷。

（3）真空热处理　560℃、860℃两段预热，1030℃加热气淬；180～200℃×3h×2 次回火。

经上述复合工艺处理的压粒模变形极小，只需对模具刃口及出料孔进行抛光，渗层硬度高，抛光性能好，出料快，生产率高。

1000. 40Cr13 钢制饲料机环模的热处理工艺

40Cr13 钢是我国饲料机制造高级环模的首选用钢，硬度要求为 48～54HRC，使用寿命 ≥600h。

40Cr13 钢制环模如图 10-4 所示。模坯为锻件。以前的热处理工艺是：860℃退火＋1030～1050℃淬火＋250℃×3h×2 次回火。在实际生产中，采用这种工艺处理的模具，使用寿命往往达不到 100h 就开裂，而且随着模具尺寸的增大，开裂倾向越发严重。经分析认为，对于大尺寸的环模，锻造中遗留的缺陷，如带状偏析、网状碳化物、晶粒异常长大以及未锻合的疏松等采用常规退火不能完全消除。因此这种组织不宜作为 40Cr13 钢大尺寸模具淬火前的原始组织。

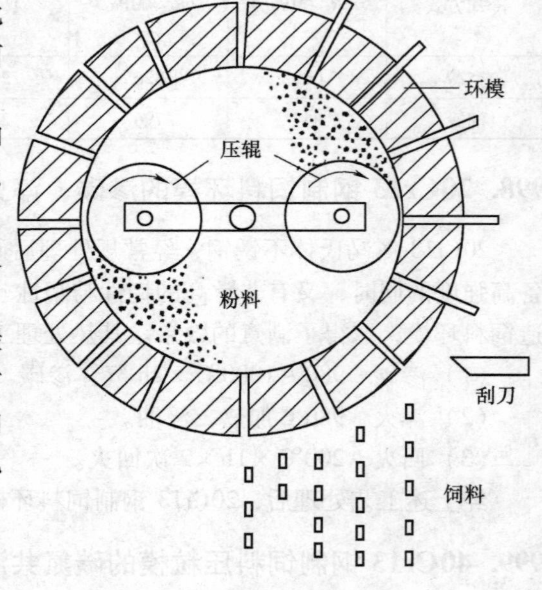

图 10-4　40Cr13 钢制环模

对于大尺寸的环模锻坯如采用固溶处理加双细化工艺代替常规的退火工艺处理后，可以消除环模锻件的网状碳化物，减少带状组织，细化晶粒达 8 级，此组织是 40Cr13 钢环模淬火前理想的组织。

改进后的工艺：在淬火加热时，在铬的碳化物开始溶入奥氏体的温度，增加一段保温时间，再加热到常规温度短时保温，然后在热油中淬火。这样得到的组织和硬度比较均匀，也减少了环模的畸变与开裂。

回火工艺为：250℃×4h＋200℃×6h。

按上述工艺处理的环模，硬度全部符合工艺要求，使用寿命也有很大提高。

1001. 40Cr13MoV 钢制耐蚀塑料模的预硬化热处理工艺

耐蚀塑料模主要用于专门生产以化学性腐蚀塑料为原料的塑料制品，要求所用的模具钢不仅具有耐蚀性，而且必须有一定的硬度、强度和耐磨性。国内耐蚀模具钢大多选择 Cr13 系马氏体不锈钢，实践证明，该类钢的耐蚀性、耐磨性相对较差，难以满足高级塑料制品的使用要求。40Cr13MoV钢是在40Cr13钢的基础上，添加一定含量的Mo、V而制成的。该钢的耐蚀性、热稳定性和耐磨性得到了进一步改善，在预硬化处理后具有良好的切削加工性能及抛光性能。

某钢铁公司对40Cr13MoV钢采用1030℃淬火，580℃两次回火的热处理工艺，处理厚度为105～210mm钢板，其硬度为33～36HRC，可满足用户加工镜头、光碟等镜面模具的使用要求。客户反馈，模具的耐蚀性、抛光性能均达到同类进口模具的水平。

1002. 06Ni6CrMoVTiAl钢制高精度塑料模的热处理工艺

06Ni6CrMoVTiAl钢制高精度塑料模的热处理工艺如下：

（1）固溶处理　850～880℃×1min/mm盐浴炉加热，油冷。固溶处理后硬度为25～28HRC。

（2）时效处理　经固溶处理的模具，进行机械加工和钳工加工成形后，再进行500～520℃×6～8h时效处理。硬度为42～47HRC。

为了防止模具在时效过程中发生氧化，最好能在真空炉中进行时效，若在箱式炉中进行时效，应加强保护。

时效后的变形量可控制在0.05%之内。时效后尺寸变化规律是基本上趋于缩小，钳工精修时可参照这个规律加工。

（3）模具型腔表面处理　聚氯乙烯、聚甲醛、聚四氟乙烯这些常用塑料，在注射过程中都会释放出带有腐蚀模具型腔面的气体。因此，模具型腔必须进行表面处理，常用渗氮处理。

型腔经时效处理和钳工精加工后，再进行渗氮处理。渗氮温度与时效温度相同，渗氮时间较长。渗氮层深度为0.15～0.25mm，渗氮层硬度为700～800HV，基体仍为时效硬度。

按上述工艺处理的高精度塑料模具，使用寿命长，尺寸精度好。

1003. 06Ni6CrMoVTiAl钢制录音机磁带塑料模的热处理工艺

06Ni6CrMoVTiAl钢制录音机磁带塑料模的热处理工艺如下：

（1）预备热处理　对毛坯锻件施以软化处理，即进行680℃×4～5h的高温回火。

（2）固溶处理　固溶温度为850～880℃，保温2h，油冷。固溶处理后冷却速度越快硬度越低。例如，850℃固溶后空冷硬度为26～28HRC，油冷硬度为24～25HRC，水冷硬度为22～23HRC。

（3）时效处理　500～540℃×4～8h，时效后硬度为42～45HRC。时效处理的组织是板条马氏体+析出相Ni_3Al、TiC和TiN。经850℃×2h固溶处理后，在不同温度下时效8h后的硬度变化见表10-11。

表10-11　在不同温度下时效8h后的硬度变化

时效温度/℃	200	300	350	400	450	475	500	525	560	575	600	650	680	700
硬度　HRC	26	27	28	30	41	44.5	45	44.5	43	39	30	24	22	21

经520～540℃×4～8h时效后的力学性能：R_m为1405MPa，$R_{p0.2}$为1390MPa，A为10%，Z为51%～53%。

1004. 06Ni6CrMoVTiAl 钢制出口刀具塑料包装盒模具的热处理工艺

某工具集团公司每年要出口数亿件刀具，需要大量的塑料包装盒，曾用45钢制造塑料包装盒的模具，模具的平均使用寿命为4万~5万件。改为06Ni6CrMoVTiAl钢制模后，模具的平均使用寿命超过130多万件，而且压铸出来的塑料盒表面厚薄均匀，表面光洁。其热处理工艺如下：

（1）固溶处理　450~500℃×1.2min/mm空气炉烘干，860~880℃×0.6min/mm盐浴加热，淬油。固溶处理后硬度为25~27HRC。

（2）时效处理　在气体渗氮炉中进行，500~520℃×5h，时效后硬度为44~45HRC。

模具在进口的自动注塑机上使用，失效的主要形式是磨损凹坑。这说明表面强化非常重要，可进行渗氮处理，以延长其使用寿命。

1005. 0Cr4NiMoV 钢制旋钮注塑模的渗碳淬火工艺

用20钢冷挤压成形并经渗碳、淬火、回火处理的注塑模型腔，在使用过程中，由于渗碳淬硬层薄，基体硬度低，在闭模、脱模过程中，因受冲击和碰撞，型腔表面会出现塌陷和内壁咬伤现象，影响模具使用寿命。采用0Cr4NiMoV钢制造旋钮注塑模，可提高其使用寿命。其热处理工艺如下：

（1）退火　模具锻造后一般进行普通退火。其工艺为：870~880℃×2~3h，炉冷至550℃出炉空冷。退火后硬度为100~105HBW。

（2）渗碳　采用固体渗碳法，920~930℃×6~8h，渗后炉冷至850℃左右出炉带罐缓冷。

（3）淬火、回火　450~500℃×1.2min/mm烘干，850~870℃×0.6min/mm盐浴加热，淬油，淬火后表面硬度为60~64HRC；200~220℃×2h硝盐浴回火，回火后表面硬度为58~62HRC。

0Cr4NiMoV钢有优异的塑性，用冷挤压法成形的模具的型腔轮廓清晰、光洁，渗碳后的渗层深度比20钢深1倍，心部硬度可达28HRC，使用中未出现过型腔表面塌陷和内壁咬伤现象，有较满意的使用效果。

1006. 0Cr4NiMoV 钢制拨盘注塑模的退火工艺

拨盘注塑模的形状复杂，周围细齿密布，采用0Cr4NiMoV钢制造可满足生产的需要。

0Cr4NiMoV钢经880℃×2h退火加热，550℃出炉空冷，退火后硬度为107HBW，可顺利地进行冷挤压成形。0Cr4NiMoV钢有优良的塑性，变形抗力小，这两项性能均优于10钢或铜。齿尖细微组分形状清楚，形腔的表面粗糙度值低，可以复现压头的表面粗糙度值，不用进一步抛光即可装模使用，可获得满意的使用效果。

1007. 0Cr4NiMoV 钢制电位器外壳冷挤压成形凹模的渗碳、淬火工艺

用冷挤压成形制模法，把电工铁冷挤压成电位器外壳凹模，经渗碳、淬火、回火后使用。因其基体强度低，在使用过程中表面易产生塌陷或剥落，使用寿命极低，而且淬火时还有型腔变形胀大、尺寸精度达不到要求的问题。采用0Cr4NiMoV钢制造WH111电位器外壳

冷挤压凹模克服了上述缺陷，获得了满意的使用效果。其热处理工艺如下：

（1）退火　880℃ ×2h，炉冷至 600℃出炉空冷。退火后硬度 <110HBW。

（2）渗碳　采用固体渗碳法，930℃ ×6h。

（3）淬火、回火　450 ~ 500℃ ×1.2min/mm 空气炉预热，860 ~ 870℃ ×0.6min/mm 盐浴加热，淬油；220℃ ×2h 回火。热处理基本上不变形，表面硬度为 58 ~ 60HRC，基体硬度为 27 ~ 29HRC。

（4）凹模的冷挤压成形与机械加工　用于冷挤压成形的凹模毛坯尺寸为 ϕ45mm × 45mm，冷挤压后型腔的内径为 23mm，深度为 18mm，型腔底面上的字样及规格数字、商标图案等均清晰可见。0Cr4NiMoV 钢切削加工性能好，易抛光，冷挤压成形和切削加工性能与电工铁相近；且比电工铁易挤压成形，热处理容易，渗碳速度快，表面硬度高，耐磨性好，热处理变形甚微，心部强韧性高于电工铁。所制凹模有较高的使用寿命。

1008. Y55CrNiMnMoVS 钢制牙刷柄模的热处理工艺

某牙刷厂研制的 793 型牙刷柄模，过去用 45 钢制造，并经调质处理，使用 3 个月生产 37.2 万支牙刷后就要修模。现在用 Y55CrNiMnMoVS 钢制造，使用 18 个月生产 223.3 万支才修模，使用寿命提高 5 倍多。其热处理工艺如下：

（1）球化退火　模具锻造后进行。800 ~ 810℃ ×2 ~ 3h，炉冷至 700 ~ 680℃ ×4 ~ 6h，炉冷至 500℃出炉空冷。退火后硬度≤235HBW。

（2）淬火、回火　600℃ ×1.6min/mm 盐浴预热，840 ~ 860℃ ×0.8min/mm 加热，淬油，淬火后硬度为 57 ~ 59HRC；620 ~ 650℃ ×2h 硝盐浴回火，回火后硬度为 35 ~ 40HRC。

1009. Y55CrNiMnMoVS 钢制塑料模的热处理工艺

Y55CrNiMnMoVS 钢广泛用于制作各式各样的塑料模具，都获得了令人满意的效果。不仅模具的使用寿命高，而且加工出来的塑料制品表面质量好。Y55CrNiMnMoVS 钢的热处理性能好，工艺稳定。

（1）热处理工艺　Y55CrNiMnMoVS 钢制塑料模具的退火、淬火、回火工艺如图 10-5 所示。

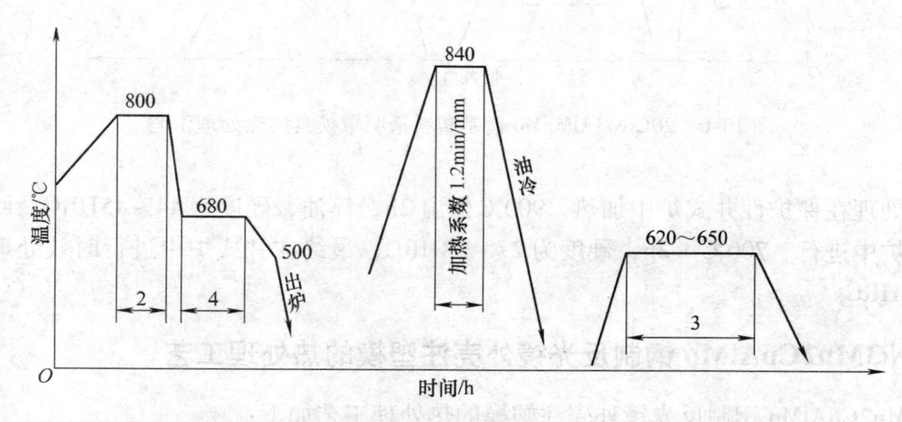

图 10-5　Y55CrNiMnMoVS 钢制塑料模退火、淬火、回火工艺

退火后硬度为200HBW。淬火后硬度为58～60HRC，组织为细针状马氏体＋残留奥氏体。回火后硬度为35～40HRC，组织为回火索氏体。

（2）使用寿命　几种Y55CrNiMnMoVS钢制塑料模的使用寿命见表10-12。

表10-12　几种Y55CrNiMnMoVS钢制塑料模的使用寿命

模具名称	原用材料	使用寿命	现用材料	使用寿命
量角器、三角板模	38CrMoAl	5万件报废	Y55CrNiMnMoVS	30万件，模具仍完好无损
牙膏模	45	43万支修磨	Y55CrNiMnMoVS	259万支开始修模
纱管模	CrWMn	10万次报废	Y55CrNiMnMoVS	40万次开始修模
保温瓶模	45	5万次	Y55CrNiMnMoVS	30万次，满足出口要求

1010. 20CrNi3AlMnMo钢制照相机塑料外壳模的热处理工艺

照相机塑料外壳模原用45钢调质制造，使用寿命只有5万件；改用20CrNi3AlMnMo钢制造后，使用寿命高达25万件，提高了4倍。具体工艺如下：

（1）固溶处理　盐浴炉加热，880～910℃×1min/mm，淬油，淬火后硬度为42～45HRC；680～700℃×2h回火，油冷，硬度为27～28HRC。固溶处理后进行机械加工。

（2）时效处理　500～520℃×8～10h，硬度为39～40HRC。

1011. 20CrNi3AlMnMo钢制L1400型塑料透明罩模的热处理工艺

L1400型塑料透明罩模原用CrWMn钢制造，使用寿命仅为10万次，失效主要形式为腐蚀凹坑；改用20CrNi3AlMnMo钢制造后，使用寿命上升到50多万次。其热处理工艺如图10-6所示。

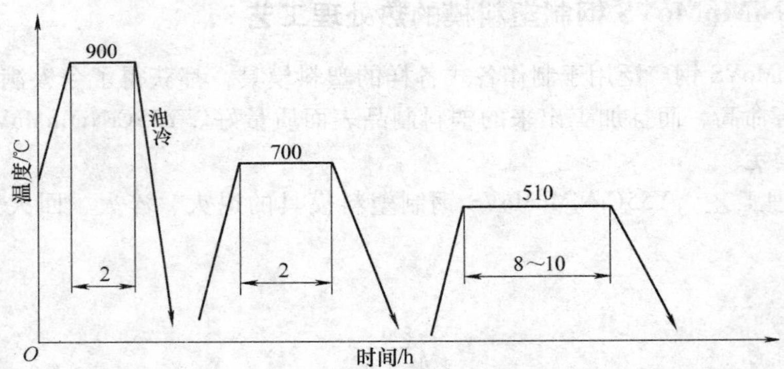

图10-6　20CrNi3AlMnMo钢制塑料透明罩模具的热处理工艺

固溶处理在保护性井式炉中加热，900℃保温2h，淬油，硬度为44～45HRC；回火处理也在井式炉中进行，700℃×2h，硬度为27～28HRC；最终在井式炉中进行时效处理，硬度为39～40HRC。

1012. 1Ni3Mn2CuAlMo钢制反光镜外壳注塑模的热处理工艺

1Ni3Mn2CuAlMo钢制反光镜外壳注塑模的热处理工艺如下：

（1）固溶处理　固溶处理的目的是为了使合金元素在基体内充分溶解，使固溶体均匀化并达到软化，便于切削加工。固溶温度为 840～900℃，一般取中限 870℃，保温 2～3h，空冷。硬度为 30～33HRC，可以进行切削加工。

（2）时效处理　时效处理的目的是为了获得最终的使用性能。通过时效可以获得 40～45HRC 的理想硬度，提高模具的耐磨性和使用寿命。时效工艺为 500～520℃ ×6～8h。

按上述工艺处理的反光镜外壳注塑模的使用寿命比原 45 钢制模具（经调质处理）有很大的提高，且所加工塑料零件表面光洁。

将成品模具施以 540℃ ×4h 渗氮，模具的使用寿命将进一步提高。

1013. 0Cr16Ni4Cu3Nb 钢制耐蚀塑料模的热处理工艺

0Cr16Ni4Cu3Nb 钢系析出硬化不锈钢，该钢具有优良的耐蚀性，即使是在 140℃ 的 10%（质量分数）的 HCl 介质中，耐蚀性也比较好；淬透性高，硬度均一，金相组织为低碳板条马氏体；热处理变形呈缩小的趋势，收缩量为 0.04%～0.06%；机械加工、电加工后加工硬化和尺寸变化小；表面抛光性和表面强化性能好；可进行物理气相沉积 TiN，硬度 >1600HV。用 0Cr16Ni4Cu3Nb 钢制造的耐蚀塑料模的使用寿命比原 45 钢制模具高上百倍。其热处理工艺如下：

（1）固溶处理　固溶温度为 1050℃，时间为 1～2h，空冷。固溶后空冷硬度为 32～35HRC，在此硬度下可进行切削加工，金相组织为低碳马氏体。0Cr16Ni4Cu3Nb 钢淬透性较好，在 ϕ100mm 断面上硬度分布均匀。固溶处理后进行机械加工。

（2）时效处理　450～480℃ ×6～8h，时效后硬度为 42～44HRC。

（3）物理气相沉积 TiN　模具加工成品后，进行 380～420℃ 物理气相沉积 TiN 处理。TiN 层厚度为 1～2μm，硬度 >1600HV。

1014. 0Cr16Ni4Cu3Nb 钢制塑料阀门盖模的热处理工艺

0Cr16Ni4Cu3Nb 钢制塑料阀门盖模的锻造加热温度为 1180～1200℃，始锻温度为 1120～1150℃，终锻温度≥1000℃。0Cr16Ni4Cu3Nb 钢的可锻性与铜含量有关。当铜的质量分数≤3.0% 时，可锻性良好。当铜的质量分数 >3.0% 时，锻造易裂。锻造时要充分预热，缓慢加热，锻后砂冷或堆积式冷却，其热处理工艺及使用效果如下：

（1）固溶处理　固溶温度为 1050℃，空冷。硬度为 32～35HRC，在此硬度下可进行切削加工，基体组织为低碳马氏体。

（2）时效处理　450～480℃ ×6～8h，硬度为 43～44HRC。

（3）力学性能　R_m 为 1355MPa，R_{eL} 为 1273MPa，A 为 13%，Z 为 56%，a_K 为 47J/cm^2。

（4）使用效果　聚三氟氯乙烯阀门盖模具，原用 45 钢调质或 45 钢镀铬制造，使用寿命仅 1000～4000 件。改用 0Cr16Ni4Cu3Nb 钢制造后，当模具加工到 6000 件时，未发现任何锈蚀或磨损，使用寿命达 1 万～1.2 万件。

1015. 18Ni（300）钢制大截面塑料模的热处理工艺

美国 18Ni 型马氏体时效钢包括 18Ni（250）、18Ni（285）、18Ni（300）、18Ni（350），括号内的数值是以 ksi 为单位的屈服强度值（1ksi = 6.89476MPa）。

钢的强度和硬度来自无碳或微碳 Fe-Ni 板条马氏体基体与时效析出的弥散度大且颗粒极小的金属间化合物，如 Fe_2Mo、NiMo、Ni_3Ti 等。

18Ni 系列马氏体时效钢的主要化学成分见表 10-13。

表 10-13 18Ni 型钢的主要化学成分（质量分数） （%）

牌号	Ni	Co	Mo	Ti	Al	C	Si、Mn	S、P
18Ni（250）	17.50～18.50	7.0～8.0	4.25～5.25	0.30～0.50	0.05～0.15	≤0.03	≤0.10	≤0.01
18Ni（285）	17.50～18.50	7.50～8.50	4.50～5.20	0.80～1.20	0.05～0.15	≤0.03	≤0.10	≤0.01
18Ni（300）	18.0～19.0	8.50～9.50	4.60～5.20	0.50～0.80	0.05～0.15	≤0.03	≤0.10	≤0.01
18Ni（350）	17.0～19.0	11.0～12.75	4.0～5.0	1.20～1.45	0.05～0.15	≤0.03	≤0.10	≤0.01

在 18Ni 钢中，碳对钢的强度影响很大，即使碳含量极少，也会使马氏体强度显著提高。但在当碳的质量分数增加到 0.03% 以后，就会降低钢的屈服强度，所以 18Ni（300）钢碳的质量分数不可超过 0.03%。

18Ni 钢中的硫是很有害的，硫以硫化物的形式存在于钢中，并沿热轧方向分布，导致钢各向异性，所以应尽量降低钢中的硫含量。

18Ni 钢中含有大量的镍，主要作用是保证固溶体淬火后能得到单一的马氏体，其次能形成时效强化相 Ni_3Mo。当镍的质量分数超过 10% 时，还能提高马氏体时效钢的断裂韧度。

18Ni（300）钢制大截面塑料模的热处理工艺如下：

（1）固溶处理　盐浴加热前经 450～500℃×3min/mm 预热，815～830℃×1min/mm 加热，淬油。固溶处理后硬度为 28～30HRC。

（2）时效处理　470～490℃×6h，时效处理后硬度为 52～54HRC。

18Ni（300）钢固溶处理以后形成超低碳马氏体，硬度为 28～30HRC。时效处理以后，由于各种类型的金属间化合物的脱溶析出得到时效硬化，硬度上升到 50HRC 以上。这种钢在高硬度、高强度的条件下，仍有良好的韧性和高的断裂韧度。同时，这种钢无冷作硬化，时效变形小，焊接性良好，模具成品还可以渗氮处理。

用 18Ni（300）钢制造的各种大截面塑料模具的使用寿命比原 45 钢制模具提高百倍以上，而且加工出来的产品精度高，表面质量好。

1016. Q235 钢制耐火砖模具的热处理工艺

为了降低成本，很多耐火砖模具常用 Q235 钢制造，经渗碳淬火后使用。由于热处理后模具的硬度偏低且不均匀，耐磨性差，使用中常因表层严重磨损而报废，进而严重影响生产的正常运转。

为了提高模具的使用寿命，可采用镶嵌硬质合金的组合模具，但其价格昂贵，且安装复杂，故推广应用受限。现采用改进的渗剂，在不改变原渗碳工艺规范的条件下，可使渗碳速度加快，渗层深度增加，碳浓度提高，渗层组织中碳化物数量明显增多，且呈细小颗粒状向纵深弥散分布，从而使模具的使用寿命明显提高。其热业处理工艺如下：

渗碳采用 RJJ-75-9T 井式气体渗碳炉，渗碳剂采用工业煤油，其中添加适量自配制稀土渗剂，炉内排气用甲醇，900～920℃共渗，坑冷；780℃淬火，180℃回火。

经检验，总渗层深度为3.38mm，表面硬度为860～900HV。共渗后模具在3MN摩擦压力机上进行了黏土重质砖的压制生产。结果表明，原渗碳模具压制4500块后，表面严重凹陷且出现深浅不等、宽窄不一的犁沟而报废，加稀土渗碳的模具压制13000块后，其表面基本光滑平整，仍可继续使用，故使用寿命可提高2～3倍。

1017. 35CrMo预硬型塑料模具钢的热处理工艺

近年来，我国的模具工业发展非常迅速，产量已跃居世界前列，其中占主体的是塑料成型模具。用量较大的塑料模具钢主要有35CrMo等预硬化塑料模具钢，这类钢经过调质处理后硬度为28～36HRC，具有硬度均匀、加工性能好、热处理畸变小，以及加工成形后不再进行热处理等优点，这样可避免模具加工后热处理导致变形开裂等弊病。

国内某钢厂40mm厚35CrMo钢进行预硬化处理的工艺为：850℃加热，水淬。金相组织为板条马氏体+板条贝氏体。实测水的冷速为17～18℃/s。淬火后硬度为470HV。

可根据客户需要确定回火温度。580℃回火后硬度为322HV；超过580℃回火硬度下降幅度不大，620℃回火后硬度为280～270HV，660℃回火后硬度还能达到260HV水平。

1018. M300钢制塑料模具的热处理工艺

M300钢由奥地利百禄公司生产的，它是预硬高铬耐腐蚀塑料模具钢。该钢经适当的热处理后，硬度均匀，达31～36HRC。M300钢中铬的质量分数为16%，故其耐蚀性很好，具有抗所有一般化学介质腐蚀的能力，适于制造透明塑料及PVC塑料的加工模具。

M300钢的主要化学成分（质量分数）为：C 0.35%，Cr 16%，Ni 0.8%，Mo 1.00%，Mn 0.65%。出厂交货状态的硬度为31～36HRC。

热处理工艺：820～850℃加热退火，炉冷至500℃以下出炉空冷，硬度≤285HBW；1000～1050℃加热，油冷或空冷淬火，600～680℃回火，100～200℃去应力。热处理后硬度为31～36HRC。

1019. 9SiCr/45钢制多孔砖冲针的热处理工艺

建筑用多孔砖在生产加工过程中需要使用冲针对黏土坯料进行冲孔。某砖瓦厂原采用45钢制造冲针，冲针外形尺寸为ϕ24mm×376mm，头部（工作部位）长度为90mm，要求硬度为50～55HRC，用户反映由于冲针硬度低，磨损严重，使用寿命不长。为了提高冲针的使用寿命，采用9SiCr/45钢闪光焊（也可摩擦焊）制造冲针。9SiCr钢为工作端，要求淬火硬度为61～64HRC。

焊后立即保温很重要，后续工序应注意：①普通退火时，近焊缝热影响区9SiCr一侧粗大过热组织无法得到细化，热处理应避免超焊缝加热淬火，否则易出现近焊缝（9SiCr一侧）2～5mm处开裂；②球化退火时，过热组织得到细化，超焊缝淬火也不会淬裂。

热处理工艺：采用855～865℃×12min盐浴加热，淬入40～80℃油中，淬火后硬度为62～65HRC；170～180℃×2h硝盐浴回火，回火后硬度为61～64HRC。

9SiCr/45钢制多孔砖冲针的淬火质量稳定，变形小，硬度高，耐磨性好，使用寿命比原45钢制冲针提高1倍以上。

附　录

附录A　常用钢的临界淬火直径

（单位：mm）

序号	牌号	淬火冷却介质				序号	牌号	淬火冷却介质			
		静油	20℃水	40℃水	20℃5%（质量分数）NaCl水溶液			静油	20℃水	40℃水	20℃5%（质量分数）NaCl水溶液
1	20	3	8	6	8	32	30CrNi3	>100	>100	>100	>100
2	25	6	13	10	13.5	33	40B	10	20	16	21.5
3	30	7	15	12	16	34	40MnB	18	33	28	34
4	45	10	20	16	21.5	35	65	12	24	19.5	26
5	55	10	20	16	21.5	36	75	13	25	20.5	27
6	60	12	24	19.5	25.5	37	85	14	26	22	28
7	20Mn	15	28	24	29	38	65Mn	20	36	31.5	37
8	30Mn	15	28	24	29	39	55Si2Mn	20	36	31.5	37
9	45Mn	17	31	26	31	40	60Si2Mn	22	38	35	40
10	50Mn	17	31	26	32	41	50CrMn	36	56	52	57
11	40Mn2	25	42	38	43	42	50CrVA	32	51	47	52
12	50Mn2	28	45	41	46	43	50CrMnVA	36	56	52	57
13	35SiMn	25	42	38	43	44	GCr6	12	24	19.5	25.5
14	42SiMn	25	42	38	43	45	GCr9	13	25	20.5	26
15	42Mn2V	25	42	38	43	46	GCr9SiMn	25	42	38	43
16	15Cr	8	17	14	18	47	GCr15	15	28	24	29
17	20Cr	10	20	16	21.5	48	GCr15SiMn	29	46	42	47
18	30Cr	15	28	24	29	49	T10	14	26	22	28
19	35Cr	18	33	28	34	50	T12	18	33	28	34
20	40Cr	22	38	35	40	51	9Mn2	33	52	50	54
21	50Cr	28	45	41	46	52	Mn2V	33	52	50	54
22	38CrSi	35	52	50	54	53	MnSi	20	36	31.5	37
23	20CrMn	50	71	68	74	54	6SiMnV	18	33	28	34
24	40CrMn	60	81	74	82	55	5CrMnMoV	15	28	24	29
25	30CrMnSi	42.5	62	60	65	56	9SiCr	32	51	47	52
26	30CrMnTi	18	33	28	34	57	Cr2	22	38	35	40
27	20CrMnMo	25	42	38	43	58	8Cr2	19	34	29	35
28	40CrMnMo	40	58	54.5	59	59	CrV	18	33	28	34
29	30CrMo	15	28	24	29	60	CrW	10	20	16	20.5
30	42CrV	40	58	54.5	59	61	9CrWMn2	75	95	90	96
31	40CrV	17	31	26	32	62	40MnVB	22	38	35	40

附录 B　常用工模具钢的热处理工艺参数

常用工模具钢的球化退火工艺参数见表 B-1。常用碳素工具钢的热处理工艺参数见表 B-2。常用合金工具钢的热处理工艺参数见表 B-3。常用高速工具钢的热处理工艺参数见表 B-4。常用热作模具用钢的热处理工艺参数见表 B-5。常用冷作模具用钢的热处理工艺参数见表 B-6。常用工模具钢的气体渗氮和气体碳氮共渗工艺参数见表 B-7。常用工模具钢的真空热处理工艺参数见表 B-8。

表 B-1　常用工模具钢的球化退火工艺参数

牌号	加热规范		冷却规范			硬度 HBW
	温度/℃	保温时间/h	缓冷	等温 温度/℃	等温 时间/h	
T7A	740~760	2~3	炉冷至等温温度	650~680	等温 4~6h 后炉冷至 500~550℃出炉空冷	≤187
T8A	740~760			650~680		≤187
T10A	750~770			680~700		≤197
T12A	750~770			680~700		≤207
9SiCr	790~810			700~720		179~241
CrWMn	790~810			680~700		207~255
CrMn	780~800			700~720		197~241
Cr2	770~790			680~700		179~229
9Mn2V	750~770			670~690		≤229
GCr6	780~800			700~720		179~207
GCr15	780~800			680~720		179~207
CrW5	800~820			680~720		229~285
Cr6WV	830~850			720~740		≤235
Cr12	850~870			730~750		217~259
Cr12MoV	850~870			730~750		207~255
5CrMnMo	850~870			680~700		207~241
3Cr2W8V	860~880			720~740		≤241
4Cr5MoSiVi	860~890			730~750		≤241
W6Mo5Cr4V2	840~860			740~760		≤255
W9Mo3Cr4V	840~860			740~760		≤255

表 B-2　常用碳素工具钢的热处理工艺参数

牌号	淬火			回火		
	加热温度[①]/℃	冷却介质	淬火后硬度 HRC	加热温度/℃	保温时间/h	回火后硬度[②] HRC
T7	780~800	盐或碱的水溶液	62~64	140~160	1~2	62~64
				160~180		58~61
	800~820	油或熔盐	59~61	180~200		56~60

（续）

牌号	淬火			回火		
	加热温度①/℃	冷却介质	淬火后硬度 HRC	加热温度/℃	保温时间/h	回火后硬度② HRC
T8	770 ~ 790	盐或碱的水溶液	63 ~ 65	140 ~ 160	1 ~ 2	61 ~ 63
	790 ~ 810	油或熔盐	60 ~ 62	160 ~ 180		58 ~ 61
				180 ~ 200		56 ~ 60
T9	760 ~ 780	盐或碱的水溶液	63 ~ 65	140 ~ 160		61 ~ 63
	780 ~ 800	油或熔盐	60 ~ 62	160 ~ 180		59 ~ 62
				180 ~ 200		57 ~ 60
T10	770 ~ 790	盐或碱的水溶液	63 ~ 65	140 ~ 160		62 ~ 64
	790 ~ 810	油或熔盐	61 ~ 62	160 ~ 180		60 ~ 62
				180 ~ 200		59 ~ 61
T11	770 ~ 790	盐或碱的水溶液	63 ~ 65	140 ~ 160		62 ~ 64
	790 ~ 810	油或熔盐	61 ~ 62	160 ~ 180		61 ~ 63
				180 ~ 200		60 ~ 62
T12	770 ~ 790	盐或碱的水溶液	63 ~ 65	140 ~ 160		62 ~ 64
	790 ~ 810	油或熔盐	61 ~ 62	160 ~ 180		61 ~ 63
				180 ~ 200		60 ~ 62
T13	770 ~ 790	盐或碱的水溶液	63 ~ 65	140 ~ 160		62 ~ 64
	790 ~ 810	油或熔盐	62 ~ 64	160 ~ 180		61 ~ 63
				180 ~ 200		60 ~ 62

① 加热系数：空气炉取 50 ~ 80s/mm；盐浴炉取 20 ~ 25s/mm。

② 在盐或碱水溶液中淬火，并经相应温度回火后的硬度。

表 B-3 常用合金工具钢的热处理工艺参数

牌号	淬火温度/℃	冷却介质	淬火后硬度 HRC	回火温度/℃	回火后硬度 HRC
Cr2	830 ~ 850	油	62 ~ 65	130 ~ 150	62 ~ 65
	840 ~ 860	硝盐	61 ~ 63	150 ~ 170	60 ~ 62
9SiCr	850 ~ 870	油，硝盐	62 ~ 65	140 ~ 160	62 ~ 65
				160 ~ 180	61 ~ 63
CrMn	840 ~ 860	水，油	63 ~ 66	130 ~ 140	62 ~ 65
				160 ~ 180	60 ~ 62
CrWMn	820 ~ 840	油	62 ~ 65	140 ~ 160	62 ~ 65
	830 ~ 850	硝盐	62 ~ 64	170 ~ 200	60 ~ 62
SiMn	780 ~ 800	水	62 ~ 65	150 ~ 160	62 ~ 64
	810 ~ 840	油，硝盐			
9Mn2V	780 ~ 800	油，硝盐	≥62	150 ~ 200	60 ~ 62
CrW5	820 ~ 860	水，油	64 ~ 66	150 ~ 170	61 ~ 65
				190 ~ 210	60 ~ 62

（续）

牌号	淬火温度/℃	冷却介质	淬火后硬度 HRC	回火温度/℃	回火后硬度 HRC
Cr6WV	950～970	油	62～64	150～170	62～63
				190～210	58～60
	990～1010	硝盐		第一次500、第二次200	57～58
Cr12MoV	1000～1040	油，硝盐	62～64	150～170	61～63
				200～275	57～59
	1115～1130		45～50	510～520	60～61
GCr6	800～825	油，硝盐	62～65	160～180	≥61
	790～810	水	63～65		
GCr15	830～850	油	62～65	160～180	≥61
	840～860	硝盐	61～63		

表 B-4　常用高速工具钢的热处理工艺参数

牌　号	交货硬度[①]（退火态）HBW ≤	试样热处理制度及淬火、回火硬度					
		预热温度/℃	淬火温度/℃		淬火冷却介质	回火温度[②]/℃	硬度[③]HRC ≥
			盐浴炉	箱式炉			
W3Mo3Cr4V2	255	800～900	1180～1220	1180～1220	油或盐浴	540～560	63
W4Mo3Cr4VSi	255		1170～1190	1170～1190		540～560	63
W18Cr4V	255		1250～1270	1260～1280		550～570	63
W2Mo8Cr4V	255		1180～1220	1180～1220		550～570	63
W2Mo9Cr4V2	255		1190～1210	1200～1220		540～560	64
W6Mo5Cr4V2	255	800～900	1200～1220	1210～1230	油或盐浴	540～560	64
CW6Mo5Cr4V2	255		1190～1210	1200～1220		540～560	64
W6Mo6Cr4V2	262		1190～1210	1190～1210		550～570	64
W9Mo3Cr4V	255		1200～1220	1220～1240		540～560	64
W6Mo5Cr4V3	262		1190～1210	1200～1220		540～560	64
CW6Mo5Cr4V3	262		1180～1200	1190～1210		540～560	64
W6Mo5Cr4V4	269		1200～1220	1200～1220		550～570	64
W6Mo5Cr4V2Al	269		1200～1220	1230～1240		550～570	65
W12Cr4V5Co5	277		1220～1240	1230～1250		540～560	65
W6Mo5Cr4V2Co5	269		1190～1210	1200～1220		540～560	65
W6Mo5Cr4V3Co8	285		1170～1190	1170～1190		550～570	65
W7Mo4Cr4V2Co5	269		1180～1200	1190～1210		540～560	66
W2Mo9Cr4VCo8	269		1170～1190	1180～1200		540～560	66
W10Mo4Cr4V3Co10	285		1220～1240	1220～1240		550～570	66

① 退火＋冷拉态的硬度，允许比退火态硬度值增加 50HBW。

② 回火温度为 550～570℃时，回火 2 次，每次 1h；回火温度为 540～560℃时，回火 2 次，每次 2h。

③ 供方若能保证试样淬火、回火硬度，可不检验。

表 B-5 常用热作模具用钢的热处理工艺参数

牌号	淬火温度/℃	回火工艺				回火后硬度 HRC
		温度/℃	时间/h	次数	冷却方式	
5CrMnMo	830~850	460~490	2	1~2	空冷	42~47
		490~520				38~42
		520~550				34~38
5CrNiMo	840~860	475~485	≥2			41~45
		485~510				39~43
		540~600				33~37
5CrNiW	840~860	520~540	≥2			41~45
		530~550				39~43
		550~600				33~37
3Cr2W8V	1050~1100	560~580	>2	>1	空冷、油冷	44~48
		600~640				40~44
	1100~1150	600~620				44~48
		640~660	≥1	≥2		40~44
4Cr5W2SiV	1050~1100	580~620				48~52
		520~560				52~56
3Cr3Mo3W2V	1030~1050	650~660				38~44
		600~620	≥2	≥2		48~52
5Cr4Mo3SiMnVAl	1090~1100	580~600				53~55
4Cr3Mo3W4VNb	1170~1190	620~640				50~52
3Cr3Mo3VNb	1070~1090	610~630				45~47
5Cr4W5Mo2V	1120~1140	620~640				49~51

表 B-6 常用冷作模具用钢的热处理工艺参数

牌号	淬火		达到下列硬度范围的回火温度/℃				
	淬火温度/℃	硬度 HRC	45~50HRC	52~56HRC	55~58HRC	58~61HRC	60~63HRC
T7A	780~800	62~64	330	250	220	170	150
T8A	770~790	62~64	350	270	230	190	160
T10A、T12A	770~790	62~64	370	290	250	210	170
9Mn2V	780~800	62	380	300	250	220	160~180
Cr2	840~860	62	450	330	280	220	150
9SiCr	860~870	64	460	360	320	250	190
5CrW2Si	870~880	55	420	280	180	—	—
Cr12	980~990	65	580	450	350	230	190
Cr12MoV	1020~1030	63	600	480	360	240	200

（续）

牌号	淬火		达到下列硬度范围的回火温度/℃				
	淬火温度/℃	硬度 HRC	45~50HRC	52~56HRC	55~58HRC	58~61HRC	60~63HRC
W6Mo5Cr4V2	1160~1180	64	—	—	—	600	560
W18Cr4V	1200~1240	63	—	—	—	600	550
W9Mo3Cr4V	1150~1190	64	—	—	—	590	570
W4Mo3Cr4VSi	1120~1160	64	—	—	—	580	560
6W6Mo5Cr4V	1180~1200	59	—	—	—	570	555
Cr4W2MoV	1000~1020	62	—	—	—	520~540	
7Cr7Mo2V2Si	1130~1150	61	—	—	—	—	530~540
6Cr4W3Mo2VNb	1140~1160	65	—	—	—	540~580	520~540
5Cr4Mo3SiMnVAl	1100~1120	62	—	—	—	460~500	510~540
9Cr6W3Mo2V2	1100~1120	64	—	—	—	400~450	500~550
Cr8MoWV3Si	1120~1150	63	—	—	—	—	500~520
8Cr2MnWMoVS	880~900	64	550~600	320~360	220~260	190~200	150~180
5Cr4W5Mo2V	1130~1140	59	650~680	600~630	400~500	—	—

表 B-7 常用工模具钢的气体渗氮和气体氮碳共渗工艺参数

牌号	技术要求		渗氮温度/℃	气体成分（体积分数）		氨分解率（%）	保温时间/h	应用
	硬度 HV	深度/mm		氨气	载体气			
3Cr2W8V、4Cr5MoSiV、4Cr5MoSiV1、4Cr5W2SiV	>1000	0.05~0.10	530~550	50%	50%	30~40	5	压铸模、热锻模、热挤模、温挤模
		0.10~0.20		100%	—	30~40	10~20	
Cr12MoV、Cr12Mo1V1、Cr5Mo1V	>1000	0.03~0.05	510	40%	60%	30~40	3	冷镦、冷挤模
		0.05~0.07		40%	60%	30~40	6	拉深模、弯曲模、陶土模
W6Mo5Cr4V2、W9Mo3Cr4V、W18Cr4V	>1000	0.03~0.05	540	30%	70%	30~40	3	冲裁模、冷挤模
		0.05~0.07		40%	60%	30~40	5	拉深模、弯曲模
7Cr7Mo2V2Si、5Cr4Mo3SiMnVAl、6Cr4W3Mo2VNb	>900	0.03~0.05	540	30%	70%	30~40	3	冲裁模、冷挤模、冷镦模
		0.05~0.07		40%	60%	30~40	5	拉深模、弯曲模
38CrMoAl、20CrNi3AlMnMo、06Ni6CrMoVTiAl	>900	0.03~0.04	530	90%	10%	25~35	25	塑料成型模
SM4Cr13、8Cr2MnWMoVS	>900	0.10~0.20	530	90%	10%	30~40	10	塑料成型模

表 B-8 常用工模具钢的真空热处理工艺参数

牌号	预热		淬火			回火温度/℃	回火后硬度 HRC
	温度/℃	真空度/Pa	温度/℃	真空度/Pa	冷却		
9SiCr	500~600	0.1	850~870	0.1	油（>40℃）	170~190	61~63
CrWMn	500~600	0.1	820~840	0.1	油（>40℃）	170~190	62~63
9Mn2V	500~600	0.1	780~820	0.1	油	180~200	60~62
5CrNiMo	500~600	0.1	840~860	0.1	油或 N_2	480~500	40~45
Cr5MoV	一次 500~600、 二次 800~850	0.1	980~1000	10~1	油或 N_2	160~200	60~62
3Cr2W8V	一次 500~600、 二次 800~850	0.1	1050~1100	10~1	油或 N_2	560~580 600~640	40~47 40~75
4Cr5W2SiV	一次 500~600、 二次 800~850	0.1	1050~1100	10~1	油或 N_2	600~650	38~44
7CrSiMnMoV	500~600	0.1	880~900	0.1	油或 N_2	450 200	52~54 60~62
4Cr5MoSiV1	一次 500~550、 二次 800~850	0.1	1020~1050	10~1	油或 N_2	560~600	45~50
Cr12	500~550	0.1	960~980	10~1	油或 N_2	180~240	60~64
Cr12MoV	一次 500~550、 二次 800~850	0.1	980~1050 1080~1120	10~1	油或 N_2	180~240 500~540	60~64 58~60
W6Mo5Cr4V2	一次 500~600、 二次 800~850	0.1	1120~1150 1150~1200	10	油或 N_2	520~550 540~600	58~60 61~64
W9Mo3Cr4V	一次 500~600、 二次 800~850	0.1	1140~1150 1160~1200	10	油或 N_2	520~550 550~600	59~61 61~64
W18Cr4V	一次 500~600、 二次 800~850	0.1	1190~1230 1230~1260	10	油或 N_2	520~550 550~600	58~60 61~63

附录 C 常用工具钢热处理后的相组成

牌号	相组成①（体积分数,%）			
	淬火后		回火后	
	碳化物	残留奥氏体	碳化物	残留奥氏体
T7	—	2~3	3	2~3
T8	—	4~5	4~5	4~5
T12	3~5	5~8	10~12	5~8
CrWMn	4~6	16~18	12~14	16~18
Cr12MoV	8~9	18~20	15~16	18~20
W18Cr4V	16~19	22~25	22~24	<2
W6Mo5Cr4V2	14~16	20~22	20~22	<2

① 基体为马氏体。

附录 D　常用热处理盐浴成分、特点及用途

类别	盐浴成分及配比（质量分数,%）	熔点/℃	使用温度/℃	特点	用途
低温盐浴	20NaOH + 80KOH，另加 $6H_2O$	130	150 ~ 250	1）$NaNO_3$-KNO_3 盐浴应用最为普通，但易使钢件氧化侵蚀，高温易分解 2）$NaNO_2$-KNO_3 盐浴以摩尔比 1∶1 使用最多，熔点为 150 ~ 400℃，在 425℃以上钢件易氧化侵蚀 3）硝盐浴中混入油脂、氰化物、炭粉易爆炸，非常危险 4）含 NaOH、KOH 的新浴在 500℃以上使用时易引起工件严重氧化，但随时间推移，逐渐减弱	1）铝合金固溶时效 2）结构钢、工模具钢回火 3）工模具钢、球墨铸铁等温及分级淬火
	35NaOH + 65KOH	155	170 ~ 250		
	$45NaNO_3$ + 27.5$NaNO_2$ + 27.5KNO_3	120	240 ~ 260		
	37NaOH + 63KOH	159	180 ~ 350		
	60NaOH + 15$NaNO_3$ + 15$NaNO_2$ + 10Na_3PO_4	280	380 ~ 500		
	95$NaNO_3$ + 5Na_2CO_3	304	380 ~ 520		
	25KNO_3 + 75$NaNO_3$	240	380 ~ 540		
	75NaOH + 25$NaNO_3$	280	420 ~ 540		
	50$NaNO_3$ + 50$NaNO_2$	143	160 ~ 550		
	50KNO_3 + 50$NaNO_3$	220	280 ~ 550		
	50KNO_3 + 50$NaNO_2$	145	180 ~ 500		
	55KNO_3 + 45$NaNO_2$	137	160 ~ 500		
	100KNO_3	337	350 ~ 550		
	100$NaNO_3$	308	330 ~ 550		
	100$NaNO_2$	271	300 ~ 550		
	50KNO_3 + 25$NaNO_3$ + 25$NaNO_2$	175	205 ~ 600		
	100KOH	360	400 ~ 650		
	100NaOH	319	350 ~ 700		
	60NaOH + 40NaCl	450	500 ~ 700		
中温盐浴	44NaCl + 56$MgCl_2$	430	480 ~ 780	1）$BaCl_2$-KCl 盐浴以摩尔比 2∶3 最稳定 2）$BaCl_2$-NaCl 盐浴很稳定，钢件易产生点蚀 3）$BaCl_2$-$CaCl_2$ 浴流动性好，在大气中放置会大量吸收水分，重新加热盐易劣化	1）结构钢、碳素工具钢、合金工具钢淬火加热 2）高速工具钢预热、回火、等温淬火 3）钢铁和非铁金属钎焊
	21NaCl + 31$BaCl_2$ + 48$CaCl_2$	435	480 ~ 780		
	27.5NaCl + 72.5$CaCl_2$	500	550 ~ 800		
	50KCl + 50Na_2CO_3	560	590 ~ 820		
	33.7NaCl + 66.3LiCl	552	570 ~ 850		
	20NaCl + 30KCl + 50$BaCl_2$	560	580 ~ 850		
	45KCl + 45Na_2CO_3 + 10NaCl	590	630 ~ 850		
	34NaCl + 33$BaCl_2$ + 33$CaCl_2$	570	600 ~ 870		
	73.5KCl + 26.5$CaCl_2$	600	630 ~ 870		
	40.6$BaCl_2$ + 59.2Na_2CO_3	606	630 ~ 870		
	22.5NaCl + 77.5$BaCl_2$	635	665 ~ 870		
	16.3Na_2CO_3 + 83.7$BaCl_2$	640	680 ~ 880		
	55NaCl + 45$BaCl_2$	540	570 ~ 900		
	50NaCl + 50Na_2CO_3（K_2CO_3）	560	590 ~ 900		

（续）

类别	盐浴成分及配比（质量分数,%）	熔点/℃	使用温度/℃	特点	用途
中温盐浴	$35NaCl+65Na_2CO_3$	620	650~900	4）$CaCl_2$-NaCl浴流动性好，吸湿，工件易生锈 5）$BaCl_2$-KCl-NaCl盐浴性质与$BaCl_2$-NaCl和$BaCl_2$-KCl无太大差别，但可消除点蚀	1）结构钢、碳素工具钢、合金工具钢淬火加热 2）高速工具钢预热、回火、等温淬火 3）钢铁和非铁金属钎焊
	$67.2BaCl_2+32.8KCl$	646	670~900		
	$44NaCl+56KCl$	607	720~900		
	$50BaCl_2+50NaCl$	600	650~1000		
	$50BaCl_2+50KCl$	640	670~1000		
	$50NaCl+50KCl$	670	720~1000		
	$70\sim80BaCl_2+30\sim20NaCl$	≈700	750~1000		
	$80\sim90BaCl_2+20\sim10NaCl$	≈760	820~1090		
	$100Na_2CO_3$	851	900~1000		
	100KCl	776	800~1000		
	100NaCl	801	850~1100		
	$5NaCl+9KCl+86Na_2B_4O_7$	640	900~1100		
	$27.5KCl+72.5Na_2B_4O_7$	660	900~1100		
	$14NaCl+86Na_2B_4O_7$	710	900~1100		
	$90BaCl_2+10NaCl$	≈870	950~1100		
高温盐浴	$100BaCl_2$	960	1000~1350	1）$BaCl_2$盐高温易蒸发，氧化变质快 2）添加高熔点氟盐可减少蒸发，但易侵蚀工件和炉衬 3）硼砂盐浴在工具热处理中应用很少	1）高速工具钢工件加热淬火 2）高强度不锈钢固溶处理 3）高温钎焊
	$95BaCl_2+5Na_2B_4O_7$	850	1000~1350		
	$70BaCl_2+30Na_2B_4O_7$	940	1050~1350		
	$95\sim97BaCl_2+5\sim3MgF_2$	940~950	1050~1350		
	$50BaCl_2+39NaCl+8Na_2B_4O_7+3MgO$	—	780~1350		

附录E 各种硬度间的换算关系

洛氏硬度HRC	肖氏硬度HS	维氏硬度HV	布氏硬度HBW	洛氏硬度HRC	肖氏硬度HS	维氏硬度HV	布氏硬度HBW	洛氏硬度HRC	肖氏硬度HS	维氏硬度HV	布氏硬度HBW
70	—	1037	—	61	83.1	739	—	52	69.1	543	—
69	—	997	—	60	81.4	713	—	51	67.7	525	501
68	96.6	959	—	59	79.7	688	—	50	66.3	509	488
67	94.6	923	—	58	78.1	664	—	49	65	493	474
66	92.6	889	—	57	76.5	642	—	48	63.7	478	461
65	90.5	856	—	56	74.9	620	—	47	62.3	463	449
64	88.4	825	—	55	73.5	599	—	46	61	449	436
63	86.5	795	—	54	71.9	579	—	45	59.7	436	424
62	84.8	766	—	53	70.5	561	—	44	58.4	423	413

（续）

洛氏硬度 HRC	肖氏硬度 HS	维氏硬度 HV	布氏硬度 HBW	洛氏硬度 HRC	肖氏硬度 HS	维氏硬度 HV	布氏硬度 HBW	洛氏硬度 HRC	肖氏硬度 HS	维氏硬度 HV	布氏硬度 HBW
43	57.1	411	401	34	46.6	320	314	25	37.9	255	251
42	55.9	399	391	33	45.6	312	306	24	37	249	245
41	54.7	388	380	32	44.5	304	298	23	36.3	243	240
40	53.5	377	370	31	43.5	296	291	22	35.5	237	234
39	52.3	367	360	30	42.5	289	283	21	34.7	231	229
38	51.1	357	350	29	41.6	281	276	20	34	226	225
37	50	347	341	28	40.6	274	269	19	33.2	221	220
36	48.8	338	332	27	39.7	268	263	18	32.6	216	216
35	47.8	329	323	26	38.8	261	257	17	31.9	211	211

参 考 文 献

[1] 中国机械工程学会热处理学会. 热处理手册：1~4 卷 [M]. 4 版修订本. 北京：机械工业出版社，2013.

[2] 林慧国，翟志豪，茅益明. 袖珍世界钢号手册 [M]. 4 版. 北京：机械工业出版社，2009.

[3] 阎承沛. 真空与可控气氛热处理 [M]. 北京：化学工业出版社，2006.

[4] 李国英. 表面工程手册 [M]. 北京：机械工业出版社，2004.

[5] 樊东黎，徐跃明，佟晓辉. 热处理技术数据手册 [M]. 2 版. 北京：机械工业出版社，2006.

[6] 薄鑫涛，等. 实用热处理手册 [M]. 2 版. 上海：上海科学技术出版社，2009.

[7] 张玉庭. 简明热处理工手册 [M]. 3 版. 北京：机械工业出版社，2013.

[8] 潘健生，胡明娟. 热处理工艺学 [M]. 北京：高等教育出版社，2009.

[9] 杨满. 实用热处理技术手册 [M]. 北京：机械工业出版社，2010.

[10] 王忠诚. 热处理工实用手册 [M]. 北京：机械工业出版社，2013.

[11] 陈再枝，蓝德年. 模具钢手册 [M]. 北京：冶金工业出版社，2006.

[12] 郭耕三. 高速钢及其热处理 [M]. 北京：机械工业出版社，1985.

[13] 邓玉昆，陈景榕，王世章. 高速工具钢 [M]. 北京：冶金工业出版社，2002.

[14] 林慧国，火树鹏，马绍弥. 模具材料应用手册 [M]. 北京：机械工业出版社，2002.

[15] 赵昌盛. 模具材料及热处理手册 [M]. 北京：机械工业出版社，2008.

[16] 赵步青. 工具用钢热处理手册 [M]. 北京：机械工业出版社，2014.

[17] 赵步青. 热处理炉前操作手册 [M]. 北京：化学工业出版社，2015.